国家电网有限公司
STATE GRID
CORPORATION OF CHINA

国家电网有限公司

国家电网有限公司
技能人员专业培训教材

设备调试

上册

国家电网有限公司 组编

中国电力出版社
CHINA ELECTRIC POWER PRESS

图书在版编目（CIP）数据

设备调试：全 2 册/国家电网有限公司组编. —北京：中国电力出版社，2020.5（2024.10重印）
国家电网有限公司技能人员专业培训教材
ISBN 978-7-5198-3781-5

Ⅰ. ①设… Ⅱ. ①国… Ⅲ. ①电气设备–调试方法–技术培训–教材 Ⅳ. ①TM92

中国版本图书馆 CIP 数据核字（2019）第 225550 号

出版发行：中国电力出版社
地　　址：北京市东城区北京站西街 19 号（邮政编码 100005）
网　　址：http://www.cepp.sgcc.com.cn
责任编辑：翟巧珍（010-63412351）
责任校对：黄　蓓　郝军燕　李　楠　马　宁
装帧设计：郝晓燕　赵姗姗
责任印制：石　雷

印　　刷：廊坊市文峰档案印务有限公司
版　　次：2020 年 5 月第一版
印　　次：2024 年 10 月北京第三次印刷
开　　本：710 毫米×980 毫米　16 开本
印　　张：81.75
字　　数：1590 千字
印　　数：2501—3000 册
定　　价：245.00 元（上、下册）

本书编委会

主　任　吕春泉

委　员　董双武　张　龙　杨　勇　张凡华

　　　　王晓希　孙晓雯　李振凯

编写人员　徐灵江　方　磊　杨云飞　魏　俊

　　　　汪卫东　胡洲宾　裘愉涛　杜奇伟

　　　　陈晓刚　吴　靖　徐　春　沈从树

　　　　曹爱民　战　杰　尹辉燕　俞　磊

前　言

为贯彻落实国家终身职业技能培训要求，全面加强国家电网有限公司新时代高技能人才队伍建设工作，有效提升技能人员岗位能力培训工作的针对性、有效性和规范性，加快建设一支纪律严明、素质优良、技艺精湛的高技能人才队伍，为建设具有中国特色国际领先的能源互联网企业提供强有力人才支撑，国家电网有限公司人力资源部组织公司系统技术技能专家，在《国家电网公司生产技能人员职业能力培训专用教材》（2010 年版）基础上，结合新理论、新技术、新方法、新设备，采用模块化结构，修编完成覆盖输电、变电、配电、营销、调度等 50 余个专业的培训教材。

本套专业培训教材是以各岗位小类的岗位能力培训规范为指导，以国家、行业及公司发布的法律法规、规章制度、规程规范、技术标准等为依据，以岗位能力提升、贴近工作实际为目的，以模块化教材为特点，语言简练、通俗易懂，专业术语完整准确，适用于培训教学、员工自学、资源开发等，也可作为相关大专院校教学参考书。

本书为《设备调试》分册，共分为上下两册，由徐灵江、方磊、杨云飞、魏俊、汪卫东、胡洲宾、裘愉涛、杜奇伟、陈晓刚、吴靖、徐春、沈从树、曹爱民、战杰、尹辉燕、俞磊编写。在出版过程中，参与编写和审定的专家们以高度的责任感和严谨的作风，几易其稿，多次修订才最终定稿。在本套培训教材即将出版之际，谨向所有参与和支持本书籍出版的专家表示衷心的感谢！

由于编写人员水平有限，书中难免有错误和不足之处，敬请广大读者批评指正。

目 录

第二部分　油　化　部　分

第三部分　厂站自动化设备调试

第四部分　电测仪器仪表的检定、调修

下　册

第五部分　电测计量标准装置的检测与建标

第六部分　线圈类设备的绝缘试验

第九部分　套管、绝缘子试验

第十部分　架空线、电缆试验

第十三部分 接地装置试验

第十四部分 专业规程规范

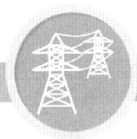

第一部分

保护装置调试及维护

第一章

线路保护装置调试

◢ 模块1 110kV 及以下典型线路微机保护装置的调试（ZY1900201003）

【模块描述】本模块包含 110kV 线路微机保护装置的典型装置介绍、试验目的、危险点分析及控制措施、作业流程、试验前准备。

【模块内容】

一、典型线路微机保护装置

（一）应用范围

RCS-941 微机线路保护装置，可用作 110kV 输电线路的主保护及后备保护。

（二）保护配置

RCS-941 装置包括完整的三段相间和接地距离保护、四段零序方向过电流保护和低频保护；装置配有三相一次重合闸功能、过负荷告警功能、频率跟踪采样功能；装置还带有跳合闸操作回路以及交流电压切换回路。此外，RCS-941B 装置还包括以纵联距离和零序方向元件为主体的快速主保护。

（1）装置结构。装置采用 4U 标准机箱，用嵌入式安装于屏上。机箱结构和屏面开孔尺寸见图 1-1-1。

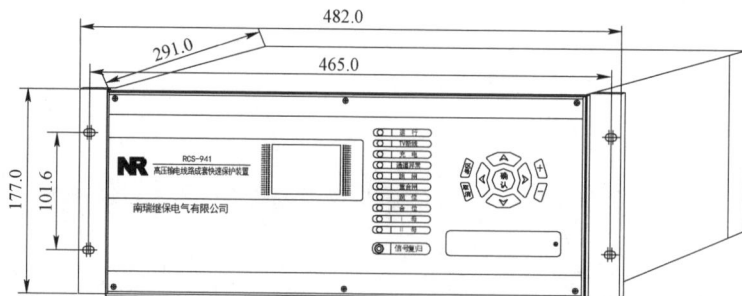

图 1-1-1 RCS-941 线路微机保护装置结构图

（2）装置各插件原理说明。组成装置的插件有低通滤波器（LPF）、交流插件（AC）、CPU 插件（CPU）、数字信号处理（DSP1、DSP2）、通信插件（串口、打印口）、光电隔离（OPT）、出口继电器插件（OUT）、外部开入插件（SWI）、数字集成电路（CPLD）等。

RCS-941 装置硬件模块图见图 1-1-2。

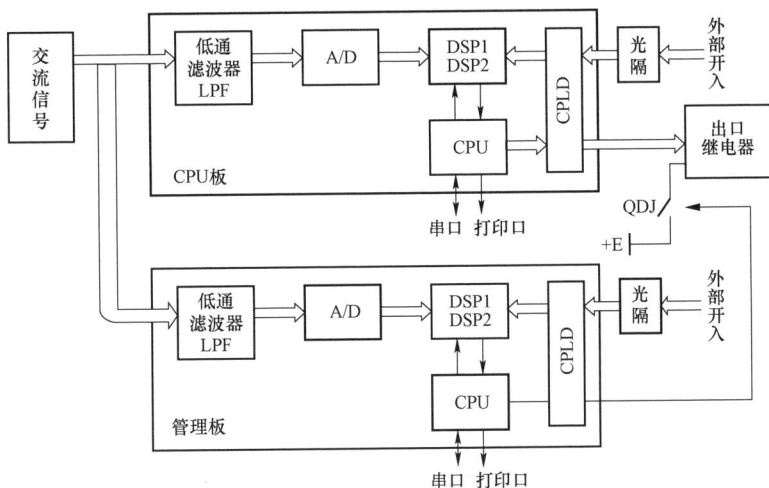

图 1-1-2　RCS-941 装置硬件模块图

（三）软件工作原理

1. 装置总启动元件

启动元件的主体由反应相间工频变化量的过电流继电器实现，同时又配以反应全电流的零序过电流继电器和负序过电流继电器互相补充；低频启动元件可经控制字选择投退。反应工频变化量的启动元件采用浮动门坎，正常运行及系统振荡时变化量的不平衡输出均自动构成自适应式的门坎，浮动门坎始终略高于不平衡输出，在正常运行时由于不平衡分量很小，而装置有很高的灵敏度。

（1）电流变化量启动。当相间电流变化量大于整定值，该元件动作并展宽 7s，去开放出口继电器正电源。

（2）零序过电流元件启动。当外接和自产零序电流均大于整定值，且无交流电流断线时，零序启动元件动作并展宽 7s，去开放出口继电器正电源。

（3）负序过电流元件启动。当负序电流大于整定值时，经 40ms 延时，负序启动元件动作并展宽 7s，去开放出口继电器正电源。

（4）低频元件启动。当低频保护投入，系统频率低于整定值，且无低电压闭锁和滑差闭锁时，低频启动元件动作并展宽 7s，去开放出口继电器正电源。

（5）重合闸启动。当满足重合闸条件则展宽 10min，在此时间内，若有重合闸动作则开放出口继电器正电源 500ms。

2. 距离继电器

本装置设有三阶段式相间、接地距离继电器和两个作为远后备的四边形相间、接地距离继电器。继电器由正序电压极化，因而有较大的测量故障过渡电阻的能力；当用于短线路时，为了进一步扩大测量过渡电阻的能力，还可将 I、II 段阻抗特性向第 I 象限偏移；接地距离继电器设有零序电抗特性，可防止接地故障时继电器超越。

正序极化电压较高时，由正序电压极化的距离继电器有很好的方向性；当正序电压下降至 $10\%U_N$ 以下时，进入三相低压程序，由正序电压记忆量极化，I、II 段距离继电器在动作前设置正的门坎，保证母线三相故障时继电器不可能失去方向性；继电器动作后则改为反门坎，保证正方向三相故障继电器动作后一直保持到故障切除。III 段距离继电器始终采用反门坎，因而三相短路III段稳态特性包含原点，不存在电压死区。

（1）低压距离继电器。当正序电压小于 $10\%U_N$ 时，进入低压距离程序。正方向故障时，低压距离继电器暂态动作特性见图 1-1-3。

Z_S 为保护安装处背后等值电源阻抗，测量阻抗 Z_K 在阻抗复数平面上的动作特性是以 Z_{ZD} 至 $-Z_S$ 连线为直径的圆，动作特性包含原点表明正向出口经或不经过渡电阻故障时都能正确动作，并不表示反方向故障时会误动作；反方向故障时的动作特性必须以反方向故障为前提导出。

反方向故障时（见图 1-1-4），测量阻抗 $-Z_K$ 在阻抗复数平面上的动作特性是以 Z_{ZD} 与 Z'_S 连线为直径的圆，其中，Z'_S 为保护安装处到对侧系统的总阻抗。当 $-Z_K$ 在圆内时动作，可见，继电器有明确的方向性，不可能误判方向。

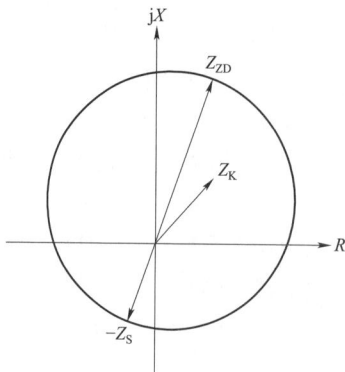

图 1-1-3　正方向故障时
动作特性图

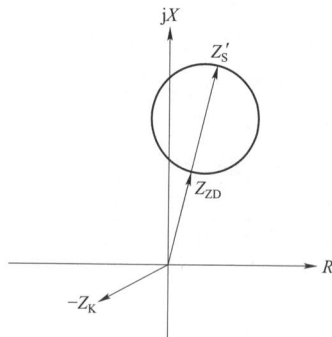

图 1-1-4　反方向故障时
动作特性图

以上的结论是在记忆电压消失以前，当记忆电压消失后，正方向故障时，测量阻抗 Z_K 在阻抗复数平面上的动作特性如图 1-1-5 所示，反方向故障时，$-Z_K$ 动作特性也如图 1-1-4 所示。由于动作特性经过原点，因此母线和出口故障时，继电器处于动作边界；为了保证母线故障，特别是经弧光电阻三相故障时不会误动作，Ⅰ、Ⅱ段距离继电器在动作前设置正的门坎，其幅值取最大弧光压降，保证母线三相故障时继电器不可能失去方向性；继电器动作后则改为反门坎，相当于将特性圆包含原点，保证正方向出口三相故障继电器动作后一直保持到故障切除。为了保证Ⅲ段距离继电器的后备性能，Ⅲ段距离继电器始终采用反门坎，因而三相短路Ⅲ段稳态特性包含原点，不存在电压死区。

（2）接地距离继电器。Ⅰ、Ⅱ段接地距离继电器由方向阻抗继电器和零序电抗继电器相与构成。Ⅰ、Ⅱ段方向阻抗继电器的极化电压，较Ⅲ段增加了一个偏移角 θ_1，其作用是在短线路应用时，将方向阻抗特性向第Ⅰ象限偏移，以扩大允许故障过渡电阻的能力。θ_1 的整定可按 0°、15°、30° 三挡选择（见图 1-1-6）。方向阻抗继电器与零序电抗继电器两部分结合，增强了在短线上使用时允许过渡电阻的能力。

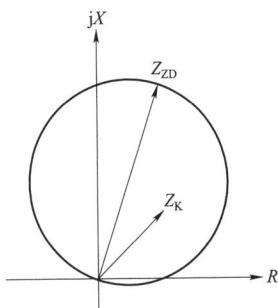

图 1-1-5　三相短路稳态特性　　　　图 1-1-6　正方向故障时继电器特性

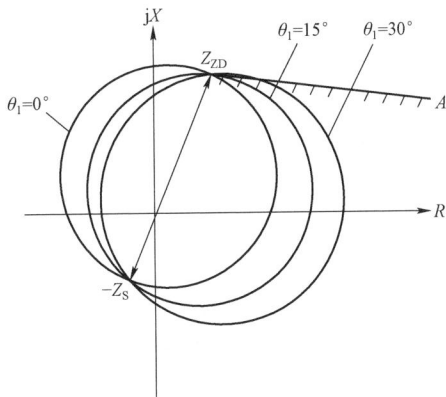

Ⅲ段接地距离继电器由阻抗圆接地距离继电器和四边形接地距离继电器相或构成，四边形接地距离继电器可作为长线末端变压器后故障的远后备。

阻抗圆接地距离继电器的极化电压采用当前正序电压，非记忆量，这是因为接地故障时，正序电压主要由非故障相形成，基本保留了故障前的正序电压相位，因此，Ⅲ段接地距离继电器的特性与低压时的暂态特性完全一致，继电器有很好的方向性。

四边形接地距离继电器的动作特性如图 1-1-7 中的 $ABCD$，Z_{ZD} 为接地Ⅲ段圆阻抗定值，Z_{REC} 为接地Ⅲ段四边形定值，四边形中 BC 段与 Z_{ZD} 平行，且与Ⅲ段圆阻抗相切；

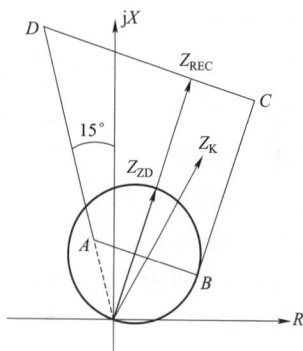

图 1-1-7　四边形相间
距离继电器的动作特性

AD 段延长线过原点偏移 jX 轴 15°；AB 段与 CD 段分别在 $Z_{ZD}/2$ 和 Z_{REC} 处垂直于 Z_{ZD}。整定四边形定值时只需整定 Z_{REC} 即可。

（3）相间距离继电器。Ⅰ、Ⅱ 段相间距离继电器由方向阻抗继电器和电抗继电器相与构成。Ⅰ、Ⅱ 段方向阻抗继电器的极化电压与接地距离Ⅰ、Ⅱ 段一样，较Ⅲ段增加了一个偏移角 θ_2，其作用也是为了在短线路使用时增加允许过渡电阻的能力。θ_2 的整定可按 0°、15°、30° 三挡选择。方向阻抗继电器与电抗继电器两部分结合，增强了在短线上使用时允许过渡电阻的能力。

Ⅲ段相间距离继电器由阻抗圆相间距离继电器和四边形相间距离继电器相或构成，四边形相间距离继电器可作为长线末端变压器后故障的远后备。

三相短路时，由于极化电压无记忆作用，其动作特性为一过原点的圆。由于正序电压较低时，由低压距离继电器测量，因此，这里既不存在死区也不存在母线故障失去方向性问题。

四边形相间距离继电器动作特性同四边形接地距离继电器，只是工作电压和极化电压以相间量计算。

3. 低频保护

当三相均有流，系统频率低于整定值，且无低电压闭锁和滑差闭锁时，经整定延时，低频保护动作，低电压以相间电压为判据。

二、试验目的

本次试验针对 110kV 线路间隔进行验收前调试，主要试验项目包括定值校验、传动试验、整组试验及带负荷试验等。

三、危险点分析及控制措施

危险点分析预控表见表 1-1-1。

表 1-1-1　　　　　　　　　　　危险点分析预控表

序号	危险点	控制措施
1	工作人员进入作业现场不戴安全帽，不穿绝缘鞋可能会发生人员伤害事故	工作负责人监督
2	工作现场不装设遮栏或围栏，工作人员进入作业现场可能会发生走错间隔及误操作其他运行设备	检查工作现场装设遮栏或围栏，符合现场工作安全要求
3	装置接地不好，可能会对校验人员造成伤害	通过测试检查装置接地情况

续表

序号	危险点	控制措施
4	变更标准装置校验接线，不断开电源，可能会对工作人员造成伤害	断开电源后才允许变更标准装置校验接线
5	装置专用校验导线未进行临时固定，可能会脱落，造成设备事故	对装置专用校验导线进行临时固定
6	二次电压回路拆、接线操作，有可能造成二次交、直流电压回路短路、接地	二次电压回路拆、接线操作时，应断开二次电压回路外部接线
7	在二次回路上拆、接线时，易发生遗漏及误恢复事故	在二次回路上拆、接线后，应及时记录拆线端子，防止发生遗漏及误恢复事故

四、作业流程

线路微机保护装置的调试作业流程如图 1-1-8 所示。

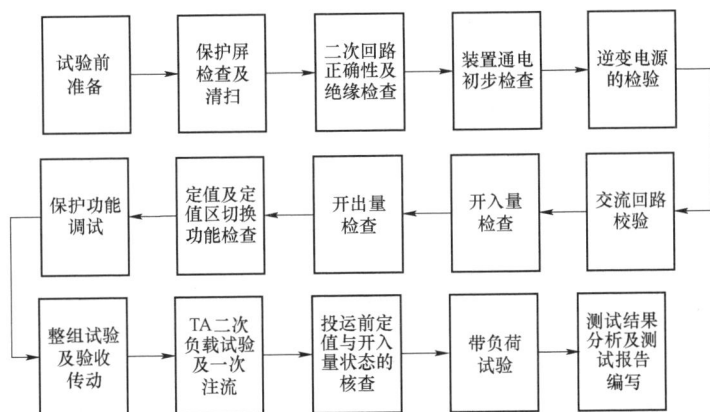

图 1-1-8 线路微机保护装置的调试作业流程图

五、试验前准备

试验前准备工作表见表 1-1-2。

表 1-1-2　　　　　试 验 前 准 备 工 作 表

序号	内　容	标　准
1	根据设备状况，确定工作内容，组织工作人员学习作业指导书，使全体工作人员熟悉作业内容、进度要求、作业标准、安全注意事项	所有工作人员都应明确本次校验工作的作业内容、进度要求、作业标准及安全注意事项
2	了解被校验设备出厂校验数据，分析设备状况	明确设备状况
3	准备校验用标准装置、仪器仪表、工器具，所用标准装置、仪器仪表及工器具状态良好	标准装置、仪器仪表等工器具应具有有效周期内的检定证书、报告，且状态良好
4	开工前，准备好相关技术、图纸、上一次试验报告、本次需要改进的项目等	满足本次施工的要求，材料应齐全，图纸及资料应符合现场实际情况

六、110kV 线路保护的调试项目、技术要求及调试报告

（一）保护屏检查及清扫

对保护装置端子连接、插件焊接、插件与插座固定、切换开关、按钮等机械部分检查并清扫，并应连接可靠、接触良好、回路清洁。

（1）保护屏后接线、插件外观检查：包括保护屏检查、屏内接线检查、保护屏内装置检查。

（2）保护屏上压板检查：检查压板端子接线是否符合反措要求、压板端子接线压接是否良好、压板外观检查情况良好。

（3）屏蔽接地检查：检查保护引入、引出电缆是否为屏蔽电缆、检查全部屏蔽电缆的屏蔽层是否两端接地、检查保护屏底部的下面是否构成一个专用的接地铜网格，保护屏的专用接地端子是否经不小于 $4mm^2$ 的铜线连接到此铜网格上，并检查各接地端子的连接处连接是否可靠。

（二）二次回路正确性及绝缘检查

（1）直流回路绝缘检查。确认直流电源断开后，将 CPU 插件、MONI 插件、开入插件拔出，对地用 1000V 绝缘电阻表全回路测试绝缘。绝缘应大于 10MΩ。

（2）交流电压回路绝缘检查。将交流电压断开后，在端子排内部将电压回路短接，拔出 A/D 插件，对地用 500V 绝缘电阻表全回路测试绝缘。绝缘应大于 20MΩ。

（3）交流电流回路绝缘检查。确认各间隔交流电流已短接退出后，在端子排内部将电流回路短接，拔出 A/D 插件，对地用 500V 绝缘电阻表全回路测试绝缘。绝缘应大于 20MΩ。

（4）户外设备检查。检查断路器端子箱、断路器操动机构箱、TA 接线箱等接线箱内部应清洁、无尘，各端子接线螺丝压接应紧固，户外端子箱防雨、防潮措施应可靠。

（三）装置通电初步检查

（1）保护装置通电后，先进行全面自检。自检通过后，装置运行灯亮。除可能发"TV 断线"信号外，应无其他异常信息。此时，液晶显示屏出现短时的全亮状态，表明液晶显示屏完好。

（2）保护装置时钟及 GPS 对时，保护复归重启检查。

1）检查保护装置时钟及 GPS 对时，装置时间应与 GPS 时间一致。

2）改变装置秒数，检查装置硬对时功能是否正常。

3）检查保护复归重启功能应正常。

（3）检验键盘正常。

（4）检查打印机与保护联调正常。进行本项试验之前，打印机应进行通电自检。将打印机与微机保护装置的通信电缆连接好。将打印机的打印纸装上，并合上打印机

电源。保护装置在运行状态下，按保护柜（屏）上的"打印"按钮，打印机便自动打印出保护装置的动作报告、定值报告和自检报告，表明打印机与微机保护装置联机成功。

（5）检查保护基本信息（版本及校验码）并打印。

（四）逆变电源的检验

检查逆变电源插件工作是否正常、逆变电源特性是否满足设计要求，检查内容有电压输出值量测和输入电源变化时的输出电压特性。其次检查装置在直流电源变化时是否误动作或误信号表示。

（1）试验前准备。断开装置跳、合闸出口压板。

（2）检验逆变电源的自启动性能。合上直流电源开关，试验直流电源由零缓慢升至 80%额定电压值，此时装置运行指示灯及液晶显示应亮。

（3）直流拉合试验。在拉合过程中，装置和监控后台上无装置动作信号。

（五）交流回路校验

1. 零漂检验

进行本项目检验时要求保护装置不输入交流量。进入保护菜单，检查保护装置各 CPU 模拟量输入，进行三相电流和零序电流、三相电压和同期电压通道的零漂值检验；零漂值均应在 $0.01I_N$（或 0.05V）以内。检验零漂时，在一段时间（3min）内零漂值应稳定在规定范围内。

2. 模拟量幅值特性检验

（1）模拟量相别检查。用保护测试仪同时接入装置的三相电压和三相电流输入，通过查看模拟量的相角确定保护装置配线是否无误，或者加入不同幅值的模拟量检查保护装置的模拟量接线是否正确。

（2）模拟量精度检查。用保护测试仪同时接入装置的三相电压和同期电压输入，三相电流和零序电流输入。调整输入交流电压分别为 60、30、5、1V，电流分别为 $5I_N$、$2I_N$、I_N、$0.1I_N$，保护装置采样显示与外部表计误差应小于 5%。在 $0.1I_N$ 时允许误差 10%。

在试验过程中，如果交流量的测量误差超过要求范围时，应首先检查试验接线、试验方法、外部测量表计等是否正确完好，试验电源有无波形畸变，不可急于调整或更换保护装置中的元器件。

3. 模拟量相位特性检验

按"模拟量幅值特性检验"规定的试验接线和加交流量方法，将交流电压和交流电流均加至额定值。检查各模拟量之间的相角，调节电流、电压相位，加入 $0.1I_N$ 的交流电流、额定电压，相位 120°和 0°进行测试。

进入"保护状态"中的"相角显示"子菜单，装置显示值与表计测量值不应大于 3°

（六）开入量检查

保护装置进入"保护状态"菜单后，选择开入显示子菜单，校验开关量输入变化情况。

（1）投退功能压板：开入均正确。

（2）检查其他开入量状态：开入均正确。

1）闭锁重合闸：合上断路器，使保护充电。投闭锁重合闸压板，检查合闸充电由"1"变为"0"。

2）断路器跳闸位置：断路器分别处于合闸状态和分闸状态时，校验断路器跳闸位置开关量状态。

3）压力闭锁重合闸：模拟断路器液（气）压压力低闭锁重合闸触点动作，校验压力闭锁重合闸开关量状态。

4）断路器合闸后位置：进行断路器手动合闸操作，对断路器合闸后位置开关量状态进行校验。

（七）开出量检查

（1）拉开装置直流电源，装置告警直流断线。告警应正确，输出接点应正确。

（2）模拟 TV 断线、TA 断线，装置告警，告警应正确，输出接点应正确。

（八）定值及定值区切换功能检查

（1）核对保护装置定值。现场定值与定值单一致。

（2）检查保护装置定值区切换，切换功能正常。

（3）检查 TA 变比系数，应与现场 TA 变比相符。

（九）保护功能调试

1. 距离保护校验

保护功能和定值应正确。当仅投入距离保护功能压板时，做以下试验。

（1）距离Ⅰ段保护检验。分别模拟 A、B、C 相单相接地瞬时故障，AB、BC、CA 相间瞬时故障。故障电流 I 固定（一般 $I=I_N$），相角为灵敏角，模拟故障时间为 $100\sim150ms$。故障电压 U_A 计算式如下。

模拟单相接地故障时

$$U_A = mIZ_{set1}(1+k) \tag{1-1-1}$$

模拟两相相间故障时

$$U_A = 2mIZ_{set1} \tag{1-1-2}$$

式中　m ——系数，其值分别为 0.95、1.05 及 0.7；

　　　k ——零序补偿系数；

Z_{set1}——距离Ⅰ段保护定值。

距离Ⅰ段保护在 0.95 倍定值（$m=0.95$）时，应可靠动作；在 1.05 倍定值时，应可靠不动作；在 0.7 倍定值时，测量距离保护Ⅰ段保护动作时间。

（2）距离Ⅱ段保护检验。检验距离Ⅱ段保护时，分别模拟单相接地和相间短路故障；故障电流 I 固定（一般 $I=I_N$），相角为灵敏角，故障电压 U_A 计算式如下。

模拟单相接地故障时

$$U_A=mIZ_{setp2}(1+k) \tag{1-1-3}$$

模拟相间短路故障时

$$U_A=2mIZ_{setpp2} \tag{1-1-4}$$

式中　Z_{setp2}——接地距离Ⅱ段保护定值；

　　　　Z_{setpp2}——相间距离Ⅱ段保护定值。

距离Ⅱ段保护在 0.95 倍定值时（$m=0.95$）应可靠动作；在 1.05 倍定值时，应可靠不动作；在 0.7 倍定值时，测量距离Ⅱ段保护动作时间。

（3）距离Ⅲ段保护检验。检验距离Ⅲ段保护时，分别模拟单相接地和相间短路故障；故障电流 I 固定（一般 $I=I_N$），相角为灵敏角，故障电压 U_A 计算式如下。

模拟单相接地故障时

$$U_A=mIZ_{setp3}(1+k) \tag{1-1-5}$$

模拟相间短路故障时

$$U_A=2mIZ_{setpp3} \tag{1-1-6}$$

式中　Z_{setp3}——接地距离Ⅲ段保护定值；

　　　　Z_{setpp3}——相间距离Ⅲ段保护定值。

距离Ⅲ段保护在 0.95 倍定值时（$m=0.95$）应可靠动作；在 1.05 倍定值时，应可靠不动作；在 0.7 倍定值时，测量距离Ⅲ段保护动作时间。

2. 零序过电流保护检验。

仅投入零序保护功能压板，做如下试验，保护功能和定值均应正确。

分别模拟 A、B、C 相单相接地瞬时故障，模拟故障电压 $U_A=30V$，模拟故障时间应大于零序过电流Ⅱ段（或Ⅲ段）保护的动作时间定值，相角为灵敏角，模拟故障电流为

$$I=mI_{0setn} \tag{1-1-7}$$

式中　m——系数，其值分别为 0.95、1.05 及 1.2；

　　　　I_{0setn}——零序过电流 n 段定值，$n=1$，2，3，4。

零序过电流 n 段保护在 0.95 倍定值（$m=0.95$）时，应可靠不动作；在 1.05 倍定值

时，应可靠动作；在 1.2 倍定值时，测量零序过电流 n 段保护的动作时间。

将定值中所有零序段的方向方式字均投入，给定故障电压 $U_A=30V$；加故障电流 $I=1.2I_{0set1}$，做 A 相反方向接地故障。零序保护应不动作。

TV 断线时相电流保护定值校验。零序保护和距离保护功能压板均投入。保护功能应正确，定值应正确。

模拟故障电压量不加（等于零），模拟故障时间应大于交流电压回路断线时过电流延时定值。故障电流为：

模拟相间（或三相）短路故障时

$$I=mI_{TVset} \tag{1-1-8}$$

模拟单相接地故障时

$$I=mI_{0TVset} \tag{1-1-9}$$

式中　I_{TVset}——交流电压回路断线时过电流定值；

　　　I_{0TVset}——交流电压回路断线时零序过电流定值。

在交流电压回路断线后，加模拟故障电流，过电流保护和零序过流保护在 1.05 倍定值时应可靠动作，在 0.95 倍定值时可靠不动作，并在 1.2 倍定值下测量保护动作时间。

合闸于故障线零序电流保护检验。投入零序保护和距离保护功能压板。保护功能和定值均应正确。

模拟手合单相接地故障，模拟故障前，给上"跳闸位置"开关量。模拟故障时间为 300ms，模拟故障电压 $U_A=50V$，相角为灵敏角，模拟故障电流为

$$I=mI_{0setck} \tag{1-1-10}$$

式中　I_{0setck}——合闸于故障线零序电流保护定值。

合闸于故障线零序电流保护在 1.05 倍定值时可靠动作，0.95 倍定值时可靠不动作，并测量 1.2 倍定值时的保护动作时间。

3. 保护反方向出口故障性能校验

保护反向出口故障性能检验：零序保护和距离保护功能压板均投入，保护功能和定值均应正确。

分别模拟反向 B 相接地、CA 相间和 ABC 三相瞬时故障。模拟故障电压为零，相角 $\varphi=180°+\varphi_{LM}$（$\varphi_{LM}$ 为线路灵敏角），模拟故障时间应小于距离Ⅲ段和零序过电流Ⅳ段的时间定值。

（十）整组动作时间测试

本试验是测量从模拟故障至断路器跳闸回路动作的保护整组动作时间以及从模拟

故障切除至断路器合闸回路动作的重合闸整组动作时间，由于 110kV 线路保护一般不用于分相操动机构，因此不进行分相回路的测量。

时间测试的合格判据为：① 整定值在 0.1～1s 时，测量误差不小于 15ms；② 整定值在 1～10s 时，测量误差不小于整定值的 1.5%。

1. 保护整组动作时间测试

仅投入距离保护功能压板。模拟 AB 相间故障，其故障电流一般取 $I=I_N$，相角为灵敏角，模拟故障时间为 100ms，模拟故障。电压

$$U_A=0.7\times2IZ_{set1}=1.4IZ_{set1} \qquad (1-1-11)$$

上述试验要求检查保护显示或打印出距离 I 段的动作时间，其动作时间值应不大于 30ms。

以此类推，模拟距离 II、III 范围内的故障，故障注入时间略大于距离 II、III 动作时间。

仅投入零序方向电流保护功能压板。分别模拟零序电流 I、II、III 范围的 A、B、C 单相接地故障，其故障电压一般取 $U=0.7U_N$，相角为灵敏角，故障电流取：$I=1.2I_{set}$。故障注入时间略大于整定时间，近段故障注入时间为 100ms。

2. 过负荷试验

分别校验过负荷电流定值及时间，定值及时间应与整定值相符。

（十一）整组试验及验收传动

（1）新投产应用 80% 保护直流电源和开关控制电源进行开关传动试验。

（2）保护装置功能压板、跳闸及合闸压板应投上。

（3）进行传动断路器试验之前，控制室和开关站均应有专人监视，并应具备良好的通信联络设备，以便观察断路器和保护装置动作相别是否一致，监视中央信号装置的动作及声、光信号指示是否正确。如果发生异常情况时，应立即停止试验，在查明原因并改正后再继续进行。

传动断路器试验应在确保检验质量的前提下，尽可能减少断路器的动作次数。根据此原则一般进行以下试验项目：

（1）传动断路器试验和动作信号检查。

1）整定的重合闸方式下，模拟 A 相 I 段范围瞬时性接地故障。

2）整定的重合闸方式下，模拟 B 相永久性接地故障。

3）整定的重合闸方式下，模拟 BC 相间瞬时性故障。

4）重合闸停用方式下，模拟 C 相 I 段范围瞬时性接地故障。

分别用远方操作和就地操作开关，检查操作开关过程中测控信号是否正确及是否有异常现象发生。

（2）重合闸检验。重合闸压板投入，距离、零序保护压板投入。

（十二）TA 二次负载试验及一次注流

（1）短接相关 TA 二次绕组，给保护装置加入额定二次电流，测量保护装置交流电流输入端的电压降，依据测试结果计算二次回路阻抗，电流与电压的乘积应小于电流互感器的额定容量要求。

（2）TA 一次侧注入大电流，TV 二次回路加额定工作电压，通过调节一次电流值以及与二次电压的角度，进行相关电流、电压回路的模拟带负荷试验，检查极性、变比及二次回路的正确性。TA 一次注流在二次回路已完整、相关保护传动试验结束后进行。

（十三）投运前定值与开入量状态的核查

进入"定值"菜单，打印出按定值整定通知单整定的保护定值，定值报告应与定值整定通知单一致。在正常运行压板显示状态，查看保护投入压板与实际运行状态一致。

（十四）保护校验存在的问题

对本次保护校验存在的问题做好记录，依据检查结果确定保护可以（或不可以）投入运行。

（十五）带负荷试验

为保证测试准确，当负荷电流的二次电流值大于保护装置的精确工作电流（$0.1I_N$）时，应同时采用装置显示和钳形相位表测试进行相互校验，不得仅依靠外部钳形相位表测试数据进行判断。

（1）交流电压的相名核对。用万用表交流电压挡测量保护屏端子排上的交流相电压和相间电压，并校核本保护屏上的三相电压与已确认正确的 TV 小母线三相电压的相别。

（2）交流电压和电流的数值检验。保护装置在运行状态下，选择"保护状态"菜单（DSP 采样值、CPU 采样值）。以实际负荷为基准，检验电压、电流互感器变比是否正确。

（3）检验交流电压和电流的相位。保护装置在主菜单中选择"保护状态"菜单"相角显示"，进行相位检验。在进行相位检验时，应分别检验三相电压的相位关系，并根据实际负荷情况，核对交流电压和交流电流之间的相位关系。

（十六）测试结果分析及测试报告编写

将测试数据填入本单位规定的测试报告内并进行结果分析。

【思考与练习】

1. 编写本单位常用 110kV 线路保护装置的调试大纲。

2. 以距离保护和零序保护为例，比较欠量保护调试与过量保护调试的区别。

3. 实验中如何搜索零序保护动作的边界？

▲ 模块 2 220kV 线路微机保护装置的调试 （ZY1900201006）

【模块描述】本模块包含 220kV 线路微机保护装置的典型装置介绍、试验目的、危险点分析及控制措施、作业流程、试验前准备，掌握装置的调试项目、技术要求及调试报告工作。

【模块内容】

一、典型线路微机保护装置

（一）应用范围

RCS-901 装置为由微机实现的数字式超高压线路成套快速保护装置，可用作 220kV 及以上电压等级输电线路的主保护及后备保护。

（二）保护配置

RCS-901 装置包括以纵联变化量方向和零序方向元件为主体的快速主保护，由工频变化量距离元件构成的快速 I 段保护，由三段式相间和接地距离及多个延时段或反时限零序方向过流构成全套后备保护；RCS-901 装置保护有分相出口，配有自动重合闸功能，对单或双母线接线的开关实现单相重合、三相重合和综合重合闸。

（1）装置结构。装置采用 4U 标准机箱，用嵌入式安装于屏上。机箱结构和屏面开孔尺寸见图 1-1-1。

（2）装置各插件原理说明，具体硬件模块图详见图 1-1-2。

（三）软件工作原理

1. 装置总启动元件

启动元件的主体以反应相间工频变化量的过流继电器实现，同时又配以反应全电流的零序过流继电器互相补充。反应工频变化量的启动元件采用浮动门坎，正常运行及系统振荡时变化量的不平衡输出均自动构成自适应式的门坎，浮动门坎始终略高于不平衡输出。在正常运行时由于不平衡分量很小，装置有很高的灵敏度。当系统振荡时，自动抬高浮动门坎而降低灵敏度，不需要设置专门的振荡闭锁回路。因此，启动元件有很高的灵敏度而又不会频繁启动，装置有很高的安全性。

（1）电流变化量启动

$$\Delta I_{\Phi\Phi MAX} > 1.25\Delta I_T + \Delta I_{ZD} \qquad (1-2-1)$$

式中 $\Delta I_{\Phi\Phi MAX}$ ——相间电流的半波积分的最大值；

$\quad\quad\quad \Delta I_{ZD}$ ——可整定电流的固定门坎值；

$\quad\quad\quad \Delta I_T$ ——可整定电流的浮动门坎值，随着变化量的变化而自动调整，取 1.25 倍可保证门坎始终略高于不平衡输出。

该元件动作并展宽 7s，去开放出口继电器正电源。

（2）零序过电流元件启动。当外接和自产零序电流均大于整定值时，零序启动元件动作并展宽 7s，去开放出口继电器正电源。

（3）位置不对应启动。这一部分的启动由用户选择投入。当控制字"不对应启动重合"整定为"1"，重合闸充电完成的情况下，如有开关偷跳，则总启动元件动作并展宽 15s，去开放出口继电器正电源。

（4）纵联差动或远跳启动。发生区内三相故障，弱电源侧电流启动元件可能不动作，此时若收到对侧的差动保护允许信号，则判别差动继电器动作相关相、相间电压，若小于 65%额定电压，则辅助电压启动元件动作，去开放出口继电器正电源 7s。

当本侧收到对侧的远跳信号且定值中"远跳受本侧控制"置"0"时，去开放出口继电器正电源 500ms。

（5）过电流跳闸启动。对于 RCS–931XL，"距离压板"投入并且"投过电流跳闸"控制字置"1"，若其他启动元件不动作，但最大相电流大于"过电流跳闸定值"，经"过电流跳闸延时"，过电流跳闸启动元件动作，去开放出口继电器正电源 7s。

最大相电流大于"过电流跳闸定值"，经 100ms 延时，装置有开关变位报告"过电流启动"；开关变位报告"过电流启动"的主要作用是作为过电流跳闸元件动作时间的参考。

装置由"过电流动作"启动时，动作报告中"过电流动作"的动作时间为 1ms，无法直观看到"过电流跳闸时间"延时。此时可参考"过电流启动"变位报告的绝对时间。因最大相电流大于"过电流跳闸定值"延时 100ms 报"过电流启动"变位，最大相电流大于"过电流跳闸定值"经"过电流跳闸时间"延时动作，所以有

过电流跳闸延时=过电流启动动作绝对时间–过电流启动变位的绝对时间+100ms

2. 工频变化量距离继电器

电力系统发生短路故障时，其短路电流、电压可分解为故障前负荷状态的电流电压分量和故障分量，反应工频变化量的继电器只考虑故障分量，不受负荷状态的影响。

工频变化量距离继电器测量工作电压的工频变化量的幅值，其动作方程为

$$\Delta U_{OP} > U_Z \quad\quad\quad\quad (1\text{--}2\text{--}2)$$

对相间故障

$$U_{\text{OP}\Phi\Phi} = U_{\Phi\Phi} - I_{\Phi\Phi}Z_{\text{ZD}} \qquad (1-2-3)$$

式中　$U_{\text{OP}\Phi\Phi}$——相间故障动作电压，V；

$\quad\quad U_{\text{OP}\Phi}$——单相故障动作电压，V。

对接地故障

$$U_{\text{OP}\Phi} = U_{\Phi} - (I_{\Phi} + K3I_0)Z_{\text{ZD}} \qquad (1-2-4)$$

式中　Z_{ZD}——整定阻抗，一般取 0.8～0.85 倍线路阻抗；

$\quad\quad U_Z$——动作门坎，取故障前工作电压的记忆量。

正、反方向故障时，工频变化量距离继电器动作特性见图 1-2-1 和图 1-2-2。

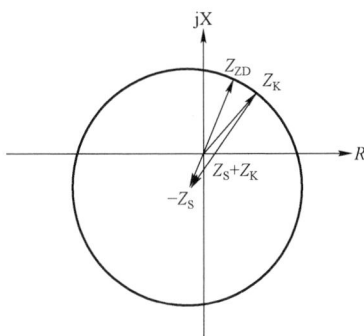

图 1-2-1　正方向短路动作特性　　　图 1-2-2　反方向短路动作特性

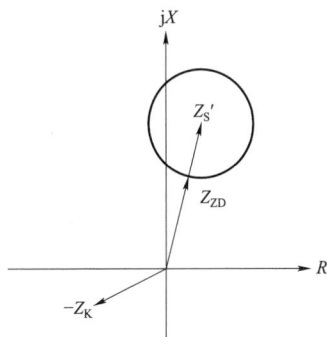

正方向故障时，测量阻抗$-Z_K$在阻抗复数平面上的动作特性是以矢量$-Z_S$为圆心，以$|Z_S+Z_{\text{ZD}}|$为半径的圆，如图 1-2-1 所示，当Z_K矢量末端落于圆内时动作，可见这种阻抗继电器有大的允许过渡电阻能力。当过渡电阻受对侧电源助增时，由于$\Delta\dot{I}_N$一般与$\Delta\dot{I}$是同相位，过渡电阻上的压降始终与$\Delta\dot{I}$同相位，过渡电阻始终呈电阻性，与 R 轴平行，因此，不存在由于对侧电流助增所引起的超越问题。

对反方向短路，测量阻抗$-Z_K$在阻抗复数平面上的动作特性是以矢量Z_S'为圆心，以$|Z_S'-Z_{\text{ZD}}|$为半径的圆，动作圆在第一象限，而因为$-Z_K$总是在第三象限，因此，阻抗元件有明确的方向性。工频变化量阻抗元件由距离保护压板投退。

3. 闭锁式纵联保护逻辑

纵联保护由整定控制字选择是采用超范围允许式还是闭锁式，两者的逻辑有所不同，但都分为启动元件动作保护进入故障测量程序和启动元件不动作保护在正常运行程序两种情况。

一般与专用收发信机配合构成闭锁式纵联保护，位置停信、其他保护动作停信、通道交换逻辑等都由保护装置实现，这些信号都应接入保护装置而不接至收发信机，即发信或停信只由保护发信接点控制，发信接点动作即发信，不动作则为停信。

（1）故障测量程序中闭锁式纵联保护逻辑（见图1-2-3）：

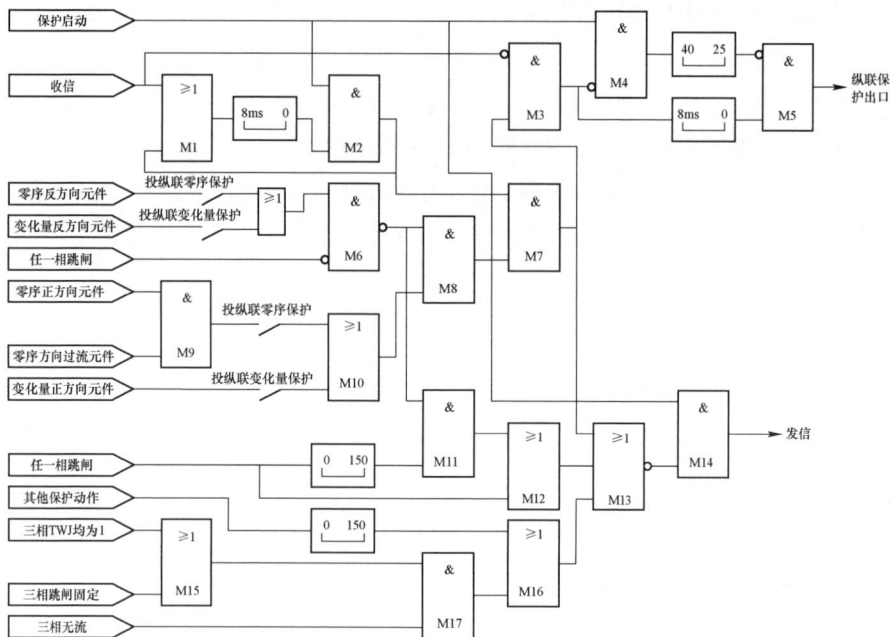

图1-2-3 故障测量程序中闭锁式纵联保护逻辑图

1）启动元件动作即进入故障程序，收发信机即被启动发闭锁信号；

2）反方向元件动作时，立即闭锁正方向元件的停信回路，即方向元件中反方向元件动作优先，这样有利于防止故障功率倒方向时误动作；

3）启动元件动作后，收信8ms后才允许正方向元件投入工作，反方向元件不动作，纵联变化量元件或纵联零序元件任一动作时，停止发信；

4）当本装置其他保护（如工频变化量阻抗、零序延时段、距离保护）动作，或外部保护（如母线差动保护）动作跳闸时，立即停止发信，并在跳闸信号返回后，停信展宽150ms，但在展宽期间若反方向元件动作，立即返回，继续发信；

5）三相跳闸固定回路动作或三相跳闸位置继电器均动作且无流时，始终停止发信；

6）区内故障时，正方向元件动作而反方向元件不动作，两侧均停信，经8ms延时纵联保护出口；装置内设有功率倒方向延时回路，该回路是为了防止区外故障后，在断合开关的过程中，故障功率方向出现倒方向，短时出现一侧正方向元件未返回，另一侧正方向元件已动作而出现瞬时误动而设置的，见图1-2-4，本装置设于1、2两端，若图示短路点发生故障，1 为正方向，2 为反方向，M 侧停信，N 侧发信，开关 3 跳开时，故障功率倒向可能使 1 为反方向，2 为正方向。如果 N 侧停信的速度快于 M 侧发信，则 N 侧可能瞬间出现正方向元件动作同时无收信

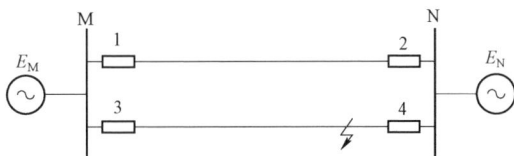

图 1-2-4　功率倒方向

信号，这种情况可以通过当连续收信 40ms 以后，方向比较保护延时 25ms 动作的方式来躲过。

（2）正常运行程序中闭锁式纵联保护逻辑（见图 1-2-5）。通道试验、远方起信逻辑由本装置实现，这样进行通道试验时就把两侧的保护装置、收发信机和通道一起进行检查。与本装置配合时，收发信机内部的远方起信逻辑部分应取消。

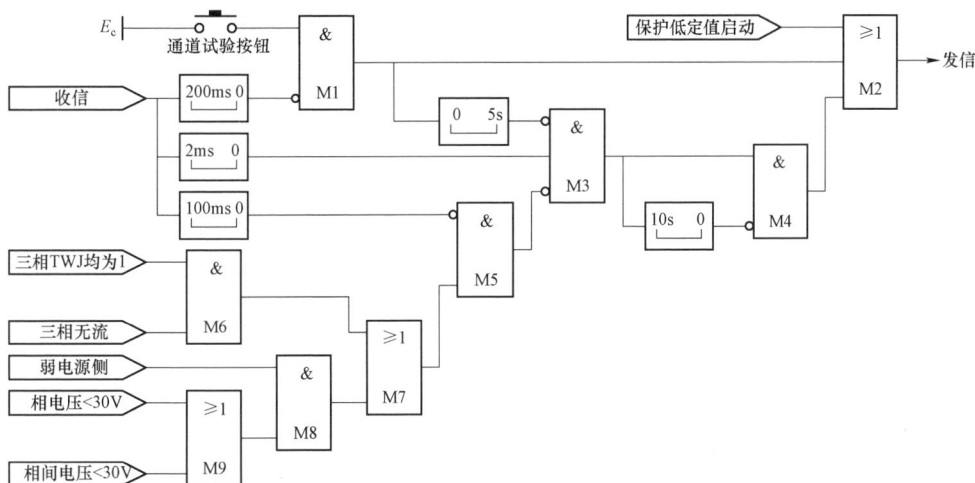

图 1-2-5　正常运行程序中闭锁式纵联保护逻辑图

远方启动发信：当收到对侧信号后，如 TWJ 未动作，则立即发信，如 TWJ 动作，则延时 100ms 发信；当用于弱电侧，判断任一相电压或相间电压低于 30V 时，延时 100ms 发信，这保证在线路轻负荷，启动元件不动作的情况下，由对侧保护快速切除故障。无上述情况时则本侧收信后，立即由远方起信回路发信，10s 后停信。

通道试验：对闭锁式通道，正常运行时需进行通道信号交换，由人工在保护屏上按下通道试验按钮，本侧发信，收信 200ms 后停止发信；收对侧信号达 5s 后本侧再次发信，10s 后停止发信。在通道试验过程中，若保护装置启动，则结束本次通道试验。

二、试验目的

本次试验针对 220kV 线路间隔进行验收前调试，主要试验项目包括定值校验、传动试验、整组试验及带负荷试验等。

三、危险点分析及控制措施

危险点分析及控制措施见表 1–1–1。

四、作业流程

线路微机保护装置的调试作业流程如图 1–2–6 所示。

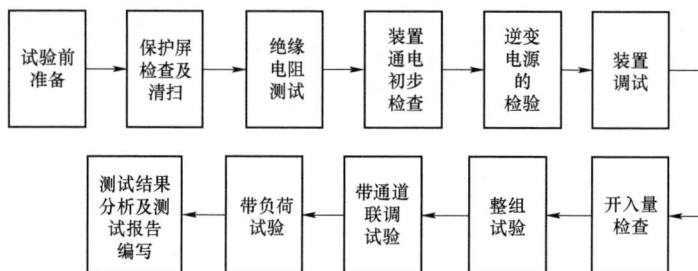

图 1–2–6　线路微机保护装置的调试作业流程图

五、试验前准备

试验前准备工作表见表 1–1–2。

六、220kV 线路保护的调试项目、技术要求及调试报告

（一）保护屏检查及清扫

详见 ZY1900201003 中六、的（一）。

（二）二次回路正确性及绝缘检查

详见 ZY1900201003 中六、的（二）。

（三）装置通电初步检查

详见 ZY1900201003 中六、的（三）。

（四）逆变电源的检验

详见 ZY1900201003 中六、的（四）。

（五）交流回路校验

详见 ZY1900201003 中六、的（五）。

（六）开入量检查

详见 ZY1900201003 中六、的（六）。

（七）开出量检查

详见 ZY1900201003 中六、的（七）。

（八）定值及定值区切换功能检查

详见 ZY1900201003 中六、的（八）。

（九）保护功能调试

定值控制字"内重合把手有效"控制字置 0。压板定值中"投主保护压板""投距离保护压板""投零序保护压板"置 1，"投三跳闭重压板"置 0。重合方式置单重位置，合上断路器，TWJA、TWJB、TWJC 都为 0，从保护屏电流、电压试验端子施加模拟故障电压和电流。为确保故障选相及测距的有效性，试验时应确保试验仪在收到保护跳闸命令 20ms 后再切除故障电流。

1. 纵联闭锁式保护

使用高频通道的，将收发信机整定在"负荷"位置，或将本装置的发信输出接至收信输入构成自发自收；使用光纤通道，则将光纤传输装置的尾纤自环。

仅投主保护功能压板，重合把手切在"单重方式"；整定保护定值控制字中"投纵联变化量方向"置 1、"允许式通道"置 0、"投重合闸"置 1、"投重合闸不检"置 1；保护充电，直至"充电"灯亮。

（1）纵联变化量方向保护校验。

1）正方向校验：加故障电流 $I=5A$，故障电压 $U=30V$，φ 为正序灵敏角下进行。分别模拟线路正方向单相接地、两相、三相瞬时故障；装置面板上相应跳闸灯亮，液晶上显示"纵联变化量方向"，动作时间为 15～30ms；

2）反方向校验：模拟上述反方向故障，纵联保护不动作。

（2）纵联零序方向保护检验。投入主保护和零序保护功能压板。整定保护定值控制字中"投纵联变化量方向"置 0，"投纵联零序方向"置 1。

1）正方向校验：分别模拟 A、B、C 相单相接地瞬时故障，一般情况下模拟故障电压取 $U=50V$，当模拟故障电流较小时可适当降低模拟故障电压数值。模拟故障时间为 100～150ms，相角为灵敏角，模拟故障电流为

$$I = mI_{0settk} \qquad\qquad (1-2-5)$$

式中　I_{0settk}——零序方向比较过电流定值；

　　　　m——系数，其值分别为 0.95、1.05 及 1.2。

高频零序方向保护在 0.95 倍定值（$m=0.95$）时，应可靠不动作；在 1.05 倍定值时应可靠动作；在 1.2 倍定值时，测量高频零序方向保护的动作时间。

2）反方向校验：分别模拟反向 B 相接地、CA 相间和 ABC 三相瞬时故障。模拟故障前电压为额定电压，模拟故障电压为零，相角 $\varphi=180°+\varphi_{sen}$，模拟故障时间应小于距离Ⅲ段和零序过电流Ⅲ段的时间定值，保护装置应可靠不动作。

模拟故障电流

$$I = \min[6I_N, 100/(1+k)I_D Z_{set}] \qquad (1-2-6)$$

式中 I_D——模拟故障的短路电流；

k——零序补偿系数；

Z_{set}——工频变化量阻抗定值，其中电流量取两者较小值。

（3）纵联距离保护检验。投入主保护和零序保护功能压板。整定保护定值控制字中"投纵联距离"置1，"投纵联零序方向"置0。

1）正方向校验：模拟故障前电压为额定电压，固定故障电流为 I（通常为5A，若故障相间电压大于100V、接地电压大于57V，应将 I 适当降低），计算故障后电压。分别模拟线路正方向单相接地、两相、三相瞬时故障；模拟故障时间为100～150ms，相角为90°，模拟单相接地故障时故障电压为

$$U=m(1+K_X)I_D X_{DZ} \qquad (1-2-7)$$

模拟两相相间故障时故障电压为

$$U=2mI_D X_{DZ} \qquad (1-2-8)$$

式中 m——系数，其值分别为0.95、1.05、0.7；

X_{DZ}——高频距离电抗分量定值；

K_X——零序补偿系数电抗分量。

高频距离保护在0.95倍定值（$m=0.95$）时，保护可靠动作，液晶屏幕显示和打印输出跳闸报告均应一致、正确。高频收发信机信号正确。在1.05倍定值时，应可靠不动作。

在0.7倍定值时，测量高频距离保护动作时间，其动作时间值不应大于40ms。

2）保护反方向出口故障性能校验。同纵联零序方向保护的反方向试验。

2. 工频变化量距离保护检验（例如 RCS-901 装置）

投入距离保护功能压板。距离保护其他段的控制字置"0"。

分别模拟A、B、C相单相接地瞬时故障和AB、BC、CA相间瞬时故障。模拟故障电流固定（其数值应使模拟故障电压在0～U_N范围内），模拟故障前电压为额定电压，模拟故障时间为100～150ms，模拟单相接地故障时故障电压为

$$U=(1+k)I_D Z_{set}+(1-1.05m)U_N \qquad (1-2-9)$$

模拟相间短路故障时故障电压为

$$U=2I_D Z_{set}+(1-1.05m)\times\sqrt{3}\,U_N \qquad (1-2-10)$$

式中 Z_{set}——工频变化量距离保护定值。

工频变化量距离保护在 $m=1.1$ 时，应可靠动作；在 $m=0.9$ 时，应可靠不动作；在

m=1.2 时，测量工频变化量距离保护动作时间。

3. 距离保护检验

仅投入距离保护功能压板。

（1）距离 I 段保护检验。仅投入距离 I 段投入压板。分别模拟 A、B、C 相单相接地瞬时故障，AB、BC、CA 相间瞬时故障。故障电流 I 固定（一般 $I=I_{N}$），相角为 90°，模拟故障时间为 100～150ms，模拟单相接地故障时故障电压为

$$U=m(1+K_{X})I_{D}X_{D1} \qquad (1-2-11)$$

模拟两相相间故障时故障电压为

$$U=2mI_{D}X_{X1} \qquad (1-2-12)$$

式中　m——系数，其值分别为 0.95、1.05 及 0.7；

　　　X_{D1}——距离 I 段接地电抗分量定值；

　　　X_{X1}——距离 I 段相间电抗分量定值。

距离 I 段保护在 0.95 倍定值（m=0.95）时，应可靠动作；在 1.05 倍定值时，应可靠不动作；在 0.7 倍定值时，测量距离保护 I 段的动作时间。

（2）距离 II 段和 III 段保护检验。投入距离 II、III 段投入压板。检验距离 II 段保护时，分别模拟 A 相接地和 BC 相间短路故障，检验距离 III 段保护时，分别模拟 B 相接地和 CA 相间短路故障。故障电流 I 固定（一般 $I=I_{N}$），相角为 90°，模拟单相接地故障时故障电压为

$$U=m(1+K_{X})I_{D}X_{Dn} \qquad (1-2-13)$$

模拟相间短路故障时

$$U=2mI_{D}X_{Xn} \qquad (1-2-14)$$

式中　m——系数，其值分别为 0.95、1.05 及 0.7；

　　　n——其值分别为 2 和 3；

　　　X_{Dn}——接地距离 II、III 段保护电抗分量定值；

　　　X_{Xn}——相间距离 II、III 段保护电抗分量定值。

距离 II 段和 III 段保护在 0.95 倍定值时（m=0.95）应可靠动作；在 1.05 倍定值时，应可靠不动作；在 0.7 倍定值时，测量距离 II 段和 III 段保护动作时间。

4. 零序过电流保护检验

仅投入零序保护功能压板。分别模拟 A、B、C 相单相接地瞬时故障，模拟故障电压 U=50V，模拟故障时间应大于零序过电流 II 段（或 III 段）保护的动作时间定值，相角为灵敏角，模拟故障电流为

$$I=mI_{0set2} \qquad (1-2-15)$$

$$I=mI_{0set3} \tag{1-2-16}$$

式中 I_{0set2} ——零序过电流Ⅱ段定值；

         I_{0set3} ——零序过电流Ⅲ段定值。

    零序过电流Ⅱ段和Ⅲ段保护在 0.95 倍定值（m=0.95）时，应可靠不动作；在 1.05 倍定值时，应可靠动作；在 1.2 倍定值时，测量零序过电流Ⅱ段和Ⅲ段保护的动作时间。

    5. TV 断线时保护检验

    主保护、零序保护和距离保护功能压板均投入。模拟故障电压量不加（等于零），模拟故障时间应大于交流电压回路断线时过电流延时定值。模拟相间（或三相）短路故障时故障电流为

$$I=mI_{TVset} \tag{1-2-17}$$

    模拟单相接地故障时故障电流为

$$I=mI_{0TVset} \tag{1-2-18}$$

式中 I_{TVset} ——交流电压回路断线时过电流定值；

         I_{0TVset} ——交流电压回路断线时零序过电流定值。

    在交流电压回路断线后，加模拟故障电流，过电流保护和零序过电流保护在 1.05 倍定值时应可靠动作，在 0.95 倍定值时可靠不动作，并在 1.2 倍定值下测量保护动作时间。

    TV 断线功能检查：①闭锁距离保护；②闭锁零序电流Ⅱ段；③零序Ⅲ段电流不带方向；④告警信号检查（单相、三相断线）。

    6. 合闸于故障线零序电流保护检验

    投入零序保护和距离保护功能压板。模拟手合单相接地故障，模拟故障前，给上"跳闸位置"开关量。模拟故障时间为 300ms，模拟故障电压 U=50V，相角为灵敏角，模拟故障电流为

$$I=mI_{0setck} \tag{1-2-19}$$

式中 I_{0setck} ——合闸于故障线零序电流保护定值。

    合闸于故障线零序电流保护在 1.05 倍定值时可靠动作，0.95 倍定值时可靠不动作，并测量 1.2 倍定值时的保护动作时间。

    7. TA 断线功能检查

    （1）告警功能检测（单相、两相断线）。

    （2）零序过电流Ⅱ段不带方向。

    （3）零序过电流Ⅲ段退出。

（十）整组动作时间测试

整组试验时，统一加模拟故障电压和电流，本线路断路器处于合闸位置。退出保护装置跳闸、合闸、启动失灵等压板。

1. 装置整组动作时间测量

本试验测量从模拟故障至断路器跳闸回路动作的保护整组动作时间，以及从模拟故障切除至断路器合闸回路动作的重合闸整组动作时间（A、B 相和 C 相分别测量）。

（1）相间距离 I 段保护的整组动作时间测量，仅投入距离保护功能压板。模拟 AB 相间故障，其故障电流一般取 $I=I_N$，相角为灵敏角，模拟故障时间为 100ms，模拟故障电压取

$$U=0.7\times 2IZ_{set1}=1.4IZ_{set1} \qquad (1-2-20)$$

式中　Z_{set1}——距离 I 段定值阻抗。

上述试验要求检查保护显示或打印出距离 I 段的动作时间，其动作时间值不应大于 30ms，并且与本项目所测保护整组动作时间的差值不大于 6ms。

（2）重合闸整组动作时间测量。仅投入距离保护功能压板，重合闸方式开关置整定的重合闸方式位置。

模拟 C 相接地故障，模拟故障电流一般取 $I=I_N$，相角为灵敏角，模拟故障时间为 100ms，模拟故障电压为

$$U=0.7IZ_{set1}(1+k) \qquad (1-2-21)$$

测量的重合闸整组动作时间与整定的重合闸时间误差不大于 50ms（不包含试验装置断流时间）。

方法：用保护动作触点启表，重合闸出口触点停表。

上述试验应同时核查保护显示和报告情况。

2. 与本线路其他保护装置配合联动试验

模拟试验应包括本线路的全部保护装置，以检验本线路所有保护装置的相互配合及动作正确性。重合闸方式开关分别置整定的重合闸方式以及重合闸停用方式，进行下列试验：

（1）模拟接地距离 I 段范围内单相瞬时和永久性接地故障。

（2）模拟相间距离 I 段范围内相间、相间接地、三相瞬时性和永久性故障。

（3）模拟距离 II 段范围内 A 相瞬时接地和 BC 相间瞬时故障（停用主保护）。

（4）模拟距离 III 段范围内 B 相瞬时接地和 CA 相间瞬时故障（停用主保护和零序保护）。

（5）模拟零序方向过电流 II 段动作范围内 C 相瞬时和永久性接地故障（停用主保

护和距离保护）。

（6）模拟零序方向过电流Ⅲ段动作范围内 A 相瞬时和永久性接地故障（停用主保护和距离保护）。

（7）模拟手合于全阻抗继电器和零序过电流继电器动作范围内的 A 相瞬时接地和 BC 相间瞬时故障。

（8）模拟反向出口 A 相接地、BC 相间和 ABC 三相瞬时故障。

3. 重合闸试验

（1）单重方式。当整定的重合闸方式为单重方式时，则重合闸方式开关置"单重"位置，模拟上述各种类型故障。

（2）三重方式。当整定的重合闸方式为三重方式时，则重合闸方式开关置"三重"位置，模拟上述各种类型故障。

（3）重合闸停用方式。又分为方式 1 及方式 2 两种。

1）重合闸停用方式 1：当整定的重合闸方式为重合闸停用方式时，则重合闸方式开关置"停用"位置，且"闭锁重合闸"开关量有输入，模拟上述各种类型故障。

2）重合闸停用方式 2：当整定的重合闸方式为重合闸禁止方式时，则重合闸方式开关置"停用"位置，且"闭锁重合闸"开关量无输入，模拟上述各种类型故障。

（4）特殊重合闸方式。当整定的重合闸方式为特殊重合闸方式时，则重合闸方式开关置"三重"位置，且保护装置整定值中的控制字 $BCS=1$，$BCPP=1$，模拟上述各种类型故障。与断路器失灵保护配合联动试验。

4. 断路器失灵保护性能试验

模拟各种故障，检验启动断路器失灵保护回路性能，应进行下列试验：

（1）模拟 A、B 相和 C 相单相接地故障。

（2）模拟 AC 相间故障。

做上述试验时，所加故障电流应大于失灵保护电流整定值，而模拟故障时间应与失灵保护动作时间配合。检查到母线保护屏的接线端子上。

5. 与中央信号、远动装置的配合联动试验

根据微机保护与中央信号、远动装置信息传送数量和方式的具体情况确定试验项目和方法。但要求至少应进行模拟保护装置异常、保护装置报警、保护装置动作跳闸、重合闸动作的试验。

（十一）整组试验及验收传动

整组试验及验收传动：

（1）新投产应用 80%保护直流电源和开关控制电源进行开关传动试验。

（2）保护装置功能压板、跳闸及合闸压板应投上。

（3）进行传动断路器试验之前，控制室和开关站均应有专人监视，并应具备良好的通信联络设备，以便观察断路器和保护装置动作相别是否一致，监视中央信号装置的动作及声、光信号指示是否正确。如果发生异常情况时，应立即停止试验，在查明原因并改正后再继续进行。

传动断路器试验应在确保检验质量的前提下，尽可能减少断路器的动作次数。根据此原则一般进行以下试验项目：

（1）传动断路器试验和动作信号检查。

1）整定的重合闸方式下，模拟 A 相 I 段范围瞬时性接地故障。

2）整定的重合闸方式下，模拟 B 相永久性接地故障。

3）整定的重合闸方式下，模拟 BC 相间瞬时性故障。

4）重合闸停用方式下，模拟 C 相 I 段范围瞬时性接地故障。

分别用远方操作和就地操作开关，检查操作开关过程中测控信号是否正确及是否有异常现象发生。

（2）重合闸检验。重合闸压板投入，距离、零序保护压板投入。

（十二）带通道联调试验

1. 通道检查试验

线路两侧收发信机均置通道位置，两侧收发信机和微机保护装置电源开关均合上。两侧的"运行"灯应亮，通道检查"通道异常"灯不亮。两侧分别进行通道检查试验（按保护屏上的通道检查试验按钮）。两侧收发信电平均正常。

2. 保护装置带通道试验

投入主保护功能压板、零序保护，退出距离保护功能压板。

模拟故障前电压为额定电压，故障时间为 100～150ms。

模拟单相接地故障时

$$U=1.2m(1+k)IZ_{setp2}　(I=I_N)　　　　　　　　（1-2-22）$$

式中　Z_{setp2}——接地距离 II 段定值。

模拟相间故障时

$$U=2.4mIZ_{setpp2},　I=I_N　　　　　　　　（1-2-23）$$

式中　Z_{setpp2}——相间距离 II 段定值；

　　　m——0.5。

（1）闭锁式保护。合上一侧收发信机和保护装置的直流电源开关，另一侧收发信机关机。模拟区内故障，高频保护均应可靠动作。

线路两侧收发信机和保护装置均投入正常工作，单侧（两侧分别进行）模拟区内故障，相角为灵敏角。模拟应不少于 5 次故障，高频保护均不动作。

（2）允许式保护（光纤距离保护）。线路两侧光纤接口装置和保护装置均投入工作。

1）对侧光纤接口装置自环，模拟区内故障，高频保护均动作。

2）对侧光纤接口装置自环，模拟区外故障，不少于 5 次故障，高频保护均不动作。上述试验结束后，恢复所有接线。

（十三）TA 二次负载试验及一次注流

（1）短接相关 TA 二次绕组，给保护装置加入额定二次电流，测量保护装置交流电流输入端的电压降，依据测试结果计算二次回路阻抗，电流与电压的乘积应小于电流互感器的额定容量要求。

（2）TA 一次侧注入大电流，TV 二次回路加额定工作电压，通过调节一次电流值以及与二次电压的角度，进行相关电流、电压回路的模拟带负荷试验，检查极性、变比及二次回路的正确性。TA 一次注流在二次回路已完整、相关保护传动试验结束后进行。

（十四）保护校验存在的问题

对本次保护校验存在的问题做好记录，依据检查结果确定保护可以（或不可以）投入运行。

（十五）带负荷试验

为保证测试准确，负荷电流的二次电流值应大于保护装置的精确工作电流（$0.1I_N$）时，应同时采用装置显示和钳形相位表测试进行相互校验，不得仅依靠外部钳形相位表测试数据进行判断。

（1）交流电压的相名核对。用万用表交流电压挡测量保护屏端子排上的交流相电压和相间电压，并校核本保护屏上的三相电压与已确认正确的 TV 小母线三相电压的相别。

（2）交流电压和电流的数值检验。保护装置在运行状态下，选择"保护状态"菜单（DSP 采样值、CPU 采样值）。以实际负荷为基准，检验电压、电流互感器变比是否正确。

（3）检验交流电压和电流的相位。保护装置在主菜单中选择"保护状态"菜单"相角显示"，进行相位检验。在进行相位检验时，应分别检验三相电压的相位关系，并根据实际负荷情况，核对交流电压和交流电流之间的相位关系。

（十六）测试结果分析及测试报告编写

将测试数据填入本单位规定的测试报告内并进行结果分析。

【思考与练习】

1. 试编制本单位典型 220kV 线路保护调试大纲。

2. 简要说明让后加速保护动作的试验方法。

3. 简要说明光纤差动保护定值校验方法。

模块 3　保护通道调试（ZY1900201012）

【模块描述】本模块包含保护通道的调试步骤、工作程序及简单异常处理，通过对保护通道各组元件和通道调试的实际操作训练，掌握保护通道的调试、流程、方法。

【模块内容】

一、光纤通道的调试

（一）通道维护的相关规定

根据微波、光纤电路传输继电保护信息通道运行管理办法的要求，保护在使用光纤通道时，通信、继电保护专业管理界面划分有以下规定：

（1）复用 PCM 基群 64Kbit/s 及以上速率的数字接口（包括数字微波电路）传输通道，两种通道的公共部分由通信人员负责维护。

（2）公用光缆专用纤方式下，继电保护（传输）装置至最近的光纤分线盒 ODF 交接法兰盘间的尾纤，由继电保护专业负责管理，其他设备和光缆由通信专业负责管理。通信人员在保护室或控制室内的光配架等设备上的操作维护，应在输完各项手续经批准同意后，在保护专业人员或电气值班人员监护下进行工作。

（3）复用数字传输通道方式下，以通信机房内的综合配线架 MDF（音频配线架 VDF/光配线架 ODF）最外侧端子为专业分工管理界面，继电保护（传输）装置至通信 MDF（VDF/ODF）出口端的传输线缆等设备由继电保护专业负责。

（二）点对点光纤通道调试

点对点光纤通道联调内容主要有通道检查、装置带通道试验、带负荷试验。点对点的通道连接方式如图 1–3–1 所示。

图 1–3–1　点对点的通道连接方式

输入整定值，检查定值项"专用光纤"控制字为"1"（"1"表示通道采用专用光纤方式，"0"表示通道采用 PCM 复用方式）。核对两侧定值项"主机方式"控制字，一侧置"1"，另一侧必须置"0"。然后，将保护接入通道，检查保护装置面板上的通道告警灯是否已熄灭，告警灯已熄灭两侧保护装置通信已正常，可以进行以下联调工作。

1. 通道检查

（1）用光功率计（表）测量保护的发送电平和接收电平。

1）本侧（装置）发送电平测试：在装置后的 TX 端用尾纤接到光功率机，在光功率计（表）波长选保护整定的波长（如 λ=1310），测得读数为本侧装置的发送功率，测量示意图如图 1-3-2 所示。检查保护装置的发信功率是否和光端机插件（背后在 CPU 板上）上的标称值一致，以 RCS-931 装置为例，常规插件波长为 1310nm，装置发信功率为（16±3）dBm，超长距离（64Kbit/s 时光纤距离≥80km，2Mbit/s 时光纤距离≥60km，订货时需特殊说明）波长为 1550nm，装置发信功率为（11±3）dBm。

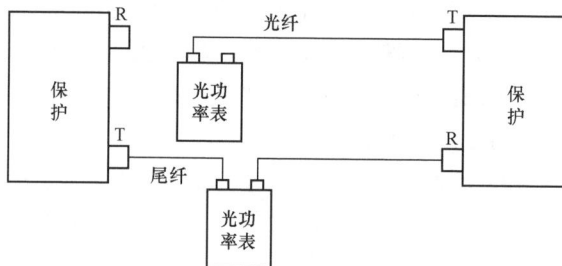

图 1-3-2　点对点通道测试光功率

2）本侧接收电平测试：要求对方发信，拔出接在装置后 RX 端上的光纤直接接到光功率计（表）上，并在光功率计中选定装置的波长 λ，测得读数为通道接收到的电平。要求两种插件通信速率为 64Kbit/s 的接收灵敏度达到要求。

例如：RCS-931，λ-1310nm 时，接收灵敏度为 φ=45dBm，常规插件 2M 的接收灵敏度为 35dBm，超长距离插件 2M 的接收灵敏度为 φ=40dBm。接收灵敏度为光接收器分辨"0""1"的最低电平。

3）通道衰耗：收信裕度对侧发送电平减去本侧接收电平。保证收信功率裕度至少在 6dBm 以上，最好大于 10dBm。若线路比较长导致对侧收信裕度不足时，可以在对侧装置内通过跳线增加发信功率，同时检查光纤的衰耗是否与实际线路长度相符（尾纤的衰耗是很小的，光缆平均衰耗为 0.4dBm/km）。

以上数值记录备案，以供定期校验参考。当接收电平小于要求时，应检查 CPU 插件中的相关跳线，见表 1-3-1。当采用专用光纤时，发送功率分四挡，由跳线决定。

表 1-3-1　　　　　　　　　　　　RCS-931 装置的发送功率

跳线选择	发送速率（Kbit/s）	
	64	2048
JP301-OFF，JP302-OFF	-16	-16
JP301-ON，JP302-OFF	-9	-12
JP301-OFF，JP302-ON	-7	-9
JP301-ON，JP302-ON	-5	-8

（2）通道通信指标检查。分别用尾纤将两侧保护装置的光收、发自环，通过专用纤芯通信时，两侧装置的"专用光纤"控制字都整定为 1；"通道自环试验"控制字置 1。经一段时间的观察，两侧装置上均无通道告警信号后，在装置上检查通道误码率。进入"通道状态"菜单，"失步次数""误码总数""报文异常总数""报文超时"应为某个固定值。若该值一直在递增，说明通道不正常，应重新检查通道连接或光端机收发功率。

恢复正常运行时的定值，将通道恢复到正常运行时的连接，投入差动压板，保护装置通道异常灯应不亮，无通道异常信号，通道状态中的各个状态计数器维持不变。

（3）检查通道告警。两侧分别拔出保护装置 T 端子的光纤和 R 端子光纤，检查相应接点应动作，两侧保护装置面板上的通道告警灯均亮，并分别反应在各自的中央信号中。

2. 装置带通道试验

接好光缆，把两侧保护装置的"通道自环试验"控制字置"0"，两侧装置运行灯亮，无任何异常信号。同时注意："主机方式"控制字一侧置"1"，另一侧置"0"，两侧的差动保护投入压板均投入。

（1）两侧断路器均分位。两侧断路器均为分闸位置，对侧分别加入正常电压，加入单相电流大于差动高值，本侧不加电流、电压。在本侧装置"DSP 采样值"上读取的对侧电流幅值，检查差动电流幅值，误差应小于 $5\%I_N$。同时可验证，对侧差动保护动作，本侧差动不动作。

（2）一侧断路器合位，另一侧断路器分位。一侧（M 侧）断路器合上，另一侧（N 侧）断路器分位，在 M 侧加入正常电压和单相电流大于差动高值。合格判据：M 侧差动保护动作，N 侧差动保护不动作。

一侧（M 侧）断路器合上，另一侧（N 侧）断路器分位，在 N 侧加入正常电压和单相电流大于差动高值。合格判据：两侧差动保护动作。

（3）两侧断路器均合位。一侧加入正常电压和大于差动高值的电流时，另一侧不加量。合格判据：加量侧差动保护单相跳闸；不加量侧三相跳闸。

一侧加入正常电压和大于差动高值的电流时，另一侧只加正常电压。合格判据：两侧差动保护不动作。

（4）模拟弱馈功能。两侧断路器合上，本侧通入分相电流，对侧加三相 $34\sim40V$ 电压（以不出现 TV 断线为标准），两侧保护均出口。交换位置，做同样的试验。

（5）远跳试验。合上断路器，本侧仅投入差动压板，对侧模拟远跳输入接点动作。

当装置设置"远跳受本侧控制"为 0 时。开入量"收远跳"为 1 时，同时跳闸灯亮，本侧断路器跳闸，跳闸报告显示远跳动作。

当装置"远跳受本侧控制"为 1 时。开入量"收远跳"为 1 时，但不跳闸，必须加入故障启动量后才跳闸。

3. 差流检测

（1）记录两侧 TA 参数。

K_{ct} 整定方法：① 一次电流额定值最大侧整定为 1；② 另一侧 K_{ct}＝本侧一次电流额定值/对侧一次电流额定值。

（2）本侧加入 $0.2I_N$ 电流，在本侧装置上读电流。

（3）对侧加入 $0.2I_N$ 电流，在本侧装置上读电流。

负荷电流（额定电流 5A）$0.05I_N$ 时，在装置上差流显示值应大于 $0.02I_N$。

保护用光纤通道验收结束，通道资料齐全后，将两侧装置光端机经光纤正确连接，控制字"主机方式"按照整定书整定，控制字"通道自环试验"改为 0，整定完毕后若通道正常，则两侧的"运行"灯应亮，"通道异常"灯应不亮。

4. 联动试验

所有保护压板投入，通道投入，按表 1-3-2 故障项目测试。

表 1-3-2　　　　　　　　　联　动　试　验

故障类型	两侧保护动作情况	故障类型	两侧保护动作情况
A 相瞬时故障		相间瞬时故障	
B 相瞬时故障		本侧输入远跳令	
C 相永久故障		对侧输入远跳令	

5. ××保护专用光纤通道联调试验报告

结论：　　　　　　　　　　　（合格，不合格）。

（三）复用光纤通道的调试

保护复用 PCM 通道的连接如图 1-3-3 所示，保护复用 SDH 通道的连接如图 1-3-4 所示。连接继电保护与通信数字传输电缆应采用屏蔽，通信和继电保护装置在同一接地网的屏蔽电缆应两端接地，不在同一接地网的应采用光传输方式。

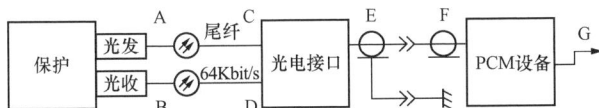

图 1-3-3　保护复用 PCM 通道

图 1-3-4　保护复用 SDH 通道

通道检查方法如下。

（1）保护装置的发送功率、接收功率检查同点对点通道检查（一）的（1）和（2）相关内容。

（2）光衰耗检查。检查两侧保护装置的光发送口测量发送功率 P_1，P_1 与出厂时标签上的标称值一致。检查保护装置的光接收口测量接收功率 P_2，在光电转换器的光发送口测量发送功率 P_4，在光电转换器的光接收口测量接收功率 P_3，保护发送功率与光电转换器的接收功率差（P_1—P_3），即保护至光电转换器的光衰耗，光电转换器发送功率与保护接收功率差（P_4—P_2），即光电转换器至保护的光衰耗。

如 RCS-931 装置，其光电接口 MUX 的发信功率为（13±2）dBm，接收灵敏度为-30dBm，因为站内光缆的衰耗不超过 1～2dB，故 MUX 的收信功率应在-20dBm 以上，保护装置的收信功率应在-15dBm 以上，如图 1-3-3 和图 1-3-4 所示。两个方向的光衰耗之差应小于 2～3dB 并记录备案，否则应查明原因。

（3）收信裕度的确认：保证收信功率裕度至少在 6dBm 以上，最好大于 10dBm。否则进行通道检查或更改发送功率跳线。

（4）自环检查。

1）本侧保护装置自环检查：分别用尾纤将两侧保护装置的光收、发自环，将"专用光纤""通道自环试验"控制字置"1"，经一段时间的观察，保护装置不能有通道异常告警信号，同时通道状态中的各个状态计数器均维持不变。

解开保护自环，恢复通道接线。

2）本侧光电接口自环检查：两侧在光电接口设备的电接口处使用电缆自环，将"专用光纤""通道自环试验"控制字置"1"，经一段时间的观察，保护不能报通道异常告警信号，同时通道状态中的各个状态计数器均不能增加。

3）远端复用通道自环检查：将通道恢复正常连接，在本侧将保护装置的"专用光纤"置"0"或"1"（64Kbit/s 的置"0"，2Mbit/s 的装置置"1"）、"通道自环试验"控制字置"1"，在对侧接口设备光电接口的电接口处将线解下对远端自环，相当于带上复用通道自环，经一段时间的观察，保护不能报通道异常告警信号，同时通道状态中的各个状态计数器均不能增加，或因通道误码，长时间有小的增加，完成后再测试另一侧。

如有误码仪，将对侧的光电接口用尾纤或在电口自环，利用误码仪测试复用通道的传输质量，要求误码率越低越好（要求短时间误码率至少在 10^{-6} 以上）。同时不能有 NO SIGNAL（无收信信号告警）、AIS、（信号丢失重要告警）、PATTERN LOS（图案丢失告警）等其他告警，通道测试时间要求最好超过 24h。

恢复两侧接口装置电口的正常连接，将通道恢复到正常运行时的连接。将定值恢复到正常运行时的状态。

（5）通道告警检查。投入差动压板，保护装置通道异常灯不亮，无通道异常信号。通道状态中的各个状态计数器维持不变（长时间后，可能会有小的增加）。

装置带通道试验、带负荷试验，差流、联动试验同点对点光纤通道调试。

（四）光纤通道故障排查方法

光纤通道故障的定位主要依靠的是自环试验。

1. 点对点通道

（1）光纤通道常见故障。

1）整定单中"专用光纤""通道自环试验""主机方式"等控制字整定错误。

2）尾纤波长不对。

3）保护设备的尾纤在连接器中端面不平整、尾纤在连接器中有缝隙，尾纤断裂。

4）光配线错误。

5）OPGW 等光缆异常。

（2）故障查找步骤。

1）退出保护出口压板，将整定单中"专用光纤""通道自环试验""主机方式"等控制字整定为"1"，将保护装置后的尾纤 AB 自环，通道异常灯灭，说明保护装置正常。对侧保护一样操作。

2）在通信机房，将保护送来的铠装小光缆的接线盒后的尾纤进行近端自环，观察保护装置的通道异常等，若告警灯灭，说明通道异常在大通道上，由通信人员完成；若告警灯依然存在，进行通信机 ODF 远端自环，观察对侧保护装置的故障告警灯，而对侧也已经进行过两处近端自环且正常，那么，故障可能会在本侧的两个尾纤接线盒与铠装小光缆之间，更换成备用纤芯，通道应恢复正常。

2. 复用通道

复用通道可能故障点比较多：尾纤异常、连接器异常、小光缆异常、数据接口异常，MDF 综合配线架错误，2M 通路接口板异常，SDH 设备的光板异常等都会引起通道告警。故障查找步骤：

（1）近端保护装置自环。退出保护出口压板，将整定单中"专用光纤""通道自环试验""主机方式"等控制字整定为"1"，将保护装置后的尾纤自环，通道异常灯灭，说明保护装置正常。对侧保护一样操作。进入下一步。

（2）近端光电接口前尾纤自环。在通信机房，将保护送来的铠装小光缆的接线盒后的尾纤进行近端自环，观察保护装置的通道异常等，若告警灯灭，说明通道异常在此光缆接线盒之后，进入下一步。

（3）近端光电接口后电缆自环。对通信机房的保护专用的光/电接口出口处的电缆进行近端环回，也可在 MDF 上进行本地环回，保护通道异常告警灯灭，说明故障位于通信机房的光缆接线盒与 MDF 之间。若故障依然存在，进入下一步。

通信人员观察 PCM 的数据板和 2M 通道接口板的信号灯，并相应进行软件或硬环回，进行近端、远端环回。

二、收发信机的调试

高频通道的测试项目主要有收发信机的调试、高频通道加工设备调试、高频通道联合调试。本节以 LFX–912 收发信机为例，介绍高频收发信机的调试。

（一）通电前的检查

1. 外观及接线检查

二次接线的检查参照 GB 50171—1992《电气装置安装工程　盘、柜及二次回路结线施工及验收规范》中相关内容。装置内的检查内容如下：

（1）保护装置的硬件配置、标注及接线等应符合图纸要求。

（2）保护装置各插件上的元器件的外观质量、焊接质量应良好，所有芯片应插紧，型号正确，芯片放置位置正确。

（3）检查保护装置的背板接线有无断线、短路和焊接不良等现象，并检查背板上抗干扰元件的焊接、连线和元器件外观是否良好。

（4）核查逆变电源插件的额定工作电压。

（5）电子元件、印刷线路、焊点等导电部分与金属框架间距应大于 3mm。

（6）保护装置的各部件固定良好，无松动现象，装置外形应端正，无明显损坏及变形现象。

（7）各插件应插、拔灵活，各插件和插座之间定位良好，插入深度合适。

（8）保护装置的背板端子排连接应可靠，且标号应清晰正确。

（9）切换开关、按钮等应操作灵活、手感良好。

（10）各部件应清洁良好。

LFX-912 收发信机铭牌数据见表 1-3-3。

表 1-3-3　　　　　　　　　　　LFX-912 收发信机铭牌数据

制造厂	工厂号	出厂日期	直流电压（V）	工作频率（kHz）

2. 硬件跳线的核查

根据整定要求，对硬件跳线进行设置和检查。

（1）"收信"插件。该插件中有 JP1、JP2、JP3、JP4，JUMP 跳线组。其中 JP3 为数字地与模拟地的短接线；JUMP（2×2）为放置跳线短路块的多余插座，与插件内无电气连接；JP1 为收信通路 6dB 衰耗投入跳线，JP4 为收信通路 10dB 衰耗投入跳线，JP2（2×4）为收信裕度 3dB 告警整定跳线，这两组跳线应在现场投运之前、通道联调时，按实际收信裕度来整定，并且要将跳线状态标注在该插件面板背后的不干胶标签上，以备日后装置定期校验之用，其整定标签型式见表 1-3-4。

表 1-3-4　　　　　　　　　　　收信插件跳线整定标签

项目	投 6dB	投 10dB	收信裕度 3dB 告警整定（JP2）			
跳线	JP1	JP4	+9dB	+12dB	+15dB	+18dB
状态						

（2）发信插件。该插件中有跳线 JP1 及频率整定编码开关 S11、S21、S31，其中 JP 为数字地与模拟地之间的短接线。JP1 为输出信号控制短接线，正常运行时一定要短接。频率整定编码开关 S11、S21、S31 为十进制数码指示的 BCD 编码开关。如进行频率的整定是将各位小开关中间的箭头旋转至小开关上相应的数码，并且该整定值一定要与装置背板标牌上的频率数值相一致。

（3）接口插件。该插件中只有一个跳线 JP，要注意的是在与 RCS-900 系列装置配合构成线路保护时，该跳线绝不能短接。只有与其他无通道试验功能的保护配合构成的线路保护时，该跳线才能短接。

（4）功率放大插件。该插件上的跳线座有 J1、JMP。其中 JMP 为存放跳线短路块的插座；J1 跳线为发信功率检测门槛整定用，正常时，该跳线可以不接；只有在线路投运时，若线路两侧信号频差过大，并且在两侧同时发信时，致使接口插件上的正常灯闪灭（或同时有报警输出），则需将 J1 跳线短接，以消除报警现象。

（5）线路滤波插件。该插件中有许多跳线组，这些跳线组在装置出厂时，已按工作频率整定好，其跳线状态在该插件屏蔽板上的不干胶整定标签纸上标出。要注意的是该插件中跳线在出厂时已整定好，其标签纸、《测试记录》及插件中的跳线，三者应一致，用户在现场切勿自行改变调整。若用户需改变频率运行，事前应与制造厂家联系。

外观及接线检查见表 1-3-5，硬件跳线的核查见表 1-3-6。

表 1-3-5 外 观 及 接 线 检 查

项目序号	检 查 内 容	检查结果
1	本保护在保护屏上相关端子排及装置背板接线检查清扫及螺丝压接检查情况	
2	各插件外观及接线检查、清扫情况	
3	本装置后背板内清扫及检查情况	

表 1-3-6 硬 件 跳 线 的 核 查

插件名称	检查内容	连接情况	检查内容	连接情况	检查内容	连接情况
收信	JP1		JP2		JP3	
	JP4		JUMP			
发信	JP1					
接口	JP					
功率放大	J1		JMP			
线路滤波	J1		J2		J3	
	J4		K1		K2	
	K3					

3. 绝缘电阻测试

测试前准备工作：将保护装置除电源插件外，全部拔出机箱；逆变电源开关置"接通"位置；在背板接线端子处将正负极输入端子短接。本项测定中所触动的回路及插件，在测试结束后需立即恢复。

（1）测直流电源的对地绝缘。本项测试与保护回路一起进行，在本装置的背板端子 T3、T5 处断开电源进线，投入收发信机逆变电源的开关，除电源插件外，将其余所有插件拔出，并将 T3 和 T5 短接在一起后用 1000V 的绝缘电阻表测量直流电源输入回路对地绝缘电阻，用 500V 的数字式绝缘电阻表测试各输出接点及各输入回路对地的绝缘电阻，在新投产中要求绝缘电阻值均应大于 10MΩ；定期校验中绝缘电阻值应大于 1.0MΩ。

（2）介质强度检测。在保护装置背板接线处将所有直流回路、输出接点及输入回路的端子连接在一起，整个回路对地施加工频电压为 1000V、历时为 1min 的介质强度试验。

试验前必须做好安全措施。试验区域应加设安全围栏，并有专人监护。正式加压试验前，应将高压端放在绝缘物上进行空载试升压，确实证明试验回路接线正确，方可进行试验。

试验过程中应无击穿或闪络现象。试验结束后，复测整个二次回路的绝缘电阻应无显著变化。当现场试验设备有困难时，允许用 2500V 绝缘电阻表历时 1min 测试绝缘电阻的方法代替。该项测试一般只在投产时有条件测试，在检验和部分校验时不进行此项试验，见表 1-3-7。

表 1-3-7　　　　　　　　　　　绝 缘 电 阻 测 试

检查内容	标　　准	试验结果（MΩ）
强电直流回路对地的绝缘电阻值	大于 10MΩ	
弱电直流回路对地的绝缘电阻值	大于 10MΩ	

4. 逆变电源的检验

断开保护装置跳闸出口压板。试验用的直流电源应经专用双极闸刀，断开本装置的背板端子 T3、T5 处的电源进线，在 T3、T5 端子输入直流试验电源，其电压能在 80%～115%的额定范围内变动。

（1）检验逆变电源的自启动性能。直流电源缓慢上升时的自启动性能检验。合上保护装置逆变电源插件上的电源开关，试验直流电源由零缓慢升至 80%额定电压值，此时逆变电源插件面板上的电源"运行"指示灯应亮。

（2）逆变电源输出电压及稳定性检测。

1）空载状态下检测。保护装置将逆变电源插件用转接插件引出，将其余插件全部拔出，分别在直流电压为 80%、100%、115%的额定电压值时检测逆变电源的空载输出电压。用万用表测量逆变电源盘插件内相应 24、±12、+5V 对数字地相应测试点的输出电压值。

2）正常工作状态下检测：保护装置所有插件均插入，加直流额定电压，保护装置处于正常工作状态。用万用表测量逆变电源盘插件内相应 24、±12、+5V 对数字地相应测试点的输出电压值。

（3）测试逆变电源各级输出电压的波纹系数。用示波器测试各级输出电压的纹波系数，其计算式为

$$q_{u}=\frac{U_{max}-U_{min}}{U_{0}}\times100\% \qquad\qquad (1-3-1)$$

式中 q_{u} ——波纹系数；

U_{max} ——最大瞬时电压；

U_{min} ——最小瞬时电压；

U_{0} ——直流分量。

波纹系数测试要求应小于2%，见表1-3-8。

表1-3-8   检验满负荷时逆变电源的输出电压及波纹电压

	标准电压（V）	24	12	+12	+5
	测试孔	T12～T31	DC（113～116）	DC（115～116）	DC（112～116）
输出直流电压	允许范围（V）	24±2	12±1	+12±1	+5±0.2
	满负载时（V）				
纹波系数	允许范围（%）	<2	<2	<2	<2
	满负载时（mV）				

（4）直流电源拉合试验。直流电源在额定工作电压下运行，进行拉合直流工作电源（保护屏的直流输入端进行拉合），此时保护装置应不误动，不误发保护动作信号。

记录：逆变电源自启动能力测试。

该电源装置自启动电压单位为：V。

（二）收发信机调试

1. 发信回路检验

将装置背板上的"本机"、"负载"插孔用专用连接销短接，同时短接接背板上的T10、T12（启动发信）端子，用选频电平表高阻挡电平测试线及频率计测试线跨接在"线路滤波"插件面板上的"负载"与"公共"测试孔上，检查发信输出电平及发信频率，其电平表读数应为（+11±1）dB（即输出为+40dBm/75Ω左右）（装置内部已通过20dB衰耗），频率表读数应为f_{0}±5Hz，见表1-3-9。

表1-3-9   发 信 回 路 校 验

内容	项 目	
	发信频率（kHz）	发信功率（dB）
测量点	线滤（负荷—公共）	线滤（负荷—公共）
标称值	（f_{0}±5）	（+11±1）
实测值		

2. 收信回路检验

（1）测收信回路的分流衰耗。试验接线如图 1-3-5 所示，图中的保护装置 T38 为芯线、T40 为地线（断开高频电缆），振荡器的输出电阻置于 0Ω 的位置，但如有 75Ω 的输出电阻时，则置于 75Ω 的位置，这样可不必再在振荡器输出端串入模拟内部输出阻抗的 75Ω 电阻。试验开始时，先将背板上的专用连接销拔出，将振荡器的输出频率固定在 $(f_0+14.0)$ kHz 处，输出电平则调至图中电平表的读值，指示为 0dB，然后将背板上的专用连接销将背板上的"本机""通道"插孔短接，将收发信机接入测试回路中再读电平表的读值，该值不应小于-1.0dB。电平表指示的绝对值即为收发信机在 $(f_0+14.0)$ kHz 频率下的分流衰耗。改变振荡器的输出频率，以同样的方法检查频率为 $(f_0-14.0)$ kHz 时的分流衰耗值，该值也不应小于-1.0dB。

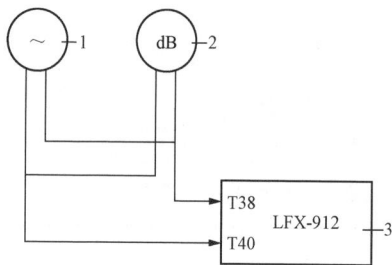

图 1-3-5　收信回路的分流衰耗
测试接线示意图

1—高频振荡器，阻抗 75Ω；2—电平表，
阻抗 75Ω；3—收发信机

（2）测回波衰耗值。测试接线如图 1-3-6 所示，图中电阻 R 的阻值为 75Ω。试验时先将背板上的专用连接销拔出，将振荡器输出频率调至 f_0，输出电平调至电平表指示为 0dB，输出固定不变，然后将背板上的专用连接销将背板上的"本机""通道"插孔短接（将收发信机接入测试回路中），再读电平表指示值，该值应小于-10dB。

若以上检验不符合要求，则用高频振荡器向发信输出滤波器的输入端送入可变频率的信号，在其输出端接入 75Ω 的无感电阻（标称的负荷电阻），以检查输出滤波器的调谐频率与发信机的标称工作频率是否相同，如滤波器失谐则要求制造厂更换。

（3）检验收信回路工作的正确性。收信回路调整：将背板上的专用连接销将背板上的"本机""通道"插孔短接，按图 1-3-7 接线，将振荡器频率阻抗置 0Ω 挡，调整输出频率为 f_0，并调整振荡器的输出电平，使 T38、T40 处的电平为+4dBm（电平表直读为-5dB）。

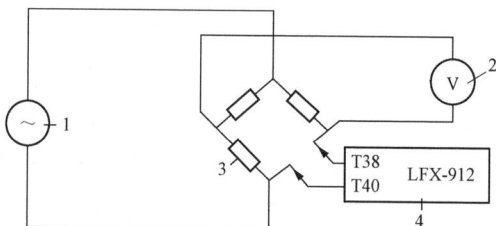

图 1-3-6　回波衰耗测试接线示意图

1—高频振荡器；2—电平表；3—75Ω 无感电阻；4—收发信机

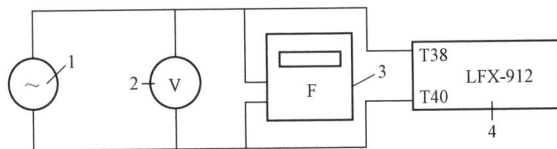

图 1–3–7　收信回路试验接线示意图

1—高频振荡器，阻抗 75Ω；2—电平表，阻抗 75Ω；3—频率计；4—收发信机

1）收信灵敏启动电平整定。将"收信"插件用转接插件引出，并将"收信"插件上的 JP1、JP4 跳线断开，按图 1–3–7 接线，加入 f_0 的高频信号，缓慢增大振荡器的输出电平值，使"收信"插件面板上的"收信启动"灯刚好点亮，并记下选频表读数，此时的选频表读数即为启动电平（也称灵敏启动电平）；然后再缓慢减小振荡器的输出电平，使"接收信号"灯刚好灭，并记下此时的选频表读数，即为返回电平，启动电平应为（±5±0.5）dB，启动电平与返回电平之间的回差应小于 1dB。若启动电平的误差较大，可根据实际运行的需要，适当调节"收信"盘中的 W3 电位器。注意，保护必须处于停用状态。

2）收信裕度指示灯调整。按图 1–3–7 接线，将振荡器输出电平调至+1dB，适当调整"收信"盘中的 W4 电位器，使收信裕度"6dB"指示灯刚好点亮；将振荡器输出电平调至+4dB，适当调整"收信"盘中的 W5 电位器，使收信裕度"9dB"指示灯刚好点亮；将振荡器输出电平调至+7dB，适当调整"收信"盘中的 W6 电位器，使收信裕度"12dB"指示灯刚好点亮；将振荡器输出电平调至+10dB，适当调整"收信"盘中的 W7 电位器，使收信裕度"15dB"指示灯刚好点亮；将振荡器输出电平调至+13dB，适当调整"收信"盘中的 W8 电位器，使收信裕度"18dB"指示灯刚好点亮。

3）连上通道后收信回路调整。两侧的收发信机及通道调试（包括测试通道传输衰耗等项目）完毕，且具备交换信号的条件下，要求调度让对侧相应的高频保护改为信号状态。

收信入口处电平测试：将电平表（高阻抗挡）测试线接于装置背板接线端子 T38、T40，远方启动对侧发信，用选频表高阻挡测试收、发信电平，并做好记录。

确定"收信"盘投入衰耗值。如实测通道口收信电平小于 13dB（电压电平），则"收信"插件内跳线 JP1、JP4 都不应投入，如收信电平为 13～20dB，则将"收信"插件内的跳线 JP1 投入（相当于投入 6dB 衰耗）；如收信电平大于 20dB，则将"收信"插件内的跳线 JP4 投入（相当于投入 10dB 的衰耗）。

4）调整 3dB 告警回路。做好以上工作后，此时远方启动对侧发信，装置的"收信"插件上的"收信裕度指示灯"在发信时应全部点亮，在收信时除 18dB 收信裕度指示灯不亮外应全部点亮，如不满足要求，则应按以上步骤重新调整；如确已满足要求，则将"收信"插件跳线 JP2 的 3～7 端短接（相当于收信裕度为 15dB），则 3dB 告警回路便整定完毕。

5）远方启动功能检查。两侧做好交换信号的准备工作，让对侧合上直流电源并投入"远方启动"功能（如本装置的"远方启动"功能停用，则应合上与本装置配合的保护装置的电源），在全部校验或部分校验时，应要求将对侧相关高频保护改为信号状态，本侧按发信按钮，本侧装置发信启动对方远方发信，观察功放盘上的表头、收信启动盘及接口盘的指示灯的情况，指示灯及表头指示应满足表 1–3–10 的要求。

表 1–3–10　　　　　　　　　远 方 启 动 功 能 检 查

本侧交换信号					
试验过程		0～0.2s	0.2～5s	5～10s	10～15s
接口盘	"正常"指示灯	—	灯亮	灯亮	灯亮
	"起信"指示灯	—	灯亮并保持	灯亮并保持	灯亮并保持
	"收信"指示灯	—	灯亮	灯亮	灯亮
收信盘	"收信启动"指示灯	—	灯亮	灯亮	灯亮
	收信裕度灯	—	除 18dB 指示灯不亮外其作全部点亮	全部点亮	全部点亮
对侧交换信号					
试验过程		0～0.2s	0.2～5s	5～10s	10～15s
接口盘	"正常"指示灯	—	灯亮	灯亮	灯亮
	"起信"指示灯	—	灯亮并保持	灯亮并保持	灯亮并保持
	"收信"指示灯	—	灯亮	灯亮	灯亮
收信盘	"收信启动"指示灯	—	灯亮	灯亮	灯亮
	收信裕度灯	—	全部点亮	全部点亮	除 18dB 指示灯不亮外其作全部点亮

3. 接口逻辑功能及信号检查

（1）"正常"指示灯。装置工作正常时，此灯亮，在下列异常情况下，此灯灭：频率合成回路异常；发信时，功率放大器不能满功率发信；接收对侧的收信电平低于所整定收信裕度的 3dB 以上。

（2）"起信"指示灯。正常运行时不亮，保护装置启动发信输入时，灯亮并保持，同时启动中央信号的"装置动作"信号。此保护信号必须由"复归"按钮复归。

（3）"停信"指示灯。正常动作时不亮。保护装置送来"停止发信"信号，此灯亮并保持，同时启动中央信号的"装置动作"信号。此保持信号必须由"复归"按钮复归。在与 RCS-900 装置保护配合时，此信号不接入。

（4）"收信"指示灯。收信回路收到本侧或对侧高频信号时，此灯亮并保持，同时启动中央信号的"装置动作"。此保持信号必须由"复归"按钮复归。

（5）"3dB 告警"指示灯。在通道试验时，若收到对侧的信号低 3dB 以上，此灯亮。

（6）"收信启动"指示灯。收信回路收到本侧或对侧高频信号且高频信号输入电平大于实际灵敏启动电平时，此灯亮。

（7）"装置动作"信号。当保护装置有"启动发信"或"停止发信"输入或有"收信输出"时，接点闭合，送至中央信号。

（8）"装置异常"信号。当本装置直流电源消失、频率合成器异常、发信时不能满功率发信，接收对侧信号电平低于整定电平 3dB 以上，则装置发出"装置异常"中央信号。

4. 通道裕度（收信裕度）测试

在测试收信裕度时应检查断路器的状态，如断路器处于断开状态，则应考虑接入跳闸位置停信的影响，在通道试验项目结束后立即恢复；恢复后应立即检查停信回路工作的正确性。

两侧收发信机应处于信号位置，在高频电缆和收发信机之间串接一台 75Ω 的衰耗器，先将衰耗器置 0，按发信按钮，当对侧远方启动时，加入衰耗（衰耗值应逐渐增加），当 5s 后本侧刚好能启动发信时的衰耗值即为本侧的通道裕度，要求实测通道裕度为 12～15dB 范围内。如不符合要求，可调整"收信"盘内的 W2。

5. 校验 3dB 告警回路

测量完收信裕度后，才能校验 3dB 告警回路，在高频电缆和收发信机之间串接一台 75Ω 的衰耗器，两侧收发信机应处于信号状态，按本侧发信按钮，在收到对侧信号时，衰耗器加入 3～4dB，此时"+3dB 告警"灯应亮，小于 3dB 时"+3dB 告警"灯应可靠不亮。如不符合要求可适当调整"收信"盘内的 W7 电位器（对应于收信裕度为 15dB）。

6. 收发信高频信号波形检查

将示波器测试线接于线路滤波盘面板"外线"—"公共"插孔（如为防止高频信号过大引起损坏示波器，可在示波器测试线上串入 20dB 的衰耗器），按本侧通道试验按钮交换信号，用示波器检查在交换高频信号过程中，高频信号应无间断及波形失真现象。

全部工作结束后，将所有临时拆开的接线头全部恢复，恢复后应认真检查是否正确，并对拆开过的回路做必要的试验，检查装置是否恢复正常，最后按装置的恢复按钮，将装置的所有动作信号全部复归，并检查将装置后背板上所有输出接点或电位是否处于正常工作状态。

记录：收发信波形检查。

在交换高频信号时用示波器观察高频信号是否为连续正弦波。

三、高频通道的调试

高频通道调试包括阻波器调试、结合滤波器试验、耦合电容器调试、高频电缆试验、接地开关外部检查和高频通道对调。

（一）阻波器调试

在停电但不取下设备的条件下进行阻塞性能的测试。将阻波器后面的隔离开关打开，接地开关合上，同时解开阻波器上端与线路的连接线，使阻波器上端悬空。拆线时应严格遵守有关在高压设备上作业的安全规定，高压线路停电并挂接地线。

1. 外部检查

（1）检查阻波器主线圈和调谐元件之间的连线是否正确，接触应良好。

（2）清除阻波器上的灰尘和污物，检查螺丝是否拧紧，各焊接点是否可靠。调谐元件是否严密，放电器固定是否牢靠，注意强流线圈部分要干净，保证接触良好。记录检查结果。

2. 绝缘检查

（1）绝缘电阻测试。用2500V绝缘电阻表测定绝缘电阻。将绝缘电阻表的接地端子接在调谐元件的外壳上，另一端依次接到不接外壳的端子上。在检查调谐元件时应将强流线圈断开，所测得的绝缘电阻应大于100MΩ。工频1000V交流耐压试验（或用2500V绝缘电阻表代替）。摇测1min，代替耐压试验。绝缘电阻应无大的变化，记录数据至表1–3–11中。

表1–3–11　　　　　　　　　　　绝 缘 电 阻 测 试

回路名称	绝缘电阻（MΩ）	要求值	测试条件
调谐元件对外壳		大于100MΩ	（1）用2500V绝缘电阻表 （2）断开调谐元件与主线圈连线 （3）绝缘电阻表接地端子接调谐元件的外壳上

（2）避雷器放电电压测试。带有串联间隙的金属氧化物避雷器，工频放电应试验5次；每次间隔不少于30s，5次放电电压平均值不应超过避雷器合格证的上下限值；

第一次放电电压与后四次的试验结果相差较大，则该次数据无效，应补做一次。接线图如图1-3-8所示，图中 R_p 为保护电阻，用来限制放电电流，可选用 2～5kΩ 的碳膜电阻；TV 为适当变比的电压互感器（3000/100～6000/100）。电压表可用 0.5 级交流电压表或万用表，读数 U 乘上 TV 变比 n 就是放电器放电电压，即 $U_P = nU$。

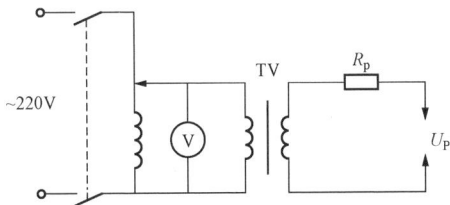

图1-3-8 避雷器放电电压试验接线图

3. 阻塞特性测试

阻波器阻塞性能测试包括阻塞电阻、阻塞电抗、分流衰耗测试。

（1）在线测试应注意事项。

1）在线测试时，测试线尽可能地短，一般不应大于 15m，应采用单芯带屏蔽的电缆。

2）两根测试引线应尽量分开，避免测试线引起的误差。

3）测量时可不解开阻波器与线路的连接线，但应将阻波器与线路的连接点可靠接地。

4）测试时振荡器选平衡方式，选频电平表带宽选择 1.7kHz。

5）测试仪表外壳地必须与接地线可靠连接。

（2）阻塞电阻及阻塞阻抗特性。其试验接线方式如图 1-3-9 所示，频率步长为 10kHz。

计算公式为

$$Z_r = \left(10^{\frac{p_1-p_2}{20}} - 1\right)R \qquad (1-3-2)$$

根据铭牌要求：单频阻波器（Z 型）大于 800Ω 时的阻塞频带应满足 $\Delta f \geqslant \pm 2kHz$（在 f_0 时）；宽频阻波器（R 型），不小于 570Ω。

（3）分流衰耗。分流损耗和以阻塞电阻为基础的分流损耗测量（形式及常规试验），建议采用图 1-3-10 所示电路测量分流损耗，并按下式计算

分流损耗

$$A_t = 20\lg\left|\frac{U_1}{U_2}\right| = 20\lg\left|1+\frac{Z_1}{2Z_b}\right| \qquad (1-3-3)$$

以阻塞电阻为基础的分流损耗

$$A_{tR} = 20\lg\left|\frac{U_1}{U_2}\right| = 20\lg\left|1+\frac{Z_1}{2R_b}\right| \qquad (1-3-4)$$

式中 Z_1 ——线路特性阻抗的等效阻抗；

Z_b ——阻塞阻抗；

R_b ——阻塞电阻；

U_1 ——开关 S1 断开时，端子 1、2 之间的电压；

U_2 ——当开关 S1 闭合，开关 S2 闭合于 3～4（测量 A_t）或 3～5，3～6（测量 A_{tR}）时端子 1、2 之间的电压。

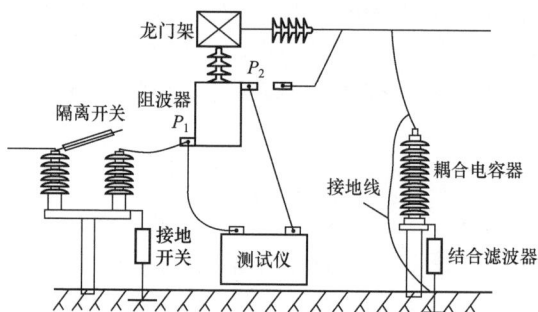

图 1-3-9 阻波器阻塞特性测试接线图

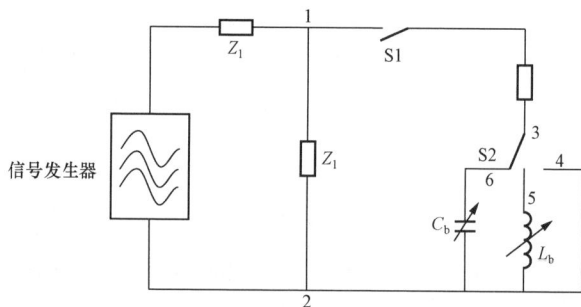

图 1-3-10 阻波器分流损耗测量电路

测量以阻塞电阻为基础的分流损耗时，应在 3～5 和 3～6 之间切换开关 S2 的位置，并通过调整电容 C_b 或电感 L_b 补偿阻波器阻塞阻抗中的电抗分量。信号发生器应置于低内阻。

注意：如果以这种方式测量分流损耗，则可不测量阻塞阻抗和阻塞电阻，反之亦然。

在打开隔离开关的条件下，也可以用直接测量分流损耗的方法检查阻波器是否存在故障。测试时，可在机房通过高频电缆向高频通道发送高频信号，也可在结合滤波器的电缆侧发送信号，用选频电平表测量耦合电容器顶端的电平值，阻波器后面的隔离开关打开和闭合两种状态下的电平之差，便是阻波器的分流损耗。

需要注意的是：阻波器的高频阻塞效果不仅取决于阻波器的线路，还与线路阻抗、结合滤波器线路侧的输出阻抗有关。其分流损耗的保证值和出厂试验值（如2.6dB）是以一定线路输入阻抗及结合滤波器线路侧输出阻抗与线路阻抗完全匹配为条件，因结合滤波器为了达到最大工作带宽，其输出阻抗有一定的波动范围，此外输电线的实际阻抗也未必为此种线路阻抗的典型值（如300、400Ω），其波动范围也会使阻波器的分流损耗增大或减小。因此，在运行现场实际测得的分流损耗如果在一较小的程度上大于制造厂分流损耗的保证值，尚不能作为阻波器是否失效的判据。当这种偏差足够大，比如明显超过表1-3-12所列的分流损耗范围，或者分流损耗频响曲线严重变形时，则应分别测试阻波器阻塞阻抗和输电线的输入阻抗。正常范围见表1-3-12。

表 1-3-12　　　　　　　　　阻波器分流损耗的正常范围

阻波器 阻塞阻抗（Ω）	线路阻抗（Ω）	结合滤波器回波损耗（dB） （不带阻波器时）	阻波器分流损耗 （dB）
800~2000 （单频调谐）	400	20	0.9~2.1
		12	1.0~2.3
	300	20	0.7~1.6
		12	0.8~1.8
570~800 （宽带调谐）	400	20	2.1~2.8
		12	2.3~3.1
	350	20	1.8~2.5
		12	2.0~2.8
	300	20	1.6~2.2
		12	1.8~2.4
424~600 （宽带调谐）	300	20	2.1~2.8
		12	2.3~3.1

部分检验时，可采用拉合线路两侧接地开关的方法对阻波器的阻塞性能进行判断。断开线路两侧的断路器及隔离开关，分别在线路侧接地开关合上与断开的情况下测试

结合滤波器线路侧的收发信电平。在本侧高频通道其他结合加工设备正常的情况下，该电平值前后相差不大于 2.6dB 时，可认为阻波器阻塞性能完好，不必对其进行细致的检验。

（二）结合滤波器试验

拆下接在高压耦合电容器上的一次侧线圈,拆线时应严格遵守有关在高压设备上作业的安全规定，高压线路停电并挂接地线，将结合滤波器一次侧的接地开关合上。

1. 外部检查

检查结合滤波器中中各元件是否完整，连接是否正确、螺丝是否拧紧、焊点有无假焊及脱落现象，外壳内有无渗水及生锈现象，放电器固定是否牢固等。记录检查结果。

2. 绝缘电阻测试

用 1000V 绝缘电阻表测量对外壳绝缘电阻。测量之前先将电感线圈接地点拆开，把所有元件短接后对地（外壳）测绝缘电阻，要求不小于 100MΩ。电缆侧电容两端同样用 1000V 绝缘电阻表测绝缘电阻，同样要求大于 100MΩ。在绝缘电阻合格后，进行 1000V 交流 1min 耐压试验（或用 2500V 绝缘电阻表代替）。将结果填入表 1–3–13 中。

表 1–3–13　　　　　　　　　　结合滤波器的绝缘电阻测试

回路名称	绝缘电阻（MΩ）	要求值	测试条件
内部元件 对外壳		大于 100MΩ	（1）用 1000V 绝缘电阻表 （2）断开电感线圈接地点 （3）短接所有元件对地

3. 避雷器放电电压测试

可用 2500V 绝缘电阻表和能测量 2500V 直流的电压表测试，或参照制造厂说明书进行。放电时电压表指示值不再上升，要求直流放电电压在 1700～2100V 之间（对于 Y5CB–1 氧化锌避雷器，工频放电电压为 1800～2200V），否则应进行调整或更换。

4. 结合滤波器的输入阻抗频率特性和衰耗特性试验

在结合滤波器的整个工作频带内进行测试，频率步长为 10kHz，要求工作损耗 b_p 不大于 1.3dB。

（1）衰耗和阻抗特性测试。

1）使用普通选频电平表方式。衰耗和阻抗特性测试如图 1–3–11 和图 1–3–12 所示。

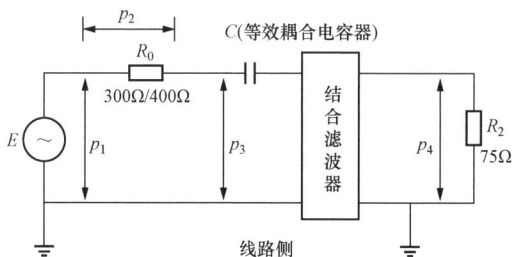

图 1-3-11　结合滤波器线路侧工作衰耗及输入阻抗测试图

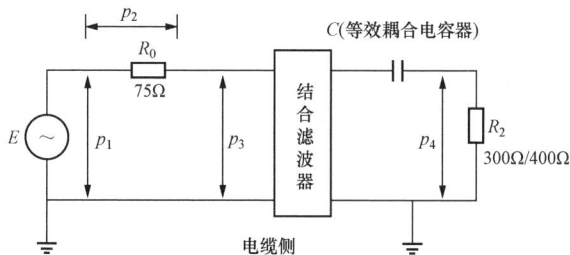

图 1-3-12　结合滤波器电缆侧工作衰耗及输入阻抗测试图

a. $E=10\text{dB}$，输出阻抗置于 0Ω 挡；f 在工作频带内。

b. 电平表置于高阻挡，p_2 采用平衡挡测量；p_3、p_4、p_1 采用不平衡挡测量。

工作衰耗

$$b_p = p_1 - p_4 + \lg \frac{R_2}{4R_0} \tag{1-3-5}$$

要求：单频不大于 1.3dB；宽频不大于 2.0 dB。

输入阻抗

$$Z_R = 10^{\frac{p_3 - p_2}{20}} R_0 \tag{1-3-6}$$

要求：单频误差不大于 $\pm 20\%$；宽频：误差不大于 $\pm 25\%$。

2）使用自动测试仪。阻波器、结合滤波器自动测试仪的测试插座是四芯的（或四个插孔），分线路侧和电缆侧。将线路侧测试引线接至结合滤波器高压端和一次接地端子，将电缆侧测试引线接至结合滤波器的高频电缆接入端子和二次接地端子。

（2）特性阻抗测试。特性阻抗 Z_C 可用图 1-3-11 和图 1-3-12 的接线形式进行测量，当末端 R_2 开路和短路时，分别测出工作频率 f_0 下的开路、短路时的输入阻抗 Z_∞ 和 Z_0。

计算公式为

$$Z_C = \frac{\sqrt{\lg^{-1}(p_{3\omega} + p_{30} - p_{2\omega} - p_{20})}}{20} R_0 \tag{1-3-7}$$

试验在所用收发信机频率下进行即可。

5. 回波损耗特性 $b_{rt}=F(f)$ 测试

测试接线如图 1-3-13 所示，频率步长为 10kHz，要求结合滤波器在工作频带内的回波损耗大于 20dB。

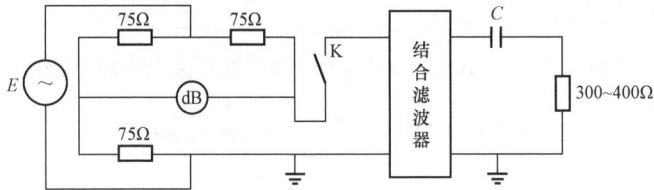

图 1-3-13 结合滤波器的回波衰耗测试图

测量：

（1）E=10dB，输出阻抗置于 0Ω挡；f 在工作频带内。

（2）K 断开时，电平值为 p_1；K 合上时，电平值为 p_2。

$$b_{rt} = p_1 - p_2 \qquad (1-3-8)$$

要求：单频不小于 20dB；宽频不小于 12dB。

（三）耦合电容器调试

耦合电容器的调试应根据高压电容器的有关规定进行。

（1）绝缘，耐压试验。

（2）电容量。要求与标称值相差不大于±10%。

（3）介质损耗试验。要求 20℃时 tanδ＜0.4%。

【思考与练习】

1. 以 RCS-931Λ 为例，比较复用光纤通道与专用光纤通道调试的不同之处。

2. 高频通道的预度是否越大越好？说明原因。

3. 本侧收发信机发信时，用选频电压电平表测试本侧的结合滤波器的下桩头的电平比上桩头电平高 3dB 左右，正常吗？说明原因。

▲ 模块 4　500kV 典型线路微机保护装置的调试（ZY1900201009）

【模块描述】本模块包含 500kV 线路微机保护装置的典型装置介绍、试验目的、危险点分析及控制措施、作业流程、试验前准备，掌握装置的调试项目、技术要求及调试报告工作。

【模块内容】

一、典型线路微机保护装置

（一）应用范围

RCS-931 装置为由微机实现的数字式超高压线路成套快速保护装置，可用作 220kV 及以上电压等级输电线路的主保护及后备保护。

（二）保护配置

RCS-931 装置保护包括以分相电流差动和零序电流差动为主体的快速主保护，由工频变化量距离元件构成的快速Ⅰ段保护，由三段式相间和接地距离及多个零序方向过电流构成的全套后备保护，RCS-931 装置保护有分相出口，配有自动重合闸功能，对单或双母线接线的开关实现单相重合、三相重合和综合重合闸。

（1）装置结构。装置采用 4U 标准机箱，用嵌入式安装于屏上。机箱结构和屏面开孔尺寸见图 1-1-1。

（2）装置各插件原理说明。组成装置的插件有电源插件（DC）、交流插件（AC）、低通滤波器（LPF）、CPU 插件（CPU）、通信插件（COM）、24V 光耦插件（OPT1）、高压光耦插件（OPT2，可选）、信号插件（SIG）、跳闸出口插件（OUT1、OUT2）、扩展跳闸出口（OUT，可选）、显示面板（LCD）。具体硬件模块参见图 1-1-2。

（三）软件工作原理

1. 装置总启动元件

启动元件的主体由反应相间工频变化量的过电流继电器实现，同时又配以反应全电流的零序过电流继电器互相补充。反应工频变化量的启动元件采用浮动门坎，正常运行及系统振荡时变化量的不平衡输出均自动构成自适应式的门坎，浮动门坎始终略高于不平衡输出。在正常运行时由于不平衡分量很小，装置有很高的灵敏度，当系统振荡时，自动抬高浮动门坎而降低灵敏度，不需要设置专门的振荡闭锁回路。因此，启动元件有很高的灵敏度而又不会频繁启动，装置具有很高的安全性。

（1）电流变化量启动

$$\Delta I_{\Phi\Phi max} > 1.25\Delta I_{T} + \Delta I_{ZD} \qquad (1-4-1)$$

式中　$\Delta I_{\Phi\Phi max}$——相间电流的半波积分的最大值；

　　　ΔI_{ZD}——可整定电流的固定门坎；

　　　ΔI_{T}——可整定电流的浮动门坎，随着变化量的变化而自动调整，取 1.25 倍可保证门坎始终略高于不平衡输出。

该元件动作并展宽 7s，去开放出口继电器正电源。

（2）零序过电流元件启动。当外接和自产零序电流均大于整定值时，零序启动元件动作并展宽 7s，去开放出口继电器正电源。

（3）位置不对应启动。这一部分的启动由用户选择投入。当控制字"不对应启动重合"整定为"1"、重合闸充电完成的情况下，如有断路器偷跳，则总启动元件动作并展宽 15s，去开放出口继电器正电源。

（4）纵联差动或远跳启动。发生区内三相故障，弱电源侧电流启动元件可能不动作，此时若收到对侧的差动保护允许信号，则判别差动继电器动作相关相、相间电压，若小于 65%额定电压，则辅助电压启动元件动作，去开放出口继电器正电源 7s。

当本侧收到对侧的远跳信号且定值中"远跳受本侧控制"置"0"时，去开放出口继电器正电源 500ms。

（5）过电流跳闸启动。详见 ZY1900201006 中一、（三）中相关内容。

2. 电流差动继电器

电流差动继电器由三部分组成，即变化量相差动继电器、稳态相差动继电器和零序差动继电器。

（1）变化量相差动继电器动作方程

$$\left.\begin{array}{l} \Delta I_{\mathrm{CD}\varPhi} > 0.75\Delta I_{\mathrm{R}\varPhi} \\ \Delta I_{\mathrm{CD}\varPhi} > I_{\mathrm{H}} \end{array}\right\}(\varPhi = \mathrm{A, B, C}) \qquad (1\text{--}4\text{--}2)$$

$$\Delta I_{\mathrm{CD}\varPhi} = |\Delta \dot{I}_{\mathrm{M}\varPhi} + \Delta \dot{I}_{\mathrm{N}\varPhi}|$$

$$\Delta I_{\mathrm{R}\varPhi} = \Delta I_{\mathrm{M}\varPhi} + \Delta I_{\mathrm{N}\varPhi}$$

式中　$\Delta I_{\mathrm{CD}\varPhi}$ ——工频变化量差动电流，为两侧电流变化量矢量和的幅值；

$\Delta I_{\mathrm{R}\varPhi}$ ——工频变化量制动电流，为两侧电流变化量的标量和；

I_{H} ——"差动电流高定值"（整定值）、4 倍实测电容电流和 $4U_{\mathrm{N}}/X_{\mathrm{C1}}$ 的大值，实测电容电流由正常运行时未经补偿的差流获得；

U_{N} ——额定电压；

X_{C1} ——正序容抗整定值。

当用于长线路时，X_{C1} 为线路的实际正序容抗值；当用于短线路时，由于电容电流和 $U_{\mathrm{N}}/X_{\mathrm{C1}}$ 都较小，差动继电器有较高的灵敏度，此时可通过适当减小 X_{C1} 或抬高"差动电流高定值"来降低灵敏度。

（2）稳态 I 段相差动继电器动作方程

$$\left.\begin{array}{l} I_{\mathrm{CD}\varPhi} > 0.75 I_{\mathrm{R}\varPhi} \\ I_{\mathrm{CD}\varPhi} > I_{\mathrm{H}} \end{array}\right\}(\varPhi = \mathrm{A, B, C}) \qquad (1\text{--}4\text{--}3)$$

$$\Delta I_{\mathrm{CD}\varPhi} = |\dot{I}_{\mathrm{M}\varPhi} + \dot{I}_{\mathrm{N}\varPhi}|$$

$$I_{R\Phi} = |\dot{I}_{M\Phi} + \dot{I}_{N\Phi}|$$

式中　$I_{CD\Phi}$——差动电流，为两侧电流矢量和的幅值；

　　　$I_{R\Phi}$——制动电流，为两侧电流矢量差的幅值。

（3）稳态Ⅱ段相差动继电器动作方程

$$\left.\begin{array}{l} I_{CD\Phi} > 0.75I_{R\Phi} \\ I_{CD\Phi} > I_M \end{array}\right\} (\Phi = A, B, C) \qquad (1-4-4)$$

式中　I_M——"差动电流低定值"（整定值）、1.5 倍实测电容电流和 $1.5U_N/X_{C1}$ 的大值。

稳态Ⅱ段相差动继电器经 40ms 延时动作。

（4）零序差动继电器。对于经高过渡电阻接地故障，采用零序差动继电器具有较高的灵敏度，由零序差动继电器，通过低比率制动系数的稳态差动元件选相，构成零序差动继电器，经 100ms 延时动作，其动作方程如下

$$\left.\begin{array}{l} I_{CD0} > 0.75I_{R0} \\ I_{CD0} > I_{QD0} \\ I_{CDBC\Phi} > 0.15I_{R\Phi} \\ I_{CDBC\Phi} > I_L \end{array}\right\} \qquad (1-4-5)$$

$$I_{CD0} = |\dot{I}_{M0} + \dot{I}_{N0}|$$

$$I_{R0} = |\dot{I}_{M0} + \dot{I}_{N0}|$$

式中　I_{CD0}——零序差动电流，为两侧零序电流矢量和的幅值；

　　　I_{R0}——零序制动电流，为两侧零序电流矢量差的幅值；

　　　I_{QD0}——零序启动电流定值；

　　　I_L——I_{QD0}、0.6 倍实测电容电流和 $0.6U_N/X_{C1}$ 的大值；

　$I_{CDBC\Phi}$——经电容电流补偿后的差动电流。

当 TV 断线或容抗整定出错时，自动退出电容电流补偿，零序差动继电器的动作方程为

$$\left.\begin{array}{l} I_{CD0} > 0.75I_{R0} \\ I_{CD0} > I_{QD0} \\ I_{CD\Phi} > 0.15I_{R\Phi} \\ I_{CD\Phi} > I_M \end{array}\right\} \qquad (1-4-6)$$

（5）电容电流补偿。对于较长的输电线路，电容电流较大，为提高经大过渡电阻故障时的灵敏度，需进行电容电流补偿。电容电流补偿由下式计算而得

$$I_{C\Phi} = \left(\frac{U_{M\Phi} - U_{M0}}{2X_{C1}} + \frac{U_{M0}}{2X_{C0}}\right) + \left(\frac{U_{N\Phi} - U_{N0}}{2X_{C1}} + \frac{U_{N0}}{2X_{C0}}\right) \qquad (1-4-7)$$

式中 $U_{M\Phi}$、$U_{N\Phi}$、U_{M0}、U_{N0}——本侧、对侧的相、零序电压；

$\qquad\qquad X_{C1}$、X_{C0}——线路全长的正序和零序容抗。

按上式计算的电容电流对于正常运行和区外故障都能给予较好的补偿。

二、试验目的

本次试验针对 500kV 线路间隔进行验收前调试，主要试验项目包括定值校验、传动试验、整组试验及带负荷试验等。

三、危险点分析及控制措施

危险点分析预控表见表 1–1–1。

四、作业流程

500kV 线路微机保护装置的调试作业流程如图 1–4–1 所示。

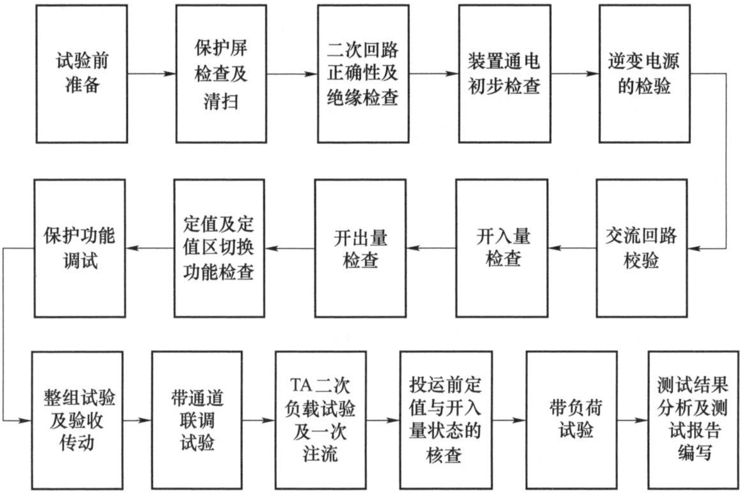

图 1–4–1　500kV 线路保护调试作业流程图

五、试验前准备

试验前准备工作表见表 1–1–2。

六、500kV 线路保护的调试项目、技术要求及调试报告

（一）保护屏检查及清扫

详见 ZY1900201003 中六、的（一）。

（二）二次回路正确性及绝缘检查

详见 ZY1900201003 中六、的（二）。

（三）装置通电初步检查

详见 ZY1900201003 中六、的（三）。

（四）逆变电源的检验

详见 ZY1900201003 中六、的（四）。

（五）交流回路校验

详见 ZY1900201003 中六、的（五）。

（六）开入量检查

详见 ZY1900201003 中六、的（六）。

（七）开出量检查

详见 ZY1900201003 中六、的（七）。

（八）定值及定值区切换功能检查

详见 ZY1900201003 中六、的（八）。

（九）保护功能调试（以光纤差动保护为例）

1. 光纤差动保护检验

将装置光纤自环，构成自发自收；仅投主保护压板；保护充电，直至"充电"灯亮。

（1）稳态相差动保护。分别模拟相间故障，故障电压及其与电流角度任意，依次加入 A、B、C 三相故障电流

$$I=0.5mI_{\text{seth}} \tag{1-4-8}$$

式中　I_{seth}——差动电流定值；

　　　m——系数，其值分别为 0.95、1.05 及 1.2。

光纤差动保护在 0.95 倍定值（$m=0.95$）时，应可靠不动作；在 1.05 倍定值时应可靠动作；在 1.2 倍定值时，测量光纤差动保护的动作时间，应为 15～30ms。

不同定值各段测试方法相同。

（2）零序差动保护。模拟单相接地故障，故障电压及其与电流角度任意，依次加入 A、B、C 三相故障电流

$$I=0.5mI_{\text{set1}} \tag{1-4-9}$$

式中　I_{set1}——零序差动电流定值。

测试方法同相差动保护。

2. 距离保护检验

仅投入距离保护功能压板。分别模拟 A、B、C 相单相接地瞬时故障，AB、BC、CA 相间瞬时故障。故障电流 I 固定（一般 $I=I_{\text{N}}$），相角为灵敏角，模拟单相接地故障

时故障电压为

$$U=mIZ_{set}(1+k) \qquad (1-4-10)$$

模拟两相相间故障时故障电压为

$$U=2mIZ_{set} \qquad (1-4-11)$$

式中　　m——系数，其值分别为 0.95、1.05 及 0.7；

　　　　k——零序补偿系数；

　　　Z_{set}——距离保护定值。

距离保护在 0.95 倍定值（$m=0.95$）时，应可靠动作；在 1.05 倍定值时，应可靠不动作；在 0.7 倍定值时，测量距离保护的动作时间。0.5 倍反方向试验时不应动作。

距离保护各段测试方法和要求相同。

3. 零序过电流保护检验

仅投入零序保护功能压板。分别模拟 A、B、C 相单相接地瞬时故障，模拟故障电压 $U=50V$，相角为零序方向元件最大灵敏角，模拟故障电流为

$$I=mI_{0set} \qquad (1-4-12)$$

式中　　I_{0set}——零序过电流定值。

零序过电流保护在 0.95 倍定值（$m=0.95$）时，应可靠不动作；在 1.05 倍定值时，应可靠动作；在 1.2 倍定值时，测量零序过电流保护的动作时间。2 倍反方向试验时不应动作。

零序保护各段测试方法和要求相同。

4. 工频变化量距离保护检验

投入距离保护功能压板。分别模拟 A、B、C 相单相接地瞬时故障和 AB、BC、CA 相间瞬时故障。模拟故障电流固定（其数值应使模拟故障电压在 $0\sim U_N$ 范围内），模拟故障前电压为额定电压，模拟故障时间为 $100\sim150ms$，模拟单相接地故障时故障电压为

$$U=(1+k)I_D Z_{set}+(1-1.05m)U_N \qquad (1-4-13)$$

模拟相间短路故障时故障电压为

$$U=2I_D Z_{set}+(1-1.05m)\times\sqrt{3}\ U_N \qquad (1-4-14)$$

式中　　m——系数，其值分别为 0.9、1.1 及 1.2；

　　　　I_D——模拟故障的短路电流；

　　　Z_{set}——工频变化量距离保护定值。

工频变化量距离保护在 $m=1.1$ 时，应可靠动作；在 $m=0.9$ 时，应可靠不动作；在 $m=0.7$ 时，测量工频变化量距离保护动作时间。

5. 交流电压回路断线时保护检验

（1）TV 断线过电流保护检查。主保护、零序保护和距离保护功能压板均投入。模拟故障电压量不加（等于零）或三相不平衡，待装置发出 TV 断线信号后，模拟相间（或三相）短路故障时，加入故障电流为

$$I=mI_{TVset} \qquad\qquad (1-4-15)$$

模拟单相接地故障时，加入故障电流为

$$I=mI_{0TVset} \qquad\qquad (1-4-16)$$

式中　I_{TVset}——交流电压回路断线时相过电流定值；

　　　I_{0TVset}——交流电压回路断线时零序过电流定值。

在交流电压回路断线后，加模拟故障电流，过电流保护和零序过电流保护在 1.05 倍定值时应可靠动作，在 0.95 倍定值时可靠不动作，并在 1.2 倍定值下测量保护动作时间。

（2）TV 断线功能检查。闭锁距离保护；接触零序保护方向闭锁；告警信号检查（单相、三相断线）。

6. 合闸于故障线零序电流保护检验

投入零序保护和距离保护功能压板。模拟手合单相接地和两相故障，模拟故障前，确认开关三相在跳闸位置。模拟故障电压 U=50V，相角为灵敏角，模拟故障电流为

$$I=mI_{setck} \qquad\qquad (1-4-17)$$

式中　I_{setck}——合闸于故障电流保护定值。

合闸于故障线零序电流保护在 1.05 倍定值时可靠动作，0.95 倍定值时可靠不动作，并测量 1.2 倍定值时的保护动作时间。

在部分检验时，该项目可以配合整组传动进行。

7. TA 断线功能检查

（1）告警功能检测（单相、两相断线）。

（2）零序过电流Ⅱ段不带方向。

（3）零序过电流Ⅲ段退出。

闭锁逻辑功能在全部校验时进行，部分校验只做告警功能。

（十）整组动作时间测试

整组试验时，统一加模拟故障电压和电流，本线路断路器处于合闸位置。退出保护装置跳闸、合闸、启动失灵等压板。

1. 装置整组动作时间测量

本试验测量从模拟故障至断路器跳闸回路动作的保护整组动作时间，以及从模拟故障切除至断路器合闸回路动作的重合闸整组动作时间（A、B 相和 C 相分别测量）。

（1）相间距离Ⅰ段保护的整组动作时间测量，仅投入距离保护功能压板。模拟 AB相间故障，其故障电流一般取 $I=I_N$，相角为灵敏角，模拟故障时间为 100ms，模拟故障电压取

$$U=0.7\times2IZ_{\text{set1}}=1.4IZ_{\text{set1}} \tag{1-4-18}$$

式中　Z_{set1}——距离Ⅰ段定值。

上述试验要求检查保护显示或打印出距离Ⅰ段的动作时间，其动作时间值不应大于 30ms，并且与本项目所测保护整组动作时间的差值不大于 6ms。

（2）重合闸整组动作时间测量。仅投入距离保护功能压板，重合闸方式开关置整定的重合闸方式位置。

模拟 C 相接地故障，模拟故障电流一般取 $I=I_N$，相角为灵敏角，模拟故障时间为 100ms，模拟故障电压为

$$U=0.7IZ_{\text{set1}}(1+k) \tag{1-4-19}$$

测量的重合闸整组动作时间与整定的重合闸时间误差不大于 50ms（不包含试验装置断流时间）。

方法：用保护动作触点启表，重合闸出口触点停表。

上述试验应同时核查保护显示和报告情况。

2. 与本线路其他保护装置配合联动试验

模拟试验应包括本线路的全部保护装置，以检验本线路所有保护装置的相互配合及动作正确性。重合闸方式开关分别置整定的重合闸方式以及重合闸停用方式，进行下列试验：

（1）模拟接地距离Ⅰ段范围内单相瞬时和永久性接地故障。

（2）模拟相间距离Ⅰ段范围内相间、相间接地、三相瞬时性和永久性故障。

（3）模拟距离Ⅱ段范围内 A 相瞬时接地和 BC 相间瞬时故障（停用主保护）。

（4）模拟距离Ⅲ段范围内 B 相瞬时接地和 CA 相间瞬时故障（停用主保护和零序保护）。

（5）模拟零序方向过电流Ⅱ段动作范围内 C 相瞬时和永久性接地故障（停用主保护和距离保护）。

（6）模拟零序方向过电流Ⅲ段动作范围内 A 相瞬时和永久性接地故障（停用主保护和距离保护）。

（7）模拟手合于全阻抗继电器和零序过电流继电器动作范围内的 A 相瞬时接地与 BC 相间瞬时故障。

（8）模拟反向出口 A 相接地、BC 相间和 ABC 三相瞬时故障。

3. 重合闸试验

（1）单重方式。当整定的重合闸方式为单重方式时，则重合闸方式开关置"单重"位置，模拟上述各种类型故障。

（2）三重方式。当整定的重合闸方式为三重方式时，则重合闸方式开关置"三重"位置，模拟上述各种类型故障。

（3）重合闸停用方式又分为方式 1 及方式 2 两种。

1）重合闸停用方式 1。当整定的重合闸方式为重合闸停用方式时，则重合闸方式开关置"停用"位置，且"闭锁重合闸"开关量有输入，模拟上述各种类型故障。

2）重合闸停用方式 2。当整定的重合闸方式为重合闸禁止方式时，则重合闸方式开关置"停用"位置，且"闭锁重合闸"开关量无输入，模拟上述各种类型故障。

（4）特殊重合闸方式。当整定的重合闸方式为特殊重合闸方式时，则重合闸方式开关置"三重"位置，且保护装置整定值中的控制字 $BCS=1$，$BCPP=1$，模拟上述各种类型故障。与断路器失灵保护配合联动试验。

4. 断路器失灵保护性能试验

模拟各种故障，检验启动断路器失灵保护回路性能，应进行下列试验：

（1）模拟 A、B 相和 C 相单相接地故障。

（2）模拟 AC 相间故障。

做上述试验时，所加故障电流应大于失灵保护电流整定值，而模拟故障时间应与失灵保护动作时间配合。检查到母线保护屏的接线端子上。

5. 与中央信号、远动装置的配合联动试验

根据微机保护与中央信号、远动装置信息传送数量和方式的具体情况确定试验项目和方法。但要求至少应进行模拟保护装置异常、保护装置报警、保护装置动作跳闸、重合闸动作的试验。

6. 开关量输入的整组试验（次序调整至开关量输入部分）

保护装置进入"保护状态"菜单"开入显示"，校验开关量输入变化情况。

（1）闭锁重合闸。分别进行手动分闸和手动合闸操作、重合闸停用闭锁重合闸、母差保护动作闭锁重合闸等闭锁重合闸整组试验。

（2）断路器跳闸位置。断路器分别处于合闸状态和分闸状态时，校验断路器分相跳闸位置开关量状态。

（3）压力闭锁重合闸。模拟断路器液（气）压压力低闭锁重合闸触点动作，校验

压力闭锁重合闸开关量状态。

（4）外部保护停信。在与母差保护装置配合试验时，对外部保护停信开关量输入状态进行校验。

（十一）整组试验及验收传动

整组试验及验收传动包括：

（1）新投产应用 80%保护直流电源和开关控制电源进行开关传动试验。

（2）保护装置功能压板、跳闸及合闸压板应投上。

（3）进行传动断路器试验之前，控制室和开关站均应有专人监视，并应具备良好的通信联络设备，以便观察断路器和保护装置动作相别是否一致，监视中央信号装置的动作及声、光信号指示是否正确。如果发生异常情况时，应立即停止试验，在查明原因并改正后再继续进行。

传动断路器试验应在确保检验质量的前提下，尽可能减少断路器的动作次数。根据此原则一般进行以下试验项目：

（1）传动断路器试验和动作信号检查。

1）整定的重合闸方式下，模拟 A 相 I 段范围瞬时性接地故障。

2）整定的重合闸方式下，模拟 B 相永久性接地故障。

3）整定的重合闸方式下，模拟 BC 相间瞬时性故障。

4）重合闸停用方式下，模拟 C 相 I 段范围瞬时性接地故障。

分别用远方操作和就地操作开关，检查操作开关过程中测控信号是否正确及是否有异常现象发生。

（2）重合闸检验。重合闸压板投入，距离、零序保护压板投入。

（十二）带通道联调试验

（1）通道检查试验。两侧微机保护装置电源开关均合上，检查两侧保护装置的通道识别码是否符合整定单要求，两侧的"通道异常"灯应不亮。

（2）保护装置带通道试验。投入主保护功能压板、零序保护，退出距离保护功能压板。

模拟故障前电压为额定电压，故障时间为 100～150ms。

模拟单相接地故障时

$$I_\mathrm{j} > 2I_\mathrm{cdop} \tag{1-4-20}$$

式中　I_j——故障电流；

　　　I_cdop——差动保护定值。

线路两侧光纤接口装置和保护装置均投入工作。

两侧光纤接口装置均处于通道位置，一侧模拟区内故障，差动保护均动作。

两侧光纤接口装置均处于通道位置，一侧模拟区外故障，不少于 5 次故障，差动保护均不动作。

上述试验结束后，恢复所有接线。

（十三）TA 二次负载试验及一次注流

（1）短接相关 TA 二次绕组，给保护装置加入额定二次电流，测量保护装置交流电流输入端的电压降，依据测试结果计算二次回路阻抗，电流与电压的乘积应小于电流互感器的额定容量要求。

（2）TA 一次侧注入大电流，TV 二次回路加额定工作电压，通过调节一次电流值以及与二次电压的角度，进行相关电流、电压回路的模拟带负荷试验，检查极性、变比及二次回路的正确性。TA 一次注流在二次回路已完整、相关保护传动试验结束后进行。

（十四）保护校验存在的问题

对本次保护校验存在的问题做好记录，依据检查结果确定保护可以（或不可以）投入运行。

（十五）带负荷试验

为保证测试准确，要求负荷电流的二次电流值大于保护装置的精确工作电流（$0.1I_N$）时，应同时采用装置显示和钳形相位表测试进行相互校验，不得仅依靠外部钳形相位表测试数据进行判断。

1. 交流电压的相名核对

用万用表交流电压挡测量保护屏端子排上的交流相电压和相间电压，并校核本保护屏上的三相电压与已确认正确的 TV 小母线三相电压的相别。

2. 交流电压和电流的数值检验

进入保护菜单，检查模拟量幅值，并用钳形相位表测试回路电流、电压幅值，以实际负荷为基准，检验电压、电流互感器变比是否正确。

3. 检验交流电压和电流的相位

进入保护菜单，检查模拟量相位关系，并用钳形相位表测试回路各相电流、电压的相位关系。在进行相位检验时，应分别检验三相电压的相位关系，并根据实际负荷情况，核对交流电压和交流电流之间的相位关系。

（十六）测试结果分析及测试报告编写

将测试数据填入本单位规定的测试报告内并进行结果分析。

【思考与练习】

1. 500kV 线路保护上电前需要进行哪些检查？

2. 需要进行哪些保护装置逻辑功能试验？进行整组试验和与其他装置配合试验时，调试要点是什么？

3. 如何正确进行带负荷测试？

4. 如何拟定完善的、符合现场实际的调试记录，确保调试质量？

第二章

变压器保护装置调试

▲ 模块 1 110kV 及以下变压器微机保护装置的调试
（ZY1900203003）

【模块描述】本模块包含 110kV 及以下变压器微机保护装置的典型装置介绍、试验目的、危险点分析及控制措施、作业流程、试验前准备，掌握装置的调试项目、技术要求及调试报告工作

【模块内容】

一、典型变压器微机保护装置

（一）应用范围

RCS-9671 装置为由多微机实现的变压器差动保护，适用于 110kV 及以下电压等级的双绕组、三绕组变压器，满足四侧差动的要求。

（二）保护配置

本装置包括差动速断保护，比率差动保护，中、低压侧过电流保护，TA 断线判别。RCS-9671 装置中的比率差动保护采用二次谐波制动，RCS-9673 装置中的比率差动保护采用偶次谐波判别原理。

装置采用 4U 标准机箱，用嵌入式安装于屏上。机箱结构和屏面开孔尺寸见图 2-1-1。

（三）软件工作原理

（1）装置总启动元件。启动 CPU 设有装置总启动元件，当三相差流的最大值大于差动电流启动定值时，或者中、低压侧三相电流的最大值（I_3、I_4）大于相应的过电流定值时，启动元件动作并展宽 500ms，开放出口继电器正电源。

图 2-1-1 RCS-9671 装置结构图

（2）差动保护。由于变比和联结组别的不同，变压器在运行时各侧电流的大小及

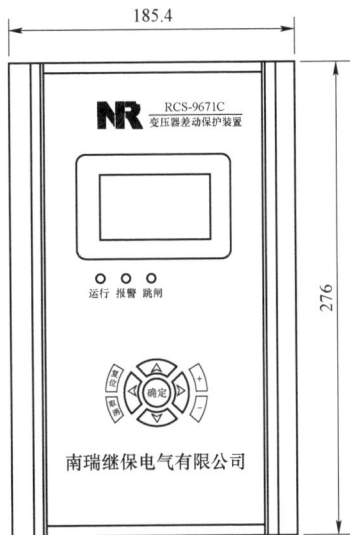

相位也不相同。装置通过软件进行 Y→D 变换及平衡系数调整对变压器各侧电流的幅值、相位进行补偿。以下差动保护的说明均以各侧电流已完成幅值和相位补偿为前提。

装置采用三折线比率差动原理，并设有低值比率差动保护、高值比率差动保护和差动速断保护。差动保护动作特性曲线如图 2-1-2 所示。

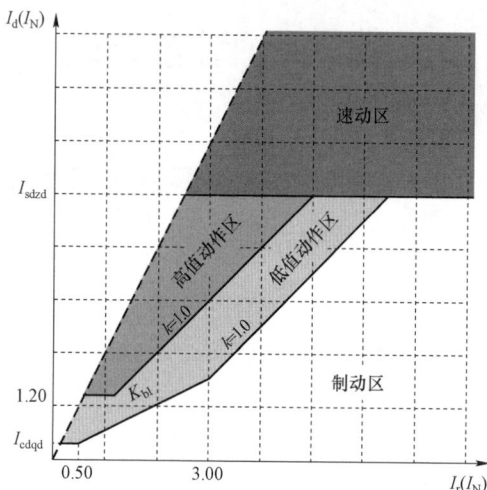

图 2-1-2　差动保护动作特性曲线

I_{cdqd}—差动电流启动值；I_{sdzd}—差动速断定值；K_{bl}—比率差动制动系数；I_d—差动电流；I_r—制动电流

图中差动保护动作区包括三个部分，即低值比率差动保护动作区、高值比率差动保护动作区和差动速断保护动作区。

差动电流和制动电流的计算公式为

$$I_d = |i_1 + i_2 + i_3 + i_4| \tag{2-1-1}$$

$$I_r = 0.5(|I_1| + |I_2| + |I_3| + |I_4|) \tag{2-1-2}$$

（3）比率差动元件。装置采用三折线比率差动原理，其动作方程如下

$$I_d = I_{cdqd}$$

$$I_r \leqslant 0.5I_N$$

$$I_d - I_{cdqd} > K_{bl}(I_r - 0.5I_N) \tag{2-1-3}$$

$$0.5I_N < I_r \leqslant 3I_N$$

$$I_d - I_{cdqd} - K_{bl} \times 2.5I_N > I_r - 3I_N$$

$$I_r > 3I_N$$

（4）差动速断保护。为防止区内严重短路故障时因 TA 饱和而使比率差动保护延

迟动作，装置设有差动速断保护，用于变压器内部严重故障时快速跳闸切除故障。差动速断保护不需要设置任何闭锁条件，当任一相差动电流大于差动速断定值时，瞬时动作于出口继电器，跳开变压器各侧断路器。

（5）二次谐波制动。在 RCS-9671 装置保护中，比率差动保护利用三相差动电流中的二次谐波作为励磁涌流闭锁判据，其动作方程如下

$$I_{d2\Phi} - K_{xb}I_{d\Phi} \tag{2-1-4}$$

式中　$I_{d2\Phi}$——A、B、C 三相差动电流中的二次谐波；

　　　$I_{d\Phi}$——对应的三相差动电流中的基波；

　　　K_{xb}——二次谐波制动系数。

保护采用按相闭锁的方式。

（6）过电流保护。本装置为变压器中、低压侧各设一段过电流保护，每段均为一个时限，分别设置整定控制字控制各保护的投退。

二、试验目的

本次试验针对 110kV 变压器间隔进行验收前调试，主要试验项目包括定值校验、传动试验、整组试验及带负荷试验等。

三、危险点分析及控制措施

危险点分析预控表见表 1-1-1。

四、作业流程

110kV 及以下变压器微机保护装置的调试作业流程见图 1-1-8。

五、试验前准备

试验前准备工作表见表 1-1-2。

六、110kV 变压器保护的调试项目、技术要求及调试报告

（一）保护屏检查及清扫

对保护装置端子连接、插件焊接、插件与插座固定、切换开关、按钮等机械部分检查并清扫，并应连接可靠、接触良好、回路清洁。

（1）保护屏后接线、插件外观检查内容为：

1）保护屏端子排、背板接线、断路器端子箱端子排清扫及螺丝、压板压接情况、电缆状况检查。

2）各插件外观及焊点检查。

3）检查键盘操作是否灵活、显示屏显示是否完好。

4）各装置后背板内清扫及检查。

（2）保护屏上压板检查内容为：

1）压板外观检查。

2）压板端子接线压接是否良好。

3）压板端子接线是否符合反措要求。

（3）屏蔽接地检查内容为：

1）保护引入、引出电缆是否为屏蔽电缆。

2）全部屏蔽电缆的屏蔽层是否两端接地。

3）保护屏底下是否构成专用的接地铜网，保护屏的专用接地端子是否经一定截面积铜线连接到此铜网上。

4）各接地端子的连接处连接是否可靠。

（二）二次回路正确性及绝缘检查

详见 ZY1900201003 中六、的（二）。

（三）装置通电初步检查

详见 ZY1900201003 中六、的（三）。

（四）逆变电源的检验

详见 ZY1900201003 中六、的（四）。

（五）交流回路校验

详见 ZY1900201003 中六、的（五）。

（六）开入量检查

保护装置进入"保护状态"菜单后，选择开入显示子菜单，校验开关量输入变化情况。

（1）投退功能压板。开入均正确。

（2）检查其他开入量状态。开入均正确。

1）断路器跳闸位置：断路器分别处于合闸状态和分闸状态时，校验断路器跳闸位置开关量状态。

2）断路器合闸后位置：进行断路器手动合闸操作，对断路器合闸后位置开关量状态进行校验。

（七）开出量检查

详见 ZY1900201003 中六、的（七）。

（八）定值及定值区切换功能检查

详见 ZY1900201003 中六、的（八）。

（九）保护功能调试

1. 差动保护定值校验

（1）差动定值测试。依次在各侧的 A、B、C 相加入单相电流，电流大于（1.05×

差动定值/各侧平衡系数）差动保护动作；电流小于（0.95×差动定值/各侧平衡系数）
差动保护不动作。

　　注意到相位补偿是在高压侧（Y）采用两相电流相量差（超前电流　滞后电流），
当加入单相电流进行差动定值校验时，两相有相同的差流，都有可能动作。如在高压
侧 A 相电流端子上加电流 $I_A\angle 0°$，进入装置 A 相的电流为 $K_h I_A\angle 0°$，在 C 相中有差
流 $K_h I_A\angle 180°$，大小相等，相位差 180°。此时 A 相和 C 相差动都有可能动作。如果
要正确测定 A 相差动电流定值，需要将 C 相差动电流平衡，可在低压侧 C 相电流端子
上加电流 $\dfrac{K_h I_A}{K_1}\angle 0°$。

　　（2）比率制动系数测试。比率制动系数测试方法如下：

　　1）固定高压侧电流，调节低压侧电流，直至差动速断保护动作，保护动作后退出
试验电流。

　　2）在高压侧 A 相加电流，在低压侧 A、C 相分别加入相位相反、幅值相同的电
流，即高压侧 A 相加电流 $I_A\angle 0°$、低压侧 a 相加电流 $I_a=\dfrac{K_h I_A}{K_1}\angle 180°$、低压侧 c 相加

电流 $I_c=\dfrac{K_h I_A}{K_1}\angle 0°$，此时的差动电流为 0；减小 I_a，直到差动保护动作，退出试验电
流。记录两侧动作电流。应用保护装置差动电流、制动电流和比率制动系数公式，计
算比率制动系数。

　　注意：试验数据精度与测试仪所加电流的步长有密切关系，建议电流变化步长用 0.001A。

　　另一种比率制动特性测试方法如下：

　　1）先确定制动电流的大小，计算出高压侧的实际所加（A 相）电流。

　　2）算出该点的差动电流理论值，计算出此时低压侧所加理论（A 相和 C 相）电
流，使此时 C 相的差动电流为 0。

　　3）在高压侧 A 相、低压侧 C 相加入所算理论，低压侧 A 相先加略大于所算的理
论值。

　　4）减小低压侧 A 相电流至差动保护动作。

　　（3）差动速断动作值测试。依次在各侧的 A、B、C 相加入单相电流，电流大
于（1.05×差速断定值/各侧平衡系数）差动速断保护可靠动作；电流小于（0.95×差速
断定值/各侧平衡系数）差动速断保护可靠不动作。但此时差动保护会动作，要使差动
保护不动作，可加二次谐波电流大于整定值，将差动保护闭锁。由于差动速断电流定
值较大，校验时保护装置差动速断动作出口后应及时退出试验电流。

　　（4）二次谐波制动系数的测试。依次在高压侧的 A、B、C 相加入基波电流（50Hz）

和二次谐波电流（100Hz）。要求：基波电流＞差动定值/高压侧平衡系数。

1）从电流回路加入基波电流，使差动保护可靠动作。

2）从电流回路加入基波电流，同时叠加二次谐波分量，从大于定值的谐波分量逐渐减小，当小于二次谐波制动系数定值时，差动保护动作。

注意：采用本相二次谐波制动方式时，应在本相中叠加二次谐波进行校验。

2. 复合电压闭锁过电流保护定值校验

变压器复合电压闭锁过电流保护反应相间故障。各侧复合电压闭锁元件采用并联逻辑。各侧都有一个"复合电压元件"压板，对应的开入为"复压闭锁投入"。该压板的投退对本侧无影响，当投上该压板，即本侧的复合电压可开放给另外两侧。

开放条件为本侧有电压，满足低电压或负序电压任一条件本侧无电压。

电流定值、复合电压定值测试，要求实测的动作值与整定值的误差在±2%以内。

（1）电流整定值检查：退出过电流保护经方向闭锁，在高压侧加入单相电流，在1.05倍电流整定值时，可靠动作；在0.95倍电流整定值时，应可靠不动作。

（2）高压侧负序电压元件动作值检查：投入"高压侧复压压板"，退出中、低压侧复压压板，在高压侧加入三相健全电压，等待10s后TV断线返回，装置无告警信号发出，加入单相电流并大于整定值，监视动作触点，降低某相电压，在序分量窗口观察负序电压的大小。当保护动作时，记录此时的负序电压，即为负序电压元件的动作值。如测试仪无序分量窗口，动作时记录此时的电压值，计算出负序电压的大小。也有用测试仪直接加负序电压进行测试，但此时必须修改低电压定值且小于负序电压定值。

（3）高压侧低电压元件动作值检查：试验接线同上，此时应同时降低三相电压，并记录动作值。注意整定单中所给出的是线电压，而在测试仪上所加量为相电压，应进行换算。如低电压定值为60V，相电压为 $60/\sqrt{3}=34.6$（V）。

3. 零序过电流、间隙过电流、过电压定值测试

（1）在高压侧零序回路加入单相电流，并监视动作触点。在1.05倍整定值时，可靠动作；在0.95倍整定值时，应可靠不动作。

（2）间隙过电流保护：投入变压器高压侧间隙保护硬压板；在高压侧间隙电流回路上加试验电流，同时监视该套保护的跳闸触点，在1.05倍整定值时，可靠动作；在0.95倍整定值时，应可靠不动作。测量从模拟故障至断路器跳闸回路的保护整组动作时间（测试到各出口压板），模拟故障试验电流为1.2倍的动作值，以验证保护的跳闸矩阵和保护的动作时间。

（3）零序过电压保护：投入变压器高压侧间隙保护硬压板，在高压侧外接零序电压回路上加试验电压，同时监视该套保护的跳闸触点。在1.05倍定值时，可靠动作；

在 0.95 倍定值时，应可靠不动作。测量从模拟故障至断路器跳闸回路的保护整组动作时间（测试到各出口压板），通入 1.2 倍整定电压，注入故障的时间略大于整定时间 100ms。以验证保护的跳闸矩阵和各段保护的动作时间。

（十）整组动作时间测试

按正常运行方式，投入保护。整组试验方法及要求如下：

（1）全部检验时，调整保护及控制直流电压为额定电压的 80%，带断路器实际传动，检查保护和断路器动作正确。对没有满足运行和检验要求的直流试验电源的变电站或保护小室，可仅检查 80%额定电压下逆变电源的负载能力。

（2）后备保护检验时，注意检查主变压器过负荷联切、闭锁调压、启动风冷的触点。

（3）后备保护检验时，按实际运行方式检查母联断路器跳闸情况或测量压板、母联断路器自投动作及闭锁情况。

（4）第一次全部检验或改变跳闸方式后需做跳闸矩阵检查。

（5）与中央信号、远动装置的配合联动试验。根据微机保护与中央信号、远动装置信息传送数量和方式的具体情况确定试验项目和方法，但至少应进行模拟保护装置异常、保护装置报警、保护装置动作跳闸的试验。

（十一）整组试验及验收传动

整组试验及验收传动：

（1）新投产应用 80%保护直流电源和开关控制电源进行开关传动试验。

（2）保护装置功能压板、跳闸压板应投上。

（3）进行传动断路器试验之前，控制室和开关站均应有专人监视，并应具备良好的通信联络设备，以便观察断路器和保护装置动作相别是否一致，监视中央信号装置的动作及声、光信号指示是否正确。如果发生异常情况时，应立即停止试验，在查明原因并改正后再继续进行。

传动断路器试验应在确保检验质量的前提下，尽可能减少断路器的动作次数。根据此原则传动断路器试验和动作信号检查，一般进行以下试验项目：

1）模拟 A 相永久性接地故障。

2）模拟 BC 相间瞬时性故障。

分别用远方操作和就地操作开关，检查操作开关过程中测控信号是否正确及是否有异常现象发生。

（十二）TA 二次负载试验及一次注流

详见 ZY1900201003 中六、的（十二）。

（十三）保护校验存在的问题

对本次保护校验存在的问题做好记录，依据检查结果确定保护可以（或不可以）投入运行。

（十四）带负荷测试

为保证测试准确，要求负荷电流的二次电流值大于保护装置的精确工作电流（0.1IN）时，应同时采用装置显示和钳形相位表测试进行相互校验，不能仅依靠外部钳形相位表测试数据进行判断。

（1）交流电压的相名核对。用万用表交流电压挡测量保护屏端子排上的交流相电压和相间电压，并校核本保护屏上的三相电压与已确认正确的 TV 小母线三相电压的相别。

（2）交流电压和电流的数值检验。进入保护菜单，检查模拟量幅值，并用钳形相位表测试回路电流、电压幅值，以实际负荷为基准，检验电压、电流互感器变比是否正确。

（3）检验交流电压和电流的相位。进入保护菜单，检查模拟量相位关系，并用钳形相位表测试回路各相电流、电压的相位关系。在进行相位检验时，应分别检验三相电压的相位关系，并根据实际负荷情况，核对交流电压和交流电流之间的相位关系。

（4）各侧 TA、TV 极性核对。变压器带负荷后，可在保护装置主接线画面上显示各侧的功率及方向，结合变压器实际运行情况初步判断各侧 TA、TV 极性是否正确。通过管理板相角菜单中的"各侧电流相位夹角""各侧电压相位夹角""各侧电流与电压夹角"来进一步判断各侧电流、电压的极性和相序是否正确。

（5）差动保护带负荷测试。变压器带负荷后，可在保护装置主接线画面上显示变压器各相差动电流的大小。正常情况下各相差动电流应小于 $0.02I_N$。通过管理板相角菜单中的"各侧调整后电流相位夹角"显示差动各侧调整后的电流相位，正常情况下潮流送入端与送出端电流相位夹角应为 180°。若变压器所带负荷较小，无法通过相角来判断，则可通过保护板正常波形打印菜单，打印出差动各侧调整后电流波形，应用波形图并结合变压器实际运行情况来判断变压器差动保护电流平衡调整是否正确。若不正确则应检查装置中差动保护的各项整定值输入是否正确，各侧 TA 极性是否正确。

（十五）测试结果分析及测试报告编写

将测试数据填入本单位规定的测试报告内并进行结果分析。

【思考与练习】

1. 如何正确测定变压器各相差动定值？

2. 在 A 相进行比率制动系数测试时，为什么在低压侧 C 相还要加电流？

3. 简述二次谐波制动系数的测试方法。

4. 复压过电流需要校验的定值有哪些？如何计算负序电压？

5. 简述整组试验的内容及方法。

◢ 模块 2　220kV 变压器微机保护装置的调试（ZY1900203006）

【模块描述】本模块包含 220kV 变压器微机保护装置的典型装置介绍、试验目的、危险点分析及控制措施、作业流程、试验前准备，掌握装置的调试项目、技术要求及调试报告工作

【模块内容】

一、典型变压器微机保护装置

（一）应用范围

RCS–978 数字式变压器保护适用于 220kV 及以上电压等级，需要提供双套主保护、双套后备保护的各种接线方式的变压器。本说明书是 RCS–978 装置用于 220kV 系统时的技术说明。

（二）保护配置

RCS–978 装置中可提供一台变压器所需的全部电量保护，主保护和后备保护可共用同一 TA。这些保护包括：稳态比率差动、差动速断、工频变化量比率差动、零序比率差动/分侧比率差动、复合电压闭锁方向过电流、零序方向过电流、零序过电压、间隙零序过电流，后备保护可以根据需要灵活配置于各侧。

1. 装置结构

装置采用全封闭 8U/10U 标准机箱，用嵌入式安装于屏上。机箱结构和屏面开孔尺寸见图 1–1–1。

2. 装置各插件原理说明

装置的工作过程如下：电流、电压首先转换成小电压信号，分别进入 CPU 板和管理板，经过滤波，A/D 转换后，进入 DSP。DSP1 进行后备保护的运算，DSP2 进行主保护的运算，结果传给 32 位 CPU。32 位 CPU 进行保护的逻辑运算及出口跳闸，同时完成事件记录、录波、打印、保护部分的后台通信及与人机 CPU 的通信。管理板工作过程类似，只是 32 位 CPU 判断保护启动后，只开放出口继电器正电源。另外，管理板还进行主变压器故障录波，录波数据可通过通信口输出或打印输出，参见图 1–1–2。

电源部分由一块电源插件构成，功能是将 220V 或 110V 直流变换成装置内部需要的电压，另外还有开关量输入功能，开关量输入经由 220 / 110V 光耦。

模拟量转换部分由 2～3 块 AC 插件构成，功能是将 TV 或 TA 二次侧电气量转换成小电压信号，交流插件中的电流变换器按额定电流可分为 1、5A 两种，订货时应注明，投运前注意检查。

CPU 板和管理板是完全相同的两块插件，完成滤波、采样、保护的运算或启动功能。

出口和开入部分由 3 块开入开出插件构成，完成跳闸出口、信号出口、开关量输入功能，开关量输入经由 24V 光耦。

（三）软件工作原理

1. 装置总启动元件

装置管理板设有不同的启动元件，启动后开放出口正电源，同时开放 CPU 板相应的保护元件。只有在管理板相应的启动元件动作，同时 CPU 板对应的保护元件动作后才能跳闸出口，否则无法跳闸。管理板的启动元件未动作，而 CPU 板对应的保护元件动作，装置会报警，不会出口跳闸。各启动元件的原理如下。

（1）稳态差动电流启动

$$|I_{d\Phi\max}| > I_{cdqd} \qquad (2\text{-}2\text{-}1)$$

三相差动电流最大值 $I_{d\Phi\max}|$ 大于差动电流启动整定值 I_{cdqd} 动作。此启动元件用来开放稳态比率差动保护和差动速断保护。

（2）工频变化量差流启动

$$\left.\begin{array}{l}\Delta I_d > 1.25\Delta I_{dt} + I_{dth} \\ \Delta I_d = |\Delta\dot{I}_1 + \Delta\dot{I}_2 + \cdots + \Delta\dot{I}_m|\end{array}\right\} \qquad (2\text{-}2\text{-}2)$$

式中　ΔI_{dt}——可整定电流的浮动门坎，随着变化量输出增大而逐步自动提高，取 1.25 倍可保证门坎电流始终略高于不平衡输出保证在系统振荡或频率偏移情况下，保护不误动；

$\Delta\dot{I}_1,\cdots,\Delta\dot{I}_m$——分别为变压器各侧电流的工频变化量；

　　ΔI_d——差动电流的半周积分值；

　　I_{dth}——可整定电流固定门坎。

工频变化量差流启动元件不受负荷电流影响，灵敏度很高，启动定值由装置内部设定，无须用户整定。

此启动元件用来开放工频变化量比率差动保护。

（3）零序比率差动启动/分侧差动启动（自耦变压器）。零序差电流大于零差电流启动整定值时动作或分侧差动三相差流的最大值大于分侧差动电流启动整定值时动作。此启动元件用来开放零序或分侧比率差动保护。

（4）相电流启动。当三相电流最大值大于整定值时动作。此启动元件用来开放相应侧的过电流保护。

（5）零序电流启动。当零序电流大于整定值时动作。此启动元件用来开放相应侧的零序过电流保护。

（6）零序电压启动。当开口三角零序电压大于整定值动作。此启动元件用来开放相应侧的零序过电压保护。

（7）工频变化量相间电流启动

$$\Delta I > 1.25\Delta I_{\mathrm{t}} + I_{\mathrm{th}} \qquad (2\text{-}2\text{-}3)$$

其中：ΔI_{t} 为浮动门坎，随着变化量输出增大而逐步自动提高，取 1.25 倍可保证门槛电压始终略高于不平衡输出。ΔI 为相间电流的半周积分值。I_{th} 为固定门坎。启动定值为 $0.2I_{\mathrm{N}}$，无须用户整定。此启动元件用来开放相应侧的阻抗保护。

（8）负序电流启动。当负序电流大于 $0.2I_{\mathrm{N}}$ 时动作。此启动元件用来开放相应侧的阻抗保护。

（9）注意：由于零序电流启动又分为自产零序电流启动和外接零序电流启动，故装置的零序电流启动定值分为外接零序电流启动定值和自产零序电流启动定值。

上述各启动元件的整定值应小于相应各保护跳闸段的整定值，但同时又要考虑躲过负荷电流等正常运行方式。

2. 稳态比率差动保护

由于变比和联结组别的不同，电力变压器在运行时，各侧电流大小及相位也不同。在构成保护前必须消除这些影响，现在的数字式变压器保护装置，都利用数字的方法对变比与相移进行补偿。以下说明的前提均为已消除了变压器各侧电流幅值和相位的差异，见图 2-2-1。

稳态比例差动保护用来区分差流是由于内部故障还是不平衡输出（特别是外部故障时）引起。RCS-978 装置采用如下稳态比率差动动作方程

$$\left.\begin{array}{ll} I_{\mathrm{d}} > 0.2I_{\mathrm{r}} + I_{\mathrm{cdqd}} & (I_{\mathrm{r}} \leqslant 0.5I_{\mathrm{N}}) \\ I_{\mathrm{d}} > K_{\mathrm{b1}}[I_{\mathrm{r}} - 0.5I_{\mathrm{N}}] + 0.1I_{\mathrm{N}} + I_{\mathrm{cdqd}} & (0.5I_{\mathrm{N}} \leqslant I_{\mathrm{r}} \leqslant 6I_{\mathrm{N}}) \\ I_{\mathrm{d}} > 0.75[I_{\mathrm{r}} - 6I_{\mathrm{N}}] + K_{\mathrm{b1}}[5.5I_{\mathrm{N}}] + 0.1I_{\mathrm{N}} + I_{\mathrm{cdqd}} & (I_{\mathrm{r}} > 6I_{\mathrm{N}}) \\ I_{\mathrm{r}} = \dfrac{1}{2}\sum\limits_{i=1}^{m} |I_i| \\ I_{\mathrm{d}} = \dfrac{1}{2}\sum\limits_{i=1}^{m} I_i \end{array}\right\} \qquad (2\text{-}2\text{-}4)$$

$$\left.\begin{array}{l}I_{\mathrm{d}}>0.6(I_{\mathrm{r}}-0.8I_{\mathrm{N}})+1.2I_{\mathrm{N}}\\I_{\mathrm{r}}>0.8I_{\mathrm{N}}\end{array}\right\} \qquad (2\text{-}2\text{-}5)$$

式中　I_{N}——变压器额定电流；

　　　I_i——变压器各侧电流；

　　I_{cdqd}——稳态比率差动启动定值；

　　　I_{d}——差动电流；

　　　I_{r}——制动电流；

　　　K_{bl}——比率制动系数整定值（$0.2<K_{\mathrm{bl}}<0.75$），推荐整定为 $K_{\mathrm{bl}}=0.5$。

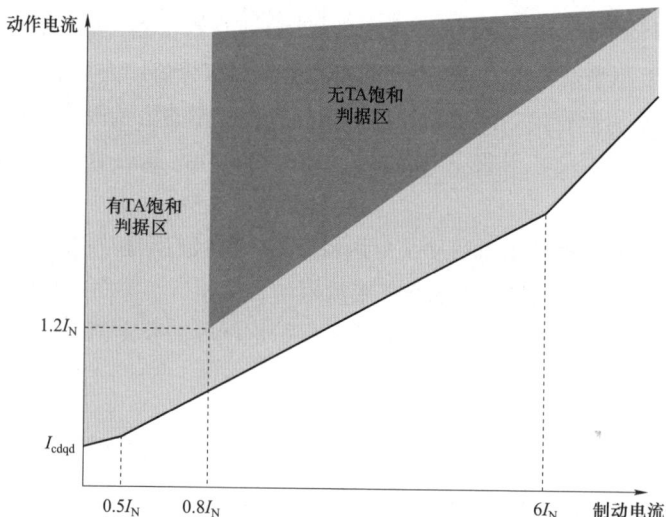

图 2-2-1　稳态比率差动保护的动作特性

　　稳态比率差动保护按相判别，满足以上条件时动作。式（2-2-4）所描述的比率差动保护经过 TA 饱和判别，TA 断线判别（可选择），励磁涌流判别后出口。它可以保证灵敏度，同时由于 TA 饱和判据的引入，区外故障引起的 TA 饱和不会造成误动。式（2-2-5）所描述的比率差动保护只经过 TA 断线判别（可选择），励磁涌流判别即可出口。它利用其比率制动特性抗区外故障时 TA 的暂态和稳态饱和，而在区内故障 TA 饱和时能可靠正确动作。

　　3. 励磁涌流判别原理

　　（1）利用谐波识别励磁涌流。RCS-978 系列变压器成套保护装置采用三相差动电流中二次谐波、三次谐波的含量来识别励磁涌流，判别方程如下

$$\left.\begin{array}{l} I_{\mathrm{2nd}} > K_{\mathrm{2xb}} I_{\mathrm{1st}} \\ I_{\mathrm{3rd}} > K_{\mathrm{3xb}} I_{\mathrm{1st}} \end{array}\right\} \qquad (2-2-6)$$

式中 I_{2nd}、I_{3rd} ——分别为每相差动电流中的二次谐波和三次谐波；

$\quad\quad I_{\mathrm{1st}}$ ——对应相的差动电流基波；

$\quad K_{\mathrm{2xb}}$、K_{3xb} ——分别为二次谐波和三次谐波制动系数整定值，推荐 K_{2xb} 整定为 0.1～0.2，K_{3xb} 整定为 0.1～0.2。

当三相中某一相被判别为励磁涌流，只闭锁该相比率差动元件。

（2）利用波形畸变识别励磁涌流。故障时，差动电流基本上是工频正弦波。励磁涌流时，有大量的谐波分量存在，波形发生畸变、间断、不对称。利用算法识别出这种畸变，即可识别出励磁涌流。

故障时，有如下表达式成立

$$\left.\begin{array}{l} S > K_{\mathrm{b}} S_{+} \\ S > S_{\mathrm{t}} \end{array}\right\} \qquad (2-2-7)$$

$$S_{\mathrm{t}} = \alpha I_{\mathrm{d}} + 0.1 I_{\mathrm{N}} \qquad (2-2-8)$$

式中 S ——差动电流的全周积分值；

$\quad S_{+}$ ——"差动电流的瞬时值+差动电流半周前的瞬时值"的全周积分值；

$\quad K_{\mathrm{b}}$ ——某一固定常数；

$\quad S_{\mathrm{t}}$ ——门坎定值；

$\quad I_{\mathrm{d}}$ ——差电流的全周积分值；

$\quad \alpha$ ——某一比例常数。

当三相中的某一相不满足以上方程，被判别为励磁涌流，只闭锁该相比率差动元件。

装置设有"涌流闭锁方式控制字"供用户选择差动保护涌流闭锁原理。当"涌流闭锁方式控制字"为"0"时，装置利用谐波原理识别涌流；当"涌流闭锁方式控制字"为"1"时，装置利用波形判别原理识别涌流。

4. 差动速断保护

当任一相差动电流大于差动速断整定值时，瞬时动作跳开变压器各侧断路器。

5. 工频变化量比率差动

工频变化量比率差动保护的动作方程如下

$$\left.\begin{array}{ll} \Delta I_{\mathrm{d}} > 1.25 \Delta I_{\mathrm{dt}} + I_{\mathrm{dth}} & \\ \Delta I_{\mathrm{d}} > 0.6 \Delta I_{\mathrm{r}} & (\Delta I_{\mathrm{r}} < 2 I_{\mathrm{N}}) \\ \Delta I_{\mathrm{d}} > 0.75 \Delta I_{\mathrm{r}} - 0.3 I_{\mathrm{N}} & (\Delta I_{\mathrm{r}} > 2 I_{\mathrm{N}}) \end{array}\right\} \qquad (2-2-9)$$

$$\Delta I_{\mathrm{r}} = \max \left\{ \left| \Delta I_{1\varPhi} \right| + \left| \Delta I_{2\varPhi} \right| + \cdots + \left| \Delta I_{m\varPhi} \right| \right\}$$

$$\Delta I_{\mathrm{d}} = \left| \Delta \dot{i}_1 + \Delta \dot{i}_2 + \cdots + \Delta \dot{i}_m \right|$$

式中 ΔI_{r} ——制动电流的工频变化量，取最大相制动。

注：工频变化量比率差动保护的制动电流计算方法与稳态比率差动保护不同。

装置中依次按相判别，当满足以上条件时，工频变化量比率差动动作，见图 2-2-2。工频变化量比率差动保护经过涌流判别元件、过励磁闭锁元件闭锁后出口。

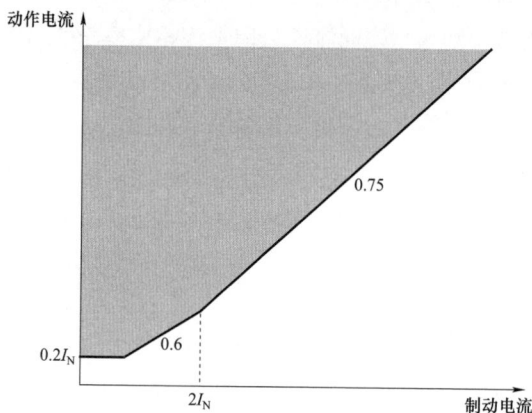

图 2-2-2 工频变化量比率差动保护的动作特性

由于工频变化量比率差动的制动系数可取较高的数值，其本身的特性抗区外故障时 TA 的暂态和稳态饱和能力较强。工频变化量比率差动元件提高了装置在变压器正常运行时内部发生轻微匝间故障的灵敏度。

6. 零序比率差动原理

零序比率差动保护主要应用于自耦变压器，其动作方程如下

$$\begin{cases} I_{0\mathrm{d}} > I_{0\mathrm{cdqd}} & (I_{0\mathrm{r}} \leqslant 0.5 I_{\mathrm{N}}) \\ I_{0\mathrm{d}} > K_{0\mathrm{b}1} \left[I_{0\mathrm{r}} - 0.5 I_{\mathrm{N}} \right] + I_{0\mathrm{cdqd}} \\ I_{0\mathrm{r}} = \max \{ |I_{01}|, \ |I_{02}|, \ |I_{0\mathrm{cw}}| \} \\ I_{0\mathrm{d}} = \left| \dot{I}_{01} + \dot{I}_{02} + \dot{I}_{0\mathrm{cw}} \right| \end{cases} \qquad (2\text{-}2\text{-}10)$$

式中 I_{01}、I_{02}、$I_{0\mathrm{cw}}$ ——分别为Ⅰ侧、Ⅱ侧和公共绕组侧零序电流；

$\qquad I_{0\mathrm{cdqd}}$ ——零序比率差动启动定值；

$\qquad I_{0\mathrm{d}}$ ——零序差动电流；

$\qquad I_{0\mathrm{r}}$ ——零序差动制动电流；

$\qquad K_{0\mathrm{b}1}$ ——零序差动比率制动系数整定值，推荐 $K_{0\mathrm{b}1}$ 整定为 0.5；

$\qquad I_{\mathrm{N}}$ ——TA 二次额定电流。

当满足以上条件时，零序比率差动动作，见图 2-2-3。各侧零序电流通过装置自产得到，这样可避免各侧零序 TA 极性校验问题。

若零序比率差动启动定值 $I_{0cdqd}>0.5I_N$，则其拐点电流自动设定为 I_N，即动作方程如下

$$\begin{cases} I_{0d}>I_{0cdqd} & (I_{0r}\leqslant I_N) \\ I_{0d}>K_{0b1}[I_{0r}-I_N]+I_{0cdqd} \\ I_{0r}=\max\{|I_{01}|,|I_{02}|,|I_{0cw}|\} \\ I_{0d}=|\dot{I}_{01}+\dot{I}_{02}+\dot{I}_{0cw}| \end{cases} \quad (2-2-11)$$

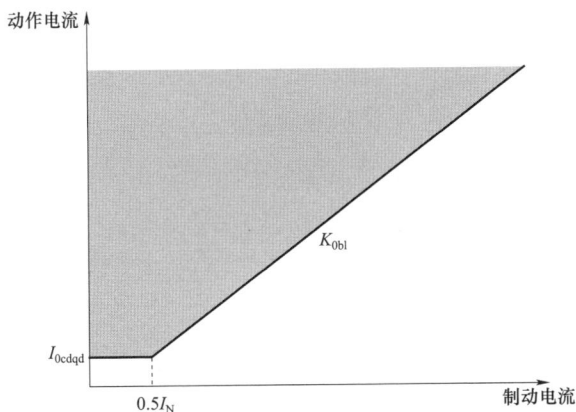

图 2-2-3　零序比率差动保护的动作特性

7. 分侧差动保护原理

分侧差动保护也主要应用于自耦变压器，其动作方程如下

$$\begin{cases} I_d>I_{fcdqd} & (I_r\leqslant 0.5I_N) \\ I_d>K_{fb1}[I_r-0.5I_N]+I_{fcdqd} \\ I_r=\max\{|I_1|,|I_2|,|I_{cw}|\} \\ I_d=|\dot{I}_1+\dot{I}_2+\dot{I}_{cw}| \end{cases} \quad (2-2-12)$$

式中　I_1、I_2、I_{cw}——分别为 I 侧、II 侧和公共绕组侧电流；

I_{fcdqd}——分侧差动启动定值；

I_d——分侧差动电流；

I_r——分侧差动制动电流；

K_{fb1}——分侧差动比率制动系数整定值，推荐 K_{fb1} 整定为 0.5。

装置中依次按相判别，当满足以上条件时，分侧差动动作，见图 2-2-4。分侧差

动各侧 TA 二次电流由软件调整平衡。

若分侧差动启动定值 $I_{fcdqd} > 0.5I_N$，则其拐点电流自动设定为 I_N，即动作方程如下

$$\begin{cases} I_{fd} > I_{fcdqd} & (I_r \leqslant I_N) \\ I_d > K_{fb1}[I_r - I_N] + I_{fcdqd} \\ I_r = \max\{|I_1|, |I_2|, |I_{cw}|\} \\ I_d = |\dot{I}_1 + \dot{I}_2 + \dot{I}_{cw}| \end{cases} \qquad (2\text{-}2\text{-}13)$$

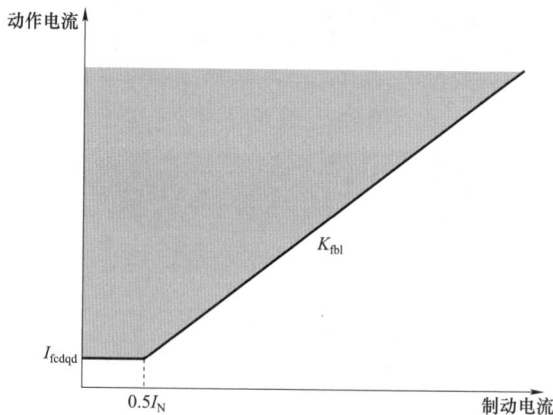

图 2-2-4　分侧比率差动保护的动作特性

8. 复合电压闭锁方向过电流

过电流保护主要作为变压器相间故障的后备保护。通过整定控制字可选择各段过电流是否经过复合电压闭锁，是否经过方向闭锁，是否投入，跳哪几侧开关。

（1）方向元件：方向元件采用正序电压，并带有记忆，近处三相短路时方向元件无死区。接线方式为零度接线方式。接入装置的 TA 正极性端应在母线侧。装置后备保护分别设有控制字"过电流方向指向"来控制过电流保护各段的方向指向。当"过电流方向指向"控制字为"1"时，表示方向指向变压器，灵敏角为 45°；当"过电流方向指向"控制字为"0"时，方向指向系统，灵敏角为 225°。方向元件的动作特性如图 2-2-5 所示，阴影区为动作区。同时装置分别设有控制字"过电流经方向闭锁"来控制过电流保护各段是否经方向闭锁。当"过电流经方向闭锁"控制字为"1"时，表示本段过电流保护经过方向闭锁。

注意：以上所指的方向均是 TA 的正极性端在母线侧情况下。

（2）复合电压元件：复合电压指相间电压低或负序电压高。对于变压器某侧复合电压元件可通过整定控制字选择是否引入其他侧的电压作为闭锁电压，如对于 I 侧后

备保护，装置分别设有控制字，如"过电流保护经Ⅱ侧复压闭锁"等，来控制过电流
保护是否经其Ⅱ侧复合电压闭锁；当"过电流保护经Ⅱ侧复压闭锁"控制字整定为"1"
时，表示Ⅰ侧复压闭锁过电流可经过Ⅱ侧复合电压启动；当"过电流保护经Ⅱ侧复压
闭锁"控制字整定为"0"时，表示Ⅰ侧复压闭锁过电流不经过Ⅱ侧复合电压启动。各
段过电流保护均有"过电流经复压闭锁"控制字，当"过电流经复压闭锁"控制字为
"1"时，表示本段过电流保护经复合电压闭锁。

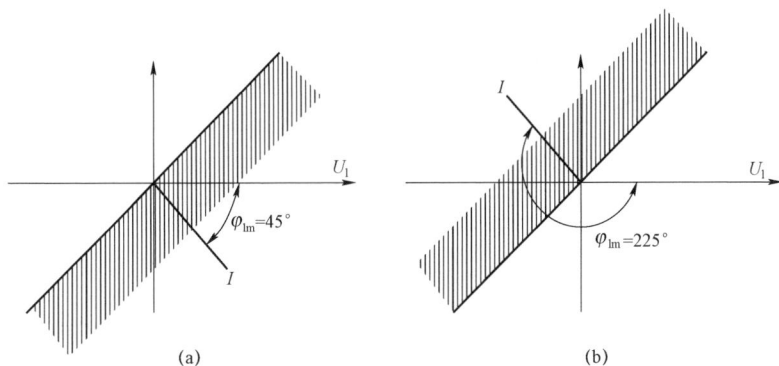

图 2-2-5　相间方向元件动作特性
(a) 方向指向变压器；(b) 方向指向系统

（3）TV 异常对复合电压元件、方向元件的影响：装置设有整定控制字"TV 断线
保护投退原则"来控制 TV 断线时方向元件和复合电压元件的动作行为。若"TV 断线
保护投退原则"控制字为"1"，当判断出本侧 TV 异常时，方向元件和本侧复合电压
元件不满足条件，但本侧过电流保护可经其他侧复合电压闭锁（过电流保护经过其他
侧复合电压闭锁投入情况）；若"TV 断线保护投退原则"控制字为"0"，当判断出本
侧 TV 异常时，方向元件和复合电压元件都满足条件，这样复合电压闭锁方向过电流
保护就变为纯过电流保护；不论"TV 断线保护投退原则"控制字为"0"或"1"，都
不会使本侧复合电压元件启动其他侧复压过电流。

（4）本侧电压退出对复合电压元件、方向元件的影响：当本侧 TV 检修或旁路代
路未切换 TV 时，为保证本侧复合电压闭锁方向过电流的正确动作，需投入"本侧电
压退出"压板或整定控制字，此时它对复合电压元件、方向元件有如下影响：

1）本侧复合电压元件不启动，但可由其他侧复合电压元件启动（过电流保护经过
其他侧复合电压闭锁投入情况）；

2）本侧方向元件输出为正方向即满足条件；

3）不会使本侧复合电压元件启动其他侧过电流元件（其他侧过电流保护经过本侧复合电压闭锁投入情况）。

9. 间隙零序过电流、过电压保护

装置设有一段两时限间隙零序过电流保护和一段两时限零序过电压保护，来作为变压器中性点经间隙接地运行时的接地故障后备保护。间隙零序过电流保护、零序过电压保护动作并展宽一定时间后计时。考虑到在间隙击穿过程中，零序过电流和零序过电压可能交替出现，装置设有"间隙保护方式"控制字。当"间隙保护方式"控制字为"1"时，零序过电压和零序过电流元件动作后相互保护，此时间隙保护的动作时间整定值和跳闸控制字的整定值均以间隙零序过电流保护的整定值为准。一般"间隙保护方式"控制字整定为"0"。

10. 零序过电压保护

由于 220kV 及以上的变压器低压侧常为不接地系统，装置设有一段零序过电压保护作为变压器低压侧接地故障保护。

二、试验目的

本次试验针对 220kV 变压器间隔进行验收前调试，主要试验项目包括定值校验、传动试验、整组试验及带负荷试验等。

三、危险点分析及控制措施

危险点分析预控表见表 1-1-1。

四、作业流程

220kV 变压器微机保护装置的调试作业流程如图 1-1-8 所示。

五、试验前准备

试验前准备工作表见表 1-1-2。

六、校验项目、技术要求及校验报告

（一）保护屏检查及清扫

详见 ZY1900203003 中六、的（一）。

（二）二次回路正确性及绝缘检查。

详见 ZY1900201003 中六、的（二）。

（三）装置通电初步检查

详见 ZY1900201003 中六、的（三）。

（四）逆变电源的检验

详见 ZY1900201003 中六、的（四）。

（五）交流回路校验

详见 ZY1900201003 中六、的（五）。

（六）开入量检查

详见 ZY1900203003 中六、的（六）。

（七）开出量检查

详见 ZY1900201003 中六、的（七）。

（八）定值及定值区切换功能检查

详见 ZY1900201003 中六、的（八）。

（九）保护功能校验

保护功能应正确，定值应正确。以下内容以 RCS–978E 系列变压器微机保护装置为例，介绍装置调试方法。变压器、电流互感器参数见表 2–2–1。

表 2–2–1 变压器、电流互感器参数

项　　　目	高压侧（Ⅰ侧）	中压侧（Ⅱ侧）	低压侧（Ⅲ侧）
变压器额定容量 S_N（MVA）	180		
各侧额定电压 U_N（kV）	220	115	10.5
接线方式	YN	yn	d11
各侧 TA 变比 n_{TA}	1200A/5A	1250A/5A	3000A/5A
变压器各侧一次额定电流 I_{1N}（A）	472	904	9897
变压器各侧二次额定电流 I_{2N}（A）	1.96	3.61	16.5
各侧平衡系数 K_{ph}	4.0	2.177	0.476

1. 差动保护校验

（1）各侧差动电流整定值校验（整定值为 $0.65I_N$）。以高压侧为例，差流定值为 $0.65I_N=0.65×1.96=1.27$（A）。

高压侧若通入单相电流 $1.05×0.65×1.96×3/2=2.0$（A），差动保护可靠动作；通入单相电流 $0.95×0.65×1.96×3/2=1.8$（A），差动保护可靠不动作。

需要注意的是，在通入单相电流值计算时要乘以 3/2，以下以高压侧 A 相为例说明原因。

用继电保护测试仪给保护装置加单相电流 $\dot{I}_A$ 时，保护装置自产零序电流 $\dot{I}_0=1/3\dot{I}_A$，进入保护装置用于差流计算的 A 相电流为 $\dot{I}'_A=\dot{I}_A-\dot{I}_0=\dot{I}_A-1/3\dot{I}_A=2/3\dot{I}_A$。为计算方便，假设差流整定值为 1.2A，当在测试仪上加电流 1.2A 时，保护装置得到的 A 相差流只有 $2/3×1.2=0.8$（A），要使保护装置的差流为 1.2A，在测试仪上所加单相电流应该是 $3/2×1.2=1.8$（A）。所以在通入单相电流进行差流定值校验时，在测试仪上所加单相电流应大于 3/2×差流定值时，差动保护动作。

高压侧若通入相间电流 1.05×0.65×1.96=1.3（A），差动保护可靠动作。通入相间电流 0.95×0.65×1.96=1.2（A），差动保护可靠不动作。

通入相间电流是指测试仪所加电流从 A 相首端进入，流出后进入 B 相末端，再有 B 相首端流回测试仪，简称"A 进 B 出"。加相间电流就避免了保护装置自产零序电流对定值校验的影响，其原因是 $3\dot{i}_0 = \dot{I}_A + \dot{I}_B + \dot{I}_C = \dot{I}_A + (-\dot{I}_A) + 0 = 0$。

需要注意的是，在加相间电流"A 进 B 出"进行定值校验时，由于此时 A 相和 B 相差流大小相等，A 相和 B 相的差动保护都有可能动作。

高压侧 B、C 相差动电流整定值校验方法与 A 相相同。

中压侧差动电流整定值校验与高压侧差动电流整定值校验方法相同。

低压侧通入单相电流 $1.05×0.65×16.5×\sqrt{3} =19.5$（A）差动保护可靠动作，通入单相电流 $0.95×0.65×16.5×\sqrt{3} = 17.6$（A），差动保护可靠不动作。

需要注意的是，在通入单相电流值计算时乘以 $\sqrt{3}$ 的缘由，以低压侧 a 相为例进行说明。

由于相位补偿是在低压侧进行的，即

$$\left.\begin{array}{l} \dot{I}'_a = (\dot{I}_a - \dot{I}_c)/\sqrt{3} = \dot{I}_a/\sqrt{3} \\ \dot{I}'_b = (\dot{I}_b - \dot{I}_a)/\sqrt{3} = -\dot{I}_a/\sqrt{3} \\ \dot{I}'_c = (\dot{I}_c - \dot{I}_b)/\sqrt{3} = 0 \end{array}\right\} \qquad (2-2-14)$$

由式（2-2-14）可见，在测试仪上加单相电流 $\dot{I}_a$ 进行试验时，进入保护装置用于差流计算的 a 相电流为 $\dot{I}_a/\sqrt{3}$。假设差流定值为 1A，当在测试仪上加 1A 电流时，保护装置得到的差流为 0.577A，所以在测试仪上所加的电流大于差动定值乘以 $\sqrt{3}$ 时，差动保护动作。

由式（2-2-14）还可见，在测试仪上加单相电流 $\dot{I}_a$ 进行试验时，a 相和 b 相差流大小相等，任一相都有可能差动保护动作。

（2）比例制动的差动保护的动作特性测量（以高、低压侧为例）：

1）先确定制动电流的大小，计算出高压侧的实际所加电流。

2）算出该点的差流理论值，计算出此时低压侧所加理论电流。

3）在高压侧、低压侧对应相加入所算理论值，且低压侧所加电流略大于所算的理论值。

4）减小低压侧相电流至差动保护动作。

5）记录两侧电流，根据厂家提供的制动电流、差动电流及比率制动系数计算公式，求取制动电流、差动电流、比率制动系数。

6）画出制动特性曲线，并与厂家提供的制动特性曲线比较，误差小于 10%。

（3）二次谐波制动系数试验。打开测试仪上谐波窗口，在高压侧通入额定电流（大于差流定值），差动保护可靠动作。试验电流退出。按复归按钮复归，再加入二次谐波电流百分比高于整定值时，差动保护可靠制动。然后减少二次谐波电流百分比，当低于整定值时，开放差动保护，差动保护可靠动作。

由于二次谐波制动方式不同，如本相二次谐波制动（本相二次谐波电流制动本相差动保护）、三相二次谐波制动方式（本相及其他相二次谐波制动本相差动保护）。通常采用在本相加二次谐波电流进行校验。

（4）各侧差动速断电流定值校验。各侧差动速断电流定值校验方法与各侧差动电流定值校验相同。不同的是差动速断保护不受二次谐波制动。例如，RCS–978E 装置，差动速断电流定值为 $8I_{2N}$，试验采用"A 进 B 出"接线方式。高压侧每相差动速断电流定值 $8I_{2N}=8\times1.96=15.68$（A），加 $1.05\times15.68=16.5$（A）差动速断保护可靠动作。加电流 $0.95\times15.68=14.9$（A）差动速断可靠不动作。需要注意的是此时差动保护会动作，要查看保护动作信息确认。如要使差动保护不动作，应加二次谐波电流大于定值，将差动保护闭锁。

另外，由于差动速断保护电流定值较大，试验结束应及时退出测试仪所加试验电流，然后再记录动作电流。

2. 高压侧后备保护

（1）高压侧复压方向过电流定值校验：分别校验相电流启动定值、负序电压定值、相间低电压定值、验证方向动作区及灵敏角、过电流Ⅱ段二时限。

检查系统参数中"Ⅰ侧后备保护投入"应置 1；投入"Ⅰ侧相间后备保护"压板；注意定值中"经复压闭锁""经方向闭锁""方向指向""TV 断线保护投退""过电流保护经Ⅱ侧复压闭锁""过电流保护经Ⅲ侧复压闭锁"控制字的状态以及"220kV 侧电压退出"压板状态。

若交流回路采用零度接线方式，当过电流"方向指向控制字"设定指向变压器时，复压方向动作区为 –45°～135°，灵敏角为 45°；当过电流"方向指向控制字"设定指向系统时，复压方向动作区相反，灵敏角为 225°（或 –135°）。复压方向元件的动作特性如图 2–2–6 所示。

若交流回路采用 90°接线方式，当过电流"方向指向控制字"设定指向变压器时，复压方向动作区为 –135°～45°，灵敏角为 –45°；当过电流"方向指向控制字"设定指向系统时，复压方向动作区相反，灵敏角为 135°。

电流整定值校验。退出过电流保护经方向闭锁，在高压侧加入单相电流，并监视该套保护的跳闸触点。在 1.05 倍整定值时，可靠动作；在 0.95 倍整定值时，应可靠不动作。

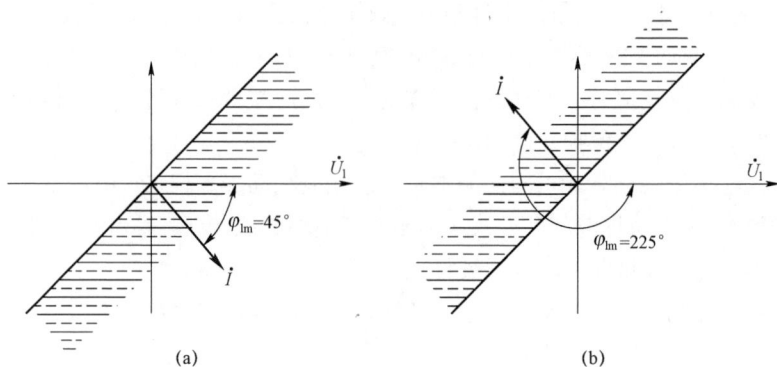

图 2-2-6 复压方向元件的动作特性
(a) 方向指向变压器；(b) 方向指向系统

相间低电压定值校验。投入"高压侧复压压板"，退出中、低压侧复压压板，在高压侧加入三相健全电压，等待 10s 后 TV 断线返回，装置无告警信号发出，加入单相电流并大于整定值，监视动作触点。降低三相电压直到到保护动作，记录动作电压。

注意在测试仪上所加电压为相电压，而低电压定值为线电压。如低电压定值为 60V，相电压为 $60/\sqrt{3}=34.64$（V），即当三个相电压都降至 34.64V 以下时，开放过电流保护动作。

负序电压定值校验。投入"高压侧复压压板"，退出中、低压侧复压压板，在高压侧加入三相健全电压，等待 10s 后 TV 断线返回，装置无告警信号发出，加入单相电流并大于整定值，监视动作触点，降低某相电压使保护动作，记录此时的电压值，并计算出此时的负序电压的大小，即为负序电压元件的动作值或打开测试仪序分量窗口，观察负序电压。降低一相电压直到保护动作，记录负序电压值。

注意降一相电压时，线电压不能低于低电压定值。如负序电压定值为 6V，测试仪上三个相电压的额定值为 57.74V，降一相电压（A 相）至 39.74V，由负序电压公式计算可得，此时负序电压为 6V，如再减少 A 相电压，负序电压将大于 6V，开放过电流保护动作。

复压方向动作区、灵敏角校验。在高压侧加入三相健全电压，等待 10s 后 TV 断线返回，装置无告警信号发出，加入 A 相电流并大于整定值，监视动作触点。降低三相电压低于低电压定值，以 A 相电压为参考。设置 A 相电流的相位在不动作区，选择相角变量。改变 A 相电流的相位进入动作区域直到保护动作，记录动作的边界角度。做出两侧动作边界并计算灵敏角。

（2）高压侧零序方向过电流定值校验。分别校验自产零序电流启动定值、零序电压闭锁定值、零序功率方向动作区及灵敏角、零序过电流Ⅱ段定值及时限。

检查系统参数中"Ⅰ侧后备保护投入"应置1；投入"Ⅰ侧接地后备保护"压板；注意定值中"经方向闭锁""方向指向""TV断线保护投退"以及"220kV侧电压退出"压板状态；保护采用自产零序电压、电流。

方向元件所采用的零序电流有自产零序电流和外接零序电流，若"零序方向判别用自产零序电流"控制字为"1"，方向元件所采用的零序电流为自产零序电流，若"零序方向判别用自产零序电流"控制字为"0"，方向元件所采用的零序电流为外接零序电流。

当"零序方向指向"控制字为"1"时，方向指向变压器，零序方向动作区为 $-15°\sim-195°$，灵敏角为 $-105°$。当"零序方向指向"控制字为"0"时，方向指向系统，零序方向动作区为 $-15°\sim165°$，灵敏角为 $75°$。

零序电流启动定值校验。零序方向过电流Ⅰ、Ⅱ段，零序过电流Ⅰ、Ⅱ段：退出零序过电流保护经方向闭锁，在高压侧零序回路加入单相电流，并监视动作触点。在1.05倍整定值时，可靠动作；在0.95倍整定值时，应可靠不动作。

零序功率方向动作区及灵敏角校验。在高压侧加入三相健全电压，等待10s后TV断线返回，装置无告警信号发出，在高压侧零序电流回路加入A相电流并大于整定值，监视动作触点，降低A相电压，以A相电压为参考相。设置A相电流相角在不动作区，选择相角变量。改变A相电流相角进入动作区域直到保护动作。根据 U_A 和 U_0、I_A 和 I_0 的关系，就可得到 U_0 和 I_0 的关系，即零序过电流保护的动作范围。做出两侧动作边界并记录动作的边界角度，计算灵敏角。

零序方向过电流保护还需要校验"本侧电压退出""TV断线保护投退原则""零序电压闭锁""谐波闭锁"等逻辑功能。

（3）变压器中压侧后备保护、低压侧后备保护定值校验与高压侧试验方法相同。

（4）变压器不接地后备保护需要校验零序过电压定值、间隙零序过电流定值，要求保护功能、动作值正确。

零序过电压保护定值校验。投入变压器高压侧间隙保护硬压板，在高压侧外接零序电压回路上加试验电压，同时监视该套保护的跳闸触点。在1.05倍定值时，可靠动作；在0.95倍定值时，应可靠不动作。测量从模拟故障至断路器跳闸回路的保护整组动作时间（测试到各出口压板），通入1.2倍整定电压，注入故障的时间略大于整定时间100ms。以验证保护的跳闸矩阵和各段保护的动作时间。

间隙过电流保护定值校验。投入变压器高压侧间隙保护硬压板，在高压侧间隙电流回路上加试验电流，同时监视该套保护的跳闸触点，在1.05倍整定值时，可靠动作；

在 0.95 倍整定值时，应可靠不动作。测量从模拟故障至断路器跳闸回路的保护整组动作时间（测试到各出口压板），模拟故障试验电流为 1.2 倍的动作值，以验证保护的跳闸矩阵和保护的动作时间。

（5）变压器过负荷，应校验过负荷电流定值及时间；启动冷却器，应校验电流定值及时间；闭锁有载调压，应校验电流定值及时间。电流定值及时间与整定值应相符。

（6）各侧 TV 异常及断线报警。

1）加正序电压小于 30V，且任一相通入电流大于 $0.04I_N$ 或开关在合位状态。

2）加负序电压大于 8V。

满足上述任一条件，同时保护启动元件未启动，延时 10s 报该 TV 异常，并发出报警信号。在电压恢复正常后延时 10s 返回，试验结果应满足要求。注意当某侧电压退出或某侧后备保护退出时，该侧 TV 异常及断线判别功能自动解除。

（7）各侧 TA 异常报警。当负序电流（零序电流）大于 $0.06I_N$ 后延时 10s 报该侧 TA 异常，并发出报警信号。在电流恢复正常后延时 10s 返回，试验结果应满足要求。

（8）差动保护差流异常报警。当变压器差动回路差流大于 TA 报警定值，延时 10s 报差动保护差流异常，但不闭锁差动保护。当差流消失延时 10s 后返回，试验结果应满足要求。

（十）整组动作时间测试

按正常运行方式，投入保护。

整组试验方法及要求：

（1）全部检验时，调整保护及控制直流电压为额定电压的 80%，带断路器实际传动，检查保护和断路器动作正确。对没有满足运行和检验要求的直流试验电源的变电站或保护小室，可仅检查 80% 额定电压下逆变电源的负载能力。

（2）后备保护检验时，注意检查主变过负荷联切、闭锁调压、启动风冷的触点。

（3）后备保护检验时，按实际运行方式检查母联断路器跳闸情况或测量压板、母联断路器自投动作及闭锁情况。

（4）监测主变启动失灵触点动作情况是否带延时特性（返回时间不大于 50ms）。

（5）第一次全部检验或改变跳闸方式后需做跳闸矩阵检查。

（6）与中央信号、远动装置的配合联动试验。根据微机保护与中央信号、远动装置信息传送数量和方式的具体情况确定试验项目和方法。但要求至少应进行模拟保护装置异常、保护装置报警、保护装置动作跳闸的试验。

（十一）整组试验及验收传动

详见 ZY1900203003 中六、的（十一）。

（十二）TA 二次负载试验及一次注流

详见 ZY1900201003 中六、的（十二）。

（十三）保护校验存在的问题

详见 ZY1900203003 中六、的（十三）。

（十四）带负荷测试

详见 ZY1900203003 中六、的（十四）。

（十五）测试结果分析及测试报告编写

将测试数据填入本单位规定的测试报告内并进行结果分析。

【思考与练习】

1. 简述 220kV 变压器微机保护装置的调试作业流程。

2. 220kV 变压器微机保护主要有哪些开入量、开出量需要检查？

3. 220kV 变压器微机保护如何进行交流回路校验？

◢ 模块 3　500kV 变压器微机保护装置的调试 （ZY1900203009）

【模块描述】本模块包含 500kV 变压器微机保护装置的典型装置介绍、试验目的、危险点分析及控制措施、作业流程、试验前准备，掌握装置的调试项目、技术要求及调试报告工作

【模块内容】

一、典型变压器微机保护装置

（一）应用范围

详见 ZY1900203006 中一、的相关内容。

（二）保护配置

详见 ZY1900203006 中一、的相关内容。

（三）软件工作原理

详见 ZY1900203006 中一、的（三）的（1）～（9）。

（四）过励磁的判别

由于在变压器过励磁时，变压器励磁电流将激增，可能引起差动保护误动作。因此应该判断出这种情况，闭锁差动保护。装置中采用差电流中五次谐波的含量作为对过励磁的判断，其判据如下

$$I_{5th} > K_{5xb}I_{1st} \qquad (2-3-1)$$

式中 I_{1st}、I_{5th} ——分别为每相差动电流中的基波和五次谐波，K_{5xb} 为五次谐波制动
系数。

当过励磁倍数大于 1.4 倍时，不再闭锁差动保护。过励磁闭锁差动功能可整定选择。

二、试验目的

本次试验针对 500kV 变压器间隔进行验收前调试，主要试验项目包括定值校验、传动试验、整组试验及带负荷试验等。

三、危险点分析及控制措施

危险点分析预控表见表 1–1–1。

四、作业流程

500kV 变压器微机保护装置调试的作业流程如图 1–1–8 所示。

五、试验前准备

试验前准备工作表见表 1–1–2。

六、校验项目、技术要求及校验报告

（一）保护屏检查及清扫

详见 ZY1900201003 中六、的（一）。

（二）二次回路正确性及绝缘检查

详见 ZY1900201003 中六、的（二）。

（三）装置通电初步检查

详见 ZY1900201003 中六、的（三）。

（四）逆变电源的检验

详见 ZY1900201003 中六、的（四）。

（五）交流回路校验

详见 ZY1900201003 中六、的（五）。

（六）开入量检查

详见 ZY1900201003 中六、的（六）。

（七）开出量检查

详见 ZY1900201003 中六、的（七）。

（八）定值及定值区切换功能检查

详见 ZY1900201003 中六、的（八）。

（九）保护功能校验

详见 ZY1900201003 中六、的（九）。

（十）整组动作时间测试

详见 ZY1900201003 中六、的（十）。

（十一）整组试验及验收传动

详见 ZY1900201003 中六、的（十一）。

（十二）TA 二次负载试验及一次注流

详见 ZY1900201003 中六、的（十二）。

（十三）保护校验存在的问题

详见 ZY1900201003 中六、的（十三）。

（十四）带负荷测试

详见 ZY1900201003 中六、的（十四）。

（十五）测试结果分析及测试报告编写

将测试数据填入本单位规定的测试报告内并进行结果分析。

【思考与练习】

1. 简述 500kV 变压器微机保护装置调试的作业流程。

2. 简述通电初步检查保护装置的内容。

3. 如何进行定时限过励磁保护动作值及时限测试？

第三章

母线保护装置调试及维护

◢ 模块 母线保护装置调试（ZY1900202003）

【模块描述】本模块包含母线保护装置的典型装置介绍、试验目的、危险点分析及控制措施、作业流程、试验前准备，掌握装置的调试项目、技术要求及调试报告工作

【模块内容】

一、典型母线微机保护装置

（一）应用范围

RCS–915AB 型微机母线保护装置，适用于各种电压等级的单母线、单母分段、双母线等各种主接线方式，母线上允许所接的线路与元件数最多为 21 个（包括母联），并可满足有母联兼旁路运行方式主接线系统的要求。

（二）保护配置

RCS–915AB 型微机母线保护装置设有母线差动保护、母联充电保护、母联死区保护、母联失灵保护、母联过电流保护、母联非全相保护以及断路器失灵保护等功能。

（1）装置结构。装置采用 12U 标准机箱，用嵌入式安装于屏上。机箱结构和屏面开孔尺寸见图 3–0–1。

（2）装置硬件配置。装置核心部分采用 Mortorola 公司的 32 位单片微处理器 MC68332，主要完成保护的出口逻辑及后台功能，保护运算采用 AD 公司的高速数字信号处理（DSP）芯片，使保护装置的数据处理能力大大增强。装置采样率为每周波 24 点，在故障全过程对所有保护算法进行并行实时计算，使得装置具有很高的固有可靠性及安全性。具体硬件模块图见图 1–1–2。

输入电流、电压首先经隔离互感器转换至二次侧（注：电流变换器的线性工作范围为 $40I_N$），成为小电压信号分别进入 CPU 板和管理板。CPU 板主要完成保护的逻辑及跳闸出口功能，同时完成事件记录及打印、保护部分的后台通信及与面板 CPU 的通信；管理板内设总启动元件，启动后开放出口继电器的正电源，另外，管理板还具有

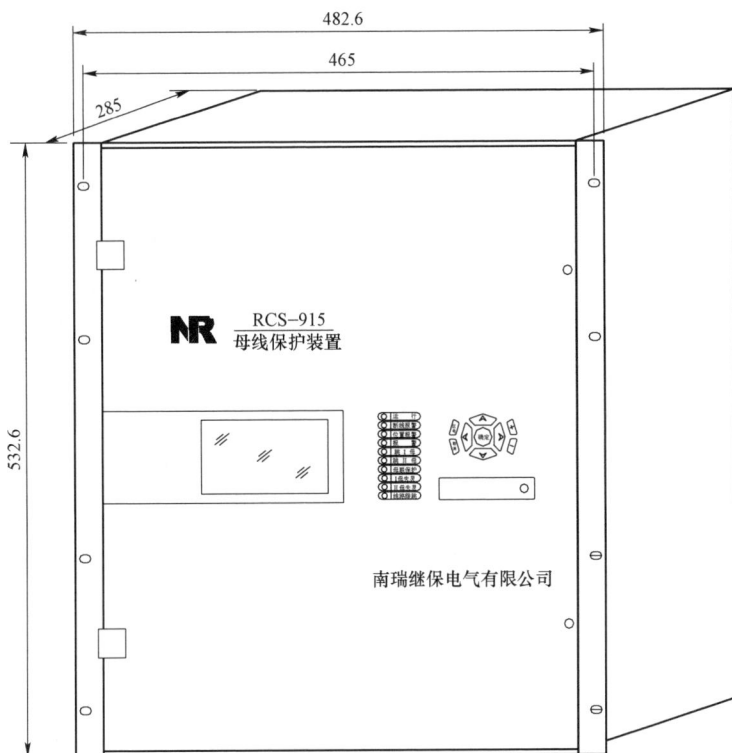

图 3-0-1　机箱结构图

完整的故障录波功能，录波格式与 COMTRADE 格式兼容，录波数据可单独串口输出或打印输出。

（三）软件工作原理

1. 启动元件

（1）电压工频变化量元件，当两段母线任一相电压工频变化量大于门坎电压（由浮动门坎和固定门坎构成）时电压工频变化量元件动作，其判据为

$$\Delta u > \Delta U_{\mathrm{T}} + 0.05 U_{\mathrm{N}} \tag{3-0-1}$$

式中　Δu ——相电压工频变化量瞬时值；

$0.05 U_{\mathrm{N}}$ ——固定门坎电压；

ΔU_{T} ——浮动门坎电压，随着变化量输出变化而逐步自动调整。

（2）差流元件，当任一相差动电流大于差流启动值时差流元件动作，其判据为

$$I_{\mathrm{d}} > I_{\mathrm{cdzd}} \tag{3-0-2}$$

式中　I_{d} ——大差动相电流；

I_{cdzd}——差动电流启动定值。

母线差动保护电压工频变化量元件或差流元件启动后展宽 500ms。

2. 母线差动保护

母线差动保护由分相式比率差动元件构成。

为表述方便，说明书中约定母线 1、2 分别为 I、II 段母线，实际使用时各母线编号可按现场情况自由整定。TA 极性要求支路 TA 同名端在母线侧，母联 TA 同名端在母线 1（即 I 母）侧（装置内部只认母线的物理位置，与编号无关，母联同名端的朝向以物理位置为准，单母分段主接线分段 TA 的极性也以此为原则）。

差动回路包括母线大差回路和各段母线小差回路。母线大差是指除母联断路器和分段断路器外所有支路电流所构成的差动回路。某段母线的小差是指该段母线上所连接的所有支路（包括母联断路器和分段断路器）电流所构成的差动回路。母线大差比率差动用于判别母线区内和区外故障，小差比率差动用于故障母线的选择。

（1）常规比率差动元件动作判据为

$$\left|\sum_{j=1}^{m} I_j\right| > I_{cdzd} \qquad (3\text{-}0\text{-}3)$$

$$\left|\sum_{j=1}^{m} I_j\right| > K\sum_{j=1}^{m}\left|I_j\right| \qquad (3\text{-}0\text{-}4)$$

式中　K——比率制动系数；

　　　I_j——第 j 个连接元件的电流。

其动作特性曲线如图 3-0-2 所示。

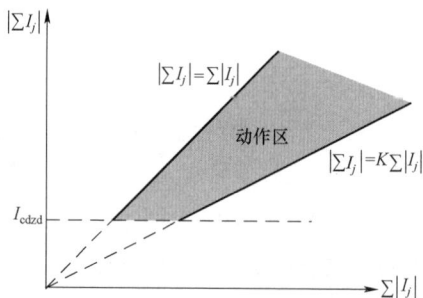

图 3-0-2　比例差动元件动作特性曲线

为防止在母联断路器断开的情况下，弱电源侧母线发生故障时大差比率差动元件的灵敏度不够，大差比例差动元件的比率制动系数有高低两个定值。母联断路器处于合闸位置以及投单母或隔离开关双跨时，大差比率差动元件采用比率制动系数高值，而当母线分列运行时自动转用比率制动系数低值。

小差比例差动元件则固定取比率制动系数高值。

（2）工频变化量比例差动元件。为提高保护抗过渡电阻能力，减少保护性能受故障前系统功角关系的影响，本保护除采用由差流构成的常规比率差动元件外，还采用工频变化量电流构成了工频变化量比例差动元件，与制动系数固定为 0.2 的常规比率差动元件配合构成快速差动保护。其动作判据为

$$\left|\Delta\sum_{j=1}^{m}I_j\right| > \Delta DI_{\mathrm{T}} + DI_{\mathrm{cdzd}} \tag{3-0-5}$$

$$\left|\Delta\sum_{j=1}^{m}I_j\right| > K'\sum_{j=1}^{m}\left|\Delta I_j\right| \tag{3-0-6}$$

其中 K' 为工频变化量比例制动系数，母联断路器处于合闸位置以及投单母或隔离开关双跨时 K' 取 0.75，而当母线分列运行时则自动转用比率制动系数低值，小差则固定取 0.75；ΔI_j 为第 j 个连接元件的工频变化量电流；ΔDI_{T} 为差动电流启动浮动门坎；DI_{cdzd} 为差流启动的固定门坎，由 I_{cdzd} 得出。

（3）故障母线选择元件。差动保护根据母线上所有连接元件电流采样值计算出大差电流，构成大差比例差动元件，作为差动保护的区内故障判别元件。

对于分段母线或双母线接线方式，根据各连接元件的隔离开关位置开入计算出两条母线的小差电流，构成小差比率差动元件，作为故障母线选择元件。

当大差抗饱和母差动作（下述 TA 饱和检测元件二检测为母线区内故障），且任一小差比率差动元件动作，母差动作跳母联断路器；当小差比率差动元件和小差谐波制动元件同时开放时，母差动作跳开相应母线。

当双母线按单母方式运行不需进行故障母线的选择时，可投入单母方式压板。当元件在倒闸过程中两条母线经隔离开关双跨，则装置自动识别为单母运行方式。这两种情况都不进行故障母线的选择，当母线发生故障时将所有母线同时切除。

母差保护另设一后备段，当抗饱和母差动作且无母线跳闸，则经过 250ms 切除母线上所有的元件。

另外，装置在比率差动连续动作 500ms 后将退出所有的抗饱和措施，仅保留比率差动元件（$\left|\sum_{j=1}^{m}I_j\right| > I_{\mathrm{cdzd}}$，$\left|\sum_{j=1}^{m}I_j\right| > K\sum_{j=1}^{m}\left|I_j\right|$），若其动作仍不返回则跳相应母线。这是为了防止在某些复杂故障情况下保护误闭锁导致拒动，在这种情况下母线保护动作跳开相应母线对于保护系统稳定和防止事故扩大都是有好处的（而事实上真正发生区外故障时，TA 的暂态饱和过程也不可能持续超过 500ms）。

（4）TA 饱和检测元件。为防止母线保护在母线近端发生区外故障时，TA 严重饱和的情况下发生误动，本装置根据 TA 饱和波形特点设置了两个 TA 饱和检测元件，用以判别差动电流是否由区外故障 TA 饱和引起，如果是则闭锁差动保护出口，否则开放保护出口。

（5）电压闭锁元件判据为

$$\left.\begin{array}{r} U_{ph} \leqslant U_{bs} \\ 3U_0 \geqslant U_{0bs} \\ U_2 \geqslant U_{2bs} \end{array}\right\} \qquad (3\text{-}0\text{-}7)$$

式中　　U_{ph}——相电压；

　　　　$3U_0$——三倍零序电压（自产）；

　　　　U_2——负序相电压；

　　　　U_{bs}——相电压闭锁值；

　U_{0bs} 和 U_{2bs}——分别为零序、负序电压闭锁值。

以上三个判据任一个动作时，电压闭锁元件开放。在动作于故障母线跳闸时，必须经相应的母线电压闭锁元件闭锁。

当用于中性点不接地系统时，将"投中性点不接地系统"控制字投入，此时电压闭锁元件为 $U_1 \leqslant U_{bs}$；$U_2 \geqslant U_{2bs}$（其中 U_1 为线电压，U_{bs} 自动变换为线电压闭锁值，U_{2bs} 为负序电压闭锁定值）。

3. 母联充电保护

当任一组母线检修后再投入之前，利用母联断路器对该母线进行充电试验时可投入母联充电保护，当被试验母线存在故障时，利用充电保护切除故障。

母联充电保护有专门的启动元件。在母联充电保护投入时，当母联电流任一相大于母联充电保护整定值时，母联充电保护启动元件动作去控制母联充电保护部分。

当母联断路器跳位继电器由"1"变为"0"或母联 TWJ=1 且由无电流变为有电流（大于 $0.04I_N$），或两母线变为均有电压状态，则开放充电保护 300ms，同时根据控制字决定在此期间是否闭锁母差保护。在充电保护开放期间，若母联电流大于充电保护整定电流，则将母联断路器切除。母联充电保护不经复合电压闭锁。

另外，如果希望通过外部接点闭锁本装置母差保护，将"投外部闭锁母差保护"控制字置 1。装置检测到"闭锁母差保护"开入后，闭锁母差保护。该开入若保持 1s 不返回，装置报"闭锁母差开入异常"，同时解除对母差保护的闭锁。

4. 母联过电流保护

当利用母联断路器作为线路的临时保护时可投入母联过电流保护。

母联过电流保护有专门的启动元件。在母联过电流保护投入时，当母联电流任一相大于母联过电流整定值，或母联零序电流大于零序过电流整定值时，母联过电流启动元件动作去控制母联过电流保护部分。

母联过电流保护在任一相母联电流大于过电流整定值，或母联零序电流大于零序过电流整定值时，经整定延时跳母联断路器，母联过电流保护不经复合电压元件闭锁。

5. 母联失灵与母联死区保护

当保护向母联发跳令后，经整定延时母联电流仍然大于母联失灵电流定值时，母联失灵保护经两母线电压闭锁后切除两母线上所有连接元件。通常情况下，只有母差保护和母联充电保护才启动母联失灵保护。当投入"投母联过流启动母联失灵"控制字时，母联过电流保护也可以启动母联失灵保护。

如果希望通过外部保护启动本装置的母联失灵保护，应将系统参数中的"投外部启动母联失灵"控制字置 1。装置检测到"外部启动母联失灵"开入后，经整定延时母联电流仍然大于母联失灵电流定值时，母联失灵保护经两母线电压闭锁后切除两母线上所有连接元件。该开入若保持 10s 不返回，装置报"外部启动母联失灵长期启动"，同时退出该启动功能。

若母联断路器和母联 TA 之间发生故障，断路器侧母线跳开后故障仍然存在，正好处于 TA 侧母线小差的死区，为提高保护动作速度，专设了母联死区保护。本装置的母联死区保护在差动保护发母线跳令后，母联断路器已跳开而母联 TA 仍有电流，且大差比率差动元件及断路器侧小差比率差动元件不返回的情况下，经死区动作延时 T_{sq} 跳开另一条母线。为防止母联断路器在跳位时发生死区故障将母线全切除，当两母线都有电压且母联断路器在跳位时母联电流不计入小差。母联 TWJ 为三相动合触点（母联断路器处跳闸位置时触点闭合）串联。

6. 母联非全相保护

当母联断路器某相断开，母联非全相运行时，可由母联非全相保护延时跳开三相。

非全相保护由母联 TWJ 和 HWJ 触点启动，并可采用零序和负序电流作为动作的辅助判据。在母联断路器非全相保护投入时，有 THWJ 开入且母联零序电流大于母联非全相零序电流定值，或母联负序电流大于母联非全相负序电流定值，经整定延时跳母联断路器。

7. 断路器失灵保护

电压闭锁判据为

$$
\left.
\begin{aligned}
U_{ph} &\leqslant U_{sl} \\
3U_0 &\geqslant U_{0sl} \\
U_2 &\geqslant U_{2sl}
\end{aligned}
\right\}
\tag{3-0-8}
$$

式中　U_{sl}——相电压闭锁定值；

U_{0sl} 和 U_{2sl} ——分别为零序、负序电压闭锁定值。

以上三个判据任一动作时，电压闭锁元件开放。

当用于中性点不接地系统时，将"投中性点不接地系统"控制字投入，此时电压闭锁元件的判据为 $U_1 \leq U_{sl}$；$U_2 \geq U_{2sl}$（其中 U_1 为线电压，U_{sl} 自动变换为线电压闭锁值）。

考虑到主变压器低压侧故障高压侧断路器失灵时，高压侧母线的电压闭锁灵敏度有可能不够，因此可通过控制字选择主变压器支路跳闸时失灵保护不经电压闭锁，这种情况下应同时将另一副跳闸触点接至解除失灵复压闭锁开入，该触点动作时才允许解除电压闭锁。该开入若保持 10s 不返回，装置报"保护板／管理板 DSP2 长期启动"，同时解除电压闭锁功能暂时退出。

二、试验目的

本次试验针对母线间隔进行验收前调试，主要试验项目包括定值校验、传动试验、整组试验及带负荷试验等。

三、危险点分析及控制措施

危险点分析预控表见表 1–1–1。

四、作业流程

母线微机保护装置调试作业流程如图 3–0–3 所示。

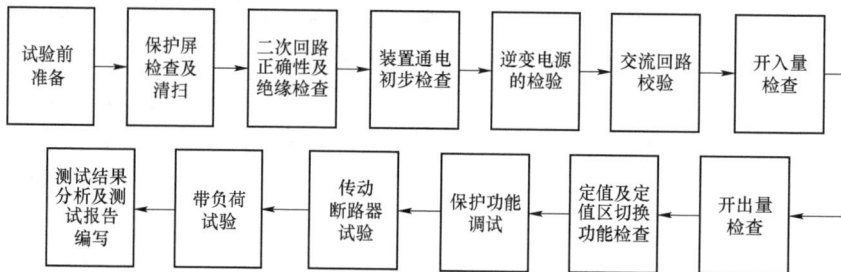

图 3–0–3　母线微机保护装置调试作业流程图

五、试验前准备

试验前准备工作表见表 1–1–2。

六、校验项目、技术要求及校验报告

（一）保护屏检查及清扫

对保护装置端子连接、插件焊接、插件与插座固定、切换开关、按钮等机械部分检查并清扫。连接应可靠，接触应良好，回路应清洁。

1. 保护屏检查

（1）检查装置的型号和参数是否与订货一致，其直流电源的额定电压应与现场匹配。

（2）保护装置的端子排连接应可靠，且标号应清晰正确。检查配线有无压接不紧、断线或短路现象。

（3）检查插件是否松动，装置有无机械损伤，切换断路器、按钮、键盘等应操作灵活、手感良好。

（4）各单元断路器端子箱内至母差电缆检查。

注意：检查前应先断开交流电压空气开关，后关闭直流电源空气开关。取下保护出口压板、失灵启动压板，防止直流回路短路、接地。

2. 压板检查

（1）跳闸压板的开口端应装在上方，接至断路器的跳闸线圈回路。

（2）跳闸压板在落下过程中必须和相邻跳闸压板有足够的距离，以保证在操作跳闸压板时不会碰到相邻的跳闸压板。

（3）检查并确证跳闸压板在拧紧螺栓后能可靠地接通回路，且不会接地。

（4）穿过保护屏的跳闸压板导电杆必须有绝缘套，并距屏孔有明显距离。

3. 屏蔽接地检查

（1）保护屏引入、引出电缆应用屏蔽电缆，电缆的屏蔽层在两端接地。

（2）确认装置电流回路有且只有一点可靠接地。

（二）二次回路正确性及绝缘检查

1. 分组回路绝缘电阻检测

（1）采用 1000V 绝缘电阻表分别测量交流电流回路、交流电压回路、直流回路各组回路之间及各组回路对地的绝缘电阻，绝缘电阻大于 10MΩ。

（2）在测量某一组回路对地绝缘电阻时，应将其他各组回路都短接接地。

注意：测量前必须将断开交、直流电源；在端子箱短接母差电流回路。当退出母差回路（新安装测试），拆除装置屏内、回路接地点时，应通知有关人员暂时停止在回路上的一切工作。绝缘摇测结束后应立即放电、恢复接线。

2. 出口触点之间绝缘

（1）测量前应使保护装置复合电压元件动作，各个连接单元的隔离开关触点闭合。

（2）用 500V 绝缘电阻表检测每对出口触点之间的绝缘，要求其绝缘电阻应大于 10MΩ，报告见表 3-0-1。

表 3-0-1　　　　　　　　　　绝 缘 检 查 报 告

检查内容（新安装）	标　　准	试验结果
交流电流回路对地	要求大于 10MΩ	合格/不合格

续表

检查内容（新安装）	标　　准	试验结果
交流电压回路对地	要求大于 10MΩ	合格/不合格
直流电压回路对地	要求大于 10MΩ	合格/不合格
交直流回路之间	要求大于 10MΩ	合格/不合格
出口继电器出口触点之间	要求大于 10MΩ（500V）	合格/不合格

注意：退出母差屏出口触点电缆芯线。并做好绝缘处理，防止误跳运行中断路器。

（三）装置通电初步检查

详见 ZY1900201003 中六、的（三）。

（四）逆变电源的检验

详见 ZY1900201003 中六、的（四）。

（五）交流量的调试

1. 零漂检查

保护装置不输入交流量，进入保护菜单，检查保护装置各 CPU 模拟量输入的零漂值，要求零漂值均在 $0.01I_N$（或 0.05V）以内。

2. 交流电流量调试

（1）设置相位基准（以 L1 单元的 A 相电流的相位为基准）。

（2）给第一个单元加三相正序交流电流：幅值为额定电流（5A/1A），频率为 50Hz。进入菜单查看显示的交流量并记录。

（3）在其后的各单元的交流电流采样测试时，除在本单元加三相电流外，A 相电流与第一个单元的 A 相串接，以便校验各单元的相角。

（4）各单元电流回路采样。

3. 交流电压量调试

（1）给 I 母的电压端子加三相正序交流电压，幅值为额定相电压（57.74V），频率为 50Hz。

进入菜单查看显示的交流量并记录。

（2）同样的方式，校验 II 母电压采样。

（3）I、II 母 TV 回路采样。

（六）开入量检查

保护装置进入"保护状态"菜单后，选择开入显示子菜单，校验开关量输入变化情况。

（1）进入菜单，将所有单元的隔离开关位置由强制合闸改为自适应状态。用测试线将隔离开关辅助触点端子上各单元的隔离开关位置触点依次与开入回路公共端短接，在屏幕上查看一次接线图上显示的隔离开关位置是否正确。

（2）用测试线将失灵启动触点上各单元的失灵启动触点依次与开入回路公共端短接，进入"查看一间隔单元"，检测各单元"失灵触点状态"是否由"断"变为"合"。

（3）将"保护切换把手"（QB）切至"差动退，失灵投"位置，查看主界面是否正确显示"差动退出""失灵投入"，同时"差动开放"信号灯灭，"失灵开放"信号灯亮；切至"差动投，失灵退"位置，查看主界面是否正确显示"差动投入""失灵退出"，同时"差动开放"信号灯亮，"失灵开放"信号灯灭；切至"差动投，失灵投"位置，查看主界面是否正确显示"差动投入""失灵投入"，同时"差动开放"信号灯亮，"失灵开放"信号灯亮。

（4）检验信号复归是否正常。

（5）分别投"充电保护"压板、"过流保护"压板，查看主界面是否正确显示"充电保护投入""过流保护投入"。

（6）投"分列运行"压板，在屏幕上查看一次接线图上母联断路器是否断开（由实心变为空心）。

（7）投"强制互联"压板，查看"互联"告警灯是否亮。

（8）用测试线将开入量回路端子上的母联断路器动合触点、母联断路器动断触点分别与开入回路公共端短接，在屏幕上查看一次接线图上母联断路器是否正确显示为合位（实心）、分位（空心）。

（七）开出量检查

（1）进入"参数—运行方式设置"菜单，将母联（L1）和分段的隔离开关位置设为强制合；将 L3、L5、L7、L9 等奇数单元的Ⅰ母隔离开关位置设为强制合，Ⅱ母隔离开关位置设为自适应；将 L2、L4、L6、L8 等偶数单元的Ⅱ母隔离开关位置设为强制合，Ⅰ母隔离开关位置设为自适应。校验隔离开关位置显示是否正确。

（2）用测试仪给 L3 单元的任一相电流端子加两倍的额定电流，使Ⅰ母差动保护动作。这时测试仪保持故障量，依次分合各单元跳闸压板，用万用表分别检测各单元跳闸触点通断并记录。

（3）进入"参数—运行方式设置"菜单，改变强制隔离开关的位置，将母联（L1）和分段的隔离开关位置设为强制合；将 L3、L5、L7、L9 等奇数单元的Ⅱ母隔离开关位置设为强制合，Ⅰ母隔离开关位置设为自适应；将 L2、L4、L6、L8 等偶数单元的Ⅰ母隔离开关位置设为强制合，Ⅱ母隔离开关位置设为自适应。校验隔离开关位置显示是否正确。

（4）用测试仪给 L3 单元的任一相电流端子加两倍的额定电流，使Ⅱ母差动保护动作。这时测试仪保持故障量，依次分合各单元跳闸压板，用万用表分别检测各单元跳闸触点通断并记录。

（5）检测屏上的保护动作信号灯是否正确，用万用表检测"母差动作""TA 断线"对应的信号回路是否正确导通。

（6）将屏后上方的直流电源空气开关（1K、2K）断开，用万用表检测"运行 KM 消失""操作 KM 消失""直流消失"对应的信号回路是否正确导通。只将操作电源空气开关（2K）断开，用万用表检测"操作 KM 消失"对应的信号回路是否正确导通。

（八）定值及定值区切换功能检查

详见 ZY1900201003 中六的（八）。

（九）保护功能的调试（在保护逻辑测试中增加隔离开关及母联断路器状态的描述）

将母联（分段）的隔离开关强制合，两条母线并列运行。L1，L3，L5，L7，L9，…，奇数单元强制合Ⅰ母隔离开关，Ⅱ母隔离开关自适应；L2，L4，L6，L8，L10，…，偶数单元强制合Ⅱ母隔离开关，Ⅰ母隔离开关自适应。所有单元的 TA 变比都为基准变比。

1. 母线差动保护

（1）模拟母线区外故障：不加母线电压，母线复压闭锁开放。在 L1 的 A 相，L2 的 A 相，L3 的 A 相加电流，电流幅值相等（大于差动门坎），如图 L2、L3 电流方向相反；母联电流方向与 L2 反向、与 L3 同向。进入"查看—间隔单元"菜单，查看大差电流和两段母线小差电流均为 0，差动保护不应动作，如图 3-0-4 所示。

（2）模拟母线区内故障。验证差动动作门坎定值：不加母线电压，母线复压闭锁开放。在 L2 的任一相加电流，幅值起始值小于门坎值，当电流大小增加到"差动保护""Ⅱ母差动作"信号灯亮时，记录该值，并验证是否满足要求，如图 3-0-5 所示。

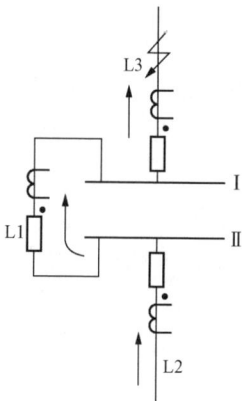

图 3-0-4　区外故障模拟图　　　　　图 3-0-5　Ⅱ母区内故障模拟图

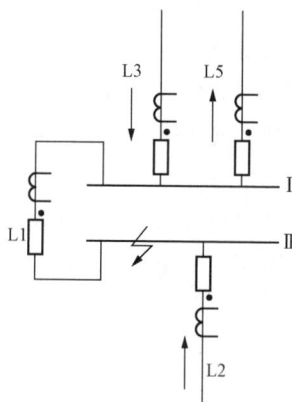

注意：TA 断线定值为 0.3A，为避免 TA 断线闭锁差动保护，从加电流量到差动保护动作的时间应小于 9s，也可将 TA 断线定值临时改为大于差动门坎。实验中，不允许长时间加载两倍以上的额定电流。

母联断路器合位时，验证大差比率系数高值（$K_h=2$）。在 L3 的 A 相，L5 的 A 相加幅值相等、方向相反的电流。在 L2 的 A 相加流进母线的电流，当电流大小从 0A 增加到"差动保护""Ⅱ母差动动作"信号灯亮时，记录该值。计算公式（做比率制动的方法有问题，需修改，选择 L1、L2、L3 分支或 L1、L2、L5 分支）

$$K = \frac{差流}{制动电流 - 差动电流} = \frac{I_2}{I_3 + I_5} \qquad (3-0-9)$$

式中　I_2、I_3、I_5——第 2、第 3、第 5 支路所加的电流。

母联断路器分位时，验证大差比率系数低值（$K_l=0.5$）。用测试线短接母联动断触点与开入量公共端，母联断路器位置为分位。实验步骤同上。由于大差比率系数自动降为低值，L2 的动作电流也将变小，再取两个平衡点计算比率系数 K_r。

验证小差比率系数（$K=2$）：在 L3 的 A 相加流进母线的电流，在 L5 的 A 相加流出母线的电流，两个电流幅值相等。L3 电流的幅值不变，当 L5 的电流幅值增加到"差动保护""Ⅰ母差动动作"信号灯亮时，记录该值，并计算、验证小差比率系数是否满足要求。进入"查看—录波记录"菜单，查看波形、动作报告并打印。

（3）倒闸过程中母线区内故障。将 L3 单元Ⅰ、Ⅱ母隔离开关位置都设为合位，即 L3 单元隔离开关双跨，"互联"信号灯亮。在 L3 的 A 相加幅值大于差动门坎定值的电流，此时Ⅰ、Ⅱ母同时差动动作。进入"查看—录波记录"菜单，查看波形、动作报告并打印。

（4）复合电压闭锁逻辑调试。低电压定值校验：在Ⅰ母的电压端子上加载额定电压，"Ⅰ母差动"信号灯灭，表明差动保护已被闭锁。在出线 L1 电流回路加 A 相 I_N 电流（大于差动门坎），差动保护不动作，经延时，报 TA 断线告警。在屏后端子排加 L1 失灵启动开入量，失灵保护不动作，经延时，报开入异常告警。复归告警信号，降低试验仪三相输出电压，至母差保护低电压动作定值，电流保持输出不变，母差装置"差动开放Ⅰ""失灵开放Ⅰ""差动动作Ⅰ"信号灯亮。在屏后端子排加 L1 失灵启动开入量，Ⅰ母失灵保护动作。电压动作值和整定值的误差不大于 5%。

负序电压定值校验：试验前将低电压定值改为 0V，用试验仪在Ⅰ母电压回路加三相对称负序电压。由 0V 升至负序整定值，母差保护屏上"差动开放Ⅰ""失灵开放Ⅰ"灯灭。动作值和整定值的误差不大于 5%。

零序电压定值校验：试验前将低电压定值改为 0V，负序电压定值改为大于零序电压定值。用试验仪在 I 母电压回路加单相电压。由 0V 升至零序电压整定值，母差保护屏上"差动开放 I""失灵开放 I"灯灭。动作值和整定值的误差不大于 5%。

2. 母联（分段）失灵保护

将 L2、L3 的第一组跳闸触点接至测试仪的开入量，投上 L2、L3 的第一组跳闸压板。将测试仪的 A 相电流加在 L1 的 A 相，测试仪的 B 相电流加在 L2 的 A 相，测试仪的 C 相电流加在 L3 的 A 相，方向均为流进母线。不加母线电压，满足失灵复压闭锁开放条件。三个单元所加电流幅值均同时大于母联失灵定值、差动门坎定值，此时 II 母区内故障并差动动作，母联断路器仍为合位且电流大于母联失灵定值，母联失灵启动经母联失灵延时后，封母联 TA，此时 I 母差流大于定值并差动动作。检验 I、II 母出口延时是否正确，验证母联失灵延时定值。进入"查看—录波记录"菜单，查看波形、动作报告并打印，如图 3-0-6 所示。

3. 母联（分段）死区保护

分列运行时死区故障如图 3-0-7 所示。

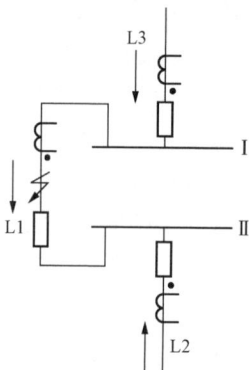

图 3-0-6　II 母区内故障时母联失灵　　　　图 3-0-7　分列运行时死区故障

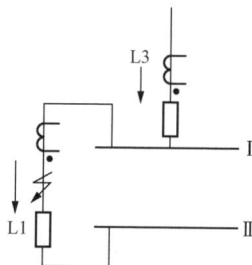

（1）母联断路器为合位。将 L1、L2、L3 的第一组跳闸触点接至测试仪的开入量，投上 L1、L2、L3 的第一组跳闸压板。将测试仪的 A 相电流加在 L1 的 A 相，测试仪的 B 相电流加在 L2 的 A 相，测试仪的 C 相电流加在 L3 的 A 相。电流方向均为流进母线，电流幅值均大于差动门坎，模拟 II 母区内故障。此时 II 母差动动作，母联断路器跳闸触点闭合触发测试仪，使其闭合母联断路器位置动断触点，母联断路器位置由合变分。继续保持故障电流，经 50 ms 母线死区保护动作，封母联 TA，I 母差动动作。检验 I、II 母出口延时是否正确，验证母线死区延时。进入"查看—录波记录"菜单，查看波形、动作报告并打印。

（2）母联断路器为分位。用测试线短接母联断路器动断触点与开入量公共端，母联断路器位置为分位。将测试仪的 A 相电流加在 L1 的 A 相，测试仪的 C 相电流加在 L3 的 A 相。电流方向均为流进母线，电流幅值大于差动门坎，此时 I 母差动动作。进入"查看—录波记录"菜单，查看波形、动作报告并打印。

4. 母联（分段）过电流保护

投过电流保护压板。不加母线电压。将测试仪的三相正序电流加在母联 L1 的三相，增大电流幅值至"过流保护"动作信号灯亮，验证相电流过电流定值。

将母联相电流过电流定值抬高。将测试仪的 A 相电流加在母联 L1 的 A 相，幅值增至母联零序过电流定值，"过流保护"动作信号灯亮，验证零序电流定值。

注意：若母联 TA 变比不是最大变比，则所加电流需按基准变比折算。母联断路器相电流过电流只判母联断路器 A、C 相电流，因此验证母联断路器过电流定值时应避免只使用 B 相电流。

5. 母联（分段）充电保护

投充电保护压板。用测试线短接母联断路器动断触点与开入量公共端，母联断路器位置为分位。不加母线电压。将测试仪的 A 相电流加在母联断路器 L1 的 A 相，幅值大于充电保护定值，若母联断路器 TA 变比不是最大变比，则所加电流需按基准变比折算，母线充电保护延时动作，"充电保护"动作信号灯亮。将 L1 的第一组跳闸触点接至测试仪的开入量，投上 L1 的第一组跳闸压板，重复上述步骤，检验母线充电保护延时是否正确。进入"查看—事件记录"菜单，检查内容是否正确。

注意：充电保护的启动需同时满足四个条件：① 充电保护压板投入；② 其中一段母线已失压，且母联（分段）断路器已断开；③ 母联断路器电流从无到有；④ 母联断路器电流大于充电保护定值。充电保护一旦投入自动展宽 200ms 后退出，因此一般根据 $1.05I_{set}$ 可靠动作，$0.95I_{set}$ 可靠不动作来验证充电保护定值。如果固定故障电流变化步长，使电流大小从 $0.95I_{set}$ 递增至 $1.05I_{set}$，则很可能因超过 200ms 展宽而使保护退出。

6. 断路器失灵保护

不加母线电压，满足失灵复压闭锁开放条件；将 L2（可任取除母联断路器外的间隔）的"失灵启动"压板投入；用测试线将 L2 的"失灵启动触点"与"开入回路公共端"短接；失灵保护动作，经短延时 t_1，跳母联断路器；经长延时 t_2，跳 L2 所在母线（II 母）上的所有支路；II 母"母线失灵动作"信号灯亮。

注意：若失灵判有电流，则在失灵启动触点闭合后，还应使电流大于相应的失灵保护的电流定值。

7. 电流回路断线

（1）非母联间隔电流回路断线。当差电流大于 TA 断线定值，母线保护装置会延时 9s 发出 TA 断线告警信号，同时闭锁母差保护，并在电流回路正常 0.9s 后自动恢复正常运行。非母联间隔电流回路断线逻辑框图如图 3-0-8 所示。

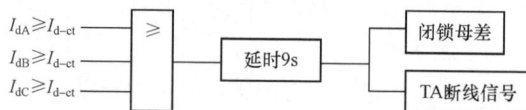

图 3-0-8　非母联间隔电流回路逻辑框图

TA 断线闭锁差动逻辑的调试如下：将测试仪的三相电压在Ⅰ、Ⅱ母的电压端子上加载额定电压，将测试仪的 A 相电流加在 L2 的 A 相，幅值 1.0A（大于 TA 断线定值 0.3A，小于差动门坎定值 2.0A）。差动保护应不动作，经 9s 延时，"TA 断线告警"信号灯亮。保持电流不变，将测试仪的三相电压输出改为 0V，母线差动保护仍不动作。图 3-0-8 中 I_{dA} 表示 A 相大差电流，I_{dB} 表示 B 相大差电流，I_{dC} 表示 C 相大差电流，I_{d-ct} 表示 TA 断线定值。

（2）母联（分段）断路器电流回路断线。母联断路器电流回路断线并不会影响保护对区内、区外故障的判别，只是会失去对故障母线的选择性。因此，联络断路器电流回路断线不需闭锁差动保护，只需转入母线互联（单母方式）即可。母联（分段）断路器电流回路正常后，需手动复归恢复正常运行。由于联络断路器的电流不计入大差，母联（分段）断路器电流回路断线时上一判据并不会满足。而此时与该联络断路器相连的两段母线小差电流都会越限，且大小相等、方向相反。母联（分段）断路器电流回路断线逻辑框图如图 3-0-9 所示。

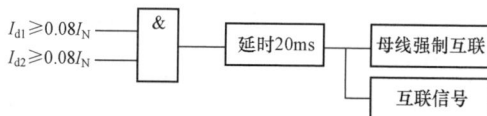

图 3-0-9　母联（分段）断路器电流回路断线逻辑框图

母联 TA 断线强制互联逻辑的调试：将测试仪的 A 相电流加在 L1 的 A 相，幅值 0.5A（大于 $0.08I_N$），经延时"互联"信号灯亮，母线强制互联。

8. 电压回路断线

母线保护装置检测到某一段非空母线失去电压将延时 9s 发 TV 断线告警信号。

电压回路断线调试：将测试仪的三相电压在Ⅰ、Ⅱ母的电压端子上加载额定电压；不加电流；测试仪的 A 相电压输出改为 0V，经 9s 延时，"TV 断线告警"信号灯亮。

（十）传动断路器试验

（1）模拟Ⅰ母动作，连接在Ⅰ母上所有单元断路器跳闸，母联断路器跳闸。Ⅱ母所有连接单元断路器不跳闸。保护信息动作正确。

（2）模拟Ⅱ母动作，连接在Ⅱ母上所有单元断路器跳闸，母联断路器跳闸，Ⅰ母所有连接单元断路器不跳闸。保护动作正确。

（十一）带负荷试验

交流电压的相名核对、交流电压和电流的数值检验、检验交流电压和电流的相位详见 ZY1900201003 中六的（十五）。

各出线分支 TA、TV 极性核对。带负荷后，可在保护装置主接线画面上显示各侧的功率及方向，结合实际运行情况初步判断各侧 TA、TV 极性是否正确。通过管理板相角菜单中的"各侧电流相位夹角""各侧电压相位夹角""各侧电流与电压夹角"来进一步判断各侧电流、电压的极性和相序是否正确。

（十二）保护校验存在的问题

对本次保护校验存在的问题做好记录，依据检查结果确定保护可以（或不可以）投入运行。

（十三）测试结果分析及测试报告编写

将测试数据填入本单位规定的测试报告内并进行结果分析。

【思考与练习】

1. 在做差动保护的实验时需考虑各个单元的变比，并与基准变比折算，这是为什么？

2. 母联失灵保护与断路器失灵保护的调试方法有何区别？

3. 母联充电保护调试有哪些注意要点？

第四章

其他保护装置调试及维护

▲ 模块 1 35kV 及以下电容器微机保护装置的调试
（ZY1900204003）

【模块描述】本模块包含 35kV 及以下电容器微机保护装置的典型装置介绍、试验目的、危险点分析及控制措施、作业流程、试验前准备，掌握装置的调试项目、技术要求及调试报告工作。

【模块内容】

一、典型电容器微机保护装置

（一）应用范围

RCS-9631C 装置适用于 110kV 以下电压等级的非直接接地系统或小电阻接地系统中所装设并联电容器的保护及测控，适用于单 Y、双 Y、△接线电容器组。可组屏安装，也可在开关柜就地安装。

（二）保护配置

该保护具有三段过电流保护、两段零序过电流保护、过电压保护、低电压保护、不平衡电压保护、不平衡电流保护、非电量保护、小电流接地选线功能（必须采用外加零序电流）、独立的操作回路。

装置采用 4U 标准机箱，用嵌入式安装于屏上。机箱结构见图 4-1-1。

（三）软件工作原理

（1）过电流保护。本装置设三段过电流保护，各段有独立的电流定值 I_p 和时间定值 t_p 以及控制字。过电流 I 段和过电流 II 段固定为定时限保护，过电流 III 段可以经控制字选择是定时限还是反时限，反时限特性一般沿用国际电工委员会（IEC 255-4）和英国标准规范（BS142.1996）的规定，本装置采下列三个标准特性方程。

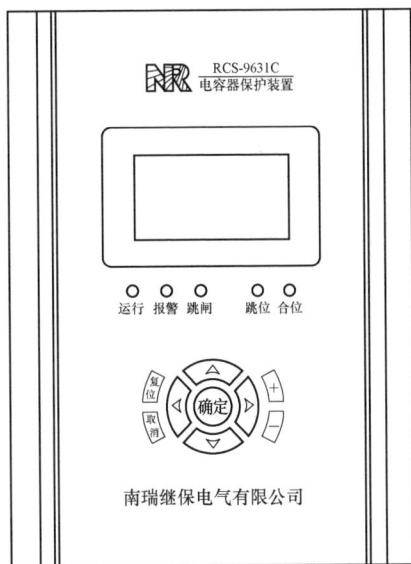

图 4-1-1　RCS-9631C 装置结构图

一般反时限

$$t = \frac{0.14}{(I/I_p)^{0.02} - 1} t_p \tag{4-1-1}$$

非常反时限

$$t = \frac{13.5}{(I/I_p) - 1} t_p \tag{4-1-2}$$

极端反时限

$$t = \frac{80}{(I/I_p)^2 - 1} t_p \tag{4-1-3}$$

（2）零序保护（接地保护）。当装置用于不接地或小电流接地系统，接地故障时的零序电流很小时，可以用接地试跳的功能来隔离故障。这种情况要求零序电流由外部专用的零序 TA 引入，不能够用软件自产。当装置用于小电阻接地系统，接地零序电流相对较大时，可以用直接跳闸方法来隔离故障。相应地，本装置提供了两段零序过电流保护，其中零序 I 段固定为定时限保护，零序 II 段可经控制字选择是定时限还是反时限，反时限特性也是从式（4-1-1）～式（4-1-3）中选择。零序 II 段还可经控制字选择是跳闸还是报警。当零序电流作跳闸和报警用时，其既可以由外部专用的零序 TA 引入，也可用软件自产（系统定值中有"零序电流自产"控制字）。

（3）过电压保护。为防止系统稳态过电压造成电容器损坏，设置了过电压保护。装置设置控制字决定是投跳闸还是发信号，当控制字为"1"时装置过电压跳闸，否则装置发报警信号。

（4）低电压保护。电容器组失电后，若在其放电完成之前重新带电，可能会使电容器组承受合闸过电压，装置为此设置了低电压保护。低电压保护可经控制字选择是否经电流闭锁，以防止 TV 断线时低电压保护误动。装置提供了"投低电压保护"压板以方便运行人员投退低电压保护。

（5）不平衡保护。装置设置不平衡电压保护与不平衡电流保护，主要反应电容器组的内部故障。

（6）非电量保护。装置可接如下非电量：重瓦斯开入、轻瓦斯开入、超温开入。其中重瓦斯可通过控制字选择是否跳闸；轻瓦斯的报警功能固定投入；超温通过控制字选择报警或跳闸。

二、试验目的

本次试验针对 35kV 及以下电容器间隔进行验收前调试，主要试验项目包括定值校验、传动试验、整组试验及带负荷试验等。

三、危险点分析及控制措施

危险点分析预控表见表 1-1-1。

四、作业流程

电容器微机保护装置的调试作业流程如图 4-1-2 所示。

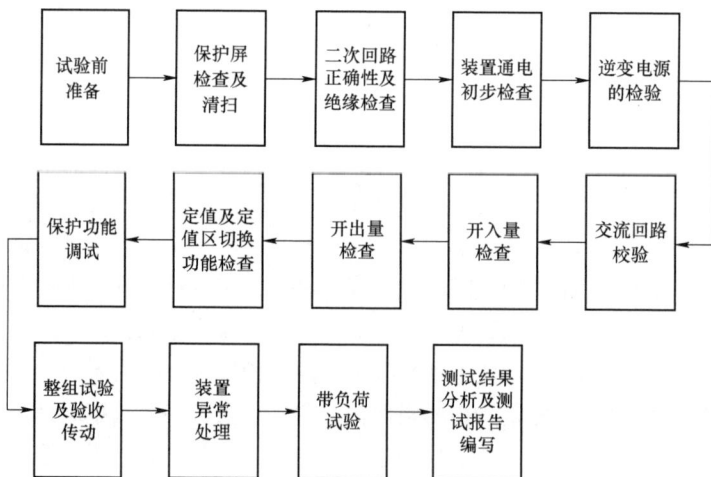

图 4-1-2 电容器微机保护校验作业流程图

五、试验前准备

试验前准备工作表见表 1-1-2。

六、电容器保护的调试项目、技术要求及调试报告

（一）保护屏检查及清扫

详见 ZY1900201003 中六、的（一）。

（二）二次回路正确性及绝缘检查

详见 ZY1900201003 中六、的（二）。

（三）装置通电初步检查

详见 ZY1900201003 中六、的（三）。

（四）逆变电源的检验

详见 ZY1900201003 中六、的（四）。

（五）交流回路校验

详见 ZY1900201003 中六、的（五）。

（六）开入量检查

详见 ZY1900201003 中六、的（六）。

（七）开出量检查

详见 ZY1900201003 中六、的（七）。

（八）定值及定值区切换功能检查

详见 ZY1900201003 中六、的（八）。

（九）保护功能测试

1. 过电流保护

加入保护电流，模拟相间故障，模拟故障电流为

$$I = mI_{setn} \qquad (4\text{-}1\text{-}4)$$

式中　I_{setn}——过电流 n 段保护定值；

　　　m——系数，其值分别为 0.95、1.05 及 1.2。

保护在 0.95 倍定值（m=0.95）时，应可靠不动作；在 1.05 倍定值时应可靠动作；在 1.2 倍定值时，测量过电流保护的动作时间，时间误差不应大于 5%。

2. 零序过电流保护

加入零序电流，模拟单相接地故障，模拟故障电流为

$$I = mI_{set0} \qquad (4\text{-}1\text{-}5)$$

式中　I_{set0}——零序过电流保护定值。

保护在 0.95 倍定值（m=0.95）时，应可靠不动作；在 1.05 倍定值时应可靠动作；

在 1.2 倍定值时，测量零序过电流保护的动作时间，时间误差不应大于 5%。

3. 过电压保护

断路器在合位，加入三相对称电压，电压数值为

$$U=mU_{seth} \tag{4-1-6}$$

式中　U_{seth}——过电压保护定值。

保护在 0.95 倍定值（$m=0.95$）时，应可靠不动作；在 1.05 倍定值时应可靠动作；在 1.2 倍定值时，测量过电压保护的动作时间，时间误差不应大于 5%。

4. 欠电压保护

断路器在合位，加入三相对称电压，电压数值为

$$U=mU_{set1} \tag{4-1-7}$$

式中　U_{set1}——欠电压保护定值。

保护在 1.05 倍定值（$m=1.05$）时，应可靠不动作；在 0.95 倍定值时应可靠动作；在 0.7 倍定值时，测量欠电压保护的动作时间，时间误差不应大于 5%。

加入电流大于欠压闭锁电流，重新进行上述试验，欠压保护不应动作。

5. 不平衡电压保护

断路器在合位，加入不平衡电压，电压数值为

$$U=mU_{seth2} \tag{4-1-8}$$

式中　U_{seth2}——不平衡电压保护定值。

保护在 0.95 倍定值（$m=0.95$）时，应可靠不动作；在 1.05 倍定值时应可靠动作；在 1.2 倍定值时，测量不平衡电压保护的动作时间，时间误差不应大于 5%。

6. TA、TV 断线功能检查

（1）TA 断线告警功能检测（单相、两相断线）。

（2）TV 断线告警功能检测（单相、两相断线）。

（3）TV 断线告警闭锁电压保护。

（十）整组动作时间测试

整组试验时，统一加模拟故障电流，断路器处于合闸位置。进行传动断路器试验之前，控制室和开关站均应有专人监视，并应具备良好的通信联络设备，以便观察断路器动作情况，监视中央信号装置的动作及声、光信号指示是否正确。如果发生异常情况时，应立即停止试验，在查明原因并改正后再继续进行。

1. 整组动作时间测量

本试验是测量从模拟故障至断路器跳闸的动作时间。要求测量断路器的跳闸时间并与保护的出口时间比较，其时间差即为断路器动作时间，一般不应大于 80ms。

2. 与中央信号、远动装置的配合联动试验

根据微机保护与中央信号、远动装置信息传送数量和方式的具体情况，确定试验项目和方法。要求所有的硬接点信号都应进行整组传动，不得采用短接触点的方式。对于综合自动化站，还应检查保护动作报文的正确性。

（十一）TA 二次负载试验及一次注流

详见 ZY1900201003 中六、的（十二）。

（十二）保护校验存在的问题

对本次保护校验存在的问题做好记录，依据检查结果确定保护可以（或不可以）投入运行。

（十三）带负荷试验

详见 ZY1900201003 中六、的（十五）。

（十四）测试结果分析及测试报告编写

将测试数据填入本单位规定的测试报告内并进行结果分析。

【思考与练习】

1. 35kV 及以下电容器保护上电前需要进行哪些检查？

2. 35kV 及以下电容器保护需要进行哪些保护装置逻辑功能试验？进行整组试验时，调试要点是什么？

3. 35kV 及以下电容器保护如何正确进行带负荷测试？

4. 35kV 及以下电容器保护如何拟定完善的、符合现场实际的调试记录，确保调试质量？

◢ 模块 2 35kV 及以下电抗器微机保护装置的调试（ZY1900204006）

【模块描述】本模块包含 35kV 及以下电抗器微机保护装置的典型装置介绍、试验目的、危险点分析及控制措施、作业流程、试验前准备，掌握装置的调试项目、技术要求及调试报告工作。

【模块内容】

一、典型电抗器微机保护装置

（一）应用范围

RCS–9646C 装置为电抗器保护测控装置，适用于 110kV 以下电压等级的电抗器。可组屏安装，也可在开关柜就地安装。

（二）保护配置

该保护具有两段定时限过电流保护、一段反时限过电流保护、两段零序过电流保护（其中零序过电流Ⅱ段可以选择为反时限）、过负荷保护、7 路非电量保护、小电流接地选线功能（必须采用外加零序电流）、独立的操作回路。RCS-9646C 装置结构见图 4-2-1。

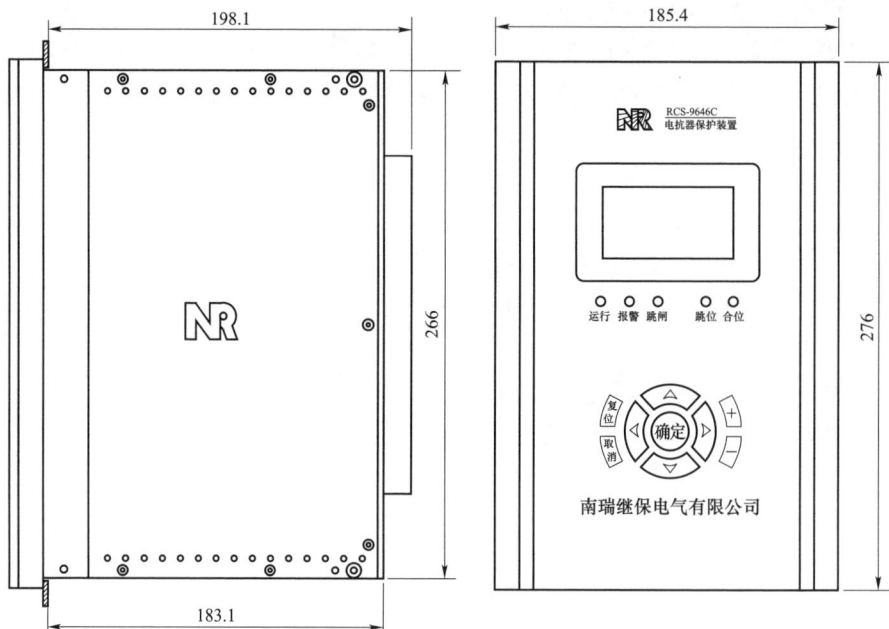

图 4-2-1　RCS-9646C 装置结构图

（三）软件工作原理

（1）过电流保护。本装置设两段定时限过电流保护和一段反时限过电流保护，各段有独立的电流定值和时间定值以及控制字。反时限过电流保护的反时限特性一般沿用国际电工委员会（IEC255-4）和英国标准规范（BS142.1996）的规定，本装置采用的三个标准特性方程，详见式（4-1-1）～式（4-1-3）。

（2）过负荷保护。当母线电压升高时，可能会引起电抗器过负荷。因此装置设置了一段定时限相电流过负荷保护，可通过控制字选择投报警或跳闸。

（3）零序保护（接地保护）。详见 ZY1900204003 中一、（三）的（2）。

（4）非电量保护。装置设置了轻瓦斯、油温高、压力释放、重瓦斯以及非电量 1、2 和非电量 3 合计 7 路非电量保护，具备报警或者跳闸功能。

二、试验目的

本次试验针对 35kV 及以下电抗器间隔进行验收前调试，主要试验项目包括定值校验、传动试验、整组试验及带负荷试验等。

三、危险点分析及控制措施

危险点分析预控表见表 1–1–1。

四、作业流程

电抗器微机保护装置的调试作业流程参见图 4–1–2。

五、试验前准备

试验前准备工作表见表 1–1–2。

六、电容器保护的调试项目、技术要求及调试报告

（一）保护屏检查及清扫

详见 ZY1900201003 中六、的（一）。

（二）二次回路正确性及绝缘检查。

详见 ZY1900201003 中六、的（二）。

（三）装置通电初步检查。

详见 ZY1900201003 中六、的（三）。

（四）逆变电源的检验

详见 ZY1900201003 中六、的（四）。

（五）交流回路校验

详见 ZY1900201003 中六、的（五）。

（六）开入量检查

保护装置进入"保护状态"菜单后，选择开入显示子菜单，校验开关量输入变化情况。

1. 投退功能压板。开入均正确。

2. 检查其他开入量状态。开入均正确。

（七）开出量检查

详见 ZY1900201003 中六、的（七）。

（八）定值及定值区切换功能检查

详见 ZY1900201003 中六、的（八）。

（九）保护功能测试

1. 校验纵联差动保护

（1）差动速断保护。分别加入首末端两个断路器电流，分别模拟单相故障，模拟故障电流为

$$I=mI_{setsd} \qquad\qquad (4-2-1)$$

式中 I_{setsd} ——差动速断电流定值；

   m ——系数，其值分别为 0.95、1.05 及 1.2。

保护在 0.95 倍定值（$m=0.95$）时，应可靠不动作；在 1.05 倍定值时应可靠动作；在 1.2 倍定值时，测量差动保护的动作时间，时间应在 15～30ms。

（2）比率差动保护。同极性串接加入首末端两个断路器电流，分别模拟单相故障，模拟故障电流为

$$I=mI_{setcd}×0.5 \qquad\qquad (4-2-2)$$

式中 I_{setcd} ——比率差动电流定值。

测试要求同上。

（3）比率制动特性测试。

1）固定首端电流，调节末端电流，直至差动动作，保护动作后退掉电流。

2）在首端和末端任一同名相同时加入极性相反电流（注意负荷电流与差流的关系），并让此时的差流为 0；减小一侧电流，使差动保护动作，记录两侧动作电流。

2. 校验过电流保护

加入首端电流，模拟单相故障，模拟故障电流计算式见式（4-1-4）。

保护在 0.95 倍定值（$m=0.95$）时，应可靠不动作；在 1.05 倍定值时应可靠动作；在 1.2 倍定值时，测量过流保护的动作时间，时间误差应不大于 5%。

过负荷保护也可以用同样的方法进行校验。

3. 零序过电流保护

加入首端电流，模拟单相接地故障，模拟故障电流计算式见式（4-1-5）。

保护在 0.95 倍定值（$m=0.95$）时，应可靠不动作；在 1.05 倍定值时应可靠动作；在 1.2 倍定值时，测量零序过电流保护的动作时间，时间误差不应大于 5%。

4. TA 断线功能检查

（1）告警功能检测（单相、两相断线），加入三相平衡负荷电流，短接其中一相或两相，应有告警信号发出。

（2）闭锁纵差保护：在上述试验条件下，发出告警信号后，健全电流相加入大于差动保护整定值的故障电流，差动保护不应动作。

（十）整组动作时间测试

整组试验时，统一加模拟故障电流，断路器处于合闸位置。进行传动断路器试验之前，控制室和开关站均应有专人监视，并应具备良好的通信联络设备，以便观察断路器动作情况，监视中央信号装置的动作及声、光信号指示是否正确。如果发生异常情况时，应立即停止试验，在查明原因并改正后再继续进行。

1. 整组动作时间测量

本试验是测量从模拟故障至断路器跳闸的动作时间。要求测量断路器的跳闸时间并与保护的出口时间比较，其时间差即为断路器动作时间，一般不应大于 60ms。

2. 非电量保护

在电抗器本体模拟各项非电量继电器动作，测试面板指示灯正确和出口回路正确，并选择其中一种保护带开关传动。

3. 与中央信号、远动装置的配合联动试验

根据微机保护与中央信号、远动装置信息传送数量和方式的具体情况确定试验项目和方法。要求所有的硬接点信号都应进行整组传动，不得采用短接触点的方式。对于综合自动化站，还应检查保护动作报文的正确性。

（十一）TA 二次负载试验及一次注流

详见 ZY1900201003 中六、的（十二）。

（十二）保护校验存在的问题

对本次保护校验存在的问题做好记录，依据检查结果确定保护可以（或不可以）投入运行。

（十三）带负荷试验

为保证测试准确，要求负荷电流的二次电流值大于保护装置的精确工作电流（$0.06I_N$）时，应同时采用装置显示和钳形相位表测试进行相互校验，不得仅依靠外部钳形相位表测试数据进行判断。

1. 交流电压的相名核对

用万用表交流电压挡测量保护装置端子排上的交流相电压和相间电压，并校核本保护装置上的三相电压和已确认正确的 TV 小母线三相电压的相别。

2. 交流电压和电流的数值检验

进入保护菜单，检查模拟量幅值，并用钳形相位表测试回路电流电压幅值，以实际负荷为基准，检验电压、电流互感器变比是否正确。

3. 检验交流电压和电流的相位

进入保护菜单，检查模拟量相位关系，并用钳形相位表测试回路各相电流、电压的相位关系。在进行相位检验时，应分别检验三相电压的相位关系，并根据实际负荷情况，核对交流电压和交流电流之间的相位关系。

（十四）测试结果分析及测试报告编写

将测试数据填入本单位规定的测试报告内并进行结果分析。

【思考与练习】

1. 35kV 及以下电抗器保护上电前需要进行哪些检查？

2. 需要进行哪些保护装置逻辑功能试验？进行整组试验时，调试要点是什么？

3. 如何正确进行带负荷测试？

4. 如何拟定完善的、符合现场实际的调试记录，确保调试质量？

◢ 模块 3 断路器微机保护装置的调试（ZY1900204009）

【模块描述】本模块包含断路器微机保护装置的典型装置介绍、试验目的、危险点分析及控制措施、作业流程、试验前准备，掌握装置的调试项目、技术要求及调试报告工作。

【模块内容】

一、典型断路器微机保护装置

（一）应用范围

PCS–921G 装置适用于 220kV 及以上电压等级的 3/2 接线与角形接线的断路器，符合国家电网有限公司颁布的 Q/GDW 161—2007《线路保护及辅助装置标准化设计规范》要求。

（二）保护配置

该装置是由微机实现的数字式断路器保护与自动重合闸装置，装置功能包括断路器失灵保护、三相不一致保护、死区保护、充电保护和自动重合闸。

（1）装置结构。图 4–3–1 是装置的正面面板布置图。

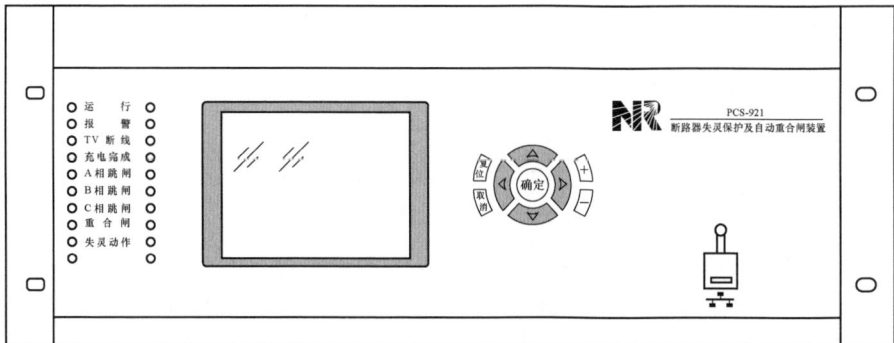

图 4–3–1 PCS–921G 装置结构图

（2）装置各插件原理说明。组成装置的插件有：电源插件（DC）、交流插件（AC）、低通滤波器（LPF），CPU 插件（CPU）、通信插件（COM）、24V 光耦插件（OPT）、跳闸出口插件（OUT）、操作回路插件（SWI）、电压切换插件（YQ）、显示面板（LCD）。

具体硬件模块图见图 4–3–2。

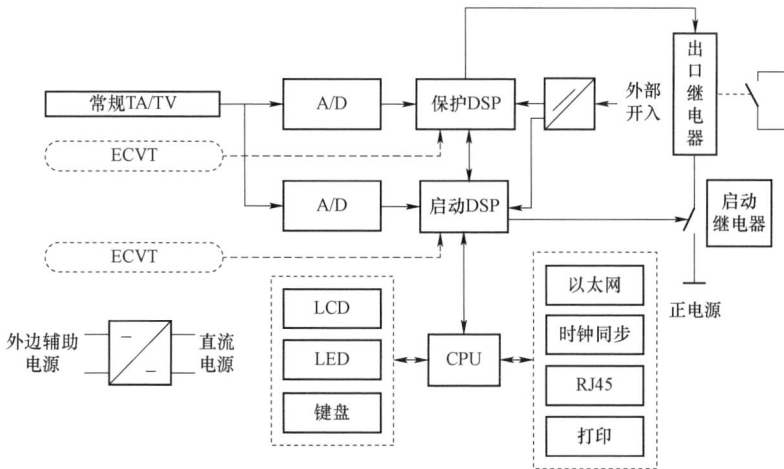

图 4–3–2　硬件模块图

（三）软件工作原理

（1）装置总启动元件。启动元件的主体以反应相间工频变化量的过电流继电器实现，同时又配以反应全电流的零序过电流继电器互相补充。反应工频变化量的启动元件采用浮动门坎，正常运行及系统振荡时变化量的不平衡输出均自动构成自适应式的门坎，浮动门坎始终略高于不平衡输出，在正常运行时由于不平衡分量很小，装置有很高的灵敏度，当系统振荡时，自动降低灵敏度，不需要设置专门的振荡闭锁回路。因此，装置有很高的安全性，启动元件有很高的灵敏度而又不会频繁启动，测量元件则不会误测量。此外，装置还有跳闸位置启动和外部跳闸启动。

1）电流变化量启动

$$\Delta I_{\Phi\Phi\max} > 1.25\Delta I_{\mathrm{T}} + \Delta I_{\mathrm{ZD}} \tag{4-3-1}$$

式中　$\Delta I_{\Phi\Phi\max}$ ——相间电流的半波积分的最大值；

　　　ΔI_{ZD} ——可整定的固定门坎，即定值"电流变化量启动值"；

　　　ΔI_{T} ——浮动门坎，随着变化量的变化而自动调整，取 1.25 倍可保证门坎始终略高于不平衡输出。该元件动作并展宽 7s，去开发出口继电器正电源。

2）零序过流元件启动。当自产零序电流大于"零序启动电流定值"时，零序启动元件动作并展宽 7s，去开放出口继电器正电源。

3）跳闸位置启动。这一部分的启动由用户选择投入。当控制字"TWJ 启动单相重合闸"或"TWJ 启动三相重合闸"整定为"1",重合闸充电完成的情况下,如有断路器偷跳,则总启动元件动作并展宽 15s,去开放出口继电器正电源。

4)外部跳闸开入启动。当有外部跳闸输入且无外部跳闸告警时,去开放出口继电器正电源 7s。

5)不一致启动。任一相或两相有跳闸位置开入且对应相无流,无不一致闭锁条件,不一致保护启动去开放出口继电器正电源 7s。

(2)保护启动元件。保护启动元件与总启动元件一样。

(3)断路器失灵保护。断路器失灵保护按照分相启动失灵、保护三跳启动失灵、失灵相高定值启动失灵来考虑,另外,充电保护和不一致保护动作时也启动失灵保护。

1)分相启动失灵。按相对应的线路保护跳闸接点和该相失灵相过流元件都动作后,先经"失灵三跳本断路器时间"延时发三相跳闸命令跳本断路器,再经"失灵跳相邻断路器时间"延时跳开相邻断路器。

2)保护三跳启动失灵。由保护三跳启动的失灵保护可分别经低功率因数、负序过电流和零序过电流三个辅助判据开放。其中低功率因数辅助判据均可由整定控制字"三跳经低功率因数"投退。输出的动作逻辑先经"失灵三跳本断路器时间"延时发三相跳闸命令跳本断路器,再经"失灵跳相邻断路器时间"延时跳开相邻断路器。

装置采用比相器算法构成低功率因数元件,其动作条件

$$|\cos\varphi| < \cos\varphi_{ZD} \tag{4-3-2}$$

式中　φ ——相电压与该相电流的相角差测量值;

　　φ_{ZD} ——装置"低功率因数角"整定值,整定值范围为 $450° \sim 900°$。

实际计算中,当装置整定为 φ_{ZD} 时,低功率因数元件动作范围是

$$\varphi_{ZD} < \varphi < 180° - \varphi_{ZD}, 180 + \varphi_{ZD} < \varphi < 360 - \varphi_{ZD} \tag{4-3-3}$$

三相电压均低于 $0.3U_N$(U_N 为额定相电压)时,开放二相低功率因数判断。

3)失灵相高定值启动失灵。当断路器为三相联动断路器时,如果出口处发生三相故障且断路器失灵,那么零负序电流、低功率因数的辅助判据会失效,需要增加失灵相高定值启动失灵逻辑。对于非三相联动开关,因不考虑三相失灵,该判据可不投入。

4)充电保护启动失灵。当充电保护动作时,如果失灵保护投入,则经"失灵跳相邻断路器时间"延时跳开相邻断路器。

5)不一致保护启动失灵。当不一致保护动作时,如果失灵保护投入,且控制字"不一致启动失灵"投入,则经"失灵跳相邻断路器时间"延时跳开相邻断路器。

(4)死区保护回路。某些接线方式下(如断路器在 TA 与线路之间),TA 与断路器之间发生故障时,虽然故障线路保护能快速动作,但在本断路器跳开后,故障并不

能切除。此时需要失灵保护动作跳开有关断路器。考虑到这种站内故障电流大，对系统影响较大，而失灵保护动作一般要经较长的延时，所以 PCS-921G 装置中考虑了动作时间比失灵保护更快的死区保护。死区保护的动作逻辑为：当装置收到三跳信号如保护三跳，或 A、B、C 三相跳闸同时动作，这时如果死区过电流元件动作，对应断路器跳开，装置收到三相 TWJ，受死区保护投入控制经整定的时间延时启动死区保护。出口回路与失灵保护一致，动作后跳相邻断路器。

（5）瞬时跟跳回路。该回路由用户设定，分为单相跟跳、两相跳闸联跳三相以及三相跟跳。

1）单相跟跳回路。当收到 A、B、C 单相跳闸信号时，而且该相过电流元件（相电流大于"失灵保护相电流定值"）动作，经"跟跳本断路器"控制字瞬时启动分相跳闸回路。

2）两相跳闸联跳三相。当收到而且仅收到两相跳闸信号且相过电流元件动作时，经 15ms 延时联跳三相。联跳三相回路中 A、B、C 相跳闸均保持信号，两相与后分别为 AB、BC、CA 两相的跳闸保持信号，如有两相跳闸，这时三相又不动作且线路任一相过电流元件动作，则短延时 15ms 后发三相跳闸。

3）三相跟跳。当收到三相跳闸信号时，而且任一相过电流元件动作，经"跟跳本断路器"控制字瞬时启动三相跳闸回路。

（6）断路器三相不一致保护。当不一致保护投入，任一相 TWJ 动作，且无电流时，确认为该相断路器在跳闸位置，当任一相在跳闸位置而三相不全在跳闸位置，则确认为不一致。不一致可经零序电流或负序电流开放，由"不一致经零负序电流"控制字控制其投退。经"三相不一致保护时间"满足不一致动作条件时，出口跳本断路器，经控制字"不一致启动失灵"来启动失灵。

（7）充电保护。PCS-921G 装置的充电保护由两段相过电流及一段零序过电流组成，其时间定值及过电流定值均可设电流取自本断路器 TA，与断路器失灵保护共用。充电保护可经充电保护投入压板及整定值应段充电保护投入控制字投退。充电保护动作后，启动失灵保护，失灵保护经失灵延时出口。

（8）自动重合闸。本装置重合闸为一次重合闸方式，可实现单相重合闸或三相重合闸。重合闸由两种方式启动：一是由线路保护跳闸启动重合闸，二是由跳闸位置启动重合闸。跳闸位置启动重合分为跳闸位置启动单重与跳闸位置启动三重，可由控制字分别控制投退。

（9）本装置考虑到国外有些线路保护仍依赖重合闸给出的合闸加速保护跳闸信号，因此，本装置在合闸脉冲发出的同时给出合闸加速信号时间 400ms。由于目前大量应用的微机线路保护本身具备加速判别能力，所以建议实际应用中，此功能不用。

二、试验目的

本次试验针对断路器保护屏进行验收前调试，主要试验项目包括定值校验、传动试验、整组试验及带负荷试验等。

三、危险点分析及控制措施

危险点分析预控表见表 1–1–1。

四、作业流程

断路器微机保护装置的调试作业流程如图 4–1–2 所示。

五、试验前准备

试验前准备工作表见表 1–1–2。

六、断路器保护的调试项目、技术要求及调试报告

（一）保护屏检查及清扫

详见 ZY1900201003 中六、的（一）。

（二）二次回路正确性及绝缘检查

详见 ZY1900201003 中六、的（二）。

（三）装置通电初步检查

详见 ZY1900201003 中六、的（三）。

（四）逆变电源的检验

详见 ZY1900201003 中六、的（四）。

（五）交流回路校验

详见 ZY1900201003 中六、的（五）。

（六）开入量检查

保护装置进入"保护状态"菜单后，选择开入显示子菜单，校验开关量输入变化情况。

（1）投退功能压板。开入均正确。

（2）检查其他开入量状态。开入均正确。

（七）开出量检查

详见 ZY1900201003 中六、的（七）。

（八）定值及定值区切换功能检查

详见 ZY1900201003 中六、的（八）。

（九）保护功能测试

1. 失灵启动检验

（1）故障相启动失灵。分别模拟 A、B、C 相故障，故障电压及其与电流角度任意，同时短接同名相跳闸输入，模拟故障电流为

$$I=mI_{\text{sets1h}} \tag{4-3-4}$$

式中　I_{sets1h}——失灵启动电流定值；

　　　m——系数，其值分别为 0.95、1.05 及 1.2。

保护在 0.95 倍定值（m=0.95）时，应可靠不动作；在 1.05 倍定值时应可靠动作；在 1.2 倍定值时，测量保护出口触点的动作时间，经"失灵跳本断路器时间"跳本断路器，再经"失灵动作时间"延时跳开相邻断路器，时间误差应不大于 5%。

（2）线路三跳启动失灵。模拟任意故障，故障电压及其与电流角度任意，同时短接线路三跳输入，模拟故障电流为

$$I=mI_{\text{sets1h}} \tag{4-3-5}$$

式中　I_{sets1h}——失灵启动电流定值；

　　　m——系数，其值分别为 0.95、1.05 及 1.2。

测试要求同上。

（3）变压器三跳启动失灵。模拟单相故障，故障电压及其与电流角度任意，同时短接变压器三跳输入，模拟故障电流为

$$I=3mI_{\text{sets1}} \tag{4-3-6}$$

式中　I_{sets1}——失灵启动负序或零序电流定值。

2. 不一致保护检验

任意模拟单相故障，故障电压及其与电流角度任意，模拟故障电流为

$$I=3mI_{\text{setbyz}} \tag{4-3-7}$$

式中　I_{setbyz}——不一致电流定值。

加入电流后立即短跳一相断路器，保护在 0.95 倍定值（m=0.95）时，应可靠不动作；在 1.05 倍定值时应可靠动作；在 1.2 倍定值时，测量保护出口触点的动作时间，时间误差应不大于 5%。恢复正常后分别短跳其他两相重复进行上述试验。

3. 死区保护检验

投入死区保护功能压板。

断路器处于跳位，短接装置线路三跳或变压器三跳开入，同时加入任意相故障电流，故障电流为

$$I=mI_{\text{setsq}} \tag{4-3-8}$$

式中　I_{setsq}——死区电流定值。

保护在 0.95 倍定值（m=0.95）时，应可靠不动作；在 1.05 倍定值时应可靠动作；在 1.2 倍定值时，测量保护出口接点的动作时间，时间误差不应大于 5%。

4. 充电保护检验

投入充电保护功能压板。

断路器处于跳位，短接断路器手动合闸输入使断路器合闸，同时加入任意相故障电流，故障电流为

$$I=mI_{setcd} \tag{4-3-9}$$

式中　I_{setcd}——充电电流定值。

保护在 0.95 倍定值（m=0.95）时，应可靠不动作；在 1.05 倍定值时应可靠动作；在 1.2 倍定值时，测量保护出口触点的动作时间，时间误差不应大于 5%。

（十）整组动作时间测试

整组试验时，统一加模拟故障电压和电流，本线路断路器处于合闸位置。进行传动断路器试验之前，控制室和开关站均应有专人监视，并应具备良好的通信联络设备，以便观察断路器和保护装置动作相别是否一致，监视中央信号装置的动作及声、光信号指示是否正确。如果发生异常情况时，应立即停止试验，在查明原因并改正后再继续进行。装置的部分试验功能需要配合线路保护进行整组试验。传动断路器试验应在确保检验质量的前提下，尽可能减少断路器的动作次数。

由于断路器保护与线路保护回路联系紧密，在进行整组试验时，应和线路保护一起进行，以保证回路的完整性和正确性。

1. 跟跳保护及重合闸整组试验

将装置电流回路与线路保护电流回路串接，投入断路器保护出口压板，为测试跟跳出口动作行为，需要退出线路保护跳闸出口压板，但投入线路保护启动断路器失灵压板，分别模拟线路保护 A、B、C 相故障，电流大于装置跟跳电流定值，断路器保护通过跟跳保护分相出口并重合于故障。模拟相间故障三相跟跳，重合闸不应动作。测量从模拟故障至断路器跳闸的动作时间以及从模拟故障切除至断路器合闸回路动作的重合闸整组动作时间（A、B 相和 C 相分别测量和后加速时间）。

上述试验要求测量断路器的跳闸时间并与保护的出口时间比较，其时间差再减去线路保护的固有动作时间，即为断路器动作时间，一般不应大于 60ms。测量的重合闸整组动作时间与整定的重合闸时间误差不大于 50ms（不包含试验装置断流时间）。

因断路器保护有两组跳闸出口，同时考虑到两套线路保护同时启动断路器失灵保护，在进行试验时可以用 1 号线路保护与断路器保护配合测试第一组跳闸出口，用 2 号线路保护与断路器保护配合测试第二组跳闸出口。

2. 不一致保护整组试验

该试验也可以和线路保护共同进行，试验条件和接线同上，投入线路保护启动失灵压板和跳闸出口压板，投入断路器不一致保护，退出断路器保护的重合闸出口压

板，待重合闸充电完成后，模拟单相瞬时性故障，线路保护动作单跳后重合闸不动作，测试不一致保护跳其他两相断路器时间。因断路器保护有两个三跳出口，应分别进行测试。

3. 失灵启动出口

将装置电流回路与线路保护电流回路串接，投入线路保护启动失灵压板，退出断路器和线路保护跳闸出口压板，分别测试装置联跳相邻断路器以及其他出口触点时间，并与整定时间比较，时间误差不应大于 5%。

4. 先重、后重试验

（1）本侧断路器保护"先合投入"压板投入，相邻断路器该压板退出，投入线路保护跳闸出口、启动断路器失灵出口，两台断路器保护置单重方式，均投入重合闸出口，重合闸充电完成后，模拟线路保护 A、B、C 相瞬时故障，线路保护单跳，本断路器以整定时间重合闸，相邻断路器以整定时间加后重时间重合闸，时间误差不应大于5%。

（2）本侧断路器保护"先合投入"压板退出，相邻断路器该压板投入，投入线路保护跳闸出口、启动断路器失灵出口，两台断路器保护置单重方式，均投入重合闸出口，重合闸充电完成后，模拟线路保护 A、B、C 相瞬时故障，线路保护单跳，相邻断路器以整定时间重合闸，本断路器以整定时间加后重时间重合闸，时间误差不应大于5%。

（3）本侧断路器保护"先合投入"压板退出，相邻断路器处于跳位或"装置检修"压板投入，投入线路保护跳闸出口、启动断路器失灵出口，两台断路器保护置单重方式，均投入重合闸出口，重合闸充电完成后，模拟线路保护 A、B、C 相瞬时故障，线路保护单跳，相邻断路器不动作，本断路器以整定时间重合闸，时间误差不应大于5%。

5. 沟通三跳

断路器保护和线路保护电流回路串接，退出线路保护出口跳闸触点。断路器保护重合闸在未充好电状态或重合闸为三重方式，模拟线路保护单相瞬时故障，断路器保护出口三跳。

6. 沟三接点

断路器保护未充好电，退出断路器保护出口跳闸触点，模拟线路保护单跳出口，断路器三跳不重。

7. 与中央信号、远动装置的配合联动试验

根据微机保护与中央信号、远动装置信息传送数量和方式的具体情况确定试验项目和方法。要求所有的硬触点信号都应进行整组传动，不得采用短接触点的方式。对

于综合自动化站，还应检查保护动作报文的正确性。

（十一）带负荷试验

详见 ZY1900204006 中六、的（十三）。

（十二）测试结果分析及测试报告编写

将测试数据填入本单位规定的测试报告内并进行结果分析。

【思考与练习】

1. 断路器保护上电前需要进行哪些检查？

2. 需要进行哪些保护装置逻辑功能试验？进行整组试验和与其他设备进行配合试验时，调试要点是什么？

3. 如何正确进行带负荷测试？

4. 如何拟定完善的、符合现场实际的调试记录，确保调试质量？

◢ 模块4　短引线微机保护装置的调试（ZY1900204012）

【**模块描述**】本模块包含短引线微机保护装置的典型装置介绍、试验目的、危险点分析及控制措施、作业流程、试验前准备，掌握装置的调试项目、技术要求及调试报告工作。

【**模块内容**】

一、典型短引线微机保护装置

（一）应用范围

短引线微机保护装置主要用作 3/2 接线方式下的短引线保护，也可兼用作线路的充电保护，符合国家电网有限公司颁布的 Q/GDW 1161—2014《线路保护及辅助装置标准化设计规范》要求。PCS–922 装置是新一代全面支持数字化变电站的保护装置。装置支持电子式互感器和常规互感器，支持 DL/T 667—1999（IEC60870–5–103）《远动设备及系统　第 5 部分：传输规约　第 103 篇：继电保护设备信息接口配套标准》和新一代变电站通信标准 IEC 61850。

（二）保护配置

PCS–922G 装置主要用作 3/2 接线方式下的短引线保护，也可兼用作线路的充电保护。PCS–922G 装置采用电流比率差动方式；线路充电保护由两段式和电流过流保护构成。保护的出口正电源由线路隔离开关的辅助接点（或屏上压板）与装置的启动元件共同开放，使保护的安全性得以提高。

（1）装置结构。图 4–4–1 所示为装置的正面面板布置图。

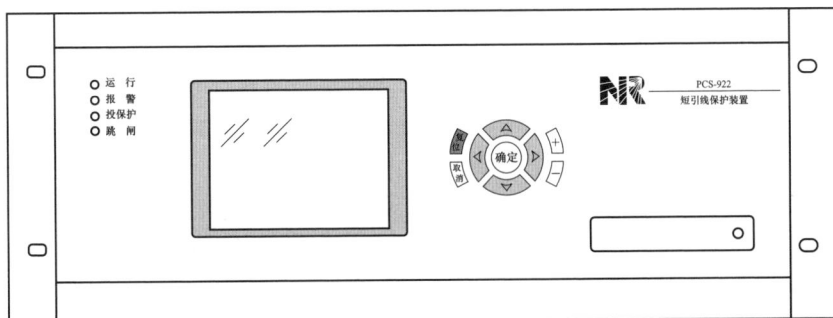

图 4-4-1　PCS-922G 装置面板布置图

（2）装置各插件原理说明。组成装置的插件有电源插件（DC）、交流插件（AC）、低通滤波器（LPF），CPU 插件（CPU）、通信插件（COM）、24V 光耦插件（OPT）、跳闸出口插件（OUT）、操作回路插件（SWI）、电压切换插件（YQ）、显示面板（LCD）。

具体硬件模块图见图 4-4-2。

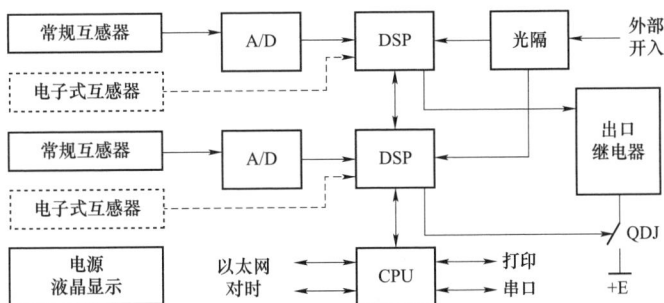

图 4-4-2　装置硬件模块图

（三）软件工作原理

1. 装置总启动元件

启动元件的主体以反应相间工频变化量的过电流继电器实现，同时又配以反应全电流的零序过电流继电器互相补充。

（1）电流变化量启动。分别分相测量两组 TA 和电流的工频变化量幅值，由最大相电流突变量幅值得到电流突变量启动元件的判距

$$\Delta I_{\phi\phi\max} > 1.25\Delta I_{\mathrm{T}} + \Delta I_{\mathrm{ZD}} \tag{4-4-1}$$

其中
$$\Delta I_{\phi\phi\max} = \max\{[\Delta(I_{\phi1} + I_{\phi2})]\}$$

式中 $\Delta I_{\phi\phi max}$ ——两组 TA 和电流相间电流的半波积分的最大值；

         ΔI_{ZD} ——可整定的固定门坎；

         ΔI_{T} ——可整定的浮动门坎，随着变化量的变化而自动调整，取 1.25 倍可保证门坎始终略高于不平衡输出，该元件动作并展宽 7s，去开放出口继电器正电源；

        $I_{\phi 1}$、$I_{\phi 2}$ ——对应两个断路器 TA 的电流，按 A、B、C 三相构成。

（2）零序过流启动元件。测量两组 TA 和电流幅值，每侧零序电流均由 A、B、C 三相电流相加自产得出。当此电流大于零序电流启动定值时，零序电流启动元件动作并展宽 7s，去开放出口继电器正电源。

（3）和电流启动元件。分别分相测量两组 TA 和电流幅值，当最大相和电流 $\max\{|I_{\phi 1}+I_{\phi 2}|\}$ 大于充电保护电流定值，且充电保护投入（硬压板及相应各段软压板投入），和电流启动元件并展宽 7s，去开放出口继电器正电源。

2. 短引线差动保护

短引线保护由比率差动保护构成。当线路隔离开关辅助接点（线路隔离开关打开时，接点闭合）闭合或屏上保护投入压板投入，并且整定值中差动保护投入控制字为"1"，时比率差动保护投入，其动作方程为

$$\left.\begin{array}{l} I_{cd} > I_{cdzd} \\ I_{cd} > KI_{zd} \end{array}\right\} \qquad (4\text{-}4\text{-}2)$$

其中 $I_{cd}=|\dot{I}_{\phi 1}+\dot{I}_{\phi 2}|$， $I_{zd}=|\dot{I}_{\phi 1}+\dot{I}_{\phi 2}|$

式中 $\dot{I}_{\phi 1}+\dot{I}_{\phi 2}$ ——对应两个断路器 TA 的电流，分别按 A、B、C 三相构成；

         K ——制动系数，固定为 0.75；

        I_{cdzd} ——差动保护动作的过电流定值。

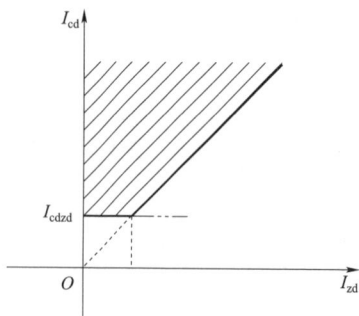

当 $I_{cd}>1.3I_{N}$ 时，若短引线差动保护动作，立即出口；

当 $I_{cd}<1.3I_{N}$ 时，若短引线差动保护动作，延时 20ms 出口（考虑 TA 断线判别时间最长要一个周期）。差动保护动作原理图见图 4-4-3。

图 4-4-3 差动保护动作特性

3. 线路充电保护

线路充电保护由两段式和电流过电流保护构成，通过屏上保护投入压板或线路隔离开关及充电保护投入整定控制字控制，其动作方程为

$$|\dot{I}_{\phi 1}+\dot{I}_{\phi 2}| > I_{pzd} \qquad (4\text{-}4\text{-}3)$$

式中 I_{pzd} ——过电流保护电流整定值。

当 $|\dot{I}_{\phi 1}+\dot{I}_{\phi 2}|$ 大于过电流保护 I 段定值时，瞬时切除故障；

当 $|\dot{I}_{\phi 1}+\dot{I}_{\phi 2}|$ 大于过电流保护 II 段定值时，通过过电流保护 II 段时间定值延时切除故障。

4. TA 断线判别

（1）带延时 TA 断线报警在保护采样程序中进行，当零序和电流启动元件长期启动时间超过 10s 发 TA 断线告警信号。延时的 TA 断线报警也兼起电流采样回路的自检功能。

（2）瞬时 TA 断线报警在故障测量程序中进行，满足下述任一条件不进行该侧 TA 断线判别：

1）启动前某侧最大相电流小于 $0.2I_N$；

2）启动后最大相电流大于 $1.2I_N$；

3）启动后该侧电流比启动前增加 $0.1I_N$ 以上。

只有在某侧电流同时满足下列条件时，方认为是 TA 断线：

1）只有一相电流为零（小于 $0.1I_N$）；

2）其他二相电流与启动前电流相等（小于 $0.1I_N$）。

TA 断线闭锁保护装置出口。

二、试验目的

本次试验针对短引线保护屏间隔进行验收前调试，主要试验项目包括定值校验、传动试验、整组试验及带负荷试验等。

三、危险点分析及控制措施

危险点分析预控表见表 1-1-1。

四、作业流程

短引线微机保护装置的调试作业流程如图 4-1-2 所示。

五、试验前准备

试验前准备工作表见表 1-1-2。

六、短引线保护的调试项目、技术要求及调试报告

（一）保护屏检查及清扫

详见 ZY1900201003 中六、的（一）。

（二）二次回路正确性及绝缘检查

详见 ZY1900201003 中六、的（二）。

（三）装置通电初步检查

详见 ZY1900201003 中六、的（三）。

（四）逆变电源的检验

详见 ZY1900201003 中六、的（四）。

（五）交流回路校验

详见 ZY1900201003 中六、的（五）。

（六）开入量检查

详见 ZY1900204009 中六、的（六）。

（七）开出量检查

详见 ZY1900201003 中六、的（七）。

（八）定值及定值区切换功能检查

详见 ZY1900201003 中六、的（八）。

（九）保护功能测试

1. 校验比率差动保护

分别加入两个开关电流，分别模拟单相故障，模拟故障电流为

$$I = mI_{set1} \times 0.5 \qquad (4\text{-}4\text{-}4)$$

式中　I_{set1} ——差动电流低定值；

　　　m ——系数，其值分别为 0.95、1.05 及 1.2。

保护在 0.95 倍定值（$m=0.95$）时，应可靠不动作；在 1.05 倍定值时应可靠动作；在 1.2 倍定值时，测量差动保护的动作时间，时间应在 15～30ms。

不同定值段保护测试方法相同。

2. 比率制动特性测试

（1）固定一次侧电流，调节二次侧电流，直至差动动作，保护动作后退掉电流。

（2）在一次侧、二次侧 A 相同时加极性相反电流（注意负荷电流与差流的关系），使此时的差流为 0；减小二次侧电流，使差动保护动作，记录两侧动作电流。

3. 校验简单差动保护

分别加入两个开关电流，分别模拟单相故障，模拟故障电流为

$$I = mI_{setn} \times 0.5 \qquad (4\text{-}4\text{-}5)$$

式中　I_{setn} ——简单差动 n 段电流定值。

保护在 0.95 倍定值（$m=0.95$）时，应可靠不动作；在 1.05 倍定值时应可靠动作；在 1.2 倍定值时，测量差动保护的动作时间，差动 I 段的动作时间应在 15～30ms，II 段动作时间与整定时间误差不超过 5%。

4. TA 断线功能检查

（1）告警功能检测（单相、两相断线）。

（2）闭锁差动保护。

（十）整组动作时间测试

整组试验时，统一加模拟故障电流，两侧断路器处于合闸位置。进行传动断路器试验之前，控制室和开关站均应有专人监视，并应具备良好的通信联络设备，以便观察断路器动作情况，监视中央信号装置的动作及声、光信号指示是否正确。如果发生异常情况时，应立即停止试验，在查明原因并改正后再继续进行。

（1）整组动作时间测量。本试验是测量从模拟故障至断路器跳闸的动作时间。要求测量断路器的跳闸时间并与保护的出口时间比较，其时间差即为断路器动作时间，一般不应大于 60ms。对两侧断路器应分别测量。

（2）与中央信号、远动装置的配合联动试验。根据微机保护与中央信号、远动装置信息传送数量和方式的具体情况确定试验项目和方法。要求所有的硬触点信号都应进行整组传动，不得采用短接触点的方式。对于综合自动化站，还应检查保护动作报文的正确性。

（十一）带负荷试验

详见 ZY1900204006 中六、的（十三）。

（十二）测试结果分析及测试报告编写

将测试数据填入本单位规定的测试报告内并进行结果分析。

【思考与练习】

1. 短引线保护上电前需要进行哪些检查？

2. 需要进行哪些保护装置逻辑功能试验？进行整组试验和与其他设备进行配合试验时，调试要点是什么？

3. 如何正确进行带负荷测试？

4. 如何拟定完善的、符合现场实际的调试记录，确保调试质量？

▲ 模块 5　高压并联电抗器微机保护装置的调试
（ZY1900204015）

【模块描述】本模块包含高压并联电抗器（简称高抗）微机保护装置的典型装置介绍、试验目的、危险点分析及控制措施、作业流程、试验前准备，掌握装置的调试项目、技术要求及调试报告工作。

【模块内容】

一、典型高抗微机保护装置

（一）应用范围

PCS–917 系列超高压并联电抗器保护装置适用于 220kV 及以上各电压等级并需要提供双套主保护和双套后备保护的各种接线方式的超高压并联电抗器。PCS–917 系列超高压并联电抗器保护装置全面支持数字化变电站的各种需求，支持多以太网口的MMS 服务，并支持 GOOSE 服务和电子式互感器，支持 IEC 60044–8、IEC 61850–9–1和 IEC 61850–9–2 方式模拟量传输。

（二）保护配置

PCS–917G 装置中可提供一台并联电抗器所需要的全部电量保护，主保护和后备保护可共用同一 TA。这些保护包括稳态比率差动、差动速断、工频变化量比率差动、零序比率差动保护、匝间短路保护、主电抗器过电流、主电抗器零序过电流、中性点电抗器过电流。

（1）装置结构。图 4–5–1 所示是装置的正面面板布置图。

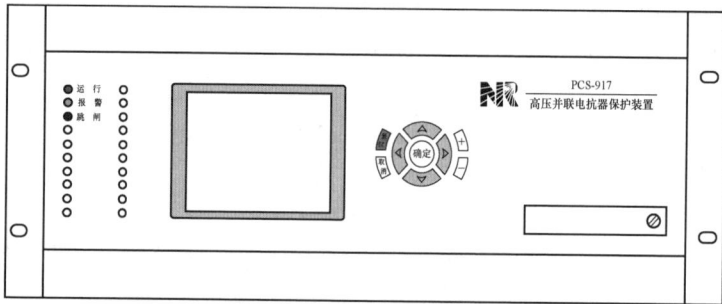

图 4–5–1　PCS–917 装置面板示意图

（2）装置各插件原理说明。具体硬件模块图详见图 1–1–2。

（三）软件工作原理

1. 装置总启动元件

装置启动 DSP 板设有不同的启动元件，启动后开放出口正电源，同时开放保护DSP 板相应的保护元件。只有启动 DSP 板相应的启动元件动作，同时保护 DSP 板对应的保护元件动作后才能跳闸出口，否则无法跳闸。启动 DSP 板的启动元件未动作，而保护 DSP 板对应的保护元件动作，装置会报警，不会出口跳闸。各启动元件的原理如下。

（1）稳态差流启动

$$|I_{d\Phi max}| > I_{cdqd} \qquad （4-5-1）$$

式中　$|I_{d\Phi max}|$——三相差动电流最大值；

I_{cdqd}——差动电流启动整定值。

此启动元件动作开放稳态比率差动保护和差动速断保护。

（2）工频变化量差流启动

$$\left.\begin{array}{l} \Delta I_d > 1.25\Delta I_{dt} + I_{dth} \\ \Delta I_d = |\Delta \dot{i}_1 + \Delta \dot{i}_2| \end{array}\right\} \qquad （4-5-2）$$

式中　ΔI_{dt}——浮动门坎，随着变化量输出增大而逐步自动提高，取 1.25 倍可保证

门坎电流始终略高于不平衡输出；

$\Delta \dot{i}_1$、$\Delta \dot{i}_2$——分别为并联电抗器首端、尾端电流的工频变化量；

ΔI_d——差流的半周积分值；

I_{dth}——固定门坎，工频变化量差流启动元件不受负荷电流影响，灵敏度高，

启动定值由装置内部设定，无需用户整定。

此启动元件用来开放工频变化量比率差动保护。

（3）零序差动保护启动。零序差电流大于零差保护启动定值或分侧差动三相差流最大值大于分侧差动启动定值时动作。

（4）相电流启动。当三相电流最大值大于最小电流整定值时动作。此启动元件用来开放相应侧的过电流保护。

（5）零序电流启动。当零序电流大于最小整定值时动作。此启动元件用来开放相应侧的零序过电流保护。

（6）匝间保护启动

$$I_0 > K\Delta I_t + I_{th} \qquad （4-5-3）$$

式中　ΔI_t——浮动门坎，随着变化量输出增大而逐步自动提高；

K——某一比例常数；

I_{th}——固定门坎。

该启动元件用来开放电抗器的匝间短路保护。

2. 稳态比率差动保护

由于电抗器首端、尾端的 TA 变比可能出现不同，在构成差动继电器前必须消除这个影响。现在的数字式电抗器保护装置，都利用数字的方法对变比进行补偿。以下说明的前提均为已消除了电抗器各侧 TA 变比的差异。稳态比率差动保护用来区分差流是由于内部故障还是不平衡输出（特别是外部故障时）引起见图 4-5-2。PCS-917

系列超高压并联电抗器保护装置采用了如下的稳态比率差动动作方程

$$\begin{cases} I_d > I_{cdqd} & I_r \leqslant 0.75I_N \\ I_d > K_{bl}I_r & 0.75I_N \leqslant I_r \\ I_d = |\dot{I}_1 + \dot{I}_2| \\ I_r = I_2 \end{cases} \quad (4\text{-}5\text{-}4)$$

$$\begin{cases} I_d > 0.6(I_r - 0.8I_N) + 1.2I_N \\ I_r > 0.8I_N \end{cases} \quad (4\text{-}5\text{-}5)$$

式中　　I_N——电抗器额定电流；

$\dot{I}_1$、$\dot{I}_2$——分别为电抗器首端、尾端电流；

I_{cdqd}——稳态比率差动启动定值；

I_d、I_r——分别为差动电流、制动电流

K_{bl}——比率制动系数整定值（$0.2 \leqslant K_{bl} \leqslant 0.75$），装置中固定设为 0.4。

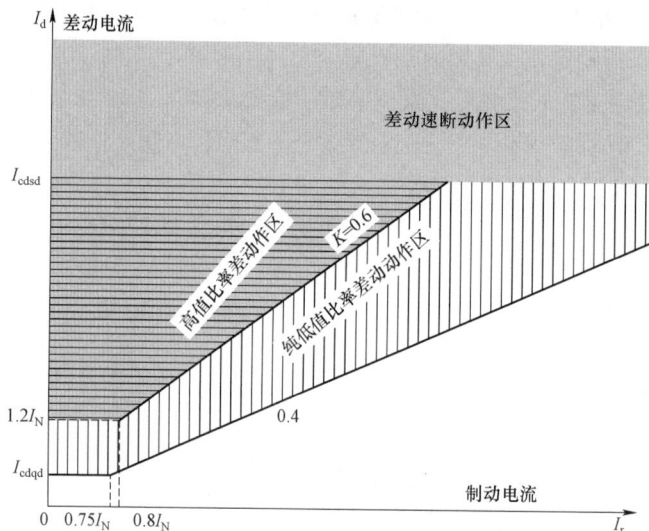

图 4-5-2　比率差动保护图

3. 励磁涌流判别原理

（1）利用谐波识别励磁涌流。PCS-917 系列超高压并联电抗器保护装置采用三相差动电流中的二次、三次谐波的含量来识别励磁涌流，判别方程如下

$$\begin{cases} I_{2nd} > K_{2xb}I_{1st} \\ I_{3nd} > K_{3xb}I_{1st} \end{cases} \quad (4\text{-}5\text{-}6)$$

式中　I_{2nd}、I_{3nd}——分别为每相差动电流中的二次谐波和三次谐波；

　　　　I_{1st}——对应相的差动电流基波；

　　K_{2xb}、K_{3xb}——分别为二次谐波、三次谐波制动系数整定值，装置中 K_{2xb} 取值 0.15，

　　　　　　　　K_{3xb} 取值 0.2。

当三相中某一相被判别为励磁涌流，只闭锁该相比率差动。

（2）利用波形畸变识别励磁涌流。故障时，差动电流基本上是工频正弦波。励磁涌流时，有大量的谐波分量存在，波形发生畸变、间断、不对称。利用算法识别出这种畸变，即可识别出励磁涌流。

故障时，有下式成立

$$\left.\begin{array}{l} S > K_b S_+ \\ S > S_t \end{array}\right\} \tag{4-5-7}$$

其中

$$S_t = \alpha I_d + 0.1 I_N \tag{4-5-8}$$

式中　S——差动电流的全周积分值；

　　S_+——"差动电流瞬时值+差动电流半周前的瞬时值"的全周积分值；

　　K_b——某一固定常数；

　　S_t——差动电流的全周积分值的门坎定值；

　　I_d——差电流的全周积分值；

　　α——某一比例常数。

当三相中的某一相不满足以上方程，被判别为励磁涌流，只闭锁该相比率差动元件。

4. TA 饱和的识别方法

为防止在并联电抗器区外故障等状态下，TA 的暂态与稳态饱和所引起的稳态比率差动保护误动作，装置利用二次电流中的二次和三次谐波含量来判别 TA 是否饱和，所用的表达式如下

$$\begin{cases} I_{\Phi 2} > k_{\Phi 2xb} I_{\Phi 1} \\ I_{\Phi 3} > k_{\Phi 3xb} I_{\Phi 1} \end{cases} \tag{4-5-9}$$

式中　　$I_{\Phi 2}$——电流中的二次谐波；

　　　　$I_{\Phi 3}$——电流中的三次谐波；

　　　　$I_{\Phi 1}$——电流中的基波；

　$K_{\Phi 2xb}$、$K_{\Phi 3xb}$——某一比率常数。

当与某相差动电流有关的电流满足以上表达式，即认为此相差流为 TA 饱和引起，闭锁稳态比率差动保护。此判据在并联电抗器处于运行状态才投入。

5. 差动速断保护

当任一相差动电流大于差动速断整定值时，瞬时动作跳开并联电抗器开关。

二、试验目的

本次试验针对高抗间隔进行验收前调试，主要试验项目包括定值校验、传动试验、整组试验及带负荷试验等。

三、危险点分析及控制措施

危险点分析预控表见表 1–1–1。

四、作业流程

高抗微机保护装置的调试作业流程如图 4–1–2 所示。

五、试验前准备

试验前准备工作表见表 1–1–2。

六、高抗保护的调试项目、技术要求及调试报告

（一）保护屏检查及清扫

详见 ZY1900201003 中六、的（一）。

（二）二次回路正确性及绝缘检查

详见 ZY1900201003 中六、的（二）。

（三）装置通电初步检查

详见 ZY1900201003 中六、的（三）。

（四）逆变电源的检验

详见 ZY1900201003 中六、的（四）。

（五）交流回路校验

详见 ZY1900201003 中六、的（五）。

（六）开入量检查

详见 ZY1900204009 中六、的（六）。

（七）开出量检查

详见 ZY1900201003 中六、的（七）。

（八）定值及定值区切换功能检查

详见 ZY1900201003 中六、的（八）。

（九）保护功能测试

1. 校验纵联差动保护

投入纵联差动保护压板。

（1）差动速断保护。分别加入首末端开关单相电流，模拟单相故障，模拟故障电流见式（4–2–1）。

保护在 0.95 倍定值（$m=0.95$）时，应可靠不动作；在 1.05 倍定值时应可靠动作；在 1.2 倍定值时，测量差动保护的动作时间，时间应在 15～30ms。

（2）比率差动保护。分别加入首末端开关单相电流，模拟单相故障，模拟故障电流为

$$I=mI_{setcd} \tag{4-5-10}$$

式中　I_{setcd}——比率差动电流定值；

　　　　m——系数，其值分别为 0.95、1.05 及 1.2。

测试方法同上。

（3）比率制动特性测试。

1）固定首端电流，调节末端电流，直至差动动作，保护动作后退掉电流。

2）在首端末端 A 相同时加极性相反电流（注意负荷电流与差流的关系），并让此时的差流为 0；减小末端电流，使差动保护动作，记录两侧动作电流。

2. 校验零序差动保护

投入零序差动保护压板。

（1）零序差动速断保护。分别加入首末端开关任一相电流，模拟单相故障，模拟故障电流为

$$I=mI_{set0s} \tag{4-5-11}$$

式中　I_{set0s}——零序差动速断电流定值。

保护在 0.95 倍定值（$m=0.95$）时，应可靠不动作；在 1.05 倍定值时应可靠动作；在 1.2 倍定值时，测量差动保护的动作时间，时间应在 15～30ms。

（2）零序比率差动保护。分别加入首末端开关任一相电流，模拟单相故障，模拟故障电流为

$$I=mI_{set0c} \tag{4-5-12}$$

式中　I_{set0c}——零序差动速断电流定值。

保护在 0.95 倍定值（$m=0.95$）时，应可靠不动作；在 1.05 倍定值时应可靠动作；在 1.2 倍定值时，测量差动保护的动作时间，时间应在 15～30ms。

（3）零序差动比率制动特性测试。

1）固定首端零序电流，调节末端零序电流，直至差动动作，保护动作后退掉电流。

2）在首端末端同相电流回路上同时加极性相反电流，并让此时的零序差流为 0；减小末端电流，使差动保护动作。记录两侧动作电流。

3. 校验匝间保护

投入匝间保护压板。模拟单相故障，故障电压值约为额定电压的 80%，电流加入

电抗器末端绕组输入，电流幅值大于匝间保护零序电流启动值，故障相电流超前故障相电压90°。测量匝间保护的动作时间，应在15～40ms。改变电流电压角度，确定零序方向元件动作边界。

4. 过电流保护

加入首端电流，模拟相间故障，模拟故障电流为

$$I=mI_{set1} \tag{4-5-13}$$

式中　I_{set1}——过电流保护定值。

保护在0.95倍定值（m=0.95）时，应可靠不动作；在1.05倍定值时应可靠动作；在1.2倍定值时，测量过流保护的动作时间，时间误差不应大于5%。

过负荷保护也可以用同样的方法进行校验。

5. 零序过电流保护

加入首端电流，模拟单相接地故障，模拟故障电流见式（4-1-5）。

保护在0.95倍定值（m=0.95）时，应可靠不动作；在1.05倍定值时应可靠动作；在1.2倍定值时，测量零序过流保护的动作时间，时间误差不应大于5%。

6. 小抗过电流保护

加入小抗电流，模拟单相接地故障，模拟故障电流为

$$I=mI_{setx} \tag{4-5-14}$$

式中　I_{setx}——小抗过电流保护定值。

保护在0.95倍定值（m=0.95）时，应可靠不动作；在1.05倍定值时应可靠动作；在1.2倍定值时，测量小抗过流保护的动作时间，时间误差不应大于5%。

过负荷保护也可以用同样的方法进行校验。

7. TA断线功能检查

（1）告警功能检测（单相、两相断线）。

（2）闭锁纵差和零差保护。

（3）闭锁匝间保护。

（十）整组动作时间测试

整组试验时，统一加模拟故障电流，两侧断路器处于合闸位置。进行传动断路器试验之前，控制室和开关站均应有专人监视，并应具备良好的通信联络设备，以便观察断路器动作情况，监视中央信号装置的动作及声、光信号指示是否正确。如果发生异常情况时，应立即停止试验，在查明原因并改正后再继续进行。

1. 整组动作时间测量

本试验是测量从模拟故障至断路器跳闸的动作时间。要求测量断路器的跳闸时间

并与保护的出口时间比较，其时间差即为断路器动作时间，一般不应大于 60ms。对两侧断路器应分别测量。由于各种保护公用出口回路，在整组试验时，可以只选取一种保护带开关传动。

2. 非电量保护

在电抗器本体模拟各项非电量继电器动作，测试面板指示灯正确和出口回路正确，并选择其中一种保护带开关传动。

3. 与其他保护的配合联动试验

模拟高抗保护动作，在断路器保护检查启动断路器失灵开入，同时检查高抗保护启动远跳触点闭合正确性。

4. 中央信号、远动装置的配合联动试验

根据微机保护与中央信号、远动装置信息传送数量和方式的具体情况确定试验项目和方法。要求所有的硬接点信号都应进行整组传动，不得采用短接触点的方式。对于综合自动化站，还应检查保护动作报文的正确性。

（十一）带负荷试验

详见 ZY1900204006 中六、的（十三）。

（十二）测试结果分析及测试报告编写

将测试数据填入本单位规定的测试报告内并进行结果分析。

【思考与练习】

1. 高抗保护上电前需要进行哪些检查？

2. 需要进行哪些保护装置逻辑功能试验？进行整组试验和与其他设备进行配合试验时，调试要点是什么？

3. 如何正确进行带负荷测试？

4. 如何拟定完善的、符合现场实际的调试记录，确保调试质量？

第五章

自动装置调试

▲ 模块 1　电压并列、切换、操作箱装置调试
（ZY1900301004）

【模块描述】本模块包含电压并列、切换、操作箱装置的典型装置介绍、试验目的、危险点分析及控制措施、作业流程、试验前准备，掌握装置的调试项目、技术要求及调试报告工作。

【模块内容】

一、典型电压并列、切换、操作箱装置

（一）应用范围

操作继电器装置含有一组或两组分相跳闸回路，一组分相合闸回路，与断路器配合使用，保护装置和其他有关设备可通过操作继电器装置进行分合操作。装置的交流电压切换回路用于双母线接线厂站的间隔设备，根据所接母线切换交流电压。

（二）装置的构成及原理（以 CZX-12R2 操作箱为例）

1. 重合闸

重合闸装置送来的合闸触点闭合时，重合闸重动继电器 KZHJ、磁保持信号继电器 KZXJ 继电器动作，KZHJ 动作后有三对动合触点闭合并被分别送到 A、B、C 三个分相合闸回路，启动断路器的合闸线圈。KZXJ 动作后一方面启动一个发光二极管，表示重合闸回路启动；另一方面去启动有关信号回路。当按下复归按钮时，磁保持继电器复归线圈励磁，合闸信号复归，如图 5-1-1 所示。

2. 手动合闸和远方合闸

进行手动合闸或远方合闸时，KK 把手或远方送来的合闸触点处于闭合位置，1KSHJ、21KSHJ、22KSHJ、23KSHJ 动作，同时 KKJ 第一组线圈励磁且自保持。1KSHJ 动作后，其三对动合触点分别去启动 A、B、C 三个分相合闸回路。21KSHJ、22KSHJ、23KSHJ 动作后，其触点分别送给保护及重合闸，作为"手合加速""手合放电"等用途。KKJ 动作后通过中间继电器 1KZJ 给出 KK 合后闭合触点。电阻与电容构成手动

合闸脉冲展宽回路，即当手动或远方合闸时，电容充电。当手合 KK 触点返回后，电容器向 21KSHJ、22KSHJ、23KSHJ 和 1KZJ 放电使其继续动作一段时间，该时间大于 400ms，以保证当手合或远方合到故障线路上时保护可加速跳闸。手动合闸回路受开关压力降低回路控制，若压力降低禁止合闸时，压力告警触点断开，此时禁止手动和远方合闸，如图 5-1-1 所示。

3. 三跳启动重合闸

三跳启动重合闸触点启动 11KTJQ、12KTJQ、13KTJQ 及 21KTJQ、22KTJQ、23KTJQ。11KTJQ、12KTJQ、13KTJQ 动作后去启动第一组分相跳闸回路，21KTJQ、22KTJQ、23KTJQ 动作后去启动第二组分相跳闸回路，如图 5-1-1 所示。

4. 三跳不启动重合闸

三跳不启动重合闸触点启动 11KTJR、12KTJR、13KTJR 及 21KTJR、22KTJR、23KTJR。11KTJR、12KTJR、13KTJR 动作后去启动第一组分相跳闸回路，21KTJR、22KTJR、23KTJR 动作后去启动第二组分相跳闸回路。该回路启动后，其有关触点还送给重合闸，去给重合闸放电，禁止重合，如图 5-1-1 所示。

5. 手动跳闸和远方跳闸

手跳或远方跳闸触点启动 1STJ、STJA、STJB、STJC 以及 KKJ 的第二组线圈，其中 STJA、B、C 分别去启动两组跳闸回路，KKJ 通过中间继电器 K2ZJ 给出 KK 分后闭合触点闭锁重合，如图 5-1-1 所示。

6. 三跳备用继电器

三跳备用继电器（用于变压器非电量保护跳闸等）。三跳时启动 11KTJF、12KTJF、13KTJF 以及 21KTJF、22KTJF、23KTJF，它们分别接在两组直流电源上，11KTJF、12KTJF、13KTJF 去启动第一组分相跳闸回路，21KTJF、22KTJF、23KTJF 去启动第二组分相跳闸回路。该备用继电器设定为动作时间为 0.3s 定时方波，防止在非电量等跳闸信号不能及时返回的情况下回路长期动作，如图 5-1-1 所示。

7. 分相合闸回路

当开关处于分闸位置，一旦手合或自动重合时，KSHJa、b、c 动作并通过自身触点自保持，直到断路器合上，开关辅助触点断开。当断路器处于跳位时，断路器动断辅助触点闭合。1KTWJ～3KTWJ 动作，送出相应的跳位监视接点给保护和信号回路，如图 5-1-2 所示。

8. 防跳回路

当开关手合或重合到故障上而且合闸脉冲又较长时，为防止开关跳开后又多次合闸，故设有防跳回路。当手合或重合到故障上开关跳闸时，跳闸回路的跳闸保持继电器 KTBIJ 的触点闭合，启动 1TBUJ，1TBUJ 动作后启动 2TBUJ，2TBUJ 通过其自身

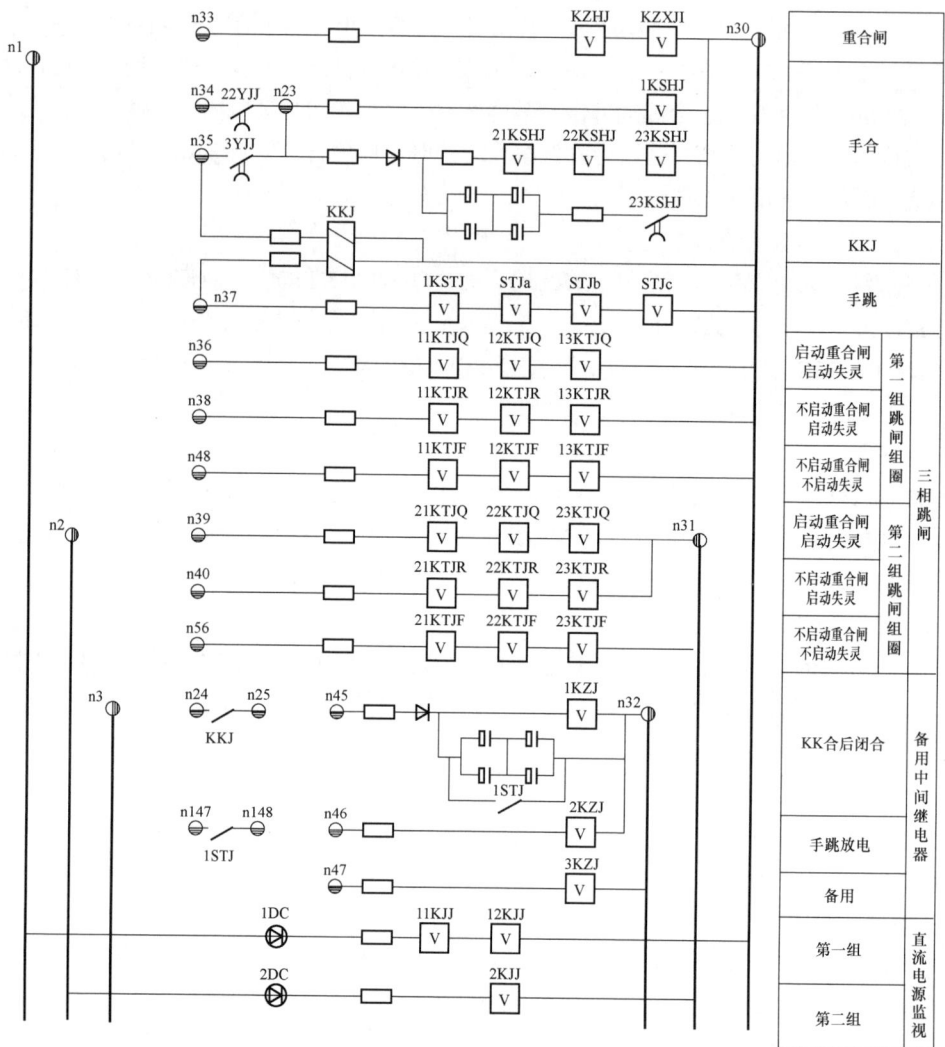

图 5-1-1　操作回路图

触点在合闸脉冲存在情况下自保持，于是这两组串入合闸回路的继电器的动断触点断开，避免开关多次跳合。为防止在极端情况下开关压力触点出现抖动，从而造成防跳回路失效，2TBUJ 的一对触点与 11YJJ 并联，以确保在这种情况下开关也不会多次合闸。若不采用装置内防跳防回路，则分别短接相关触点，如图 5-1-2 所示。

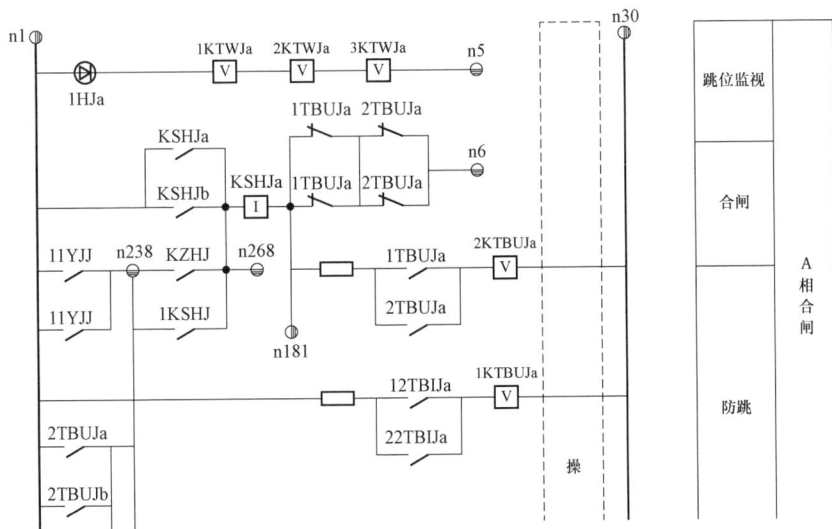

图 5-1-2　合闸回路图

9. 分相跳闸回路

断路器处于合闸位置时，断路器动合辅助触点闭合，一旦保护分相跳闸触点动作，跳闸回路接通，跳闸保持继电器 1KTBIJ、2KTBIJ 动作并由 1KTBIJ、2KTBIJ 触点实现自保持，直到断路器跳开，辅助触点断开。当断路器处于合闸位置时，断路器动合辅助触点闭合，1KHWJ、2KHWJ、3KHWJ 动作，输出合位监视触点到保护及有关信号回路，如图 5-1-3 所示。

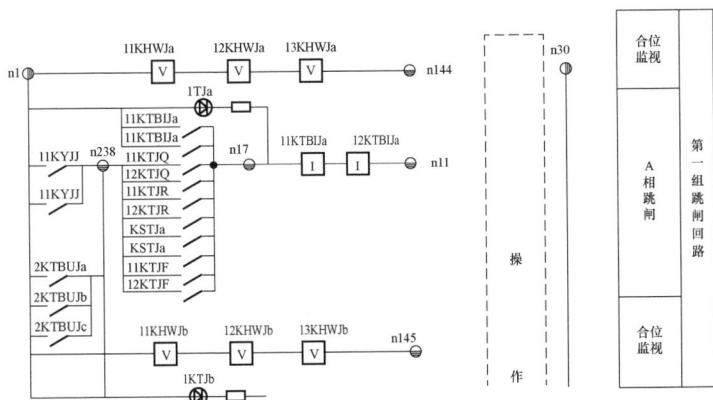

图 5-1-3　跳闸回路图

10. 跳合闸信号回路

当自动重合闸时，磁保持继电器 KZXJ 的动作线圈励磁，继电器动作且自保持，其一对动合触点闭合去启动重合闸信号灯，当按下复归按钮 FA 时，磁保持继电器复归线圈励磁，重合闸信号复归。

当保护跳闸时，串入跳闸回路中的 KTBIJ 动作，其触点去启动磁保持继电器 KTXJ 的动作线圈。该继电器动作且自保持，它一方面去启动信号灯回路，另一方面送出跳闸信号，当按下复归按钮 FA 时，磁保持继电器 KTXJ 的复归线圈励磁，跳闸信号返回。当手动跳闸时，串入继电器 KTXJ 回路的 STJ 动断触点断开，故手跳时不给出跳闸信号，如图 5-1-4 所示。

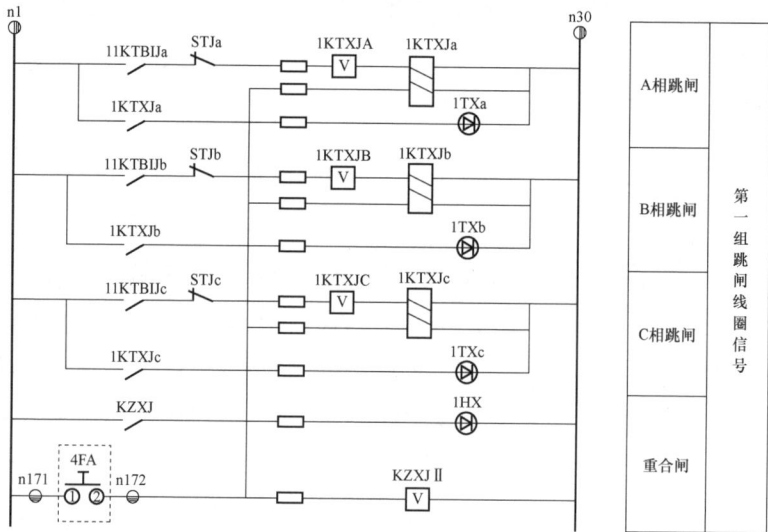

图 5-1-4　跳闸信号回路图

11. 压力闭锁回路

（1）压力降低禁止重合闸。当断路器压力降低禁止重合闸，对应的触点闭合，21KYJJ、22KYJJ 失磁返回，对应触点将重合闸闭锁，并给出压力降低禁止重合闸信号。若在合闸过程中气压降低，由于延时返回（0.3s）仍能保证可靠合闸。

（2）压力降低禁止合闸。当断路器压力降低禁止合闸时，对应的触点闭合，闭锁有关合闸回路，关给出禁止合闸信号。同样，若在合闸过程中气压降低，由于延时返回（0.3s）仍能保证可靠合闸。

（3）压力降低禁止跳闸。当断路器压力降低禁止跳闸时，对应触点闭合，11KYJJ、12KYJJ 返回，断开跳合闸回路正电源，并给出压力降低禁止跳闸信号。

（4）压力异常禁止操作。断路器压力异常禁止操作时，对应的触点闭合，启动4KYJJ 继电器，该继电器的输出触点一方面去闭锁有关跳合闸回路，另一方面给出压力异常禁止操作信号，如图 5-1-5 所示。

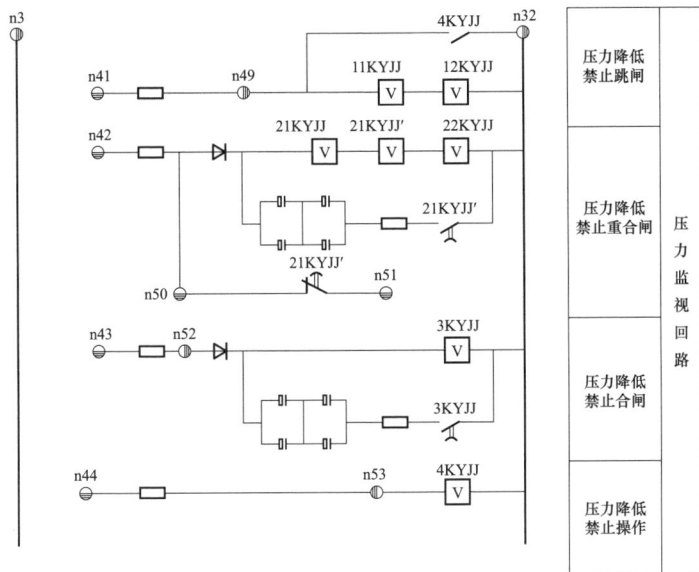

图 5-1-5　压力监视回路图

12. 交流电压切换回路

隔离开关提供一动合、一动断两对辅助触点。当线路接在 I 母上时，I 母隔离开关的动合辅助触点闭合，1KYQJ1、1KYQY2、1KYQJ3 继电器动作，1KYQJ4、1KYQJ5、1KYQJ6、1KYQJ7 磁保持继电器也动作且自保持。II 母隔离开关的动断触点将2KYQJ4、2KYQJ5、2KYQJ6、2KYQJ7 复归，此时 1XD 亮，指示保护装置的交流电压由 I 母 TV 接入。当线路接在 II 母上时，II 母隔离开关的动合辅助触点闭合，2KYQJ1、2KYQJ2、2KYQJ3 继电器动作，2KYQJ4，2KYQJ5，2KYQJ6、2KYQJ7 磁保持继电器动作，且自保持。I 母隔离开关的常闭触点将 1KYQY4、1KYQJ5、1KYQJ6、1KYQJ7 复归，此时 2XD 亮，指示保护装置的交流电压由 II 母 TV 接入。当两组隔离开关均闭合时，则 1XD，2XD 均亮，指示保护装置的交流电压由 I、II 母 TV 提供。

若操作箱直流电源消失，则自保持继电器触点状态不变，保护装置不会失压。

电压切换回路的部分继电器触点分别送到失灵保护，母差保护及有关信号回路，如图 5-1-6 所示。

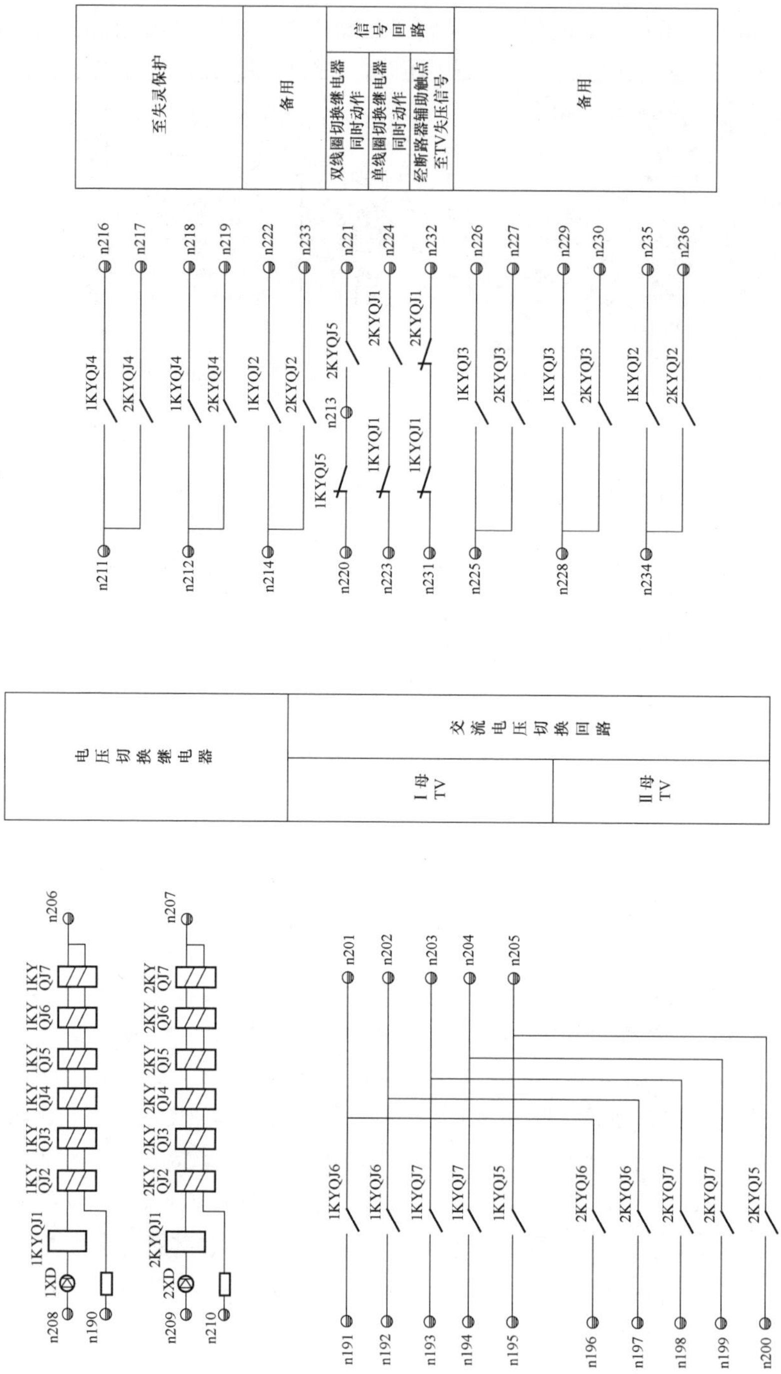

图 5-1-6 电压切换回路及备用触点回路

13. 送给其他装置的触点

与重合闸配合，送出触点用于不对应启动重合闸和重合闸放电。

与保护配合，送出触点用于手合后加速、断路器位置停讯、启动不一致保护、启动失灵保护。

中央信号包括控制回路断线、压力降低禁止操作、压力降低禁止合闸、压力降低禁止重合闸、压力降低禁止跳闸、出口跳闸信号、启动事故音响、断路器跳合闸位置、电压切换继电器同时动作、TV 失压信号、隔离开关位置信号、直流电源断线信号。

其他触点送至油泵回路、遥信、录波器，如图 5-1-7 所示。

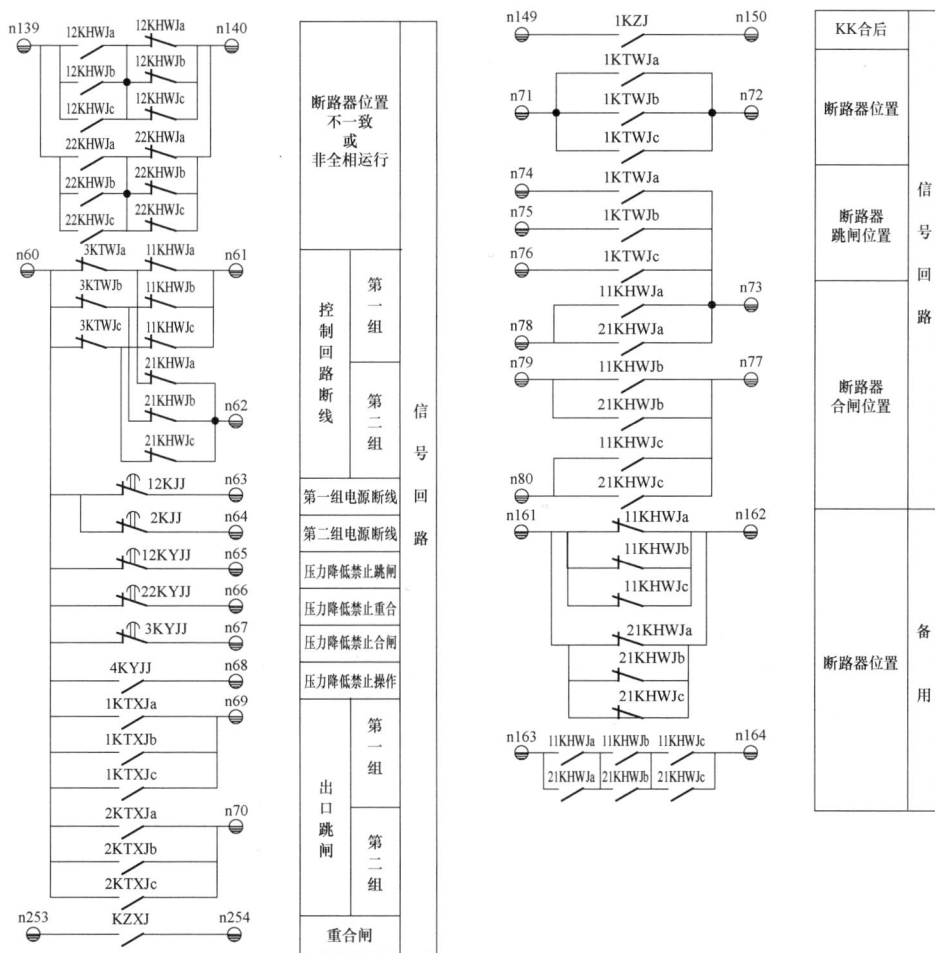

图 5-1-7 操作箱信号回路图

二、试验目的

本次试验针对电压并列、切换、操作箱装置进行验收前调试，主要试验项目包括定值校验、传动试验、整组试验及带负荷试验等。

三、危险点分析及控制措施

危险点分析预控表见表 1–1–1。

四、作业流程

电压并列、切换、操作箱装置的调试作业流程如图 5–1–8 所示。

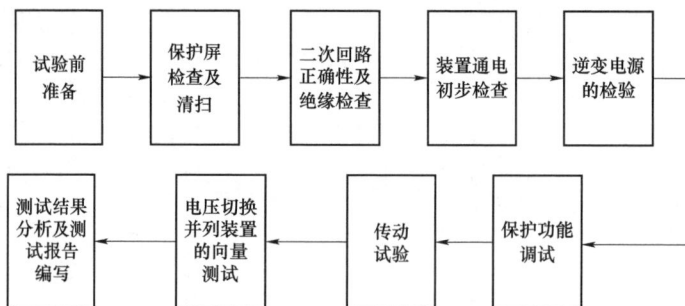

图 5–1–8　电压并列、切换、操作箱装置的调试作业流程图

五、试验前准备

试验前准备工作表见表 1–1–2。

六、电压并列、切换、操作箱装置的调试项目、技术要求及调试报告

（一）装置调试工作前的准备

调试人员在调试前要做的准备工作：准备仪器、仪表及工器具；准备调试过程中所需的材料；准备被调试装置的图纸、试验报告等资料。

1. 仪器、仪表及工器具

调试所需的仪器、仪表及工器具有组合工具、电缆盘（带漏电保安器）、计算器、绝缘电阻表、测试仪、试验线、万用表、模拟断路器等，要求仪器、仪表经检验合格且在有效期范围内。

2. 材料

调试用材料主要有绝缘胶布、自粘胶带、小毛巾、中性笔、口罩、手套、毛刷、防静电环、独股塑铜线等。

3. 图纸资料

调试用的图纸资料主要有与现场装置一致的技术说明书、装置及二次回路相关图纸、试验报告、调试规程、作业指导书等资料。

（二）装置调试步骤

电压并列、切换、操作箱装置的调试主要包含：外观及接线检查、绝缘电阻测试、装置上电检查、功能检查、传动断路器试验。

1. 装置外观及接线检查

装置整体做外观及接线检查，目的是检查装置在出厂运输以及现场安装过程中是否有损坏的地方，以及屏体接线是否与设计图纸相符，屏体安装布置是否满足技术协议要求等，以保证装置在通电前的完好性。具体检查内容如下：

（1）检查装置型号、参数与设计图纸是否一致，装置外观应清洁良好，无明显损坏及变形现象。

（2）检查屏柜及装置是否有接线松动。

（3）对照说明书，检查装置插件中的跳线是否正确。

（4）检查插件是否插紧。

（5）装置的端子排连接应可靠，且标号应清晰正确。

（6）切换开关、按钮等应操作灵活、手感良好。

（7）装置外部接线和标注应符合图纸的要求。

2. 绝缘电阻测试

目的是检查装置屏体内二次回路及装置的绝缘性能，试验前注意断开有关回路连线，防止造成设备损坏。

（1）试验前准备工作如下：

1）装置所有插件在拔出状态。

2）屏上各出口压板置"投入"位置。

3）断开直流电源、交流电压等回路，并断开与其他装置的有关连线。

4）在屏端子排内侧分别短接交流电压回路端子、直流电源回路端子、跳闸和合闸回路端子、开关量输入回路端子、远动接口回路端子及信号回路端子。

（2）绝缘电阻检测。

1）分组回路绝缘电阻检测。用 1000V 绝缘电阻表分别测量各组回路间及各组回路对地的绝缘电阻（对开关量输入回路端子使用 500V 绝缘电阻表），绝缘电阻值均应大于 10MΩ。

2）整个二次回路的绝缘电阻检测。在屏端子排处将所有电流、电压及直流回路的端子连接在一起，并将电流回路的接地点拆开，用 1000V 绝缘电阻表测量整个回路对地的绝缘电阻，其绝缘电阻应大于 1.0MΩ。

3. 装置上电检查

做装置通电后的初步检查和设置，主要检查面板指示灯，"运行"指示灯应常亮。

4. 装置功能调试

（1）电压并列、切换功能调试。

1）电压并列功能调试。电压并列装置逻辑回路调试如图 5-1-9 所示。

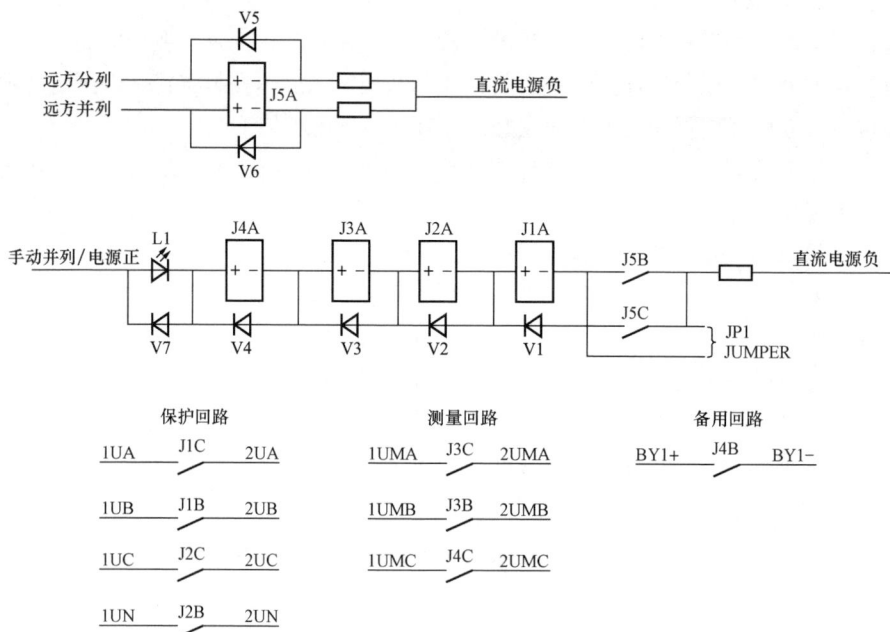

图 5-1-9　电压并列装置逻辑回路调试

若并列输入回路是保持回路，当手并端子接通正电时，图 5-1-9 中所示的触点 J1C、J2C、J3C、J4C、J1B、J2B、J3B、J4B 闭合，用万用表测量相应输出端子应导通；当手并端子断开正电时，上述相应触点断开。

若并列输入回路不是保持回路，如采用远方并列，先把 JP1 短接线焊下来，手并/正电源端子接通正电。当远方并列时，远方并列端子接通正电，触点 J1C、J2C、J3C、J4C、J1B、J2B、J3B、J4B 闭合，用万用表测量相应输出触点应导通；当远方分列时，远方分列触点接通正电，上述相应触点应断开。

2）电压切换功能调试。电压切换装置逻辑回路调试如图 5-1-6 所示。

当Ⅰ母隔离开关端子接通正电时，1KYQJ 继电器励磁，用万用表测量 1KYQJ 的相应触点应导通；当Ⅱ母隔离开关端子接通正电时，2KYQJ 继电器励磁，用万用表测量 2KYQJ 的相应触点应导通。

（2）操作箱功能调试。

1）操作箱跳合闸。根据现场开关的跳合闸的电流要，对跳合闸回路自保持电流进行设置和检查。

跳合闸电流的整定公式

$$I_b = 0.5\text{A} + \Sigma I \tag{5-1-1}$$

式中　I_b——保持电流整定值；

　　　I——分流电阻上的电流值。

即任何跳线都不连接时，保持电流为 0.5A，连一个跳线时，即该电阻上的分流与 0.5A 相加，当所有连线均连上时，保持电流定值为 4A。装置在分配电流时已经考虑了 2 倍的动作裕度，整定电流值时，只要断路器实际跳/合闸电流整定即可，不要再考虑裕度。

根据整定要求，对硬件跳线进行设置和检查。

防跳继电器与合闸保持继电器最动作电流范围：$0.2I_n < I_{dz} < 0.5I_n$

2）合闸保持回路调试。操作装置合闸回路调试如图 5-1-10 所示。使保护动作触点或手合触点导通，接通操作正电源，合闸保持继电器（KSHJa）动作并自保持，保证断路器可靠合闸。

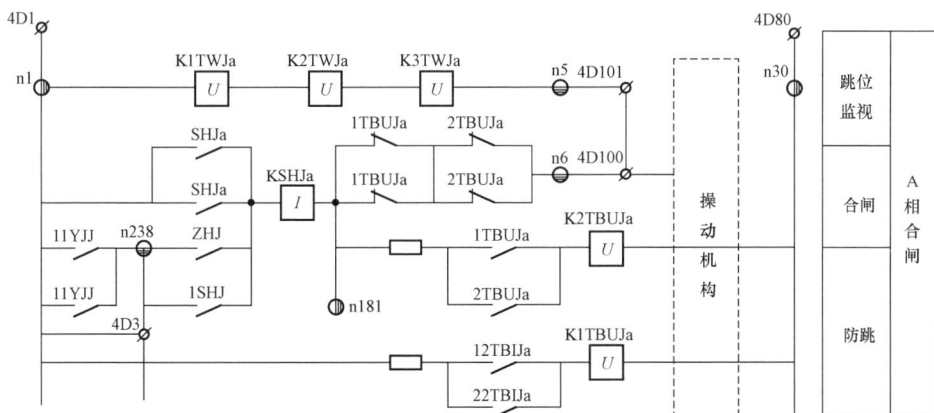

图 5-1-10　操作箱合闸回路原理图

3）跳闸保持回路调试。操作装置跳闸回路调试如图 5-1-11 所示。使保护跳闸触点或手跳触点导通，接通操作正电源，跳闸保持继电器（21KTBIJa）动作，经 21KTBIJa 触点闭合自保持，保证断路器可靠跳闸。

4）防跳回路调试。模拟合于故障线路且合闸脉冲长时间存在情况下，检查断路器是否多次跳合，合闸回路的防跳继电器的动断触点 KTBUJ 应断开。

5）跳合闸位置监视回路。当断路器在分位时，KTWJ 继电器动作，其触点闭合；当断路器在合位时，KHWJ 继电器动作，其触点闭合。

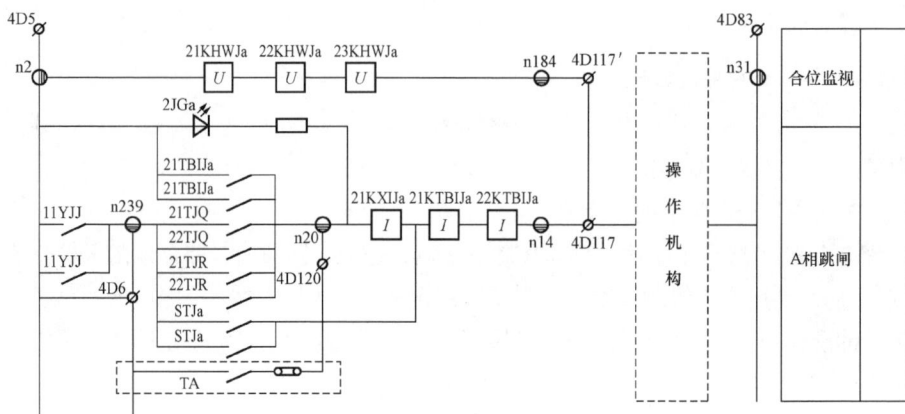

图 5-1-11   操作箱跳闸回路原理图

5. 断路器传动试验

做操作箱和断路器连接传动试验，可用人工短接跳闸触点的方法。传动项目包含 A、B、C 分相跳闸、ABC 三相跳闸、重合闸等，检验断路器是否正确动作，操作装置相关信号表示是否正确。做这项试验时，要注意跳、合闸回路电流的匹配，操作回路的防跳和断路器本体机构的防跳应符合反措要求。

本项试验也可用保护整组传动来进行，同时检验两组跳闸回路是否正确动作。

6. 电压切换并列装置的相量测试

（1）交流电压的相名核对。用万用表交流电压挡测量电压切换并列屏端子排上的交流相电压和相间电压，并校核本保护屏上的三相电压与已确认正确的 TV 三相电压的相别。

（2）检验交流电压的相位。用相位表测试回路各相电压的相位关系。在进行相位检验时，应分别检验三相电压的相位关系。

（三）测试结果分析及测试报告编写

将测试数据填入本单位规定的测试报告内并进行结果分析。

【思考与练习】

1. 操作箱装置主要完成什么功能？

2. 电压切换的目的是什么？

3. 断路器操作箱防跳继电器的作用是什么？

▲ 模块 2   低频低压减载装置的调试（ZY1900302003）

【模块描述】本模块包含低频低压减载装置的典型装置介绍、试验目的、危险点分析及控制措施、作业流程、试验前准备，掌握装置的调试项目、技术要求及调试报告工作。

【模块内容】

一、典型低频低压减载微机装置

（一）应用范围

PCS-994 型频率电压紧急控制装置用于频率电压紧急控制。

（二）保护配置

PCS-994 测量装置安装处两段母线电压、频率及它们的变化率，功能包括低频减负荷功能、低频加速切负荷功能、低压减负荷功能、低压加速切负荷功能、过频切机功能。本装置设有 df/dt、du/dt 闭锁功能，以防止由于短路故障、负荷反馈、频率或电压的异常情况可能引起的误动作。具有 TV 断线闭锁功能。由于无功不足引起的三相电压下降是基本对称的，而且不会出现大的突变，所以本装置的低压元件是基于正序电压进行判别的，若负序电压大于 $0.15U_N$ 或正序电压有突变均会闭锁低压减负荷。所以本装置不可用于故障解列。

（1）装置结构。装置采用全封闭 4U 标准机箱，嵌入式安装于屏上。机箱结构和屏面开孔尺寸见图 5-2-1。

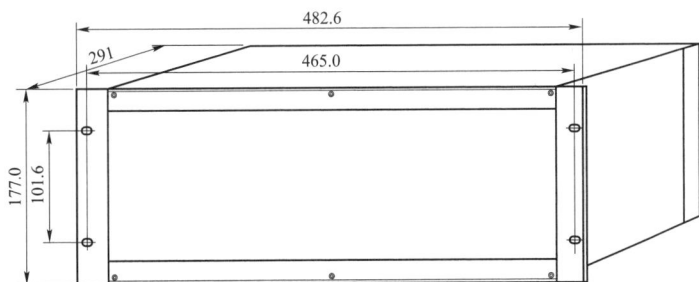

图 5-2-1 PCS-994 结构图

（2）装置各插件原理说明。具体硬件原理示意图见图 1-1-2。

（三）软件工作原理

（1）装置总启动元件。装置启动板设有不同的启动元件，启动后开放出口正电源，同时开放保护板相应的保护元件。只有在启动板相应的启动元件动作，同时保护板对应的保护元件动作后才能跳闸出口；否则无法跳闸。

1）低频启动

$$\left. \begin{array}{l} f \leqslant 49.5\text{Hz} \\ t \geqslant 0.05\text{s} \end{array} \right\} \qquad (5-2-1)$$

式中 f——系统频率。

此启动元件动作开放低频减负荷功能。

2）低压启动

$$\left.\begin{array}{l} U \leqslant U_1 + 0.03U_N \\ t \geqslant 0.05\text{s} \end{array}\right\} \qquad (5\text{--}2\text{--}2)$$

式中 U——正序电压；

　　U_1——低压第一轮定值；

　　U_N——额定电压。

此启动元件用来开放低压减负荷功能。

3）过频启动

$$\left.\begin{array}{l} f \geqslant 50.5\text{Hz} \\ t \geqslant 0.05\text{s} \end{array}\right\} \qquad (5\text{--}2\text{--}3)$$

此启动元件动作开放过频切机功能。

4）过压启动

$$\left.\begin{array}{l} U \leqslant U_h - 0.03U_N \\ t \geqslant 0.05\text{s} \end{array}\right\} \qquad (5\text{--}2\text{--}4)$$

式中 U_h——过压定值。

此启动元件用来开放过压解列功能。

（2）低压减载工作原理如图 5-2-2 所示。

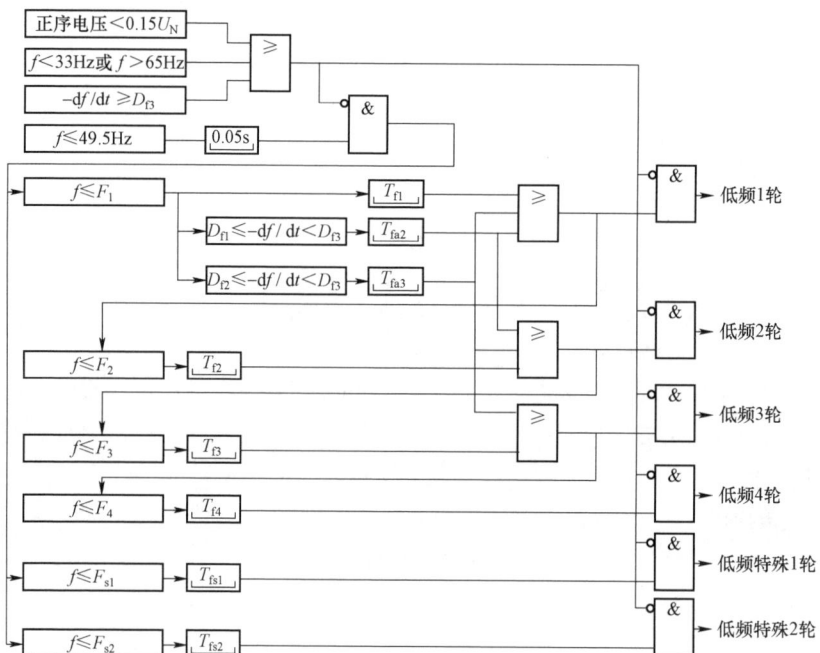

图 5-2-2 低压减载动作过程图

（3）过频切机工作原理如图 5-2-3 所示。

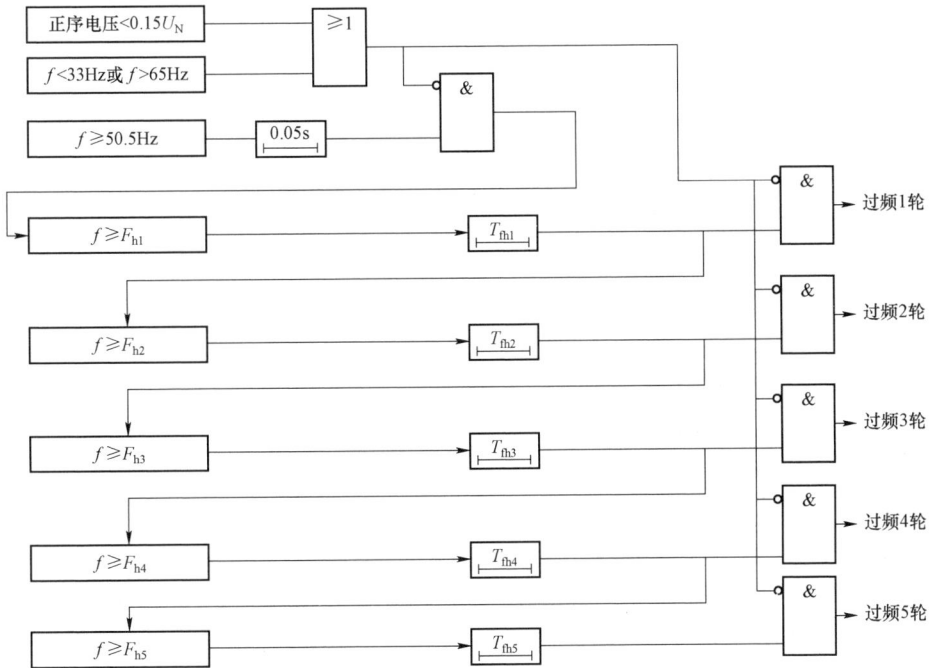

图 5-2-3　过频切机动作过程图

（4）过压解列工作原理如图 5-2-4 所示。

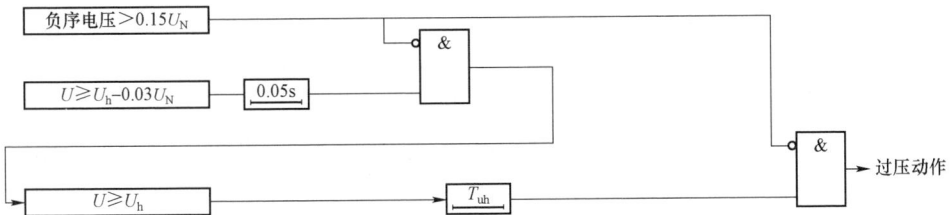

图 5-2-4　过压解列动作过程图

二、试验目的

本次试验针对低频低压减载装置进行验收前调试，主要试验项目包括定值校验、传动试验、整组试验及带负荷试验等。

三、危险点分析及控制措施

危险点分析预控表见表 1-1-1。

四、作业流程

低频低压减载装置的调试作业流程如图 4–1–2 所示。

五、试验前准备

试验前准备工作表见表 1–1–2。

六、低频低压减载装置的调试项目、技术要求及调试报告

（一）保护屏检查及清扫

详见 ZY1900201003 中六、的（一）。

（二）二次回路正确性及绝缘检查

详见 ZY1900201003 中六、的（二）。

（三）装置通电初步检查

详见 ZY1900201003 中六、的（三）。

（四）逆变电源的检验

详见 ZY1900201003 中六、的（四）。

（五）交流回路校验。

（1）零漂检查。进行本项目检验时要求保护装置不输入交流量。进入保护菜单，检查保护装置各 CPU 模拟量输入，进行三相电流和零序电流、三相电压和同期电压通道的零漂值检验；要求零漂值均在 $0.01I_N$（或 0.05V）以内。检验零漂时，要求在一段时间（3min）内零漂值稳定在规定范围内。

（2）交流插件 TV、TA 额定值的配置。按照工程设计，对交流插件 TA 额定值进行配置和确认，并做好记录。TA 额定值一般有两种选择，即 5A 和 1A。

（3）交流模拟量的幅值和相位特性检验。装置交流量包括 U_{AB1}、U_{BC1}、U_{AB2}、U_{BC2}、I_{A1}、I_{C1}、I_{A2}、I_{C2}、I_{A3}、I_{C3}，分别为 I 母、II 母线电压、线路 1～3 的相电流。应分相加入相应电压、电流，调整幅值调节系数，使电流、电压幅值显示值的误差不大于 ±2%，调节系数不得超过 ±20。分别对 I 母、II 母的 U_A、U_B、U_C 同时施加 35V 交流电压，频率分别设置为 46、50、53Hz，检查装置测量到的频率，其误差不应大于 ±0.02Hz。

交流量均有相位显示，相位误差不大于 ±2°，当交流量幅值、相位、频率精度超差并无法调节时，应检查交流插件上 TV、TA、滤波回路各元件（电阻、电容）参数。

测量功能部分的电流电压幅值、相位、频率的调试同保护交流量，但各电流、电压幅值显示值的误差不应大于 ±0.2%，相位误差不应大于 ±0.2°。

（六）开入量检查

详见 ZY1900204009 中六、的（六）。

（七）开出量检查

详见 ZY1900201003 中六、的（七）。

（八）定值及定值区切换功能检查

详见 ZY1900201003 中六、的（八）。

（九）保护功能测试

对现场投入的逻辑功能，逐一进行试验。试验时将试验装置输出的交流量直接施加到屏的交流端子上。以下以 RCS–994A 装置为例进行说明。

1. 低频逻辑测试过程

$f \leqslant 49.5\text{Hz}$，$t \geqslant 0.1\text{s}$		低频启动
↓ $f \leqslant F_1$，	$t \geqslant T_{f1}$	低频第一轮动作
若 $D_{f1} \leqslant -\text{d}f/\text{d}t < D_{f3}$，	$t \geqslant T_{fa2}$	切第一轮，加速切第二轮
若 $D_{f2} \leqslant -\text{d}f/\text{d}t < D_{f3}$，	$t \geqslant T_{fa23}$	切第一轮，加速切第二、三轮
↓ $f \leqslant F_2$，	$t \geqslant T_{f2}$	低频第二轮动作
↓ $f \leqslant F_3$，	$t \geqslant T_{f3}$	低频第三轮动作
↓ $f \leqslant F_4$，	$t \geqslant T_{f4}$	低频第四轮动作

以上四轮基本轮按箭头顺序动作。两轮特殊轮的判别式为：

$f \leqslant 49.5\text{Hz}$，$t \geqslant 0.1\text{s}$ 低频启动		
↓ $f \leqslant F_{s1}$，	$t \geqslant T_{fs1}$	低频特殊第一轮动作
↓ $f \leqslant F_{s2}$，	$t \geqslant T_{fs2}$	低频特殊第二轮动作

2. 低压逻辑测试过程

$U \leqslant U_1 + 0.03U_N$，$t \geqslant 0.1\text{s}$		低压启动
↓ $U \leqslant U_1$，	$t \geqslant T_{u1}$	低压第一轮动作
若 $D_{u1} \leqslant -\text{d}u/\text{d}t < D_{u3}$，	$t \geqslant T_{ua2}$	切第一轮，加速切第二轮
若 $D_{u2} \leqslant -\text{d}u/\text{d}t < D_{u3}$，	$t \geqslant T_{ua23}$	切第一轮，加速切第二、三轮
↓ $U \leqslant U_2$，	$t \geqslant T_{u2}$	低压第二轮动作
↓ $U \leqslant U_3$，	$t \geqslant T_{u3}$	低压第三轮动作
↓ $U \leqslant U_4$，	$t \geqslant T_{u4}$	低压第四轮动作

以上四轮基本轮按箭头顺序动作。两轮特殊轮的判别式为：

$U \leqslant U_1 + 0.03U_N$，$t \geqslant 0.1\text{s}$		低压启动
↓ $U \leqslant U_{s1}$，	$t \geqslant T_{us1}$	低压特殊第一轮动作
↓ $U \leqslant U_{s2}$，	$t \geqslant T_{us2}$	低压特殊第二轮动作

注意：低压元件动作量是电压正序，做试验时一定要注意。

3. 定值检验

分别测试低频减载、低压减载、过频跳闸、过压跳闸等在 0.95 和 1.05 倍整定值下的装置动作情况，定值误差应满足要求。

（十）整组试验

从 TV 的二次侧施加电压量，通过调整电压的幅值和频率，使装置动作，校验其交流量接线、各轮动作出口接线、整定值和相关信号的正确性。

（十一）装置异常及处理

装置运行时可通过面板上的信号灯、液晶及端子上的信号输出来反应运行情况。

（1）上电后正常运行时"运行"灯应点亮，若未点亮，说明 CPU 板程序没有正常工作或面板上的灯及其回路可能有故障。

（2）面板上其他指示灯异常，如果无"保护事件"或"告警"信息，表明相应信号继电器有异常。

（3）"告警"灯常亮，有以下几种可能：一是装置自检出错，界面上有错误信息提示，请查看并处理；二是装置处于调试状态，保护未投入，应确认调试完成，投入保护；三是装置处于整定状态，保护未投入，应确认整定完成，投入保护；四是线路过负荷动作条件满足，装置动作，界面上有"保护事件"或"告警"信息弹出。

（4）芯片故障，如 RAM 故障等，会有相应的信息报出，需要联系厂家更换。

（5）电池不足，更换 CPU 板上的电池。

（6）定值自检出错，检查输入的定值或复位装置，若现象无法消失，表明相关硬件可能有问题，与厂家联系更换。

（十二）带负荷试验

详见 ZY1900204006 中六、的（十三）。

（十三）测试结果分析及测试报告编写

将测试数据填入本单位规定的测试报告内并进行结果分析。

【思考与练习】

1. 简述低频低压减载的调试步骤。

2. 装置面板上"告警"灯常亮，如何处理？

3. 低频减载有哪些闭锁条件？

◢ 模块 3　备自投装置的调试（ZY1900301003）

【模块描述】本模块包含备自投装置的典型装置介绍、试验目的、危险点分析及控制措施、作业流程、试验前准备，掌握装置的调试项目、技术要求及调试报告工作。

【模块内容】

一、典型备自投微机保护装置

（一）应用范围

RCS-9651C 型备用电源自投保护测控装置可实现各电压等级、不同主接线方式（内桥、单母线、单母线分段及其他扩展方式）的备用电源自投逻辑和分段（桥）断路器的过电流保护和测控功能。可组屏安装，也可在开关柜就地安装。

（二）保护配置

RCS-9651C 装置包括备用电源自投逻辑、过负荷减载、分段断路器保护。

机箱结构和屏面开孔尺寸见图 5-3-1。

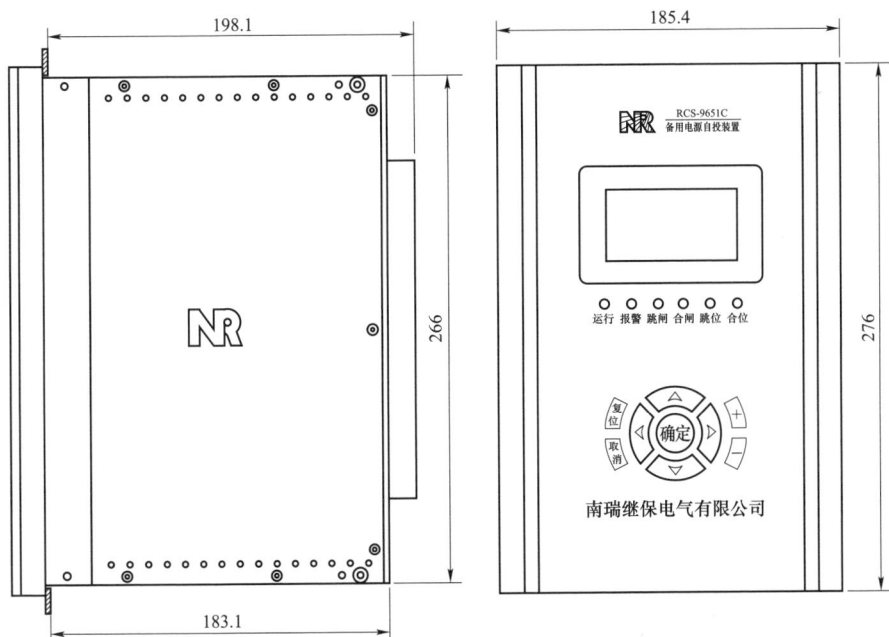

图 5-3-1　RCS-9651C 装置结构图

（三）软件工作原理

装置引入两段母线电压用于有压、无压判别。引入两段进线电压作为自投准备及动作的辅助判据，可经控制字选择是否使用。每个进线开关各引入一相电流，是为了防止 TV 三相断线后造成备自投装置误动，也是为了更好地确认进线断路器已跳开。

1. 线路/变压器备投——方式 1

1 号进线/变压器运行，2 号进线/变压器备用，即 1QF、3QF 在合位，2QF 在分位。当 1 号进线/变压器电源因故障或其他原因被断开后，2 号进线/变压器备用电源应能自动投入，且只允许动作一次。为了满足这个要求，设计了类似于线路自动重合闸的充电过程，只有在充电完成后才允许自投。

充电条件：（1）Ⅰ母、Ⅱ母均三相有压，当 2 号线路电压检查控制字投入时，2号线路有压（U_{x2}）；

（2）1QF、3QF 在合位，2QF 在分位。经备自投充电时间后充电完成。备自投充电时间可在"装置整定—辅助参数"菜单中整定。

放电条件：

（1）当 2 号线路电压检查控制字投入时，2 号线路不满足有压条件。

（2）U_x 经 15s 延时放电。其门坎是：当线路额定电压二次值为 100V 时为 U_{yy}；当线路额定电压二次值为 57.7V 时为 $0.577U_{yy}$；2QF 合上经短延时。

（3）本装置没有跳闸出口时，手跳 1QF 或 3QF（即 KKJ1 或 KKJ3 变为 0）（本条件可由用户退出，即"手跳不闭锁备自投"控制字整为 1）。

（4）引至"闭锁方式 1 自投"和"自投总闭锁"开入的外部闭锁信号。

（5）1QF，2QF，3QF 的 TWJ 异常。

（6）1QF、1QFF、2QFF 断路器拒跳。

（7）整定控制字或软压板不允许 2 号进线/变压器自投。

2. 线路/变压器备投——方式 2

方式 2 过程同方式 1。2 号线路/变压器运行，1 号线路/变压器备用。充电条件：

（1）Ⅰ、Ⅱ母均三相有压，当 1 号线路电压检查控制字投入时，1 号线路有压（U_{x1}）。

（2）2QF、3QF 在合位，1QF 在分位。经备自投充电时间后充电完成。

放电条件：

（1）当 1 号线路电压检查控制字投入时，1 号线路不满足有压条件（U_{x1}），（U_{x1}），经 15s 延时放电。其门坎是：当线路额定电压二次值为 100V 时为 U_{yy}；当线路额定电压二次值为 57.7V 时为 $0.577U_{yy}$。

（2）1QF 合上经短延时。

（3）本装置没有跳闸出口时，手跳 2QF 或 3QF（KKJ2 或 KKJ3 变为 0）（本条件可由用户退出，即"手跳不闭锁备自投"控制字整为 1）。

（4）引至'闭锁方式 2 自投'和'自投总闭锁'开入的外部闭锁信号。

（5）1QF、2QF、3QF 的 TWJ 异常。

（6）2QF、1QFF、2QFF 断路器拒跳。

（7）整定控制字或软压板不允许 1 号进线/变压器自投。

3. 分段（桥）断路器自投（方式3、方式4）

当两段母线分列运行时，装置选择分段（桥）断路器自投方案。充电条件：

（1） Ⅰ、Ⅱ母均三相有压；

（2）1QF、2QF 在合位，3QF 在分位。经备自投充电时间后充电完成。

方式3——Ⅰ母失压：

放电条件：

（1）3QF 在合位经短延时。

（2） Ⅰ、Ⅱ母不满足有压条件（线电压均小于 U_{yy}），延时 15s；

（3）本装置没有跳闸出口时，手跳 1QF 或 2QF（KKJ1 或 KKJ2 变为 0）（本条件可由用户退出，即"手跳不闭锁备自投"控制字整为 1）。

（4）引至"闭锁方式 3 自投"和"自投总闭锁"开入的外部闭锁信号。

（5）1QF、2QF、3QF 的 TWJ 异常；使用本装置的分段操作回路时，控制回路断线，弹簧未储能（合闸压力异常）。

（6）1QF、1QFF 断路器拒跳。

（7） 整定控制字或软压板不允许Ⅰ母失压分段自投。

方式4——Ⅱ母失压：

放电条件：

（1）3QF 在合位经短延时。

（2） Ⅰ、Ⅱ母不满足有压条件（线电压均小于 U_{yy}），延时 15s。

（3）本装置没有跳闸出口时，手跳 1QF 或 2QF（KKJ1 或 KKJ2 变为 0）（本条件可由用户退出，即"手跳不闭锁备自投"控制字整为 1）。

（4）引至"闭锁方式 4 自投"和"自投总闭锁"开入的外部闭锁信号。

（5）1QF、2QF、3QF 的 TWJ 异常；使用本装置的分段操作回路时，控制回路断线，弹簧未储能（合闸压力异常）。

（6）2QF、2QFF 断路器拒跳。

（7）整定控制字或软压板不允许Ⅱ母失压分段自投。

4. 过负荷减载

备自投动作后，当备用电源容量不足时，应切除一部分次要负荷，以确保供电安全。本装置的四种备自投方式均可以启动过负荷减载功能，分别由过负荷减载投退控制字"方式 12 启动 过负荷减载"（FHJZ12）、"方式 34 启动过负荷减载"（FHJZ34）控制。若某方式 BZT 投入过负荷减载功能，则在该方式备自投动作合上备用断路器后，将过负荷减载功能投入。

5. 分段断路器保护原理说明

（1）定时限过电流保护。装置具有两段经复压闭锁的相电流过电流保护（三相式/两相式），其定值均可独立整定。复合电压元件负序电压 U_2 由相电压计算得到，应按相整定；低电压取自线电压，应按线整定。分段断路器零序过电流保护用于中性点经小电阻接地系统中接地故障保护。

（2）合闸后加速保护。装置配置了独立的合闸后加速保护，包括手合于故障加速跳及备投动作合闸于故障加速跳，可选择使用过电流加速段（可经复压闭锁）或零序加速段，该保护开放时间为 3s。若在此期间内，加速保护启动，则一直开放到故障切除。另外，装置设置有"自投闭锁加速段"控制字，当该控制字投入时，备投动作合分段断路器不启动加速保护。

（3）充电保护。装置设置了"充电保护"控制字，当该控制字投入且"投充电保护"硬压板合上时，装置允许分段断路器充电保护投入。充电保护配置了充电过电流元件和充电零序过电流元件，在分段断路器手动或遥控合闸后数秒时间（可在装置整定——辅助参数菜单中整定）内自动投入，之后自动退出。在此期间内，充电保护启动，则一直投入到故障切除。充电过电流元件和充电零序过电流元件的电流定值在保护定值单中整定。充电保护投入期间，若分段的任一相电流或零序电流大于充电定值，经 40ms 延时出口跳分段断路器。

（4）TV 断线

Ⅰ母 TV 断线判别：正序电压小于 30V 时，I_1 有流，或 1QF 在跳位、3QF 在合位且 I_2 有流；

负序电压大于 8V。满足以上任一条件延时 10s 报Ⅰ母 TV 断线，断线消失后延时 1.25 s 返回。Ⅱ母 TV 断线判据与Ⅰ母类同。线路 TV 断线判别：整定控制字要求检查线路电压或要求检同期合闸，若线路电压 U_{x1}（U_{x2}）不满足有压条件，经 10s 延时报 1（2）号线路 TV 断线，断线消失后延时 1.25 s 返回。

二、试验目的

本次试验针对备自投装置进行验收前调试，主要试验项目包括定值校验、传动试验、整组试验及带负荷试验等。

三、危险点分析及控制措施

危险点分析预控表见表 1–1–1。

四、作业流程

备自投装置的调试作业流程如图 5–3–2 所示。

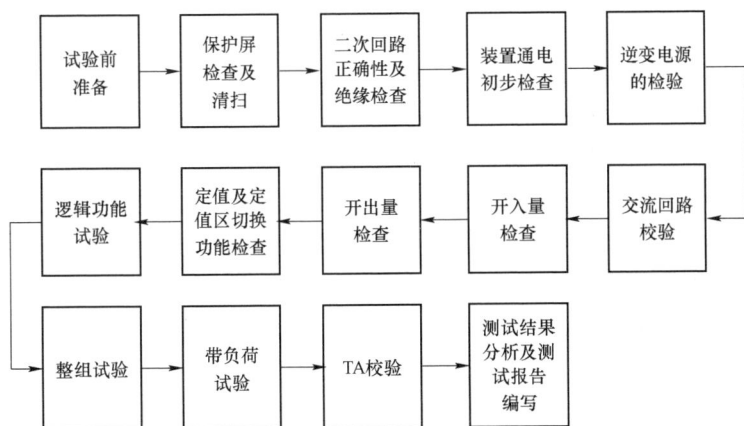

图 5-3-2　备自投装置校验作业流程图

五、试验前准备

试验前准备工作表见表 1-1-2。

六、备自投装置的调试项目、技术要求及调试报告

（一）保护屏检查及清扫

详见 ZY1900201003 中六、的（一）。

（二）二次回路正确性及绝缘检查

详见 ZY1900201003 中六、的（二）。

（三）装置通电初步检查

详见 ZY1900201003 中六、的（三）。

（四）逆变电源的检验

详见 ZY1900201003 中六、的（四）。

（五）交流回路校验

详见 ZY1900201003 中六、的（五）。

（六）开入量检查

详见 ZY1900204009 中六、的（六）。

（七）开出量检查

（1）拉开装置直流电源，装置告直流断线。要求告警正确，输出触点正确。

（2）模拟 TV 断线、TA 断线，装置告警，要求告警正确，输出触点正确。

（八）定值及定值区切换功能检查

（1）核对保护装置定值。现场定值与定值单一致。

（2）检查保护装置定值区切换，切换功能正常。

（3）检查 TA 变比系数，要求与现场 TA 变比相符。

（九）逻辑功能试验

检查软件逻辑功能和输出回路是否正常，具体步骤如下：

（1）进行装置逻辑功能实验前，将对应元件的控制字、软压板、硬压板设置正确，装置整组试验后，检查装置记录的跳闸报告、SOE 事件记录是否正确，对于有通信条件的试验现场可检查后台监控软件记录的事件是否正确。

（2）校验有压定值、无压定值及动作时间，校验动作元件动作是否正确。

（3）设置整定定值，设定备自投装置的"自投方式"。

（4）根据备自投方式，按照备自投装置的投入条件设置相应的开关量、模拟量，确认没有外部闭锁自投开入，经备自投充电延时，面板显示充电标志充满。

（5）根据备自投方式，按照备自投装置的动作逻辑，做相应的模拟试验，备自投装置应正确动作，面板显示相应动作跳闸、合闸等命令。

（6）运行异常报警试验。进行运行异常报警试验前，将对应元件的控制字、软压板设置正确，试验项目完毕后，检查装置记录的跳闸报告、SOE 事件记录是否正确，对于有通信条件的试验现场可检查后台监控软件记录的事件是否正确。

1）频率异常报警。加母线电压，频率小于装置整定频率定值，经延时报警，报警灯亮，液晶界面显示母线电压低频报警。

2）TV 断线报警。自投方式控制字投入，进线有流，母线正序电压小于整定值，经延时报警灯亮，液晶界面显示母线 TV 断线报警。

线路电压检查控制字投入，线路电压小于有压定值，经延时报警灯亮，液晶界面显示线路 TV 断线报警。

3）TWJ 异常报警。分段电流大于无流定值，分段断路器 TWJ 开入为"1"；进线电流大于无流定值，相应 TWJ 开入为"1"。经延时报警灯亮，液晶界面显示 TWJ 异常报警。

（7）装置闭锁试验。

1)定值出错。进入装置"保护定值"菜单，任意修改一个定值为不合理值后按"确认"键，运行灯熄灭，闭锁触点闭合。

2）电源故障。装置电源发生故障时，闭锁触点闭合。

（8）输出触点检查。

1）断开装置的出口跳合闸回路，结合装置逻辑功能试验，检查进线及分段断路器的跳闸触点、合闸触点。

2）分别进行三组遥控跳合闸操作，对应触点应由断开变为闭合。

3）关闭装置电源，装置闭锁触点闭合，装置处于正常运行状态，闭锁触点断开。

4）发生报警时，装置报警触点应闭合，报警事件返回，该触点断开。

5）装置动作跳闸时，装置跳闸信号触点应闭合。

6）装置动作合闸时，装置合闸信号触点应闭合。

（十）整组试验

从装置电压、电流的二次端子侧施加电压量，通过端子排加入相关开关量，通过调整电压电流及开关量，使装置动作，校验其交流量接线、各出口接线、整定值和相关信号的正确性。

（十一）带负荷试验

详见 ZY1900204006 中六、的（十三）。

（十二）TA 校验

（1）TA 伏安特性，每相加入 0.5A 至拐点以上，约取 6 点电流进行试验，记录相对应的电压值，做成伏安特性曲线。要求测出的电流、电压曲线符合要求。

（2）用双臂电桥测量每相 TA 的电阻和回路电阻。根据回路情况，要求各相 TA 的电阻和回路电阻值基本平衡。

（3）用 1000V 绝缘电阻表测每相 TA 及回路绝缘。绝缘应大于 20MΩ。

（十三）测试结果分析及测试报告编写

将测试数据填入本单位规定的测试报告内并进行结果分析。

【思考与练习】

1. 典型备自投装置的调试项目有哪些？写出调试工作流程图。

2. 如何做开关量输入试验？试验时应注意什么？

3. 分段备自投动作条件有哪些？

模块4 故障录波装置的调试（ZY1900301007）

【模块描述】本模块包含故障录波器装置的试验目的、危险点分析及控制措施、作业流程、试验前准备，掌握装置的调试项目、技术要求及调试报告工作。

【模块内容】

一、试验目的

本次试验针对故障录波器装置进行验收前调试，主要试验项目包括定值校验、传动试验、整组试验及带负荷试验等。

二、危险点分析及控制措施

危险点分析预控表见表 1–1–1。

三、作业流程

故障录波器的调试作业流程如图 5-4-1 所示。

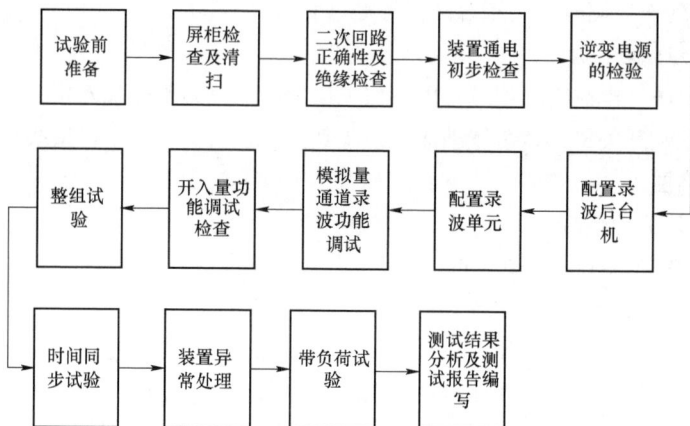

图 5-4-1 故障录波器校验作业流程

四、试验前准备

试验前准备工作表见表 1-1-2。

五、故障录波器的调试项目、技术要求及调试报告

下面以 ZH-3 型录波器为例进行描述。

（一）保护屏检查及清扫

详见 ZY1900201003 中六、的（一）。

（二）二次回路正确性及绝缘检查

详见 ZY1900201003 中六、的（二）。

（三）装置通电初步检查

详见 ZY1900201003 中六、的（三）。

（四）逆变电源的检验

详见 ZY1900201003 中六、的（四）。

（五）配置录波后台机

打开录波管理机软件界面，设置录波单元的基本参数、运行环境参数和用户权限，如图 5-4-2 所示。

（六）配置录波单元

打开录波单元管理菜单，设置录波单元有关参数和输入定值。

（1）参数设置。内容包括录波装置参数、一次设备参数、模拟量通道、开关量通道、运行参数等，如图 5-4-3 所示。

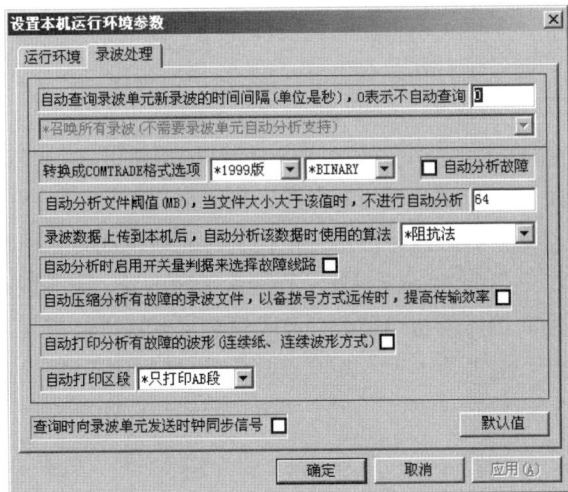

图 5-4-2 录波单元的基本参数

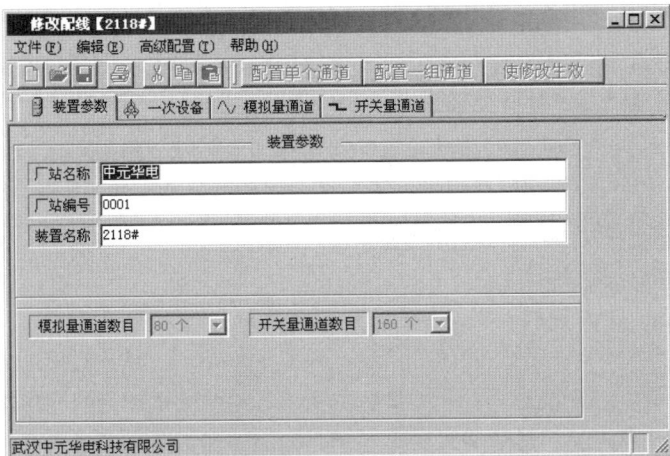

图 5-4-3 故障录波器一次设备、模拟量、开关量等参数设置

（2）调整装置日期与时钟，设定正确的时钟后，录波管理机先修改本机时钟，再向录波单元发送对时命令，将录波单元时钟与录波管理机时钟同步。

（3）输入定值。按照调度下发的定值单进行整定。

（4）装置软件版本核查。软件版本应与整定版本应一致。

（七）交流量的调试

（1）静态波形试验。使电压通道短路，电流通道开路，手动启动录波，打开波形文件，观察各个电压、电流通道的零漂，均应在规定值范围内。

（2）交流通道精度测试。将装置各相交流电压回路同极性并联，分别加入测试电压，手动启动录波，用录波分析软件打开录波文件检查各通道有效值，其数值误差均在允许值范围内。

将装置各相交流电流回路顺极性串联，分别通入测试电流，手动启动录波，用录波分析软件打开录波文件检查各通道有效值，其数值误差均在允许值范围内。

（3）相位一致性检查。在进行（1）和（2）项检查的同时，由显示或打印的波形中可观测各路电压、电流极性是否一致，若某路极性接反，应予以纠正；在输入电压和电流同相位时，所有回路的相位角的误差不能超过允许值。

连续三次录波，如有效值误差及角度误差均满足要求，则精度测试通过。

（4）谐波可观测性检查。任选一相交流电压回路，分别通入20%或不同比例的二次、三次、五次、七次谐波，装置应可靠不启动；手动启动录波后，应能明显的观测到相应的谐波波形。

（5）直流通道精度测试。将量程相同的直流电压通道同极性并联，将量程相同的直流电流通道顺极性串联，并分别接入测试仪的直流电压和直流电流输出端。

根据其量程，设定若干个测试点，测量值与输入值的误差应满足要求。

（八）模拟量通道录波功能调试

设定被测试模拟量通道的启动定值，而清除所有其他定值。对过量启动的，用测试仪按定值的105%通入相应模拟量，每项定值做三次启动实验，三次均启动为合格；再按定值的95%通入模拟量，做三次启动实验，三次均不启动为合格。欠量启动的，所加动作量与过量启动相反。

（九）开入、开出调试

（1）开入信号调试。设定定值为所有开关量通道启动。依次短接或断开开关量，装置应启动录波。打开波形查看开关量变位情况，将此测试项目的波形文件存档。

（2）开出信号调试。装置异常告警。用万用表测量此告警输出触点，在这些情况下该节点动作：装置失电、故障灯亮、电源异常、装置自身异常时。

（十）整组试验

1. 模拟故障录波

将录波器启动定值全部投入，并输入相应的线路参数，交流电压、交流电流端子接入保护测试仪相应的输出。打开打印机的电源，确保打印机与装置正常连接，有打印纸并安装正确。测试仪可以采用整组实验方法模拟线路故障，故障线路的参数必须与录波器设置的一致。故障类型为单相接地、两相短路、两相接地短路、三相短路，每种故障类型设定测试仪距离或阻抗值为线路总长的 5%、50%、100%。每次故障模拟，装置应能够可靠启动，并能正确判别故障类型，能自动进行正确的故障测距。

2. 波形分析及故障报告

装置录波后，管理机应当可以自动从录波器上召唤本次录波，从管理机软件下部的"故障文件"页面可以看到此次录波，以及故障线路、故障相别、故障距离。通过该数据上可以查看故障报告，打开波形，并检查波形是否正常。

装置录波后，应该可以自动打印故障报告和故障波形图。检查报告和波形的内容是否正确。故障报告内容应包含以下内容或部分内容：故障线路名、故障绝对时间、故障相别、故障类型、故障距离、保护动作时间、断路器动作时间、故障前一周波电流电压有效值、故障第一周波电流电压有效值、故障第一周波电流电压峰值、断路器重合时间、再次故障时间、再次跳闸相别、再次保护动作时间、再次跳闸时间。

只有以上操作都正常，且故障线路正确、故障相别相同，测距结果误差小于 2% 才算合格。

（十一）录波器时间同步试验

在做时间同步试验前，首先必须保证 GPS 装置工作正常（网络对时不需要 GPS，不考虑）。一般要求 GPS 必须与卫星正常同步，GPS 天线的接收头安装在建筑物的屋顶，四周开阔，附近没有高大建筑物遮挡天空。

在管理机上修改装置时间为不正确的时间。但必须注意：IRIG–B 码对时只能校正月、日、时、分、秒及秒以下的时间，所以修改时必须保证年份正确。分脉冲（PPM）对时只能校正秒及秒以下的时间，所以修改时必须保证年、月、日、时、分正确。秒脉冲（PPS）对时只能校正秒以下的时间，所以修改时必须保证年、月、日、时、分、秒正确。或者与串口对时、网络对时同时使用，由串口对时、网络对时校正大时间。大部分串口对时协议都可以校正完整的时间，但串口对时可能有若干毫秒的误差。试验时，建议保持年、月、日正确。网络对时可以校正完整的时间，但同样可能存在毫秒级的误差。等待 3～10min，检查录波器的时间是否与 GPS 一致，如果一致则合格，否则不合格。

（十二）装置异常及处理

以下是典型故障录波器几种常见异常及处理方法。

（1）频繁启动录波。打开录波管理机主程序，仔细查看每个录波数据提示的启动信息。根据启动信息的提示，适当的调整对应的定值的大小。

（2）不能启动录波。打开录波数据查看是否有采样信号波形，如没有波形或波形不正常，应检查外部接线是否正确，使用万用表测量端子排输入端是否正常，在排除外部问题后，如果故障不能消失，则可能是接入插件或变送器故障。

（3）液晶屏幕无显示。检查电源是否接入，使用万用表测试电源电压是否正确，电源开关是否合上。

（4）录波单元异常处理。录波单元死机，检查电源系统是否正常。

1）通信故障灯亮，表示与 DSP 通信故障。请首先确认 DSP 插件与 CPU 插件之间的通信线是否松动。

2）硬盘故障灯亮，表示硬盘故障。

（5）管理机与录波单元通信异常。如果录波单元指示正常，但管理机无法正常与录波单元通信，则：

1）检查网络插件上的网线是否连接可靠，其中连接录波单元和录波管理机的网口，都应该是绿色指示灯亮，否则可能是网线故障或网络插件故障。

2）检查"录波管理机"和"录波单元"的 IP 地址、子网掩码设置是否正确。

（十三）带负荷试验

详见 ZY1900204006 中六、的（十三）。

（十四）保护校验存在的问题

对本次保护校验存在的问题做好记录，依据检查结果确定保护可以（或不可以）投入运行。

（十五）测试结果分析及测试报告编写

将测试数据填入本单位规定的测试报告内并进行结果分析。

【思考与练习】

1. 简述典型故障录波装置的调试步骤。

2. 故障录波装置频繁启动如何处理？

3. 故障录波器启动方式有哪些？

▲ 模块 5　故障信息系统调试（ZY1900301008）

【模块描述】本模块包含故障信息系统的试验目的、危险点分析及控制措施、试验前准备，掌握装置的调试项目、技术要求及调试报告工作。

【模块内容】

一、试验目的

本次试验针对故障信息系统进行验收前调试，主要试验项目包括定值校验、传动试验、整组试验及带负荷试验等。

二、危险点分析及控制措施

危险点分析预控表见表 1–1–1。

三、试验前准备

试验前准备工作表见表 1–1–2。

四、故障信息系统原理

（一）故障信息系统的基本原理及配置原则

故障信息系统是利用网络通信技术，将变电站内二次装置（继电保护、故障录波器等）与调度端设备连接起来，实现变电站内二次装置的实时、非实时运行和故障信息采集、转发、数据分析等功能；实现本地和远方调度中心在电网故障时的装置运行状态监视和故障信息采集和记录，并具备保护设备管理及故障计算、整定计算、故障测距、录波数据分析等故障综合分析处理功能的系统。

通过此系统，为继电保护、调度等专业人员快速分析、判断保护动作行为、处理电网事故提供技术支持，实现继电保护装置运行、管理的自动化和智能化。GB/T 14285—2006《继电保护和安全自动装置技术规程》中规定：为使调度端能全面、准确、实时地了解系统事故过程中继电保护装置的动作行为，应逐步建立继电保护及故障信息管理系统。

（二）典型的故障信息系统

故障信息系统一般由主站系统、子站系统和通信网络三部分组成。

1. 主站系统

主站系统设置在网、省公司或地区调度端，是故障信息系统中数据查询、检索、存储、备份等数据处理的核心及主子站数据的传输任务的控制单元。主站系统包括数据服务器、通信服务器、保护工作站、调度工作站及相关的接口设备等。主站系统结构如图5-5-1所示。

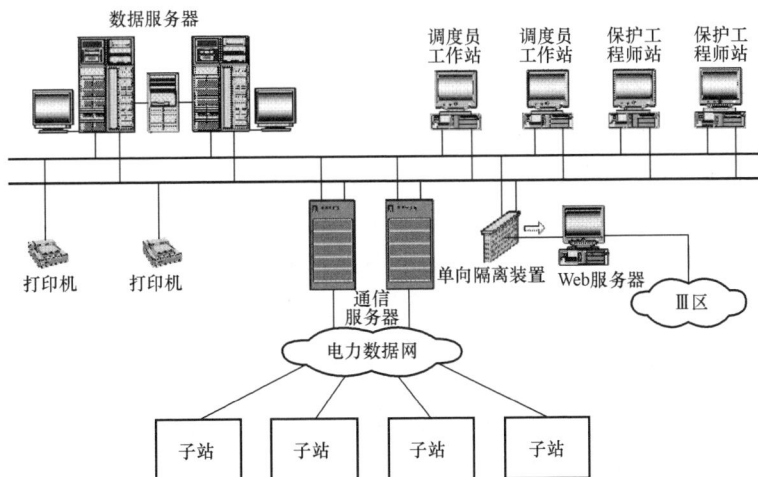

图 5-5-1　故障信息系统主站系统结构

主站系统一般应实现如下功能：

（1）与不同电压等级的不同厂家的子站系统通信。主站系统能够与不同厂家、不同型号的子站系统进行通信，宜采用遵循 Q/GDW 273—2009《继电保护故障信息处理系统技术规范》规定的主—子站系统通信方式，条件具备时支持具备统一模型的、不依赖于特定通信协议的标准的无缝通信体系。

（2）图形界面和建模。主站系统能显示电网带有保护配置的一次接线图，并根据需要显示地理接线图、通信状态图，图元外观符合相关国家标准或得到用户认可。能在图形界面上方便的查看一、二次设备的属性，特别是保护和录波器要求能查看其能提供的所有有用的准实时和历史数据。能召唤装置内的信息。能提供方便的图模一体化的绘图建模工具，能支持图形描述文件的导入导出。

（3）数据库管理与维护。应采用技术成熟的商用数据库管理系统。数据库管理系统应支持并发访问、分布冗余，并保证数据一致性、完整性和有效性。提供图形化的数据库管理和维护工具，可进行数据库结构维护、数据备份、数据导入导出、数据库存取管理等工作。可查看存储空间状况、数据存储状态等，存储空间报警阈值等参数可设定。

（4）监视连接子站的通信情况。主站系统能够实时监视主站系统与其连接的各个子站系统的通信情况，能使用图形化界面直观地显示。当主站系统与子站系统通信出现异常时，能以告警形式反映，并在图形界面上清晰地标出出现异常的子站系统位置和异常内容。能定期生成所有接入子站系统通信状态报告。

（5）主站系统运行环境监测。运行环境监测主要包括资源监视、进程监视、网络监视和工具软件。

1）资源监视：包括 CPU 的使用率、内存容量、系统占用内存的容量、磁盘空间等，并有提示和告警功能。

2）进程监视：包括系统应用程序的运行状态、进程退出告警、特定进程的自动巡检、核心进程的全程自动监视和管理。

3）网络监视：包括实时监测主站系统网络节点的启动和退出，并给出提示告警信息。

4）工具软件：包括系统配置、网络流量监视、报文监视与记录工具。

（6）主站系统通过与子站系统通信能够完成包括召唤、控制、初始化配置等功能。此外主站系统还能实现故障信息归档与查询、波形分析、双端测距、继电器特性分析、Web 发布及与其他系统通信等功能。

（7）事件告警。主站系统收到来自子站的事件信息，支持分层、分类、分级告警。用户能够按装置和事件类型设置是否告警及告警方式。告警方式包括图形闪烁、推事故画面、语音报警、音响报警、入历史事件库、入实时告警窗等多种处理手段。提供故障简报告警。

1）分层告警。当电网发生故障时，在地理图上反映发生故障的厂站/线路，厂站图标/线路闪烁告警。进入厂站接线图后，接线图上发生故障的元件和保护图标闪烁告警。

2）分类告警。可以根据保护信息类型显示告警。保护信息类型一般可分为保护告警、保护动作、保护自检、故障简报、故障波形等。

3）分级告警。可以根据子站对于保护信息分级后的优先等级告警。

（8）定值及运行状态管理。召唤保护装置的当前定值区定值、指定定值区定值（装置支持）、分 CPU 召唤定值（装置支持）；可召唤定值区号、软压板、硬压板、保护测量量等。

定值核对：系统可以设定巡检周期，定期自动召唤装置当前运行的定值，与数据库中存储的定值基准进行核对并反馈核对结果。

（9）统计分析。实现运行情况统计、异常情况统计、故障情况统计以及其他数据统计功能；支持多种查询方式访问统计结果；以报表形式显示统计分析结果。

（10）故障测距计算。主站系统能够利用接收到的故障录波器录波数据，自动或手动完成单端和双端测距计算。

（11）故障信息自动归档。主站系统能够对接收到的信息按同一次故障进行准实时的自动归档，形成事故报告并将结果存档。归档内容包括故障时间、故障元件、故障类型、保护动作事件报告和录波报告、重合情况及故障录波器录波报告等。事故报告内容包括故障时间、故障元件、故障类型、保护动作情况、重合情况及故障距离等。可以按时间、故障元件查询已归档的汇总结果、事故报告。

（12）检修状态信息的处理。对标志有检修状态的信息，主站系统能按用户要求进行处理。

（13）通过 Web 方式向 MIS 网发布故障信息。主站系统能够通过单向逻辑隔离措施向 MIS 网发布故障信息，信息以 Web 方式浏览，即实现安全 Ⅱ 区到安全 Ⅲ 区的单向数据发布。

（14）保护工程师与调度员工作站的功能。保护工程师站安装有主站系统客户端软件，是主站系统的人机界面，能够实现所有主站系统功能，并能完成主站系统的配置、备份和其他维护工作。

调度员工作站安装有精简的主站系统客户端软件，可以订阅和监视调度员关心的信息，帮助调度员对电网故障快速反应。

（15）远程子站系统维护。主站系统能够远程登录子站系统，对子站系统进行维护，能够完成数据查询、数据备份、数据导入、参数设置一系列操作。

（16）高级应用（可选）。主站系统除了接收来自子站的信息之外，还应合理应用所收到的信息，实现以下高级应用功能：

1）波形分析：能够对从子站接收到的 COMTRADE 格式录波文件进行波形分析，能以多种颜色显示各个通道的波形、名称、有效值、瞬时值、开关量状态，能对单个或全部通道的波形进行放大缩小操作，能对波形进行标注，能局部或全部打印波形，能自定义显示的通道个数，能显示双游标，能正确显示变频分段录波文件，能进行相量和谐波分析。

2）测距：能够利用从子站接收到的 COMTRADE 格式录波文件进行单、双端测距，金属性故障单端测距误差应在 3%以内。

3）继电器特性分析：能够利用主站系统数据库内的特征值绘制出继电器特性图形，并利用从子站接收到的 COMTRADE 格式录波文件在继电器特性图形上绘制出故障的阻抗变化轨迹，变化速度可调节，对进入动作区域的阻抗点，能以醒目的颜色标示。能够自定义继电器特性图形模板，能够对已有的模板进行增加和删除操作。

（17）强制召唤。主站系统能够要求子站即刻上传指定装置的信息。强制召唤的内容包括保护动作事件、保护定值、保护和录波器的录波数据。

（18）权限认证。主站系统拥有完整且严格的权限认证体系。用户可以根据实际分工的需要自定义用户和用户组名称及其权限。主站系统的所有登录、查询、召唤、配置、初始化和控制功能都要求有相应的权限才能进行。

（19）远程控制（可选）。根据用户实际需求主站系统能够支持远程控制功能。远程控制命令要求操作员拥有相关权限，并经过监护人确认才能下发，必须通过选择和返校过程才能执行，执行结果回送主站系统。每个步骤主站系统和子站系统都必须留有详细日志记录，以备后查。远程控制功能通常包括以下几种：

1）定值区切换：主站系统能够通过必要的校验、返校步骤，完成对子站中的指定装置的定值区切换操作，使其工作的当前定值区实时改变。

2）定值修改：主站系统能够通过必要的选择、返校步骤，完成远方对指定装置的定值修改操作，使其保存的定值实时改变。应支持批量的定值返校和批量的定值修改操作。

3）软压板投退：主站系统能够通过必要的选择、返校步骤，完成远方对指定装置的软压板投退操作，使其软压板状态实时改变。应支持批量的软压板返校和批量的软压板投退操作。

2. 子站系统

故障信息系统的子站设置在变电站内,是故障信息系统中的信息收集及处理单元。子站系统包括子站主机以及连接网络型设备需要的逻辑隔离措施和连接串口型设备需要的串口服务器。子站系统结构如图 5-5-2 所示。

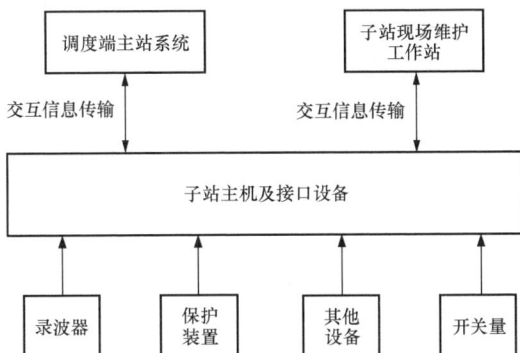

图 5-5-2　故障信息系统子站系统结构

子站系统一般实现如下功能:

(1) 监视子站系统所连接装置的运行工况及装置与子站系统的通信状态,监视与主站系统的通信状态。

(2) 完整地接收并保存子站系统所连接的装置在电网发生故障时的动作信息,包括保护装置动作后产生的事件信息和故障录波报告。

(3) 可响应主站系统召唤,将子站系统的配置信息传送到主站系统。能够根据主站系统的信息调用命令上送子站系统详细信息,也可根据主站的命令访问连接到子站系统上的各个装置。

(4) 可对保护装置和故障录波器的动作信息进行智能化处理,包括信息过滤,信息分类及存储。

(5) 可以向变电站内当地监控系统传送保护装置动作信息,宜采用 IEC 60870-5-103 规约。在总线型网络轮询方式下,子站系统应采取一定的手段保证保护事件的及时收取,并在最短时间送到监控系统,以满足监控系统的实时性要求。

(6) 遵循规程规范规定的主—子站系统通信规范,向主站传送信息,并保证传送的信息内容与对应的接入设备内信息内容一致。

(7) 子站维护工作站应能以图形化方式显示子站系统信息,并提供友好的人机交互界面。

3. 通信网络

（1）子站系统应能支持同时向不少于四个主站系统传送信息。向主站系统传输网络优先采用电力数据网通道，不宜采用网络拨号方式。在无电力数据网的厂站使用 2M 专线方式。

（2）子站系统与串口型设备的通信。可通过子站主机自身提供的串口或经串口服务器扩展的串口以 RS–232 或 RS–485 方式与保护装置或故障录波器相连。

由于采用 RS–485 总线形式通信的规约一般都是轮询方式工作，为保证通信质量和实时性，每个 RS–485 通信口接入的设备数量不宜超过八个。

（3）子站系统与故障录波器的通信。若故障录波器接入子站系统，不单独组网，则子站系统与故障录波器通过以太网或者串口连接，推荐采用以太网。多台录波器单独组网，不与保护装置共网。

（4）子站系统与监控系统的通信。当子站系统从监控系统获取保护信息时，子站系统与监控系统之间可通过以太网或串口连接，优先采用以太网连接。

（5）子站系统与子站维护工作站的通信。子站主机与维护工作站通过以太网直接连接。维护工作站仅与子站系统连接，不与站内外其他设备有通信连接。

五、故障信息系统的调试

本节主要介绍故障信息系统子站的调试，主站的调试步骤与子站基本相同。下面以国内典型故障信息系统为例，讲解调试过程。

（一）系统调试

1. 外观及接线检查

检查子站屏柜外观完好无损；检查设备铭牌、型号与设计图纸是否一致；检查实际接线是否与设计图纸相一致，接线端子上接线应无松动现象；屏内设备应清洁无灰尘；检查屏内接地线牢固接地。

2. 逆变电源检验

当站内交流和直流同时供电时，屏内工控机风扇为开启状态。当切断任意一路电源时，屏内工控机风扇正常工作。

3. 通电检验

（1）检验屏内装置工作状态。工控机风扇为开启状态，显示器屏幕显示正常，各转换装置电源灯显示为亮。

（2）检验通信连接。检验与主站通信是否正常，进入 Windows 操作系统 DOS 环境，输入"ping ××.××.××.××（主站 IP）–t"，如果有报文返回，表示与主站通信正常。

（3）检验系统软件。操作系统、数据库软件、系统软件版本符合技术协议要求。

已安装操作系统补丁和数据库补丁。已安装防病毒软件，病毒库更新时间显示为近期。

（4）检验系统软件。在操作系统右下方任务栏中显示通信服务器，数据采集器和GPS对时程序已启动。

4. 站内信息核对

（1）一次主接线图核对。打开"拓扑绘图"软件，主界面上显示变电站一次接线图，核对一次主接线图的正确性。变电站一次主接线图示例如图5-5-3所示。

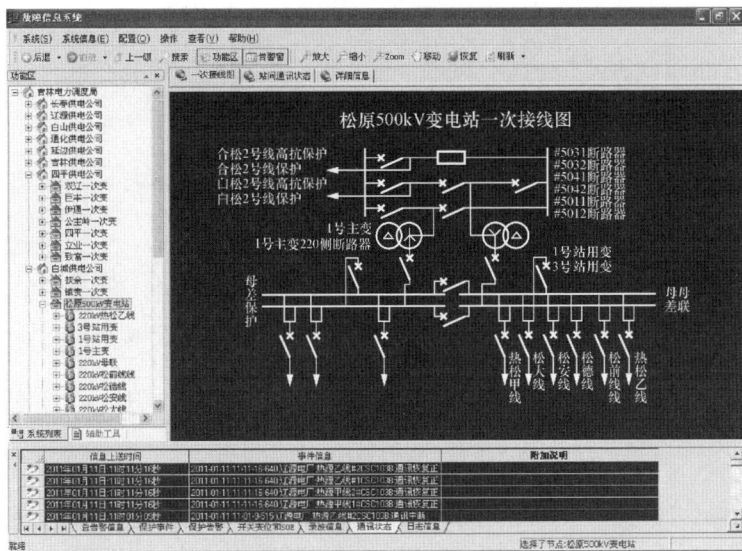

图5-5-3　变电站一次主接线图示例

（2）接入设备核对。打开"拓扑绘图"软件，在变电站一次接线图上标注有接入设备运行名称及设备型号，核对设备运行名称和设备型号的正确性。

5. 保护装置信息调用调试

通过故障信息系统调用保护装置信息，显示情况如图5-5-4所示。

（1）召唤通信状态。打开"拓扑绘图"软件，用鼠标左键双击设备图标，在"状态|装置通信状态"页中用鼠标左键单击"手动召唤"按钮。"状态描述"中应返回"正常"，同时"起始时间"中应返回操作系统当前时间，"一次主接线图"装置图标显示为绿色。在保护装置侧断开通信线，重新召唤通信状态，"状态描述"中应返回"断开"，同时"起始时间"中应返回操作系统当前时间，"一次主接线图"装置图标显示为红色。

（2）召唤运行状态。打开"拓扑绘图"软件，用鼠标左键双击设备图标，在"状态|装置运行状态"页中用鼠标左键单击"手动召唤"按钮。如果保护是运行状态，

"状态描述"中返回"正常"，同时"起始时间"中返回操作系统当前时间；如果保护是调试状态，"状态描述"中返回"调试"，同时"起始时间"中返回操作系统当前时间。

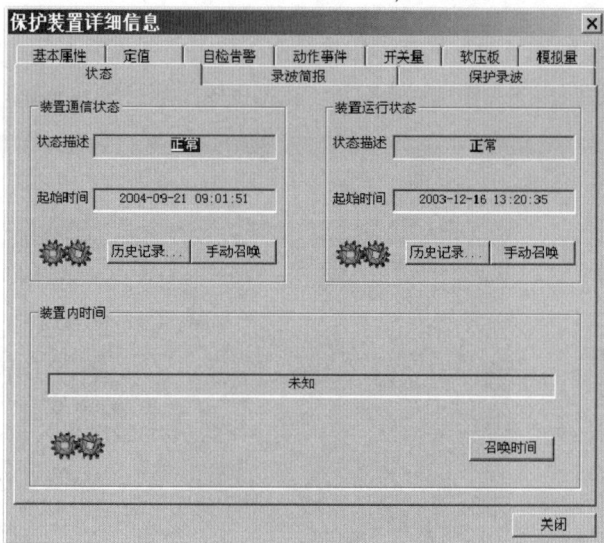

图 5-5-4　保护装置信息调用图

（3）召唤内部时钟。打开"拓扑绘图"软件，用鼠标左键双击设备图标，在"状态|装置内时间"页中用鼠标左键单击"召唤时间"按钮。"时间栏"中应返回保护装置当前时钟。

（4）强制对时。打开"拓扑绘图"软件，用鼠标左键双击设备图标，在"状态|装置内时间"页中用鼠标左键单击"强制对时"按钮。系统应返回"强制对时"成功或失败的结果。

（5）召唤定值区号。打开"拓扑绘图"软件，用鼠标左键双击设备图标，在"定值"页中用鼠标左键单击"召唤定值区号"按钮。"当前定值区号"中应返回保护装置当前的定值区号，确认显示的定值区号与保护装置当前定值区号是否一致。

（6）召唤定值。打开"拓扑绘图"软件，用鼠标左键双击设备图标，在"定值"页中，选择"定值区号"，并用鼠标左键单击"召唤定值"按钮。"定值栏"中应返回选定定值区号的各项定值。将显示的定值与保护装置中的定值进行逐项核对。

（7）召唤开关量。打开"拓扑绘图"软件，用鼠标左键双击设备图标，在"开关量"页中用鼠标左键单击"召唤开关量"按钮，"开关量栏"中应返回保护装置当前各项开关量值。将显示的开关量值与保护装置开关量进行逐项核对。

（8）召唤模拟量。打开"拓扑绘图"软件，用鼠标左键双击设备图标，在"模拟量"页中用鼠标左键单击"召唤开关量"按钮，"模拟量栏"中应返回保护装置当前各项模拟量值。将显示的模拟量值与保护装置模拟量进行逐项核对。

（9）生成录波简报。打开"拓扑绘图"软件，用鼠标左键双击设备图标，在"录波简报"页中可根据时间选择相应的录波简报。

（10）保护录波自动上送。打开"拓扑绘图"软件，用鼠标左键双击设备图标，在"保护录波"页中可根据时间选择相应的录波文件。

（11）告警信息自动上送。打开"拓扑绘图"软件，在保护装置侧模拟告警事件，主界面自动弹出告警事件窗口，核对告警信息和保护一致。

（12）动作事件自动上送。打开"拓扑绘图"软件，在保护装置侧模拟动作事件，主界面自动弹出动作事件窗口，核对动作信息和保护一致。

6. 故障录波器信息调用调试

若故障录波器接入故障信息系统，故障录波器信息调用情况如图 5-5-5 所示。

图 5-5-5　故障录波器信息调用

（1）保存录波文件。打开"拓扑绘图"软件，用鼠标左键双击设备图标，在"录波文件"页中可根据时间选择相应的录波文件。

（2）生成故障录波简报。打开"拓扑绘图"软件，用鼠标左键双击设备图标，在"录波简报"页中可根据时间选择相应的录波简报。

7. GPS 对时检验

将子站系统时间设置为任意时间，经过 60s 后，子站系统时间变更为 GPS 当前时间。

8. 与变电站当地监控接口检验

（1）上送保护子站与保护装置通信状态。在保护装置侧断开与保护子站通信线，变电站当地监控系统相应状态量应为"开"。重新接上通信线，状态量应变为"合"。

（2）上送保护子站与主站通信状态。断开保护子站与主站通信线，变电站当地监控系统相应状态量应为"开"。重新接上通信线，状态量应变为"合"。

（3）上送保护子站与 GPS 通信状态。断开 GPS 侧与保护子站通信线，站内自动化系统相应状态量应为"开"。重新接上通信线，状态量应变为"合"。

（4）上送保护子站与故障录波器通信状态。断开故障录波器侧与保护子站通信线，变电站当地监控系统相应状态量应为"开"。重新接上通信线，状态量应变为"合"。

（5）上送保护装置动作信息。在保护装置侧模拟动作事件，变电站当地监控系统相应状态量应为"开"。动作返回后，状态量应变为"合"。

（6）实现信号复归。在保护装置侧模拟告警事件，在变电站当地监控系统界面上发送"信号复归"命令，保护装置应完成复归。

（7）实现组别切换。在变电站当地监控系统界面上选择需要定值区号，并发送"组别切换"命令，保护装置当前定值区应变更为选定的定值区号。

9. 与主站通道调试

（1）核对线路参数。在主站工作站打开"故障参数"软件，在"线路参数配置"页核对各项线路参数。线路参数配置情况如图 5-5-6 所示。

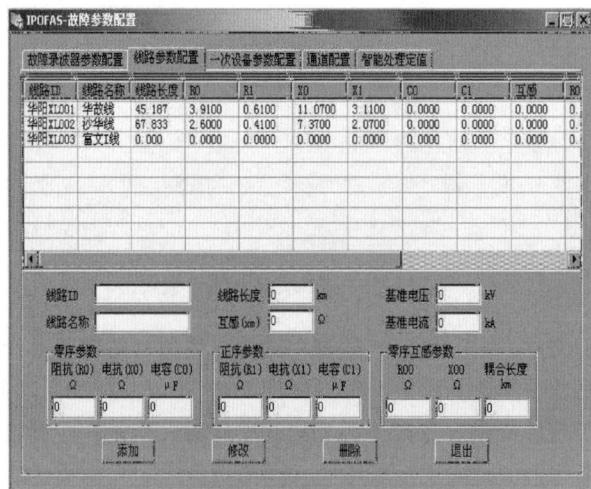

图 5-5-6　线路参数配置

（2）保护装置信息调用。在主站工作站打开"拓扑绘图"软件，站内每种型号的保护装置各选择一台进行检验，调试方法见本模块"保护装置信息调用调试"。

（3）故障录波器信息调用。在主站工作站打开"拓扑绘图"软件，选择站内任一台故障录波器进行检验，调试方法见本模块"故障录波器信息调用调试"。

（二）装置异常及处理

（1）若故障信息系统子站与站内保护装置、录波器通信不通，应检查子站与各保护装置、故障录波去的通信线缆、光纤通道等连接是否正确、可靠，在通道确认正确的情况下，检查子站与保护装置、录波器地址参数的对应关系是否配置正确。

（2）若故障信息系统主站、子站通信不通，应检查主站、子站间通信线缆、光纤通道等连接是否正确、可靠，在通道确认正确的情况下，检查主站、子站地址参数的对应关系是否配置正确。

（3）若故障信息系统主站、子站召唤信息不正确、不完整，应检查配置的传输规约等参数是否正确，若无问题，应对程序进行检查。

（4）若故障信息系统子站装置与变电站当地监控系统通信不通或上送信息不正确，应检查通道的完好性及上送信息与监控系统中监控点的对应关系。

（5）若装置直流电源消失，应检查保护柜直流开关是否跳开，接入是否正确。

（三）结束工作

在装置调试过程中填写好试验报告，装置调试结束后，所有拆接线恢复原状，复归所有信号，清除装置报告，确认时钟已校正和同步，完成试验报告填写。

【思考与练习】

1. 试述典型故障信息系统的基本原理。

2. 故障信息系统检修的注意事项？

3. 简述故障信息系统主、子站的主要功能。

▲ 模块 6 安全稳定控制装置调试（ZY1900302004）

【模块描述】本模块包含安全稳定控制装置的典型装置介绍、试验目的、危险点分析及控制措施、作业流程、试验前准备，掌握装置的调试项目、技术要求及调试报告工作。

【模块内容】

一、典型安全稳定控制装置的介绍

（一）应用范围

RCS–991A/B 型稳定控制装置为微机实现的数字式安全稳定控制装置。RCS–991A

型装置根据不同工程的需要可以实现过负荷联切、逆功率解列、低频低压减载等功能。

（二）保护配置

RCS-991A/B 型稳定控制装置根据不同的工程需要实现过负荷联切、低频低压减载、逆功率解列及执行或发送远方命令等功能。

（1）装置结构。装置采用 4U 标准机箱，用嵌入式安装于屏上。机箱结构和屏面开孔尺寸见图 5-6-1。

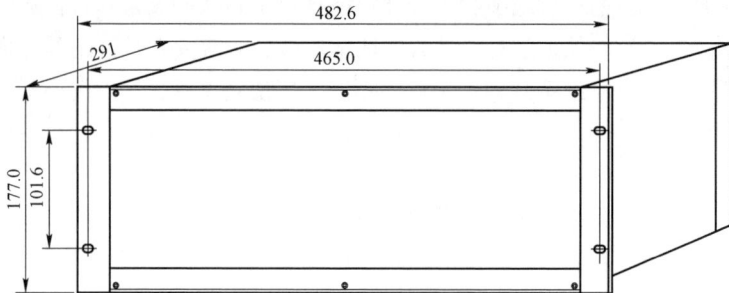

图 5-6-1　RCS-991A/B 装置结构图

（2）装置各插件原理说明。组成装置的插件有电源插件（DC）、交流插件（AC）、低通滤波器（LPF）、CPU 插件、通信插件（COM）、光耦插件（OPT）、信号输出插件（SIG）、3 个跳闸出口插件（OUT、OUT、OUT1）、显示面板（LCD）。具体硬件模块图见图 1-1-1。

（三）软件工作原理

（1）装置总启动元件。装置的逻辑功能主要包括主变过负荷联切、逆功率联切、低频低压联切等功能，由于装置的逻辑是根据具体工程而定的，所以装置的启动元件也应根据实际情况而定。这里只对共性部分作简单介绍。以下列出常用的一些启动判据，可根据实际应用的需要，选择其中的几种，实际详见具体工程的附加说明。

1）过电流启动

$$\left. \begin{array}{l} I \geq I_{set} \\ t \geq t_{set} \end{array} \right\} \tag{5-6-1}$$

当装置满足以上两式，则使装置进入过电流启动状态。

2）过功率启动

$$\left. \begin{array}{l} I \geq P_{set} \\ t \geq t_{set} \end{array} \right\}$$

当装置满足以上两式，则使装置进入过功率启动状态。

3）低频启动

$$\left.\begin{array}{l} f \geqslant f_{\text{set}} \\ t \geqslant t_{\text{fS}} \end{array}\right\}$$

当装置满足以上两式，则使装置进入低频启动状态。

4）低电压启动

$$\left.\begin{array}{l} U \geqslant U_{\text{set}} \\ t \geqslant t_{\text{VS}} \end{array}\right\}$$

当装置满足以上两式，则使装置进入低压启动状态。

5）电流突变量启动

$$\Delta i = i_{\text{k}} - i_{\text{k-N}}$$

分相判别，任一相连续三次满足上式，则使装置进入启动状态。

6）功率突变量启动

$$\left.\begin{array}{l} \Delta P = P_{\text{t}} - P_{\text{t-0.2s}} \\ |\Delta P| \geqslant \Delta P_{\text{set}} \end{array}\right\}$$

连判三次满足上式，则使装置进入启动状态。

（2）TV 断线判别。当正序电压＜$0.15U_{\text{N}}$ 或负序电压＞$0.15U_{\text{N}}$，则判为 TV 回路断线，延时 5s 发 TV 断线异常告警信号。异常消失后，延时 5s 自动返回。

（3）TA 断线判别。由于本装置接入两相电流，因此 TA 断线的判据只能判别两相电流的不平衡。设两相电流的大值为 I_{max}，小值为 I_{min}，若 $I_{\text{max}}＞0.2I_{\text{N}}$ 且 $I_{\text{max}}＞2I_{\text{min}}$，则判为 TA 回路断线，延时 5s 发 TA 断线异常告警信号。异常消失后，延时 5s 自动返回。

（4）电压回路零点漂移调整。随着温度变化和环境条件的改变，电压的零点可能会发生漂移，装置将自动跟踪零点的漂移。

二、试验目的

本次试验针对安全稳定控制装置进行验收前调试，主要试验项目包括定值校验、传动试验、整组试验及带负荷试验等。

三、危险点分析及控制措施

危险点分析预控表见表 1-1-1。

四、作业流程

安全稳定控制装置的调试作业流程如图 1-2-6 所示。

五、试验前准备

试验前准备工作表见表 1–1–2。

六、安全稳定控制装置的调试项目、技术要求及调试报告

安全稳定控制装置的调试主要包括装置的单体调试和稳控系统的联调。装置的单体调试内容与其他继电保护或安全自动装置类似，通过调试确定装置硬件完好，功能齐全，能够可靠投入运行。稳控系统的联调需要多个厂站间进行配合，测试主站、子站、执行站间的通信情况，相互发送的信息流情况，功能执行情况等，从而确定整个稳控系统能够满足电网的需要。下面以 CSS–100BE 型稳控装置为例进行说明。

（一）外观及接线检查

通电前对装置整体做外观检查，目的是检查装置在通电前的完整性，检查屏体、装置在运输过程中是否损坏；屏体接线是否与设计图纸相符；屏体安装布置是否满足技术协议要求等。具体检查项目如下：

（1）检查装置型号、参数与设计图纸是否一致，装置外观应清洁良好，无明显损坏及变形现象。

（2）检查屏柜及装置是否有螺丝松动，特别是电流回路。

（3）对照说明书，检查装置插件中的跳线是否正确。

（4）检查插件是否插紧。

（5）装置的端子排连接应可靠，且标号应清晰正确。

（6）切换开关、按钮、键盘等应操作灵活、手感良好，打印机连接正常。

（7）装置外部接线和标注应符合图纸的要求。

（8）压板外观检查，压板端子接线是否符合反措要求，压板端子接线压接是否良好。

（二）绝缘电阻测试

绝缘电阻测试的目的是检查安全稳定控制装置屏体内二次回路及装置的绝缘性能，试验前注意断开有关回路连线，防止高电压造成设备损坏。

1. 试验前准备工作

（1）装置所有插件在拔出状态。

（2）将打印机与稳定控制装置断开。

（3）屏上各压板置"投入"位置。

（4）断开直流电源、交流电压等回路，并断开与其他装置的有关连线。

（5）在屏端子排内侧分别短接交流电压回路端子、交流电流回路端子、直流电源回路端子、跳闸回路端子、开关量输入回路端子、远动接口回路端子及信号回路端子。

2. 绝缘电阻检测

（1）分组回路绝缘电阻检测。采用 1000V 绝缘电阻表分别测量各组回路间及各组回路对地的绝缘电阻（对开关量输入回路端子采用500V绝缘电阻表），绝缘电阻均应大于10MΩ。

（2）整个二次回路的绝缘电阻检测。在屏端子排处将所有电流、电压及直流回路的端子连接在一起，并将电流回路的接地点拆开，用1000V绝缘电阻表测量整个回路对地的绝缘电阻，其绝缘电阻应大于1.0MΩ。

（三）装置上电检查

做装置通电后的初步检查和设置，主要内容如下：

（1）装置整机通电检查，装置通电后，应无告警、无动作出口，能够正常显示界面。

（2）装置软件版本核查。

（3）调整装置日期与时钟，通过菜单操作，设置装置时钟，应显示正确，关闭电源一段时间，重新上电，时钟应能正常运行，并走时准确。

（4）装置通信地址、规约设置是否与后台相匹配。

（四）逆变电源的检验

检查逆变电源插件工作是否正常，逆变电源特性是否满足设计要求，检查内容有电压输出值量测和输入电源变化时的输出电压特性。其次检查装置在直流电源变化时是否误动作或误信号表示。

（1）试验前准备。断开装置跳、合闸出口压板。

（2）检验逆变电源的自启动性能。合上直流电源开关，试验直流电源由零缓慢升至80%额定电压值，此时装置运行指示灯及液晶显示应亮。

（3）直流拉合试验。在拉合过程中，装置和监控后台上无装置动作信号。

（五）装置调试

1. 交流模拟量校验

此项试验要求对主机、从机分别进行，若有某个从机不存在，在菜单操作过程中设置所选从机CPU未投入或不存在。

一般装置在出厂前已将零漂、刻度调整好，在现场只需查看。若不满足要求需进行调整，为了避免装置频繁启动影响模拟量检查，可将装置有关功能压板退出或提高启动定值。

（1）零漂检查及调整。

1）零漂检查：在"查看零漂"菜单下，查看各路电流通道、电压通道零漂显示，应在要求范围内。

2）零漂调整：在"调整零漂"菜单下进行零漂调整。

（2）刻度检查及调整。

1）刻度检查：外加额定电压 57.7V、额定电流 5A 或 1A，分别在相关菜单下，查看电压、电流显示同实际加入电压、电流是否满足误差要求。

2）刻度调整：加电压 50V、额定电流 5A 或 1A，分别在"调整刻度"菜单，选择需要调整的通道，设置调整基准值为额定电流 5A 或 1A 与 50V，然后确认执行。若操作失败，装置将显示模拟通道异常及出错通道号，请检查调整基准值与实际加入的模拟量误差是否超过 20%。

（3）模拟量精度及线性度检查测试。刻度和零漂调整好以后，用 0.5 级以上测试仪检测装置测量线性误差，要求在 TA 二次额定电流为 5A 时，通入电流分别为 5、2、1A；在 TA 二次额定电流为 1A 时，通入电流分别为 2、1、0.2A；通入电压分别为 60、30、5V；在"查看刻度"中查看，要求电压通道、电流通道误差值小于要求值。

（4）模拟量极性检查。改变接入装置的线路、主变压器或发电机元件的电压、电流之间的相位，通过液晶显示或在菜单中查看显示的一次电压、电流、功率及频率是否正确。

2. 开入量检查

依次模拟每个开入触点闭合，查看当前的开入量状态是否同实际开入量状态一致，检查开入量回路是否正常。

3. 开出传动试验

开出传动试验测试出口继电器动作情况，确定出口回路是否正常。具体的开出传动对应出口触点情况见设计图纸或说明书。

4. 定值输入

进入装置"定值设定"菜单，输入权限密码，选择定值区号，进行定值整定。如果每一项定值设有上下限范围，当定值整定超过范围时，将不能整定。

5. 策略功能试验

由于每一个区域安全稳定控制系统的策略都不相同，因此，装置策略功能试验需根据具体稳控系统设计进行。

（1）检验稳定控制装置各逻辑判别元件动作的正确性，包括启动元件、过载判别元件、故障判别元件、方向判别元件、潮流计算元件等。

（2）根据策略表定值，检验稳定控制装置动作条件完全满足时稳控装置的每个策略都能正确动作。

（3）对每一个策略，检验动作条件不完全满足或就地判据等防误动措施不满足时，稳控装置不会误动。

6. 装置的整组试验

从装置电压、电流的二次端子测施加电压量，通过端子排加入相关开关量。通过调整电压电流及开关量，使装置动作，校验其交流量接线，各出口接线，整定值和相关信号的正确性，校验装置动作的整组时间，主、备系统配合情况及站间通信状况等。

7. 联调试验

投入区域安全稳定控制系统各稳控装置的通道，根据区域安全稳定控制系统的设计情况，在一个厂站内对稳定控制装置进行试验，如开关量变位、模拟系统故障、元件潮流变化等，检验其他不应接收到信息的厂站稳控装置可靠收不到信息，检验应收到信息的厂站稳定控制装置能够收到信息且接收到的信息正确。

8. 带负荷试验

详见 ZY1900204006 中六的（十三）。

（六）校验存在的问题

对本次保护校验存在的问题做好记录，进行投运前定值与开入量状态的核查。

进入"定值"菜单，打印出按定值整定通知单整定的保护定值，定值报告应与定值整定通知单一致。

在正常运行压板显示状态，查看保护投入压板与实际运行状态一致。

（七）测试结果分析及测试报告编写

将测试数据填入本单位规定的测试报告内并进行结果分析。

【思考与练习】

1. 安全稳定控制系统一般采用什么结构？

2. 安全稳定控制装置的切机方式有哪几种？

3. 简述安全稳定控制装置的判线路故障的两种方式。

第六章

二 次 回 路 调 试

▲ 模块 1　二次回路的施工（ZY1900401002）

【模块描述】本模块包含二次回路材料、识图、施工程序及注意事项；通过操作步骤及工艺要求介绍和施工训练，掌握二次回路的施工程序、工艺要求及质量标准。

【模块内容】

二次回路施工的内容一般包括各类屏、柜、箱的安装，屏上电器的安装，屏内二次接线的配制，控制电缆头制作与接线。

工艺要求是：按图施工、接线正确；电气连接可靠，接触良好；螺丝、设备齐全，配线整齐美观；导线无损伤，绝缘良好；回路编号正确规范，字迹清晰，不易脱色；检验、维护和试验等方便安全。

一、作业流程

二次回路施工的作业流程如图 6-1-1 所示。

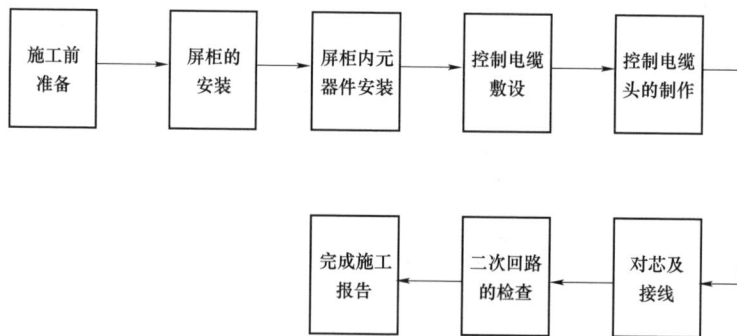

图 6-1-1　二次回路施工的作业流程

二、二次回路安装施工

（一）施工前的准备工作

（1）了解工程概况。施工前，施工人员应了解工程概况、施工内容、工程量的大小、计划工期等有关情况，具体的人员分工情况，以便能够做到心中有数。

（2）相关规程、规范、图纸的熟悉、掌握。施工前，施工人员必须掌握于施工内容有关的规程、技术规范、反措要求，以便能够在施工时保证施工质量，达到相应的技术要求；对施工图纸进行熟悉，在熟悉图纸的同时也是对图纸进行校对的过程，检查施工图是否有错误存在，以免在施工时才发现错误影响施工进度；对组织措施、技术措施、安全措施以及施工方案进行学习，使施工人员在施工时根据相关的要求进行施工。

（3）对施工现场情况进行熟悉。在熟悉现场的同时注意检查施工现场有没有妨碍施工的地方，有没有不安全因素的存在等，以便根据现场的实际情况做出相应的方案和措施。

（4）工器具的准备。施工前要准备好所需的工器具，准备的工器具要齐全，否则就有可能影响工程的进度。准备的工器具要合格，符合相关的技术要求，否则就有可能影响施工的质量或对施工人员的安全造成威胁。

（二）二次回路施工材料

控制电缆、大剪、电缆刀、电烙铁、松香、焊锡、多股软铜线（4mm²）、塑料带、电缆头、尼龙扎扣、电缆挂牌及电缆挂牌打印机、电缆芯号牌机及标号管，剥线钳、改锥、尖嘴钳，偏口钳、扳手、成套螺丝等。

（三）屏、柜的安装

1. 检查预留屏、柜基础

基础型钢的大小规格应根据屏、柜的尺寸、质量、大小来选择，一般用角钢40mm×4mm～50mm×5mm，槽钢5～10号，所用的型钢必须平直。

型钢应在土建施工时根据设计要求埋设好。在埋设前要严格加工平直，埋设时严格找平，其不直度和不平度的允许偏差是每米小于1mm和全长小于5mm，位置误差及不平行度是全长小于5mm；其顶部宜高出抹平地面10mm；应有明显的可靠接地。

2. 开箱检查

屏、柜等在搬运和安装时应采取防振、防潮、防止框架变形和漆面受损等安全措施，必要时可将装置性设备和易损元件拆下单独包装运输。屏、柜应存放在室内或能避雨、雪、风、沙的干燥场所。对有特殊保管要求的装置性设备和电气元件，应按规定保管。

到达现场后，应在规定期限内做验收检查，并应符合要求：包装及密封良好；开箱检查型号、规格符合设计要求，设备无损伤，附件、备件齐全；产品的技术文件齐全。

3. 屏、柜安装

（1）就位。将屏、柜搬运至指定位置。搬运过程中应小心谨慎，由有经验的人员统一指挥，相互之间要配合好，一要严防屏倾倒造成人员伤害；二要保证设备的安全，包括不能误碰运行设备和所要安装设备的安全，应采取防振、防止框架变形和漆面受损等安全措施，必要时可将装置性设备和易损元件拆下单独包装运输，当产品有特殊要求时，尚应符合产品技术文件的规定。特别是要注意防振动、防误碰，防止引起保护的误动作。

（2）找平。将已就位的屏体进行调整以达到规定的要求。屏、柜单独或成列安装时，其垂直度、水平偏差以及屏、柜面偏差和屏、柜间接缝的允许偏差应符合表 6-1-1 的规定。

表 6-1-1   屏、柜安装的允许偏差

项　目		允许偏差（mm）	项　目		允许偏差（mm）
垂直度（每米）		<1.5	屏间偏差	相邻两屏边	<1
水平偏差	相邻两屏顶部	<2		成列屏面	<5
	成列屏顶部	<5	屏间接缝		<2

模拟母线应对齐，其误差不应超过视差范围，并应完整，安装牢固。

（3）固定。可采用电焊焊接或压板固定，安装要牢固，但对主控制屏、继电保护屏和自动装置屏等不宜采用电焊焊接。

设备安装用的紧固件，应用镀锌制品，并宜采用标准件。

（四）屏、柜内元器件安装及校线

1. 屏、柜内元器件安装

屏、柜上的电器安装应符合要求：电器元件质量良好，型号、规格应符合设计要求，外观应完好，且附件齐全、排列整齐、固定牢固、密封良好；各电器应能单独拆装更换而不应影响其他电器及导线束的固定；发热元件宜安装在散热良好的地方；两个发热元件之间的连线应采用耐热导线或裸铜线套瓷管；熔断器的熔体规格、自动开关的整定值应符合设计要求；切换压板应接触良好，相邻压板间应有足够安全距离，切换时不应碰及相邻的压板；对于一端带电的切换压板，应使在压板断开情况下，活动端不带电；信号回路的信号灯、光字牌、电铃、电笛、事故电钟等应显示准确，工作可靠；屏上装有装置性设备或其他有接地要求的电器，其外壳应可靠接地；带有照明的封闭式屏、柜应保证照明完好。

端子排的安装应符合：端子排应无损坏，固定牢固，绝缘良好；端子应有序号，

端子排应便于更换且接线方便；离地高度宜大于 350mm；回路电压超过 400V 者，端子板应有足够的绝缘；强、弱电端子宜分开布置；当有困难时，应有明显标志并设空端子隔开或设加强绝缘的隔板；正、负电源之间以及经常带电的正电源与合闸或跳闸回路之间，宜以一个空端子隔开；电流回路应经过试验端子，其他需断开的回路宜经特殊端子或试验端子。试验端子应接触良好；潮湿环境宜采用防潮端子；接线端子应与导线截面匹配，不应使用小端子配大截面导线。

接入交流电源（220V 或 380V）的端子与其他回路（如直流、TA、TV 等回路）端子采取有效隔离措施，并有明显标识。

二次回路的连接件均应采用铜质制品，绝缘件应采用自熄性阻燃材料。

屏、柜的正面及背面各电器、端子排等应标明编号、名称、用途及操作位置，其标明的字迹应清晰、工整，且不易脱色。

二次回路的电气间隙和爬电距离应符合下列要求：

（1）屏、柜内两导体间，导电体与裸露的不带电的导体间，应符合表 6-1-2 的要求。

表 6-1-2　　　　　　　　允许最小电气间隙及爬电距离　　　　　　　　（mm）

额定电压（V）	电气间隙		爬电距离	
	额定工作电流（A）		额定工作电流（A）	
	≤63	>63	≤63	>63
≤60	3.0	5.0	3.0	5.0
60<U≤300	5.0	6.0	6.0	8.0
300<U≤500	8.0	10.0	10.0	12.0

（2）屏顶上小母线不同相或不同极的裸露载流部分之间，裸露载流部分与未经绝缘的金属体之间，电气间隙不得小于 12mm；爬电距离不得小于 20mm。

2. 屏内配线的校线

按照原理展开图及安装接线图对厂家屏内配线进行检验，看是否符合设计要求。

可使用万用表逐一对二次配线检查，检查时应将有关端子、压板打开，对经低阻值元件的二次线应特别注意，必须打开一端。检查完毕及时恢复。

对简单、明显错误可立即改正，对较大错误应与设计、厂家沟通后再变更。

如需另配线应保持与原接线颜色尽量一致，并注意芯线截面积应符合要求。配线要防止出现一个端子压接两根导线情况。

（五）控制电缆的敷设

1. 控制电缆敷设程序

敷设电缆必须做好充分的准备工作，保证人员数量，要由有经验的人员统一指挥，避免造成人员伤害、敷设的电缆损伤、运行电缆损坏引起保护误动。

（1）电缆敷设前，要将电缆通道检查一遍，检查有没有影响电缆敷设的地方，对需重新开沟敷设的直埋电缆提前勘察走径并准备施工工器具。

（2）核实图纸设计是否正确，电缆清册是否与其他安装接线图相符。

（3）核实电缆清册所开列电缆的型号是否正确，数量是否符合实际走径；实际所需电缆总长度、型号是否与材料准备相符。

（4）检查所准备电缆是否符合设计要求，包括电缆型号、电气性能是否符合规范。

（5）根据电缆清册开列电缆敷设清单，确定电缆敷设顺序。电缆一般应按区域集中敷设，先长后短。

（6）在掀电缆沟盖板时应两人或多人协同配合，避免砸手、脚或其他人员伤害，并尽量减少盖板的损坏。

（7）电缆盖板打开一段时间后方可进入，防止浊气侵害身体。

（8）电缆敷设时对每根电缆应做临时标记，以便确认电缆走向和编号。

（9）敷设电缆时应多人配合，电缆敷设路径、弯曲半径要符合设计及有关要求；采取防火、隔热措施；布置排列整齐，固定牢固；同方向电缆必须利用一层支架充分调整，层次分明，电缆拐弯一致，电缆拐弯和确需交叉处分层整排敷设，严禁少量电缆来回交叉。电缆支架横撑外端留有 1～2cm 裕度防止电缆脱落。保护室考虑下部留有足量网线敷设位置。

（10）电缆敷设完毕后两端应临时固定，留有适量的裕量，待某个单元全部电缆敷设完毕后进行整理，按设计位置排列整齐，并固定。

（11）悬挂电缆标识牌。电缆标识应标明电缆规格、编号、起止点。

（12）在开关场的变压器、断路器、隔离开关和电流、电压互感器等设备的二次电缆应经金属管从一次设备的接线盒（箱）引至就地端子箱，金属管分段连接处应使用镀锌扁钢可靠焊接，并将金属管的上端与上述设备的底座和金属外壳良好焊接，下端就近与主接地网良好焊接。金属管末端使用蛇皮管的部分，须将金属管末端与接地镀锌扁钢可靠焊接，蛇皮管与金属管的连接部分用火泥封好。地下浅层电缆必须加护管，并做防腐防水处理；地下直埋电缆深度不应小于 0.7m。

2. 使用电缆敷管时的注意事项

当电缆敷设过程中，需使用电缆敷管时，应注意以下六方面：

（1）电缆管口切断必须垂直、平滑无毛刺，镀锌层破坏处刷环氧富锌漆。

（2）电缆管口必须直接对准设备出线口，保证电缆不外露，条件确不允许时增加槽盒或金属软管。

（3）电缆管尽可能整体贯通埋设，如确有困难，由电缆沟至机构处电缆管接口宜放在硬化地面以外并用不易腐烂物（如塑料布）在地下接口处封堵。

（4）由设备出口至地下部分电缆管必须利用就近接地网等加以固定并接地，上部自构件支撑部位焊接牢固，严禁下沉、歪斜。隔离开关机构、断路器机构薄板底部用角铁与钢管焊接后用螺丝与机构底部连接。必须保证不能因钢管下沉引起底板变形。

（5）电缆管重新喷漆与设备颜色保持一致。

（6）波导管集中放在进入保护室处，即 220、110、35（10）kV 电缆均通过波导管进入保护室，波导管数量留有扩建裕量，上层放置适量大直径管以满足动力电缆需要。切断处刷环氧富锌漆，固定牢固、整齐。

3. 控制电缆敷设时的注意事项

（1）注意人身和运行设备的安全，在高压开关场地和电缆层，施工人员穿戴要符合要求，不要有违章行为，特别是在高压开关场地不能将电缆上举，施放时注意脚下安全，不要走错间隔，注意运行设备不要误碰，敷设电缆时严禁站在其他电缆线上，电缆不能有小绕，更不能有打结，施放过程中发现电缆有破损时要进行更换。

（2）要严格按照设计要求进行相关电缆的敷设，起始位置与终止位置要正确，以防把电缆放错。

（3）电缆的走向布置要合理，要符合相关规程的要求，强电电缆与弱电电缆不要敷设在同一层，包括电缆在端子箱和保护屏上的排布，电缆转弯时要注意有弧度，并满足规程要求。

（4）电缆的预留长度要适当。

（5）电缆的标识牌的标识要正确、悬挂要牢固、位置要合理。户外电缆的标识牌，字迹应清晰并满足防水、防晒、不脱色的要求。

（6）交流回路与直流回路不能共用一根电缆；强弱电回路不能共用一根电缆；交流电流回路和交流电压回路不能共用一根电缆。

（7）缆沟内动力电缆在上层，接地铜排（缆）在上层的外侧。

4. 二次电缆敷设完毕后需要做的工作

（1）检查每一根电缆是否都按照设计的要求敷设，有没有放错的，其起始位置到终止位置是否正确。

（2）检查有没有漏放、多放电缆。

（3）检查被拆除的防火墙、有关封堵是否恢复。检查电缆封堵是否严密、可靠。

注意：同屏（箱）两排电缆之间的也不能留有缝隙。

（六）控制电缆头制作

控制电缆头的制作包括终端头和中间接头两种，实际工作中应尽量避免使用中间接头，这里只介绍终端头的制作。

（1）按照实际需要量出剥切尺寸，将填充物、钢铠、铜屏蔽整齐切断，电缆头做好后不外露以上物体。

（2）地线焊接时烙铁头必须在带锡情况下使用，短时间内将地线良好焊接，严禁烫坏绝缘和焊接不良。

（3）电缆地线固定时，沿横撑、钢排等构件平行走线，在铜排上方向下煨弯。横平竖直，拐直角弯，排线均匀，不交叉，严禁斜拉。地线鼻子压接紧固，严禁用扁口钳在断线部位压鼻子，地线芯必须露出压接部位前稍许。地线固定用 6mm×20mm 螺丝，螺丝不宜太长，每个螺丝固定地线数量不得超过五根，盘内装置接地宜单独固定在一个螺丝上。盘门等地线必须全部恢复。

（4）电缆头处排列绑扎应统一高度、统一方式、电缆头排列整齐。

（七）对芯及接线

1. 对芯

控制电缆的对芯方法有很多，一般采用干电池校线灯或万用表对地的方法。当对好一根线芯后随即套好芯线号牌。号牌可采用异型塑料管打印，号牌信息应符合要求，并做到字迹清晰、工整且不宜褪色。对芯时的注意事项如下：

（1）要保证对芯的正确性，对芯也是检验电缆芯是否完好的过程，不允许采用看电缆芯的编号方法来确定。

（2）当电缆芯号牌套好后要进行复核，以防止把号牌套错。

2. 接线

对芯完毕后即可进行接线工作。

（1）每根电缆因单独打把，可使用塑料扎扣或其他工艺，电缆应排列整齐，避免交叉，并应固定牢固，不得使所接的端子排受到机械应力。

（2）端子排垂直排列时，引至端子排的每根横向单根线应从纵束后侧抽出并与纵束垂直正对所要接的端子，水平均匀排列，弯一个半圆弧作备用长度。所有圆弧应大小一致，美观大方。

（3）每根备用芯可在螺丝刀把上绕成螺旋形圆圈，放置于较隐蔽的一侧。

（4）剥电缆芯绝缘层时要小心，长度要适当，且不要损伤电缆铜芯。

（5）做线圈时不要伤线，固定线圈时要注意线圈的旋转方向是否与螺丝旋转方向一致。

（6）每个接线端子的每侧接线宜为一根，不得超过两根。对于插接式端子，不同截面积的两根导线不得接在同一端子上；对于螺栓连接端子，当接两根导线时，中间应加平垫片。

（7）二次接线端子接线应压接良好，振动场所的二次接线螺丝应有防松动措施。

3．现场接线时的注意事项

（1）要以施工图为依据，不能凭记忆或习惯，要保证接线的绝对正确。

（2）要采取隔离措施，防止对运行设备误碰。

（八）正确标识

（1）将保护屏、控制屏、端子箱内二次电缆标示再次进行检查、核对。

（2）屏上各种设备、压板标识应名称统一规范，含义准确、字迹清晰、牢固、持久。

（3）涂去装置上闲置连片的原有标志或加标"备用"字样，该闲置连片端子上的连线应与图纸相符合，图上没有的应拆掉。

（九）二次回路接线的检查

二次接线全部完成后应进行一次全面的二次接线正确性、可靠性的检查。

1．二次接线正确性检查

进行全回路按图查线工作，检查二次接线的正确性，杜绝错线、缺线、多线、接触不良、标识错误，二次回路应符合设计和运行要求。

接线端子、电缆芯和导线的标号及设备压板标识应清晰、正确。检查电缆终端的电缆标牌是否正确完整，并应与设计相符。

在检验工作中，应加强对保护本身不易检测到的二次回路的检验检查，如压力闭锁、通信接口、变压器风冷全停等非电量保护及与其他保护连接的二次回路等，以提高继电保护及相关二次回路的整体可靠性、安全性。

2．二次接线连接可靠性检查

应对所有二次接线端子进行可靠性检查，二次接线端子是指保护屏、端子箱及相关二次装置的接线端子。

【思考与练习】

1．根据展开接线图（见图 6-1-2），绘出防跳回路的安装接线图。

2．二次设备安装的步骤有哪些？

3．二次回路施工前，应准备哪些资料和材料？

4．敷设二次电缆时有哪些注意事项？

5．二次设备的标示有什么要求？

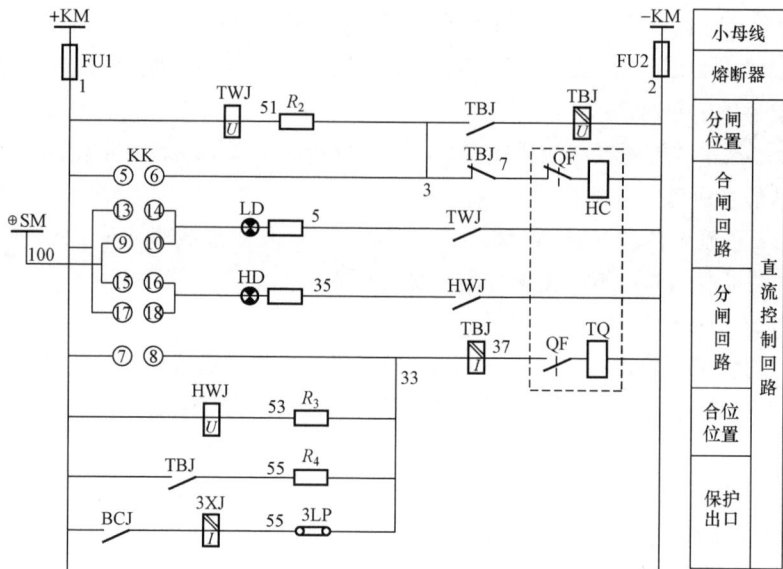

图 6-1-2　展开接线图

▲ 模块 2　二次回路的异常及故障处理（ZY1900402003）

【模块描述】本模块包含二次回路异常及故障分析、处理，通过对典型二次回路异常及故障的讲解和排除回路故障的操作训练，能够查找并处理二次回路较复杂的故障。

【模块内容】

一、二次回路异常及故障的分类

变电站二次回路的异常及故障主要有以下四个方面。

（一）直流回路绝缘降低或接地

1. 直流接地产生原因

（1）校线、压线错误。由于设备生产厂或安装单位的工作人员在校线、压线过程中工作不认真，接线错误而造成直流系统接地。

（2）绝缘不良。由于厂家设备、施工中的配线和电缆芯线的绝缘不良而造成直流系统接地。

（3）设计不合理。由于设计不合理而产生的直流寄生回路。

（4）接地电阻配值过低。由于直流绝缘监视装置的接地电阻配值过低，将控制回路的操作把手置于预合位置时，造成预告信号装置发出警告而产生直流系统接地。

2. 直流故障接地点的危害

一般跳闸线圈和出口中间继电器等均接有负电，当出现直流正极接地时，有可能造成继电保护装置误动作。如果这些回路同时发生另一点接地或绝缘不良的情况，也会造成继电保护装置误动作，甚至造成断路器误跳闸。此外，由于直流系统的两点接地，还可能造成分、合闸回路短路，可能烧坏继电器的触点，在设备发生故障时造成越级跳闸，使事故范围扩大。

（二）断路器控制回路异常

断路器控制回路是运行中经常出现异常的回路。断路器本身的辅助转换开关、跳合闸线圈、液压机构或弹簧储能机构的控制部分，以及断路器控制回路中的控制把手、灯具及电阻、单个的继电器、操作箱中的继电器、二次接线等部分，由于运行中的机械动作、振动以及环境因素，都会造成控制回路的异常。

断路器控制回路主要的异常有以下五种。

1. 断路器辅助开关转换不到位导致的控制回路断线

断路器分闸后，如果断路器辅助开关转换不到位，将导致合闸回路不通，合闸跳闸位置继电器不能动作；断路器合闸后，如果断路器辅助开关转换不到位，将导致分闸回路不通，分闸跳闸位置继电器不能动作。在这两种情况下，控制回路中合闸位置继电器、分闸位置继电器都不能动作，发"控制回路断线"信号。

在某些断路器合闸或跳闸回路中，合闸继电器或跳闸继电器线圈带电后，将形成自保持回路，直到断路器完成合闸或跳闸操作，断路器辅助开关正确转换后，断开合闸或跳闸回路，该自保持回路才能复归。如果断路器辅助开关转换不到位，在断路器已合上后合闸、跳闸回路中串接的辅助开关触点未断开，合闸或跳闸回路中将始终通入合闸、跳闸电流，最终将导致断路器合闸、跳闸线圈烧毁或合闸、跳闸继电器线圈或回路中的触点烧毁。

2. 触点动作不正确

断路器液压机构压力闭锁触点、弹簧储能机构未储能闭锁触点、SF$_6$压力闭锁触点动作不正确造成的断路器控制回路异常。

断路器液压机构压力闭锁触点，按照机构压力从高到低依次闭合的顺序为停泵、启泵、闭锁重合闸、闭锁合闸、闭锁操作。当机构压力不能满足一次"跳闸—合闸—跳闸"时，"闭锁重合闸"动作，闭锁重合闸，如果该触点误动作，将导致重合闸误闭锁；如果该触点不能正确闭合，当机构压力低时线路发生故障，本应闭锁的重合闸未闭锁，此时如果线路是永久故障，可能导致断路器重合后因机构压力不足不能正常跳开。当机构压力不能满足一次"跳闸—合闸"时，"闭锁合闸"触点动作，如果该触点误动作，将导致断路器合闸回路不通，不能合闸；如果该触点不能正确闭合，将导致机构压力低时断路器因机构压力不足不能正确合闸，或是手合于故障线路时，断路器不能正确跳开。当机构压力不能满足一次"跳闸"时，"闭锁操作"触点动作，如果该触点误动作，将闭锁断路器的跳闸或合闸回路，断路器不能跳闸或合闸，如果该触点不能正确闭合，将导致断路器因机构压力不足不能正常跳闸或合闸，或是手合或重合于故障线路时，断路器不能正确跳开。

弹簧储能机构在每次合闸后进行储能，其能量保证一次断路器完成一次"跳闸—合闸—跳闸"过程。断路器合闸后，如果机构未能正常储能，断路器还可以完成一次"跳闸—合闸—跳闸"过程。当未储能误闭锁合闸回路后，将导致断路器合闸回路不通，不能合闸；同时可能发"控制回路断线"信号。当未储能不能正确闭锁合闸回路时，断路器不能正确合闸，同时可能因为未发"控制回路断线"信号，失去提前消除缺陷的机会。

在某些断路器合闸或跳闸回路中、合闸继电器或跳闸继电器带有自保持功能的回路中，如果液压机构中"闭锁合闸"触点、"闭锁操作"触点或者弹簧储能机构未储能触点未能正确闭锁断路器的合闸或跳闸回路，断路器因机构压力不足或能量不足不能完成跳闸、合闸操作，断路器辅助开关不能转换，合闸或跳闸回路中将始终通入合闸、跳闸电流，最终将导致断路器合闸、跳闸线圈烧毁或合闸、跳闸继电器线圈或触点烧毁。

当机构 SF_6 压力不足时，将闭锁跳闸和合闸回路。如果"SF_6 压力低闭锁操作"触点误动作，断路器合闸和跳闸回路不通，断路器不能操作。当 SF_6 压力低不能满足操作要求而"SF_6 压力低闭锁操作"触点不能正确动作时，如果对断路器进行合闸或分闸操作，可能会使断路器不能正确灭弧，从而导致断路器损坏。

3. 断路器控制回路继电器损坏造成的控制回路异常

断路器控制回路中的继电器主要包括位置继电器、压力闭锁继电器、跳闸继电器、合闸继电器、防跳跃继电器等。

当位置继电器发生异常时，将导致回路中红灯或绿灯不亮，误发"控制回路断线"信号，或是在控制回路断线时不能正确发"控制回路断线"信号。因为保护中一般通过接入位置继电器触点来判断断路器位置，当位置继电器发生异常时，可能误启动重合闸，或是误启动三相不一致保护。

当压力闭锁继电器发生异常时，其现象与对应的机构压力闭锁触点异常时现象、危害相似。

当串接在跳闸、合闸回路中的跳闸、合闸继电器发生触点不通或线圈断线等异常时，将导致断路器不能正确分闸或合闸。如果串接在跳闸、合闸回路中触点发生粘连，将导致断路器合上之后立即跳开或是跳开之后立即合上。

防跳继电器的作用是当手合于故障时，防止因外部始终有合闸命令，断路器跳开后再次合上、跳开，并持续合上、跳开的过程。当外部有合闸命令时，因此时防跳跃未动作，继电器动断触点依然闭合，断路器合闸；如果合于故障，保护动作，防跳跃继电器电流线圈中有电流流过，继电器动作；如果此时外部的合闸命令没有消失，防跳跃继电器的一副触点使继电器电压线圈带电，继电器在断路器跳开、防跳跃继电器电流线圈试点后依然保持动作后状态，同时其串接于合闸回路中的动断触点打开，断开合闸回路，防止断路器再次合闸。当外部合闸命令消失后，继电器才能返回。当该继电器不能正确动作、与电压线圈串接的触点不能闭合、与断路器合闸线圈串联的动断触点不能打开时，将失去断路器的防跳跃功能；如果动断触点损坏，不能闭合，断路器不能进行合闸操作。如果继电器的电流线圈断线，将使断路器不能分闸。

4. 控制把手、灯具或电阻等元件损坏造成的控制回路异常

在常规的控制回路中，控制把手的一副触点用于合闸、一副触点用于分闸、两副触点串联后再与断路器辅助开关的动断触点串联用于事故后启动事故音响，同时还有用于启动重合闸充电回路的触点。当这些触点发生异常时，会导致相应的异常。

在常规的控制回路中，灯具与电阻串联后再与控制把手的合闸或分闸触点并联。如果灯具或电阻发生断线，灯具不亮，不能正确的指示断路器位置；如果接致断路器合跳闸线圈一侧发生接地，可能会使断路器误跳闸或合闸。

5. 二次接线接触不良或短路、接地造成的控制回路异常

二次接线原因造成控制回路异常的也较多。其中包括二次接线端子松动、端子与端子间绝缘不良或者误导通、导线绝缘层损坏等。

（三）交流电压二次回路异常

电压互感器是继电保护二次设备与电力系统连接的交界点设备，其二次接线正确与否，直接关系到继电保护装置在电力系统一次故障时能否正确动作。

交流电压二次回路异常既包括二次电压回路本身的异常，也包括电压二次回路的切换、并列控制回路的异常。

1. 回路本身的异常包括短路、接地、断相、极性错误等

当短路、接地发生在二次熔断器（空气开关）后的回路时，会使二次熔断器（空气开关）熔断（跳开），保护及其他装置会发出相应的异常信号。当短路、接地发生在电压互感器二次线圈或者二次线圈与二次熔断器（空气开关）之间的回路时，由于这部分回路没有相应的保护措施，异常发生后不能切除异常回路，只能导致回路烧毁或者互感器损坏。

电压二次回路断相往往是因为回路接线接触不良、电压互感器的母线隔离开关辅助开关触点接触不良或是熔断器熔断，保护及其他装置会发出相应的异常信号。

电压二次回路极性错误的原因主要是安装时接线错误或是由于在回路上工作后恢复错误。

2. 电压二次并列回路、切换回路的直流部分的异常

电压二次并列回路大致分为三种类型：① 不判断一次设备运行方式是否满足二次电压并列条件，直接通过并列的控制把手并列或由控制把手启动并列继电器并列；② 用于双母线接线或单母线接线，将母联或分段断路器辅助开关的动断触点、隔离开关辅助开关的动断触点与并列控制把手串联后启动并列继电器；③ 用于 3/2 接线，将每串接线的断路器辅助开关的动断触点、隔离开关辅助开关的动断触点串联，再将各串串联后的回路并联后串接并列控制把手启动并列继电器。当断路器、隔离开关辅助开关、并列控制把手触点不通、并列继电器带电后不能动作时，二次电压无法并列，当并列继电器单个触点不通时，并列后的二次电压缺相。

在双母线接线中，电压切换回路的异常主要指线路或变压器母线隔离开关辅助开关的动合触点异常、切换继电器异常等情况。隔离开关的辅助开关动合触点不通或切换继电器本身带电后动作不正确时，可能造成保护装置因失去二次电压而告警；隔离开关的辅助开关动合触点不能打开或切换继电器本身不能正确复归时，可能会使二次电压发生二次并列。

在电压切换回路中，还有一个"切换回路失压"信号。该信号是将两组切换继电器的动断触点并联后与断路器辅助开关的动合触点串联。当断路器在合闸状态而两组电压切换继电器均不动作时，发"切换回路失压"信号。当换继电器的动断触点或断路器辅助开关的动合触点动作不正确时，会误发或不能发出该信号。

（四）交流电流回路异常

电流互感器与电压互感器同是继电保护二次设备与电力系统连接的交界点设备，其二次接线正确与否，也直接关系到继电保护装置在电力系统一次故障时能否正确动作。

电流回路的二次接线常见的异常主要有电流互感器二次绕组变比、级别错误，二次接线极性错误、回路绝缘下降导致存在第二个接地点等。

（1）如果电流互感器实际使用变比与调度下达的计算变比不一致，则使得运行中保护装置感受到的二次电流与系统实际潮流不相符，即保护二次动作值不等于期望的一次动作值，从而引起保护装置的误动或拒动。

（2）继电保护主要反应系统故障时，因此要求大短路电流流过时，TA 二次输出应保持线性；测量回路主要工作于系统正常运行时，因此要求额定电流流过时，TA 二次输出应有较高的精度。为适应这两种不同工作性质的需求，TA 二次绕组采用了不同的组别。对于测量回路，应选用 0.5 级，其意义为当 TA 一次通过额定电流时，其输出

误差不大于 0.5%；对于专用计量回路，应选用 0.2 级；对于继电保护，应选用 P 级即保护用级别。如 10P20，其意义为当 TA 一次通过 20 倍额定电流时，在二次额定负载下其输出误差不大于 10%。0.5 级和 0.2 级绕组在额定电流时有较高精度，但在大短路电流时则会饱和；P 级绕组在大短路电流时能够保持线性变换，但在小电流时输出精度较差。因此如果误将 P 级绕组用于测量或专计回路，会导致计量不准确，而如果误将 0.5 级和 0.2 级绕组用于继电保护回路，则在短路电流流过时使得保护装置拒动或误动。

（3）如果电流二次回路极性不正确，则使得运行中流入保护装置的电流与电压之间的相角与期望值相反，对于线路保护则造成正方向故障时保护拒动，反方向故障时保护误动；对于主变压器差动或母差保护则造成差流增大而误动。

（4）一组电流回路中应有且只有一个可靠的接地点。如存在两个接地点，会存在电流分流的可能，使保护装置感受的电流小于实际的二次电流，会使保护拒动或是误动。

（5）电流二次回路中还有一种异常情况，该异常一般只发生在 3/2 接线的设备中。当不同串中同名相的一次设备直流电阻差距较大时，各串中的同名相中流过的一次电流差距也较大，此时，接入到相应的断路器保护的二次电流的三相间电流值差距也会较大，如果差值大于装置的告警值，断路器保护会发出相应的告警信号。因此，当断路器保护发此类信号时，除检查本断路器的电流二次回路外，也可测量其他断路器的电流二次回路，判断是否属于一次设备直流电阻原因。

二、异常及故障的查找和分析方法

查找和分析二次回路的异常及故障，首先在于掌握二次回路的接线和原理，熟悉二次回路中不同的元件和导线发生异常时可能会出现哪些现象，再根据实际出现的异常，缩小查找的范围。然后再采取正确的查找方法，最终准确无误的查出故障并对异常行处理。

（一）查找异常及故障时应注意的问题和查找的一般步骤

1. 查找二次回路异常及故障时应注意的问题

（1）必须遵照符合实际的图纸进行工作，拆动二次回路接线端子，应先核对图纸及端子标号，做好记录和明显的标记，以便恢复。及时恢复所拆接线，并应核对无误，检查接触是否良好。

（2）需停用有关保护和自动装置时，应首先取得相应调度的同意。

（3）在交流二次回路查找异常及故障时，要防止电流互感器二次开路，防止电压互感器二次短路；在直流二次回路查找异常及故障时，在直流防止直流回路短路、接地。

（4）在电压互感器二次回路上查找异常时，必须考虑对保护及自动装置的影响，防止因失去交流电压而误动或拒动。

（5）查找过程中需使用高内阻的电压表或万用表电压挡。

2. 查找二次回路异常及故障的一般步骤

（1）掌握异常现状，收集有关资料。

（2）根据异常现象和图纸进行分析，确定可能发生异常的元件、回路。

（3）确定检查的顺序。结合经验，判断发生故障可能性较大的部分，对这部分首先进行检查。

（4）采取正确的检查方法，查找发生异常的元件、回路。

（5）对发生异常及故障的元件、回路进行处理。

（二）查找异常及故障的一般方法

1. 查找断线时的方法

（1）测导通法。测导通法是用万用表的欧姆挡测量电阻的方法查找断点。二次回路发生断线时，测导通法查找回路的断点是有效、准确的方法。但这种方法在实际使用中存在着一些障碍。测导通法只能测量不带电的元件和回路，对于带电的回路需要断开电源这首先可能会使运行中的设备失去交流二次电压或直流电源，其次在某些情况下，继电器等元件失磁变位后，接触不良故障可能暂时性自行消失，这也是该方法的不足之处。因此，对于运行中的带电回路，查找断线时一般不采取这种方法。

（2）测电压降法。测电压降法是用万用表的电压挡，测回路中各元件上的电压降。与测导通法相比，测电压降法适用于带电的回路。通过测量回路中各点的电压差，判断断点的位置。如果回路中只有一个断点，那么断点两端电压差应等于额定电压；如果回路中有两个或以上的断点，那么相隔最远两个断点的两端电压差等于直流额定电压。

（3）测对地电位法。测对地电位法是通过测量回路中各点对地电位，并与分析结果进行比较，通过比较查找断点的方法。测对地电位法与测电压降法同样适用于带电的回路。在直流回路中，如果只存在一个断点时，断点的正电源侧各点对地电位与正电源对地电位一致，负电源侧各点对地电位与负电源对地电位一致；当回路中存在多个断点时，离正电源最近的断点与正电源间各点对地电位与正电源对地电位一致，离负电源最近的断点与负电源间各点对地电位与负电源对地电位一致。

2. 查找短路的一般方法

（1）外部观察和检查。检查回路及相关设备、元件有无冒烟、烧伤痕迹或者继电器触点烧伤情况。冒烟的线圈或者烧伤的元件可能发生了短路。如果有烧伤的触点，那么触点所控制的部分可能存在短路。同时要检查回路中端子排及各元件的接线端子等回路中裸露的部位，看是否有明显的相碰，是否有异物短接或者裸露部分是否碰及金属外壳等。

在烧伤触点所控制的回路检查中，重点是检查该回路中各元件的电阻，看该电阻值是否变小。

（2）通过测量电阻缩小范围。首先断开回路中的所有分支，然后用万用表的欧姆挡测量第一分支回路的电阻。若电阻值不是很小，与正常值相差不太大，就可以接入所拆接线。再装上电源熔断器，若不熔断，说明是第一分支回路正常。用相同的方法，依次检查第二、第三分支回路。对于测量电阻值很小的分支回路或试投入时，熔断器再次熔断的分支回路，应进一步查明回路中的短路点。

3. 查找直流接地的方法及注意事项

（1）查找直流接地的方法。首先判断是哪一级绝缘降低或接地。当正极对地电压大于负极对地电压时，可判断为负极接地，反之则是正极接地。

然后结合直流系统的运行方式、操作情况及气候条件等进行直流接地点的判断。可采用"拉路"寻找、分段处理的方法进行直流接地点的查找，将整个直流系统分为直流电源部分、信号部分、控制部分。以先信号和照明部分、后操作部分，先室外部分、后室内部分的原则进行查找。在切断运行中的各专用直流回路时，切断时间不得超过 3s，不管回路接地与否均应立即把开关合上。当直流接地发生在充电设备、蓄电池本身和直流母线上时，用"拉路"的方法可能找不到接地点。当采取环路方式进行直流供电时，如果不将环路断开，也不能找到接地点。另外，也可能造成出现多点接地。进行"拉路"查找时，不能一下全部"拉掉"所有的接地点，"拉路"后仍然可能存在接地。

对于安装有微机绝缘监察装置的直流系统，可以测量出是正极接地还是负极接地，也可测量出哪个直流支路有接地点。

在判断出接地的极性和直流支路后，可依次断开接地支路的接地极上的分支回路，当断开支路后，直流系统电压恢复，可判断为该支路存在接地点，然后再依次断开该支路上的各分支进行判断，直至找到回路中的接地点。

目前，已有一种专用的仪器查找接地点，其原理大致是在直流系统中叠加一个非直流的信号，该信号会通过接地点形成的回路，然后使用专用的钳形电流表，测量所测回路、电缆中是否有该信号，以此来查找接地点。具体的方法在此不再详述。

（2）查找直流接地时的注意事项。

1）严禁使用灯泡查找接地点。

2）使用仪表进行检查时，仪表的内阻不应小于 $2000\Omega/V$。

3）当发生直流接地时，禁止在二次回路上工作。

4）在对直流接地故障进行处理时，不能发生直流短路，从而造成另一点的接地。

5）查找和处理直流接地时，必须由两人进行操作。

6）"拉路"前应采取相应的措施，以防因直流失电引起保护装置误动作。

三、案例分析

（一）案例一　接线错误导致保护的拒动

1. 事故经过

某发电厂的 2 号机高压厂用 6kV B 段工作进线断路器变压器侧发生短路故障，引起 2 号机组发电机—变压器组和高压厂用变压器差动等保护动作，将机组解列、灭磁，跳开厂用分支断路器，并由厂用电快速切换装置将备用进线断路器合上。此后，故障延伸至该段备用电源进线 TV 间隔和工作电源断路器母线侧，引起启动备用变压器差动和 220kV 侧过电流保护动作。但由于保护第一出口的接线错误，未能跳开启动备用变压器 220kV 侧 2200 断路器切除故障，最后经 58s 发展为变压器内部故障，靠重瓦斯保护动作跳闸，故障位置如图 6-2-1 所示。

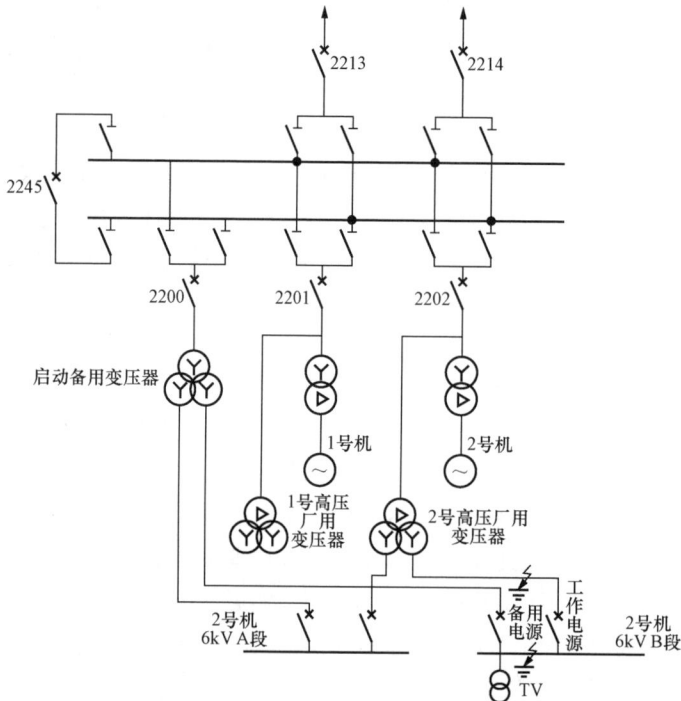

图 6-2-1　某电厂主接线及 2 号机 6kV 母线示意图

2. 事故分析

经查，启动备用变压器保护采用的是国外的 SR-745 继电器，该继电器共设 8 个出口，其中"1"出口是无触点晶闸管输出并且会导致直流系统一点接地，不符合国内设计直流系统的要求，1999 年 4 月生产厂商、某发电厂及基建调试单位共同商定后，临时将保护输出"1"出口临时改为继电器触点输出的备用"5"出口,保护装置的内部软件设置和外部输出触点接线均做了相应改动,通电试验后投入运行。

事故发生前,继电器生产厂将提供给某电厂的所有同型号的继电器做了更改,将原"1"出口的晶闸管输出改为继电器触点输出,重新供货,继电保护人员在恢复原继电器时,仅将保护装置的内部软件设置由"5"出口恢复至"1"出口,但继电器背后的接线未做改动,仍然接在"5"口上,修改后亦未做传动试验,埋下了隐患,从而导致了此次事故的扩大。

3. 采取对策

将保护装置外部输出线恢复正常,并重新进行传动检查,确保装置本身及回路的正确性。

(二)案例二 由于电流二次回路上误接线导致保护误动

1. 事故经过

某 500kV 站 500kV Ⅰ 母及 5011、5021、5031、5052 断路器检修状态,进行 5052-1 隔离开关 C 相异响的缺陷处理及更换 5011-1AB 相隔离开关、5021-1A 相隔离开关的工作。11 时 16 分,5021/5022 所带线路 PSL-603GA 保护零序Ⅳ段动作,5022 断路器跳闸。主接线示意如图 6-2-2 所示。

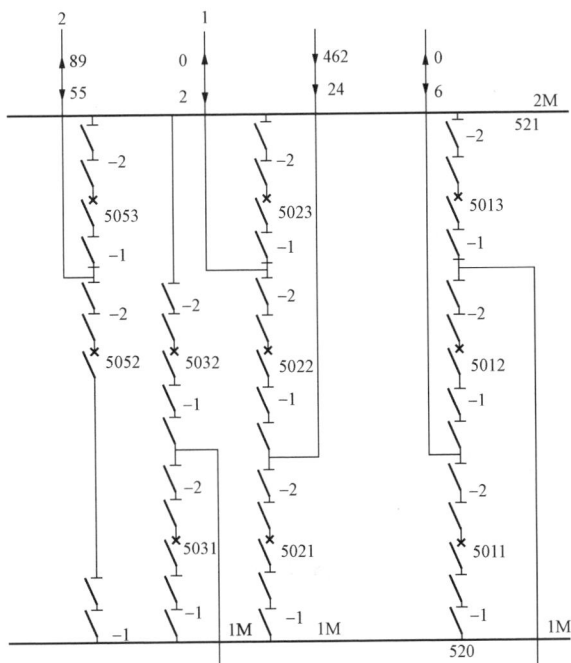

图 6-2-2 某站 500kV 部分主接线图

2. 事故分析

经调查，5052-1 隔离开关 C 相异响处理及 5011-1、5021-1 隔离开关更换工作的最后工序为隔离开关耐压试验。耐压试验前，需要短封相应开关进入两套线路保护的 TA，以防耐压不合格时，试验击穿电流流过 TA，对线路保护造成影响。高压专业的试验配合人员先进行了短封线路保护 PSL603GA 装置的 5021 A 相 TA 的工作。该工作人员未断开 5021TA 进入和回路的连片，而是直接短接了 5021 断路器 TA 二次回路的 A 相，分流造成进入装置的 A 相电流变小，保护装置感受到的零序电流超过零序Ⅳ段定值，保护动作，使 5022 断路器跳闸，如图 6-2-3 所示。

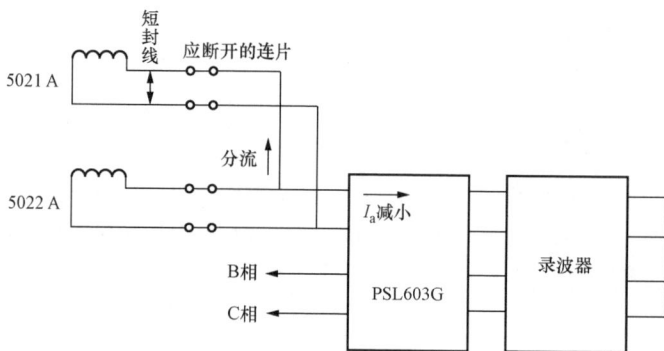

图 6-2-3　错误接线的电流回路接线图

（三）案例三　电压回路接线错误导致保护误动

1. 事故经过

某变电站连续发生如下三次保护误动作：

（1）A 变电站 L1 线 A 相经高阻接地，线路两侧高频相差切除故障，同时本变电站 L2 线高频区外故障反方向误动跳闸。

（2）某发电厂母线故障，A 变电站 L2 线路高频闭锁区外故障反方向又误动作跳闸。

（3）某变电站 2559 线 A 相接地故障，线路两侧相差高频动作切除故障，同时 A 变电站侧 L2 线高频闭锁区外反方向故障第三次误动作跳闸，主接线如图 6-2-4 所示。

2. 事故分析

这三次误跳闸原因是 A 变电站 220kV 母线 TV 二次开口三角 $3U_0$ 小母线 L 与 N 线接反，致使 JJL-21 在反向故障时误停高频闭锁信号而误动作跳闸。

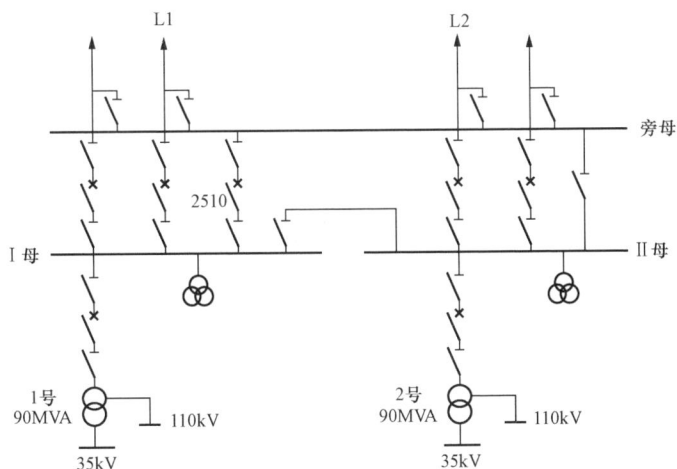

图 6-2-4 A 变电站主接线图

3. 采取对策

将 220kV 母线 YV 二次小母线 L 与 N 接线改正确。

（四）案例四 电流回路接线错误导致保护拒动

1. 事故经过

220kV 某线发生单相接地故障，本侧继电保护装置拒动，使对侧出线对侧零序后备保护误动作，造成本站全站停电（故障前该线路线两套高频保护均因装置缺陷退出运行）。

2. 事故分析

事故后到现场检查发现，造成这次保护拒动的原因是因为在保护屏 PXH-109X 的端子 1017 和 1018 之间跨有一条短线，如图 6-2-5 所示，发生故障时，$3I_0$ 经过这条短跨线流回中性线，使零序电流元件和零序功率方向元件电流线圈被短路，造成方向零序保护拒动。

3. 采取对策

拆除 1017 与 1018 之间的短跨线。

（五）案例五 未严格执行反措要求导致的事故

1. 事故经过

某变电站一条 220kV 线路，在进行高频闭锁式纵联保护停役进行检验时，在当拆开发信信号继电器 KS 的负电源（图"×"处）线时，引起该保护出口继电器 2KM 动作跳闸。误动过程：从图 6-2-6 可以看出，当断开时，引起 KM0 动作，经收信继电器动合触点与 KM0 动合触点启动 2KS 和 2KM，如图 6-2-6 中箭头所示。

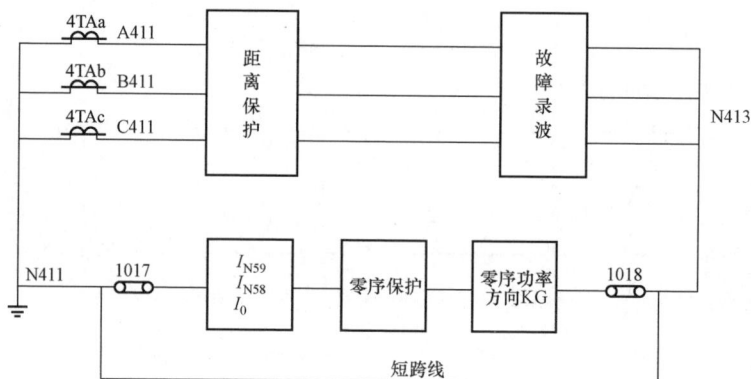

图 6-2-5　接线示意图

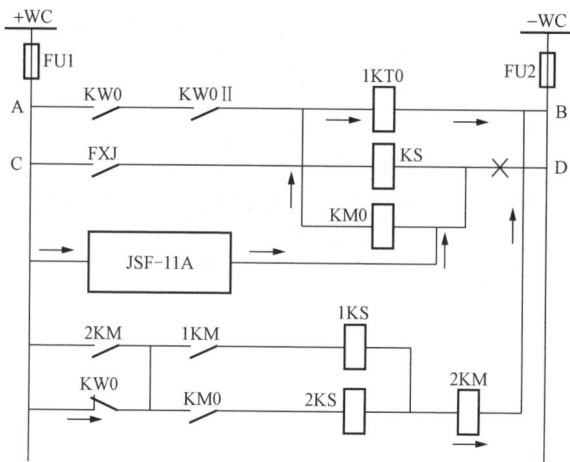

图 6-2-6　未按"专用端子对"接线产生的寄生回路

2. 事故分析

经过现场调查，由于零序电流方向二段时间继电器 1KT0 的负电源端子，与高频闭锁式纵联保护出口继电器 2KM 的负电源端子没有分开造成的。这是因为没有按各自的"专用端子对"接线，产生的寄生回路造成断路器跳闸。经过现场实测，KM0 线圈两端分得的电压为 150V，而 1KT0 和 JSF-11A 型装置各分得 34V 和 33V。

3. 采取对策

按部颁《反措》要求的规定，接到同一熔断器的几组继电保护的直流，均应有专用于直接到直流熔断器正负极电源的专用端子对，这一套保护的全部直流回路包括跳闸出口继电器的线圈回路，都必须且只能从这一端子取得直流的正负电源。为此，可以将图 6-2-6 改成图 6-2-7 接线，此时，在断开"×"线时，就不会发生上述事故跳闸了。图 6-2-7 中的 A、B 端子对，是属于零序电流方向二段保护装置的直流正和负电源，C、D 端子对，是属于高频闭锁式纵联保护装置的直流正和负电源。断开的"×"线实际断开的是 D 端子线，它就不会产生寄生回路。

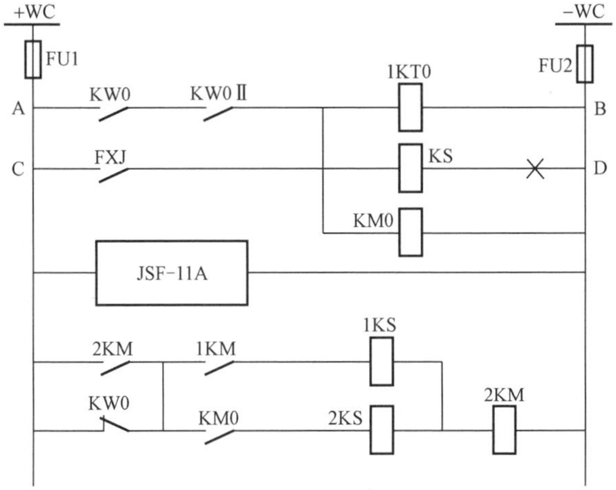

图 6-2-7 对图 6-2-6 的改进接线图

（六）案例六 由于操作箱设计原因导致断路器合闸后自行跳开

1. 事故经过

某 220kV 变电站运行人员进行某 110kV 断路器合闸操作时，发现异常情况：合闸瞬间，断路器立即跳开，控制屏亮"保护跳闸""控制回路断线"光子牌。保护装置（CSL-161A）装置告警、操作箱（SCX-11B，1997 年产品）跳闸灯亮。

2. 事故分析

在对保护装置及回路的检查中，发现控制电源断电后，再合闸即可完成操作，进一步检查发现，4D49（4N47，回路编号 37）在刚给上控制熔断器时，不带电（当时断路器在分位），合上断路器，带-110V 电压，拉开断路器瞬间及断路器分闸后，都带+110V 电压。在对操作箱内检查时发现在完成一次手动合闸、分闸后，操作箱 TJ 即保持，断开控制电源后立即复归。进一步对 TJ 启动回路检查发现在操作箱端子上，由于生产厂工艺原因，导致 4N47、4N49 与 4N48 导通，如图 6-2-8 和图 6-2-9 所示。

在刚给上控制电源时，如果断路器在分位，4N47、4N48、4N49 不带电，如果在合位，则带负电，在完成一次分闸后，由于在分闸瞬间 4N47、4N48、4N49 会带+110V 电压，会导致 TJ 动作，并通过 2XJ、TBJ 线圈保持，结果是 4N47、4N48、4N49 始终带正电。在继续合闸时，断路器合上瞬间，分闸回路导通，断路器跳开。

图 6-2-8 中黑色实心圆点表示有螺丝压接，黑点与黑点正常导通，但本装置的

4N48 端子（空心圆）也与黑点导通。

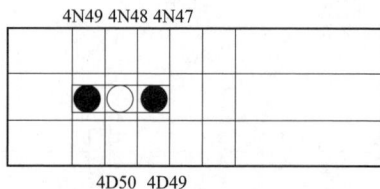

图 6-2-8 操作箱端子示意图

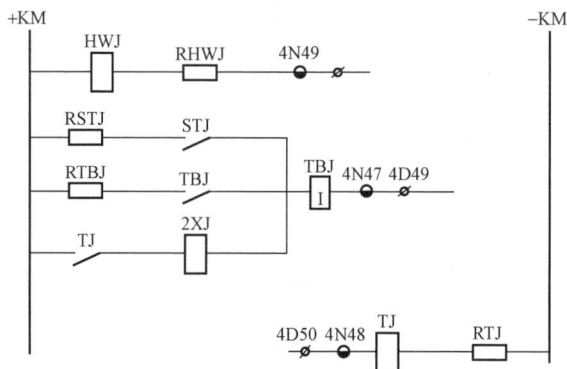

图 6-2-9 操作箱相关回路示意图

3. 事故分析

设备验收时，应检查端子上的连片是否存在此类的情况，建议将跨过其他端子的连片改为用导线直接连接。

（七）案例七 液压机构内继电器损坏导致开关控制回路异常

1. 异常经过

2006 年 3 月 14 日 7:15，某 220kV 变电站 254 断路器控制屏三相红灯全灭、254 断路器保护"重合闸充电"指示灯亮，运行人员检查控制保险正常，断路器机构压力正常。由信号分析，此时断路器已经闭锁分闸，经调度同意，拉开 254-1、254-2 隔离开关。

保护及检修人员到达现场前，运行人员为防止 254 断路器控制回路中有短路或接地情况，已将 254 断路器控制保险断开。保护及检修人员到达现场后，恢复控制保险，异常已消失。

控制回路如图 6-2-10 所示。图 6-2-10 中，1KYJJ 和 1KYJJ′为压力低闭锁分闸继电器；3KYJJ 为压力低闭锁合闸继电器；4KYJJ 为压力低闭锁操作继电器；KZJ 为开关机构内重动继电器；CK3 在闭锁压力低至闭锁合闸时动作；CK4 在闭锁压力低至闭锁分闸时动作；CK5 在闭锁压力低至闭锁操作时动作；3KYJJ 动断触点接入断路器保护，作为压力低闭锁重合闸开入。

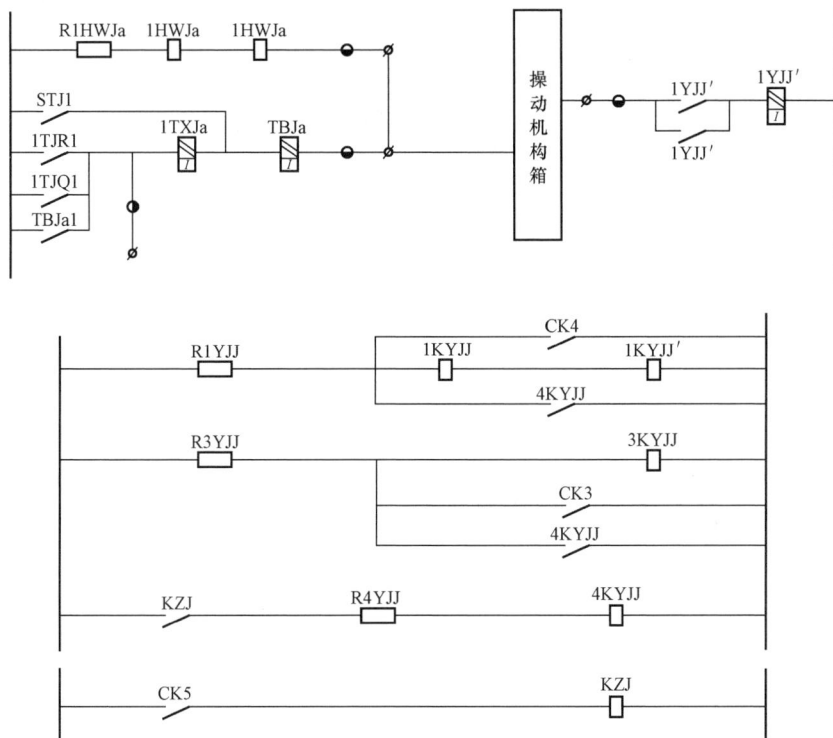

图 6-2-10 相关控制回路示意图

2. 异常分析

如果控制回路电源消失，现象与异常相同，现场检查电源回路接触良好，故排除此原因。

如果操作相内控制电源Ⅰ、Ⅱ切换回路发生问题，现象与异常相同。因 254 断路器只有一组控制电源，所以在 1997 年改造时已将控制电源Ⅰ与切换后的回路沟死，并且检查操作相背板与插件引脚接触良好，故排除此原因。

检查保护屏至机构箱的相关回路，接触良好，绝缘良好。

因异常发生时运行人员检查机构压力正常，因此可以排除 CK3、CK4、CK5 同时动作的可能。

分别模拟 CK3、CK4、CK5 动作，发现当 CK5 动作时，信号与异常相同。

进一步检查 CK5 相关回路，发现 KZJ 的触点间距相近，用 1000V 绝缘电阻表测试，绝缘电阻为 0。

分析结果为：KZJ 触点击穿，导致 4KYJJ 动作，4KYJJ 动合触点使常励磁 3KYJJ、1KYJJ 复归。3KYJJ 动断触点闭锁重合闸，使断路器保护发"重合闸充电"信号。1KYJJ 动合触点断开，闭锁分闸回路，三相 HWJ 复归，控制屏红灯灭。

3. 采取对策

更换了 KZJ 继电器，恢复断路器运行。

（八）案例八　由于隔离开关转换开关接点异常造成的二次反充电

1. 异常经过

2006 年 5 月 29 日，某 220kV 变电站 220kV 线路一 221 断路器及 220kV Ⅰ 母停电，值班员操作完 221 断路器停电、220kV Ⅰ 母设备倒至 Ⅱ 母后，拉开 201 断路器，此时 220kV 线路二、1 号主变压器、2 号主变压器、220kV 1 号、220kV 2 号母差均报 TV 断线，检查发现各装置 220kV 二次 B、C 相电压为 0，线路二三相二次电压均为 0，值班员检查发现 220kV 2 号 TV 二次熔断器 B、C 相熔断。在拉开 21-7 隔离开关后，恢复 BC 相熔断器后，除线路二外，其他装置恢复正常，线路二二次 A 相电压为 0，220kV Ⅱ 号母 TV 二次 B、C 相均为 57V。

保护人员逐个断开线路一、1 号主变压器、2 号主变压器、线路二二次切换前的 Ⅰ 母 B、C 相电压回路，发现当断开线路二相关回路时，220kV Ⅰ 母 TV 二次 B、C 相电压消失，进一步检查发现，线路二的线路保护 220kV Ⅱ 母二次电压 A 相熔断器熔断，更换后线路二线路保护 TV 断线信号恢复。保护人员对线路二 222 断路器 TV 二次电压切换回路检查发现，回路中所用 222-1 隔离开关动断触点不通，回路 62 带-110V 电压。因 220kV Ⅰ 母已停电，只能用控制正电 101 短接 62，模拟 222-1 隔离开关动断触点闭合。

2. 异常分析

2005 年，为处理 212-2 隔离开关 222 断路器曾在 220kV Ⅰ 母运行，此时合上 222-1 隔离开关，在 212-2 隔离开关处理完毕后，合上 222-2 隔离开关，拉开 222-1 隔离开关，此时 222-1 隔离开关动合触点断开，电压切换指示 Ⅰ 母灯灭，但此时因为 222-1 隔离开关动断触点不通，导致 1KYQJ 不能复归，220kV 母线二次电压在隆宁线二次并列。当 5 月 29 日拉开 201 隔离开关，220kV Ⅰ 母失电时，发生二次反充电，220kV 2 号 TV 二次熔断器 B、C 相熔断，线路二线路保护 220kV Ⅱ 母二次电压 A 相熔断器熔断，如图 6-2-11 和图 6-2-12 所示。

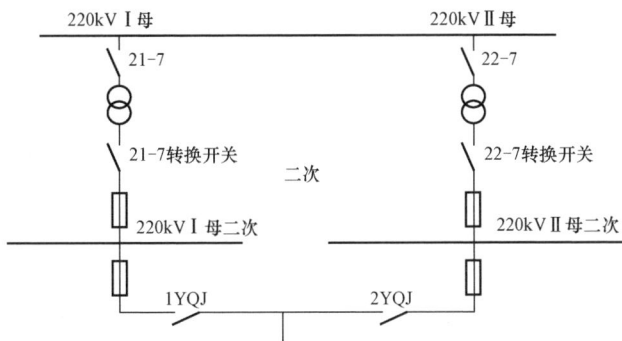

图 6-2-11 电压回路示意图

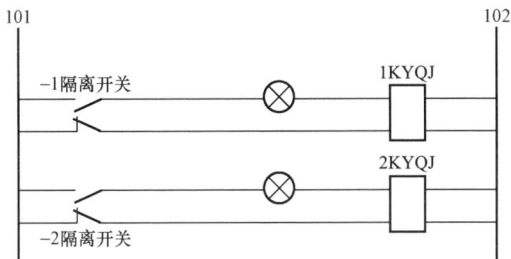

图 6-2-12 电压切换继电器回路

3. 采取对策

当发生此类异常时，一方面汇报调度，将 TV 断线可能误动的保护退出；另一方面，应拉开停电母线的隔离开关，断开反充电的回路，然后查找熔断的二次熔断器并更换，然后由保护人员逐个在有切换回路的保护屏断开停电母线的二次电压回路，在哪个屏断开回路后停电母线二次电压消失，就可能是该屏的切换回路异常，然后再查找发生切换回路异常的原因。

【思考与练习】

1. 可能导致控制回路断线的异常有哪些？

2. 查找直流接地的思路是什么？

3. 二次交流电压回路可能发生哪些异常？

第二部分

油 化 部 分

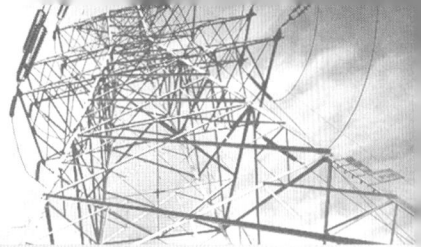

第七章

油样品采集及气体微水测试

▲ 模块 1 SF$_6$ 电气设备现场检漏（ZY1500212005）

【模块描述】本模块介绍 SF$_6$ 电气设备现场定性检漏和定量检漏。通过步骤讲解和要点归纳，掌握 SF$_6$ 电气设备现场定性检漏和定量检漏的目的、方法原理、危险点分析及控制措施以及准备工作、测试步骤、注意事项以及对测试结果的分析和测试报告编写要求。

【模块内容】

一、测试目的

SF$_6$ 电气设备中，气体介质的绝缘与灭弧能力主要依赖于充气密度（压力）和气体纯度。设备中气体的泄漏，不但导致气压降低，影响设备正常运行，而且泄漏的 SF$_6$ 气体中含有危害人体的有毒杂质。因此，一旦发生泄漏，应查找原因予以消除。SF$_6$ 气体泄漏量的检查是 SF$_6$ 电气设备交接和运行监督的主要项目。

二、方法概要

SF$_6$ 电气设备的气体泄漏检查可分为定性和定量两种形式。定性检漏只能确定 SF$_6$ 电气设备是否漏气，不能确定漏气量，也不能判断年漏气率是否合格，是定量检漏前的预检。定量检漏是通过包扎检查或压力折算求出泄漏点的泄漏量，从而得到气室的年泄漏率。定量检漏仪器的灵敏度不应低于 $10^{-6}\mu L/L$，测量范围达到 $10^{-6}\sim10^{-4}\mu L/L$。定量检漏通常有扣罩法、挂瓶法、局部包扎法、压力降法等方法。

三、危险点分析及控制措施

1. 防 SF$_6$ 气体中毒

严格采取通风措施，装有 SF$_6$ 设备的配电装置室内必须装设强力通风装置，且风口应设置在室内底部，工作人员进入 SF$_6$ 配电装置室，必须先通风 15min；不准一人进行检修工作。测试时，仪器的排气管路应引至仪器 10m 以外的低洼处，人应处在上风位置。

2. 防人身触电

工作负责人（监护人）应全面履行自己的安全监护职责，检查工作票上设备名称、编号应与检修设备一致；检查工作票所列安全措施是否正确、完备。工作前，对被监护人员交待安全措施，告知危险点和安全注意事项。工作中，应加强监护，注意人身与带电设备保持足够的安全距离。在变电站应由两人放倒搬运楼梯。不准超越遮栏进入运行设备区。

3. 防高空坠落

正确使用防滑绝缘梯；正确使用安全带；梯子须放置稳固，由专人扶持。

4. 防高空落物伤人

正确佩戴安全帽；严禁工作人员站在工作处的垂直下方。高处工作应使用工具袋，工具、器材上下传递应用绳索拴牢传递，严禁抛掷。

四、测试前准备工作

（1）查阅相关技术资料、试验规程，明确试验安全注意事项，编写作业指导书。

（2）准备好表 7-1-1 中的仪器和材料。

表 7-1-1　　　　　　　　　　仪 器 和 材 料

序号	仪　　器	规格要求	备　　注
1	真空泵	真空度小于 10Pa	校验合格，在有效期内
2	六氟化硫气体检漏仪	灵敏度不低于 $0.01 \times 10^6 \mu L/L$	校验合格，在有效期内
3	塑料布	厚度大于 0.1mm	
4	电源盘	1 个	
5	温、湿度仪	1 个	校验合格，在有效期内

五、现场测试步骤及要求

（一）SF_6 电气设备现场定性检漏

1. 抽真空检漏法

在设备制造、安装过程中可以采用这种方法。对试品抽真空，真空度到达 133Pa 以下时，使真空泵继续运转 30min，停泵 30min 后读取真空度 A，再过 5h 读真空度 B，如 $B-A$ 的值小于 133Pa，可以初步认为密封性能良好。

2. 定性检漏仪法

此方法适用于日常的 SF_6 设备检漏。将校验过的 SF_6 气体检漏仪探头沿着设备各连接口表面缓慢移动，根据仪器检出读数，判断接口处气体泄漏情况。检测时，一般探头移动速度以 10mm/s 左右为宜，以防移动过快而错过泄漏点。使用该方法时，应注意不要在风速过大的情况下检测，以避免泄漏气体被风吹走而影响检测结果。未发现泄漏点，则认为密封良好。

（二）现场定量检漏

1. 扣罩法

适合制造厂对设备进行整体检漏。将试品置于封闭的塑料罩内，经过一定时间后，测定罩内 SF_6 气体的浓度，计算出设备年漏气率。

如图 7-1-1 所示，用塑料薄膜、塑料大棚、密封房等把试品罩住（塑料薄膜可以制成一个塑料罩，内有骨架支撑，塑料罩不得漏气），也可以采用金属罩。扣罩前吹净试品周围残余的 SF_6 气体；试品充 SF_6 气体至额定压力后，间隔不少于 6～8h 才可以扣罩检漏；扣罩 24h 后，用检漏仪测试罩内 SF_6 气体的浓度；测试点通常选在罩内上、下、左、右、前、后，每点取 2～3 个数据；最后取罩内 SF_6 气体的平均浓度，计算其累计漏气量、绝对泄漏率、相对泄漏率等。

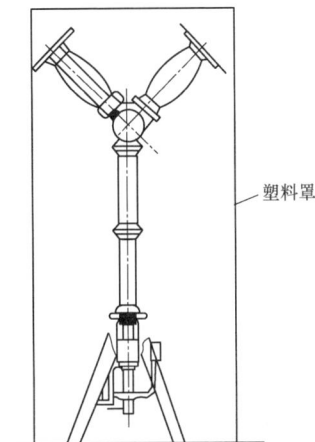

图 7-1-1　扣罩法检漏示意

若用扣罩法检查设备的泄漏情况，以 F_0 表示单位时间的漏气量，F_y 表示年漏气率，则

$$F_0 = \frac{\varphi(V_m - V_1)p_s}{\Delta t} \tag{7-1-1}$$

式中　F_0——单位时间漏气量，$Pa \cdot m^3 \cdot s^{-1}$；

　　　φ——扣罩内 SF_6 气体的平均浓度，$\mu L/L$；

　　　V_m——扣罩体积，m^3；

　　　V_1——SF_6 设备的外形体积，m^3；

　　　Δt——扣罩至测量的时间间隔，s；

　　　p_s——扣罩内的气体压力，MPa。

$$F_y = \frac{F_0 t}{V(p_r + 0.1)} \times 100 \tag{7-1-2}$$

式中　F_y——年漏气率，%；

　　　V——设备内充装 SF_6 气体的容积，m^3；

　　　p_r——SF_6 设备气体充装压力（表压），MPa；

　　　t——以年计算的时间，每年等于 $31.5 \times 10^6 s$。

2. 挂瓶法

用软胶管将试品检漏孔与挂瓶连接，间隔一定时间后，测定挂瓶内 SF_6 气体的浓度，计算出设备年漏气率。

挂瓶法适用于法兰面有双道密封槽（如图 7-1-2 所示的主密封、副密封）的 SF_6 电气设备，该类设备双道密封槽之间留有与大气相通的检漏孔。试品充气至额定压力，经一定时间间隔后，在检漏之前，取下检漏孔的螺塞，待双道密封间残余的气体排尽后，用软胶管连接检漏孔和挂瓶；一般挂瓶体积为 1L 的塑料瓶，挂一定时间间隔后，取下挂瓶；用灵敏度不低于 $0.01 \times 10^{-6} \mu L/L$ 经验验合格的检漏仪，测量挂瓶内 SF_6 气体的浓度；根据测得的浓度计算试品累计的漏气量、绝对泄漏率、相对泄漏率等。

3. 局部包扎法

试品的局部用塑料薄膜包扎，间隔一定时间后，测定包扎腔内 SF_6 气体的浓度，计算出设备年漏气率。

局部包扎法一般用于组装单元和大型产品的检测。包扎部位如图 7-1-3 中所示的 1～15 处。

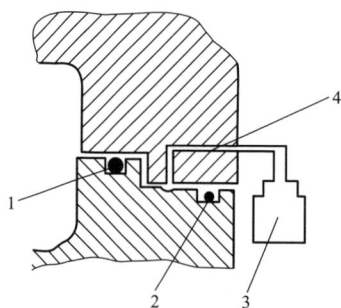

图 7-1-2 挂瓶法检漏示意
1—主密封；2—副密封；3—挂瓶；4—检漏孔

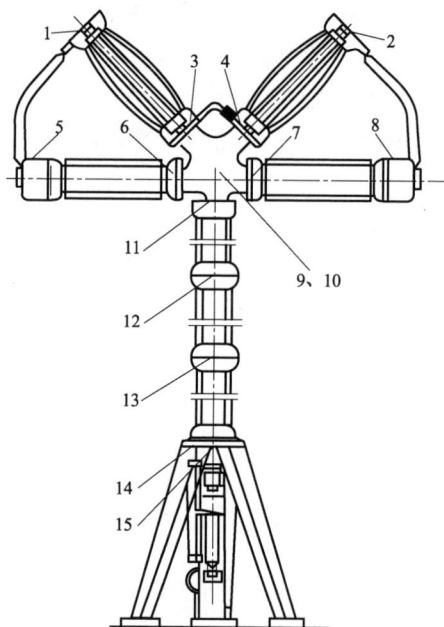

图 7-1-3 局部包扎法包扎部位

包扎时，可采用 0.1mm 厚的塑料薄膜按被试品的几何形状围一圈半，使接缝向上，包扎时尽可能整形成圆形或方形。边缘用白布带扎紧或用胶带沿边缘黏贴密封；塑料薄膜与被试品间应保持约 5mm 的空隙；间隔一段时间（一般为 24h）后，用检漏仪测量包扎腔内 SF_6 气体的浓度；根据测得的浓度计算漏气率等指标。

若用局部包扎法来检查设备的泄漏情况，假设共包扎了 n 个部位，单位时间内的漏气量以 F_0 表示，年漏气率以 F_y 表示，则

$$F_0 = \frac{\sum_{i=1}^{n} \varphi_i V_i \rho}{\Delta t} \qquad (7\text{-}1\text{-}3)$$

式中　ρ ——SF$_6$ 气体的密度（6.16g/L）；

φ_i ——每个包扎部件测得的 SF$_6$ 气体泄漏浓度，μL/L；

V_i ——每个包扎腔的体积，m^3；

Δt ——包扎至测量的时间间隔，s。

$$F_y = \frac{F_0 t}{Q} \times 100 \qquad (7\text{-}1\text{-}4)$$

式中　t ——以年计算的时间，每年等于 31.5×10^{6}s；

Q ——设备中充装 SF$_6$ 气体的质量，g。

采用包扎法时应注意：由于塑料薄膜对 SF$_6$ 气体有吸附作用，以及包扎的气密性和包扎体积的测量误差，都会影响年漏气率的准确计算。一般包扎前用吸尘器沿包扎面吸洗一次，包扎时间以 12~24h 为宜。同时，应注意检测仪器调零时，大气环境中的 SF$_6$ 气体含量应小于检漏仪的最低检测量。

4. 压力降法

通过对设备或隔室在一定时间间隔内测定的气压降，来计算设备年漏气率的方法。压力降法适用于漏气量较大的设备检漏，以及在运行中用于监督设备漏气情况。它的原理是测量一定时间间隔内设备的压力差，根据压力降来计算设备的漏气率。具体方法是：先测定 SF$_6$ 气体压力 p_1，根据 p_1 和当时的温度（T_1）换算出 SF$_6$ 气体密度 ρ_1；过一段较长的时间间隔，如 2~3 个月或半年，再测一次 SF$_6$ 气体压力 p_2，并根据 p_2 和此时的温度（T_2）换算出气体密度 ρ_2；根据一定时间间隔内 SF$_6$ 气体密度的变化计算出设备漏气率。

若以压力降法检查设备的漏气情况，要考虑 SF$_6$ 气体的温度、压力和密度三者的关系，按两次检查记录的设备 SF$_6$ 气体压力和检查时的环境温度算出 SF$_6$ 气体的密度，据此计算 F_y，则

$$F_y = \frac{\Delta \rho}{\rho_1} \times \frac{t}{\Delta t} \times 100 \qquad (7\text{-}1\text{-}5)$$

$$\Delta \rho = \rho_1 - \rho_2 \qquad (7\text{-}1\text{-}6)$$

式中　$\Delta \rho$ ——SF$_6$ 气体在两次检查时间间隔间的密度变化，g/L；

ρ_1 ——第一次检查设备压力时换算出的气体密度，g/L；

ρ_2 ——第二次检查设备压力时换算出的气体密度，g/L；

Δt ——两次检查之间的时间间隔，月；

t ——以年计算的时间，每年等于 12 月。

采用压力折算法时，对各气室的压力测量一般应选在上午 8～10 时进行，这时气室与环境的温差较小，压力测量较为准确。

六、测试结果分析及测试报告编写

（1）试验报告应包括内容：试验项目、日期、试品型号及出厂编号、试验依据和方法、试品状况、试验开始和结束时间、周围空气温度、SF$_6$ 气体的压力、仪表的制造厂和型号、精度及校准期限、试验结论试验人员等。

（2）我国规定：定性检漏设备无明显泄漏点，则认为密封良好；定量检漏要求每台设备年漏气率应小于 0.5%。

七、现场检测注意事项

扣罩法、局部包扎法、挂瓶法、压力降法测得的结果与实际泄漏值都有一定的误差。为了减少测量误差，在现场泄漏检测时，应注意以下事项：

（1）SF$_6$ 电气设备充气至额定压力，经 12～24h 之后方可进行气体泄漏检测。

（2）为了消除环境中残余的 SF$_6$ 气体的影响，检测前应先吹净设备周围的 SF$_6$ 气体，双道密封圈之间残余的气体也要排尽。

（3）采用包扎法检漏时，包扎腔尽量采用规则的形状，如方形、柱形等，使其易于估算包扎腔的体积。在包扎的每一部位，应进行多点检测，取检测的平均值作为测量结果。

（4）采用扣罩法检漏时，由于扣罩体积较大，应特别注意扣罩的密封，防止收集气体的外泄。检测时，应在扣罩内上下、左右、前后多点测量，以检测的平均值作为测量结果。

（5）定性检漏可以较直观地观察密封性能，对于定性检漏有疑点的部位，应采用定量检漏确定漏气的程度。如发现某一部位漏气严重，应进行处理，直到年泄漏率合格。

【思考与练习】

1. SF$_6$ 电气设备检漏有哪两种方法？

2. 对充有 SF$_6$ 气体的设备进行检漏的目的是什么？

3. 采用局部包扎法对 SF$_6$ 设备进行检漏，设备包扎部位的体积和检测浓度如表 7-1-2 所示，包扎时间为 24h。设备内 SF$_6$ 气体充气量为 36kg，求该 SF$_6$ 设备的气体年漏气率（已知 SF$_6$ 气体密度为 6.16g/L）。

表 7–1–2　　　　　　　　　　设备包扎部位的体积和检测浓度

项　　目	V1	V2	V3	V4	V5	V6	V7
体积（L）	10	10	10	10	5	5	5
浓度（μL/L）	40	30	55	60	80	25	40

◢ 模块 2　SF₆ 电气设备现场湿度测试（ZY1500212006）

【模块描述】本模块介绍 SF₆ 电气设备现场湿度的测试。通过步骤讲解和要点归纳，掌握电解法、露点法和阻容法测试 SF₆ 气体湿度的方法原理、危险点分析及控制措施以及准备工作、测试步骤、注意事项以及对测试结果的分析和测试报告编写要求。

【模块内容】

一、电解法

（一）方法原理

被测气样流经一个具有特殊结构的电解池时，其中的水蒸气被池内作为吸湿剂的 P_2O_5 膜层吸收、电解。当吸收和电解过程达到平衡时，电解电流正比于气样中的水蒸气含量，通过测量电解电流可得到气样的含水量。根据法拉第电解定律和气体状态方程式，可导出电解电流 I 与气样湿度之间的关系式为

$$I = \frac{QpT_0FU \times 10^4}{3p_0TV_0} \tag{7-2-1}$$

式中　Q——气样流量，mL/min；

p——环境压力，Pa；

T_0——临界绝对温度，273K；

F——法拉第常数，96485C；

U——气样湿度，μL/L；

p_0——标准大气压，101.325kPa；

T——环境温度，K；

V_0——摩尔体积，22.4L/mol。

（二）危险点分析及控制措施

（1）防 SF₆ 气体中毒。严格采取通风措施，装有 SF₆ 设备的配电装置室内必须装设强力通风装置，且风口应设置在室内底部，工作人员进入 SF₆ 配电装置室，必须先通风 15min；不准一人进行检修工作。测试时，仪器的排气管路应引至仪器 10m 以外

的低洼处，人应处在上风位置。

（2）防人身触电。工作负责人（监护人）应全面履行自己的安全监护职责，检查工作票上设备名称、编号应与检修设备一致；检查工作票所列安全措施是否正确、完备。工作前对被监护人员交待安全措施，告知危险点和安全注意事项。工作中，应加强监护，保持足够的安全距离。在变电站应由两人放倒搬运楼梯。不准超越遮栏进入运行设备区。

（3）防高空坠落。正确使用防滑绝缘梯；正确使用安全带；梯子须放置稳固，由专人扶持。

（4）防高空落物伤人。正确佩戴安全帽；严禁工作人员站在工作处的垂直下方。高处工作应使用工具袋，工具、器材上下传递应用绳索拴牢传递，严禁抛掷。

（5）防止漏气。采用专用接口连接气路，保证气路系统的密封性。操作时应轻、缓，避免阀门（如止回阀）出现故障。

（6）连接气路内部应干净，不得有接头磨损产生的金属粉末，以免造成电解池短路。

（三）测试前准备工作

（1）查阅相关技术资料、试验规程，明确试验安全注意事项，编写作业指导书。

（2）准备好表 7-2-1 中仪器和材料。

表 7-2-1　　　　　　　　　　电解法的仪器和材料

序号	仪　器	规　格　要　求	备　　注
1	电解式微量水分仪	测量范围 $0\sim1000\times10^{-6}\mu L/L$ 测量精度 $\pm10\%$	校验合格，在有效期内
2	开关接头	设备充放气专用接头	各厂家接头不同
3	皂膜流量计	体积 100mL，精度 $\pm5\%$	
4	排气乳胶管	长 10m	
5	电源盘	1 个	
6	温、湿度仪	1 个	

（四）测试步骤及要求

（1）气密性检查。检查测试系统所有接头处应无泄漏，否则，会由于空气中水分的渗入而使测量结果偏高。

（2）SF_6 气体流量的标定。用于测量流量的浮子流量计用皂膜流量计标定，要求标定 100mL/min 和 50mL/min 两点，标定过程中浮子应保持稳定。

（3）电解池及测量仪器的干燥。利用高纯氮气进行干燥，将控制阀置于干燥挡，缓慢打开测试流量阀，以 20～50mL/min 的流量干燥电解池。为节约用气，旁通流量可减小或关闭，当表头示值下降至 5×10⁻⁶µL/L 以下时，可以认为仪器完成干燥。

（4）电解池灵敏度检查。将被测气体流量从 100mL/min 降为 50mL/min 时，所读到的含水量数值应该是初始值的一半（分别扣除相应流速的标底后），最大相对偏差为 10%。若读到的数值明显偏离初始值，表明电解池灵敏度低，需要对电解池进行处理后再进行测试。

（5）测量。将控制阀置于"测量位置"，准确调节测试流量为 100mL/min，直到仪器示值稳定后读数，该读数减去标底值为被测气中水分含量。

（6）重复测量。将控制阀切换到"干燥位置"约 20～30s（可根据仪器电解池的电解效果的快慢而定），然后切换至"测量位置"直到示值稳定后读数。

（五）测试结果分析及测试报告编写

（1）测量结果的温度换算。

1）由于环境温度对设备中气体湿度有明显的影响，测量结果应换算到 20℃时的数值。

2）如设备生产厂提供有换算曲线、图表，可采用厂家提供的曲线、图表进行温度换算。

3）在设备生产厂没有提供可用的换算曲线、图表时，测量结果推荐使用表 7-2-2 将检测结果换算到20℃时的数值。

表 7-2-2　　　　　SF₆气体湿度测量结果的温度换算表（节选）

实测湿度值 R（µL/L）	环境温度 t（℃）																				
	15	16	17	18	19	20	21	22	23	24	25	26	27	28	29	30	31	32	33	34	35
50	59	57	55	53	51	50	47	45	42	40	38	36	35	33	31	30	28	27	25	24	23
60	71	68	66	64	62	60	57	54	51	48	46	44	42	39	38	36	34	32	31	29	28
70	82	80	77	74	72	70	66	63	60	57	54	51	49	46	44	42	40	38	36	34	33
80	94	91	88	85	82	80	76	72	68	65	62	58	56	53	50	48	45	43	41	39	37
90	106	102	99	96	92	90	85	81	77	73	69	66	63	60	57	54	51	49	47	44	42
100	118	114	110	106	103	100	95	90	85	81	77	73	70	66	63	60	57	54	52	49	47
110	129	125	121	117	113	110	104	99	94	89	85	81	77	73	70	66	63	60	57	54	52
120	141	136	132	127	123	120	113	108	102	97	93	88	84	80	76	72	69	66	62	60	57
130	153	148	143	138	134	130	123	117	111	106	100	96	91	87	82	78	75	71	68	65	62
140	165	159	154	149	144	140	132	126	120	114	108	103	98	93	89	85	81	77	73	70	66
150	176	170	165	159	154	150	142	135	128	122	116	110	105	100	95	91	86	82	79	75	71
160	188	182	176	170	164	160	151	144	137	130	124	118	112	107	102	97	92	88	84	80	76

续表

实测湿度值 R (μL/L)	环境温度 t（℃）																				
	15	16	17	18	19	20	21	22	23	24	25	26	27	28	29	30	31	32	33	34	35
170	205	197	189	182	176	170	161	153	145	138	132	125	119	114	108	103	98	94	89	85	81
180	217	209	201	193	186	180	170	162	154	147	140	133	126	120	115	109	104	99	95	90	86
190	229	220	212	204	196	190	180	171	163	155	147	140	134	127	121	116	110	105	100	95	91
200	241	232	223	214	207	200	189	180	171	163	155	148	141	134	128	122	116	111	105	101	96
210	253	243	234	225	217	210	199	189	180	171	163	155	148	141	134	128	122	116	111	106	101
220	265	255	245	236	227	220	208	198	189	179	171	163	155	148	141	134	128	122	116	111	106
230	277	266	256	247	238	230	218	207	197	188	179	170	162	154	147	140	134	128	122	116	111
240	289	278	267	257	248	240	227	216	206	196	187	178	169	161	154	147	140	133	127	121	116
250	301	289	278	268	258	250	237	225	214	204	194	185	176	168	160	153	146	139	133	126	121
260	313	301	290	279	268	260	246	234	223	212	202	193	184	175	167	159	152	145	138	132	126
270	325	312	301	289	279	270	256	243	232	221	210	200	191	182	173	165	158	150	143	137	131
280	337	324	312	300	289	280	265	252	240	229	218	208	198	289	180	172	164	156	149	142	136
290	349	336	323	311	299	290	275	261	249	237	226	215	205	195	186	178	170	162	154	147	141
300	361	347	334	322	310	300	284	271	258	245	234	223	212	202	193	184	176	167	160	152	146
310	373	359	345	332	320	310	294	280	266	254	242	230	219	209	199	190	181	173	165	158	151
320	385	370	356	343	330	320	303	289	275	262	249	238	227	216	206	197	187	179	171	163	156
330	397	382	367	354	341	330	313	298	283	270	257	245	234	223	213	203	193	185	176	168	161
340	409	393	378	364	351	340	322	307	292	278	265	253	241	230	219	209	199	190	182	173	166
350	421	405	389	375	361	350	332	316	301	287	273	260	248	237	226	215	205	196	187	179	171
360	433	416	401	386	372	360	341	325	309	295	281	268	255	243	232	222	211	202	193	184	176
370	445	428	412	396	382	370	351	334	318	303	289	275	263	250	239	228	217	208	198	189	181
380	457	439	423	407	392	380	360	343	327	311	297	283	270	257	245	234	223	213	204	194	186
390	469	451	434	418	403	390	370	352	335	320	305	290	277	264	252	240	229	219	209	200	191
400	481	462	445	428	413	400	379	361	344	328	312	298	284	271	259	247	235	225	215	205	196
410	505	483	463	444	425	410	389	370	353	336	320	305	291	278	265	253	241	230	220	210	201
420	517	495	474	454	436	420	398	379	361	344	328	313	298	285	272	259	247	236	226	215	206
430	529	507	485	465	446	430	408	388	370	353	336	321	306	292	278	266	253	242	231	221	211
440	541	518	497	476	456	440	417	397	379	361	344	328	313	298	285	272	259	248	237	226	216
450	554	530	508	487	467	450	427	406	387	369	352	336	320	305	291	278	266	254	242	231	221
460	566	542	519	498	477	460	436	415	396	377	360	343	327	312	298	284	272	259	248	236	226
470	578	554	530	508	488	470	446	424	405	386	368	351	335	319	305	291	278	265	253	242	231
480	590	565	542	519	498	480	455	434	413	394	376	358	342	326	311	297	284	271	259	247	236

续表

实测湿度值 R（μL/L）	环境温度 t（℃）																				
	15	16	17	18	19	20	21	22	23	24	25	26	27	28	29	30	31	32	33	34	35
490	603	577	553	530	508	490	465	443	422	402	383	366	349	333	318	303	290	277	264	252	241
500	615	589	564	541	519	500	474	452	431	410	391	373	356	340	324	310	296	282	270	258	246
510	627	600	575	552	529	510	484	461	439	419	399	381	363	347	331	316	302	288	275	263	251
520	639	612	587	562	539	520	493	470	448	427	407	388	371	354	338	322	308	294	281	268	256
530	652	624	598	573	550	530	503	479	456	435	415	396	378	361	344	329	314	300	286	274	261
540	664	636	609	584	560	540	512	488	465	444	423	404	385	367	351	335	320	305	292	279	266
550	676	647	620	595	570	550	522	497	474	452	431	411	392	374	357	341	326	311	297	284	272
560	688	659	632	605	581	560	531	506	482	460	439	419	399	381	364	348	332	317	303	289	277
570	700	671	643	616	591	570	541	515	491	468	447	426	407	388	371	354	338	323	308	295	282
580	713	682	654	627	601	580	550	524	500	477	455	434	414	395	377	360	344	329	314	300	287
590	725	694	665	638	612	590	560	533	508	485	463	441	421	402	384	367	350	334	320	305	292
600	737	706	676	649	622	600	569	542	517	493	470	449	428	409	390	373	356	340	325	311	297
610	749	718	688	659	633	610	579	551	526	501	478	456	436	416	397	379	362	346	331	316	302
620	761	729	699	670	643	620	588	561	534	510	486	464	443	423	404	386	368	352	336	321	307
630	774	741	710	681	653	630	598	570	543	518	494	472	450	430	410	392	374	358	342	327	312
640	786	753	721	692	664	640	607	579	552	526	502	479	457	437	417	398	380	363	347	332	317
650	798	764	733	703	674	650	617	588	560	535	510	487	465	444	424	405	386	369	353	337	322
660	810	776	744	713	684	660	626	597	569	543	518	494	472	450	430	411	393	375	358	343	328
670	823	788	755	724	695	670	636	606	578	551	526	502	479	457	437	417	399	381	364	348	333
680	835	800	766	735	705	680	645	615	587	559	534	509	486	464	443	424	405	387	370	353	338
690	847	811	778	746	715	690	655	624	595	568	542	517	494	471	450	430	411	392	375	359	343
700	859	823	789	756	726	700	664	633	604	576	550	525	501	478	457	436	417	398	381	364	348
710	871	835	800	767	736	710	674	642	613	584	558	532	508	485	463	443	423	404	386	369	353
720	884	863	811	778	746	720	683	651	621	593	566	540	515	492	470	449	429	410	392	375	358
730	917	874	834	796	761	730	693	660	630	601	573	547	523	499	477	455	435	416	397	380	363
740	929	886	846	807	771	740	702	669	639	609	581	555	530	506	483	462	441	422	403	385	368
750	942	898	857	818	781	750	712	679	647	618	589	563	537	513	490	468	447	427	409	391	374
760	954	910	868	829	792	760	721	688	656	626	597	570	544	520	497	474	453	433	414	396	379
770	967	922	880	840	802	770	731	697	665	634	605	578	552	527	503	481	459	439	420	401	384
780	979	934	891	851	813	780	740	706	673	642	613	585	559	534	510	487	466	445	425	407	389
790	992	946	903	862	823	790	750	715	682	651	621	593	566	541	516	493	472	451	431	412	394
800	1004	958	914	873	833	800	759	724	691	659	629	600	573	548	523	500	478	457	437	417	399

（2）测量结果报告应包括内容：被测设备名称、型号、出厂编号，湿度测量仪器名称、型号，校验日期，测量日期，环境温度，相对湿度，大气压力，天气状况，测量结果和分析意见，试验人员、审核、负责人等。

（3）对于断路器等有电弧气室，SF_6 湿度（20℃）要求投运前不大于 150μL/L、运行中不大于 300μL/L。对于没有电弧的其他气室，SF_6 湿度（20℃）要求投运前不大于 250μL/L、运行中不大于 500μL/L。

（六）测试注意事项

（1）测量管路和测量接头的要求。

1）测量管路用不锈钢管或聚四氟乙烯管，长度一般在 2m 左右，内径 2～3mm。不得使用乳胶管或橡皮管。

2）测量管路应无扭曲、弯折、漏气现象。

3）测量管路使用前洗净，再吹干或烘干，平时应放置在干燥器中保存。

4）测量接头要求用金属材料，内垫用金属垫片或用聚四氟乙烯垫片，平时应放置在干燥器中保存。

（2）被测量设备与微量水分测量仪器应该使用专用接头和管路连接，仪器要按说明书操作。缓慢开启设备阀门，仔细调节气体的压力和流速。测量过程中要保持测定流量的稳定。

（3）测量完毕后，仪器应该用干燥氮气吹 10～20min 后将仪器关闭，把仪器接头封好备用。

（4）取样测量管路和接头使用前，要用 500W 以上的吹风机用热风吹 10～15min，然后与仪器连接。

（5）测量仪器的气体出口应该配有长 5m 以上的排气管，防止大气中的水分从排气口渗入仪器而影响测量结果；排气口远离测试人员，以免受受到 SF_6 气体中的有毒成分危害。

（6）测量时要求环境温度为 5～35℃（尽可能在 10～30℃下测量），相对湿度不大于 85%。

（7）当测量结果接近水分允许含量标准的临界值时，至少应该复测一次。

二、露点法

（一）方法原理

露点法是检测气体中的微量水分的经典方法，其原理为：使被测气体在恒定压力下，以一定流量经露点仪测试室中的抛光金属镜面，当气体中的水蒸气分压随着镜面温度的逐渐降低而达到镜面温度时的饱和蒸汽压时，镜面上开始凝结出露（或霜）。此时所测量到的镜面温度即为露点，通过露点温度可以求得到气体湿度值。露点测量仪器按制冷方式，分为制冷剂制冷和半导体制冷两类，按测量温度的方式分为目视测量和光电测量两种。

（二）测试前准备工作

（1）查阅相关技术资料、试验规程，明确试验安全注意事项，编写作业指导书。

（2）准备好表 7-2-3 中仪器和材料。

表 7-2-3　　　　　　　　　　　测 试 器 材

序号	仪器	规格要求	备注
1	冷凝式露点水分测量仪	测量露点范围应满足-60～10℃	校验合格，在有效期内
2	开关接头	设备充放气专用接头	各厂家接头不同
3	排气乳胶管	长 10m	
4	电源盘	1个	
5	温、湿度仪	1个	

（三）测量步骤

用光电测量方式的露点仪器，按仪器的说明书操作，可直接得到露点值。一般在大气压力下的测试，气体流量控制 30～40L/h。

（四）测试结果分析

（1）试验结果根据表 7-2-4 露点和体积分数（μL/L）换算对照表，将露点值换算为体积分数。

表 7-2-4　　　　　　　露点和体积分数（μL/L）换算对照表（节选）

体积分数 露点	0.0	0.1	0.2	0.3	0.4	0.5	0.6	0.7	0.8	0.9
-20	1019	1009	1000	990.1	981.0	971.6	962.3	953.0	943.9	934.8
-21	925.9	916.9	908.1	899.3	890.6	882.0	873.4	865.1	856.7	848.4
-22	840.2	832.0	823.9	815.9	807.9	800.1	792.3	784.6	776.9	769.3
-23	761.8	754.3	747.0	739.6	732.4	725.2	718.1	711.0	703.9	697.0
-24	690.2	683.4	676.6	670.0	663.4	656.8	650.2	643.8	637.4	631.1
-25	624.9	618.7	612.4	606.4	600.3	594.4	588.5	582.5	576.7	570.9
-26	565.3	559.5	553.9	548.4	542.8	537.4	532.0	526.7	521.3	516.1
-27	510.9	505.7	500.6	495.6	490.5	485.5	480.6	475.7	470.9	466.0
-28	461.3	456.7	452.0	447.4	442.8	438.3	433.8	429.3	425.0	420.6

续表

露点 体积分数 露点	0.0	0.1	0.2	0.3	0.4	0.5	0.6	0.7	0.8	0.9
−29	416.3	412.0	407.8	403.6	399.4	395.3	391.2	387.2	383.2	379.3
−30	375.3	371.5	367.6	363.8	360.0	356.3	352.5	348.9	345.2	341.7
−31	338.1	334.6	331.1	327.5	324.2	320.7	317.4	314.1	310.8	307.5
−32	304.2	301.1	297.9	294.8	291.6	288.5	285.5	282.5	279.5	276.5
−33	273.6	270.7	267.8	265.0	262.2	259.3	256.6	253.9	251.1	248.5
−34	245.8	243.1	240.6	238.0	235.4	232.9	230.4	227.9	225.5	223.0
−35	220.6	218.3	215.9	213.5	211.3	209.0	206.7	204.4	202.3	200.0
−36	197.8	195.8	193.6	191.5	189.3	187.4	185.3	183.2	181.2	179.3
−37	177.3	175.3	173.4	171.5	169.6	167.7	165.9	164.1	162.3	160.5
−38	158.7	157.0	155.2	153.5	151.7	150.0	148.4	146.8	145.1	143.5
−39	142.0	140.4	138.8	137.2	135.6	134.2	132.7	131.2	129.7	128.2
−40	126.8	125.4	124.0	122.5	121.1	119.8	118.5	117.1	115.8	114.5
−41	113.1	111.8	110.6	109.4	108.1	106.9	105.6	104.4	103.3	102.1
−42	100.9	99.70	98.65	97.52	96.40	95.29	94.20	93.11	92.08	90.98
−43	89.93	88.88	87.86	86.84	85.83	84.85	83.86	82.88	81.92	80.97
−44	80.03	79.09	78.17	77.27	76.36	75.47	74.58	73.71	72.84	71.99
−45	71.15	70.31	69.49	68.67	67.86	67.06	66.27	65.48	64.71	63.94
−46	63.19	62.44	61.70	60.97	60.24	59.53	58.82	58.11	57.42	56.73
−47	56.05	55.39	54.72	54.07	53.42	52.77	52.14	51.52	50.90	50.29
−48	49.67	49.08	48.49	47.90	47.32	46.75	46.18	45.62	45.06	44.52
−49	43.98	43.45	42.91	42.39	41.88	41.36	40.86	40.36	39.86	39.38
−50	38.89	38.41	37.94	37.47	37.01	36.55	36.11	35.66	35.22	34.79
−51	34.35	33.93	33.50	33.09	32.69	32.27	31.88	31.48	31.09	30.69
−52	30.32	29.93	29.56	29.19	28.83	28.46	28.10	27.75	27.40	27.06
−53	26.71	26.38	26.05	25.72	25.39	25.07	24.75	24.44	24.13	23.82
−54	23.51	23.22	22.93	22.64	22.34	22.05	21.78	21.50	21.22	20.95
−55	20.68	20.41	20.16	19.89	19.63	19.39	19.13	18.88	18.64	18.40
−56	18.16	17.93	17.70	17.46	17.24	17.02	16.79	16.57	16.36	16.14
−57	15.93	15.73	15.51	15.31	15.11	14.92	14.72	14.53	14.33	14.15

续表

露点\体积分数\露点	0.0	0.1	0.2	0.3	0.4	0.5	0.6	0.7	0.8	0.9
−58	13.96	13.77	13.59	13.42	13.24	13.06	12.89	12.71	12.55	12.38
−59	12.21	12.05	11.89	11.74	11.58	11.42	11.27	11.12	10.97	10.82
−60	10.68	10.53	10.38	10.25	10.11	9.980	9.846	9.713	9.581	9.452

（2）测量结果应换算到20℃时的数值。如设备生产厂提供有换算曲线、图表，可采用厂家提供的曲线、图表进行温度换算。否则，推荐使用表7-2-2进行换算。

（五）测试注意事项

（1）测量管路和测量接头的要求同电解法。

（2）测量压力要求与大气压力相同，仪器测量室出气口直接与大气相通。在仪器允许的条件下也可以在设备压力下测量，但要按照说明书要求进行操作和换算。

（3）当测量结果接近设备中水分允许含量标准的临界值时，至少应该复测一次。

三、阻容法

（一）方法原理

通过电化学方法在金属铝表面形成一层氧化膜，进而在膜上镀一薄层金属，这样铝基体和金属膜便构成了一个电容器。当 SF_6 气体通过时，多孔氧化铝层因吸附了水蒸气，使两极间电容发生改变，其改变量与水蒸气浓度密切相关，所以测出探头在气体中的电容值，就可得到气体中水蒸气的浓度。

（二）测量步骤

（1）仪器的干燥。仪器在开机后示值若高于−50℃，则应通高纯氮气干燥，使示值低于 −50℃再进行测量。

（2）传感器的保护。为防止传感器的老化，保证检测精确度，仪器在闲置时，传感器应带上保护罩，放在装有分子筛干燥剂的密封干燥筒中保存。拆卸保护罩时，应绝对避免直接用手指或其他东西触摸传感器，使用传感器时，应避免剧烈振动和冲击。

（3）用阻容法测量微量水分的仪器种类很多，要按照说明书操作。

（三）测试结果分析

（1）试验结果根据表7-2-4将露点值换算为体积分数。

（2）测量结果应换算到20℃时的数值。如设备生产厂提供有换算曲线、图表，可采用厂家提供的曲线、图表进行温度换算。否则，推荐使用表7-2-4进行换算。

（1）如果换算值可以由实测值直接从表 7–2–4 中查出，即为换算值。

（2）如果换算值不能由实测值直接从表 7–2–4 中查出，可采用以下公式计算换算值。

$$V_{Y(t)} = V_{Y(0)} + (V_{Y(1)} - V_{Y(0)})/10 \times (V_{X(t)} - V_{X(0)}) \ 或$$

$$V_{Y(t)} = V_{Y(1)} - (V_{Y(1)} - V_{Y(0)})/10 \times (V_{X(1)} - V_{X(t)})$$

式中　$V_{Y(t)}$——测试温度下的实测值换算到 20℃下的湿度值；

$V_{X(t)}$——测试温度下的实测湿度值；

$V_{X(1)}$、$V_{X(0)}$——同一环境温度下与实测值最接近的整数值；

$V_{Y(1)}$、$V_{Y(0)}$——$V_{X(1)}$、$V_{X(0)}$换算到 20℃以下的湿度值。

【思考与练习】

1. 简述 SF_6 电气设备气体湿度测试的必要性。

2. 简述电解法测试气体湿度的原理。

3. 简述露点法测试气体湿度的原理。

▶ 模块 3　油试验分析样品的采集及保存（ZY1500212001）

【模块描述】本模块介绍油试验分析样品的采集及保存。通过步骤讲解和要点归纳，掌握油试验分析样品采集的目的、方法、危险点分析及控制措施、取样前准备工作、现场取样步骤及要求，掌握油样的运输和保存的注意事项。

【模块内容】

一、采集油样目的

为加强新油验收和对充油电气设备油质的监督和维护，延缓油质的老化进程，保证设备的健康运行，必须定期取油进行化验分析。正确的取样方法是取得具有代表性试样的前提，是保证结果真实的先决条件。

二、方法概要

取油作业是指对所有充油电气设备（包括变压器、套管、电流互感器、电压互感器等）和油桶（罐）中的现场取样操作作业，包括为色谱分析、微水分析、油质常规试验、颗粒度测试等项目所需的取样作业。

三、危险点分析及控制措施

（1）防触电。工作负责人（监护人）应全面履行自己的安全监护职责，检查工作票上设备名称、编号应与检修设备一致。检查工作票所列安全措施是否正确、完备。工作前对被监护人员交待安全措施，告知危险点和安全注意事项。工作中，应加强监护，带电取样时应注意人身与带电设备保持足够的安全距离，并做好防止感应电伤人的措施。在变电站应由两人放倒搬运绝缘梯。不准超越遮栏进入运行设备区。

（2）防高处坠落。正确使用防滑绝缘梯；正确使用安全带；梯子须放置稳固，由专人扶持。

（3）防高空落物伤人。正确佩戴安全帽；严禁工作人员站在工作处的垂直下方。高处工作应使用工具袋，工具、器材上下传递应用绳索拴牢传递，严禁抛掷。

（4）取完油样后应关好取样阀，不得漏油、渗油，并做好工作地点的清洁。

四、取样前准备工作

（1）查阅相关技术资料、规程，明确取样安全注意事项，编写作业指导书。

（2）取样工具的准备。

1）准备好表 7-3-1 所列的工具和材料。

表 7-3-1　　　　　　　　　　油样取样工具及材料

序号	工具名称	型　号	单位	数量	备　注
1	活动扳手	各种型号	把	各 1	
2	管钳	15″	把	1	
3	螺丝刀	各种型号	套	1	
4	取样瓶	1000、500mL（附带标签）	只	每台 1 只	适用于油质分析
5	玻璃注射器	10、20、100mL（附带标签）	只	每台 1 只	适用于色谱、微水分析
6	色谱专用采样箱	用于放置注射器	个	1	
7	油样采样箱	用于放置取样瓶	个	1	
8	安全带	双控	条	1	
9	油桶		只	1	
10	绝缘梯	根据设备高低而定	把	1	
11	乙烯带		卷	1	
12	甲级棉纱			若干	

2）取样瓶的准备。500～1000mL 磨口具塞试剂瓶（适用于常规分析油样），取样瓶先用洗涤剂进行清洗，再用自来水冲洗，最后用蒸馏水洗净、烘干、冷却后，盖紧瓶塞，黏贴标签待用。

3）注射器。100mL 玻璃注射器［适用于油中水分含量测定和油中溶解气体（油中含气量）分析］。

a. 注射器的要求。注射器应气密性好（气密性检查采用 GB/T 17623—2017《绝缘油中溶解气体组分含量的气相色谱测定法》规定的方法：用玻璃注射器取可检出氢气含量的油样，储存至少两周，在储存开始和结束时，分析样品中的氢气含量，以检验注射器的气密性。合格的注射器每周允许损失的氢气含量应小于 2.5%）。注射器芯塞应无卡涩，可自由滑动，应装在专用取样箱内，避光、防振、防潮等。

b. 注射器的准备。取样注射器使用前，应按顺序用有机溶剂、自来水、蒸馏水洗净，在 105℃ 下充分干燥，干燥后，立即用小胶帽盖住头部，黏贴标签待用（最好保存在干燥器中）。

4）其他取样器。

a. 桶内取样用的取样管见图 7-3-1，选取 2～3 根取样管洗净后，自然干燥后两端用塑料帽封住，待用。

b. 油罐或油槽车内取样用的取样勺见图 7-3-2，选好取样勺，洗净自然干燥后，待用。

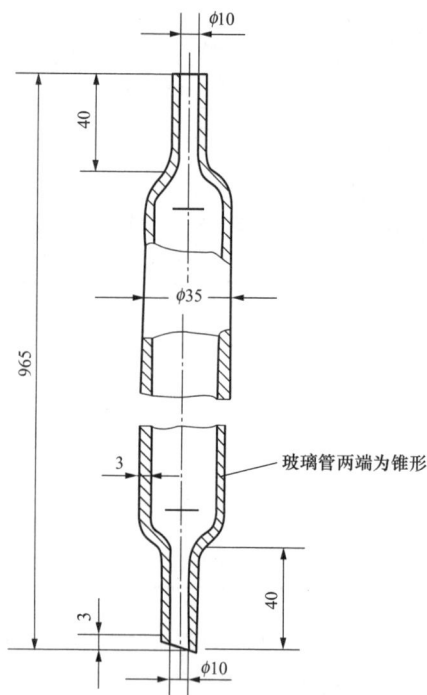

图 7-3-1　取样管

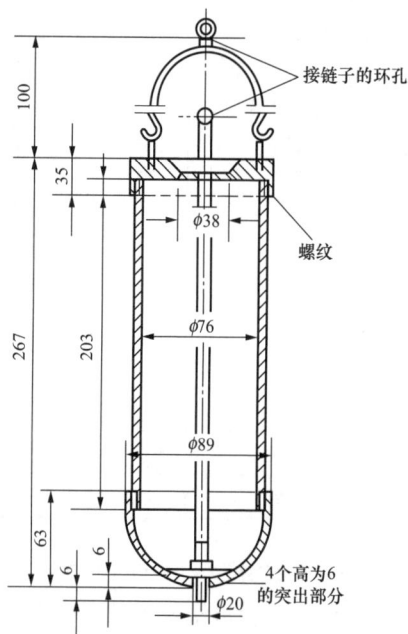

图 7-3-2　取样勺

五、现场取样步骤及要求

（一）常规分析取样

1. 油桶中取样

（1）试油应从污染最严重的底部取样，必要时可抽查上部油样。

（2）开启桶盖前，需用干净甲级棉纱或布将桶盖外部擦净，开盖后用清洁、干燥的取样管取样。

（3）从整批油桶内取样时，取样的桶数应能足够代表该批油的质量，具体规定见表7-3-2。每次试验应按表7-3-1规定取数个单一油样，均匀混合成一个混合油样。

注：1. 单一油样就是从某一个容器底部取得油样。

2. 混合油样就是取有代表性的数个容器底部的油样再混合均匀的油样。

表7-3-2　　　　　　　　　　油桶总数与应取桶数

油桶总数	1	2～5	6～20	21～50	51～100	101～200	201～400	＞400
取样桶数	1	2	3	4	7	10	15	20

2. 油罐或槽车中取样

（1）油样应从污染最严重的油罐底部取出，必要时可用取样勺抽查上部油样。

（2）从油罐或槽车中取样前，应排去取样工具内存油，然后用取样勺取样。

3. 电气设备中取样

（1）对于变压器、油开关或其他充油电气设备，应从下部阀门（含密封取样阀）处取样。取样前油阀门应先用干净甲级棉纱或纱布擦净，旋开螺帽，接上取样用耐油胶管，再缓慢打开阀门放出少量油将管路冲洗干净，将排出的冲洗油用废油桶收集，不得直接排至现场。然后用取样瓶取样，取样结束，旋紧阀门。

（2）对需要取样的套管，在停电检修时，从取样孔取样。

（3）没有放油管或取样阀门的充油电气设备，可在停电或检修时设法取样。进口全密封无取样阀的设备，按制造厂规定取样。

（二）变压器油中水分和溶解气体分析油样取样

1. 取样方法

取样应遵守下列原则：

（1）油样应能代表设备本体油，应避免在油循环不够充分的死角处取样。一般应从设备底部的取样阀取样，在特殊情况下可在不同取样部位取样。

（2）取样过程要求全密封，即取样连接方式可靠，既不能让油中溶解水分及气体逸散，也不能混入空气（必须排净取样接头内残存的空气），操作时油中不得产生气泡。

（3）取样应在晴天进行，取样后要求注射器芯子能自由活动，以避免形成负压空腔。

2. 取样操作

（1）应先排净取样接头及放油管内残存的空气。

（2）利用油本身压力使油注入注射器。

（3）用油湿润和冲洗注射器 2～3 次。

（4）当油样达到所需毫升数时，取下注射器，立即用小胶头封住注射器头部。将注射器置于专用油样盒内，填好样品标签。

3. 取样量

取样量应符合下列要求：

（1）进行油中水分含量测定用的油样，可同时用于油中溶解气体分析，不必单独取样。

（2）常规分析根据设备油量情况采取样品，以够试验用为限。

（3）做溶解气体分析时，取样量为 50～80mL。

（4）专用于测定油中水分含量的油样，可取 10～20mL。

（三）油中清洁度测试油样取样

1. 清洁液的制备

依次用孔径为 0.8、0.45μm 和 0.3μm 的滤膜过滤石油醚制得清洁液。清洁液的要求如下：

（1）用于清洗仪器和玻璃器皿用的清洁液，每 100mL 中粒径大于 5μm 的颗粒不应多于 100 粒。

（2）用于稀释样品及检验取样瓶用的清洁液，每 100mL 中粒径大于 5μm 的颗粒不应多于 50 粒。

（3）矿物油宜选择石油醚、抗燃油宜选择甲苯为清洁液。

2. 取样瓶的准备

（1）先将取样瓶、瓶盖、塑料薄膜衬垫按 GB/T 7597—2017《电力用油（变压器油、汽轮机油）取样方法》规定的方法清洗干净，再用清洁液冲洗至颗粒度指标达到 2 点的要求。

（2）取样瓶的检验。向清洗后的取样瓶中注入占总容积 45%～55% 的清洁液，垫上薄膜，盖上瓶盖后充分摇动，用自动颗粒计数仪测定每 100mL 液体中粒径大于 5μm 的颗粒数，不应超过 100 粒。超过时，应按（1）重新冲洗取样瓶，直至颗粒数不超过 100 粒为止，或取样瓶的清洁度比被取油样至少低两级。将颗粒数乘以注入瓶内清洁液体积与瓶总容积之比值，并将结果记录在取样瓶的标签上，作为该取样瓶的清洁级，即每 100mL 容积中所含粒径大于 5μm 颗粒的数量。

（3）在经检验合格的取样瓶底部留有约 10mL 清洁液，在瓶盖与瓶口之间垫上薄膜，密封备用。

注意：现在可以购到处理合格的清洁度取样瓶，取样时也可根据测试要求直接购买相应清洁级的取样瓶直接使用。

3. 取样

（1）取样的基本原则应遵循 GB/T 7597—2007 的规定。

（2）取样时，应先倒掉取样瓶中保留的少量清洁液，再取样。

（3）从设备的取样阀取样时，应先用干净绸布沾取石油醚擦净阀口，再打开、关闭取样阀 3～5 次以冲洗取样阀，并放出取样管路内存留的油（约 7500mL）。在不改变通过取样阀液体流量的情况下，移走污油桶，接入取样瓶取样 200mL 后，移走取样瓶，再关闭取样阀，盖好取样瓶。

（4）从油桶中取样，取样装置应用 0.45μm 滤膜滤过的清洁液冲洗干净。取样前，将油桶顶部、上盖用绸布沾石油醚擦洗干净。用取样装置从油桶中抽取约 5 倍于取样管路容积的油样冲洗取样管路，冲洗油收集在废油瓶里。从油桶的上、中、下三个部位取样共约 200mL。

（5）油样应密封保存，测量时再启封。

六、油样的运输和保存

（1）油样的标签应含有：单位、设备名称、运行编号、型号、取样人、取样日期、取样部位、取样天气、运行负荷、油牌号及油量备注等。

（2）油样的运输和保存。取完油样应尽快进行分析，做油中溶解气体分析的油样保存不得超过 4 天；做油中水分含量的油样不得超过 7 天。油样应放置在专用的油样箱中，油样在运输中应尽量避免剧烈振动，防止容器破碎，尽可能避免空运。油样运输和保存期间，必须避光、防潮、防尘，并保证注射器芯能自由滑动，不卡涩。

【思考与练习】

1. 简述在充油电气设备上取油样可能存在的危险点及其控制措施。

2. 简述油样的运输和保存的注意事项。

3. 油品的取样量应符合哪些要求？

▲ 模块 4　现场 SF_6 电气设备气体分析样品的采集（ZY1500212002）

【模块描述】本模块介绍现场 SF_6 电气设备气体分析样品的采集。通过步骤讲解和要点归纳，掌握 SF_6 电气设备气体分析样品采集的目的、方法原理、危险点分析及控制措施、准备工作、现场取样步骤及要求、注意事项。

【模块内容】

一、样品采集的目的和内容

为加强新气验收和对充气电气设备 SF_6 气体的质量监督和维护，必须定期对 SF_6

气体取气分析。正确的取样方法是取得具有代表性试样的前提。SF_6 气体分析样品的采集包括从气体钢瓶、储气罐和 SF_6 气体的电气设备（断路器、变压器、互感器、GIS 等）中采取 SF_6 气体样品。

二、采集方法

用不锈钢管或聚四氟乙烯管把采样容器和被采样设备上的取样口连接起来，打开取样口上的阀门，用被采样设备中的 SF_6 气体冲洗采样容器或冲洗后再将采样容器抽真空，然后切换三通阀门，让 SF_6 气体进入采样容器充满至所需压力。

三、危险点分析及控制

（1）在进行 SF_6 气体采集前，应注意识别设备取气阀门和密度继电器阀门，防止错开阀门引起设备密度继电器报警及设备发生闭锁。

（2）气体采集管路应带有气体流量控制阀门，应先接好采集气路管路后再开启设备取气阀门，阀门的开启速度应缓慢，防止气体压力剧降引发密度继电器报警；SF_6 气体采集后，应关好取气阀门后再取下测试管路。

（3）带自封顶针式阀门的 SF_6 设备，在带电运行下采气时，在拔、连接阀门时要注意做好防顶针无法复位情况下的应急处理。

（4）对带电的运行设备采气时，注意与高压带电部位保持足够安全距离。

（5）采样时，人员应注意站在上风向，防止人体吸入有毒尾气。在进入室内 GIS 采气时，应开启通风系统 15min 后再进入工作现场。采集故障设备内部气体，应戴 SF_6 防毒面具，穿防护服。

（6）爬高作业要系牢合格的安全带，安全带挂钩应挂在牢靠的固定物上。使用的梯子必须与地面斜角约 60°。梯子下端要有防滑措施，如绑扎在固定物上、垫橡胶套等。应设专人在下端监护。

四、作业前准备工作

（1）查阅相关技术资料、操作规程，明确操作安全注意事项，编写作业指导书。对带电设备采样，必须办理第二种工作票。

（2）设备与材料准备。准备好表 7-4-1 所列的设备和材料。

表 7-4-1   设 备 和 材 料

序号	设备及材料	要　求	备　注
1	采样装置	由采样容器、真空泵、隔膜泵和连接系统组成，见图 7-4-1	
2	采样容器	具有减压和三通装置的 0.5～4.0L 不锈钢钢瓶或具有自封接头，容量为 0.2～5L，塑料厚度不小于 0.3mm，密封性能良好的塑料袋	SF_6 气体压力高于 0.2MPa 时，使用不锈钢钢瓶采样；SF_6 气体压力低于 0.2MPa 时，既可使用不锈钢钢瓶采样，也可使用塑料采样袋采样
3	连接管	不锈钢管或聚四氟乙烯管	

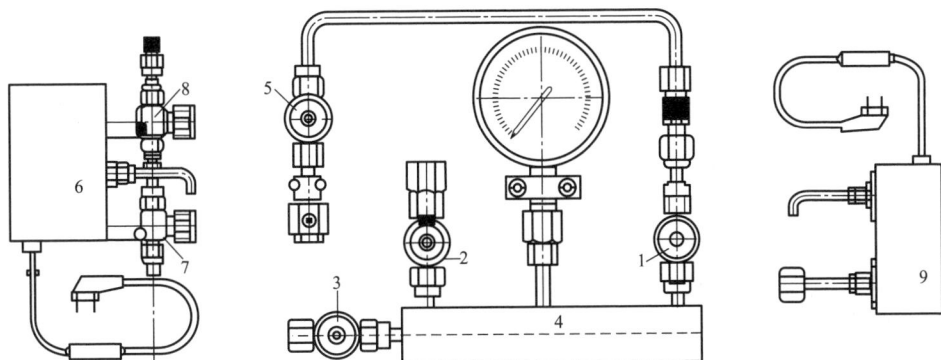

图 7-4-1　采样装置示意

1—取气阀；2—充气阀；3—真空泵连接阀；4—采样容器；5—设备连接阀；6—隔膜泵；
7—排放阀；8—进气阀；9—真空泵

（3）详细记录采样设备的资料、环境温度和湿度。

（4）检查采样装置，确保其清洁、干燥、不漏气，连接管道密封良好、不漏气。在电气设备上采样应有配套接头，以便与采样管道连接。

（5）检查真空泵和隔膜泵的性能和状态，确保其工作正常、密封良好。

五、操作步骤及要求

（1）填写样品标签。标签内容包括单位、设备名称、设备型号、采样日期、环境温度、湿度、采样人员。

（2）采样部位。

1）电气设备中采样。对断路器、变压器、互感器、GIS 等电气设备，用配套接头将采样装置和设备的充放气阀门连接通过设备的充放气阀门采样。

2）SF_6 气体钢瓶或气罐的采样。钢瓶或储气罐上应装有减压装置，减压后与采样装置连接。

（3）利用冲洗法在 SF_6 气体压力高于 0.2MPa 的电气设备上采样。

1）按图 7-4-1 将采样装置设备连接阀 5 用接头、管道和设备连接，充气阀 2 与采样容器连接。

2）关闭真空泵连接阀 3，依次打开设备充放气阀，打开设备连接阀 5、取气阀 1、充气阀 2，使表压大于 0.1MPa，关闭取气阀 1，打开真空泵连接阀 3，排出采样装置中的气体使表压为 0.01MPa。

3）重复 2）的操作 2 次，以冲洗采样系统中的残留气体。

4）关闭真空泵连接阀 3，打开取气阀 1，使设备内的气体充入采样容器中。根据用气量决定表压，但最高不应超过 0.4MPa。依次关闭设备连接阀 5、设备充放气阀、取气阀1、充气阀2，取下采样容器，贴上标签。

5）若要继续对同一设备采样，更换采样容器后重复2）～4）步骤。

6）取下连接管道，恢复设备充放气阀门到原状。

（4）利用冲洗法在 SF_6 气体压力低于 0.2MPa 的电气设备上采样。

1）按图 7-4-1 把隔膜泵 6 用管道和采样装置、设备充放气阀连接起来，排放阀 7 与设备连接阀 5 连接，进气阀 8 与设备充放气阀连接，充气阀 2 与采样容器连接。

2）依次打开设备充放气阀、进气阀 8、排放阀 7、设备连接阀 5、取气阀 1 和充气阀 2。开启隔膜泵 6 直至采样系统内压力为 0.1MPa，再关闭取气阀 1，停隔膜泵，打开真空泵连接阀 3 排气至 0.01MPa。

3）重复2）的操作 2 次，以冲洗采样系统中的残留气体。

4）关闭真空泵连接阀 3，打开取气阀 1，开启隔膜泵，使设备内的气体充入采样容器中。根据用气量决定表压，但最高不得超过 0.4MPa。依次关闭设备连接阀 5、设备充放气阀、隔膜泵 6、取气阀 1、充气阀 2，取下采样容器，贴上标签。

5）若要继续对同一设备采样，更换采样容器后重复2）～4）步骤。

6）取下连接管道和隔膜泵 6，恢复设备充放气阀门到原状。

（5）利用抽真空法在六氟化硫气体压力高于 0.2MPa 的电气设备上采样。

1）按图 7-4-1 将采样装置设备连接阀 5 用接头、管道和设备连接，将真空泵 9 与真空泵连接阀 3 连接，采样容器与充气阀 2 连接。

2）打开设备连接阀 5、设备充放气阀，使其间充满设备内气体。然后迅速关闭设备连接阀 5 和设备充放气阀。

3）打开取气阀 1、充气阀 2、真空泵连接阀 3，启动真空泵，对采样系统抽真空 2～5min，至系统压力为负值。

4）关闭真空泵连接阀 3，停真空泵 9，观察真空压力表指示，确定采样系统密封性能良好。

5）打开设备连接阀 5，开启设备充气阀使设备内的气体充入采样容器中。根据用气量决定表压，但最高不得超过 0.4MPa。依次关闭设备连接阀 5 和设备充放气阀、取气阀 1、充气阀 2，取下采样容器，贴上标签。

6）若要继续对同一设备采样，更换采样容器后重复2）～5）步骤。

7）取下连接管道，恢复设备充放气阀门到原状。

（6）利用抽真空法在 SF_6 气体压力低于 0.2MPa 的电气设备上采样。

1）按图 7-4-1 把隔膜泵 6 用管道和采样装置、设备充放气阀连接起来，排放阀 7 与设备连接阀 5 连接，进气阀 8 与设备充放气阀连接。将真空泵 9 与真空泵连接阀 3 连接，采样容器与充气阀 2 连接。

2）打开设备充放气阀、设备连接阀 5、取气阀 1。开启隔膜泵 6 直至采样系统内压力为 0.1MPa。关闭设备连接阀 5，停隔膜泵 6。

3）打开真空泵连接阀 3、充气阀 2，启动真空泵 9，对采样系统抽真空 2～5min，至系统压力为负值。

4）关闭真空泵连接阀 3，停真空泵 9，观察真空压力表指示，确定采样系统密封性能良好。

5）打开设备连接阀 5，开启隔膜泵 6，使设备内的气体充入采样容器中。根据用气量决定表压，但最高不得超过 0.4MPa。关闭设备连接阀 5，停隔膜泵 6，再依次关闭设备充放气阀、取气阀 1、充气阀 2，取下采样容器，贴上标签。

6）若要继续对同一设备采样，更换采样容器后重复 2）～5）步骤。

7）取下连接管道和隔膜泵 6，恢复设备充放气阀门到原状。

（7）从钢瓶或储气罐中采样，当搬运钢瓶不方便，用气量又不多时，可用采样装置采钢瓶或储气罐中的气体。操作方法同在电气设备中采样。

六、采样注意事项

（1）气体采集管路应采用不锈钢管或聚四氟乙烯管，不得使用乳胶管或橡皮管。

（2）应尽量缩短采样和分析时间的间隔。采样钢瓶取的气样保存不超过 3 天。采样袋取的气样保存不超过两天。一般情况下取回样品应尽快完成试验。

（3）采样容器应不漏气，样品要避光避热，在暗处保存。

（4）整个采样系统如压力表和采样容器等都必须进行检漏。

【思考与练习】

1. 现场 SF_6 电气设备气体的采集方法是什么？

2. 现场 SF_6 电气设备气体的采集应注意哪些事项？

3. 简述现场 SF_6 电气设备气体的采集危险点及其控制措施。

第八章

油、气电气性能试验

▲ 模块1 绝缘油击穿电压的测定（ZY1500207001）

【**模块描述**】本模块介绍绝缘油击穿电压试验。通过步骤讲解和要点归纳，掌握绝缘油击穿电压试验的目的、方法原理、危险点分析及控制措施，以及准备工作、测试步骤、注意事项及对测试结果的分析和测试报告编写要求。

【**模块内容**】

一、测试目的

击穿电压作为衡量绝缘油电气性能的一个重要指标，可以判断油中是否存在有水分、杂质和导电微粒，是检验变压器油性能好坏的主要手段之一。

二、方法原理

将绝缘油装入有一对电极的油杯中，将施加于绝缘油的电压逐渐升高，当电压达到一定数值时，油的电阻几乎突然下降至零，即电流瞬间突增，并伴随有火花或电弧的形式通过介质（油），此时称为油被"击穿"，油被击穿的临界电压称为击穿电压，以千伏（kV）表示。

三、危险点分析及控制措施

（1）测试仪器的周围应避开电磁场和机械振动。测试环境应清洁、干燥，无干扰，要防止灰尘、杂质进入油杯。

（2）仪器接地应良好，试验人员应站在绝缘垫上进行测试。

（3）在装样操作时不许用手触及电极、油杯内部和试油。

（4）在更换油样时应切断电源，测试过程中禁止触动高压罩，以防高电压伤人。

（5）试验仪器未放置油样时，切勿升压。

四、测试前准备工作

1. 查阅相关技术资料、试验规程

明确试验安全注意事项，编写作业指导书。

2. 仪器和试剂准备

准备好列于表 8-1-1 中的仪器和试剂。

表 8-1-1　　　　　　　　　　仪 器 和 试 剂

序号	名　称	型号与规格	单位	数量	备　注
1	绝缘油击穿电压测试仪		台	1	检定合格、在有效期内
2	标准规	（2.5±0.05）mm	个	1	
3	油杯	350～600mL	个	1	绝缘材料制成，透明，带盖子
4	搅拌子		个	1	
5	吸油纸		张	若干	
6	磨口具塞玻璃瓶	1000mL	个	若干	
7	丙酮	分析纯	瓶	1	
8	石油醚	分析纯	瓶	1	

3. 电极和油杯准备

（1）电极的准备及检查。新电极、有凹痕的电极或未按正确方式存放较长一段时间的电极，使用前按下述方法清洗：

1）用适当挥发性溶剂清洗电极各表面并晾干。

2）用细磨粒砂纸或细纱布磨光。

3）磨光后，先用丙酮，再用石油醚清洗。

4）将电极安装在试样杯中，装满清洁未用过的待测试样，升高电极电压至试样被击穿 24 次。

5）调整电极间距离应为 2.5mm。

（2）油杯清洗。油杯不用时应保存在干燥的地方并加盖，杯内装满经干燥的绝缘油。在试验时用待测试样清洗油杯 2～3 次，排出待测试样后再将试样杯注满。

五、测试步骤及要求

1. 试样准备

试样在倒入试样杯前，轻轻摇动翻转盛有试样的容器数次，以使试样中的杂质尽可能分布均匀而又不形成气泡，避免试样与空气不必要的接触。

2. 装样

试验前应倒掉试样杯中原来的绝缘油，立即用待测试样清洗杯壁、电极及其他各部分 2～3 次，将试油缓慢注入油杯浸没过电极，并避免生成气泡。将试样杯放入测量仪上，并盖好高压罩，静置 10min，如使用搅拌，应打开搅拌器。测量并记录试样温度。

3. 加压操作

（1）加压。在电极间按（2.0±0.2）kV/s 的速率缓慢加压至试样被击穿，击穿电压为电路自动断开时的最大电压值。

（2）记录击穿电压值。达到击穿电压后静止 5min，重复序号（1）的加压操作过程，重复 6 次。注意电极间不要有气泡，若使用搅拌，在整个试验过程中应一直保持。

（3）测试完毕。关闭电源，整理工作台，将合格的油样充满油杯放干燥处保存。

六、测试结果分析及测试报告编写

1. 试验报告

计算 6 次击穿电压的平均值。以击穿电压的平均值作为试验结果，用千伏（kV）表示。报告还应包括样品名称、试验环境条件、试验日期、试验仪器型号、电极类型、分析意见、试验人员等。

2. 绝缘油击穿电压质量指标

击穿电压质量指标见表 8-1-2。

表 8-1-2　　　　　　　　　　绝缘油击穿电压指标

试验项目	要　　求		
	新油	交接时、大修后	运行中
击穿电压（kV）	≥35	≥35（35 及以下） ≥40（110～220） ≥60（500）	≥30（35 及以下） ≥35（110～220） ≥50（500）

七、测试注意事项

（1）根据试验方法规定来选用不同结构类型的电极。球形电极、半球形电极和平板电极三种电极测定的结果是不同的。球形电极测定结果为最高，半球形电极为其次，平板电极为最低。

（2）电极间距离为（2.5±0.05）mm，要用标准规校准。电极距离过小容易击穿，测定结果偏低。反之，测定结果偏大。

（3）试样要有代表性，油中有水分及其他杂质时则对击穿电压有明显影响，所以试样一定要摇荡均匀后注入油杯。

（4）由于影响油击穿的因素比较多，试验数据的分散性比较大，因此，试验方法中规定要取 6 次平均值作为试验结果。

（5）试样杯不用时应保存在干燥的地方并加盖，杯内装满的干燥合格的绝缘油，保持油杯不受潮。

【思考与练习】

1. 简述检测绝缘油击穿电压的目的。
2. 简述绝缘油的击穿电压测量要点。
3. 不同结构类型电极对击穿电压测定结果有何影响？

▲ 模块 2　绝缘油体积电阻率测试方法（ZY1500207002）

【模块描述】本模块介绍绝缘油体积电阻率测试。通过步骤讲解和要点归纳，掌握绝缘油体积电阻率测试的目的、方法原理、危险点分析及控制措施，以及准备工作、测试步骤、注意事项及对测试结果的分析和测试报告编写要求。

【模块内容】

一、测试目的

变压器油的体积电阻率，对判断变压器绝缘特性的好坏，有着重要的意义。油品的体积电阻率在某种程度上能反映出油的老化和受污染的程度，是鉴定油质的绝缘性能的重要指标之一。

二、方法概要

根据欧姆定律，两电极间液体的体积电阻等于施加于试液接触的两电极间直流电压与流过电极的电流之比，其大小应与电极间距成正比、电极面积成反比，比例常数 ρ 即为液体介质的体积电阻率，其物理意义是单位正方体液体的体积电阻，即

$$R = \frac{U}{I} = \rho\frac{L}{S} \tag{8-2-1}$$

变换上式得

$$\rho = R\frac{S}{L} = RK = \frac{U}{I}(0.113C_0) \tag{8-2-2}$$

式中　R ——被试液体的体积电阻，Ω；

　　　U ——两电极间所加直流电压，V；

　　　I ——两电极间流过直流电流，A；

　　　ρ ——被试液体的体积电阻率，$\Omega \cdot m$；

　　　S ——电极面积，m^2；

　　　L ——电极间距，m；

　　　K ——电极常数，为 S/L，m；

　　　C_0 ——空电极电容，pF。

由于液体的体积电阻率测定值与测试电场强度、充电时间、液体温度等测试条件

因素有关，因此，除特别指定外，电力用油体积电阻率是指"规定温度下，测试电场强度为（250±50）V/mm，充电时间60s"条件下的测定值。

三、危险点分析及控制措施

（1）测试仪器的周围应避开电磁场和机械振动。测试环境应清洁、干燥，无干扰，要防止灰尘、杂质进入油杯。

（2）防止有毒药品损害试验人员身体健康，化学药品要有专人严格管理，使用时应小心谨慎，操作时应戴口罩，切勿触及伤口或误入口中，试验结束后必须仔细洗手。

（3）避免高温烫伤，加热和烘干过程中不要用手触碰高温物品。

（4）防止人身触电，测试仪器在工作过程中，内部有高压，禁止在通电过程中插拔电缆；试验人员在全部试验过程中应有监护人监护，精力应保持集中，不得与他人闲谈；在更换油样时应切断电源，试验人员应站在绝缘垫上进行测试。

（5）化验室应备有自来水、消防器材、急救箱等用品。

四、测试前准备工作

1. 查阅资料

查阅相关技术资料、试验规程，明确试验安全注意事项，编写作业指导书。

2. 仪器和材料准备

（1）体积电阻率测试仪，性能应满足如下要求：

1）电阻率测试电压为直流500V，充电时间20~60s可调 测量范围106~1013Ω·m，测试误差不大于±10%。附带高阻测量功能，以便空杯电极的清洁干燥检验。

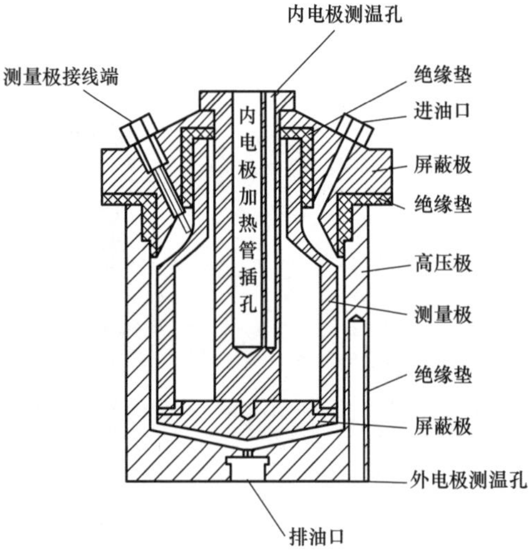

2）测试油杯采用三电极、内外电极双控温结构见图8-2-1，电极间距2mm，同心度不受温度影响，结构紧凑易拆洗，空杯电容值（30±1）pF，重复装配误差不超过±2%，尽量可实现自动进排油。

3）电极材料采用优质不锈钢 表面经抛光精加工，有效测量面粗糙度不低于Ra0.16μm，使之容易清洗和避免表面积聚气泡。

4）支撑电极的绝缘材料应具有较好机械强度、高体积电阻率和低介质损耗因数，并具有耐热、不吸油、不吸水和良好的化学稳定性性能（如聚四氟乙

内电极测温孔
测量极接线端
绝缘垫
进油口
屏蔽极
内电极加热管插孔
绝缘垫
高压极
测量极
绝缘垫
屏蔽极
外电极测温孔
排油口

图 8-2-1 测试电极杯结构示意

烯、石英或高频陶瓷），洁净电极杯空杯绝缘电阻大于 $3×10^{12}\Omega$。

5）电极杯控温能实现加热、制冷双功能，加热时内外电极可单独控温，加热均匀功率足够，到达设置温度时间不大于 15min，控温范围 15～95℃，控温精度±0.5℃。控温电路具有良好的绝缘和屏蔽装置。

6）电极杯和高阻测量单元的连接插座、插头及连接线，必须使用屏蔽接插件和连接线，高压部分必须严格绝缘。

7）为了提高测试精度和效率，可采用测试油杯自动进排油功能，确保油杯电极常数的恒定和缩短加热时间，但必须保证电极得到清洗避免试样的交叉污染。

（2）试剂和材料。① 溶剂汽油、石油醚或正庚烷；② 磷酸三钠，分析纯；③ 洗涤剂；④ 蒸馏水或除盐水；⑤ 绸布或定性滤纸；⑥ 洁净合格新绝缘油；⑦ 玻璃干燥器；⑧ 0～100℃水银温度计；⑨ 干燥箱；⑩ 电容表。

（3）油杯准备。

1）新使用、长期不用或污染的电极油杯，应进行解体彻底清洗。首先拔出内电极，拧下内电极穿芯紧固螺丝，依次卸下下屏蔽极、下绝缘支撑件、测量极、上绝缘支撑件、上屏蔽极、内外电极绝缘支撑件，各部件和外电极先用溶剂汽油（石油醚或正庚烷）清洗，再用洗涤剂洗涤（或在 5%～10%的磷酸三钠溶液中煮沸 5min），然后用自来水冲洗至中性，最后用蒸馏水（或除盐水）洗涤 2～3 次。

2）干燥电极油杯。将清洗好的油杯部件，置于 105～110℃的干燥箱中干燥 2～4h，取出放入玻璃干燥器中冷却至室温（操作时不可直接与手接触，应戴洁净布手套）。

3）装配电极油杯。按拆卸时相反次序装配好内电极，再将内电极置于外电极杯杯中。

4）检查电极油杯。用电容表确认电极油杯空杯电容测量值与标称值误差不大于±2%，使用仪器附带高阻测量功能确认空杯绝缘电阻大于 $3×10^{12}\Omega$。

5）合格样品测试后电极油杯的清洗。可每次注入适量被试样品并摇动 1min 排空，循环冲洗 2～3 次。

6）不合格样品测试后电极油杯的清洗。可每次注入适量洁净合格新绝缘油或抗燃油并摇动 1min 排空，循环冲洗 2～3 次，用洁净合格新绝缘油或抗燃油测电阻率。若测定结果合格，按步骤 5）清洗油杯；若测定结果不合格，应按步骤 1）～4）的要求清洗油杯。

五、测试步骤及要求

（1）开启仪器，并确认仪器正常。根据测试样品种类、要求设置测试温度，除特别要求，一般绝缘油为 90℃，抗燃油为 20℃，设置充电时间为 60s。

（2）取试验样品轻摇混合均匀（注意不可使样品产生气泡），注入约 30mL 样品到清洗后的电极油杯。

（3）把电极杯装入仪器，接上连线和部件，装好紧固件。

（4）启动测试程序，电极油杯进行加热或制冷，待内、外电极和设置温度均小于 $\pm0.5℃$ 时立即进行测量，记录试验结果。

（5）排空油杯，注入相同样品进行平行试验，记录平行试验结果。如遇油样不够等特别情况，同杯样品的重复测试结果可作为平行试验结果参考值，测量时应先经过 5min 放电，然后测量，但重复测量次数不得多于 3 次。

（6）二次试验结果误差应满足方法重复性要求，否则应重新试验，直至两个相邻试验结果满足方法重复性要求为止。

六、测试结果分析及测试报告编写

（1）取二次满足精密度要求试验结果的较高值作为样品的体积电阻率报告值，保留两位有效数字，并注明测定温度。

（2）同一试验室对同一油样的两次测定结果相差应满足：电阻率 $\rho>1010\Omega\cdot m$ 时，不大于 25%；$\rho\leq1010\Omega\cdot m$ 时，不大于 15%。

（3）不同试验室对同一油样的两个测定结果相差应满足：电阻率 $\rho>1010\Omega\cdot m$ 时，不大于 35%；$\rho\leq1010\Omega\cdot m$ 时，不大于 25%。

（4）绝缘油体积电阻率应满足表 8-2-1 的要求。

表 8-2-1　　　　　　　　　　绝缘油体积电阻率质量指标

试验项目	要　　求		
	新油	交接时、大修后	运行中
体积电阻率 （90℃，$\Omega\cdot m$）		$\geq6\times10^{10}$	$\geq1\times10^{10}$（500kV） $\geq5\times10^{9}$（220kV 及以下）

七、测试注意事项

（1）温度的影响。一般绝缘油的体积电阻率是随温度的改变而变化，即温度升高体积电阻率下降，反之则增大。因此在测定时必须将温度恒定在规定值，以免影响测定结果。

（2）绝缘油的体积电阻率与电场强度有关，如同一试油，因电场强度不同，则所测得的体积电阻率也不同。因此，为了使测得的结果具有可比性，应在规定的电场强度下进行测定。

（3）与施加电压的时间有关，即施加电压的时间不同，则测得的结果也不同，应按规定的时间进行加压。

（4）油杯的清洁程度对测定结果有显著影响，检测时油杯一定要清洗干净。

【思考与练习】

1. 简述绝缘油体积电阻率测试的方法原理。
2. 简述绝缘油体积电阻率测试的影响因素。
3. 简述绝缘油体积电阻率测试的注意事项。

◢ 模块 3　绝缘油介质损耗因数测试方法（ZY1500207003）

【模块描述】 本模块介绍绝缘油介质损耗因数测试试验。通过步骤讲解和要点归纳，掌握绝缘油介质损耗因数测试试验的目的、方法原理、危险点分析及控制措施、准备工作、测试步骤、注意事项，以及对测试结果的分析和测试报告编写要求。

【模块内容】

一、测试目的

绝缘油的介质损耗因数对判断新油的精制、净化程度，运行中油的老化深度，以及判断变压器绝缘特性的好坏，都有着重要的意义，它是作为监测绝缘油的重要电气性能指标之一。

二、方法概要

采用高压西林电桥配以专用油杯在工频电压下进行绝缘油的测定。

介质损耗因数又称介质损耗角正切。在交变电场的作用下，电介质内流过的电流可分为两部分：一是无能量损耗的无功电容电流 I_C，二是有能量损耗的有功电流 I_R，其合成电流为 I。I 与电压 U 的相位差非 $90°$，而是比 $90°$ 小 δ 角，此角称为介质损耗角，损耗角的正切（$\tan\delta$）就是介质损耗因数。

三、危险点分析及控制措施

（1）通电前仪器必须可靠接地。在试验地点周围，应无电磁场和机械振动的干扰。

（2）线路各连接处接触应良好，无断路或漏电现象。

（3）防止高温烫伤，油杯温度较高，使用专用工具提取油杯。注油及排油时注意不要触碰油杯，防止烫伤。

（4）防止人身触电，测试仪器在工作过程中，内部有高压，禁止在通电过程中插拔电缆，试验人员在全部试验过程中应有监护人监护，注意力集中，不得与他人闲谈。在更换油样时应切断电源，试验人员应站在绝缘垫上进行测试。

四、测试前准备工作

（1）查阅相关技术资料、试验规程，明确试验安全注意事项，编写作业指导书。

（2）仪器和试剂准备。准备好表 8–3–1 中所列的仪器和试剂。

表 8–3–1 　　　　　　　　**仪 器 和 试 剂 准 备**

序号	名　　称	型号与规格	单位	数量	备　　注
1	绝缘油介损测试仪		台	1	检定合格、在有效期内，具备自动测量功能
2	磷酸三钠水溶液	5%	瓶	1	
3	丙酮	分析纯	瓶	1	
4	石油醚	化学纯	瓶	1	
5	苯	化学纯	瓶	1	
6	吸油纸		张	若干	
7	电热烘箱		台	1	

（3）电极杯准备。每次试验之前应彻底清洗测量电极。

1）将测量电极全部拆开后，进行清洗。依次用化学纯的石油醚（馏程温度 60～90℃）和苯彻底清洗所有部件。

2）用丙酮对所有部件进行漂洗，然后用中性洗涤剂清洗。

3）将所有部件放在 5%的磷酸三钠水溶液中煮沸，再用蒸馏水漂洗几次煮沸 5min 即可。

4）把所有部件都放入烘箱内烘干，温度控制在 105～110℃，时间不少于 1h。

5）待冷却后，组装测量电极（注意应用干净的绸布包住各部件，切勿用手直接接触）。

6）测量电极损耗因数（空杯值）在工频 2kV 下，应不大于 $5×10^{-5}$，否则重新清洗至合格后备用。

五、测试步骤及要求

（1）试样准备。为了取到有代表性的试样，在取样之前，应将容器倾斜并缓慢地旋转液体几次，以使试样均匀。

（2）油样注入。先用少量待测油淋洗干净的油杯 2～3 次，然后缓慢地将 40mL 容量的油样注入杯体中（油杯中有刻度线），注意避免出现气泡及倒入的油样过多。

（3）将测量极安装体上的定位标记孔和屏蔽极上的定位标记孔对准后推入，轻轻地顺时针转动锁紧电极，注意不应拧得过紧。提起油杯将高压极上的定位标记孔与加热器上的定位孔对齐，将整个测量电极（油杯体）对准导向柱轻轻地放入加热器中。用专用电缆线将油杯与底座相连。

（4）测量。

1）打开电源开关，进入主菜单。以下设置一般不需更改：试验电压：选择 2.0kV；

测量方式：自动测量；介质损耗测量：选择 ON；加热启动：选择 ON；温度设定：常规试验选择 90℃。

2）按住"启动键"仪器启动，加热指示灯亮，开始加热。

3）当温度达到设置温度值后，仪器可自动测量，显示器显示试品的介质损耗值、电压值和电容值，并自动打印数据结果。

4）测试完毕关闭电源，收拾清理好仪器。

六、测试结果分析及测试报告编写

（1）测量重复性。两次测量之间的差别不应大于 0.000 1 加上两个值中较大一个的 25%。

（2）试验报告取两次有效测量值的平均值作为该样品的介质损耗值。

（3）试验报告应包括样品名称、试验环境条件、试验仪器型号、分析意见、试验人员等。

（4）绝缘油介损质量指标应满足表 8-3-2 的要求。

表 8-3-2　　　　　　　　　　　绝缘油介损质量指标

试验项目	要　　求		
	新油	交接时、大修后	运行中
tanδ（90℃）	≤0.005	≤0.01（220kV 及以下） ≤0.007（500kV）	≤0.04（220kV 及以下） ≤0.02（500kV）

七、测试注意事项

因为油品的介质损耗因数与外界的干扰及测量仪器的状况等均有关系，影响因素较多。在测定时必须注意以下几点：

（1）试验在温度达到所要求试验温度的 ±1℃时，应在 10min 内开始测量损耗因数。

（2）介质损耗因数对温度的变化很敏感，因此需要在足够精确的温度条件下进行测量。

（3）电极工作面的光洁度应达到▽9，如发现表面呈暗色时，必须重新抛光。

（4）各电极应保持同心，各间隙的距离要均匀。

（5）测量电极与保护电极间的绝缘电阻，应为测量设备绝缘电阻的 100 倍以上，各芯线与屏蔽间的绝缘电阻，一般应大于 50～100MΩ。

（6）测量仪器必须按规定和说明书进行清洁和调整。

（7）注入油杯内的试油，应无气泡及其他杂质。

（8）对试油施加电压至一定值时，在升压过程中不应有放电现象。

【思考与练习】

1. 简述绝缘油介质损耗因数测试过程的危险点及控制措施。

2. 简述绝缘油介质损耗因数测试的影响因素。

3. 简述绝缘油介质损耗因数测试前的准备工作。

第九章

油、气物理性能试验

▲ 模块1　油中水分库仑法或气相色谱分析方法
（ZY1500208001）

【模块描述】本模块介绍库仑法和气相色谱分析法测定变压器油中水分的方法。通过步骤讲解和要点归纳，掌握库仑法和气相色谱分析法测定变压器油中水分的原理、危险点分析及控制措施、准备工作、测试步骤、注意事项，以及对测试结果的分析和测试报告编写要求。

【模块内容】

绝缘油中的微水含量是绝缘油质量的主要控制指标之一。绝缘油中微量水分的存在，对绝缘介质的电气性能与理化性能都有极大的危害，水分可导致绝缘油的击穿电压降低，介质损耗因数增大，水分是油氧化作用的主要催化剂，促进绝缘油老化，使绝缘性能劣化、受潮，损坏设备，导致电力设备的运行可靠性和寿命降低，甚至危及人身安全。目前常用的油中水分含量测定法有库仑法和气相色谱分析法两种。

一、库仑法

（一）方法原理

库仑法是一种电化学方法，它是将库仑计与卡尔—费休滴定法结合起来的分析方法。当被测试油中的水分进入电解液（即卡尔—费休试剂，简称卡氏试剂）后，水参与碘、二氧化硫的氧化还原化学反应，在吡啶和甲醇存在下，生成氢碘酸吡啶和甲基硫酸吡啶，消耗了的碘在阳极电解产生，从而使氧化还原反应不断进行，直至水分全部耗尽为止。依据法拉第定律，电解产生的碘是同电解时耗用的电量成正比例关系。其反应式为

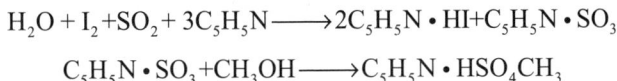

$$H_2O + I_2 + SO_2 + 3C_5H_5N \longrightarrow 2C_5H_5N \cdot HI + C_5H_5N \cdot SO_3$$

$$C_5H_5N \cdot SO_3 + CH_3OH \longrightarrow C_5H_5N \cdot HSO_4CH_3$$

在电解过程中，电极反应为

阳极：
$$2I^- - 2e \longrightarrow I_2$$

阴极：
$$I_2 + 2e \longrightarrow 2I^-$$

$$2H^+ + 2e \longrightarrow H_2 \uparrow$$

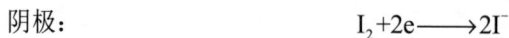

从以上反应式中可以看出，即一个克分子的碘，氧化一个克分子的二氧化硫，需要一个克分子水。所以是一个克分子碘与一个克分子水的当量反应，即电解碘的电量相当于电解水所需的电量，即 1 毫克水相当于 10.72 电子库仑。根据这一原理可直接从电解消耗的电量数，计算出水的含量。

（二）危险点分析及控制措施

（1）防触电。仪器应有良好接地。

（2）防中毒。防止有毒药品损害试验人员身体健康，电解液使用时应小心谨慎，切勿触及伤口或误入口中，更换电解液和试验均应在通风橱中进行。

（3）防止玻璃仪器破碎被扎伤。

（4）化验室应备有自来水、消防器材、急救箱等物品。

（三）测试前准备工作

（1）查阅相关技术资料、试验规程，明确试验安全注意事项，编写作业指导书。

（2）仪器和材料准备。准备好表 9-1-1 中所列的仪器和材料。

表 9-1-1　　　　　　　　　　　库仑法所需的仪器和材料

序号	名　称	型号与规格	单位	数量	备　注
1	电解液	250mL（或分阳极液和阴极液）	瓶	1	保质期内，无受潮
2	标水	蒸馏水			或已知含水量的甲醇标样
3	微水仪		台	1	以实际仪器为准
4	微量注射器	0.5μL、1mL	支	1	保存在干燥器内
5	针头	9 号	支	1	保存在干燥器内
6	硅橡胶垫	5	个	1	保存在干燥器内
7	卷纸或滤纸			若干	
8	凡士林				

（3）电解液的准备和添加。在通风橱内将预先清洗干燥的电解池阳极室内放入搅拌子，往阴极室和阳极室分别加入电解液至刻度线，阴极室液面与阳极室液面在同一水平面或稍微高些。

（4）电解池的安装。在干燥管内装入变色硅胶，在所有玻璃磨口处涂上高真空硅脂或凡士林，塞好所有的塞子。安装测量电极时，要注意电极方向与电解液的搅拌方向成切线，在电解池上部的进样口处更换进样硅胶垫，旋紧进样口旋钮。

（四）测试步骤及要求

1. 开机

正确连接电解电极和测量电极，开仪器电源。选择搅拌、滴定功能开始电解所存在的残余水分。若电解液过碘，注入适量的含水甲醇或蒸馏水来消除过碘。若电解液过水，则耐心等待至数值稳定。

2. 标定

待仪器到达终点时，连续 3 次用 0.5μL 注射器取 0.1μL 蒸馏水进样，仪器示值皆应为 100±5μg。

3. 进样检测

用注射器取试油冲洗 2 次后准确量取 1mL 试油进样（注射器中不应有气泡），按启动钮，试油通过电解池上部的进样口注入电解池中，仪器自动电解至终点，记下测定结果。同一试验至少重复操作两次以上，最后两次平行试验的结果之差不得超过允许值。

4. 关机

关搅拌、滴定功能，关仪器电源。电解液静置至分层，仔细抽取上层油液，分别取下电解电极和测量电极接头，将电解池放入干燥器内存放。

5. 试验结束

清理操作台恢复清洁、整齐，用具归位。

（五）测试结果分析及测试报告编写

1. 精密度

两次平行测试结果的差值不得超过表 9-1-2 所列的数值。

表 9-1-2　　　　　　测 试 结 果 的 允 许 差

范围（μg）	允许差（μg）	范围（μg）	允许差（μg）
<10	2.9	21～25	3.5
10～15	3.1	26～30	3.8
16～20	3.3	31～40	4.2

2. 试验报告

取 2 次平行试验结果的平均值为试样水分最终报告值，根据相关规程要求给出正确的分析意见。试验报告还应包括试验环境条件、试验仪器型号、被测试样名称、试验人员等。

3. 绝缘油微水质量指标

绝缘油微水质量指标见表 9-1-3。

表 9-1-3 绝缘油微水质量指标

试验项目	要　　求		
	新油	交接时、大修后	运行中
水分（mg/L）	按厂家报告	≤20（110kV 及以下） ≤15（220kV） ≤10（500kV）	≤35（110kV 及以下） ≤25（220kV） ≤15（500kV）

（六）测试注意事项

（1）采用库仑法测定水分，其关键是卡氏试剂的配制和电解液的组成比例要严格按 GB/T 7600—2014《运行中变压器油和汽轮机油水分含量测定法（库仑法）》进行，各种成分的比例不能轻易改动，否则会影响检测灵敏度或使终点不稳定。实际工作中可以直接使用厂家提供的和微水仪配套的电解液，电解液应放在干燥的暗处保存，温度不宜高于 20℃。

（2）搅拌速度对测试结果是有影响的，太快、太慢都会影响数据的稳定性，通常最好是能够使电解液呈一旋涡状为宜。

（3）当注入的油样达到一定数量后，电解液会呈现浑浊状态，但不会影响测试结果。如还要继续进样，应用标样标定，符合规定后，可以继续进样测定，否则应更换电解液。

（4）测定油中水分时，应注意电解液和试样的密封性，在测试过程中不要让大气中的潮气侵入试样中。因此从设备中采取油样时，应按色谱分析法的同样要求，用注射器进行取样，并应避光保存。

（5）在测定过程中，有时会出现过终点现象，这多数是由于空气中的氧，氧化了电解液中的碘离子生成碘所造成，它相当于电解时产生的碘，致使测定结果偏低。当阴极室出现黑色沉淀后，可将电极取出，用酸清洗后使用。

（6）测试仪器最好配有稳压电源，放置在噪声小，并尽量避免有磁场干扰的环境中，以免影响仪器的稳定。

（7）对于运行中变压器，测量油微水时应注意变压器温度的影响，尽量在顶层油温高于 50℃时采样。

二、气相色谱分析方法

（一）方法原理

使变压器油中的水分在色谱仪的进样口汽化室被汽化，通过高分子多孔微球为固定相的色谱柱进行分离，用热导检测器检测，采用工作曲线法求出油中水分含量。

（二）危险点分析及控制措施

（1）色谱工作台应能承受整套仪器重，不发生振动，还应便于操作；在安装色谱仪工作台时，应预留 30～40cm 的通道和至少 30cm 的空间，以便于检修和仪器散热。

（2）电源插座必须有接地，色谱仪电源应与其他大功率设备分开。

（3）储气室最好与实验室分开，单独设置；室内温度变化不应过大，避免阳光直射；氧气与氢气应分开储放，以免发生爆炸危险。

（4）气路管线安装后要进行检漏，确认没有漏气后才能使用。

（三）测试前准备工作

1. 资料准备

查阅相关技术资料、试验规程，明确试验安全注意事项，编写作业指导书。

2. 仪器和材料准备

准备好表 9-1-4 中所列的仪器和材料。

表 9-1-4　　　　　　　　气相色谱法所需的仪器和材料

序号	检测仪器	要　　　求	备注
1	气相色谱测定仪	具备热导检测器，其进样器能排放残油或采用反吹气路。最小检测浓度小于 0.5μL/L，桥流为 90～180mA	检定合格
2	色谱柱	不锈钢柱：内径 3mm，长 1m；填充高分子多孔微球 GDX-103（60～80 目） 分离度：变压器油中水峰与其前相邻峰的分离度 $R \geqslant 1$	
3	微量注射器	10μL	刻度准确
4	载气氮气（或氩气）	纯度不低于 99.99%	合格
5	正庚烷	分析纯	

3. 试剂准备

将分析纯正庚烷用不低于 15℃的等体积去离子水（或二次蒸馏水）在分液漏斗内至少洗涤 3 次。每次洗涤的振荡时间不少于 1min，静置时间 5min。洗毕，将其移入 25mL 具塞比色管或小口试剂瓶内，并加入 1/4 正庚烷体积的去离子水（或二次蒸馏水），在室温下（最好有保温措施）至少恒定 2h，作为标样备用。

4. 试验条件选择

（1）层析室温度：130～140℃。

（2）气化室温度：160～180℃。

（3）载气流速：氮气（或氩气），30～40mL/min。

（4）进样量：10μL。

5. 色谱仪开机稳定工作

（1）打开高压气瓶（或气体发生器）的气源阀，观察并调节流量控制器压力表的压力。

（2）观察并调节各气体流量，通入载气 15min 左右，打开气相色谱仪电源。

（3）输入或检查各路温度的设定值，包括进样器、检测器、柱箱温度设定。

1）在通载气的情况下，逐一检查各加热室的控温性能。

2）启动仪器总开关后，合上温度控制器开关，过 20min 左右，各加热室应达到设定的温度。

（4）设定 TCD 检测器的桥流。

（5）打开色谱分析工作站，进入实时采样界面，点击采样开始按钮，观察基线是否稳定，待仪器基本稳定后即可调整基线。

（四）测试步骤及要求

1. 绘制工作曲线

（1）用 10μL 微量注射器注入不同体积（V_i）正庚烷标样，记录相应的水峰高度（h_i）。

（2）测量微量注射器针头死体积内正庚烷标样中的水峰高度（h_0）。

（3）不同进样体积正庚烷标样的真实水峰高度（h）按下式计算

$$h = h_i - h_0 \qquad\qquad (9\text{-}1\text{-}1)$$

（4）根据试验时的室温，由表 9-1-5 查出正庚烷标样的饱和含水值（W）。

表 9-1-5　　　　　　　　　正庚烷中饱和含水值

温度（℃）	10	11	12	13	14	15	16	17	18
含水（μL/L）	31.5	34.0	36.1	38.9	41.1	43.9	46.4	49.2	52.0
温度（℃）	19	20	21	22	23	24	25	26	27
含水值（μL/L）	55.1	58.3	61.7	65.0	68.4	72.1	76.0	80.3	85.0
温度（℃）	28	29	30	31	31	33	34	35	
含水值（μL/L）	89.3	94.1	99.2	104.8	110.5	116.5	116.5	128.9	

（5）正庚烷标样不同进样体积的含水值按下式计算，即

$$W_i = W V_i \times 10^{-6} \qquad\qquad (9\text{-}1\text{-}2)$$

式中　W_i——正庚烷标样不同进样体积的含水值（体积），μL；

　　　W——室温正庚烷饱和含水值，μL/L；

　　　V_i——标准正庚烷进样体积，μL。

（6）变压器油含水值（W_y）按下式计算折合

$$W_y = \frac{W_i}{V_y} \times 10^6 \qquad\qquad (9-1-3)$$

式中　W_y——折合变压器油含水值，μg/L；

　　　V_y——试油进样体积，μL。

（7）绘制峰高 h 与含水值 W_y 关系曲线。

2. 样品分析

（1）在与绘制工作曲线相同的操作条件下注入 10μL 变压器油样品，测定其水峰高度（h_y）。

（2）由工作曲线查出与 h_y 相对应的水值。

（五）测试结果分析及测试报告编写

（1）试验结果精密度。

1）两次平行试验结果的差值要求不超过 4.2μg/L。

2）取两次平行试验结果的算术平均值为测定值。

（2）测试报告编写应包括以下项目：样品名称和编号、测试时间、测试人员、环境温度、湿度、大气压力、测试结果等，备注栏写明其他需要注意的内容。

（六）测试注意事项

（1）进样操作前，应观察仪器稳定状态，只有仪器稳定后，才能进行进样操作，进样操作也是影响分析结果的一个因素。

（2）微量注射器必须洁净、干燥；进样前必须用样品冲洗。

（3）样品分析应与仪器标定使用同一支进样注射器，取相同进样体积。

（4）绘制工作曲线时，应至少取五种不同体积的正庚烷标样分别进行平行试验，平行试验测定结果的峰高相对偏差不得超过 3%。

（5）每次开机试验时，应先对工作曲线进行校核。若误差超过 5%，应重新绘制工作曲线。

【思考与练习】

1. 绝缘油中水分对绝缘油特性有哪些影响？

2. 简述库仑法测定油中微量水分的测试原理。

3. 简述色谱法测试油中水分含量的注意事项。

▲ 模块 2　油品闪点（闭口）的测定方法（ZY1500208002）

【模块描述】本模块介绍油品闪点（闭口）的测定方法。通过步骤讲解和要点归纳，掌握油品闪点（闭口）的测定的目的、方法原理、危险点分析及控制措施、准备工作、测试步骤、注意事项，以及对测试结果的分析和测试报告编写要求。

【模块内容】

一、测试目的

闪点可鉴定油品发生火灾的危险性，闪点越低油品越易燃烧，火灾危险性越大，所以油品的闪点是一个安全指标。按闪点的高低可确定其运送、储存和使用的各种防火安全措施。

二、方法概要

在规定的条件下，将油品加热，随油温的升高，油蒸气在空气中（油液面上）的浓度也随之增加，当升到某一温度时，油蒸气和空气组成的混合物中，油蒸气含量达到可燃浓度，如将火焰靠近这种混合物，它就会闪火，把产生这种现象的最低温度称为石油产品的闪点。闭口闪点仪器一般采用自动升降杯盖、自动升温、自动点火、自动捕捉闪点的全自动模式，点火方式有电点火和气点火两种形式可以选择，闪点的捕捉方式有火焰导电感应式和压力感应等检测方式，温度的测量一般都使用铂电阻。对于全自动闪点测试仪，只要按仪器使用说明书设置即可。本节测试步骤重点介绍手动仪器操作。

三、危险点分析及控制措施

（1）仪器应有良好接地。

（2）避免高温烫伤，不准触碰加热过的试油及油杯，禁止在仪器通电加热过程中接触油杯。

（3）防止有毒气体损害身体健康，试验应在通风橱中进行。

（4）防止火灾，煤气瓶应放在避光处，并经常检查是否有漏气现象，试验室内应备有消防器材。

四、测试前准备工作

1. 资料准备

查阅相关技术资料、试验规程，明确试验安全注意事项，编写作业指导书。

2. 仪器和材料准备

准备好表 9-2-1 中所列的仪器和材料。

表 9-2-1　　　　　　　油品闪点（闭口）测定方法仪器和材料

序号	工具名称	型号	单位	数量	备注
1	闭口闪点仪		台	1	符合要求
2	火柴		盒	1	

序号	工具名称	型号	单位	数量	备注
3	石油气	500mL	瓶	1	用电子点火
4	气压计		个	1	检定合格

3. 试验前检查

（1）检查工作现场的工作条件、安全措施是否完备。了解仪器的工作原理、结构及性能。闪点测定仪要放在避风和较暗的地方才便于观察闪火。为了更有效地避免气流和光线的影响，闪点测定仪应围着防护屏。

（2）闪点仪在使用前先检查煤气口是否堵塞，气路是否漏气，是否还有可供此次试验的煤气。

（3）试验前应详细记录试验条件及被试样品的情况。

（4）如果试油中含有的水分超过 0.05% 时，在测定闪点之前必须脱水。

（5）点火器火焰调整到接近球形，其直径为 3～4mm。

（6）测出试验时的实际大气压力 p。

五、测试步骤及要求

（1）将被试油样倒入样品杯中，加入量准确（以刻度线为准），把样品杯放到加热器的杯穴中，由定位柱把样品杯定好位。

（2）开始加热，加热速度要均匀上升，并定期搅拌。

（3）到预计闪点前 40℃，调整加热速度，使在预计闪点前 20℃时，升温速度能控制在 2～3℃/min，并不断搅拌。

（4）试样温度到达预期闪点前 10℃时，每经 2℃进行点火试验。点火时，停止搅拌，使火焰在 0.5s 内降到杯上含蒸气的空间，留在这一位置 1s 立即迅速回到原位。

（5）在试样液面上方最初出现蓝色火焰时，判断为闪火。如果看不到闪火，就继续搅拌试样，升温 2℃后重复点火试验。

（6）在最初闪火之后，再升温 2℃，应能继续闪火，则将最初闪火温度作为闪点的测定结果。

（7）在最初闪火之后，若再进行点火却看不到闪火，应更换试样重新试验。只有重复试验的结果依然如此，才能认为最初闪火温度为闪点。

六、测试结果分析及测试报告编写

1. 大气压力对闪点影响的修正

观察和记录实验时的实际大气压力 p，按下式计算在标准大气压力时的闪点修正数

$$t=0.25(101.3p) \qquad\qquad (9-2-1)$$

2. 精密度

（1）重复性。同一操作者重复测定两个结果之差不应超过表9-2-2所列的数值。

表9-2-2 测 定 结 果 允 许 差 数

闪点范围（℃）	允许差数（℃）
≤104	2
>104	6

（2）再现性。由两个实验室提出的两个结果之差，不应超过表9-2-3所列的数值。

表9-2-3 两个实验室测量结果允许差数

闪点范围（℃）	允许差数（℃）
≤104	4
>104	8

3. 试验结果

试验报告取两次平行试验结果的平均值为试样的闪点测定值，以整数报结果。试验报告还应包括样品名称、试验方法、试验日期、分析意见、试验人员等。

4. 变压器油闪点质量指标

质量指标见表9-2-4。

表9-2-4 变压器油闪点质量指标

试验项目	要 求		
	新油	交接时、大修后	运行中
闪点（闭口，℃）	≥135	≥135（45号油）	与新油原始测量值相比不低于10℃

七、测试注意事项

（1）测试准确性与加入试油的量有关。在测定油杯中所加的试油量，要正好到刻线处，否则油量多测得结果偏低，油量少结果偏高。

（2）测试准确性与点火用的火焰大小离液面高低及停留时间有关。对点火用的火焰大小，火焰距液面的高低及在液面上的停留时间等均应注意，一般火焰较规定的大，火焰离液面越近，在液面上移动的时间越长，则测得结果偏低，反之则测得结果比正常值高。

（3）加温速度要严格按规定控制，不能过快或过慢。如加热太快，油蒸发速度快，使空气中油蒸气浓度提前达到爆炸下限，使测定结果偏低。如加热速度过慢，测定时间较长，点火次数多，损耗了部分油蒸气，推迟了油蒸气和空气混合物达到闪点浓度的时间，而使测定结果偏高。

（4）如果试油中含有水分时，在测定闪点之前必须脱水。因为加热试油时，分散在油中的水会气化形成水蒸气，或有时形成气泡覆盖于液面上，影响油的正常气化，推迟了闪火时间，使测定结果偏高。

（5）在点火过程中，要先看温度后点火，不应点火后再看温度。因为点火后油温会升高，不是原闪火时的温度，而使测得结果偏高。

（6）与测定压力有关，一般压力高闪点高，否则反之。所以在测定闪点时，应根据当地气压情况予以修正。

【思考与练习】

1. 何谓油品的闪点？

2. 闪点和哪些测定条件有关？

3. 测试闪点有何意义？

▲ 模块 3　油品密度的测定方法（ZY1500208003）

【模块描述】 本模块介绍油品密度的测定方法。通过步骤讲解和要点归纳，掌握油品密度测定的目的、方法原理、危险点分析及控制措施、准备工作、测试步骤、注意事项，以及对测试结果的分析和测试报告编写要求。

【模块内容】

一、测试目的

为了避免在含水量较多时而又处于寒冷气候条件下可能出现的浮冰现象，变压器油的密度一般不宜太大，通常情况下，变压器油的密度为 $0.8 \sim 0.9 \text{g/cm}^3$。

二、方法概要

油品的密度是单位体积内所含油品的质量，以符号 ρ 表示。我国规定，油品在 20°C 时的密度为标准密度，以 ρ_{20} 表示。

将试样处理至合适的温度并转移到和试样温度大致一样的密度计量筒中，再把合适的石油密度计垂直地放入试样中并让其稳定，等其温度达到平衡状态后，读取石油密度计刻度的读数并记下试样的温度。在实验温度下测得的石油密度计读数，用 GB/T 1885—1998《石油计量表》换算表换算到 20℃下的密度。

视密度。用石油密度计测定密度时，在某一温度下所观察到的石油密度计读数，用 ρ_t 表示，单位为 kg/m^3，常用单位为 g/cm^3。

三、危险点分析及控制措施

（1）在试验地点周围，应避免机械振动的干扰。

（2）密度计等玻璃仪器易破、易折断，密度计切勿横着拿取细管一端，以防折断。

（3）将密度计浸入试油时，不许用手把密度计向下推，应轻轻缓放，以防密度计突沉量筒底部，碰破密度计。

（4）防止玻璃仪器破碎扎伤。

（5）化验室应备有自来水、消防器材、急救箱等物品。

四、测试前准备工作

（1）查阅相关技术资料、试验规程，明确试验安全注意事项，编写作业指导书。

（2）仪器和材料准备。准备好表 9-3-1 中所列的仪器和材料。

表 9-3-1 油品密度的测定方法仪器和材料

序号	仪器	型 号	备 注
1	石油密度计	SY-1 型石油密度计（一整套）	也可使用精度相当或更高的石油密度计
2	密度计量筒	量筒内径应至少比所用的石油密度计的外径大 25mm，量筒高度应能使石油密度计漂浮在试样中，石油密度计底部距量筒底部至少 25mm	可用清晰透明玻璃或塑料制成
3	温度计	分值为 0.2℃的全浸水银温度计	经检定合格并在有效期内
4	恒温浴	恒温精度为 ±0.5℃	

（3）测定温度。用石油密度计测量密度时，在标准温度或接近这个温度下测定最为准确。为石油计量而测定密度时，测定温度要尽量接近储存油的实际温度，应在实际温度的 ±3℃范围内测定。在测定温度下，石油密度计应能在试样中自由地漂浮。

五、测试步骤及要求

（1）按 GB/T 4756—2015《石油液体手工取样法》采取试样，将用于测定的密度计、量筒和温度计的温度处于和被测试样大致相同的温度。

（2）将均匀的试样小心地沿量筒壁倾入清洁的密度计量筒中，防止溅泼和产生气泡，当试样表面有气泡聚集时，可用一片清洁的滤纸除去。

（3）将盛有试样的密度计量筒垂直地放在没有较大空气流动的地方，要确保试样温度在测定所需的时间内没有显著变动，在这期间，环境温度的变化不应大于 2℃，否则应使用恒温浴，避免温度变化过大。

（4）将温度计插入试样中，小心地搅拌试样，注意温度计的水银线要保持全浸，再将选好的清洁、干燥的石油密度计轻轻地放在试样中。

（5）待石油密度计静止后，将石油密度计轻轻压入试样约两个刻度，再放开。应有充分的时间让石油密度计静止下来，达到平衡，并离开密度计量筒壁可自由地漂浮。

（6）读取试样的弯月面上沿与石油密度计刻度相切的点即为石油密度计数值。读数时，视线要与试样的弯月面上沿成一水平面。当选用 SY-I 型石油密度计时，其数值应读至 0.000 1g/cm³。

（7）将石油密度计稍稍提起，擦去最上部黏附的试样，再放入试样中，待石油密度计静止后，立即用温度计小心搅拌试样，注意温度计水银线要保持全浸。按（5）、（6）条再测定一次。若这次试样温度与前次试样温度之差超过 0.5℃，则重新读取温度计和石油密度计数值，直至温度变化稳定在 0.5℃ 以内。记录连续两次测定的温度和视密度的数值。

六、测试结果分析及测试报告编写

（1）根据连续两次测定的温度和视密度，由 GB/T 1885—1998 换算表查得 20℃的密度。取两个 20℃的密度的算术平均作为测定结果。对 SY-I 型石油密度计精确到 0.000 1g/cm³。

（2）精密度。同一操作者测定同一试样时，连续测定两个结果之差不应大于表 9-3-2 所列的数值。

表 9-3-2　　　　　　　　　　　测 定 结 果 允 差

石油密度计型号	允许差数（g/cm³）
SY-I	0.000 5
SY-II	0.001

（3）试验报告应包括样品名称、国家标准号、密度计读数及相应的试验温度、试验仪器型号、试验日期、分析意见、试验人员等。

（4）对于新绝缘油，要求 20℃时密度不大于 895kg/m³。

七、测试注意事项

（1）在整个试验期间，环境温度变化不应大于 2℃。当环境温度变化大于 ±2℃时，应使用恒温浴，以免温度变化太大。

（2）密度计在使用前必须全部擦拭干净，擦拭后不要再握最高分度线以下各部分，以免影响读数。

（3）测定密度用的量筒，其直径应较密度计扩大部分躯体的直径大一倍，以免密度计与量筒内壁碰撞，影响准确度，其高度也要适当。

（4）无论测定透明或深色油品时，其读数的位置，均按液面上边缘读数，在读数时眼睛与液面上边缘必须在同一水平面。

（5）如果发现密度计的分度标尺位移，玻璃有裂纹等现象，应停止使用。

（6）试样内或其表面有气泡时，会影响读数，在测定前应消除气泡。

（7）测定混合油的密度时，必须搅拌均匀。

（8）在读数的同时，应记录试样的温度。

（9）油品的密度受温度的影响较大，如温度升高，油的体积增大，密度减小。反之温度降低，体积缩小，密度增大。因此在测定油品密度时，必须标明测定时的温度。

【思考与练习】

1. 什么是油品的密度？

2. 影响油品密度的主要因素有哪些？

3. 简述测试油品密度时的注意事项。

◢ 模块4 油品透明度的测定方法（ZY1500208004）

【模块描述】本模块介绍油品透明度的测定方法。通过步骤讲解和要点归纳，掌握油品透明度测定的目的、方法原理、危险点分析及控制措施、准备工作、测试步骤、注意事项，以及对测试结果的分析和测试报告编写要求。

【模块内容】

一、测试目的

油品的透明度是对油品外状的直观鉴定。测定油品透明度可以初步判断溶解在油中石蜡等固态烃的含量多少，以及油在运输、储存和运行条件下，受到水分、机械杂质、游离碳等物质的污染程度。

二、测试原理

将试油注入试管内，在规定温度下恒温并观察试油的透明程度。

三、危险点分析及控制

（1）低温恒温水浴在通电前应先检查水位高度是否符合要求，水位偏低时要及时补水，以避免通电后缺水造成仪器损坏。

（2）使用的玻璃仪器应轻拿轻放，避免玻璃破裂造成伤害。

四、测试前准备工作

（1）查阅相关技术资料、试验规程，明确试验安全注意事项，编写作业指导书。

（2）仪器与材料准备。准备好表 9–4–1 中所列的仪器和试剂。

表 9–4–1　　　　　　　　　　　油品透明度测定方法仪器和试剂

序号	设备及材料	要　　求	备注
1	试管	内径（15±1）mm	
2	低温恒温水浴	带制冷功能的恒温水浴，可在 0～50℃范围内控制恒温，温控精度±0.1℃	
3	温度计	20～50℃	

五、试验步骤及要求

打开低温恒温水浴，设定水浴温度为 5℃，将试油（绝缘油）注入干燥的试管中，把试管浸入已恒温的水浴中，浸入深度以试管中油面低于水浴面 1cm 为宜，待 10min后取出试管，擦净试管外壁水分，将试管背面分别衬以白纸、黑纸，在光线充足的地方分别观察，如果均匀无浑浊现象，则认为试油透明。

注：试油为汽轮机油时，要冷却至 0℃测试。

六、测试结果分析及测试报告编写

（1）当对油品的透明度测定结果有争议时，可将油品注入 100mL 量筒中，在温度为（20±5）℃下测定，油品应均匀透明，如还有争议，应按 GB 511—2010《石油和石油产品及添加剂机械杂质测定法》测定油中机械杂质的含量结果为无才合格，即在（20±5）℃的温度下，油品中不应有游离的石蜡和渣滓分离出来，油质应清澈透明。若在（20±5）℃的温度下，油质仍不透明，同时测得油的机械杂质含量不为无时，则说明油中石蜡和渣滓的含量不合格。

（2）测试报告编写应包括以下项目：样品名称和编号、测试时间、测试人员、审核和批准人员、测试依据、环境温度、测试结果、测试结论等，备注栏写明其他需要注意的内容。

七、试验注意事项

（1）测定油品透明度时，应在规定的温度下进行。

（2）测定用的试管应干净和干燥。

（3）观察时光线要充足，速度要快并及时擦干试管外壁结露的水分。

【思考与练习】

1. 测定油品透明度的目的是什么？

2. 测定油品透明度应注意哪些事项？

3. 简述测定油品透明度步骤及要求。

模块 5　油品颜色的测定方法（ZY1500208005）

【模块描述】本模块介绍油品颜色的测定方法。通过步骤讲解和要点归纳，掌握油品颜色测定的目的、方法原理、危险点分析及控制措施、准备工作、测试步骤、注意事项，以及对测试结果的分析和测试报告编写要求。

【模块内容】

一、测试目的

测定油品的颜色对于新油可判断油品的精制程度，即油中除去沥青、树脂质及其他染色物质的程度，以及油品在运输和储存过程中是否受到污染。对于运行中绝缘油如颜色发生剧烈变化，一般是油内发生电弧放电时产生碳质造成的。油在运行中颜色迅速变化，是油质变坏或设备存在故障的表现。

二、测试原理

将试油注入比色管中，与规定的标准比色液相比较，以相等的色号及名称表示。如果找不到与试油颜色最相近的颜色，而其介于两个标准颜色之间，则报告两个颜色中较深的一个颜色。

三、危险点分析及控制

（1）称量碘时不得把碘直接放入天平室内称量，应采用减量法称量，以避免碘蒸气对天平产生腐蚀。

（2）使用的玻璃仪器应轻拿轻放，避免玻璃破裂造成伤害。

（3）实验完毕应及时、仔细清洗双手。

四、测试前准备工作

（1）查阅相关技术资料、试验规程，明确试验安全注意事项，编写作业指导书。

（2）仪器与材料准备。准备好表 9-5-1 中所列的仪器和试剂。

表 9-5-1　　　　　　　　　油品颜色测定方法仪器和试剂

序号	设备及材料	要　　　求	备注
1	比色管	容量 10mL，内径（15±0.5）mm，长 150mm	一组共 15 支
2	比色盒		
3	分析天平	分度值 0.000 1g	
4	容量瓶	100mL	
5	移液管	1.0、2.0、5.0、10.0、25mL	
6	烧杯	100mL	

续表

序号	设备及材料	要　　求	备注
7	碘化钾	分析纯	
8	碘	经过升华和干燥	
9	蒸馏水		

（3）母液配制。称取升华、干燥的纯碘1g（称准至0.000 2g），溶于100mL含10%（m/V）碘化钾的溶液中。

（4）标准比色液配制。按表9-5-2的规定，配制比色液，将此比色液分别注入比色管中，磨口处用石蜡密封，放在避光处，注明色号及颜色。此标准比色液的使用期限，不得超过3个月。

表9-5-2　　　　　　　**标 准 比 色 液 配 制 表**

色号	颜色	母液（mL）	蒸馏水（mL）	色号	颜色	母液（mL）	蒸馏水（mL）
1	淡黄色	0.2	100	9	深橙	1.20	25
2	淡黄	0.4	100	10	橙红	1.80	25
3	浅黄	0.14	25	11	浅棕	2.80	25
4	黄色	0.22	25	12	棕红	4.50	25
5	深黄	0.32	25	13	棕色	7.00	25
6	枯黄	0.46	25	14	棕褐	12.00	25
7	淡橙	0.64	25	15	褐色	30.00	25
8	橙色	0.90	25				

五、试验步骤及要求

（1）将试油注入比色管中，选择与试油颜色相接近的标准比色管，同时放入比色盒内，在光亮处进行比较，记录最相近的标准色号及颜色。

（2）将与试油颜色相同的标准比色管色号作为试油颜色的色号。

六、测试结果分析及测试报告编写

（1）如果试油的颜色居于两个标准比色管的颜色之间，则报告较深的色号，并在色号前面加"小于"，若颜色比15号深，可报告为大于15号。

（2）测试报告编写应包括的项目：样品名称和编号、测试时间、测试人员、审核和批准人员、测试依据、环境温度、测试结果、测试结论等，备注栏写明其他需要注意的内容。

（3）新绝缘油一般为淡黄色，油品的颜色越浅，说明其精制程度及稳定性越好。如油品精制得不好，使油中存在某些树脂质沥青等不稳定化合物，它们会使油品的颜色加深。

（4）如检测发现运行中绝缘油颜色发生剧烈变化，一般是设备存在严重故障，油内发生电弧放电产生游离碳造成的，应立即通知有关部门采取措施。

七、试验注意事项

（1）配制的比色液应注意避光保存，使用期限不要超过 3 个月。

（2）测定用的比色管应干净和干燥。

（3）比色观察时应在光亮处进行。

【思考与练习】

1. 测定油品颜色的目的是什么？

2. 比色液有哪几种颜色？

3. 如何编写油品颜色的试验报告？

▲ 模块6　油中机械杂质（重量法）测定方法 （ZY1500208006）

【模块描述】 本模块介绍油品中机械杂质的测定方法。通过步骤讲解和要点归纳，掌握油品中机械杂质测定的目的、方法原理、危险点分析及控制措施、准备工作、测试步骤、注意事项，以及对测试结果的分析和测试报告编写要求。

【模块内容】

一、测试目的

油中的机械杂质是指存在于油品中所有不溶于溶剂（汽油、苯）的沉淀状态或悬浮状态的物质。绝缘油中如含有机械杂质，会引起油质的绝缘强度、介质损耗因数及体积电阻率等电气性能变坏，威胁电气设备的安全运行。汽轮机油中如含有机械杂质，特别是坚硬的固体颗粒，易引起调速系统卡涩、机组的转动部位磨损等潜在故障，威胁机组的安全运行。检测油中机械杂质是运行中油品的质量控制指标之一。

二、测试原理

称取一定量的油样，溶于所用的溶剂中，用已恒重的滤器过滤，使油中所含的固体悬浮粒子分离出来，再用溶剂把油全部冲洗净，对被留在滤器上的杂质进行烘干和称重即可得到油中机械杂质含量。

三、危险点分析及控制

（1）试验中用到的有机溶剂对人体有毒害作用，操作时必须戴口罩在通风柜中进行。

（2）试验中用到的有机溶剂都是易挥发、易燃的液体，在化验室应严禁烟火，并配备有足够合格的消防器材，化验人员应具备防火灭火知识，并会正确使用消防器材。

（3）在进行热过滤时，应戴手套操作，防止被烫伤。

四、测试前准备工作

（1）查阅相关技术资料、试验规程，明确试验安全注意事项，编写作业指导书。

（2）仪器与材料准备。准备好表 9-6-1 中所列的仪器和试剂。

表 9-6-1　　　　　　　　　油中机械杂质（重量法）

测定方法仪器和试剂

序号	设备及材料	要求	备注
1	烧杯		
2	称量瓶		
3	玻璃漏斗		
4	保温漏斗		
5	吸滤瓶	按 GB/T 511—2010《技术要求》规定	
6	水流泵或真空泵		
7	干燥器		
8	水浴或电热板		
9	红外线灯泡		
10	微孔玻璃滤器	堵锅式，滤板孔径 4.5～9μm	
11	定量滤纸	中速（滤速 31～60s，直径 11cm	
12	溶剂油	符合 SH 0004—1990《橡胶工业用溶剂油》规格（或航空汽油，符合 GB 1787—2018《航空活塞式发动机燃料》规格）。使用前均应过滤，然后作溶剂用	
13	95%乙醇	化学纯，使用前均应过滤，然后作溶剂用	
14	乙醚	化学纯，使用前均应过滤，然后作溶剂用	
15	苯	化学纯，使用前均应过滤，然后作溶剂用	

（3）配制乙醇—苯和乙醇—乙醚混合液配制。取 95%乙醇和苯按体积比 1:4 配成乙醇—苯混合液，取 95%乙醇和乙醚按体积比 4:1 配成乙醇—乙醚混合液。

（4）将装在玻璃瓶中的试样（不超过瓶容积的 3/4）摇动 5min，使混合均匀。石蜡和黏稠的石油产品应预先加热到 40～80℃。

（5）将定量滤纸放在敞盖的称量瓶中，在 105～110℃的烘箱中干燥不少于 1h，然后盖上盖子放在干燥器中冷却 30min，进行称重，称准至 0.000 2g。干燥（第二次干燥时间只需 30min）及称重操作重复至连续两次称量间的差数不超过 0.000 4g。

（6）在采用滤纸并以乙醇—乙醚混合液、乙醇—苯混合液为洗涤剂而不继续以蒸馏水洗涤时，应将滤纸折叠放在玻璃漏斗中，用 50mL 温热的上述溶剂洗涤，然后干燥和恒重。

五、试验步骤及要求

（1）从摇匀的石油产品中称取试样：100℃黏度不大于 20mm²/s 的石油产品称取 100g，100℃黏度大于 20mm²/s 的石油产品称取 25g，蜡和难于过滤的润滑油称取 50g，以上均称准至 0.5g。

（2）往盛有石油产品试样的烧杯中加入温热的溶剂油。100℃黏度不大于 20mm²/s 的石油产品加入溶剂油量为试样的 2～4 倍；100℃黏度大于 20mm²/s 的石油产品加入溶剂油量为试样的 4～6 倍。

（3）趁热将试样的溶液用恒重好的滤纸过滤，该滤纸是安置在固定于漏斗架上的玻璃漏斗中，溶液沿着玻璃棒倒在滤纸上，过滤时倒入漏斗中溶液高度不得超过滤纸的 3/4。用热的溶剂油（或苯）将残留在烧杯中的沉淀物洗到滤纸上。

（4）如试样含水较难过滤时，将试样溶液静置 10～20min，然后向滤纸中倾倒澄清的溶剂油（或苯）溶液。此后向烧杯的沉淀物中加入 5～10 倍的乙醇—乙醚混合液，再进行过滤，烧杯中的沉淀要用乙醇—乙醚混合液和温热的溶剂油（或苯）冲洗到滤纸上。

（5）在测定难以过滤的试样时，试样溶液的过滤和冲洗滤纸，允许用减压吸滤和保温漏斗，或红外线灯泡保温等措施。减压过滤时，可用滤纸或微孔玻璃滤器安装在吸滤瓶上，然后将吸滤瓶与抽气的泵连接。定量滤纸用溶剂润湿，放在漏斗中，使它完全与漏斗紧贴。抽滤速度应控制在使滤液成滴状，而不允许成线状。

微孔玻璃滤器的干燥和恒重与定量滤纸处理过程相同，热过滤时不要使所过滤的溶液沸腾。

注意：① 新的微孔玻璃滤器在使用前需以铬酸洗液处理，然后以蒸馏水冲洗干净，置于干燥箱内干燥后备用。在做过试验后，应放在铬酸洗液中浸泡 4～5h 后再以蒸馏水洗净，干燥后放入干燥器内备用。② 当试验中采用微孔玻璃滤器与滤纸所测结果发生争议时，以用滤纸过滤的测定结果为准。

（6）在过滤结束时，对带有沉淀的滤纸，用带橡皮球装有热溶剂的洗瓶冲洗至过滤器中没有残留试样的痕迹，并且使滤出的溶剂完全透明和无色为止。在测定深色未精制的石油产品、酸碱洗的润滑油、含添加剂的润滑油或添加剂的机械杂质时，可用苯冲洗残渣。

在测定添加剂或含添加剂润滑油的机械杂质时，常有不溶于溶剂油和苯的残渣，可用热的乙醇—乙醚混合液或乙醇—苯混合液冲洗残渣。

（7）在测定添加剂或含添加剂润滑油的机械杂质时，若需要使用热水冲洗残渣，则在带沉淀的滤纸用溶剂冲洗后，要在空气中干燥 10～15min，然后用 50mL 温度为 55～60℃的蒸馏水冲洗。

（8）在带有沉淀的滤纸和过滤器冲洗完毕后，将带有沉淀的滤纸放入已恒重的称量瓶中，敞开盖子，放在 105～110℃烘箱中干燥不少于 1h，然后盖上盖子放在干燥器中冷却 30min，进行称量，称准至 0.000 2g。重复干燥（第二次干燥只需 30min）及称量的操作，直至两次连续称量间的差数不超过 0.000 4g 为止。

（9）如果机械杂质的含量不超过石油产品或添加剂的技术标准的要求范围，第二次干燥及称量处理可以省略。

（10）使用滤纸时，必须进行溶剂的空白试验补正。

（11）结果计算。试样的机械杂质含量 x（m/m，%）按下式计算

$$x = \frac{m_2 - m_1}{m} \times 100\% \qquad (9\text{-}6\text{-}1)$$

式中　m_2——带有机械杂质的滤纸和称量瓶的质量（或带有机械杂质的微孔玻璃滤器的质量），g；

　　　m_1——滤纸和称量瓶的质量（或微孔玻璃滤器的质量），g；

　　　m——试样的质量，g。

六、测试结果分析及测试报告编写

（1）取重复测定两个结果的算术平均值作为试验结果（机械杂质的含量在 0.005% 以下时，认为无）。同一操作者重复测定两个结果之差，不应大于表 9-6-2 所列的数值。

表 9-6-2　　　　　　　　　　测定结果重复性

机械杂质含量（%）	重复性（%）	机械杂质含量（%）	重复性（%）
<0.01	0.005	0.1～<1.0	0.02
0.01～<0.1	0.01	>1.0	0.20

（2）测试报告编写应包括以下项目：样品名称和编号、测试时间、测试人员、审核和批准人员、测试依据、天气情况、环境温度、湿度、测试结果、测试结论等，备注栏写明试验时所用的溶剂名称等其他需要注意的内容。

七、试验注意事项

（1）称取试样前必须充分摇匀。

（2）所有溶剂在使用前应经过滤处理。

（3）所选用滤纸的疏密、厚薄以及溶剂的种类、数量最好是相同的。

（4）空滤纸不能和带沉淀物的滤纸在一同烘箱里一起干燥，以免空滤纸吸附溶剂及油类的蒸汽，影响滤纸的恒重。

（5）到规定的冷却时间时，应立即迅速称量，以免时间拖长后，由于滤纸的吸湿作用，而影响恒重。

（6）过滤的操作应严格遵照质量分析的有关规定。

（7）所用的溶剂应根据试油的具体情况及技术标准有关规定去选用，不得乱用。否则，所测得结果无法比较。

【思考与练习】

1. 简述测定油中机械杂质的目的。

2. 重量法测定油中机械杂质应注意哪些事项？

3. 简述测定油品机械杂质时危险点及其控制措施。

◢ 模块 7　油品凝点的测定方法（ZY1500208007）

【模块描述】本模块介绍油品凝点的测定方法。通过步骤讲解和要点归纳，掌握油品凝点测定的目的、方法原理、危险点分析及控制措施、准备工作、测试步骤、注意事项，以及对测试结果的分析和测试报告编写要求。

【模块内容】

一、测试目的

油品的凝点对其使用、储存和运输都有重要的意义，特别是使用于寒冷地区的绝缘油，对其凝点有较严格的要求，因为低凝固点的变压器油将能保证油在这种气候条件下仍可进行循环，从而起到它的绝缘和冷却作用。

二、方法概要

石油产品的凝点是指试的油品在一定的标准条件下，失去了其流动性的最高温度，以℃表示。

测定方法是将试样装在规定的试管中，并冷却到预期的凝点温度时，将试管倾斜45°保持 1min，观察液面是否移动，来确定是否达到凝点。

三、危险点分析及控制措施

（1）试验时应防止有毒药品损害试验人员身体健康，化学药品要有专人严格管理，使用时应小心谨慎，操作时应戴口罩，切勿触及伤口或误入口中，试验结束后必须仔细洗手。

（2）操作时应戴手套防止被冻伤。

（3）防止玻璃仪器破碎扎伤。

（4）化验室应备有自来水、消防器材、急救箱等物品。

四、测试前准备工作

（1）查阅相关技术资料、试验规程，明确试验安全注意事项，编写作业指导书。

（2）仪器和材料准备。准备好表 9-7-1 中所列的仪器和材料。

表 9-7-1　　　　　　　　　　　油品凝点测定方法仪器和材料

序号	仪器和材料	型号规格
1	圆底试管	高度为（160±10）mm，内径为（20±1）mm，在距管底 30mm 的外壁处有一环形标线
2	圆底玻璃套管	高度为（130±10）mm，内径为（20±2）mm
3	装冷却剂用的广口容器	高度不少于 160mm，内径不少于 120mm，带绝缘层
4	温度计	符合 GB/T 514—2005《石油产品试验用玻璃液体温度计技术条件》规定
5	支架	能固定套管、冷却剂容器和温度计的装置
6	恒温水浴	
7	制备冷却剂	盐、冰、乙醇、干冰

（3）制备冷却剂，在一个装冷却剂用的容器中注入工业乙醇，注满到容器的 2/3 处，然后将细块的干冰放进搅拌的工业乙醇中，根据温度要求下降的程度，逐渐增加干冰的用量。

（4）在干燥、清洁的试管中注入试样，使液面满到环形标线处，用软木塞将温度计固定在试管中央，使水银球距管底 8~10mm。

（5）将装有试样和温度计的试管，垂直地浸在（50±1）℃的水浴中，直至试样的温度达到（50±1）℃为止。

五、测试步骤及要求

（1）从 50℃水浴中取出装有试样和温度计的试管，擦干外壁，用软木塞将试管牢固地装在套管中，试管外壁与套管内壁要处处距离相等。

（2）把套管垂直地固定在支架的夹子上，并放在室温中静置，直至试管中的试样冷却到（35±5）℃为止。

（3）将套管浸在装好冷却剂的容器中。冷却剂的温度要比试样的预期凝点低 7~8℃。

试管（外套管）浸入冷却剂的深度不应少于 70mm。

（4）当试样温度冷却到预期的凝点时，将浸在冷却剂中的套管倾斜 45°并保持 1min，此时试管中的试样部分仍要浸没在冷却剂内。

（5）从冷却剂中小心取出套管，迅速地用工业乙醇擦拭套管外壁，垂直放置仪器并透过套管观察试管里面的液面是否有过移动的迹象。

（6）当液面有移动时，从套管中取出试管，并将试管重新预热至试样温度达 50±1℃，然后用比上次试验温度低 4℃或其他更低的温度重新进行测定，直至某试验温度能使液面位置停止移动为止。

（7）当液面的有移动时，从套管中取出试管，并将试管重新预热至试样达温度 50±1℃，然后用比上次试验温度高 4°或其他更高的温度重新进行测定，直至某试验温度能使液面位置有了移动为止。

（8）找出凝点的温度范围之后，就采用比移动的温度低 2℃，或采用比不移动的温度高 2℃，重新进行试验，如此重复试验，直至确定某试验温度能使试样的液面停留不动而提高 2℃又能使液面移动为止，取液面不动的温度，作为试样的凝点。

（9）试样的凝点必须进行重复测定。第二次测定的开始试验温度，要比第一次所测出的凝点高 2℃。

六、测试结果分析及测试报告编写

（1）重复性。同一操作者重复测定两个结果之差不超过 2.0℃。

（2）再现性。由两个实验室提出的两个结果之差不应超过 4.0℃。

（3）取重复测定两个结果的算术平均值作为试样的凝点。试验报告还应包括样品名称、试验方法、试验日期、分析意见、试验人员等。

七、测试注意事项

（1）要严格控制冷却速度，在盛油的试管外再套以玻璃套管，其作用就是控制冷却速度，因为隔一层玻璃套管，传热就慢一些，保证试管中的试油较缓和均匀的冷却，能更好地保证测定结果的准确性。

（2）试油作一次试验后，要重新预热至（50±1）℃，目的是将油品中石蜡晶体溶解，破坏其"结晶网络"，使油品重新冷却和结晶，而不至于在低温下停留时间过长。

（3）控制冷却剂的温度，比试油预期凝点低 7～8℃，保持这一温差，能使试油在规定冷却速度下冷却到预期的疑点。如冷却剂温度比预期凝点低不到 7～8℃时，往往会拖长测定时间，使结果偏高。如温差太悬殊，低得太多，使冷却速度过快，而且在倾斜（45°）1min 之内，温度还会继续下降，这样会使测定结果偏低。

（4）测凝点的温度计在试管内的位置必须固定牢靠。因为如固定的不稳，温度计在试管内活动，会搅动试油，从而阻碍了石蜡"结晶网络"的形成，使测得结果偏低。

【思考与练习】

1. 何谓油品的凝点？
2. 简述油品测试凝点的目的。
3. 简述测试油品凝点的注意事项。

◢ 模块 8　油品倾点的测定方法（ZY1500208008）

【模块描述】 本模块介绍油品倾点的测定方法。通过步骤讲解和要点归纳，掌握油品倾点测定的目的、方法原理、危险点分析及控制措施、准备工作、测试步骤、注意事项，以及对测试结果的分析和测试报告编写要求。

【模块内容】

一、测试目的

油品的倾点和凝点一样，都是反映油品的低温性能，对其使用、储存和运输都有重要的意义，特别是使用于寒冷地区的绝缘油，对其倾点有较严格的要求，因为低倾点的变压器油将能保证油在这种气候条件下仍可进行流动和循环，从而起到绝缘和冷却作用。

二、方法概要

试样经预热后，在规定速度下冷却，每间隔 3℃检查一次试样的流动性，记录观察到试样能流动的最低温度作为倾点。

三、危险点分析及控制措施

（1）防止有毒药品损害试验人员身体健康，化学药品要有专人严格管理，使用时应小心谨慎，操作时应戴口罩，切勿触及伤口或误入口中，试验结束后必须仔细洗手。

（2）操作时应戴手套，防止被冻伤。

（3）防止玻璃仪器破碎扎伤。

（4）化验室应备有自来水、消防器材、急救箱等物品。

四、测试前准备工作

（1）查阅相关技术资料、试验规程，明确试验安全注意事项，编写作业指导书。

（2）仪器和材料准备。准备好表 9-8-1 中所列的仪器和材料。

表 9-8-1 油品倾点测定方法仪器和材料

序号	仪器和材料	说　　明
1	倾点测定仪	如图 9-8-1 所示（也可采用自动倾点测定仪）
2	试管	由平底、圆筒状的透明玻璃制成，距试管底部约 54mm 处标有一条长刻线，表示内容物液面的高度
3	套管	由平底、圆筒状的金属制成，不漏水，能清洗；套管在冷浴中应能维持直立位置
4	温度计	局浸式，符合测试要求
5	计时器	测量 30s 的误差最大不能超过 0.2s
6	冷浴	需要用两个或更多的冷浴。浴温用冷却装置或冷却剂来维持，要求维持在规定温度的 ±1.5℃ 范围之内
7	试剂：氯化钠、氯化钙、固体二氧化碳、冷却液、擦拭液等	用于制备一般的冷却剂有：冰和水用于制备 0℃ 的浴；碎冰和氯化钠用于制备 -18℃ 的浴；碎冰和氯化钙用于制备 -33℃ 的浴；冰和盐的冷却液中加入固体二氧化碳制备 -51℃ 和 -69℃ 的浴

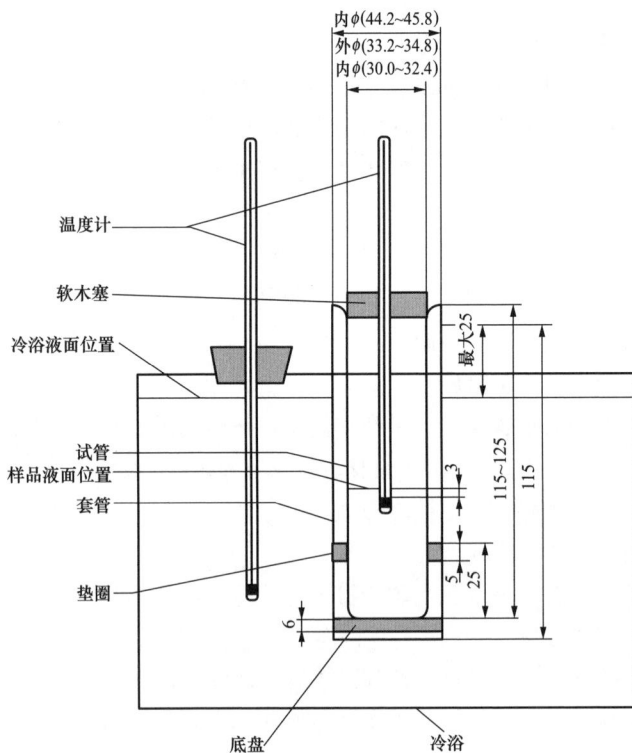

图 9-8-1 倾点测定仪

五、测试步骤及要求

（1）将清洁试样倒入试管中至刻线处。

（2）用插有合适温度计的软木塞塞住试管，让温度计水银球浸没在试样中，调整温度计高度使毛细管起点浸在试样液面下 3mm 位置处。

（3）试样预处理。

1）将试样在不搅拌的情况下，放入已保持在高于预期倾点 12℃，但至少是 48℃ 的浴中，将试样加热到 45℃。

2）若预计倾点高于−33℃，将试管转移到已保持在（24±1.5）℃的浴中冷却到 27℃；若预计倾点低于−33℃，将试管转移到已保持在（6±1.5）℃的浴中冷却到 15℃。

3）当试样达到高于预期倾点 9℃时，按第 4）条步骤开始检查试样的流动性。

4）如果温度达到 9℃时试样仍在流动，则将试管转移到 18℃的浴中，同理，当试样温度达到 6℃，则将试管转移到 33℃的浴中；当试样温度达到 24℃，则将试管转移到 51℃的浴中；当试样温度达到 42℃，则将试管转移到 69℃的浴中。

（4）观察试样的流动性。

1）从第一次观察温度开始，每降低 3℃都应将试管从浴或套管中取出，将试管充分地倾斜以确定试样是否流动。取出试管、观察试样流动性和试管返回到浴中的全部操作要求不超过 3s。

2）当试管倾斜而试样不流动时，应立即将试管置于水平位置 5s，并仔细观察试样表面，如果试样显示出有任何移动，应立即将试管放回浴或套管中，待再降低 3℃ 时，重新观察试样的流动性。

3）按此方式继续操作，直至将试管水平位置 5s，试管中试样不移动，记录此时观察到的温度计的读数。

六、测试结果分析及测试报告编写

（1）在（4）3）条记录得到的结果上再加 3℃，作为试样的倾点，取重复测定的两个结果的平均值作为试验的结果。

（2）重复性。同一操作者使用同一仪器，用相同的方法对同一试样测得的两个连续试验结果之差不应大于 3℃。

（3）再现性。不同操作者使用不同仪器，用相同的方法对同一试样测得的两个连续试验结果之差不应大于 6℃。

（4）试验报告。应包括以下内容被测产品的完整资料、注明参照的标准、试验结果、试验日期、注明是否使用了自动测试仪器。

七、测试注意事项

（1）如果使用自动倾点测定仪，要求严格遵循生产厂家仪器的校准、调整和操作说明书的规定进行操作，在发生争议时应按手动方法作为仲裁试验的方法。

（2）在观察试样的流动性时，应迅速，从取出试管、观察试样流动性到试管返回到浴中的全部操作不要超过 3s。

（3）温度计在试管内的位置必须固定牢靠，要特别注意不能搅动试样中的块状物。

【思考与练习】

1. 何谓油品的倾点？

2. 简述测试油品倾点的注意事项。

3. 简述测试油品倾点仪器和材料的准备。

模块 9　油中含气量测定方法（ZY1500208009）

【模块描述】本模块介绍油中含气量的测定方法。通过步骤讲解和要点归纳，掌握气相色谱法和真空压差法测定油中含气量的方法原理、危险点分析及控制措施、准备工作、测试步骤、注意事项，以及对测试结果的分析和测试报告编写要求。

【模块内容】

绝缘油中溶解的气体，在高场强的作用下，气体会发生电离，当温度和压力骤然下降时会形成气泡并把气泡拉成长体，极易发生气体碰撞游离，造成击穿，危及设备安全运行。因此必须严格控制超高压设备油中气体含量。

一、气相色谱法测定油中含气量

1. 方法原理

本方法首先按 GB/T 7597—2007《电力用油（变压器油、汽轮机油）取样方法》要求，采集充油电气设备中的油样，用振荡法脱出油样中的溶解气体，然后用气相色谱仪分离、检测各气体组分浓度，最后把油中各气体组分含量相加得到油中含气量。其色谱仪气路流程图见表 9-9-1。

表 **9-9-1**　　　　　　　　　　　　色谱仪常用气路流程

序号	流　　程	说　　明
1		二次进样。 进样 1： TCD 测：H_2、O_2、N_2； FID 测：CO、CO_2； 进样 2： FID 测：CH_4、C_2H_4、C_2H_6、C_2H_2

续表

序号	流　　程	说　　明
2		一次进样，自动阀切换，阀在左图位置时双柱串联： TCD 测：H_2、O_2、N_2； FID 测：CH_4、CO。 阀切换脱开柱 2 连通针阀时： FID 测：C_2H_4、C_2H_6、C_2H_2、CO_2

2. 危险点分析及控制措施

（1）氢气、空气、氩气钢瓶应放在专用气瓶室内，避免潮湿、阳光照射，并制定有严格的气瓶管理制度。

（2）使用高压气体钢瓶必须注意操作程序，严格遵守安全规定，并经常检查各气路是否存在漏气点。

（3）使用玻璃注射器及针头时应轻拿轻放，避免玻璃注射器破裂造成伤害。

（4）色谱仪只有在开载气后，热导池有载气流过时，热导池才能开桥电流。

（5）色谱试验室内应备用足够的消防器材，化验人员应具备防火灭火知识，并会正确使用消防器材。

3. 测试前的准备工作

（1）查阅相关技术资料、试验规程，明确试验安全注意事项，编写作业指导书。

（2）仪器与材料准备。准备好表 9-9-2 中所列的仪器和材料。

表 9-9-2　　　　　　　　气相色谱法测定油中含气量

仪器设备和材料

序号	检测仪器	要　　求	备注
1	气相色谱测定仪	具备热导和氢火焰离子化检测器及镍触媒转化炉。 对油中气体的最小检测浓度要求： $[O_2、N_2]$≤50μL/L； $[CO、CO_2]$≤25μL/L； $[H_2]$≤5μL/L； 烃类≤1μL/L	检定合格
2	恒温定时振荡仪	往复振荡频率（275±5）次/min，振幅（35±3）mm，控温精度±0.3℃，定时精度±2min	检定合格

续表

序号	检测仪器	要 求	备注
3	色谱柱	适用于分离 H_2、O_2、N_2、CO、CO_2 和烃类气体的固定相	13X 分子筛、碳分子筛（TDX01）分离 H_2、O_2、N_2、CO、CO_2； 高分子多孔小球（GDX502）分离烃类气体
4	色谱工作站	安装有油中含气量测定软件	
5	玻璃注射器（1、5、10、100mL）	气密性好、周漏氢量≤2.5%，刻度准确	检定合格
6	混合标准气体	以氩气为底气含有以下组分：H_2、O_2、N_2、CO、CO_2、CH_4、C_2H_4、C_2H_6、C_2H_2；标气应由国家计量部门授权的单位配制，具有检验合格证及有效使用期	合格
7	氩气	纯度不低于 99.99%	合格
8	氢气	纯度不低于 99.99%	合格
9	空气	纯净无油	合格
10	注射器用橡胶封帽	弹性好，不透气	合格
11	不锈钢注射针头	牙科 5 号针头	合格
12	双头针头	没有破损，不漏气	合格

（3）将恒温定时振荡仪升温至 50℃恒温备用。

（4）更换进样口的硅胶垫或旋紧进样口的金属旋钮，确认气相色谱仪进样口不漏气。

（5）观察氢气、氮气、空气钢瓶的气体压力是否过低，当钢瓶压力小于 2MPa 应及时更换气瓶，以防试验过程中气量不足，造成的试验误差。

（6）对氢气、氮气、空气的气路进行泄漏检查，确认无泄漏。

（7）检查装试油的针筒有无卡涩、破裂。橡胶帽有无漏气等现象，若有此类现象应及时更换针管和橡胶帽。

（8）气相色谱仪开机。

1）打开氩气瓶，调节减压阀二次出口压力为 0.5MPa 左右，先通载气约 10min 后，让载气吹扫系统内部可能残留的空气后再开机。

2）打开色谱仪主机电源，分别检查柱温、FID 检测器温度、TCD 检测器温度、转化炉温度是否在规定的设置值，如没有，应调整到规定的温度值。

3）检查 TCD 检测器是否处于关闭状态、桥流是否为零；检查 FID 检测器是否处于关闭状态。

4）启动加热按钮对色谱仪系统进行加热。

5）打开色谱仪工作站，进入软件界面。

6）在色谱仪系统达到设定温度后，开氢气瓶，调节减压阀二次出口压力0.20MPa，开空气瓶，调节减压阀二次出口压力为0.40MPa。

7）对FID检测器进行点火（可适当减少空气流量/氢气比例以利于点火），并确认火已点着；开TCD检测器，设置桥流到规定值。

8）进入"基线显示"状态。观察工作站FID、TCD输出基线情况。当基线平稳后（一般需1h时间，可利用这段时间进行油样振荡脱气操作），转入分析状态。

4. 试验步骤及要求

（1）样品采集。用100mL玻璃注射器（经检验、密封性合格），按照GB/T 7597—2007要求采集60mL油样，样品应尽快进行试验测定。

（2）振荡脱气操作。

1）储气玻璃注射器的准备。取5mL玻璃注射器A，抽取少量试油冲洗器筒内壁1~2次后，吸入约0.5mL试油，套上橡胶封帽，插入双头针头，针头垂直向上。将注射器内的空气和试油慢慢排出，使试油充满注射器内壁缝隙而不残存空气。

2）试油体积调节。将100mL玻璃注射器B中的油样推出部分，准确调节注射器芯至40.0mL刻度（V_1），立即用橡胶封帽将注射器出口密封。为了排除封帽凹部内空气，可用试油填充其凹部或在密封时先用手指压扁封帽挤出凹部空气后进行密封。操作过程中应注意防止空气气泡进入油样注射器B内。如遇注射器油样在放置与运输过程中析出气泡，在试验时，不能排出气泡，仍留于油样中。

3）加平衡载气。取10mL玻璃注射器C，用氩气清洗1~2次，再准确抽取8.0mL氩气，然后将注射器C内气体缓慢注入有试油的注射器B内，操作示意如图9-9-1所示。含气量低的试油，可适当增加注入平衡载气体积，以平衡后气相体积不超过5mL为宜。

4）振荡平衡。将要脱气的注射器B放入恒温定时振荡器内的振荡盘上。注射器放置后，注射器头部要高于尾部约5°，且注射器出口在下部。启动振荡器操作钮，在50℃下连续振荡20min，然后静止

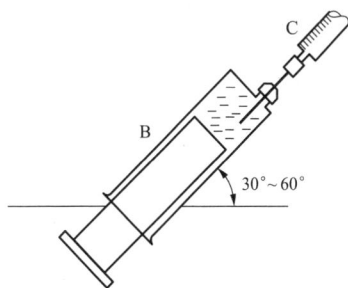

图9-9-1　加载气操作

10min。室温低于10℃时，振荡前，注射器B应适当预热后，再进行振荡。

5）转移平衡气。将注射器B从振荡盘中取出，并立即将其中的平衡气体通过双头针头转移到注射器A内。室温下放置2min后，准确读其体积V_g（准确至0.1mL），

以备色谱分析用。为了使平衡气完全转移，应采用微正压法转移，即微压注射器 B 的芯塞，使气体通过双头针进入注射器 A。不允许使用抽拉注射器 A 芯塞的方法转移平衡气。注射器芯塞应洁净，以保证其活动灵活。转移气体时，如发现注射器 A 芯塞卡涩时，可轻轻旋动注射器 A 的芯塞。气体转移动作应迅速，避免注射器从振荡器内取出在外放置过久油温下降，破坏平衡状态，带来试验误差。如果振荡完成后的油样平衡气来不及分析，应延迟气体转移操作，仍将油样注射器保存在恒温的振荡器内，待分析操作准备好时再行转移气体操作。

（3）色谱仪标定。

1）在工作站分析界面的"标样分析条件"中正确输入标准气各组分浓度值，标定次数选择 2 次。

2）用氩气冲洗 1mL 注射器 3 遍，然后准确取标气 1mL 或 0.5mL，快速注入色谱仪的进样口进行分析。

3）检查分析谱图中 H_2、O_2、N_2、CO、CO_2、CH_4、C_2H_4、C_2H_6、C_2H_2 九种组分的分离情况。如果分离不理想，应查明原因，调整系统温度、流量等参数或进行柱老化处理。如果发现峰鉴定号和组分名之间关系有错误，则应进行调整，以保证每种组分的保留时间正确无误。

4）待第一次标样分析完后，再进行第二次标样分析，完成"确认"后，系统自动计算出校正因子。标定仪器应在仪器运行工况稳定且相同的条件下进行，两次标定的重复性应在其平均值的 ±2% 以内。每天试验前均应标定仪器。至少重复操作两次，取其平均值。

（4）样品分析。

1）在色谱工作站中，正确和完整输入相关样品信息。

2）用氩气冲洗 1mL 注射器 3 遍，然后准确取样品气 1mL 或 0.5mL，快速注入色谱仪的进样口进行分析。

3）分析结束后，点击"确认"键，工作站软件系统将自动计算试油的溶解气体组分含量。

（5）关机。

1）关工作站，依次退出，再关闭计算机。

2）关闭空气助燃气后，关 TCD、FID 检测器。

3）关闭加热电源，待转化炉温度降低至 200℃ 左右时，关闭氢气。

4）关色谱仪主机电源并关闭稳压电源。

5）主机温度降至室内温度后，再关闭载气（氩气）。

（6）结果计算。

1）样品气体积的校正。

按式（9-9-1）将在室温、试验压力下平衡的气样体积 V_g 校正为 50℃、试验压力下的体积 V_g'，即

$$V_g' = V_g \times \frac{323}{273+t} \tag{9-9-1}$$

2）油样体积的校正。按式（9-9-2）将在室温、试验压力下的试油体积 V_1 校正为 50℃、试验压力下的体积 V_1'，即

$$V_1' = V_1[1+0.000\,8(50-t)] \tag{9-9-2}$$

式中　V_g'——50℃、试验压力下平衡气体体积，mL；

　　　V_g——室温 t、试验压力下平衡气体体积，mL；

　　　V_1'——50℃时油样体积，mL；

　　　V_1——室温 t 时所取油样体积，mL；

　　　t——试验时的室温，℃；

　0.000 8——油的热膨胀系数，1/℃。

3）油中溶解气体各组分浓度的计算。按式（9-9-3）计算油中溶解气体各组分的浓度（0℃，101kPa），即

$$\varphi_i = 0.879 \times \frac{p}{101.3} c_{is} \frac{\overline{A_i}}{\overline{A_{is}}} \left(K_i + \frac{V_g'}{V_1'} \right) \tag{9-9-3}$$

式中　φ_i——油中溶解气体 i 组分浓度，μL/L；

　　　c_{is}——标准气中 i 组分浓度，μL/L；

　　　$\overline{A_i}$——样品气中 i 组分的平均峰面积，mm²；

　　　$\overline{A_{is}}$——标准气中 i 组分的平均峰面积，mm²；

　　　V_g'——50℃、试验压力下平衡气体体积，mL；

　　　V_1'——50℃时油样体积，mL；

　　　p——试验时的大气压力，kPa；

　0.879——油样中溶解气体浓度从 50℃校正到 0℃时的温度校正系数；

　　　K_i——油中溶解气体分配系数。

油中溶解气体分配系数 K_i 如表 9-9-3 所示。

表 9-9-3 各种气体在矿物绝缘油中分配系数

标准	温度（℃）	H_2	N_2	O_2	CO	CO_2	CH_4	C_2H_6	C_2H_4	C_2H_2
GB/T 17623—2017《绝缘油中溶解气体组分含量的气相色谱测定法》	50	0.06	0.09	0.17	0.12	0.92	0.39	2.3	1.46	1.02
IEC 567—1992	20	0.04	0.07	0.13	0.1	0.93	0.34	2.18	1.47	1
IEC 60599—1999	20	0.05	0.09	0.17	0.12	1.08	0.43	2.4	1.7	1.2
	50	0.05	0.09	0.17	0.12	1	0.4	1.8	1.4	0.9
IEC 60567—2005	（环烷）70	0.074	0.11	0.17	0.12	1.02	0.44	2.09	1.47	0.93
	（石蜡）70	0.036	0.12	0.18	0.073	0.64	0.37	1.73	1.27	0.89
ASTM D3612-02	（环烷）70	0.074	0.11	0.17	0.12	1.02	0.44	2.09	1.47	0.93

4）油中含气量的计算。按下式计算油中含气量

$$\varphi = \sum_{i=1}^{n} \varphi_i \times 10^{-4} \qquad (9\text{-}9\text{-}4)$$

式中　φ——油中含气量，%；

　　　n——油中溶解气体组分个数。

油中溶解气体组分个数一般指 H_2、O_2、N、CO、CO_2、CH_4、C_2H_4、C_2H_6、C_2H_2 九种组分；若油中氢气和烃类气体含量很小，只要计算 O_2、N_2、CO、CO_2 四种组分即可。

5. 测试结果分析及测试报告编写

（1）检测结束后尽快检查原始记录数据，计算检测结果数据；按下述规定判断测定结果的可靠性（95%的置信水平）是否符合要求，取符合要求的两次测定结果的算术平均值作为测定值。

两次测定值的允许差见图 9-9-2。

（2）可以采用对标准油样的回收率试验来验证其准确度，一般要求回收率不应低于 90%，否则应查明原因。

（3）对于 500kV 变压器和电抗器，要求设备在投运前油的含气量应小于 1.0%，运行中油含气量应小于 3.0%。若油中含气量超标，表明设备真空脱气和注油工作没做好或者设备的密封性能不佳，应查找原因尽快采取措施。

（4）测试报告编写应包括的项目：样品名称和编号、测试时间、测试人员、审核和批准人员、测试依据、环境温度、大气压力、测试结果、测试结论等，备注栏写明装油样的玻璃注射器的密封情况，油中是否有气泡等其他需要注意的内容。

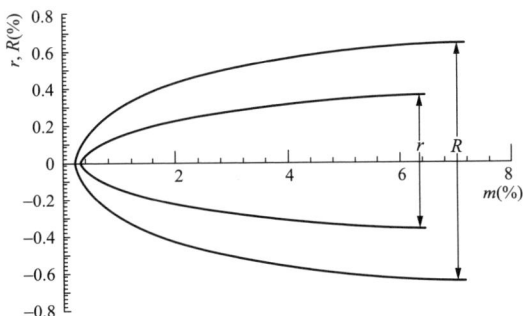

图 9-9-2　测试精密度图

m—平均值；r—重复性；R—再现性

6. 试验注意事项

由于振荡脱气法人工环节较多，因此为确保绝缘油中的溶解气体组分含量测试的准确性，需注意做好以下工作：

（1）气相色谱仪应每年应进行计量检定。

（2）每天试验都要使用有证标准浓度气体进行校核，校核的峰强度不应与前几次测试值有明显偏离，否则要查明原因。

（3）由于绝缘油中的溶解气体组分含量测试的准确性与玻璃注射器的气密性关系很大，因此，要确保所用的玻璃注射器气密性良好，刻度准确。刻度可用质量法进行校正（机械振荡法用的 100mL 注射器，应校正 40.0mL 的刻度）。气密性检查可用玻璃注射器取可检测出氢气含量的油样，储至少两周，在储存开始和结束时，分析样品中的氢气含量，以检验注射器的气密性。合格的注射器，每周允许损失的氢气含量应小于 2.5%。

（4）进样操作和标定时进样操作一样，做到"三快""三防"。进样气的重复性与标定一样，即重复两次或两次以上的平均偏差应在 2% 以内。

1）"三快"：进针要快、要准；推针要快（针头一插到底即快速推针进样）；取针要快（进完样后稍停顿一下立刻快速抽针）。

2）"三防"：防漏出样气（注射器要进行严密性检查，进样口硅橡胶垫勤更换，防止柱前压过大冲出注射器芯，防止注射器针头堵死等）。防样气失真（不要在负压下抽取气样，以免带入空气；减少注射器"死体积"的影响，如用注射器定量卡子，用样气冲洗注射器，使用同一注射器进样等）。防操作条件变化（温度、流量等运行条件稳定；标定与分析样品使用同一注射器、同一进样量、同一仪器信号衰减挡等）。

二、真空压差法测定油中含气量

（一）方法原理

被测油样通过适当的方式进入高真空的脱气室，使试油中的溶解气体迅速彻底释放出来，根据试油进入脱气室前、后释放气体产生的压力差值，结合试油量、脱气室容积、温度、室温等相关参数计算出油中气体的含量，以标准状况下（101.13kPa、0℃）气体对试油的体积百分比表示被测油样中的含气量。

（二）样品采集

用 100mL 玻璃注射器（经检验、密封性合格），按照 GB/T 7597 要求采集 60mL 油样，样品应尽快进行试验测定。

1. A 法（U 形油柱压差计法）

（1）装置介绍。图 9-9-3 是采用玻璃容器结构和 U 形油柱压差计，计量测定油中含气量装置的结构示意，其系统性能应满足以下要求：

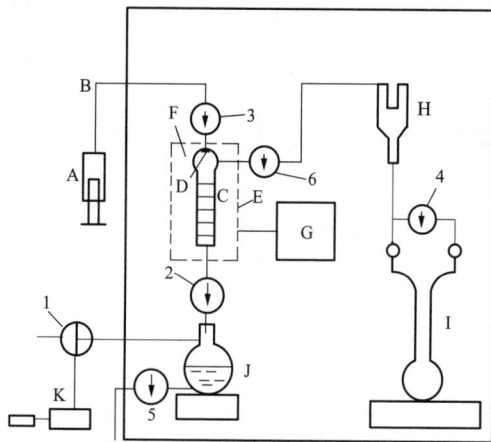

图 9-9-3 玻璃含气量测定装置结构示意

1—双路旋塞；2～6—直通旋塞；

A—100mL 注射器；B—进油管路；C—脱气室；D—小孔喷嘴；E—恒温箱；F—感温探头；

G—控温仪；H—冷阱；I—U 形硅油柱压差计；J—储油瓶；K—真空泵

1）装置的玻璃容器、旋塞、管路结构系统高密封性，在绝对压力小于 10Pa 真空下，系统真空保持 10min，真空度无明显变化。

2）脱气室 C 应由耐热玻璃制成，标有标定刻度，分度值为 1mL，并具有恒温加热装置，控温范围为室温至 100℃，精度为±2℃。

3）玻璃旋塞应具有高真空密封性，在旋塞与塞芯需涂上密封真空脂。

4）脱气室进油小孔喷嘴 D 能使试油呈分散状滴落在脱气室内壁上。

5）U 形油柱压差计 I 由耐热玻璃制成，内装 275 号硅油，标定分度值为 1mm。

6）冷阱 H 用来消除较高含水试油中水分所产生水蒸气压对测定结果影响。

仪器出厂前应由制造厂精确标定，标定后将标定端口封死。仪器损坏修复使用前应重新标定，标定可采用纯水称重法或委托仪器制造厂进行。

（2）危险点分析及控制措施。

1）真空泵使用前应检测真空泵油位是否符合要求，油位偏低要及时补加。

2）使用干冰时应戴手套操作，禁止直接用手触碰干冰和冷阱壁，以防冻伤。

3）试验时最好戴上护目眼镜，以防喷油或玻璃设备炸裂伤人。

4）试验人员在全部试验过程中应精力集中，不得与他人闲谈，并保证精神状态良好。

5）为防止有毒气体损害身体健康，在试验过程中应始终开启通风装置。

（3）测试前的准备工作。

1）查阅相关技术资料、试验规程，明确试验安全注意事项，编写作业指导书。

2）仪器与材料准备。准备好表 9-9-4 中所列的仪器和材料。

表 9-9-4　　　　　　　真空压差法测定油中含气量仪器设备和材料

序号	检测仪器	要　　求	备注
1	玻璃含气量测定装置	气密性良好，真空度可达 10Pa 以下	标定合格
2	真空泵	真空绝对残压不大于 1.333Pa	
3	高频电火花真空检测器		
4	玻璃注射器	100mL，密封性能良好	
5	秒表或计时器	精度为 0.1s	
6	盛装干冰的冷藏容器		
7	真空密封脂		
8	275 号硅油	密度为 $1.09g/cm^3$	
9	干冰		
10	电热吹风机	功率 500W	
11	读数放大镜		

（4）试验步骤及要求。

1）接通恒温箱加热电源，将其升温至设定的测试温度（一般为 20~40℃）并保持 10~20min，使温度稳定。

注：当测定低含气量油样，油中水分含量大于 25mg/L 时，应在冷阱内装入干冰制冷以消除水分干扰。

2）开启真空泵，关闭旋塞 3、5，开启旋塞 1（真空泵与测试仪接通）、2、4、6，对脱气系统抽真空，同时用高频电火花真空检测器对系统进行真空度检测；当电火花呈现蓝紫色时，关闭旋塞 2、4，保持 10min，观察 U 形油柱压差计有否变化。在确认真空无明显变化时，即可对油样进行测试。

注：测试时真空泵应连续对仪器抽真空，以保证系统的密封性。

3）连接上样品油，关闭旋塞 6，开启旋塞 3，使被测油样充满旋塞 3 及进油管的空间，以除去此段管路中的空气或残油。随后用样品油 5～10mL 冲洗脱气室内管壁后，关闭旋塞 3，并通过开启旋塞 2 排除冲洗油至储油瓶。待油排尽后，开启旋塞 4、6，对脱气系统真空进行检查，直至合格（火花呈蓝紫色），则关闭旋塞 2、4，然后通过控制旋塞 3 的开度，使被测油样以 1～3 滴/s 的速度滴入，勿成线状流入。一般 25mL 油样以 5min 滴完为宜。待进入脱气室被测试的油样量达 25±5mL 后，关闭活塞 3。当脱气室内的进油口不再有油滴下时，立即用读数放大镜读取 U 形管所示压差值，并同时记录脱气室的温度及室温。

开启旋塞 2、4 排除已试油，并对系统抽真空。

注：测试时应注意储油瓶 J 油量，及时通过切换旋塞 1、5 排除其中过多已试油。

4）重复步骤 3）进行平行试验，当试验结果满足精密度要求，即可进行下一个样品的测试，否则应重复测试直至连续两次试验结果满足精密度要求为止。

5）计算。按下式计算油在 101.3kPa、0℃时的含气量

$$G = \frac{2.878\Delta p}{V_{\mathrm{L}}\left(1 - 0.000\,8t_2\right)} \times \left(\frac{V - V_{\mathrm{d}}}{273 + t_1} + \frac{V_{\mathrm{d}} - V_{\mathrm{L}}}{273 + t_2}\right) \qquad (9\text{-}9\text{-}5)$$

式中　G——油中含气量对油样体积的百分数，%；

　　　V——脱气装置的总容积，mL；

　　　V_{L}——脱气室内油样的体积，mL；

　　　V_{d}——脱气室的容积，mL；

　　　Δp——油中脱出气体产生的压差（用 mm 硅油柱表示）；

　　　t_1——室温，℃；

　　　t_2——脱气室温度，℃。

当使用干冰制冷时，注意冷阱中气体实际温度与室温偏差对计算结果的影响。

（5）测试结果分析及测试报告编写。

1）取连续测试两次测试结果的算术平均值作为试样含气量。重复测定两次结果的

相对误差应满足表 9-9-5 的要求。

表 9-9-5　　　　　　　U 形油柱压差计法两次结果的相对误差

油中含气量（体积百分数，%）	相对误差（%）	油中含气量（体积百分数，%）	相对误差（%）
<1.0	10	>3.0	3
1.0~3.0	5		

2）测试报告编写应包括以下项目：样品名称和编号、测试时间、测试人员、审核和批准人员、测试依据、环境温度、大气压力、测试结果、测试结论等，备注栏写明装油样的玻璃注射器的密封情况，油中是否有气泡等其他需要注意的内容。

2. B 法（电子压力真空计法）

（1）装置介绍。图 9-9-4 是采用金属容器结构和高精度电子压力真空器件计量测定油中含气量的仪器结构组成框图，其整机性能应满足以下要求：

1）仪器金属容器、阀体、管道气路结构系统高密封性，测试过程因泄漏造成结果的绝对误差不大于 0.1%。

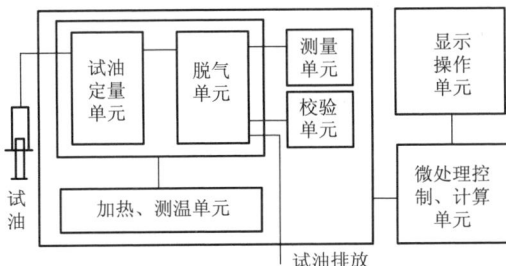

图 9-9-4　自动含气量测定仪组成框图

2）测量单元的高精度电子压力真空器件采用绝压式，量程为 0~5kPa，计量精度 0.5 级以上，测量分辨率不大于 0.1%。

3）脱气单元气液空间比大于 5 倍以上，试油定量、脱气单元应有加热恒温装置（60℃左右），脱气室进油口具有节流雾化功能，能使试油迅速彻底释放溶解气体。

4）脱气室容积占脱气总容积（包括脱气室、管道、阀体和测量元件体积）比例应大于 95%。

5）具有开机整机密封性和准确性自检功能、油中含水量修正功能。

6）自动定量试油（50mL 左右），自动测试、自动计算直接给出试验结果。

7）整机出厂前由制造厂对仪器结构参数精确标定，使用中可以利用仪器的校验功能进行校验，常规校验周期为 1 年。

（2）测试前的准备工作。

1）查阅相关技术资料、试验规程，明确试验安全注意事项，编写作业指导书。

2）仪器与材料准备。准备好表 9-9-6 中所列的仪器和材料。

表 9-9-6   **B 法 仪 器 设 备、材 料**

序号	检测仪器	要求	备注
1	自动含气量测定仪	气密性良好，真空度可达 10Pa 以下	标定合格
2	真空泵	真空绝对残压不大于 10Pa	
3	10mL 注射器	干燥、密封性能良好	用于高含水量试油脱气后油样微水检测
4	玻璃注射器	100mL，密封性能良好	
5	微量注射器	100μL	用于仪器校验时使用
6	水银真空规		用于仪器校验时使用

（3）试验步骤及要求。

1）将仪器与真空泵接上，开启真空泵和仪器电源。

2）按仪器使用手册，确认、设置仪器定量和工作参数，进入仪器自检程序，确认仪器正常，即可进入仪器预备状态，对试油定量、脱气单元进行加热恒温。

3）达到设置预定温度，接上试油，按"测试"键进入自动测试程序。

4）仪器首先用试油清洗系统，再进入一定量试油进行加热恒温，同时对脱气单元进行抽真空，到达设置恒温时间和真空度，喷入试油进行脱气。

5）脱气结束，仪器进行自动排油，并根据脱气前后的压差和相关计算参数，自动计算测定结果。

6）记录试验结果后，按"返回"键返回测试准备状态，即可进行下一次的测定。

7）如果被测试油中水分含量大于 20mg/L，应考虑水分对含气量试验结果的影响，可用干燥洁净的 10mL 注射器从排油口采取部分已试样品进行微水分析，输入试油脱气前后油中水分含量值，仪器对试验结果进行修正计算，并显示修正结果。

8）重复步骤 3）～7）进行平行试验，试验结果满足精密度要求，即可进行下一个样品的测试，否则应重复测试直至连续两次试验结果满足精密度要求为止。

9）计算。仪器按下式计算试油在 101.3kPa、0℃时的含气量

$$G = \frac{273(P_1 - P_2)(V - V_L)}{(273 + t)VFV_L(1 - 0.000\,8t)} \qquad (9-9-6)$$

式中　G——油中含气量，%；

P_1、P_2——脱气前后微压传感器的模数转换值；

V——脱气总容积，mL；

V_L——试油定量容积，mL；

F——标准状况下，1mL 气体填充脱气总容积前后微压传感器的模数转换值差值，/mL；

t——定量和脱气单元的恒温温度，℃。

被测试油中水分对测试结果影响的修正公式为

$$G' = G - 0.124\,(c_1 - c_2) \tag{9-9-7}$$

式中　G'——修正后油中含气量，%；

　　　G——修正前油中含气量，%；

　c_1、c_2——脱气前后试油的水分含量，mg/L。

注：由于超高压电气设备油中水分的交接和运行控制指标分别为 10、15mg/L，因此通常可忽略水分的影响。

（4）测试结果分析及测试报告编写。

1）取连续测试两次测试结果的算术平均值作为试样含气量。重复测定两次结果的相对误差应满足表 9-9-7 的要求。

表 9-9-7　　　　　　　　电子压力真空计法两次结果的相对误差

油中含气量（体积百分数，%）	相对误差（%）	油中含气量（体积百分数，%）	相对误差（%）
<0.5	10	1.0～3.0	5
0.5～1.0	8	>3.0	3

2）测试报告编写应包括的项目：样品名称和编号、测试时间、测试人员、审核和批准人员、测试依据、环境温度、大气压力、油的水分含量、测试结果、测试结论等，备注栏写明装油样的玻璃注射器的密封情况，油中是否有气泡，是否进行水分修正等其他需要注意的内容。

3. 真空压差法试验注意事项

（1）真空法测定油中含气量应注意仪器的各个连接部的密封，防止漏气。

（2）经常检查真空泵的性能是否正常，密封油不够时应及时补加。

（3）设备应定期进行校验。

（4）所用的玻璃注射器密封性应符合要求。

【思考与练习】

1. 测定变压器油含气量有何意义？

2. 测定变压器油含气量有哪几种方法？

3. 请画出用色谱法测定油中含气量的色谱仪气路流程图。

模块 10 绝缘油界面张力的测定方法（ZY1500208010）

【模块描述】本模块介绍绝缘油界面张力的测定方法。通过步骤讲解和要点归纳，掌握绝缘油界面张力测定的目的、方法原理、危险点分析及控制措施、准备工作、测试步骤、注意事项，以及对测试结果的分析和测试报告编写要求。

【模块内容】

一、测试目的

测定绝缘油界面张力可用来鉴别新油质量。一般的，新的、纯净的绝缘油具有较高的界面张力，通常可以高达 40～50mN/m，甚至 55mN/m 以上。绝缘油界面张力还可以用来判断运行油质老化程度。油质老化后生成各种有机酸及醇等极性物质，使油的界面张力也将逐渐下降。测定运行中绝缘油的界面张力，就可判断油质的老化深度。运行油的界面张力要求大于 19mN/m，如果低于此指标，则变压器油中可能有油泥析出或酸值不合格。另外，利用界面张力还可监督变压器热虹吸器的运行情况。如果热虹吸器失效，油的界面张力则会逐渐下降。

二、方法原理

用一个水平的铂丝测量环从水油界面将铂丝圆环向上拉，通过测量拉脱铂丝圆环所需力的方式来实现绝缘油界面张力测量。把所测得的力乘上一个与所用的力、油和水的密度以及圆环和铂丝直径有关的校正系数，计算出绝缘油界面张力。

三、危险点分析及控制

（1）试验时要用到石油醚、丁酮等易燃有机溶剂及使用酒精灯进行操作，存在火灾隐患，应做好防火灾措施，试验场地应配备有足够的消防器材，化验人员应具备防火灭火知识，并会正确使用消防器材。

（2）在使用铬酸洗液时，手上应戴耐酸手套进行操作，铬酸洗液切勿触及皮肤和其他物品，以免引起腐蚀。操作结束后必须仔细洗手。

四、测试前准备工作

（1）查阅相关技术资料、试验规程，明确试验安全注意事项，编写作业指导书。

（2）仪器与材料准备。准备好表 9–10–1 中所列的仪器和材料。

表 9–10–1　　　　　　　　试 验 器 材

序号	设备及材料	要　　求	备注
1	界面张力仪	对应两端有两只真空活塞，容积约 100mL	
2	分析天平	感量 0.000 1g	

续表

序号	设备及材料	要　　求	备注
3	铂丝圆环	周长为 40mm 或 60mm、圆度较好的圆环，并用同样细铂丝焊于圆环上作为吊环。必须知道圆环的周长、圆环的直径与所用铂丝的直径	
4	试样杯	直径不小于 45mm 的玻璃烧杯或圆柱形器皿	
5	酒精灯		
6	中速滤纸	直径为 150mm	
7	漏斗		
8	石油醚	分析纯	
9	铬酸洗液		
10	丁酮	分析纯	
11	蒸馏水		

（3）用石油醚清洗全部玻璃器皿，接着分别用丁酮和水清洗，再用热的铬酸洗液浸洗，以除去油污，最后用水及蒸馏水冲洗干净。如果试样杯不立即使用，应将试样杯倒放于一块清洁布上沥干。

（4）检查、矫正铂丝圆环，使圆环每一部分都在同一平面上。

（5）在石油醚中清洗铂丝圆环，接着用丁酮漂洗，然后在酒精灯的氧化焰中加热，使铂丝圆环发红。

（6）调节张力仪的零点，按照界面张力仪制造厂规定方法，用砝码校正界面张力仪。

（7）试样用直径为 150mm 的中速滤纸过滤，每过滤约 25mL 试样后应更换一次滤纸。

注：试样不宜储放在塑料容器内，以免影响测定结果。

五、试验步骤及要求

（1）测定试样在 25℃的密度，准确至 0.001g/mL。

（2）把 50～75mL（25±1）℃的蒸馏水倒入清洗过的试样杯中，将试样杯放到界面张力仪的试样座上，把清洗过的圆环悬挂在界面张力仪上。升高可调节的试样座，使圆环浸入试样杯中心处的水中，目测至水下深度不超过 6mm 为止。

（3）慢慢降低试样座，增加圆环系统的扭矩，以保持扭力臂在零点位置，当附着在环上的水膜接近破裂点时，应慢慢地进行调节，以保证水膜破裂时扭力臂仍在零点位置，当圆环拉脱时读出刻度数值，使用水和空气密度差（ρ_0，ρ_1）=0.997g/mL 这个值计算水的表面张力，计算结果应为 71~72mN/m。如果低于这个计算值，可能是由于界面张力仪调节不当或容器不净所致，应重新调节界面张力仪、清洗圆环和用热的铬酸洗液浸洗试样杯，然后重新测定。若测得仍较低，就要进一步提纯蒸馏水（如用碱性高锰酸钾溶液将蒸馏水重新蒸馏）。

（4）测量蒸馏水表面张力符合要求后，将界面张力仪的刻度盘指针调回零点，升高可调节的试样座，使圆环浸入蒸馏水中约 5mm 深度，在蒸馏水上慢慢倒入已调至（25±1）℃过滤后试样至 10mm 高度左右，注意不要使圆环触及油—水界面。

（5）让油—水界面保持（30±1）s，然后慢慢降低试样座；增加圆环系统的扭矩，以保持扭力臂在零点。当附着在圆环上水膜接近破裂点时，扭力臂仍在零点上。上述这些操作，即圆环从界面提出来的时间应尽可能地接近 30s。当接近破裂点时，应很缓慢地调节界面张力仪，因为液膜破裂通常是缓慢的，如果调节太快，则可能产生滞后现象，使结果偏高。从试样倒入试样杯，至油膜破裂全部操作时间大约 60s。记下圆环从界面拉脱时的刻度盘读数。

（6）结果计算。试样的界面张力（mN/m）按下式计算

$$\sigma = MF \tag{9-10-1}$$

$$F = 0.725\,0 + \sqrt{\frac{0.036\,78M}{r_r^2(\rho_0 - \rho_1)} + P} \tag{9-10-2}$$

$$P = 0.045\,34 - \frac{1.679 r_w}{r_r} \tag{9-10-3}$$

式中　M——膜破裂时刻度盘读数，mN/m；

　　　F——系数；

　　　ρ_0——水在 25℃时的密度，g/mL；

　　　ρ_1——试样在 25℃时的密度，g/mL；

　　　P——常数；

　　　r_w——铂丝的半径，mm；

　　　r_r——铂丝环的半径，mm。

六、测试结果分析及测试报告编写

（1）取重复测定两个结果的算术平均值，作为试样的界面张力值。同一操作者重复测定的两个结果之差，不应该超过平均值的 2%。两个实验室对同一样品的测定结果之差，不应超过平均值的 5%。

（2）一般的，对于新的绝缘油，界面张力要求大于 40mN/m，运行中油界面张力要求大于 19mN/m。

（3）测试报告编写应包括的项目：样品名称和编号、测试时间、测试人员、审核和批准人员、测试依据、环境温度、湿度、测试结果、测试结论等，备注栏写明油样是否进行过滤处理等其他需要注意的内容。

七、试验注意事项

（1）界面张力仪应安放在无振动、不受日光直接照射、无大的空气流动、无腐蚀性气体、平稳坚固的实验台上。

（2）为保证铂环能完全为液体润湿，试验前应将环和试验杯按要求清洗干净。如果仪器清洗不干净或有外界污染物的存在，会导致界面张力数值下降。

（3）由于计算时使用了校正系数 F，因此对铂环和试杯的尺寸规格均有严格要求。环应保持圆形，并与其相连的镫保持垂直。在测量水的表面张力时，应保证铂环浸入水中不少于 5mm 深；在进行油—水界面张力测量时，加在水面上的油样应保持约 10mm 的厚度。如果过薄，就会使铂环从油水交界面拉出时，触及油面上的另一相（空气），会给试验带来误差。

（4）为防止试样中存有杂质对试验造成影响，试样应按规定预先进行过滤。试验用水采用中性纯净蒸馏水。

（5）应控制从试样倒入试样杯至油膜破裂的全部操作时间，大约在 1min 完成，因为对质量不同的油，由于所含极性物质的类型和浓度不同，它们向油水界面的迁移速度和要达到平衡或稳定状态所需时间也不同，往往需要较长的时间。此时所得的数据可能大大低于最初几分钟内测得的数据。因此必须固定一个恰当的测试周期。一般都规定在形成界面 1min 时，所测的数据较真实。

（6）表面张力是随温度的升高而逐渐减小的，对许多物质来说，温度与表面张力的关系都是直线关系。试验得知，绝缘油界面张力随温度升高而降低的曲线斜率，变化虽然较缓慢。但当温度变化大时，同一油样在不同温度下测出的结果，往往会超出试验精确度要求的范围。为此应取国际通用的在 25℃时测出的结果为准。但据文献介绍和实测结果，温度每改变 10℃，张力相应变化约 1mN/m。为此，一般监督试验如无恒温条件，可在（25±5）℃范围内进行试验。但是仲裁试验仍应以 25℃为准。

【思考与练习】

1. 绝缘油界面张力的测定原理是什么？
2. 测定绝缘油界面张力应注意哪些事项？
3. 测定绝缘油界面张力的目的是什么？

模块 11 绝缘油运动黏度的测试方法（ZY1500208011）

【模块描述】 本模块介绍绝缘油运动黏度的测定方法。通过步骤讲解和要点归纳，掌握绝缘油运动黏度测定的目的、方法原理、危险点分析及控制措施、准备工作、测试步骤、注意事项，以及对测试结果的分析和测试报告编写要求。

【模块内容】

一、测试目的

变压器油除了起绝缘作用外，还起着散热冷却作用。因此，要求油的黏度适当，黏度过小，工作安全性降低；黏度过大，影响传热。尤其在寒冷地区较低温度下，油的黏度不能过大，需具有循环对流和传热能力，设备才能正常运行，或停止运行后的设备在启用时能顺利安全启动。

二、方法原理

在某一恒定的温度下（对变压器油，一般采用 40℃），测定一定体积的液体在重力下流过一个标定好的玻璃毛细黏度计的时间，黏度计的毛细管常数与流动时间的乘积，即为该温度下被测定液体的运动黏度。在温度 t 时运动黏度用符号 V_t 表示，单位是 mm^2/s。

三、危险点分析及控制

（1）黏度计洗涤时要用到石油醚、乙醇、溶剂油等易燃有机溶剂，应做好防火灾措施。

（2）黏度计洗涤时如用到铬酸洗液，应避免铬酸洗液飞溅，导致皮肤灼伤。

（3）恒温浴温度可能低于−30℃或接近 100℃，皮肤要避免接触仪器高温或低温部分，要防止恒温浴液体飞溅，避免皮肤烫伤、冻伤或灼伤。

（4）温度监测所用温度计一般为水银温度计，要避免温度计破损导致水银散落，一旦散落，应在有汞迹的地方撒上硫磺粉，及时处理掉，避免汞蒸气挥发，导致人体汞中毒。

四、测试前准备工作

（1）查阅相关技术资料、试验规程，明确试验安全注意事项，编写作业指导书。

（2）仪器与材料准备。准备好表 9–11–1 中所列的仪器和材料。

（3）将黏度计用溶剂油或石油醚洗涤。如果黏度计沾有污垢，可用铬酸洗液、水、蒸馏水或 95%乙醇依次洗涤，然后用通过棉花滤过的热空气吹干。

（4）含有水或机械杂质的试样，在试验前必须经过脱水处理，用滤纸过滤除去机械杂质。

表 9-11-1 绝缘油运动黏度测试方法仪器和材料

序号	设备及材料	要 求	备 注
1	黏度计	 图 ZY1500208011-1 毛细管黏度计示意 a、b—标线； 1、6—管身；2、3、5—扩张部分；4—毛细管；7—支管	检定并确定常数。也允许采用具有同样精度的自动黏度计
2	毛细管黏度计内径	务必使试样的流动时间不少于 200s，内径小于 0.4mm 的黏度计流动时间应不少于 350s	合格
3	恒温浴槽	带有透明壁或装有观察孔的恒温浴槽，其高度不小于 180mm，容积不小于 2L，并且附设有自动搅拌装置和一种能够准确地调节温度的电热装置	在 0℃和低于 0℃，测定运动黏度时，使用筒形并开有看窗的透明保温瓶，其尺寸与前述的透明恒温浴相同，并设有搅拌装置
4	恒温浴液体	50～100℃：透明矿物油、丙三醇（甘油）或 25%硝酸铵水溶液（该液的表面会浮着一层透明的矿物油）； 20～50℃：水； 0～20℃：水与冰的混合物，或乙醇与干冰（固体二氧化碳）的混合物； -50～0℃：乙醇与干冰的混合物；在无乙醇的情况下，可用无铅汽油代替	恒温浴中的矿物油最好加有抗氧化添加剂，延缓氧化，延长使用时间
5	玻璃温度计	玻璃水银温度计、玻璃合金温度计或其他玻璃液体温度计，分格为 0.1℃	检定合格
6	秒表	分格为 0.1s	检定合格
7	溶剂油	符合 SH 0004 橡胶工业用溶剂油要求，以及可溶的适当溶剂	
8	石油醚	沸程为 60～90℃，分析纯	
9	95%乙醇	化学纯	
10	铬酸洗液		

五、试验步骤及要求

（1）按图 9-11-1 所示，将橡皮管套在支管 7 上，并用手指堵住管身 6 的管口，同时倒置黏度计，然后将管身 1 插入装着试样的容器中；利用橡皮球将液体吸到标线 b，同时注意不要使管身 1、扩张部分 2 和 3 中的液体发生气泡和裂隙。当液面达到标线 b 时，从容器里提起黏度计，并迅速恢复其正常状态，同时将管身 1 的管端外壁所黏着的多余试样擦去，并从支管 7 取下橡皮管套在管身 1 上。

（2）将装有试样的黏度计浸入恒温浴中，并用夹子将黏度计固定在支架上，毛细管黏度计的扩张部分 2 应浸入恒温浴液体一半。利用另一只夹子来固定温度计，务必使水银球的位置接近毛细管中央点的水平面，并使温度计上要测温的刻度位于恒温浴的液面上 10mm 处。

（3）利用铅垂线从两个相互垂直的方向去调整毛细管的垂直状态。

（4）将恒温浴调整到规定温度，把装好试样的黏度计浸在恒温浴内，按表 9-11-2 所规定的时间恒温。试验的温度必须保持恒定到 ±0.1℃。

表 9-11-2　　　　　　　　　　黏度计在恒温浴中的恒温时间

试验温度（℃）	恒温时间（min）	试验温度（℃）	恒温时间（min）
80，100	20	20	10
40，50	15	0～-50	15

（5）利用毛细管黏度计管身 1 口所套着的橡皮管将试样吸入扩张部分 3，使试样液面稍高于标线 a 时，并且注意不要让毛细管和扩张部分 3 的液体产生气泡和裂隙。

（6）观察试样在管身中的流动情况，液面正好到达标线 a 时，开动秒表；液面正好流到表线 b 时，停止秒表，记录流动时间。

（7）重复测定至少四次，其中各次流动时间与其算术平均值的差数应该符合如下要求：在温度 15～100℃测定黏度时，这个差数不应超过算术平均值的 ±0.5%；在 -30～15℃测定黏度时，这个差数不应该超过算术平均值的 ±1.5%；在低于 -30℃测定黏度时，这个差数不应该超过算术平均值的 ±2.5%。

（8）结果计算。取不少于三次的流动时间所得的算术平均值，作为试样的平均流动时间。在温度 t 时，试样的运动黏度 V_t（mm²/s）按下式计算

$$V_t = c\tau_t \tag{9-11-1}$$

式中　c——黏度计常数，mm²/s²；

　　　τ_t——试样的平均流动时间，s。

如黏度计常数为 0.042 5mm²/s²，试样在 40℃时的流动时间为 317.9、322.3、322.8s

和 321.8s，因此，流动时间的算术平均值为

$$\tau_{40} = \frac{317.9 + 322.3 + 322.8 + 321.8}{4} = 321.2（s）$$

各次流动时间与平均流动时间的允许差数为

$$\frac{321.2 \times 0.5}{100} = 1.6（s）$$

因为 317.9s 与平均流动时间之差达 3.3s，已超过 1.6s 的允许差，所以这个读数应弃去。计算平均流动时间时，只采用 322.3、322.8s 和 321.8s 的观测读数，它们与算术平均值之差，都没有超过 1.6s。

于是平均流动时间为

$$\tau_{40} = \frac{322.3 + 322.8 + 321.8}{3} = 322.3（s）$$

试样运动黏度测定结果为

$$\nu_{40} = c\tau_{40} = 0.042\,5 \times 322.3 = 13.70 \quad（mm^2/s）$$

六、测试结果分析及测试报告编写

（1）取重复测定两个结果的算术平均值，作为试样的运行黏度。黏度测定结果的数值，取四位有效数字。同一操作者，用同一试样重复测定的两个结果之差，不应超过表 9-11-3 所列的数值。

表 9-11-3　　　　　　运动黏度测试结果的重复性要求

测定黏度的温度（℃）	重复性（%）	测定黏度的温度（℃）	重复性（%）
15～100	算术平均值的 1.0	−60～−30	算术平均值的 5.0
−30～15	算术平均值的 3.0		

不同操作者在两个实验室提出的两个结果之差，不应超过表 9-11-4 所列的数值。

表 9-11-4　　　　　　运动黏度测试结果的再现性要求

测定黏度的温度（℃）	再现性（%）
15～100	算术平均值的 2.2

（2）根据 GB 2536—2011《电工流体　变压器和开关用的未使用过的矿物绝缘油》的规定，对于新的绝缘油，10 号和 25 号油 40℃时的运动黏度不大于 13mm²/s，45 号油 40℃时的运动黏度不大于 11mm²/s，例子中试样的运动黏度测定结果为

13.70mm²/s，已大于标准的质量指标要求，应具体检查测试方面是否存在不规范的地方（如毛细管黏度计未检定、恒温浴控制温度不准等）或油样是否受到污染等。

（3）测试报告编写应包括的项目：样品名称和编号、测试时间、测试人员、审核和批准人员、测试依据、测试仪器、测试结果、测试结论等，备注栏写明油样是否进行脱水或过滤处理等其他需要注意的内容。

七、试验注意事项

（1）为确保测试结果的准确性，用于测定黏度的秒表、毛细管黏度计和温度计都必须定期检定。

（2）试样中不许有气泡。测黏度时，如试验中存有气泡会影响装油的体积，而且进入毛细管后可能形成气塞，增大了液体流动的阻力，使流动时间拖长，测定结果偏高。

（3）试样含有水或机械杂质时，必须进行脱水和除去机械杂质。如有杂质存在，会影响油品在黏度计内的正常流动，杂质黏附于毛细管内壁会使流动时间增大，测定结果偏高。有水分时，在较高温度下它会汽化，低温时凝结，均影响油品在黏度计内正常流动，使测定的结果准确性差。

（4）测定黏度时，要将黏度计调整成垂直状态。若黏度计的毛细管倾斜时，会改变液柱高度，从而改变了静压的大小，使测定结果产生误差。

（5）测定黏度时严格按规定恒温，是测定油品黏度的重要条件之一。因为液体油品的黏度是随温度的升高而降低，随温度的下降而增大，故在测定中必须严格恒温。否则有极微小的温度波动（超过±0.10℃），就会使测定结果产生较大误差。

使用全浸式温度计时，如果它的测温刻度露出恒温浴的液面，要依照式（9-11-2）计算温度计液柱露出部分的补正数 Δt，才能准确地量出液体的温度，即

$$\Delta t = kh(t_1 - t_2) \tag{9-11-2}$$

式中　k——常数，水银温度计取值 0.000 16，酒精温度计取值 0.001；

　　　h——露出在浴面上的水银柱或酒精柱高度，用温度计的度数表示；

　　　t_1——恒温浴温度，℃；

　　　t_2——接近温度计液柱露出部分的空气温度，用另一支温度计测出，℃。

试验时，取 t_1 减 Δt 作为温度计上的温度读数。

【思考与练习】

1. 绝缘油运动黏度的测试方法原理是什么？

2. 测定绝缘油运动黏度应注意哪些事项？

3. 测定绝缘油运动黏度的目的是什么？

▲ 模块 12　绝缘油苯胺点的测试方法（ZY1500208012）

【模块描述】本模块介绍绝缘油苯胺点的测定方法。通过步骤讲解和要点归纳，掌握绝缘油苯胺点测定的目的、方法原理、危险点分析及控制措施、准备工作、测试步骤、注意事项，以及对测试结果的分析和测试报告编写要求。

【模块内容】

一、测试目的

油品苯胺点的高低，可大致判断油品中含哪种烃类多少，通常油品中芳香烃含量越低，苯胺点就越高。超高压绝缘油把苯胺点作为质量控制指标之一，目的是控制绝缘油中芳香烃的含量，从而得到析气性能较好的绝缘油。

二、方法原理

绝缘油的苯胺点是指绝缘油与等体积的苯胺在互相溶解成为单一液相所需的最低温度。本测试方法的原理是：将规定体积的苯胺和试样置于试管（或 U 形管）中，并用机械搅拌使其混合，混合物以控制的速度加热直至两相完全混合，然后将混合物在控制速度下冷却，观察两相分离时的温度即为试样苯胺点。

三、危险点分析及控制

（1）由于苯胺有剧毒，操作时应戴口罩在通风柜中进行，切勿触及伤口或误入口中。试验工作结束后必须仔细洗手。

（2）试验时应在通风良好的环境中进行，油浴加热时注意做好防火灾和烫伤的措施。

（3）不准触碰油浴及加热过的试管，以避免高温烫伤。

四、测试前准备工作

（1）查阅相关技术资料、试验规程，明确试验安全注意事项，编写作业指导书。

（2）仪器与材料准备：准备好表 9-12-1 中所列的仪器和材料。

表 9-12-1　　　　　　　　绝缘油苯胺点测试方法试验器材

序号	设备及材料	要　　　求	备注
1	试管	直径为（25±1）mm，长度为（150±3）mm	
2	金属搅拌丝	下端绕成环形，供搅拌试管中的混合物使用	
3	玻璃套管	直径为（40±2）mm，长宽为（150±3）mm	
4	油浴	可以用 600mL 的高型烧杯装储无色的油或甘油，浴中储油量要足够，使试管或 U 形管装着混合物的部分完全浸在油中。杯口需要装设一块薄的隔热板，板上设有安放试管和油浴搅拌器的孔口	

序号	设备及材料	要　　求	备注
5	油浴搅拌器	用金属丝制造，下端绕成环形，其直径略小于油浴烧杯的内径	
6	温度计	符合 GB 514—2005《石油产品试验用玻璃液体温度计技术条件》石油产品试验用玻璃液体温度计技术条件中熔点用温度计要求	
7	移液管	5mL	
8	支架	带支持夹	
9	苯胺	分析纯，与正庚烷的苯胺点应为（69.3±0.2）℃	苯胺有剧毒，注意防护
10	工业用硫酸钠	分析纯、要经过煅烧，并放入干燥器中冷却	
11	氢氧化钾	化学纯	或氢氧化钠
12	正庚烷	分析纯	

（3）苯胺提纯。苯胺不符合试验要求时，要进行精制。先在苯胺中加入适量的固体氢氧化钾或氢氧化钠脱水。过滤后，用滤出的苯胺进行蒸馏，只收集馏出 10%～90% 的馏分。这段馏分要装储在暗色的瓶子里，并加入固体氢氧化钾或氢氧化钠，以防苯胺受潮。使用时，利用倾注法取出澄清的苯胺。

（4）被测油样中有水时，试验前应先进行脱水过滤。

五、试验步骤及要求

（1）用两支移液管分别吸取苯胺 5mL 和试油 5mL，注入清洁、干燥的试管中。然后用软木塞将温度计和搅拌丝安装在这支试管内。温度计的水银球中部要放在苯胺层与油样层的分界线处。搅拌丝的上端要穿出软木塞的特备小孔，其下端的环要浸到苯胺层。

（2）用软木塞将试管固定在玻璃套管中央。把玻璃套管浸入油浴 60～70mm，套管的上部用支持夹固定在支架上。加热油浴时，经常搅拌试管中的混合物。

（3）当混合物的温度达到预期苯胺点前 3～4℃时，控制温度慢慢地上升，每分钟不超过 2℃，并不断搅拌混合物。到了混合物呈现透明，就将试管从油浴中提起，搅拌、冷却，控制混合物的冷却速度每分钟不超过 1℃。

（4）当苯胺与油样的透明溶液开始呈现浑浊时，也就是试管中的水银球刚刚模糊不清的一瞬间，立即记录混合物的温度，作为油样的苯胺点测定结果，要准确到 0.1℃。

六、测试结果分析及测试报告编写

取重复测定两个结果的算术平均值，作为试样的苯胺点。要求同一操作者，对同一绝缘油重复测定的两个结果之差不应大于 0.2℃。

测试报告编写应包括以下项目：样品名称和编号、测试时间、测试人员、审核和批准人员、测试依据、环境温度、湿度、测试结果、测试结论等，备注栏写明油样是否进行脱水处理等其他需要注意的内容。

七、试验注意事项

（1）苯胺使用完毕应密封、避光保存在干燥地方，使用前应检查纯度是否符合试验要求。

（2）温度计应符合 GB 514—2005 中熔点用温度计的要求，温度计应定期进行计量检定。试验时温度计水银泡的位置应严格位于苯胺层与试油层的分界线处，否则会影响测定结果。

（3）加热升温与冷却速度应控制好，特别是不要过快。因水银温度计有一定惯性，会产生误差。

（4）含水试油应预先脱水过滤，含蜡油在过滤前应微热，使之熔化后再过滤，免得损失油中的蜡分，使测得结果不准确。

（5）所量取的试油与苯胺量应等体积，体积不等，溶解温度也不同。

【思考与练习】

1. 何谓油品的苯胺点？测定油品苯胺点有何意义？
2. 测定油品苯胺点应注意哪些事项？
3. 简述油品苯胺点测试的危险点及其控制措施？

▲ 模块 13　绝缘油比色散的测试方法（ZY1500208013）

【模块描述】 本模块介绍绝缘油的折射率和比色散的测定方法。通过步骤讲解和要点归纳，掌握绝缘油的折射率和比色散测定的目的、方法原理、危险点分析及控制措施、准备工作、测试步骤、注意事项，以及对测试结果的分析和测试报告编写要求。

【模块内容】

一、测试目的

油品的比色散值主要受油中芳香族化合物含量和结构的影响。对于同一种基础油，随着芳香烃含量增加，比色散值会升高，油的析气性由放气性变为吸气性。当比色散值大于 97 时，其与芳烃化合物含量近似直线关系，而与石蜡和环烷基化合物的含量及结构几乎无关。测定绝缘油的比色散值，能够估算绝缘油中芳香烃的含量，快速评定油品气稳定性能。

二、测试原理

折射率是一定波长的光从空气中射向被测物，入射角的正弦除以折射角的正弦。阿贝折光仪是利用测定折射角为 90° 时的入射角（这时称临界角）来测定折射率的。

比色散是在规定温度下，样品对两种不同波长光的折射率的差（此差称为折射色散）除以该温度下样品的相对密度。为表示方便将比值乘以 10^4 表示。本方法中折射色散是根据阿贝折光仪测得的折射率（n_D）和 Z 值查表计算求得的。

三、危险点分析及控制

（1）试验时要用到石油醚等易燃有机溶剂，存在火灾隐患，应做好防火灾措施，试验场地应配备有合格足够的消防器材，化验人员应具备防火灭火知识，并会正确使用消防器材。

（2）实验完毕应及时、仔细清洗双手。

四、测试前准备工作

（1）查阅相关技术资料、试验规程，明确试验安全注意事项，编写作业指导书。

（2）仪器与材料准备：准备好表 9–13–1 中所列的仪器和试剂。

表 9–13–1　　　　　　　　　　绝缘油比色散测试方法仪器和试剂

序号	设备及材料	要　　求	备注
1	阿贝（Abbe）折光仪	测量范围 1.3～1.7，最小分度 0.001。带恒温水浴可在 10～50℃ 内恒温测定	
2	恒温水浴	应带有循环泵，能将恒定温度的水连续供给折光仪的棱镜保温套，使棱镜保持在所需温度，温控精度为 ±0.1℃	
3	光源	明亮的漫射自然光或日光灯	
4	密度计	液体密度计最小分度为 0.000 5	
5	蒸馏水（或除盐水）	电导率小于 $5\mu S/cm$（25℃）	
6	石油醚	分析纯，沸点范围为 60～90℃	
7	镜头纸		
8	定性滤纸		
9	脱脂棉		
10	乳胶管		

（3）试油中若含有水分或其他机械杂质，要用干燥的滤纸除去水分和杂质。

（4）用乳胶管将恒温水浴的出入口与折光仪接通，使棱镜温度恒定在（25±0.1）℃。

（5）调校折光仪应定期按以下步骤进行校验：

1）按操作步骤（1）中清洗仪器。

2）用干净的圆头玻璃棒蘸取蒸馏水（或除盐水）1～2 滴，滴到进光棱镜磨砂面中央，闭合两棱镜，用棱镜锁紧杆将两镜锁严，等待 1min 使蒸馏水温度恒定。

注：也可用仪器提供的标准玻璃块或标准试剂进行校验。

（6）调整反光镜使镜筒内视野明亮。

（7）旋转棱镜转动旋钮，使读数镜内读数与相应温度下水的折射率值相同。不同温度下水的折射率数据见表9-13-2。观察望远镜内明暗分界线是否通过十字线交点，若有偏差则按使用说明书调整示值调节螺丝，使其与十字线交点相交（在以后的测定中此螺丝不允许再动）。如望远镜内有彩色条纹出现，应调节补偿器旋钮，使颜色消失。

表 9-13-2　　　　　　　　　不同温度下水的折射率（n_D）

温度（℃）	折射率 n_D	温度（℃）	折射率 n_D
10	1.333 7	22	1.332 8
14	1.333 5	23	1.332 7
15	1.333 4	24	1.332 6
16	1.333 3	25	1.332 5
17	1.333 2	26	1.332 4
18	1.333 2	27	1.332 3
19	1.333 1	28	1.332 2
20	1.333 0	29	1.332 1
21	1.332 9	30	1.332 0

五、操作步骤

（1）按折光仪使用说明书擦净两棱镜表面。如没有特殊说明，可用蘸有石油醚的脱脂棉轻轻擦拭两棱镜表面及周围的金属框，除去其上的油渍及尘埃等。为缩短溶剂蒸发时间，可用镜头纸擦去抛光镜面上的多余溶剂，使镜面上不留有痕迹。每次测量前都要如此清洗。

（2）待溶剂彻底蒸发后，用圆头玻璃棒蘸取1～2滴试油滴到进光棱镜磨砂面中央，注意不要在液膜中产生气泡，闭合两棱镜。等待1min，使试油温度恒定到试验温度。

（3）旋转棱镜转动旋钮，使望远镜内明暗分界线与十字线交点相交，同时转动补偿器旋钮使明暗分界线清晰，无彩色条纹。在读数镜内读出折射率 n_D，精确到小数点后第四位。

（4）按某一方向转动补偿器旋钮，直到望远镜内彩色条纹完全消失。准确读出补偿器刻度盘上的读数 Z 值，精确到小数点后第一位，如此重复读出三次 Z 值。按相反方向转动旋钮，再读出三次 Z 值。取六个 Z 值的平均值作为 Z 值的测定结果。

（5）按 GB 1884—2000《原油和液体石油产品密度实验室测定法（密度计法）》和GB/T 1885—1998《石油计量表》测出试油 25℃时的密度 25，精确到小数点后第四位。

试油的相对密度 d_4^{25} 是试油 25℃时的密度 25 除以 4℃水的密度（1.000 0g/cm³），其数值等于试油 25℃时的密度值，没有单位量纲。

（6）计算。

1）用测得的折射率 n_D 和 Z 值，根据阿贝折光仪器所提供的色散表和公式计算出折射色散（$n_F - n_C$）。

注：不同光学参数的折光仪，其色散表也不同。

2）按下式计算出比色散 S

$$S = \frac{n_F - n_C}{d_4^{25}} \times 10^4 \qquad\qquad (9\text{-}13\text{-}1)$$

式中　S——比色散，修约成整数表示；

　　$n_F - n_C$——折射色散；

　　d_4^{25}——25℃时试油的相对密度。

六、测试结果分析及测试报告编写

（1）取两次试验结果的算术平均值作为试油的比色散（修约成整数表示）。要求同一试验室两次平行测定结果的绝对差值应不大于 4，不同试验室间测定结果的绝对差值不应大于 13。

（2）测试报告编写应包括的项目：样品名称和编号、测试时间、测试人员、审核和批准人员、测试依据、环境温度、湿度、测试结果、测试结论等，备注栏写明油样是否进行脱水处理等其他需要注意的内容。

七、试验注意事项

（1）折光仪应经常用水或标准试剂进行校验。

（2）每次测量前折光仪的两棱镜表面应用石油醚擦拭干净。

（3）注意试样应保持在 25℃下进行测试。

【思考与练习】

1. 何谓油品的比色散？测定油品比色散的原理是什么？

2. 测定油品比色散应注意哪些事项？

3. 简述测试过程中的危险点以及其控制措施。

▲ 模块 14　SF₆ 密度测试方法（ZY1500208014）

【模块描述】本模块介绍 SF₆ 气体密度的测试方法。通过步骤讲解和要点归纳，掌握 SF₆ 气体密度测试的目的、方法原理、危险点分析及控制措施、准备工作、测试步骤、注意事项，以及对测试结果的分析和测试报告编写要求。

【模块内容】

一、测试目的

测试 SF_6 气体密度是一种鉴别 SF_6 气体的主要方法，它能够有效判断出 SF_6 气体是否纯净，有否混入其他气体。

二、方法原理

在一定温度和压力下，对一定体积和压力的 SF_6 气体质量进行精确称量，经过温度和压力换算，计算出 20℃、101.325Pa 状态下 SF_6 气体密度，以 g/L 表示。

三、危险点分析及控制

（1）由于使用的容气瓶为玻璃材质，又是在高真空下操作的，因此必须特别注意安全。对容气瓶进行抽真空或充气时，容气瓶应处在防护罩内，以防容气瓶炸裂伤人。

（2）SF_6 气体钢瓶倒置和立起时应两人一起操作，要防止被钢瓶砸伤。

（3）检测时试验人员应穿好专用工作服，在通风良好的环境中进行，做好防气体中毒和窒息措施。

四、测试前准备工作

（1）查阅相关技术资料、试验规程，明确试验安全注意事项，编写作业指导书。

（2）准备好表 9–14–1 中所列的仪器与材料。

（3）落实试验各项安全措施符合试验要求。

表 9–14–1　　　　　　　　　　　　　　SF₆密度测试方法仪器和材料

序号	设备及材料	要　　求	备注
1	球形玻璃容气瓶	对应两端有两只真空活塞，容积约 100mL	
2	分析天平	感量 0.000 1g	
3	湿式气体流量计	0.5m³/h、精确度±1%	
4	空盒气压计	分度为 0.1kPa	
5	秒表	分度为 0.1s	
6	真空泵		
7	U 形水银压差计		
8	氧气减压表		
9	乳胶管	3m	

五、测试步骤及要求

（1）将容气瓶洗净、烘干，真空活塞涂上真空脂。

（2）将容气瓶与真空泵、U 形水银压差计相连接，抽真空，待压差计示值稳定后关闭真空活塞，停掉真空泵，观察压差计示值，0.5h 之内应稳定不变，否则应当重涂真空脂。

（3）用注水称重法标定球形玻璃容气瓶的容积 V_0。称量容气瓶质量（m_1），准确至 $\pm 0.1g$，将称过质量的容气瓶充满水，擦净外部多余的水，称其质量（m_2），准确至 $\pm 0.1g$。记录水的温度（t）。查出温度 t 时水的密度（ρ_w）。

按下式求出容气瓶容积（V_0）

$$V_0 = \frac{m_2 - m_1}{\rho_w} \tag{9-14-1}$$

式中　V_0——容气瓶容积，mL；

　　　m_1——空容气瓶质量，g；

　　　m_2——充满水后容气瓶质量，g；

　　　ρ_w——t℃水的密度，g/mL。

注：尽量在室温 20℃时操作，以减少温度对球形玻璃容气瓶体积影响。

（4）按图 9-14-1 连接好抽真空系统，并进行如下操作：关闭图中真空活塞 A，开启真空活塞 B，启动真空泵。至 U 形水银压差计示值稳定后，缓缓开启 A，少顷关闭 A，再抽真空至 U 形水银压差计示值稳定。如此重复操作三次。观察 U 形水银压差计示值稳定后，再继续抽真空 2min。关闭 B，关闭真空泵，拆下球形玻璃容气瓶放在分析天平上称量玻璃容气瓶质量 m_1，精确至 $\pm 0.2mg$。

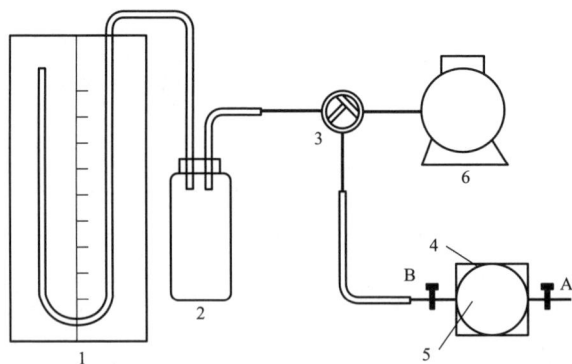

图 9-14-1　抽真空系统装置示意图

1—U 形水银压差计；2—缓冲瓶；3—三通活塞；4—防护罩；5—球形玻璃容气瓶；6—真空泵

（5）按图 9-14-2 安装 SF_6 充气装置，并进行如下操作：

1）将 SF_6 气瓶倒置，把球形玻璃容气瓶的 A 与 SF_6 气瓶的减压阀出口相连，B 与湿式气体流量计相连。

2）开启 SF_6 气瓶减压阀，顺序打开 A 和 B，调节气体流速约为 1L/min。

3）通气 0.5min，依次关闭 B、A 和 SF_6 气瓶减压阀。

4）取下球形玻璃容气瓶，使 B 开口向上并迅速开闭一次。

5）观察空盒气压计，读取试验室大气压力 p_1，记录实验室气温 t。

6）称量球形玻璃容气瓶的质量 m_2，精确至 ±0.2mg。

7）重复上述操作，进行平行试验。

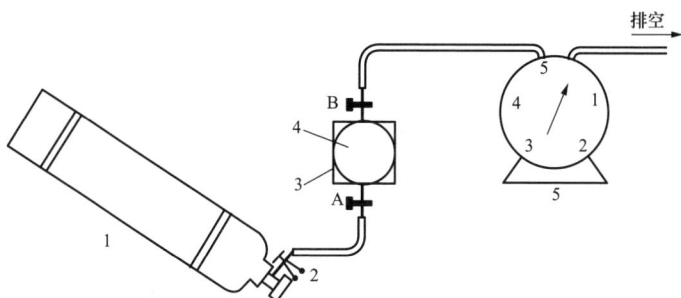

图 9-14-2　抽真空系统装置示意图

1—SF_6 气瓶；2—氧气减压表；3—防护罩；4—球形玻璃容气瓶；5—湿式气体流量计

（6）结果计算。

1）SF_6 气体体积的校正。按式（9-14-2）将充入容气瓶内的 SF_6 气体体积（V_0）校正为标准状况（20℃、101.325Pa）下的体积，即

$$V = V_0 \times \frac{293p}{101.325 \times (273+t)} \qquad (9\text{-}14\text{-}2)$$

式中　V——SF_6 校正体积，mL；

V_0——充入之 SF_6 体积，mL；

p——充入之 SF_6 气体压力，Pa；

t——室温，℃。

2）计算 SF_6 气体密度，即

$$\rho = \frac{101.325(m_2-m_1)}{p_1 V} \times 1000 \qquad (9\text{-}14\text{-}3)$$

式中　ρ——SF_6 气体密度（20℃、101.325Pa），g/L；

m_2——充满 SF_6 气体的球形容气瓶质量，g；

m_1——抽真空的球形容气瓶质量，g；

V——球形容气瓶校正到 20℃、101.325Pa 状态下的容积，mL；

p_1——试验室大气压力，kPa。

六、测试结果分析及测试报告编写

（1）取两次平行试验结果的算术平均值为测定值，两次试验结果相对误差应小于 0.5%。

（2）在 20℃、101.325Pa 情况下，纯净的 SF_6 气体的密度应为 6.16g/L，如检测结果与该值偏差太大，说明被测 SF_6 气体不纯或者检测过程存在失误。

（3）测试报告编写应包括以下项目：样品名称和编号、测试时间、测试人员、审核和批准人员、测试依据、天气情况、环境温度、湿度、大气压力、SF_6 气体的制造厂、生产批号、出厂日期、测试结果、测试结论等，备注栏写明其他需要注意的内容。

七、测试注意事项

（1）标定球形玻璃容气瓶容积应尽量在室温 20℃时操作，以减少温度对球形玻璃容气瓶体积影响。标定时应保证容器内完全充满水，又要防止容器外部沾有多余的水。采用先将容气瓶抽空，然后由一端使水通入的办法比较理想。

（2）容气瓶抽空过程应该注意：容气瓶应先洗净、烘干；抽空前必须用真空脂涂敷真空活塞，并经检查证实其密封性能确实良好；容气瓶充过 SF_6 气体后重新抽空时，必须用空气冲洗三次，以确保瓶内不残留 SF_6 气体。

（3）容气瓶内灌充 SF_6 气体，应注意保证装入的气体为纯净样品气，要求瓶内不能有残留气体，同时管道系统不能漏气。每次充完 SF_6 气体之后，务必要与外界平衡压力，否则测定结果就会偏高，由于 SF_6 的密度比空气大，因此在进行压力平衡时必须将真空活塞竖直向上放置，然后将活塞开启少顷即迅速关闭。

（4）称量玻璃容气瓶质量前，应先用绸布擦干净容气瓶。

（5）容气瓶在天平上称量时，读数应稳定。若读数无法稳定，可把容气瓶放入玻璃干燥器中干燥 20min 后再称量，直到天平读数稳定。

（6）接触容气瓶时应戴手套操作。

【思考与练习】

1. 简述 SF_6 气体密度的测试方法的原理。

2. 测量 SF_6 气体密度时应注意哪些问题？

3. 简述测试 SF_6 气体密度的测试目的。

第十章

油、气化学性能试验

▲ 模块1　油品水溶性酸或碱的测定方法（ZY1500209001）

【模块描述】本模块介绍油品水溶性酸或碱的测定方法。通过步骤讲解和要点归纳，掌握比色法和酸度计法测定油品水溶性酸或碱的方法原理、危险点分析及控制措施及准备工作、测试步骤、注意事项，以及对测试结果的分析和测试报告编写要求。

【模块内容】

石油产品的水溶性酸或碱，在生产、使用或储存时，能腐蚀与其接触的金属部件，会促使油品老化，降低油的绝缘性能。油中水溶性酸对变压器的固体绝缘材料老化影响很大，会直接影响着变压器的使用寿命，绝缘油的水溶性酸或碱是新油和运行油的监控指标之一。

一、比色法

（一）方法概要

比色法测定油品水溶性酸法是以等体积的蒸馏水和试油在70～80℃下混合摇动，取其水抽出液并加入指示剂（如测新油以溴甲酚紫作指示剂，如测运行中油用溴甲酚绿作指示剂），在比色管内与标准色级进行比色，来确定试油的 pH 值。

（二）危险点分析及控制措施

（1）防止有毒药品损害试验人员身体，所有药品要有专人严格管理，使用时应小心谨慎，切勿触及伤口或误入口中，试验工作结束后必须仔细洗手。

（2）避免高温烫伤，在加热试验过程中，应戴手套操作，禁止随意触摸加热设备。

（3）防止玻璃仪器破碎扎伤。

（4）化验室应备有自来水、消防器材、急救箱等物品。

（三）测试前准备工作

（1）查阅相关技术资料、试验规程，明确试验安全注意事项，编写作业指导书。

（2）仪器和试剂准备。准备好表 10-1-1 中所列的仪器和试剂。

表 10-1-1 　　　　　　　　　比 色 法 仪 器 和 试 剂

序号	仪器	型号规格	备 注
1	pH 比色计	pH 值为 3.8~7.0，间隔为 0.2，比色管直径为 15mm，容量 10mL	
2	比色盒	毛玻璃　　　毛玻璃	
3	海立奇比色计和比色盘		pH 值为 3.8~5.4（溴甲酚绿），pH 值为 6.0~7.6（溴百里香酚蓝），间隔为 0.2
4	锥形瓶	250mL	
5	分液漏斗	250mL	
6	温度计	0~100℃	
7	水浴锅		
8	pH 指示剂	指示剂应盛在严密的棕色试剂瓶内，保存于阴暗处	配制方法见表 10-1-2
9	试验用水	除盐水或二次蒸馏水，煮沸后 pH 值为 6.0~7.0，电导率小于 3μS/cm（25℃）	
10	苯二甲酸氢钾	保证试剂或基准试剂	应干燥后使用，干燥温度为 100~110℃
11	磷酸二氢钾	保证试剂或基准试剂	应干燥后使用，干燥温度为 100~110℃
12	氢氧化钠	分析纯	
13	盐酸	分析纯，比重为 1.19	

（3）按表 10-1-2 中的方法配制好指示剂。

表 10-1-2 　　　　　　　　　指 示 剂 的 配 制

指示剂名称	pH 值变色范围	配制方法
溴甲酚绿	3.8~5.4 黄—蓝	将 0.1g 溴甲酚绿与 7.5mL、0.02mol/L 氢氧化钠一起研匀，用除盐水稀释至 250mL，再调整 pH 值为 4.5~5.4

续表

指示剂名称	pH 值变色范围	配制方法
溴甲酚紫	5.2～6.8 黄—紫	将 0.1g 溴甲酚紫溶于 9.25mL、0.02mol/L 氢氧化钠中，用除盐水稀释至 250mL，再调整 pH 值为 6.0
溴百里香酚蓝（溴麝香草酚蓝）	6.0～7.6 黄—蓝	将 0.1 溴百里香酚蓝溶于 8.0mL、0.02mol/L 氢氧化钠中，用除盐水稀释至 250mL，再调整 pH 值为 6.0

（4）pH 标准缓冲溶液的配制。

1）0.2mol/L 苯二甲酸氢钾溶液。称取 40.846g 苯二甲酸氢钾，溶于适量除盐水（或二次蒸馏水），移入 1000mL 容量瓶，再用除盐水（或二次蒸馏水）稀释至刻度。

2）0.2mol/L 磷酸二氢钾溶液。称取 27.218g 磷酸二氢钾，溶于适量除盐水（或二次蒸馏水），移入 1000mL 容量瓶，再用除盐水（或二次蒸馏水）稀释至刻度。

3）0.1mol/L 盐酸溶液。用量筒量取 16.8mL 浓盐酸注入 1000mL 容量瓶，用除盐水（或二次蒸馏水）稀释至刻度（此溶液浓度约为 0.2mol/L），再用硼砂、无水碳酸钠、无水碳酸钾或已知的相近浓度的标准碱溶液进行标定，然后稀释成 0.1mol/L。

4）0.1mol/L 氢氧化钠溶液。迅速称取 8g 氢氧化钠放入小烧杯中，加入 50～60mL 蒸馏水使其溶解，移入 1000mL 容量瓶，再加 2～3mL10%的氯化钡溶液以沉淀碳酸盐，然后用蒸馏水稀释至刻度，静置澄清。取上层清液（此溶液浓度约为 0.2mol/L），用苯二甲酸氢钾或已知的浓度相近的标准酸液进行标定，然后稀释成 0.1mol/L。

5）pH 值标准缓冲溶液。按表 10—1—3 所列的比例值用上述溶液配制各种 pH 值的标准缓冲溶液。

表 10—1—3　　　　　　　　　标准缓冲溶液表（20℃）

pH 值	0.1mol/L 盐酸（mL）	0.2mol/L 苯二甲酸氢钾（mL）	0.1mol/L 氢氧化钠（mL）	0.2mol/L 磷酸二氢钾（mL）	稀释至体积（mL）
3.6	6.3	25			100
3.8	2.9	25			100
4.0	0.1	25			100
4.2		25	3.0		100
4.4		25	6.6		100
4.6		25	11.1		100
4.8		25	16.5		100
5.0		25	22.6		100
5.2		25	28.8		100
5.4		25	34.1		100

pH 值	0.1mol/L 盐酸（mL）	0.2mol/L 苯二甲酸氢钾（mL）	0.1mol/L 氢氧化钠（mL）	0.2mol/L 磷酸二氢钾（mL）	稀释至体积（mL）
5.6		25	38.8		100
5.8	25		42.3		100
6.0			5.6	25	100
6.2			8.1	25	100
6.4			11.6	25	100
6.6			16.4	25	100
6.8			22.4	25	100
7.0			29.1	25	100

（四）测试步骤及要求

（1）量取 50mL 试油于 250mL 锥形瓶内，加入等体积预先煮沸过的蒸馏水，塞上瓶塞加热（禁用明火）至 70～80℃，并在此温度下摇动 5min。

（2）将锥形瓶中的液体倒入分液漏斗内，待分层并冷至室温后，取 10mL 水抽出液加入比色管，同时加入 0.25mL 溴甲酚绿指示剂摇匀后放入比色盒进行比色，记录其 pH 值。

注：1）当油的 pH 值大于 5.4 时，按表 10-1-2 酌情采用溴甲酚紫或溴百里香酚蓝作指示剂。

2）也可用海立奇比色计进行比色。

（五）测试结果分析及测试报告编写

（1）两次平行试验结果的 pH 差值不超过 0.1。

（2）试验报告取两次平行试验结果的平均值为测定值。试验报告还应包括样品名称、试验方法、试验日期、分析意见、试验人员等。

（3）新变压器油油水溶性酸（pH 值）要求大于 5.4，运行中油 pH 值要求大于 4.2。

（六）测试注意事项

（1）试验用水。试验用水本身的 pH 值高低对测定结果有明显的影响，要求试验用水要煮沸驱除 CO_2，25℃时水的 pH 值为 6.0～7.0，电导率小于 $3\mu S/cm$。

（2）萃取温度。用蒸馏水萃取油中的低分子酸时，萃取温度直接影响平衡时水中酸的浓度，因此在不同温度下萃取，往往会取得不同的结果。应严格按照方法中规定在 70～80℃下进行萃取。

（3）摇动时间。摇动时间与萃取量也有关，应严格按照方法中规定摇动 5min 进行萃取。

（4）指示剂本身的 pH 值。指示剂溶液本身 pH 值的高低对试验结果也有明显影响，配制指示剂时应严格按照方法中规定，把指示剂 pH 值调节到规定值并准确控制加入指示剂的体积。

（5）所用仪器都必须保持清洁、无水溶性酸碱等物质的残存或污染。

二、酸度计法

（一）方法概要

酸度计法测定水溶性酸是以等体积的蒸馏水和试油在 70～80℃下混合摇动，取其水抽出液用酸度计测定其 pH 值。

（二）测试前准备工作

（1）查阅相关技术资料、试验规程，明确试验安全注意事项，编写作业指导书。

（2）仪器和试剂准备。准备好表 10-1-4 中所列的仪器和试剂。

表 10-1-4 酸度计法仪器和试剂

序号	仪器	型号规格	备注
1	酸度计		
2	锥形瓶	250mL	
3	分液漏斗	250mL	
4	温度计	0～100℃	
5	水浴锅		
6	试验用水	除盐水或二次蒸馏水，煮沸后，pH 值为 6.0～7.0，电导率小于 3S/cm（25℃）	
7	邻苯二甲酸氢钾	保证试剂或基准试剂	应干燥后使用，干燥温度为 100～110℃
8	氯化钾	分析纯	

（3）配制邻苯二甲酸氢钾缓冲溶液。称取预先在 110～120℃下烘干的邻苯二甲酸氢钾 10.210 8g（准确至 0.000 2g），置于烧杯中，溶于适量除盐水（或二次蒸馏水），移入 1000mL 容量瓶，再用除盐水（或二次蒸馏水）稀释至刻度。此溶液的 pH 值为 3.97，供酸度计的定位用。

（4）把玻璃电极浸泡于蒸馏水中，首次使用前必须浸泡 24h 以上方能使用。

（5）用缓冲溶液按仪器说明书对酸度计进行零点调整和数字定位。

（三）试验步骤

（1）量取 50mL 试油于 250mL 锥形瓶内，加入等体积预先煮沸过的蒸馏水，塞上瓶塞于水浴锅中加热至 70～80℃，并在此温度下摇动 5min。

（2）将锥形瓶中的液体倒入分液漏斗内，待分层并冷至室温后，往 50mL 烧杯中注入 30~40mL 水抽出液，用酸度计测定其 pH 值。

（四）测试结果分析及测试报告编写

（1）两次平行试验结果的 pH 差值不超过 0.05。

（2）取两次平行试验结果的平均值为测定值，以 pH 值表示。

（五）测试注意事项

比色法测定与酸度计测定的误差问题。使用酸度计测定 pH 值比目视比色测定的结果约高 0.2。

【思考与练习】

1. 简述变压器油中水溶性酸的测试目的。

2. 比色法测定与酸度计法测定油品中的水溶性酸有何不同？

3. 简述比色法测试油中水溶性酸的注意事项。

▲ 模块 2 油品酸值测定方法（ZY1500209002）

【模块描述】本模块介绍油品酸值的测定方法。通过步骤讲解和要点归纳，掌握油品酸值测定的目的、方法原理、危险点分析及控制措施，以及准备工作、测试步骤、注意事项以及对测试结果的分析和测试报告编写要求。

【模块内容】

一、测试目的

油品中的酸性物质会提高油品的导电性，降低油品的绝缘性能，还会促使固体绝缘材料产生老化，缩短设备的运行寿命。油品中的酸性物质对设备构件所用的铜、铁、铝等金属材料也有腐蚀作用，所生成的金属盐类是氧化反应的催化剂，会加速油的老化进程。测定油品酸值是生产厂新油出厂检验和用户检查验收油质好坏的重要指标之一，也是运行中油老化程度的主要控制指标之一。

二、方法概要

测定油品酸值是采用沸腾乙醇抽出试油中的酸性组分，用氢氧化钾乙醇溶液进行滴定，确定中和 1g 试油酸性组分所需的氢氧化钾毫克数。以 mgKOH/g 表示油品酸值。

三、危险点分析及控制措施

（1）防止有毒药品损害试验人员身体，化学药品要有专人严格管理，使用时应小心谨慎，操作时应戴口罩，切勿触及伤口或误入口中，试验结束后必须仔细洗手。

（2）避免高温烫伤，在加热回流过程中，操作人员必须戴棉纱手套，防止水蒸气烫伤，管口不准朝向自己或他人，防止溶液喷出烫伤。

（3）防止玻璃仪器破碎扎伤。

（4）化验室应备有自来水、消防器材、急救箱等物品。

四、测试前准备工作

（1）查阅相关技术资料、试验规程，明确试验安全注意事项，编写作业指导书。

（2）仪器和试剂的准备。准备好表 10-2-1 中所列的仪器和试剂。

表 10-2-1　　　　　　　　　　油品酸值测定方法仪器和试剂

序号	仪　器	型号规格
1	托盘天平	分度 0.1g
2	锥形烧瓶	200~300mL
3	球形或直形回流冷凝器	长约 300mm
4	微量滴定管	1~2mL，分度 0.02mL
5	水浴锅	
6	氢氧化钾溶液	配成 0.02~0.05mol/L 氢氧化钾乙醇溶液
7	苯二甲酸氢钾	保证试剂或基准试剂，应干燥后使用，干燥温度为 100~110℃
8	溴百里香酚蓝（BTB）指示剂	取 0.5g 溴百里香酚蓝（称准至 0.01g）放入烧杯内，加入 100mL 无水乙醇，然后用 0.1mol/L 氢氧化钾的溶液中和至 pH 值为 5.0
9	无水乙醇	分析纯

（3）配制和标定 0.02~0.05mol/L 氢氧化钾乙醇溶液。

1）配制。用天平称取约 3gKOH 于烧杯中，加适量无水乙醇，使其溶解，而后装入 1000mL 容量瓶中，并用无水乙醇稀释至刻度线，摇匀即成，如果配的溶液因有碳酸钾沉淀而混浊，应放置过夜，使沉淀完全析出，然后将上层清液用虹吸的方式装入另一试剂瓶，再用邻苯二甲酸氢钾溶液标定出准确浓度备用。

2）标定。称取经过 110℃ 干燥 1h 的邻苯二甲酸氢钾 0.15~0.20g（准确至 0.000 2g），用新鲜蒸馏水溶解，加热至沸，加入 2~3 滴酚酞指示剂，用氢氧化钾乙醇溶液滴定至溶液呈淡粉红色。按下式计算出氢氧化钾乙醇溶液浓度 M

$$M = \frac{1000G}{V \times 204.2} \qquad (10-2-1)$$

式中　M——KOH 乙醇溶液的浓度，mol/L；

　　　G——邻苯二甲酸氢钾的质量，g；

　　　V——消耗 KOH 乙醇溶液的体积，mL；

　　　204.2——邻苯二甲酸氢钾的摩尔质量，g/mol。

五、测试步骤及要求

（1）用锥形烧瓶称取试油 8～10g（精确至 0.01g）。

（2）量取无水乙醇 50mL，倒入有试油的锥形烧瓶中，装上回流冷凝器，于 80～90℃的水浴不断摇动下回流 5min，取下锥形烧瓶加入 0.2mLBTB 指示剂，趁热用氢氧化钾乙醇标准溶液滴定至溶液由黄色变成蓝绿色为止（该操作要在 3min 之内完成），记下消耗的氢氧化钾乙醇溶液的毫升数（BTB 指示剂在碱性溶液中为蓝色，因试油带色的影响，其终点颜色为蓝绿色）。

（3）取无水乙醇 50mL 按步骤（2）进行空白试验。

（4）按下式计算试油的酸值 X

$$X = \frac{(V_1 - V_0) \times 56.1 \times C}{G}$$ （10-2-2）

式中　X——试油的酸值，mgKOH/g；

　　　V_1——滴定试油所消耗氢氧化钾乙醇溶液的体积，mL；

　　　V_0——滴定空白所消耗氢氧化钾乙醇溶液的体积，mL；

　　　C——氢氧化钾乙醇标准溶液的浓度，mol/L；

　56.1——氢氧化钾的摩尔质量，g/mol；

　　　G——试油的重，g。

六、测试结果分析及测试报告编写

（1）取平行测定结果的算术平均值为测定结果。两次平行测定结果的相对差值应小于下面的允许差值要求，见表 10-2-2。

表 10-2-2　　　　　　　　　　测 试 结 果 允 许 差 值

酸值（mgKOH/g）	允许差值（mgKOH/g）
＜0.1	0.01
0.1～0.3	0.01
＞0.3	0.03

（2）对于新的、投运前和交接时的变压器油要求酸值不应大于 0.03mgKOH/g，对于运行中变压器油酸值不应大于 0.1mgKOH/g。

（3）测试报告编写应包括的项目：样品名称和编号、测试时间、测试人员、审核和批准人员、测试依据、测试结果、测试结论等，备注栏写明其他需要注意的内容。

七、测试注意事项

（1）测试所用的无水乙醇应不含醛，因醛在稀碱溶液中，会发生缩合反应，随着时间的延长，就会使氢氧化钾乙醇溶液变黄、变坏。因此，含醛乙醇必须先除醛。

（2）在做空白试验时，若发现煮沸后的无水乙醇加入 BTB 指示剂后呈浅蓝色，表明该乙醇呈微碱性。对于这类微碱性乙醇在使用之前应先加几滴稀盐酸（0.1mol/L）中和其碱性，使乙醇调节为微酸性而后再用。否则乙醇空白无法测出，使测定结果偏低。

（3）测定酸值时要排除二氧化碳对酸值的干扰。在室温下空气中二氧化碳极易溶于乙醇中（二氧化碳在乙醇中溶解度较在水中大 3 倍）。测试时煮沸 5min，目的是将油乙醇溶液中二氧化碳驱出。

（4）滴定时必须趁热，从停止回流至滴定完毕所用的时间不得超过 3min。以避免空气中二氧化碳对测定产生干扰。

（5）加入指示剂量应严格控制为 0.2mL，如用量太多，会造成较大的误差。因为所用的指示剂是呈弱酸性的，会消耗碱，影响测定结果。

（6）酸值滴定时，应缓慢加入碱液，在就要到达终点时，改为半滴滴加，以减少滴定误差。

（7）氢氧化钾乙醇溶液保存不宜过长，一般不超过 3 个月。当氢氧化钾乙醇溶液变黄或产生沉淀时，应对其清液重新进行标定后方可使用。

【思考与练习】

1. 测定酸值为什么须先排除二氧化碳的干扰？
2. 配制氢氧化钾乙醇溶液用的乙醇为什么要除醛处理？
3. 简述油品酸值测试注意事项。

▲ 模块 3　SF$_6$ 酸度测定方法（ZY1500209003）

【模块描述】本模块介绍 SF$_6$ 酸度的测定方法。通过步骤讲解和要点归纳，掌握 SF$_6$ 气体酸度测定的目的、方法原理、危险点分析及控制措施，以及准备工作、测试步骤、注意事项以及对测试结果的分析和测试报告编写要求。

【模块内容】

一、测试目的

SF$_6$ 气体中酸和酸性物质的存在对电气设备的金属部件与绝缘材料造成腐蚀，从而直接影响电气设备的机械、导电、绝缘性能，严重时会危及电气设备的安全运行。SF$_6$ 气体酸度的大小在一定程度上还表征着 SF$_6$ 气体的毒性大小和设备的健康状态，为了保证人身和电气设备的安全，需要对 SF$_6$ 气体的酸度进行测定。

二、方法原理

将一定体积的 SF$_6$ 气体以一定的流速通过盛有氢氧化钠溶液的吸收装置，使气体中的酸和酸性物质被过量的氢氧化钠溶液吸收，然后用硫酸标准溶液滴定吸收液中过量的氢氧化钠溶液，根据消耗硫酸标准溶液的体积计算出 SF_6 气体酸度。

三、危险点分析及控制

（1）SF_6 气体钢瓶倒置和立起时应两人一起操作，要防止被钢瓶砸伤。

（2）试验时工作人员应穿好专用工作服，在通风良好的环境中进行，做好防气体中毒和窒息措施。

（3）试验时，要用到强酸、强碱应遵守实验室关于强酸、强碱的安全使用规定。

四、测试前准备工作

（1）查阅相关技术资料、试验规程，明确试验安全注意事项，编写作业指导书。

（2）仪器与材料准备。准备好表 10-3-1 中所列的仪器和材料。

表 10-3-1　　　　　　　　　　　　SF₆酸度测定方法仪器和试剂

序号	设备及材料	要　　求	备注
1	三角洗气瓶	（1）250mL 砂芯式三角洗气瓶 （2）250mL 直管式三角洗气瓶 	
2	微量滴定管	2mL，分度 0.01mL	
3	胖肚微量移液管	2mL	
4	三角烧瓶	1000mL	
5	微量气体流量计	100～1000mL/min（SF_6）	
6	湿式气体流量计	0.5m³/h，精度±1%	

序号	设备及材料	要　　求	备注
7	电磁搅拌器		
8	空盒气压表	分度 0.1kPa	
9	氧气减压表		
10	不锈钢管采样管	直径ϕ3mm 长 1～2m	
11	真空三通		
12	乳胶管		
13	硫酸	优级纯	
14	氢氧化钠	优级纯	
15	95%乙醇	分析纯	
16	指示剂	甲基红、溴甲酚绿	

（3）配制 0.010 0mol/L 的氢氧化钠标准溶液。在 1L 水中溶解（0.4±0.01）g 氢氧化钠，用邻苯二甲酸氢钾进行标定。此标准溶液每周需配制一次。

（4）配制 0.005 0mol/L 的硫酸标准溶液。将 0.25mL 浓硫酸（密度 1.84g/mL）加到水中稀释至 1L，用氢氧化钠标准溶液进行标定。此标准溶液每月需配制一次。

（5）配制混合指示剂。3 份 0.1%溴甲酚绿乙醇溶液与 1 份 0.2%甲基红乙醇溶液混匀（室温下使用时间不超过 1 个月）。

（6）吸收液用水。将约 600mL 去离子水注入 1L 三角烧瓶中，加热煮沸 5min，然后加盖并迅速冷却至室温。加入 3 滴混合指示剂，用酸标准溶液调至呈微红色。置于塑料瓶中密封待用，该试验用水应现用现配。

（7）落实试验各项安全措施符合试验要求。

五、试验步骤及要求

（1）采样。采集 SF_6 钢瓶中气样时，需将钢瓶倾斜倒置，使钢瓶出口处为最低点，以采集到具有代表性的液态 SF_6 样品。

（2）采样设备连接。将氧气减压表直接与 SF_6 气瓶连接，再将不锈钢取样管的一端通过接头与氧气减压表接通，另一端接在微量气体流量计的进口上；微量气体流量计的出口处串联一真空三通，与吸收系统连接。检查确保各接口密封严密，并将湿式气体流量计出口管接至室外通风处（见图 10-3-1）。

（3）向吸收瓶 6、7、8 内各加入 150mL 吸收液用水，再用微量移液管分别加入 2.00mL 浓度为 0.010 0mol/L 氢氧化钠标准溶液，摇匀，并尽快按图 10-3-1 连接好。

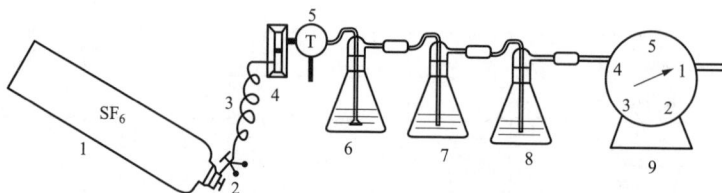

图 10-3-1 采样系统示意

1—SF$_6$ 气瓶；2—氧气减压表；3—不锈钢管；4—微量气体流量计；5—真空三通；

6—砂芯式三角洗气瓶；7、8—直管式三角洗气瓶；9—湿式气体流量计

（4）记录湿式气体流量计 9 的数值 V_1、大气压力 p_1 及室温 t_1。

（5）依次打开 SF$_6$ 气瓶阀门及氧气减压表 2，将真空三通 5 切换至旁路，调节微量气体流量计 4 使 SF$_6$ 气体的示值为 0.5L/min，冲洗管路 3min，然后迅速切换真空三通使钢瓶与吸收系统相通，通气约 20min。采样结束时，先关闭钢瓶阀门，至湿式气体流量计读数不变时，再依次关闭氧气减压表阀、微量流量计阀，并记录湿式气体流量计 9 读数 V_2、大气压力 p_2 及室温 t_2，将真空三通置于不通位置。

注：在采样时，如果发现吸收液的颜色由浅绿色褪变为淡粉红色时，应立即结束采样操作。

（6）吸收液分析。拆下吸收瓶 6、7、8，分别加入 8 滴混合指示剂，立即置于磁力搅拌器上，用硫酸标准溶液滴定至终点（酒红色）。

（7）记录各吸收液所消耗的硫酸标准溶液体积 X、Y、B。

（8）若第二只吸收瓶的耗酸量小于第一只吸收瓶的耗酸量的 10%，则认为吸收不完全，需重新吸收。

（9）结果计算。

1）吸收耗用 SF$_6$ 气体体积按下式计算

$$V_C = \frac{(V_2 - V_1) \times \frac{1}{2}(p_1 + p_2) \times 293}{101.325\left[273 + \frac{1}{2}(t_2 + t_1)\right]} \quad (10\text{-}3\text{-}1)$$

式中 V_C——20℃、101.325kPa 时 SF$_6$ 的校正体积，L；

p_1、p_2——试验起、止时的大气压力，kPa；

t_1、t_2——试验起、止时的室温，℃；

V_1、V_2——试验起、止时湿式气体流量计读数，L。

2）酸度计算（以氢氟酸计）的质量百分数 w，单位以μg/g 表示，按下式计算

$$w = \frac{20 \times 2C\left[(B-X)+(B-Y)\right] \times 10^3}{6.16 V_C} \tag{10-3-2}$$

式中　C——硫酸标准溶液的浓度，mol/L；

　　　X——第一级吸收液耗用硫酸标准溶液的体积，mL；

　　　Y——第二级吸收液耗用硫酸标准溶液的体积，mL；

　　　B——第三级吸收液耗用硫酸标准溶液的体积，mL；

　　　20——氢氟酸的相对分子质量，g/mol；

　　6.16——20℃，101.3kPa 时 SF_6 的密度，g/L。

六、测试结果分析及测试报告编写

（1）取平行测定结果的算术平均值为测定结果。两次平行测定结果的相对差值应小于 13%。

（2）对于 SF_6 新气要求气体酸值不应大于 0.2μg/g，对于投运前、交接时及运行中 SF_6 气体酸值不应大于 0.3μg/g。

（3）测试报告编写应包括以下项目：样品名称和编号，测试时间，测试人员，审核和批准人员，测试依据，天气情况，环境温度，湿度，大气压力，SF_6 气体的制造厂家、生产批号、出厂日期、测试结果、测试结论等，备注栏写明其他需要注意的内容。

七、试验注意事项

（1）各接口气密性要好。

（2）尾气必须排放到室外，排放前需经碱洗处理。

（3）连接管路的乳胶管要尽量短。

（4）连接钢瓶的采样系统必须能耐压 0.1MPa。

（5）取样完毕首先将钢瓶阀门关闭，然后关闭氧气减压表阀门。

（6）向 3 个吸收瓶加碱液时，应规范操作，确保 3 个吸收瓶加入碱液的体积是一样的，否则结果可能出现负值。

（7）吸收瓶与气路连接时，应注意区分进气口与出气口，避免接错造成吸收液倒灌。

（8）在滴定吸收液时应小心操作，注意观察滴定终点，防止滴定过点，3 瓶吸收液滴定终点的颜色深浅应控制一致，否则结果可能出现负值。

【思考与练习】

1. 简述 SF_6 气体酸度测定方法的原理。

2. SF_6 气体酸度测定时应注意哪些事项？

3. 简述 SF_6 气体钢瓶采样中的注意事项。

▲ 模块 4 SF₆ 生物毒性试验测定方法（ZY1500209004）

【模块描述】 本模块介绍 SF_6 生物毒性试验的测定方法。通过步骤讲解和要点归纳，掌握 SF_6 气体生物毒性试验的目的、方法原理、危险点分析与控制措施及准备工作、测试步骤、注意事项，以及对测试结果的分析和测试报告编写要求。

【模块内容】

一、测试目的

SF_6 气体生物毒性试验是用来鉴定 SF_6 气体的毒性，保护 SF_6 电气设备的运行、监督与保护分析检测人员的人身安全。

二、方法原理

在模拟大气中氧气含量的 SF_6 气体环境条件下，通过观察小白鼠的健康状态，评判 SF_6 气体的毒性，即以 79%体积的 SF_6 气体代替空气中的氮气和 21%体积的氧气混合，使该混合气体按照一定流量通入饲养有小白鼠的密封容器连续染毒 24h，然后将已染毒的小白鼠在大气中再观察 72h，通过观察比较小白鼠在染毒前后的健康状况来判断 SF_6 气体是否具有毒性。

三、危险点分析及控制

（1）抓小白鼠时，应戴好手套，以防被小白鼠咬伤。

（2）装小白鼠的鼠笼应牢固，以防小白鼠逃脱造成鼠患。

（3）SF_6 气体钢瓶倒置和立起时应两人一起操作，要防止被钢瓶砸伤。

（4）试验时工作人员应穿好专用工作服，在通风良好的环境中进行，采取防止气体中毒和窒息措施。

四、测试前准备工作

（1）查阅相关技术资料、试验规程，明确试验安全注意事项，编写作业指导书。

（2）仪器与材料准备。准备好表 10−4−1 中所列的试验器材。

表 10−4−1　　　　　　　试　验　器　材

序号	设备及材料	要　　　求	备注
1	染毒缸	4L	真空干燥器代替
2	气体混合器	4.5L	
3	浮子流量计	600、1000mL/min	
4	皂膜流量计		
5	秒表	分度 0.1s	

续表

序号	设备及材料	要　　求	备注
6	氧气减压表		
7	氧气	医用	
8	不锈钢管采样管	直径ϕ3mm 长 1~3m	
9	乳胶管	3m	
10	小白鼠	健康雌性，体重约20g，5只	
11	鼠食	约250g	

（3）染毒缸容积的测定。用注水法测量染毒缸和气体混合器的容积。

（4）流量计算。按79% SF_6 气和21%氧气的比例，以每分钟通入混合器的气体总量不得少于容器总容积 1/8 的要求，计算出试验时 SF_6 气和氧气流量。

（5）选购 5~10 只体重在 20g 左右的雌性健康小白鼠，预先饲养在透气良好的容器里，生物试验前观察五天，以确认它们的健康状况。

五、试验步骤及要求

（1）按图 10-4-1 连接好仪器设备（SF_6 气体钢瓶须倒置），打开氧气和 SF_6 气瓶阀门及减压表阀，分别调节 SF_6 气和氧气浮子流量计使气体流速达到试验要求的数值，然后将 SF_6 气和氧气通入混合器中。

（2）待流量稳定 8~16min 后，打开染毒缸盖，将 5 只已编号健康的雌性小白鼠放入染毒缸中，同时放入充足的鼠食和水，盖上缸盖，继续通入混合气体。

（3）每隔 1~2h 观察并记录一次小白鼠活动情况。

（4）24h 后染毒试验结束，把小白鼠放回原来的饲养容器中饲养，继续观察72h。

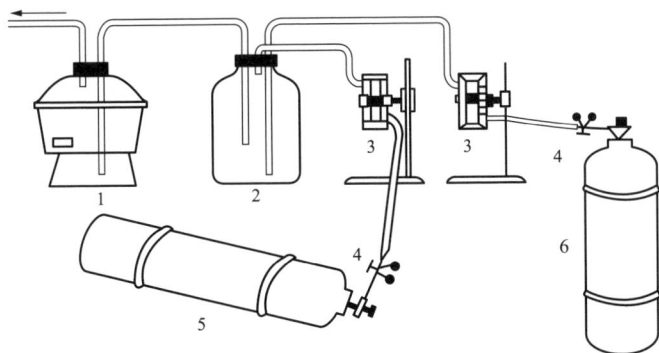

图 10-4-1　SF_6 气体毒性实验装置示意

1—染毒缸；2—气体混合器；3—浮子流量计；4—氧气减压表；5—SF_6 气体钢瓶；6—氧气钢瓶

六、测试结果分析及测试报告编写

（1）如小白鼠在 24h 染毒试验和 72h 观察中，都活动正常，则判断该气体无毒。

（2）如果偶尔有一只或几只小白鼠出现异常现象，或者有死亡，则可能是由于气体毒性造成，应重新用 10 只小白鼠进行重复平行试验，以判定前次试验结果的正确性。

（3）在有条件的地方，应对任何一只在试验中死亡或有明显中毒症状的小白鼠进行解剖，以查明死亡或中毒原因。

（4）测试报告编写应包括的项目：样品名称和编号，测试时间，测试人员，审核和批准人员，测试依据，天气情况，环境温度，湿度，大气压力，SF_6 气体的制造厂、生产批号、出厂日期、测试结果、测试结论等，备注栏写明其他需要注意的内容。

七、试验注意事项

（1）整个试验装置气密性要好。

（2）尾气必须排放到室外，排放前需经碱洗处理。

（3）连接钢瓶减压阀到浮子流量计的管路应用不锈钢管连接，保证系统能耐压 0.3MPa。

（4）气体混合器有 3 个进出气口，气路连接时不要接错。

（5）试验中应控制好气体的比例，否则不能真实反映出试验结果。

（6）试验室的温度不可太低，以 25℃ 左右为宜。

【思考与练习】

1. 简述 SF_6 气体生物毒性试验测定方法的原理。

2. SF_6 气体生物毒性试验时应注意哪些问题？

3. 若染毒缸的体积为 3.8L，试计算试验时通入染毒缸中 SF_6 气体和氧气的流量分别是多少？

▲ 模块 5　绝缘油氧化安定性试验方法（ZY1500209005）

【模块描述】本模块介绍绝缘油氧化安定性试验的方法。通过步骤讲解和要点归纳，掌握绝缘油氧化安定性试验的目的、方法原理、危险点分析与控制措施及准备工作、测试步骤、注意事项，以及对测试结果的分析和测试报告编写要求。

【模块内容】

一、测试目的

通过测定绝缘油的氧化安定性判断油品在使用过程中的氧化倾向，评估油品可能的使用年限。

以该测试数据为依据，选用和管理油品，可避免设备使用抗氧化安定性差的油，运行使用中产生较多的有机酸、胶质、沥青质和油泥等氧化产物，腐蚀设备中的导体和绝缘材料，堵塞线圈冷却通道，造成设备过热，威胁设备安全运行。

二、测试原理

在铜线圈做催化剂油样保持在 120℃，并同时通以恒定流量的氧气条件下，测定油样氧化产生的挥发性酸增加到相当于中和值为 0.28mg KOH/g 所需要的时间，以诱导期小时（h）表示试样的氧化安定性。

三、危险点分析及控制

（1）试验中用到的有机溶剂对人体有毒害作用，操作时必须戴口罩在通风柜中进行。

（2）试验中用到氧气和大量的易挥发、易燃的有机试剂，存在发生火灾隐患。因此，在化验室应严禁烟火，并配备有足够合格的消防器材，化验人员应具备防火灭火知识，并会正确使用消防器材。

（3）在加热试验过程中，禁止随意触摸加热装置的高温部分，取加热好的氧化管时应戴手套操作，氧化管架应放置在稳固且不易碰撞的地方。

（4）加热装置应加装超温自动断电和报警装置，在油样氧化期间要安排专人监护加热装置和氧气流量。

四、测试前准备工作

（1）查阅相关技术资料、试验规程，明确试验安全注意事项，编写作业指导书。

（2）仪器与材料准备。准备好表 10-5-1 中所列的仪器和试剂。

表 10-5-1　　　　　　　　　　　器 材 和 试 剂

序号	设备及材料	要　　　求	备注
1	氧化管、吸收管	由耐热硬质玻璃制成，尺寸与形状见下图： 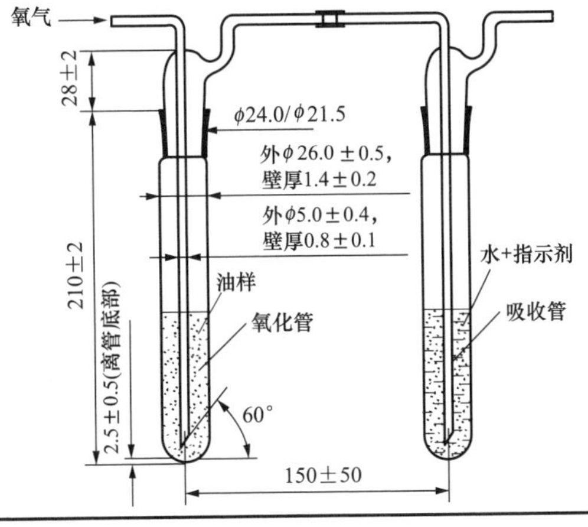	

续表

序号	设备及材料	要　求	备注
2	加热装置	加热装置能自动控制温度，使氧化管中的试样温度保持在（120±0.5）℃。温度的测量是试验前通过插在装有试样的氧化管内的温度计读出，温度计离氧化管底部约 5mm。氧化管内的油面应装到温度计的浸没线处，并将此管放入加热装置中。加热装置主要有铝合金块和油浴两种形式。 （1）铝合金块加热器，其上表面温度必须保持在（60±5）℃，该温度由插入一钻孔测温铝块里的温度计来测量，此铝块表面应有适宜的绝热层如石棉板保护，测温铝块应尽量放在靠近试管孔的地方，并位于加热器顶盖上部区域。氧化管插入试管孔内的总深度为150mm，在铝块加热部分内的孔深度至少为 125mm，而穿过绝热盖并环绕每根氧化管的金属短套圈可保证氧化管有150mm 以上的长度全部受热如下图所示。 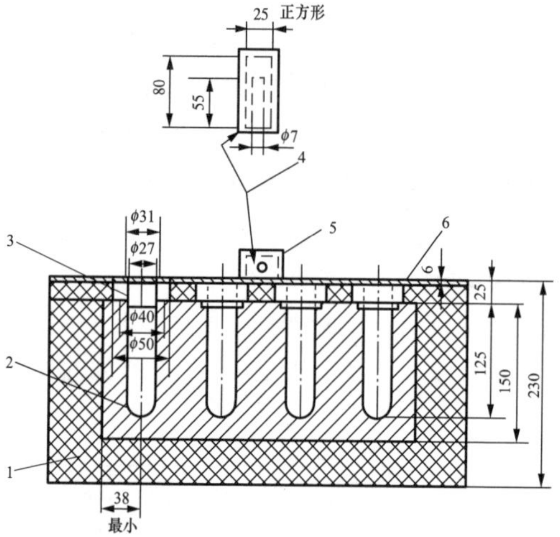 （2）油浴。氧化管在油中的浸入深度为 137mm，在油浴中总深度为150mm，见下图。 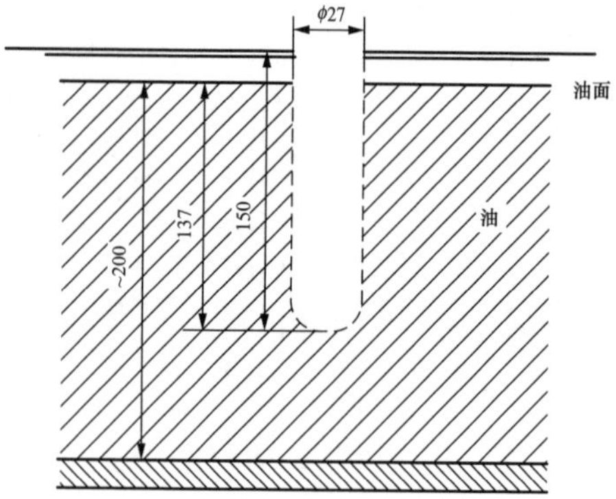 	

续表

序号	设备及材料	要　　求	备注
2	加热装置	对于这两种类型的加热装置，氧化管露出加热面上部的高度均为60mm，试管孔直径的大小应刚好能插入氧化管。如果松弛，可用直径为25mm的O形垫圈套在管上，并与加热装置表面压紧。 加热装置外部装有支架和金属套管，用以固定吸收管和避开阳光照射。氧化管和吸收管用尽可能短的硅橡胶管连接，两管的中心轴距离应保持（150±50）mm	
3	氧气及氧气减压表	工业用，纯度不小于99.4%	
4	干燥塔	采用容量为250mL的气体干燥塔，塔内填装高度为15～20cm氯化钙或变色硅胶固体干燥剂	
5	皂膜流量计	0～20mL	用来检查载气流速
6	氧气流量计	（1.0±0.1）L/h	
7	移液管	25、50mL	
8	容量瓶	500、1000mL	
9	玻璃滤器	容积30mL，孔径5～15μm	
10	温度计	范围：98～152℃。 分度：0.2℃。 浸入深度：100mm。 膨胀室：允许加热至180℃。 总长（395±5）mm。 棒径：6.0～7.0mm。 球：15～20mm。 球径：不大于棒径，球底到98℃刻度的距离125～145mm、收缩室到顶的距离不超过35mm	
11	滴定管	10mL，分度0.01mL	
12	矿物油	闪点不低于200℃	供油浴用
13	催化剂	拉制成未退火的铜丝，其直径为1.00～1.02mm，长900mm	
14	砂纸	粒度为W20	
15	硅橡胶管	直径为6mm	
16	恒温水浴锅	控温范围：室温～100℃，精度0.2℃	
17	具塞锥形烧瓶	500mL	
18	洗瓶	250mL或500mL	
19	锥形烧瓶	100、250mL	
20	量筒	100mL	
21	氢氧化钾	分析纯，配成0.1mol/L氢氧化钾乙醇标准滴定溶液	

续表

序号	设备及材料	要　求	备注
22	酚酞指示剂	配成 1%的酚酞乙醇溶液	
23	乙醚	化学纯	
24	正庚烷	分析纯	
25	丙酮	化学纯	
26	硫酸	分析纯	
27	95%乙醇	分析纯	
28	苯	分析纯	
29	正庚烷	分析纯	
30	三氯甲烷	分析纯	
31	碱性蓝 6B 指示剂	配成 2%碱性蓝 6B 乙醇溶液	
32	盐酸	分析纯，配成 0.1mol/L 水溶液	
33	硝酸钴	分析纯，配成 10%水溶液	
34	苯—乙醇混合液	将苯和 95%乙醇按体积比 6:4 配成	
35	蒸馏水		

（3）仪器的清洗。氧化管和吸收管先用丙酮清洗，然后用蒸馏水冲洗，沥干后用硫酸浸泡清洗，再用自来水冲至无酸，然后用蒸馏水冲净。最后在 105～110℃烘箱中至少干燥 3h，在干燥器中冷却至室温备用。

（4）供气系统的准备。氧气从钢瓶经减压阀、干燥塔、缓冲瓶至氧气流量计，每个氧气流量计应用皂膜流量计进行校正。在氧气流量计上标上流量为（1.0±0.1）L/h 的标记。供气系统应保证进入氧化管的氧气流量平稳准确。

（5）试样的准备。油样用最大孔径为 5～15m 的清洁、干燥的玻璃滤器过滤，将最初的 25mL 滤出油弃去，用以后的滤出油作为试样。

（6）铜催化线圈的制备。将（900±1）mm 长的铜丝用粒度为 W20 的砂纸擦到露出金属本色为止。然后用清洁、干燥无绒的滤纸和棉纱布擦净。戴上干净的细纱手套，把铜丝绕成外径约 20mm 的线圈。用镊子把绕好的线圈浸入乙醚中充分清洗。

注：绕好的铜丝只能用镊子接触，已用过的铜丝不能再用。

（7）氧化管和吸收管的准备。

1）在清洁、干燥的氧化管内称取过滤好的试样（25.0±0.1）g。用镊子夹持刚处理好并在空气中将乙醚晾干的铜催化线圈放入氧化管中，在氧化管玻璃磨口接头处要用 1 滴试样密封。

2）用移液管将 50mL 0.1mol/L 氢氧化钾乙醇标准溶液移入 1L 的容量瓶中，用蒸馏水稀释至刻线，混合均匀后，再用移液管将此碱液 25mL 移入吸收管中，加入 5～6 滴酚酞指示剂。

五、操作步骤及要求

（一）油样氧化

（1）将盛有试样的氧化管放入已恒温至（120±0.5）℃的加热装置中，装有碱液的吸收管放入加热装置外部套管中，迅速用硅橡胶管将氧气流量计与氧化管进气口、氧化管出气口与吸收管进气口连接起来。调节氧气流量至（1.0±0.1）L/h，记下开始氧化时间。

（2）每日要检查和调节温度及氧气流量，保证试样在（120±0.5）℃、氧气流量为（1.0±0.1）L/h 的情况下氧化。

（3）每日至少两次（工作日的开始和结束时）检查吸收管内溶液是否褪色。

注：当直接暴露在强光下时，酚酞较易褪色，如果看到颜色减弱时，可加入几滴酚酞指示剂。

（二）诱导期的测定

样品的诱导期是指试样产生的挥发性酸相当于中和值为 0.28mg KOH/g 所需要的时间。以吸收管内碱液颜色消失前后的两次观察时间的平均值作为诱导期，用小时（h）表示。最后两次观察的时间间隔不应超过 20h。

注：根据上述规定，相继两次观察的间隔，在白天是 8h，在夜晚是 16h。为了减少这一间隔，同一试样两支氧化管装入加热装置开始氧化的时间应该错开，如第一支氧化管试验在上午 9 时整开始，第二支氧化管应在 17 时整开始。

若试样氧化 236h 后，吸收管内碱液还未褪色，则试验不再继续下去，结果记诱导期为 236h。

若有需要，也可在一规定的时间之后，按（三）测定试样氧化后的其他性能（沉淀物含量，可溶性酸值、挥发性酸值、总酸值、氧化速率）。

（三）其他项目的测定

（1）沉淀物含量（S）的测定。

1）试验到规定时间后，将氧化管从加热浴中取出，放在暗处冷却 1h，然后把氧化油全部倒入一个 500mL 具塞锥形烧瓶中，并将氧化管、氧气导管及铜催化线圈用 300mL 正庚烷洗涤至无油迹，正庚烷洗涤液合并到同一具塞锥形烧瓶中，在（20±2）℃的暗处静置 24h。

2）静置 24h 后的氧化油和正庚烷混合液用已恒重的孔径为 5～15μm 的玻璃滤器滤入抽滤瓶，在抽滤过程中，利用压差控制过滤速度，以防止沉淀物穿过滤器。若滤液浑浊，则应再次过滤。然后用 150mL 正庚烷洗涤具塞锥形烧瓶和玻璃滤器，直至滤液无油迹为止。将带有沉淀物的玻璃滤器于 105～110℃烘箱中干燥至恒重。

3）将黏附在具塞锥形烧瓶、氧化管、氧气导管、铜催化剂线圈上的所有沉淀物用 30mL 三氯甲烷溶解，并转移至已恒重的 100mL 锥形烧瓶中。在通风柜中，将锥形烧瓶中的三氯甲烷在水浴上蒸发干净，然后于 105～110℃烘箱中干燥至恒重。

4）计算。氧化油中沉淀物含量 S（%）按下式计算

$$S=(m_1+m_2)\times 4 \qquad (10\text{-}5\text{-}1)$$

式中 m_1——不溶于正庚烷的沉淀物质量，g；

　　　　m_2——三氯甲烷回收的沉淀物质量，g。

（2）可溶性酸值（X_2）的测定。

1）滴定溶剂调配。在 250mL 锥形烧瓶中注入 100mL 苯—乙醇混合液及 2mL 碱性蓝 6B 指示剂，为了提高指示剂灵敏度，可加入 1 滴 0.1mol/L 盐酸水溶液。用 0.1mol/L 氢氧化钾乙醇溶液滴定中和上述混合液，使产生的红色与 10%硝酸钴溶液相似且该颜色至少在 15s 内不消失为止（即蓝色消失，红色刚出现）。

2）将测定沉淀物含量时滤入抽滤瓶中的氧化油与正庚烷混合物倒入 500mL 容量瓶中，用正庚烷冲洗抽滤瓶，冲洗的正庚烷合并到容量瓶中，并加入正庚烷到容量瓶标记线处，混合均匀。

3）取 100mL 氧化油的正庚烷混合液倒入一个 250mL 锥形烧瓶中，在不断摇动下加入 100mL 上述已中和过的苯—乙醇混合液作为滴定溶剂，然后在不高于 25℃温度下用 0.1mol/L 氢氧化钾乙醇标准溶液滴定，共测三次，取平均值作为可溶性酸值的结果。

4）空白滴定。取 100mL 正庚烷于 250mL 锥形烧瓶中，在不断摇动下加入 100mL 中和过的滴定溶剂，在不高于 25℃温度下用 0.1mol/L 的氢氧化钾乙醇标准溶液滴定。

5）计算。氧化油的可溶性酸值 X_2（mgKOH/g）按下式计算

$$X_2=\frac{56.1(V_2-V_1)c'}{5} \qquad (10\text{-}5\text{-}2)$$

式中 V_2——中和 100mL 氧化油的正庚烷混合液所消耗的氢氧化钾乙醇标准溶液的体积，mL；

　　　　V_1——中和 100mL 正庚烷（加有 100mL 已中和过的滴定溶剂）所消耗的氢氧化钾标准溶液的体积，mL；

　　　　c'——氢氧化钾乙醇标准溶液浓度，mol/L；

　　56.1——氢氧化钾摩尔质量。

（3）挥发性酸值（X_1）的测定。用 0.1mol/L 氢氧化钾乙醇标准溶液滴定吸收管里的吸收液，然后按式（10-5-3）计算，将计算值加上 0.28mgKOH/g，即得到整个试验期间所形成的挥发性酸值，其计算式为

$$X_1 = \frac{56.1Vc'}{25} \qquad (10-5-3)$$

式中　V——滴定所消耗氢氧化钾乙醇标准滴定溶液的体积，mL。

（4）总酸值（X）。挥发性酸值 X_1 加上可溶性酸值 X_2 就得到总酸值 X，即 $X=X_1+X_2$。

（5）氧化速率的测定。

1）用 25mL 蒸馏水代替碱溶液作吸收液，每天都测定挥发性酸值，将酸值对时间作图，就可得到表示氧化速率的曲线图。在这种情况下，试样的诱导期就是挥发性酸值累计等于 0.28mgKOH/g 时的时间。

2）对于每天的滴定，其操作如下：打开吸收管加几滴酚酞指示剂，用 0.1mol/L 氢氧化钾乙醇标准溶液滴定挥发性酸。不用换吸收液，重新接上吸收管。

3）每日挥发性酸值 X_1'（mgKOH/g）按式（10-5-3）计算。

4）整个试验周期的挥发性酸值为每日挥发性酸值之和。

六、测试结果分析及测试报告编写

（1）取重复测定两个结果的算术平均值作为试验结果，如果测定结果诱导期大于 100h，要求同一操作者重复测定的两个结果之差不应大于平均值的 10%，不同实验室之间同一样品的两个结果之差不应大于平均值的 40%。

（2）对于沉淀物含量的测定结果，要求同一操作者重复测定的两个结果之差不应大于其算术平均值的 20%，取算术平均值作为测定结果。

（3）对于可溶性酸值的测定结果，要求同一操作者重复测定的两个结果之差不应大于其算术平均值的 40%，取算术平均值作为测定结果。

（4）对挥发性酸值的测定结果是吸收液的滴定结果再加上 0.28mgKOH/g。

（5）测试报告编写应包括以下项目：样品名称和编号、测试时间、测试人员、审核和批准人员、测试依据、天气情况、环境温度、测试结果、测试结论等，备注栏写明试验时油氧化后的颜色和沉淀物形态等其他需要注意的内容。

七、试验注意事项

（1）试验温度应严格控制在规定的范围之内，温度对油氧化过程的速度影响很大，如高于规定温度则会加快油的氧化速度；反之，油的氧化速度减慢。

（2）试验中应精确控制氧气流速，定时检查氧气流量是否符合要求。

（3）所加入的铜丝催化剂的尺寸大小、材质纯度与处理方法应符合要求，否则会影响油的氧化反应速度，使试验结果不准确。

（4）用于测定沉淀物含量的溶剂正庚烷，不允许含有芳香烃。因芳香烃能溶解沉淀物，造成沉淀物含量偏低。

（5）测定酸值时要正确判断终点，对氧化后颜色很深的油，采用碱蓝 6B 作指示剂，变色终点不易判断时，可采用 BTB 作指示剂，或采用电位差法滴定终点。

（6）测定沉淀物时，一定要把过滤用的漏斗和滤纸上的油痕全都清洗干净，否则会误将残油当成沉淀物，使沉淀物测定结果偏高。

【思考与练习】

1. 简述绝缘油氧化安定性试验方法的目的和原理。

2. 测定绝缘油氧化安定性试验应注意哪些事项？

3. 挥发性酸值是如何测定的？

◢ 模块 6　油中抗氧化剂（T501）含量的测定方法（ZY1500209006）

【模块描述】 本模块介绍油中抗氧化剂（T501）含量的测定方法。通过步骤讲解和要点归纳，掌握液相色谱法、分光光度法和红外光谱法测定油中抗氧化剂（T501）含量的方法原理、危险点分析及控制措施与准备工作、测试步骤、注意事项，以及对测试结果的分析和测试报告编写要求。

【模块内容】

油品中添加抗氧化剂，能够减缓油品在运行中的老化速度。T501 是我国成品油中广泛采用的一种抗氧化剂，在新油中其添加量在 0.15%～0.4% 之间，能起到很好的抗氧化作用。由于油中 T501 抗氧化剂在运行和检修过程会逐渐消耗掉，当油中 T501 含量降到 0.15% 以下时，其抗氧化能力明显降低，应及时补加到正常浓度才可起到减缓油品老化速度作用。因此，定期检测 T501 含量是一项重要的油品防劣化措施。目前，常用的油中 T501 含量检测方法有液相色谱法、分光光度法和红外光谱法三种。

一、液相色谱法

（一）测试原理

用甲醇为萃取剂萃取油中的 T501，用高效液相色谱仪分析溶解在萃取液中的 T501 含量，通过换算得到油中 T501 含量。

（二）危险点分析及控制措施

（1）试验中要用到大量有毒的甲醇试剂，使用时应小心谨慎，最好戴口罩和护目镜，切勿使甲醇溅入眼睛或误入口中，试验时室内保持有良好的通风状态，试验工作结束后必须仔细洗手。

（2）使用强腐蚀性的浓硫酸时，应戴好防酸手套，操作时要非常小心，严格遵守实验室关于浓硫酸安全使用规定。

（3）使用高速离心机时，应注意要把离心管放在离心机中的对称位置，保证离心机运行时的平衡。离心时，离心机的保护罩应盖好，严禁离心机超负荷、超速运行。

（三）测试前的准备工作

（1）查阅相关技术资料、试验规程，明确试验安全注意事项，编写作业指导书。

（2）仪器与材料准备。准备好表 10-6-1 中所列的器材和试剂。

表 10-6-1 液相色谱法的器材和试剂

序号	设备及材料	要　　求	备注
1	高效液相色谱仪	（1）双泵或单泵系统； （2）C18 液相色谱柱，柱长 150mm； （3）紫外线检测器； （4）超声波发生器或在线脱气装置； （5）数据采集系统，宜使用色谱数据工作站或色谱数据处理机	
2	机械振荡器	往复振荡频率 270～280 次/min，振幅 35mm；可采用 GB/T 17623—2017《绝缘油中溶解气体组分含量的气相色谱测定法》方法中脱气用的振荡仪	
3	高速离心机	试样腔容积 15mL；转速 0～4000r/min	
4	分析天平	精度为 0.000 1g	
5	玻璃注射器	5mL	
6	微量注射器	10μL	
7	具塞比色管	10mL	
8	移液管	1.00mL	
9	T501 抗氧化剂	（2，6-二叔丁基对甲酚），化学纯	
10	甲醇	分析纯	
11	硫酸	98%，化学纯	
12	干燥白土	粒度小于 200 目，在 120℃下烘干 1h 后，保存在干燥器内备用	
13	纯水		

（3）基础油的制备。

1）取变压器油或汽轮机油 1kg，加 100g 浓硫酸，边加边搅拌 20min，然后加入 10～20g 干燥白土，继续搅拌 10min，沉淀后倾出澄清油。上述处理应重复进行两次。

将第二次处理后的澄清油加热至 70～80℃，再加入 100～150g 的干燥白土，搅拌 20min，沉淀后倾出澄清油。如此再重复处理一次，沉淀后过滤。如果两次加热加白土处理所得澄清油按"2）"中的"b"方法检查，不含 T501，即认为已制得基础油。否则，重新进行上述处理步骤，直至将 T501 脱除干净为止。

2）基础油中 T501 含量的检查。

a. 配制 T501 含量为 0.20%的甲醇溶液，按（四）中（3）1）进行分析，得到 T501 峰的保留时间。

b. 取待检查的基础油按（四）中（2）和（3）的步骤进行萃取和分析，检查得到的色谱图，若在 T501 峰的保留时间处没有出峰，则认为该油样不含 T501。

（4）0.300%T501 标准油的配制。准确称取 T501 抗氧化剂 0.300 0g（准确至 0.1mg），在不高于 70℃条件下，溶于 99.70g 基础油中，避光保存于棕色瓶中，该标准油有效期为 3 个月。

注：应选用与被测油样同品种的基础油来配制标准油样。

（5）仪器的准备。

1）按照液相色谱仪的使用说明，调节液相色谱仪，建立下列工作状况：

a. 流动相：甲醇：水=82:18～87:13（体积比）；

b. 流量：0.5～1.0mL/min；

c. 柱温：40℃；

d. 进样量：10μL。

2）UV 检测器波长：275nm。

（四）检测步骤及要求

（1）液相色谱仪标定。当液相色谱仪和检测器进入工作状况后（基线平直），称取 9.000g（准确至 0.000 1g）0.300%T501 标准油（W_s），按步骤"（2）"进行萃取，用 25L 微量注射器准确吸取甲醇萃取液 10L 进样分析，得到 T501 峰在检测器的响应值 R_s（峰面积或峰高）。至少重复操作两次，取平均值 $\overline{R_s}$。

（2）油样的萃取。油样按 GB/T 7597—2007《电力用油（变压器油、汽轮机油）取样方法》规定的方法采集。称取 9.000g（准确至 0.000 1g）的被测油样于 10mL 具塞比色管中，用移液管移取 1.00mL 甲醇加到比色管中。塞紧管塞，用力摇动使之混匀，然后用橡皮筋固定好紧塞的比色管和管塞，水平放在振荡器上，常温振荡 15min。将比色管置于高速离心机内旋转（宜选用转速 2000r/min）10min，使油与甲醇分层，取上层的甲醇萃取液作为分析用样。

（3）萃取液的分析。

1）待液相色谱仪和检测器符合工作状况后（基线平直），用 25μL 微量注射器准确吸取萃取液 10μL 进样分析,得到样品中 T501 在检测器的响应值 R_t(峰面积或峰高),此操作至少重复 2 次,取平均值 $\overline{R_t}$。典型的色谱图见图 10-6-1。

2)当一个油样分析完成后,将流动相改为纯甲醇,并加大流速冲洗(大约 15min),直至色谱图上基线平直为止,然后将流动相按分析条件要求的比例改为甲醇和水混合液,待基线平直后,再进行下一个油样萃取液的分析。

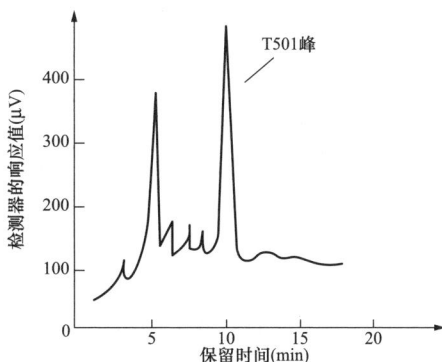

图 10-6-1 典型色谱图

(4)结果计算。按下式计算油中 T501 的含量

$$W_t = \frac{W_s m_s}{R_s m_t}\overline{R_t}$$ （10-6-1）

式中 W_t——被测油样中 T501 的含量,%;

W_s——标准油样中 T501 的含量,%;

$\overline{R_s}$——检测器对标准油样中 T501 色谱峰的响应值;

$\overline{R_t}$——检测器对被测油样中 T501 色谱峰的响应值;

m_s——标准油样质量,g;

m_t——被测油样质量,g。

(五)测试结果分析及测试报告编写

(1)取平行测定结果的算术平均值为测定结果。同一试验室对同一试样 2 次平行测定结果的绝对差值不应大于 0.030%,不同试验室间对同一试样的测定结果的绝对差值不应大于 0.056%。

(2)测试报告编写应包括的项目:样品名称和编号、测试时间、测试人员、审核和批准人员、测试依据、环境温度、测试结果、测试结论等,备注栏写明其他需要注意的内容。

(六)试验注意事项

(1)当遇到 T501 峰分离情况不好时,可通过调整流动相中甲醇和水的比例得到改善。流动相比例改变后,应重新用标油标定仪器。

(2)试验时,液相色谱仪的流动相应经微孔过滤和脱气处理后使用。

(3)试验时,应经常检查液相色谱仪的泵、进样口和管路是否存在泄漏,发现泄漏应进行处理后,再重新检测。

(4)萃取时比色管塞要塞紧,振荡萃取结束后,应检查比色管口是否存在泄漏,若发现泄漏该萃取样作废,重新取油样进行萃取。

（5）配制标准油样用的基础油品种,要与被测试油样尽可能相同。

二、分光光度法

（一）测试原理

利用 T501 在碱性溶液中可生成溶于水中的蓝色钼蓝络合物的性质,向油中加入石油醚、乙醇作溶剂和氢氧化钾乙醇溶液、磷钼酸乙醇溶液,使 T501 生成钼蓝络合物,用水萃取钼蓝络合物,采用分光光度计测定其浓度,通过计算得到油中 T501 含量。

（二）危险点分析及控制措施

（1）试验中用到的有机溶剂对人体有毒害作用,操作时必须戴口罩在通风柜中进行。

（2）试验中用到的有机溶剂是易挥发、易燃的液体,在化验室应严禁烟火,并配备有足够合格的消防器材,化验人员应具备防火灭火知识,并会正确使用消防器材。

（3）在进行加热操作时,应戴手套操作,防止被烫伤。

（三）测试前的准备工作

（1）查阅相关技术资料、试验规程,明确试验安全注意事项,编写作业指导书。

（2）仪器与材料准备。准备好表 10-6-2 中所列的器材和试剂。

表 10-6-2　　　　　　　　　　分光光度法的器材和试剂

序号	设备及材料	要　求	备注
1	分光光度计	72 型、721 型或其他型号	
2	电子分析天平	精度 0.1mg	
3	移液管	2、10mL	
4	锥形烧瓶	150mL	
5	分液漏斗	125、200mL	
6	容量瓶	100mL	
7	量筒	10、50mL	
8	烧杯	150mL	
9	酸式滴定管	50mL	
10	水浴	室温～100℃,精度 0.5℃	
11	无水乙醇	分析纯	
12	甲醇	分析纯	
13	氢氧化钾	分析纯,配成 0.1mol/L 的无水乙醇溶液和 35%氢氧化钾甲醇溶液	

续表

序号	设备及材料	要　　求	备注
14	磷钼酸	分析纯，配成5%无水乙醇溶液，过滤于棕色瓶中，放到暗处保存	
15	脱色吸附剂	LWX—801吸附剂或具有脱色效果的其他吸附剂	
16	石油醚	分析纯，沸点范围30～60℃或60～90℃	
17	脱脂棉		
18	T501抗氧化剂	（2，6–二叔丁基对甲酚），化学纯	
19	硫酸	98%，化学纯	
20	干燥白土	粒度小于200目，在120℃下烘干1h后，保存在干燥器内备用	
21	纯水		

（3）基础油的制备。取变压器油或汽轮机油 1kg，加 100g 浓硫酸，边加边搅拌 20min，然后加入 10～20g 干燥白土，继续搅拌 10min，沉淀后倾出澄清油。上述处理应重复进行两次。将第二次处理后的澄清油加热至 70～80℃，再加入 100～150g 的干燥白土，搅拌 20min，沉淀后倾出澄清油。如此再重复处理一次，沉淀后过滤。如果两次加热加白土处理所得澄清油按试验步骤 4 所测得吸光度值相接近，则认为 T501 已脱干净。否则，重新进行上述处理步骤，直至将 T501 脱除干净为止。

（4）标准油的配制。称取 T501 抗氧化剂 1.000 0g（称准至 0.000 1g），溶于 199g 基础油中，此油 T501 含量为 0.50%。再分别称取此油 4.0、8.0、12.0、16.0g，溶于 16.0、12.0、8.0、4.0g 基础油中，按顺序 T501 含量分别为 0.1%、0.2%、0.3%、0.4%。

注：溶解 T501 抗氧化剂的温度不应高于 70℃，并避光保存于棕色瓶中。

（5）试油（运行汽轮机油）脱色处理。取 10mL 运行汽轮机油样，注入 125mL 分液漏斗中，加入 50mL 石油醚，摇匀后加入 10mL 35%氢氧化钾甲醇溶液，剧烈摇动 5min 后放出处理液，重复处理直至放出液为无色。然后以 20mL 1:49 硫酸中和被处理试油，用蒸馏水洗至中性后，将油滤入 50mL 烧杯中，于通风橱内在水浴上加热蒸发掉石油醚，即得被测试油。

（6）试油（运行变压器油）脱色处理。称取 0.20g（称准至 0.01g）干燥的脱色吸附剂装于 50mL 酸式滴定管中（装前用少量脱脂棉塞于滴定管的锥形部位，以防吸附剂流失），厚度要均匀。然后用 50mL 量筒量取 10mL 运行变压器油样，以石油醚稀释到 50mL，一次倒入装有吸附剂的滴定管中过滤（流速适当）。滤液盛于 50mL 烧杯中，于通风橱内在水浴上加热，将石油醚全部蒸掉，即得被测试油。

（四）试验步骤及要求

（1）标准曲线的绘制。

1）分别称取含 T501 0.10%、0.20%、0.30%、0.40%、0.50%的标准油各 0.4g（准确至 0.000 1g），其油中 T501 抗氧化剂含量的毫克数分别为 0.4、0.8、1.2、1.6、2.0mg，分别置于 150mL 锥形烧瓶中，依次加石油醚 10mL，无水乙醇 10mL，0.1mol/L 氢氧化钾乙醇溶液 6.5mL，5%磷钼酸乙醇溶液 2mL。每加一种试剂后均需充分摇匀。5min后在各锥形烧瓶中加入约 50mL 沸腾蒸馏水，充分摇荡，使钼蓝络合物完全溶解于水，并移入分液漏斗内（如有不溶物，应再加适量沸腾蒸馏水使其全部溶解），静置分层，收取下层水溶液。将水溶液仍注入原锥形烧瓶中，加热微沸至完全透明。冷却至室温后，移入 100mL 容量瓶中，用蒸馏水稀释至刻度，然后注入 2cm 比色皿中，用分光光度计在 700nm 波长进行测定，以纯水作参比，读取吸光度值 A。

2）将测得的标准油样的吸光度值 A 和 T501 抗氧化剂含量（毫克数）绘成标准曲线。

（2）试油的测定。

1）称取试油 0.400 0g（准确至 0.000 1g），注入 150mL 锥形烧瓶中，以下操作步骤同第（1）条中 1）步骤。

2）测得试油的吸光度值 A，在标准曲线图上查得 T501 抗氧化剂含量的毫克数。

（3）结果计算。T501 抗氧化剂含量按下式计算

$$X = \frac{A}{M \times 1000} \times 100 \qquad (10-6-2)$$

式中　X——油中 T501 抗氧化剂含量，%；

　　　A——标准曲线图上查得的油中 T501 抗氧化剂含量，mg；

　　　M——油样的质量，g。

（五）测试结果分析及测试报告编写

（1）取平行测定结果的算术平均值为测定结果。要求同一试验室 2 次平行测定结果的绝对差值不应大于 0.030%，不同试验室间的测定结果的相对误差不应大于 20%。

（2）测试报告编写应包括的项目：样品名称和编号、测试时间、测试人员、审核和批准人员、测试依据、环境温度、测试结果、测试结论等，备注栏写明油样是否进行脱色处理等其他需要注意的内容。

（六）试验注意事项

（1）测定时，若试样需要脱色处理，那么在绘制标准曲线时用的标准油样也要先进行脱色处理后使用。

（2）试样脱色处理在蒸掉石油醚时速度不可过快，以免试油与石油醚一起被蒸

发掉。

（3）按顺序向试样加入一种反应试剂后，应充分摇匀后再加下一种试剂。

三、红外光谱法

（一）测试原理

添加 T501 抗氧化剂的变压器油和汽轮机油，在红外吸收光谱中 $3650cm^{-1}$（$2.74\mu m$）处，出现酚羟基伸缩振动吸收峰，该吸收峰的吸光度与其浓度成正比关系，利用这一特点，即可测定油样中 T501 的含量。

（二）危险点分析及控制措施

（1）试验中用到的 CCl4 有机溶剂对人体有毒害作用，操作时必须戴口罩保持在通风状态良好。

（2）红外吸收光谱仪容易受潮而损坏，应注意试验室环境保持干燥，防止设备受潮。

（3）试验结束后，应用干燥的氮气或空气吹扫仪器，以免残留的四氯化碳蒸气腐蚀设备。

（4）红外吸收光谱仪不用时，应在样品室放入干燥剂，使仪器保持在干燥状态，并定期检查和更换失效的干燥剂。

（三）测试前的准备工作

（1）查阅相关技术资料、试验规程，明确试验安全注意事项，编写作业指导书。

（2）仪器与材料准备。准备好表 10-6-3 中所列的器材和试剂。

表 10-6-3　　　　　　　　　　红外光谱法的器材和试剂

序号	设备及材料	要　　求	备注
1	红外分光光度计		
2	电子分析天平	精度 0.1mg	
3	液体吸收池	在 $3800\sim3500cm^{-1}$ 范围内透明、无选择性吸收的池窗，程长 0.3～1.0mm	
4	吸耳球		
5	玻璃注射器	1～2mL	
6	四氯化碳	化学纯	
7	T501 抗氧化剂	（2，6-二叔丁基对甲酚），化学纯	

（3）基础油的制备。对已知来源的油样，如果能够取到该油样的基础油。直接用该基础油制备标准样；对未知来源的油样，可按照以下要求制备基础油。取变压器油或汽轮机油 1kg，加 100g 浓硫酸，边加边搅拌 20min，然后加入 10～20g 干燥白土，

继续搅拌 10min，沉淀后倾出澄清油。上述处理应进行两次。将第二次处理后的澄清油加热至 70～80℃，再加入 100～150g 的干燥白土，搅拌 20min，沉淀后倾出澄清油。如此再重复处理一次，沉淀后过滤。如果两次加热加白土处理所得澄清油按下面（四）中（1）的 2）点方法测试红外吸收谱图，检查在 3650cm⁻¹ 处没有 T501 吸收峰，即认为已制得基础油。否则，重新进行上述处理步骤，直至将 T501 脱除干净为止。

（4）标准油的配制。称取 T501 抗氧化剂 1.000g（称准至 0.000 1g），溶于 199g 基础油中，此油 T501 含量为 0.50%。再分别称取此油 4.0、8.0、12.0、16.0g，溶于 16.0、12.0、8.0、4.0g 基础油中，按顺序 T501 含量分别为 0.1%、0.2%、0.3%、0.4%。

注：溶解 T501 抗氧化剂的温度不高于 70℃，并避光保存于棕色瓶中。其有效期为 1 个月。

（四）试验步骤及要求

（1）标准曲线的绘制。

1）用 1～2mL 的干净注射器，抽取基础油，缓慢地注满液体吸收池。此时，吸收池中不得有大、小气泡，否则要用吸耳球把油吹出，重新注入油样。

2）把注满基础油的液体吸收池放在仪器的吸收池架上，记录 3800～3500cm⁻¹ 的红外光谱图（见图 10-6-2），重复扫描 3 次。

3）把画完谱图的液体吸收池从池架上取下，用吸耳球将吸收池中的油样吹出，并用干净的注射器将四氯化碳溶剂注满液体吸收池（注意，针头不要碰到液体吸收池注油口上的油污），再用吸耳球将四氯化碳吹出。如此反复操作，直到吸收池内外的油污均洗干净并将四氯化碳溶剂吹干为止。

4）重复一次 1）～3）的操作。

5）对含有 0.1%、0.2%、0.3%、0.4%、0.5%T501 的标准油，操作同 1）～4）。

6）T501 的吸光度可由透射率光谱图和吸光度谱图获得。

a. 透射率光谱图。从每个 3650cm⁻¹ 吸收峰两侧透射率最大点引一切线，作为该吸收峰的基线，以它来测量其入射光强度 I_0 及透射光强度 I（见图 10-6-2），并按公式 $A=\lg(I_0/I)$ 求出吸光度 A。当每次试验的三次扫描得到的吸光度 A 的最高和最低值之差大于 0.010 时，则需重新测定，然后取其算术平均值为该次的吸光度试验结果。

b. 吸光度谱图。读取（见图 10-6-3）在 3650cm⁻¹ 吸收峰处的最大吸光度值 A_1（精确到 0.001），并在该谱图上过最小吸光度点引一切线作为该吸收峰的基线，过 A_1 点且垂直于吸收线作一直线，与基线相交的点即为 A_0。T501 吸光度 $A=A_1-A_0$（A_0 为基础油的吸光度、A_1 为含有 T501 油样的吸光度）。

7）取两次试验结果吸光度 A 的算术平均值为标准油样的吸光度值 A。

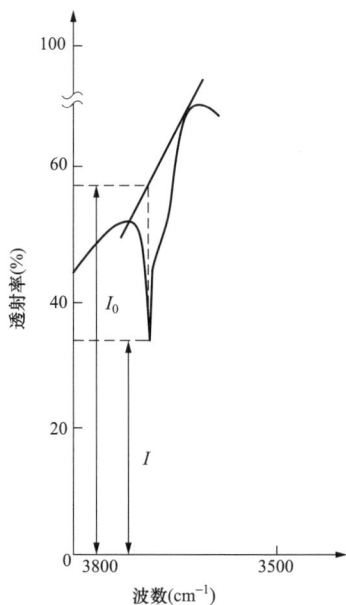

图 10-6-2 测定绝缘油中 T501
含量的红外透射率光谱图

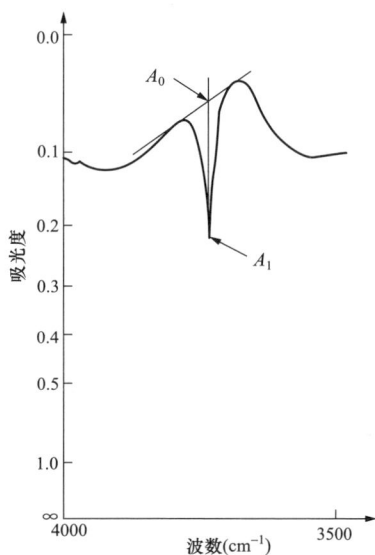

图 10-6-3 测定绝缘油中 T501
含量的红外吸光度光谱图

8）用吸光度值 A 对 T501 重量百分含量绘制标准曲线（见图 10-6-4）。

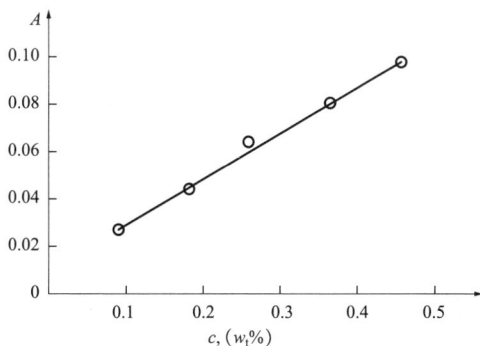

图 10-6-4 绝缘油中 T501 含量的吸光度标准工作曲线

（2）试油的测定。

1）用 1～2mL 干净的注射器，抽取试油，缓慢地注入与绘制标准曲线的同一个液体吸收池中。吸收池中不得有大、小气泡，否则要用吸耳球把油吹出，重新注入油样。

2）在与绘制标准曲线完全相同的仪器条件下，重复第（1）条的 2）～3）和 6）、7）点的操作，得到试油的 T501 吸光度值 A。

3）用测得的 *A* 值在标准曲线上查得试油中 T501 的质量百分含量。

（五）测试结果分析及测试报告编写

（1）取两次平行试验结果的算术平均值为测定结果。要求同一试验室，两次平行试验结果的差值不应大于 0.03%。不同试验室，两次平行试验结果的差值不应大于 0.04%。

（2）测试报告编写应包括的项目：样品名称和编号、测试时间、测试人员、审核和批准人员、测试依据、环境温度、测试结果、测试结论等，备注栏写明其他需要注意的内容。

（六）试验注意事项

（1）油样注入液体吸收池中不得有气泡。

（2）液体吸收池在注入油样前应用四氯化碳冲洗干净并吹干。

【思考与练习】

1. 测定油中抗氧化剂（T501）含量有何意义？其测定方法有哪几种？

2. 分光光度法测定油中抗氧化剂 T501 含量的原理是什么？

3. 油中抗氧化剂（T501）含量测定试验中应注意哪些事项？

▲ 模块 7　绝缘油族组成的测定方法（ZY1500209007）

【模块描述】本模块介绍绝缘油族组成的测定方法。通过步骤讲解和要点归纳，掌握绝缘油族组成测定的目的、方法原理、危险点分析与控制措施及准备工作、测试步骤、注意事项，以及对测试结果的分析和测试报告编写要求。

【模块内容】

一、测试目的

绝缘油族组成的测试目的主要用于鉴别绝缘油的碳型结构组成。绝缘油按不同烃类（碳型结构）含量可分为石蜡基、环烷基和中间基（混合基）的绝缘油三种形式。由于烷基油在低温流动性、抗氧化能力、溶解油泥能力方面优于石蜡基油，所以大型变压器，要求采用环烷基变压器油。

二、方法原理

在绝缘油的红外吸收光谱图谱上芳香烃和直链烃分别在 1610cm^{-1} 和 720cm^{-1} 波处有特征吸收峰，测量特征吸收峰的吸光度，按照经验公式可计算出所测绝缘油族组成中芳香碳（$c_A\%$）、烷链碳（$c_p\%$）和环烷碳（$c_N\%$）的含量。

三、危险点分析及控制

（1）四氯化碳蒸气会腐蚀红外分光光度计内部的精密金属元件。因此，仪器在使用四氯化碳后，应用干燥氮气吹扫仪器。

（2）样品池清洗时，要用到易燃的石油醚和对身体有害的四氯化碳等有机溶剂，试验应注意做好通风和防火措施。

（3）因红外分光光度计和样品池易受潮损坏，所以试验环境应保持清洁和干燥，含水量高的油样不允许直接注入样品池中进行分析。

四、测试前准备工作

（1）查阅相关技术资料、试验规程，明确试验安全注意事项，编写作业指导书。

（2）仪器与材料准备。准备好表 10-7-1 中所列的仪器和材料。

表 10-7-1 绝缘油族组成测定方法仪器和材料

序号	设备及材料	要　　　求	备注
1	红外分光光度计	在 720cm^{-1} 和 1610cm^{-1} 谱带的分辨率高于 2cm^{-1}	检定合格
2	液体池	定程长或可变程长的带有氯化钠池窗的液体池，一般程长为 0.1mm	程长可采用干涉条纹法测定
3	玻璃注射器	1mL 或 2mL	
4	吸耳球	小型吸耳球	
5	四氯化碳	分析纯	
6	变色硅胶	化学纯	

（3）检查环境湿度和环境温度，环境湿度应小于 60%，环境温度以 10～25℃为宜。

（4）检查仪器的电源线与电源插座、信号线与计算机连接是否可靠。

（5）取出仪器样品仓中的外置干燥剂，检查仪器内置的干燥剂是否失效，确认样品架上和样品穿梭器导轨上没有异物。

（6）盖好仪器的样品仓罩。

（7）依次打开打印机、显示器、计算机电源，启动计算机。

（8）打开仪器电源，仪器状态灯闪烁，样品穿梭器上的样品架自动复位。

（9）启动仪器工作站软件，对光谱采集条件（扫描次数、分辨率、光谱格式等）进行设置。

（10）采用干涉条纹法测定液体池程长。将可调或固定程长的空液体池放在仪器的测定光路中扫描，扫描范围为 1900～600cm^{-1}，得到如图 10-7-1 所示的含有极大和极小值规则的干涉条纹（若液体池窗板安装不平行，则得不到规则的干涉条纹，应拆开重新安装）。根据所得干涉条纹的个数和对应的波数，代入下式求出液体池的程长

$$l = \frac{n}{2} \times \left(\frac{1}{\gamma_1 - \gamma_2} \right) \times 10 \qquad (10\text{-}7\text{-}1)$$

式中　l——液体池程长，mm；

　　　n——干涉条纹的个数；

　　　γ_1——干涉条纹对应的高波数，cm^{-1}；

　　　γ_2——干涉条纹对应的低波数，cm^{-1}。

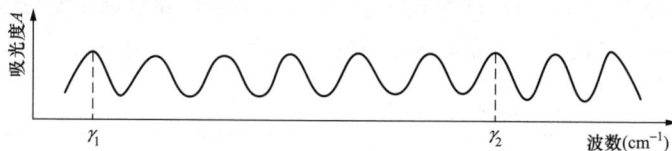

图 10-7-1　空液体池干涉条纹图

五、试验步骤及要求

（1）将被测油样用 1mL 或 2mL 玻璃注射器小心注入液体池，注意液体池中不得有气泡，否则要把油用吸耳球吹出重新注油。

（2）将注好被测油样的液体池放在液体池架上，应使之处于测量光路位置。

（3）扫描并记录 1900～600cm^{-1} 的红外光谱图，并选取图 10-7-2 所示波数区间的谱图。

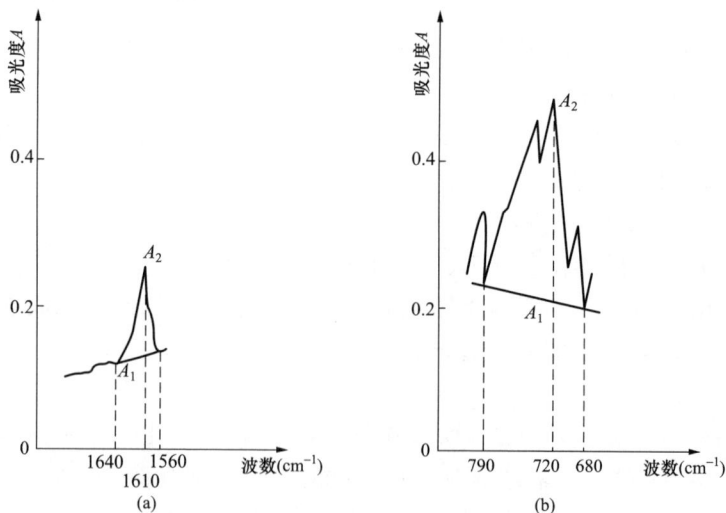

图 10-7-2　结构族组成的红外光谱图示例

（a）芳香碳吸收峰；（b）烷链碳吸收峰

（4）将扫描完成的液体池取下，用吸耳球将液体池中的油样吹出，并用干净的注射器将四氯化碳溶剂注满液体池，再用吸耳球将四氯化碳溶剂吹出。如此反复操作，直到液体池内的油污全部清洗干净（注意池外的油污也应清洗干净），并将四氯化碳溶剂吹干。

（5）按照（1）～（4）操作步骤再重复测试一次。

（6）结果计算。

1）从吸收谱带两翼吸光度最小之点引一连线，作为吸收谱带的基线，以它来计算 1610cm^{-1} 和 720cm^{-1} 处的吸光度。如图 10-7-2 所示，求 1610cm^{-1} 的吸光度时，以 1640cm^{-1} 和 1560cm^{-1} 的连线为基线；求 720cm^{-1} 的吸光度时，以 790cm^{-1} 和 680cm^{-1} 的连线为基线。

2）按下式计算 A1610 和 A720 吸光度

$$A_i = A_{i2} - A_{i1} \qquad (10\text{-}7\text{-}2)$$

式中　A_i——波数为 i 时的吸光度；

　　　A_{i2}——波数为 i 时的最大吸光度；

　　　A_{i1}——波数为 i 时的最小吸光度。

3）按式（10-7-3）～式（10-7-5）分别计算 $c_A\%$、$c_p\%$、$c_N\%$，即

$$c_A\% = 10.32 \times \frac{A_{1610}}{l} + 0.23 \qquad (10\text{-}7\text{-}3)$$

$$c_p\% = 6.9 \times \frac{A_{720}}{l} + 28.38 \qquad (10\text{-}7\text{-}4)$$

$$c_N\% = 100 - (c_A\% + c_p\%) \qquad (10\text{-}7\text{-}5)$$

式中　$c_A\%$——油样中芳香碳的含量，%；

　　　$c_p\%$——油样中烷链碳的含量，%；

　　　$c_N\%$——油样中环烷碳的含量，%；

　　　A_{1610}——在波数 1610cm^{-1} 的吸光度；

　　　A_{720}——在波数 720cm^{-1} 的吸光度；

　　　l——液体池长度，mm。

（7）打开样品仓罩，取出样品，在样品盒中放入干燥剂，并盖好样品仓罩。

（8）退出工作站软件，依次关闭计算机、仪器、打印机电源，并拔下电源线插头。

六、测试结果分析及测试报告编写

（1）取重复测定 2 个结果的算术平均值，作为试样的 $c_A\%$、$c_p\%$、$c_N\%$。

（2）同一操作者，2 次测定结果与其算术平均值的差不应大于下述数据：$c_A\% \leqslant 0.54$、$c_p\% \leqslant 1.08$、$c_N\% \leqslant 1.49$。两个实验室测定结果的算术平均值之差不应大于下述数

据：$c_A\% \leqslant 1.67$、$c_p\% \leqslant 6.63$、$c_N\% \leqslant 6.89$。

（3）通常情况下，若油中烷链碳含量 $c_p\% < 50\%$ 为环烷基油；烷链碳含量 $c_p\% > 56\%$ 为石蜡基油；烷链碳含量 $c_p\% = 50\% \sim 56\%$ 为中间基（混合基）油。

（4）测试报告编写应包括：样品名称和编号、测试时间、测试人员、审核和批准人员、环境温度、湿度、测试依据、测试仪器、测试结果、测试结论等项目。

七、试验注意事项

（1）一般仪器开机后应预热 30min 后，才可以进行样品测试。

（2）保证液体池内外全部清洁干净，避免引起测试误差。

（3）用四氯化碳溶剂清洗液体池时，注意针头不要碰到液体池注样口上的油污。

（4）一般绝缘油中烷链碳 $c_p\%$ 范围为 $40\% \sim 70\%$，芳香碳 $c_A\%$ 范围为小于 25%，当 $c_A\%$ 大于 25% 时，需用石蜡油稀释后再测定。

（5）应特别注意更换变色硅胶，防止仪器受潮损坏。

（6）为确保测试结果的准确性，仪器每年应进行校准或检定。

【思考与练习】

1. 绝缘油族组成测试方法原理是什么？

2. 测定绝缘油族组成应注意哪些事项？

3. 按碳型结构分类，绝缘油一般分为哪三种？如何区分？

◢ 模块 8　SF_6 可水解氟化物的测定方法（ZY1500209008）

【模块描述】本模块介绍 SF_6 可水解氟化物的测定方法。通过步骤讲解和要点归纳，掌握 SF_6 可水解氟化物测定的目的、方法原理、危险点分析与控制措施及准备工作、测试步骤、注意事项，以及对测试结果的分析和测试报告编写要求。

【模块内容】

一、测试目的

SF_6 气体中的含硫低氟化物来源于新气中的副产物和电弧分解产物。其中，有的极易水解和碱解，如 SF_2、S_2F_2、SF_4、SOF_2、SOF_4 等。这些可水解氟化物不仅对设备和固体绝缘材料有一定的腐蚀性，而且对绝缘强度也会产生不利影响，在一定程度上可水解氟化物含量的大小代表 SF_6 气体毒性的大小，它是 SF_6 气体质量控制重要指标之一。

二、方法原理

利用稀碱与 SF_6 气体在密封的玻璃吸收瓶中经振荡进行水解，所产生的氟化物离子用茜素—镧络合试剂比色法或氟离子选择电极法测定，结果以氢氟酸的质量与 SF_6

气体质量比（μg/g）表示。

三、危险点分析及控制

（1）SF_6 气体中可能存在一定量的毒性物质，为防止试验人员中毒，分析人员应配备个人安全防护用品，实验室应具有良好的底部通风设施（对通风量的要求是 15min 内使室内换气一次）；吸收操作应在通风柜内进行；试样尾气应从排气口直接引出试验室；采用球胆取气分析时，要保证球胆不漏气，用完后要放在室外排空。

（2）SF_6 气体钢瓶倒置和立起时应两人一起操作，要防止被钢瓶砸伤。

（3）试验时要用到强酸、强碱和有机溶剂，应遵守实验室关于强酸、强碱和有机溶剂的安全使用规定。

（4）避免 U 形水银压差计破损导致水银散落，一旦散落，应在有汞迹的地方撒上硫磺粉，及时处理掉，避免汞蒸气挥发或接触皮肤，导致人体汞中毒。

四、测试前准备工作

（1）查阅相关技术资料、试验规程，明确试验安全注意事项，编写作业指导书。

（2）仪器与材料准备。准备好表 10-8-1 中所列的仪器和材料。

表 10-8-1　　　　　　SF_6 可水解氟化物测定方法仪器和材料

序号	设备及材料	要　求	备注
1	分光光度计	配备有 2cm 或 4cm 玻璃比色皿	检定合格
2	玻璃吸收瓶	1000mL，能承受真空 13.3Pa	
3	球胆	大于 1000mL	
4	盒式气压计	分度 100Pa	
5	医用注射器	10mL 并配有一个 6 号注射针头	
6	U 形水银压差计		
7	真空泵		
8	pH 玻璃电极		
9	酸度计		
10	饱和甘汞电极		
11	氟离子选择电极		
12	电磁搅拌器		
13	茜素氟蓝	3—氨基甲基茜素—N、N—双醋酸	
14	氢氧化铵溶液	分析纯，密度 0.880kg/m³	
15	醋酸铵溶液	浓度 200g/L	
16	无水醋酸钠	分析纯	
17	冰醋酸	分析纯	

序号	设备及材料	要　　求	备注
18	丙酮	分析纯	
19	氧化镧	含量 99.99%	
20	盐酸	0.1、2mol/L	
21	氟化钠	优级纯	
22	氢氧化钠溶液	浓度 0.1、5mol/L	
23	氯化钠	分析纯	
24	柠檬酸三钠（含两个结晶水）	分析纯	

（3）茜素—镧络合试剂的配制。

1）在 50mL 烧杯中，称量 0.048g（精确到±0.001g）茜素氟蓝，加入 0.1mL 氢氧化铵溶液、1mL 醋酸铵溶液及 10mL 去离子水进行溶解，配制成茜素氟蓝溶液。

2）在 250mL 容量瓶中，加入 8.2g 无水醋酸钠和冰醋酸溶液（6.0mL 冰醋酸和 25mL 去离子水），溶解后，将所配制的茜素氟蓝溶液移入容量瓶中，然后边摇荡边缓慢地加入 100mL 丙酮。

3）在 50mL 烧杯中称量 0.041g（精确到±0.001g）氧化镧，并加入 2.5mL、2mol/L 的盐酸，温和地加热以助溶解，再将该溶液移入上述的 250mL 容量瓶中，将容量瓶中的溶液充分混合均匀，静置，待气泡完全消失后，用去离子水稀释至刻度。

（4）氟化钠储备液（1mg/mL）的配制。称 2.210g（精确到±0.001g）干燥的优级纯氟化钠，用 50mL 去离子水及 1mL、0.1mol/L 氢氧化钠溶液进行溶解，然后转移至 1000mL 的容量瓶中，用去离子水稀释至刻度，将此溶液储存于聚乙烯瓶中。

（5）氟化钠工作液 A（1μg/mL）的配制。当天使用时，取氟化钠储备液按体积稀释 1000 倍。

（6）氟化钠工作液 B（0.1mol/L）的配制。称 4.198g（精确到 0.001g）干燥的优级纯氟化钠，用 50mL 去离子水及 1mL、0.1mol/L 氢氧化钠溶液进行溶解，然后转移到 1000mL 容量瓶中，用去离子水稀释至刻度。

（7）总离子调节液（缓冲溶液）的配制。量取 57mL 分析纯冰醋酸，溶解于 500mL 去离子水中，然后加入 58g 氯化钠和 0.3g 柠檬酸三钠，用 5mol/L 氢氧化钠溶液将其 pH 值调至 5.0～5.5，然后转移到 1000mL 容量瓶中并用去离子水稀释至刻度。

五、试验步骤及要求

（一）气体吸收

（1）将球胆中的空气挤压干净，充满 SF_6 气体，再将 SF_6 气体挤压干净，然后充满 SF$_6$ 气体。如此重复操作 3 次，使球胆内完全无空气，全部充满 SF$_6$ 气体，旋紧螺旋夹（见图 10-8-1 中 8）。

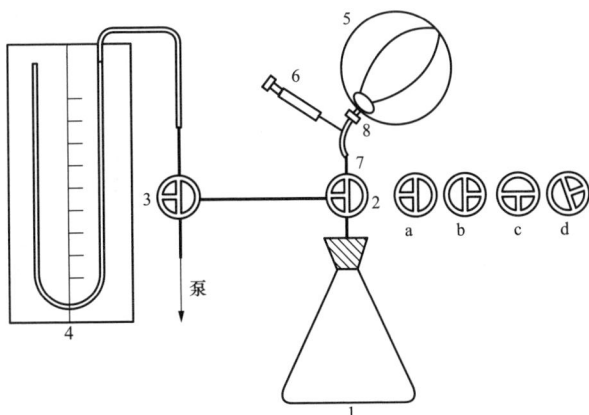

图 10-8-1　振荡吸收法取样系统示意

1—玻璃吸收瓶；2、3—真空三通活塞；4—U 形水银压差计；5—球胆；
6—医用注射器；7—上支管；8—螺旋夹

（2）按图 10-8-1 将预先准确测量过体积的玻璃吸收瓶、充满六氟化硫气体球胆、U 形水银压差计和真空泵安装好。将真空三通活塞（如图 10-8-1 中 2、3 所示）分别旋到 a 和 b 的位置，开始抽真空至残压 13.3Pa。当 U 形水银压差计液面稳定后，再继续抽 2min，然后将真空三通活塞 2 旋到 b 的位置，将玻璃吸收瓶 1 与真空系统连接处断开，停止抽真空。

（3）缓慢旋松螺旋夹，将球胆中的 SF$_6$ 气体缓慢地充满玻璃吸收瓶。将真空三通活塞 2 旋至 c 瞬间后再迅速旋至 b，使吸收瓶中的压力与大气压平衡。

（4）用医用注射器将 10mL、0.1mol/L 氢氧化钠溶液从胶管处缓慢注入玻璃吸收瓶中，注入过程中要用手轻轻挤压充有 SF$_6$ 气体的球胆，以使碱液全部注入。随后将真空三通活塞 2 旋到 d 的位置，旋紧螺旋夹 8，取下球胆，紧握玻璃吸收瓶，在 1h 内每隔 5min 用力摇荡 1min，使 SF$_6$ 气体尽量与稀碱充分接触。

（5）取下玻璃吸收瓶上的塞子，将瓶中的吸收液及冲洗液一起并入一个 100mL 小烧杯中，在酸度计上，用 0.1mol/L 盐酸溶液和 0.1mol/L 氢氧化钠溶液调节 pH 值为 5.0～5.5，然后转入 100mL 容量瓶中待用。

（二）氟离子测定方法

（1）比色法。

1）绘制工作曲线。向 5 个 100mL 的容量瓶中，分别加入 0、5.0、10.0、15.0、20.0mL

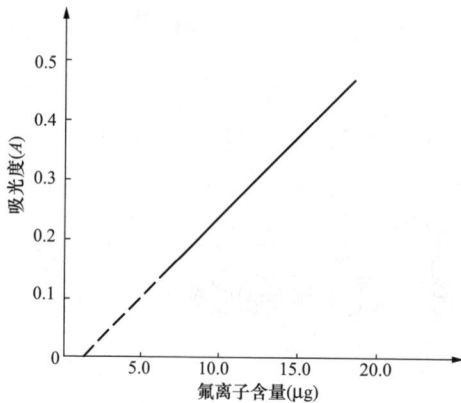

图 10-8-2　比色法工作曲线示例

的氟化钠工作液 A（1μg/mL）、10.0mL 茜素—镧络合试剂及少量去离子水，用去离子水稀释至刻度混匀后避光静置 30min。

2）用 2cm 或 4cm 的比色皿，在波长 600nm 处，以加入了所有试剂的"空白"试样为参比测量其吸光度，用所测得的吸光度绘制氟离子含量（μg）—吸光度（A）的工作曲线见图 10-8-2。

3）向装有 SF_6 气体吸收液的 100mL 的容量瓶中，加入 10.0mL 茜素—镧络合试剂及少量去离子水，用去离子水稀释至刻度混匀后避光静置 30min，然后在波长 600nm 处，以加入了所有试剂的"空白"试样为参比测量其吸光度，从工作曲线上读取氟含量（n_1）。

4）结果计算。按下式计算 SF_6 气体中可水解氟化物含量

$$HF = \frac{20 n_1}{19 \times 6.16 V \dfrac{p}{101.325} \times \dfrac{293}{273+t}} \qquad (10-8-1)$$

式中　HF——SF_6 气体中以氢氟酸（HF）质量比表示的可水解氟化物含量，μg/g；

　　　n_1——吸收瓶溶液中氟离子含量，μg；

　　　V——吸收瓶体积，L；

　　　p——大气压力，Pa；

　　　t——环境温度，℃；

　　　19——氟离子的摩尔质量，g/mol；

　　　20——氢氟酸摩尔质量，g/mol；

　　6.16——SF_6 气体密度，g/L。

（2）氟离子选择电极法。

1）使用氟离子选择电极前，先将其在 10～3mol/L 的氟化钠溶液中浸泡 1～2h，再用去离子水清洗，使其在去离子水中的-mV（为电极根据电化学反应由所测液体氟离子浓度得出的一个电位信号值，其本身为负值）值为 300～400。

2）将氟离子选择电极、甘汞电极及酸度计或高阻抗的 mV 计连接好，并用标准氟化钠溶液校验氟电极的响应是否符合能斯特公式（参考制造厂家说明书），若不符合应查明原因。

3）绘制工作曲线。用移液管分别向两个 100mL 的容量瓶中加入 10mL 氟化钠工

作液 B（0.1mol/L），在其中一个容量瓶中加入 20mL 总离子调节液，然后用去离子水稀释至刻度，该溶液中氟离子浓度为 10^{-2}mol/L。在另一个容量瓶中则直接用去离子水稀释到刻度，该溶液中氟离子浓度也为 10^{-2}mol/L。

再用移液管分别向 2 个 100mL 的容量瓶中加入 10mL 未加总离子调节液的 0.01mol/L 的氟化钠标准液。在其中 1 个容量瓶中加入 20mL 总离子调节液，然后用去离子水稀释至刻度，该溶液中氟离子浓度为 10^{-3}mol/L；而在另一个容量瓶中则直接用去离子水稀释至刻度，该溶液中氟离子浓度也为 10^{-3}mol/L。

以相同方法依次配制加有总离子调节液的 10^{-4}、10^{-5}、10^{-6}、$10^{-6.5}$mol/L 的氟化钠标准溶液。把不同浓度的氟化钠标准溶液分别转移到 100mL 烧杯中，将甘汞电极及事先活化好的氟离子选择电极浸到烧杯的溶液中，打开酸度计，开动搅拌器，待数值稳定后读取 $-mV$ 值。用所测得的 $-mV$ 值与氟离子浓度负对数（$-\lg F^-$）绘制工作曲线，如图 10-8-3 所示。

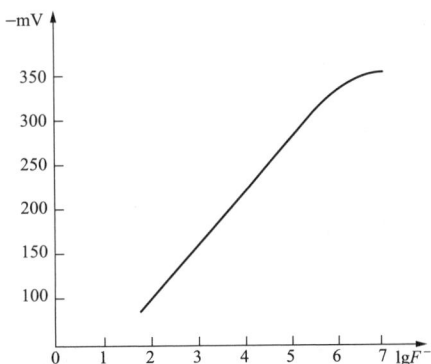

图 10-8-3　氟离子选择电极法工作曲线图例

4）向装有 SF_6 气体吸收液的 100mL 的容量瓶中加入 20mL 总离子调节液，用去离子水稀释至刻度。把容量瓶中的溶液转移到 100mL 烧杯中，将甘汞电极及事先活化好的氟离子选择电极浸到烧杯的溶液中，打开酸度计，开动搅拌器。待数值稳定后读取 $-mV$ 值，从工作曲线上读出样品溶液中的氟离子浓度的 $-\lg F^-$ 值，然后算出氟离子浓度（n_2）。

5）结果计算。按下式计算 SF_6 气体中可水解氟化物含量

$$HF = \frac{20 \times 10^6 n_2 V_a}{6.16 V \dfrac{p}{101.325} \times \dfrac{293}{273+t}} \qquad (10-8-2)$$

式中　n_2——吸收液中的氟离子浓度，mol/L；

V_a——吸收液体积，L。

六、测试结果分析及测试报告编写

（1）取 2 次平行试验结果的算术平均值为测定值，2 次平行试验结果的相对偏差不能大于 40%。

（2）对于 SF_6 新气，要求气体中可水解氟化物含量（以 HF 计）不大于 1.0μg/g。

（3）测试报告编写应包括的项目：样品名称和编号、测试时间、测试人员、审核和批准人员、测试依据、环境温度、湿度、大气压力以及 SF_6 气体的制造厂、生产批

号、出厂日期、测试结果、测试结论等，备注栏写明其他需要注意的内容。

七、试验注意事项

（1）用氟离子选择电极进行测定氟离子含量时，溶液的 pH 值一定严格控制在5.0～5.5 之间；

（2）用茜素—氟镧络合比色法测定氟离子含量时，要注意络合剂的保存期，该试剂在 15～20℃下可保存一周，在冰箱冷藏室中可保存 1 个月。

（3）在配制茜素—氟镧络合试剂时，如果茜素氟蓝溶液中有沉淀物，需用滤纸将它过滤到 250mL 容量瓶中，再用少量去离子水冲洗滤纸，滤液一并加到容量瓶中；冲洗烧杯及滤纸的水量都应尽量少，否则最后液体体积会超过 250mL；加丙酮摇匀的过程中有气体产生，因此要防止溶液逸出，最后要把容量瓶塞子打开一下，以防崩开。

（4）氟离子含量的两种测定方法的工作曲线在每次测定样品时都需要重新绘制。

【思考与练习】

1. SF_6 可水解氟化物含量的测定方法原理是什么？

2. 测定 SF_6 可水解氟化物含量应注意哪些事项？

3. 简述测定 SF_6 可水解氟化物试验中的危险点及其控制措施。

▲ 模块 9　SF_6 矿物油含量的测定方法（ZY1500209009）

【模块描述】 本模块介绍 SF_6 中矿物油含量的测定方法。通过步骤讲解和要点归纳，掌握 SF_6 中矿物油含量测定的目的、方法原理、危险点分析与控制措施及准备工作、测试步骤、注意事项，以及对测试结果的分析和测试报告编写要求。

【模块内容】

一、测试目的

测试 SF_6 气体中矿物油含量可有效判断合成的 SF_6 气体是否纯净，以及气体在输送和充装过程中是否受到油污染。

二、方法原理

将定量的 SF_6 气体按一定的流速通过两个装有一定体积四氯化碳的洗气管，使分散在 SF_6 气体中的矿物油被完全吸收，然后测定四氯化碳吸收液在 2930cm^{-1} 吸收峰的吸光度（相当于链烷烃亚甲基非对称伸缩振动），从工作曲线上查出吸收液中矿物油浓度，再计算出 SF_6 气体中矿物油含量。

三、危险点分析及控制

（1）SF_6 气体中可能存在一定量的毒性物质，为防止试验人员中毒，分析人员应配备个人安全防护用品，实验室应具有良好的底部通风设施（对通风量的要求是 15min 内使室内换气 1 次）；吸收操作应在通风柜内进行；试样尾气应从排气口直接引出试验室。

（2）SF$_6$气体钢瓶倒置和立起时应 2 人一起操作，要防止被钢瓶砸伤。

（3）四氯化碳蒸气会腐蚀红外分光光度计内部的精密金属元件，因此仪器在使用四氯化碳后，应用干燥氮气吹扫仪器。

（4）红外分光光度计易受潮损坏，因此试验环境应保持清洁和干燥。

四、测试前准备工作

（1）查阅相关技术资料、试验规程，明确试验安全注意事项，编写作业指导书。

（2）仪器与材料准备。准备好表 10-9-1 中所列的仪器和材料。

表 10-9-1　　　　　　　　SF$_6$矿物油含量测定方法仪器和材料

序号	设备及材料	要　　求	备注
1	红外分光光度计	适用且检定合格	
2	液体吸收池	程长为 20mm 的固定石英或氯化钠吸收池，在 3250～2750cm^{-1} 范围内，透光、无选择性吸收	
3	玻璃洗气瓶	100mL 封固式、导管末端装有一个 1 号多孔熔融玻璃圆盘（微孔平均直径为 90～150μm），尺寸见图 10-9-1	
4	连接套管	硅橡胶或氟橡胶管	
5	湿式气体流量计	0.5m^3/h，准确度为±1%	
6	盒式气压计	分度为 1MPa	
7	容量瓶	容量分别为 100、500mL	
8	四氯化碳	分析纯，新蒸馏的（沸点 76～77℃）	
9	直链饱和烃矿物油	30 号压缩机油	

（3）接通电源，调整好红外分光光度计。

（4）液体吸收池的选择。在 2 只液体吸收池中装入新蒸馏的四氯化碳，将它们分别放在仪器的样品及参比池架上，记录 3250～2750cm^{-1} 范围的光谱图。如果在 2930cm^{-1} 出现反方向吸收峰，则把池架上 2 只吸收池的位置对调一下，做好样品及参比池的标记，计算出 2930cm^{-1} 吸收峰的吸光度，在以后计算标准溶液及样品溶液的吸光度时应减去该数值。

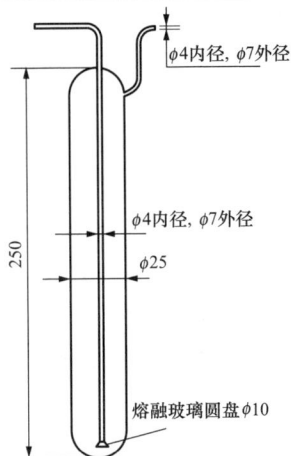

ϕ4内径，ϕ7外径

ϕ4内径，ϕ7外径

ϕ25

250

熔融玻璃圆盘ϕ10

图 10-9-1　封固式玻璃洗气瓶

五、试验步骤及要求

（一）SF₆气体中矿物油的吸收

（1）用烧杯或注射针筒，分别于 2 只洁净干燥的洗气瓶中加入 35mL 四氯化碳，将洗气瓶置于 0℃冰水浴中并按图 10-9-2 组装好。

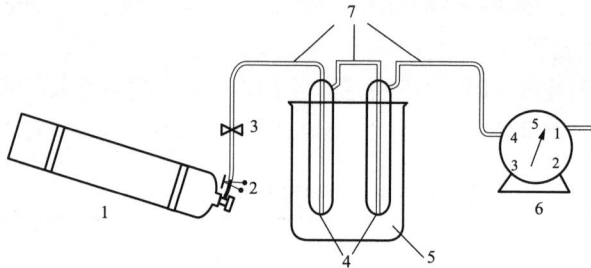

图 10-9-2　吸收系统

1—SF₆气瓶；2—氧气减压表；3—针形阀；4—封固式玻璃洗气瓶；
5—冰水浴；6—湿式气体流量计；7—硅（或氟）胶管节

（2）记录在湿式气体流量计处的起始环境温度、大气压力和体积读数（精确至0.025L）。

（3）在针形阀 3 关闭的条件下，打开钢瓶总阀，然后小心地打开并调节针形阀 3（或浮子流量计），使气体以最大不超过 10L/h 的流速稳定地流过洗气瓶。约流过 29L气体时，关闭钢瓶总阀，让余气继续排出，直至流完为止。

（4）关闭针形阀，同时记录湿式气体流量计处的终结环境温度、大气压力和体积读数（精确至 0.025L）。

（5）从洗气瓶的进气端至出气端，依次拆除硅胶管节，撤掉冰水浴。在拆除硅胶管节过程中，一定要防止四氯化碳吸收液的倒吸。如果由于倒吸，吸收液流经了连接的硅胶管节，此次试验结果无效。

（6）将洗气瓶外壁的水擦干，用少量空白四氯化碳将洗气瓶的硅胶管节连接处外壁冲洗干净，然后把两只洗气瓶中的吸收液连同冲洗液定量地转移到同一个 100mL 容量瓶中，用空白四氯化碳稀释至刻度。

（二）工作曲线的绘制

（1）矿物油工作液（0.2mg/mL）的配制。在 100mL 烧杯中，称取直链饱和烃矿物油 100mg（精确到±0.2mg），用四氯化碳将油定量地转移到 500mL 容量瓶中并稀释至刻度。

（2）矿物油标准液的配制。用移液管向 7 个 100mL 容量瓶中分别加入 0.5（5.0）、1.0（10.0）、2.0（20.0）、3.0（30.0）、4.0（40.0）、5.0（50.0）、6.0（60.0）mL 矿物油

工作液，并用四氯化碳稀释至刻度，其溶液浓度分别为 1.0（10.0）、2.0（20.0）、4.0（40.0）、6.0（60.0）、8.0（80.0）、10.0（100.0）、12.0（120.0）mg/L。

注：① 根据需要，可按括号内的取液量，配制大浓度标准液。② 如果由于环境温度变化，使已经稀释至刻度的标准液液面升高或降低，不得再用四氯化碳调整液面。

（3）将矿物油标准液与空白四氯化碳分别移入样品池及参比池，放在仪器的样品池架及参比池处，记录 3250～2750cm⁻¹ 的光谱图，以过 3250cm⁻¹ 且平行于横坐标的切线为基线。计算 2930cm⁻¹ 吸收峰的吸光度（见图 10-9-3），然后用溶液浓度相对于吸光度绘图，即得工作曲线（见图 10-9-4）。

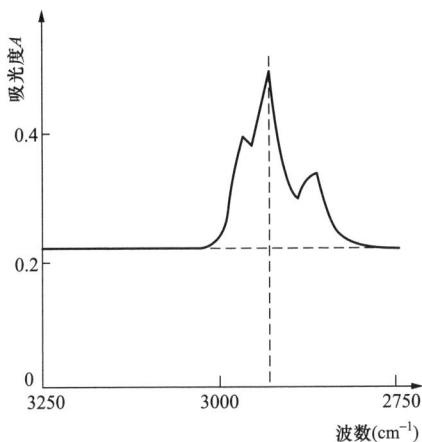

图 10-9-3　基线法求 2930cm⁻¹
吸收峰的吸光度图例

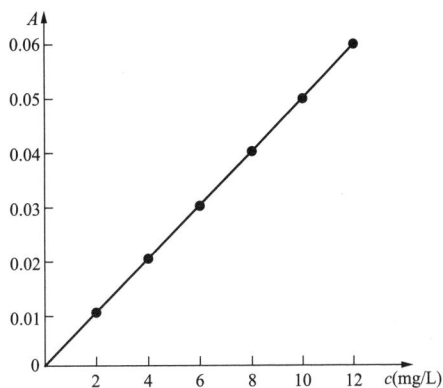

图 10-9-4　测定矿物油含量
的工作曲线图例

（三）SF$_6$气体中矿物油含量的测定

将 SF$_6$ 气体的吸收液与空白四氯化碳分别移入样品池及参比池，放在仪器的样品池架及参比池处，记录 3250～2750cm⁻¹ 的光谱图，以过 3250cm⁻¹ 且平行于横坐标的切线为基线，计算 2930cm⁻¹ 吸收峰的吸光度，再从图 10-9-4 的工作曲线上查出吸收液中矿物油浓度。

（四）结果计算

（1）按下式计算在 20℃、101.325kPa 时的 SF$_6$气体校正体积 V_c（L）

$$V_c = \frac{\frac{1}{2} \times (p_1 + p_2) \times 293}{101.325 \times \left[273 + \frac{1}{2} \times (t_1 + t_2)\right]} \times (V_2 - V_1) \qquad (10-9-1)$$

式中　p_1、p_2——吸收起始和终结时的大气压力，Pa；

t_1、t_2——吸收起始和终结时的环境温度，℃；

V_1、V_2——湿式气体流量计上起始和终结时的体积读数，L。

（2）按下式计算矿物油在 SF_6 气体试样中的含量（单位以 μg/g 表示）

$$O_c = \frac{100a}{6.16V_c} \qquad (10\text{-}9\text{-}2)$$

式中　O_c——SF_6 气体中矿物油的含量，μg/g；

　　　a——吸收液中矿物油的浓度，mg/L；

　6.16——SF_6 气体密度，g/L；

　100——盛装吸收液容量瓶的容积，mL。

六、测试结果分析及测试报告编写

（1）取 2 次平行试验结果的算术平均值为测定值，2 次平行试验结果的相对误差不应超过表 10-9-2 所列数值。

表 10-9-2　　　　矿物油含量测试允许的相对误差

含油量（μg/g）	相对误差（%）	含油量（μg/g）	相对误差（%）
0.1	±25	1.0	±10
0.5	±15		

（2）对于 SF_6 新气要求气体中矿物油含量不大于 4.0μg/g。

（3）测试报告编写应包括样品名称和编号、测试时间、测试人员、审核和批准人员、测试依据、环境温度、湿度、大气压力和 SF_6 气体的制造厂、生产批号、出厂日期、测试结果、测试结论等项目，备注栏写明其他需要注意的内容。

七、试验注意事项

（1）在试验操作过程中，向封固式洗气瓶中注入 CCl_4 时，绝不能用乳胶管作导管，否则结果偏高。两支洗气瓶之间的联结管用尽量短的硅胶管（最好用前用 CCl_4 浸泡），使两玻璃接口对接。当吸收结束转移吸收液时，用少量空白四氯化碳将洗气瓶的硅胶管连接处外壁冲洗干净，再进行转移。

（2）吸收液所用的 CCl_4 必须是新蒸馏的，且空白测定和吸收液需用同一瓶试剂。

（3）吸收过程中流速不宜太快，必须在冰水浴中进行。

（4）基线取法应以过 3250cm^{-1} 且平行于横坐标的切线为基线，因为作 3000cm^{-1} 及 2880cm^{-1} 处的切线为基线，3000cm^{-1} 及 2880cm^{-1} 处的吸光度不仅会随样品中矿物油浓度的增加而增大。同时，2930cm^{-1} 处的吸收峰形也随四氯化碳的纯度不同（不同瓶）而不同，在吸光度计算时应扣除四氯化碳影响。

【思考与练习】

1. SF₆气体中矿物油含量的测定方法原理是什么？

2. 测定 SF₆气体中矿物油含量应注意哪些事项？

3. 测定 SF₆气体中矿物油有什么意义？

◢ 模块 10 绝缘油氧化安定性旋转氧弹 测定法（ZY1500209010）

【模块描述】本模块介绍绝缘油氧化安定性旋转氧弹测定法。通过步骤讲解和要点归纳，掌握旋转氧弹法测定绝缘油氧化安定性的目的、方法原理、危险点分析与控制措施及准备工作、测试步骤、注意事项，以及对测试结果的分析和测试报告编写要求。

【模块内容】

一、测试目的

氧化安定性用于表征油品的抵抗氧化能力。绝缘油加入变压器后，在运行过程中，因受溶解在油中的氧气、温度、电场、电弧及水分、杂质和金属催化剂等作用，发生氧化、裂解等化学反应，生成大量的过氧化物及醇、醛、酮、酸和不溶性油泥等氧化产物，严重影响了变压器的运行安全。由于单凭酸值、闪点、黏度等合格，并不能确认油品是否能够长期稳定使用，因此，新油必须进行氧化安定性试验，绝缘油的氧化安定性是保证变压器长期安全运行的一项重要指标。

二、方法原理

将试样、蒸馏水和铜催化线圈一起放到一个带盖的玻璃盛样器内，然后把它放进装有压力表的氧弹中。氧弹在室温下充入 620kPa（6.2bar 或 90psi）压力的氧气，放入 140℃的油浴中。氧弹与水平面成 30°，以 100r/min 的速度轴向旋转，氧弹中的氧气不断与油发生反应使压力逐渐降低，当达到规定的压力降时，停止试验，记录试验时间，氧弹试验时间以分钟（min）表示，作为试样的氧化安定性指标。

三、危险点分析及控制

（1）氧气瓶应放在专用储气室内，避免潮湿和阳光照射，并远离油和脂，储气室内应严禁烟火，并配备有合格的消防器材。

（2）溶剂油、煤油和乙醇易燃，应远离热源、火花和明火。

（3）硝酸、磷酸和氢氧化钾有腐蚀性，应避免酸液和碱液飞溅，导致皮肤灼伤。

（4）试验油浴在 140℃下会产生油蒸汽，有损身体健康，应保证试验室通风良好。皮肤要避免接触仪器高温部分，要防止恒温浴液体飞溅，避免皮肤烫伤。

（5）试验过程中，人员禁止直对氧弹的压力表，防止压力表内部压力过大突然喷落，引起人身伤害。

（6）试验残气对人体有毒，应在通风橱内排放。

四、测试前准备工作

（1）查阅相关技术资料、试验规程，明确试验安全注意事项，编写作业指导书。

（2）仪器与材料准备。准备好表 10-10-1 中所列的仪器和材料。

表 10-10-1　　　　绝缘油氧化安定性旋转氧弹测定法仪器和材料

序号	设备及材料	要　　求	备注
1	氧弹、玻璃盛样器、压力表、试验油浴	见附录 A	
2	温度计	水银温度计，100～180℃，分度值为 0.1℃	
3	架盘药物天平	最大称量为 500g，感量为 0.5g	
4	移液管	5mL	
5	广口玻璃瓶	50～1000mL，口径大于 50mm	
6	铜丝	纯度 99.9%，直径 1.50～1.63mm	
7	氧气	纯度 99.5%	
8	砂纸或砂布	粒度 100 号	
9	溶剂油	符合 SH 0004—2004《透平式冷冻机组维护检修规程》或 SH 0005—2004《空气冷却塔维护检修规程》的要求	
10	煤油	符合 GB 253—2008《煤油》的要求	
11	95%乙醇	化学纯	
12	硝酸	化学纯	
13	磷酸	化学纯	
14	氢氧化钾	化学纯	
15	硅基润滑脂		
16	细纱手套		

（3）10g/L 氢氧化钾乙醇溶液的配制。将 12g 氢氧化钾溶解于 1L 的 95%乙醇中。

（4）硝酸—磷酸溶液的配制。将 3 份体积的硝酸与 7 份体积的磷酸混合。

（5）铜催化剂线圈的制备。对每一试样要制备一个新的铜催化剂线圈，线圈的制备方法有以下两种方法：

1）在临使用前，用粒度 100 号砂纸或砂布把 3m 长的铜丝磨光，并用清洁、干燥的绸布把铜丝上的磨屑擦净。将此铜丝绕成外径为 46～48mm，高为 40～42mm 的线圈。用自来水、蒸馏水和 95%乙醇清洗，再用冷风吹干。如放入干燥器中备用，则放置时间不得超过 24h，否则需重新处理。

2）另一种制备铜催化剂线圈的方法。在临使用前，把 3m 长的铜丝绕成外径为 46～48mm、高为 40～42mm 的线圈，放入装有硝酸—磷酸溶液的广口玻璃瓶中进行酸处理，直到铜丝露出新鲜金属表面为止。取出线圈，用自来水、蒸馏水和 95%乙醇清洗，冷风吹干。制备好后，必须称重，如果质量比开始使用的质量减少了 5%，则不能继续使用。铜催化剂线圈使用和称重时，均不能用手直接接触，处理后铜丝有麻坑、锈斑时，不能使用。制备好的线圈可放入干燥器中备用，但放置时间不得超过 24h，否则需重新处理。

（6）将氧弹体、平盖、锁环、玻璃盛样器和聚四氟乙烯盖用自来水、蒸馏水和 95% 乙醇冲洗，冷风吹干。

五、试验步骤及要求

（1）将试验油浴升温到 140℃。

（2）戴上清洁的细纱手套，将制备好的铜催化剂线圈旋转装入玻璃盛样器中，加入（50±0.5）g 试样，用移液管加入 5mL 蒸馏水。

（3）用移液管向空氧弹体内加入 5mL 蒸馏水，以利于氧弹体内壁和玻璃盛样器之间传热，然后把玻璃盛样器滑进氧弹体中，盖上聚四氟乙烯盖。在 O 形密封圈外层涂一层薄薄的硅基润滑脂。将氧弹平盖（装有压力表）盖上，用手把锁环拧紧。如果是早期仪器，还需上紧仪表钟发条，装好记录纸。

（4）填写好氧弹号、试样编号、试验温度和试验日期。

（5）打开针形阀，用压力约为 620kPa（6.2bar 或 90psi）的氧气缓慢冲洗两次，并放到常压，然后在室温 25℃下调节氧气调节阀，将压力调到 620kPa（6.2bar 或 90psi）。如果室温不是 25℃，而是（25±2）℃，则就相应增加或减少 5kPa（0.05bar 或 0.7psi），以获得所需的初始压力。当氧弹充氧至所需要的压力后，用手关紧阀门。如有必要，可把整个氧弹（除压力表外）浸入水中试漏。试漏后的氧弹，一定要用干毛巾擦干和压缩空气或吹风机吹干，避免把水带到热的试验油浴中引起油的溅射。严格按方法要求对同一试样准备 2 个氧弹。

（6）油浴达到所需要的试验温度后，关闭转动架。按图 10-10-1 所示将准备好的氧弹插入转动架中记录时间，再开动转架。控制温度波动在试验温度的±0.1℃以内。在氧弹放入后 15min 内，氧弹压力上升到最高点并开始稳定。

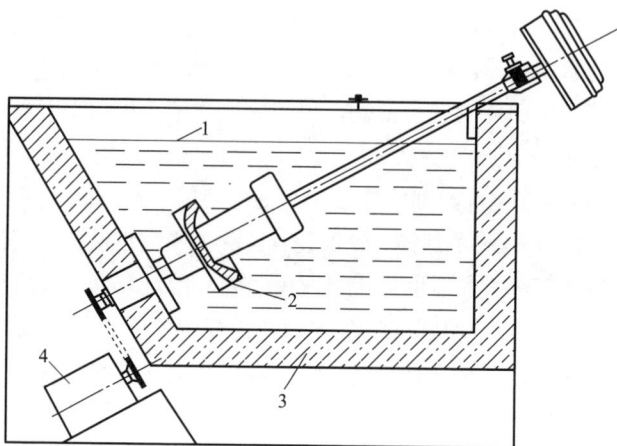

图 10-10-1　旋转氧弹试验仪器示意

1—液面；2—转动托架，100r/min；3—绝热层；4—驱动装置

（7）当试验压力从最高点下降 175kPa（1.75bar 或 25.4psi）后，关闭转动架，记录时间，取下记录纸或关闭数字压力表。立即取出氧弹，趁热放入煤油和溶剂油清洗槽中清洗，然后用自来水冲洗、冷却。

（8）打开针形阀，放掉残气。

（9）打开氧弹，取出聚四氟乙烯盖和玻璃盛样器，观察试样和铜催化剂线圈情况并做记录。

（10）用溶剂油清洗氧弹弹体、平盖和锁环，用 95%乙醇冲洗氧弹管柄内部，并用清洁的压缩空气或吹风机吹干。如果清洗后氧弹管柄内部还有酸气味，则应该用 10g/L 氢氧化钾乙醇溶液清洗，然后再用 95%乙醇重复清洗直到没有酸气味为止。

六、测试结果分析及测试报告编写

（1）观察数字压力表或记录纸上的压力—时间曲线的外圈，记录或计算放入氧弹开始试验到压力从最高点下降 175kPa（1.75bar 或 25.4psi）的时间，以 min 计算。取 2 次试验结果的算术平均值作为试样的旋转氧弹法测得的氧化安定性，以 min 表示。

（2）在 40~370min 内，按下述规定来判断试验结果的可靠性（95%置信水平）。

1）重复性。同一操作者重复测定的 2 个结果之差不应大于 $1.58\sqrt{\bar{x}}$，其中 $\bar{x}$ 为 2 次结果的算术平均值。

2）再现性。不同实验室各自测定的 2 个结果之差不应大于 $0.20\bar{x}$，其中 $\bar{x}$ 为 2 个实验室结果的算术平均值。

（3）对于没有添加抗氧化剂的新绝缘油，一般要求氧化安定性值不低于 195min。

（4）测试报告编写应包括样品名称和编号、测试时间、测试人员、审核和批准人员、测试依据、环境温度、环境湿度、大气压力、测试结果、测试结论等项目，备注栏写明其他需要注意的内容。

七、试验注意事项

（1）氧弹要彻底清洗干净，否则会对试验结果带来误差。

（2）同一试样试验的两个氧弹的最高压力之差，不得大于 35kPa（0.35bar 或 5.1psi），否则试验无效。

（3）在整个试验中，要使氧弹完全浸没并且连续而均匀的转动，要求转动速度为 100±5r/min，任何可感觉到的转速波动都会导致错误的结果。

（4）制备好的线圈可放入干燥器中备用，但放置时间不得超过 24h，否则需重新处理。

附录 A

旋转氧弹法试验设备技术要求

1. 氧弹

氧弹体、平盖、弹柄和锁环结构见图 A-1 和图 A-2。

（1）氧弹体和平盖应由不锈钢或传热好的铜棒加工制成，并镀铬，镀铬层要加厚。内表面应光滑便于清洗。氧弹应能在 150℃下经受 3450kPa（34.5bar 或 500psi）的压力。由铜棒加工镀铬的氧弹，若镀铬层剥落则不得继续使用。

（2）弹柄应使用不锈钢制造，内径为 6.4mm，上部装有 6.4mm 的针形阀。

（3）锁环由钢镀铬或铝青铜镀铬制成。

（4）O 形密封圈由氟橡胶或硅橡胶制造，内径为 50.8mm，外径为 60.3mm。平盖上较大的凹形密封槽其内径为 54mm，外径为 60.3mm。

2. 玻璃盛样器

由硼硅玻璃制成，容量 175mL，见图 A-3。

（1）玻璃盛样器顶部应盖一个直径为 57.2mm，厚为 1.6mm 的聚四氟乙烯盖，盖的中心有一直径为 3.2mm 的孔。

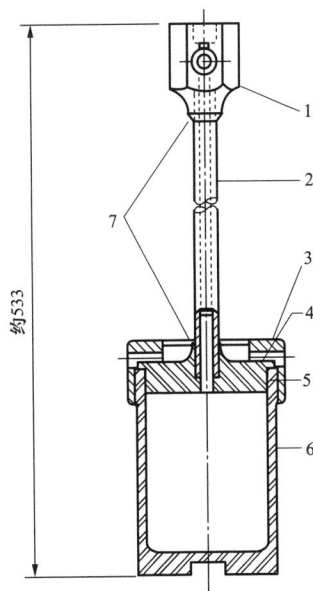

图 A-1　氧弹结构示意

1—弹柄头；2—弹柄；3—锁环；4—平盖；
5—O 形密封圈；6—弹体；7—焊点

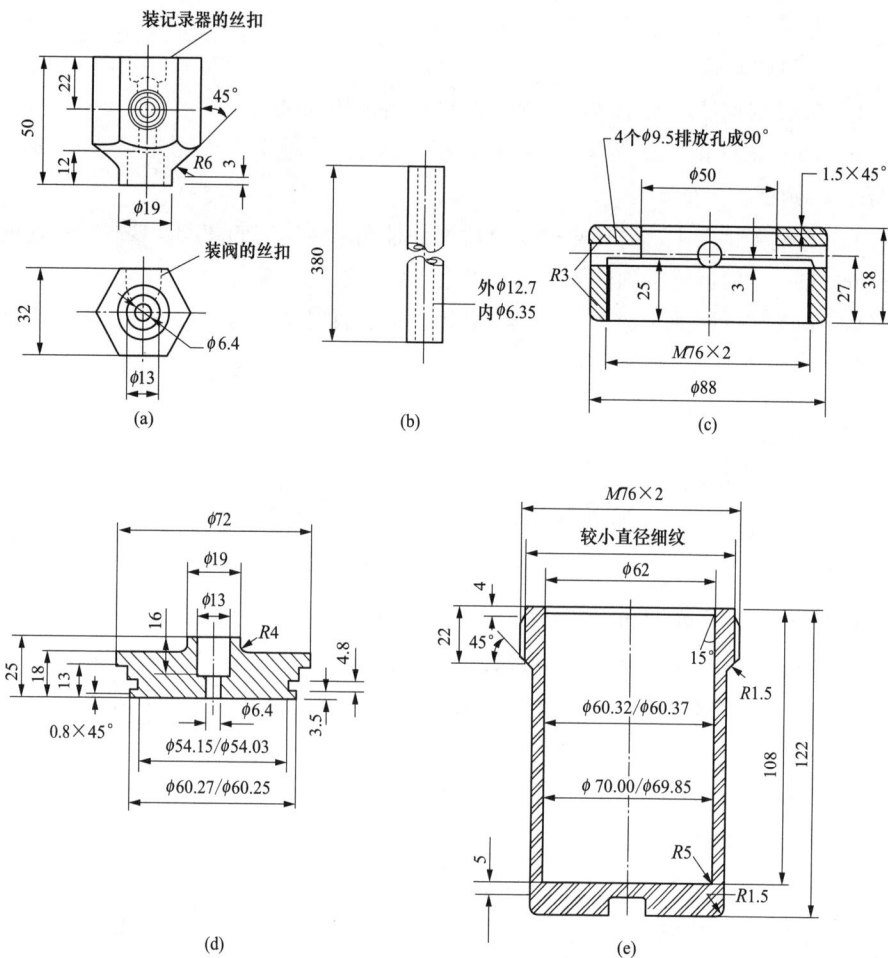

图 A-2 氧弹详图

（a）弹柄头；（b）弹柄；（c）锁环；（d）平盖；（e）弹体

（2）玻璃盛样器应能滑入，并固定在氧弹体中，没有间隙。玻璃盛样器壁厚最大不超过 2.5mm，质量不应大于 100g。

3. 压力表

自动记录或指示压力表，见图 A-4，量程为 0～1400kPa（0～14bar 或 0～200psi），分度为 25kPa（0.25bar 或 5psi），精度 2.0 级，自动记录压力表的安装应使压力表平面垂直于旋转轴。

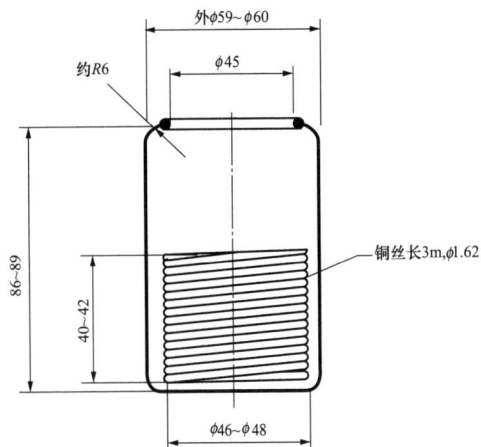

图 A-3 玻璃盛样器

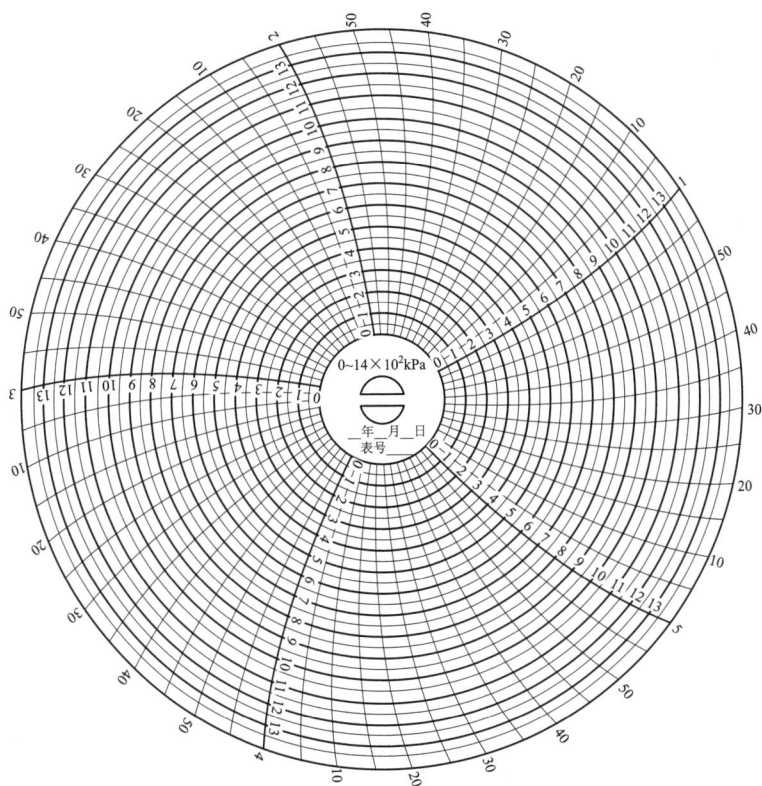

图 A-4 压力表记录纸

4. 试验油浴

油位深度至少为 230mm，容量至少为 30L，能恒温在试验温度±0.1℃以内。装有较高效率的搅拌器和适当的控制仪表及转动架，使氧弹插入转动架后能浸没在油面下至少 25mm，并以（100±5）r/min 的速度使氧弹成 30° 轴向转动。氧弹放入后，在 10～15min，试验油浴能自动回升到试验温度。

【思考与练习】

1. 绝缘油氧化安定性旋转氧弹测定方法原理是什么？

2. 测定绝缘油氧化安定性应注意哪些事项？

3. 测定绝缘油氧化安定性的意义是什么？

第十一章

油、气色谱分析试验

▲ 模块 1　油中溶解气体的气相色谱分析法
样品前处理（ZY1500210001）

【模块描述】本模块介绍气相色谱法分析油中溶解气体样品前处理的常用方法。通过步骤讲解和要点归纳，掌握顶空取气法、变径活塞泵全脱气法的原理，危险点分析及控制措施、准备工作、步骤及要求和注意事项，了解水银真空脱气法的原理、仪器设备、操作步骤和注意事项。

【模块内容】

一、测试目的

利用气相色谱法分析油中溶解气体的组分含量，必须将溶解的气体从油中定量地脱出来，再注入色谱仪中，进行组分和含量的分析。目前，常用的脱气方法有顶空取气法和真空法两类。真空法由于取得真空的方式不同，又分为水银托普勒泵法和机械真空法两种。电力系统常用的脱气方法，主要是顶空取气法中的振荡平衡法和机械真空法。

二、装置介绍

（一）顶空取气法原理和设备

1. 原理

顶空取气法又称溶解平衡法。本方法是基于亨利分配定律，即在一恒温恒压条件下，油样与洗脱气体构成的密闭体系内，使油中溶解气体在气、液两相达到分配平衡。通过测定气相气体中各组分浓度，并根据分配定律和物料平衡原理所导出的公式，求出油样中的溶解气体各组分浓度，见式（11-1-1）和式（11-1-2）

$$K_i = \frac{c_{i1}}{c_{ig}} \text{（或 } c_{i1} = K_i\, c_{ig}\text{）} \tag{11-1-1}$$

$$X_i = c_{ig}\left(K_i + \frac{V_g}{V_1}\right) \tag{11-1-2}$$

式中 K_i——试验温度下，气、液平衡后溶解气体 i 组分的分配系数（或称气体溶解
　　　　系数）；

　　　c_{il}——平衡条件下，溶解气体 i 组分在液相中的浓度，μL/L；

　　　c_{ig}——平衡条件下，溶解气体 i 组分在气相中的浓度，μL/L；

　　　X_i——油样中溶解气体 i 组分的浓度，μL/L；

　　　V_g——平衡条件下气相气体体积，mL；

　　　V_1——平衡条件下液相液体体积，mL。

2. 危险点分析及控制措施

（1）检查仪器接地是否良好。

（2）使用玻璃注射器及针头时应轻拿轻放，避免玻璃注射器破裂造成伤害。

（3）氮气瓶应放在专用气室内避免潮湿、阳光照射。

3. 测试前准备工作

（1）查阅相关技术资料、试验规程，明确试验安全注意事项，编写作业指导书。

（2）仪器与材料准备：准备好表 11-1-1 中所列出的仪器和材料。

表 11-1-1　　　　　　　　　顶空取气法仪器和材料

序号	设备及材料	要　　求	备注
1	恒温定时振荡器	往复振荡频率（275±5）次/min，振幅（35±3）mm，控温精确度±0.3℃，定时精确度±2min	合格
2	玻璃注射器	100、5mL 医用或专用玻璃注射器，气密性好、周漏氢量不大于 2.5%，刻度准确，芯塞应灵活无卡涩	合格
3	不锈钢注射针头体	牙科 5 号针头或合适的医用针头	合格
4	双头针头	锡焊	用牙科 5 号针头加工而成
5	注射器用橡胶封帽	弹性好，不透气	合格
6	氮气（或氩气）	纯度不低于 99.99%	合格

（3）检查设置恒温定时，振荡器的控制温度与时间，然后升温至 50℃ 恒温备用。

（4）检查 100、5mL 玻璃注射器，应气密性良好，芯塞灵活无卡涩。

（5）检查氮气瓶的压力、减压阀，确保氮气充裕，减压阀正常。

4. 测试步骤及要求

（1）储气玻璃注射器的准备。取 5mL 玻璃注射器 A，抽取少量待测试油冲洗器筒内壁 1~2 次后，吸入约 0.5mL 试油，套上橡胶封帽，插入双头针头，针头垂直向上。将注射器内的空气和试油慢慢排出，使试油充满注射器内壁缝隙而不致残存空气。

（2）试油体积调节。将 100mL 玻璃注射器 B 中待测油样推出部分，准确调节注射器芯至 40.0mL 刻度（V_1），立即用橡胶封帽将注射器出口密封。为了排除封帽凹部内空气，可用试油填充其凹部或在密封时先用手指压扁封帽挤出凹部空气后进行密封。

（3）加平衡载气。取 5mL 玻璃注射器 C，用氮气（或氩气）清洗 1～2 次，再准确抽取 5.0mL 氮气（或氩气），然后将注射器 C 内气体缓慢注入有待测试油的注射器 B 内，操作见图 11-1-1。含气量低的试油，可适当增加注入平衡载气体积，以平衡后气相体积不超过 5mL 为宜。一般分析时，采用氮气做平衡载气，如需测定氮组分，则要改用氩气做平衡载气。

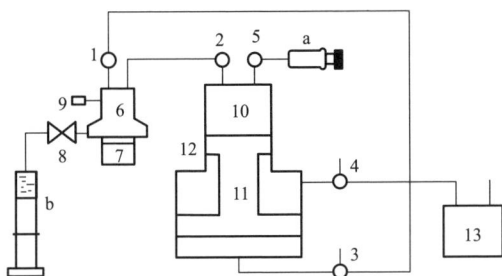

图 11-1-1　变径活塞泵脱气原理结构简图

1～5—电磁阀；6—油杯（脱气室）；7—搅拌电机；8—进排油手阀；9—限量洗气管；10—集气室；
11—变径活塞；12—缸体；13—真空泵；a—取气注射器；b—油样注射器

（4）振荡平衡。将注射器 B 放入恒温定时振荡器内的振荡盘上。注射器放置后，注射器头部要高于尾部约 5°，且注射器出口在下部（振荡盘按此要求设计制造）。启动振荡器启动按钮，试油恒温 10min 后开始连续振荡 20min，然后再静止 10min 完成油中溶解气体在气液两相溶解平衡。

（5）转移平衡气。将注射器 B 从振荡盘中取出，并立即将其中的平衡气体通过双头针头转移到注射器 A 内。把注射器 A 在室温下放置 2min 后，准确读其体积 V_g（准确至 0.1mL），以备色谱分析用。

5. 测试注意事项

（1）机械振荡法用 100mL 玻璃注射器，应校正 40.0mL 处的刻度。

（2）采用 100mL 玻璃注射器抽取油样操作过程中,应注意防止空气气泡进入油样注射器内。

（3）加平衡载气时，应缓慢将氮气（或氩气）注入有试油的注射器内，加气时间控制在 45s 左右，否则会对测试结果造成影响。

（4）为了使平衡气完全转移,不吸入空气,应采用微正压法转移,即微压注射器

B 的芯塞，使气体通过双头针头进入注射器 A。不允许使用抽拉注射器 A 芯塞的方法转移平衡气。

（5）气体自油中脱出后应尽快转移到玻璃注射器中，以免发生回溶而改变其组成。

（6）脱出的气体应尽快进行分析，避免长时间储存，而造成气体逸散。

（7）对于测试过故障气体含量较高的玻璃注射器，应采用清洁干燥的棉布或柔韧的纸巾对其擦拭，而后注入新油清洁的方式及时进行处理，以免污染下一个油样。

（二）真空全脱气法原理和设备

1. 变径活塞泵全脱气法

（1）原理。变径活塞泵脱气装置由变径活塞泵、脱气容器、磁力搅拌器和真空泵等构成。利用大气与负压交替对变径活塞施力的特点，使活塞反复上下移动多次扩容脱气、压缩集气。

为了达到完全脱气的目的，该装置通过连续补入少量氮气（或氩气）的方式，对油中溶解气体进行洗脱，实际上变径活塞泵脱气是顶空脱气法和真空脱气法联合应用的一种脱气装置。变径活塞泵原理结构简图见图 11−1−1。

（2）危险点分析及控制措施。

1）检查仪器接地是否良好。

2）检查管路间的连接应紧密不漏气。

3）使用玻璃注射器时，应轻拿轻放，避免玻璃注射器破裂造成伤害。

（3）测试前准备工作。

1）查阅相关技术资料、试验规程，明确试验安全注意事项，编写作业指导书。

2）仪器与材料准备。准备好表 11−1−2 中所列出的仪器和材料。

表 11−1−2 真空全脱气法仪器和材料

序号	设备及材料	要　　　求	备注
1	变径活塞泵自动全脱气装置	对于溶解度最大的乙烷气的脱出率大于 95%，对其余气体的脱出率接近 100%；系统真空度残压不高于 13.3Pa，所配用旋片式真空泵的极限真空度 0.067Pa	合格
2	玻璃注射器	5mL 医用或专用玻璃注射器，刻度准确，芯塞应灵活无卡涩	合格
3	氮气（或氩气）	纯度不低于 99.99%	合格

3）检查变径活塞泵脱气装置的工作状态。启动真空泵与变径活塞泵自动全脱气装置，在不进油样的情况下，取气口收集到的洗气量不少于 2.5mL 且不大于 3.5mL，则装置工作正常待用（装置自动连续洗气，补入氮或氩气）。

4）检查 5mL 医用或专用玻璃注射器，气密性良好，芯塞灵活无卡涩。

（4）操作步骤。

1）试油、取气注射器连接。装有待测油样注射器 b 与进排油手阀 8 前的进油管连接，在取气口插入 5mL 取气注射器 a。

2）进油管排气。慢慢旋开进排油手阀，使油样注射器 b 中的油样缓慢沿进油管上升，排除管内空气至略有油沫进入脱气室 6，即关上进排油手阀。记下注射器上刻度值 V_1（mL）。

3）进油脱气。抽真空结束后，再揿一下操作钮。接着慢慢旋开进排油手阀，让油样喷入脱气室约 20mL 即关上。再次记下油样注射器 b 上刻度值 V_2（mL）。注意，应掌握进油阀开度，不要进油太快，以免产生的油沫从脱气室进入集气室和注射器 a 内。

4）样气收集。装置自动进行多次脱气、集气，把油样中脱出的气体逐次合并收集在 5 mL 取气注射器 a 内。

5）油样、气样的计量。记录脱出的气体体积（V_g）（准确至 0.1mL），并由 V_1 与 V_2 的差得到进油体积（V_1）（准确至 0.5mL）。仲裁测定时，也可根据重量法，由进样质量与油的密度得到进油体积。

6）残油排放。接通排油 N_2 或按捏压气球，排除脱气后的油样。

（5）测试注意事项。

1）气体自油中脱出后应尽快转移到玻璃注射器中，以免发生回溶而改变其组成。

2）脱出的气体应尽快进行分析，避免长时间储存，而造成气体逸散。

3）脱气装置应保持良好的密封性，真空泵抽气装置应接入真空计以监视脱气前真空系统的真空度（一般残压不应高于 40Pa），真空系统在泵停止抽气的情况下，在两倍脱气所需的时间内残压应无显著上升。

4）机械真空法属于不完全的脱气方法，在油中溶解度越大的气体脱出率越低，而在恢复常压的过程中气体都有不同程度的回溶。不同的脱气装置或同一装置采用不同的真空度，将造成分析结果的差异。使用机械真空法脱气，必须对脱气装置的脱气率进行校核。

各组分脱气率 η_i 的定义见下式

$$\eta_i = \frac{U_{gi}}{U_{oi}} \qquad (11-1-3)$$

式中　U_{gi}——脱出气体中 i 组分的含量，μL/L；

　　　U_{oi}——油样中原有 i 组分的含量，μL/L。

可用已知各组分的浓度的油样来校核脱气装置的脱气率。因受油的黏度、温度、大气压力等因素的影响，脱气率一般不容易测准。即使是同一台脱气装置，其脱气率也不会是一个常数，因此，一般采用多次校核的平均值。

5）脱气装置应与取样容器连接可靠，防止进油时带入空气。

6）要注意排净前一个油样在脱气装置中的残油和残气，以免故障气体含量较高的油样污染下一个油样。

2. 水银真空脱气法介绍

（1）适用范围。水银真空脱气法适于作仲裁法，对溶解度较大的气体通常可脱出97%左右，对溶解度较小的气体脱气率接近100%。

将油样置于预先抽真空的容器内脱出溶解的气体，然后由托普勒泵（水银泵）多次收集脱出的气体并将其压缩至大气压，再由气量管测量其总体积。

（2）仪器设备。托普勒装置如图11-1-2所示。

（3）托普勒泵脱气法操作步骤。

1）装有油样的注射器称重后，接到脱气瓶3上。

2）打开阀V1、V2、V4、V6、V7和V9，关闭V3、V5和V8。V13是电磁三通阀，不通电状态时，为真空泵Vp2与系统相通。

3）开启真空泵Vp1和Vp2及磁力搅拌器8。

4）当真空度降至10Pa时，关闭阀V9、V6和V2。

5）打开V8通过隔膜9往脱气瓶注入油样。托普勒泵开始多次脱气。

6）规定的脱气时间（即1~3min）后，启动阀V13继续第一次循环，使水银面上的低压压缩空气将收集瓶中的气体压入气量管。此时水银升到电接触面a。反转阀V13连通真空泵Vp1和水银容器1，使水银回落（聚集在气量管的气体由单向浮阀V10封存）。接着从油中再进行抽气。用电子计数器累计脱气次数，到规定的脱气次数后，自动停止脱气操作。

7）关闭自动循环控制器，将阀V13切换到低压空气与水银容器1相通，使空气将水银压入气量管至阀V5的水平面上。关闭阀V4。

8）打开阀V5，调节水银液位调节容器7的高低，使两个水银面处于同一水平面。读出收集在气量管内气体的总体积。记下环境温度和气压。

9）拆下油样注射器再称重，得出脱气油样的质量。在环境温度下测定油的密度。

10）关闭阀V1，打开阀V2，让脱出的气体进入色谱仪的定量管。再调节水银液位容器，使两个水银面在新的一个水平面上，关闭阀V2（也可在气量管顶端装封闭隔膜代替阀V2，用精密气密性注射器取气样，定量注射进样分析）。

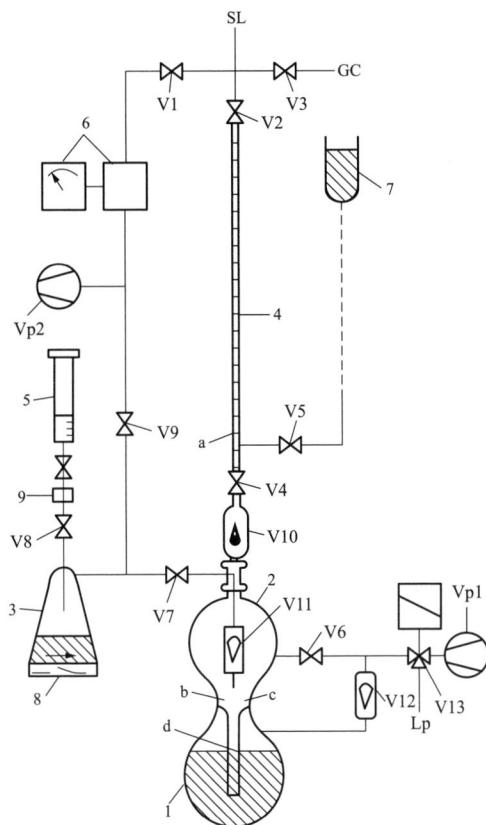

图 11-1-2　托普勒脱气装置

1—2L 水银容器；2—1L 气体收集瓶；3—250mL 或 500mL 脱气瓶；4—25mL（0.05mL 分度）气体收集量管；
5—油样注射器；6—真空计；7—水银液位调节容器；8—磁力搅拌器；9—隔膜；V1～V9—手动旋塞；
V10～V12—单向阀；V13—电磁三通阀；Vp1—粗真空泵；Vp2—主真空泵；
Lp—连接到低压空气（+/−110kPa）；SL—连接到 GC 样品导管；
GC—连接到校正气体钢瓶；a、b、c—电接点；d—管上的水银面记号

11）按式（11-1-4）计算在 20℃、101.3kPa 下，从油样中脱出的气体总含量 C_T，以 μL/L 表示，即

$$C_{\mathrm{T}} = \frac{p}{101.3} \times \frac{293}{273+t} \times \frac{Vd}{m} \times 10^6 \qquad (11\text{-}1\text{-}4)$$

式中　p——环境大气压力，kPa；

　　　t——环境温度，℃；

　　　V——环境温度和环境大气压力下，脱出气体的总体积，mL；

　　　d——换算到 20℃下油的密度，g/mL；

m——脱气油样的质量，g。

（4）脱气操作的注意事项。

1）系统真空度残压应低于 10Pa；不进油样，进行脱气操作后，收集到的残气量应小于 0.1mL。

2）脱气瓶容积为 250mL 或 500mL；气体收集瓶容积为 1L；水银容器容积为 2L；气体收集量筒为 25mL（分度为小于等于 0.05mL）。

3）进油样量。取自运行中变压器的油样用 250mL 脱气瓶脱气时，建议取 80mL 油样；对出厂试验的油样，如果油样中脱出的气体量不够，应拆下脱气瓶倒空，再换一个油样再次脱气，把两次脱出的气体集中一起。如遇到油中溶解气体浓度较低，也可采用 2L 的脱气瓶，油样增加为 500mL，用超声波搅拌油样。

4）脱气瓶与收集瓶的连接管内径应大于等于 5mm，并且尽可能短。

5）真空计可采用皮拉尼真空计、麦氏真空计。

6）一次循环的脱气时间通常是 1～3min 或更短。

7）多次循环脱气的次数和每一次脱气时间应通过试验确定。以标准油样的脱气效率能大于 95%的脱气次数和每次脱气时间来确定。

8）应对脱气装置和色谱仪整套设备，用标准油样作定期（每隔 6 个月）全面校验。

【思考与练习】

1. 气相色谱法样品前处理常用的方法和设备有哪些？

2. 机械振荡法操作步骤有哪些？

3. 变径活塞泵全脱气法操作步骤有哪些？

▲ 模块 2 油中溶解气体色谱分析方法（ZY1500210002）

【模块描述】本模块介绍油中溶解气体色谱分析方法。通过步骤讲解和要点归纳，掌握气相色谱仪标定、油样分析、结果计算等技能，熟悉绝缘油气体分配系数、绝缘油溶解气体回收率测定的目的、方法原理，以及准备工作、测试步骤及要求。

【模块内容】

一、油中溶解气体组分含量的气相色谱法

（一）测试目的

绝缘油中溶解气体组分含量的测定，是充油电气设备出厂检验和运行监督过程中判断设备潜伏性故障的有效手段。油中溶解气体组分含量色谱分析法，是实现油中溶解气体组分含量测定的有效方法。

（二）方法概要

把经脱气装置从油中得到的溶解气体的气样及从变压器气体继电器所取的气样，注入气相色谱仪，由载气把气体试样带入色谱柱中，利用气体试样中各组分，在色谱柱中的气相和固定相间的分配及吸附系数不同进行分离，分离出的单质组分通过检测器进行检测，根据记录装置记录的各组分的保留时间和响应值进行定性、定量分析。

分析对象为：氢气（H_2）、甲烷（CH_4）、乙烷（C_2H_6）、乙烯（C_2H_4）、乙炔（C_2H_2）、一氧化碳（CO）、二氧化碳（CO_2）。

氧（O_2）、氮（N_2）虽不做判断指标，但可为辅助判断，应尽可能分析。

（三）危险点分析及控制措施

（1）色谱工作台应能承受整套仪器重量，不发生振动，还应便于操作；在安装色谱仪工作台后应预留 30～40cm 的通道和至少 30cm 的空间，以便于检修和仪器散热。

（2）电源插座必须有接地，色谱仪电源应与其他大功率设备分开。

（3）储气室最好与实验室分开，单独设置；室内温度变化不应过大，避免阳光直射或雨雪侵入；空气与氢气应分开储放，以免发生爆炸危险。

（4）仪器安装后要进行检漏，确认没有漏气才能使用。

（四）测试前准备工作

（1）查阅相关技术资料、试验规程，明确试验安全注意事项，编写作业指导书。

（2）仪器与材料准备。准备好表 11-2-1 中所列出的仪器和材料。

表 11-2-1　油中溶解气体色谱分析方法仪器和材料

序号	设备及材料	要　　求	备注
1	气相色谱仪	应具备热导检测器（TCD）、氢焰检测器（FID）及镍触媒转化炉，仪器基线稳定，检测灵敏度应能满足油中溶解气体最小检测浓度的要求：O_2、$N_2 \leqslant 50\mu L/L$；CO$\leqslant 5\mu L/L$；$CO_2 \leqslant 10\mu L/L$；$H_2 \leqslant 2\mu L/L$；烃类$\leqslant 0.1\mu L/L$	检定合格
2	色谱柱	适用于分离 H_2、O_2、N_2、CO、CO_2 和烃类气体的固定相	13X 分子筛、炭分子筛（TDX01）分离 H_2、O_2、N_2、CO、CO_2，高分子多孔小球（GDX502）分离烃类气体
3	数据记录和处理系统	可以采用色谱工作站、色谱数据处理机或具有满量程 1mV 的记录仪	
4	玻璃注射器（1、5、10mL）	气密性好、周漏氢量不大于 2.5%，刻度准确，芯塞应灵活无卡涩	合格

续表

序号	设备及材料	要　　求	备注
5	混合标准气体	以氮气为底气含有以下组分：H_2、O_2、CO、CO_2、CH_4、C_2H_4、C_2H_6、C_2H_2。标气应由国家计量部门授权的单位配制，具有检验合格证及有效使用期	合格
6	氮气或氩气	纯度不低于 99.99%	合格
7	氢气	纯度不低于 99.99%	合格
8	空气	纯净无油	合格

（3）色谱仪开机稳定工作。

1）打开高压气瓶（或气体发生器）的气源阀，观察并调节流量控制器压力表的压力。

2）观察并调节各气体流量，通入载气 15min 左右，打开气相色谱仪电源。

3）输入或检查各路温度的设定值，包括进样器、检测器、柱箱温度设定。

a. 在通载气的情况下，逐一检查各加热室的控温性能。

b. 启动仪器总开关后，合上温度控制器开关，过 20min 左右，各加热室应达到设定的温度。

4）检测器参数的设定。需要设定 FID 的量程、TCD 的极性和桥流等。

5）等温度上升到设置温度以后，点火，加桥电流。

6）打开色谱分析工作站，进入实时采样界面，点击采样开始按钮，观察基线是否稳定，待仪器基本稳定后，即可调整基线。

7）检查玻璃注射器的状态，芯塞应灵活无卡涩。

8）排列并登记待测样品气。

（五）测试步骤及要求

1. 采用外标定量法进行仪器的标定

（1）在"标样参数"菜单下准确输入混合标气中各组分的浓度。

（2）采用色谱分析工作站进行数据处理的，选择色谱工作站中"采样分析"菜单下"标样采样"模式。

（3）用 1mL 玻璃注射器准确抽取已知各组分浓度 c_{is} 的标准混合气 1mL（或0.5mL）进样标定。

（4）进样结束后，按照色谱工作站程序计算校正因子。

（5）至少重复操作两次。

2. 试样的分析

采用色谱分析工作站进行数据处理的，按下列顺序操作：

（1）进入色谱分析工作站，输入待测样品名称，而后选用该样品。

（2）进行分析参数设置，包括脱气方式的选择、输入室内大气压和环境温度、本次分析的油样体积，脱出气体积等。

（3）分析油样。单击"采样分析"菜单下的"油样分析"进入油样实时采样。取1mL（或0.5mL）玻璃进样针1只，用微正压法取1mL（或0.5mL）气进样，同时按下开始键。

（4）结果计算。油样分析结束后，色谱分析工作站会自动计算出结果。

（5）结果存储。单击"数据管理"菜单下的"检测结果入库"，使当前分析的油样存入数据库中。

3. 关机

（1）依次退出工作站，再关闭计算机。

（2）关闭空气助燃气后关 TCD、FID 检测器。

（3）关闭加热电源，待转化炉温度降低至 200℃ 左右时，关闭氢气。

（4）关色谱仪主机电源并关闭稳压电源。

（5）主机温度降至室内温度后，再关闭载气（氩气）。

4. 结果的计算

（1）机械振荡法的计算。

1）体积的校正。样品气和油样体积的校正按式（11-2-1）和式（11-2-2）将在室温、试验压力下平衡的气样体积 V_g 和试油体积 V_L 分别校正到平衡状态 50℃、试验压力下的体积，即

$$V_g' = V_g \frac{323}{273+t} \qquad (11\text{-}2\text{-}1)$$

$$V_L' = V_L [1 + 0.000\,8 \times (50-t)] \qquad (11\text{-}2\text{-}2)$$

式中　V_g'——50℃、试验压力下平衡气体体积，mL；

　　　V_g——室温 t、试验压力下平衡气体体积，mL；

　　　V_L'——50℃时油样体积，mL；

　　　V_L——室温 t 时油样体积，mL；

　　　t——试验室的室温，℃；

0.000 8——油的热膨胀系数，1/℃。

2）油中溶解气体各组分浓度的计算。按下式计算 20℃、1 个大气压时油中溶解气体各组分的浓度

$$X_i = 0.929 \frac{p}{101.3} c_{is} \frac{\overline{A_i}}{A_{is}} \left(K_i + \frac{V_g'}{V_L'} \right) \qquad (11\text{-}2\text{-}3)$$

式中　X_i ——油中溶解气体 i 组分浓度，μL/L；

　　　c_{is} ——标准气中 i 组分浓度，μL/L；

　　　$\overline{A_i}$ ——样品气中 i 组分的平均峰面积，mV·s；

　　　$\overline{A_{is}}$ ——标准气中 i 组分的平均峰面积，mV·s；

　　　V_g' ——50℃、试验压力下平衡气体体积，mL；

　　　V_L' ——50℃时的油样体积，mL；

　　　p ——试验时的大气压力，kPa；

　0.929 ——油样中溶解气体浓度从50℃校正到20℃时温度校正系数；

　　　K_i ——组分 i 的奥斯瓦尔德系数（又称分配系数，见表11-2-2）。

式中的 $\overline{A_i}$、$\overline{A_{is}}$ 也可用平均峰高 $\overline{h_i}$、$\overline{h_{is}}$ 代替。

表 11-2-2　　　　　各种气体在矿物绝缘油中的奥斯瓦尔德系数（K_i）

标准	温度（℃）	H_2	N_2	O_2	CO	CO_2	CH_4	C_2H_2	C_2H_4	C_2H_6
GB/T 17623—2017*《绝缘油中溶解气体组分含量的气相色谱测定法》	50	0.06	0.09	0.17	0.12	0.92	0.39	1.02	1.46	2.30
IEC 60599—1999**《使用中的浸渍矿物油的电气设备　溶解和游离气体分析结果解释导则》	20	0.05	0.09	0.17	0.12	1.08	0.43	1.20	1.70	2.40
	50	0.05	0.09	0.17	0.12	1.00	0.40	0.90	1.40	1.80

* 国产油测试的平均值。

** 这是从国际上几种最常用的变压器油得到的一些数据的平均值。

对牌号或油种不明的油样，其溶解气体的分配系数不能确定时，可采用二次溶解平衡测定法。

（2）变径活塞泵全脱气法的计算。

1）体积的校正。按式（11-2-4）和式（11-2-5）将在室温、试验压力下的气体体积 Vg 和试油体积 V1 分别校正为规定状况（20℃，101.3kPa）下的体积，即

$$V_g'' = V_g \frac{p}{101.3} \times \frac{293}{273+t} \qquad (11\text{-}2\text{-}4)$$

$$V_L'' = V_L[1+0.000\,8\times(20-t)] \qquad (11\text{-}2\text{-}5)$$

式中　V_g'' ——20℃、101.3kPa 状态下气体体积，mL；

　　　V_g ——室温 t、压力 p 时气体体积，mL；

p ——试验时的大气压力，kPa；

V''_L ——20℃时油样体积，mL；

V_L ——室温 t 时油样体积，mL；

t ——试验时的室温，℃。

2）油中溶解气体各组分浓度的计算。按下式计算油中溶解气体各组分的浓度

$$X_i = c_{iS} \times \frac{\overline{A_i}}{A_{iS}} \times \frac{V''_g}{V''_L} \qquad (11\text{-}2\text{-}6)$$

式中　X_i ——油中溶解气体 i 组分浓度，μL/L；

c_{iS} ——标准气中 i 组分浓度，μL/L；

$\overline{A_i}$ ——样品气中 i 组分的平均峰面积，mV·s；

$\overline{A_{iS}}$ ——标准气中 i 组分的平均峰面积，mV·s；

V''_g ——20℃、101.3kPa 时气体体积，mL；

V''_L ——20℃时的油样体积，mL。

式中的 $\overline{A_i}$、$\overline{A_{iS}}$ 也可用平均峰高 $\overline{h_i}$、$\overline{h_{iS}}$ 代替。

（3）自由气体各组分浓度的计算。按下式计算自由气体各组分的浓度

$$X_{ig} = c_{iS} \frac{\overline{A_{ig}}}{A_{iS}} \qquad (11\text{-}2\text{-}7)$$

式中　X_{ig} ——自由气体 i 组分浓度，μL/L；

c_{iS} ——标准气中 i 组分浓度，μL/L；

$\overline{A_{ig}}$ ——自由气体中 i 组分的平均峰面积，mV·s；

A_{iS} ——标准气中 i 组分的平均峰面积，mV·s。

式中的 $\overline{A_{ig}}$、A_{iS} 也可用平均峰高 $\overline{h_{ig}}$、$\overline{h_{iS}}$ 代替。

（六）测试结果分析及测试报告编写

1. 分析结果的表示

（1）取两次平行试验结果的算术平均值为测定值。

（2）分析结果的记录符号："0"表示未测出数据（即低于最小检知浓度）；"—"表示对该组分未做分析。

2. 精密度和准确度

（1）重复性 r。油中溶解气体浓度大于 10μL/L 时，两次测定值之差应小于平均值的 10%；油中溶解气体浓度小于等于 10μL/L 时，两次测定值之差应小于平均值的 15%加两倍该组分气体最小检测浓度之和。

（2）再现性 R。两个试验室测定值之差的相对偏差在油中溶解气体浓度大于

10μL/L 时，为小于 15%；小于等于 10μL/L 时，为小于 30%。

（3）准确度。本方法采用对标准油样的回收率试验来验证。一般要求回收率应不低于 90%，否则应查明原因。

3. 测试结果分析

根据 DL/T 722—2014《变压器油中溶解气体分析和判断导则》，对于测试结果进行分析判断。

对于出厂和新投运的设备气体含量应符合表 11-2-3 的要求；对于运行中设备如果油中气体含量超过表 11-2-4，应引起注意。

表 11-2-3　　　　　　　对出厂和投运前的设备气体含量的要求　　　　　（μL/L）

气　　体	变压器和电抗器	互 感 器	套　管
氢	<30	<50	<150
乙炔	0	0	0
总烃	<20	<10	<10

表 11-2-4　　　　　　运行中变压器油中溶解气体组分含量注意值　　　　（μL/L）

设 备 名 称	气 体 组 分	330kV 及以上	220kV 及以下
变压器、电抗器	总烃	150	150
	乙炔	1	5
	氢	150	150
套管	甲烷	100	100
	乙炔	1	2
	氢	500	500
互感器		220kV 及以上	110kV 及以下
电流互感器	总烃	100	100
	乙炔	1	2
	氢	150	150
电压互感器	总烃	100	100
	乙炔	2	3
	氢	150	150

4. 测试报告编写

测试报告应包括以下项目：样品名称和编号、测试时间、测试人员、环境温度、湿度、大气压力、测试结果、分析意见等，备注栏写明其他需要注意的内容。

（七）测试注意事项

1. 色谱仪标定应注意的问题

（1）确保标气的使用期在有效期内。

（2）标定仪器应在仪器运行工况稳定且相同的条件下进行，两次标定的重复性应在其平均值的±2%以内。

（3）要使用标准气对仪器进行标定，注意标气要用进样注射器直接从标气瓶中取气，而不能使用从标气瓶中转移出的标气标定，否则影响标定结果。

2. 色谱仪进样操作应注意的问题

（1）进样操作前，应观察仪器稳定状态，只有仪器稳定后，才能进行进样操作。

（2）进油样前，要反复抽推注射器，用空气冲洗注射器，以保证进样的真实性，以防止标气或其他样品气污染注射器，造成定量计算误差。

（3）样品分析应与仪器标定使用同一支进样注射器，取相同进样体积。

（4）进样前检验密封性能，保证进样注射器和针头密封性，如密封不好应更换针头或注射器。

二、绝缘油气体分配系数测定法

（一）测试目的

绝缘油气体分配系数是计算油中溶解气体各组分浓度的关键参数，当遇到牌号或油种不明的油样，其溶解气体的分配系数不能确定时，需要测定油样对油中溶解气体各组分的分配系数，以提高油中溶解气体含量测定的准确性。

（二）方法原理

在一密闭容器内放入一定体积的空白油和一定体积的含某被测组分的气体（不必测定其准确的起始浓度值）。在恒温下经气液溶解平衡后，测定该组分在气体中的浓度。然后排出全部气体，再充入一定体积的空白气体（如色谱分析用载气），在同样的恒定温度下，进行第二次平衡，然后测定该组分在气体中的浓度。然后根据分配定律和物料平衡原理所导出的公式，求出该油样对各气体组分的分配系数。

（三）测试前准备工作

（1）查阅相关技术资料、试验规程，明确试验安全注意事项，编写作业指导书。

（2）测试装置的准备。准备好表 11–2–1 和表 11–2–5 中的仪器和材料。

表 11-2-5   绝缘油气体分配系数测定法仪器和材料

序号	设备及材料	要 求	备注
1	常温常压气体饱和器	1—气体进口；2—气体出口；3—分液漏斗（500mL）；4—试油；5—散气元件（具微孔烧结板）；6—旋塞；7—油出口	
2	恒温定时振荡器	往复振荡频率（275±5）次/min，振幅（35±3）mm，控温精度±0.3℃，定时精度±2min	合格
3	注射器用橡胶封帽	弹性好，不透气	合格

（3）色谱仪开机备用，使仪器性能处于稳定备用状态。

（4）制备空白油样。取试油 200～250mL，放入特制的常温常压气体饱和器内。在室温下通入高纯氮气（如果测定氮的分配系数，改用纯氩气）鼓泡吹洗 2～4h，直至油中其他气体组分被驱净为止（用色谱分析法检查），然后密封静置备用。

（5）混合气体的准备。根据所要测定的气体组分配制（或选用）混合气体。混合气体可以是单一组分或多组分的（氮或氩为底气），其浓度不需准确标定。

（6）打开恒温定时振荡器，升温至 50℃ 恒温备用。

（四）测试步骤及要求

（1）用 100mL 注射器吸取空白试油 20mL，密封并充入 20mL 混合气体，在 50℃ 恒温下经振荡平衡后，取出全部平衡气体，分析平衡气体中被测组分的浓度。

（2）向盛有第一次平衡后油样的注射器内加入 20mL 纯氮气（或氩气），在 50℃ 恒温下进行第二次振荡平衡，然后再取出全部平衡气体，在室温下准确读取气体体积并分析平衡气体中被测组分浓度。

（3）将室温和实验压力下第二次平衡后的气体与试油体积按规定状况（50℃、101.3kPa）进行校正计算。

（4）根据分配定律和物料平衡原理，按下式计算气体组分在规定状况下（50℃、101.3kPa）的分配系数 K_i 值（计算值精确至小数点后两位）

$$K_i = \frac{c'_{ig}}{c_{ig} - c'_{ig}} \frac{V_g}{V_L} \qquad (11-2-8)$$

式中　K_i——i 组分在温度 t 时的分配系数（或称气体溶解系数）；

c_{ig}——第一次平衡后，溶解气体 i 组分在气体中的浓度，$\mu L/L$；

c'_{ig}——第二次平衡后，溶解气体 i 组分在气体中的浓度，$\mu L/L$；

V_g——第二次平衡后，温度 t 时的气体体积，mL；

V_L——第二次平衡后，温度 t 时的液体体积，mL。

（五）测试结果分析及测试报告编写

（1）精密度。两次测定结果的相对偏差不应超过下列数值，重复性小于 5%；再现性小于 10%。

（2）测试报告。测试报告编写应包括以下项目：测试时间、测试人员、环境温度、湿度、大气压力、测试结果等，备注栏写明其他需要注意的内容。

（六）测试注意事项

（1）制备空白油样应注意鼓泡吹洗时间，确保油中其他气体组分被驱净。

（2）二次振荡平衡后，分析平衡气体中被测组分浓度，应在仪器运行工况稳定且相同的条件下进行。

（3）第二次振荡平衡取出全部平衡气体后，应在室温下准确读取气体体积。

三、二次溶解平衡测定法测定油中溶解气体组分含量

（一）测试目的

对牌号或油种不明的油样，其溶解气体的分配系数 K_i 不能确定时，可采用二次溶解平衡测定法计算油样中的气体组分浓度。

（二）方法原理

在一密闭容器内放入一定体积的样品和一定体积的空白气体（载气），在恒温下平衡后，测定气体中组分浓度，然后排出残气，再充入相同体积的空白气体，经第二次平衡后，再测定该组分浓度。根据分配定律和物料平衡原理，可以求出样品中气体组分浓度。

（三）测试前准备工作

（1）查阅相关技术资料、试验规程，明确试验安全注意事项，编写作业指导书。

（2）测试装置的准备。

1）准备好表 11-2-1 和表 11-2-6 中的仪器和材料。

2）色谱仪开机备用，使仪器性能处于稳定备用状态。

表 11-2-6 二次溶解平衡测定法仪器和材料

序号	设备及材料	要　　求	备注
1	恒温定时振荡器	往复振荡频率（275±5）次/min，振幅（35±3）mm，控温精度±0.3℃，定时精度±2min	合格
2	注射器用橡胶封帽	弹性好，不透气	合格

3）恒温定时振荡器，升温至50℃恒温备用。

（四）现场测试步骤及要求

（1）用100mL注射器吸取试油40.0mL，密封并充入5.0mL氮气（或氩气），在50℃下振荡平衡后，取出全部平衡气体，在室温下准确读取气体体积并分析气体组分浓度。

（2）向盛有第一次平衡后油样的注射器内加入5.0mL氮气（或氩气），然后在50℃恒温下进行第二次振荡平衡，再取出全部平衡气体，在室温下准确读取气体体积并分析气体组分浓度。

（3）将室温和实验压力下两次平衡后的气体与试油体积按50℃进行校正。

（4）计算。

1）当两次平衡后的 V_g 值相差不大，即 $r_1 \approx r_2$（r_1 是第一次平衡后，气体与液体的体积比；r_2 是第二次平衡后，气体与液体的体积比），大气压力约等于101.3kPa时，按下式求出样品中气体组分浓度

$$x_i = 0.929 \times \frac{c_{ig}^2}{c_{ig} - c_{ig}'} \frac{V_g'}{V_L'} \qquad (11-2-9)$$

式中　x_i——样品中气体 i 组分浓度，μL/L；

　　　c_{ig}——第一次平衡后，溶解气体 i 组分在气体中的浓度，μL/L；

　　　c_{ig}'——第二次平衡后，溶解气体 i 组分在气体中的浓度，μL/L；

　　　V_g'——50℃下平衡气的体积，mL；

　　　V_L'——50℃下油样的体积，mL。

2）如两次平衡后的 V_g 值相差较大，即 $r_1 \neq r_2$，大气压力不等于101.3kPa时，按下式求出样品中气体组分浓度

$$x_i = 0.929 \times \frac{c_{ig}\left[c_{ig}r_1 + c_{ig}'(r_2 - r_1)\right]}{c_{ig} - c_{ig}'} \times \frac{p}{101.3} \qquad (11-2-10)$$

式中　x_i——样品中气体 i 组分浓度，μL/L；

　　　r_1——第一次平衡后，气体与液体的体积比（即 V_g/V_L）；

r_2——第二次平衡后，气体与液体的体积比；

p——试验室大气压力，kPa。

（五）测试结果分析及测试报告编写

（1）取两次平行试验结果的算术平均值为测定值。

（2）精密度和准确度。

1）重复性 r。油中溶解气体浓度大于 10μL/L 时，两次测定值之差应小于平均值的 10%；油中溶解气体浓度小于等于 10μL/L 时，两次测定值之差应小于平均值的 15% 加两倍该组分气体最小检测浓度之和。

2）再现性 R。两个试验室测定值之差的相对偏差：在油中溶解气体浓度大于 10μL/L 时，为小于 15%；小于等于 10μL/L 时，为小于 30%。

（3）测试报告的要求。测试报告编写应包括以下项目：测试时间、测试人员、环境温度、湿度、大气压力、测试结果、分析意见等，备注栏写明其他需要注意的内容。

（六）测试注意事项

（1）所使用 100mL 玻璃注射器应校准 40.0mL 处的刻度数。

（2）本方法不适用于测试气体浓度很低的油样。

四、绝缘油溶解气体回收率测定

（一）测试目的

测试绝缘油溶解气体组分的回收率，主要用来验证油中溶解气体的气相色谱法测试的准确度。

（二）方法原理

通过向空白油样加入标准混合气体，振荡溶解平衡后分析平衡气体中各组分浓度，就可求出标准油中气体组分的浓度。用此标油进行脱气和色谱分析，求出回收率。

（三）测试前准备工作

（1）查阅相关技术资料、试验规程，明确试验安全注意事项，编写作业指导书。

（2）测试装置的准备。准备好表 11-2-1 和表 11-2-5 中的仪器和材料。

（3）色谱仪开机备用，使仪器性能处于稳定备用状态。

（4）制备空白油样。取试油 200～250mL，放入特制的常温常压气体饱和器内。在室温下通入高纯氮气（如果测定氮的分配系数，改用纯氩气）鼓泡吹洗 2～4h，直至油中其他气体组分被驱净为止（用色谱分析法检查），然后密封静置备用。

（5）恒温定时振荡器，升温至 50℃恒温备用。

（四）试验步骤

（1）将 100mL 备用注射器用空白油样冲洗 2～3 次，然后抽取 40mL 空白油样。

（2）向抽取的空白油样内加入 20mL 标准混合气体（或经配制和校正的混合气体）。配制混合气体中各组分浓度可按式（11-2-11）估算，配制的混合气体需放置 0.5h 以上方可使用。

$$c_{iS} = x_{iS}\left(\frac{1}{K_i} + \frac{1}{r}\right) \tag{11-2-11}$$

式中　c_{iS}——混合气体中 i 组分浓度，μL/L；

　　　x_{iS}——要求配制的标油中 i 组分气体浓度，μL/L；

　　　K_i——i 组分气体分配系数；

　　　r——气、油体积比（V_g/V_L）。

（3）将此油样放入温度恒定为 50℃的振荡器内振荡 20min 后静置 10min。

（4）将振荡后的注射器内的气体转移一部分到 5mL（或 10mL）备用注射器内，然后将多余气体排净，此注射器内的油作为标油。

（5）对取出的气体进行色谱分析，并计算出各组分的浓度 x_{iS}。

（6）按下式计算标油中各气体组分的浓度

$$x_{iS} = 0.929 \times (c_{iS} - c_{ig}) \frac{V'_g}{V'_L} \tag{11-2-12}$$

式中　x_{iS}——所制的标油中 i 组分气体浓度，μL/L；

　　　c_{iS}——标气（或配制的混合气）中 i 气体组分浓度，μL/L；

　　　c_{ig}——恒温振荡后，实测气相中 i 气体组分浓度，μL/L；

　　　V'_g——标准气体（或配制的混合气）50℃时平衡后的气体体积，mL；

　　　V'_L——50℃标油的体积，mL。

注意，若试验室大气压力不接近 101.3kPa，可进行 x_{iS} 压力修正 $x_{iS} \times \dfrac{p}{101.3}$。

（7）取标油并按油中溶解气体色谱分析的试验步骤进行分析，求出油中溶解气体各组分的实测浓度 x'_{iS}。

（8）回收率计算。按下式计算回收率

$$R = \frac{x'_{iS}}{x_{iS}} \times 100 \tag{11-2-13}$$

式中　R——回收率，%；

　　　x'_{iS}——标油中 i 气体组分的实测浓度，μL/L；

　　　x_{iS}——标油中 i 气体组分的理论浓度，μL/L。

（五）测试结果分析及测试报告编写

（1）测试结果一般要求回收率应不低于 90%，否则应查明原因。

（2）测试报告编写应包括以下项目：测试时间、测试人员、环境温度、湿度、大气压力、测试结果等，备注栏写明其他需要注意的内容。

（六）测试注意事项

（1）100mL 备用注射器，应校准 40.0mL 处的刻度数。

（2）5mL（或 10mL）备用注射器应预先用所取气体冲洗三次。

【思考与练习】

1. 油中溶解气体色谱分析法分析对象有哪些？

2. 气相色谱仪标定应注意哪几个问题？

3. 气相色谱仪进样操作应注意哪些问题？

◢ 模块 3　SF₆ 气体中空气、CF₄ 的气相色谱 测定方法（ZY1500210003）

【模块描述】 本模块介绍气相色谱法测定 SF_6 气体中空气、CF_4 含量。通过步骤讲解和要点归纳，掌握气相色谱法测定 SF_6 气体中空气、CF_4 含量的目的、方法原理与准备工作、测试步骤、注意事项，以及对测试结果的分析和测试报告编写要求。

【模块内容】

一、测试目的

SF_6 气体中常含有空气（O_2、N_2）、四氟化碳（CF_4）和二氧化碳（CO_2）等杂质气体。它们是在 SF_6 气体合成制备过程中残存的或者是在 SF_6 气体加压充装运输过程中混入的。当 SF_6 气体应用于电气设备中时，杂质气体受到大电流、高电压、高温等因素的影响，并在水分作用下将产生含氧、含氮的低分子分解物，这些低分子分解物，有的是有毒或剧毒物质，对人体危害极大，有的会腐蚀设备材质。此外，杂质气体的含量高时，会显著地降低 SF_6 气体的击穿电压，影响电气设备的安全运行。因此，必须对 SF_6 气体中的 O_2、N_2、CF_4 等杂质气体含量进行严格的控制和监测。

二、方法原理

SF_6 试样通过色谱柱，使待测定的诸组分分离，通过热导检测器检测各组分大小，由色谱工作站记录色谱图。根据标准样品的保留值定性，用归一化法计算有关组分的含量。

三、危险点分析及控制

（1）SF_6 气体中可能存在一定量的毒性物质，为防止试验人员中毒，分析人员应配备个人安全防护用品，实验室应具有良好的底部通风设施（对通风量的要求是 15min 内使室内换气一次）；试样尾气应从排气口直接引出试验室；采用球胆取气分析时，要保证球胆不漏气，用完后要放在室外排空。

（2）SF_6 气体钢瓶倒置和立起时应两人一起操作，要防止被钢瓶砸伤。

（3）色谱工作台应能承受整套仪器重量，不发生振动，还应便于操作。

（4）电源插座必须有接地，色谱仪电源应与其他大功率设备分开。

（5）储气室最好与实验室分开，单独设置；储气室内温度变化不应过大，避免阳光直射或雨雪侵入，以免发生爆炸危险。

（6）管线安装后要进行检漏，确认没有漏气才能使用。

四、测试前准备工作

（1）查阅相关技术资料、试验规程，明确试验安全注意事项，编写作业指导书。

（2）仪器与材料准备。准备好表 11-3-1 中的仪器和材料。

表 11-3-1 SF_6 气体中空气、CF_4 的气相色谱测定方法仪器和材料

序号	设备及材料	要 求	备注
1	色谱仪	带有热导检测器和适当衰减装置	检定合格
2	记录装置	色谱数据处理机、色谱工作站、积分仪或具有量程为 0～1mV，响应时间为 1s，记录纸宽度为 250mm 的记录仪	
3	载气	氦气（或氢气），纯度不低于 99.99%	
4	色谱柱	对所检测组分的分离度应满足定量分析的要求	常用的色谱柱长为 2m，内径为 3mm 的不锈钢管，内填 60～80 目的 GDX—104 担体或 Porapak-Q 等色谱固定相）
5	标准气体	应由国家计量部门授权的单位所配制的单一组分气体或多组分（O_2，N_2，CF_4）的 SF_6 混合气体。各组分的质量百分数应大于相应未知组分浓度的 50%，或者小于未知组分浓度的 300%	具有组分含量检验合格证并在有效使用期
6	进样器	具有六通阀的定量管	

（3）选择合适的气相色谱仪分析流程。

1）单柱流程。柱长 2m、内径 3mm 的不锈钢柱，内填 60～80 目的 GDX—104 担体或 60～80 目的 Porapak-Q，此柱能使空气、CF_4、CO_2 和六氟化硫完全分离，见流程图 11-3-1。

2）双柱串联流程。分别采用柱长 2m、内径 3mm 的 13X 分子筛柱和 Porapak-Q

柱。经 Porapak–Q 柱分离出空气，CF_4、CO_2 和 SF_6。经 13X 分子筛柱分离出 O_2，N_2，见图 11–3–2。

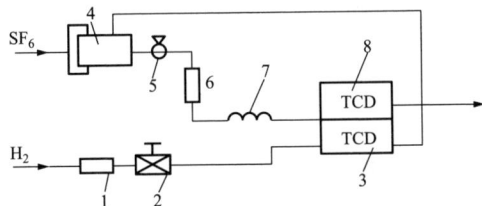

图 11–3–1 单柱流程图

1—干燥管；2—稳压阀；3—热导池参考臂；4—六通定量阀；5—进样器；
6—流量计；7—色谱柱；8—热导池测量臂

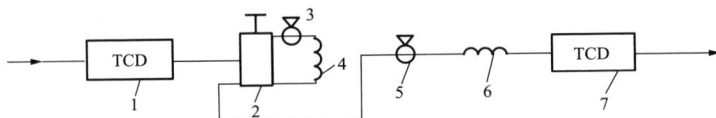

图 11–3–2 双柱串联流程图

1—热导池参考臂；2—六通阀；3—进样器；4—13X 分子筛柱；
5—进样器；6—色谱柱；7—热导池测量臂

此法能测定 SF_6 气体中的氧气含量。缺点是两根柱串联，柱长增加 1 倍，柱前压增高，分析时间增长。同时，用注射器进样，准确性差，而六通阀又起不到定量进样的作用。

3）双柱并联流程。载气由热导池参考臂流出三通 I（见图 11–3–3）分流，各路分别经六通阀 2 定量管进入长 2m、内径 3mm 的色谱柱 4（其中 1 根装 13X 分子筛，1 根装 Porapak–Q），再由三通 II 汇合进入热导池测量臂 5 再放空，此流程，能使六氟化硫中的 O_2、N_2、CF_4、CO_2 和六氟化硫完全分离，且用六通阀定量管进样，准确性高，但流程较复杂。

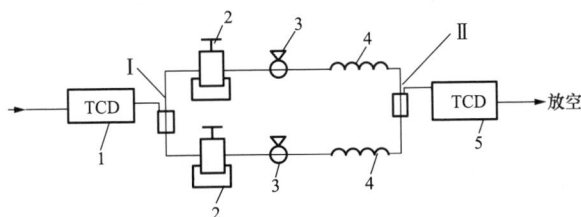

图 11–3–3 双柱并联流程图

1—热导池参考臂；2—六通阀；3—进样器；4—色谱柱；5—热导池测量臂；I、II—三通

五、试验步骤及要求

（1）色谱仪开机稳定工作。

1）打开高压气瓶（或气体发生器）的气源阀，观察并调节流量控制器压力表的压力。

2）观察并调节载气流量，一般调整到 35～40mL/min，通入载气 15min 左右，打开气相色谱仪电源。

3）输入或检查各路温度的设定值，包括进样器、热导检测器、柱箱温度设定，一般柱箱温度设定为 40℃。

4）待各路温度上升到设置温度以后，设定热导检测器的量程、极性和桥电流，桥电流一般为 200mA。

5）打开色谱分析工作站、数据处理机或记录仪，观察基线是否稳定，待仪器基本稳定后即可调整基线。

（2）登记待测样品气。

（3）质量校正系数的测定。将 0.5mL 的六氟化硫标准气样（空气标样、四氟化碳标样）注入色谱柱中，组分 x 对于六氟化硫的校正系数 f_x 可由下式得出

$$A_{SF_6} = f_x \frac{146}{M_x} A_x \qquad (11-3-1)$$

式中　A_{SF_6}——六氟化硫峰区面积，$\mu V \cdot s$；

　　　A_x——组分 x 的峰区面积，$\mu V \cdot s$；

　　　M_x——组分 x 的相对分子量（空气 28.8，四氟化碳 88）；

　　　146——六氟化硫的相对分子量；

　　　f_x——组分 x 的校正系数（当无条件测定校正系数时，可采用 $f_{SF_6}=1$、$f_{CF_4}=0.7$、$f_{Air}=0.4$，用氢气做载气时，建议采用 $f_{SF_6}=1$、$f_{CF_4}=0.7$、$f_{Air}=0.3$）。

（4）样品气体的定量采集。将六氟化硫样品钢瓶倒置（以取液态样品），并将钢瓶放气口通过减压表与色谱仪的气体采样阀的进口处相连接。依次打开样品钢瓶阀，调整减压表压力，旋转六通阀，使六氟化硫样品钢瓶气与定量管相连，用样品气冲洗 0.5mL 定量管及管路 3～5min，把进样回路中的空气、残气吹洗出去，等待进样。

（5）样品分析。待色谱仪工作条件稳定后，旋转进样六通阀至进样位置，使载气与定量管相连，把定量管中六氟化硫送入色谱柱中分离、检测器进行检测，得到如图 11-3-4 所示谱图，各组分的保留时间见表 11-3-2，记录各不同组分的峰区面积（或峰高），然后将六通阀转至采样位置。

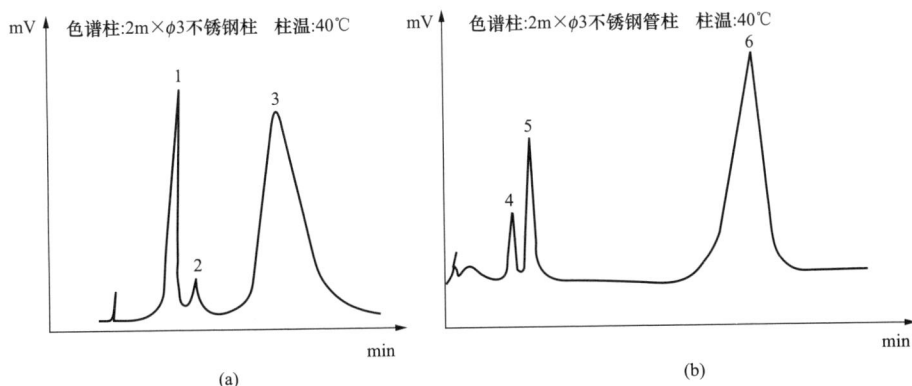

图 11-3-4　各组分出峰谱图

（a）用 Porapak-Q 分离空气、CF_4、SF_6 色谱图；（b）用 13X 分子筛分离 O_2、N_2 色谱图

1—空气；2—CF_4；3、6—SF_6；4—O_2；5—N_2

表 11-3-2　　　　　　　　　**各 组 分 的 保 留 时 间**　　　　　　　　　　　s

色谱柱＼组分	O_2	N_2	空气	CF_4	SF_6
13X 分子筛柱	40	50	/	126	1096
Porapak-Q 柱	/	/	43	58	139

（6）结果计算。

1）下式是由实测峰区面积乘以校正系数计算校正面积

$$A'_x = A_x f_x \tag{11-3-2}$$

式中　　A'_x——组分 x（空气或四氟化碳）校正后的峰区面积，$\mu V \cdot s$；

A_x——组分 x 的峰区面积，$\mu V \cdot s$；

f_x——组分 x 的校正系数。

2）任一组分的质量百分数按下式计算

$$W_x = \frac{A'_x}{A'_t} \times 100 \tag{11-3-3}$$

式中　　W_x——组分 x 的质量百分数，%；

A'_x——组分 x（空气或四氟化碳）校正后的峰区面积，$\mu V \cdot s$；

A'_t——各峰区校正面积之和（空气、四氟化碳和六氟化硫），$\mu V \cdot s$。

六、测试结果分析及测试报告编写

（1）取两次平行试验结果的算术平均值为测定值，两次平行试验结果的绝对差值不应大于 0.005%。

（2）对于六氟化硫新气要求气体中空气的质量分数不大于 0.04%，CF_4 的质量分数不大于 0.04%。

（3）测试报告编写应包括以下项目：样品名称和编号、测试时间、测试人员、审核和批准人员、测试依据、环境温度、湿度、大气压力及六氟化硫气体的制造厂家、生产批号、出厂日期、测试结果、测试结论等，备注栏写明其他需要注意的内容。

七、试验注意事项

（1）测定组分 x 对于六氟化硫质量校正系数的分析条件应与样品测试时一致。

（2）新的色谱分离柱在使用前，应在 120℃下通载气，老化至少 4h。载气及流速与分析样品时相同。

（3）固定相的活化。30～60 目的 13X 分子筛在使用前，应将其在马福炉中 500℃下灼烧 3～4h。60～80 目的 Porapak–Q 或 GDX—104 担体在使用前，应将其在 100℃下通氮气（流量 40～50mL/min）活化 6～8h。

（4）分析六氟化硫钢瓶气体应液相取样，取样时应将钢瓶倒置或倾斜，使气瓶出口处于最低点，否则测试结果可能偏高。

（5）样品分析前，定量管及管路需用样品气冲洗 3～5min，把取样回路中的空气、残气吹洗出去，否则测试结果可能偏高。

【思考与练习】

1. SF_6 气体中，空气和四氟化碳质量分数的测定原理是什么？

2. 测定 SF_6 气体中空气和四氟化碳质量分数应注意哪些事项？

3. 新的色谱分离柱使用前应注意哪些事项？

第三部分

厂站自动化设备调试

第十二章

设备电源的调试

◢ 模块 1 UPS 的安装（ZY2900702001）

【模块描述】 本模块介绍了 UPS 安装的注意事项及方法，包含 UPS 安装环境、供电、接地、配电要求。通过要点介绍，掌握 UPS 正确、合理的安装方法。

【模块内容】

一、作业内容

UPS 正确、合理的安装方法及注意事项，包括 UPS 电缆接入、UPS 开机操作、安装环境、配线要求、出入线径选择、走线要点、输出防范、设备安全、平衡用电、通风、承重安全、相序要求、电池组连接等方面内容。

二、危险点分析及控制措施

危险点分析及控制措施见表 1–1–1。

三、作业前准备

作业前准备参见表 1–1–2。

四、操作步骤及质量标准

（一）UPS 设备就位

（1）立式设备应该安装在硬质水泥型的水平地面，如果是防静电活动地板，则根据 UPS 重量的需要，考虑地板的平均负荷量来设计制作供安装设备的托架。

（2）机架式设备安装在机柜内。

（二）敷设 UPS 输入、输出电缆及接地电缆

输入电缆包含主交流电缆、旁路电源电缆和蓄电池直流电缆。

（三）电缆接入 UPS

（1）电缆的两端分别挂牌，核对电缆芯并套相应的号码管，保证电缆及电缆芯一致性。

（2）固定 UPS 的接地电缆。

（3）先接入 UPS 端的输入电缆，再接入对端电缆。

（4）先接入用户端输出电缆，再接入 UPS 端输出电缆。

（四）UPS 开机

（1）确定输入电源电压正确、直流极性正确，输出电缆回路无短路。

（2）在不带负载的情况下，以旁路方式给负载供电。

（3）投入主交流电源。

（4）在第三步正常运行的基础上断开旁路电源，检测电池逆变是否正常。

（5）重新合上旁路电源后加带负载运行，检测带载情况下的旁路电源/逆变运行是否正常。

（6）每隔 3min 分/合配电箱内旁路电源开关 1 次，共分/合 5 次以上，测试机器是否正常（严禁使用机器上的旁路电源开关做此测试）。

五、注意事项

（一）安装环境

附近无热源、易燃、易爆或具有腐蚀性的物品。UPS 不能置于潮湿、肮脏、无空气对流的环境中。小型 UPS 不应直接堆放于地面，底部应设有垫物，以防春季潮湿机内结露。中、大型机器最好能置于专用机房，良好的运行环境（如通风良好、温度在 35℃ 以下、湿度在 50% 左右，少灰尘等）可大大延长机器及用户各种负载的使用寿命。环境温度 25℃ 以上，每升高 10℃ 蓄电池的使用寿命减半，环境温度 30℃ 以上，每升高 10℃，UPS 的使用寿命减半。

（二）配线要求

对于机器的输入、输出配线，应先接好且到装机现场机器放置点要预留一定长度（一般预留 1～1.5m 长），以便机器到场后顺利安装。

（三）出入线径选择

机器输入、输出线径的选择，不能低于国家用电安全标准，对于三进单出的机器，应特别注意其旁路相线及零线的进线线径必须为其他两相相线的三倍。

（四）走线要点

所有的输入、输出铜芯线宜选用多芯软线，方便布线，也利于机器接线。机器输入、输出的地下走线应有金属材质护套（尤其是机房防静电地板下的走线），以防鼠咬、意外损断、烧裂等；金属材质护套也可屏蔽电磁干扰，有利于通信设备信号线的地下走线。

（五）输出防范

布线时，机器的输出必须单独拉线。设置的输出专用插排/插座必须与日常用电插排/插座严格区分，且要标记醒目的标识。机器的输出插排、插座不应与普通插排插座并置或堆放在一起。以防不小心而使机器插上装修的电钻、吸尘器等动力设备损坏本电源。UPS 为精密电源，较适合计算机类弱感性负载，不能插接过多的打印机等强感性负载。如需使用，UPS 与这类强感性负载设备功率匹配比必须在 4:1 以上。

（六）设备安全

检查接地地线，其接地电阻符合国家标准，对机器安全运行及防雷均有利。在机器输入前端的配电箱柜内应设置输入空气开关或断路器（零线不得单独设置），用于 UPS/EPS 的蓄电池定期放电检测，但其型号不应过小，应稍大于 UPS 最大输入电流，避免其功率过小而造成频繁跳闸。UPS 及 EPS 输入前端不得接入任何漏电保护开关。

（七）平衡用电

用户配电箱柜内三相用电的功率分配应尽量分配平衡，如分配相差过大会造成中性线（零线）电流过大及零对地电压偏高，会造成机器运行的不安全甚至引发火灾事故，对服务器等精密负载会造成损坏。

（八）通风/承重安全

UPS 的摆放应使 UPS 的进/出风道距离墙壁不小于 30cm，以利 UPS 散热。中、大型 UPS 长延时机型所配蓄电池，还需考虑楼层的承重压强（国际标准：写字楼不大于 $1000kg/m^2$，工业厂房不大于 $1400kg/m^2$），如超标则需采取加大载重面积减少压强的方式来加以解决，一般采用设置大面积钢板或增加电池柜数量的方式。

（九）相序要求

三相 UPS 机器的输入接线有相序要求。按照相序将电源 A、B、C、L 接入 UPS，再接上地线用手摇动，看线材是否松动，并锁紧。确认 A、B、C 相序后，再用万用表测量 A–L、B–L、C–L 电压为规定范围内，频率为（50±1）Hz。合上机器主电源输入开关，再合上机器自动旁路开关，若有长鸣报警声则是电源输入错相，应立即更正相位（任意调换输入三相其中二相，无长鸣报警则表示相位正确）。

（十）电池组连接

电池组连接好后将电池组正、负连接线接入机器正负端头，注意电池组的正、负连线与机器的正、负端子连接要一致（即正接正、负接负），并锁紧，测量电池组端电压正常。

【思考与练习】

1. UPS 安装方法有哪些要点？

2. 安装 UPS 的注意事项有哪些？

3. 安装 UPS 时对输入接线有何相序要求？

▲ 模块 2　UPS 调试和管理（ZY2900702002）

【模块描述】本模块介绍了 UPS 日常使用、调试的基本内容。通过要点介绍，掌握 UPS 一般操作、调试内容及注意事项。

【模块内容】

一、试验目的

本次试验针对 UPS 装置进行验收前调试，主要试验项目包括电池容量校验、电压波动试验、UPS 过载试验。

二、危险点分析及控制措施

危险点分析及控制措施参见表 1-1-1。

三、UPS 调试工作流程及注意事项

（1）UPS 电源在初次使用时，必须先接入电源利用 UPS 自身的充电电路，对 UPS 蓄电池进行补充充电。待蓄电池容量达到饱和后，方可投入正常使用。其次，要确定电源电压的波动范围与所选 UPS 输入电压变化范围相符合。在连接 UPS 时也要注意，UPS 输入必须接地，且接地电阻不超过 4Ω。

（2）UPS 开、关机步骤必须正确。UPS 内部的功率元件都有一定的额定工作电流，冲击电流过大，会使功率元件寿命缩短甚至烧毁。因此，开机时，应先开启 UPS 的电源开关，再逐一打开负载开关。开负载时，也是从冲击电流大的负载向冲击电流小的负载逐一开启。决不能将所有负载同时开启，更不能带载开机。关机时，先逐个关闭负载，再关闭 UPS 开关，最后关闭 UPS 电源开关。同样，也不能带载关机。

（3）UPS 不可过载。为保证 UPS 正常工作，很重要的一点就是 UPS 不能过载运行。不带有冗余设计的小功率 UPS 产品只能在其标称的输出功率范围内正常运行。因此，如果 UPS 过载运行，在蓄电池供电过程中由于逆变器的过载保护功能，UPS 会因过载而中断输出，从而造成不必要的损失。

在这里还需要指出，小功率 UPS 适合接容性负载，如个人 PC、喷墨打印机、扫描仪等，但却不适合接感性负载。因为感性负载的启动电流往往会超过额定电流的 3～4 倍，这样就会引起 UPS 的瞬时超载，影响 UPS 的寿命。

（4）UPS 不宜满载。虽然每台 UPS 标有额定功率，但一般情况下，建议后备式 UPS 选取额定功率的 60%～70% 的负载量；在线式 UPS 选取额定功率的 70%～80% 的负载量。因此，最好不要按照 UPS 标称的额定功率使用它。长期处于满载状态的话，会造成 UPS 逆变器及整流滤波器的过热，影响 UPS 的使用寿命。

（5）UPS 要远离热源。环境温度对 UPS 的影响很重要，研究发现，UPS 内的蓄

电池在 10～25℃环境下工作为益。当环境温度升高时，电池本身固有的"存储寿命"会逐渐缩短。所以，UPS 应避免靠近暖气等热源，同时也要避免阳光直射。

环境温度也不能过低，如果温度过低（比如低于 5℃）时会导致电池释放的电量大幅度减少。此外，保持 UPS 工作环境的清洁也很重要。当 UPS 在浑浊的环境下工作时，空气中漂浮的有害灰尘一旦进入 UPS，会对其内部器件造成腐蚀或短路，从而影响 UPS 的正常工作甚至损坏 UPS。

（6）严禁对 UPS 电源的蓄电池组过电流充电，因为过电流充电容易造成电池内部的正、负极板弯曲，板表面的活性物质脱落，造成蓄电池可供使用容量下降，以致损坏蓄电池。

（7）严禁对 UPS 电源的蓄电池组过电压充电，因为过电压充电会造成蓄电池中的电解液所含的水被电解成氢和氧而逸出，从而缩短蓄电池的使用寿命。

（8）严禁对 UPS 电源的蓄电池组过度放电，因为过度放电容易造成电池寿命减短。

【思考与练习】

1. 初次使用 UPS 时应注意哪些问题？

2. 简述 UPS 的开关机步骤。

3. 为什么不能对 UPS 电源的蓄电池组过电流充电？

第十三章

测 控 装 置 调 试

◢ 模块 1　遥信采集功能的调试（ZY2900201001）

【模块描述】本模块包含测控装置遥信信息采集的调试工作流程及注意事项。通过调试流程和实例介绍，掌握调试前的准备工作、相关安全和技术措施、装置的调试项目及其操作步骤、方法和要求。

【模块内容】

一、试验目的

本次试验针对计算机监控系统和测控装置进行验收前调试，主要试验项目包括测控装置通电自检试验，遥信信息采集功能校验，遥信变位试验和雪崩试验。

二、危险点分析及控制措施

危险点分析及控制措施见表 13-1-1。

表 13-1-1　　　　　　　　　　危险点分析及控制措施

序号	危险点	控制措施
1	带电拔插通信板件	避免带电拔插通信板，避免直接接触板件管脚，容易导致静电或电容器放电引起板件损坏
2	通信调试产生误数据	调试前，把相应可能影响到的数据进行闭锁处理
3	通信调试导致其他数据不刷新	
4	参数调试导致影响其他的通信参数	
5	通信电缆接触到强电	根据现场实际要求，做好相应隔离措施
6	信号试验走错到遥控端子	
7	通信设备调试影响到其他共用此设备的通信	设备断电前检查是否有相关的共用设备，并做好相应隔离措施

三、测控装置遥信信息采集功能调试工作流程及注意事项

检查现场开关量采集信号电源是 DC 110V 还是 DC 220V，测控装置所配开关量采

集模件是否一致。如检查正常，打开开关量采集信号电源。

在计算机监控系统和测控装置上检查开关量信号状态是否正确、SOE 事件是否正确。测控装置菜单中可显示本装置所有开入状态。

对于运行中测控装置的遥信信息采集功能调试一般应完成以下几个步骤：

（1）做好工作前的准备工作，包括图纸资料、仪器、仪表及工器具的准备。

（2）做好设备调试的技术措施。

（3）开工前按照要求通知调度和监控相关工作人员，或把相应可能影响到的数据进行闭锁处理，防止误信息造成对电网运行的影响。

（4）核对图纸，确认遥信信息表中的遥信点与设备端子的对应位置。

（5）遥信变位测试，核对遥信动作及 SOE 情况，记录动作时间。

（6）如发生错误动作，应检查遥信信息表中的遥信点是否正确。

（7）如发现遥信错误，则需要进一步检查测控装置本身或现场遥信采集点是否正常。

（8）完成单个测控装置遥信信息采集功能调试后，可同时在多个测控装置同时发送成批遥信，从而测试系统的数据处理能力。

（9）装置调试结论进行记录整理。

（10）调试后通信恢复正常，且能稳定运行。

（11）调试后通信线布局合理、整齐、美观。通信线一律在压线槽内走线，在压线槽内保持走线整齐，压线槽盖严、屏柜门关紧。

（12）填写调试报告。

四、案例

下面以实际案例介绍某测控装置设备遥信信息采集功能调试的准备工作、装置的调试项目及其操作步骤、方法和要求。

（一）仪器、仪表及工器具的准备

需准备：① 笔记本电脑；② RS–232 串口线及以太网直通网络线；③ 组态软件；④ 数字万用表。

（二）通电前检查

（1）设计图纸检查。检查装置中设备（开关、装置、温度变送器等）型号及其位置，是否一一与图纸相对应；检查装置背视端子图，检查端子是否需要连接，顺序的排列及其数量。

（2）外观检查。检查装置在运输和安装后是否完好，模件安装是否紧固。

（3）通电前电源检查：检查电源是否存在短路现象；检查机柜是否可靠接地；检查测控装置工作电源是否过电压或欠电压。正常要求输入电压范围 AC 176～264V 或

DC 85～242V。

（三）通电检查

一切检查正常后，打开装置电源，等待 30 多秒，检查装置是否运行正常。

装置运行正常时，面板上运行指示灯亮；"控制使能，合，分"指示灯灭；"装置运行"灯亮，"远方/当地""连锁/解锁"指示灯状态与其把手位置一致；"网卡 1 通信故障，网卡 2 通信故障，模件故障，装置配置错，装置电源故障"指示灯灭，但在测试装置前由于网卡没接通，通常"网卡 1 通信故障，网卡 2 通信故障"灯是亮的。LCD 上会显示主菜单（显示实时数据，显示记录，显示装置状态字，显示配置表，用户自定义画面及时钟）。

（四）装置调试

（1）遥信变位测试。依次测试每个开入信号，当接入信号时，相应开入数据值为"1"；撤掉信号时，值变为"0"。测试结果记入遥信变位测试记录表（见表 13-1-2）。

表 13-1-2　　　　　　　　　　遥信变位测试记录表

序号	遥信名称	监控后台报警信息	遥信正确性	SOE 情况	遥信动作反应时间
1					
2					
3					
4					
5					

（2）雪崩试验：任选几个测控装置，同时发送成批遥信。测试结果记入雪崩试验测试记录表（见表 13-1-3）。

表 13-1-3　　　　　　　　　　雪崩试验测试记录表

序号	遥信总个数	测控装置	后台报警个数	正确性
1				
2				
3				

验收意见：

结论：　　　　　　通过□　　　　　　　不通过□

【思考与练习】

1. 遥信信息及其来源有哪些？

2. 测控装置进行遥信采集功能调试的流程是什么？

3. 测控装置遥信信息采集功能调试有哪些注意事项？

▲ 模块 2　事件顺序记录 SOE（ZY2900201002）

【模块描述】本模块介绍了事件顺序记录 SOE 的概念、应用目的、调试项目及注意事项。通过调试流程介绍、图形示意，掌握调试前的准备工作及相关安全和技术措施、SOE 的调试项目及其操作方法。

【模块内容】

一、试验目的

本次试验针对计算机监控系统和测控装置进行验收前调试，主要试验项目包括 SOE 功能校验、遥信防抖试验。

二、危险点分析及控制措施

危险点分析及控制措施见表 13-1-1。

检查现场开关量采集信号电源是 DC 110V 还是 DC 220V，测控装置所配开关量采集模件是否一致。如检查正常，打开开关量采集信号电源。

在计算机监控系统和测控装置上检查开关量信号状态是否正确、SOE 事件是否正确。测控装置菜单中可显示本装置所有开入状态。

三、装置 SOE 功能调试的工作流程

由于 SOE 功能是测控装置软件功能实现的，因此它的调试准备工作与测控装置遥信信息采集功能调试的准备工作是相同的。

由于 SOE 功能涉及的技术参数精确到毫秒，因此它的测试工作还应完成以下内容：

（1）当遥信发生动作时，其时间记录格式是否正确。

（2）当多个遥信发生动作时，记录能否反映其动作的先后顺序，是否有信息丢失现象。记录的遥信动作次数与实际动作次数是否一致。

（3）调试后通信恢复正常，且能稳定运行。

（4）填写调试报告。

因此，对装置 SOE 功能的调试应在核对记录格式的基础上，测试装置在有干扰或抖动的情况信号下的 SOE 误报、漏报，从而保证 SOE 的正确性，为电网在事故状态下做出正确的故障判断和分析。

四、案例

（一）遥信防抖动软件处理方法

在变电站自动化系统中，事件顺序记录的重要功能就是要正确辨别电网故障时各

类事件发生的先后顺序，为电网调度运行人员正确处理事故、分析和判断电网故障提供重要手段。因而，电网中 SOE 的正确记录非常重要。若处理不好，特别是在信号有干扰或抖动的情况信号下，可能会导致 SOE 误报、漏报。这样，不仅严重影响电网的安全稳定运行，而且因记录时间不准确，导致因果混乱，在事故状态下无法做出正确的故障判断和分析。接点抖动时遥信波形见图 13-2-1。

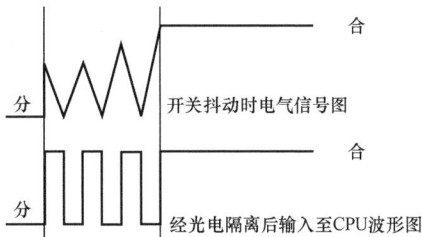

图 13-2-1　接点抖动时遥信波形

目前，针对干扰和抖动信号的处理，大多采用软件去抖滤波方法，即在软件中设计一个"遥信去抖参数"，考虑信号抖动过程中多次变位信息后进行综合延时处理。但由于软件去抖方法设计的不同，会导致遥信记录起始时间不准确，也会导致 SOE 误报。因此，在有干扰和抖动信号输入情况下，如何正确识别信号变位，保证 SOE 不误报、不漏报，显得尤为重要。

针对遥信防抖动，许多装置软件处理方法基本相似，均采用软件去抖滤波方法。软件上均设计"遥信去抖时间"，在遥信瞬时变位后，若在"遥信去抖时间"内，遥信信号返回，则认为是干扰信号而不是真正变位信号。但在遥信瞬时变位后，经过一段时间的抖动，变化到新的稳定状态，SOE 记录时间的选取，不同软件的处理方法又有一定的差别。在目前常用的软件处理方法中，大概分为下面四种方法。

1. 方法 1：取信号稳定变位前沿

在该方法中，软件认为信号变位稳定才是真正的变位。开关信号输入至 CPU 的波形（SOE 时间记录方法 1）见图 13-2-2。

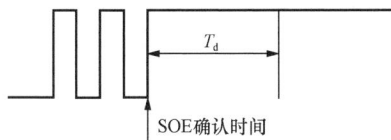

图 13-2-2　SOE 时间记录方法 1

软件若发现某一遥信变位，便将当前时间记录下来，若变位后稳定时间小于 T_d（遥信去抖时间），则将该时间舍弃，取下一个变化前沿时间，直至该信号稳定时间大于 T_d 后，记录该时间，确认该 SOE 为有效事件。该方法软件资源开销较小，软件编程容易实现，部分测量装置采用这种遥信去抖方法。但是在系统事故分析中，一般认为开关抖动时刻即为变位时刻，将开关抖动的前沿时刻作为分析前后因果关系的基本依据。

2. 方法 2：取信号变位前沿

在该方法中，SOE 记录时间取遥信刚变位时刻。开关信号输入至 CPU 的波形（SOE 时间记录方法 2）见图 13-2-3。

软件记录变化前沿作为 SOE 产生时刻，然后判断经过 T_d 时间后位置状态，如果仍然变位，则确认开关真正变位，记录该时间，确认该 SOE 为有效事件；如果经过 T_d 时间后状态返回，则认为是抖动，舍弃该变位，重新捕捉变化前沿。该方法强调遥信防抖时间 T_d 就是信号（如中间继电器）抖动的最大时间，在该时间内信号应该稳定。但该方法对信号是否稳定的确认相对简单，如果遇上反复抖动的信号，可能会多次产生遥信变位，SOE 可能会误报，也可能会漏报。

3. 方法 3：取信号变位前沿

在该方法中，SOE 记录时间取遥信刚变位时刻。开关信号输入至 CPU 的波形（SOE 时间记录方法 3）见图 13-2-4。

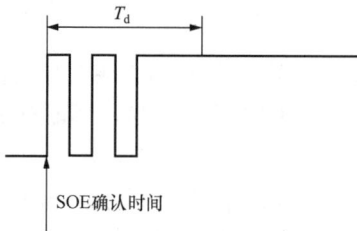

图 13-2-3　SOE 时间记录方法 2

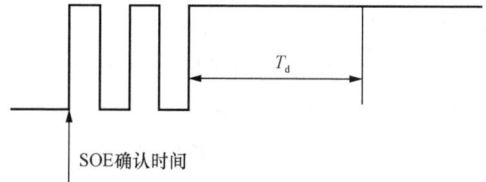

图 13-2-4　SOE 时间记录方法 3

软件记录变化前沿作为 SOE 产生时刻，直到遥信变位稳定 T_d 时间后确认该事件，并取刚开始抖动时间作为 SOE 记录的有效时间。该方法能够准确地反应开关的实际动作时刻。大多数测量装置采用这种遥信去抖方法。

4. 方法 4：取信号变位前沿

方法 4 与方法 3 的原理基本相同，只是处理方法略有差别。开关信号输入至 CPU 的波形（SOE 时间记录方法 4）见图 13-2-5。SOE 记录时间取自遥信刚变位时刻，当遥信变位稳定 T_d 时间后确认该事件，并取刚开始抖动时间。当 ΔT（信号抖动持续时间）小于 T_d 时，取抖动前沿，认为该时刻为 SOE 产生时刻；当抖动时间 ΔT 大于 T_d 时，前面的 T_d 时间放弃，取后面的变化前沿作为 SOE 产生时刻。上述两种情况都要求信号稳定时间大于 T_d。该方法中，当开

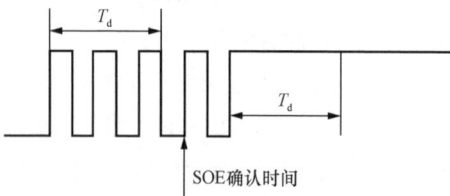

图 13-2-5　SOE 时间记录方法 4

关抖动时间 ΔT 大于 T_d 时，则认为是干扰信号。该方法对软件资源要求较高，在多个抖动信号同时输入时，若程序任务调度不好，也可能导致 SOE 误报、漏报。同时，该方法的设计出发点是想滤除干扰信号，若干扰持续存在，显然无法滤除。

　　上述四种遥信去抖方法中，对于方法 2 来说，若遥信去抖时间设置不合适，可能会导致 SOE 误报、漏报；对于方法 4 来说，软件资源要求较高，特别是多个输入信号同时需要判断变位时候，对软件要求更高；同时在连续干扰信号输入的情况下，方法 4 也无法正确辨别。

　　针对上述软件去抖设计方法，在此提供方法 3 的软件设计流程（SOE 处理软件流程），见图 13-2-6。

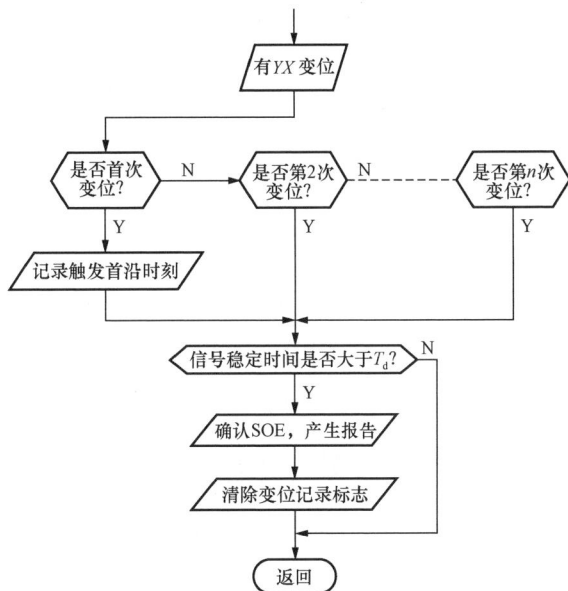

图 13-2-6　SOE 处理软件流程

（二）装置 SOE 功能调试的结果分析

1. 测试系统结构

　　在变电站自动化系统中，针对开关量信号的采集，各测控设备生产厂家采用的方法有一定的区别，一般不超出上述四种方法。为验证上述四种软件去抖动方法的效果，可对去抖动软件进行测试。测试系统结构见图 13-2-7。

　　测试系统中，管理计算机通过以太网与测控装置通信，以表格方式显示装置上送的 SOE 信息。GPS 提供测控装置标准时钟，接口方式为 IRIG-B。脉冲调理装置模拟开关位置变化，输出一路脉冲信号，脉宽和间隔任意调制，最小输出分辨率可达 0.5ms。四台测控装置按照上述四种软件去抖方法设计程序，对脉冲调理装置调制出的信号进行采集，测控装置地址分别为 1～4。高速数字示波器用于监视脉冲调理装置的脉冲信号，其采样频率为 300MHz。

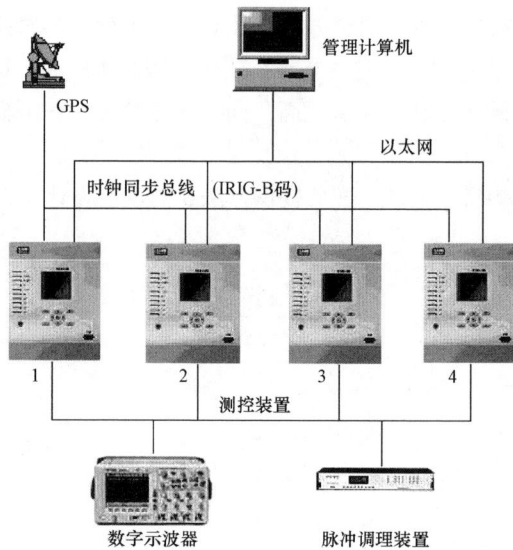

图 13-2-7 测试系统组成结构

2. 测试数据及分析

脉冲调理装置模拟开关抖动信号输出波形，同时接入四台测控装置的第一路信号采集通道。数字示波器监视抖动信号波形如图 13-2-8 所示。

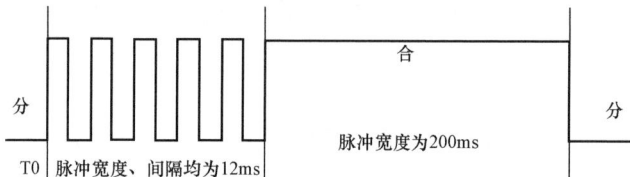

图 13-2-8 数字示波器监视抖动信号波形图

（1）测试结果一。四台测控装置遥信去抖时间设置为 50ms，不考虑分信号产生的 SOE。管理计算机显示的 SOE 记录统计表（一）见表 13-2-1。

表 13-2-1 管理计算机显示的 SOE 记录统计表（一）

序号	去抖方法	SOE（h:min:s::ms）	性　质	变位情况
1	方法 1	09:00:00::120	合	0→1
2	方法 2	09:00:00::000	合	0→1
3	方法 2	09:00:00::072	合	0→1
4	方法 3	09:00:00::000	合	0→1
5	方法 4	09:00:00::072	合	0→1

（2）测试结果二。四台测控装置遥信去抖时间设置为 70ms，不考虑分信号产生的 SOE。管理计算机显示的 SOE 记录统计表（二）见表 13-2-2。

表 13-2-2　　　　　　管理计算机显示的 SOE 记录统计表（二）

序号	去抖方法	SOE（h:min:s::ms）	性　质	变位情况
1	方法 1	09:13:00::120	合	0→1
2	方法 2	09:13:00::072	合	0→1
3	方法 3	09:13:00::000	合	0→1
4	方法 4	09:13:00::072	合	0→1

（3）测试结果三。四台测控装置遥信去抖时间设置为 130ms，不考虑分信号产生的 SOE。管理计算机显示的 SOE 记录统计表（三）见表 13-2-3。

表 13-2-3　　　　　　管理计算机显示的 SOE 记录统计表（三）

序号	去抖方法	SOE（h:min:s::ms）	性　质	变位情况
1	方法 1	09:29:00::120	合	0→1
2	方法 2	09:29:00::000	合	0→1
3	方法 3	09:29:00::000	合	0→1
4	方法 4	09:29:00::000	合	0→1

从上述测试结果分析，虽然遥信去抖时间设计一致，但是不同的软件去抖算法会导致不同的 SOE 记录结果，可能会多产生变位记录，也可能导致 SOE 记录的时间不一致，表 13-2-1 记录显示，采用遥信去抖方法 2，SOE 记录便多产生一条。同时，在不同遥信去抖时间情况下，测控装置对抖动信号采集结果差异较大，上述三个表格中的记录可以说明。

【思考与练习】

1. 分析遥信抖动的原因是什么？有什么解决办法？

2. 什么是事件顺序记录？

3. 装置 SOE 功能调试的工作流程是什么？

◢ 模块 3　遥测信息采集功能的调试（ZY2900201003）

【模块描述】本模块介绍了常用的交/直流遥测信息采集的模式、装置遥测外回路的接法、调试项目及注意事项。通过原理讲解、调试流程和实例介绍，掌握调试前的准备工作及相关安全和技术措施、遥测信息的调试项目及其操作方法。

【模块内容】

一、试验目的

本次试验针对计算机监控系统与测控装置进行验收前调试，主要试验项目包括测控装置自检校验、直流遥测试验、交流遥测试验。

二、危险点分析及控制

危险点分析及控制见表 13-3-1。

表 13-3-1   危 险 点 分 析 及 控 制

序号	危险点	控制措施
1	带电拔插通信板件	避免带电拔插通信板件，避免直接接触板件管脚，导致静电或电容器放电引起的板件损坏
2	通信调试产生误数据	调试前，把相应可能影响到的数据进行闭锁处理
3	通信调试导致其他数据不刷新	
4	参数调试导致影响其他的通信参数	
5	通信电缆接触到强电	根据现场实际要求，做好相应隔离措施
6	信号实验走错到遥控端子	
7	通信设备调试影响到其他共用此设备的通信	设备断电前检查是否有相关的共用设备，并做好相应隔离措施
8	防止电压回路短路或接地	从电压引入端断开电缆连接或断开电压保险，将电缆头用绝缘胶布裹好，并做好记号
9	防止电流回路开路	从电流引入端封好回路后，断开电流连接片
10	防止错断电缆	断开遥测电压回路，断开遥测电流回路

三、测控装置遥测采集功能调试工作流程及注意事项

（一）标准源架设

1. 标准源自身接线连接

（1）操作步骤：

1）电源连接在专用插座上；

2）电压按相序连接；

3）电流按相序及极性连接，并注意电流的进出方向。

（2）注意事项：防止人身触电，防止交流电源回路短路或接地。

2. 标准源与 RTU 装置连接

（1）操作步骤：

1）电压连接于电压端子的内侧；

2）电流连接于电流端子的内侧；

3）连接并检查无误后，打开标准源电源，按说明书要求，预热标准源，并进行标准源自校，准备检测。

（2）注意事项：防止标准源电压回路短路或接地，防止标准源电流回路开路。

（二）遥测数据记录

RTU 遥测数据显示及标准源数据记录（V_X、V_I）。

在该站的人机对话界面选择"现场监视"查看实时信息，显示实时数据一次值，查看并记录数据。

注意事项：防止误记、漏记遥测数据，标准源数据与 RTU 的数据应同时记录。

（三）遥测精度计算

利用维护软件读数与标准源读数计算遥测准确度 E（即装置误差），要求在 $\pm 0.5\%$ 内。准确度按下式计算

$$E = \frac{V_X - V_I}{A_P} \times 100\% \qquad (13-3-1)$$

式中　V_X——软件显示值；

　　　V_I——标准表显示值；

　　　A_P——基准值。

四、案例

（一）某测控装置遥测采集回路说明

1. 直流遥测采集

NSD500V-AIM 模件用于采集站内的直流模拟信号，例如，主变压器温度、室温、直流母线电压等经过变送器后输出的 0～5V 或 0～20mA（或 4～20mA）的信号。NSD500V-AIM 模件上 E1～E8 中的某一跳线柱跳上，表示该通道采集的是 0～20mA 电流信号，断开表示该通道采集的是 0～5V 电压信号。

NSD500V-AIM 模件采用 CAN 网与 NSD500V-CPU 模件通信，在板地址拨码用以确定模件在 CAN 网络上的地址，拨码开关拨到"ON"表示"1"，"OFF"表示"0"。NSD500V-AIM 模件可任意安装在机箱槽位上，其地址取决于在机箱上的位置。第一个 IO 槽位地址为"1"，依次递增。

NSD500V-AIM 模件通过采用继电器隔离等抗干扰措施，以提高采集信号的可靠性。

图 13-3-1 所示为 NSD500V-AIM 接线示意图。

2. 交流采集回路

NSD500V-DLM 模件用于采集站内一条线路的交流信号，以及断路器的控制（可

自动检同期、无压）、电动刀闸或其他对象的控制，如变压器分接开关、风机组及保护装置远方复归等。

NSD500V–DLM 模件通过采用变压器隔离、光电隔离等抗干扰措施，以提高采集信号及输出控制的可靠性。

图 13–3–2 所示为 NSD500V–DLM 接线示意图。

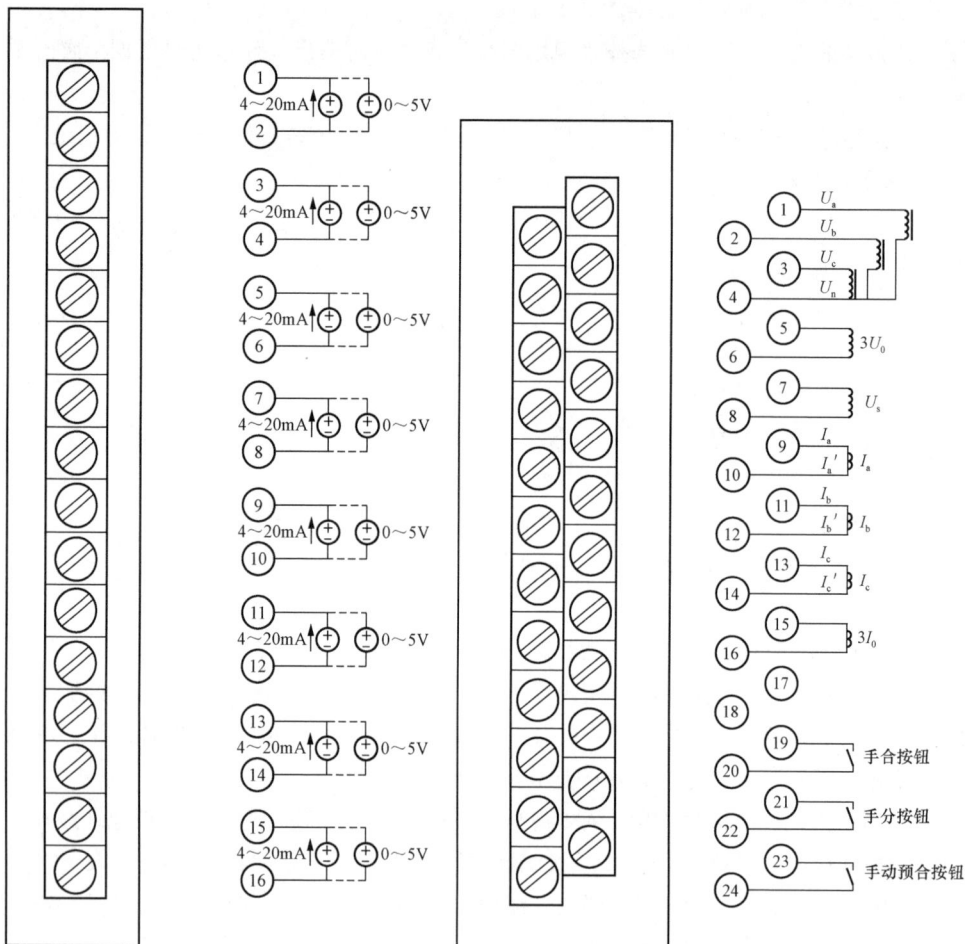

图 13–3–1　NSD500V–AIM
接线示意图

图 13–3–2　NSD500V–DLM
接线示意图

（二）测控装置遥测采集功能调试操作步骤

下面用实例介绍某测控装置设备遥测采集功能调试的准备工作、装置的调试项目及其操作步骤、方法和要求。

1. 仪器、仪表及工器具的准备

准备：① 笔记本电脑；② RS-232 串口线及以太网直通网络线；③ 组态软件；④ 三相电力标准（功率）源；⑤ 数字万用表。

2. 通电前检查

（1）设计图纸检查：

1）平面图：检查装置中设备（开关、装置、温度变送器等）型号及其位置是否一一与图纸相对应。

2）电源端子图：装置背视端子图，检查端子是否需要连接，顺序的排列及其数量。

（2）外观检查：检查装置在运输和安装后是否完好，模件安装是否紧固。

（3）通电前电源检查：① 检查电源是否存在短路现象；② 检查机柜是否可靠接地；③ 检查测控装置工作电源是否过电压或欠电压。正常要求输入电压范围 AC 176～264V 或 DC 85～242V。

3. 通电检查

一切检查正常后，打开装置电源，等待 30s 后，检查装置是否运行正常。装置运行正常时，面板上"VCC"指示灯亮；"控制使能，合，分"指示灯灭；"装置运行"灯亮，"远方/当地""连锁/解锁"指示灯状态与其把手位置一致；"网卡 1 通信故障，网卡 2 通信故障，模件故障，装置配置错，装置电源故障"指示灯灭，但在测试装置前由于网卡没接通，通常"网卡 1 通信故障，网卡 2 通信故障"灯是亮的。LCD 上会显示主菜单（显示实时数据，显示记录，显示装置状态字，显示配置表，用户自定义画面及时钟）。

4. 装置调试

测试系统主要功能及性能指标。测试结果记入表 13-3-2 中。

表 13-3-2　　　　　　实时数据 YC 量测试记录表测控装置
（U=57.74V，I=1A，φ=30°）

序号	遥测名称	理论值	测量值	精度	数据到画面响应时间（s）	正确性
1	AB 相电压					
2	BC 相电压					
3	CA 相电压					
4	A 相电流					
5	B 相电流					
6	C 相电流					
7	有功功率					
8	无功功率					

验收意见：

结论： 通过□ 不通过□

备注：

【思考与练习】

1. 遥测采集功能调试需要哪些仪器仪表？
2. 遥测精度计算的公式是什么？说明各符合的意思。
3. 测控装置进行遥测采集功能调试的流程是什么？

模块 4　遥控功能联合调试（ZY2900201004）

【模块描述】本模块介绍了遥控功能的联合调试危险点分析及控制手段。通过调试流程介绍，掌握调试前的准备工作及相关安全和技术措施、遥控功能的调试项目及其操作方法。

【模块内容】

一、试验目的

本次试验针对计算机监控系统和测控装置进行验收前调试，主要试验项目包括手动遥控试验、监控后台遥控试验和调度中心远控试验。

二、危险点分析及控制

危险点分析及控制见表 13-4-1。

表 13-4-1　　　　　危 险 点 分 析 及 控 制

序号	危险点	控制措施
1	误遥控其他运行间隔	全站运行设备测控装置的远方/就地把手应在"就地"位置，或取下遥控出口压板
2	带电拔插通信板件	避免带电拔插通信板件，避免直接接触板件管脚，导致静电或电容器放电引起的板件损坏
3	通信调试产生误数据	调试前，把相应可能影响到的数据进行闭锁处理
4	通信调试导致其他数据不刷新	
5	参数调试导致影响其他的通信参数	
6	通信电缆接触到强电	根据现场实际要求，做好相应隔离措施
7	信号实验走错到遥控端子	根据现场实际要求，做好相应隔离措施。如果装置有遥控回路，做好闭锁措施，防止误操作
8	通信设备调试影响到其他共用此设备的通信	通信设备断电前检查是否有相关的共用设备，并做好相应隔离措施

三、遥控功能的联合调试操作步骤

（一）手控操作

1. 遥控联调时先执行手控操作的作用

由于遥控联调牵涉的环节比较多，使用逐步调试的方法将联调拆分成容易实现的几个简单步骤，有利于提高联调工作效率。在遥控联调时先执行手控操作，保证测控装置与遥控回路没有问题，之后就可以专心检查变电站当地后台、调度后台方面的影响遥控联调的环节有无问题。

2. 准备工作

（1）将测控装置的远方/就地把手（或压板）打在"就地"位置。

（2）确认本次遥控操作对应的遥控压板是否已经处于"退出"位置。

（3）如本测控装置具有连锁组态功能且本次遥控操作需要验证连锁组态功能的正确性，请将"解除闭锁"压板打在"退出"位置，并仔细检查连锁逻辑文本中的连锁逻辑规则图是否正确，确认本步遥控操作是否符合连锁逻辑所要求的条件。

如果本测控装置不具备连锁组态功能，或本次遥控操作不希望使用连锁组态功能，直接将"解除闭锁"压板打在"投入"位置。

（4）断路器检同期合闸的情况下，请检查测控装置的同期条件是否满足，并检查测控装置的同期设置是否正确。

3. 手控操作的方法

在测控装置液晶菜单中，选择"手控操作"进入手控操作菜单第一步，显示菜单如下：

```
手控操作：
第一步：对象选择
遥控 1
遥控 2
遥控 3
遥控 4
遥控 5
遥控 6
遥控 7
遥控 8
```

选择一个遥控对象后，按"确定"按钮进入第二步，显示菜单如下：

```
手控操作:
第二步: 操作选择
分闸操作
合闸操作
取消
```

将光标移到相应位置,按"确定"按钮。选择操作成功后进入第三步,显示菜单如下:

```
手控操作:
第三步: 执行确认
执行
取消
```

可选择下发执行命令或者取消本次操作,移动光标选择相应命令,按"确定"按钮执行。

(二)在监控后台执行遥控操作

(1)保证在测控装置上执行手控操作正常。

(2)将测控装置的远方/就地把手(或压板)打在"远方"位置。

(3)检查变电站当地后台数据库、画面有关本次遥控操作的相关内容正确。

(4)如果是在已经有部分已投运设备的变电站做遥控联调工作,在客观条件允许并得到相关管理部门许可的情况下,做好安全措施,办理允许本测控装置在变电站当地后台遥控的工作票。

(5)在变电站当地后台执行遥控操作,操作人、监护人不能是同一人,操作人必须是具有操作权限的变电站当值运行人员,监护人必须是具有监护权限的变电站当值运行人员。

(三)调度中心远方执行遥控操作

调度中心远方执行遥控操作与在监控后台执行遥控操作的方法类似,但在传动时应与调度中心取得密切联系,分别将被控制开关执行由"分"到"合"和"分"到"合"到"分"操作。传动工作中应填写遥控传动记录。

传动工作中如发现遥控功能失效,可先检查通道情况,然后通过远动主机检查报文接收和发送情况,验证报文内容是否正确。

(四)某测控装置遥控回路的接线

RCS-9705C 遥控板上的遥控回路接线见图 13-4-1,图中的 RCS-9705C 安装在屏内 1n 位置的，因此其对应的端子排编号为 1YK 的。1YK1，…，1YK52 为端子排编号。

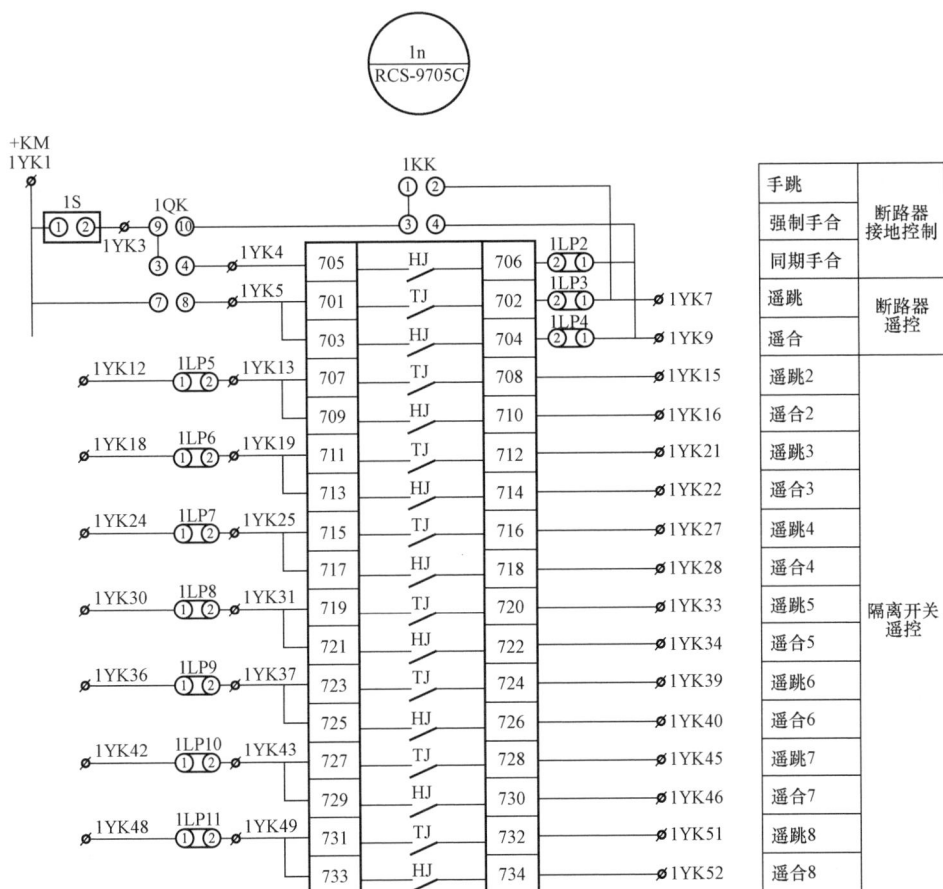

图 13-4-1　RCS-9705C 遥控板上的遥控回路接线图

手跳	断路器接地控制
强制手合	
同期手合	
遥跳	断路器遥控
遥合	
遥跳2	
遥合2	
遥跳3	
遥合3	
遥跳4	
遥合4	
遥跳5	隔离开关遥控
遥合5	
遥跳6	
遥合6	
遥跳7	
遥合7	
遥跳8	
遥合8	

由于第一路遥控在现场常用于控制断路器，故第一路遥控回路比较特殊，具体表现为：

（1）第一路遥控合、分遥控分别有独立的遥控压板。

当遥跳压板 1LP3 投入时第一路遥控才能遥控分闸，如果 1LP3 压板退出，则第一路遥控分闸将不能出口。

当遥合压板 1LP4 投入时第一路遥控才能遥控合闸，如果 1LP4 压板退出，则第一路遥控合闸将不能出口。

而第二路到第八路遥控分别均只有 1 个遥控压板，以第二路遥控为例，其对应的遥控压板为 1LP5，这个遥控压板投入时第二路遥控才能合闸、分闸，退出时第二路遥控将既不能合闸又不能分闸。

（2）第一路操作需要考虑到测控屏上的电气锁 1S、1KK 操作把手和 1QK 操作把手。1KK 操作把手含义见图 13-4-2，1QK 操作把手含义见图 13-4-3。

运行方式 \ 接点	3-4 7-8 11-12	1-2 5-6 9-10
合闸 ↗	✕	─
就地 ↑	─	─
跳闸 ↙	─	✕

图 13-4-2　1KK 操作把手含义图

运行方式 \ 接点	1-2 3-4	5-6 7-8	9-10 11-12
同期手合 ↗	✕	─	─
远控 ↑	─	✕	─
强制手动 ↙	─	─	✕

图 13-4-3　1QK 操作把手含义图

进行第一路手跳操作时，需要操作把手 1KK 打到"跳闸"位置才能成功。第一路操作成功的条件见表 13-4-2。

表 13-4-2　　　　　　　　　　　第一路操作成功的条件

操作名	能成功操作的条件序号	能成功操作的条件内容
遥合	1	1QK 打到"远控"位置
	2	第一路遥控的遥合压板 1LP4 在合位
遥跳	1	1QK 打到"远控"位置
	2	第一路遥控的遥跳压板 1LP3 在合位
同期手合	1	使用电脑钥匙打开第一路操作的测控屏上的电气锁 1S，或直接短接 1S，使之导通
	2	1QK 打到"同期手合"位置
	3	第一路操作的同期手合压板 1LP2 投上

续表

操作名	能成功操作的条件序号	能成功操作的条件内容
强制手合	1	使用电脑钥匙打开第一路操作的测控屏上的就地五防锁 1S，或直接短接 1S，使之导通
	2	1QK 打到"强制手动"位置
	3	操作把手 1KK 打到"合闸"位置
手跳	1	使用电脑钥匙打开第一路操作的测控屏上的就地五防锁 1S，或直接短接 1S，使之导通
	2	1QK 打到"强制手动"位置
	3	操作把手 1KK 打到"跳闸"位置

（五）遥控功能的检测及报告查询

1. 遥控功能的检测

遥控调试时，可使用万用表的欧姆挡来检测遥控节点的闭合情况。如果执行控制命令时，电阻突然降为 0Ω 左右，表明正在遥控的该路遥控结点已经闭合，遥控成功。如果电阻没有变化，则表明测控装置没有向外输出遥控信号。

2. 报告查询

操作报告记录装置操作的情况，屏幕显示如下：

```
遥控 3
日期：2008 年 10 月 21 日
时间：13h28min11s
ms：775
状态：9998　合执行
序号：6
```

按"↑"或"←"按钮可选择"上一个"记录，按"↓"或"→"按钮可选择"下一个"记录，若要查看最新的一条记录，请按"确认"按钮。装置可记录的操作记录数目共 256 条，采用循环式指针记录方式，只记录最新的 256 条信息。

【思考与练习】

1. 遥控功能联合调试时，遥控联调时执行手控操作的作用是什么？

2. 遥控功能联合调试时，在监控后台执行遥控操作的作用是什么？

3. RCS−9705C 装置第一路遥合能成功操作的条件有哪些？

▲ 模块 5 三遥功能正确性验证及分析（ZY2900201007）

【**模块描述**】本模块介绍了遥测、遥信、遥控功能的检测及功能分析，包含"三遥"功能的具体调试与分析。通过要点介绍和分析，掌握测控装置基本"三遥"功能的错误分析及解决方法。

【**模块内容**】

一、试验目的

本次试验针对计算机监控系统和测控装置进行验收前调试，主要试验项目包括遥测功能的调试及分析试验，遥信功能的调试及分析试验、遥控功能的调试及分析试验和整组试验。

二、危险点分析及控制措施

危险点分析及控制措施见表 13–5–1。

表 13–5–1 危险点分析及控制措施

序号	危险点	控制措施
1	带电拔插通信板件	避免带电拔插通信板件，避免直接接触板件管脚，导致静电或电容器放电引起的板件损坏
2	通信调试产生误数据	调试前，把相应可能影响到的数据进行闭锁处理
3	通信调试导致其他数据不刷新	
4	参数调试导致影响其他的通信参数	
5	通信电缆接触到强电	根据现场实际要求，做好相应隔离措施
6	信号实验走错到遥控端子	
7	通信设备调试影响到其他共用此设备的通信	设备断电前检查是否有相关的共用设备，并做好相应隔离措施
8	防止电压回路短路或接地	从电压引入端断开电缆连接或断开电压保险，将电缆头用绝缘胶布裹好，并做好记号
9	防止电流回路开路	从电流引入端封好回路后，断开电流连接片
10	防止错断电缆	断开遥测电压回路，断开遥测电流回路
11	误遥控其他运行间隔	全站运行设备测控装置的远方/就地把手应在"就地"位置，或取下遥控出口压板

三、遥测功能的调试及分析

1. 技术指标

根据 DL/T 5003—2017《电力系统调度自动化设计规程》中对远动终端遥测精度

技术指标为 0.2 级。DL/T 5002—2005《地区电网调度自动化设计技术规程》中规定交流采样精度宜为 0.2 级，变送器的精度宜为 0.2～0.5 级。

2. 检验装置的要求

（1）交流采样远动终端测量单元的检验采用虚负荷法，其检验装置应为可以模拟输出单、三相交流电压、电流、功率（相位、频率）的标准功率源或高稳定度功率源配以数字多功能表，检验装置的基本误差限不应超过表 13–5–2 的规定，其实验标准差（以测量上限的百分数表示）不应超过表 13–5–3 的规定。

表 13–5–2　　　　　　　　　　　检验装置的基本误差限

被检测量单元的准确度等级	0.1	0.2	0.5
现场检验装置的准确度等级指数	0.03	0.05	0.1
现场检验装置的基本误差限（%）	±0.03	±0.05	±0.1
现场校验仪或数字多功能表的等级	0.03	0.05	0.1

表 13–5–3　　　　　　　　　　　检验装置允许的实验标准差

检验装置的类别	检验装置的等级指数		
	0.03	0.05	0.1
	允许的试验标准差 S（%）		
校验电流、电压、频率、功率因数的检验装置	0.006	0.01	0.02
校验有功（无功）交流采样遥测单元的装置 $\cos\varphi$（$\sin\varphi$）为 1 和 0.5（感性）	0.006	0.01	0.02

（2）测量单元的现场比对测试采用实负荷法，选用在 15～30℃ 范围内保证其准确度指标或温度系数优于 0.002%/℃（以 20℃ 或 23℃ 为基准）的可以测量交流电压、电流、功率（相位、频率）的现场校验仪（或数字多功能表）为标准，其基本误差限不应超过表 13–5–2 的规定。

（3）现场校验仪和试验端子之间的连接导线应有良好的绝缘，中间不允许有接头，防止工作中松脱；并应有明显的极性和相别标志，防止电压互感器二次短路，电流互感器二次开路，以确保人身和设备安全。

3. 实负荷法现场检验

实负荷现场检验法，就是将现场校验仪（或多功能标准表）的电流回路与被检交流采样远动终端测量单元的电流回路串联，电压回路与被检交流采样远动终端测量单元的电压回路并联，在电网实际电压、电流、功率因数和频率下，将标准表的测量值与被检测量单元的测量值进行比较，计算出被检测量单元在实际运行点的误差。

（1）检验内容。运行点电压、电流、有功功率、无功功率、频率的误差。有特殊要求的还需进行功率因数的误差测量。

（2）检验方法。将现场校验仪（或多功能标准表）接入被测回路，读取实际运行点时的电压、电流、功率、频率、功率因数等值，与被检测量单元显示值进行比较，计算这一点的误差。考虑到电网的波动，可读取 2～3 次的值进行平均，误差限应在±1.0%以内。

（3）误差计算方法

$$\gamma=(A_x-A_oK_iK_u)/A_F\times100\% \qquad (13-5-1)$$

式中　A_x——被测量显示值；

　　　A_o——标准表显示值；

　　　K_i——电流互感器变比；

　　　K_u——电压互感器变比；

　　　A_F——被测参数的整定值。

4. 检测及分析

（1）根据检测结果，分析现场装置测量精度。

（2）与调度主站进行数据核对，分析转换系数是否正确，测点对应是否正确。

（3）根据运行情况，分析"死区"设定是否满足要求。

5. 检测结果记录

实负荷/虚负荷检验记录格式分别见表 13-5-4 和表 13-5-5。

表 13-5-4　　　　　　　　　　　实负荷检验记录格式

遥测量	标准表值（二次值）	标准表换算值 （一次值）	测量单元显示值	平均引用误差（%）

表 13-5-5　　　　　　　　　　　虚负荷检验记录格式

检验项目	被测量输入值	功率因数	标准表示值	测量单元显示值	引用误差（%）

四、遥信功能的调试及分析

电力系统发生事故后，运行人员从遥信动作中能及时了解开关和继电保护的状态改变情况。为了分析系统事故，不仅需要知道断路器和保护的状态，还应掌握其动作的先后顺序及确切的时间。在 RTU 处理遥信变位时，把发生的事件（断路器或保护动作就是一种事件）按先后顺序将有关的内容记录下来，并附加相应的精确时间（可精确到 ms）标识，然后通过特定信息帧传送到主站，这就是事件顺序记录。因此，对于遥信功能指标分析，要分析事件顺序记录分辨率和遥信变位传送时间两个指标。

1. 技术指标

根据 DL/T 5003—2017 和 DL/T 5002—2005 中的规定，远动终端设备遥信变化传送时间不大于 3s，事件顺序记录分辨率不大于 2ms，事件顺序记录站间分辨率应小于 10ms。

2. 遥信动作功能的检测方法

（1）将脉冲信号模拟器的两路输出信号至测控装置的任意两路遥信输入端，对两路脉冲信号设置一定的时间延迟，如 2、5、10ms。

（2）启动脉冲模拟器工作，这时在显示屏上显示出遥信名称、状态及动作时间。

（3）重复上述试验不少于 5 次。

3. 检测及分析

（1）根据测试结果，可以分析站内事件顺序记录分辨率和遥信动作情况，其中开关动作应正确，站内分辨率应满足事件顺序记录站内分辨率的要求。结合遥信记录时间与事件顺序记录时间，可分析遥信变化传送时间范围值。

（2）与调度主站进行数据核对，分析测点对应是否正确。

五、遥控功能的调试及分析

（1）遥控功能的调试方法主要就是采用实际传动的办法。传动时应与主站系统取得联系，分别将被控制开关执行由"分"到"合"和"合"到"分"操作，遥控、遥调命令传送时间不大于 4s。

（2）传动工作中应填写遥控传动记录，内容包括时间、地点、操作人、监护人、开关名称、动作情况等内容。

（3）传动工作中如发现遥控功能失效，可先检查通道情况。站端可采用当地后台执行遥控进行实验。如排除通道原因，可对站端设备进行检查。

（4）遥控失败原因：

1）遥控点号设置是否正确，可以采用查看原始报文的方式进行核对；

2）主站下发报文是否正确，如果分站采集的开关位置不正确，也会造成遥控操作失败；

3）远方调度遥控操作时，相应测控装置的远方/就地把手（或压板）应在"远方"位置；

4）确认相应测控装置的"置检修状态"压板不在"投入"位置，当"置检修状态"压板在"投入"位置时，该装置不能接收变电站当地后台、调度后台的遥控命令，但测控装置手控操作仍能成功；

5）测控装置通信不正常也会导致遥控失败；

6）遥控操作对应的遥控压板如果处于"退出"位置，将导致遥控信号不能出口，遥控失败；

7）测控装置本身发生故障时也会导致遥控失败；

8）如果是执行断路器遥控，有的断路器遥控需要检同期，在做断路器检同期合闸的情况下，如果测控装置的同期条件不满足，或测控装置的同期设置不正确都有可能导致遥控合闸失败；

9）如本测控装置具有连锁组态功能且"解除闭锁"压板在"退出"位置，如果不满足连锁组态中连锁逻辑规则图的闭锁条件，则遥控也将失败。

【思考与练习】

1. 怎样对装置遥测精度进行实负荷法现场检验？

2. 遥信动作功能的检测方法是什么？

3. 遥控失败原因有哪些？

▲ 模块6 测控装置与站内时间同步（ZY2900201005）

【模块描述】 本模块介绍了测控装置的对时类型、对时精度检测、调试项目及注意事项。通过调试流程介绍，掌握调试前的准备工作及相关安全和技术措施、对时功能的调试项目及其操作方法。

【模块内容】

一、GPS 授时方式及测控装置对时方式

（一）1PPS 脉冲信号

系统的同步脉冲信号通常以空接点方式输出，每秒钟发一次的脉冲称为 1PPS（1 Pulse per Second）脉冲信号。

（二）1PPM 脉冲信号

每分钟发一次的脉冲称为 1PPM（1 Pulse per Minute）脉冲信号。

（三）1PPH 脉冲信号

每小时发一次的脉冲称为 1PPH（1 Pulse per Hour）脉冲信号。

（四）IRIG–B（DC）时间码

IRIG–B 时间码为美国靶场仪器组（Inter Range Instrumentation Group，IRIG）提出国际通用时间格式码，并分成 A、B、C、D、E、G、H 七种，电力系统的时间同步对时中最为常用的是 IRIG–B，传输介质可用双绞线和同轴电缆。

IRIG–B（DC）时间码要求每秒 1 帧，包含 100 个码元，每个码元 10ms。脉冲宽度编码，2ms 宽度表示二进制 0、分隔标志或未编码位，5ms 宽度表示二进制 1，8ms 宽度表示整 100ms 基准标志。

IRIG–B（DC）时间码帧结构包括起始标志、秒（个位）、分隔标志、秒（十位）、基准标志、分（个位）、分隔标志、分（十位）、基准标志、时（个位）、分隔标志、时（十位）、基准标志、自当年元旦开始的天（个位）、分隔标志、天（十位）、基准标志、天（百位）（前面各数均为 BCD 码）、7 个控制码（在特殊使用场合定义）、自当天 0 时整开始的秒数（为纯二进制整数）、结束标志。

根据 IEEE Std 1344—1995 规定，在 IRIG–B 时间码 P50～P58 位应含有年份信息。

（五）IRIG–B（AC）时间码

IRIG–B（AC）时间码是用 IRIG–B（DC）时间码对 1kHz 正弦波进行幅度调制形成的时间码信号，幅值大的对应高电平，幅值小的对应低电平，调制比 2:1～6:1 连续可调，典型调制比 3:1。

IRIG–B（AC）时间码帧和 IRIG–B（DC）时间码帧结构相同，这两种时间码只是传送形式不同，而码的帧结构是相同的。

（六）串口时间报文

对时装置可通过 RS–232、RS–485 或光纤扩展插件向外发送对时报文，对时报文采用统一的波特率和信息格式，说明如下：

（1）波特率：9600bit/s；

（2）数据格式：每字节中一位起始位，八位数据位，一位停止位，无校验；

（3）信息格式：每秒发送一次，采用 Motorola 二进制格式，长度为 154 字节，每个字节均为 16 进制数值。

RCS–9785C/D 对时装置报文内容见表 13–6–1。

表 13–6–1　　　　　　　　RCS–9785C/D 对时装置报文内容

字节序号	符号	含　义	字节序号	符号	含　义
0	@	报文开始标志（40H）	3	a	报文开始标志（61H）
1	@	报文开始标志（40H）	4	m	月
2	H	报文开始标志（48H）	5	d	日

续表

字节序号	符号	含　义	字节序号	符号	含　义
6	y	年高字节	56	t	跟踪上的卫星数目
7	y	年低字节	57～150	…	保留
8	h	时	151	C	校验字节
9	m	分	152	〈CR〉	报文结束标志（0DH）
10	s	秒	153	〈LF〉	报文结束标志（0AH）
11～55	…	保留			

其中，跟踪上的卫星数目 t 是指本装置的内置 GPS 模块跟踪上的卫星数目，假如装置切换至外部对时源，那么它将根据接收到的外部 IRIG–B 时间码判断外部对时源的 GPS 信号是否有效，如果有效则 t 置为 1，如果无效则 t 置为 0；校验字节 C 是从报文的第 2 号字节（即"H"）开始，到第 150 号字节（即校验字节 C 的前一字节）逐字节异或的结果。

（七）网络时间报文

根据国际标准的 NTP 网络对时协议，通过 RJ–45 接口和客户端软件向厂、站的计算机网络授时。

测控装置对时方式如下：

（1）软对时（报文对时）。报文对时是指对时源以网络对时方式，通过测控装置的网线传输对时报文的对时方式。

（2）硬对时。

1）RS–485 串口差分对时。

2）IRIG–B 对时。

二、危险点分析及控制措施

危险点分析及控制措施见表 13–1–1。

三、测试前准备工作

测试前准备工作见表 13–6–2。

表 13–6–2　　　　　　　　　　测 试 前 准 备 工 作

序号	内　　容	标　　准
1	根据设备状况，确定工作内容，组织工作人员学习作业指导书，使全体工作人员熟悉作业内容、进度要求、作业标准、安全注意事项	要求所有工作人员都明确本次校验工作的作业内容、进度要求、作业标准及安全注意事项
2	了解被校验设备出厂校验数据，分析设备状况	明确设备状况

续表

序号	内　容	标　准
3	准备校验用标准装置、仪器仪表、工器具，所用标准装置、仪器仪表及工器具状态良好	标准装置、仪器仪表等工器具应具有有效周期内的检定证书/报告，且状态良好
4	开工前，准备好相关技术、图纸、上一次试验报告、本次需要改进的项目等	满足本次施工的要求，材料应齐全，图纸及资料应符合现场实际情况

四、案例——某变电站时间同步系统的应用

变电站时间同步系统由 GPS 主时钟 RCS-9785C/D 和 GPS 扩展装置 RCS-9785E 构成。系统配备两台带 GPS 对时功能的 RCS-9785C 装置，一"主"一"从"，分别安装在两个小室，其他小室和主控室配备 RCS-9785E 对时扩展装置，RCS-9785E 接收来自两台 RCS-9785C 的 IRIG-B 时间码并选择输出。RCS-9785E 是单纯的对时信号扩展装置，它不带 GPS 模块，只需接收外部对时源的 IRIG-B 时间码，通过解码和转换处理后可同步扩展输出 IRIG-B、1PPS、1PPM、1PPH 和对时报文信息。

RCS-9785C 的 GPS 插件不仅可以接收 GPS 天线的信号，而且通过光纤输入接口可以接收来自另一台时钟源的 IRIG-B 时间码。正常运行时，如果两台装置的 GPS 模块都能跟踪到卫星，则两台装置都根据自己的 GPS 信号输出对时信息，它们均为高精度、高准确度的时间信息；如果其中一台的 GPS 信号失步，则自动切换至外部时钟源，即采用另一台装置的 IRIG-B 时间码作为时间基准；如果两台装置的 GPS 信号都失步，则首先将由"主"装置根据内部时钟输出对时信息，"从"装置以"主"装置的时钟信号为时间基准，假如"主"装置的内部时钟故障，则都以"从"装置的内部时钟为间基准。

图 13-6-1 中的两台 RCS-9785C 也可以用一台 RCS-9785D 来代替，见图 13-6-2。

RCS-9785D 装置具有两个 GPS 插件，在内部也是一"主"一"从"的关系，由 CPU 插件对其进行选择切换，如果两个插件的 GPS 模块都能跟踪到卫星，则 CPU 选择"主" GPS 插件输出对时信息；如果其中一个插件的 GPS 模块失步，则 CPU 选择另一个 GPS 插件输出对时信息；如果两个 GPS 模块都失步，则 CPU 先判断有无有效的外部时钟源，如果有则取外部 IRIG-B 时间码为时间基准，否则优先选择"主" GPS 插件根据内部时钟输出对时信息。RCS-9785E 对时扩展装置的两路 IRIG-B 输入信号互为备用，在同等条件下优先选择第一路 IRIG-B 输入信号为基准时钟源。

五、测控装置对时精度检测方法

使用 GPS 主时钟和测控装置配合使用就可以准确、快捷地检测测控装置的对时精度。

（1）先清除测控装置中所有 SOE 历史记录。

（2）GPS 主时钟输出信号通过电缆引出，接在测控装置上。此时，测控装置每到整分钟时都将收到对时信号。

（3）在测控装置的"SOE 报告"中观察各条 SOE 记录的时间。

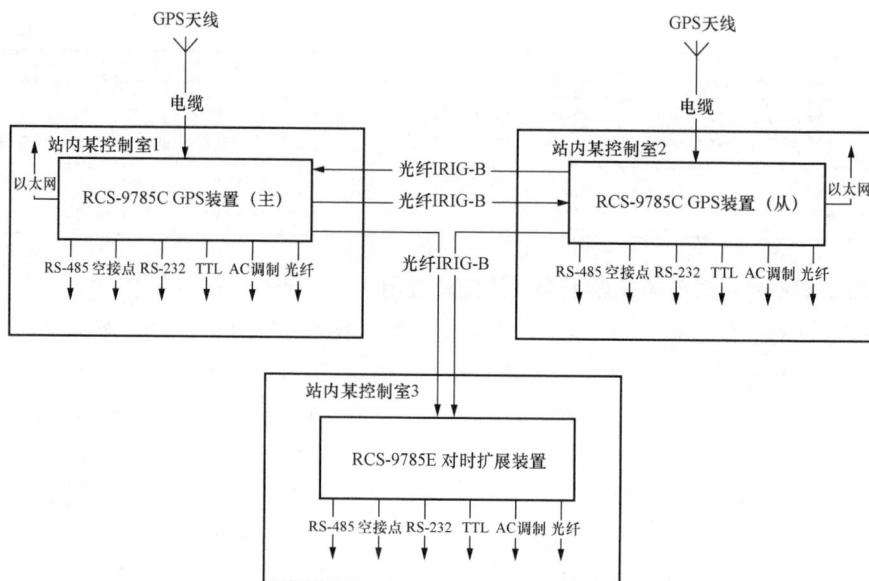

图 13-6-1　时间同步系统的应用组成方案一

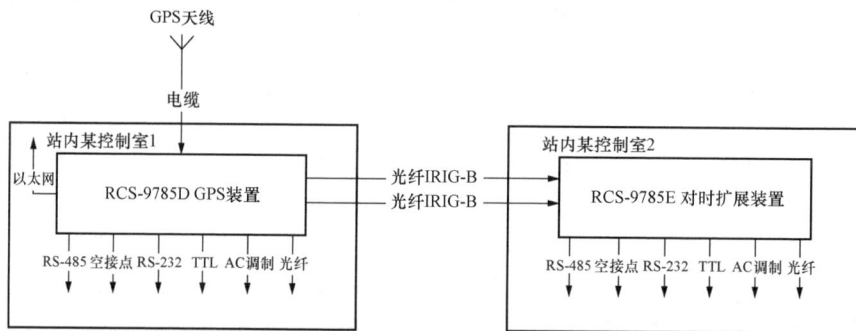

图 13-6-2　时间同步系统的应用组成方案二

六、测控装置 GPS 失步的告警模式

当 GPS 对时失步超过 90s，测控装置将产生"GPS 失步"告警信号，在测控装置通信正常，置检修压板未投的情况下，变电站监控后台将接收到装置上送的"GPS 失步"告警信号。

【思考与练习】

1. 测控装置对时精度检测方法有哪些？

2. GPS 授时有几种方式？特点分别是什么？

3. 测控装置对时有哪几种方式？

第十四章

站内通信及网络设备调试

◢ 模块 1 站内通信线路的调试（ZY2900202001）

【模块描述】 本模块介绍了站内通信及网络设备线路连接的工作程序及相关安全注意事项。通过工艺流程介绍、图形示意，掌握正确连接站内通信及网络设备的技术。

【模块内容】

一、危险点预控及安全注意事项

危险点预控及安全注意事项见表 14–1–1。

表 14–1–1　　　　　　　　　　危险点预控及安全注意事项

序号	危险点	控制措施
1	误控制和错误数据上传	要事先对可能出现错误的数据进行冻结，防止错误信息影响到各种智能专家系统
2	装置参数和地址的设置错误，控制命令便会被错误装置执行	检查是否存在受到调试影响的设备，并做好相应隔离措施
3	通信线路接触带电的二次回路造成损坏	调试前，要根据现场实际要求，做好相应隔离措施
4	静电损坏集成电路	工作前，应该通过触摸一些接地的金属，释放掉身上的电荷

二、站内通信和网络线路连接前的准备

（1）调试技术资料的准备：调试串口通信方式时需要准备串口监视软件。

（2）工具、机具、材料、备品备件、试验仪器和仪表的准备。

1）常用工具主要有：万用表、螺丝刀、剥线钳、电烙铁。

2）调试串口通信所需工具：DB–9 孔式接头，波士转换器，有串口的计算机，压线钳（制作冷压头）。

3）调试现场总线通信所需工具：压线钳（制作冷压头）。

4）调试网络通信所需工具：网络钳、网络检测仪。

三、通信线路调试的操作步骤及工艺要求

（一）串口通信数据收发调试

1. 操作步骤

（1）进行串口调试线的连接。

（2）RS-232 通信方式。直接使用串口调试线，将笔记本的串口和通信装置的 232 端子连接起来，连接方式为：笔记本串口的 Rx 接 232 串口的 Tx；笔记本串口的 Tx 接 232 串口的 Rx；笔记本串口的 GND 接 232 串口的 GND。

（3）RS-485 通信方式。需用波士头，将笔记本的串口和波士头的 232 一侧连接起来（波士头的 232 一侧一般做成串口接头），将波士头的 485 一侧和通信装置的 485 端子连接起来，连接方式为：波士头的 485 一侧 A 接 485 串口的 A；波士头的 485 一侧 B 接 485 串口的 B；波士头的 485 一侧 GND 接 485 串口的 GND。

正确设置串口通信参数，使用串口报文监视软件截取串口通信报文，对截取的串口报文进行分析，判断串口通信是否正常。

2. 工艺要求

（1）串口线剥出防护层后形成的断面需要使用绝缘胶布包裹好。

（2）串口线的屏蔽线需要保留，末端接上冷压头，并使用工具压紧，可靠接在所接装置的信号地上，这个处理能改善通信质量。

（3）串口线的两根线芯的末端需要接上冷压头，并使用工具压紧。

（4）串口线一律在压线槽内走线。

（二）World FIP 现场总线终端匹配电阻检查

1. 操作步骤

（1）找到 World FIP 现场总线终端匹配电阻，一般站内 World FIP 现场总线是分 A、B 网的，所以一般 1 对 World FIP 现场总线的两端有 4 个 150Ω 匹配电阻。

（2）使用万用表的欧姆挡并接在终端匹配电阻两端，测量其正常通信时的电阻，为 70～80Ω 说明电阻正常（因为 World FIP 网络两端均有 1 只 150Ω 电阻，两端的电阻是并联的，并联后的结果就是 75Ω 左右）。如果阻值偏差较大，则需要办理允许 World FIP 单网停止运行几分钟的工作票，将某一只终端匹配电阻从回路中断开取出，单独测量其电阻值是否为 150Ω 左右。如果偏差较大，将会对通信造成不良影响，需要更换为准备好的 150Ω 匹配电阻。

2. 工艺要求

（1）World FIP 现场总线终端匹配电阻的末端需要接上冷压头，并使用工具压紧。

（2）World FIP 现场总线终端匹配电阻外套上打印好标识字符的套管，起保护电阻的作用。

（三）以太网网通信线路调试

1. 操作步骤

（1）将以太网线测试仪的两个模块分别接在需要检测的网线的两侧，打开以太网线测试仪的电源，观察其两个模块上的指示灯闪烁情况：

1）对于平行直连网线，以太网线测试仪两个模块上的 8 个绿色指示灯逐个亮起的时刻、次序要完全同步。

2）对于交叉级联网线：以太网线测试仪的一个模块上的 1 号绿灯亮起时，另一个模块的 3 号绿灯需同时亮起。以太网线测试仪的一个模块上的 2 号绿灯亮起时，另一个模块的 6 号绿灯需同时亮起。

（2）如果按上述步骤检查发现绿色指示灯亮起的时刻、次序错误，说明线序有问题。如果使用测线仪的过程中出现任何一个灯为红色或黄色的，都证明存在断路或者接触不良现象。这两种情况均需要重新制作以太网线，制作方法为：

先抽出一小段线，然后把外皮剥除一段（长度为 1.2～1.3cm）。根据排线标准将双绞线反向缠绕开，用斜口钳把参差不齐的线头剪齐，嵌入水晶头，并用压线钳用力夹紧，另一头也按标准接好，最后使用以太网线测试仪测试网络线是否接通，也可以直接用到网络上进行测试，观察是否已接通。

（3）将水晶头有塑料弹片一面朝下，另外一面朝向调试人员，8 根线芯从左向右的接入次序为：

1）标准 568B 方式（适用于平行直连以太网线的两侧、交叉级联以太网线的一侧）：橙白，橙，绿白，蓝，蓝白，绿，褐白，褐；

2）标准 568A 方式（适用于交叉级联以太网线的另一侧）：绿白，绿，橙白，蓝，蓝白，橙，褐白，褐。

（4）将 8 根线芯牢固接入水晶头后，使用网线钳压紧水晶头即可。

以太网接口分为 MDI（Media Dependent Interface）和 MDIX（Media Dependent Interface with Crossover）两种。一般设备的以太网接口为 MDI，以太网交换机的接口为 MDIX。连接 MDI 和 MDIX 接口采用平行网线，连接相同类型的接口采用交叉网线。

部分以太网交换机如 RCS-9882 提供一个 UpLink 口，为 MDI 接口，因此可以用平行网线级联另一台交换机的普通端口。

如果设备的接口支持 MDI/MDIX 自动识别，则可以任意选择一种线序的网线进行连接。

2. 工艺要求

（1）以太网线的屏蔽线需要保留 1cm 左右，卷曲缠绕在以太网线的外部，与金属外壳保持紧密接触。

（2）根据接口类型选择合适线序的网线。

（3）以太网线一律在压线槽内走线。

四、调试质量标准

（1）调试后通信恢复正常且能稳定运行。

（2）调试后通信线布局合理、整齐、美观。通信线一律在压线槽内走线，在压线槽内保持走线整齐，压线槽盖严、屏柜门关紧。

（3）填写调试报告。

【思考与练习】

1. 串口线的工艺要求是什么？

2. 以太网的工艺要求是什么？

3. RS-232 通信方式和 RS-485 通信方式调试线的连接有何不同？

◢ 模块 2 装置通信参数设定（ZY2900202002）

【模块描述】 本模块介绍了装置通信参数设定的工作程序及相关安全注意事项。通过工艺流程介绍、实例说明，掌握装置通信参数设定前的准备工作和作业中的危险点预控及装置通信参数设置的方法。

【模块内容】

一、危险点预控及安全注意事项

危险点预控及安全注意事项见表 14-2-1。

表 14-2-1　　　　　　　　　　危险点预控及安全注意事项

序号	危险点	控制措施
1	进行参数设置的装置通信中断	在工作前要对网络设备采取预防措施，备份配置参数
2	装置参数设置冲突，导致其他装置通信中断	检查是否存在受到调试影响的设备，并做好相应隔离措施
3	错误选择装置，导致错误修改装置的参数，引起本次操作范围以外的装置通信中断	检查是否存在受到调试影响的设备，并做好相应隔离措施

二、装置通信参数调试前的准备

（1）设备调试资料的准备。装置通信参数调试时需要准备相关图纸资料，包括网络结构图、设备说明书等。

（2）仪器、仪表及工器具的准备。笔记本电脑（Windows 操作系统，串口及以太网接口），RS-232 串口线及以太网直通网络线，组态软件。

三、设置通信方式和参数

通常通信方式不用设置，装置上不同通信方式的接口位置不同。但同一串口的三种通信方式（RS–232、RS–422、RS–485）往往会共用一个接口位置，所以需要进行设置。

装置上不同通信接口往往默认不同的通信规约，要根据装置情况，选择合适的通信规约。

（一）串口通信参数设定

（1）地址。地址是设备在通信系统中的标识，用来将自身和其他设备区分开，在同一个通信系统中应该是唯一的。在通信中，地址冲突是个比较常见的问题。站内所有智能装置统一编址是最完美的解决方法，可以保证在变电站范围内所有装置的地址都是唯一的。地址，实际上是用来标识数据的来源和去向。只要通信数据在通过 OSI 的 7 层结构到达应用层后不是被同一个程序模块所处理，相同的地址是通常不会造成数据处理的错误（这个和程序的数据结构有关）。一般来说，不同通信方式是用不同程序模块来处理。相同的通信方式但不用同一接口接入，程序也会用不同的任务来处理，也不会造成数据处理的错误。所以，对于站内不得不设置成相同地址的装置，可以考虑用不同方式通信，或者用同一方式不同接口通信。

（2）比特率。单位时间内传输的二进制代码位数（bit），单位为 bit/s。比特率相同的设备才能进行正常通信。

（3）奇偶校验。线路噪声可能会改变传输中的数据位。奇偶校验就是将"奇偶校验位"添加到数据包中，使数据包中"1"的个数为奇数或偶数；接收方将接收到的"1"的个数累加，并根据总和是否符合奇偶校验位来决定接受还是拒绝数据包。奇偶校验常用的设置有偶校验（设置校验位，使 1 的数目为偶数），奇校验（设置校验位，使 1 的数目为奇数），无校验（不发送奇偶校验位）。另外还有两个不常用的设置，标记（校验位始终为 1），空（校验位始终为 0）。奇偶校验常用的设置见表 14–2–2。

表 14–2–2　　　　　　　　　　奇偶校验常用的设置

类型	说明	备注	类型	说明	备注
偶校验	设置校验位，使 1 的数目为偶数		标记	校验位始终为 1	不常用
奇校验	设置校验位，使 1 的数目为奇数		空	校验位始终为 0	不常用
无校验	不发送奇偶校验位				

（4）起始位、停止位和数据位（见表 14-2-3）。

表 14-2-3　　　　　　　　　　　起始位、停止位和数据位含义

起始位	告诉接收方要开始发送字节了
停止位	告诉接收方已经发送了一个字节
数据位	字中位的个数，现在绝大多数用 8 位来表示一个字符，少数老系统有 7 位字符

（5）设定方法。各种装置设定参数的方法不尽相同。跳线器和拨码开关是早就被广泛使用的两种方法，可靠性高，但参数值的选择余地小。随着计算机存储技术的发展，通过友好的人机界面输入参数值，或利用配置软件直接配置参数并将其转换成文件传输到装置中，已经成为一种新的便捷设置方法。由于参数值存储在电子硬盘中，修改很方便，但硬件故障会造成其丢失。

（二）现场总线通信参数设定

（1）地址。作用和意义同串口通信，必须要设定。

（2）通信速率。即 CAN 网或 LON 网通信比特率。国内的现场总线绝大多数参数出厂时都已经固化。

（三）网络通信参数设定

（1）IP 地址（网址）。网络通信中的 IP 地址作用相当于上面两种通信方式的地址，只是更为复杂一点。IP 地址有 4 个字节 32 位构成，此外，还要设置 4 个字节 32 位的子网掩码，用来表明 32 位 IP 地址中哪些位表示网络地址，哪些位表示机器地址。另外，在复杂的网络中，如果需要路由，还要设置网关地址。

（2）端口号。这里是指逻辑意义上的端口号，即 TCP/IP 和 UDP/IP 协议中规定端口，范围 0～65 535。一般的网络通信规约都将端口号规定了，如 104 规约的端口号就是 2404。

四、案例

下面介绍某装置通信参数常见设置项目。

（一）串口通信装置通信参数常见设置项目

以某变电站现场 1 号电抗器保护 RCS-9647（地址是 21）为例进行说明，见表 14-2-4。

表 14-2-4　　　　　　　　　　　　示　例　一

序号	名　称	说　明	现场推荐用值
1	装置地址	装置地址最好取 1～240 内的整数	21（视现场情况）

续表

序号	名　称	说　明	现场推荐用值
2	规约	0：103 规约 1：LFP 规约	0（新变电站很少有 LFP 规约）
3	串口 A 波特率	0～4800；1～9600； 2～19 200；3～38 400	1
4	串口 B 波特率		1

（二）World FIP 通信参数常见设置项目

以某变电站现场 2 号进线保护 RCS-9612B（地址是 38）为例进行说明，见表 14-2-5。

表 14-2-5　　　　　　　　示　例　二

序号	名　称	说　明	现场推荐用值
1	总线地址	总线地址最好取 1～63 内的整数	38（视现场情况）
2	装置地址	装置地址最好取 1～32 000 内的整数	38（视现场情况）
3	规约	0：103 规约 1：LFP 规约	0（目前变电站很少用 LFP 规约）

（三）以太网通信参数常见设置项目

以某变电站现场 RCS-9705C（地址是 208）为例进行说明，见表 14-2-6。

表 14-2-6　　　　　　　　示　例　三

序号	名　称	取 值 范 围	现场推荐用值
1	装置地址	0～65 535	208（视现场情况）
2	IP1 地址 3 位	1～254	198
3	IP1 地址 2 位	1～254	120
4	IP2 地址 3 位	1～254	198
5	IP2 地址 2 位	1～254	121
6	掩码地址 3 位	0～255	255
7	掩码地址 2 位	0～255	255
8	掩码地址 1 位	0～255	0
9	掩码地址 0 位	0～255	0

装置地址到 IP 地址的转换关系为，装置地址=IP 地址 1 位×256+IP 地址 0 位。例如，装置地址为 345，则对应的 IP 地址为 198.120.1.89。IP 地址 0 位为 255 的一般用作子网广播地址，设置装置地址时必须避开，否则可能导致通信故障。

五、参数设定质量标准

在装置通信参数设置过程中，"装置地址"需要和监控后台数据库组态中的装置地址设置保持一致。

通信参数设置完成后，需保证该装置与站控层的监控后台、保护信息子站或远动通信管理机通信正常。

【思考与练习】

1. 装置通信参数设定质量标准是什么？

2. 装置通信参数设定有哪些危险点？

3. 装置通信参数调试前的准备有哪些？

▲ 模块 3 网关设备的调试（ZY2900202003）

【模块描述】本模块介绍了网关设备的调试工作程序及相关安全注意事项。通过工艺流程及方法介绍，掌握网关设备调试前的准备工作和作业中的危险点预控及网关设备调试的工艺标准和质量要求。

【模块内容】

一、危险点预控及安全注意事项

危险点预控及安全注意事项见表 14–3–1。

表 14–3–1　　　　　　　　　　危险点预控及安全注意事项

序号	危险点	控制措施
1	错误配置造成网络传输异常	在工作前要对网络设备采取预防措施，备份配置参数
2	装置参数设置冲突，导致其他装置通信中断	检查是否存在受到调试影响的设备，并做好相应隔离措施
3	错误选择装置，导致错误修改装置的参数，引起本次操作范围以外的装置通信中断	检查是否存在受到调试影响的设备，并做好相应隔离措施
4	通信线路接触带电的二次回路造成损坏	调试前，要根据现场实际要求，做好相应隔离措施

二、网关设备调试前的准备

（1）设备调试资料的准备。网关设备调试时需要准备相关图纸资料，包括网络结构图、设备说明书等。

（2）工具、机具、材料、备品备件、试验仪器和仪表的准备。常用工具主要有：万用表，螺丝刀、剥线钳、电烙铁。调试网络通信所需工具：网络钳和网络检测仪。

三、网关设备调试流程和注意事项

（一）明确网络结构

网关大多使用与多个网络或者子网共存、互联的情况，所以首先要明确网关所在网络的共存及互联的方式。

（1）异构型局域网，如互联专用交换网 PBX 与遵循 IEEE 802 标准的局域网。

（2）局域网与广域网的互联。

（3）广域网与广域网的互联。

（4）局域网与主机的互联（当主机的操作系统与网络操作系统不兼容时，可以通过网关连接）。

在网络规划的过程中，绘制一幅准确的网络图是不可缺少的。准确的网络文档对于日后的升级和分析问题是不可或缺的帮助。好的网络图应包含连接不同网段的各种网络设备的信息，如路由器、网桥、网关的位置、IP 地址，并用相应的网络地址标注各网段。若网络很小，只有一个网段，可同时画出其他关键网络设备（如服务器），包括网络地址。

（二）确定网络地址分配

在网络规划中，IP 地址方案的设计至关重要，好的 IP 地址方案不仅可以减少网络负荷，还能为以后的网络扩展打下良好的基础。

IP 地址用于在网络上标识唯一一台机器。根据 RFC 791 的定义，IP 地址由 32 位二进制数组成（四个字节），表示为用圆点分成每组 3 位的 12 位十进制数字（×××.×××.×××.×××），每个 3 位数代表 8 位二进制数（1 个字节）。由于 1 个字节所能表示的最大数为 255，因此 IP 地址中每个字节可含有 0～255 之间的值。但 0 和 255 有特殊含义，255 代表广播地址，IP 地址中 0 用于指定网络地址号（若 0 在地址末端）或节点地址（若 0 在地址开始）。例如，192.168.32.0 指网络 192.168.32.0，而 0.0.0.62 指网络上节点地址为 62 的计算机。

根据 IP 地址中表示网络地址字节数的不同将 IP 地址划分为三类，即 A 类、B 类、C 类。A 类用于超大型网络（百万节点），B 类用于中等规模的网络（上千节点），C 类用于小网络（最多 254 个节点）。A 类地址用第一个字节代表网络地址，后三个字代表节点地址。B 类地址用前两个字节代表网络地址，后两个字节表示节点地址。C 类地址则用前三个字节表示网络地址，第四个字节表示节点地址。

网络设备根据 IP 地址的第一个字节来确定网络类型。A 类网络第一个字节的第一个二进制位为 0；B 类网络第一个字节的前两个二进制位为 10；C 类网络第一个字节的前三位二进制位为 110。换成十进制可见 A 类网络地址从 1～127，B 类网络地址从 128～191，C 类网络地址从 192～223。224～239 间的数有时称为 D 类，239 以上的网络号保留。

子网掩码用于找出 IP 地址中网络及节点地址部分。子网掩码长 32 位，其中 1 表示网络部分，0 表示节点地址部分，如一个节点 IP 地址为 192.168.202.195，子网掩码 255.255.255.0，表示其网络地址为 192.168.202，节点地址为 195。

有时为了方便网络管理，需要将网络划分为若干个网段。为此，必须打破传统的 8 位界限，从节点地址空间中"抢来"几位作为网络地址。具体说来，建立子网掩码需要以下两步，即确定运行 IP 的网段数、确定子网掩码。

确定运行 IP 的网段数。例如，网络上有五个网段，但只让三个网段上的用户访问，则只有这三个网段需要配置 IP。在确定了 IP 网段数后，再确定从节点地址空间中截取几位才能为每个网段创建一个子网络号。方法是计算这些位数的组合值，如取两位有四种组合（00、01、10、11），取三位有八种组合（000、001、010、011、100、101、110、111）。需要注意的是，在这些组中须除去全 0 和全 1 的组合。因为在 IP 协议中规定了全 0 和全 1 的组合代表了网络地址和广播地址，所以如果我们需要将 C 类网络（192.168.123.0）划分为 4 个网段，需要截取节点地址的前 3 位作为网络地址，与之对应的子网掩码就是 255.255.255.224（11111111.11111111.11111111.11100000）。

可见，采用以上子网络方案，每个子网络有 30 个节点地址。通过从节点地址空间中截取几位作为网络地址的方法，可将网络划分为若干网段，方便了网络管理。

如果不计划连到 Internet 上，则可用 RFC–1918 中定义的非 Internet 连接的网络地址，称为"专用 Internet 地址分配"。RFC–1918 规定了不想连入 Internet 的 IP 地址分配指导原则。由 Internet 地址授权机构（IANA）控制 IP 地址分配方案中，留出了三类网络号，给不连到 Internet 上的专用网用，分别用于 A、B 类和 C 类 IP 网，具体如下：10.0.0.0～10.255.255.255，172.16.0.0～172.31.255.255，192.168.0.0～ 192.168.255.255。

IANA 保证这些网络号不会分配给连到 Internet 上的任何网络，因此任何人都可以自由地选择这些网络地址作为自己的网络地址。

（三）确定接线方式

网线由一定距离长的双绞线与 RJ–45 头组成。双绞线由 8 根不同颜色的线分成 4 对绞合在一起，成对扭绞的作用是尽可能减少电磁辐射与外部电磁干扰的影响，双绞线可按其是否外加金属网丝套的屏蔽层分为屏蔽双绞线（STP）和非屏蔽双绞线（UTP）。在 EIA/TIA–568A 标准中，将双绞线按电气特性区分有三类线、四类线和五类线。网络中最常用的是三类线和五类线，目前已有六类以上线。第三类双绞线在 LAN 中常用作为 10Mbit/s 以太网的数据与话音传输，符合 IEEE 802.3 10Base–T 的标准。第五类双绞线目前占有最大的 LAN 市场，最高速率可达 100Mbit/s，符合 IEEE 802.3 100Base–T 的标准。做好的网线要将 RJ–45 水晶头接入网卡或 Hub 等网络设备的 RJ–45 插座内。相应，RJ–45 插头座也区分为三类或五类电气特性。RJ–45 水晶头由金属片和塑料构成，特别需要注意的是引脚序号，当金属片面对我们的时候从左至右引脚序号是 1～8，这序号做网络联线时非常重要，不能弄错。

EIA/TIA 的布线标准中规定了两种双绞线的标准线序 568A 与 568B：

（1）568B：橙白—1，橙—2，绿白—3，蓝—4，蓝白—5，绿—6，棕白—7，棕—8。

（2）568A：绿白—1，绿—2，橙白—3，蓝—4，蓝白—5，橙—6，棕白 7，棕—8。

在整个网络布线中应用一种布线方式，但两端都有 RJ–45 头的网络联线无论是采用端接方式 A，还是端接方式 B，在网络中都是通用的。双绞线的顺序与 RJ–45 头的引脚序号一一对应。

100BASE–T4 RJ–45 对双绞线的规定如下：

（1）1、2 用于发送，3、6 用于接收，4、5，7，8 是双向线。

（2）1、2 线必须是双绞，3、6 双绞，4、5 双绞，7、8 双绞。

下面介绍几种应用环境下双绞线的制作方法。

MDI 表示此口是级连口，而 MDI–X 时表示此口是普通口。PC 等网络设备连接到 Hub 时，用的网线为直通线，双绞线的两头连线要一一对应，此时，Hub 为 MDI–X 口，PC 为 MDI 口。10Mbit/s 网线只要双绞线两端一一对应即可，不必考虑不同颜色的线的排序，而如果使用 100Mbit/s 速率相连的话，则必须严格按照 EIA/TIA 568A 或 568B 布线标准制作。在进行间 Hub 级连时，应把级连口控制开关放在 MDI（Uplink）上，同时用直通线相连。如果 Hub 没有专用级连口，或者无法使用级连口，必须使用 MDI–X 口级连，这时，我们可用交叉线来达到目的，这里的交叉线，即是在做网线时，用一端 RJ–45 头的 1 脚接到另一端 RJ–45 头的 3 脚；再用一端 RJ–45 头的 2 脚接到另一端 RJ–45 头的 6 脚。可按如下色谱制作：

（1）B 端：橙白，橙，绿白，蓝，蓝白，绿，棕白，棕。

（2）A 端：绿白，绿，橙白，蓝，蓝白，橙，棕白，棕。

同时，我们也应该知道，级连 Hub 间的网线长度不应超过 100m，Hub 的级连不应超过 4 级。因交叉线较少用到，故应做特别标记，以免日后误作直通线用，造成线路故障。另外交叉网线也可用在两台微机直连。

（四）网络连接及检查

首先检查各个网络设备的运行指示灯是否正常，特别是网络接线两端的连接指示灯是否正常，然后使用 ping 命令测试网络中两台计算机之间的连接。

在 PC 机上或 Windows 为平台的服务器上，ping 命令的格式如下：

ping [–n number] [–t] [–l number] ip-address

其中：n—ping 报文的个数，缺省值为 5；

t—持续地 ping 直到人为地中断，Ctrl+Break 暂时中止 ping 命令并查看当前的统计结果，而 Ctrl+C 则中断命令的执行。

l—设置 ping 报文所携带的数据部分的字节数，设置范围 0～65 500。

如：向主机 10.15.50.1 发出 2 个数据部分大小为 3000 Bytes 的 ping 报文

C:\> ping –l 3000 –n 2 10.15.50.1

Pinging 10.15.50.1 with 3000 bytes of data

Reply from 10.15.50.1: bytes=3000 time=321ms TTL=123

Reply from 10.15.50.1: bytes=3000 time=297ms TTL=123

Ping statistics for 10.15.50.1:

Packets：Sent = 2，Received = 2，Lost = 0 （0% loss），

Approximate round trip times in milli-seconds：

Minimum = 297ms，Maximum = 321ms，Average = 309ms

可以看到来自另一台计算机的几个答复，如：Reply from×.×.×.×：bytes=32 time<1ms TTL=128。如果没有看到这些答复，或者看到"Request timed out"，说明两台计算机之间的连接可能有问题。如果 ping 命令成功执行，那么就确定了两台计算机之间可以连接。

四、调试质量标准

（1）调试后通信恢复正常，且能稳定运行。

（2）调试后通信线布局合理、整齐、美观。通信线一律在压线槽内走线，在压线槽内保持走线整齐，压线槽盖严、屏柜门关紧。

（3）填写调试报告

【思考与练习】

1. 网关设备调试的安全注意事项有哪些？

2. 网关设备调试需要哪些仪器设备？

3. 网关设备调试流程和注意事项有哪些？

▲ 模块 4　路由器系统参数配置（ZY2900202004）

【模块描述】本模块介绍了路由器系统参数配置工作程序及相关安全注意事项。通过原理讲解、配置实例介绍，掌握路由器系统参数配置前的准备工作和作业中的危险点预控及路由器系统参数配置。

【模块内容】

一、危险点预控及安全注意事项

危险点预控及安全注意事项见表 14-4-1。

表 14-4-1　　　　　　　　　　危险点预控及安全注意事项

序号	危险点	控制措施
1	错误配置造成网络传输异常	在工作前要对网络设备采取预防措施，备份配置参数
2	装置参数设置冲突，导致其他装置通信中断	检查是否存在受到调试影响的设备，并做好相应隔离措施
3	错误选择装置，导致错误修改装置的参数，引起本次操作范围以外的装置通信中断	检查是否存在受到调试影响的设备，并做好相应隔离措施

二、路由器设备调试前的准备

（1）设备调试资料的准备。网关设备调试时需要准备相关图纸资料，包括网络结构图、设备说明书等。

（2）工具、机具、材料、备品备件、试验仪器和仪表的准备。常用工具主要有：万用表，螺丝刀、剥线钳、电烙铁。调试网络通信所需工具：网络钳和网络检测仪。

三、路由器参数配置

（一）路由器配置介绍

下面以 Cisco 路由器为例，介绍路由器的配置基础。

1. 基本设置方式

一般来说，可以用五种方式来设置路由器：

（1）Console 口接终端或运行终端仿真软件的微机。

（2）AUX 口接 Modem，通过电话线与远方的终端或运行终端仿真软件的微机相连。

（3）通过以太网上的 TFTP 服务器。

（4）通过以太网上的 TELNET 程序。

（5）通过以太网上的 SNMP 网管工作站。

但路由器的第一次设置必须通过第一种方式进行，此时终端的硬件设置为：波特率：9600；数据位：8；停止位：1；奇偶校验：无。

2. 命令状态

（1）router>：路由器处于用户命令状态，这时用户可以看路由器的连接状态，访问其他网络和主机，但不能看到和更改路由器的设置内容。

（2）router#：在 router>提示符下键入 enable，路由器进入特权命令状态 router#，这时不但可以执行所有的用户命令，还可以看到和更改路由器的设置内容。

（3）router(config)#：在 router#提示符下键入 configure terminal，出现提示符 router(config)#，此时路由器处于全局设置状态，这时可以设置路由器的全局参数。

（4）router(config-if)#;router(config-line)#; router(config-router)#; …：路由器处于局部设置状态，这时可以设置路由器某个局部的参数。

（5）>：路由器处于 REBOOT 状态，在开机后 60s 内按 ctrl+break 可进入此状态，这时路由器不能完成正常的功能，只能进行软件升级和手工引导。

3. 设置对话过程

利用设置对话过程可以避免手工输入命令的烦琐，但它还不能完全代替手工设置，一些特殊的设置还必须通过手工输入的方式完成。

进入设置对话过程后，路由器首先会显示一些提示信息：

——System Configuration Dialog——

At any point you may enter a question mark '?' for help.

Use ctrl+c to abort configuration dialog at any prompt.

Default settings are in square brackets '[]'.

这是告诉你在设置对话过程中的任何地方都可以键入"？"得到系统的帮助，按 ctrl+c 可以退出设置过程，缺省设置将显示在"[]"中。然后路由器会问是否进入设置对话：

Would you like to enter the initial configuration dialog? [yes]:

如果按 y 或回车，路由器就会进入设置对话过程。首先你可以看到各端口当前的状况：

First, would you like to see the current interface summary? [yes]:

Any interface listed with OK? value "NO" does not have a valid configuration

4. 常用命令

（1）帮助：在 IOS 操作中，无论任何状态和位置，都可以键入"？"得到系统的帮助。

（2）改变命令状态。

任　　务

命　　令

进入特权命令状态

enable

退出特权命令状态

disable

进入设置对话状态

setup

进入全局设置状态

config terminal

退出全局设置状态

end

进入端口设置状态

interface type slot/number

进入子端口设置状态

interface type number.subinterface [point-to-point | multipoint]

进入线路设置状态

line type slot/number

进入路由设置状态

router protocol

退出局部设置状态

exit

（3）显示命令见表14-4-2。

表14-4-2　　　　　　　　　　　显　示　命　令

任　　务	命　　令
查看版本及引导信息	show version
查看运行设置	show running-config

续表

任　务	命　令
查看开机设置	show startup-config
显示端口信息	show interface type slot/number
显示路由信息	show ip router

（4）网络命令见表 14-4-3。

表 14-4-3　　　　　　　　　网　络　命　令

任　务	命　令
登录远程主机	telnet hostname|IP address
网络侦测	ping hostname|IP address
路由跟踪	trace hostname|IP address

（5）基本设置命令见表 14-4-4。

表 14-4-4　　　　　　　　基 本 设 置 命 令

任　务	命　令
全局设置	config terminal
设置访问用户及密码	username password
设置特权密码	enable secret password
设置路由器名	hostname name
设置静态路由	ip route destination subnet-mask next-hop
启动 IP 路由	ip routing
启动 IPX 路由	ipx routing
端口设置	interface type slot/number
设置 IP 地址	ip address address subnet-mask
设置 IPX 网络	ipx network
激活端口	no shutdown
物理线路设置	line type number
启动登录进程	login [local|tacacs server]
设置登录密码	password

5. 配置 IP 寻址

接口设置：interface type slot/number

为接口设置 IP 地址：ip address ip-address　mask

以 Cisco2610 为例，配置以太网口：

Cisco2610(config)#interface FastEthernet0/0

Cisco2610(config-if)#ip address 100.100.100.254 255.255.255.0

Cisco2610(config-if)#no shutdown

配置 serial 口：

Cisco2610(config)#interface serial0/0

Cisco2610(config)#ip address x.x.x.x 255.255.255.0

Cisco2610(config)#no shutdown(激活端口)

Cisco2610#copy run start　(备份配置文档到硬盘)

6. 配置静态路由

通过配置静态路由，用户可以人为地指定对某一网络访问时所要经过的路径，在网络结构比较简单，且一般到达某一网络所经过的路径唯一的情况下采用静态路由。配置案例如下：

Cisco2610(config)#interface FastEthernet0/0

Cisco2610(config)#description link_neiwang

Cisco2610(config)#ip address 10.10.10.1 255.255.255.0 (连接内部交换机地址)

Cisco2610(config)#ip route 0.0.0.0 0.0.0.0 192.168.0.1 (缺省网关指向中心路由器接口地址)

Cisco2610(config)#exit

Cisco2610(config)#write(保存)

（二）路由协议设置

1. RIP 协议

RIP（Routing information Protocol）是应用较早、使用较普遍的内部网关协议（Interior Gateway Protocol，IGP），适用于小型同类网络，是典型的距离向量（distance-vector）协议。

RIP 通过广播 UDP 报文来交换路由信息，每 30s 发送一次路由信息更新。RIP 提供跳跃计数（hopcount）作为尺度来衡量路由距离，跳跃计数是一个包到达目标所必须经过的路由器的数目。如果到相同目标有两个不等速或不同带宽的路由器，但跳跃计数相同，则 RIP 认为两个路由是等距离的。RIP 最多支持的跳数为 15，即在源和目的网间所要经过的最多路由器的数目为 15，跳数 16 表示不可达。

（1）有关命令见表14-4-5。

表14-4-5 RIP 协议有关命令

任 务	命 令
指定使用 RIP 协议	router rip
指定 RIP 版本	version {1|2}
指定与该路由器相连的网络	network

注：Cisco 的 RIP 版本 2 支持验证、密钥管理、路由汇总、无类域间路由（CIDR）和变长子网掩码（VLSMs）。

（2）举例。

router rip

version 2

network 192.200.10.0

network 192.20.10.0

相关调试命令：

show ip protocol

show ip route

2. IGRP 协议

IGRP（Interior Gateway Routing Protocol）是一种动态距离向量路由协议，它由 Cisco 公司 20 世纪 80 年代中期设计。使用组合用户配置尺度，包括延迟、带宽、可靠性和负载。

缺省情况下，IGRP 每 90s 发送一次路由更新广播，在 3 个更新周期内（即 270s），没有从路由中的第一个路由器接收到更新，则宣布路由不可访问。在 7 个更新周期即 630s 后，Cisco IOS 软件从路由表中清除路由。有关命令见表14-4-6。

表14-4-6 IGRP 有 关 命 令

任 务	命 令
指定使用 IGRP 协议	router igrp autonomous-system
指定与该路由器相连的网络	network
指定与该路由器相邻的节点地址	neighbor ip-address

注：autonomous-system 可以随意建立，并非实际意义上的 autonomous-system，但运行 IGRP 的路由器要想交换路由更新信息其 autonomous-system 需相同。

3. OSPF 协议

OSPF（Open Shortest Path First）是一个内部网关协议（Interior Gateway Protocol，IGP），用于在单一自治系统（Autonomous System，AS）内决策路由。与 RIP 相对，OSPF 是链路状态路由协议，而 RIP 是距离向量路由协议。

链路是路由器接口的另一种说法，因此 OSPF 也称为接口状态路由协议。OSPF 通过路由器之间通告网络接口的状态来建立链路状态数据库，生成最短路径树，每个 OSPF 路由器使用这些最短路径构造路由表。有关命令见表 14-4-7。

表 14-4-7　　　　　　　　OSPF 协 议 有 关 命 令

任　　务	命　　令
指定使用 OSPF 协议	router ospf process-id[1]
指定与该路由器相连的网络	network address wildcard-mask area area-id[2]
指定与该路由器相邻的节点地址	neighbor ip-address

注：1. OSPF 路由进程 process-id 必须指定范围在 1～65 535，多个 OSPF 进程可以在同一个路由器上配置，但最好不这样做。多个 OSPF 进程需要多个 OSPF 数据库的副本，必须运行多个最短路径算法的副本。process-id 只在路由器内部起作用，不同路由器的 process-id 可以不同。

　　2. wildcard-mask 是子网掩码的反码，网络区域 ID area-id 在 0～4 294 967 295 内的十进制数，也可以是带有 IP 地址格式的×.×.×.×。当网络区域 ID 为 0 或 0.0.0.0 时为主干域。不同网络区域的路由器通过主干域学习路由信息。

4. 重新分配路由

在实际工作中，我们会遇到使用多个 IP 路由协议的网络。为了使整个网络正常地工作，必须在多个路由协议之间进行成功的路由再分配。相关命令见表 14-4-8。

表 14-4-8　　　　　　　　路 由 协 议 相 关 命 令

任　　务	命　　令
重新分配直连的路由	redistribute connected
重新分配静态路由	redistribute static
重新分配 ospf 路由	redistribute ospf process-id metric metric-value
重新分配 rip 路由	redistribute rip metric metric-value

5. IPX 协议设置

IPX 协议与 IP 协议是两种不同的网络层协议，它们的路由协议也不一样，IPX 的路由协议不像 IP 的路由协议那样丰富，所以设置起来比较简单。但 IPX 协议在以太网上运行时必须指定封装形式。有关命令见表 14-4-9。

表 14-4-9 IPX 协议有关命令

启动 IPX 路由	ipx routing
设置 IPX 网络及以太网封装形式	ipx network [encapsulation encapsulation-type][1]
指定路由协议，默认为 RIP	ipx router {eigrp autonomous-system-number | nlsp [tag] | rip}

注：network 范围是 1～FFFFFFFD。

四、服务质量及访问控制

（一）协议优先级设置

（1）有关命令见表 14-4-10。

表 14-4-10 协议优先级有关命令

任　务	命　令
设置优先级表项目	priority-list list-number protocol protocol {high | medium | normal | low} queue-keyword keyword-value
使用指定的优先级表	priority-group list-number

（2）举例如下。

Router1:

priority-list 1 protocol ip high tcp telnet

priority-list 1 protocol ip low tcp ftp

priority-list 1 default normal

interface serial 0

priority-group 1

（二）队列定制

（1）有关命令见表 14-4-11。

表 14-4-11 队列定制有关命令

任　务	命　令
设置队列表中包含协议	queue-list list-number protocol protocol-name queue-number queue-keyword keyword-value
设置队列表中队列的大小	queue-list list-number queue queue-number byte-count byte-count-number
使用指定的队列表	custom-queue-list list

（2）举例如下。

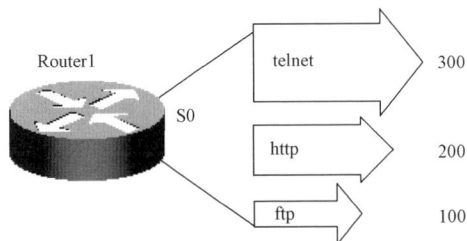

Router1：

queue-list 1 protocol ip 0 tcp telnet

queue-list 1 protocol ip 1 tcp www

queue-list 1 protocol ip 2 tcp ftp

queue-list 1 queue 0 byte-count 300

queue-list 1 queue 1 byte-count 200

queue-list 1 queue 2 byte-count 100

interface serial 0

custom-queue-list 1

（三）访问控制

（1）有关命令见表14-4-12。

表14-4-12　　　　　　　　访问控制有关命令

任　　务	命　　令
设置访问表项目	access-list list {permit | deny} address mask
设置队列表中队列的大小	queue-list list-number queue queue-number byte-count byte-count-number
使用指定的访问表	ip access-group list {in | out}

（2）举例如下。

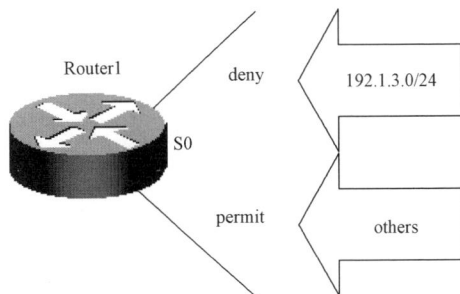

Router1:

access-list 1 deny 192.1.3.0 0.0.0.255

access-list 1 permit any

interface serial 0

ip access-group 1 in

五、路由器配置注意事项

（1）路由器配置之前一定要先备份 running-config 和 startup-config 文件（在特权模式下使用命令 copy run tftp 和 copy start tftp 即可，当然必须已经开启了 tftp 服务器），路由器配置最容易出现问题的地方就是这两个文件。另外，不要动 ios 镜像文件，一旦它出现问题，路由器恢复起来要大费周折。

（2）要小心使用命令 w（write），它会把可能有错的配置信息导入到路由器的启动芯片里，这样如果配置错误，那么就无法采用重启这种简单的方法恢复正确的配置。对于运行中的路由器有影响的配置文件只有 running-config 文件，startup-config 是不起任何作用的，只要配置命令完成，它会立刻起作用，如果配置错误，不要试图用 write 来实现刷新当前配置。

（3）Cisco 路由器口令恢复。当 Cisco 路由器的口令被错误修改或忘记时，可以按以下步骤进行操作：

1）开机时按〈Ctrl+Break〉使进入 ROM 监控状态；

2）按 o 命令读取配置寄存器的原始值：

> o　　　一般值为 0x2102

3）作如下设置，使忽略 NVRAM 引导：

>o/r0x**4*　　　　　　　　　Cisco2500 系列命令

rommon 1 >confreg 0x**4*　　　Cisco2600、1600 系列命令

一般正常值为 0x2102。

4）重新启动路由器：

>I

rommon 2 >reset

5）在"Setup"模式，对所有问题回答 No；

6）进入特权模式：

Router>enable

7）下载 NVRAM：

Router>configure memory

8）恢复原始配置寄存器值并激活所有端口：

"hostname"#configure terminal

"hostname"(config)#config-register 0x"value"

"hostname"(config)#interface xx

"hostname"(config)#no shutdown

9）查询并记录丢失的口令：

"hostname"#show configuration(show startup-config)

10）修改口令：

"hostname"#configure terminal

"hostname"(config)line console 0

"hostname"(config-line)#login

"hostname"(config-line)#password xxxxxxxxx

"hostname"(config-line)#<ctrl+z>

"hostname"(config-line)#write memory(copy running-config startup-config)

六、试验报告

试验报告应该涵盖：路由器设备信息、试验的目的、试验的基本要求、试验的数据项、试验的对象、试验的结果、试验的结论、试验的时间和试验人。

【思考与练习】

1. 路由器系统参数配置的危险点有哪些？

2. 路由器配置操作注意事项有哪些？

3. 路由器基本设置方式有哪些？

◢ 模块 5　交换机的调试（ZY2900202005）

【模块描述】本模块介绍了交换机调试的工作程序及相关安全注意事项。通过原理讲解、配置实例介绍，掌握交换机调试前的准备工作和作业中的危险点预控及掌握交换机调试的基本方法。

【模块内容】

一、危险点分析及控制措施

危险点分析及控制措施见表 14-5-1。

表 14-5-1　　　　　　　　　危险点分析及控制措施

序号	危险点	控制措施
1	错误配置造成网络传输异常	在工作前要对网络设备采取预防措施，备份配置参数

续表

序号	危险点	控制措施
2	装置参数设置冲突,导致其他装置通信中断	在工作前要对网络设备采取预防措施,备份配置参数
3	错误选择装置,导致错误修改装置的参数,引起本次操作范围以外的装置通信中断	检查是否存在受到调试影响的设备,并做好相应隔离措施

二、交换机调试前的准备

(1)设备调试资料的准备。网关设备调试时需要准备相关图纸资料,包括网络结构图、设备说明书等。

(2)工具、机具、材料、备品备件、试验仪器和仪表的准备。常用工具主要有:万用表,螺丝刀、剥线钳、电烙铁。调试网络通信所需工具:网络钳和网络检测仪。

三、交换机的调试

(一)交换机的安装

将交换机放到机柜中,确保交换机四周有足够的空间用于空气流通。关闭设备电源,并将设备接地,防止静电。拔下设备接口上的所有网络电缆。取出接口卡或模块,安装时应手持模块的边缘,不要用手接触模块上的元器件或电路板,以免因人体静电导致元器件损坏。交换机插槽的两边有滑轨,将拇指放在接口模块的螺钉下方,对准滑轨的位置,将接口模块沿滑轨插入插槽直至接触到交换机内的连接插座,然后稍稍用力将接口模块按下,使模块的连接器与交换机的连接插座连接牢固。重新打开设备电源,察看接口卡或模块的指示灯是否正常,如果正常就可连接其他网络线缆。将电源线拿出来插在交换机后面的电源接口,找一个接地线绑在交换机后面的接地口上,保证交换机正常接地。

(二)交换机的规划(见表 14-5-2)

表 14-5-2　　　　　　　　交 换 机 VLAN 的 规 划

VLAN 号	VLAN 名	端 口 号
2	Prod	Switch 1　2~21
3	Fina	Switch 2　2~16
4	Huma	Switch 3　2~9
5	Info	Switch 3　10~21

之所以把交换机的 VLAN 号从 2 号开始,是因为交换机有一个默认的 VLAN,就是 1 号 VLAN,它包括所有连在该交换机上的用户。

（三）交换机的基本配置（以 Cisco1900 交换机为例）

和路由器一样，Cisco 交换机的 Console 端口的缺省设置为：端口速率：9600bit/s；数据位：8；奇偶校验：无；停止位：1；流控：无。

把 PC 机超级终端程序中串行端口的属性设置成与上述参数一致后，便可以开始配置。在 PC 机启动正常，PC 机与交换机使用 Console 电缆连接起来，并且已经进入超级终端程序的情况下。接通交换机电源。由于交换机没有电源开关，接通电源即直接插上电源插头。

第一段：交换机的启动。

Catalyst 1900 Management Console

Copyright (c)Cisco Systems, Inc. 1993–1999

All rights reserved.

Emter[rose Edotopm Software

Ethernet Address: 00–04–DD–4E–9C–80

PCA Number: 73–3122–04

PCA Serial Number: FAB0503D0B4

Model Number: WS–C1912–EN

System Serial Number: FAB0503W0FA

Power Supply S/N PHI044207FR

PCB Serial Number: FAB0503D0B4,73–3122–04

1 user(s)now active on Management Console.

User Interface Menu

[M] Menus

[K] Command Line

[1] IP Configuration

[P] Console Password

Enter Selection:

第二段：进行交换机基本配置。

Enter Selection: K

CLI session with the switch is open.

To end the CLI session, enter [Exit].

>?

Exec commands:

enable Turn on privileged commands

exit Exit from the EXEC

help Description of the interactive help system

ping Send echo messages

session Tunnel to module

show Show running system information

terminal Set terminal line parameters

>enable

#

#conft

Enter configuration commands,one per line. End with CNTL/Z

(config)#?

Configure commands:

address-violation Set address violation action

back-pressure Enable back pressure

banner Define a login banner

bridge-group Configure port grouping using bridge groups

cdp Global CDP configuration subcommands

cgroup Enable CGMP

cluster Cluster configuration commands

ecc Enable enhanced congestion control

enable Modify enable password parameters

end Exit from configure mode

exit Exit from configure mode

help Description of the interactive help system

hostname Set the system's network name

interface Select an interface to configure

ip Global IP configureation subcommands

line Configure a terminal line

login Configure options for logging in

mac-address-table Configure the mac address table

monitor-port Set port monitoring

—More—

mlilticast-store-and-forward Enables multicast store and forward network-port Set the network port

no Negate a cominand or set its defaults

port-channel Configure Fast EtherChannel

rip Routing information protocol configuration

service Configuration Command

sump-server Modify SNMP parameters

spantree Spanning subsystem

spantree-template Set bridge template parameter

storm-control Configure broadcast storm contfolpirameters

switching-mode Set the switching mode

tacacs-server Modify TACACS query parameters

tftp Configure TFTP

uplink-fast Enable Uplink fast

vlan VLAN configuration

vlan-membership VLAN membership server configuration

vtp Global VTP configuration commands

(config)#SiostBiame SW1912

SW1912(config)#enabSe password ?

level Set exec level password

SW1912(config)#enable password level 1 pass1

SW1912(config)#enabSe password level 15 passl5

SW1912(config)#enable secret Cisco

SW1912#disable

SW1912>

SW1912>en

Enter password: ***** (键入 cisco)

SW1912#conf t

Enter configuration commands,one per line. End with CNTL/Z

SW1912(config)#ip address 192.168.1.1255.255.255.0

SW1912(config)#ip default-gateway 192.168.1.254

SW1912(config)#ip domain-name ?

WORD Domain name

SW1912(config)#ip domain-name cisco.com

SW1912(config)#ip name-server 200.1.1.1

SW1912(config)#end

SW1912#sh version

Cisco Catalyst 1900/2820 Enterprise Edition Software

Version V9.00,05 written from 192.168.000.005

Copyright (c)Cisco Systems,Inc. 1993–1999

SW1912 uptime is 0day(s)00hour(s)12minute(s)44secibd(s)

cisco Catalyst 1900(486sxl)processor with 2048K/1024K bytes of memory

Hardware board revision is 5

Upgrade Status: No upgrade currently in progress.

Config File Status: No configuration upload/download is in progress

15 Fixed Ethernet/IEEE802.3interface(s)

Base Ethernet Address: 00–04–DD–4E–9C–80

SW1912#show ip

IP Address: 192.168.1.1

Subnet Mask: 255.255.255.0

Default Gateway: 192.168.1.254

Management VLANl: 1

Domain name: cisco.com

Name server1: 200.1.1.1

HTTP server: Enabled

HTTP port: 80

RIP: Enabled

SW1912#show running-config

Building configuration...

Current configuration:

!

tftp accept

tftp server "192.168.0.5"

tftp filename "catl900EN.9.00.05.bin"

!

hostname "SW1912"

```
!
ip address 192.168.1.1255.255.255.0
ip default-gateway 192.168.1.254
ip domain-name "cisco.com"
ip name-server 200.1.1.1
!
enable secret 5 $l$FMFQ$mlNHW7EzaJpG9uhKPWBvf/
enable password level 1 "PASS 1"
enable password level 15 "PASS 15"
!
interface Ethernet 0/1
!
interface Ethernet 0/2
!
interface Ethernet 0/3
!
interface Ethernet 0/4
!
interface Ethernet 0/5
!
interface Ethernet 0/6
!
interface Ethernet 0/7
!
interface Ethernet 0/8
!
interface Ethernet 0/9
interface Ethernet 0/10
!
interface Ethernet 0/11
!
interface Ethernet 0/12
!
```

interface Ethernet 0/25

!

interface FastEthernet 0/26

!

interface FastEthernet 0/27

!

line console

end

SW1912#show int e0/1

Ethernet 0/1 is Suspended-no-linkbeat

802.1 dSTP State: Forwarding Forward Transitions:1

Port monitoring: Disabled

Unknown unicast flooding: Enabled

Unregistered multicast flooding: Enabled

Description:

Duplex setting: Half duplex

Back pressure: Disabled

Receive Statistics Transmit Statistics

Total good frames 0 Total frames 0

Total octets 0 Total octets 0

Broadcast/multicast frames 0 Broadcast/multicast frames 0

Broadcast/multicast octets 0 Broadcast/multicast octets 0

Good frames forwarded 0 Deferrals 0

Frames filtered 0 Single collisions 0

Runt frames 0 Multiple collisions 0

No buffer discards 0 Excessive collisions 0

Queue full discards 0

Errors: Errors:

第三段：重新启动交换机查看配置保持情况。

SW1912#reload

This command resets the switch. All configured system parameters and static addresses will be retained. All dynamic addresses will be removed.

Reset system,[Y]es or [N]o? Yes

Catalyst 1900 Management Console

Copyright (c)Cisco Systems,Inc. 1993–1999

All rights reserved.

Enterprise Edition Software

Ethernet Address: 00–04–DD–4E–9C–80

PCA Number: 73–3122–04

PCA Serial Number: FAB0503D0B4

Model Number: WS–C 1912–A

System Serial Number: FAB0503W0FA

Power Supply S/N: PH1044207FR

PCB Serial Number: FAB0503DOB4,73–3122–04

——————————————

1 user(s)now active on Management Console.

User Interface Menu

[M]Menus

[K]Command Line

Enter Selection: K

Enter password: *****

CLI session with the switch is open.

To end the CLI session, enter [Exit].

SW1912>enable

Enter password: ***** (键入 cisco)

SW1912#show running-config

…(与第二段中配置清单相同,此处省略)

（1）第一段是 1912 交换机加电后出现的显示内容，依次列出了版权信息、软件版本信息（企业版）、以太网地址（00–04–DD–4E–9C–80）及各种序列号。

在以上信息之后，列出的"1 user（s）now active on Management Console"信息表明当前正有 1 个用户使用管理控制台，此用户即超级终端程序。最后列出了用户接口菜单，有 4 项可供选择，分别是菜单式（M）、命令行（K）、IP 配置（1）和控制台口令（P）。

（2）第二段中选择命令行方式，进入用户命令模式。键入问号，可以看到此模式下的可用命令，它们都是非常简单的命令。

（3）键入 enable 命令，进入特权执行模式。

（4）键入 conft 命令，进入配置模式。问号显示了在全局配置模式下可以发出的全部指令。

（5）hostname SW1912 命令给交换机命名为 SW1912，命令立即生效，可以看到提示符已经变为"SW1912（config）#"。

（6）enable password（使能口令）是分等级的，从 1～15 共 15 个等级，其中等级 1 是最低等级；等级 15 是最高等级。即特权命令等级。

本例中分别设置了 level 1 和 level 15 的使能口令 pass1 和 pass15。

（7）在 1912 交换机的配置中，还可以设置 enable secret（使能密码）。使能密码与使能口令的不同之处在于，使能口令在配置清单中是明码显示的，而使能密码在配置清单中是密码显示的。当交换机上设置了使能密码后，level 15 的使能口令便不再生效，在进入特权命令模式时，应输入使能密码。

（8）ip address 命令设置当前交换机的 IP 地址为 192.168.1.1，这是用于交换机管理的 IP 地址。

（9）ip default-gateway 命令设置当前交换机的缺省网关。应注意的是，这个网关是为交换机本身设置的，与它所连接的其他网络设备无关。换言之，此交换机所连接的所有 PC 机、服务器等设备都应在其操作系统中设置网关，交换机上的网关设置只对其自身有效。

（10）ipdomain-name 命令设置了交换机所在域的域名，本例中设置的域名为 cisco.com。

（11）ipname-server 命令用来设置交换机所使用的域名服务器地址，此地址也是为交换机本身所使用的，所有与交换机相连的主机还应该设置自身的域名服务器地址。

（12）show version 命令列出了交换机的版本、存储器和端口等信息。本例中，主要信息包括：软件版本：Cisco Catalyst 1900/2820 企业版；版本号：V9.00.05；开机时间：0h 12min 44s；处理器：Catalyst 1900（486sxl）；内存：2048KB/1024KB，共 3MB 内存；端口信息：15 个固定配置以太网端口；基本以太网地址：00.04.DD.4E.9C.80。

（13）show ip 命令列出了交换机有关 IP 协议的配置信息，可以看到前面相关命令的设置是否已生效。

（14）show running.con 的命令列出了交换机的配置清单，它是检查配置时最常用的命令。

除了刚刚设置的项目被显示出来外，清单还显示了端口信息，其中 interface Ethernet 是 10M 以太网端口，interface FastEthernet 是 100M 快速以太网端口。编号 0/m 中的 0 是模块号，1912 交换机只有 1 个模块，其编号是 0。编号 0/m 中的 m 的取值是 1～22、25、26 和 27。1～12 是 10M 以太网端口编号；25 是 AUI 端口（在机箱后面板上方 26 和 27 是 100M 快速以太网端口的编号，即前面板上标号为 A 和 B 的 2 个端口。从配置清单可以看出，对于所有接口没有进行任何配置。它们所使用的是缺省配置。show interface 命令可以列出接口（端口）的具体配置和统计信息。清单中列出了 E0/1 端口的有关信息，在接收和发送数据帧的统计中均为 0，这是因为此端口没有连接任何设备。

（15）第 3 段开始时使用 reload 命令重新启动交换机，提示行表明配置参数和静态 MAC 地址将被保留，而动态 MAC 地址将被清除。

（16）重新启动后，交换机启动界面有所变化。在用户接口菜单项中只有菜单和命令行两种方式可供选择，这是因为 IP 参数和口令等已被设置。

（17）进入特权模式后，使用 show running-config 命令列出的配置清单与重新启动交换机之前完全一样，说明配置已经被完整地保存进 NVRAM 了。

（四）vlan 的划分（以 Cisco 交换机为例）

vlan 即虚拟局域网，是一种通过将局域网内的设备逻辑地而不是物理地划分成一个个网段从而实现虚拟工作组的新兴技术。IEEE 于 1999 年颁布了用以标准化 vlan 实现方案的 802.1Q 协议标准草案。

vlan 技术允许网络管理者将一个物理的 lan 逻辑地划分成不同的广播域（或称虚拟 lan，即 vlan），每一个 vlan 都包含一组有着相同需求的计算机工作站，与物理上形成的 lan 有着相同的属性。但由于它是逻辑地而不是物理地划分，所以同一个 vlan 内的各个工作站无须被放置在同一个物理空间里，即这些工作站不一定属于同一个物理 lan 网段。一个 vlan 内部的广播和单播流量都不会转发到其他 vlan 中，从而有助于控制流量、减少设备投资、简化网络管理、提高网络的安全性。

vlan 是为解决以太网的广播问题和安全性而提出的一种协议，它在以太网帧的基础上增加了 vlan 头，用 vlan ID 把用户划分为更小的工作组，限制不同工作组间的用户二层互访，每个工作组就是一个虚拟局域网。虚拟局域网的好处是可以限制广播范围，并能够形成虚拟工作组，动态管理网络。

（1）基于端口划分 vlan。这种划分 vlan 的方法是根据以太网交换机的端口来划分，如 Quidway S3526 的 1～4 端口为 vlan 10，5～17 端口为 vlan 20，18～24 端口为 vlan 30，当然，这些属于同一 vlan 的端口可以不连续，如何配置，由管理员决定，如果有多个交换机，例如，可以指定交换机 1 的 1～6 端口和交换机 2 的 1～4 端口为同一 vlan，即同一 vlan 可以跨越数个以太网交换机，根据端口划分是目前定义 vlan 的最广泛的方法，IEEE 802.1Q 规定了依据以太网交换机的端口来划分 vlan 的国际标准。

这种划分的方法的优点是定义 vlan 成员时非常简单，只要将所有的端口都指定义一下就可以了。它的缺点是如果 vlan A 的用户离开了原来的端口，到了一个新的交换机的某个端口，那么就必须重新定义。

（2）基于 MAC 地址划分 vlan。这种划分 vlan 的方法是根据每个主机的 MAC 地址来划分，即对每个 MAC 地址的主机都配置它属于哪个组。这种划分 vlan 的方法的最大优点就是当用户物理位置移动时，即从一个交换机换到其他的交换机时，vlan 不用重新配置，所以，可以认为这种根据 MAC 地址的划分方法是基于用户的 vlan，这种方法的缺点是初始化时，所有用户都必须进行配置，如果有几百个甚至上千个用户的话，配置是非常累的。而且这种划分的方法也导致了交换机执行效率的降低，因为在每一个交换机的端口都可能存在很多个 vlan 组的成员，这样就无法限制广播包了。另外，对于使用笔记本电脑的用户来说，他们的网卡可能经常更换，这样，vlan 就必须不停地配置。

（3）基于网络层划分 vlan。这种划分 vlan 的方法是根据每个主机的网络层地址或协议类型（如果支持多协议）划分的，虽然这种划分方法是根据网络地址，如 IP 地址，但它不是路由，与网络层的路由毫无关系。它虽然查看每个数据包的 IP 地址，但由于不是路由，所以，没有 RIP、OSPF 等路由协议，而是根据生成树算法进行桥交换。

这种方法的优点是用户的物理位置改变了，不需要重新配置所属的 vlan，而且可以根据协议类型来划分 vlan，这对网络管理者来说很重要。还有，这种方法不需要附加的帧标签来识别 vlan，这样可以减少网络的通信量。

这种方法的缺点是效率低，因为检查每一个数据包的网络层地址是需要消耗处理时间的（相对于前面两种方法），一般的交换机芯片都可以自动检查网络上数据包的以太网帧头，但要让芯片能检查 IP 帧头，需要更高的技术，同时也更费时。当然，这与各个厂商的实现方法有关。

（4）根据 IP 组播划分 vlan。IP 组播实际上也是一种 vlan 的定义，即认为一个组播组就是一个 vlan，这种划分的方法将 vlan 扩大到了广域网，因此这种方法具有更大的灵活性，而且也很容易通过路由器进行扩展，当然这种方法不适合局域网，主要是效率不高。

鉴于当前业界 vlan 发展的趋势，考虑到各种 vlan 划分方式的优缺点，为了最大限度地满足用户在具体使用过程中需求，减轻用户在 vlan 的具体使用和维护中的工作量，Quidway S 系列交换机采用根据端口来划分 VLAN 的方法。

（5）配置实例（以 1900 交换机为例）。

第一步：设置好超级终端，连接上 1900 交换机，通过超级终端配置交换机的 vlan，连接成功后出现如下所示的主配置界面（交换机在此之前已完成了基本信息的配置）：

1 user(s)now active on Management Console.

User Interface Menu

[M] Menus

[K] Command Line

[I] IP Configuration

Enter Selection:

第二步：单击 K 按键，选择主界面菜单中[K] Command Line 选项，进入如下命令行配置界面：

CLI session with the switch is open.

To end the CLI session,enter [Exit].

>

此时进入了交换机的普通用户模式，就像路由器一样，这种模式只能查看现在的配置，不能更改配置，并且能够使用的命令很有限。所以必须进入特权模式。

第三步：在上一步>提示符下输入进入特权模式命令 enable，进入特权模式，命令格式为>enable，此时就进入了交换机配置的特权模式提示符：

#config t

Enter configuration commands,one per line.End with CNTL/Z

(config)#

第四步：为了安全和方便起见，分别给这 3 个 Catalyst 1900 交换机起个名字，并且设置特权模式的登录密码。下面仅以 Switch1 为例进行介绍。配置代码如下：

(config)#hostname Switch1

Switch1(config)# enable password level 15 XXXXXX

Switch1(config)#

注：特权模式密码必须是 4～8 位字符，要注意这里所输入的密码是以明文形式直接显示的，要注意保密。交换机用 level 级别的大小来决定密码的权限。Level 1 是进入命令行界面的密码，也就是说，设置了 level 1 的密码后，下次连上交换机，并输入 K 后，就会让你输入密码，这个密码就是 level 1 设置的密码。而 level 15 是输入了 enable 命令后让你输入的特权模式密码。

第五步：设置 vlan 名称。因四个 vlan 分属于不同的交换机，vlan 命名的命令为 vlan 'vlan 号'name 'vlan 名称'，在 Switch1、Switch2、Switch3 交换机上配置 2、3、4、5 号 vlan 的代码为：

Switch1 (config)#vlan 2 name Prod

Switch2 (config)#vlan 3 name Fina

Switch3 (config)#vlan 4 name Huma

Switch3 (config)#vlan 5 name Info

第六步：上一步对各交换机配置了 vlan 组，现在要把这些 vlan 对应交换机端口号。对应端口号的命令是 vlan-membership static/ dynamic' vlan 号'。在这个命令中 static（静态）和 dynamic（动态）分配方式两者必须选择一个，不过通常都是选择 static（静态）方式。vlan 端口号应用配置如下：

1）名为 Switch1 的交换机的 vlan 端口号配置如下：

Switch1(config)#int e0/2

Switch1(config-if)#vlan-membership static 2

Switch1(config-if)#int e0/3

Switch1(config-if)#vlan-membership static 2

Switch1(config-if)#int e0/4

Switch1(config-if)#vlan-membership static 2

……

Switch1(config-if)#int e0/20

Switch(config-if)#vlan–membership static 3

Switch1(config-if)#int e0/21

Switch1(config-if)#vlan-membership static 3

Switch1(config-if)#

注：int 是 interface 命令缩写，是接口的意思。e0/3 是 ethernet 0/2 的缩写，代表交换机的 0 号模块 2 号端口。

2）名为 Switch2 的交换机的 vlan 端口号配置如下：

Switch2(config)#int e0/2

Switch2(config-if)#vlan-membership static 3

Switch2(config-if)#int e0/3

Switch2(config-if)#vlan-membership static 3

Switch2(config-if)#int e0/4

Switch2(config-if)#vlan-membership static 3

……

Switch2(config-if)#int e0/15

Switch2(config-if)#vlan-membership static 3

Switch2(config-if)#int e0/16

Switch2(config-if)#vlan-membership static 3

Switch2(config-if)#

3）名为 Switch3 的交换机的 vlan 端口号配置如下（它包括两个 vlan 组的配置），

先看 vlan4（Huma）的配置代码：

　　Switch3(config)#int e0/2

　　Switch3(config-if)#vlan-membership static 4

　　Switch3(config-if)#int e0/3

　　Switch3(config-if)#vlan-membership static 4

　　Switch3(config-if)#int e0/4

　　Switch3(config-if)#vlan-membership static 4

　　……

　　Switch3(config-if)#int e0/8

　　Switch3(config-if)#vlan-membership static 4

　　Switch3(config-if)#int e0/9

　　Switch3(config-if)#vlan-membership static 4

　　Switch3(config-if)#

　　下面是 vlan5(Info)的配置代码：

　　Switch3(config)#int e0/10

　　Switch3(config-if)#vlan-membership static 5

　　Switch3(config-if)#int e0/11

　　Switch3(config-if)#vlan-membership static 5

　　Switch3(config-if)#int e0/12

　　Switch3(config-if)#vlan-membership static 5

　　……

　　Switch3(config-if)#int e0/20

　　Switch3(config-if)#vlan-membership static 5

　　Switch3(config-if)#int e0/21

　　Switch3(config-if)#vlan-membership static 5

　　Switch3(config-if)#

　　我们已经把 vlan 都定义到了相应交换机的端口上了。为了验证配置，可以在特权模式使用 show vlan 命令显示出刚才所做的配置，检查一下是否正确。

　　以上是就 Cisco Catalyst 1900 交换机的 vlan 配置进行介绍了，其他交换机的 vlan 配置方法基本类似，参照有关交换机说明书即可。

　　四、交换机配置注意事项

　　（1）配置完后，最后断电重启一次再检查所作配置有无变化；千万小心使用软件重启命令，它默认的选项是恢复出厂设置。

（2）Cisco 交换机口令恢复（以 1900 交换机为例）。

1）连接交换机的 Console 口到终端或 PC 仿真终端。用无 Modem 的直连线连接 PC 的串行口到交换机的 Console 口；

2）先按住交换机面板上的 mode 键，然后打开电源；

3）初始化 flash：

>flash_init

4）更名含有 password 的配置文件：

>rename flash: config.text flash: config.old

5）启动交换机：

>boot

6）进入特权模式：

>enable

7）此时开机已忽略 password：

#rename flash:config.old flash:config.text

8）copy 配置文件到当前系统中。

#copy flash:config.text system:running-config

9）修改口令：

#configure terminal

#enable secret

10）保存配置：

#write

五、试验报告

试验报告应该涵盖：交换机设备信息、试验的目的、试验的基本要求、试验的数据项、试验的对象、试验的结果、试验的结论、试验的时间和试验人。

【思考与练习】

1. 交换机配置注意事项包括哪些内容？

2. 交换机的安装要注意哪些问题？

3. 交换机的调试包括哪些内容？

第十五章

站内其他智能接口单元通信的调试

▲ 模块 1 规约转换器接口的调试（ZY2900203002）

【模块描述】本模块介绍了规约转换器的调试内容，通过要点讲解，掌握规约转换器调试前的准备工作及调试方法。

【模块内容】

一、危险点分析及控制措施

危险点分析及控制措施见表 15-1-1。

表 15-1-1　　　　　　　　　　危险点分析及控制措施

序号	危险点	控制措施
1	引起进行参数设置的装置通信中断	在工作前要对网络设备采取预防措施，备份配置参数
2	装置参数设置冲突，导致其他装置通信中断	调试前，把相应可能影响到的装置进行闭锁处理
3	错误选择装置，导致错误修改装置的参数，引起本次操作范围以外的装置通信中断	通信设备修改前检查是否有相关的共用设备，并做好相应隔离措施
4	错误配置造成网络传输异常	在工作前要对网络设备采取预防措施，备份配置参数

二、规约转换器的调试准备工作

（一）仪器、仪表及工具的准备

准备的仪器、仪表及工具有电脑、万用表、螺丝刀、斜口钳、通信电缆（网线、维护线等）、通信转换头（如 485/232 转换器等）和 Hub（用于观察 TCP 或点对点网络报文用）等。

（二）相关软件准备

需要准备的软件有维护软件、参数配置软件、串口数据监视软件、网络数据监视软件等。

（三）通电前检查

通电前的检查应包括以下几项内容：

（1）电源线的接入是否正确。

（2）电源的电压值是否合格。

（3）是否有短路或开路的回路。

（4）接地是否良好。

（5）端子等外观是否完整。

（6）电源插件是否正确。

（四）上电检查

上电后，应该检查以下几项内容：

（1）电源指示灯是否正常。

（2）规约转换器运行是否正常。

（3）规约转换器面板指示是否正常。

（4）维护接口是否正常。

（5）内部参数检查。

（6）自检信息查看是否正常。

（五）通信参数设置

规约转换器的本机参数主要包括：网络 IP 地址和掩码、地址类参数、工作方式参数等。

规约转换器的通信参数主要包括：通信串口的波特率、校验方式、数据位、停止位等；各板件的通信介质选择（如 485/422/232 等）；各板件的通信规约类型、参数和网络路由等内容。

三、规约转换器操作步骤及工艺要求

首先，应该在通信两侧正确设置通信参数，并且正确的连接通信电缆。其次，查看通信报文，握手、传递数据等过程是否符合通信规约，内容是否正确。然后进行相应的通信实验，主要有：数据正确性实验、变化数据实验、控制类数据实验、突发大数据量传送实验、通信异常恢复实验、通信中断实验和通信拷机类实验。

四、试验报告

试验报告应该涵盖：通信两侧的设备信息、通信电缆的连接、通信设备的信息、试验的目的、试验的基本要求、试验的数据项、试验的对象、试验的结果、试验的结论、试验的时间和试验人。

【思考与练习】

1. 国内变电站内比较常见的智能设备通信方式可分为哪几类？

2. 规约转换器的作用是什么？

3. 规约转换器的调试包括哪些内容？

▲ 模块 2　智能设备的规约分析及选用（ZY2900203003）

【模块描述】本模块介绍了智能设备规约简介、分析及选用、入网方式等，含智能设备规约选择的条件、实现功能。通过要点介绍，掌握智能设备通信规约优缺点及使用范围。

【模块内容】

一、规约报文分析实例

（一）IEC 103 规约报文分析

IEC 103 规约类型为问答式。报文结构分析如下（十六进制）：

S: 10 5A 36 90 16

R: 68 0E 0E 68 28 36 01 81 09 36 F2 BE 01 06 4F 11 10 00 46 16

其中，S 代表查询，R 代表应答。

S 报文中：10 5A 36 为报文头；10 为同步字符；5A 为报文类型，表示查询一级数据；36 为查询的目的地址；90 16 为结束码；90 为和校验码（5AH+36H=90H）；16 为结束符。

R 报文中：68 0E 0E 68 28 36 为报文头。68 为同步字符；0E 0E 为报文长度和长度的重复，报文长度 0E（14）指从报文类型至信息体之间的字节数；表示报文的应接收字节数为 14+4+2=20；68 为同步字符的重复；28 为报文类型，表示数据报文并有一级数据；36 为地址，表示报文由地址为 36H 的源设备发出。

01 81 09 36 F2 BE 01 06 4F 11 10 00 为信息体；01 为信息类别，表示带时标的信息类别；81 表示含有一个该类信息；09 为原因，表示报文由总查询引发；36 为设备源地址；F2 BE 表示信息的索引号；01 为双点信息，表示状态为分；06 4F 11 10 为时标；00 为附加信息。

46 16 为结束码；46 为和校验码（十六进制下 28 36 01 81 09 36 F2 BE 01 06 4F 11 10 00 的和为 346，取单个字节 46）；16 为结束符。

（二）CDT 规约报文分析

CDT 规约类型为循环式。报文结构分析如下（十六进制）：

S: EB 90 EB 90 EB 90 71 F4 01 01 02 28 F0 40 00 04 06 2B

其中，S 代表发送。

EB 90 EB 90 EB 90 71 F4 01 01 02 28 为报文头；EB 90 EB 90 EB 90 为同步字符；

71 为控制字；F4 表示报文类别为遥信；01 表示信息体为一个；01 02 表示源站址为 01，目的站址为 02；28 为 71 F4 01 01 02 的单字节 CRC 校验码。

F0 40 00 04 06 2B 为信息体；F0 表示遥信的起始功能码为 F0，按协议即第一组遥信；40 00 04 06 表示具体的遥信信息；2B 为 F0 40 00 04 06 的单字节 CRC 校验码。

（三）智能设备入网方式

变电站里的第三方智能电子设备均需通过规约转换器才能接入站控层网络，将信息上送给变电站监控后台及远动通信管理机。

（1）串口的智能电子设备需通过串口扩展板接入。

（2）网口的智能电子设备需通过 CPU 板的网络口接入。

二、智能设备规约选用

（一）常见的智能设备规约标准

常见的智能设备规约标准有以下几种：

IEC 103：问答式规约

IEC 102：问答式规约

IEC 101：问答式规约

IEC 104：问答式规约

DL 645：问答式规约

MODBUS：问答式规约

CDT：循环式规约

其他厂家自定义规约

（二）规约选用的原则

规约的选择有几种原则：

（1）按通信介质选择。一般不采用现场总线方式与智能设备进行通信，除非通信双方都是同一个厂家。

1）对于采用 RS–232 串口方式的通信而言，可以选择问答式、循环式类型的通信规约。一般只适用于点对点的通信模式。

2）对于采用 RS–422 串口方式的通信而言，可以选择问答式、循环式类型的通信规约。如果采用一对多的通信模式，则须选用问答式规约。

3）对于采用 RS–485 串口方式的通信而言，只能选择问答式类型的规约。

4）对于采用网络方式的通信而言，如果采用 UDP 广播协议或组播协议，一般采用问答式规约。

5）对于采用网络方式的通信而言，如果采用 UDP/IP 或 TCP 协议，可采用问答式、循环式规约。

（2）按通信模式选择。点对点的通信模式，可以选择问答式、循环式规约。一对多的通信模式，在没有冲撞检测功能的通信介质上，必须选择问答式规约。

（3）按通信质量选择。

1）通信质量较好的情况下，可以选择问答式或循环式规约。

2）通信质量较差的情况下，应该选择问答式规约。

（4）按数据要求选择。

1）如果数据的完整性要求比较高，应该尽量选择问答式规约。

2）如果数据的实时性要求比较高，可考虑选择循环式规约。

（5）按设备类型选择。

1）IEC 103 规约一般适用于变电站内保护装置、普通智能设备通信，应用范围较大。

2）IEC 102 规约一般适用于电能采集器设备的通信。

3）IEC 101 规约一般适用于调度端与站端的通信，通信模式为串行口。

4）IEC 104 规约一般适用于调度端与站端的通信，通信模式为网络模式，对网络的要求较高，实时性也较高。

5）DL 645 规约一般适用于和电度表或电能采集器通信。

6）MODBUS 规约一般适用于和普通智能设备通信，应用范围较大。

7）CDT 规约一般适用于和普通智能设备通信，应用范围较大，数据容易丢失。

厂家自定义规约应该尽量避免，兼容性较差。

【思考与练习】

1. 规约选用的原则是什么？

2. 列举常见的智能设备信息传输规约，并简述它们各自的特点。

3. 规约结构由哪些组成？

第十六章

后台监控系统的调试

◢ 模块 1 后台监控系统启动及关闭（ZY2900204001）

【**模块描述**】本模块介绍了后台监控系统的启动、关闭方法、调试项目及注意事项。通过工作流程介绍、界面图形示意，掌握调试前的准备工作及相关安全和技术措施、后台监控系统启动及关闭功能的调试项目及其操作方法。

【**模块内容**】

一、启动后台监控系统前的准备工作

（1）检查后台计算机各硬件设备的连接情况。

1）设备间的连接线是否正确，是否存在错接或漏接情况。

2）检查连接插座、插头的连接针是否存在变形、缺失或短路的现象。

3）检查各硬件外观是否完整。

（2）登录用户名和口令。后台监控系统登录时需要选择用户并输入正确的口令，确定不同操作权限下的用户名及口令。

二、启动后台监控系统的方法及注意事项

（1）按主机和显示器电源按钮，打开后台机器

（2）启动监控系统。

1）确认 Windows 系统以 Administrator 用户登录，启动正常。

2）确认系统桌面右下角任务栏中数据库服务器启动正常，显示为"正在运行"。

3）确认系统防火墙处于关闭状态。

4）双击桌面上监控系统运行图标，启动监控系统。

（3）查看监控系统启动正确。

1）确认监控系统启动过程中，数据库能正常启动，无报错。

2）"操作界面"画面和简报窗口弹出同时，告警发音。

3）登录监控系统，进行各功能操作。

三、关闭后台监控系统的步骤方法

（1）关闭后台监控系统。

1）注销、关机、重新启动与正常的 Windows 操作系统相同。

2）切换工作模式，有些监控系统可以运行在标准的 Windows 操作系统上，也可以运行在受限的 Windows 操作系统上，当在受限的 Windows 操作系统上运行时，Windows 上的所有功能将不能使用，使用者只能使用监控系统，有效地提高了监控系统稳定性、可靠性。

3）关闭监控系统该命令只有当监控系统运行在标准的 Windows 操作系统上时有效。

（2）关闭后台机操作系统。监控系统完全关闭后，关闭后台计算机。

（3）关闭设备电源。

四、案例

（一）启动监控系统

运行人员可通过以下几种方法启动变电站后台监控系统：

（1）在 Windows 运行桌面中找到某厂站综合自动化系统"VX.XX"快捷图标，用鼠标双击后，即可启动整个后台监控系统。

（2）在 Windows 系统的"开始"菜单中，选择"程序"→"某厂站综合自动化系统 VX.XX"→"某在线运行"菜单项，即可启动后台监控系统。

（二）查看系统运行情况

（1）从后台监控系统的"开始"菜单中选择"进程管理"子菜单（见图 16-1-1），系统将弹出用户权限校验对话框，选择用户名并输入正确的口令。

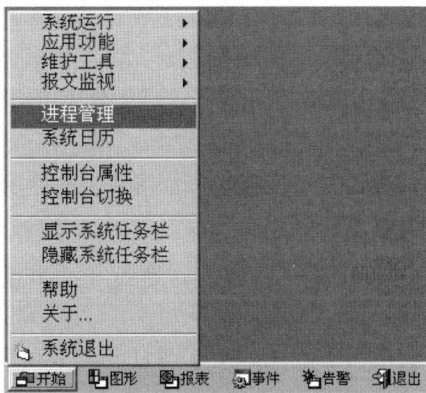

图 16-1-1　开始菜单

（2）系统弹出监控系统进程监控管理界面（见图 16-1-2）：从进程列表中可查看系统关键进程的运行状态，从而判断后台监控系统的运行是否正常。其中"数据库服务器""RCS控制台""后台网络""实时告警系统"和"SCADA 模块"是系统的核心进程。

（三）关闭后台监控系统

从后台监控系统的"开始"菜单中选择"退出系统"或在系统控制台工具栏中选择"退出"按钮（见图 16-1-3），系统将弹出用户校验对话框，选择用户名并输入正确的密码后，可关闭后台监控系统。

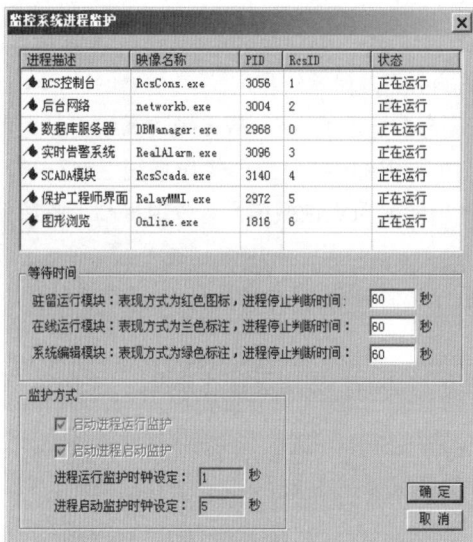

图 16-1-2 监控系统进程监控管理界面

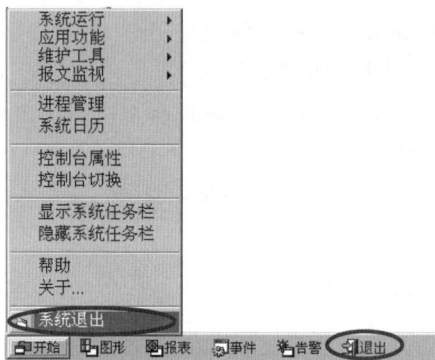

图 16-1-3 退出菜单

【思考与练习】

1. 启动后台监控系统有哪些步骤？

2. 在后台监控系统中切换工作方式有什么作用？

3. 关闭后台监控系统有哪些步骤和注意事项？

▲ 模块 2 读懂后台监控遥信量、遥测量及通信状态 （ZY2900204002）

【模块描述】本模块介绍了后台监控系统中遥信量、遥测量及通信状态的显示方式，以及数据和参数的查询方法。通过方法介绍、界面图形示意，掌握正确读取后台监控系统中遥信量、遥测量及装置通信状态的方法。

【模块内容】

一、查看后台监控遥信量、遥测量及通信状态前的准备工作

（一）确认监控系统与装置通信正常

（1）确认所有装置正常启动。

（2）确认装置和后台之间的连接设备运行正常，包括交换机通电、通信正常及所有网线连接正确并通信正常。

（3）确认后台计算机地址和所有装置地址配置正确，所有装置地址能够 ping 通。

（二）准备装置配屏图纸

（1）准备装置白图。

（2）准备一次主接线图。

（3）准备各侧间隔详细分图。

（三）准备后台信息表

（1）准备所有遥信表、遥测表、遥控表。

（2）准备其余详细信息表。

二、数据的显示方式

（一）后台监控系统中遥信量的显示方式

（1）一次接线图/间隔图。在一次接线图或间隔图中，遥信量的状态可通过图符的各种显示状态来表示。

1）断路器/隔离开关位置示例图（见图 16-2-1）；

2）保护压板投入/退出状态显示图（见图 16-2-2）；

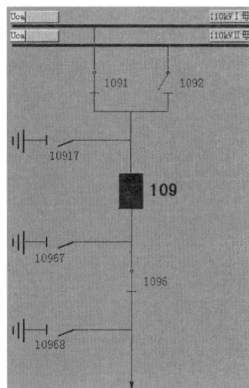

图 16-2-1　断路器/隔离开关位置示例图

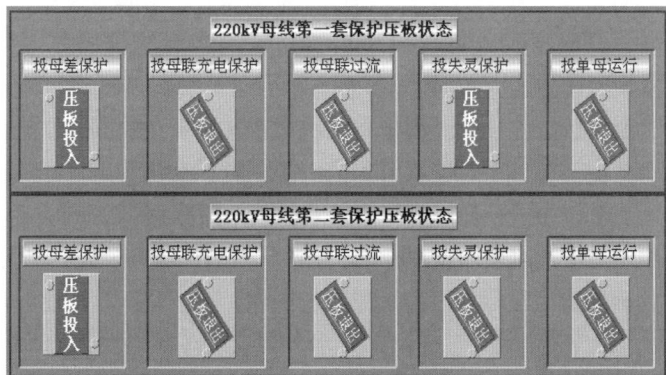

图 16-2-2　保护压板投入/退出状态显示图

图 16-2-3　操作把手远方/就地状态显示图

3）操作把手远方/就地状态显示图（见图 16-2-3）。

（2）遥信量一览表，用以显示一组遥信量信号的状态，遥信量的状态一般用图符的不同颜色来代表。

（3）实时告警。当遥信量状态发生变化时，在实时告警框中将出现相关的告警事件，提醒运行人员注意。告警信息可通过分层、分类、分级方式进行检索。每一条告警记录包含"告警等级""时间""操作人""站名称""点名称"和"事件"等信息。

（二）后台监控系统中遥测量的显示方式

（1）实时曲线/历史曲线。在一张曲线图中可同时显示多条曲线。

（2）遥测量一览表。遥测一览表用以显示一组遥测量的值。

（3）一次接线图/间隔图。

（三）通信状态的显示方式

目前自动化监控系统一般均采用双网冗余配置，用"A/B网"来标识这两个网络。后台监控系统的通信状态包含了变电站内所有接入后台监控系统装置的通信状态。这些设备包括：间隔层的智能电子设备、站控层的监控主机和远动通信管理机。间隔层的智能电子设备，如测控装置、保护装置、低压保护测控四合一装置、电能表、直流屏等设备的通信状态可在通信状态一览表中查看，在线运行时，运行人员通过此通信状态一览表就可以判断出厂站内所有装置的通信状态。系统实时判断后台监控主机和远动通信管理机的通信状态，当发生通信异常时，如通信中断或恢复，将在实时告警框中显示相关的告警事件，提醒运行人员注意。

三、数据及参数的查询方式

（1）遥信量的查询，在运行画面上用鼠标双击某个遥信量图元，系统将弹出该图元对应的属性对话框，可以在对话框中查询所需的数据状态。

（2）设备的查询，在运行画面上用鼠标双击某个断路器/隔离开关设备图元，系统将弹出该设备图元对应的属性对话框。

（3）在运行画面上用鼠标双击某个遥测量图元，系统将弹出该图元对应的属性对话框。

【思考与练习】

1. 后台监控系统的遥测量可以通过哪些方式显示？

2. 在监控系统中如何显示通信状态？

3. 后台监控系统中遥信量的显示方式是什么？

◢ 模块 3　后台监控系统的图形生成（ZY2900204003）

【模块描述】本模块介绍了后台监控系统中画面编辑工具的启动和使用方法。通过方法讲解、案例介绍、界面图形示意，掌握各种图形的绘制方法。

【模块内容】

一、后台监控系统的图形生成的准备工作

（1）收集现场一次主接线图。

（2）收集各侧详细分图及数据。

（3）收集其他相关技术参数。

二、画面编辑器的启动、使用方法及注意事项

（一）启动后台监控系统的制图软件

单击操作系统的"开始"菜单，选择"画面编辑"进入图形编辑界面，在进入画面编辑器之前，系统弹出密码验证框，要求用户输入用户名和密码，如无权限或不匹配，系统拒绝登录。若通过验证，将显示画面编辑器的主界面。

（二）利用图形、图元编辑工具绘制各类图形

1. 工具栏

操作图形编辑主要提供多种工具栏，工具栏是由一组功能相近的工具组成。画面编辑器中有包含以下几类工具栏：基本工具栏、常用图形编辑工具栏、缩放工具栏、拓扑工具栏、网格工具栏、线形处理工具栏、画面窗口工具栏、画线条工具、画拓扑连接点工具、画形状工具和画图表工具等。工具条中的某些工具对应有菜单项，如基本工具栏、常用图形编辑工具栏，选取菜单项也可以完成相同功能，但使用工具栏可加快操作速度。工具条可以在编辑器主窗口四条边的任意位置放置，或变成浮动的，停留在屏幕的任意位置。工具栏的具体作用及使用方法根据监控系统不同也有所差别，具体操作方法就不过多介绍。

2. 属性设置

在属性工具条中可以对图元的一些基本属性进行设置，不同类型的图元有不同的属性对话框，在图元上面双击鼠标左键即可弹出属性对话框。

（1）画面属性窗。画面属性窗用来设置画面编辑窗口的属性参数。鼠标左键双击当前画面即可弹出当前画面的属性窗，该窗口首先列出当前画面的一些属性，用户可以根据自己的需要，修改当前画面窗口的一些基本属性。

（2）外观设置属性。主要设置线宽、线色、线性、文字、填充色及透明度等。

（3）位置大小及标签设置属性。主要设置高度、宽度、角度及标签。

（4）测点数据源选择属性。主要设置检索方式、厂站名称、装置名（间隔名）、测点类型、测点名及当前点。

（5）设备数据源选择属性。主要设置设备所在厂站及间隔。

（6）敏感点设置属性。敏感点图元代表的动作有弹出画面、播放音乐、执行程序、遥控遥调告警确认及全站复归。

（7）挡位设置属性。设置挡位测点及最大挡位值。

3. 连接关系

设备图元都有自己的端子定义的，在图形制作中，要保证设备图元之间及设备图元和电力连接线或者线路之间端子可靠的连接。两个实际的设备之间，必须通过电力连接线来连接。在图形编辑中，提供了断开/合并连接线、连接线跟随、坐标自动修正等功能来保证在制图中端子的可靠连接。断开/合并连接线的作用是当把一个双端设备，如断路器、隔离开关，放在一个电力连接线上时，则电力连接线会自动断开，当移走或删除该设备，两个电力连接线会自动合并为一个。另外，如果连接线的一端也放在另一个连接线上，则后者也会自动断开。

（三）案例

1. 四遥列表分图自动生成

以遥信列表生成为例介绍。首先，使用标题文本编辑框设置遥信报表的显示标题，通过"标题字体"按钮来设置该标题显示的字体。厂站列表自动列出了当前所有的厂站，检索方式列出当前检索所采用的方式，主要有三种方式，即所有测点、按方式检索和按间隔检索。选中一种检索方式后，下面将对应列出该方式下的装置或间隔列表，通过该列表选择一个装置或间隔，对应测点列表将显示出来。然后，从测点列表中选择需要的测点，并放到右边列表框内。其次，在下面大小设置部分设置好遥信的列数、宽度值，在画面编辑器组件选择工具内指定一个组件，该组件图符自动加入图符右边对应方框内，因为是遥信列表自动生成，所以我们取遥信组件图符进行设置。最后，点击创建按钮就在画面上生成一个遥信列表（见图 16-3-1）。

$$\boxed{\text{厂站\#遥信一览表}}$$

遥信序号	遥信名称	值	遥信序号	遥信名称	值	遥信序号	遥信名称	值
0	装置1_失灵投入	●	2	装置1_Ⅰ母电压闭锁开放	●	4	装置1_外部母联失灵长期起动	●
1	装置1_母差投入	●	3	装置1_Ⅱ母电压闭锁开放	●	5	装置1_外部闭锁母差长期起动	●

图 16-3-1 厂站遥信表

2. 光字牌分图自动生成

前面过程与遥信列表自动生成基本相同，增加了对光字牌本身的布局、字体、颜色及闪烁效果的设置，由于这些设置比较简单，所以不做过多介绍。

3. 间隔复制

将一个已有的间隔图形复制到目的间隔中去。复制间隔首先要保证当前被复制间隔与目的间隔同属于一个类型，这样才能保证间隔正常复制。具体步骤：点选"间隔复制…"菜单项弹出如下对话框（见图 16-3-2）。

第一步：选择需要复制的当前间隔，如图 16-3-2 中的"05C19"，然后选择好目的间隔，如图 16-3-2 中的"05C20"，这样就将同样类型的间隔关联到"05C20"上面。

第二步：指定目标窗口，图 16-3-2 中的"画面一"。当前窗口由系统默认生成，无需改动，所以一般设置为只读状态。如果用户对系统默认指定的窗口不满意，也可以改变目标窗口名称。

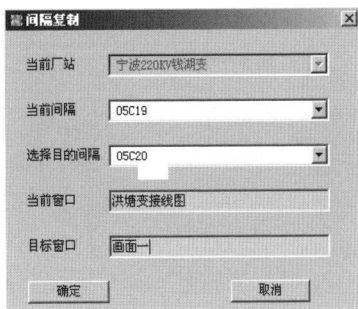

图 16-3-2　间隔复制

第三步：点击确定按钮即可。系统将自动生成一个新的画面，名称为目标窗口名。

（四）图形生成与保存

1. 图形生成

弹出一个新的编辑窗口。可创建两种类型的图形文件：一种为普通的图形文件，后缀为.pic；另一种为给硬件装置上的液晶屏显示用的图形，后缀为.dlp，这两种图形可相互转换。根据输入的厂站相关信息自动生成接线图。

2. 图形保存

保存分为网络保存、本地保存及另存，网络保存即将编辑好的图形以网络图形数据文件的格式在网络中存储，本地保存为将编辑好的图形以 pic 的文件后缀存储在本地计算机上，另存为将当前编辑的文件以其他文件名保存，选择保存类型可以保存为普通图形文件或硬件装置液晶图形文件。

（五）退出

关闭当前编辑的文件，如在关闭前未存盘，则提出警告，然后退出图形编辑。

（六）画面编辑注意事项

画面编辑是指利用各种图元按各种形式进行组合，并对图元进行属性设置的一个过程。养成良好的工作习惯对快速、稳定、美观的制图是非常重要的，需要注意如下几点：

（1）先建库后做图，特别避免出现在多个计算机上同时作图和建库或修改库。

（2）在一个计算机上作图，始终保持此计算机上的图形是最新的，由它向其他计算机同步。

（3）在图形制作工程中，对设备图元有增加、删除、修改操作时，在系统退出前，要做数据备份，即把实时库数据保存到商业库，否则增加、删除、修改的设备及其信息会丢失。

（4）对典型间隔而言，先制作好一个间隔，特别是属性设置完毕后，使用复制会极大地加快制图速度，而且能保证图形制作的正确性。

（5）图形要注意整体布局，突出重点设备，如变压器，给人感觉要饱满，避免头重脚轻。

【思考与练习】

1. 后台监控系统画面编辑器的作用是什么？

2. 使用后台监控系统画面编辑器制图的步骤有哪些？

3. 画面编辑时应注意哪些问题？

▲ 模块 4　后台监控系统数据库修改（ZY2900204004）

【模块描述】 本模块介绍了后台监控系统数据库结构、数据库编辑工具使用方法。通过方法讲解、案例介绍、界面图形示意，掌握后台监控系统数据库修改的方法。

【模块内容】

一、危险点分析及控制措施

危险点分析及控制措施见表 16-4-1。

表 16-4-1　　　　　　　　　　　　危险点分析及控制措施

序号	危险点	控制措施
1	误修改相关运行间隔数据	明确工作任务和作业点，严防误修改运行间隔数据。在工作前要对数据库采取预防措施，备份配置数据库数据
2	引起进行参数设置的装置通信中断	调试前，要对数据库采取预防措施，备份配置参数。把相应可能影响到的数据做好安全措施
3	数据库内装置参数设置冲突，导致其他装置通信中断	调试前，把相应可能影响到的装置做好相应安全措施
4	静电损坏设备	调试人员身体任何部位不要直接接触通信线金属部分，操作前调试人员将手接触可靠接地，保证身上静电完全释放

二、后台监控系统的数据库修改的准备工作

（1）收集现场一次主接线图。

（2）收集相关信息表。

（3）收集其他相关技术参数。

三、后台监控系统的数据库修改的操作步骤

（一）数据库结构

数据库维护工具采用了层次加关系的数据组织模式。层次体现在后台监控系统在线运行时系统对数据库的读写访问上，由厂站、装置、测点所形成的2~3层的数据库访问层次，同时层次也体现在系统数据库的定义上，系统数据库的定义分为厂站定义、装置/设备定义和测点定义三级进行，厂站、装置和测点都有一系列属性。数据库维护工具有厂站、装置、线路、变压器、断路器/隔离开关、容抗器、发电机/电动机、母线、电压互感器、电流互感器、避雷器、其他设备、遥信、遥测、遥控、脉冲、挡位等多种主要的数据结构。

（二）数据库编辑工具使用方法

（1）启动后台监控系统数据库编辑软件。在 Windows 操作系统的"开始"菜单→"程序"→"厂站综合自动化系统"→"系统维护"→"数据库编辑"来启动数据库编辑软件。

（2）数据库的建立与修改。

1）建立逻辑节点定义表。

2）建立设备组表。

3）建立设备组表里各设备组数据库。依次建立包括遥信表、遥测表、电能表、挡位表、设备表等详细数据库。

（3）数据库的保存与加载。

1）点击保存按钮，保存已修改的组态表。

2）主接线图各设备与数据库进行关联。

四、案例

以某型号厂站监控系统为例具体介绍数据库编辑修改方法。

（一）厂站数据定义及修改

1. 增加厂站

在系统列表中的"监控"页面中，选中"系统"根节点，然后单击工具栏上的 ✛ 按钮，即可在"系统"下增加一个新的厂站（见图 16-4-1）。新增加的厂站下默认包含"装置""间隔"和"旁路代换"三个节点，在"装置"节点下默认包含"非固定装置"和"合成信息"两个装置。若配置了一体五防系统，则在"装置"节点下还默认包含"一体五防"装置。

新建厂站后的数据库界面如下：操作窗口左边为树型列表，操作窗口右边为厂站属性定义窗口。

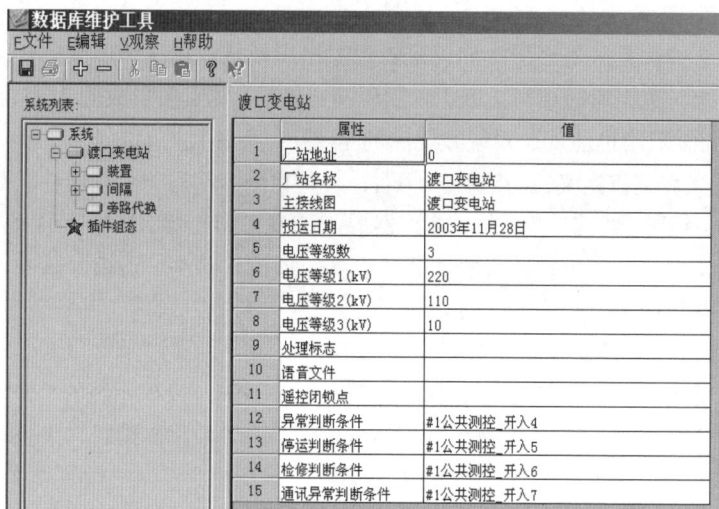

图 16-4-1 厂站配置

2. 厂站的配置

厂站配置是指配置厂站地址、厂站名称、主接线图、投运时间、电压等级数、语音文件、遥控闭锁点、异常停运检修的判断条件，其中厂站地址必须设置为 0，厂站名称不超过 30 个汉字。删除厂站只需要在"系统列表"中选择要被删除的厂站，然后单击 ➖ 按钮。系统弹出删除确认对话框"删除厂站××？"选择"是"，删除该厂站，选择"否"，取消此次删除操作。

（二）装置及相关测点数据定义及修改

遥信、遥测、遥控、脉冲和挡位信息的配置是按照每一个装置进行的，对每一台装置而言，确定了装置型号，也就确定了该装置的测点信息列表，而且该测点信息列表只可修改属性定义，不可增加或删除测点。

1. 增加装置

在"系统列表"的"监控"页面中，选中需要添加装置的厂站，用鼠标左键单击"装置"条目，然后单击工具栏上的 ➕ 按钮，即可在"装置"下增加一个新装置。非固定装置和合成信息是增加厂站时由系统自动添加的，不可删除。

2. 装置的配置

鼠标左键单击某一个需要编辑的装置，出现装置配置操作界面（见图 16-4-2），在右边的装置属性配置界面中用户可以方便地进行装置的属性配置。

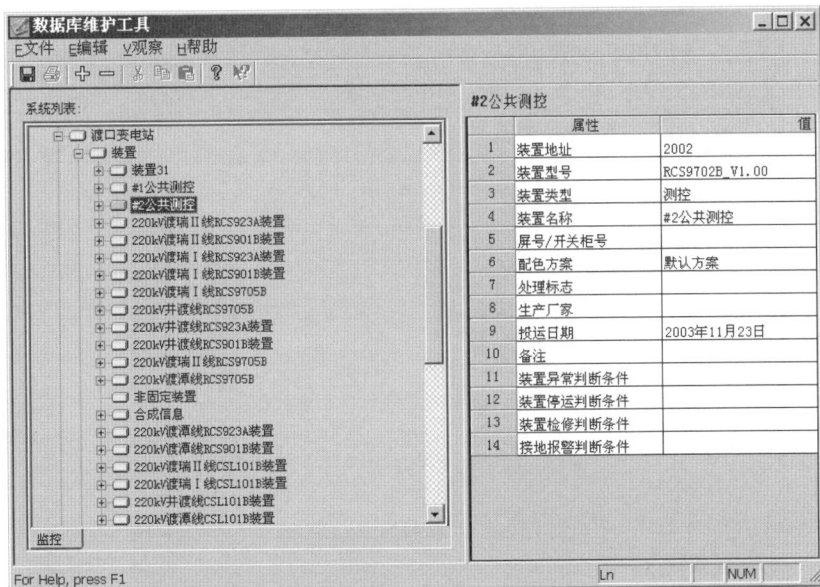

图 16-4-2　装置配置

其中装置地址输入范围为 0～65 279，系统自动判断是否有重复，如果有重复则不接受用户的更改，全站必须唯一。装置型号可从下拉列表中选择，如"LFP921v1.00""RCS9611Bv1.00"等，装置型号的更改将直接导致对应测点数据的更改。其他几项可以根据实际情况进行更改。

3. 遥信的配置

展开"装置"节点，双击某一个装置，展开该装置的测点信息，包含"遥信""遥测""遥控""脉冲"和"挡位"。鼠标左键单击"遥信"，出现遥信配置操作界面（见图 16-4-3），在右边的遥信配置界面中用户可以方便地对遥信量进行配置。或者从"间隔"→"电压等级"→"××间隔"→"××设备"，展开该设备下的遥信、遥测、遥控、脉冲和挡位，鼠标左键单击"遥信"，也会显示遥信属性设置界面。

其中，单击允许标记区域，将弹出允许标记对话框（见图 16-4-4）。

用鼠标单击复选框，✔ 表示被选中，如果取消复选，再次单击该复选框。完成选择后键入回车或按 ☒ 按钮确认，键入 Esc 键取消操作。遥信点的缺省允许标记为遥控允许。

封锁是否封锁该遥信点。如果封锁，则系统不处理该测点的数据，如果取消封锁，系统处理该测点的数据。

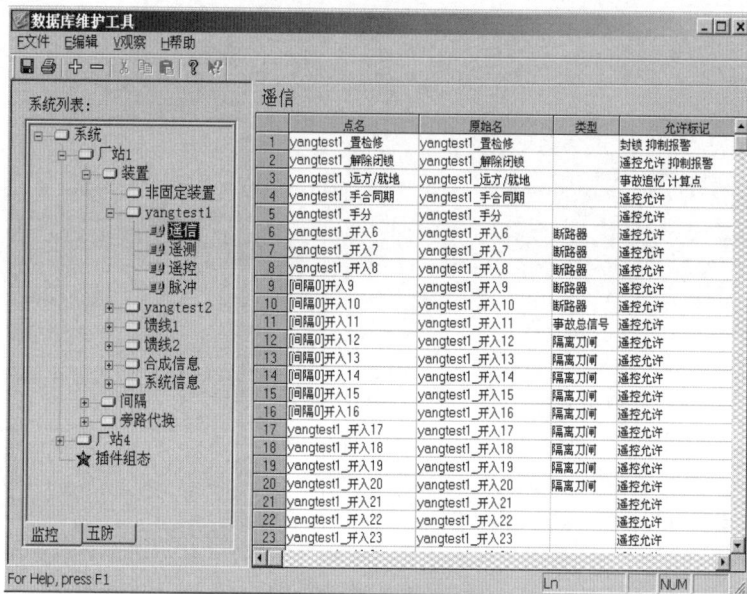

图 16-4-3 遥信配置

图 16-4-4 允许标记

抑制报警是否允许该遥信点产生报警。如果不抑制，当遥信变位时，产生报警信息，画面上的该测点所对应的图符将闪烁，如果抑制告警，当遥信变位时，不产生相关报警。

遥控允许是否能对该遥信点进行遥控操作。

取反使能对遥信状态进行取反。当遥信点的原始值为"0"时，工程值为"1"；当遥信点的原始值为"1"时，工程值为"0"。

事故追忆是否对该遥信点进行事故追忆。如果允许，当进行事故追忆时，将该遥信点记入事故追忆数据库。

计算点指该遥信点是否为计算点。

相关遥控是指择遥信点对应的遥控点。遥控操作时，系统通过其对应遥信点的变位情况来判断遥控操作是否成功。因此，遥控点必须与某个遥信点对应。

计算公式为允许标记中计算点为选中状态时，该遥信点才可以进行计算。单击遥信点计算公式的区域，弹出遥信点计算图（见图 16-4-5）。

遥信测点的计算公式定义只在"合成信息"的"遥信"中才有效。

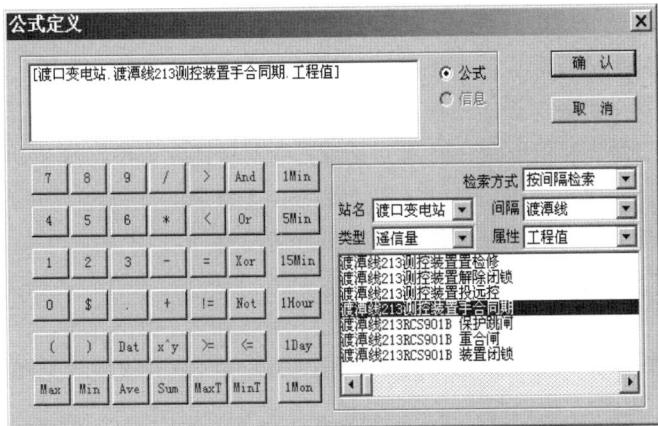

图 16-4-5 遥信点计算图

4. 遥测相关配置

在"系统列表"中，选择某个装置下的"遥测"组，数据库维护工具的右侧将显示遥测属性设置界面。一般遥测需要配置电压、电流、有功、无功及频率等，可以根据系统参数进行配置（见图 16-4-6）。

图 16-4-6 遥测配置

遥测数据包括一次值、校正值、允许标记、存储标记及计算公式等。其中，允许标记的封锁是指是否封锁该遥测点，如果封锁，则系统不处理该测点的数据，如果取消封锁，系统处理该测点的数据；统计允许是指是否对该遥测点数据进行统计；抑制报警是指是否抑制该遥测点产生报警，如果抑制告警，当数据越限时，不产生报警信息；事故追忆是指是否对该遥测点进行事故追忆，如果允许，当进行事故追忆时，将该遥测点记入事故追忆数据库；计算点是指是否对该遥测点进行统计计算，计算点为选中状态时，该遥测点才可以进行计算，仅对合成信息装置有效。存储标记为选择该遥测点存储类型，不同的遥测点存储类型都不尽相同。

5. 遥控相关配置

在"系统列表"中，选择某个装置下的"遥控"组，数据库维护工具的右侧将显示遥控属性设置界面。可以在此界面上对遥控相关参数进行设置（见图16-4-7）。

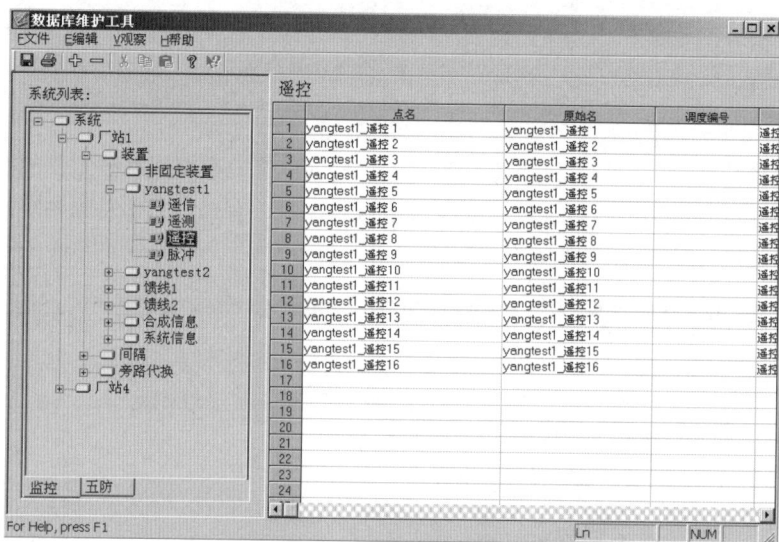

图 16-4-7 遥控配置

遥控设置包括遥控点名、调度编号、允许标记、遥控类型相关遥信及挡位等。其中，遥控类型是选择此类遥控是调压、调挡、普通遥控还是顺控遥控，相关遥信在"遥信"测点的"相关遥控"属性处定义，此处仅用于查看，不允许用户修改，遥控操作前，通过该遥信点状态判断可以进行的遥控动作是分闸还是合闸，在执行遥控操作后，系统通过对应遥信点的变位情况来判断遥控操作是否成功。

（三）间隔及一次设备数据定义及修改

一次设备目前提供十种类型，即线路、变压器、断路器/隔离开关、容抗器、发电机/电动机、母线、电压互感器、电流互感器、避雷器和其他设备。系统按照电压等级将它们组织起来。把若干个同类型或不同类型的一次设备合在一起就构成一个间隔。

1. 间隔的增加和删除

（1）增加。在左侧系统列表中的"监控"
页面，鼠标左键单击树形列表的"间隔"，然后
单击工具栏中的 ➕ 按钮，弹出"电压等级"选
择对话框（见图16-4-8）。

在下拉列表框中选择所需添加间隔的电压
等级，用户可选择的电压等级包括：10/35/66/110/220/330/500kV。单击"确认"按钮
完成操作，在"间隔"下增加一个新的电压等级节点，单击"取消"按钮取消本次操
作。选中该电压等级，单击工具栏中的 ➕ 按钮，即可在该电压等级下增加一个新的
间隔。

（2）删除。从树形列表中选择需被删除的间隔点击，然后单击工具栏中的 ➖ 按
钮。系统弹出删除确认对话框："删除间隔××？"，选择"是"，删除该间隔，选择"否"，
取消此次删除操作。

注意：删除间隔的过程不可逆。

2. 间隔的配置

在树形列表中单击选中某个间隔，在右侧的间隔配置界面中用户可对间隔的属性
进行配置（见图16-4-9）。

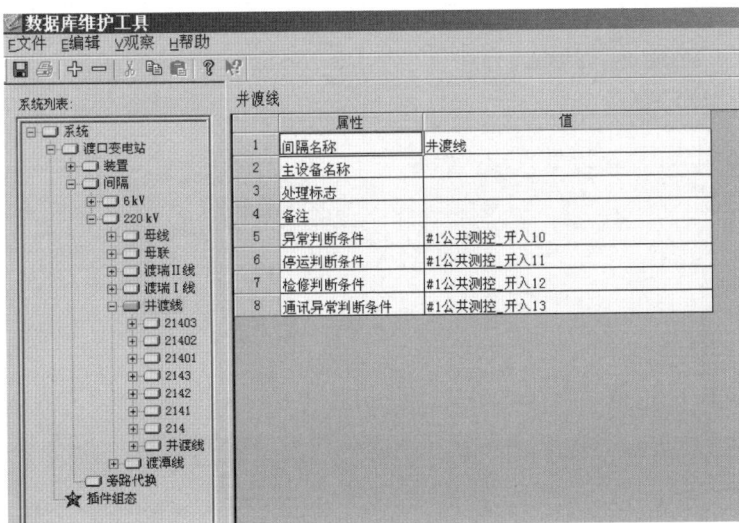

图16-4-8　增加电压等级

图16-4-9　间隔配置

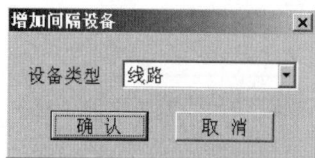

图 16-4-10 增加设备

3. 一次设备的增加和删除

（1）增加。双击树形列表的"间隔"，展开间隔，选中要增加设备的间隔，单击工具栏中的 ⊞ 按钮，弹出"增加间隔设备"对话框（见图 16-4-10）。用户可从"设备类型"下拉列表中选择所要增加设备的设备类型，单击"确认"按钮完成操作；单击"取消"按钮取消操作。系统自动在树形列表的间隔下增加一个新的设备。

（2）删除。在间隔下的设备列表中选中所要删除的设备名，单击工具栏中的 ⊟ 按钮。系统弹出删除确认对话框："删除××××？"，选择"是"，则从间隔中删除该设备，选择"否"，取消此次删除操作。删除间隔中设备的过程不可逆。

4. 一次设备关联测点

在树形列表中选择某个需要关联测点的一次设备，然后单击工具栏上的 ⊞ 按钮，弹出"测点列表"选择对话框（见图 16-4-11）。

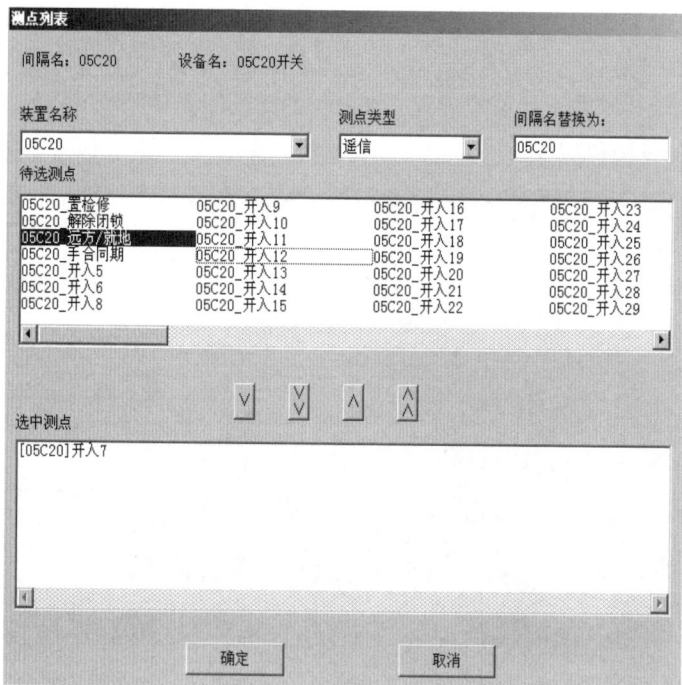

图 16-4-11 关联测点

在"装置名称"下拉列表中列出了厂站下所有二次装置的名称。在"测点类型"下拉列表中列出了装置的测点类型，包括"遥测""遥调""遥信""遥控""脉冲"和"挡位"。选择装置和测点类型后，在"待选测点"列表框中显示装置下某类型测点中未与该一次设备关联的且未与其他一次设备关联的测点名，在"选中测点"列表框中显示与该一次设备关联的测点名。

在"待选测点"列表框中选择需要被关联的测点（可多选），单击"∨"按钮，则将选中的测点转移到"选中测点"列表框中；或者单击"⌄"按钮，则将"待选测点"列表框中所有的测点转移到"选中测点"列表框中。

在"选中测点"列表框中选择需要被解除关联关系的测点（可多选），单击"∧"按钮，则将选中的测点转移到"待选测点"列表框中；或者用单击"⌃"按钮，则将"选中测点"列表框中所有的测点专用到"待选测点"列表框中。

单击"取消"按钮，取消本次操作。单击"确定"按钮，完成关联操作，系统自动在该一次设备下生成关联测点列表，单击"遥测""遥信""遥控""脉冲"或"挡位"可查看该一次设备的关联测点信息。

【思考与练习】

1. 简述数据库的结构。
2. 如何编辑修改数据库？
3. 数据库维护工具包括哪些主要的数据结构？
4. 数据库修改后，在遥控前应注意那些危险点？

◢ 模块 5　报表制作（ZY2900204005）

【模块描述】本模块介绍了报表创建方法、报表相关数据定义；通过方法讲解、案例介绍、界面图形示意，掌握报表制作的基本方法。

【模块内容】

一、危险点分析及控制措施

危险点分析及控制措施见表 16-4-1。

二、报表创建前的准备工作

（1）收集相关信息表。

（2）收集其他相关技术参数。

（3）收集变电站的报表格式。

三、后台监控系统报表制作方法案例

（1）启动后台监控系统报表管理软件。

（2）报表的制作与编辑：

1）新建一个报表，设置报表类型，修改报表名称。

2）从本机中打开报表文件。

3）显示报表时间及刷新时限，输入报表所需显示的数据类型。

4）设置报表显示区域、打印区域及显示比例。

5）数据检索选择，根据提供的表名、厂站、设备组类型、设备组、设备、记录名、域名等按对象组织的下拉列表框，选择出所需要的测点。

6）设置报表外观，包括字体、边框及填充模式。

7）保存已经做好的报表，并退出报表编辑界面。

以某型号监控系统为例介绍报表制作方法。

（1）启动报表管理软件。在 Windows 操作系统的"开始"菜单→"程序"→"某厂站综合自动化系统"→"系统维护"→"报表编辑"。

（2）自动生成报表方法。

1）在报表列表窗口中选择某个厂站，单击工具栏上的 ，将弹出报表自动生成向导（见图 16-5-1）。从报表子类型下拉列表中选择报表的子类型（日报表、月报表或年报表）、输入报表名称、报表标题，选择报表中测点的类型（遥测或电度），选择表格方向，"横向"表示测点在 X 轴方向，时间在 Y 轴方向，"纵向"则与之相反。

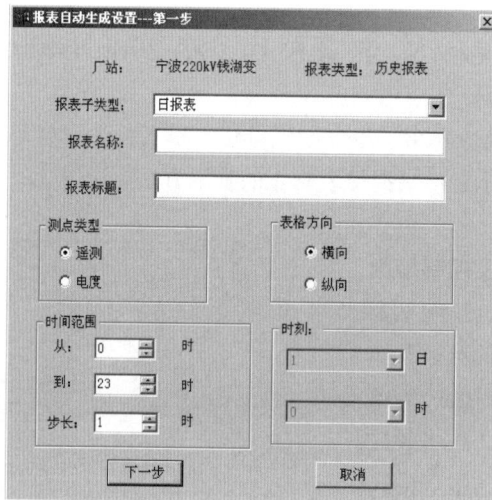

图 16-5-1 日报表基本配置

在"时间范围"中，设置测点的起始时间、结束时间和步长。若是月报表和年报表，需要设定时刻，即报表取每天此时刻测点的值。按"下一步"进步报表自动生成第二步。

2）选择测点及统计量，可以按"保护设备"或"间隔"检索相关测点。单击"生成"按钮，自动生成所需报表（见图 16-5-2）。

（3）手动生成报表方法。

1）在报表列表窗口中选择某个厂站，单击工具栏上的 ▢，系统弹出"报表属性"对话框（见图 16-5-3）。

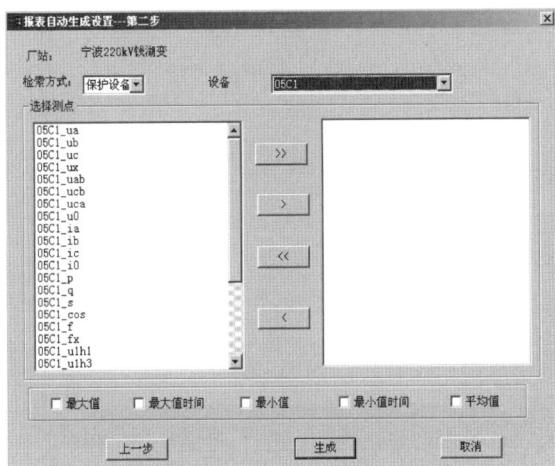

图 16-5-2　日报表测点关联

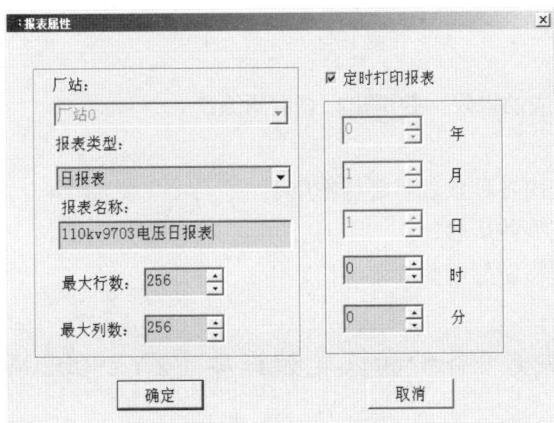

图 16-5-3　报表属性

2）选择报表类型，输入报表名称、报表表体的大小（行数、列数）、报表是否定时打印等，报表的定时打印只对日报表、月报表和年报表有效，对特殊、实时报表不能设置定时打印。如果一张日报表选择了定时打印，设置定时打印的时间为 12 时 30 分，那么每天的 12 时 30 分就会自动打印该报表。如果对月报表设置的打印时间为 16 日 12 时 30 分，那么每月 16 日的 12 时 30 分会自动打印该报表。设置完成后单击"确定"按钮将生成一张空白的报表。

3）空白报表生成后，选择所需要的测点类型及名称，在指定测点时，依次选择检索方式、选择保护装置或间隔、测点类型、测点（见图 16-5-4）。

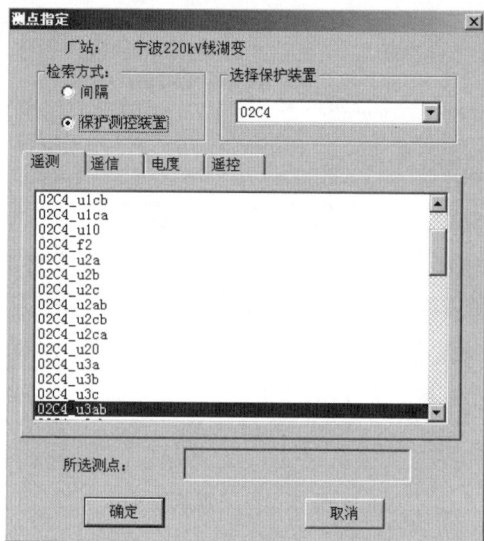

图 16-5-4　测点关联

（4）保存已生成的报表，并退出报表编辑系统。

【思考与练习】

1. 在监控系统内各种报表有哪些作用？

2. 报表制作有哪些步骤？

3. 报表制作前需做好哪些准备工作？

◢ 模块 6　备份和恢复数据库（ZY2900204006）

【模块描述】本模块介绍了数据库备份和还原方案介绍、相关工具使用及操作过程中的注意事项。通过要点介绍、案例分析、界面图形示意，熟悉数据库备份和恢复方案制定以及操作过程。

【模块内容】

一、危险点分析及控制措施

危险点分析及控制措施见表 16-4-1。

二、操作步骤

（1）备份数据库。

1）在程序中打开系统数据库备份功能。

2）选择菜单数据库备份维护中备份实时表库和文件库。

3）点击后，此时弹出要求选择备份文件存储路径及填写备份文件名的窗口，并输入存储路径。

4）以上步骤确认后，系统会开始自动备份整个工程文件，包含数据库、图形等所有后台系统数据。备份完后，会在指定的备份路径中生成备份文件。

（2）恢复数据库。

1）请保证后台系统已经退出，然后在程序中选择数据库恢复。

2）选择存放备份文件的路径及备份文件。

3）以上选项确认完后，系统将自动恢复整个工程文件。

三、案例分析

不同类型的监控系统备份与恢复操作各不相同，主要以典型操作系统为例进行介绍。

（一）启动数据库备份、还原工具

在 Windows 操作系统的"开始"菜单→"程序"→"某厂站综合自动化系统"下选择"数据库备份还原"菜单项，即可启动"数据库备份（还原）工具"。操作界面见图 16-6-1。

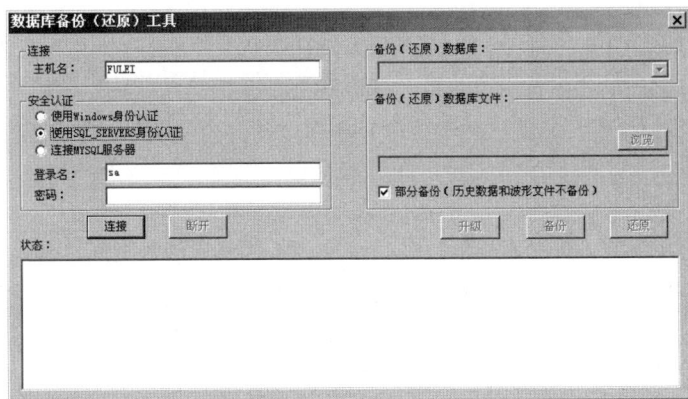

图 16-6-1　数据库备份（1）

在"主机名"中默认显示的是本节点的计算机名。对于 SQL Server 数据库安全认证方式可选择"使用 Windows 身份认证"或"使用 SQL_SERVERS 身份认证";对于 MySQL 数据库需选择"连接 Mysql 服务器"。在"使用 SQL_SERVERS 身份认证"时,需要输入"登录名"和"密码",根据数据库安装过程中配置的选项,登录名为"sa",密码为空。在设置了连接主机和安全认证方式后,单击"连接"按钮,将连接到指定计算机上的 SQL Server 数据库。连接成功后的显示状态如图 16-6-2 所示。若不能正常连接,系统将给出相关的连接出错提示。

在"备份(还原)数据库"下拉列表中列出了 SQL Server 中所有的数据库,用户可从中选择需要进行备份、还原或升级操作的数据库(见图 16-6-2)。

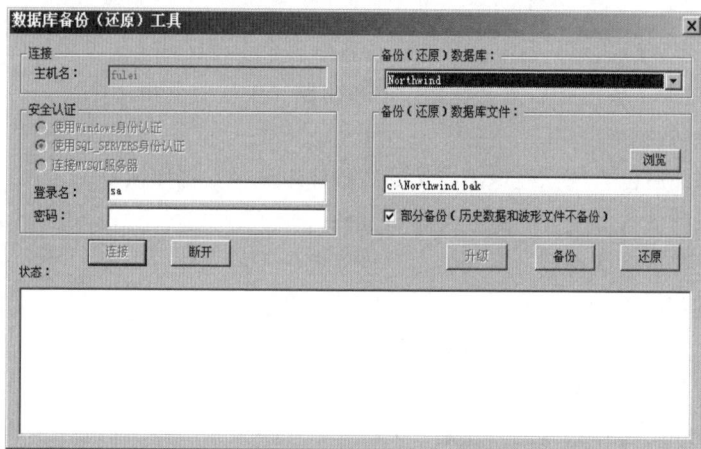

图 16-6-2　数据库备份(2)

(二)备份操作

在"备份(还原)数据库"下拉列表中选择需要备份的数据库,在"备份(还原)数据库文件"中设置备份数据库文件存放的路径,选择是否"部分备份"(即不备份历史数据和波形文件),设置完成后,单击"备份"按钮开始数据库的备份操作。在界面下方的"状态"栏中将显示整个备份操作的过程(见图 16-6-3)。

(三)还原操作

在"备份(还原)数据库"下拉列表中选择需要还原的数据库,在"备份(还原)数据库文件"中选择需要被还原的数据库文件,单击"还原"按钮,系统弹出"还原数据库文件设置"对话框,选择数据文件和日志文件存放的路径,单击"确认"按钮后,开始指定数据库的还原操作(见图 16-6-4)。

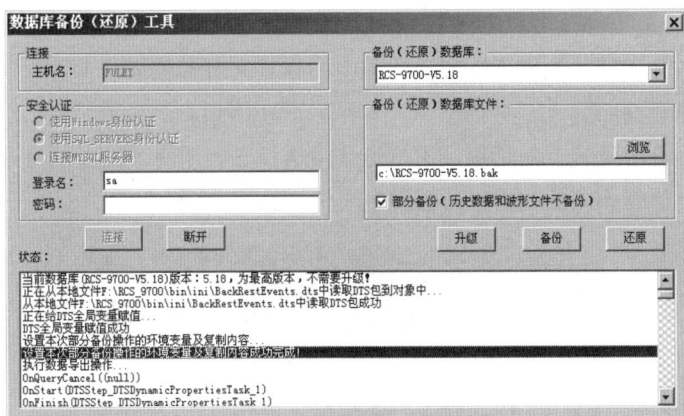

图 16-6-3　数据库备份（3）

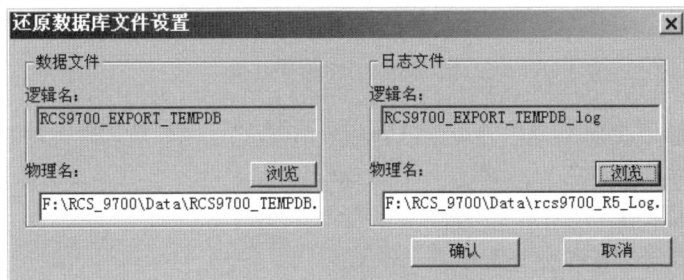

图 16-6-4　数据库还原（1）

在界面下方的"状态"栏中将显示整个还原操作的过程（见图 16-6-5）。

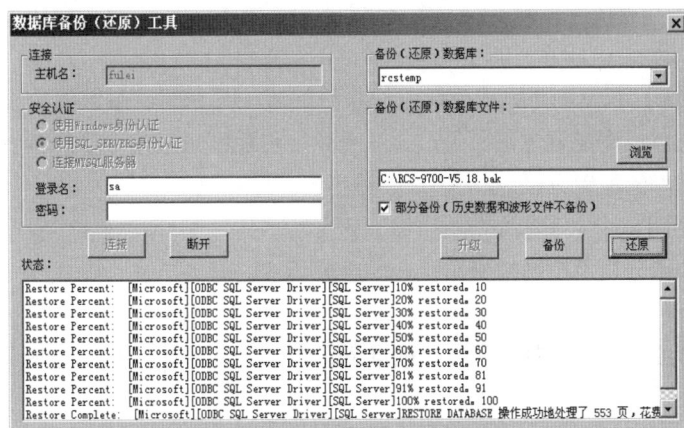

图 16-6-5　数据库还原（2）

（四）升级操作

在"备份（还原）数据库"下拉列表中选择某系统数据库，若该数据库的版本低于目前最新的数据库版本，在"状态"栏中显示相关的提示信息。单击"升级"按钮，弹出"数据库升级设置"对话框，用户可从中选择升级用脚本所在的目录，在列表中列出该目录下所有相关的数据库升级脚本文件（见图 16-6-6）。

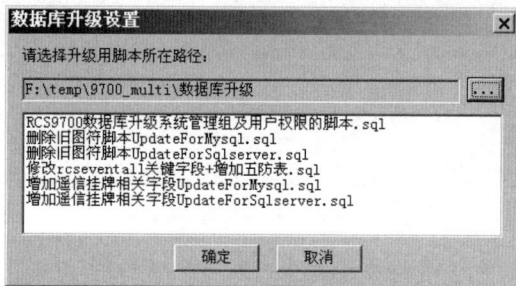

图 16-6-6　数据库升级

单击"确定"按钮，系统弹出升级确认对话框："升级前请先备份数据库！确定要升级吗？"。单击"是"，开始数据库升级操作，单击"否"，取消本次操作。

【思考与练习】

1. 备份数据库有哪些步骤？

2. 为什么要进行数据库的备份？

3. 恢复数据库有哪些步骤？

◢ 模块 7　进行系统参数及系统数据库配置（ZY2900204007）

【模块描述】本模块介绍了后台监控系统配置工具介绍、系统参数设置方法和注意事项、系统数据库配置方法。通过方法介绍、界面图形示意，了解各系统参数的含义和系统数据库的配置方法。

【模块内容】

一、危险点分析及控制措施

危险点分析及控制措施见表 16-4-1。

二、后台监控系统的数据库修改的准备工作

（1）收集现场一次主接线图。

（2）收集相关信息表。

（3）收集其他相关技术参数。

三、操作步骤

（一）启动系统配置工具

选择 Windows 操作系统的"开始"菜单→"程序"→"厂站综合自动化系统"→"系统维护"→"系统配置"。在使用该工具对系统参数进行设置后，后台监控系统必须退出，重新启动，设置的系统参数才能生效。

（二）系统参数设置

1. 本机路径设置

单击"本机路径设置"Tab 页，进入设置界面，该界面用以设置系统在本机上存放运行信息的路径。默认的主路径为系统安装时设置的安装路径。对于各运行信息存放的路径，可以选择"统一设置"或"单独设置"建议采用"统一设置"方式来设置路径。"本机路径设置"仅对本节点的路径信息进行配置，若要修改其他节点的路径信息，需要在各自节点的系统配置工具中进行相应的设置。

2. SCADA 设置

单击"SCADA 设置"Tab 页，进入设置界面，可对 SCADA 运行时的一些功能选项进行设置。

3. 遥控设置

单击"遥控设置"Tab 页，进入遥控设置界面（见图 16–7–1）。

其中遥控选择、执行及校验超时主要是设置命令超时判断的时间值，遥控监护人、调度编号及五防校验主要是遥控时所需要进行校验的种类，打√即选中。

4. 时间设置

单击"时间设置"Tab 页，进入时间设置界面（见图 16–7–2），可对系统运行时的时间参数进行设置。

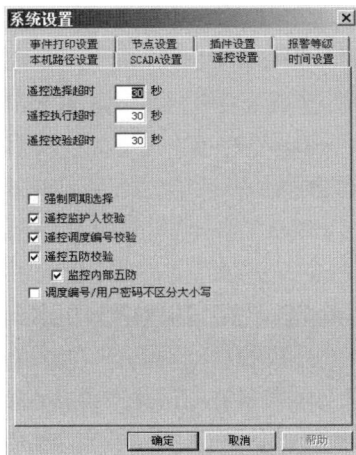

图 16–7–1　遥控设置　　　　　　　图 16–7–2　时间设置

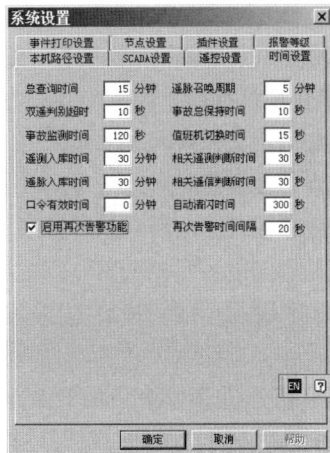

5. 节点设置

单击"节点设置"Tab 页，进入节点设置界面（见图 16-7-3）。

（1）节点增加和删除。单击"增加节点"按钮，即可在"节点列表"中增加一个节点，从"节点列表"中选择要被删除的节点，然后单击"删除节点"按钮。系统弹出删除确认对话框"确信删除该节点吗？"，选择"是"，删除该节点，选择"否"，取消此次删除操作。

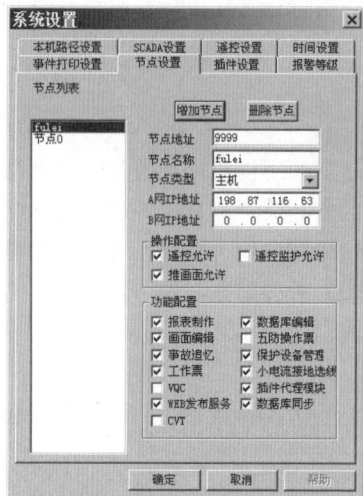

（2）节点配置。主要是配置节点地址、名称、类型及 A/B 网网址。其中节点地址当于站内的装置地址，必须全站唯一；节点名称为本机的计算机名称在 30 个汉字以内；A/B 网网址为本机的 IP 地址；节点类型有"主机""备机""操作员站""维护工程师站""保护工程师站"和"Web 服务器"，可以根据具体情况进行选择。

（3）节点配置注意事项。删除节点的过程不可逆，主机和备机在升值班机时是竞争关系，两者的区别是，若同时存在两个值班机，定义为"备机"

图 16-7-3 节点设置

的节点自动降为备用机，备机不进行功能设置，其功能配置（除数据库同步）完全等同于主机。

当监控系统通过初次装机后，数据库已经按照安装步骤装入系统，通常在监控应用系统正常运行时，是不需要对数据库再进行配置，因为安装数据库时已经按照监控系统的要求进行了配置。当然，在监控系统运行中，如果发现数据库运行不正常的话，需要手动对数据库进行一次配置，配置过程中监控系统差别比较大，这里不多作介绍。

【思考与练习】

1. 如何启动系统配置工具？

2. 系统配置工具有什么作用？

3. 配置工具能对哪些系统参数进行设置？

▲ 模块 8 遥测系数及遥信极性的处理（ZY2900204008）

【模块描述】本模块介绍了电压、电流、电能等遥测量系数的计算方法，以及遥信量极性的处理方法。通过配置过程介绍，掌握根据现场运行配置情况对监控系统中的遥测量系数以及遥信量极性进行处理的能力。

【模块内容】

一、遥测系数及遥信极性的处理准备工作

（1）收集现场一次主接线图。

（2）收集相关信息表。

（3）收集其他相关技术参数。

二、遥测系数及遥信极性的处理操作步骤

（一）遥测系数的设置

通过二次测量装置采集上送的遥测量属于二次测量值，要经过监控系统遥测量比例系数转换成一次测量值。对于不同型号、不同厂家、不同时期的测量装置，比例系数的算法也不尽相同。

1. 标度系数

就是遥测信号的放大系数，如果是电流就是 TA 变比的值，如果是电压就是 TV 变比的值，如果是有功或者无功，就是电流和电压的标度系数的积值，其他量则为 1。这里的变比是比值是同样带单位比的，比出来的一次侧的单位就是后面单位属性里要填写的单位。例如，电压如果一次用"kV"的电压等级去做计算，那么单位属性就要填写"kV"为最后得到的单位。

2. 参比因子

相应的测控装置的码值转换系数，这个根据现场的逻辑装置不通会有不同的设定，这个值可以根据测控装置的说明中得到，一般不同的生产厂家会发布具体的转换码值。

3. 系统遥测系数的计算填写方法

（1）遥测值的计算公式

$$遥测值=原码/参比因子×标度系数+基值$$

（2）各类遥测系数的填写方法：首先某公司的测控装置的满码值为 2047，其中码值有一个 1.2 的系数，也就是说当装置上传的码值为 2047 时，表示一次工程值已经达到了理论工程值的 1.2 倍，如 220kV 母线线电压 U_{ab} 为正常值 220kV 的时候，装置实际上传的码值应该为 2047/1.2=1705.83，这样的做法是为了防止工程值超出理论值时引起测控装置码值溢出。

$$标度系数=一次值，参比因子=满码值/系数$$

实例：电流一次值为 5A，电压一次值为 100V。

电流的标度系数：5

电流的参比因子：2047/1.2=1705.833

电流的基值：0

电压的标度系数：100

电压的参比因子：2047/1.2=1705.833

电压的基值：0

一般在遥测数据库电压及电流系数为 TA、TV 变比，有功及无功系数为 TA 变比×TV 变比，会根据监控系统型号不同有些许差别。

（二）遥信极性的处理方法

在现场实际调试中，有时会发现有些个别遥信实际送到测控装置的极性是反的，也就是说，也许需要的遥信是动合节点，但是送到装置的遥信却是动断节点。在这种情况下，我们并不需要去改变机构内的端子接线，因为在监控系统后台可以进行取反处理。在系统组态软件的遥信表中，每个遥信的选项中都有个是否需要取反的选项，只需将其勾上，对这个遥信的取反即可生效。

【思考与练习】

1. 如果后台遥信位置显示与实际位置相反，应如何处理？

2. 遥测值的计算公式是什么？

3. 一般在遥测数据库里电压、电流、有功及无功系数分别是什么？

◢ 模块 9　电压无功控制（ZY2900204009）

【模块描述】本模块介绍了电压无功控制功能介绍、配置界面、电压无功控制工具的使用方法。通过公式介绍、案例分析、界面图形示意，掌握电压无功相关设置和定值整定方法。

【模块内容】

一、VQC 设计对监控系统的要求

（一）全面的数据采集

监控系统必须能够采集到更多的遥测量、断路器/隔离开关信号及各类保护信号，提供对分接头开关的遥调和电容器开关的遥控功能。完善的信号采集是 VQC 正确运行的基础。事实上，很多厂家生产的电压无功控制装置都是通过自身的二次回路接线来完成基本的信号采集与控制，只是其信号容量及处理能力有限。

（二）适应无人值班站

在无人值班站的监控系统中，远方（调度端）应能够通过监控系统控制当地后台的 VQC 运行。当地 VQC 必要的运行状况同时能够反映到远方。

（三）采样精度及信号响应速度

当地监控系统采集信号的响应速度与遥控的可靠性在很大程度上都影响着后台 VQC 的稳定运行，同时 VQC 调节对遥测量的采样精度要求很高。

（四）遥控、遥调的自动返校执行

通常的监控系统在遥控执行时都采用先选择再执行的方法，这是为了适应人工操作而设计的，VQC 的调节操作，不需人工干预，监控系统应能够实现遥控返校的自动执行。

（五）数据再处理能力

监控系统应能对采集到的遥信（YX）信号进行"与""或""取反"处理，遥测量（YC）的总加处理等。对于有复杂主接线的变电站，通过对数据的再处理，可以用简单的信号表现出不同的接线运行方式。

二、案例

以某型号监控系统为例进行系统配置及操作。

（1）实时库组态。在实时库组态中添加站、间隔、点，生成四遥数据。VQC 系统所需要的高中压侧 P/Q 以流入主变压器为正方向，如果工程现场的 P/Q 方向设定与此相反，则需要设置相关虚测点，通过公式刷新此测点值。

（2）绘制主接线图。

1）断路器/隔离开关所配置的遥信点属性务必是〈断路器/隔离开关〉类型，否则会造成图形不能及时进行拓扑着色。

2）主变压器的有功、无功、母线电压等遥测量的变化死区都设置成 0。

3）设置图形中主变压器属性。

4）设置图形中电容器属性，请务必设置额定容量 Mvar。

5）设置图形中母线属性，右下角的电压号设置点应与上方的显示点一致。

（3）检查设备库。

1）确保主变压器、容抗器在设备库中的顺序与实际对应，1 号主变压器应该在第一个，2 号主变压器应该在第二个，依次类推；电容/电抗类似。如果 2 号主变压器投运，1 号主变压器为远期计划，则 1 号主变压器必须存在设备库中，否则报文信息会有错位。

2）设备库中的所有双绕组变压器、三绕组变压器、电容器、电抗器、母线设备必须配置相关电力属性，否则需要把无用的冗余设备删除。启动 开始→应用模块→数据库管理→设备管理 选择设备清单→厂站→××变电站→站内一般设备。在右侧列表中鼠标左键点击上方的〈设备类型〉列名，从表格中找到设备类型为双绕组变压器、三绕组变压器、电容器、电抗器、母线的记录，如果发现无用的设备（远期规划的除外），选中，点击右键菜单删除，确保这五类设备的个数与预期的设备个数一致。

（4）生成拓扑连接。在图形编辑画面上右键选择"形成拓扑连接"。

（5）初始化 VQC 定值。新启动控制台，运行"VQCexe–e [kv]"，如果对 VQCexe

的参数不熟悉，可以运行 VQCexe-h 查看帮助。例如，主变压器高压侧电压等级为110kV，则输入 VQCexe-e 110 回车，完成初始化操作。此命令执行完毕后，可以在组态工具中看到 VQC 间隔已经自动生成，同时间隔内有一些描述 VQC 状态信息的虚点。VQC 间隔必须通过此方式自动生成，手动创建无效。

（6）VQC 间隔匹配。通过实时库组态工具，在 VQC 间隔中添加 VQC 模板数据，匹配相关的遥测、遥信、遥控点。

（7）设置 VQC 定值。从用户手中拿到 VQC 定值清单，根据《工程定值清单》中的说明，通过 VQC 整定界面对其参数进行设置。

闭锁表中闭锁条件字段的编写格式：和公式中的条件部分格式一致，如果 ID32=2 的遥信为 1 时闭锁，则直接在〈闭锁条件〉字段中写入"@D2"即可，如果为 0 时闭锁，则需要取反，直接写入"!@D2"。

（8）绘制九区图。有几个变压器就需要画几个九区图，九区图右下角放置一个遥测点，对应 n 号主变压器启动时间。把用户需要显示的信息配置在九区图旁边，一般有 VQC 总投入、总复归；主变压器对应显示启动时间、动作后时间、日动作次数、总动作次数、闭锁信息、解锁按钮、投退遥控按钮，见图 16-9-1。

电容器对应显示动作后时间、日动作次数、总动作次数、闭锁信息、解锁按钮、投退遥控按钮（见图 16-9-2）。

（9）软硬压板。VQC 同时支持软压板投退和硬压板投退，硬压板可以通过是否配置来选择是否启用，但软压板是始终启用的。软压板和硬压板同时起作用时，两者为串联关系，同时投入才算投入，否则功能退出。

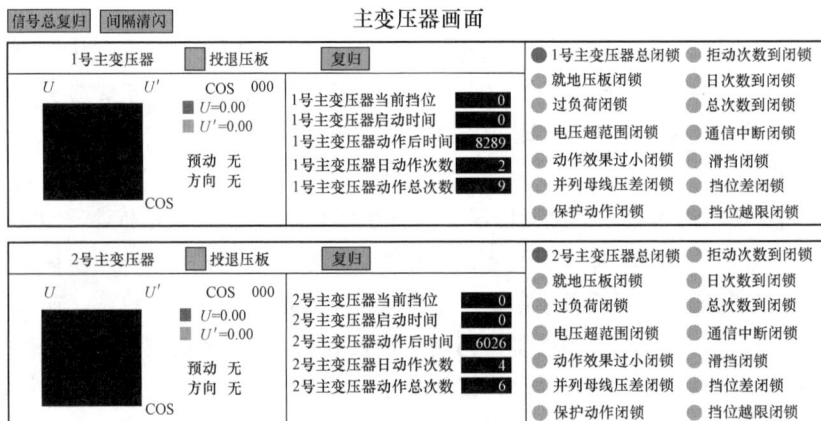

图 16-9-1 主变压器画面

电容器画面

信号总复归　间隔清闪

211电容器		
□ 投退压板		复归
211电容器动作后时间		8551
211电容器日动作次数		1
211电容器动作总次数		2
总闭锁	● 日次数到闭锁	
● 就地压板闭锁	● 总次数到闭锁	
● 保护动作闭锁	● 通信中断闭锁	
● 拒动次数到闭锁		

215电容器		
□ 投退压板		复归
215电容器动作后时间		6954
215电容器日动作次数		4
215电容器动作总次数		5
总闭锁	● 日次数到闭锁	
● 就地压板闭锁	● 总次数到闭锁	
● 保护动作闭锁	● 通信中断闭锁	
拒动次数到闭锁		

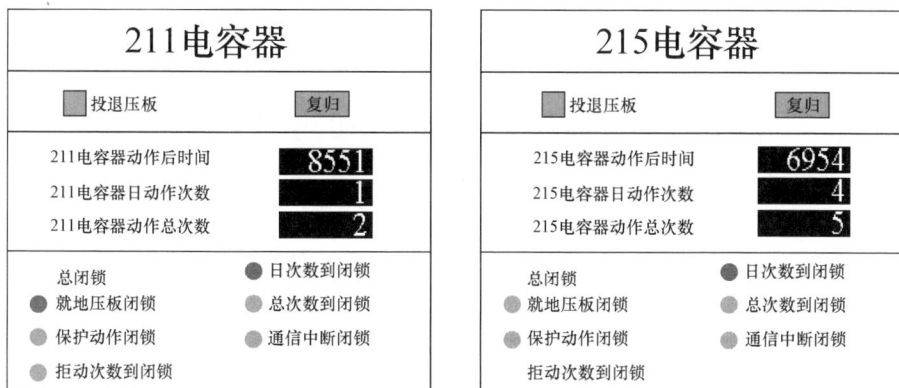

图 16-9-2　电容器画面

启用硬压板功能查看系统是否引入相关开入信号，所有开入点信息都配置在〈开入虚间隔〉中。如果有相关开入信号，查看 VQC 设置界面中的闭锁列表，在各个设备的硬压板闭锁项目中加入相关开入虚点作为闭锁条件。

停用硬压板投退功能：在各个设备的硬压板闭锁项目中删除开入虚点信息，或者是否启用此闭锁项目设置为否。

（10）功能验证测试。功能验证可参照 wizcon 版的验证数据。

（11）测试后工作。

1）测试完毕后，请按照以下要求进行自动启动程序配置。

2）需要配置的后台应用有：VQC、拓扑、历史。

3）把所有试验时的人工置数取消。

4）把 VQC 设备动作时间间隔等定值恢复。

5）实时库保存入商业库。

6）工程备份。

【思考与练习】

1. VQC 系统的主要作用是什么？

2. VQC 系统运行正常且无闭锁发生，当电压越下限，功率因数越下限（无功越上限）时，试简述 VQC 的控制策略。

3. VQC 设计对监控系统有哪些要求？

第十七章

数据处理及远传数据处理装置调试

▲ 模块 1　常规通道的调试（ZY2900205003）

【模块描述】本模块介绍了远传数据处理装置通道调试的工作程序及相关安全注意事项。通过工艺流程介绍、试验案例讲解，掌握常规通道调试前的准备工作和作业中的危险点预控、掌握通道调试的基本方法。

【模块内容】

一、远动数据处理装置通道调试准备工作

（1）仪器、仪表及工具的准备。准备的仪器、仪表及工具有电脑、通信电缆（网线、维护线等）、通信转换头（如 485/232 转换器等）和 Hub（用于观察 TCP 或点对点网络报文用）等。

（2）相关软件准备。需要准备的软件有维护软件、参数配置软件、串口数据监视软件、网络数据监视软件等。

（3）相关技术准备。需要准备远动数据处理装置说明书，相关作业指导书等。

二、远传数据处理装置通道调试的操作步骤

（1）确定远传数据通道的类型为数字通道或是模拟通道。

（2）检查远传数据处理装置的配置是否与通道配置相匹配。

（3）将远传数据处理装置与通道正确连线。

（4）根据远传数据通道的参数配置装置。

（5）观察远传数据处理装置运行正常。

三、远传数据处理装置通道调试工作的相关安全注意事项

（1）保证远传数据处理装置机箱可靠接地。

（2）保证远传数据通道安装避雷器。

（3）保证远动装置背板串口端子接线拆下后可靠包好，防止误触碰。

四、案例

使用某厂家组态工具的报文监视功能进行收发报文监视的试验。

（1）在变电站端远动机装置背板的串口端子上自环，在变电站端使用远动组态工具的报文监视界面进行收发报文监视的试验。

在变电站端远动机装置背板的串口端子上将该串口通道的"收""发"两端原来接有的 32 芯蓝线拆下来并用绝缘胶布包好，防止误接触。将该串口通道的"收""发"两个端子可靠短接。注意：不要接触"地"或其余端子。最好使用冷压头接在短接线末端，既安全又美观。如果在报文监视窗口里面看到的收发报文完全一致，说明自身软硬件是没问题的，再做下一个自环试验。如果在报文监视窗口里面看到只有发出去的报文，而没有收到的报文，或收到的报文和发出去的报文不一致，说明远动机自身软硬件设置就是有问题的，要检查做试验用的组态设置、串口板跳线设置，如检查软硬件确实无误，在客观条件允许并得到相关管理部门许可的情况下，做好安全措施，办理允相应工作票，之后更换远动机的这块通道板，再观察报文监视窗口中报文收发是否正常。

（2）在变电站端远动机屏柜的端子排的防雷器内侧自环，在变电站端使用远动组态工具的报文监视界面进行收发报文监视的试验。

在变电站端远动机屏柜的端子排的防雷器内侧，将从远动机屏内该串口引出的"收""发"两根 32 芯蓝线从防雷器内侧的端子排上拆下，将这两根 32 芯蓝线可靠短接。注意：不要接触"地"或其余端子。最好使用冷压头接在这两根线的末端，既安全又美观。如果在报文监视窗口里面看到的收发报文完全一致，说明远动机自身软硬件以及从远动机到屏柜端子排上的防雷器内侧的这一段 32 芯蓝线均是没有问题的，再做下一个自环试验。如果在报文监视窗口里面看到只有发出去的报文，而没有收到的报文，或收到的报文和发出去的报文不一致，而上面的自环试验"1"却成功通过了，说明从远动机到屏柜端子排上的防雷器内侧的这一段 32 芯蓝线是有问题的，请使用两根新的短接线代替原来的从远动机到屏柜端子排上的防雷器内侧的这一段 32 芯蓝线的"收""发"两根线，再观察报文监视窗口中报文收发是否正常。

（3）在变电站端远动机屏柜的端子排的防雷器外侧自环，在变电站端使用远动组态工具的报文监视界面进行收发报文监视的试验。

在变电站端远动机屏柜的端子排的防雷器外侧，将对应于远动机屏内该串口的"收""发"两个端子原有的两根外部通道接线拆除，将防雷器外侧的这两个端子使用短接线可靠短接。注意：不要接触"地"或其余端子。最好使用冷压头接在短接线末端，既安全又美观。如果在报文监视窗口里面看到的收发报文完全一致，说明远动机自身软硬件、从远动机到屏柜端子排上的防雷器内侧的这一段 32 芯蓝线、防雷器均是没有问题的，再做下一个自环试验。如果在报文监视窗口里面看到只有发出去的报文，而没有收到的报文，或收到的报文和发出去的报文不一致，而上面的自环试验"1"和"2"却成功通过了，说明远动机所在屏柜的端子排上的防雷器是有问题的，请将防雷器两端的两对"收""发"线平行转接到另外一个备用的防雷器上（如果现场已经没有备用防雷器而客观条件又不允许暂时接到别的已经在用的防雷器上，只能使用一个新的防雷器更换老的防雷器），再观察报文监视窗口中报文收发是否正常，如果确实因此收发报文恢复正常，请更换防雷器。

【思考与练习】

1. 一般测试常规通道有哪些方法？

2. 远传数据处理装置通道调试工作的相关安全注意事项有哪些？

3. 远传数据处理装置通道调试有哪些工作程序？

◢ 模块 2　配置数据处理装置的系统参数（ZY2900205001）

【模块描述】 本模块介绍了数据处理装置的参数及其配置方法。通过配置示例介绍、界面图形示意，掌握数据处理装置系统参数的配置方法。

【模块内容】

一、配置数据处理装置的准备工作

（1）仪器、仪表及工具的准备。准备的仪器、仪表及工具有电脑、通信电缆（网线、维护线等）、通信转换头（如 485/232 转换器等）和 Hub（用于观察 TCP 或点对点网络报文用）等。

（2）相关软件准备。需要准备的软件有组态软件、维护软件、参数配置软件、串口数据监视软件、网络数据监视软件等。

二、配置数据处理装置的操作步骤

组态软件作为远动通信装置的一个管理和维护工具，用于远动机进行配置。实现通信组态，规约选择，参数设置，以满足工程的要求。通过组态软件还可对装置进行维护、监视其内部信息。组态软件的功能主要包括：

（1）生成和维护所连装置名表、装置采集和提供的信息总表。

（2）生成和维护送往调度的转发信息表、并对规约需要的参数进行设置。

（3）进行信息合成（遥测、遥信、步位置信息计算转换）。

（4）程序文件的下装、配置文件的上装和下装。

（5）调试信息监视。

（6）串口原始数据观察。

三、启用系统参数的注意事项

对于改造站及总控设备已经运行的站，在配置完系统参数后要仔细检查，先修改备机，然后升级为主机，在确认运行正常，并和各主站核对四遥数据正确无误后再修改主机，并测试主机功能是否正常。

四、案例

组态软件中需要将 GPS 对时方式设置为："_{GPS（卫星对时）} 内置（摩托罗拉数据▼）"（见图 17–2–1）。

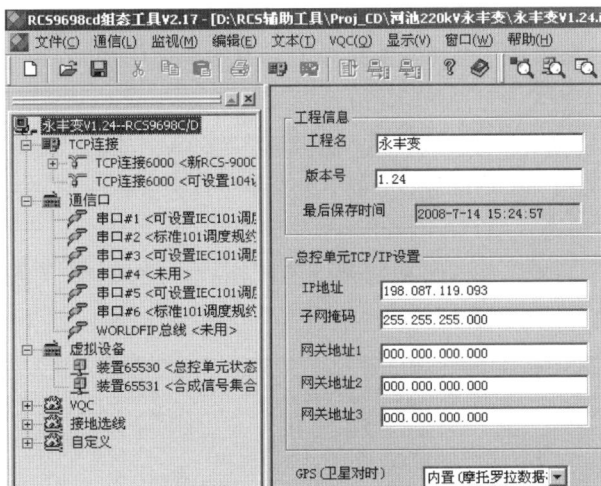

图 17–2–1 组态软件画面

【思考与练习】

1. 数据处理装置的作用有哪些？
2. 组态软件是什么？有哪些功能？
3. 启用系统参数有哪些注意事项？

▲ 模块 3 数据处理及通信装置组态软件功能设置
（ZY2900205002）

【**模块描述**】本模块介绍了数据处理及通信装置组态软件的功能、操作界面和使用方法。通过设置方法介绍、配置流程讲解、界面图形示意，掌握根据现场运行情况及正确使用组态软件进行配置。

【模块内容】

一、数据处理及通信装置组态软件的一般功能及使用方法

（一）通信参数的配置

1. 基本配置情况

（1）网络口配置：主要配置规约类型、网络口功能及网络口名称。

（2）串口配置：主要配置串口功能、类型及规约。

（3）地址分配：主要分配各个网口的 IP 地址及子网掩码。

2. 配置过程

（1）"TCP 连接"通信参数的设置。"规约类型"可从下拉菜单中选择，"TCP 连接端口号"则直接输入（见图 17-3-1）。

（2）"通信口"参数列表的设置。"通信口参数列表"中的"通信口""装置数目"两列无需设置，其余参数均可从对应的下拉菜单中选择（见图 17-3-2）。

（二）数据库组态

（1）点击安装目录，如"D:\RCS 辅助工具\Bin"下的" "图标，在弹出的界面中点击" "来创建新组态。

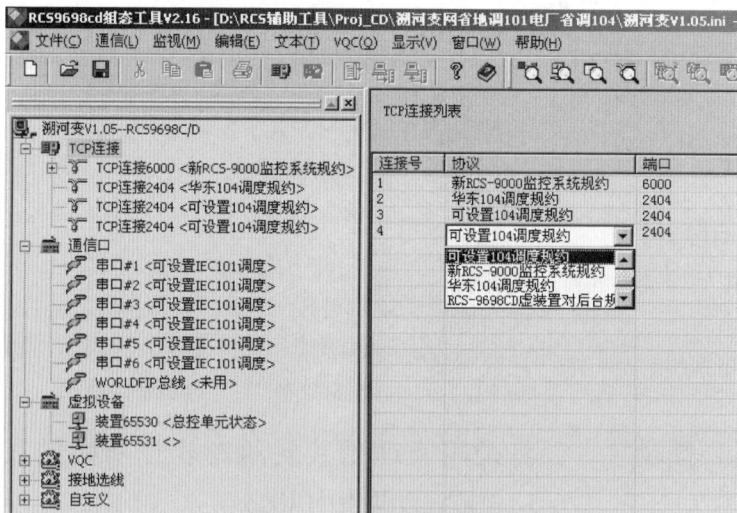

图 17-3-1　TCP 通信参数设置

（2）在"欢迎使用"界面中点击"下一步"按钮。

（3）在"属性页一"界面中输入"工程名称"和"工程目录名"，点击"下一步"按钮。

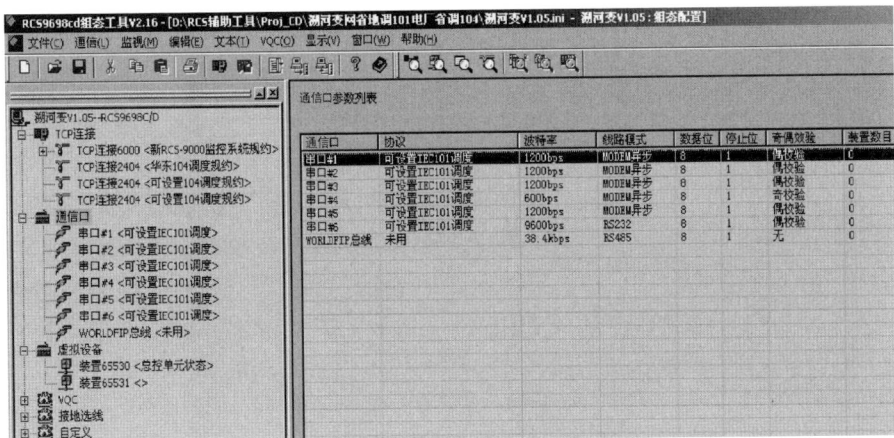

图 17-3-2 通信口参数设置画面

（4）在"结束使用"界面中点击"完成"按钮。

（5）系统弹出如下提示对话框，点击"确定"按钮即可。

（6）此时将弹出如下界面（见图 17-3-3）。

（7）点击" 870-5-103后台 "，在下拉菜单 新RCS-9000监控系统规约 | 华东104调度规约 | RCS-9698CD虚装置对后台规约 | 可设置104调度规约 " 中选择 " 新RCS-9000监控系统规约 "。

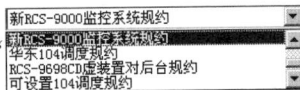

"端口"无需修改，默认为"6000""IP 地址"属性没有实际的意义，无需设置。

（8）选中左侧树形列表中" TCP连接6000 <新RCS-9000监控系统规约> "，在右侧编辑区中，单击鼠标右键，从弹出菜单中选择"添加"（见图 17-3-4）。

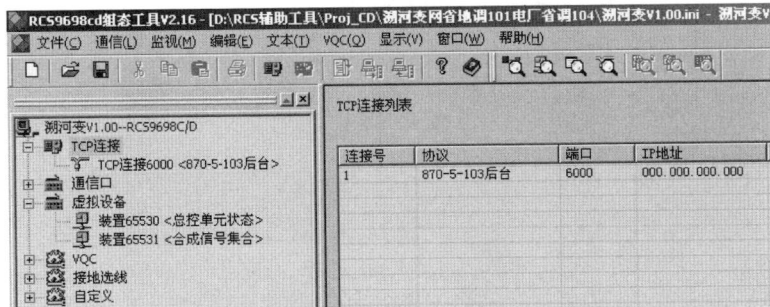

图 17-3-3 组态工具画面（1）

（9）在右侧编辑区中将看到系统自动添加的一行记录。根据现场实际运行情况，

序号	装置地址	型号	描述
1	1	RCS902Cv1.00	

选择站内的装置型号。"装置地址"和"描述"需要手动输入,"型号"可从下拉菜单
中选择。

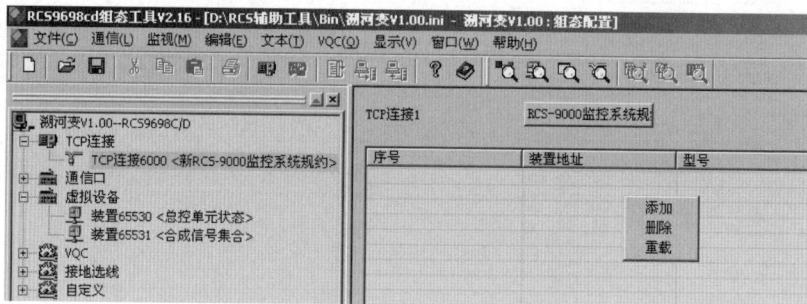

图 17-3-4　组态工具画面（2）

（10）500kV 变电站配置完所有站内装置后的示例界面（见图 17-3-5）。

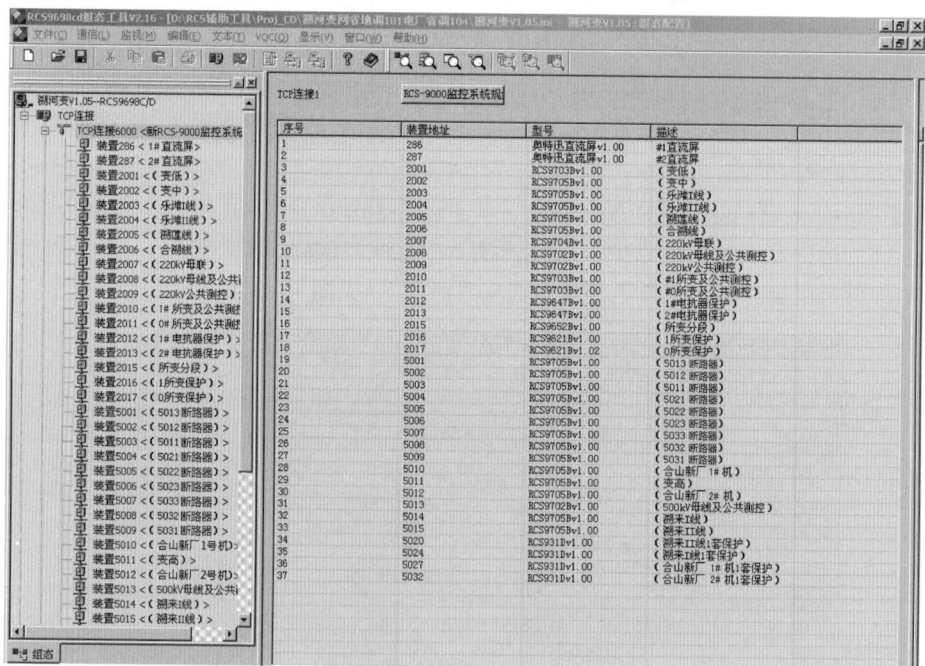

图 17-3-5　500kV 配置实例

在左侧树形列表中选中某个装置,如单击"装置 2004〈〈乐滩 II 线〉〉",在右侧编
辑区中显示该装置的具体配置信息,可通过"遥测""遥信""遥脉""遥控""遥调"

"步位置"等 Tab 页面查看。

（三）数据转发表配置

1．添加网络通道

（1）创建一个 TCP 连接，作为转发给调度的 1 个网络通道。在右侧编辑区域空白处点击鼠标右键，从弹出拉菜单中选择"添加"，系统自动化增加一条新的记录"870-5-103 后台"（见图 17-3-6）。

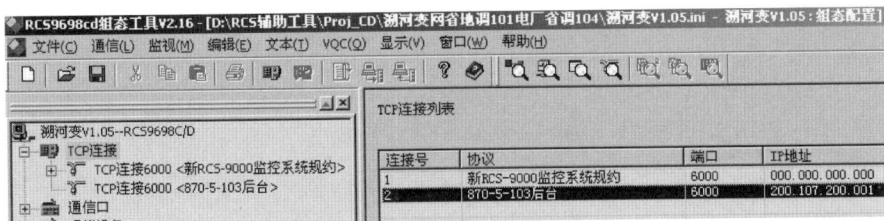

图 17-3-6　数据转发图（1）

根据和主站商量后的结果进行各项设置，本例中设置为："协议"设置为"华东104 调度规约"（可从下拉菜单中选取）；"端口"设置为"2404"；"IP 地址"设置为"222.222.223.079"；配置完成的界面见图 17-3-7。

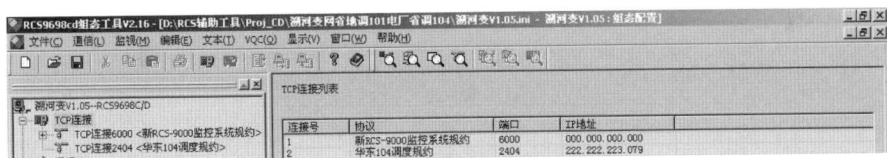

图 17-3-7　数据转发图（2）

（2）选择需要转发的点。在树形列表中选中"TCP 连接 2404〈华东 104 调度规约〉"，在右侧编辑区中显示该规约对应的转发信息列表，分为"遥测""遥信""遥脉""遥控""遥调"和"挡位"（见图 17-3-8）。

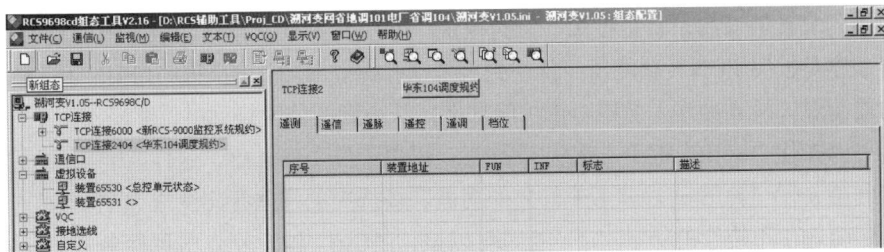

图 17-3-8　数据转发图（3）

将鼠标移到最右侧，点击右边框 ![], 向左拉动，弹出界面（见图 17-3-9）。

在"所有装置六遥列表"中列出了变电站内所有装置的测点信息。在这里作为选取转发点的候选点来源。

在"TCP 连接 2 华东 104 调度规约"列表中选择"遥信"类 Tab 页面，"所有装置六遥列表"界面中也将自动切换至"遥信"类 Tab 页面，便于用户选择。

根据调度转发表，在"所有装置六遥列表"中查找需要转发的测点。

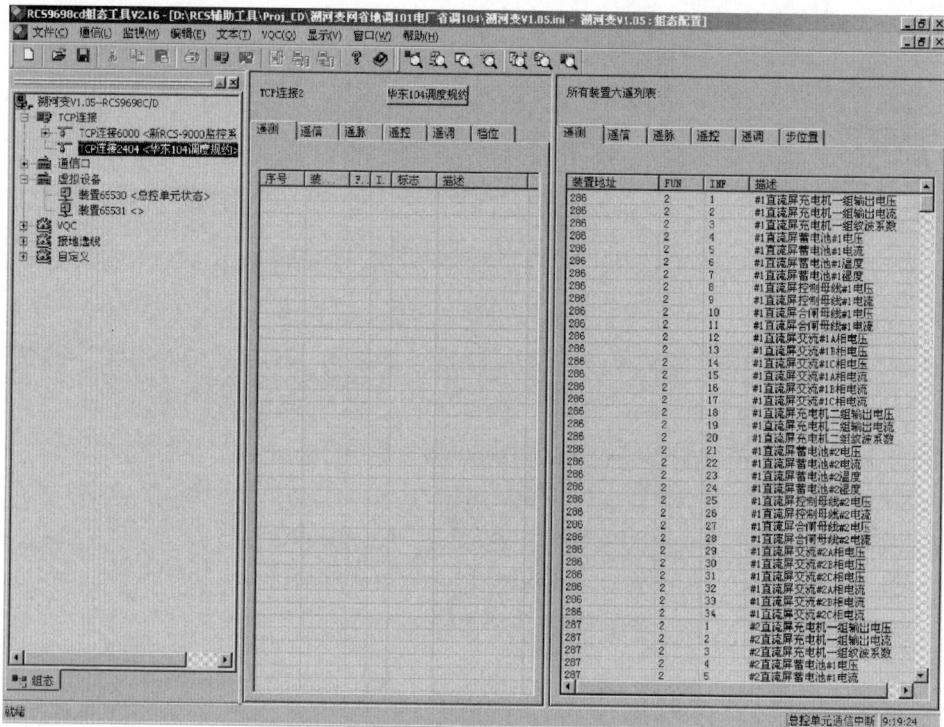

图 17-3-9　数据转发图（4）

不同装置的遥测条目是按照"装置地址"从小到大依次排列，装置内的遥测量的排列顺序是按照 FUN（功能码）从小到大依次排列，装置内的同一个 FUN（功能码）下的遥测量的排列顺序是按照 INF（信息字）从小到大依次排列。

可以按住"Shift"键单击选中第 m 行，再单击选中第 n 行，这样就能实现选择第 m 行到第 n 行（含第 m 行和第 n 行）的功能。被选中的那些行将变成黑色。

若要选中不连续的第 p、q、r 行，可以按住"Ctrl"键分别点击鼠标单击第 p、q、r 行，见图 17-3-10。

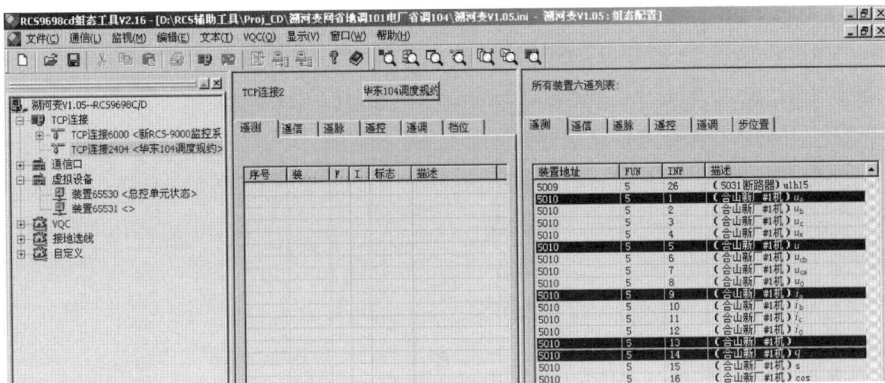

图 17-3-10　数据转发图（5）

（3）将上一步选中的测点添加到转发表中。右键单击上一步选黑的任何一行，从弹出菜单中选择"<<添加到引用表"（见图 17-3-11）。

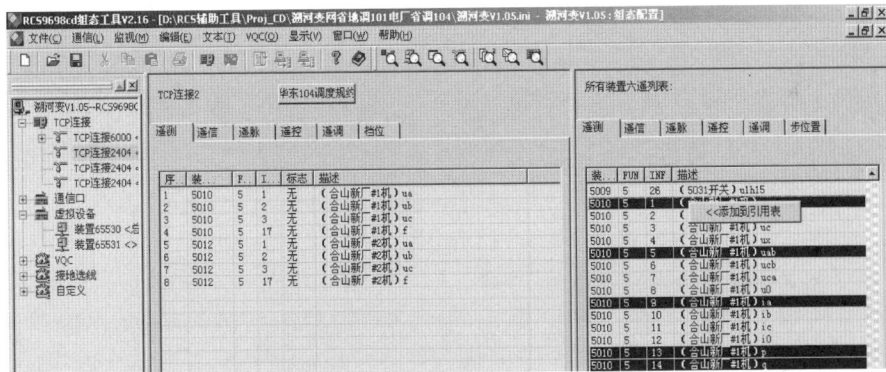

图 17-3-11　数据转发图（6）

系统弹出确认操作对话框"你确定增加选项吗？"，单击"是"即可将选中的测点添加到 TCP 连接表中。

2. 添加串口通道

（1）创建一个串口连接，作为转发给调度的 1 个串口通道（见图 17-3-12）。

在左侧树形列表中选中"通信口"节点，右侧的编辑区中显示对应的"通信口参数列表"，除了"通信口""装置数目"属性无需设置外，其余参数均可从下拉菜单中选择，见图 17-3-13。

（2）选择需要转发的点。在左侧树形列表中选中"串口#1〈可设置 IEC101 调度〉"，在右侧编辑区中显示该规约对应的转发信息列表，分为"遥测""遥信""遥脉""遥控""遥调"和"步位置"（见图 17-3-14）。

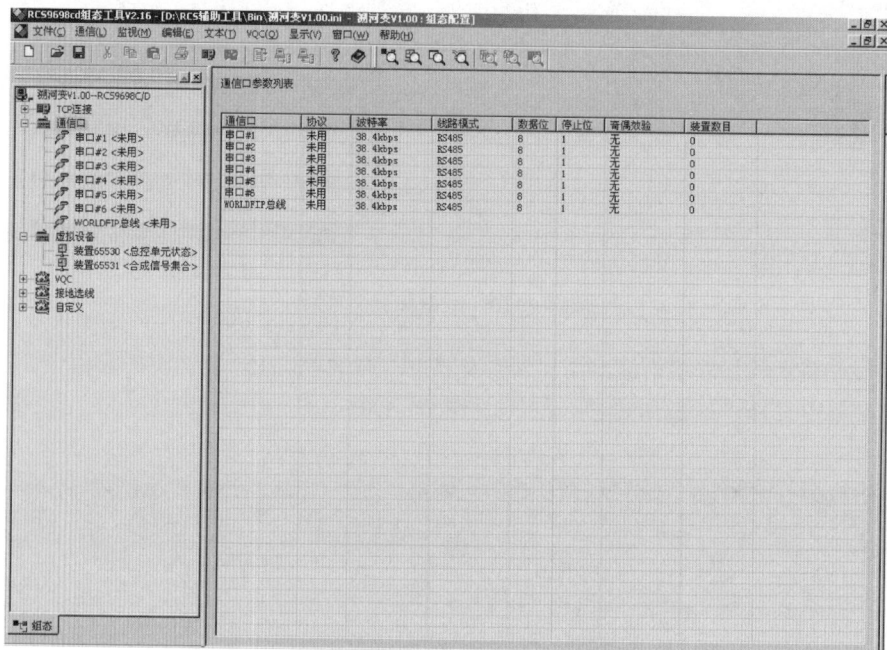

图 17-3-12　串口通道配置图

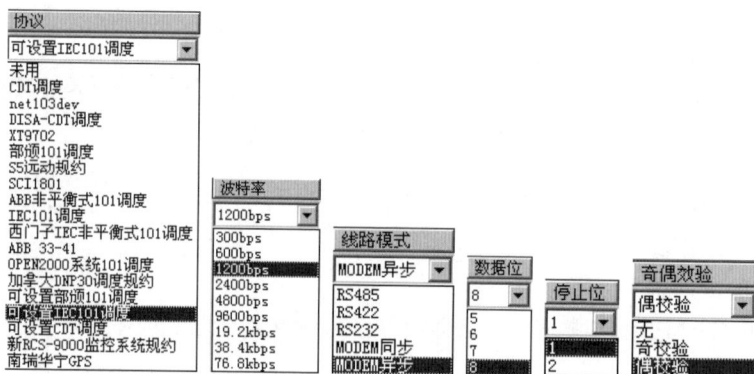

图 17-3-13　通信口配置

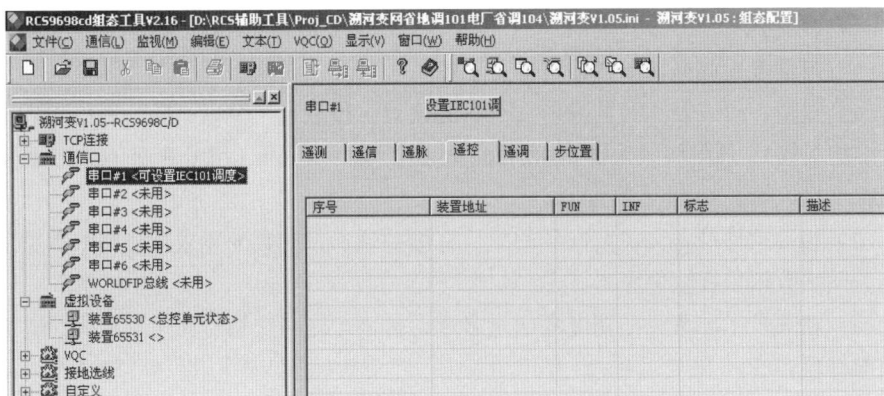

图 17-3-14 转发点选择图（1）

将鼠标移到最右侧，点击右边框 ⊞，向左拉动，弹出如下界面（见图 17-3-15）。

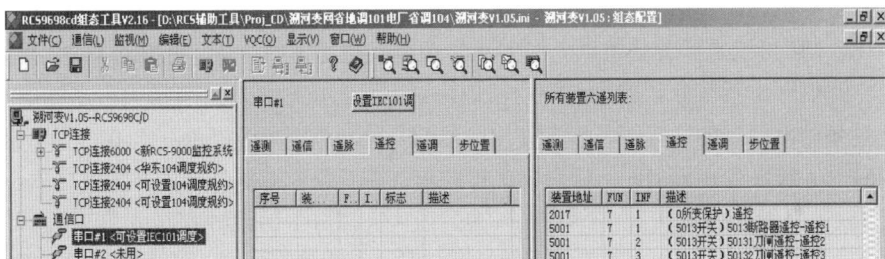

图 17-3-15 转发点选择图（2）

转发点的选择方法参见下面模块的介绍，本处不再赘述。

【思考与练习】

1. 如何配置通信参数？

2. 如何配置数据转发表？

3. 通信参数有哪些基本配置？

▲ 模块 4 与调度主站通信参数设置（ZY2900205004）

【模块描述】本模块介绍了远传数据处理装置与调度主站通信时需设置的参数、参数配置的方法。通过设置方法介绍、案例说明、界面图形示意，掌握通信参数的配置方法。

【模块内容】

一、与调度主站通信参数设置准备工作

（1）仪器、仪表及工具的准备。准备的仪器、仪表及工具有电脑、通信电缆（网线、维护线等）、通信转换头（如 485/232 转换器等）和 Hub（用于观察 TCP 或点对点网络报文用）等。

（2）相关软件准备。需要准备的软件有维护软件、参数配置软件、串口数据监视软件、网络数据监视软件等。

（3）相关技术准备。与调度沟通重启远动机，可能存在短时间信息缺失，需要调度提前处理。

二、与调度主站通信参数设置操作步骤

（一）协议

常用协议主要有 IEC 104，IEC 101，CDT，DISA，XT 9702，DNP 等，下面分别就 IEC 104 和 IEC 101 两种国际标准协议进行介绍。

IEC 104 协议是一种基于以太网方式与调度系统通信的协议，由 IEC TC57 委员会制定，是国际上各厂家都应当支持的通信协议，具有实时性高、容量大，在变电站和调度具备网络通道的情况下，推荐使用此协议。Nsc 总控单元提供 6 组 IEC 104 通信，能同时与 6 级调度通过 IEC 104 协议进行通信，每组调度可提供主备前置机功能。Nsc 总控 IEC 104 规约参数可灵活组态，可满足国内大部分主站系统的要求。

IEC 101 规约是一种应用于串口通信的问答式远动规约，也是由 IEC TC57 委员会制定，是国际上各厂家都应当支持的通信协议，在变电站和调度有串口通道的情况下，推荐使用此协议。Nsc 总控单元提供 8 路 IEC 101 通信。

（二）转发表

目前提供 4 张数据转发表，每张数据转发表又包括状态量（YX）转发表，模拟量（YC）转发表，电能量（YM）转发表，每种转发表都有的域，包括转发序号、节点索引、遥信号（遥测号、遥脉号）、状态量转发表有存在 COS、存在 SOE、存在时标、存在长时标、双位遥信、副遥信索引、副遥信点号。模拟量转发表有系数值、基数值、最大值、最小值和变化阈值。

（三）通信口通信参数

（1）串口通信参数：

1）波特率：600，1200，2400，4800，9600 可选；

2）校验方式：无，奇，偶方式；

3）同异步方式：同步，异步方式；

4）传输方式：RS–232，RS–422，RS–485。

（2）网络通信参数：IP 地址、IP 掩码、IP 网关都根据设计而定，装置应灵活支持。

三、案例

下面以某 220kV 变电站为例进行说明。

（一）网络通道的通信参数设置

（1）装置液晶菜单设置。可以设置的网络参数有"IP 地址""子网掩码""网关 1""网关 2""网关 3"。在正常显示状态下按"▲"按钮可以进入操作菜单，将光标移到"网络设置"菜单项，按"确认"按钮进入。"网络设置"菜单项用于设置远动通信装置网络参数，按"▲""▼"键移动光标，可以切换编辑项目。由于改动网络设置可能会影响远动通信装置的网络连接，所以在调试完成后，不要轻易改动此项参数，以免造成系统无法正常运行。要使更改生效，按确定键然后按复位键，让远动通信装置重新启动。

（2）组态软件中的设置。在组态工具左侧树形列表中选中"TCP 连接 2404〈可设置 104 调度规约〉"，在右侧的编辑界面中单击"可设置 104 调度规约"按钮弹出规约参数配置对话框，见图 17-4-1。

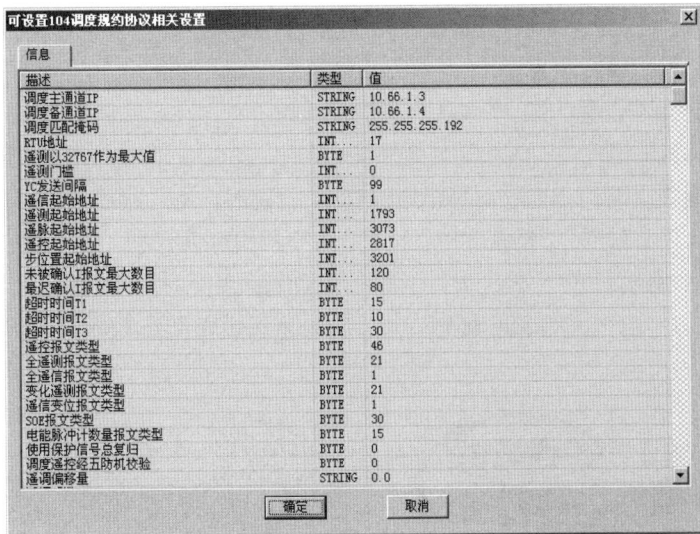

图 17-4-1　调度通信协议设置表

根据现场运行配置，输入"调度主通道 IP"和"调度备用通道 IP"。一般情况下"调度主通道 IP"为调度前置主机的 IP 地址，"调度备用通道 IP"为调度前置备机的 IP 地址。

（二）串口通道的通信参数设置

（1）组态软件中的设置。组态配置见图 17-4-2。

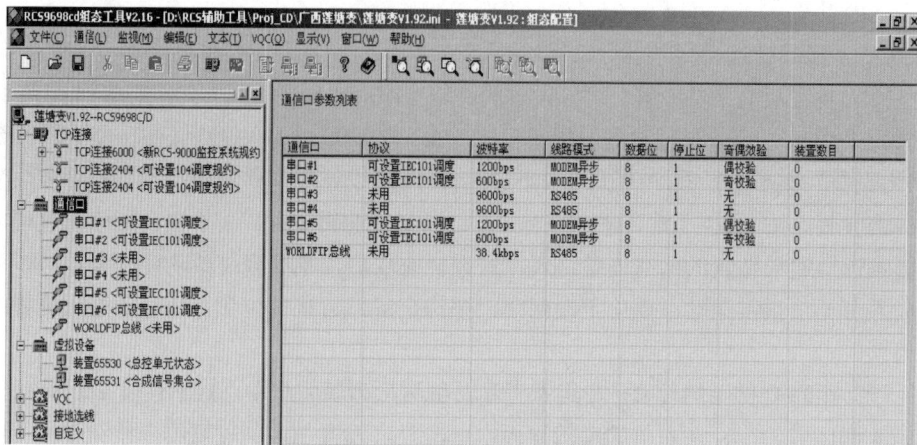

图 17-4-2 组态配置

其中"协议""波特率""线路模式""数据位""停止位""奇偶校验"这 6 项均需根据现场运行配置进行设置。

（2）硬件跳线设置。图 17-4-3 为通道板跳线示意图，一块通道板上有两路通道，因此有两组跳线。

一块通道板上有两个通道，每个通道有 12 个跳线。通过跳线可以决定"波特率""奇偶校验""中心频率""频偏"几项设置。每个跳线可以有左、中、右 3 根针，可以选择将黑色小跳线跳在"左、中"两根针上，或"中、右"两根针上。跳线说明表见表 17-4-1，电平说明表见表 17-4-2，波特率说明表见表 17-4-3，参数设置表见表 17-4-4。

图 17-4-3 通道板跳线示意图

表 17-4-1 跳 线 说 明 表

在跳线说明中出现的图标	实际跳线的位置
▲	左、中
▼	中、右
✕	不要求，随便怎么跳线都行

表 **17-4-2**　　　　　　　　　　电 平 说 明 表

接收电平(dBm)	输出电平(dBm)	RXD输入反相	TXD输出反相	RLever	BTL0	BTL1	DFreq	CFreq0	CFreq1	CFreq2	TLerver0	TLever1	Append	/RXD	/TXD
≥-20				▲	×	×	×	×	×	×	×	×	×	×	×
<-20				▼	×	×	×	×	×	×	×	×	×	×	×
	-18			×	×	×	×	×	×	×	▲	▲	×	×	×
	-12			×	×	×	×	×	×	×	▼	▲	×	×	×
	-6			×	×	×	×	×	×	×	▲	▼	×	×	×
	0			×	×	×	×	×	×	×	▼	▼	×	×	×
		是		×	×	×	×	×	×	×	×	×	×	▲	×
		否		×	×	×	×	×	×	×	×	×	×	▼	×
			是	×	×	×	×	×	×	×	×	×	×	×	▲
			否	×	×	×	×	×	×	×	×	×	×	×	▼

表 **17-4-3**　　　　　　　　　　波 特 率 说 明 表

信息速率(bit/s)	频率偏移(Hz)	中心频率(Hz)	RLever	BTL0	BTL1	DFreq	CFreq0	CFreq1	CFreq2	TLerver0	TLever1	Append	/RXD	/TXD
300			×	▲	▲	×	×	×	×	×	×	▼	×	×
600			×	▼	▲	×	×	×	×	×	×	▼	×	×
1200			×	▲	▼	×	×	×	×	×	×	▼	×	×
	200		×	×	▲	▲	×	×	×	×	×	▼	×	×
	400		×	×	▼	▲	×	×	×	×	×	▼	×	×
	150		×	×	▲	▼	×	×	×	×	×	▼	×	×
	300		×	×	▼	▼	×	×	×	×	×	▼	×	×
		1500	×	×	×	×	▲	▲	▲	×	×	▼	×	×
		1700	×	×	×	×	▼	▲	▲	×	×	▼	×	×
		2880	×	×	×	×	▲	▼	▲	×	×	▼	×	×
		3000	×	×	×	×	▼	▼	▲	×	×	▼	×	×
		1200	×	×	×	×	▲	▲	▼	×	×	▼	×	×
		1350	×	×	×	×	▼	▲	▼	×	×	▼	×	×

表 17-4-4 参 数 设 置 表

项 目	含 义
波特率	1200bit/s
中心频率	1700Hz
频偏	±400Hz
接收电平	≥-20dB（即接收电平较高）
输出电平	0dB（即输出电平是 4 种输出电平的选择方案中最高的）
输入同相	不做取反
输出同相	不做取反

【思考与练习】

1. 与调度主站通信参数应如何设置？

2. 简述 IEC 104 和 IEC 101 协议。

3. 串口通信参数主要包括哪些内容？

▲ 模块 5 正确地配置远传数据（ZY2900205005）

【模块描述】 本模块介绍了远传数据的配置内容、配置时的注意事项及检验远传数据配置的正确性的方法。通过配置流程介绍、界面图形示意，掌握配置远传数据的方法。

【模块内容】

一、危险点分析及控制措施

危险点分析及控制措施见表 17-5-1。

表 17-5-1 危险点分析及控制措施

序号	危险点	控制措施
1	错配转发表	核对各级调度对应的转发表
2	错配参数	若已配置好远传数据，下载参数时必须核对
3	必须使用配套的参数组态软件	若用不配套的软件生成的参数下载到远动设备中，有可能会导致远动设备运行不正常，极端情况可能会导致死机，所以配置参数前一定要核对程序与软件是否配套

二、配置远传数据准备工作

（1）远动转发表。远动转发表包括遥信转发表、遥测转发表、遥脉转发表、遥控转发表等，正确收集要上传给各级调度的转发数据，并交给各级主站确认。

（2）远传处理装置组态软件。查看远动设备程序支持的组态软件，准备好配套的组态软件。还有要设置好相关的登录密码，以防其他人员误改配置导致参数配置不正确。

三、配置远传数据操作步骤

（一）配置遥信转发表

遥信转发表包括上送调度的遥信序号、对应当地的遥信序号、是否上送 COS、是否上送 soe 等，以下是某组态软件中的遥信转发表设置框架：

（1）"转发序号""节点索引"及"遥信号"（见图 17-5-1）。转发调度程序在发送状态量时将节点遥信按转发序号排列顺序发送。转发序号为转发顺序号，节点索引为转发遥信的节点索引号，遥信号为转发遥信所在节点内的序号。

图 17-5-1 遥信转发表

（2）"数据描述"。该转发遥信的名称描述。

（3）"存在 COS""存在 SOE""存在时标""存在长时标""存在取反""双位遥信""副遥信索引"及"副遥信点号"。

（二）配置遥测转发表

按照给定的遥测转发表配置各级遥测转发数据及相关的遥测系数等。

（1）"转发序号""节点索引"及"遥测号"（见图 17-5-2）。转发调度程序在发送遥测量时将节点遥测按转发序号排列顺序发送。"转发序号"为转发顺序号，"节点索引"为转发遥测的节点索引号，"遥测号"为转发遥测所在节点内的序号。

图 17-5-2　遥测转发表

（2）"数据描述"。该转发遥测的名称描述。

（3）"系数值""基数值""最大值""最小值"及"变化阈值"该转发遥测附带的转发属性。

（三）配置遥脉转发表

按照给定的遥脉转发表配置各级遥脉转发数据（见图 17-5-3）。

转发调度程序在发送遥脉量时将节点遥脉按转发序号排列顺序发送。"转发序号"为转发顺序号，"节点索引"为转发遥脉的节点索引号，"遥脉号"为转发遥脉所在节点内的序号。

（四）配置遥控转发表

按照给定的遥控转发表配置各级遥控转发数据，注意当地遥控号和调度遥控号的对应关系，千万不能填错，若填错会导致误分合开关事故。

四、配置远传数据注意事项

核对远传数据，以确保发送给各级调度数据的正确性，以免引起遥信、遥测、遥脉数据不对、遥控误动等问题，可以从以下几个方面来进行。

图 17-5-3 遥脉转发表

（1）利用组态软件自身的纠错机制，查看明显的错误配置。一般组态软件有简单的纠错机制，如同一数据点（节点数据）转发到一个以上的调度数据点时会报告错误等，这样可先排除掉因笔误导致的一些问题。

（2）查看不同调度的转发表是否选配错。一般情况下变电站会有几级调度主站，各个主站所需要的信号一般不一样，配置完参数后可查看有没有把这级调度转发表配到另外的调度去，这类错误问题常会出现。

（3）与主站核对信号。要核对远传数据的正确性，最可靠的办法就是实验。逐一信号与主站核对，包括遥信变位、遥测数据、遥脉数据等，遥控的每个对象都要验证，包括返校与执行和撤销，这样才可确保远传数据的正确性。

【思考与练习】

1. 校核数据是否配置正确应该从哪几个方面考虑？

2. 配置远动数据包括哪些工作？

3. 配置远传数据的准备工作有哪些？

◢ 模块 6 站内时钟系统功能调试（ZY2900205006）

【模块描述】本模块介绍了站内时钟系统概述、对时方式、对时网络、调试项目及注意事项。通过原理讲解、调试流程介绍、图形示意，掌握调试前的准备工作及相关安全和技术措施、对时功能的调试项目及其操作方法。

【模块内容】

一、上电前的检查

主时钟面板上应有简明、清晰的产品型号及出厂编号标志，其标志应粘贴牢固。表面油漆涂层应光洁美观、均匀一致，不应有气泡、龟裂、脱落、划痕等缺陷。

二、天线安装

（1）天线环境要求。工作温度：-40～+70℃，工作湿度：100%，结露。

（2）天线安装位置应视野开阔，可见绝大部分天空，尽可能安装在屋顶。天线安装在屋顶时只要视野足够，高出屋面距离不要超过正确安装必需的高度，以尽可能减少雷击危险。天线电缆应按照正确的工艺安装，穿在建筑物预留管道或电线管道中到电缆层。

三、主要技术参数的测试

在现场测试中使用的测试仪器有：带 GPS 的标准时钟（有事件记录功能）、时间间隔计数器、电平转换装置和脉冲延时装置等。也可以用将这些仪器功能组合在一起的一台现场综合测试仪代替。主时钟的主要技术指标是它输出的 1PPS（TTL 电平信号）脉冲前沿相对于 UTC 秒的时间准确度。如主时钟没有 1PPS 或 1PPM（TTL 电平信号）输出，则用测量 1PPS 或 1PPM（空接点信号）输出相对于 UTC 时间秒或分的时间准确度代替，对 1PPS 或 1PPM 空接点信号经电平转换后接到测试仪器。

四、时钟系统测试

（1）有事件记录功能的装置的时间同步准确度测量。有事件记录功能的装置，如故障录波器、RTU 等，都能记录空接点型开关量的闭合时刻，并显示或打印出来。将一个给定时刻的开关量信号送到被测装置去，将该给定时刻与被测装置记录的该开关量闭合时刻比较，可判断被测装置的时间同步准确度。

（2）微机保护装置的时间同步准确度测试。将保护试验信号加到被测保护装置，使保护装置动作，保护装置的跳闸出口接点接到具有事件记录（停钟）功能的标准时钟，将标准时钟记录的保护装置跳闸出口接点闭合时刻与保护装置事故报告中的跳闸时刻比较，可以判断被测微机保护装置的时间同步准确度。

【思考与练习】

1. 简述微机保护装置的时间同步准确度测试方法。

2. 站内时钟系统功能调试需应用哪些测试仪器？

3. 主时钟的主要技术指标是什么？

◢ 模块 7　分析远动规约数据报文（ZY2900205007）

【模块描述】 本模块介绍了远动通信规约的分类、循环/问答式远动规约的特点、数据报文分析方法。通过典型数据报文格式介绍、内容分析，掌握分析理解远动通信规约数据报文的方法。

【模块内容】

一、循环式规约

（一）典型规约

CDT 规约是典型的循环规约，在早期的调度系统中应用较多，适用于点对点的远动通道结构及以循环字节同步方式传送远动设备与系统，也适用于调度所间以循环式远动规约转发实时信息的系统。

（二）交换过程

本规约采用可变帧长度、多种帧类别循环传送、变位遥信优先传送，重要遥测量更新循环时间较短，区分循环量、随机量和插入量采用不同形式传送信息，以满足电网调度安全监控系统对远动信息的实时性和可靠性的要求。可上送的信息为遥信、遥测、事件顺序记录（SOE）、电能脉冲记数值、遥控命令、设定命令、升降命令、对时、广播命令、复归命令、子站工作状态。信息按其不同的重要性确定优先级和循环时间，以实现 GB/T 13730—2002《地区电网调度自动化系统》所规定的要求和指标。

上行（子站至主站）信息的优先级排列顺序和传送时间要求为：对时的子站时钟返回信息插入传送；变位遥信、工作状态变化信息插入传送，要求在 1s 内送到主站，遥控、升降命令的返送校核信息插入传送，重要遥测安排在 A 帧传送，循环时间不大于 3s，次要遥测安排在 B 帧传送，循环时间一般不大于 6s，一般遥测安排在 C 帧传送，循环时间一般不大于 20s，遥信状态信息，包含子站工作状态信息，安排在 D1 帧定时传送，电能脉冲计数值安排在 D2 帧定时传送；事件顺序记录安排在 E 帧以帧插入方式传送。

下行（主站至子站）命令的优先级排列为：召唤子站时钟，设置子站时钟校正值，设置子站时钟，遥控选择、执行、撤销命令，升降选择、执行、撤销命令，设定命令，广播命令，复归命令。D 帧传送的遥信状态、电能脉冲计数值是慢变化量，以几分钟至几十分钟循环传送。E 帧传送的事件顺序记录是随机量，同一个事件顺序记录应分别在 3 个 E 帧内重复传送，变位遥信和遥控、升降命令的返校信息以信息字为单位优先插入传送，连送 3 遍。对时的时钟信息字也优先插入传送，并附传送等待时间，但只送 1 遍。

（三）具体报文

以遥测报文为例：

EB 90 EB 90 EB 90	71 61 10 01 00 F7
00 00 00 00 00 FF	01 00 00 00 00 9D
02 00 00 00 00 3B	03 00 00 00 00 59
04 00 00 00 00 70	05 00 00 00 00 12
06 00 00 00 00 B4	07 00 00 00 00 D6
08 00 00 00 00 E6	09 00 00 00 00 84
0A 00 00 00 00 22	0B 00 00 00 00 40
0C 00 00 00 00 69	0D 00 00 00 00 0B
0E 00 00 00 00 AD	0F 00 00 00 00 CF

三组 0xEB 0x90 是同步字节，0x71 是控制字节，0x61 是帧类别码，0x10 代表后面有 16 个信息字，16 个信息字的首字节是功能码，每个信息字可带 2 个遥测量，每个遥测量 2 个字节。

二、问答式规约

（一）典型规约

20 世纪 90 年代以来，国际电工委员会第 57 技术委员会，为适应电力系统（包括 EMS、SCADA 和配电自动化系统）及其他公用事业的需要，制定了一系列传输规约：

IEC 60870-5-1：1990 远动设备与系统 第 5 部分：传输规约 第 1 篇 传输帧格式

IEC 60870-5-2：1992 远动设备与系统 第 5 部分：传输规约 第 2 篇 链路传输规则

IEC 60870-5-3：1992 远动设备与系统 第 5 部分：传输规约 第 3 篇 应用数据的一般结构

IEC 60870-5-4：1992 远动设备与系统 第 5 部分：传输规约 第 4 篇 应用信息元素定义和编码

IEC 60870-5-5：1995 远动设备与系统 第 5 部分：传输规约 第 5 篇 基本应用功能

近年来，我国制定了一系列配套标准，分别是：

DL/T 634.5101—2002 基本远动任务配套标准（idt IEC 60870-5-101：2002）；

DL/T 719—2000 电力系统电能累计量传输配套标准（idt IEC 60870-5-102：1996）

DL/T 667—1999 继电保护设备信息接口配套标准（idt IEC 60870-5-103：1997）

IEC 60870-5-104-2000　远动设备与系统　第 5 部分：传输规约　第 104 篇　采用标准传输协议子集的 IEC 60870-5-101 网络访问

IEC 60870-5 系列标准涵盖了各种网络配置（点对点、多个点对点、多点共线、多点环形、多点星形），各种传输模式（平衡式、非平衡式），网络的主从传输模式和网络的平衡传输模式，电力系统所需要的应用功能和应用信息是一个完整的集，同 IEC 61334、配套标准 IEC 60870-5-101、IEC 60870-5-104、IEC 60870-5-102 一起，既可以用于变电站和控制中心之间交换信息，也可以用于变电站和配电控制中心之间交换信息、各类配电远方终端和变电站控制端之间交换信息，可以适应电力自动化系统中各种调制方式、各种网络配置和各种传输模式的需要。

（二）交换过程

IEC 60870-5 规约是基于三层参考模型"增强性能体系结构"（由 IEC 60870-5-3 节 4 所规定）。物理层采用 ITU-T 建议，在所要求的介质上提供了二进制对称无记忆传输，以保证所定义链路层的组编码方法高的数据完整性。

链路层采用明确的链路规约控制信息（LPCI），此链路控制信息可将一些应用服务数据单元（ASDUs）当作链路用户数据，链路层采用帧格式的选集能保证所需的数据完整性、效率，以及方便传输。非平衡传输规则为启动站仅包括一个启动链路层，从动站仅包括一个从动链路层。多个从动站可以和一个启动站相连接。在启动站和特定从动站之间的兼容通信仅仅和这两个站有关。从多个从动站请求数据的询问过程是启动站当地内部功能。在多于一个从动站的情况下，启动站必须记住每个从动站当前状态。平衡传输的链路层有两个独立的逻辑过程：一个逻辑过程代表 A 站为启动站、B 站为从动站；另一个逻辑过程代表 B 站为启动站、A 站为从动站。每一个站均为综合站。这样在每一个站存在两个独立的过程，在逻辑启动方向和逻辑从动方向去控制链路层。应用层包含一系列"应用功能"，它包含在源和目的之间传送的应用服务数据单元中。本配套标准的应用层未采用明确的应用规约控制信息 （APCI），它隐含在应用服务数据单元的数据单元标识符以及所采用的链路服务类型中。应用服务数据单元由数据单元标识符和一个或多个信息对象所组成。数据单元标识符在所有应用服务数据单元中具有相同的结构，一个应用服务数据单元中的信息对象常有相同的结构和类型，它们由类型标识域所定义。

数据单元标识符的结构如下：

1 个 8 位位组	类型标识
1 个 8 位位组	可变结构限定词
1 个或者 2 个 8 位位组	传送原因
1 个或者 2 个 8 位位组	应用服务数据单元公共地址

类型标识不是公共地址，也不是信息对象地址。

应用服务数据单元公共地址的 8 位位组数目是由系统参数所决定，可以是 1 个或 2 个八位位组，公共地址是站地址，它可以去寻址整个站或者仅仅站的特定部分。无应用服务数据单元的数据域长度，每一帧仅有一个应用服务数据单元，应用服务数据单元的长度是由帧长（即为链路规约长度域）减去一个固定的整数，此固定整数是一个系统参数（无链路地址时系统参数为 1、有 1 个八位位组链路地址时系统参数为 2、有 2 个八位位组链路地址时系统参数为 3）。时标（如果出现的话）它属于单个信息对象。信息对象由一个信息对象标识符（如果出现的话）、一组信息元素和一个信息对象时标（如果出现的话）所组成。信息对象标识符仅由信息对象地址组成，在大多数情况下，在一个特定系统中，应用服务数据单元公共地址连同信息对象地址一起，可以区分全部信息元素集，在每一个系统中这两个地址结合在一起将是明确的。一组信息元素集可以是单个信息元素，也可以是一组综合元素或者一串顺序元素。

（三）具体报文

（1）初始化报文。主站链路层向子站链路层发送"请求链路状态"，若子站链路层工作，则向主站以"链路状态"响应，若子站不回答，主站则多次向子站链路层发送"请求链路状态"。

主站链路层为了和子站链路层的帧计数位状态保持一致，向子站链路层发送"复位远方链路"。子站链路层收到此链路规约数据单元后，则将帧计数位（FCB）置零，并以主站链路层发送的链路规约数据单元的镜像作为确认，此时，两端的帧计数位状态一致，主站就可进行总召唤，例如：

R: 10 49 26 6f 16

T: 10 ab 26 d1 16

R: 10 40 26 66 16

T: 10 a0 26 c6 16

（2）总召。向子站进行总召唤功能是在初始化以后进行，或定时进行总召唤，以刷新主站的数据库，主站的应用功能向主站的链路层发送总召唤的请求原语，子站链路层接收后向子站应用功能发送总召唤的指示原语，子站链路层向链路发送总召唤命令的镜像确认。然后子站的应用功能就连续地以总召唤的信息内容依次组成被召唤的信息的请求原语，向子站链路层传送，子站链路层向链路发送响应帧。传送的内容包括子站的遥信、遥测、步位置信息、BCD 码（水位）、子站远动终端状态等，并将它们分组。其各组的安排分别是第 1 组～第 8 组为遥信信息；第 9 组～第 12 组为遥测；第 13 组为步位置信息；第 14 组为 BCD 码；第 15 组为子站远动终端。

遥信量前 4 组的信息体起始地址如下：第 1 组为 1 H；第 2 组为 81 H；第 3 组为

101 H；第 4 组为 181H。以上每组的遥信个数均不超过 128 个。

遥测量共分 4 组，其各组信息体的地址如下：第 9 组为 701H～780H；第 10 组为 781H～800H；第 11 组为 801H～880 H；第 12 组为 881H～900H。

R：68 09 09 68 53 26 64 01 06 26 00 00 14 1e 16 //总召唤

T：68 09 09 68 80 26 64 01 07 26 00 00 14 4c 16 //总召唤确认

以下是数据：

T：68 48 48 68 88 26 01 c0 14 26 01 00 00 00 00 00 00 00
00 00 00 00 00 00 00 00 00 00 00 00 00 00 00 00 00 00 00 00
00 00 00 00 00 00 00 00 00 00 00 00 00 00 00 00 00 00 00 00
00 00 00 00 00 00 00 00 00 00 00 00 00 00 00 00 00 00 00 00

aa 16//遥信

　　　　……

T：68 88 88 68 88 26 15 c0 14 26 01 07 00 00 00 00 00 00 00
00 00 00 00 00 00 00 00 00 00 00 00 00 00 00 00 00 00 00 00
00 00 00 00 00 00 00 00 00 00 00 00 00 00 00 00 00 00 00 00
00 00 00 00 00 00 00 00 00 00 00 00 00 00 00 00 00 00 00 00
00 00 00 00 00 00 00 00 00 00 00 00 00 00 00 00 00 00 00 00
00 00 00 00 00 00 00 00 00 00 00 00 00 00 00 00 00 00 00 00
00 00 00 00 00 00 00 00 00 00 00 00 00 00 00 00 00 00 00 00
00 00 00 00 00 00 00

c5 16//遥测

　　　　……

T：68 09 09 68 88 26 64 01 0a 26 00 00 14 57 16//总召结束。

（3）时钟同步。由于子站的时钟必须与主站时钟同步，以便为带时标的事件或信息体提供正确的时标。因此，无论是初始化以后或是定时再同步，时钟同步均由主站启动，由主站的应用功能向链路层传送时钟同步命令的服务原语，链路层向链路发送时钟同步链路规约数据单元。子站链路层收到后，立即向子站应用功能发送时钟同步命令的指示原语。子站应用功能将接收的链路规约数据单元内的时间值写入子站的时钟，然后子站向链路层发送时间报文的请示原语，子站链路层通过链路向主站发送时钟同步的确认帧。

这样，时间同步发送帧和确认帧使子站与主站实现时间同步，同时，使子站当地实现日历钟，使打印和事件顺序（SOE）有日期。

R：68 0f 0f 68 73 26 67 01 06 26 00 00 05 25 28 11 74 f3 02 f9 16

T: 68 0f 0f 68 80 26 67 01 07 26 00 00 05 25 28 11 74 f3 02 07 16

（4）召唤一级用户数据。主站是否执行询问一级用户数据，还要根据上一响应帧中 ACD 是否为 1，如果 ACD=1，主站立即向该站召唤一级用户数据，其中 ACD 为子站→主站中控制域的 D5 位，即要求访问位。

一级用户数据是指变位遥信、由读数命令所寻址的信息体的数据、子站初始化结束、子站状态变化。

R: 10 7a 26 a0 16

T: 68 09 09 68 88 26 01 01 03 26 87 00 01 61 16

（5）召唤二级用户数据。二级用户数据是指超过门限值的遥测、子站改变下装参数，水位超过门限值、变压器分接头变化、事件顺序记录数据和带时标的其他量。

主站询问子站的二级用户数据是其经常的询问过程。如果子站有二级数据，则向主站传送如下六种测量和状态变化帧：① 遥测数据变化帧；② 不带品质描述的遥测数据变化响应帧；③ 带时标的遥测数据变化响应帧；④ 变压器分接头变化响应帧；⑤ BCD 码响应帧；⑥ 事件顺序记录。

在 2 级用户数据中，越过门限的遥测值的优先级最高，优先传送。

（6）遥控。101 规约的遥控是采用返送校核方式，即其遥控命令是采用选择和执行命令的过程。

当进行遥控时，由主站应用功能向主站链路层发送选择命令的请求原语。主站链路层向链路发送双位选择命令。子站链路层收到命令后，向子站应用功能发送选择命令的指示原语，子站应用功能将命令中选择的对象和性质送到相应的硬件，经过校核，形成由主站发来命令的镜像报文，向子站链路层发送选择响应原语，子站链路层向链路发送双位选择命令的确认帧。主站链路层收到确认帧后，向主站的应用功能发送选择信息的确认原语。主站应用功能经过检查确认帧的命令对象和性质正确无误后向链路层发送执行命令帧。子站链路层接收以后向子站的应用功能发送执行命令的指示原语，应用功能就执行控制命令并向链路层发送执行命令的响应原语，子站链路层就向链路发送执行命令的确认帧。

【思考与练习】

1. 常用远动通信规约有哪几种？

2. 试举例循环式和问答式的规约分别有哪些？

3. 什么是循环传送方式和问答传送方式？

第十八章

变电站时间同步系统调试

▲ 模块 1 GPS 基本构成及调试（ZY2900206001）

【模块描述】本模块介绍了变电站时间同步系统的组成、GPS 时钟装置的构成和工作原理，包含时间同步系统、主时钟、时钟扩展装置。通过理论介绍、框图讲解，掌握 GPS 的基本构成和工作原理。

【模块内容】

一、时间同步系统的组成

时间同步系统（Time Synchronism System）安装在调度中心（调度所）、发电厂和变电站内，它主要由三部分组成，即主时钟、时间信号传输通道、时间信号用户设备接口。

其中主时钟由以下三个主要部分组成：

（1）时间信号接收（输入）单元，接收外部时间基准信号。重要应用场合（如调度中心、500kV 变电站和发电厂）。

（2）时间保持单元。

（3）时间信号输出（扩展）单元。

时间同步系统一般在一个调度中心（调度所）、发电厂或变电站只建立一个。出于安全考虑，也可以在单独的建筑物里建立一个，如在 500kV 变电站的一个保护设备室里。

二、时间同步系统各组成部分的技术要求

（一）时间信号接收（输入）单元

（1）功能。时间信号接收（输入）单元通过接收以无线手段传递的时间信号或输入以有线手段传递的时间信号，获得 1PPS 和包含北京时间的时刻、日期信息的时间报文，1PPS 的前沿与 UTC 秒的时刻偏差≤1μs，该 1PPS 和时间报文作为主时钟的外部时间基准。

（2）无线时间信号接收单元。接收 GPS（全球定位系统）卫星或我国卫星、短波

广播和电视等无线手段传递的时间信号，获得满足规定要求的时间信息。

（3）GPS 卫星信号接收单元。接收 GPS 卫星发送的定时、定位信号。

（4）有线时间信号输入单元。通过导线或光纤接收其他主时钟发送的时间信号。一般在主时钟内时间信号接收单元冗余配置时采用，其时间信息作为主时钟的后备外部时间基准。

（二）时间保持单元

（1）功能。主时钟内部的时钟，当接收到外部时间基准信号时，被外部时间基准信号同步；当接收不到外部时间基准信号时，保持一定的走时准确度，使主时钟输出的时间同步信号仍能保证一定的准确度。

（2）准确度。时间保持单元的时钟准确度应优于 7×10^{-8}。

（3）内部时钟的振荡源。内部时钟的振荡源可以根据时钟精度的要求，选用普通石英晶振、有温度补偿的石英晶振或原子频标。

（三）时间信号输出（扩展）单元

（1）功能。当主时钟接收到外部时间基准信号时，按照外部时间基准信号输出时间同步信号；当接收不到外部时间基准信号时，按照内部时钟保持单元的时钟输出时间同步信号。当外部时间基准信号接收恢复时，自动切换到正常状态工作，切换时间应小于 0.5s。切换时主时钟输出的时间同步信号不得出错：时间报文不得有错码，脉冲码不得多发或少发。

（2）扩展。一般主时钟应输出足够数量的不同类型时间同步信号，数量不够时可以增加扩充单元以满足不同使用场合的需要。

（3）输出时间信号。输出的时间信号类型应符合现场使用要求。时间信号的电接口在电气上均应相互隔离。

三、时间同步系统的组网方式

各电压等级变电站采取不同的组网方式，其标准同步钟本体配置原则为：

（1）110kV 变电站：配置一台标准同步钟本体，在主控室独立组屏，标准同步钟本体应预留一路接口接收通信网络传送的对时信号。

（2）220kV 变电站及以上：配置两台标准同步钟本体，互为备用，在主控室组成一面屏通过时间扩展装置向全站统一对时。两台标准同步钟本体，以冗余热备模式工作，完成 GPS 卫星信号的接收、处理，以及向时间扩展设备提供标准同步时间信号（RS–422 电平方式 IRIG–B）。每台主时钟同时具有接收另一台主时钟的 IRIG–B 时间信息功能，达到两台主时钟之间能够互为备用。

主时钟与时间扩展设备之间采用光纤连接，以 IRIG–B 来传送 GPS 时间信息。信号扩展装置的时间基准信号输入包括两路 IRIG–B 输入。当信号扩展装置只接一路

IRIG–B 输入时，该路输入可以是 IRIG–B 输入 1，也可以是 IRIG–B 输入 2。信号扩展装置接入两路 IRIG–B 时码输入时，以 IRIG–B 输入 1 作为该扩展装置的外部时间基准，IRIG–B（DC）输入 2 作为后备。扩展时钟向故障录波装置、继电保护装置、计算机监控装置等提供对时信号接口。同时网络时间服务器还可提供 1～3 个 NTP 网络接口，以满足 MIS 及 SIS 等系统的网络对时需要。

四、时间同步系统工作原理

时间同步系统主要安装在调度中心（调度所）、发电厂和变电站内，它利用各种方式获得精准的时钟源信号，形成主时钟，然后将时间信号通过相关的传输通道发送到周边各种设备，由时间信号用户设备接口接收信号，从而使系统中各设备能够统一精准校时，即供电力系统及一切需要标准时间尺度的各种自动化装置使用，以满足电力系统时间同步要求。

结合 500kV 变电站时钟同步系统，概述一下时间同步系统工作原理。全站集中式 GPS 时钟同步系统结构图见图 18-1-1。

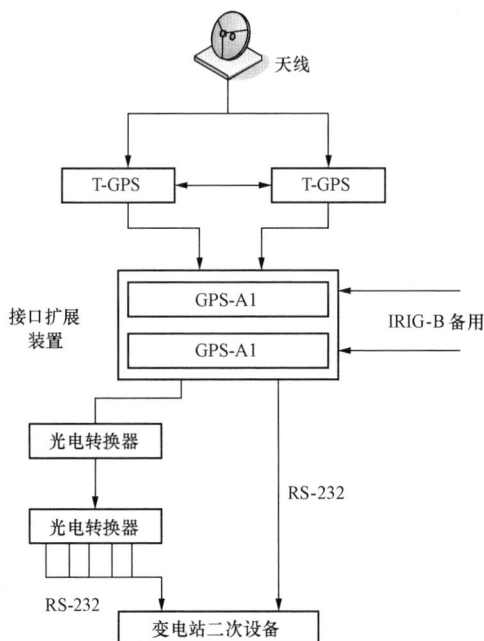

图 18-1-1　全站集中式 GPS 时钟同步系统结构图

各保护小室的二次设备通过光纤从控制室 GPS 时间同步系统屏取 RS–232 信号，距离主时钟 GPS 较近的设备则通过屏蔽线取多路 RS–232 信号、多路脉冲信号。

T-GPS 电力系统同步时钟内置全球定位系统（GPS）信号接收模块，它负责给行波采集装置提供精确秒同步脉冲信号（1PPS）及全球统一时间信息。T-GPS 电力系统同步时钟由 GPS 接收机、中心处理单元、外围接口电路等组成，同步时钟原理框图见图 18-1-2。

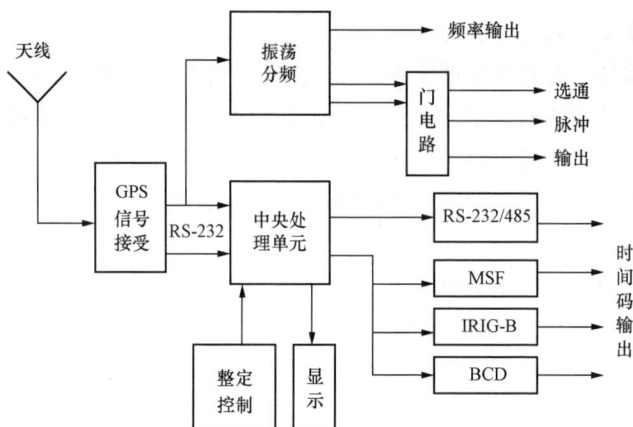

图 18-1-2　T-GPS 同步时钟原理框图

GPS 接收机采用美国 Garmin 公司生产的 GPS20 接收机，GPS20 接收 GPS 卫星的粗码（A 码）并与本地钟（GPS 接收机时钟）校正同步，输出绝对误差不超过 1μs 的秒同步脉冲信号和国际标准时间信息。中心处理单元由 80C196 单片机构成，它把 GPS20 接收到的国际标准时间信息转换成当地标准时间。

T-GPS 同步时钟有两种信号输出方式：一是硬件电路的同步脉冲输出，即每隔一定的时间间隔输出一个精确的同步脉冲；二是软硬件结合的串行时间信息输出，即通过同步时钟和自动装置的串行口以数据流的方式交换时间信息。其中，脉冲同步方式又可分为 TTL 电平输出、无源空接点输出和继电器输出，它们都能提供秒、分、时同步脉冲；在串行口同步方式中 T-GPS 同步时钟以串行数据流方式输出时间信息，各自动装置则通过标准串行口接收每秒一次的串行时间信息来获得时间同步。串行时间信息可以分为不同的信息格式，如 ASCII 码、IRIG-B 码等。按照串行接口标准的不同 ASCII 码又有 RS-232C、RS-423、RS-422、RS-485 等不同码制，IRIG-B 码有 TTL 直流电平码、1kHz 正弦调制码等。

主时钟完成 GPS 卫星信号的接收、处理及向信号扩展装置提供标准同步时间信号（RS-422 电平方式 IRIG-B），同时提供 TTL 电平测试口、RS-232 串行口、空接点脉冲接口、IRIG-B 接口；同时具有接收 IRIG-B 时间功能和内部守时功能。扩展装置提供多路脉冲输出、多路 B 码输出、多路串口输出。

信号扩展装置的时间基准信号输入包括两路 IRIG–B（RS–422）输入。当信号扩展装置只接一路 IRIG–B（RS–422）输入时，该路输入可以是 IRIG–B 输入 1，也可以是 IRIG–B 输入 2。信号扩展装置接入两路 IRIG–B（RS–422）时码输入时，以 IRIG–B（RS–422）输入 1 作为该扩展装置的外部时间基准，IRIG–B（DC）输入 2 作为后备。

【思考和联系】

1. GPS 系统如何完成对时过程？
2. GPS 时钟同步系统对于电力系统有什么重要性？
3. 时间同步系统的组成有哪些？
4. 变电站时间同步系统的结构是什么？

▲ 模块 2　GPS 设备是否对时准确判断（ZY2900206002）

【模块描述】本模块介绍了电力系统各种类型装置、系统的时间同步准确度要求，包含 GPS 设备提供的各种对时信号准确度的测试方法。通过列表数据、系统图形分析，掌握 GPS 设备对时是否准确的判断方法。

【模块内容】

一、不同设备对时间同步准确度要求

常用的各种装置（系统）的时间同步准确度要求规定见表 18–2–1。

表 18–2–1　　常用的各种装置（系统）的时间同步准确度要求规定

装置（系统）名称	时间同步准确度	时间同步信号类型
线路行波故障测距装置	1μs	1PPS 及时间报文
雷电定位系统	1μs	
功角测量系统	40μs	
故障录波器	1ms	IRIG–B 或 1PPM 及时间报文
事件顺序记录装置	1ms	
微机保护装置	10ms	
RTU	1ms	
各级调度自动化系统	1ms	
变电站、换流站监控系统	1ms	
火电厂机组控制系统	1ms	

续表

装置（系统）名称	时间同步准确度	时间同步信号类型
水电厂计算机监控系统	1ms	IRIG-B 或 1PPM 及时间报文
配电网自动化系统	10ms	
电能量计费系统	≤0.5s	时间报文
电力市场交易系统	≤0.5s	
电网频率按秒考核系统	≤0.5s	
自动记录仪表	≤0.5s	
各级 MIS 系统	≤0.5s	
负荷监控系统	≤0.5s	
调度录音电话	≤0.5s	
各类挂钟	≤0.5s	

二、时间同步系统的现场测试

时间同步系统建立后要在现场进行测试，包括主时钟技术指标的测试和用户设备接收时间同步信号后，能达到的时间同步准确度的测试。

三、测试仪器

在现场测试中使用的测试仪器有带 GPS 的标准时钟（有事件记录功能）、时间间隔计数器、电平转换装置和脉冲延时装置等。

也可以用将这些仪器功能组合在一起的一台现场综合测试仪代替。

四、主时钟技术指标的测试

主时钟的主要技术指标是它输出的 1PPS（TTL 电平信号）脉冲前沿相对于 UTC 秒的时间准确度，可按图 18-2-1 接线进行测试。

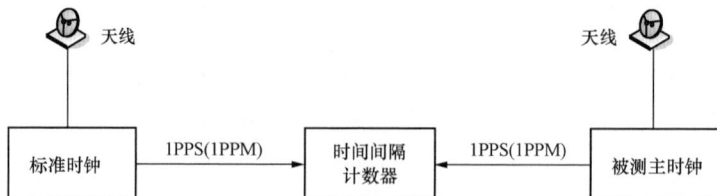

图 18-2-1 时钟测试系统（一）

如主时钟只有 1PPM（TTL 电平信号）输出，则测量它相对于 UTC 分的时间准确度，也按图 18-2-2 接线进行测试。

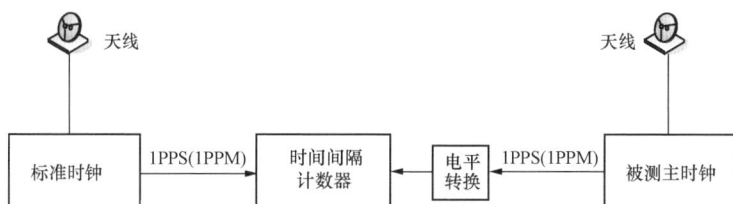

图 18-2-2　时钟测试系统（二）

如主时钟没有 1PPS 或 1PPM（TTL 电平信号）输出，则用测量 1PPS 或 1PPM（空接点信号）输出相对于 UTC 时间秒或分的时间准确度代替，对 1PPS 或 1PPM 空接点信号经电平转换后接到测试仪器，见图 18-2-2。

五、有事件记录功能的装置的时间同步准确度测量

有事件记录功能的装置，如故障录波器、RTU 等，都能记录空接点型开关量的闭合时刻，并显示或打印出来。可按图 18-2-3 所示，将一个给定时刻的开关量信号送到被测装置去，将该给定时刻与被测装置记录的该开关量闭合时刻比较，可判断被测装置的时间同步准确度。

图 18-2-3　时钟测试系统（三）

六、微机保护装置的时间同步准确度测试

按图 18-2-4 将保护试验信号加到被测保护装置，使保护装置动作，保护装置

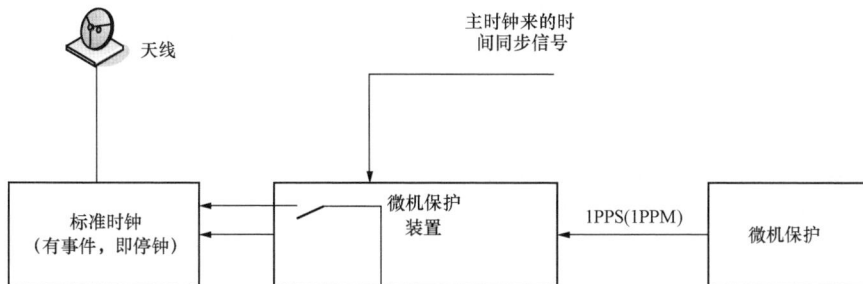

图 18-2-4　时钟测试系统（四）

的跳闸出口接点接到具有事件记录（停钟）功能的标准时钟，将标准时钟记录的保护装置跳闸出口接点闭合时刻与保护装置事故报告中的跳闸时刻比较，可以判断被测微机保护装置的时间同步准确度。

【思考和练习】

1. 画出主时钟测试原理框图。

2. 试举出三种系统的准确度指标。

3. 时间同步测试的仪器有哪些？

◤ 模块 3 GPS 授时的几种方式及设备运行状态（ZY2900206003）

【模块描述】本模块介绍了变电站 GPS 系统常见的各种对时方式、设备运行状态查询方法，包含 GPS 设备提供的各种对时信号、设备相关的液晶显示界面。通过对时要点讲解、实例介绍，掌握 GPS 设备的各种授时方式及正确判断设备的运行状态。

【模块内容】

一、GPS 授时的方式

目前，国内的同步时间主要以 GPS 时间信号作为主时钟的外部时间基准信号。现在各时钟厂家大多提供硬对时、软对时、编码对时及 NTP 网络对时方式。

（一）硬对时（脉冲节点）

主要有秒脉冲信号（1PPS，即每秒 1 个脉冲）和分脉冲信号（1PPM，即每分 1 个脉冲）。秒脉冲是利用 GPS 所输出的 1PPS 方式进行时间同步校准，获得与 UTC 同步的时间准确度较高，上升沿的时间准确度不大于 1μs。分脉冲是利用 GPS 所输出的 1PPM 方式进行时间同步校准，获得与 UTC 同步的时间准确度较高，上升沿的时间准确度不大于 3μs，这是国内外保护常用的对时方式。另外通过差分芯片将 1PPS 转换成差分电平输出，以总线的形式与多个装置同时对时，同时增加了对时距离，由 1PPS 几十米的距离提高到差分信号 1km 左右。

用途：对国产故障录波器、微机保护、雷电定位系统、行波测距系统对时。故障录波装置分别由不同的厂家生产；保护装置国内以南自股份、南瑞、许继、阿继及四方公司的产品为主。

（二）软对时（串口报文）

串口校时的时间报文包括年、月、日、时、分、秒，也可包含用户指定的其他特殊内容，例如，接收 GPS 卫星数、告警信号等，报文信息格式为 ASCII 码或 BCD 码或十六进制码。如果选择合适的传输波特率，其精确度可以达到毫秒级。串口校时往往受距离限制，RS–232 口传输距离为 30m，RS–422 口传输距离为 150m，加长后会造成时间延时。

用途：对电能量计费系统、输煤 PLC、除灰 PLC、化水 PLC、脱硫 PLC、自动化装置、控制室时钟对时。

（三）编码对时

编码时间信号有多种，国内常用的有 IRIG（Inter-range Instrumentation Group）和 DCF77（Deutsche，long wave signal，Frankfurt，77.5kHz）两种。IRIG 串行时间码共有 A、B、D、E、G、H 6 种格式。其中 B 码应用最为广泛，有调制和非调制两种。调制 IRIG-B 输出的帧格式是每秒输出 1 帧，每帧有 100 个代码，包含了秒段、分段、小时段、日期段等信号。非调制 IRIG-B 信号是一种标准的 TTL 电平，用在传输距离不大的场合。

为了提高对时精度，一般采用硬对时和软对时相结合的方式，即装置通过串口获取年、月、日、时、分、秒等信息，同时，通过脉冲信号精确到毫秒、微秒，对于有编码对时口（如 IRIG-B）的装置优先采用编码对时。

用途：给某些进口保护或故障录波器对时，如 GE 公司的保护、ABB 公司的保护、HATHAWAY 的故障录波器、ALSTOM 公司的保护、惠安公司的自动化装置、莱姆公司的 BEN5000 故障录波器、SEL 公司的保护、西门子设备等。

（四）NTP 网络对时

NTP（Network Time Protocol）是用来使计算机时间同步化的一种协议，它可以使计算机对其服务器或时钟源（如石英钟，GPS 等）做同步化，提供高精准度的时间校正（LAN 上与标准间差小于 1ms，WAN 上几十毫秒），且可采用加密确认的方式来防止恶毒的协议攻击。主要给电厂的 MIS 系统、SIS 厂级监控信息系统、工程师站及需要网络对时的系统进行对时。

NTP 协议简介：NTP 是由美国德拉瓦大学的 David L. Mills 教授于 1985 年提出，除了可以估算封包在网络上的往返延迟外，还可独立地估算计算机时钟偏差，从而实现在网络上的高精准度计算机校时，它是设计用来在 Internet 上使不同的机器能维持相同时间的一种通信协定。时间服务器（time server）是利用 NTP 的一种服务器，通过它可以使网络中的机器维持时间同步。在大多数的地方，NTP 可以提供 1～10ms 的可信赖性的同步时间源和网络工作路径。NTP 网络对时是一种更为先进、更为可靠的时间同步方式，并且距离不受任何限制。

比较而言，串口报文的对时精度较低（误差在 10ms 以上），目前一般应用在变电站自动化系统的后台监控系统。而脉冲对时编码信息量较少，一般需与串口报文配合使用。IRIG-B 时间编码是一种比较优秀的时间编码格式，能提供较高的对时精度且包含了全部的时间信息。

二、GPS 授时的信号类型

（1）1PPS 脉冲信号。

1）准时沿：上升沿，上升时间≤50ns；上升沿的时间准确度≤1μs；

2）脉冲宽度：20～200ms。

主时钟至少有一路标准 TTL 电平 1PPS 输出，表征主时钟的准确度。

（2）1PPM 脉冲信号。

1）准时沿：上升沿，上升时间≤150ns；上升沿的时间准确度≤3μs；

2）脉冲宽度：20～200ms。

（3）1PPH 脉冲信号。

1）准时沿：上升沿，上升时间≤1μs；上升沿的时间准确度≤3μs；

2）脉冲宽度：20～200ms。

（4）IRIG-B（DC）时码。

1）每秒 1 帧，包含 100 个码元，每个码元 10ms；

2）脉冲宽度编码，2ms 宽度表示二进制 0、分隔标志或未编码位；

3）5ms 宽度表示二进制 1；

4）8ms 宽度表示整 100ms 基准标志；

5）秒准时沿：连续两个 8ms 宽度基准标志脉冲的第二个脉冲的前沿；

6）帧结构：起始标志、秒（个位）、分隔标志、秒（十位）、基准标志、分（个位）、分隔标志、分（十位）、基准标志、时（个位）、分隔标志、时（十位）、基准标志、自当年元旦开始的天（个位）、分隔标志、天（十位）、基准标志、天（百位）（前面各数均为 BCD 码）、7 个控制码（在特殊使用场合定义）、自当天 0 时整开始的秒数（为纯二进制整数）、结束标志。

（5）IRIG-B（AC）时码。用 IRIG-B（DC）码对 1kHz 正弦波进行幅度调制形成的时码信号，幅值大的对应高电平，幅值小的对应低电平，典型调制比为 3∶1。

三、时间报文

（1）报文内容。时间报文应该包含下列内容：

1）时间：时、分、秒；

2）日期：年、月、日；

3）报文起始、结束标志及其他信息传输必需的标志，也可包含用户指定的其他特殊内容，如时间基准标志、GPS 卫星锁定状态、接收 GPS 卫星数、告警信号等；

4）报文信息格式：ASCII 码或 BCD 码或 16 进制码；

5）数据位：7 位或 8 位，起始位：1 位，校验位：偶校验、奇校验或无校验，停止位：1 位或 2 位。

（2）信息传输速率：300、600、1200、2400、4800、9600、19 200bit/s 可选。

（3）报文发送时间。每秒输出、每分输出或根据请求输出 1 次（帧），或用户指定的方式输出。

四、时间同步信号电接口

主时钟有多路时间信号输出时，不管信号接口的类型，各路输出在电气上均应相互隔离。

（1）静态空接点（光隔离）输出。允许外接电压：250V。

（2）TTL 电平输出。负载：50Ω；驱动：HCMOS。

（3）串行数据通信接口 RS–232。

1）电气特性符合 GB/T 6107—2000《使用串行二进制数据交换的数据终端设备和数据电路终接设备之间的接口》（CCITT 建议 V.28）。

2）连接器 9 针 D 型小型公插座，针的编号和定义见表 18–3–1。

表 18–3–1　　　　　　　　针 的 编 号 和 定 义

针的编号	RS-232 信号	RS-422/485 信号
1	空	数据接收 RXD–
2	数据接收 RXD	数据接收 RXD+
3	数据发送 TXD	数据发送 TXD–
4	空	数据发送 TXD+
5	信号地 GND	信号地 GND
6～9	空	空

（4）串行数据通信接口 RS–422。

1）电气特性符合 GB 11014—1989《平衡电压数字接口电路的电气特性》（CCITT 建议 V.11）。

2）连接器、9 针、D 型小型公插座，针的编号和定义见表 18–3–1。

（5）串行数据通信接口 RS–485。

1）电气特性符合 EIA/485（CCITT 建议 V.28）。

2）连接器、9 针、D 型小型公插座，针的编号和定义见表 18–3–1。

（6）20mA 电流环接口。传输有效信号时环路电流保持 20mA，电气特性尚无标准。

（7）AC 调制信号接口。

1）载波频率：1kHz；

2）信号幅值（峰—峰值）：高：≥10.0V、低：符合 3∶1 调制比要求；

3）输出阻抗：600Ω、隔离输出。

（8）各种时间同步信号采用的电接口。为保证时间同步信号传输的质量，应按表 18-3-2 采用不同信号接口。

表 18-3-2 信 号 接 口 类 型

同步信号类型	信号电接类型						
	静态空接点	TTL	RS-232	RS-422	RS-485	20mA 电流环	AC
1PPS	√	√					
1PPM	√	√				√	
1PPH	√	√				√	
时间报文			√	√	√	√	
IRIG-B（DC）	√		√	√	√		
IRIG-B（AC）							√

时间信号传输通道应保证主时钟发出的时间信号传输到用户设备时能满足用户设备对时间信号质量的要求，一般可在下列几种通道中选用。

（1）同轴电缆：用于高质量地传输 TTL 电平信号，如 1PPS、1PPM、1PPH 和 IRIG-B（DC）码 TTL 电平信号等，传输距离≤10m。

（2）有屏蔽控制电缆：用于在保护室内传输 RS-232 接口信号、传输距离≤15m；用于在保护室内传输 RS-422、RS-485、20mA 电流环接口信号、传输距离≤150m。

（3）音频通信电缆：用于传输 IRIG-B（AC）信号，传输距离≤1000m。

（4）光纤：用于远距离传输各种时间信号，传输距离取决于光纤的类型。

五、判别 GPS 授时设备是否工作正常

以某品牌天文时钟为例，介绍天文时钟的面板状态，见图 18-3-1。

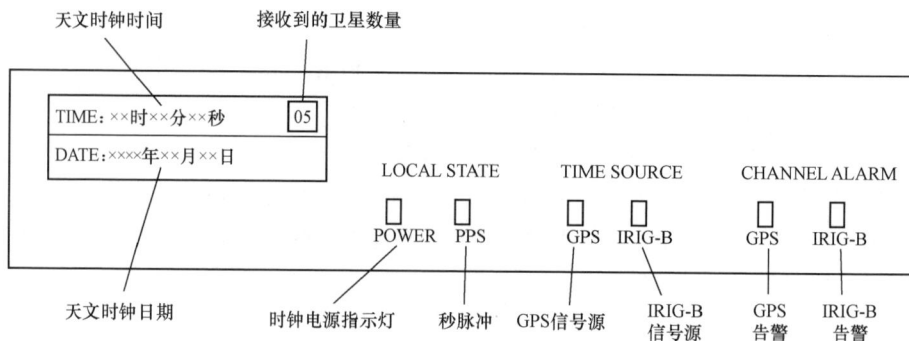

图 18-3-1 GPS 天文时钟面板实例

（一）工作状态指示

（1）天线配置 30m 馈线置于开阔地点，GPS 标准时间同步钟接通电源后，收到卫星后前面板 1PPS 灯每秒闪烁一下，此时收星数量显示在 3～9 之间。

捕获时间：20s～2min。

（2）外部时间基准信号锁定（接收外部时间基准信号正常）。当外部时间基准信号输入冗余配置时应指示当前起作用的一个。

（3）面板 LCD 是否有年月日，时分秒显示，显示时间是否正确。

外部事件产生的时刻记录：测量精度 1μs，格式为××年××月××日，××时××分××秒。

（二）告警

（1）GPS 装置电源中断，告警接点是否动作。

（2）外部同步时间 GPS 信号消失，告警接点是否动作。

（三）电源

（1）交流供电：220V±20%（50±1）Hz，功耗：＜15W。

（2）直流供电：85～264V，功耗：＜15W。

（四）技术指标

（1）1PPS 输出。极性：正脉冲；脉宽：约 80ms；阻抗：50Ω；前沿：20ns；精度：1μs；接口方式：TTL 电平，RS–232，RS–485，光电隔离。

（2）1PPM 输出。极性：正脉冲；脉宽：约 1s；阻抗：50Ω；前沿：20ns；精度：1μs；接口方式：TTL 电平，RS–232，RS–485，光电隔离。

（3）1PPH 输出。极性：正脉冲；脉宽：约 1s；阻抗：50Ω；前沿：20ns；精度：1μs；接口方式：TTL 电平，RS–232，RS–485，光电隔离。

（4）IRIG–B 输出。IRIG–B/DC≤2μs；IRIG–B/AC≤30μs；IRIG–B/AC 调幅可调整性 3～12V；IRIG–B/AC3:1 调幅正确性 $V_{PPd}=V_{PPg}/3$；守时时钟稳定度≤4.2μs/min。

（五）测试方法

（1）GPS 主机的测试（用数字万用表）：1PPS 输出电压–4～4V 变化；1PPM 整分时有一正电压变化；RS–232 串口：2 脚输出，5 脚信号地，输出电压±12V 之间变化；RS–485 串口：2 脚为信号"＋"，4 脚为信号"–"，电压–4～4V 变化。天线输入口输出电压约 4.8V。

（2）GPS 天线的测试（用数字万用表）：接收频率 1.575 42GHz；正常时用万用表的二极管挡测量其显示值为 0.7～1.2 之间；天线的安装要求：以天线蘑菇头为中心最小在 120° 范围。

（3）GPS 扩展部分的测试（用数字万用表）：脉冲扩展的测试：24V 有源的脉冲

扩展输出电压为 20V 左右；220V 有源脉冲扩展输出电压为 220V 左右；串口扩展的测试：RS–232 串口输出电压±12V 之间变化，RS–485 串口输出电压约–4～4V 之间变化；IRGI–B 码扩展的测试：输入指示灯和前面板指示灯均连续闪烁，每秒含 100 个脉冲输出，电压约–2～1V 之间变化。

（4）光纤产品的测试方法。光纤发送装置的输入必须为差分信号，光纤发送和接收一一对应，光纤接收装置的输出为差分信号。

（5）网络口的测试方法。ping IP 地址，看黄色指示灯为常亮，网络连通。

【思考和练习】

1. GPS 授时的方式有哪几种？

2. GPS 授时的信号类型有哪几种？

3. 如何判别 GPS 授时设备是否工作正常？

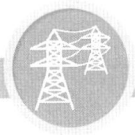

第四部分

电测仪器仪表的检定、调修

第十九章

交、直流仪表的检定、校准、检测

▲ 模块1 电流表的检定、校准、检测（ZY2100701001）

【模块描述】本模块介绍电流表检定、校准、检测方法。通过流程介绍和要点归纳，掌握电流表的检定、校准、检测的内容、危险点控制措施及准备工作、步骤、结果处理和注意事项。

【模块内容】

一、检定、校准、检测的目的及内容

电流表是测量电流的专用仪表，电流表的误差在使用中会直接影响测量的准确性。为保证电流测量的准确、可靠，按 JJG 124—2005《电流表、电压表、功率表及电阻表》及 DL/T 1473—2016《电测量指示仪表检验规程》规定，应在规定时间周期内，对电流表进行检定、校准、检测。其主要内容是使用标准装置对电流表的误差进行检定、校准、检测。

二、危险点分析及控制措施

由于本模块检定、校准、检测过程中需要通电进行，安全工作要求主要参照《国家电网公司电力安全工作规程》有关规定执行。这里主要强调，为了防止在检定、校准、检测过程中电流回路开路，必须认真检查接线，连接导线应有良好绝缘。

三、检定、校准、检测的准备工作

（一）环境条件

（1）被检定、校准、检测电流表置于参比环境条件中，应有足够的时间（通常为2h），以消除温度梯度的影响。除制造厂另有规定外，不需要预热。

（2）有关影响量的标准条件和允许偏差见表19-1-1。

表 19-1-1　　　　　　　　　　　有关影响量的标准条件和允许偏差

影响量	标准条件	允许偏差	
		准确度等级等于和小于 0.2	准确度等级等于和大于 0.5
环境温度（℃）	20	±2	±5
相对湿度（%）	40～60	40～60	40～80
直流被测量的纹波	纹波含量为零	纹波含量 1%	纹波含量 3%

（二）标准装置

（1）标准装置应具有有效期内的检定证书或校准证书。

（2）标准装置输出（测量）范围应在被检定、校准、检测电流表测量上限 1～1.25 倍范围内。

（3）标准装置由标准器、辅助设备及环境条件等所引起的测量扩展不确定度（k 取 2）应小于被检定、校准、检测电流表最大允许误差的 1/3。

（4）供电电源在 30s 内稳定度不应低于被检定、校准、检测电流表最大允许误差的 1/10。

（5）标准装置中的调节设备，应保证由零调至被检定、校准、检测电流表上限，且平稳而连续调至被检定、校准、检测电流表的任何一个分度线，调节细度不应低于被检定、校准、检测电流表最大允许误差的 1/10。标准表应有足够的标度分辨力（或数字位数），使读数的数值分辨率等于或优于被检定、校准、检测电流表准确度等级的 1/10。

（6）标准装置应有良好的屏蔽和接地，以避免外界干扰。

四、检定、校准、检测的步骤

（1）外观检查。被检定、校准、检测电流表应有明显的标志和符号，且符合国家标准有关规定。

（2）绝缘电阻测定。在被检定、校准、检测电流表的所有测量端与外壳的参考"地"之间加 500V 直流电压，测得的绝缘电阻不应低于 5MΩ。

（3）标准装置检查。检查标准装置电源设置开关位置，应与选择的仪器电源方式匹配，各个旋钮位置正确，无松动、无接触不良；无电流回路开路情况发生。

（4）标准装置预热。接通电源，预热标准装置 30min。

（5）测试线检查。测试导线应绝缘良好，无破损。

（6）接线。将被检定、校准、检测电流表的测量端钮与标准装置电流输出端相连接，所有端钮与导线连接应紧密、牢固。接线如图 19-1-1 所示。

图 19-1-1 检定、校准、检测电流表的接线图

（7）对被检定、校准、检测电流表进行基本误差、升降变差、偏离零位、位置影响的检定、校准、检测，并记录数据。

（8）检定、校准、检测结束，将标准装置输出复位，关闭电源，拆除测试线。

五、检定、校准、检测结果处理

（1）基本误差计算式如下

$$\gamma = \frac{X - X_0}{X_N} \times 100\% \qquad (19\text{-}1\text{-}1)$$

式中　X——被检定、校准、检测电流表的指示值；

　　　X_0——被测量的实际值；

　　　X_N——引用值。

（2）升降变差计算式如下

$$\gamma = \frac{|X_{01} - X_{02}|}{X_N} \times 100\% \qquad (19\text{-}1\text{-}2)$$

式中　X_{01}——被测量上升的实际值；

　　　X_{02}——被测量下降的实际值。

（3）误差处理：对检定、校准、检测的数据进行修约化整处理，并出具检定、校准证书或检测报告。原始记录填写应用签字笔或钢笔书写，不得任意修改。对数据进行计算，检定合格的表贴合格证，校准、检测的可贴计量确认标识。检定不合格的表贴禁用标签。

六、检定、校准、检测的注意事项

（1）检定、校准、检测公用一个标度尺的多量程电流表基本误差时，只对其中某个量程（称全检定、校准、检测量程）的测量范围内带数字的分度线进行检定、校准、检测，而其余量程（称非全检定、校准、检测量程）只检定、校准、检测量程上限和可以判定最大误差的分度线。全检定、校准、检测量程一般选取常用量程。

（2）检定、校准、检测升降变差时，应在一个方向平稳地先上升后下降。

（3）偏离零位试验又称断电回零试验，仅针对在标度尺上有零分度线的被检定、校准、检测电流表。

（4）对没有装水准器，且有位置标志的电流表进行位置影响检定、校准、检测时，误差改变量不应超过最大允许误差的 50%；对无位置标志的被检定、校准、检测电流表，误差改变量不应超过最大允许误差的 100%。

（5）最大基本误差、最大升降变差均应在所有量程中找出。

（6）接线过程中，严禁电流回路开路。

【思考与练习】

1. 电流表检定、校准、检测时，有哪些注意事项？画出接线图。

2. 选择标准装置需注意哪些项目？

3. 为什么标准装置输出（测量）范围应在被检定、校准、检测电流表测量上限 1～1.25 倍范围内？

▲ 模块 2　电压表的检定、校准、检测（ZY2100701002）

【模块描述】本模块介绍电压表检定、校准、检测方法。通过流程介绍和要点归纳，掌握电压表的检定、校准、检测的内容、危险点控制措施及准备工作、步骤、结果处理和注意事项。

【模块内容】

一、检定、校准、检测的目的及内容

电压表是测量电压的专用仪表，电压表的误差在使用中会直接影响测量的准确性。为保证电压测量的准确、可靠，按 JJG 124—2005 及 DL/T 1473—2016 规定，应在规定时间周期内，对电压表进行检定、校准、检测。其主要内容是使用标准装置对电压表的误差进行检定、校准、检测。

二、危险点分析及控制措施

由于本模块检定、校准、检测过程中需要通电进行，安全工作要求主要参照《国家电网公司电力安全工作规程》有关规定执行。这里主要强调，为了防止在检定、校准、检测过程中电压回路短路或接地，必须认真检查接线，连接导线应有良好绝缘。

三、检定、校准、检测的准备工作

（一）环境条件

（1）被检定、校准、检测电压表置于参比环境条件中，应有足够的时间（通常为 2h），以消除温度梯度的影响。除制造厂另有规定外，不需要预热。

（2）有关影响量的标准条件和允许偏差，见表 19–1–1。

（二）标准装置

（1）标准装置应具有有效期内的检定证书或校准证书。

（2）标准装置输出（测量）范围应在被检定、校准、检测电压表测量上限 1～1.25 倍范围内。

（3）标准装置由标准器、辅助设备及环境条件等所引起的测量扩展不确定度（k 取 2）应小于被检定、校准、检测电压表最大允许误差的 1/3。

（4）供电电源在 30s 内稳定度应不低于被检定、校准、检测电压表最大允许误差的 1/10。

（5）标准装置中的调节设备，应保证由零调至被检定、校准、检测电压表上限，且平稳而连续调至被检定、校准、检测电压表的任何一个分度线，调节细度应不低于被检定、校准、检测电压表最大允许误差的 1/10。标准表应有足够的标度分辨力（或数字位数），使读数的数值分辨率等于或优于被检定、校准、检测电压表准确度等级的 1/10。

（6）标准装置应有良好的屏蔽和接地，以避免外界干扰。

四、检定、校准、检测的步骤

（1）外观检查。被检定、校准、检测电压表应有明显的标志和符号，且符合国家标准有关规定。

（2）绝缘电阻测定。在被检定、校准、检测电压表的所有测量端与外壳的参考"地"之间加 500V 直流电压，绝缘电阻值不应小于 5MΩ。

（3）标准装置检查。检查标准装置电源设置开关位置，应与选择的仪器电源方式匹配，各个旋钮位置正确，无松动、无接触不良；无电压回路短路或接地情况发生。

（4）标准装置预热。接通电源，预热标准装置 30min。

（5）测试线检查。测试导线应绝缘良好，无破损。

（6）接线。将被检定、校准、检测电压表的测量端钮与标准装置电压输出端相连接，所有端钮与导线连接应紧密、牢固。接线如图 19-2-1 所示。

图 19-2-1　检定、校准、检测电压表的接线图

（7）对被检定、校准、检测电压表进行基本误差、升降变差、偏离零位、位置影响和阻尼的检定、校准、检测，并记录数据。

（8）检定、校准、检测结束，将标准装置输出复位，关闭电源，拆除接线。

五、检定、校准、检测结果处理

详见 ZY2100701001 中的五、。

六、检定、校准、检测的注意事项

（1）检定、校准、检测公用一个标度尺的多量程电压表基本误差时，只对其中某个量程（称全检定、校准、检测量程）的测量范围内带数字的分度线进行检定、校准、检测，而其余量程（称非全检定、校准、检测量程）只检定、校准、检测量程上限和可以判定最大误差的分度线。全检定、校准、检测量程一般选取常用量程。

（2）检定、校准、检测升降变差时，应在一个方向平稳地先上升后下降。

（3）偏离零位试验又称断电回零试验，仅针对在标度尺上有零分度线的被检定、校准、检测电压表。

（4）对没有装水准器，且有位置标志的电压表进行位置影响检定、校准、检测时，误差改变量不应超过最大允许误差的 50%；对无位置标志的被检定、校准、检测电压表，误差改变量不应超过最大允许误差的 100%。

（5）检定、校准、检测阻尼时，指示器偏转应在标度尺长的 2/3 处。

（6）最大基本误差、最大升降变差均应在所有量程中找出。

（7）接线过程中，严禁电压回路短路或接地。

【思考与练习】

1. 简述电压表的检定、校准、检测步骤。画出接线图。

2. 如何选择全检定、校准、检测量程？

3. 对电压表进行检定前是否需要预热？

◢ 模块 3 功率表的检定、校准、检测（ZY2100701003）

【模块描述】 本模块介绍功率表检定、校准、检测方法。通过流程介绍和要点归纳，掌握功率表的检定、校准、检测的内容、危险点控制措施及准备工作、步骤、结果处理和注意事项。

【模块内容】

一、检定、校准、检测的目的及内容

功率表是测量功率的专用仪表，功率表的误差在使用中会直接影响测量的准确性。为保证功率测量的准确、可靠，按 JJG 124—2005 及 DL/T 1473—2016 规定，应在规定时间周期内，对功率表进行检定、校准、检测。其主要内容是使用标准装置对功率表的误差进行检定、校准、检测。

二、危险点分析及控制措施

由于本模块检定、校准、检测过程中需要通电进行，安全工作要求主要参照《国家电网公司电力安全工作规程》有关规定执行。这里主要强调，为了防止在检定、校准、检测过程中电流回路开路、电压回路短路或接地，必须认真检查接线，连接导线应有良好绝缘。

三、检定、校准、检测的准备工作

环境条件与标准装置详见 ZY2100701002 中的三、。

四、检定、校准、检测的步骤

（1）外观检查。被检定、校准、检测功率表应有明显的标志和符号，且符合国家标准有关规定。

（2）绝缘电阻测定。在被检定、校准、检测功率表的所有测量端与外壳的参考"地"之间加 500V 直流电压，历时 1min，绝缘电阻值不应小于 5MΩ。

（3）标准装置检查。检查标准装置电源设置开关位置，应与选择的仪器电源方式匹配，各个旋钮位置正确，无松动、无接触不良；无电流回路开路、电压回路短路或接地情况发生。

（4）标准装置预热。接通电源，预热标准装置 30min。

（5）测试线检查。测试导线应绝缘良好，无破损。

（6）接线。将被检定、校准、检测功率表的电压、电流测量端钮分别与标准装置电压、电流输出端相连接，所有端钮与导线连接应紧密、牢固。接线如图 19-3-1 所示。

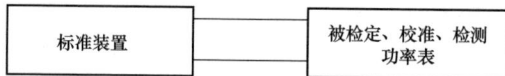

图 19-3-1 检定、校准、检测功率表的接线图

（7）对被检定、校准、检测功率表进行基本误差、升降变差、功率因数影响、偏离零位、位置影响和阻尼的检定、校准、检测，并记录数据。

（8）检定、校准、检测结束，将标准装置输出复位，关闭电源，拆除接线。

五、检定、校准、检测结果处理

（1）基本误差见式（19-1-1）。

（2）升降变差见式（19-1-2）。

（3）功率因数引起的改变量

$$\gamma = \frac{|X_{02} - X_{01}|}{X_N} \times 100\% \qquad (19-3-1)$$

式中　X_{02}——功率因数 0.5 感性或 0.5 容性时，被测量的实际值；

　　　X_{01}——功率因数 1.0 时，被测量的实际值。

（4）误差处理：对检定、校准、检测的数据进行修约化整处理，并出具检定、校准证书或检测报告。原始记录填写应用签字笔或钢笔书写，不得任意修改。对数据进行计算，检定合格的功率表贴合格证，校准、检测的可贴计量确认标识。检定不合格的功率表贴禁用标签。

六、检定、校准、检测的注意事项

（1）检定、校准、检测公用一个标度尺的多量程功率表基本误差时，只对其中某个量程（称全检定、校准、检测量程）的测量范围内带数字的分度线进行检定、校准、检测，而其余量程（称非全检定、校准、检测量程）只检定、校准、检测量程上限和可以判定最大误差的分度线。全检定、校准、检测量程一般选取常用量程。

（2）检定、校准、检测升降变差时，应在一个方向平稳地先上升后下降。

（3）当被检定、校准、检测功率表测量范围中心无分度线时，选择小于测量范围中心的刻度线进行检定、校准、检测功率因数影响。

（4）偏离零位试验又称断电回零试验，仅针对在标度尺上有零分度线的被检定、校准、检测功率表。

（5）需进行只有电压回路通电，指示器偏离零分度线的试验，其改变量不应超过最大允许误差的 100%。

（6）对没有装水准器，且有位置标志的功率表进行位置影响检定、校准、检测时，误差改变量不应超过最大允许误差的 50%；对无位置标志的被检定、校准、检测功率表，误差改变量不应超过最大允许误差的 100%。

（7）检定、校准、检测阻尼时，指示器偏转应在标度尺长的 2/3 处。

（8）最大基本误差、最大升降变差均应在所有量程中找出。

（9）功率因数引起的改变量应选取 0.5 感性和 0.5 容性两种情况下的最大值。

【思考与练习】

1. 检定、校准、检测升降变差有哪些注意事项？

2. 简述影响"功率"测值的影响因数。

3. 绘出用三相法检验二元件三相有功功率表的接线图及向量图。

◢ 模块 4　电阻表的检定、校准、检测（ZY2100701004）

【模块描述】本模块介绍电阻表检定、校准、检测方法。通过流程介绍和要点归纳，掌握电阻表的检定、校准、检测的内容及准备工作、步骤、结果处理和注意事项。

【模块内容】

一、检定、校准、检测的目的及内容

电阻表是测量电阻的专用仪表，电阻表的误差在使用中会直接影响测量的准确性。为保证电阻测量的准确、可靠，按 JJG 124—2005 及 DL/T 1473—2016 规定，应在规定时间周期内，对电阻表进行检定、校准、检测。其主要内容是使用标准装置对电阻表的误差进行检定、校准、检测。

二、检定、校准、检测的准备工作

（一）环境条件

（1）被检定、校准、检测电阻表置于参比环境条件中，应有足够的时间（通常为2h），以消除温度梯度的影响。

（2）有关影响量的标准条件和允许偏差，见表19-1-1。

（二）标准装置

（1）标准装置应具有有效期内的检定证书或校准证书。

（2）标准装置输出范围应在被检定、校准、检测电阻表测量上限1～1.25倍范围内。

（3）标准装置由标准器、辅助设备及环境条件等所引起的测量扩展不确定度（k取2）应小于被检定、校准、检测电阻表最大允许误差的1/3。

（4）标准装置应可以由零调至被检定、校准、检测电阻表上限，且平稳而连续调至被检定、校准、检测电阻表的任何一个分度线，调节细度应不低于被检定、校准、检测电阻表最大允许误差的1/10。并且有足够的标度分辨力，使读数的数值分辨率等于或优于被检定、校准、检测电阻表准确度等级的1/10。

（5）标准装置应有良好的屏蔽和接地，以避免外界干扰。

三、检定、校准、检测的步骤

（1）外观检查。被检定、校准、检测电阻表应有明显的标志和符号，且符合国家标准有关规定。

（2）绝缘电阻测定。在被检定、校准、检测电阻表的所有测量端与外壳的参考"地"之间加500V直流电压，历时1min，绝缘电阻值不应小于5MΩ。

（3）标准装置检查。检查标准装置电源设置开关位置，应与选择的仪器电源方式匹配，各个旋钮位置正确，无松动、无接触不良。

（4）测试线检查。测试导线应绝缘良好，无破损。

（5）接线。将被检定、校准、检测电阻表测量端与标准装置电阻输出端相连接，所有端子与导线连接应紧密、牢固。接线如图19-4-1所示。

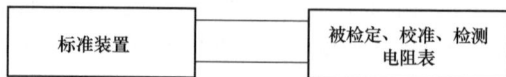

图19-4-1 检定、校准、检测电阻表的接线图

（6）依据规 JJG 124—2005 及 DL/T 1473—2016 规定对被检定、校准、检测电阻表进行基本误差、升降变差和阻尼的检定、校准、检测。并记录数据。

（7）检定、校准、检测结束，拆除接线。

四、检定、校准、检测结果处理

详见 ZY2100701001 中的四、。

五、检定、校准、检测的注意事项

（1）检定、校准、检测公用一个标度尺的多量程电阻表基本误差时，只对其中某个量程（称全检定、校准、检测量程）的测量范围内带数字的分度线进行检定、校准、检测，而其余量程（称非全检定、校准、检测量程）只检定、校准、检测带有数字分度线的中值电阻。

（2）当电阻表最小量程为 $R \times 1$（Ω）时，一般选取 $R \times 10$（Ω）为全检定、校准、检测量程。

（3）检定、校准、检测升降变差时，应在一个方向平稳地先上升后下降。

（4）对没有装水准器，且有位置标志的电阻表进行位置影响检定、校准、检测时，误差改变量不应超过最大允许误差的 50%；对无位置标志的被检定、校准、检测电阻表误差改变量不应超过最大允许误差的 100%。

（5）最大基本误差、最大升降变差均应在所有量程中找出。

【思考与练习】

1. 电阻表检定、校准、检测时，有哪些注意事项？

2. 如何选取电阻表全检定、校准、检测量程？

3. 中值电阻有什么特殊意义？

◢ 模块 5　频率表的检定、校准、检测（ZY2100701005）

【模块描述】本模块介绍频率表检定、校准、检测方法。通过流程介绍和要点归纳，掌握频率表的检定、校准、检测的内容、危险点控制措施及准备工作、步骤、结果处理和注意事项。

【模块内容】

一、检定、校准、检测的目的及内容

频率表是测量电压频率的专用仪表，频率表的误差在使用中会直接影响测量的准确性。为保证频率测量的准确、可靠，按 JJG 603—2018《频率表检定规程》规定，应在规定时间周期内，对频率表进行检定、校准、检测。其主要内容是使用标准装置对频率表的误差进行检定、校准、检测。

二、危险点分析及控制措施

详见 ZY2100701002 中的二、。

三、检定、校准、检测的准备工作

（一）环境条件

（1）被检定、校准、检测频率表置于参比环境条件中，应有足够的时间（通常为2h），以消除温度梯度的影响。除制造厂另有规定外，不需要预热。

（2）指针式频率表：环境温度取（23±2）℃；相对湿度取≤80%。如温度变化10℃，频率表允许误差降一个等级。

数字式频率表：在15~30℃内任选一点，检定期间该点温度波动不应超过±2℃。环境相对湿度≤80%

（二）标准装置

（1）标准装置应具有有效期内的检定证书或校准证书。

（2）标准装置输出（测量）范围应包含被检定、校准、检测频率表测量范围。

（3）标准装置由标准器、辅助设备及环境条件等所引起的测量误差，应比被检定、校准、检测频率表最大允许误差小一个数量级。

（4）标准装置应有良好的屏蔽和接地，以避免外界干扰。

四、检定、校准、检测的步骤

（1）外观检查。被检定、校准、检测频率表应有明显的标志和符号，且符合国家标准有关规定。

（2）标准装置检查。检查标准装置电源设置开关位置，应与选择的仪器电源方式匹配，各个旋钮位置正确，无松动、无接触不良；无电压回路短路或接地情况发生。

（3）标准装置预热。接通电源，预热标准装置30min。

（4）测试线检查。测试导线应绝缘良好，无破损。

（5）接线。将被检定、校准、检测频率表测量端钮与标准装置电压输出端相连接，所有端子与导线连接应紧密、牢固。接线如图19-5-1所示。

图 19-5-1　检定、校准、检测频率表的接线图

（6）根据被检定、校准、检测频率表型式设置标准装置工作参数。

（7）对被检定、校准、检测频率表进行测量误差、输入电压和测量范围的检定、校准、检测，并记录数据。

（8）检定、校准、检测结束，将标准装置输出复位，关闭电源，拆除接线。

五、检定、校准、检测结果处理

（1）基本误差计算式如下

$$\gamma = \frac{f_i - f_{ia}}{f_M} \times 100\% \qquad (19\text{-}5\text{-}1)$$

式中　f_i——被检定、校准、检测指针式频率表的示值；

　　　f_{ia}——标准频率值；

　　　f_M——指针式频率表的最大刻度值。

$$\gamma = \frac{\overline{f}_x - f_0}{f_0} \times 100\% \qquad (19\text{-}5\text{-}2)$$

式中　$\overline{f}_x$——被检定、校准、检测数显式频率表的 3 次测量结果示值的平均值；

　　　f_0——标准频率值。

（2）升降变差计算式如下

$$\gamma = \frac{|f_{ia} - f_{ib}|}{f_M} \times 100\% \qquad (19\text{-}5\text{-}3)$$

式中　f_{ia}——被测量上升的实际值；

　　　f_{ib}——被测量下降的实际值。

（3）误差处理：对检定、校准、检测的结果出具检定、校准证书或检测报告。原始记录填写应用签字笔或钢笔书写，不得任意修改。对数据进行计算，检定合格的频率表贴合格证，校准、检测的可贴计量确认标识。检定不合格的频率表贴禁用标签。

六、检定、校准、检测的注意事项

（1）检定、校准、检测测量范围时，标准装置选择输出电压 220V，分别选取被检定、校准、检测频率表测量范围的最大值和最小值进行。

（2）被检定、校准、检测数显式频率表不需进行升降变差试验。

（3）检定、校准、检测升降变差时，应在一个方向平稳地先上升后下降。

（4）最大基本误差、最大升降变差均应在所有量程中找出。

【思考与练习】

1. 如何进行指针式频率表的检定、校准、检测？画出接线图。

2. 如何判定最大基本误差？

3. 数显式频率表是否需进行升降变差试验？

▲ 模块 6　相位表的检定、校准、检测（ZY2100701006）

【模块描述】本模块介绍相位表检定、校准、检测方法。通过流程介绍和要点归纳，掌握相位表的检定、校准、检测的内容、危险点控制措施及准备工作、步骤、结果处理和注意事项。

【模块内容】

一、检定、校准、检测的目的及内容

相位表是测量两个交流电参量之间相位的专用仪表，相位表的误差在使用中会直接影响测量的准确性。为保证相位测量的准确、可靠，按 JJG 440—2008《工频单相相位表检定规程》规定，应在规定时间周期内，对相位表进行检定、校准、检测。其主要内容是使用标准装置对相位表的误差进行检定、校准、检测。

二、危险点分析及控制措施

详见 ZY2100701003 中的二、。

三、检定、校准、检测的准备工作

（一）环境条件

（1）被检定、校准、检测相位表置于参比环境条件中，应有足够的时间（通常为 2h），以消除温度梯度的影响。

（2）环境温度取（20±2）℃，相对湿度 40%～80%。

（二）标准装置

（1）标准装置应具有有效期内的检定证书或校准证书。

（2）标准装置输出（测量）范围应为 0°～360°。

（3）标准装置由标准器、辅助设备及环境条件等所引起的测量扩展不确定度（k 取 2）应小于被检定、校准、检测相位表最大允许误差的 1/3。

（4）供电电源在 30s 内稳定度应不低于被检定、校准、检测相位表最大允许误差的 1/10。

（5）标准装置中的调节设备应保证由零调至被检定、校准、检测相位表上限，且平稳而连续调至被检定、校准、检测相位表的任何一个分度线，调节细度应不低于被检定、校准、检测相位表最大允许误差的 1/10。标准表应有足够的标度分辨力（或数字位数），使读数的数值分辨率等于或优于被检定、校准、检测相位表准确度等级的 1/10。

（6）标准装置应有良好的屏蔽和接地，以避免外界干扰。

四、检定、校准、检测的步骤

（1）外观检查。被检定、校准、检测相位表应有明显的标志和符号，且符合国家标准有关规定。

（2）绝缘电阻测定。在被检定、校准、检测相位表的所有测量端与外壳的参考"地"之间加 500V 直流电压，历时 1min，绝缘电阻值不应小于 5MΩ。

（3）标准装置检查。检查标准装置电源设置开关位置，应与选择的仪器电源方式匹配，各个旋钮位置正确，无松动、无接触不良；无电流回路开路、电压回路短路或接地情况发生。

（4）标准装置预热。接通电源，预热标准装置 30min。

（5）测试线检查。测试导线应绝缘良好，无破损。

（6）接线。将被检定、校准、检测相位表的电压、电流测量端钮分别与标准装置电压、电流输出端相连接，所有端子与导线连接应紧密、牢固。接线如图 19-6-1 所示。

图 19-6-1　检定、校准、检测相位表的接线图

（7）被检定、校准、检测相位表进行基本误差、升降变差、非额定负荷影响、阻尼、极性和频率影响的检定、校准、检测，并记录数据。

（8）检定、校准、检测结束，将标准装置输出复位，关闭电源，拆除接线。

五、检定、校准、检测结果处理

（1）基本误差计算式如下

$$\gamma = \frac{\varphi_{X} - \varphi_{0}}{\varphi_{N}} \times 100\% \qquad (19-6-1)$$

式中　φ_{X} ——被检定、校准、检测相位表的示值；

φ_{0} ——标准相位值；

φ_{N} ——基准值，取值 90°。

（2）升降变差计算式如下

$$\gamma = \frac{|\varphi_{01} - \varphi_{02}|}{\varphi_{N}} \times 100\% \qquad (19-6-2)$$

式中　φ_{01} ——被测量上升的实际值；

φ_{02} ——被测量下降的实际值。

（3）误差处理：检定、校准、检测的结果应出具检定、校准证书或检测报告。原始记录填写应用签字笔或钢笔书写，不得任意修改。对数据进行计算，检定合格的相位表贴合格证，校准、检测的可贴计量确认标识。检定不合格的相位表贴禁用标签。

六、检定、校准、检测的注意事项

（1）有调零器的相位表应在预热前将指示器调至零位，在检定、校准、检测过程中不允许重新调整零位。

（2）检定、校准、检测倾斜影响时，对有机械零位的相位表不通电，对无机械零位的相位表通以额定电压和40%的额定电流。

（3）检定、校准、检测升降变差时，应在一个方向平稳地先上升后下降。

（4）检定、校准、检测非额定负荷影响的基本误差、升降变差均不应超过被检定、校准、检测相位表最大允许误差的100%。

（5）检定、校准、检测阻尼时，指示器偏转应在标度尺长的2/3处。

（6）最大基本误差、最大升降变差均应在所有量程中找出。

【思考与练习】

1. 简述非额定负荷影响的检定、校准、检测。

2. 对有机械零位的相位表如何进行检定、校准、检测？

3. 进行相位表检定、校准、检测时，其误差分析时的基准值取多少？

▲ 模块 7 整步表的检定、校准、检测（ZY2100701007）

【模块描述】 本模块介绍整步表检定、校准、检测方法。通过流程介绍和要点归纳，掌握整步表的检定、校准、检测的内容、危险点控制措施及准备工作、步骤、结果处理和注意事项。

【模块内容】

一、检定、校准、检测的目的及内容

整步表是监测调整待并机组与电网两侧电压差、频率差、相位差同步时并车（并网）的重要仪器。整步表的误差在运行中会直接影响并车（并网）的准确性。为保证整步表测量的准确、可靠，按 DL/T 1473—2016 规定，应在规定时间周期内，对整步表进行检定、校准、检测。其主要内容是使用标准装置对整步表的误差进行检定、校准、检测。

二、危险点分析及控制措施

详见 ZY2100701002 中的二、。

三、检定、校准、检测的准备工作

（一）环境条件

（1）被检定、校准、检测整步表置于参比环境条件中，应有足够的时间（通常为2h），以消除温度梯度的影响。除制造厂另有规定外，不需要预热。

（2）有关影响量的标准条件和允许偏差见表19-1-1。

（二）标准装置

（1）标准装置应具有有效期内的检定证书或校准证书。

（2）标准装置由标准器、辅助设备及环境条件等所引起的测量扩展不确定度（k

取 2）应小于被检定、校准、检测整步表最大允许误差的 1/3。

（3）供电电源在 30s 内稳定度应不低于被检定、校准、检测整步表最大允许误差的 1/10。

（4）标准装置应有良好的屏蔽和接地，以避免外界干扰。

四、检定、校准、检测的步骤

（1）外观检查。被检定、校准、检测整步表应有明显的标志和符号，且符合国家标准有关规定。

（2）绝缘电阻测定。在被检定、校准、检测整步表的所有测量端与外壳的参考"地"之间加 500V 直流电压，历时 1min，绝缘电阻值不应小于 5MΩ。

（3）标准装置检查。检查标准装置电源设置开关位置，应与选择的仪器电源方式匹配，各个旋钮位置正确，无松动、无接触不良；无电流回路开路、电压回路短路或接地情况发生。

（4）标准装置预热。接通电源，预热标准装置 30min。

（5）测试线检查。测试导线应绝缘良好，无破损。

（6）接线。将被检定、校准、检测整步表测量端钮与标准装置输出端相连接，所有端钮与导线连接应紧密、牢固。接线如图 19-7-1 所示。

图 19-7-1　检定、校准、检测整步表的接线图

（7）对被检定、校准、检测整步表进行基本误差（同步点）、倾斜影响、变差或转动灵活性、快慢方向、指示器转速均匀性、稳定性和灵敏度和电压特性的检定、校准、检测，并记录数据。

（8）检定、校准、检测结束，将标准装置输出复位，关闭电源，拆除接线。

五、检定、校准、检测结果处理

对检定、校准、检测结果进行分析并出具检定、校准证书或检测报告。原始记录填写应用签字笔或钢笔书写，不得任意修改。对数据进行计算，检定合格的整步表贴合格证，校准、检测的可贴计量确认标识。检定不合格的整部表贴禁用标签。

六、检定、校准、检测的注意事项

（1）检定、校准、检测基本误差时，指针与同步标志中线的夹角不大于 2.5°。

（2）被检定、校准、检测整步表的变差不应大于 2.5°。

（3）检定、校准、检测电压特性时，指示器读数变化不应超过 ±2.5°。

（4）为保证检定、校准、检测准确性，在检定、校准、检测过程中，需严格按照

DL/T 1473—2016 中规定进行接线。

【思考与练习】

1. 整步表有何用途?

2. 简述检定、校准、检测整步表的步骤。

3. 检定、校准、检测整步表时接线时应注意什么? 画出检定接线图。

第二十章

万用表、钳形表的检定、校准、检测

▲ 模块 1 万用表的检定、校准、检测（ZY2100701008）

【模块描述】本模块介绍万用表检定、校准、检测方法。通过流程介绍和要点归纳，掌握万用表的检定、校准、检测的内容、危险点控制措施及准备工作、步骤、结果处理和注意事项。

【模块内容】

一、检定、校准、检测的目的及内容

万用表是测量电压、电流、电阻的多功能组合仪表，万用表的误差在使用中会直接影响测量的准确性。为保证电压、电流、电阻测量的准确、可靠，按 JJG 124—2005 及 DL/T 1473—2016 规定，应在规定时间周期内，对万用表进行检定、校准、检测。其主要内容是使用标准装置对万用表的误差进行检定、校准、检测。

二、危险点分析及控制措施

详见 ZY2100701003 中的二、。

三、检定、校准、检测的准备工作

详见 ZY2100701002 中的三、。

四、检定、校准、检测的步骤

（1）外观检查。被检定、校准、检测万用表应应有明显的标志和符号，且符合国家标准有关规定。

（2）绝缘电阻测定。在被检定、校准、检测万用表的所有测量端与外壳的参考"地"之间加 500V 直流电压，历时 1min，绝缘电阻值不应小于 5MΩ。

（3）标准装置检查。检查标准装置电源设置开关位置，应与选择的仪器电源方式匹配，各个旋钮位置正确，无松动、无接触不良；无电流回路开路、电压回路短路或接地情况发生。

（4）标准装置预热。接通电源，预热标准装置 30min。

（5）测试线检查。测试导线应绝缘良好，无破损。

（6）接线。将被检定、校准、检测万用表的测量端钮分别与标准装置的输出端相连接，所有端钮与导线连接应紧密、牢固。接线如图 20-1-1 所示。

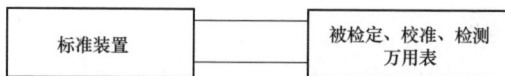

图 20-1-1 检定、校准、检测万用表的接线图

（7）根据被检定、校准、检测万用表型式设置标准装置工作参数。

（8）对被检定、校准、检测万用表的电压、电流、电阻分别进行基本误差、升降变差、偏离零位、位置影响和阻尼的检定、校准、检测，并记录数据。

（9）检定、校准、检测结束，将标准装置输出复位，关闭电源，拆除接线。

五、检定、校准、检测结果处理

详见 ZY2100701001 中的五、。

六、检定、校准、检测注意事项

（1）凡公用一个标度尺的交直流电压、电流量程，只对其中某个量程（称全检定、校准、检测量程）的测量范围内带数字的分度线进行检定、校准、检测，而其余量程（称非全检定、校准、检测量程）只检量程上限和可以判定最大误差的分度线。全检定、校准、检测量程一般选取常用量程。

（2）检定、校准、检测电阻基本误差时，对其中一个量程的带数字分度线进行全部检定、校准、检测；其他量程可只检定、校准、检测几何中心分度线和可以判断为最大误差的分度线。

（3）被检定、校准、检测万用电表有蜂鸣器时，应将旋钮置于蜂鸣器使用位置，电路短路后，应听到正常的蜂鸣声（若说明书另有说明，应按说明书进行）。

（4）被检定、校准、检测万用电表附有自动断路器时，应通以规定倍数的过负荷电流，检验断路器是否能可靠动作。

（5）万用电表的分贝标度尺，一般可不进行检定、校准、检测。但应把与分贝量程对应的交流电压量程（分贝量程的零分贝分度线与该电压量程的 0.775V 分度线相对应）的全部带数字的分度线进行检定、校准、检测。

（6）检定、校准、检测升降变差时，应在一个方向平稳地先上升后下降。

（7）偏离零位试验又称断电回零试验。仅针对在标度尺上有零分度线的被检定、校准、检测万用表。

（8）对没有装水准器，且有位置标志的万用表进行位置影响检定、校准、检测时，误差改变量不应超过最大允许误差的 50%；对无位置标志的被检定、校准、检测万用表，误差改变量不应超过最大允许误差的 100%。

（9）检定、校准、检测阻尼时，指示器偏转应在标度尺长的 2/3 处。

（10）最大基本误差、最大升降变差均应在所有量程中找出。

【思考与练习】

1. 简述检定、校准、检测万用表电阻量程的基本误差。

2. 试述万用表的用途。

3. 指针式万用表的校准工作中，最常见的工作是什么？

◢ 模块 2　钳形表的检定、校准、检测（ZY2100701009）

【模块描述】本模块介绍钳形表检定、校准、检测方法。通过流程介绍和要点归纳，掌握钳形表的检定、校准、检测的内容、危险点控制措施及准备工作、步骤、结果处理和注意事项。

【模块内容】

一、检定、校准、检测的目的及内容

钳形表是测量电压、电流、电阻的多功能专用仪表，它与万用表不同，能直接测量 20～1000A 的大电流。钳形表的误差在使用中会直接影响测量的准确性。为保证电压、电流、电阻测量的准确、可靠，按 JJG 124—2005、DL/T 1473—2016 及 JJF 1075—2015《钳形电流表校准规范》规定，应在规定时间周期内，对钳形表进行检定、校准、检测。其主要内容是使用标准装置对钳形表的误差进行检定、校准、检测。

二、危险点分析及控制措施

详见 ZY2100701003 中的二、。

三、检定、校准、检测的准备工作

1. 环境条件

（1）被检定、校准、检测钳形表置于参比环境条件中，应有足够的时间（通常为 2h），以消除温度梯度的影响。除制造厂另有规定外，不需要预热。

（2）有关影响量的标准条件和允许偏差见表 19–1–1。

2. 标准装置

（1）标准装置应具有有效期内的检定证书或校准证书。

（2）标准装置输出（测量）范围应在被检定、校准、检测钳形表测量上限 1～1.25 倍范围内。

（3）标准装置由标准器、辅助设备及环境条件等所引起的测量扩展不确定度（k 取 2）应小于被检定、校准、检测钳形表最大允许误差的 1/4，分辨力一般不超过被校表允许误差绝对值的 1/10。

（4）供电电源在 30s 内稳定度应不低于被检定、校准、检测钳形表最大允许误差的 1/10。

（5）标准装置中的调节设备应保证由零调至被检定、校准、检测钳形表上限，且平稳而连续调至被检定、校准、检测钳形表的任何一个分度线，调节细度应不低于被检定、校准、检测钳形表最大允许误差的 1/10。标准表应有足够的标度分辨力（或数字位数），使读数的数值分辨率等于或优于被检定、校准、检测钳形表准确度等级的 1/10。

（6）标准装置应有良好的屏蔽和接地，以避免外界干扰。

四、检定、校准、检测的步骤

（1）外观检查。被检定、校准、检测钳形表应有明显的标志和符号，且符合国家标准有关规定。

（2）绝缘电阻测定。在被检定、校准、检测钳形表的所有测量端与外壳的参考"地"之间加 500V 直流电压，历时 1min，绝缘电阻值不应小于 5MΩ。

（3）标准装置检查。检查标准装置电源设置开关位置，应与选择的仪器电源方式匹配，各个旋钮位置正确，无松动、无接触不良；无电流回路开路、电压回路短路或接地情况发生。

（4）标准装置预热。接通电源，预热标准装置 30min。

（5）测试线检查。测试导线应绝缘良好，无破损。

（6）接线。将被检定、校准、检测钳形表的测量端钮分别与标准装置的输出端相连接，所有端钮与导线连接应紧密、牢固。接线如图 20-2-1 所示。

图 20-2-1　检定、校准、检测钳形表的接线图

（7）根据被检定、校准、检测钳形表型式设置标准装置工作参数。

（8）对被检定、校准、检测钳形表的电压、电流、相位、有功功率、无功功率分别进行基本误差、升降变差、偏离零位、位置影响、阻尼、分辨和显示能力的检定、校准、检测，并记录数据。

（9）检定、校准、检测结束，将标准装置输出复位，关闭电源，拆除接线。

五、检定、校准、检测结果处理

详见 ZY2100701001 中的五、。

六、检定、校准、检测的注意事项

（1）检定、校准、检测时，钳口铁芯端面上的脏物应擦去，并保证两端面接触良好。

（2）检定、校准、检测钳形表电流时，测试导线应置于钳口中心位置，并于铁芯窗口平面垂直。

（3）指针式钳形表公用一个标度尺的交直流电压、电流量程，只对其中某个量程（称全检定、校准、检测量程）的测量范围内带数字的分度线进行检定、校准、检测，而其余量程（称非全检定、校准、检测量程）只检量程上限和可以判定最大误差的分度线。全检定、校准、检测量程一般选取常用量程。

（4）检定、校准、检测数字式钳形表基本误差时，选取准确度最高的量程为全检定、校准、检测量程，均匀的选取不少于 5 个检定、校准、检测点。

（5）检定、校准、检测指针式钳形表基本误差时，对其中一个量程的带数字分度线进行全部检定、校准、检测；其他量程可只检定、校准、检测几何中心分度线和可以判断为最大误差的分度线。

（6）检定、校准、检测升降变差时，应在一个方向平稳地先上升后下降。

（7）偏离零位试验又称断电回零试验。仅针对在标度尺上有零分度线的被检定、校准、检测钳形表。

（8）对没有装水准器，且有位置标志的钳形表进行位置影响检定、校准、检测时，误差改变量不应超过最大允许误差的 50%；对无位置标志的被检定、校准、检测钳形表，误差改变量不应超过最大允许误差的 100%。

（9）检定、校准、检测阻尼时，指示器偏转应在标度尺长的 2/3 处。

（10）升降变差、偏离零位、位置影响和阻尼的检定、校准、检测针对指针式钳形表。

（11）数字式钳形表应作分辨力、显示能力的检定、校准、检测。

（12）最大基本误差、最大升降变差均应在所有量程中找出。

【思考与练习】

1. 简述数字式钳形表分辨力的检定、校准、检测。

2. 简述数字式钳形表显示能力的检定、校准、检测。

3. 试分析钳口铁芯两个断面正对程度对钳形表测量精度的影响？

第二十一章

电压监测仪的校准、检测

▲ 模块　电压监测仪的校准、检测（ZY2100702001）

【模块描述】本模块介绍电压监测仪校准、检测方法。通过流程介绍和要点归纳，掌握电压监测仪的校准、检测的内容、危险点控制措施及准备工作、步骤、结果处理和注意事项。

【模块内容】

一、校准、检测的目的及内容

电压监测仪是连续监测和统计电网正常运行状态缓慢变化所引起的电压偏差的仪器或仪表。电压监测仪的误差在使用中会直接影响电压监测和统计的准确性。为保证电压测量的准确、可靠，按 DL 500—2017《电压监测仪订货技术条件》规定，应在规定时间周期内，对电压监测仪进行校准、检测。其主要内容是使用标准装置对电压监测仪的误差进行校准、检测。

二、危险点分析及控制措施

由于本模块校准、检测过程中需要通电进行，安全工作要求主要参照《国家电网公司电力安全工作规程》有关规定执行。这里主要强调，为了防止在校准、检测过程中电压回路短路或接地，必须认真检查接线，连接导线应有良好绝缘。

三、校准、检测的准备工作

（一）环境条件

环境温度应为 5～40℃，环境相对湿度应为 20%～90%。

（二）标准装置

标准装置详见 ZY2100701002 的三、中（二）。

四、校准、检测的步骤

（1）外观检查。被校准、检测电压监测仪应应有明显的标志和符号，且符合国家标准有关规定。

（2）绝缘电阻测定。在被校准、检测电压监测仪的所有测量端与外壳的参考

"地"之间加 500V 直流电压，历时 1min，绝缘电阻值不应小于 5MΩ。

（3）泄漏电流。在被校准、检测电压监测仪的电源电压端与外壳之间加额定电压的 110%，泄漏电流应小于 3.5mA。

（4）标准装置检查。检查标准装置电源设置开关位置，应与选择的仪器电源方式匹配，各个旋钮位置正确，无松动、无接触不良；无电压回路短路或接地情况发生。

（5）标准装置预热。接通电源，预热标准装置和被校准、检测电压监测仪 30min。

（6）测试线检查。测试导线应绝缘良好，无破损。

（7）接线。将被校准、检测电压监测仪的电压测量端钮分别与标准装置电压输出端相连接，所有端钮与导线连接应紧密、牢固。接线如图 21-0-1 所示。

图 21-0-1　校准、检测电压监测仪的接线图

（8）根据被校准、检测电压监测仪型式设置标准装置工作参数。

（9）对被校准、检测电压监测仪进行基本功能检验、精度试验、环境试验和可靠性试验的校准、检测，并记录数据。

（10）校准、检测结束，将标准装置输出复位，关闭电源，拆除接线。

（11）对数据进行计算。

五、校准、检测结果处理

（1）整定电压值基本误差计算式如下

$$\gamma = \frac{U_q - U_b}{U_b} \times 100\% \qquad (21-0-1)$$

式中　U_q——启动电压；

　　　U_b——整定电压。

（2）灵敏度计算式如下

$$\kappa = \frac{|U_q - U_f|}{U_q} \times 100\% \qquad (21-0-2)$$

式中　U_f——返回电压。

（3）误差处理：对校准、检测的数据应进行修约化整处理并出具校准证书或检测报告。原始记录填写应用签字笔或钢笔书写，不得任意修改。检定合格的电压监测仪贴合格证，校准、检测的可贴计量确认标识。检定不合格的电压监测仪贴禁用标签。

六、校准、检测注意事项

统计式电压监测仪和记录式电压监测仪应分类型进行综合测量误差测试。

【思考与练习】

1. 简述电压监测仪灵敏度的校准、检测。
2. 简述电压监测仪整定电压值的计算方法。
3. 简述电压监测仪的综合测量误差包括哪些？

第二十二章

电测量变送器、交流采样测量装置的检定、校准、检测

▲ 模块1 电测量变送器的检定、校准、检测（ZY2100703001）

【**模块描述**】本模块介绍电测量变送器检定、校准、检测方法。通过流程介绍和要点归纳，掌握电测量变送器的检定、校准、检测的内容、危险点控制措施及准备工作、步骤、结果处理和注意事项。

【**模块内容**】

一、检定、校准、检测的目的及内容

电测量变送器是测量交流电压、电流、频率、功率等电量的仪器。电测量变送器的误差在使用中会直接影响测量的准确性。为保证交流电压、电流、频率、功率等电量测量的准确、可靠，按 JJG（电力）01—1994 《电测量变送器》和 JJG 126—1995 《交流电量变换为直流电量电工测量变送器》规定，应在规定时间周期内，对电量变送器进行检定、校准、检测，其主要内容是使用标准装置对电测量变送器的误差进行检定、校准、检测。

二、危险点分析及控制措施

详见 ZY2100701003 中的二。

三、检定、校准、检测的准备工作

（一）环境条件

（1）被检定、校准、检测电测量变送器置于参比环境条件中，应有足够的时间（通常为 2h），以消除温度梯度的影响。除制造厂另有规定外，不需要预热。

（2）有关影响量的标准条件和允许偏差见表 22-1-1。

表 22-1-1 有关影响量的标准条件和允许偏差

影 响 量	标 准 条 件	允 许 偏 差	
		一般用途	用于恶劣环境
环境温度（℃）	20	±2	±5
输入量波形	正弦	畸变因数：0.05	

（二）标准装置

（1）标准装置应具有有效期内的检定证书或校准证书。

（2）标准装置输出（测量）范围应等于或大于被检定、校准、检测电测量变送器的量程，但不能超过后者的150%。

（3）标准装置的综合误差与被检定、校准、检测电测量变送器基本误差之比不大于 1/4～1/10。

（4）供电电源在 30s 内稳定度应不低于被检定、校准、检测电测量变送器最大允许误差的 1/10。

（5）标准装置中的调节设备应保证由零调至被检定、校准、检测电测量变送器120%标称值，调节细度应不低于被检定、校准、检测电测量变送器最大允许误差的 1/5。

（6）标准装置应有良好的屏蔽和接地，以避免外界干扰。

四、检定、校准、检测的步骤

（1）外观检查。被检定、校准、检测电测量变送器应有明显的标志和符号，且符合国家标准有关规定。

（2）绝缘电阻测定。在被检定、校准、检测电测量变送器的所有测量端与外壳的参考"地"之间加 500V 直流电压，历时 1min，绝缘电阻值不应小于 5MΩ。

（3）介电强度。在被检定、校准、检测电测量变送器的所有测量端与外壳的参考"地"之间加频率为 50Hz 实用正弦波的交流电压，历时 1min，击穿电流为 5mA，试验中不应出现击穿或飞弧现象。

（4）标准装置检查。检查标准装置电源设置开关位置，应与选择的仪器电源方式匹配，各个旋钮位置正确，无松动、无接触不良；无电流回路开路、电压回路短路或接地情况发生。

（5）标准装置预热预热。接通电源，预热标准装置和被检定、校准、检测电测量变送器 30min。

（6）测试线检查。测试导线应绝缘良好，无破损。

（7）接线。将被检定、校准、检测电测量变送器的测量端钮分别与标准装置输出端相连接，电压端并联连接，电流端串联连接，标准表测量端与变送器二次输出端连接，所有端钮与导线连接应紧密、牢固。接线如图 22-1-1 所示。

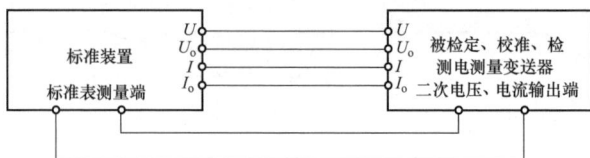

图 22-1-1　电测量变送器基本误差检定接线图

（8）根据被检定、校准、检测电测量变送器型式设置标准装置工作参数。

（9）对被检定、校准、检测电测量变送器进行基本误差、输出纹波含量、响应时间和改变量的检定、校准、检测，并记录数据。

（10）检定、校准、检测结束，将标准装置输出复位，关闭电源，拆除接线。

五、检定、校准、检测结果处理

（1）基本误差计算式如下

$$\gamma = \frac{X - X_0}{X_N} \times 100\% \qquad (22\text{-}1\text{-}1)$$

式中　X——被检定、校准、检测电测量变送器的电压或电流显示值；

　　　X_0——被检定、校准、检测电测量变送器的电压或电流标准值；

　　　X_N——基准值。

（2）误差处理：对检定、校准、检测的结果应进行修约化整处理并出具检定、校准证书或检测报告。原始记录填写应用签字笔或钢笔书写，不得任意修改。检定合格的电测量变送器贴合格证，校准、检测的可贴计量确认标识。检定不合格的电测量变送器贴禁用标签。

（3）修约间隔的确定：

1）对变送器的输出值和绝对误差进行修约时，有效数字位数由修约间隔确定。修约间隔 ΔA 应等于或接近于按下式计算出的数值

$$\Delta A = C A_F \times 10^3 \qquad (22\text{-}1\text{-}2)$$

式中　C——变送器的等级指数；

　　　A_F——变送器的基准值。

2）对变送器的基本误差进行修约时，修约间隔 ΔA 应按变送器基本误差的 1/10 选取，按下式计算

$$\Delta A = 0.1 C \% \qquad (22\text{-}1\text{-}3)$$

六、检定、校准、检测的注意事项

（1）检定、校准、检测电测量变送器基本误差时，检定、校准、检测点按等分原则选取。电压、电流变送器选取 6 个点，频率、相位角和功率因数变送器选取 9 个点，有功、无功功率变送器选取 13 个点。

（2）检定、校准、检测电测量变送器输出纹波时，各影响量应保持在参比条件下。给变送器施加激励，使输出量等于其较高标称值。

（3）对于频率、相位角、功率因数变送器和不经过互感器直接进行测量的电压、电流、功率变送器，不需要进行再校准。以被测量的标称值为界的范围是输入范围，

以输出量的标称值为界的范围就是输出范围。对于电压、电流变送器，被测量再校准值下限为零；对于功率变送器，被测量再校准值下限的绝对值与上限相等，但符号相反。

（4）对于基本误差和改变量超出极限的被检定、校准、检测电测量变送器需要调整时，应先分元件试验、分元件调整，然后重新对整体再进行检定、校准、检测，直至符合要求。

【思考与练习】

1. 检定一台输出范围是 4～20mA 的 0.5 级变送器，当对其测得值进行修约时，求选取的修约间隔。

2. 简述基本误差和改变量超出极限的被检定、校准、检测电测量变送器的调整。

3. 检定、校准、检测电测量变送器基本误差时，检定、校准、检测点按什么原则选取？选取多少个点？

◢ 模块 2　交流采样测量装置的校准、检测（ZY2100703002）

【模块描述】本模块介绍交流采样测量装置校准、检测方法。通过流程介绍和要点归纳，掌握交流采样测量装置的校准、检测的内容、危险点控制措施及准备工作、步骤、结果处理和注意事项。

【模块内容】

一、校准、检测的目的及内容

交流采样测量装置是测量交流电压、电流、频率、功率等电量的设备。交流采样测量装置的误差在使用中会直接影响测量的准确性。为保证交流电压、电流、频率、功率等电量测量的准确、可靠，按国家电网公司 Q/GDW 1899—2013《交流采样测量装置校验规范》和 Q/GDW 140—2006《交流采样测量装置运行检验管理规程》规定，应在规定时间周期内，对交流采样测量装置进行校准、检测。其主要内容是使用标准装置对交流采样测量装置的误差进行校准、检测。

二、危险点分析及控制措施

由于本模块校准、检测过程中需要通电进行，安全工作要求主要参照《国家电网公司电力安全工作规程》有关规定执行。这里主要强调，为了防止在校准、检测过程中电流回路开路、电压回路短路或接地，校准装置专用导线要进行临时固定，防止导线脱落造成设备事故。要检查确认实际接线与图纸是否一致后，方能拆线；校准、检测结束后，应按原接线恢复，杜绝遗漏接回。拆、接线时应穿绝缘鞋，戴绝缘手套。测试线连接完毕后，应有专人检查，确认无误后，方可进行。

（一）环境条件

环境温度应为 15～30℃，环境相对湿度应≤80%。

（二）标准装置

（1）标准装置应具有有效期内的检定证书或校准证书。

（2）标准装置的量程应与被校准、检测交流采样测量装置的量程相适应。

（3）标准装置的综合误差与被校准、检测交流采样测量装置基本误差之比不大于 1/10～1/4。

（4）标准装置中的调节设备应保证由零调至被校准、检测交流采样测量装置 120% 标称值，调节细度应不低于被校准、检测交流采样测量装置最大允许误差的 1/10～1/5。

（5）标准装置应有良好的屏蔽和接地，以避免外界干扰。

三、校准、检测的步骤

（1）外观检查。被校准、检测交流采样测量装置应应有明显的标志和符号，且符合国家标准有关规定。

（2）绝缘电阻测定。选用电压级别的绝缘电阻表（$U_N \leq 60V$，用 250V 绝缘电阻表，$U_N > 60V$，用 500V 绝缘电阻表），历时 1mim，绝缘电阻值不应小于 5MΩ（$U_N \leq 60V$）或大于 5MΩ（$U_N > 60V$）。

（3）介电强度。工频电量输入端子与金属外壳之间加频率为 50Hz，2kV 正弦波的交流电压，历时 1min，击穿电流为 5mA，试验中不应出现击穿或闪络现象。

（4）标准装置检查。检查标准装置电源设置开关位置，应与选择的仪器电源方式匹配，各个旋钮位置正确，无松动、无接触不良；无电流回路开路、电压回路短路或接地情况发生。

（5）标准装置预热。接通电源，预热标准装置和被校准、检测交流采样测量装置 30min。

（6）测试线检查。测试导线应绝缘良好，并固定牢固。

（7）接线。将被校准、检测交流采样测量装置的测量端钮分别与标准装置输出端相连接，所有端钮与导线连接应紧密、牢固。接线如图 22-2-1 所示。

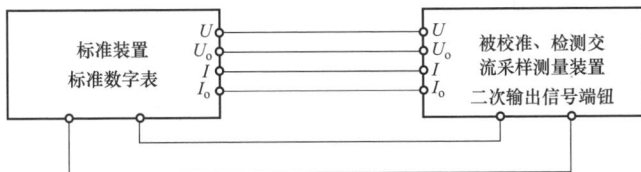

图 22-2-1　交流采样测量装置基本误差检定接线图

（8）根据被校准、检测交流采样测量装置型式设置标准装置工作参数。

（9）对被校准、检测交流采样测量装置进行基本误差、不平衡电流影响和频率变化影响的校准、检测，并记录数据。

（10）校准、检测结束，将标准装置输出复位，关闭电源，拆除接线。

（11）对数据进行计算。

四、校准、检测结果处理

（1）基本误差见式（22-1-1）。

（2）误差处理：校准、检测的数据应进行修约化整处理并出具校准证书或检测报告。原始记录填写应用签字笔或钢笔书写，不得任意修改。

五、校准、检测的注意事项

（1）被校准、检测交流采样测量装置应有用于现场校验的测量校验端口。

（2）在校准、检测交流采样测量装置之前，被校准、检测交流采样测量装置应通电预处理不少于 30min。

（3）在进行校准、检测交流采样测量装置基本误差时，交流采样测量装置测量值应读取上传数据口的厂站端读数，当不具备条件时，可读取交流采样测量装置显示值。

【思考与练习】

1. 简述预热和预处理的区别。

2. 简述交流采样原理。

3. 简述交流采样测量装置的不平衡电流影响和频率变化影响的校准、检测的内容。

第二十三章

绝缘电阻表、接地电阻表的检定、校准、检测

▲ 模块 1 绝缘电阻表的检定、校准、检测（ZY2100704001）

【模块描述】本模块介绍绝缘电阻表检定、校准、检测方法。通过流程介绍和要点归纳，掌握绝缘电阻表的检定、校准、检测的目的、内容及准备工作、步骤、结果处理和注意事项。

【模块内容】

一、检定、校准、检测的目的及内容

绝缘电阻表是测量绝缘电阻的专用仪表，绝缘电阻表的误差在使用中会直接影响测量的准确性。为保证绝缘电阻测量的准确、可靠，按 JJG 622—1997《绝缘电阻表（兆欧表）检定规程》和 JJG 1005—2005《电子式绝缘电阻表》规定，应在规定时间周期内，对绝缘电阻表进行检定、校准、检测。其主要内容是使用标准装置对绝缘电阻表的误差进行检定、校准、检测。

二、检定、校准、检测的准备工作

（一）环境条件

（1）被检定、校准、检测绝缘电阻表置于参比环境条件中，应有足够的时间（通常为 2h），以消除温度梯度的影响。

（2）环境温度应为（23±5）℃，环境相对湿度应为＜80%。

（二）标准装置

（1）标准装置应具有有效期内的检定证书或校准证书。

（2）标准装置的量程应能覆盖被检定、校准、检测绝缘电阻表量程的上限值，步进值应小于被检定、校准、检测绝缘电阻表的分辨力。

（3）标准装置允许误差限值应不超过被检定、校准、检测绝缘电阻表允许误差限值的 1/4。

（4）标准装置的调节细度应小于被检定、校准、检测绝缘电阻表分度线指示值与 $\alpha /2000$ 的乘积（α 为被检定、校准、检测绝缘电阻表准确度等级指数）。

（5）标准装置由标准器、辅助设备及环境条件等所引起的测量扩展不确定度（k 取 2）应小于被检定、校准、检测绝缘电阻表最大允许误差的 1/3。

（6）标准装置应为三端电阻定义、十进可调结构、具有单独的泄漏屏蔽端钮和接地端钮。

三、检定、校准、检测的步骤

（1）外观检查。被检定、校准、检测绝缘电阻表应有明显的标志和符号，且符合国家标准有关规定。

（2）绝缘电阻测定。被检定、校准、检测绝缘电阻表的测量线路与外壳之间的绝缘电阻在标准条件下，当额定电压小于或等于 1kV 时，应高于 20MΩ；当额定电压大于 1kV 时，应高于 30MΩ。

（3）标准装置检查。检查标准装置各个旋钮位置正确，无松动、无接触不良。

（4）初步试验。

1）首先在被检绝缘电阻表测量端钮（L，E）开路情况下，接通电源或摇动发电机摇柄，指针应指在 ∞ 的位置，不得偏离标度线的中心位置 ±1mm。若有无穷大调节旋钮，则应能调节到 ∞ 分度线，且有余量。

2）将被检绝缘电阻表测量端钮短接，指针应指在零分度线上，不得偏离标度线的中心位置 ±1mm。

3）对于没有零分度线的绝缘电阻表，应接以起点电阻进行检验。

（5）测试线检查。测试导线应绝缘良好，可采用硬导线悬空连接或高压聚四氟乙烯导线连接。

（6）接线。将被检定、校准、检测绝缘电阻表测量端与标准装置输出端相连接，所有端子与导线连接应紧密、牢固。接线如图 23-1-1 所示。

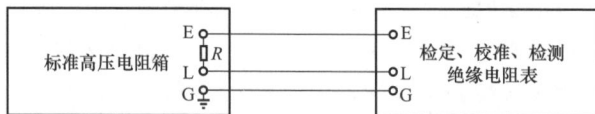

图 23-1-1 绝缘电阻表基本误差检定接线图

（7）对被检定、校准、检测绝缘电阻表进行基本误差、端钮电压及其稳定性、倾斜影响、显示能力和分辨力的检定、校准、检测。并记录数据。

（8）检定、校准、检测结束，拆除接线。

四、检定、校准、检测结果处理

（1）指针式绝缘电阻表基本误差为

$$\Delta = \pm \left(R_X A\% \right)$$

（23-1-1）

式中　Δ——允许绝对误差；

　　R_X——指示值；

　　A——准确度等级指数。

（2）数字式绝缘电阻表基本误差。

1）绝对误差为

$$
\left.\begin{array}{l}
\Delta = \pm(a\%R_x + b\%R_m) \\
\text{或} \\
\Delta = \pm(a\%R_x + n\text{个字})
\end{array}\right\} \tag{23-1-2}
$$

2）相对误差为

$$
\left.\begin{array}{l}
\Delta = \pm\left(a\% + \dfrac{R_m}{R_x}b\%\right) \\
\text{或} \\
\Delta = \pm(a\% + n\text{个字}/R_X)
\end{array}\right\} \tag{23-1-3}
$$

式中　a、b、n——由制造厂给出；

　　　R_m——被检表满量程值。

（3）误差处理：检定、校准、检测的数据应进行修约化整处理并出具检定、校准证书或检测报告。原始记录填写应用签字笔或钢笔书写，不得任意修改。检定合格的绝缘电阻表贴合格证，校准、检测的可贴计量确认标识。检定不合格的绝缘电阻表贴禁用标签。

五、检定、校准、检测的注意事项

（1）手柄转速应在额定转速 120^{+5}_{-2} r/min（或 150^{+5}_{-2} r/min）范围内。

（2）对非线性标尺的被检定、校准、检测的绝缘电阻表的基准值规定为测量指示值。

（3）指针式绝缘电阻表应进行倾斜影响的检定、校准、检测。在参比条件下，分别在倾斜前、后、左、右 4 个方向的测量 I 区段测量范围上限、下限及中值三分度线的误差值。

（4）数字式绝缘电阻表应进行显示部分和分辨力检查。

【思考与练习】

1. 简述泄漏电流对误差的影响。

2. 简述数字绝缘电阻表的工作原理及组成部分。

3. 简述绝缘电阻表"G"端子的作用。

▲ 模块 2 接地电阻表的检定、校准、检测（ZY2100704002）

【模块描述】本模块介绍接地电阻表检定、校准、检测方法。通过流程介绍和要点归纳，掌握接地电阻表的检定、校准、检测的目的、内容及准备工作、步骤、结果处理和注意事项。

【模块内容】

一、检定、校准、检测的目的及内容

接地电阻表是测量各种接地装置的接地电阻的专用仪表，接地电阻表的误差在使用中会直接影响测量的准确性。为保证接地电阻测量的准确、可靠，按 JJG 366—2004《接地电阻表检定规程》规定，应在规定时间周期内，对接地电阻表进行检定、校准、检测。其主要内容是使用标准装置对接地电阻表的误差进行检定、校准、检测。

二、检定、校准、检测的准备工作

（一）环境条件

（1）被检定、校准、检测接地电阻表置于参比环境条件中，应有足够的时间（通常为 2h），以消除温度梯度的影响。

（2）环境温度应为（20±5）℃，环境相对湿度应为 40%～75%。

（二）标准装置

（1）标准装置应具有有效期内的检定证书或校准证书。

（2）标准装置的量程应能覆盖被检定、校准、检测接地电阻表的量程，其允许电流应大于被检定、校准、检测接地电阻表的工作电流，其调节细度不低于被检定、校准、检测接地电阻表最大允许误差的 1/10。

（3）标准装置允许误差限值应不超过被检定、校准、检测接地电阻表允许误差限值的 1/4。

（4）标准装置由标准器、辅助设备及环境条件等所引起的测量扩展不确定度（k 取 2）应小于被检定、校准、检测电流表最大允许误差的 1/3。

（5）辅助电阻值最大允许误差不超过±5%。

（6）标准装置应有良好的屏蔽和接地，以避免外界干扰。

三、检定、校准、检测的步骤

（1）外观检查。被检定、校准、检测接地电阻表应有明显的标志和符号，且符合国家标准有关规定。

（2）绝缘电阻测定。在被检定、校准、检测接地电阻表的所有测量端与外壳的参考"地"之间加 500V 直流电压，历时 1min，绝缘电阻值不应小于 20MΩ。

（3）标准装置检查。检查标准装置各个旋钮位置正确，无松动、无接触不良。

（4）测试线检查。测试导线应绝缘良好，无破损。

（5）接线。将被检定、校准、检测接地电阻表测量端与标准装置输出端相连接，所有端子与导线连接应紧密、牢固。当测量接地电阻表的示值大于 10Ω 时，接线如图 23-2-1 所示；当测量接地电阻表的示值小于等于 10Ω 时，接线如图 23-2-2 所示。

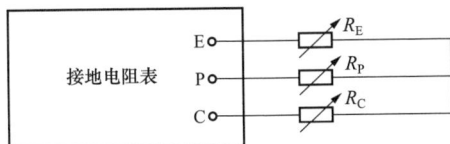

图 23-2-1　接地电阻表示值 $R_X > 10\Omega$ 时接线图

E—被检接地电阻电极；P—电位电极；C—辅助电极；R_E—标准电阻箱；R_P、R_C—辅助接地电阻箱

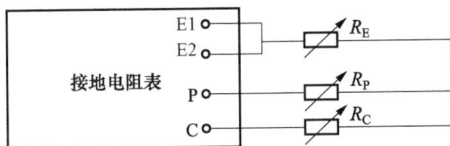

图 23-2-2　接地电阻表示值 $R_X \leqslant 10\Omega$ 时接线图

E1、E2—被检接地电阻电极；P—电位电极；C—辅助电极；R_E—标准电阻箱；R_P、R_C—辅助接地电阻箱

（6）对被检定、校准、检测接地电阻表进行示值误差、位置影响、辅助接地电阻和地电压影响的检定、校准、检测，并记录数据。

（7）检定、校准、检测结束，拆除接线。

四、检定、校准、检测结果处理

（1）指针式接地电阻表基本误差计算式如下

$$E = \frac{R_X - R_n}{R_m} \times 100\% \qquad (23\text{-}2\text{-}1)$$

式中　E——示值误差；

　　　R_X——指示值；

　　　R_n——实际值；

　　　R_m——满刻度值。

（2）数字式接地电阻表基本误差。绝对误差计算式见式（23-1-2），相对误差计算式参见式（23-1-3）。

（3）误差处理：检定、校准、检测的数据应进行修约化整处理并出具检定、校准证书或检测报告。原始记录填写应用签字笔或钢笔书写，不得任意修改。检定合格的接地电阻表贴合格证，校准、检测的可贴计量确认标识。检定不合格的接地电阻表贴禁用标签。

五、检定、校准、检测的注意事项

（1）检定、校准、检测接地电阻表示值误差时，非全检量程需检定、校准、检测该量程中测量上限及对应全检定、校准、检测量程中的最大正、负误差分度线 3 个点；当仅有最大正或负误差时，可检 2 个点。

（2）检定、校准、检测接地电阻表辅助接地电阻影响时，应选择被检定、校准、检测接地电阻表最低电阻量程上限进行。

（3）指针式接地电阻表应进行倾斜影响的检验。

（4）对数字接地电阻表要做通电检查。

（5）对模拟式接地电阻表要做位置影响试验。

【思考与练习】

1. 简述指针式接地电阻表基本误差公式。

2. 简述数字式接地电阻表基本误差公式。

3. 简述接地电阻表辅助电阻影响试验操作步骤。

第二十四章

数字仪表的检定、校准、检测

▲ 模块1 直流数字表的检定、校准、检测（ZY2100705001）

【模块描述】本模块介绍直流数字表检定、校准、检测方法。通过流程介绍和要点归纳，掌握直流数字表的检定、校准、检测的内容、危险点控制措施及准备工作、步骤、结果处理和注意事项。

【模块内容】

一、检定、校准、检测的目的及内容

直流数字表是测量直流电压、电流和电阻的专用仪表，直流数字表的误差在使用中会直接影响测量的准确性。为保证直流电压、电流和电阻测量的准确、可靠，按 JJF 1587—2016《数字多用表校准规范》和 DL/T 980—2005《数字多用表检定规程》规定，应在规定时间周期内，对直流数字表进行检定、校准、检测。其主要内容是使用标准装置对直流数字表的误差进行检定、校准、检测。

二、危险点分析及控制措施

详见 ZY2100701003 中的二、。

三、检定、校准、检测的准备工作

（一）环境条件

（1）被检定、校准、检测直流数字表应在恒温室内放置 24h 以上。

（2）有关影响量的标准条件和允许偏差见表 24-1-1。

表 24-1-1　　　　　　　　有关影响量的标准条件和允许偏差

影　响　量	标　准　条　件	允　许　偏　差	
		功耗≤50W	功耗>50W
环境温度（℃）	20	±1	±2
相对湿度（%）	60	±15	
直流被测量的纹波	纹波含量为零	与被测量相比可忽略	

（二）标准装置

（1）标准装置应具有有效期内的检定证书或校准证书。

（2）标准装置的综合不确定度应小于被检定、校准、检测直流数字表允许误差的 1/5～1/3。

（3）直流稳压电源的短期稳定度和调节细度应为被检定、校准、检测直流数字表允许误差的 1/10～1/5。输出应能做到连续可调或外加设备进行调节。信号源应为低内阻，其输出直流电压中的交流纹波和噪声尽可能小，不要带来使直流数字电压表有跳字等附加误差。

（4）标准装置的灵敏度应为被检定、校准、检测直流数字表允许误差的 1/10～1/5。

（5）应尽量采取自动测试（校准）系统进行检定、校准、检测和数据处理，以取代手动操作，提高工作效率。

（6）对整个测量电路系统，应有良好的屏蔽、接地措施，以避免串模和共模干扰。要远离强电场、磁场，以避免电磁场和静电感应。线路对地的绝缘电阻要尽量高，以减小泄漏对测量结果的影响。

四、检定、校准、检测的步骤

（1）外观和通电检查。被检定、校准、检测直流数字表应无明显影响测量的缺陷；通电后，一般性功能应符合说明书规定。

（2）绝缘电阻测定。在被校准直流数字表的所有测量端与外壳的参考"地"之间加 500V 直流电压，历时 1min 绝缘电阻值不应小于 5MΩ。

（3）标准装置检查。检查标准装置电源设置开关位置，应与选择的仪器电源方式匹配，各个旋钮位置正确，无松动、无接触不良；无电流回路开路、电压回路短路或接地情况发生。

（4）标准装置预热。接通电源，预热标准装置 30min。

（5）测试线检查。测试导线应绝缘良好，无破损。

（6）接线。将被检定、校准、检测交流数字表的测量端钮与标准装置输出端相连接，所有端钮与导线连接应紧密、牢固。接线如图 24-1-1 所示。

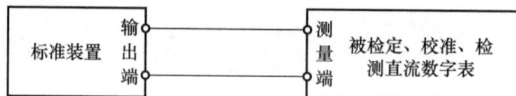

图 24-1-1　直流数字表检定、校准、检测接线示意图

（7）根据被检定、校准、检测直流数字表型式设置标准装置工作参数。

（8）对被检定、校准、检测直流数字表进行显示能力、分辨力、基本误差、稳定误差、线性误差、输入电阻和零电流、串模干扰抑制比和共模干扰抑制比的检定、校准、检测，并记录数据。

（9）检定、校准、检测结束，将标准装置输出复位，关闭电源，拆除接线。

五、检定、校准、检测结果处理

（1）基本误差计算式如下

$$\gamma = \frac{X - X_0}{X_0} \times 100\% \tag{24-1-1}$$

式中　　X——被检定、校准、检测直流数字表的显示值；

　　　　X_0——被测量的实际值。

（2）误差处理：检定、校准、检测的数据应进行修约化整处理并出具检定、校准证书或检测报告。原始记录填写应用签字笔或钢笔书写，不得任意修改。检定合格的直流数字表贴合格证，校准、检测的可贴计量确认标识。检定不合格的直流数字表贴禁用标签。

六、检定、校准、检测的注意事项

（1）由于直流数字电压表是直流数字表的主体，检定、校准、检测直流数字表时，一般先检定、校准、检测直流电压功能。

（2）检定、校准、检测直流数字表基本误差时，基本量程应均匀地选取不少于 10 个检定、校准、检测点。

（3）为保证检定、校准、检测直流数字表各量程测量误差的连续性，各量程中间不应有间断点；其他非基本量程要在考虑上下限以及对应于基本量程最大误差点的条件下，选择 3～5 个检定、校准、检测点。

（4）检定、校准、检测点要在正、负两个极性上进行。

（5）检定、校准、检测显示能力可在通电时一起进行。

（6）检定、校准、检测分辨力时，一般只在最小量程进行。

（7）检定、校准、检测稳定误差时，测量次数不应少于 3 次。

【思考与练习】

1. 直流数字电压表的误差公式中 a、b 两项误差分别由哪些误差源引起？

2. 简述直流数字电压表检定、校准、检测点的选择。

3. 简述直流数字电压表检定、校准、检测的主要内容。

◢ 模块 2　交流数字表的检定、校准、检测（ZY2100705002）

【模块描述】本模块介绍交流数字表检定、校准、检测方法。通过流程介绍和要点归纳，掌握交流数字表的检定、校准、检测的内容、危险点控制措施及准备工作、步骤、结果处理和注意事项。

【模块内容】

一、检定、校准、检测的目的及内容

交流数字表是测量交流电压、电流的专用仪表，交流数字表的误差在使用中会直接影响测量的准确性。为保证交流电压、电流测量的准确、可靠，按 JJF 1587—2016 和 DL/T 980—2005《数字多用表检定规程》规定，应在规定时间周期内，对交流数字表进行检定、校准、检测。其主要内容是使用标准装置对交流数字表的误差进行检定、校准、检测。

二、危险点分析及控制措施

详见 ZY2100701003 中的二、。

三、检定、校准、检测的准备工作

（一）环境条件

（1）被检定、校准、检测交流数字表应在恒温室内放置 24h 以上。

（2）环境温度应为（20±5）℃，环境相对湿度应为 20%～75%。

（二）标准装置

（1）标准装置应具有有效期内的检定证书或校准证书。

（2）标准装置输出范围应覆盖被检定、校准、检测交流数字表测量范围。

（3）标准装置的综合不确定度应小于被检定、校准、检测交流数字表允许误差的 1/3。

（4）标准装置的稳定性与分辨力应小于被检定、校准、检测交流数字表允许误差的 1/5。

四、检定、校准、检测的步骤

（1）外观及附件检查。被检定、校准、检测交流数字表应无明显影响测量的缺陷。

（2）工作正常性检查。通电后，一般性功能应符合说明书规定。

（3）标准装置检查。检查标准装置电源设置开关位置，应与选择的仪器电源方式匹配，各个旋钮位置正确，无松动、无接触不良；无电流回路开路、电压回路短路或接地情况发生。

（4）标准装置预热。接通电源，预热标准装置 30min。

（5）被检定、校准、检测交流数字表预热及预调。严格按说明书要求预热及预调被检定、校准、检测交流数字表。

（6）接线。将被检定、校准、检测交流数字表的测量端钮与标准装置输出端相连接，所有端钮与导线连接应紧密、牢固。接线如图 24-2-1 所示。

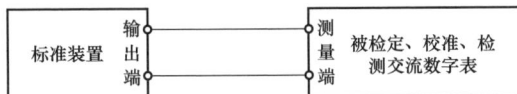

图 24-2-1　交流数字表检定、校准、检测接线示意图

（7）根据被检定、校准、检测交流数字表型式设置标准装置工作参数。

（8）对被检定、校准、检测交流数字表进行分辨力、稳定性和示值误差的检定、校准、检测，并记录数据。

（9）检定、校准、检测结束，将标准装置输出复位，关闭电源，拆除接线。

五、检定、校准、检测结果处理

（1）基本误差见式（24-1-1）。

（2）误差处理：检定、校准、检测的数据应进行修约化整处理并出具检定、校准证书或检测报告。原始记录填写应用签字笔或钢笔书写，不得任意修改。检定合格的交流数字表贴合格证，校准、检测的可贴计量确认标识。检定不合格的交流数字表贴禁用标签。

六、检定、校准、检测的注意事项

（1）检定、校准、检测交流数字表基本误差时，选择频率最高的一个频率点对基本量程的 5 个点，非基本量程的 3 个点进行检定、校准、检测；每个频段的上、下限频率上，对每量程上限和 1/10 量程点进行检定、校准、检测。

（2）检定、校准、检测交流数字表稳定性时，一般表示为 10min 或 24h 稳定性。

（3）检定、校准、检测分辨力时，一般只在最小量程进行。

【思考与练习】

1. 简述交流数字表稳定性的检定、校准、检测。
2. 简述交流数字表分辨力的检定、校准、检测。
3. 简述被检定、校准、检测交流数字表的预调内容。

▲ 模块 3　数字功率表的检定、校准、检测（ZY2100705003）

【模块描述】本模块介绍数字功率表检定、校准、检测方法。通过流程介绍和要点归纳，掌握数字功率表的检定、校准、检测的内容、危险点控制措施及准备工作、步骤、结果处理和注意事项。

【模块内容】

一、检定、校准、检测的目的及内容

数字功率表是测量交流有功、无功功率的专用仪表，数字功率表的误差在使用中会直接影响测量的准确性。为保证交流有功、无功功率测量的准确、可靠，按 JJF 1587—2016 规定，应在规定时间周期内，对数字功率表进行检定、校准、检测。其主要内容是使用标准装置对数字功率表的误差进行检定、校准、检测。

二、危险点分析及控制措施

详见 ZY2100701003 中的二、。

三、检定、校准、检测的准备工作

（一）环境条件

（1）被检定、校准、检测数字功率表应在恒温室内放置 24h 以上。

（2）环境温度应为（20±2）℃，环境相对湿度应为 35%～75%。

（二）标准装置

（1）标准装置应具有有效期内的检定证书或校准证书。

（2）标准装置的示值误差应小于被检定、校准、检测数字功率表允许误差的 1/4。

（3）交流稳压电源的短期稳定度和调节细度应为被检定、校准、检测数字功率表允许误差的 1/10～1/5。输出应能做到连续可调或外加设备进行调节。

（4）标准装置的灵敏度应为被检定、校准、检测数字功率表允许误差的 1/10～1/5。

（5）对整个测量电路系统，应有良好的屏蔽、接地措施，以避免串模和共模干扰。要远离强电场、磁场，以避免电磁场和静电感应。线路对地的绝缘电阻要尽量高，以减小泄漏对测量结果的影响。

四、检定、校准、检测的步骤

（1）外观和通电检查。被检定、校准、检测数字功率表应无明显影响测量的缺陷；通电后，一般性功能应符合说明书规定。

（2）绝缘电阻测定。在被检定、校准、检测数字功率表的所有测量端与外壳的参考"地"之间加 500V 直流电压，历时 1min，绝缘电阻值不应小于 5MΩ（仅针对首次、修理后的被检定、校准、检测数字功率表）。

（3）标准装置检查。检查标准装置电源设置开关位置，应与选择的仪器电源方式匹配，各个旋钮位置正确，无松动、无接触不良；无电流回路开路、电压回路短路或接地情况发生。

（4）标准装置预热。接通电源，预热标准装置 30min。

（5）测试线检查。测试导线应绝缘良好，无破损。

（6）接线。将被检定、校准、检测数字功率表的测量端钮与标准装置输出端相连接，电压并联连接，电流串联连接，所有端钮与导线连接应紧密、牢固。接线如图 24-3-1 所示。

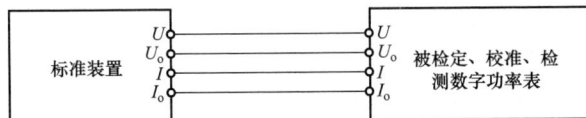

图 24-3-1　检定、校准、检测数字功率表接线示意图

（7）根据被检定、校准、检测数字功率表型式设置标准装置工作参数。

（8）对被检定、校准、检测数字功率表进行频率响应、基本误差和影响量的附加误差的检定、校准、检测，并记录数据。

（9）检定、校准、检测结束，将标准装置输出复位，关闭电源，拆除接线。

五、检定、校准、检测结果处理

（1）基本误差计算式如下

$$\gamma = \frac{P_s - P_X}{U_N I_N \cos\varphi_N} \times 100\% \qquad (24\text{-}3\text{-}1)$$

式中　P_X——被检定、校准、检测数字功率表的显示值；

　　　P_s——被测量的实际值；

　$\cos\varphi_N$——额定功率因数；

U_N、I_N——额定电压、电流值。

（2）误差处理：检定、校准、检测的数据应进行修约化整处理并出具检定、校准证书或检测报告。原始记录填写应用签字笔或钢笔书写，不得任意修改。检定合格的数字功率表贴合格证，校准、检测的可贴计量确认标识。检定不合格的数字功率表贴禁用标签。

六、检定、校准、检测的注意事项

（1）数字功率表的误差以满量程额定功率的引用误差表示。

（2）检定、校准、检测数字功率表基本误差时，可以在 45～65Hz 范围内的任一频率下进行或在用户指定的频率下进行。

（3）对功率因数变化范围为 0.5～1 的数字功率表，应在 $\cos\varphi=1$（$\sin\varphi=1$）和 $\cos\varphi=0.5$ 感性和容性（$\sin\varphi=0.5$ 感性和容性）条件下进行检定、校准、检测。

（4）对多量程的数字功率表，可以根据实际使用需要，可以在电压、电流量程某些指定组合情况下进行检定、校准、检测部分量程的基本误差。

（5）检定、校准、检测频率响应时，应在额定电压、电流下进行；一般只检定、校准、检测基本量程。

（6）检定、校准、检测影响量的附加误差时，在感性功率因数及基本量程额定电压、电流和基本范围频率下进行。

【思考与练习】

1. 简述功率因数对误差的影响。

2. 简述"频率响应"的检定、校准、检测的内容和方法。

3. 附加误差指哪些？

第二十五章

直流仪器的检定、校准、检测

▲ 模块 1 直流电阻箱的检定、校准、检测（ZY2100706001）

【模块描述】本模块介绍直流电阻箱检定、校准、检测方法。通过流程介绍和要点归纳，掌握直流电阻箱的检定、校准、检测的目的、内容及准备工作、步骤、结果处理和注意事项。

【模块内容】

一、检定、校准、检测的目的及内容

直流电阻箱是输出直流电阻的专用电阻器具，直流电阻箱的误差在使用中会直接影响输出的准确性。为保证直流电阻输出的准确、可靠，按 JJG 982—2003《直流电阻箱检定规程》规定，应在规定时间周期内，对直流电阻箱进行检定、校准、检测。其主要内容是使用标准装置对直流电阻箱的误差进行检定、校准、检测。

二、检定、校准、检测的准备工作

（一）环境条件

（1）被检定、校准、检测直流电阻箱必须在参比条件下稳定 24h。

（2）确定示值误差时应遵守的环境条件见表 25-1-1。

表 25-1-1　　　　　　　　确定直流电阻箱示值误差时环境条件

影响量	等级指数（%）	参考条件	检定时的参考范围
环境温度（℃）（大气、控温槽）	0.002	20	20±0.2
	0.005～0.01		20±0.5
	0.02		20±1
	0.05		20±2
	0.1～10		20±3
相对湿度（%）	所有等级	50	40～70

注　对参考范围不应有允差。

（二）标准装置

（1）标准装置应具有有效期内的检定证书或校准证书。

（2）标准装置重复测量的标准偏差不大于被检定、校准、检测直流电阻箱最大允许误差的 1/10。

（3）标准装置允许误差限值应不超过被检定、校准、检测直流电阻箱允许误差限值的 1/4。

（4）标准装置由标准器、辅助设备及环境条件等所引起的测量扩展不确定度（k 取 2）应小于被检定、校准、检测直流电阻箱最大允许误差的 1/3。

（5）检定、校准、检测时，由连接电阻、寄生电势、泄漏电流、静电感应、电磁干扰等诸因素引入的不确定度不大于被检定、校准、检测直流电阻箱最大允许误差的 1/20。

（6）标准装置中灵敏度引入的不确定度不大于被检定、校准、检测直流电阻箱最大允许误差的 1/10。

（7）标准装置应有良好的屏蔽和接地，以避免外界干扰。

三、检定、校准、检测的步骤

（1）外观及线路检查 应有明显的标志和符号，且符合国家标准有关规定。用电阻表或万用表对电阻箱各十进盘电阻进行初步测量，检查其电阻是否有断路或短路现象。

（2）绝缘电阻测定。使用不低于 10 级的 500V 绝缘电阻表或高阻计进行直流电阻箱绝缘电阻的测量，其绝缘电阻不应小于 100MΩ（0.05～10 级），其他不得小于 500MΩ。

（3）测试线检查：测试导线应使用专业测试线。

（4）接线。将被检定、校准、检测直流电阻箱输出端与标准装置测量端相连接，所有端子与导线连接应紧密、牢固。接线如图 25-1-1 所示。

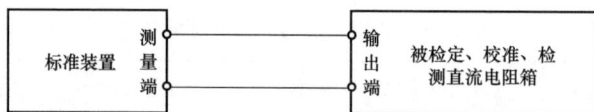

图 25-1-1　检定、校准、检测直流电阻箱接线示意图

（5）对被检定、校准、检测直流电阻箱进行残余电阻、开关变差和示值误差的检定、校准、检测，并记录数据。

（6）检定、校准、检测结束，拆除接线。

四、检定、校准、检测结果处理

（1）示值误差计算式如下

$$\delta = \frac{R_\mathrm{n} - R_\mathrm{X}}{R_\mathrm{X}} \times 100\% \qquad\qquad (25\text{--}1\text{--}1)$$

式中　δ ——示值相对误差；

　　R_n ——被检、校点示值的标称值；

　　R_X ——被检、校点示值的实际值。

（2）误差处理：检定、校准、检测的数据应进行做修约化整处理并出具检定、校准证书或检测报告。原始记录填写应用签字笔或钢笔书写，不得任意修改。检定合格的直流电阻箱贴合格证，校准、检测的可贴计量确认标识。检定不合格的直流电阻箱贴禁用标签。

五、检定、校准、检测的注意事项

（1）检定、校准、检测残余电阻时，若被检定、校准、检测直流电阻箱末盘无零值，则置为末盘最小值。

（2）检定、校准、检测残余电阻或开关变差前，应将每十进盘在最大范围间转动不少于 3 次。

（3）检定、校准、检测直流电阻箱示值误差时，应采用整体法。

【思考与练习】

1. 简述残余电阻的检定、校准、检测。

2. 简述开关变差的检定、校准、检测。

3. 简述"整体法"的内容。

◢ 模块 2　直流电桥的检定、校准、检测（ZY2100706002）

【模块描述】本模块介绍直流电桥检定、校准、检测方法。通过流程介绍和要点归纳，掌握直流电桥的检定、校准、检测的目的、内容及准备工作、步骤、结果处理和注意事项。

【模块内容】

一、检定、校准、检测的目的及内容

直流电桥是测量直流电阻的专用仪器，直流电桥的误差在使用中会直接影响测量的准确性。为保证直流电阻测量的准确、可靠，按 JJG 125—2004《直流电桥检定规程》规定，应在规定时间周期内，对直流电桥进行检定、校准、检测。其主要内容是使用标准装置对直流电桥的误差进行检定、校准、检测。

二、检定、校准、检测的准备工作

(一) 环境条件

(1) 被检定、校准、检测直流电桥必须在参比条件下稳定 24h。

(2) 电桥的检定和使用应在表 25-2-1 规定的环境条件下进行检定。

表 25-2-1   电桥的检定和使用环境条件

准确度等级	检定环境条件	
	温度（℃）	湿度（%）
0.005～0.01	20±0.5	
0.02	20±1.0	40～60
0.05	20±2.0	
0.1～2	20±2.0	

(二) 标准装置

(1) 标准装置应具有有效期内的检定证书或校准证书。

(2) 标准装置允许误差限值应不超过被检定、校准、检测直流电桥允许误差限值的 1/5～1/4。

(3) 标准装置由标准器、辅助设备及环境条件等所引起的测量扩展不确定度（k 取 2）应小于被检定、校准、检测电桥最大允许误差的 1/3。

(4) 检定、校准、检测时，由残余电势、开关接触电阻变差、连接导线电阻、绝缘电阻引起的泄漏电流及静电等因素引入的不确定度不大于被检定、校准、检测直流电桥最大允许误差的 1/20。

(5) 标准装置中灵敏度阀引入的不确定度不大于被检定、校准、检测直流电桥最大允许误差的 1/10。

(6) 标准装置应有良好的屏蔽和接地，以避免外界干扰。

三、检定、校准、检测的步骤

(1) 外观及线路检查。被检定、校准、检测直流电桥应无明显影响测量的缺陷；内部电阻元件，不应有开路或短路的现象。

(2) 绝缘电阻测定。采用直流电压值为 500V 的 10 级绝缘电阻表，历时 1～2min，电桥线路对与线路无电气连接的任意点之间的绝缘电阻不小于 20MΩ。

(3) 测试线检查。测试导线应使用专用测试线。

(4) 接线。将被检定、校准、检测直流电桥测量端与标准装置输出端相连接，所有端子与导线连接应紧密、牢固。接线如图 25-2-1 所示。

图 25-2-1　检定、校准、检测直流电桥接线示意图

（5）对被检定、校准、检测直流电桥的内附指零仪灵敏度、内附指零仪阻尼时间、内附指零仪飘移、内附指零仪抖动和基本误差进行检定、校准、检测，并记录数据。

（6）检定、校准、检测结束，拆除接线。

四、检定、校准、检测结果处理

（1）相对允许基本误差计算式如下

$$\delta = \pm\left(1+\frac{R_N}{KX}\right)C\%\qquad\qquad(25\text{-}2\text{-}1)$$

式中　δ——电桥的相对允许基本误差；

　　R_N——基准值；

　　X——标度盘示值；

　　K——制造厂规定的数值；

　　C——准确度等级。

（2）误差处理：检定、校准、检测的数据应进行修约化整处理并出具检定、校准证书或检测报告。原始记录填写应用签字笔或钢笔书写，不得任意修改。检定合格的直流电桥贴合格证，校准、检测的可贴计量确认标识。检定不合格的直流电桥贴禁用标签。

五、检定、校准、检测的注意事项

（1）检定、校准、检测电子放大式内附指零仪除灵敏度和阻尼时间试验外，还需增加预热时间、指零仪漂移和内附指零仪抖动试验。

（2）整体检定、校准、检测直流电桥时，应注意连接导线电阻、开关接触电阻及标准装置的残余电阻对检定、校准、检测结果带来的影响。

（3）整体检定、校准、检测四端式直流电桥时，跨线电阻不应大于 0.01Ω。

【思考与练习】

1．简述直流电桥检定项目。

2．简述直流电桥检定、校准、检测的步骤。

3．简述绝缘绝缘电阻对整体误差影响的检定步骤。

第二十六章

测量用互感器的检定、校准、检测

▲ 模块 1　电压互感器的检定、校准、检测（ZY2100707001）

【模块描述】本模块介绍电压互感器检定、校准、检测方法。通过流程介绍和要点归纳，掌握电压互感器的检定、校准、检测的内容、危险点控制措施及准备工作、步骤、结果处理和注意事项。

【模块内容】

一、检定、校准、检测的目的及内容

电压互感器是起着高压隔离和按比率进行电压变换作用，给电气测量、电能计量、自动装置提供与一次回路有准确比例的电压信号。电压互感器的误差在使用中会直接影响电气测量、电能计量的准确性，严重时会引起自动装置的误动。为保证电气测量、电能计量的准确、可靠，按 JJG 1021—2007《电力互感器检定规程》及 JJG 314—2010《测量用电压互感器》规定，应在规定时间周期内，对电压互感器进行检定、校准、检测。其主要内容是使用电压互感器标准装置对电压互感器的误差进行检定、校准、检测。

二、危险点分析及控制措施

由于本模块检定、校准、检测过程中需要通电进行，安全工作要求主要参照《国家电网公司电力安全工作规程》有关规定执行。这里主要强调，为了防止在检定、校准、检测过程中电压回路短路或接地，必须认真检查接线，连接导线应有良好绝缘。

三、检定、校准、检测的准备工作

（一）环境条件

通常参比条件是环境温度$-25\sim+55℃$，相对湿度$\leq95\%$。但当被检定、校准、检测电压互感器技术条件规定的环境温度与$-25\sim+55℃$范围不一致时，以技术条件规定的环境温度为参比环境温度。

（二）标准装置

（1）标准电压互感器应具有有效期内的检定证书或校准证书。

（2）标准电压互感器应比被检定、校准、检测电压互感器高两个准确度级别，其实际误差不应大于被检定、校准、检测电压互感器误差限值的 1/5。

（3）由误差测量装置所引起的测量误差，不应大于被检定、校准、检测电压互感器误差限值的 1/10。其中，装置灵敏度引起的测量误差不大于 1/20，最小分度值引起的测量误差不大于 1/15。差压测量回路的附加二次负荷引起的测量误差不大于 1/20。

（4）检定、校准、检测电压互感器时，外接监视电压互感器二次工作电压用的电压表准确度级别应为 1.5 级以上，在同一量程的所有示值范围内，电压表的内阻抗应保持不变。

（5）在额定频率为 50（60）Hz 时，电压负荷箱在额定电压的 20%～120%范围内，周围温度 10～35℃，其有功部分和无功部分的误差均不得超过±3%，当 $\cos\varphi=1$ 时，其残余无功分量不得超过额定负荷值的±3%。

（6）电源及其调节设备应具有足够的容量和调节细度，电源的频率应为（50±0.5）Hz [（60±0.6）Hz]，波形畸变系数应不超过 5%。

四、检定、校准、检测的步骤

（1）外观及标志检查。被检定、校准、检测电压互感器应无明显影响测量的缺陷。

（2）绝缘试验：

1）使用 2500V 绝缘电阻表测量一次绕组对二次绕组、二次绕组之间及二次绕组对地的绝缘电阻值不应小于 2500MΩ。

2）被检定、校准、检测电压互感器的所有测量端与外壳的参考"地"之间或绕组之间加频率为（50±0.5）Hz 的正弦电压，历时 1min，试验中不应出现击穿或飞弧现象。

（3）检查标准装置电源设置开关位置，应与选择的仪器电源方式匹配。标准装置应无电压回路短路或接地情况发生。

（4）测试线检查。测试导线应绝缘良好，无破损。

（5）接线。将被检定、校准、检测电压互感器的二次端钮分别与标准装置相应端钮相连接，所有端钮与导线连接应紧密、牢固。接线如图 26-1-1 所示。

图 26-1-1　检定、校准、检测电压互感器接线示意图

（6）根据被检定、校准、检测电压互感器型式设置标准装置工作参数。

（7）对被检定、校准、检测电压互感器进行绕组极性、稳定性、基本误差、运行变差的检定、角度误差校准、检测，并记录数据。

（8）检定、校准、检测结束，将标准装置输出复位，关闭电源，拆除接线。

五、检定、校准、检测结果处理

（1）基本误差计算式如下

$$f = \frac{K_\mathrm{U}U_2 - U_1}{U_1} \times 100\% \qquad (26\text{-}1\text{-}1)$$

式中　　K_U——被检定、校准、检测电压互感器的额定电压比；

　　　　U_1——一次电压有效值；

　　　　U_2——二次电压有效值。

（2）误差处理：检定、校准、检测的数据应进行修约处理并出具检定、校准证书或检测报告。原始记录填写应用签字笔或钢笔书写，不得任意修改。电压互感器出具合格证书，不合格的出具检定结果通知书，并给出具检定数据。

六、检定、校准、检测的注意事项

（1）检定、校准、检测绕组极性时，建议用互感器校验仪。

（2）检定、校准、检测基本误差时，现场试验推荐使用低端测差法；试验室推荐使用高端测差法；除非用户有要求，仅对实际使用的变比进行试验。

（3）检定、校准、检测稳定性试验时，取当前和上次检定、校准、检测结果中比值差的差值和相位差的差值。

（4）检定、校准、检测运行变差时，可以采用经检定机构认可的实验室提供的试验报告数据。

（5）接线过程中，严禁电压二次回路短路或接地。

（6）测试线连接完毕后，应有专人检查，确认无误后，方可进行。

【思考与练习】

1. 电压互感器现场检定、校准、检测时，有哪些注意事项？

2. 为什么电压互感器二次回路不能短路？

3. 简述负载大小对电压互感器误差的影响。

◢ 模块 2　电流互感器的检定、校准、检测（ZY2100707002）

【模块描述】本模块介绍电流互感器检定、校准、检测方法。通过流程介绍和要点归纳，掌握电流互感器的检定、校准、检测的内容、危险点控制措施及准备工作、步骤、结果处理和注意事项。

【模块内容】

一、检定、校准、检测的目的及内容

电流互感器是起着高压隔离和按比率进行电流变换作用，给电气测量、电能计量、

自动装置提供与一次回路有准确比例的电流信号。电流互感器的误差在使用中会直接影响电气测量、电能计量的准确性，严重时会引起自动装置的误动。为保证电气测量、电能计量的准确、可靠，按 JJG 1021—2007《电力互感器检定规程》及 JJG 313—2010《测量用电流互感器》规定，应在规定时间周期内，对电流互感器进行检定、校准、检测。其主要内容是使用电流互感器标准装置对电流互感器的误差进行检定、校准、检测。

二、危险点分析及控制措施

由于本模块检定、校准、检测过程中需要通电进行，安全工作要求主要参照《国家电网公司电力安全工作规程》有关规定执行。这里主要强调，为了防止在检定、校准、检测过程中电流回路开路，必须认真检查接线，连接导线应有良好绝缘。

三、检定、校准、检测的准备工作

（一）环境条件

通常参比条件是环境温度−25～+55℃，相对湿度≤95%。但当被检定、校准、检测电流互感器技术条件规定的环境温度与−25～+55℃范围不一致时，以技术条件规定的环境温度为参比环境温度。

（二）标准装置

（1）标准电流互感器应具有有效期内的检定证书或校准证书。

（2）标准电流互感器应比被检定、校准、检测电流互感器高两个准确度级别，其实际误差不应大于被检定、校准、检测电流互感器误差限值的 1/5。

（3）由误差测量装置所引起的测量误差，不应大于被检定、校准、检测电流互感器误差限值的 1/10。其中，装置灵敏度引起的测量误差不大于 1/20，最小分度值引起的测量误差不大于 1/15。差流测量回路的附加二次负荷引起的测量误差不大于 1/20。

（4）在额定频率为 50（60）Hz 时，电流负荷箱在额定电流的 20%～120%范围内，周围温度 10～35℃，其有功部分和无功部分的误差均不得超过±3%，当 $\cos\varphi=1$ 时，其残余无功分量不得超过额定负荷值的±3%。

（5）电源及其调节设备应具有足够的容量和调节细度，电源的频率应为（50±0.5）Hz [（60±0.6）Hz]，波形畸变系数应不超过 5%。

四、检定、校准、检测的步骤

（1）外观及标志检查。被检定、校准、检测电流互感器应无明显影响测量的缺陷。

（2）绝缘试验：

1）使用 500V 绝缘电阻表测量一次绕组对二次绕组、二次绕组之间及二次绕组对地的绝缘电阻值不应小于 5MΩ。

2）被检定、校准、检测电流互感器的所有测量端与外壳的参考"地"之间或绕组之间加频率为（50±0.5）Hz 的正弦交流电压，历时 1min，试验中不应出现击穿或飞弧现象。

（3）检查标准装置电源开关设置，应与选择的仪器电源方式匹配。标准装置应无电流回路开路情况发生。

（4）测试线检查。测试导线应绝缘良好，无破损。

（5）接线。将被检定、校准、检测电流互感器的二次端钮分别与标准装置相应端钮相连接，所有端钮与导线连接应紧密、牢固。接线如图 26-2-1 所示。

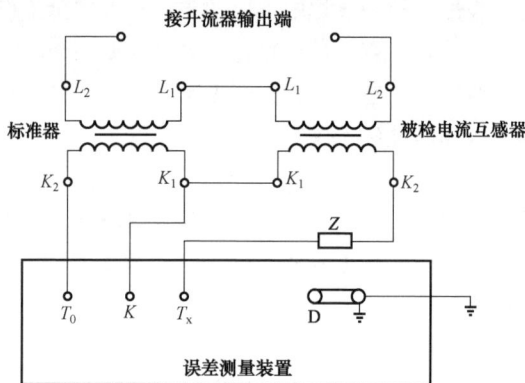

图 26-2-1　检定、校准、检测电流互感器接线示意图

（6）根据被检定、校准、检测电流互感器型式设置标准装置工作参数。

（7）对被检定、校准、检测电流互感器进行绕组极性、稳定性、基本误差、退磁、运行变差和磁饱和裕度角度误差的检定、校准、检测，并记录数据。

（8）检定、校准、检测结束，将标准装置输出复位，关闭电源，拆除接线。

五、检定、校准、检测结果处理

（1）基本误差计算式如下

$$f = \frac{K_1 I_2 - I_1}{I_1} \times 100\% \qquad (26-2-1)$$

式中　K_1——被检定、校准、检测电流互感器的额定电流比；

　　　　I_1——一次电流有效值；

　　　　I_2——二次电流有效值。

（2）误差处理：检定、校准、检测的结果应进行修约处理并出具检定、校准证书或检测报告。原始记录填写应用签字笔或钢笔书写，不得任意修改。电流互感器出具合格证书，不合格的出具检定结果通知书，并给出具检定数据。

六、检定、校准、检测的注意事项

（1）检定、校准、检测绕组极性时，建议用互感器校验仪。

（2）检定、校准、检测基本误差时，大变比电流互感器可采用等安匝法进行试验；除非用户有要求，仅对实际使用的变比进行试验。

（3）检定、校准、检测稳定性试验时，取当前和上次检定、校准、检测结果中比值差的差值和相位差的差值。

（4）检定、校准、检测运行变差时，可以采用经检定机构认可的实验室提供的试验报告数据。

（5）接线过程中，严禁电流回路开路。

（6）测试线连接完毕后，应有专人检查，确认无误后，方可进行。

【思考与练习】

1. 检定、校准、检测电流互感器依据的规程有哪些？

2. 检定、校准、检测电流互感器的基本误差公式是什么？

3. 简述负载阻抗角对电流互感器误差的影响。

第二十七章

仪器仪表的调修

▲ 模块 1　磁电系仪表的调修（ZY2100801001）

【模块描述】本模块介绍磁电系仪表的调修方法。通过故障分析、要点归纳和方法介绍，熟悉磁电系仪表的主要特性及发生故障的检查和修复方法，掌握磁电系仪表常见的故障现象、产生原因及处理方法，掌握磁电系仪表常用的维修方法及其误差的调整方法。

【模块内容】

一、磁电系仪表主要特性

磁电系仪表主要用于测量直流电流和电压，其主要优点有以下 6 个方面：

（1）准确度较高，可制成 0.1 级甚至 0.05 级的表。

（2）灵敏度高，可达 10^{-10}A/格，因而常制成检流计，用于检测微小电流。另外，万用表表头也是采用磁电系的。

（3）磁电系电压表的内阻较大，而电流表的内阻较小，因此仪表功率损耗小，对测量电路影响小。

（4）由于磁电系仪表测量机构本身的磁场较强，且有屏蔽作用，所以，这种仪表受外磁场影响很小。

（5）具有均匀刻度。

（6）阻尼作用较好，指示值阻尼时间一般不超过 2~3s。

磁电系仪表的主要缺点是结构较复杂、制造成本高，且只能用于直流测量。另外，磁电系仪表的误差受温度影响较大，为了改善温度影响，更好地保证其准确度，设计时通常在测量线路上采取补偿措施，以减少温度引起的附加误差。温度变化主要引起磁电系仪表下列变化：

（1）温度升高后游丝变软，弹性减弱，使偏转角增大。

（2）温度升高使永久磁铁磁性减弱，转动力矩变小，则偏转角变小。

（3）线圈电阻随温度变化。

二、磁电系仪表常见故障的修理

磁电系仪表在使用一段时期后要进行周期检定，由于长时间使用或使用不当，会使仪表出现故障，对于检出的不合格仪表，首先要分析误差或故障的原因，然后进行修复或误差的调整。

先对仪表的外观进行检查：如表壳、接线柱、表盖玻璃是否完好，轻摇仪表检查内部有无零件脱落、松动引起的响声，仪表附件是否完好；仪表刻度盘是否平整，有无局部凸起或卡针，漆面有无破碎、脱落，表盘上各种标志是否清晰、完整，用来消除视差的镜面是否洁净；仪表可动部分如指针是否平直，轴尖距离是否合适，由仪表使用位置向 4 个方向倾斜看机构平衡是否良好，可动部分转动是否灵活，调零器是否失灵，调零器转动是否灵活等。

外观检查正常后，再进行通电检查：将仪表接通电源，观察仪表有无断路或短路；若正常，可缓缓使仪表升至额定值（按规程规定需要进行预热的仪表要预热），再缓缓平稳地减少至零值，观察可动部分转动的灵活情况，有无卡针；再按检定规程的要求逐项进行检定，以确定仪表基本误差、变差、回零、阻尼等是否超过其准确度等级规定的要求。

通过上述检查，分析确认故障并修复。下列所述为常见故障及排除方法、常用的几种维修方法和磁电系仪表误差的调整方法等。

（一）常见故障及排除方法

（1）指针不回零，指示值变差大。产生的主要原因为机械零件故障，如：

1）轴尖：生锈、氧化或其他杂物黏附着在表面；磨损变钝；轴尖在轴尖座中松动。

2）轴承：锥孔磨损，表面粗糙；工作表面有伤痕；圆锥孔内太脏；轴承或轴承螺钉松动。

3）游丝：游丝内焊片与轴承螺钉摩擦；游丝内圈和轴心不同心；游丝和轴承螺钉及周围零件摩擦；游丝平面翘起与平衡锤摩擦；游丝太脏，有黏圈现象；过负荷受热产生弹性疲劳。

故障处理方法：仔细检查、认真清洗太脏部分，调整好摩擦部位，及时更换无法调试好的配件。

（2）指针无法摆动。在检查表头正常的情况下，可能是：

1）分流（或分压）电阻开路。

2）温度补偿电阻开路。

3）连接线断路。

故障处理方法：更换开路的电阻或查找焊接开路点（若补偿电阻是线绕式的，可以进行焊接并做好绝缘处理工作）。

（3）零点正常，量程不准确。产生的主要原因有：

1）分流（或分压）电阻阻值发生变化。

2）补偿电阻阻值发生变化。

故障处理方法：更换阻值变化的电阻或者串联（或并联）一个电阻以起到同等的作用。

（4）电路通，而仪表指示很小。产生的主要原因有：

1）动圈内部局部短路。

2）分流电阻绝缘不好，有部分短路。

3）游丝焊片与支架绝缘不好，电流通过支架而分流。

故障处理方法：需更换或重新绕制动圈；更换电阻；在焊片与支架之间应用绝缘物隔开。

（5）误差偏大。产生的主要原因有：

1）电阻元件老化。

2）可动部分平衡不好。

3）磁铁磁性衰减。

故障处理方法：更换老化的电阻；调整可动部分的平衡；对磁性衰减的磁铁进行充磁。

（6）仪表指示不稳定。产生的主要原因有：

1）开关接触不良。

2）有虚焊点。

3）线路中有击穿或短路现象，使线路似通非通。

故障处理方法：清洗开关并涂凡士林；检查并清除虚焊点；查找线路故障点并测试各元件性能。

（7）可动部分转动不灵活。产生的主要原因有：

1）动圈与框架磁间隙中有铁屑、纤维物。

2）轴承与轴尖间隙变小。

故障处理方法：消除铁屑和纤维物；调整轴承、轴尖间的松紧度。

（8）误差线性增大或减小。产生的主要原因有：

1）表计表头电阻变化。

2）分磁片位置移动。

故障处理方法：将变化的电阻更换；调整分磁片位置，固定后用漆封粘。

（9）在低温环境下或刚开始使用时工作正常，而在使用一定时间后，仪表开始发生故障。产生的主要原因有：

1）某一电阻功率不足。

2）表头线圈匝间绝缘层的绝缘效果降低。

故障处理方法：在使用一段时间后，在刚断开电源时检查是否有电阻发烫现象，同时观察该电阻的阻值是否发生很大改变，若属这种情况，则必须更换该电阻。若非阻值改变，则应将表头线圈匝间绝缘层重新进行绝缘处理，或者更换表头线圈。

（二）常用的几种维修方法

（1）更换游丝。磁电系仪表的上、下游丝都安装在可动线圈的轴座上。对于具有上、下盘游丝的仪表，在焊接顺序上应将没有调零器的那盘游丝先焊接，然后再焊与调零器焊片相连的那盘游丝。焊接游丝时，先将游丝外端的焊点位置定好，把游丝焊接面用细砂纸打磨干净，并涂上适量助焊剂；用 20W 电烙铁在端头加热烫上焊锡；焊接时可动部分应置于使游丝内端焊点的焊片位于水平位置的位置，然后将游丝内端焊点放在预先已搪好锡的焊片上，用烙铁对焊片加热，待焊锡熔化后移去烙铁，冷却后游丝就牢固地被焊接在焊片上；再用镊子将游丝内端焊头稍加弯曲，使游丝圆圈中心恰在可动部分的轴心上。

焊接游丝外端焊点时，必须先把调零器置于中间位置，使指针处在标度尺零位上，将游丝焊在和调零器相连的游丝焊片上；再将游丝外端略加弯曲，使游丝各盘间隙均匀且以转轴为中心。焊接第二盘游丝的方法和步骤同上，但须注意游丝的旋转方向应与第一盘相反，以使游丝在伸张和缩紧时的不均匀性得以抵消。

（2）清除游丝粘圈。在游丝焊接过程中，助焊剂渗到游丝表面，或者是助焊剂蒸发时溅落一些在游丝表面，均会造成游丝粘连。清除助焊剂可将测量机构置于水平方位，用装有酒精或汽油的滴管使溶液滴落在游丝上后，慢慢地进行清洗。

（3）轴承、轴尖间隙的调整。将蜡光纸折成细条（约 1.5～2mm）后，垫入动圈与极掌空隙之间，然后先调整下轴承螺栓，使动圈上下框与极掌之间的空隙均等，再调整上轴承螺栓，拧紧轴承上的螺帽后，观察动圈左右空隙是否均等，若不均等，则应调整上轴承支架位置，使动圈左右的空隙均等。

（4）更换玻璃指针。先将表上残余针杆与指针支持片黏合处涂少量酒精，用电烙铁加热后取出剩余针杆。选用与折断指针相同粗细的指针杆组合后涂以黏合剂固定。若仅是更换指针尖（细玻璃丝），方法相同。更换针杆或针尖在加热固定时，必须使指针与标度盘平行、间距合适。指针尖或指针杆更换后，应重新检查并调整仪表可动部分的重力平衡。

（5）充磁。常用的充磁方法有两种：直流电磁铁法和直流大电流法。

直流电磁铁法能够对各种形状的磁钢充磁。当对内磁式仪表充磁时，应对仪表进行整体充磁，因为有外围磁轭的存在。所以，欲使内部磁铁达到充分的饱和，必须有强大的磁场。

直流大电流法的大电流可由大容量的电容器放电或由放电管放电产生，短时电流可达数千至 20 000A。因为需要有导体插入被充磁的磁铁两旁，所以，这种方法只适于对外磁式结构充磁。

充磁时为了减少磁阻，应把磁路上的磁间隙用软铁予以短路。磁铁充磁后应进行老化处理。为此可用工频交变磁场为磁铁退磁，磁场由大到小，使磁钢气隙的磁通密度减小 10%左右。磁铁经这样处理过后稳定性可大为提高，受外界影响显著减少。

（三）磁电系仪表误差的调整方法

误差调整主要是通过分磁片、分流电阻（或分压电阻）等元件的调整来实现的。

（1）检查表头全偏转电流。首先测量基本挡的误差，以基本挡（最低量限挡）检验表头的刻度特性。若误差特性（线性）一致，则将表头与线路脱开测出表头全偏转电流，如表头灵敏度与原电流标称值不符，可用细调分磁片将仪表全偏转电流调到所需数值。粗调分磁片在仪表制定标度时已调好，仪表修调中不要随意动它，以免刻度特性变化。若调整分磁片后，误差仍达不到要求，则需检查永久磁铁磁性是否衰减，游丝（或张丝）是否变形，以及动圈绕组有无匝间短路等，若有问题则应分别进行充磁、调整或更换等方法解决。

（2）调整分流电阻和附加电阻。在全偏转电流调好后，应重新校验基本挡的误差特性。若不超差且刻度特性一致，则可从最低量限挡开始逐一测量其余各挡误差。个别量限超差时，若是电流表则需调整对该量限影响最大的分流电阻；若是电压表，则应调整对此量限影响最大的分压电阻。调整电流表分流电阻时，必须由大电流量限向小电流量限逐一进行，因为大量限分流电阻也是小量限分流电阻的一部分，否则容易把误差调乱。同理，当调整电压表的分压电阻时，应从低量限到高量限逐一进行调整，因为低量限分压电阻是高量限分压电阻的一部分。

【**思考与练习**】

1. 磁电系仪表有哪些常见故障？分析产生的原因并简述排除方法。

2. 如何更换游丝？

3. 调整磁电系仪表的误差主要是通过调整哪些元件实现的？

▲ 模块 2 电磁系仪表的调修（ZY2100801002）

【**模块描述**】本模块介绍电磁系仪表的调修方法。通过故障分析、要点归纳和方法介绍，熟悉电磁系仪表的主要特性，掌握电磁系仪表常见的故障现象、产生原因及处理方法，掌握电磁系仪表误差的调整方法。

【模块内容】

一、电磁系仪表主要特性

（1）电磁系仪表既可测量直流，又可测量交流，且能制成交、直流两用表，结构简单，成本低，应用较广泛。

（2）由于被测量不经过可动部分，直接进入固定线圈，因而过负荷能力强。

（3）刻度特性不均匀，经过对铁芯形状、尺寸精心设计制作后，可适当改善一些刻度特性。

（4）线圈磁场虽经磁屏蔽，但固定线圈气隙中可动部分的电磁力仍易受外磁场影响，使仪表产生附加误差。

（5）与磁电系电流表、电压表相比，电磁系电流表内阻较大，而电压表内阻较小，测量时将对被测量电路产生较大影响，并会引入一定的误差，所以制作的仪表准确度不高。

（6）电磁系电流表和电压表受温度和频率的影响较大。

二、电磁系仪表常见故障的修理

电磁系仪表故障的检查方法与磁电系仪表基本相同，在此不再多说。

（一）常见故障及排除方法

（1）通电后指针不偏转、偏转角小或指示不稳定。产生的主要原因有：

1）测量线路接触不良或断路。

2）固定线圈匝间短路或断路。

3）转换开关接触不良。

4）铁片松脱，不牢固。

故障处理方法：检查测量线路，重新焊接；重绕或更换固定线圈；清洗开关，修理刷簧片；用虫胶、强力胶重新粘牢铁片。

（2）通电后可动部分有卡住现象。产生的主要原因有：

1）可动部分下沉，使铁片与线架接触，轴与限制套相碰。

2）阻尼片或阻尼磁铁上沾有毛刺，或阻尼片碰阻尼盒。

3）可动部分有毛刺。

4）张丝松脱或折断。

故障处理方法：调整部件位置，调整限制套间隙（0.2～0.3mm）；调整阻尼盒，使偏转行程内不触碰阻尼盒，并固紧阻尼盒；吹掉可动部分、阻尼片等沾有的毛刺；重新焊接或更换张丝。

（3）示值误差大。产生的主要原因有：

1）张丝张力或弹片弹力改变。

2）附加电阻变值。

3）温度补偿电阻断路、虚焊或短路。

4）由谐振引起误差改变。

故障处理方法：适当改变张力，调弹片螺杆间的距离；调整或更换附加电阻；查出故障，根据情况，重新调整、焊接或更换温度补偿电阻；适当改变可动部分重量，也可适当改变张丝张力，以消除谐振影响。

（4）各量限示值误差不一致。产生的主要原因有：

1）量程转换开关接触片磨损、氧化或有污垢。

2）开关紧固件松动，定位不准，引起量限跨挡。

3）固定线圈匝间短路，在测量线路连接中有焊点发霉产生假焊。

4）附加电阻变值或两个电流线圈排线方法不一致。

故障处理方法：用细油石轻磨开关接触片，使表面平滑，清除氧化层，用酒精棉擦洗接触片污垢，涂上一薄层凡士林；调整间隙，拧紧开关紧固件；更换固定线圈，查出测量线路连接中假焊点并焊好；调整或更换附加电阻，调整电流线圈的排线使其一致。

（二）电磁系仪表误差的调整方法

电磁系仪表有扁线圈吸引型、圆线圈排斥型和排斥—吸引型 3 种结构的测量机构。它们虽有差异，但误差的调整原理和方法基本相似。

（1）用改变辅助磁片的位置来调整仪表示值误差。以扁线圈吸引型测量机构为例进行说明。固定扁线圈上设置了一辅助调磁片，如图 27-2-1（a）所示。当辅助调磁片移近扁线圈缝隙时，仪表指示值将呈现先正后负的误差，如图 27-2-1（b）中曲线 I 所示。如调磁片是装于扁线圈的反面，则当调磁片移近线圈缝隙时，仪表示值将出现偏正的误差，如图 27-2-1（b）中曲线 II 所示。因此，正确调整辅助调磁片的位置不但可调整仪表的示值误差，还可改善仪表的刻度特性。

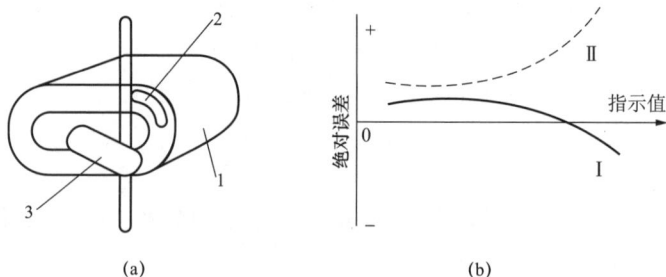

图 27-2-1 调磁片的误差调整

（a）固定扁线圈上设置一辅助调磁片；（b）误差曲线

1—扁线圈；2—调磁片；3—动铁片

（2）用改变指针与铁片之间的夹角来调整仪表示值误差。若仪表指针向零位右边偏移，如图 27-2-2（a）所示，将指针调回零位，这时铁片偏离线圈夹缝的距离增大，磁场对铁片起始作用的影响相应减弱，形成如图 27-2-2（c）中曲线 1 所示的误差特性。反之，如指针向零位左边偏移，如图 27-2-2（b）所示，经机械调零后，铁片与线圈夹缝距离减小，增强了磁场对铁片的起始作用，形成如图 27-2-2（c）曲线 2 所示的误差特性。对具有上述两种误差特性的仪表进行调整时，需将指针分别扳到图 27-2-2（a）、（b）所示虚线的位置，即可减小或消除仪表的误差。

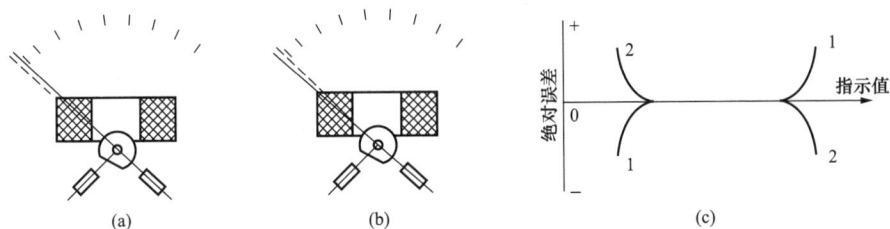

图 27-2-2　改变指针与铁片间夹角对误差的调整

（a）测量机构指针位置图（一）；（b）测量机构指针位置图（二）；（c）误差特性曲线

（3）用在线圈与支架间加垫片的方法来调整仪表示值误差。加垫片可使仪表可动部分支架与固定线圈间的距离增大，使仪表示值呈现普遍减小的趋势。当垫片加至仪表一侧时，会使仪表的示值呈现出如图 27-2-3 曲线 1 或曲线 3 所示的误差。当仪表示值误差曲线为线性时，可用两侧加垫片的方法调整仪表的示值误差，如图 27-2-3 曲线 2 所示。

（4）正比例增减误差的调整方法。若仪表所有示值点上的误差成正比例增大或减小，且符号一致，其误差特性如图 27-2-4 所示，可以通过以下几种方法进行消除。

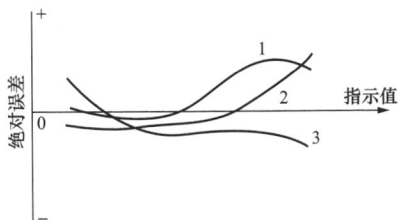

图 27-2-3　线圈与支架间加垫片后的误差曲线

1—左侧加垫片；2—两侧加垫片；3—右侧加垫片

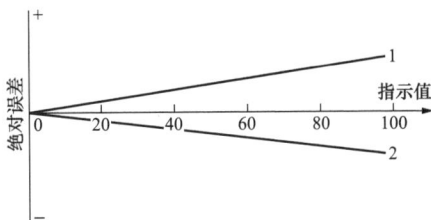

图 27-2-4　正比例增减的误差特性

1—提高仪表灵敏度；2—降低仪表灵敏度

1）改变仪表灵敏度。将游丝外端焊开，放长游丝将焊点移到游丝外端的多余部分，以减小游丝反作用力矩，相应提高仪表灵敏度。反之，若将游丝焊点往内移使反作用力矩增强，仪表灵敏度就降低。同理，改变张丝的张力和弹性系数同样也可达到改变仪表灵敏度的目的。

2）改变固定线圈的匝数。增加固定线圈匝数（增大励磁安匝数），即增大仪表工作转矩，相当于提高仪表灵敏度，仪表示值将呈现如图 27–2–4 曲线 1 所示的误差特性。反之，减少固定线圈匝数相当于降低仪表灵敏度，仪表示值会呈现如图 27–2–4 曲线 2 所示的误差特性。

3）改变电压表线路的附加电阻。若测量线路电阻值增大，线路中的电流就减小（即减少了励磁安匝数），仪表灵敏度降低，将呈现如图 27–2–4 曲线 2 所示的误差特性。反之，当附加电阻阻值减小时，仪表示值误差特性如图 27–2–4 曲线 1 所示。采用调整附加电阻的方法调整仪表示值误差特性时，附加电阻阻值的增减一般不得超过下式的规定

$$R=aR' \hspace{4cm} (27\text{–}2\text{–}1)$$

式中 R——附加电阻阻值；

R'——被调量限名义电阻值；

a——仪表准确度等级。

其他结构的电磁系仪表误差的调整，也可参照以上所述的几种方法进行。

【思考与练习】

1. 试分析电磁系仪表常见故障产生的原因，并掌握这些故障的处理方法。

2. 对电磁系仪表误差，有哪些调整方法？

3. 电磁系仪表误差大的原因？

◢ 模块 3 电动系仪表的调修（ZY2100801003）

【模块描述】本模块介绍电动系仪表的调修方法。通过故障分析、要点归纳和方法介绍，熟悉电动系仪表的主要特性，掌握电动系仪表常见的故障现象、产生原因及处理方法，掌握电动系仪表误差的调整方法。

【模块内容】

一、电动系仪表主要特性

（1）电动系仪表不但能测量直流，而且可测量交流，可制成交直流两用表；不但能测量电流和电压，而且还可以测量功率，这是这种结构最大的优点。而磁电系和电磁系仪表，都不具备测量功率的功能。

（2）电动系测量机构还可以制成测量频率和功率因数的仪表，功率表的电压、电流端钮具有异同极性。

（3）电动系电流表、电压表的刻度呈不均匀特性，功率表的刻度特性基本上是均匀的。

（4）电动系仪表功率消耗大，常用于短时间测量。

（5）电动系仪表结构比较复杂，制作成本较高。

（6）电动系仪表的附加误差主要是由温度、频率和角误差引起的。

二、电动系仪表常见故障的修理

（一）常见故障及排除方法

1. 指针不回零或零位变

产生的主要原因有：

（1）宝石与轴尖配合过紧或过松。

（2）轴尖、轴承脏，轴尖磨损。

（3）轴尖锈蚀、松动，轴承磨损、松动。

（4）游丝（或张丝）弹性变弱，生锈，有折印。

（5）游丝（或张丝）焊接点焊锡过多碰擦游丝，焊接温度偏高。

（6）游丝焊片与上游丝内端脱焊或游丝焊接片松动。

（7）游丝焊接有初扭力矩。

故障处理方法：调整宝石与轴尖间隙，以 30μm 为适宜；清洗轴尖、轴承，磨修或更换轴尖；抛磨、固紧轴尖，压紧轴承或换新轴承；选择合适的游丝（或张丝）进行更换；重焊游丝（或张丝）并注意焊锡适量，焊点圆滑，焊接时温度适宜，速度快；将脱焊的游丝焊片重新焊上，对于松动的焊接片重新校正焊接片弹性或换新的焊接片；焊接时将游丝与焊接片自由搭接。

2. 变差大

产生的主要原因有：

（1）与零位变的原因相同。

（2）可动部分与固定部分有轻微摩擦。

（3）可动部分与固定线圈间有毛刺，轻挡变位。

（4）可动部分有铁磁物质。

（5）屏蔽罩剩磁大。

故障处理方法：与修理零位变方法相同；另外，检查排除可动部分与固定部分的摩擦现象；取出可动部分与固定线圈间的毛刺，排除轻挡变位；清除可动部分的铁磁物质；将剩磁大的屏蔽罩更换为剩磁小的屏蔽罩。

3. 指针有阻挡或卡住现象

产生的主要原因有：

（1）可动部分碰擦固定线圈。

（2）阻尼片碰阻尼盒。

（3）空气阻尼盒有毛刺。

（4）表盖、表盘、指针某处有毛刺。

故障处理方法：调整可动部分和固定线圈位置；调整阻尼片与阻尼盒间隙；取出空气阻尼盒里的毛刺；检查表盖、表盘、指针，剔去或用酒精灯烧掉毛刺。

4. 不平衡误差大

产生的主要原因有：

（1）指针或指针支片不直。

（2）平衡锤位移，水平不好。

（3）可动部分组合件松动。

（4）轴承松动变位。

（5）上下张丝同心度不好。

故障处理方法：校正不直的指针或指针支片；调整平衡锤位置恢复平衡；固紧松动部件，调整平衡；消除轴承变位；重新焊接张丝，调整同心度。

5. 倾斜误差大

产生的主要原因有：

（1）轴承与轴尖间隙过大。

（2）轴尖磨损后曲率半径变小。

（3）轴承曲率半径过大。

（4）张丝张力小。

故障处理方法：调整轴承螺栓，使轴承与轴尖间隙适宜；磨大或更换曲率半径大的轴尖；更换曲率半径小的轴承；加大张丝张力。

6. 指示值不稳定

产生的主要原因有：

（1）量限转换开关接触不良。

（2）线路元件接触不良或线路中有假焊点。

（3）游丝焊片活动与可动部分轴杆有瞬时短路。

（4）动圈引出线与焊片接触不良或脱焊。

（5）游丝内圈变形与其他圈相碰。

（6）线路绝缘不良，可动线圈或固定线圈有短路现象。

故障处理方法：用汽油洗净转换开关接触点并涂上中性凡士林；查找接触不良的线路元件并重新焊接，查找线路中假焊点，焊前消除氧化层，再重新焊接；紧固游丝焊片，与可动部分轴杆绝缘；重新焊接动圈引出线与焊片；将变形游丝取下重新平整后，再焊接上；检查线路故障点重新焊接，更换有故障的线圈。

7. 指针抖动

产生的主要原因有：

（1）轴承之间间隙过大。

（2）可动部分固有频率与所测电流、电压频率相同，为 45～60Hz。

故障处理方法：减小轴承间隙；增加可动部分质量或调游丝间距变换游丝（或张丝）谐振频率。

8. 通电无指示

产生的主要原因有：

（1）测量线路断路或短路。

（2）有一固定线圈接反。

（3）动圈断路。

（4）游丝焊片与动圈引出线之间脱焊或游丝焊片与可动部分轴杆短路。

故障处理方法：检查线路，消除断路或短路现象；将接反的固定线圈两个头对换；更换好的动圈；重新焊接游丝焊片与动圈引出线，固紧游丝焊片使其与可动部分轴杆绝缘。

9. 示值偏小

产生的主要原因有：

（1）固定线圈有一装反。

（2）固定线圈连接线接错。

（3）固定线圈或可动线圈有部分断路。

（4）附加电阻变值。

（5）游丝扭绞或碰圈。

故障处理方法：将装反的固定线圈极性调整正确；将固定线圈接错的连接线重新正确连接；查找断路处并重新焊接或更换；调整附加电阻阻值或重新配置；将游丝取下平整后，再焊接上或更换新游丝。

10. 通电后指针反向偏转

产生的主要原因有：

（1）可动线圈或固定线圈接反。

（2）极性开关接反。

故障处理方法：将接反的线圈、极性开关重新正确焊接。

11. 交直流示值重合性差

产生的主要原因有：

（1）测量线路感抗大。

（2）测量机构支架与屏蔽短路。

（3）支架组合绝缘不良。

（4）电容补偿不足。

故障处理方法：在测量线路中并联电容以抵消感抗；查明原因，消除短路；用垫片提高支架使其绝缘良好；重新调整电容数值，解决补偿不足问题。

12. 量限重合性差

产生的主要原因有：

（1）转换开关接触电阻大。

（2）电路中有假焊点。

（3）两个电压线圈匝数不相同。

（4）分流电阻不准确。

（5）附加电阻不准确。

（6）电流回路接线电阻大。

故障处理方法：修理转换开关刷片，用汽油洗净污垢并涂中性凡士林油；找出电路中的假焊点，先除去氧化层，再重新焊好；配置更换相同匝数的电压线圈；精调分流电阻值；调整相应附加电阻阻值；选择粗短线连接，降低电流回路接线电阻值。

（二）电动系仪表误差的调整方法

1. 刻度特性的调整

当仪表误差呈非线性变化时，也就是刻度特性变差时，需通过改变指针与动圈间的夹角、移动整个测量机构位置、调整定圈位置等手段来调整误差、改善刻度特性。

（1）改变指针与动圈间的夹角。在电动系仪表中，为了改善刻度特性，指针与动圈的平面间都有某一夹角，如图 27-3-1（a）所示。对于功率表，这个夹角为 $10°\sim15°$；而对电压表和电流表，这个角度为 $5°\sim10°$。

如果仪表指针沿顺时针方向扳动某一角度 ε，调零后动圈的起始位置将沿逆时针方向转动了同一角度 ε，根据电动系仪表的结构原理特性，此时，不管是电流表、电压表还是功率表，在标度尺的下限附近将呈现偏"慢"的误差；对中间刻度影响不大；对标度尺上限附近的误差影响有所差别：对电流表和电压表来说，误差明显偏"快"，而对功率表来说，误差变化不大。如图 27-3-1（b）所示的实线是当指针向右弯后，电流表和电压表的误差曲线；如图 27-3-1（c）所示的实线是当指针向右弯后，功率表的误差曲线。如果指针弯曲方向相反，将输出如图 27-3-1 虚线所示的误差曲线。

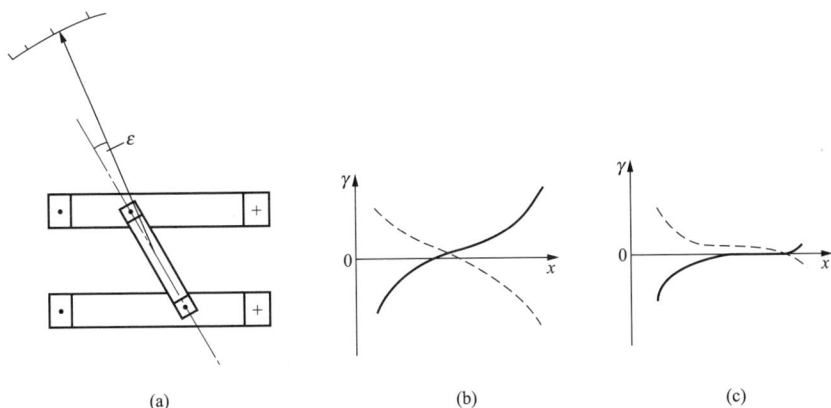

图 27-3-1　指针弯曲时的误差

（a）指针位置图；（b）电流表、电压表的误差曲线；（c）功率表的误差曲线

但是应该注意，不能随意用扳动指针的方法调整误差。只有当指针确系因过负荷而弯曲时（此时，可动部分的机械平衡遭破坏）才可以扳动指针，而且扳动过后，要经老化处理（加温后，令其自然老化一段时间）。

（2）移动测量机构底座。某些电动系仪表测量机构的底座与标度盘不是固定在一起的，相互位置可以通过移动测量机构底座的方法予以变动。因此，当将整个测量机构的底座沿顺时针方向移动时，调零后相当于动圈的起始位置左移，因而仪表的误差将如图 27-3-1（b）、（c）实线曲线所示。当将测量机构的底座沿逆时针方向转动时，其误差曲线将如图 27-3-1（b）、（c）的虚线所示。

（3）改变定圈位置。在电动系仪表中，一个定圈通常是分成前、后两部分 D 和 D'，如图 27-3-2（a）所示。改变定圈 D 和 D' 间的相对位置就可以改变定圈产生磁场的形状。当在两个定圈内侧同时加垫片 1、2、3、4 时，D 和 D' 间的距离将增大，误差曲线将呈现如图 27-3-2（b）中曲线 1 的趋势，即低刻度段和高刻度段均有偏负方向的误差。至于偏负的程度，则与仪表刻度特性有关。例如，功率表的刻度特性比较均匀，因而影响就小些；电流表和电压表的刻度特性比较不均匀，所以，影响就大些。

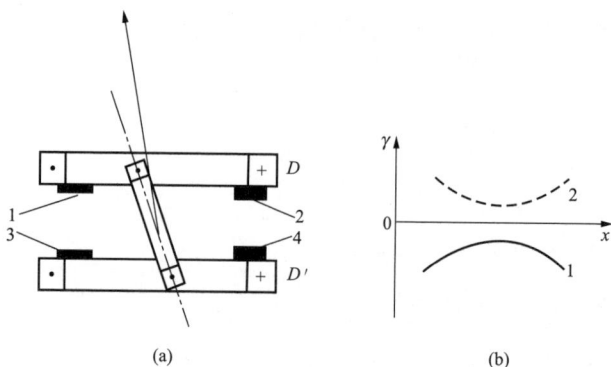

图 27-3-2 改变定圈位置时的误差

（a）定圈位置图；（b）误差曲线

如果只加入垫片 1 和 4，可使定圈沿顺时针方向转过一定角度，其效果和指针右弯是一致的，因而其误差曲线也将如图 27-3-1（b）和（c）中的实线所示。

如果只加入垫片 2 和 3，这相当指计左弯，其误差曲线将如图 27-3-1（b）和（c）的虚线曲线所示。

有些老式仪表的刻度盘有些活动余地。将它往左移时，相当指针往右弯；往右移时，相当指针往左弯。其误差曲线可参看图 27-3-1。

2. 测量线路的调整

若仪表误差是线性的，则可用调整线路电阻的方法来调整误差。

（1）电压表的误差调整。电压表的线性误差，主要采取增减附加电阻的方法来消除。如果仪表为正误差，可增加附加电阻；负误差时，应减少附加电阻值。附加电阻增减的数值，可视仪表误差大小而定。

1）相同符号的误差调整。对于 D26 型 0.5 级低量限电压表，可调整与可动线圈 A 相串联的锰铜电阻 R 来消除误差，但调整范围不应超过表 27-3-1 中的数值，其线路如图 27-3-3 所示。图中，R_1 为低挡调整电阻，R_2、R_4 为串联电阻，R_3 为高挡温度补偿铜线电阻（安装在磁屏蔽罩内），它与测量机构处于同一温度，一般不需调整。

表 27-3-1 D26 型低压电压表电阻值调整范围

规格 （V）	额定电流 （mA）	调整电阻 R	
		额定值（Ω）	调整范围（Ω）
15—30	214.3	14	12～20
30—60	150	32	24～41
50—100	100	42	22～55

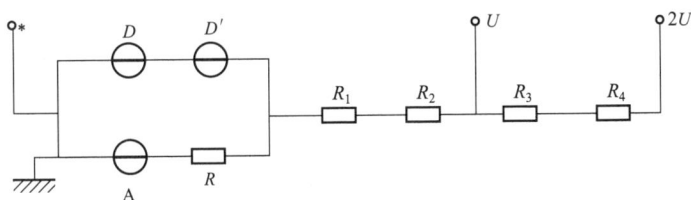

图 27-3-3 D26 型低压电压表线路

　　D26 型高压电压表可通过调整电阻 R_1 来调整各量限同符号误差，调整范围不应超过表 27-3-2 中的数值，其线路如图 27-3-4 所示。图中，R_3（安装在磁屏蔽罩内）、R_6、R_9 为高量限温度补偿铜线电阻，一般不调整。R_4、R_7、R_8 为各量限可调电阻。表27-3-3 是 D26 型电压表线路电阻参数表。

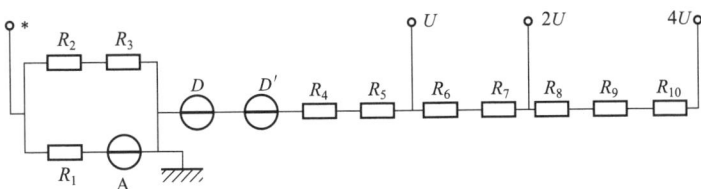

图 27-3-4 D26 型高压电压表线路

表 27-3-2　　　　　　　　　D26 型高压电压表电阻值调整范围

规格（V）	额定电流（mA）	调整电阻 R	
		额定值（Ω）	额定值（Ω）
75—150—300	60	69	60～80
125—250—500	40	166	166～216
150—300—600	40	216	196～250

表 27-3-3　　　　　　　　　D26 型电压表线路电阻值参数表

规格（V）	温度补偿铜电阻			锰铜电阻线圈			锰铜电阻板		
	序号	电阻值（Ω）	线径（mm）	序号	电阻值（Ω）	线径（mm）	序号	电阻值（Ω）	线径（mm）
75—150—300	R_3	450	0.05	R_1	69	0.273	R_5	1000	0.152
	R_6	80	0.15	R_2	50	0.193	R_7	1170	0.152
	R_9	100	0.15	R_4	80	0.273	R_{10}	2300	0.152
				R_8	100	0.193			

续表

规格（V）	温度补偿铜电阻			锰铜电阻线圈			锰铜电阻板		
	序号	电阻值（Ω）	线径（mm）	序号	电阻值（Ω）	线径（mm）	序号	电阻值（Ω）	线径（mm）
125—250—500	R_3	600	0.06	R_1	166	0.193	R_5	2800	0.152
	R_6	150	0.15	R_2	300	0.193	R_7	2975	0.152
	R_9	250	0.12	R_4	130	0.273	R_{10}	5750	0.152
				R_8	250	0.193			
150—300—600	R_3	400	0.06	R_1	216	0.193	R_5	3223	0.152
	R_6	150	0.15	R_2	500	0.193	R_7	3600	0.152
	R_9	250	0.12	R_4	105	0.273	R_{10}	7000	0.152
				R_8	250	0.193			

注　R_5、R_7、R_{10} 为多块电阻板串联组合。

2）不重合误差的调整。仪表出现不重合误差，应首先检查量限转换开关，必要时应予清洗。如果误差仍不见好转，可继续检查各电阻焊接点是否有虚焊或氧化腐蚀而引起接触电阻。查明若无故障，可先调好基本量限的误差，然后从小量限至高量限逐步调整。例如，D4–V 型 0.1 级电压表电路图如图 27–3–5 所示，其量限为 150V 和 300V 两挡，工作电流为 30mA。如果 150V 挡误差为+0.2%、300V 挡误差为–0.17%时，应首先清洗量限转换开关。若清洗过后仍不见效，可对该误差进行调整。首先调整 R_4，使 150V 挡合格；再调整 R_4'，使 300V 挡也合格。

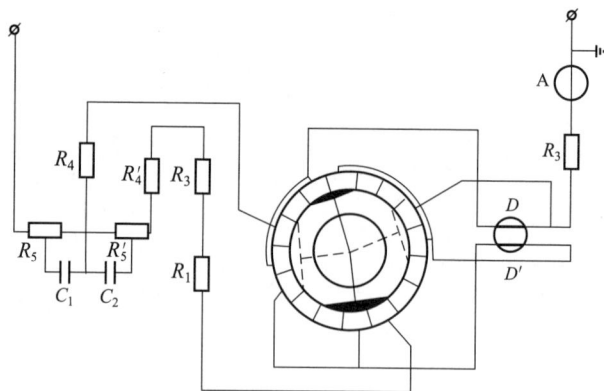

图 27–3–5　D4–V 型电压表电路

（2）电流表的误差调整。

1）相同符号误差的调整：

对于 D26–mA–A 型仪表，如果出现两挡规律一致的较大误差，可调与动圈串联的锰铜电阻 R_3，使动圈电流控制在 74～80mA，其调整范围如表 27–3–4 所示，原理线路如图 27–3–6 所示。

表 27–3–4　　　　　D26–mA–A 型电流表的电阻 R_3 的调整范围

规　　格	R_3 调整范围（Ω）	规　　格	R_3 调整范围（Ω）
150mA—300mA	10.67～13.21	2.5A—5A	10.68～12.04
250mA—500mA	10.67～12.51	5A—10A	10.71～12.05
0.1A—1A	10.69～12.22	10A—20A	11.57～13.31
1A—2A	10.69～12.11		

2）不重合误差的调整：量限转换开关接触不良对电流表的影响尤为严重。所以，遇到不重合误差时，首先应清洗量限转换开关，然后再进行误差检查和调整。

D4–A 型电流表是双量限的，有 0.5A/1A、2.5A/5A 和 5A/10A 3 种，动圈电流依次是 100、250mA 和 500mA，定圈电流与下限电流值相同。如图 27–3–7（a）所示是量限为 0.5A/1A 的电流表原理电路，如图 27–3–7（b）所示是 0.5A 时的简化线路，如图 27–3–7（c）所示是 1A 时的简化线路。其他量限的电流表，其接线原理与图 27–3–7 相同，但线路参量有所差异。现以 0.5A/1A 的电流表为例，说明其不重合误差调整方法如下：设 1A 挡误差为–0.15%，在 0.5A 挡误差为+0.17%时，应首先调大量限挡，即先调 1A 挡，合格后，再调 0.5A 挡。具体步骤为：增大 R_3' 的电阻值，使流过动圈的电

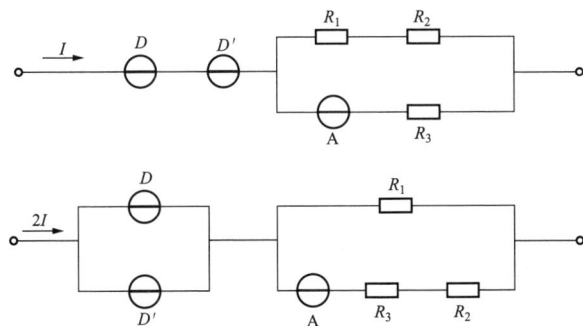

图 27–3–6　D26–mA–A 型电流表简化电路图

(a)

(b)

(c)

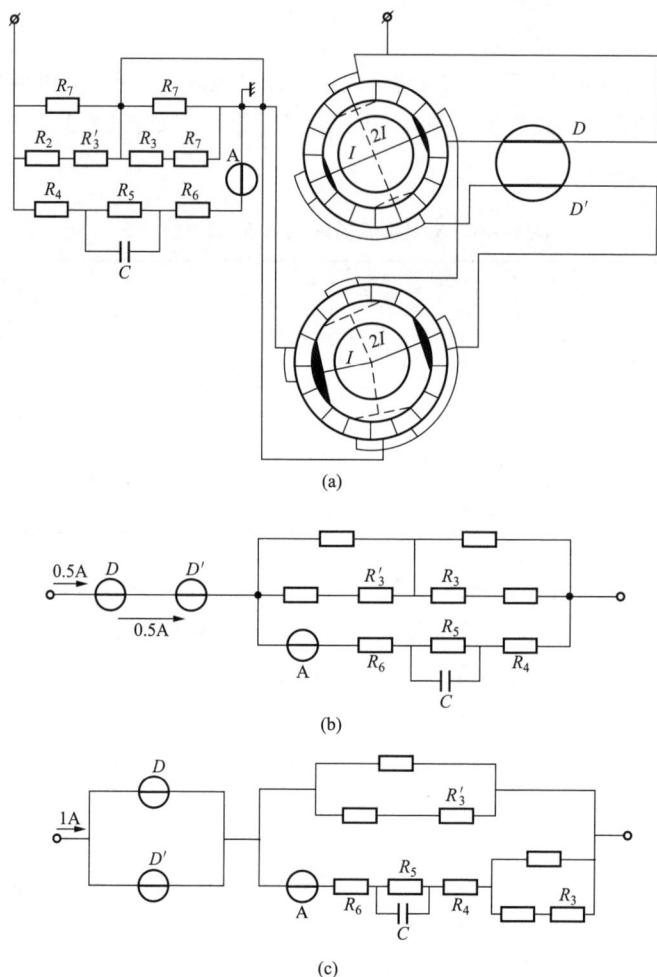

图 27-3-7 D4-A 型电流表线路图

（a）0.5A/1A 量限电路；（b）0.5A 时的简化线路；（c）1A 时的简化线路

流增加，以消除 1A 挡的示值误差；减少 R_3 的电阻值，使流过动圈的电流减少，以消除 0.5A 的示值误差。

（3）功率表误差的调整。

1）D4-W 型功率表误差的调整。D4-W 型仪表原采用轴尖轴承结构、空气阻尼、双层磁屏蔽，指示部分采用光系统。由于轴尖轴承易产生摩擦误差，可动部分支撑现改为张丝结构，其他不变动。

a. 线路调整：D4-W 型仪表原理电路图和电路配置图如图 27-3-8、图 27-3-9 所示。电压量限有 75、150、300V 3 种，工作电流为 30mA。当各量限误差不一致时，以 150V 为基本挡进行调整，再改变 300V 和 75V 的电阻线圈，使其两量限的误差与 150V 量限的差值不超过 0.03%即可。一般情况下，75V 量限±0.1%的误差可调 1.6Ω（相当 5cm 长的电阻线）；150V 量限±0.1%误差可调 3.3Ω（相当 10cm 长的电阻线）；300V 量限±0.1%的误差可调 6.6Ω（相当 20cm 的电阻线）。

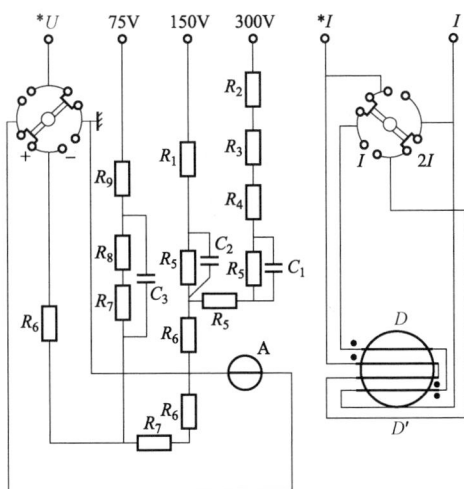

图 27-3-8　D4-W 型原理电路图

功率表可能用来作为检定三相无功功率表的标准表，因此，调整时应设法维持电压电路的总电阻为额定值，否则用人工中性点法测量三相无功功率或检定三相无功功率表时，会引起附加误差。

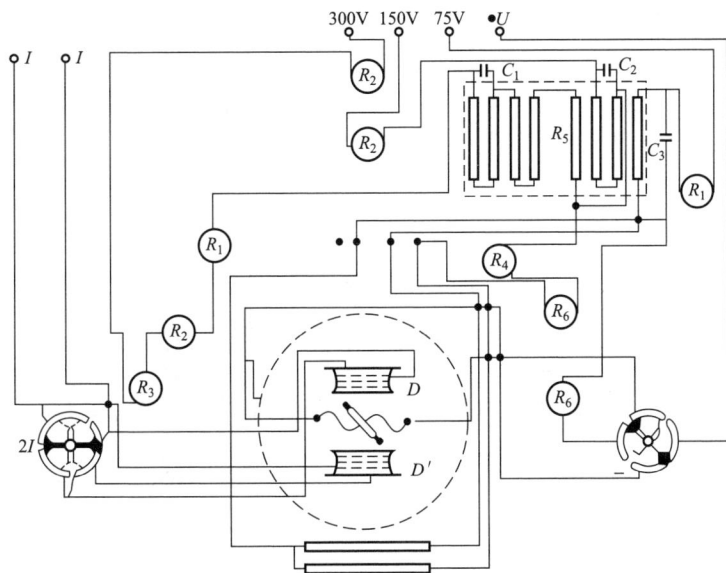

图 27-3-9　D4-W 型电路配置图

b. 角误差调整：角误差可在电流基本量限和电压所有量限上进行检查。角误差超过时，可利用调整电容的方法进行。75V 量限时，补偿电容改变 100pF，角误差可调±0.02%；150V 量限时，补偿电容改变 10pF，角误差可调±0.02%；300V 量限时，补偿电容改变 10pF，角误差可调±0.02%。若滞后相"快"、超前相"慢"，应增大电容；反之，应减小电容。

c. 光系统调整：D4 型仪表的读数装置是由刻度盘和指示器（光标）组成，双排游标刻度。其光系统由光源、两个组合套筒、固定镜和动镜组成。灯光电源有交流220、127V 和 6V（6V 也可用直流）3 种电压，要根据实际情况选择，不能插借。在电路中有灯光变压器，其接线如图 27-3-10 所示。变压器参数如表 27-3-5 所示。

表 27-3-5　　　　　　　　　　　　灯光变压器参数

电压（V）	匝数	阻值（Ω）	线径（mm）
220	5050	840±100	漆包铜线 0.1
127	2800	410±60	漆包铜线 0.1
6	165	1.4±0.2	漆包铜线 0.38

光标系统的调整方法如下：

（a）若仪表不加电压和电流时，光标不在刻度线零位上，而且调节调零器也不能使光标调在零位上时，可松开弹片座下面的螺帽 2 及顶丝 3（见图 27-3-11），转动弹片座 4 使光标能在刻度零位左右对称偏移不小于±3mm，然后上紧顶丝及螺帽。轻敲仪表时，光标指示器位置不应变化。

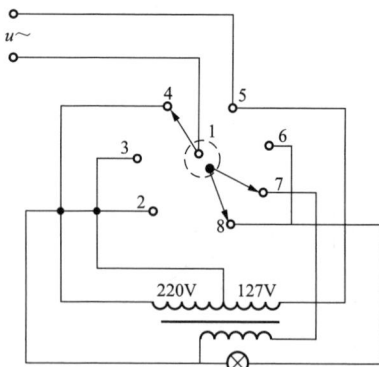

图 27-3-10　灯光电源接线图

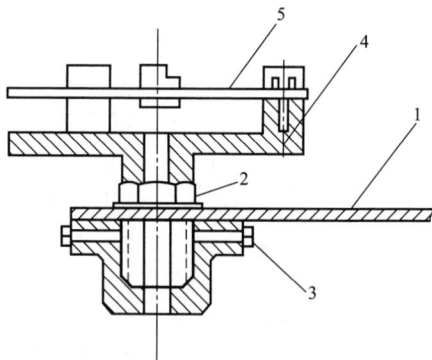

图 27-3-11　光标零位的调整
1—调零臂；2—螺帽；3—顶丝；
4—弹片座；5—弹片

（b）若光标中心落在标度尺的上面或下面时，可改变固定镜的左右位置和镜子的倾斜角度。

（c）若标度盘上光线不清晰，可旋进或旋出组合套筒，通过调整焦距使光线清晰、明亮。

（d）若光标线的转动轨迹与表盘上下平面不平行，这时可调整可动镜位置，如右边光标太高，可把动镜右上角向前压；若右边光标太低，则把动镜右上角向后压即可。

d. 静电屏蔽检查：在仪表的电压星号端钮和电流星号端钮之间加以较高电压（如 300V），仪表指针应无偏转，若有明显偏离零位，则应检查仪表的静电屏蔽是否遭损坏。

2）D50-W 型表误差的调整。D50-W 型功率表是 0.1 级张丝支撑结构的仪表。图 27-3-12 所示是电压为 30、45、75、150、300V，电流为双量限的（有 0.1A/0.2A，0.5A/1A，0.25A/0.5A，1A/2A）功率表线路图。图 27-3-13 所示是电压为 120、240V，电流为 5A 的功率表线路图，图中的开关 S1、S2、S3 和 S4 是联动的。

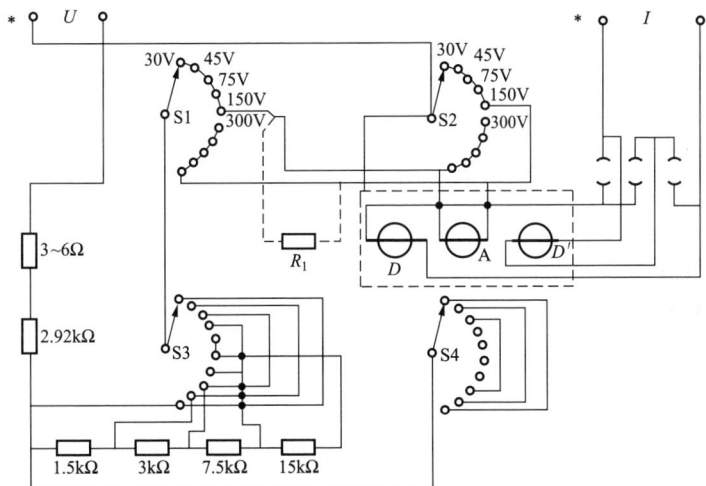

图 27-3-12　D50-W 型功率表线路图（一）

D50-W 型仪表电压回路的灵敏度为 10mA，动圈电阻为 76Ω。电压量限为 30V 时，内阻的名义值为 3kΩ；45V 时，内阻的名义值为 4.5kΩ；75V 时，内阻的名义值为 7.5kΩ；150V 时，内阻的名义值为 1kΩ；300V 时，内阻的名义值为 30kΩ。用直流电桥检查量限阻值的大小，每一量限实际阻值与名义值之差的百分比不应超过 0.01%，否则就要进行调整。若电阻值偏大，可用并联 0.5W 金属膜电阻的办法解决；若阻值偏小，可用串联锰铜电阻的方法解决。

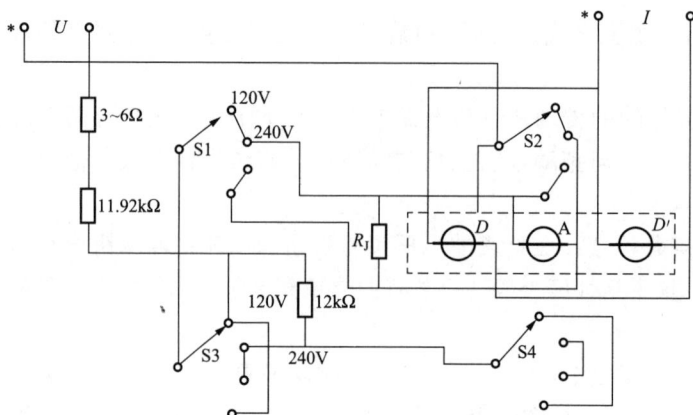

图 27-3-13 D50-W 型功率表线路图（二）

D50-W 型功率表专门设置了可与动圈并联的灵敏度调整电阻 R_J。设动圈电阻为 R_0，则当仪表的误差为 r 时，可在动圈两侧并联电阻 R_J，R_J 的值应按下式选取

$$R_J = \frac{R_0}{r} \tag{27-3-1}$$

例如，当功率表偏"快"0.08%，可在动圈两侧并联电阻 R_J。此时

$$R_J = \frac{R_0}{r} = \frac{76\Omega}{0.08\%} = 95k\Omega \approx 100k\Omega$$

式（27-3-1）的来源证明如下：

设动圈电阻为 R_0，并联电阻 R_J 以后动圈两端的等效电阻为 R_0'，则

$$R_J = \frac{R_0 R_0'}{R_0 - R_0'} = \frac{R_0}{-(R_0' - R_0)/R_0'} = \frac{R_0}{-r} \tag{27-3-2}$$

式中 $r = (R_0' - R_0)/R_0'$——动圈两端等效电阻的变化率。

再看动圈电流的变化：设并联电阻 R_J 以前流过动圈的电流为 I_0，当并联电阻 R_J 以后，流过动圈的电流为 I_0'，因为动圈电阻只占电路电阻的一小部分，所以，当在动圈上并联很大电阻时，对电压电路电流的影响很小，因此有

$$I_0' = I_0 \frac{R_J}{R_J + R_0} \tag{27-3-3}$$

设并联电阻以后，动圈电流的变化率为 η，则

$$\eta = \frac{I_0' - I_0}{I_0} = \frac{I_0 R_J/(R_J + R_0) - I_0}{I_0} = \frac{-R_0}{R_J + R_0} \tag{27-3-4}$$

因为 $R_0 = -rR_J$，且 $R_J \gg R_0$。所以，得到下式

$$\eta = \frac{rR_{\mathrm{J}}}{R_{\mathrm{J}} + R_0} \approx r \qquad (27\text{-}3\text{-}5)$$

即动圈电流的变化率η就等于动圈两端等效电阻的变化率。因此，按式（27-3-1）加入并联R_{J}时，可使仪表误差普遍偏慢r。

当各量限的误差不一致时，也可以采用这种办法调整误差，使之在合格范围内。例如，当仪表各挡出现下述误差时：30V：+0.11%，45V：+0.08%，60V：0.01%，150V：0.02%，300V：+0.04%，也可以按式（27-3-1）在动圈两端并联以电阻R_{J}，若令其误差偏负0.04%时，R_{J}可按下式选择

$$R_{\mathrm{J}} = \frac{76\Omega}{0.04\%} \approx 190\mathrm{k}\Omega$$

【思考与练习】

1. 电动系仪表刻度特性如何调整？

2. D4-W型功率表误差从哪些方面进行调整？

3. 不重合误差调整方法？

▲ 模块4　绝缘电阻表的调修（ZY2100802001）

【模块描述】本模块介绍绝缘电阻表的调修方法。通过故障分析、要点归纳和方法介绍，掌握绝缘电阻表高压直流源、测量机构常见的故障现象、产生原因及处理方法，掌握绝缘电阻表测量回路误差的调整方法。

【模块内容】

一、概述

由绝缘电阻表的测量电路和工作原理可知，绝缘电阻表的常见故障主要发生在高压直流电源和测量机构。因此，除了很明显的故障外，应先从高压直流源着手检查，待排除了该部位的故障并恢复正常工作后，再检查和修理测量机构。

二、高压直流源（手摇发电机）常见故障的修理

（一）常见故障及排除方法

（1）发电机摇不动，有卡住现象或摇时手感很重。产生的主要原因有：

1）发电机转子与极靴相碰。

2）增速齿轮啮合不好或已损坏。

3）滚珠轴承脏，油干涸。

4）小机盖固定螺栓松动，使转子在滚珠轴承位置不正。

5）转轴弯曲。

故障处理方法：拆下发电机修理重装，消除转子与极靴相碰现象；调整增速齿轮位置使其啮合好，如损坏则应更换；拆下轴承、转轴，清洗并上润滑油；调整小机盖位置，固定螺栓，使转子位置正确；将弯曲的转轴整直。

（2）摇发电机打滑，无电压输出。产生的主要原因有：

1）偏心轮固定螺栓松动，造成齿轮啮合不好。

2）调速器弹簧松动或弹性不足。

故障处理方法：调整好偏心轮位置并使各齿轮啮合好，再固紧偏心轮螺栓；旋动调速器螺母拉紧弹簧，使摩擦点压紧摩擦轮，或更换弹簧。

（3）发电机电压不稳定。产生的主要原因有：

1）调速器装置螺栓松弛，调速器摩擦点接触不紧。

2）调速器的弹簧松动或弹性不足，调速器摩擦点有油污打滑。

故障处理方法：固牢调速器位置上的螺栓，使调速器橡皮接点紧压摩擦轮；旋动柱形螺母，紧拉弹簧或将弹簧更换；清洗调速器摩擦点。

（4）摇发电机时，产生抖动。产生的主要原因有：

1）发电机转子不平衡。

2）发电机转轴不直。

故障处理方法：把转子放在平衡架上调整平衡；将转轴矫直。

（5）机壳漏电。产生的主要原因有：

1）内部引线碰壳或发电机弹簧引出线碰壳。

2）受潮造成绝缘不好。

故障处理方法：检查线路，消除碰壳现象；烘干祛潮，恢复良好绝缘。

（6）发电机无输出电压或电压很低。产生的主要原因有：

1）绕组断线。

2）绕组接头或线路断线。

3）碳刷接触不良或电刷磨损。

故障处理方法：将断线的绕组重新绕制；检查断线处重新焊牢；调整碳刷与整流环接触面或重换碳刷。

（7）摇发电机手感很重且输出电压低。产生的主要原因有：

1）发电机两整流环之间有磨损，有碳粒或铜屑短路。

2）整流环击穿短路。

3）转子绕组短路。

4）发电机并联电容器击穿。

5）内部绕组短路。

故障处理方法：用汽油清洗整流环，消除碳粒和铜屑影响；对击穿的整流环进行修理或更换；将短路的转子绕组重新绕制；调换击穿的电容器；检查内部绕组找出短路处，进行清理消除短路现象。

（8）摇发电机时碳刷有声响、火花产生。产生的主要原因有：

1）碳刷与整流环磨损，表面不光滑，接触不良。

2）碳刷位置偏移与整流环接触不在正中。

故障处理方法：配换碳刷，整流环磨损可用细砂纸磨光并用汽油清洗；调整碳刷位置在整流环正中，并使之全面接触。

（二）转子绕组故障的检查和修理

检查发电机转子绕组的故障时可按图27-4-1进行接线，分别检查 L1、L2、L3 绕组的电阻值。

常见型号绝缘电阻表的发电机转子绕组匝数和电阻值列于表 27-4-1。

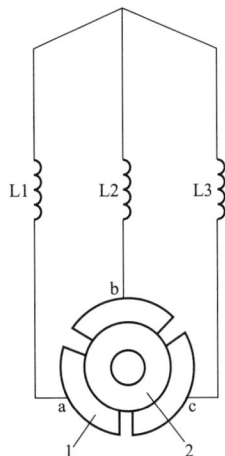

图 27-4-1　转子绕组接线示意图

1—整流环；2—绝缘体；

L1、L2、L3—转子绕组；

a、b、c—与绕组对应的整流片

表 27-4-1　　　　　常见型号发电机绕组参数表

型　　号	绕　组　匝　数	导线直径（mm）	电阻值（Ω）
ZC1（100V）	3000	0.24	200～250
ZC1（500V）	16 000	0.08	9000～10 700
ZC1（1000V）	34 000	0.06	34 000～42 000
ZC5	25 000	0.05	20 000±5%
ZC7（100V）	2200±20	0.15	约 165
ZC7（250V）	5000±30	0.1	约 780
ZC7（500V）	11 000±100	0.07	约 3650
ZC7（1000V）	20 000±200	0.04	约 20 000
ZC7（2500V）	40 000±200	0.03	约 60 000
ZC711-1、ZC711-6	700×4	0.32	
ZC711-2、ZC711-7	1800×4	0.19	

续表

型　　号	绕 组 匝 数	导线直径（mm）	电阻值（Ω）
ZC711-3、ZC711-8	3500×4	0.13	
ZC711-4	8000×4	0.08	
ZC711-5、ZC711-10	20 000×4	0.05	
ZC711-9	350×4	0.41	
ZC25-1	2400	0.15	
ZC25-2	4750	0.13	
ZC25-3	10 000	0.09	
ZC25-4	23 000	0.06	
0101	2400	0.12	
2525	5500	0.08	
5050	11 000	0.06	
1010	23 000	0.04	

检查时，可先拆下碳刷，然后在整流环 a、b、c 这 3 段之间分别测出 L1、L2、L3 绕组的阻值，并比较三者阻值的差异。若测量 a—b 之间通，a—c、b—c 都不通，可能是与 c 段相对应的绕组 L3 断路或焊接不良；若 a—b、b—c 两组绕组阻值相近，而 a—c 一组绕组阻值很小，可能是这组碳刷与整流环之间有铜屑造成短路或绝缘被击穿。检查后，可根据具体情况进行修理，转子断线和损坏严重的应调换，一般性故障视情况分别进行修理。

（三）碳刷及整流环故障的修理

若碳刷座螺栓松动，会造成碳刷位置偏移，与转子接触不良，导致电压降低和碳刷与整流环之间产生火花。只要用汽油清洁整流环，恰当地调整碳刷座位置，把止动螺栓固紧即可。

若碳刷磨损，可重新配换新的，通常更新为 DS8 碳刷，也可用调压器改制后代替。碳刷外形通常有方形和圆形，可先用手锯锯成毛坯，然后用锉刀锉成所需的形状和尺寸。

若整流环磨损，在每片整流环隙缝边缘造成凹凸不平，可以把它拆下，在车床上车圆，然后用细砂纸打光，再用汽油清洗干净。如磨损不太严重，可以不拆下，一面用手转动转子，一面把小什锦锉置于面上锉，再用细砂纸打光。若 3 片整流环间的绝缘隙缝中有脏物和碳化，应用汽油清洗，用竹签剔除。

（四）发电机磁钢的充磁

经修理、调整后，若发电机输出电压仍不能达到额定输出电压时，则可能是磁钢失磁。这种情况就必须将转子拆下，对定子中的磁钢进行充磁。

三、测量机构常见故障的修理

（一）常见故障及排除方法

（1）指针转动不灵活，有卡滞现象。可能产生的原因有：

1）绕组上粘有细毛或铁芯与极掌间隙有铁屑等杂质。

2）绕组转动时导流丝碰固定部分。

3）铁芯松动并与绕组相碰。

4）轴承与轴尖空隙过大，铁芯、极掌有摩擦。

5）绕组受压变形并与铁芯、极掌相碰。

6）表盘上有细毛与指针相碰。

故障处理方法：用细探针清理杂质；调整导流丝使其碰不到固定部分；固定铁芯螺栓；调整轴承螺栓使其与轴尖空隙正常，消除铁芯与极掌的摩擦；重整绕组线框；清除表盘上细毛。

（2）指针指不到"∞"位置。可能产生的原因有：

1）导流丝变形附加力矩变大。

2）电源电压不足。

3）电压回路电阻变质，数值增高。

4）电压线圈局部短路或断路。

故障处理方法：整理导流丝，在不通电时使指针在"∞"位置；修理电源、发电机或变换器；调配回路电阻；重绕或更换电压线圈。

（3）指针指示超出"∞"位置。可能产生的原因有：

1）无穷大平衡线圈（有的仪表无此线圈）短路或断路。

2）电压回路电阻变小。

3）导流丝变形。

故障处理方法：重绕或更换无穷大平衡线圈；调换电压回路电阻；修理或更换导流丝。

（4）指针不指零位。可能产生的原因有：

1）电流回路电阻值变化，阻值减小指针超过零位，阻值增大指针指不到零位。

2）电压回路电阻变化，阻值增大指针超过零位，阻值减小指针指不到零位。

3）导流丝变质。

4）电流线圈或零点平衡线圈有局部短路或断路。

故障处理方法：根据情况调整或更换电流或电压回路电阻，使指针指零；更换变质的导流丝；重绕或更换电流线圈或零点平衡线圈。

（5）可动部分平衡不好。可能产生的原因有：

1）指针打弯或向上翘起。

2）平衡锤上螺栓松动，使位置改变。

3）轴承松动，轴间距离大，中心偏移。

故障处理方法：校正指针；重调平衡，固定螺栓；调整轴承螺栓，使其位置适当并固紧。

（6）指针位移较大，不能指一定值。可能产生的原因有：

1）轴尖磨损或生锈。

2）轴承碎裂或有杂物。

故障处理方法：磨修或重配轴尖；更换轴承或清洁杂物。

（二）可动部分的检修

绝缘电阻表可动部分的故障，可先检查指针有否弯曲、卡住，平衡是否有变。在排除了这些故障后，再检查测量线路。检查时，可把测量线路逐个焊开，用万用表电阻测量挡分别接在 3 根导流丝外焊片处（1 根为电流线圈输入，1 根为电压线圈输入，1 根为电流和电压线圈共同输出端），检查电压线圈、无穷大平衡线圈及电流线圈或零点平衡线圈回路是否通，如不通，可能是导流丝或线头脱焊或者是线框断线。

如果发现有断路或短路现象，可把整个线框从支架上拆下，找出各线圈线头，再分别测量每只线圈的阻值，如确系损坏，须进行修理或重绕线圈。在未拆大小铝框前，应注意先记下线框的相对位置与指针夹角，各线圈端部连接点，如电流、电压线圈始端及它们的公共末端，并记下原来线圈线径、绕制方向、线圈匝数等，然后进行绕制。绕制方法与其他线圈一样，绕好后照原来位置组装。

导流丝的焊接较为重要，焊接不正确会增加附加力矩，而且容易相碰。此外，导流丝变质、变形或过短，都会造成指针不能正确地指在零位，尤其是指示无穷大位置时，会产生一定误差。当调整无法修复时，需要更换为原规格的新导流丝。一般可用成品配制，在缺乏成品的情况下，可根据原有导流丝的长度、厚度、宽度、圈数选用检流计吊丝进行盘制。盘制过程中应特别注意导流丝表面不要有折伤痕迹，盘制后，可将导流丝两头夹上焊片予以焊接。焊接前，为使焊接方便、效果最佳，可用折叠后的纸片插入动圈与磁极之间，固定表头可动部分，不让它自由转动；焊接时，先将 3 根导流丝焊在外焊片上，然后分别将 3 根导流丝沿转轴各绕一圈，再焊到各线圈焊片上。此时应先焊好与线圈较近的 1 根导流丝，移动可动部分并使指针指在表盘刻度"∞"位置（如不在此处，则应予以调整），并固定好后再焊其余两根，方法同上。在表盘刻度"∞"位置，磁场对电压线圈的作用最弱，如存在导流丝的附加力矩就会引起仪表误差，因此，当仪表没有接通电源时，要求指针能自然地处于表盘刻度"∞"位置。焊接后的导流丝应符合下述要求：

（1）表面清洁，无折伤现象。

（2）转轴在导流丝圆周的中心位置。

（3）尽量减少上翘和下垂现象。

（4）用手拨动指针，从"0"到"∞"偏转时，导流丝不应与其他物相碰。

（三）可动部分的平衡调整

可动部分机械重心不平衡将产生仪表指示值的附加误差，尤其是当仪表指示值接近无穷大处，磁场很弱，定位力矩小，可动部分机械不平衡的影响更大，因此，必须进行机械平衡的调整。调整的方法有通电平衡调整和不通电平衡调整两种。

（1）通电平衡调整。将绝缘电阻表输出端钮"E""L"开路，在仪表由工作位置向前、后、左、右倾斜 30° 的 4 个位置上摇动发电机，依照指针在表盘"∞"位置的情况，进行平衡调整；也可用一节 1.5V 电池、限流电阻 R_1 和电位器 R_P（见图 27-4-2）接入电流及电压线圈回路，并通入一定电流（一般不超过线圈额定电流），使指针指在中间刻度，然后将绝缘电阻表由工作位置向前、后、左、右倾斜 30°，按照指针偏离表盘"∞"位置的情况进行机械平衡的调整。机械平衡的调整方法，可根据平衡锤结构型式，结合磁电系仪表机械平衡调整方法进行。

（2）不通电平衡调整。绝缘电阻表不通电时，指针一般在表盘"∞"附近，可先在仪表工作位置时确定某点 A，然后将仪表由工作位置向前、后、左、右倾斜 30°，按指针偏离 A 点的情况调整仪表的机械平衡。

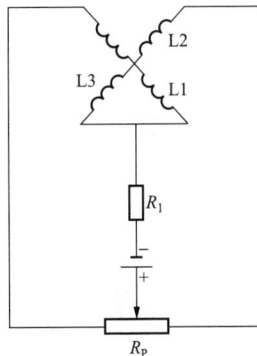

图 27-4-2　通电调整机械平衡接线原理

（四）测量回路阻值的检查

绝缘电阻表测量回路电阻的变化将会引起很大的测量误差，尤其是电压回路的电阻值改变时，将会引起全部读数产生正或负的误差，这种现象在仪表示值读数较大时比较明显。如果电流回路的电阻值改变，将会在读数较小值处引起显著的误差。因此在修理绝缘电阻表时，必须检查电流回路和电压回路电阻值。表 27-4-2 列出了常用绝缘电阻表电压回路电阻与电流回路电阻的数值。

表 27-4-2   常用绝缘电阻表测量回路电阻值

型　号	电压回路电阻值				电流回路电阻值			
	阻值（kΩ）	功率（W）	个数	接法	阻值（kΩ）	功率（W）	个数	接法
ZC1（100V）	15	0.5	2		47	0.5	2	
ZC1（500V）	82	2	2		220	2	2	
ZC1（1000V）	270	2	2		470	2	2	
ZC5	10 000	2	2		5100	2	2	
ZC7（100V）	300	2	1		400	2	1	
ZC7（250V）	750	2	1		1000	2	1	
ZC7（500V）	1500	2	1		750	2	1	
ZC7（1000V）	3000	2	1		1500	2	1	
ZC7（2500V）	3600	2	1		3600	2	1	
ZC11-1	390	2	1		390	2	1	
ZC11-2	1000	2	1		1000	2	1	
ZC11-3	2000	2	1		2000	2	1	
ZC11-4	3900	2	1		3900	2	1	
ZC11-5	10 000	2	1		10 000	2	1	
ZC11-6	100	2	1		51	2	1	
ZC11-7	240	2	1	并联	120	2	1	并联
ZC11-8	510	2	1		240	2	1	
ZC11-9	200	2	1		200	2	1	
ZC11-10	5100	2	1		5100	2	1	
ZC13-1	120	2	1		240	2	1	
ZC13-2	240	2	1		500	2	1	
ZC13-3	500	2	1		1000	2	1	
ZC13-4	2000	2	2		2000	2	1	
ZC14-1	200	2	1		200	2	1	
ZC14-2	500	2	1		500	2	1	
ZC14-3	1000	2	1		1000	2	1	
ZC14-4	2000	2	1		2000	2	1	
0101，ZC25-1	100	2	1		20	2	1	
2525，ZC25-2	240	2	1		51	2	1	
5050，ZC25-3	500	2	1		100	2	1	
1010，ZC25-4	1000	2	1		200	2	1	

四、测量回路误差的调整

绝缘电阻表测量回路误差的调整必须在仪表的电路、机械结构正常工作的状态下进行，调整中要注意两个测量线圈及指针和线圈间的相对位置是否准确。若仪表内部测量机构和高压直流源部分确无问题，可根据下面几种情况分别进行调整：

（1）在额定电压下将仪表输出端钮"E""L"开路，若仪表指针不指到"∞"，其原因可能是整流电路板没有与发电机接通（不到"∞"时），或者是整流电路板绝缘不良，有漏电。如果不是以上原因引起的，应适当减少电压回路的电阻；若超出"∞"位置，应增加该电阻阻值。但需注意不能轻易地增减电阻。

（2）在额定电压下将仪表输出端钮"E""L"短接，若仪表指针不指到"0"，应减少电流回路的电阻；如指针示值超出"0"，则应增加电阻。

（3）若没有"∞"调节装置（如分磁片或电位器），通常应先调整好仪表的"∞"位置。

（4）若"∞"和"0"位置都已调整好，但仪表在表盘的前半段或后半段刻度上仍存在误差，可少量地伸长或缩短导流丝后重新焊接，利用残余力矩来改变刻度的特性（但导流丝变化后，仪表的"∞"与"0"刻度位置需重新调整）。

（5）若仪表指针少许指不到"0"位或超出"0"位，可扳动指针进行调整。若指针少许指不到"∞"位置，可用镊子拨动一下导流丝，利用残余力矩使指针指在"∞"位置。

（6）仪表刻度特性改变产生较大误差时，可能是轴座位置或线框偏斜（主要是重绕线框时装偏），指针与线框夹角和两线框之间夹角的改变，都能造成刻度特性的误差，必须检查轴座及夹角角度，并将发现的缺陷予以消除。

（7）当"0"和"∞"两点或附近刻度点都调整好，只是刻度的中心点附近超差较大，调整不起作用时，可以通过重画表盘刻度予以解决。

【思考与练习】

1. 绝缘电阻表有哪些常见故障？如何排除？
2. 如何进行测量回路误差的调整？
3. 如何调整"∞"和"0"位置？

◢ 模块 5　接地电阻表的调修（ZY2100802002）

【模块描述】 本模块介绍接地电阻表整流器的调修方法。通过故障分析、要点归纳和方法介绍，掌握接地电阻表机械整流器和晶体管相敏整流器故障现象、产生原因及处理方法。

【模块内容】

一、概述

接地电阻表的工作原理与绝缘电阻表有些相似，接地电阻表主要由发电机、整流电路和测量机构三大部分组成，这三个部分都可能发生故障。接地电阻表的测量机构是一个灵敏度较高的磁电系微安表，发电机结构也与绝缘电阻表的手摇发电机相似，对于这两部分产生的一些故障及修理方法，可参见有关章节内容，这里主要叙述整流电路的故障修理方法。

二、接地电阻表整流器的修理

（一）机械整流器的修理

机械整流器也称为整流子，其形状如图 27-5-1 所示。整流子的作用是将接地电阻表"E"和"P"两极接收来的交流电压变成直流，驱使表头指示。在图 27-5-1 中，

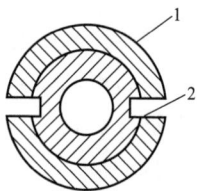

图 27-5-1　机械整流器外形图
1—整流子铜环；2—绝缘体

整流子铜环 1 一般采用紫铜，其硬度较低，因此，与铜环接触的碳刷硬度应采用适中的材料。太硬会使铜环磨损，造成接触不良；太软会很快地磨损碳刷自身，磨损的粉末使铜环间隙堵塞，造成输出电压降低，不能正常工作。因此，当仪表指示不灵敏或指示值偏差很大时，应先清洁整流子间隙中的污垢，而后再检查整流子与发电机转子的连接是否有松动。这一部位若配合不好，整流子起不到整流的作用，会阻碍电压幅值的输出，使仪表示值产生误差。

（二）晶体管相敏整流器的修理方法

晶体管相敏整流器的作用与机械整流器作用相同，其原理电路如图 27-5-2 所示。电路工作时，"E""P"两极从大地接收来的交流电压经整流后变为直流，驱使表头指示。这部分的常见故障主要表现为表头无指示或指示偏差大，产生的原因大致有以下几个方面：

（1）晶体管 V4 特性变差，影响相敏电路正常工作。

（2）输入电阻 R_9 损坏、变值，不能取得被测量信号。

（3）起"开关"作用的电压线圈短路或断路，使相敏电路不起作用。

（4）电容 C_2、C_3 变质，造成分流和短路现象。

（5）电位器 R_{P1}、R_{P2} 接触不良，使晶体管 V4 工作点偏离。

在修理前，应着重进行以上 5 个方面的检查，在确认故障的部位后，再进行同类、同规格器件的更换。

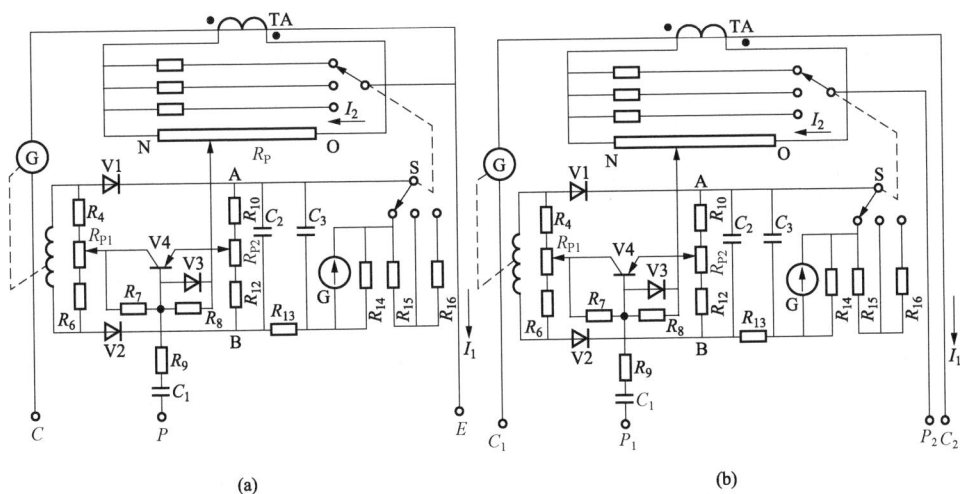

图 27-5-2　采用相敏整流的接地电阻表原理电路图

（a）三端钮测量电路；（b）四端钮测量电路

【思考与练习】

1. 接地电阻表机械整流器的故障如何修理？
2. 简述接地电阻表晶体管相敏整流器的修理方法。
3. 怎样判定接地电阻表的测量机构存在故障？

◤ 模块 6　电阻箱的调修（ZY2100803001）

【模块描述】本模块介绍电阻箱的调修方法。通过故障分析、要点归纳、方法介绍和举例说明，掌握电阻箱常见的故障现象、产生原因及处理方法，掌握直流电阻箱示值误差大的调整方法。

【模块内容】

一、概述

测量用直流电阻箱，是一个由若干已知电阻线圈按一定形式连接在一起组合成的可变电阻度量器。其电阻值的变化是通过变换装置，使其电阻值可在已知的范围内按一定的阶梯而改变。因此，它在仪表检定、调修、电气测量、试验中被广泛地应用。

按阻值变换方式的不同可分为：

（1）开关式——以改变开关位置而使阻值改变的电阻箱。

（2）插头式——以改变插头位置而使阻值改变的电阻箱。

（3）接线式——以改变接线位置而使阻值改变的电阻箱。

本文介绍的主要是常用的开关（旋钮）式电阻箱的调修，这种电阻箱是由单个十进盘或多个十进盘组成，十进盘的电阻一般是串联线路。此外，也可以采用串并联线路得到小阻值的变化，如微调电阻箱。

二、直流电阻箱的常见故障及调修方法

（一）零位电阻大及示值变差大的调修

零位电阻大及示值变差大产生的主要原因：一是由于焊接点出现虚焊，当轻轻敲击电阻箱外壳时，电阻值（或零电阻）发生变化，则很可能线路中出现了虚焊点，此时应拆封予以检查和重新焊接；二是电阻箱的电刷（插头）接触不良，当转动电刷或拔出插头后又重新置于原示值，如果电阻实际值（或零电阻）发生变化，则可能是接触不良造成的（转动电刷时动作要轻，以免振动使虚焊点发生变化，造成两种现象混淆），这时应予以清洁擦拭。

下面介绍不同结构电阻箱的处理方法：

（1）对于插头式电阻箱，可用麂皮擦拭插孔、插头表面氧化层和脏物，然后用航空汽油或无水酒精洗净。如果氧化层严重影响接触或插孔变形、表面粗糙，可用 00 号细砂纸打磨，然后清洁擦拭干净，再用麂皮蘸氧化铬进行抛光。

（2）对于轻压力开关式电阻箱，触点表面氧化层（发乌）和脏物，只能用麂皮或硬橡皮等擦拭，不得用砂纸打磨，否则将破坏覆银表面。擦拭干净后，在触点表面轻轻涂上一薄层仪器油。如果刷片与触点接触压力调节不当，则可用镊子轻轻地改变刷片接触部位的弧度。

（3）对于重压力开关式电阻箱，触点表面的氧化层和脏物应予以清洁擦拭，严重者可用 00 号砂纸打磨，最后清洁擦拭干净，涂上一层薄薄的中性凡士林，切忌上油过厚。

（4）对于接线式电阻箱无零电阻，若其示值变差大，主要是虚焊或接线柱有氧化层所致，找出虚焊点重新焊接或将接线柱氧化层消除即可。

（二）电阻箱回路不通或某几个电阻线圈不通的调修

整个电阻箱回路不通，主要是引出线脱焊；部分电阻线圈不通，主要是电阻元件的电阻丝焊头霉断或过负荷烧坏所致，应对症排除。经拆装修理的开关式电阻箱，还应考虑电刷安装位置是否正确。

另外，电阻箱也有可能出现短路现象，主要由于引线相碰所致。对于开关式电阻箱出现示值短路时，很可能是触点间被金属物短路造成的，应对症排除。

（三）电阻箱示值误差大的调修

如果电阻箱的个别示值出现超差，不要急于调整，一定要根据其整个误差的趋势来考虑，分析误差的分布情况，确定调哪几个电阻元件合适。因为示值超差的那几点示值对应的电阻元件不见得一定有问题，而有的超差往往是由前面几点的电阻元件引起的，所以调修前必须熟悉所修电阻箱的结构特点和电阻元件的连接和转换形式。

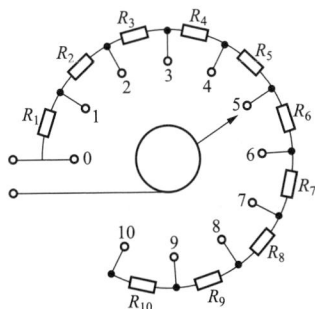

图 27-6-1　等值开关式电阻箱步进盘

这里主要介绍常用的等值十进式结构的电阻箱误差调修。此类电阻箱结构如图 27-6-1、图 27-6-2 所示。

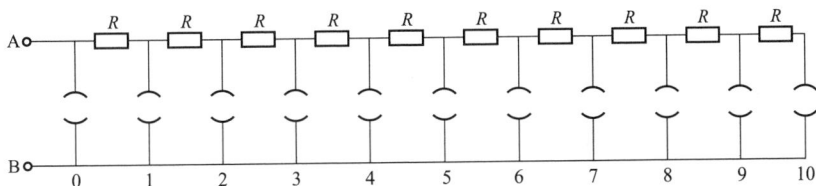

图 27-6-2　等值插头串联式电阻箱步进盘

当某示值（累加实际值）出现超差时，首先应计算该盘每个电阻元件的实际值，然后分析超差是由哪些元件引起的，再决定调修方法。

由于等值十进式是由 10 只同名义值的电阻串联而成，当某个电阻元件变化 $\Delta R(\Omega)$ 时，将使从它以后的所有示值均变化 ΔR（Ω），示值的相对误差将以 $1/n$ 而减小（n 为示值的数字）。因此，对于这种电阻箱的误差调整，采用电阻元件换位法的效果较好，它不影响元件的稳定性。换位法就是将小示值下的超差电阻与大示值下的合格电阻元件互换位置，保证各示值的累加值合格。如果某步进盘最大示值的实际值超差，则换位法将无法解决，必须调修电阻元件。

阻值调整通常采用：并联大电阻后使阻值减小；串联小电阻后使阻值增大；减小电阻丝截面积使阻值增大（适合于粗线径电阻元件）；增减电阻丝长度使阻值增减（适合于锡焊的电阻元件）。应根据调整量的大小、电阻元件的线径粗细等来决定调修方法。

对于精密型电阻箱当其超差时，不要立即进行调修，暂时可用更正使用。考察 2～3 年，掌握其阻值变化情况，然后再进行调修，这样就能心中有数。对于某些阻值变化大、性能不稳定的电阻，应重新老化处理或者更换新元件。对于性能稳定而只是超差的电阻才进行调修。

三、直流电阻箱示值误差大的调修举例

有一台 ZX25a 型电阻箱（0.02 级），经检定后，获得各示值的累加值，其中第 I、第 II 盘示值超差，各累加值及各个步进电阻值如表 27-6-1 所示。各个步进电阻值等于本示值实际值减去前一示值实际值。

表 27-6-1　　　　　　　　　　　ZX25a 型电阻箱误差调修举例

盘序	示值	检定结果累加值（Ω）	步进电阻元件实际值（Ω）	调修后步进电阻元件实际值（Ω）	调修后累加实际值（Ω）
I 盘 ×1000Ω	1	1000.06	1000.06	1000.06	1000.06
	2	2000.58	1000.52*	999.91	1999.97
	3	3000.76	1000.18	1000.18	3000.15
	4	4000.84	1000.08	1000.08	4000.23
	5	5000.79	999.95	999.95	5000.18
	6	6000.59	999.80	999.80	5999.98
	7	7000.68	1000.09	1000.09	7000.07
	8	8000.49	999.81	999.81	7999.88
	9	9000.50	1000.01	1000.01	8999.89
	10	10 000.41	999.91*	1000.52	10 000.41
II 盘 ×100Ω	1	100.006	100.006	100.006	100.006
	2	200.024	100.018	100.018	200.024
	3	300.029	100.005	100.005	300.029
	4	400.059	100.030	100.030	400.059
	5	500.057	99.998	99.998	500.057
	6	600.153	100.096*	99.980	600.037
	7	700.169	100.016	100.016	700.053
	8	800.186	100.017	100.017	800.070
	9	900.197	100.011	100.011	900.081
	10	1000.212	100.015	100.015	1000.096

（1）第 I 盘的调修。从表 27-6-1 中每个步进电阻的实际值可看出，该盘是由于第二步进电阻出现 -0.52Ω 的误差，造成第 2、3、4 示值超差，但该盘大示值不超差，则将它与大示值中合格的步进电阻相调换，就可使第 2、3、4 示值合格，而将误差为 -0.56Ω 的电阻元件换到大示值下，造成的相对误差影响就大为减少。将第 2、10 示值步进电

阻互换（如"*"号所示），则该盘第 2~9 示值的累加值均减小，则第 I 盘合格。

（2）第 II 盘的调修。从表中检定结果的数据可以看到：

1）第 4 示值的步进电阻相对误差超出 0.02%，但第 1~5 示值的累加实际值合格，因此对第 4 示值的步进电阻可以不调修；

2）第 6 示值以后各累加实际值均超差，是由第 6 示值步进电阻的-0.096Ω 误差引起的，由于它所在示值及以后所有示值的累加实际值均超差，那么它无论与哪个大示值步进电阻互换，都会使得它新处位置的示值超差；若它与第 6 示值以前的步进电阻互换，则小示值相对误差可能更大，且大示值的实际值并未改变（仍超差），因此，对第 6 示值步进电阻应进行调修，不能换位。由于第 II 盘所有累加值的更正值均为正，则可将第 6 示值步进电阻调修得略小于名义值。欲调成 99.980Ω，则可并联一个大电阻 R_M，R_M 值为

$$R_M=（99.980×100.096）/（100.096−99.980）≈86kΩ$$

并联一只 86kΩ 的金属膜电阻后，第 II 盘所有示值均合格，如表 27-6-1 所示。

【思考与练习】

1. 直流电阻箱的常见故障有哪些？

2. 阻值调整通常采用什么方法？

3. 对于精密型电阻箱的超差要不要立即进行调修？为什么？

◢ 模块 7　直流电桥的调修（ZY2100803002）

【模块描述】 本模块介绍直流电桥的调修方法。通过故障分析、要点归纳、方法介绍和举例说明，掌握直流电桥常见的故障现象、产生原因及处理方法，掌握直流电桥示值误差大的调整方法。

【模块内容】

一、概述

直流电桥是一种用来测量直流电阻的比较仪器，具有灵敏度高、测量准确度高和操作方便等特点。直流电桥按测量电路可分为单臂电桥和双臂电桥两大类。前者用于测量 $10~10^9Ω$ 的电阻，后者用于测量 $10^{-6}~10Ω$ 的电阻。

二、直流电桥的常见故障及调修方法

（一）零位电阻大及示值变差大的调修

上述故障主要发生在电桥的比较臂中，产生的主要原因是电桥比较臂的活动部分接触不良，比较盘电刷与极板之间不清洁，导致零值电阻大；有的比较臂电刷因压力调节不当，致使电刷和极板变形，接触不良，出现示值变差大。为此，必须对所有的

按钮、触点及经常处于旋转状态的刷形开关进行清洗、涂油；对于变形的电刷，应校准形状，调节触点压力，使其接触良好。由于双臂电桥增加了滑线盘电阻，故在修调中应注意滑动触点位置及触点的压力。滑动臂转动时，其触点不能太紧也不能太松，过紧会磨损触点，过松则易引起示值跳动或变差。

（二）电桥回路不通或某几个电阻线圈不通的调修

出现该类故障，可能是电桥回路引线脱焊或是电阻线圈从头部霉断或因过负荷烧坏，可仔细查找对症排除。

（三）电桥示值误差大的调修

如果电桥的个别示值出现超差，不要急于调整，一定要根据其整个误差的趋势来考虑，分析误差的分布情况，确定调哪几个电阻元件合适，因为示值超差的那几点示值对应的电阻元件不见得一定有问题，而有的超差往往是由前面几点的电阻元件引起的，此类情况则可将电阻元件进行适当的换位即可解决问题，所以调修前必须熟悉所修电桥的结构特点和电阻元件的连接和转换形式。

如果测量盘某点超差，确实由该点电阻元件引起的，则应仔细查找原因，一般常由线绕电阻的虚焊、脱焊或断线引起。对于虚焊或脱焊的线绕电阻，应细心地查出虚焊点或脱焊点，重新将其焊牢即可。对于断线的线绕电阻，则应更换新的或寻找相同规格的锰铜线，按相同方法绕制，然后再调整该点误差。

若双臂电桥各测量点示值误差一致，可通过滑线盘电阻来调整。具体调整方法如下：

（1）调整滑线盘触点位置。

（2）调整滑线盘面板指示点位置（一般很小且有限位）。

（3）反复增大或减小与滑线电阻相并联的电阻值。

（4）若滑线盘两头 0.001、0.01Ω 合格，中间超差，可将滑线盘滑线的头、尾对换一下。

（5）更换新的滑线盘。

（四）电桥内附检流计工作不正常的调修

单臂电桥内附检流计常用张丝型检流计，它采用无骨架的线圈，反作用力矩由张丝或吊丝产生，动圈电流直接经张丝或吊丝引入，其作用原理与磁电系仪表基本相同。由于检流计无轴尖、轴承之间的摩擦，因而灵敏度很高，一般都能达到 10^{-6}A/分格。在实际使用中，正是由于检流计灵敏度高、易过负荷，且结构精细，所以，常会发生各种各样的故障。通常，对检流计的故障分析，首先应检查外观，观察动圈、张丝完整情况，然后再检查线圈的通断。检流计常见故障及排除方法如下：

（1）通电时无偏转。产生的主要原因有：

1）张丝（或悬丝）、导流丝由于受振折断或过负荷损坏。

2）悬丝、导流丝固定销钉松落或者脱焊。

3）电气线路或动圈断路或短路。

4）磁空隙内有灰尘微粒黏附卡住动圈。

故障处理方法：更换张丝或导线；重新固紧；查明线路，排除故障，更换动圈；用球压空气吹去灰尘，用带尖钢针迅速引出铁屑。

（2）不回零及指示变差大。产生的主要原因有：

1）平衡不好。

2）瞬间过负荷引起张丝或导流丝疲劳变形。

3）张丝或悬丝与动圈中心不是焊在一条直线上。

4）导流丝位置不合适，产生附加微小力矩。

5）磁空隙中有毛纤维或灰尘阻碍动圈正常运转。

6）动圈上磁性物质沾污。

故障处理方法：重新平衡；更换导流丝或张丝；重新调整位置焊正；拨正位置，清除扭绞力矩；仔细观察排除纤维；仔细检查动圈表面，清除附着的磁铁物质。

（3）另外，将检流计张丝的焊接及其动圈平衡的调整方法简述如下。

1）检流计张丝的焊接。检流计张丝材料性能的好坏，直接影响到检流计的质量，因此，在张丝损坏需要调换时，应尽可能选用原规格同材料的张丝，以保持检流计原有的技术参数不变。调换时，应将张丝与检流计动圈的一端先焊好，焊点要求光洁平整，张丝不可有折痕、歪斜，焊后的形状如图 27-7-1 所示。

焊后表面应用酒精清洗干净，涂上少量防氧化漆，然后放入检流计支架中，将 2～3mm 纸片垫入动圈与圆磁极之间，使动圈不能移动，用镊子分别将动圈的上、下端张丝穿过检流计上、下端焊片支撑件孔，再用镊子夹住张丝端部使之紧贴弹簧焊片（预先在焊片处滴上少许焊剂）并压下弹簧焊片 1～2mm，以尖头烙铁点焊即可。用同样方法焊接另一端。检查无误后，即可抽去动

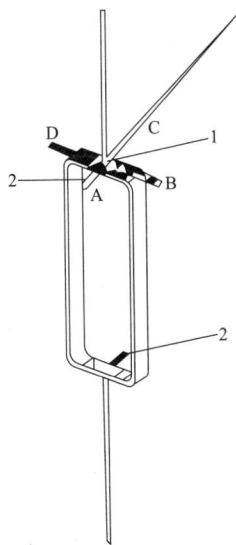

图 27-7-1　检流计动圈与
张丝焊后形状图

1—张丝穿过焊片的孔；2—张丝焊点；
A、B、D—平衡锤；C—指针

圈与圆磁极之间的纸片，用手指慢慢地拨动指针，同时观察动圈在磁极中的四面空隙是否相等，将可动部分向四面倾斜 90° 并转动不应有轧住现象。

2）检流计动圈平衡的调整。在未装入磁极金属套环之前，应进行检流计动圈机械平衡的初调。初调时，可将检流计在水平和垂直方向倾斜 90°，用焊锡材料对动圈进行机械平衡的调整。调整的方法同十字形平衡锤的平衡调整。调整完毕，再将检流计动圈插入磁极金属套环中，装上表盘后，在动圈的接线端并接一个 10kΩ 电阻，使检流计活动于微欠阻尼状态，然后再细调检流计的机械平衡，直至符合要求。

双臂电桥内附检流计常用晶体管放大器式检流计，晶体管放大器故障或检流计故障，在双臂电桥故障中比例较高，因此在修调检流计时，应首先检查指示表头工作是否正常，在排除了表头故障以后，可着重对放大电路进行检查和修理。

晶体管放大器式检流计与电桥的测量线路相比，元件多、焊点多、线路复杂，易产生故障。常见的故障一般有检流计指示不正常、漂移大、调零失灵、灵敏度低等。修理时应根据故障情况，采用适当的方法有步骤地查明故障原因。常用的检查方法主要有：

a. 对分法。这种方法是在故障范围的中段选择一点进行检查，判别故障发生在此点以前还是以后，这样就肯定一半，否定另一半，然后在剩下范围内再找一点进行检查，这样就会很快找到故障点。

b. 信号注入法。这种方法是用信号发生器或人体的感应信号注入放大器电路的某部位，来检查电路的故障点。下面以 QJ57 型电桥内附检流计放大电路（见图 27-7-2）为例，说明用信号注入法的具体检查方法。

在图 27-7-2 所示的 QJ57 型电桥内附检流计放大电路中，V3、V4、V6、V7 组成的直流放大器，放大电桥测量回路输入的不平衡信号；V9、V10 组成的振荡器，给调制解调电路提供交流信号；V11、V12、V13、V14 构成的调制解调器，把直流信号变为交流信号；该交流信号经交流放大器放大后，还原成与输入信号同步放大的直流信号。

当电路发生故障时，可在仪器印刷板上找到如图 27-7-2 所示的各检查点。检查时将一手触及①点，另一手触及电路 A 点，此时若检流计指针指向一边，说明直流正电压能从①点输入，①点以后的所有电路无问题，再检查①点以前的电路是十分简单的。如信号输不进，则利用信号发生器将交流信号输入，即将一手触及②点和③点，另一手触及⑦点和⑧点，此时检流计指针应分别打向两边。如果另一手触及⑦点和⑧点时，检流计指针只向一边偏转，另一边无指示，则故障点可能在解调器；如果检流计指针两边均无指示，则问题在③点以后。如前所述，信号也可由

④点输入，只是④点所需信号幅值较大，故而用导线直接连接或串联一个 5μF 的电容。

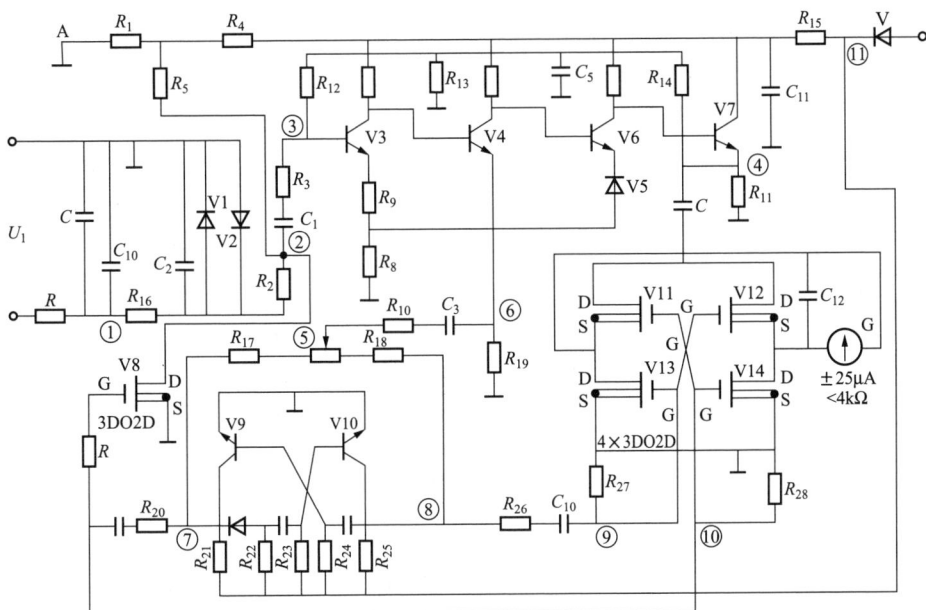

图 27-7-2 QJ57 型电桥内附检流计放大电路故障检查示意图

c. 短路法。短路法是检查交流放大器故障最有效的办法。如图 27-7-2 所示交流放大电路中，将任何一只晶体管的基极或集电极短路，则其他各管的工作点会发生很大偏移，利用这一原理便能很快判别交流放大器的问题所在。将万用表直流挡（2.5V）跨接在 R_{11} 两端，用镊子钳从 V6 开始依次往前将各管基极和集电极与地瞬间短路，则万用表指针会大幅度地摆动。若短路某一点时，指针不动，则故障就在此前后。用此法必须注意：不要将电源正端当作公共地线，否则会烧坏管子。

d. 电流电压测量法。一般用万用表测量检流计放大电路的总电流，应为 0.8mA（电源电压为 9V），其中交流放大器工作电流应为 0.3mA。如果测得结果偏差太大，说明线路有问题。再用万用表（内阻为 20kΩ/V 以上 500 型或 MF10 型万用表，否则误差太大）测量交流放大器各点工作电压，如果测量值与参考值出入太大，说明此线路有问题。电路中损坏的元件，应按原元件的规格进行调换。

三、直流电桥示值误差大的调修举例

有某台 QJ23a 型电桥,由图 27–7–3 可知,比较臂×1000Ω 盘是由 10 只名义值为 1000Ω 的电阻串联而成。现将某次对该盘进行检定和修理的数据列入表 27–7–1 中。从表 27–7–1 所列数据可以看出,该盘中 2000～4000Ω3 点阻值的相对误差均超过±0.1%。从结构特点看,它们均是由同名值的电阻串联组成,各电阻的阻值大小不一,因此不必调整某些电阻元件的阻值,只要将电阻进行适当换位后,就可使×1000Ω 盘各点的误差都小于±0.1%。

换位方法:首先根据表中列出的检定数据,计算出各单元件电阻的实际值。由于该电桥比较臂是由 10 只名义值为 1000Ω 的电阻串联组成,所以将后面元件的数值减去前面元件的数值,如第 2 单元件示值的实际值为 2005.05Ω,第 1 单元件示值的实际值为 1000.20Ω,那么 2005.05–1000.20=1004.85(Ω),以此计算出 10 只电阻元件的数值,列入表 27–7–1 中;然后按其误差的大小、符号的正负重新进行排列,使各电阻累计阻值的误差均小于±0.1%。在此例中只要把第 2 单元件与第 9 单元件互换,就可使换位后各点的相对误差均小于±0.1%。该盘调修后各电阻的相对误差见表 27–7–1。

表 27–7–1　　　　　　　　QJ23a 型电桥×1000Ω

盘检定和修理数值

序号	指示值 (Ω)	检定数值 (Ω)	相对误差 (%)	单元件电阻实际值 (Ω)	换位后数值 (Ω)	调修后相对误差 (%)
1	1000	1000.20	−0.02	1000.20	1000.20	−0.02
2	2000	2005.05	−0.252	1004.85*	1999.90	+0.005
3	3000	3004.85	−0.162	999.80	2999.70	+0.01
4	4000	4005.25	−0.131	1000.40	4000.10	−0.002
5	5000	5004.75	−0.095	999.50	4999.60	+0.008
6	6000	6004.85	−0.081	1000.10	5999.70	+0.005
7	7000	7004.45	−0.064	999.60	6999.30	+0.01
8	8000	8004.75	−0.059	1000.30	7999.60	+0.005
9	9000	9004.45	−0.049	999.70*	9004.45	−0.049
10	10 000	10 004.95	−0.05	1000.50	10 004.95	−0.05

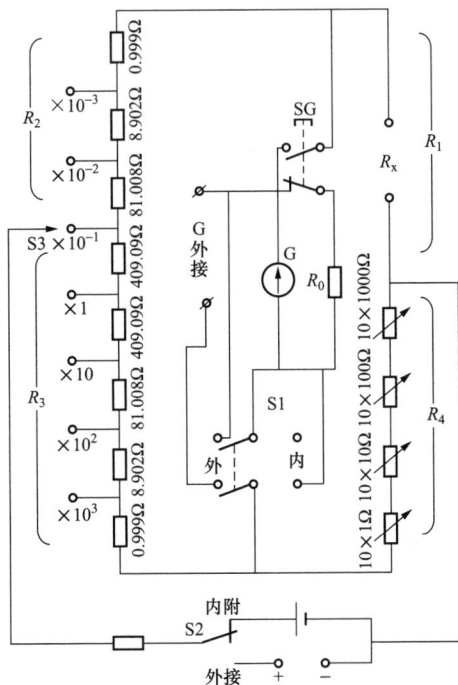

图 27-7-3　QJ23a 型单臂电桥测量电路

对于不能用换位方法解决的误差，则应查对某误差点，细心地通过阻值的调整等方法来解决。

【思考与练习】

1. 直流电桥有哪些常见故障？

2. 对于电桥的个别示值出现超差要不要立即进行调修？为什么？

3. 直流电桥中检流计常见故障有哪些，怎样调修？

模块 8　数字仪表的调修（ZY2100804001）

【模块描述】本模块介绍数字仪表的调修方法。通过要点归纳、方法介绍，熟悉修理数字仪表常用仪器、数字仪表调修的规则与方法，掌握数字万用表的检修程序、故障检查方法、常见故障及处理方法，以及数字万用表误差的调整原则。

【模块内容】

一、概述

数字仪表由输入放大电路、A/D 变换器、计数器和显示器组成，各部分电路服从于内定的控制逻辑，有条不紊地进行工作，实现仪表的测量功能，保证各项技术指标的完好。如果测量电路或供电电源任一项性能参数发生变化，都会导致仪表偏离正常工作甚至不能工作，这时仪表即需要进行修理。要使修理后的数字仪表仍能达到所规定的各项技术指标，修理人员在进行修理工作之前必须对仪表的工作原理、逻辑关系、各单元电路的作用，乃至某些重要部件在线路中的作用，以及工艺和各项技术参数有一个充分的了解。只有在掌握了这些知识之后，运用必要的仪器进行测试检查，才能比较准确地判断、查明故障点。

二、数字仪表的一般修理

（一）数字仪表一般修理用的仪器

（1）万用表。数字仪表中各电路都工作在小信号低电压，因此，用万用表测量其工作点时，万用表必须具有很高的输入阻抗，否则对被测电路将产生分流作用。为此，应当运用高灵敏度（>20kΩ/V）万用表对数字仪表工作电路或其他电路及元器件进行检查。

（2）示波器。示波器主要用来观测各检测点的波形，如各单元电路的输入和输出波形，直流电源的毛刺和纹波系数，以及变频脉冲信号等；在振荡电路中，可测量振荡波形、幅值和振荡频率；在分频和倍频电路中，可测量分频或倍频比；在调制放大电路中，可用来观察调制与解调的相位关系，还可以测量某些工作点的电平变化等。一般选用频率响应在 20MHz 的双线脉冲示波器就可以满足需要。

（3）脉冲信号发生器。脉冲信号发生器主要用来对数字仪表的计数器、变换器、输入电路等进行检查，要求其重复频率、脉冲幅度及宽度均可调节，以满足注入电路中所要求的脉冲信号。

在寻找故障时，为了判别故障是发生在电路的某点之前或之后，往往将该点前后电路断开，输入原电路的脉冲信号，观察结果，就能确定故障的区域或位置。

（4）晶体管图示仪。在修理过程中，常常会遇到二极管或三极管的性能变差但不完全损坏的情况，这时就需用晶体管图示仪来检查其优劣，测试元器件的特征参数，观察各种特性曲线的几何图像，以确定其是否符合电路工作要求。

（5）多功能校验电源。在修理或检查数字仪表时，有时需要在输入信号的情况下进行。此外，修理后的数字仪表，也需要对仪表的各功能、各量程进行初步试验。上述情况均需要一台多功能校验电源。对多功能校验电源的一般要求是：

1）能输出交直流电压、电流等多种参量，且量程分挡适宜。

2）具有足够小的连续调节细度，一般不大于 0.01%。

3）输出电压、电流具有足够高的稳定度，波动幅度不大于 0.01%。

4）直流输出电压、电流具有足够小的交流分量，纹波系数不大于 0.2%。

5）交流输出电压、电流具有足够小的波形失真度，畸变系数不大于 0.2%。

（二）数字仪表修理的规则与方法

（1）以数字电压表为例，一般应遵循下列规则。

1）了解、分析数字电压表的使用情况。动手修理前，应了解、分析数字电压表的使用情况，尤其是了解数字电压表在发生故障时的使用情况。

2）外观检查。先通电观察显示器有无异常，再改变面板上各个功能开关的工作状态，观察数字电压表的工作状况，然后关机断电，打开仪表外壳，观察机内情况。查看有无插件、元器件松脱；变压器、元器件有无冒烟或烧焦变色等。

3）寻找故障。数字电压表产生故障的原因大致有：焊接点的虚焊或脱焊，接插件接触不良，绝缘不良造成的漏电或短路，活动部件工作失常以及元器件变值损坏等。

4）排除故障。在查明故障发生部位以后，不管是更换元器件或是调整工作状态，都必须按仪表的原设计要求进行。

（2）以数字电压表为例，检修方法大致可以归纳为以下几种。

1）测量电压法。根据故障现象，测量相关电路各点的工作电压，再与正常值比较，从而判断出故障点在什么地方。

2）波形观察法。参照仪器说明书，利用示波器观察有关测试点的波形及其幅值大小，如果某一点的波形不对或幅值异常，则故障在该点相应电路。

3）信号寻迹法。假如没有信号显示，可用示波器来寻找无信号的故障所在，从前级到末级，逐级进行检查。如果某一级有输入信号而无输出信号，则故障点在该级电路。

4）整机对比法。可用相同型号且正常工作的数字电压表与所要检修的有故障的数字电压表参照测试，对比各测试点工作电压或信号波形及其幅值，则故障点产生在工作电压或信号波形及幅值异常的相关电路。

5）信号注入法。可以用一个已知的具有一定电压值的适当频率的信号源注入各级通道进行检查。

6）组件代换法。经过对数字电压表电路的分析，故障的出现可能是多种原因引起的。为了尽快找到故障，可用一台相同型号完好的数字电压表的印刷电路板，逐块代换有故障的数字电压表中相同的印刷电路板。

7）逻辑分析法。检修数字电压表的数字电路，特别是存储器和译码电路的故障，可用逻辑代数式来进行分析。

三、数字万用表的一般检修方法

（一）数字万用表的检修程序

一般来说，应遵循图 27-8-1 所示的工作程序对数字万用表进行检修。

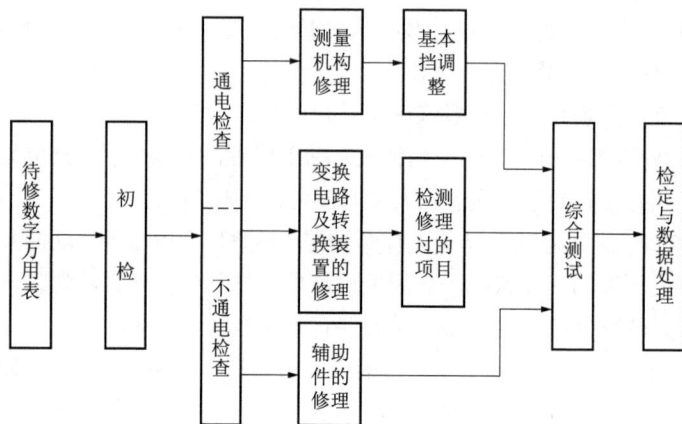

图 27-8-1 数字万用表检修程序框图

（二）数字万用表的故障检查方法

按图 27-8-1 所示框图对数字万用表故障进行检查时，可运用问、看、闻、听、敲、比、代、测 8 种基本方法。

（1）问。仪表发生故障修理前，应先向使用仪表的人员了解发生故障的时间、地点、测量对象、使用操作情况，然后再问仪表使用前后的状况。

（2）看。在仪表不带电的情况下，看其外壳是否损坏，有无受力、受热变形等情况；然后开启电源开关，看一下显示器能否显示、是否缺笔画等；打开表箱后，再看一看仪表内元器件是否有脱焊、断线、烧坏等现象。此外，还应检查开关有无烧坏、位置是否恰当等。

（3）闻。开盖后，闻电路中的元器件是否有焦臭味。电路中的元器件如严重过负荷会被烧坏，尤其是漆包线、开关及变压器烧坏后，会发出焦臭味。通过闻可感知烧毁器件大致位置和烧损程度，从而酌情进行修理。

（4）听。摇动仪表，听内部有无响声。正常工作中的数字仪表在摇动时，应无响声；当紧固螺钉松动、脱落即会影响仪表的正常工作；严重时，脱落的螺钉、垫圈会使电路短路，烧坏部分器件。螺钉、垫圈及其他零件的脱落均可从摇动中感知，以便寻迹查找故障位置进行修理。

（5）敲。当电路中的元器件松动或虚焊时，可对怀疑的元器件用敲压的方法使松动或虚焊点暴露。有些用于插头、转换开关的金属弹性片，由于接触不良或松动也可用敲压的方法使接触电阻发生变化，再确定故障所在位置。

（6）比。在对数字万用表检修过程中，可取一台与所修仪表型号相同且结构完全一致的仪表做参考，测量某些主要点数据，然后与被修仪表在同等条件下测得的数据进行比较，以确定被修仪表的故障点。

（7）代。器件代换是数字万用表修理过程中常用的一种方法，常用的代换方法可分为直接代换法、变通代换法两种。

1）直接代换法。直接代换法是将怀疑有故障的器件拆下后，按电路的原设计参数换上型号、规格相同的器件。

2）变通代换法。变通代换法是在没有器件可供直接代换的情况下，以电路所需要的电参数为依据，通过一定的组合搭配来达到要求。

（8）测。对于数字万用表测量电路中的一些集成电路输入、输出端口的电压或波形，必须借助于相关测量仪器或仪表才能进行检测，从而为准确判断故障发生部位或故障元器件提供依据。仪表电路故障的检测主要有下述几种：

1）直流电流的检测。直流电流的检测主要是按照被检表电路原理图上标明的各工作电流参考值对集成放大器、变换器的静态和动态工作点进行检测，从中发现异常工作点，然后寻找故障元器件。

2）直流电压的检测。直流电压的检测通常是从仪表的工作电源开始，具体应检测电池的开路电压、带负荷电压，然后按照被检表电路原理图上标明的各工作点参考电压对晶体管和集成电路各静态和动态工作电压进行检测，从而查明故障部位，进行修复。

3）电阻值的检测。对电阻阻值的检测，无论是判断某一段电路的通断还是测电阻阻值的大小，作用十分明显，且容易直观地判断故障元器件。此外，通过电阻值的测量，还可大致判别集成芯片的好坏。

4）各工作点波形的检测。用示波器检查数字万用表中输入、输出电路及信号传输中的波形，通过波形的变化情况，确定故障的部位或故障元器件。

（三）数字万用表常见故障及处理方法

（1）仪表无显示。首先，检查电池电压是否正常。其次，检查熔丝是否已熔断、稳压块是否正常、限流电阻是否开路。然后，检查电路板是否有腐蚀或短路、断路现象，若有，则应清洗电路板，并及时做好干燥和焊接工作；若电路板正常，可测量显示集成块的电源输入的两个管脚，测试其电压是否正常。若测试电压不正常，则该集成块损坏，必须更换该集成块；若测试电压正常，则检查有没有其他短路点。若有，则要及时处理好；若没有或处理好后还不正常，那么该集成块内部已经短路，则必须更换该集成块。

（2）电阻挡无法测量。首先从外观上检查电路板，在电阻挡回路中有没有连接电阻烧坏。若有，则必须立即更换；若没有，则要对每一个连接元件进行测量，有坏的及时更换；若外围都正常，则其测量集成块损坏，须进行更换。

（3）电压挡在测量高压时示值不准，或测量稍长时间示值不准甚至不稳定。此类故障大多是由于某一个或几个元件工作功率不足引起的。若在停止测量的几秒内，检查时发现这些元件发烫，这是由于功率不足而产生了热效应所造成的，则必须更换该元件。

（4）电流挡无法测量。此类故障大多是由于操作不当引起的，可检查限流电阻和分压电阻是否烧坏，若烧坏，则应予以更换；然后检查与放大器的连接导线是否损坏，若损坏，则应重新连接好；若不正常，则更换放大器。

（5）示值不稳，有跳字现象。检查整体电路板是否受潮或有漏电现象，若有，则必须清洗电路板并做好干燥处理；输入回路中有无接触不良或虚焊现象，若有，则必须重新焊接；检查有无电阻变质或刚测试后有无元件发生超正常的烫手现象，这种现象是由于其功率降低引起的，若有，则应更换该元件。

（6）示值不准。主要是由测量回路中电阻或电容失效引起的，必须更换该电阻或电容。检查该电路中电阻的阻值（包括热反应中的阻值），若阻值改变或热反应变值，则应更换该电阻；检查 A/D 转换器的基准电压回路中的电阻、电容是否损坏，若损坏，则予以更换。

（四）数字万用表误差的调整原则

一般来说，不同型号的数字万用表会有不同的调整误差的方法，在此仅述说对于数字万用表误差调整的原则。对于多数数字万用表的误差，一般仅对直流电压与交流电压进行调整。调整时的接线与检定误差时的接线相同。直流电压一般在零点与满量程调整，在调零时把输入端短路，调节相应的电位器使数字万用表的显示值为 0.000（一般允许 1 个字的误差），然后相应地在某一量程点上加一接近满度点的电压，调整相应的电位器使数字万用表指示值在误差允许的范围内。交流电压挡的调整与直流电压挡类似，也有一些表对交流电压只调整满度点误差，一般情况下直流电流与交流电流无需单独专门调整，在电压挡调整好以后，它们的误差也能得到改善。电阻则一般只在满量程点对各量程进行调整。

【思考与练习】

1. 数字仪表调修的一般规则和方法是什么？

2. 数字万用表检修时，一般应遵循哪些工作程序？

3. 简述检修数字万用表的 8 个基本方法。

国家电网有限公司

STATE GRID
CORPORATION OF CHINA

国家电网有限公司
技能人员专业培训教材

设备调试

下册

国家电网有限公司 组编

中国电力出版社
CHINA ELECTRIC POWER PRESS

图书在版编目（CIP）数据

设备调试：全 2 册/国家电网有限公司组编. —北京：中国电力出版社，2020.5（2024.10重印）
国家电网有限公司技能人员专业培训教材
ISBN 978-7-5198-3781-5

Ⅰ．①设… Ⅱ．①国… Ⅲ．①电气设备–调试方法–技术培训–教材 Ⅳ．①TM92

中国版本图书馆 CIP 数据核字（2019）第 225550 号

出版发行：中国电力出版社
地　　址：北京市东城区北京站西街 19 号（邮政编码 100005）
网　　址：http://www.cepp.sgcc.com.cn
责任编辑：翟巧珍（010-63412351）
责任校对：黄　蓓　郝军燕　李　楠　马　宁
装帧设计：郝晓燕　赵姗姗
责任印制：石　雷

印　　刷：廊坊市文峰档案印务有限公司
版　　次：2020 年 5 月第一版
印　　次：2024 年10月北京第三次印刷
开　　本：710 毫米×980 毫米　16 开本
印　　张：81.75
字　　数：1590 千字
印　　数：2501—3000 册
定　　价：245.00 元（上、下册）

本书编委会

主　　任　吕春泉

委　　员　董双武　张　龙　杨　勇　张凡华

　　　　　王晓希　孙晓雯　李振凯

编写人员　徐灵江　方　磊　杨云飞　魏　俊

　　　　　汪卫东　胡洲宾　裘愉涛　杜奇伟

　　　　　陈晓刚　吴　靖　徐　春　沈从树

　　　　　曹爱民　战　杰　尹辉燕　俞　磊

前　言

为贯彻落实国家终身职业技能培训要求，全面加强国家电网有限公司新时代高技能人才队伍建设工作，有效提升技能人员岗位能力培训工作的针对性、有效性和规范性，加快建设一支纪律严明、素质优良、技艺精湛的高技能人才队伍，为建设具有中国特色国际领先的能源互联网企业提供强有力人才支撑，国家电网有限公司人力资源部组织公司系统技术技能专家，在《国家电网公司生产技能人员职业能力培训专用教材》（2010 年版）基础上，结合新理论、新技术、新方法、新设备，采用模块化结构，修编完成覆盖输电、变电、配电、营销、调度等 50 余个专业的培训教材。

本套专业培训教材是以各岗位小类的岗位能力培训规范为指导，以国家、行业及公司发布的法律法规、规章制度、规程规范、技术标准等为依据，以岗位能力提升、贴近工作实际为目的，以模块化教材为特点，语言简练、通俗易懂，专业术语完整准确，适用于培训教学、员工自学、资源开发等，也可作为相关大专院校教学参考书。

本书为《设备调试》分册，共分为上下两册，由徐灵江、方磊、杨云飞、魏俊、汪卫东、胡洲宾、裘愉涛、杜奇伟、陈晓刚、吴靖、徐春、沈从树、曹爱民、战杰、尹辉燕、俞磊编写。在出版过程中，参与编写和审定的专家们以高度的责任感和严谨的作风，几易其稿，多次修订才最终定稿。在本套培训教材即将出版之际，谨向所有参与和支持本书籍出版的专家表示衷心的感谢！

由于编写人员水平有限，书中难免有错误和不足之处，敬请广大读者批评指正。

目 录

第四部分　电测仪器仪表的检定、调修

下 册

第五部分 电测计量标准装置的检测与建标

第六部分 线圈类设备的绝缘试验

第九部分　套管、绝缘子试验

第十部分　架空线、电缆试验

第十一部分　电容器试验

第十二部分　避雷器试验

第五部分

电测计量标准装置的检测与建标

第二十八章

交、直流仪表检定装置的检定、校准、检测

▲ 模块1 直流仪表检定装置的检定、校准、检测（ZY2101001001）

【模块描述】本模块介绍直流仪表检定装置的检定、校准、检测。通过流程介绍和要点归纳，掌握直流仪表检定装置的检定、校准、检测的内容及准备工作、步骤方法、结果处理和注意事项。

【模块内容】

一、直流仪表检定装置介绍

直流仪表检定装置指能够输出标准直流电压、电流、电阻等电量的直流仪表装置，其结构形式分为表（标准表）源（信号源）分离式和表源一体式两类。表源分离式装置由信号源、标准表、量限扩展装置和辅助电路组成。表源一体式装置将标准表、信号源的功能集成在一个装置中，表源不能分离，具有标准源的性质。

二、检定、校准、检测目的及内容

对任何新的装置，我们都要对其进行首次检定、校准、检测，检定合格后，方可使用。装置在使用中的误差变化会直接影响测量的准确性，为保证其测量的准确、可靠，按照 DL/T 1112—2009《交、直流仪表检验装置检定规程》规定，应在规定的时间周期内，对装置进检定、校准、检测。其主要内容是使用标准仪器对直流仪表检定装置的误差（电压、电流、电阻）进行检定、校准、检测。

三、危险点分析及控制措施

由于装置在检定、校准、检测过程中需要通电进行，安全工作要求主要参照《国家电网公司电力安全工作规程》有关规定执行。这里主要强调，为了防止在检定、校准、检测过程中电流回路开路、电压回路短路或接地，必须认真检查接线；连接导线应有良好绝缘。

四、检定、校准、检测准备工作

（一）环境条件

（1）被检定、校准、检测装置置于参比环境条件中 2h，以消除温度梯度的影响。

空气中不含有任何腐蚀性气体。

（2）有关影响量的标准条件和允许偏差见表 28-1-1。

表 28-1-1 有关影响量的标准条件和允许偏差

影响量	参比条件	各等级装置参比条件的允许偏差				
		0.01 级	0.02 级	0.05 级	0.1 级	0.2 级
环境温度（℃）	20	±1	±1	±2	±2	±2
环境湿度（%）	50	±15	±15	±20	±20	±20
标准仪器误差限（引用误差，%）	0.005	0.01	0.01	0.02	0.05

（二）标准仪器

（1）标准仪器应具有有效期内的检定证书或校准证书。标准仪器应高于被检定装置 2 个等级。

（2）标准仪器输出（测量）范围应在被检定、校准、检测直流仪表检定装置测量上限（1～1.25）范围内。标准仪器误差限参见表 28-1-1。

（3）标准仪器由标准器、辅助设备及环境条件等引起的测量扩展不确定度（k 取 2）应小于被检定、校准、检测直流仪表检定装置最大允许误差的 1/3。

（4）标准仪器应有足够的标度分辨力（或数字位数）。

（5）标准仪器应有良好的屏蔽和接地，以避免外界干扰。

五、检定、校准、检测步骤及方法

（一）外观检查

用目测法检查装置外观。被检定、校准、检测的直流仪表检定装置应无明显影响测量的缺陷。应标有产品型号及名称、出厂编号、准确度等级、制造厂商及生产日期及辅助电源的额定电压和额定频率。装置应有可靠的接地连接端钮；各开关、旋钮、按键和接口应有明确的功能标志；表源分离式装置、标准表及其他配套仪表应有固定的工作位置。

（二）显示

（1）显示状态。正确连接被检装置和参考标准，需接地的设备正确接地，按说明书要求通电预热。用目测法检查装置监视仪表的显示值与分辨力。

（2）确定监视仪表示值误差。

1）将电压、电流等参考标准的电流测量回路串联在装置的电流输出回路，电压测量回路并联在装置的电压输出回路，采用比较法确定监视仪表的示值误差。

2）测量在控制量限和常用负载下进行。

3）电压、电流在额定输出的 50%～100%范围内选取 3～5 个测试点。

4）表源一体式装置不需进行此项试验。

5）表源分离式装置配置的监视仪表应与装置的测量范围相适应，监视仪表的显示位数符合表 28-1-2 规定。

表 28-1-2　　　　　　　　监　视　仪　表　显　示　位　数

装置准确度等级	0.01 级	0.02 级	0.05 级	0.1 级	0.2 级
电压、电流	5 位	5 位	5 位	4 位	4 位

（三）装置磁场

（1）不接入被检表，电压输出端开路，电流输出端短路，辅助设备和周围电器处于正常状态，在装置输出 10A 和最大电流时分别测量被检表位置的磁场。

（2）用测量误差不超过 10%的磁强计直接测量。

（3）分别测量被检表位置三维方向的磁感应强度分量，取 3 个分量的方根值作为测量结果。

放置被检表的位置磁感应强度应符合：$I \leqslant 10A$ 时，$B \leqslant 0.002\,5mT$；$I=100A$ 时，$B \leqslant 0.025mT$。其中，I 为装置输出的电流，B 为空气中的磁感应强度。10A 和 100A 之间的磁感应强度值可按内插法求得。

（四）绝缘电阻

装置中一般电气部件、回路与不通电的金属外壳之间的绝缘电阻，以及电气回路之间的绝缘电阻，应使用额定电压为 1000V 的绝缘电阻表进行测量。但对于工作电压低于 50V 的电气部件，可使用额定电压为 500V 的绝缘电阻表，测得的绝缘电阻不应小于 10MΩ。

（五）绝缘强度

装置的试验线路应能承受 50Hz 正弦波、有效值 2kV 的电压，历时 1min。标称电压低于 50V 的辅助电路，试验电压为 500V。试验电压施加于：装置的电源输入电路与不通电的外露金属部件之间；装置的输出电压、输出电流电路与不通电的外露金属部件之间；装置的电源输入电路与装置的输出电路之间；装置的输出电压电路与输出电流电路之间。

（六）基本误差

（1）检定点的确定：检定电压、电流时，选择装置的控制量限作为全检量限，均匀选取不少于 10 个检定点（包括满量限点和 1/10 满量限点），其他量限选择最大误差点和满量限点。

（2）直接比较法检定直流电压表的基本误差。

1）按图 28-1-1 连接设备，被检装置电压输出端与参考标准电压表输入端并联连接。

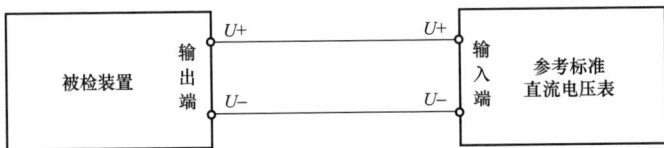

图 28-1-1　直接比较法检定直流电压基本误差示意图

2）调节装置输出至设定值，读取工作标准表（表源一体式装置为监视仪表）与参考标准电压表的读数值，装置的误差按下式计算

$$\gamma_{\mathrm{Udc}} = \frac{U_{\mathrm{dcX}} - U_{\mathrm{dcN}}}{U_{\mathrm{dcF}}} \times 100\% \qquad (28\text{-}1\text{-}1)$$

式中　　γ_{Udc}——装置输出直流电压的误差，%；

　　　　U_{dcX}——装置工作标准表读数值，V；

　　　　U_{dcN}——参考标准直流电压表读数值，V；

　　　　U_{dcF}——检定点所在量限的上限值，V。

（3）直接比较法检定直流电流的基本误差。

1）按图 28-1-2 连接设备，被检装置电流输出端与参考标准电流表输入端串联连接。

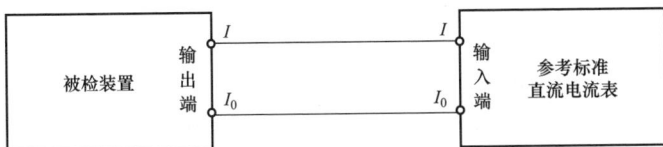

图 28-1-2　直接比较法检定直流电流基本误差示意图

2）调节装置输出至设定值，读取工作标准表（表源一体式装置为监视仪表）与参考标准电流表的读数值，装置的误差按下式计算

$$\gamma_{\mathrm{Idc}} = \frac{I_{\mathrm{dcX}} - I_{\mathrm{dcN}}}{I_{\mathrm{dcF}}} \times 100\% \qquad (28\text{-}1\text{-}2)$$

式中　　γ_{Idc}——装置输出直流电流的误差，%；

　　　　I_{dcX}——装置工作标准表的读数值，A；

　　　　I_{dcN}——参考标准直流电流表的数值，A；

I_{dcF} ——检定点所在量限的上限值，A。

（4）直流电阻基本误差的检定。

1）按图 28-1-3 连接仪器，用标准直流电阻表或数字多用表量读被检装置设置的输出电阻值。

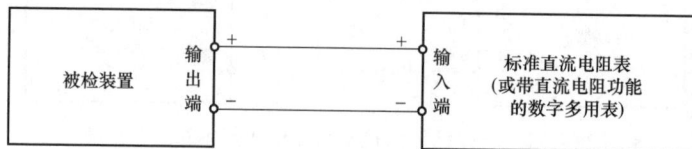

图 28-1-3 检定直流电阻基本误差示意图

2）调节装置输出直流电阻设置值，读取参考标准直流电阻表的读数值。

3）装置输出直流电阻的误差按下式计算

$$\gamma_R = \frac{R_X - R_N}{R_N} \times 100\% \tag{28-1-3}$$

式中 γ_R ——装置输出直流电阻的误差，%；

R_X ——装置直流电阻的标称值，Ω；

R_N ——参考标准直流电阻表读数值，Ω。

4）检定 100Ω 及以下阻值电阻和 0.05 级及以上装置的直流电阻应采用四端接线法。

（5）等级装置允许误差限参见表 28-1-3。

表 28-1-3 各等级装置允许误差限

装置功能	各等级装置允许误差限（引用误差）				
	0.01 级	0.02 级	0.05 级	0.1 级	0.2 级
直流电压、电流	±0.01%	±0.02%	±0.05%	±0.1%	±0.2%
直流电阻	±0.01%	±0.02%	±0.05%	±0.1%	±0.2%

（七）输出调节范围

装置输出范围应与装置的工作量限相适应，在任何量限下装置电压、电流输出均应能平稳连续（或按规定步长）地从 0% 调节到 110% 的量限值。

（八）输出设定准确度

选择装置控制量限，分别测量电压、电流在各设定点的设定值与实际输出值的差值。表源一体式装置输出电压、电流的设定准确度应符合制造厂的规定值。

（九）输出调节细度

接入电压、电流等参考标准，在允许的调节范围内平缓地调节最小调节量，观察并读取被调节量的不连续量。电压、电流的调节细度（以与各量限的上量限相比的不连续量的百分数来表示）不应超过相应允许误差限的 1/5。

（十）装置的输出稳定度

（1）在常用输出负载范围内和控制量限下，选择相应的测量方法，连续测量时间为 1min，采样值不少于 20 个。按下式计算装置的 1min 输出稳定度

$$1min 稳定性 = \frac{输出电压（电流）最大值 - 输出电压（电流）最小值}{输出电压（电流）上限值} \times 100\%$$

（28-1-4）

（2）选择一台稳定的直流源为被测对象，在装置测量范围上、下限附近选择 2 点，再选择几个典型值作为测量点，每年对这些测量点进行定期检测，相邻两年的测量结果之差即为该装置在此阶段的稳定性。

（3）稳定性误差限参见表 28-1-4。

表 28-1-4　　　　　　　　　装置输出直流电压、直流电流的稳定度

装置准确度等级	0.01 级	0.02 级	0.05 级	0.1 级	0.2 级
稳定度	0.005%	0.01%	0.02%	0.02%	0.05%

（十一）装置的重复性

（1）重复性试验在装置控制量限的额定值进行。

（2）在常用负载下，分别测量装置输出的直流电压、电流的重复性。

（3）0.05 级及以下装置进行不少于 5 次测量，0.02 级及以上装置进行不少于 10 次测量。

（4）每次测量必须从开机初始状态调整至测量状态。

（5）按下式计算实验标准差

$$s = \frac{1}{\overline{\gamma}} \sqrt{\frac{\sum_{i=1}^{n}(\gamma_i - \overline{\gamma})^2}{n-1}} \times 100\%$$

（28-1-5）

式中　s——测量装置的重复性，用百分数表示；

γ_i——第 i 次测量结果，量值单位对应各参量；

$\overline{\gamma}$——各次测量结果 γ_i 的平均值，与 γ_i 相同的量值单位；

n——重复测量的次数。

装置的测量重复性用实验标准差来表示，由试验确定的实验标准差应不超过装置允许误差限的 1/5。

（十二）直流电压、电流波纹含量

（1）选择装置控制量限，使装置输出额定值的 100%，用真有效值交流数字电压表直接测量装置输出的电压。

（2）检定装置输出交流电流纹波含量时，在电流端接入负载电阻，用真有效值交流数字电压表测量负载电阻的端电压。

（3）纹波含量按式（28–1–6）计算，误差限参见表 28–1–5，即

$$纹波含量 = \frac{交流电压（电流）分量}{直流电压（电流）} \times 100\% \tag{28–1–6}$$

表 28–1–5　　　　　　　　　　直流电压、电流纹波含量

装置准确度等级	0.01 级	0.02 级	0.05 级	0.1 级	0.2 级
电压纹波含量	1%	1%	2%	2%	2%
电流纹波含量	1%	1%	2%	2%	2%

六、检定结果的处理

（一）数据处理及分析

（1）检定结果应给出误差值或直接给出输出标准值。

（2）判断装置是否合格以修约后的数据为准；基本误差的修约间距按相应误差限的 1/10 作为修约间距。

（3）全部项目符合要求判定为合格，否则判定为不合格。合格的装置发给检定证书。

（4）不合格的装置发给检定结果通知书，并注明不合格项目。

（5）装置检定不合格的，也可根据用户使用情况降级使用，并发给降级后的检定证书。

（二）检定、校准证书和检测报告

检定、校准证书和检测报告宜使用标准 A4 型纸。每份证书应包括下列信息：

（1）标题（"校准证书"或"检测报告"）。

（2）校准、检测实验室（或单位）的名称和地址。

（3）校准证书、检测报告的编号，并在每一页上标注。

（4）校准、检测的日期。

（5）校准、检测参照的规程、规范、标准等。

（6）校准、检测时的环境条件（如温度、湿度等）。

（7）校准证书、检测报告应有校准或检测人员、核验人员、批准人的签字。

（8）校准、检测的结果。

检定、校准证书和检测报告的内页格式（仅供参考）见附录 B。

七、检定、校准、检测注意事项

（1）接线过程中，严禁电流回路开路、电压回路短路或接地。

（2）测试线连接完毕后，应进行检查，确认无误后，方可进行操作。

【思考与练习】

1. 直流仪表检定装置的检测方法有哪几种？

2. 如何进行直流仪表检定装置重复性测试？

3. 怎样进行直流仪表检定装置的稳定性测量？

附录 B

检定、校准证书和检测报告的内页格式

检定、校准、检测结果

1. 外观

结论：

2. 结构

结论：

3. 显示

功　能	装 置 示 值	误差值 （或标准值）	显 示 位 数
直流电压			
直流电流			
直流电阻			

结论：

4. 装置的磁场

10A 时：_____ mT，100A 时：_____ mT。

结论：

5. 绝缘电阻

_____ MΩ。

结论：

6. 绝缘强度

试 验 线 路	试 验 电 压	试 验 结 果

结论：

7. 基本误差

（1）直流电压

量 限	装 置 示 值	误差值（或标准值）

结论：

（2）直流电流

量 限	装 置 示 值	误差值（或标准值）

结论：

（3）直流电阻

装　置　示　值	标　准　值

结论：

8. 调节范围

功　能	量　限	调　节　范　围
直流电压		
直流电流		

结论：

9. 调节细度

功　能	量　限	调　节　细　度
直流电压		
直流电流		

结论：

10. 设定准确度
结论：

11. 输出稳定度

功　能	量　限	稳　定　度
直流电压		
直流电流		

结论：

12. 装置的测量重复性

功　　能	测　试　值	重　复　性
直流电压		
直流电流		
直流电阻		

结论：

检定/校准员：＿＿＿＿＿＿＿＿＿＿　　　核验员：＿＿＿＿＿＿＿＿＿＿

▲ 模块 2　交流仪表检定装置的检定、校准、检测（ZY2101001002）

【模块描述】本模块介绍交流仪表检定装置的检定、校准、检测。通过流程介绍和要点归纳，掌握交流仪表检定装置的检定、校准、检测的内容及准备工作、步骤方法、结果处理和注意事项。

【模块内容】

一、交流仪表检定装置简介

交流仪表检定装置能够输出工频 45～65Hz 电压、电流、有功功率及频率、相位、功率因数等电量，其结构形式分为表（标准表）源（信号源）分离式和表源一体式两类。表源分离式装置由信号源、标准表、量限扩展装置和辅助电路组成；表源一体式装置将标准表、信号源的功能集成在一个装置中，表源不能分离，具有标准源的性质。

二、检定、校准、检测目的及内容

对任何新的装置，我们都要对其进行首次检定、校准、检测，检定合格后，方可使用。装置在使用中的误差变化会直接影响测量的准确性，为保证其测量的准确、可靠，按照 DL/T 1112—2009《交、直流仪表检验装置检定规程》规定，应在规定的时间周期内，对装置进行检定、校准、检测，其主要内容是使用标准仪器对交流仪表检定装置的误差（交流电压、电流、有功功率，以及频率、相位、功率因数等）进行检定、校准、检测。

三、危险点分析及控制措施

详见 ZY2101001001 中的三、。

四、检定、校准、检测准备工作

详见 ZY2101001001 中的四、。

五、检定、校准、检测步骤及方法

（一）外观检查

详见 ZY2101001001 中的五、的（一）。

（二）显示

（1）显示状态。正确连接被检装置和参考标准，需接地的设备正确接地，按说明书要求通电预热。用目测法检查装置监视仪表的显示值与分辨力。

（2）确定监视仪表示值误差：

1）将电压、电流、功率、频率、相位等参考标准的电流测量回路串联在装置的电流输出回路，电压测量回路并联在装置的电压输出回路，采用比较法确定监视仪表的示值误差。

2）测量在控制量限和常用负载下进行。

3）电压、电流在额定输出的 50%～100% 范围内选取 3～5 个测试点，频率在额定频率进行，相位在输出范围内任意选取 3～5 个测试点。

4）表源一体式装置不需进行此项试验。

5）表源分离式装置配置的监视仪表应与装置的测量范围相适应，监视仪表的显示位数符合表 28-2-1 规定。

表 28-2-1　　　　　　　　　监 视 仪 表 显 示 位 数

装置准确度等级	0.01 级	0.02 级	0.05 级	0.1 级	0.2 级
电压、电流、功率	5 位	5 位	5 位	4 位	4 位
频率、相位	4 位	4 位	4 位	4 位	4 位

（三）装置磁场

同 ZY2101001001 中的五、。

（四）绝缘电阻

同 ZY2101001001 中的五、。

（五）绝缘强度

同 ZY2101001001 中的五、。

（六）基本误差

（1）检定点的确定。

1）检定电压、电流时，选择装置的控制量限作为全检量限，均匀选取不少于 10 个检定点（包括满量限点和 1/10 满量限点），其他量限选择最大误差点和满量限点。

2）检定交流有功功率时，电压、电流各选择 2~3 个量限，对其所有组合量限在功率因数 1.0 和 0.5（感性、容性）分别进行，单相、三相四线、三相三线不同的接线方式应分别确定量限组合。

3）检定频率时，在电压控制量限输出额定值，频率在其输出范围内，以 50Hz 为基准点，均匀选取 5~10 个检定点。

4）检定相位角时，在控制量限输出电压、电流额定值，相位角检定点在其输出范围内按照 30° 步进的原则选取。

5）检定功率因数时，在控制量限输出电压、电流额定值，选取 1.0、0.5（感性、容性）、0.866（感性、容性）和 0 作为检定点。

6）三相装置每相均应进行检定。

（2）交流电压基本误差的检定。

1）按图 28-2-1 连接设备，参考标准电压表的测量端与被检装置的输出端并联连接。

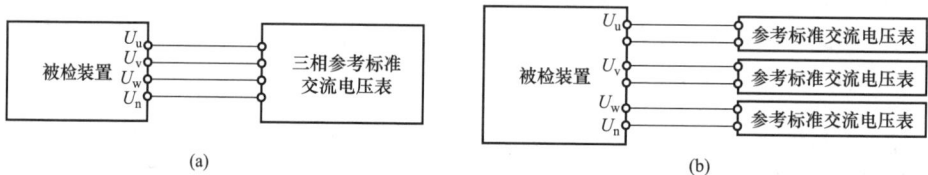

图 28-2-1　直接比较法检定交流电压示意图
（a）接线方式一；（b）接线方式二

2）调节装置输出至设定值，观察工作标准表（表源一体式装置为监视仪表）的读数，同时由交流电压参考标准得到标准电压值。

3）装置输出交流电压的误差按下式计算

$$\gamma_{Uac} = \frac{U_{acX} - U_{acN}}{U_{acF}} \times 100\% \qquad (28\text{-}2\text{-}1)$$

式中　γ_{Uac}——装置输出交流电压的误差；

　　　　U_{acX}——装置工作标准表的读数值，V；

　　　　U_{acN}——参考标准交流电压表的数值，V；

U_{acF}——检定点所在量限的上限值，V。

（3）交流电流基本误差的检定。

1）按图28-2-2连接设备，被检装置电流输出端与参考标准电流端子串联连接。

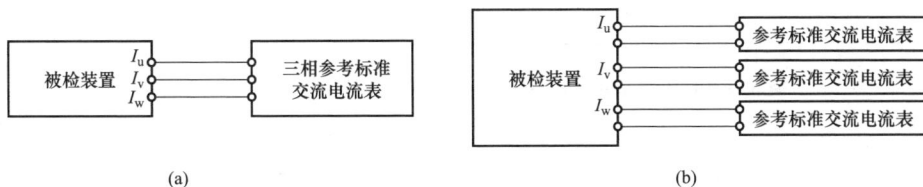

图28-2-2　直接比较法检定交流电流基本误差示意图
（a）接线方式一；（b）接线方式二

2）调节装置输出至设定值，读取工作标准表（表源一体式装置为监视仪表）和参考标准交流电流表的读数值。

3）装置每相输出交流电流的误差按下式计算

$$\gamma_{Iac} = \frac{I_{acX} - I_{acN}}{I_{acF}} \times 100\% \qquad (28\text{-}2\text{-}2)$$

式中　γ_{Iac}——装置输出交流电流的误差；

　　　I_{acX}——装置输出交流电流读数值，A；

　　　I_{acN}——交流电流标准值，A；

　　　I_{acF}——检定点所在量限的上限值，A。

（4）交流有功功率基本误差的检定。

1）按图28-2-3连接仪器，被检装置输出电压端与参考标准功率表电压端并接，电流端与参考标准功率表电流端串接。

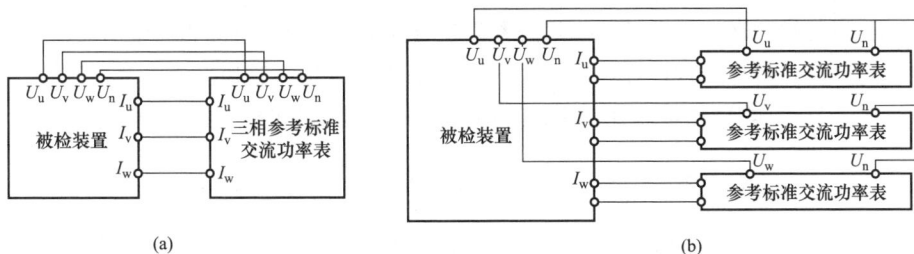

图28-2-3　比较法检定交流有功功率示意图
（a）接线方式一；（b）接线方式二

2）调节装置输出有功功率至设定值，读取工作标准表（表源一体式装置为监视仪表）和三相参考标准功率表的读数值。

3）装置各相输出交流有功功率的误差按下式计算

$$\gamma_P = \frac{P_X - P_N}{F_P} \times 100\% \qquad (28\text{-}2\text{-}3)$$

式中　γ_P——装置输出交流功率的误差；

P_X——装置工作标准表读数值，W；

P_N——参考标准功率表标读数值，W；

F_P——检定点所在量限额定功率值，W。

4）按图 28-2-3（a）连接仪器法测量三相四线、三相三线有功功率时，误差按式（28-2-3）计算。

5）按图 28-2-3（b）连接仪器法测量三相四线、三相三线有功功率时，误差按下式计算

$$\gamma_P = \frac{P_X - \sum P_N}{F_P} \times 100\% \qquad (28\text{-}2\text{-}4)$$

式中　$\sum P_N$——各相参考标准功率表读数值之和，W。

（5）频率基本误差的检定。

1）按图 28-2-4 连接仪器，用参考标准频率表测量被检装置的输出电压信号的频率。

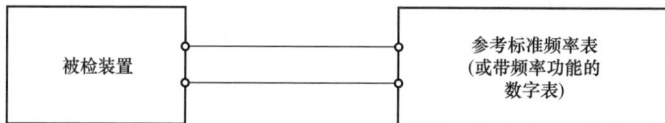

图 28-2-4　检定频率基本误差示意图

2）调节装置输出交流电压、频率至设定值，读取工作标准频率表和参考标准频率表的读数值。

3）装置输出频率的误差按下式计算

$$\Delta f = f_X - f_N \qquad (28\text{-}2\text{-}5)$$

式中　Δf——装置输出频率的绝对误差，Hz；

f_X——装置工作标准频率表的读数值，Hz；

f_N——参考标准频率表的读数值，Hz。

（6）相位角基本误差的检定。

1）按图 28-2-5 连接仪器，参考标准相位表测量端与被检装置的输出电压/电流信号端子对应连接。

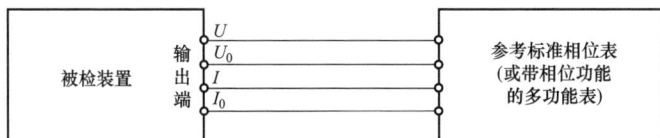

图 28-2-5　检定相位角基本误差示意图

2）调节装置输出功率、相位角至设定值，读取工作标准相位表和参考标准相位表的读数值。

3）装置输出相位角的误差按以下两式计算

$$\Delta \varphi = \varphi_X - \varphi_N \qquad (28\text{-}2\text{-}6)$$

$$\gamma_\varphi = \frac{\varphi_X - \varphi_N}{\varphi_F} \times 100\% \qquad (28\text{-}2\text{-}7)$$

以上式中　$\Delta \varphi$——装置输出相位角的误差，（°）；

　　　　　φ_X——装置工作标准相位表的读数值，（°）；

　　　　　φ_N——参考标准相位表的读数值，（°）；

　　　　　γ_φ——装置输出相位角的误差；

　　　　　φ_F——相位角误差计算的基准值，90°。

（7）功率因数基本误差的检定。

1）图 28-2-6 连接仪器，参考标准表的电压端与被检装置电压输出端并接，电流端子与被检装置电流输出端串接。

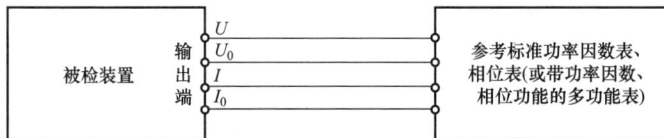

图 28-2-6　检定功率因数基本误差示意图

2）调节装置输出功率、功率因数至设定值，读取工作标准功率因数表和参考标准功率因数表的读数值。

3）选用参考标准功率因数表检定装置输出功率因数时，误差按下式计算

$$\Delta_{PF} = PF_X - PF_N \qquad (28\text{-}2\text{-}8)$$

式中　Δ_{PF}——装置输出功率因数的误差，无量纲；

　　　PF_X——装置工作标准功率因数表的读数值，无量纲；

　　　PF_N——参考标准功率因数表的读数值，无量纲。

4）选用参考标准相位表检定装置输出功率因数时，误差按下式计算

$$\Delta_{\mathrm{PF}} = PF_{\mathrm{X}} - \cos\varphi_{\mathrm{N}} \qquad (28-2-9)$$

式中 Δ_{PF}——装置输出功率因数的误差，无量纲；

      PF_{X}——装置工作标准功率因数表的读数值，无量纲；

      φ_{N}——参考标准功率因数表的读数值，无量纲。

（8）各等级装置允许误差限参见表28-2-2～表28-2-5。

表28-2-2   **各等级装置允许误差限**

装置功能	各等级装置允许误差限（引用误差）				
	0.01 级	0.02 级	0.05 级	0.1 级	0.2 级
交流电压、电流	±0.01%	±0.02%	±0.05%	±0.1%	±0.2%
交流有功功率	±0.01%	±0.02%	±0.05%	±0.1%	±0.2%

表28-2-3   **频 率 允 许 误 差 限**

装置准确度	0.01Hz	0.02Hz	0.05Hz	0.1Hz
允许误差限	±0.01Hz	±0.02Hz	±0.05Hz	±0.1Hz

表28-2-4   **相 位 角 允 许 误 差 限**

装置准确度	0.02	0.05°	0.1°	0.2°	0.5°
允许误差限	±0.02°	±0.05°	±0.1°	±0.2°	±0.5°
相当于相对误差限	±0.022%	±0.055%	±0.11%	±0.22%	±0.55%

表28-2-5   **功率因数允许误差限**

装置准确度	0.02%	0.05%	0.1%	0.2%	0.5%
允许误差限	±0.02%	±0.05%	±0.1%	±0.2%	±0.5%

（七）输出调节范围

装置输出范围应与装置的工作量限相适应，在任何量限下装置电压、电流输出均应能平稳连续（或按规定步长）地从0调节到110%的量限值，相位、频率应能平稳地调节到所需值。

（八）输出设定准确度

表源一体式装置输出电压、电流的设定准确度应符合制造厂的规定值。

（九）输出调节细度

详见 ZY2101001001 中的五、。

（十）相间影响

调节三相装置的电压、电流和相位任一电量时，其他电量的改变不应超过装置允许误差的 1/10。

（十一）相序

选择三相装置的控制量限，在装置指示（或默认）对称状态，采用相序表、向量图或测量相位等方法检查装置实际输出的相序，应与指示一致。

（十二）波形失真度

（1）选择装置控制量限，在常用输出负载范围内，用失真度测试仪或谐波分析仪进行测量。

（2）当需要将电流转换成电压或高电压转换成低电压测量时，选用的转换器应为纯阻性负载。

（3）装置在常用输出负荷范围内，输出电压、电流的波形失真度不应超过装置允许误差的 1/10。

（十三）装置的输出稳定度

（1）在常用输出负载范围内和控制量限下，选择相应的测量方法，连续测量时间为 1min，采样值不少于 20 个。

（2）测量分别在以下测试点进行：

1）交流电压和交流电流为额定输出的 100% 和 50%。

2）测量交流有功功率时，电压电流为额定输出的 100%，功率因数为 1.0 和 0.5（感性、容性），分相功率与和相（三相四线和三相三线）功率均需测量。

3）频率为 50Hz。

4）相位角为 0°、60° 和 300°。

（3）按式（28-2-10）计算装置的 1min 输出稳定度，装置的输出稳定度应至少高于装置准确度一个等级，即

$$1min 稳定性 = \frac{输出电压（电流、功率）最大值 - 输出电压（电流、功率）最小值}{输出电压（电流、功率）上限值} \times 100\%$$

（28-2-10）

（4）选择一台稳定的交流源为被测对象，在装置测量范围上、下限附近选择 2 点，再选择几个典型值作为测量点，每年对这些测量点进行定期检测，相邻两年的测量结果之差即为该装置在此阶段的稳定性。

（5）在常用负荷范围内，装置输出的 1min 稳定度不应超过表 28-2-6～表 28-2-8 规定。

表 28-2-6 装置输出交流电压、交流电流和
交流功率的稳定度

装置准确度等级	0.01 级	0.02 级	0.05 级	0.1 级	0.2 级
稳定度	0.005%	0.01%	0.02%	0.02%	0.05%

表 28-2-7 装置输出频率的稳定度

装置准确度	0.01Hz	0.02Hz	0.05Hz	0.1Hz
稳定度	0.005Hz	0.01Hz	0.01Hz	0.02Hz

表 28-2-8 装置输出相位的稳定度

装置准确度	0.05°	0.1°	0.2°	0.5°
稳定度	0.02°	0.05°	0.1°	0.2°

（十四）装置的三相不对称度

（1）选择装置的常用电压、电流量限。

（2）在额定负荷下，调节装置输出额定三相电压和电流，同时观察监视仪表，直至三相电压和电流调节到最佳状态。

（3）用 3 台 0.1 级电压表、电流表或 1 台 0.1 级三相多功能表测量装置输出的三相相电压（线电压）和相电流。装置的不对称度按以下两式计算

$$电压不对称度 = \frac{相电压（或线电压）-三相相电压（或线电压）平均值}{三相相电压（或线电压）平均值} \times 100\%$$

（28-2-11）

$$电流不对称度 = \frac{相电流-三相相电流平均值}{三相相电流平均值} \times 100\%$$

（28-2-12）

（4）在装置输出端同时测量三相相电压和相应电流间的相位角，取相位角之间最大差值作为相间相位不对称度；测量任一相电压（电流）与另一相电压（电流）间的相位角，取其与 120° 的最大差值作为线间相位不对称度。测量分别在功率因数角 0°、60°（感性、容性）和 90°（感性、容性）进行。改变相位角后，不允许分别调节相位。

（5）装置应能输出对称的电量，在装置显示（或默认）对称时，实际输出的不对称度应符合表 28-2-9 规定。

表 28-2-9　　　　　　　　　　　　不对称度允许误差限

装置准确度等级	0.01 级	0.02 级	0.05 级	0.1 级	0.2 级
电压不对称度	±0.3%	±0.3%	±0.5%	±0.5%	±1.0%
电流不对称度	±0.5%	±0.5%	±1.0%	±1.0%	±2.0%
相位不对称度	1°	1°	2°	2°	2°

（十五）负荷调整率

（1）选择装置控制量限，在装置电压和电流输出端分别接入可调负载。

（2）使装置每项输出额定交流电压和交流电流，分别调节电压回路和电流回路的负荷从最小至最大，负荷调整率按下式计算

$$负荷调整率 = \frac{空负荷测量值 - 满负荷测量值}{额定值} \times 100\% \qquad （28\text{-}2\text{-}13）$$

（十六）装置的重复性

（1）重复性试验在装置控制量限的额定值进行。

（2）在常用负荷下，分别测量装置输出的交流电压、电流，交流有功功率及频率和相位的重复性。

（3）0.05 级及以下装置进行不少于 5 次测量，0.02 级及以上装置进行不少于 10 次测量。

（4）每次测量必须从开机初始状态调整至测量状态。

（5）按式（28-1-5）计算标准差。

（6）装置的测量重复性用标准差来表征，其标准差应不超过装置允许误差限的 1/5。

六、检定结果的处理

详见 ZY2101001001 中的六、。

七、检定、校准、检测注意事项

详见 ZY2101001001 中的七、。

【思考与练习】

1. 交流仪表检定装置的检测方法有哪几种？

2. 如何进行交流仪表检定装置重复性测试？

3. 怎样进行交流仪表检定装置的稳定性测量？

第二十九章

电测量变送器检定装置、交流采样测量装置检定装置的检定、校准、检测

▲ 模块 1　电测量变送器检定装置的检定、校准、检测（ZY2101002001）

【模块描述】本模块介绍电测量变送器检定装置的检定、校准、检测。通过流程介绍和要点归纳，掌握电测量变送器检定装置的检定、校准、检测的内容及准备工作、步骤方法、结果处理和注意事项。

【模块内容】

一、电测量变送器检定装置简介

检定电测量变送器时为确定被测量所必需的计量标准器具和辅助设备的总体，称为电测量变送器检定装置。检定装置按其结构形式分为表（标准表）源（信号源）分离式和表源一体式两类。表源分离式装置由信号源、标准表、量限扩展装置和辅助电路组成。表源一体式装置将标准表、信号源的功能集成在一个装置中，表源不能分离，具有标准源的性质。

电测量变送器检定装置由信号源、功率放大器、输出变流变压器、负反馈电路、监视仪表电路、标准表等组成。调频、移相均由数字电路实现。这种装置可进行程控，功能、量程的切换，被测量的调节也可通过键盘进行。有的还可以与计算机通信，进行数据处理，实现自动校验。

二、检定、校准、检测的目的

电测量变送器检定装置为被测变送器提供标准输入信号（如电流、电压、功率、频率、相位等）并测量变送器的输出量（直流电流或电压）。因此，对电测量变送器检定装置进行检测的目的就是检测其提供给变送器的输入信号是否准确、稳定、可靠，同时还检测其对变送器输出电压、电流的测量是否准确。

对电测量变送器检定装置的检测主要包括检定装置的基本误差测试，装置信号源的输出（电流、电压、功率）稳定度测试，输出电流、电压波形失真度和三相不对称度的测试，以及装置的测量重复性的测试等。

三、危险点分析及控制措施

由于本模块检定、校准、检测过程中需要通电进行，安全工作要求主要参照《国家电网公司电力安全工作规程》和被检装置使用说明书对安全操作的有关规定进行。这里要强调，为了防止在检定、校准、检测过程中电流回路开路、电压回路短路或接地，必须认真检查接线；连接导线应有良好绝缘。

四、检定、校准、检测前的准备工作

（一）环境条件

（1）被检装置应在参比环境条件中静置 2h 以上，检测前装置应经过足够的预热（一般不超过 1h）。

（2）有关影响量的参比条件和允许偏差见表 29-1-1。

表 29-1-1　　　　　　　　　有关影响量的参比条件和允许偏差

影 响 量	参比条件	允 许 偏 差	
环境温度	20℃	0.05 级及以上	0.1 级及以下
		±1℃	±2℃
相对湿度	50%	±20%	
外磁场	无	0.025mT	

（二）检定、校准、检测标准

测定装置基本误差所用的检测标准应具有相应有效期内的检定证书。对有关电量的测量误差（引用误差）不应超过表 29-1-2 的规定值。

表 29-1-2　　　　　　　　　检测标准的误差要求

被 测 电 量	被检装置的等级指数			
	0.02	0.05	0.1	0.2
	检测标准对电量的测量误差（%）			
电压、电流、频率、相位角、功率因数	±0.01	±0.02	±0.03	±0.05
有功（无功）功率 $\cos\varphi$（$\sin\varphi$）=1.0 和 0.5（感性和容性）	±0.01	±0.02	±0.03	±0.05

五、检定、校准、检测步骤及方法

（一）外观检查

装置铭牌上应有装置名称、型号、准确度等级、制造厂名和商标、出厂编号和制造日期等。各指示器、开关、按钮、调节设备、熔断器和连接导线等，均应有简明的符号或文字标示其功能或方向。

（二）电流、电压

检定装置的电流、电压应能分相控制当电压（电流）输出端带额定负荷，调节任一相电流或电压时，引起同一相别的电压或电流变化，或其他相电流和电压的变化不应超过±1%。

（三）频率

频率调节应能在 45～55Hz 范围内平稳、连续地调节。对于频率变送器检定装置，其频率调节细度不应大于装置等级指数的 1/3。对于其他装置，调节细度不应大于 0.1Hz。

（四）相位角

各相电压与电流之间的相位角应能在 0°～360° 范围内调节，其调节细度不应大于 10′。对于具有校验相位功能的校验装置，其调节细度不应大于其相位测量误差极限值的 1/3。移相引起的电流、电压的变化不应超过 1.5%。

（五）基本误差测试

（1）在基本量限，选取包括测量范围下限和上限在内的 N 个间距相等的量值作为试验点。对于检定电压、电流变送器的装置，N 不应小于 6；对于检定频率、相位角、功率因数变送器的装置，N 不应小于 11；对于检定有功、无功功率变送器的装置（双向输出），除了按上述原则选取 11 个试验点外，还应选取正向和反向测量范围的中心值作为试验点。在其他量程，选取测量范围上限和与基本量程中出现最大误差的试验点对应的数值作为试验点。

（2）测定基本误差前，装置（含标准表）应经过足够的预热，测定基本误差时，各影响量应保持参比条件；装置输出端应带常用负载；对于检定有功无功功率变送器的装置，除应测定 $\cos\varphi$（$\sin\varphi$）=1 时的误差外，还应测定 $\cos\varphi$（$\sin\varphi$）=0.5（感性和容性）时的误差。

（3）测定装置的基本误差时，可用被检装置对一稳定性良好的变送器的基本误差进行测定；同时用测量误差能满足表 29-1-2 要求的测试用标准表对装置的输出量进行测量；用测量误差能满足表 29-1-2 要求的测试用直流数字电压电流表对变送器的输出进行测量。在每一个试验点，记录检定装置标准表示值 A_x、测试用标准表示值 A_0、装置所用测量变送器输出量的直流数字电压（电流）表示值 U_x（I_x）、测试用直流数

字电压（电流）表示值U_0（I_0）。检定装置的基本误差按下式计算

$$\gamma = \left(\frac{A_0 - A_X}{A_F} + \frac{U_X(I_X) - U_0(I_0)}{U_F(I_F)} \right) \times 100\% \qquad (29\text{-}1\text{-}1)$$

式中　A_F——被试变送器被测量的基准值，对于单向输出变送器，等于被测量量程，

　　　　　　　对于双向和对称输出变送器，等于被测量量程的一半；

　　U_F（I_F）——被试变送器输出量的基准值，对于单向输出变送器，等于被测量量程，

　　　　　　　对于双向和对称输出变送器，等于被测量量程的一半。

被测量量程等于被测量测量范围上限与下限的差值。对于极性（或符号）可改变的被测量，其量程等于单一极性被测量量程的 2 倍。例如，对于测量范围为 0°～±60° 的相位变送器检定装置，其量程为 120°，而对于测量范围为 0°～60° 的相位变送器检定装置，其量程为 60°。

（4）测定频率、相位角、功率因数变送器检定装置的基本误差时，可用测量误差能满足表 29-1-2 要求的测试用标准表对被检装置的误差进行测定。在每一个试验点，记录检定装置标准表示值 A_X 和测试用标准表示值 A_0。检定装置的基本误差按下式计算

$$\gamma = \frac{A_X - A_0}{A_F} \times 100\% \qquad (29\text{-}1\text{-}2)$$

（六）输出稳定度测试

输出稳定度测量装置 1min 内输出电量（电流、电压和功率）的稳定性。

（1）测量交流电压和交流电流为额定输出的 100% 和 50%。

（2）测量交流有功和无功功率时，电压电流为额定输出的 100%，功率因数 1.0 和 0.5（感性），分相功率与合相（三相四线和三相三线）功率均需测量。

（3）用测量重复性好、分辨力较高、采样时间较短的数字式仪表对装置的输出电量进行测量。测试持续时间 60s，采样值不少于 20 个。

（4）按下式计算装置的 1min 输出稳定度

$$1\text{min}输出稳定度 = \frac{输出电压（电流、功率）最大值 - 输出电压（电流、功率）最小值}{输出电压（电流、功率）上限值}$$
$$\times 100\%$$

$$(29\text{-}1\text{-}3)$$

（七）波形失真度测试

（1）选择装置控制量限，在常用输出负载范围内，用失真度测试仪或谐波分析仪进行装置输出电压电流的波形失真度测试。对三相装置，相电压和线电压方式的电压

波形失真度应分别测定。

（2）当需要将电流转换成电压信号测量时，串接在电流回路的电流、电压转换器应为纯阻性负载。

（八）三相对称度测试

（1）选择装置的电压、电流控制量限，调节装置输出额定三相电压和电流，同时观察监视仪表，直至三相电压和电流调节到最佳状态。

（2）用三台标准电压表、电流表或一台三相多功能表测量装置输出的三相相电压（线电压）和相电流。装置的不对称度按以下两式计算

$$电压不对称度 = \frac{相电压（或线电压）-三相相电压（或线电压）平均值}{三相相电压（或线电压）平均值} \times 100\%$$

$$（29-1-4）$$

$$电流不对称度 = \frac{相电流-三相相电流平均值}{三相相电流平均值} \times 100\%$$

$$（29-1-5）$$

（3）在装置输出端同时测量三相相电压和相应电流间的相位角，取相位角之间最大差值作为相间相位不对称度；测量任一相电压（电流）与另一相电压（电流）间的相位角，取其与120°的最大差值作为线间相位不对称度。测量分别在功率因数角0°、60°（感性、容性）和90°（感性、容性）进行。改变相位角后，不允许分相调节相位。

（九）装置的测量重复性测定

装置的测量重复性用实验标准差表征。实验标准差的测定，应在检定装置常用量限的测量范围上限进行。对于有功和无功功率量限，还应在有功和无功功率因数为0.5（感性）时进行。测定时，用检定装置对稳定性良好的变送器（或仪表）进行不少于5次重复测试。每次测试时都要重新启动调节设备和主要开关。按下式计算实验标准差

$$s = \frac{1}{A_F} \sqrt{\frac{\sum_{i=1}^{n}(A_i - \overline{A})^2}{n-1}} \times 100\% \qquad （29-1-6）$$

式中　s——测量装置的重复性，用百分数表示；

A_i——第i次测试时被试变送器输出量的示值；

$\overline{A}$——各次测试结果A_i的平均值；

n——重复测量的次数。

六、检定、校准、检测结果分析及报告

（一）检测结果评价

被检装置应满足表 29-1-3 的误差限值要求。

表 29-1-3 被检装置的误差限值要求

被检装置的等级指数	0.03	0.05	0.1	0.2
被检装置的基本误差限（%）	±0.03	±0.05	±0.1	±0.2
被检装置允许的标准偏差估计值 s（%）	0.005	0.01	0.02	0.05
被检装置电流、电压输出稳定度（%/min）	0.01	0.01	0.02	0.05
被检装置功率输出稳定度（%/min）	0.03	0.05	0.1	0.2
被检装置输出电流、电压波形失真度	±0.5%	±1%	±2%	±2%

三相装置应输出对称的三相电压、电流。每个线电压和相电压与其平均值之差不应大于 1%；各相电流与其平均值之差不应大于 1%；每个相电流与对应相电压之间的相位差之差不应大于 2°。

（二）数据处理及分析

（1）判定基本误差和标准偏差估计值是否合格，应以修约后的数据为准。

（2）当检测标准的基本误差大于被检装置基本误差限的 1/4 时，先用检测标准的已定系统误差修正测试结果，然后进行数据修约。

（3）检定装置的基本误差和标准偏差估计值按表 29-1-4 规定的修约间隔进行修约。

（4）当装置全部检测项目符合要求时，可继续使用。若有不符合要求的，应分析原因，或维修或更换，并进行再检测，装置全部检测项目符合要求后，方可继续使用。

表 29-1-4 检定装置的基本误差和标准偏差估计值的修约间隔

修约类别	检定装置的等级指数			
	0.03	0.05	0.1	0.2
	修　约　间　隔			
基本误差（%）	0.002	0.005	0.01	0.02
标准偏差（%）	0.000 5	0.001	0.002	0.005

（三）检定、校准证书、检测报告

每份证书应包括下列信息：

（1）标题（"校准证书"或"检测报告"）。

（2）校准、检测实验室（或单位）的名称和地址。

（3）校准证书、检测报告的编号，并在每一页上标注。

（4）被检装置所属单位的名称和地址。

（5）被检装置的描述（如设备名称、制造厂、出厂编号等）。

（6）校准、检测的日期。

（7）校准、检测参照的规程、规范、标准等。

（8）校准、检测时的环境条件（如温度、湿度等）。

（9）校准证书、检测报告应有校准、检测人员、核验人员、批准人的签字。

（10）校准、检测的结果。

七、检定、校准、检测注意事项

（1）对装置基本误差的测量应包括装置输出电量的误差测量和装置对直流电压电流输入的测量误差，再按公式综合计算装置的基本误差。

（2）对于具有多个量程的装置（如 57.7V/100V/220V/380V，5A/1A），选择装置的控制量限作为全检量限（如 100V，5A），其他量限选择最大误差点和满量限点作为检测点。

（3）单相、三相四线、三相三线不同的接线方式应分别确定量限组合。其组合方式一般包括单相和三相四线（220V/5A，220V/1A，57.7V/5A，57.7V/1A）、三相三线（100V/5A，100V/1A，380V/5A，380V/1A）。

（4）接线过程中，严禁电流回路开路、电压回路短路或接地。

（5）测试线连接完毕后，应进行检查，确认无误后，方可进行操作。

【思考与练习】

1. 简述电测量变送器检定装置的主要功能及检测目的。

2. 怎样进行电测量变送器检定装置的输出稳定度测试？

3. 如何测试被检装置的基本误差？

◢ 模块 2 交流采样测量装置检定装置的检定、校准、检测 （ZY2101002002）

【模块描述】本模块介绍交流采样测量装置检定装置的检定、校准、检测。通过流程介绍和要点归纳，掌握交流采样测量装置检定装置的检定、校准、检测的内容及准备工作、步骤方法、结果处理和注意事项。

【模块内容】

一、交流采样测量装置检定装置简介

检定交流采样测量装置时为确定被测量所必需的计量标准器具和辅助设备的总

体，称为交流采样测量装置检定装置。检定装置按其结构形式分为表（标准表）源（信号源）分离式和表源一体式两类。表源分离式装置由信号源、标准表、量限扩展装置和辅助电路组成。表源一体式装置将标准表、信号源的功能集成在一个装置中，表源不能分离，具有标准源的性质。

　　交流采样测量装置检定装置由数字信号源、功率放大器、输出变流变压器、负反馈电路、监视仪表电路、数字式标准表等组成。调频、移相均由数字电路实现。这种装置可进行程控，功能、量程的切换，被测量的调节均通过键盘进行。有的还可以与计算机通信，进行数据处理，实现自动校验。

　　二、检定、校准、检测的目的

　　交流采样测量装置检定装置的功能是为交流采样装置提供标准输入信号（电流、电压、功率等），从而检定交流采样测量装置对这些标准信号的测量是否准确。因此，对交流采样测量装置检定装置进行检测的目的就是检测其提供给交流采样测量装置的输入信号是否准确、稳定、可靠。

　　对交流采样测量装置检定装置的检测主要包括装置标准表的基本误差测试，装置信号源的输出（电流、电压、功率）稳定度测试，输出电流、电压波形失真度和三相不对称度的测试，以及装置的测量重复性的测试等。

　　三、危险点分析及控制措施

　　详见 ZY2101002001 中的三、。

　　四、检定、校准、检测前的准备工作

　　（一）环境条件

　　详见 ZY2101002001 中的四、。

　　（二）检定、校准、检测标准

　　测定装置基本误差所用的检测标准应具有相应有效期内的检定证书。对有关电量的测量误差（引用误差）不应超过表 29-1-1 的规定值。

　　五、检定、校准、检测步骤及方法

　　（一）外观检查

　　详见 ZY2101002001 中的五、。

　　（二）电流、电压

　　详见 ZY2101002001 中的五、。

　　（三）频率

　　频率调节应能在 45～55Hz 范围内平稳、连续地调节，调节细度不应大于 0.1Hz。

　　（四）相位角

　　各相电压与电流之间的相位角应能在 0°～360° 范围内调节，其调节细度不应大

于 $30''$ 。对于具有校验相位功能的校验装置，其调节细度不应大于其相位测量误差极限值的 1/5。移相引起的电流、电压的变化不应超过 1.5%。

（五）基本误差测试

（1）检测点的确定。

1）检定电压、电流时，选择装置的控制量限作为全检量限，均匀选取不少于 10个检定点（包括满量限点和 1/10 满量限点），其他量限选择最大误差点和满量限点。

2）检定有功、无功功率时，电压、电流各选择 2～3 个量限，对其所有组合量限在功率因数为 1.0 和 0.5（感性、容性）时分别进行，单相、三相四线、三相三线不同的接线方式应分别确定量限组合。

3）检定频率时，在电压控制量限输出额定值，频率在其输出范围内，以 50Hz 为基准点，均匀选取 5～10 个检定点。

4）检定相位角时，在控制量限输出电压、电流额定值，相位角检定点在其输出范围内按照 30 步进的原则选取。

5）检定功率因数时，在控制量限输出电压、电流额定值，选取 1.0、0.5（感性、容性）、0.866（感性、容性）和 0 作为检定点。

6）三相装置每相均应进行检定。

（2）测定基本误差前，装置（含标准表）应经过足够的预热，测定基本误差时，各影响量应保持参比条件；装置输出端应带常用负荷。

（3）测定装置的基本误差时，用测量误差能满足表 29-2-1 要求的测试用标准表对被检装置的输出电量进行测量；在每一个试验点，记录检定装置显示值 A_X、测试用标准表示值 A_0、检定装置的基本误差按下式计算

$$\gamma = \frac{A_X - A_0}{A_0} \times 100\% \qquad (29\text{-}2\text{-}1)$$

（六）输出稳定度测试

详见 ZY2101002001 中的五、。

（七）波形失真度测试

详见 ZY2101002001 中的五、。

（八）三相对称度测试

详见 ZY2101002001 中的五、。

（九）装置的测量重复性测试

装置的测量重复性用实验标准差表征。

（1）重复性试验在装置控制量限的额定值进行。

（2）在常用负载下，分别测量装置输出的电压、电流，功率及频率和相位的重复

性；对于有功和无功功率量限，还应在有功和无功功率因数为 0.5（感性）时进行。

（3）装置应进行不少于 5 次测量。

（4）每次测量必须从开机初始状态调整至测量状态。

按式（29-1-6）计算实验标准差。

六、检定、校准、检测结果分析及报告

（一）检测结果评价

被检装置应满足表 29-2-1 的误差限值要求。

表 29-2-1 　　　　　　　　　被检装置的误差限值要求

被检装置的等级指数	0.02	0.05	0.1	0.2
被检装置允许的测量误差（%）	±0.02	±0.05	±0.1	±0.2
被检装置允许的标准偏差估计值 s（%）	0.005	0.01	0.02	0.05
被检装置电流、电压、功率输出稳定度（%/min）	0.005	0.01	0.02	0.05
被检装置输出电流、电压波形失真度	±0.5%	±1%	±2%	±2%

三相装置应输出对称的三相电压、电流。每个线电压和相电压与其平均值之差不应大于 1%；各相电流与其平均值之差不应大于 1%；每个相电流与对应相电压之间的相位差之差不应大于 2°。

（二）数据处理及分析

（1）判定基本误差和标准偏差估计值是否合格，应以修约后的数据为准。

（2）当检测标准的基本误差大于被检装置基本误差限的 1/4 时，先用检测标准的已定系统误差修正测试结果，然后进行数据修约。

（3）检定装置的基本误差和标准偏差估计值按表 29-2-2 规定的修约间隔进行修约。

表 29-2-2 　　　　检定装置的基本误差和标准偏差估计值的修约间隔

修约类别	检定装置的等级指数			
	0.02	0.05	0.1	0.2
	修约间隔			
基本误差（%）	0.002	0.005	0.01	0.02
标准偏差（%）	0.000 5	0.001	0.002	0.005

（4）当装置全部检测项目符合要求时，可继续使用。若有不符合要求的，应分析原因，或维修或更换，并进行再检测，装置全部检测项目符合要求后，方可继续使用。

（三）检定、校准证书和检测报告

详见 ZY2101002001 中的六、。

七、检定、校准、检测注意事项

（1）对于具有多个量程的装置（如 57.7V/100V/220V/380V，5A/1A），选择装置的控制量限作为全检量限（如 100V，5A），其他量限选择最大误差点和满量限点作为检测点。

（2）单相、三相四线、三相三线不同的接线方式应分别确定量限组合。其组合方式一般包括单相和三相四线（220V/5A，220V/1A，57.7V/5A，57.7V/1A）、三相三线（100V/5A，100V/1A，380V/5A，380V/1A）。

（3）对被检装置输出稳定度和测量重复性的测试点的选择参照基本误差测量点的选择方法进行。

（4）接线过程中，严禁电流回路开路、电压回路短路或接地。

（5）测试线连接完毕后，应进行检查，确认无误后，方可进行操作。

【思考与练习】

1. 简述交流采样测量装置检定装置的主要功能及检测目的。

2. 如何进行交流采样测量装置检定装置的重复性测试？

3. 测量装置基本误差时检定点如何确定？

第三十章

直流仪器检定装置的检定、校准、检测

▲ 模块 1 直流电阻箱检定装置的检定、校准、检测
（ZY2101003001）

【模块描述】本模块介绍直流电阻箱检定装置的检定、校准、检测。通过流程介绍和要点归纳，掌握直流电阻箱检定装置的检定、校准、检测的内容及准备工作、步骤方法、结果处理和注意事项。

【模块内容】

一、直流电阻箱检定装置介绍

由于直流电阻箱示值误差有不同的检定方法，则根据不同的检定方法有不同的检定装置，无论用何种方法、何种装置检定直流电阻箱示值误差，都应该符合一个要求，即在检定电阻箱时，由标准器、检定装置及环境条件等因素所引起的扩展不确定度（$k=3$）不应大于被检等级指数的 $1/3$。

（一）装置简述

（1）直接测量法是用比被检电阻箱高两个准确度等级的电阻测量仪器或装置来测量被检电阻值，被检 R_X 的电阻值的检定结果为

$$R_X = A_X \qquad\qquad (30-1-1)$$

式中 A_X——电阻测量仪器示值。

该方法常用的电阻测量仪器或装置有电桥（需配置指零仪）、电流比较仪、电压比较仪等。

（2）同标称值替代法是用电阻测量（或比较）仪器依次测量标准电阻箱 R_S 和被检电阻箱 R_X 的电阻值，检定结果为

$$R_X = R_S + (A_X - A_S) \qquad\qquad (30-1-2)$$

式中 A_S——测量 R_S 时测量仪器的示值；

A_X——测量 R_X 时测量仪器的示值。

由此可见，该方法所使用的检定装置是由电阻测量（或比较）仪器和比被检电阻箱高两个准确度等级且同标称值的标准电阻箱组成。

（3）数字表的直接测量法就是在检定条件下，当数字欧姆表或数字多用表的欧姆挡测量电阻时带来的扩展不确定度（$k=3$）小于被检等级指数的 1/3 时，可直接用欧姆表或数字多用表的欧姆挡测量被检电阻箱 R_X 的电阻值，检定结果为

$$R_X=B_X \tag{30-1-3}$$

式中　B_X——欧姆表或数字多用表显示读数。

此时电阻箱检定装置就是符合要求的数字电阻表或数字多用表。

（4）数字电压表法是在检定条件下，利用标准电阻、恒流源及数字电压表通过测量标准电阻和被检电阻箱上的电压，从而确定被检电阻箱的电阻值。在测量装置引入的扩展不确定度（$k=3$）小于被检等级指数的 1/3 时，便可测得被检电阻箱的值。

此时电阻箱检定装置是由标准电阻、恒流源以及数字电压表组成。

（二）主要技术要求

（1）检定电阻箱时，由标准器、检定装置及环境条件等因素所引起的扩展不确定度（$k=3$）不应大于被检等级指数的 1/3。

（2）检定电阻箱时作标准用的标准器，其等级指数至少比被检高 2 个准确度等级。

（3）检定装置重复测量的标准偏差不应大于被检等级指数的 1/10（测量次数不少于 10 次）。

（4）检定装置中灵敏度引入的不确定度不得大于被检等级指数的 1/10。

（5）数字电压表法电阻箱检定装置主要技术要求：

1）恒流源引入的不确定度 $u(I)$ 控制在小于扩展测量不确定度 U 的 1/10 $\left[u(I)<\dfrac{1}{10}U\right]$。

2）标准电阻引入的不确定度 $u(R_N)$ 控制在小于扩展测量不确定度 U 的 1/5 $\left[u(R_N)<\dfrac{1}{5}U\right]$。

3）数字电压表（以测 100kΩ以上电阻为例）引入的标准测量不确定度 $u(M)$ 控制在小于扩展测量不确定度 U 的 1/4 $\left[u(M)<\dfrac{1}{4}U\right]$。

二、检定、校准、检测目的及内容

直流电阻箱检定装置用于对直流电阻箱的定期检定、校准，在使用过程中其误差的变化及其装置综合性能的改变都将直接影响测量的准确可靠性，因此，必须定期（一般为 1 年）对直流电阻箱检定装置进行检定、校准、检测，以保证装置的测量数据准

确可靠。

上述直流电阻箱检定装置中的标准器及配套设备的检定一般都有相应的检定规程可依据，应按规定进行定期溯源，这里不再叙述。本模块主要介绍直流电阻箱检定装置综合性能的测试，如装置重复性、装置的稳定性等测试内容。

三、危险点分析及控制措施

由于在检定、校准、检测直流电阻箱检定装置的过程中需要通电进行，安全工作要求主要参照《国家电网公司电力安全工作规程》有关规定执行。这里主要强调，检定装置中包含有恒流源时，在恒流源输出工作电流时，严禁输出回路开路，只有将恒流源输出调至零时方可切换回路接线；检定装置中包含有指零仪时，为防止冲击指零仪，测量时，将标准器示值调至与被测示值对应，应按"粗""中""细"的顺序，分别按下开关，调节标准器测量盘使指零仪指零。

四、检定、校准、检测准备工作

（一）环境条件

（1）将直流电阻箱检定装置放置于参比环境条件中，放置时间至少不低于 2h，以消除温度及温度梯度的影响。装置中的有些设备（如恒流源、数字电压表等）还应根据制造厂或有关标准规程的规定，进行适当的预热。

（2）有关影响量的标准条件和允许偏差。

1）对于可检定 0.01 级直流电阻箱的检定装置，检定时环境条件见表 30-1-1。

表 30-1-1　　　　　　可检定 0.01 级直流电阻箱的检定装置
检定时环境条件

影 响 量	标 准 条 件	允 许 偏 差
环境温度（℃）	20	±1
相对湿度（%）	40～60	40～60

2）对于可检定 0.1 级直流电阻箱的检定装置，检定时环境条件见表 30-1-2。

表 30-1-2　　　　　　可检定 0.1 级直流电阻箱的检定
装置检定时环境条件

影 响 量	标 准 条 件	允 许 偏 差
环境温度（℃）	20	±3
相对湿度（%）	40～60	40～60

（二）校准、检测仪器设备

（1）针对不同的直流电阻箱检定装置，选择相适应的校准、检测仪器设备。

（2）校准、检测时所使用的仪器设备工作状态良好，并具有有效期内的检定证书或校准证书。

（3）校准、检测仪器设备的测量范围应与被校准、检测装置的测量范围相适应。

（4）校准、检测仪器设备的准确度等级应与被校准、检测直流电阻箱检定装置的技术指标相适应。

五、检定、校准、检测步骤及方法

（一）外观检查

被校准、检测直流电阻箱检定装置应无明显影响测量的缺陷，其连接线应正确无误。

（二）被测装置预热

装置中的指零仪、恒流源、数字电压表或其他电子类仪器仪表均需通电预热，预热时间应根据制造厂或有关标准规程的相应规定而定。

（三）装置灵敏度的测试（适用时）

选择一台测量范围与被测装置相适应的直流电阻箱作为被测对象，在其测量范围的上、下限进行灵敏度测试。将标准器示值调至与被测电阻箱对应，调节标准器测量盘使指零仪指零，再将被测电阻（或标准器测量盘电阻）改变 $\frac{1}{10}a\%$（$a\%$ 为被检电阻箱等级指数，在此应为装置所检电阻箱的最高等级指数），此时，指零仪的偏转不应小于 1 分格（1 分格不小于 1mm）。

（四）装置重复性测试

选择一台稳定性好的典型的直流电阻箱作为被测对象，并选择合适的测量点，在相同的测量条件下，进行 n 次（一般取 6～10 次）独立重复测量，得到测量结果 y_i（$i=1$, 2，$\cdots$，n），则装置重复性 $s(y_i)$ 为

$$s(y_i) = \sqrt{\frac{\sum_{i=1}^{n}(y_i - \overline{y})^2}{n-1}} \qquad (30\text{--}1\text{--}4)$$

式中　$\overline{y}$ ——n 次测量结果的算术平均值；

　　　n ——重复测量次数。

装置重复性 $s(y_i)$ 应小于被检电阻箱等级指数的 1/10。

（五）装置的稳定性测量

选择一台稳定性好的直流电阻箱或几只标准电阻（不同阻值）作为被测对象，在装置测量范围上、下限附近选择 2 点，再选择几个典型值作为测量点，每年对这些测

量点进行定期测量，相邻两年的测量结果之差即为该装置在此阶段的稳定性。稳定性应小于该装置的最大允许误差。

（六）恒流源稳定度测试（适用时）

（1）电流表法。根据恒流源的技术指标选择一台合适的电流表（应具有足够的分辨率及准确度等级等），将电流表输入端与恒流源输出端正确相接，依次输出恒流源各量程电流值，观察电流表示值在 1min 的最大变化，并将其换算为最大相对变化量即为该恒流源的稳定度，应小于该恒流源规定的稳定度技术指标。

（2）数字电压表法。根据恒流源的技术指标选择一台合适的数字电压表（应具有足够的分辨率及准确度等级等）和温度系数小且阻值合适、稳定的电阻器，将电阻器串联接入恒流源输出端，将数字电压表与电阻器并联相接，分别选择合适的电阻值和电压量程，依次输出恒流源各量程电流值，观察数字电压表示值在 1min 的最大变化，并将其换算为最大相对变化量即为该恒流源的稳定度，应小于该恒流源规定的稳定度技术指标。

一般来说，恒流源不同量程的稳定度技术指标略有差异，但基本都规定在每分钟百万分之几的数量级。

（七）校准、检测结果的验证

选择一台稳定性好的直流电阻箱或合适的几只不同阻值的标准电阻作为被测对象（有上级出具的有效期内的检定、校准证书），在装置测量范围上、下限附近选择 2 点，再选择几个典型值作为测量点，然后将被校准、检测装置的测量结果 y_{lab} 与高等级（或上级）标准装置测量结果 y_{ref} 进行比较，应满足

$$|y_{lab} - y_{ref}| \leqslant \sqrt{U_{lab}^2 - U_{ref}^2} \qquad (30\text{--}1\text{--}5)$$

式中　U_{lab}——为被校准、检测装置测量结果的扩展不确定度，包含因子 $k=2$；

　　　U_{ref}——为高等级（或上级）标准装置测量结果的扩展不确定度，包含因子 $k=2$。

（八）结束

校准、检测结束后，被测装置输出复位，开关复位，关闭电源，拆除连接线。

六、校准、检测结果处理及校准证书、检测报告编写

（一）校准、检测结果处理

（1）判断装置是否符合要求应以修约后的数据为准。

（2）各项目检测结果以相应规定值的 1/10 作为修约间距。

（3）当装置全部检测项目符合要求时，可继续使用。若有不符合要求的，应分析原因，或维修或更换，并进行再检测，装置全部检测项目符合要求后，方可继续使用。

（二）校准证书、检测报告编写

校准证书、检测报告建议用 A4 纸打印。

校准证书、检测报告应包括下列信息：

（1）标题（"校准证书"或"检测报告"）。

（2）校准、检测实验室（或单位）的名称和地址。

（3）校准证书、检测报告的编号，并在每一页上标注。

（4）直流电阻箱检定装置所属单位的名称和地址。

（5）直流电阻箱检定装置的描述（如配套设备名称、制造厂、出厂编号等）。

（6）校准、检测的日期。

（7）校准、检测参照的规程、规范、标准等。

（8）校准、检测时的环境条件（如温度、湿度等）。

（9）校准证书、检测报告应有校准、检测人员，核验人员，批准人的签字。

（10）校准、检测的结果。

七、检定、校准、检测注意事项

（1）在检定、校准、检测直流电阻箱检定装置时，应根据装置构成的不同来确定检定、校准、检测步骤及方法。

（2）在进行装置灵敏度测试时，注意不要冲击指零仪。

（3）在检定、校准、检测过程中，切换恒流源输出电流量程时，应注意须将恒流源输出回零后再进行量程切换。

（4）检定、校准、检测装置前，应对装置的所有连接导线进行检查，确认无误后，方可通电，并进行检定、校准、检测工作。

【思考与练习】

1. 直流电阻箱检定装置只有一种吗？为什么？

2. 如何进行直流电阻箱检定装置重复性测试？

3. 怎样进行直流电阻箱检定装置的稳定性测量？

◢ 模块2　直流电桥检定装置的检定、校准、检测（ZY2101003002）

【模块描述】本模块介绍直流电桥检定装置的检定、校准、检测。通过流程介绍和要点归纳，掌握直流电桥检定装置的检定、校准、检测的内容及准备工作、步骤方法、结果处理和注意事项。

【模块内容】

一、直流电桥检定装置介绍

由于直流电桥示值误差有不同的检定方法，则根据不同的检定方法有不同的检定装置，无论用何种方法、何种装置检定直流电桥示值误差，都应该符合一个要求，即在检定直流电桥时，由标准器、辅助设备及环境条件等因素所引起的测量扩展不确定度（$k=3$）不应超过被检电桥允许基本误差的 1/3。

（一）装置简述

（1）整体检定法就是用比被检电桥高两个准确度等级的标准电阻箱的电阻示值去比较被检电桥的示值，从而确定电桥的基本误差。被检电桥示值 R_X 的电阻值的检定结果为

$$R_X = A_X \tag{30-2-1}$$

式中　A_X——直流标准电阻箱示值。

该方法的检定装置主要是由直流标准电阻箱和辅助设备指零仪等组成。

（2）按元件检定是用标准电阻和比较电桥（或直读电桥）采用同标称值替代法，来测量被检电桥每个电阻元件的电阻值，通过一定的公式计算，确定被检电桥的基本误差。该方法所使用的检定装置是由标准电阻（多个不同阻值）、比较电桥（或直读电桥）及指零仪等组成。

（3）数字电压表法是在检定条件下，利用标准电阻、恒流源及数字电压表通过测量标准电阻和被检电桥电阻元件上的电压，从而确定被检电桥电阻元件的电阻值。在测量装置引入的扩展不确定度（$k=3$）小于被检等级指数的 1/3 时，便可测得被检电桥电阻元件的值。

此时直流电桥检定装置是由标准电阻、恒流源以及数字电压表组成。

（二）主要技术要求

（1）检定电桥时，由标准器、辅助设备及环境条件等因素所引起的扩展不确定度（$k=3$）不应超过被检电桥允许基本误差的 1/3。

（2）整体法检定电桥时作标准用的标准电阻箱，其准确度等级至少比被检高两个准确度等级。

（3）按元件检定电桥时，标准电阻准确度等级应满足 JJG 125—2004《直流电桥检定规程》的要求；比较测量仪器引起的误差不应超过被检电桥电阻元件允许基本误差的 1/10。

（4）检定装置重复测量的标准偏差不应大于被检等级指数的 1/10（测量次数大于等于 10 次）。

（5）检定装置中灵敏度引起的误差不应超过被检电桥允许误差的 1/10。

二、检定、校准、检测目的及内容

直流电桥检定装置用于对直流电桥的定期检定、校准，在使用过程中其误差的变化及其装置综合性能的改变都将直接影响测量的准确可靠性，因此，必须定期（一般为 1 年）对直流电桥检定装置进行检定、校准、检测，以保证装置的测量数据准

确可靠。

上述直流电桥检定装置中的标准器及配套设备的检定一般都有相应的检定规程可依据，应按规定进行定期溯源，这里不再叙述。本模块主要介绍直流电桥检定装置综合性能的测试，如装置重复性、装置的稳定性等测试内容。

三、危险点分析及控制措施

详见 ZY2101003001 中的三、。

四、检定、校准、检测准备工作

（一）环境条件

（1）将直流电桥检定装置放置于参比环境条件中，放置时间至少不低于 2h，以消除温度及温度梯度的影响。装置中的有些设备（如恒流源、数字电压表等）还应根据制造厂或有关标准规程的规定，进行适当的预热。

（2）有关影响量的标准条件和允许偏差。

1）对于可检定 0.02 级直流电桥的检定装置，检定时环境条件参见表 30-1-1。

2）对于可检定 0.05 级携带型直流电桥的检定装置，检定时环境条件见表 30-2-1。

表 30-2-1　　　　　可检定 0.05 级携带型直流电桥的检定

装置检定时环境条件

影响量	标准条件	允许偏差
环境温度（℃）	20	±2
相对湿度（%）	40～60	40～60

（二）校准、检测仪器设备

（1）针对不同的直流电桥检定装置，选择相适应的校准、检测仪器设备。

（2）校准、检测时所使用的仪器设备工作状态良好，并具有有效期内的检定证书或校准证书。

（3）校准、检测仪器设备的测量范围应与被校准、检测装置的测量范围相适应。

（4）校准、检测仪器设备的准确度等级应与被校准、检测直流电桥检定装置的技术指标相适应。

五、检定、校准、检测步骤及方法

（一）外观检查

被校准、检测直流电桥检定装置应无明显影响测量的缺陷，其连接线应正确无误。

（二）被测装置预热

装置中的指零仪、恒流源、数字电压表或其他电子类仪器仪表均需通电预热，预热时间应根据制造厂或有关标准规程的相应规定而定。

（三）装置灵敏度的测试（适用时）

选择一台合适的直流电桥作为被测对象，在装置测量范围的上、下限进行灵敏度测试。将比较电桥（或直读电桥）示值调至与被测电桥电阻值对应，调节比较电桥（或直读电桥）测量盘使指零仪指零，再将测量盘电阻改变 $\frac{1}{10}a\%$（$a\%$ 为被检电阻值允许误差），此时指零仪的偏转不应小于 1 分格（1 分格不小于 1mm）。

（四）装置重复性测试

选择一台稳定性好的典型的直流电桥作为被测对象，并选择合适的测量点，在相同的测量条件下，进行 n 次（一般取 6～10 次）独立重复测量，得到测量结果 y_i（i=1，2，…，n），则装置重复性 $s(y_i)$ 按式（30-1-4）计算。

装置重复性 $s(y_i)$ 应小于被检电桥等级指数的 1/10。

（五）装置的稳定性测量

选择一台稳定性好的直流电桥或几只标准电阻（不同阻值）作为被测对象，在装置测量范围上、下限附近选择 2 点，再选择几个典型值作为测量点，每年对这些测量点进行定期检测，相邻两年的测量结果之差即为该装置在此阶段的稳定性。稳定性应小于该装置的最大允许误差。

（六）恒流源稳定度测试（适用时）

详见 ZY2101003001 中的五、。

（七）校准、检测结果的验证

详见 ZY2101003001 中的五、。

（八）结束

详见 ZY2101003001 中的五、。

六、校准、检测结果处理及校准证书、检测报告编写

（一）校准、检测结果处理

详见 ZY2101003001 中的六、。

（二）校准证书、检测报告编写

校准证书、检测报告建议用 A4 纸打印。

校准证书、检测报告应包括下列信息：

（1）标题（"校准证书"或"检测报告"）。

（2）校准、检测实验室（或单位）的名称和地址。

（3）校准证书、检测报告的编号，并在每一页上标注。

（4）直流电桥检定装置所属单位的名称和地址。

（5）直流电桥检定装置的描述（如配套设备名称、制造厂、出厂编号等）。

（6）校准、检测的日期。

（7）校准、检测参照的规程、规范、标准等。

（8）校准、检测时的环境条件（如温度、湿度等）。

（9）校准证书、检测报告应有校准、检测人员，核验人员，批准人的签字。

（10）校准、检测的结果。

七、检定、校准、检测注意事项

（1）在检定、校准、检测直流电桥检定装置时，应根据装置构成的不同来确定检定、校准、检测步骤及方法。

（2）在进行装置灵敏度测试时，注意不要冲击指零仪。

（3）在检定、校准、检测过程中，切换恒流源输出电流量程时，应注意须将恒流源输出回零后再进行量程切换。

（4）检定、校准、检测装置前，应对装置的所有连接导线进行检查，确认无误后，方可通电，并进行检定、校准、检测工作。

【思考与练习】

1. 如何进行直流电桥检定装置重复性测试？

2. 怎样进行直流电桥检定装置的稳定性测量？

3. 检定、校准、检测直流电桥检定装置时的注意事项？

第三十一章

电测计量标准的建标

▲ 模块 1　计量标准的重复性、稳定性考核（ZY2101004001）

【模块描述】本模块介绍计量标准的重复性、稳定性及其考核方法。通过概念解释、方法介绍和举例说明，掌握计量标准的重复性、稳定性的概念及其试验、记录编写、考核的方法与相关要求。

【模块内容】

一、概述

计量标准是准确度低于计量基准，用于检定或校准其他计量标准或者工作计量器具的计量器具，它处于国家量值传递（溯源）体系的中间环节，起承上启下的作用。因此，计量标准在使用前必须依照 JJF 1033—2016《计量标准考核规范》的要求，进行各项技术准备，使计量标准符合规范的要求并通过考核。下面主要介绍计量标准的重复性、稳定性考核的内容。

二、计量标准的重复性考核

（一）计量标准的重复性

计量标准的重复性即在相同测量条件下，重复测量同一被测量，计量标准提供相近示值的能力。计量标准的重复性通常用测量结果的分散性来定量表示，即用单次测量结果 y_i 的实验标准差 $s(y_i)$ 来表示。计量标准的重复性通常是检定或校准结果的一个不确定度来源。

新建计量标准应当进行重复性试验，并提供试验的数据；已建计量标准，至少每年进行一次重复性试验，测得的重复性应满足检定或校准结果的测量不确定度的要求。

在计量标准考核中，计量标准的重复性是指在重复性条件（这些条件包括测量程序、人员、仪器、环境等方面）下用该计量标准测量一常规的被测对象时，所得到的测量结果的一致性。为保证在尽量相同的条件下进行测量，必须在尽量短的时间内完成重复性测量。

（二）重复性的试验方法

在重复性条件下，用计量标准对常规的被检定或被校准对象进行 n 次独立重复测量，若得到的测量结果为 y_i（$i=1$，2，…，n），则其重复性 s（y_i）按式（30–1–4）计算（其中 n 应尽可能大，一般不应少于 10 次）。

重复性试验结果也会受被测对象不稳定的影响，所以在进行计量标准的重复性试验时，选择的测量对象应为常规的被检定或被校准计量器具，而不是本身重复性和稳定性都是最佳的被检定或被校准计量器具，这样评定得到的不确定度可以用于大多数的检定或校准结果。

（三）计量标准的重复性考核要求

对于新建计量标准，只要按照要求进行重复性试验，并提供试验的重复性数据即可；对于已建计量标准，至少每年进行一次重复性试验，如果重复性试验结果不大于新建计量标准时的重复性，则重复性符合要求；如果重复性试验结果大于新建计量标准时的重复性时，应按照新的重复性结果重新进行检定或校准结果的测量不确定度评定，并判断检定或校准结果的测量不确定度是否满足被检定或校准对象的需要。

（四）《计量标准的重复性试验记录》参考格式及填写说明

（1）《计量标准的重复性试验记录》参考格式见表 31–1–1。申请考核单位原则上应当按照本参考格式填写。如果本参考格式不适用，申请计量标准考核单位可以自行设计《计量标准的重复性试验记录》格式，但是不应少于参考格式规定的内容。

表 31–1–1　　　　　　　　《检定或校准结果的重复性试验记录》

参考格式的检定或校准结果的重复性试验记录

试验时间	___年___月___日			___年___月___日		
被测对象	名称	型号	编号	名称	型号	编号
试验条件						
测量次数	测得值（　）			测得值（　）		
1						
2						
3						
4						
5						
6						
7						

续表

测量次数	测得值（　）	测得值（　）
8		
9		
10		
$\bar{y}$		
$s(y_i) = \sqrt{\dfrac{\sum_{i=1}^{n}(y_i - \bar{y})^2}{n-1}}$		
结　论		
试验人员		

（2）《计量标准的重复性试验记录》参考格式填写说明如下：

1）在表上方"_____的重复性试验记录"栏目中的横线上方填写计量标准名称。

2）"试验时间"是指进行重复性试验的日期，每年至少一次。

3）"测量值"是指进行重复性试验时测得的单次测量结果。

4）"试验条件"填写选用的被测对象及试验时的环境条件和试验方法。

5）"结论"是指是否符合对检定或校准结果的测量不确定度的要求。

6）"备注"栏填写重复性试验需要附加说明的问题。

7）"试验人员"栏须为试验人员的签名。

《计量标准的重复性试验记录》填写实例见表31-1-2。

表31-1-2　　　　　　　直流电阻箱检定装置的重复性试验记录

试验时间	___年___月___日			___年___月___日		
被测对象	名称	型号	编号	名称	型号	编号
	直流电阻箱	×××××	××××			
试验条件	20℃，55%					
测量次数	测得值（Ω）			测得值（　）		
1	1000.053					
2	1000.052					
3	1000.053					
4	1000.054					

续表

测量次数	测得值（Ω）	测得值（）
5	1000.051	
6	1000.052	
7	1000.055	
8	1000.057	
9	1000.053	
10	1000.057	
$\overline{y}$	1000.053 7	
$s(y_i)=\sqrt{\dfrac{\sum\limits_{i=1}^{n}(y_i-\overline{y})^2}{n-1}}$	0.002 1Ω	
结　论	符合要求	
试验人员	×××	

三、计量标准的稳定性考核

（一）计量标准的稳定性

计量标准的稳定性是指计量标准保持其计量特性随时间恒定的能力。因此计量标准的稳定性与所考虑的时间段的长短有关。计量标准通常由计量标准器和配套设备所组成，因此一般来说计量标准的稳定性应包括计量标准器的稳定性和配套设备的稳定性。

在计量标准考核中，计量标准的稳定性是指用该计量标准在规定的时间间隔内测量稳定的被测对象时，所得到的测量结果的一致性。因此所得到的稳定性测量结果中包括了被测对象对测量结果的影响。为使该影响尽可能小，必须选择一量值稳定的核查标准作为测量对象。

新建计量标准一般应当经过半年以上的稳定性考核，证明其所复现的量值稳定可靠后，方能申请计量标准考核；已建计量标准应当保存历年的稳定性考核记录，以证明其计量特性的持续稳定。

（二）计量标准稳定性的考核方法

对于新建计量标准，每隔一段时间（大于 1 个月），用该计量标准对核查标准进行一组 n 次的重复测量，取其算术平均值作为该组的测量结果，共观测 m 组（$m\geqslant4$）。取 m 个测量结果中的最大值和最小值之差，作为新建计量标准在该时间段内的稳定性。

对于已建计量标准，每年用被考核的计量标准对核查标准进行一组 n 次的重复测量，取其算术平均值作为测量结果。以相邻两年的测量结果之差作为该时间段内计量标准的稳定性。

若计量标准在使用中采用标称值或示值（即不加修正值使用），则测得的稳定性应小于计量标准的最大允许误差的绝对值；如加修正值使用，则测得的稳定性应小于该修正值的扩展不确定度（U，$k=2$ 或 U_{95}）。

（三）核查标准的选择

在计量标准稳定性的测量过程中，还不可避免地会引入被测对象对稳定性测量的影响，为使这一影响尽可能地小，必须选择一稳定的测量对象来作为稳定性测量的核查标准。核查标准的选择大体上可以按下述几种情况分别处理：

（1）被检定或被校准的对象是实物量具。在这种情况下，可以选择一性能比较稳定的实物量具作为核查标准。

（2）计量标准仅由实物量具组成，而被检定或被校准的对象为非实物量具的测量仪器。实物量具通常可以直接用来检定或校准非实物量具的测量仪器，并且实物量具的稳定性通常远优于非实物量具的测量仪器，因此在这种情况下可以不必进行稳定性考核。但需画出计量标准器所提供的标准量值随时间变化的曲线，即计量标准器稳定性曲线图。

（3）计量标准器和被检定或被校准的对象均为非实物量具的测量仪器。如果存在合适的比较稳定的对应于该参数的实物量具，可以用它作为核查标准来进行计量标准的稳定性考核。如果对于该被测参数来说，不存在可以作为核查标准的实物量具，可以不作稳定性考核。

（四）《计量标准的稳定性考核记录》参考格式及填写说明

（1）《计量标准的稳定性考核记录》参考格式见表 31-1-3。申请考核单位原则上应当按照本参考格式填写。如果本参考格式不适用，申请考核单位可以自行设计《计量标准的稳定性考核记录》格式，但是不应少于参考格式规定的内容。

表 31-1-3　《计量标准的稳定性考核记录》参考格式的稳定性考核记录

考核时间	___年___月___日	___年___月___日	___年___月___日	___年___月___日
核查标准	名称：型号：编号			

续表

测量条件	测得值（ ）	测得值（ ）	测得值（ ）	测得值（ ）
测量次数				
1				
2				
3				
4				
5				
6				
7				
8				
9				
10				
平均值 $\bar{y}$				
变化量 $|\bar{y}_i - \bar{y}_{i-1}|$				
允许变化量				
结 论				
考核人员				

（2）《计量标准的稳定性考核记录》参考格式的填写说明如下：

1）在表上方"＿＿＿＿＿的稳定性考核记录"栏目中的横线填写计量标准名称。

2）"考核时间"是指进行稳定性考核时的日期，每年至少一次。

3）"测量值"是指进行稳定性考核时测得的单次测量结果。

4）"核查标准"填写核查标准的名称及其主要计量特性。

5）变化量是指本次测量结果和上次测量结果之差。

6）"允许变化量"是指本文三、中（二）所规定的控制限。

7）"结论"栏：如果变化量不大于允许变化量，填写"符合"，如果变化量大于允许变化量，填写"不符合"。

8）"考核人员"栏须为考核人员的签名。

《计量标准的稳定性试验记录》填写实例见表31-1-4。

表 31-1-4　《计量标准的稳定性试验记录》参考格式的稳定性考核记录

考核时间	___年___月___日	___年___月___日	___年___月___日	___年___月___日
核查标准	名称：直流电桥　型号：×××× 　编号：×××			
测量条件	20℃，55%	20℃，60%		
测量次数	测得值（Ω）	测得值（Ω）	测得值（　）	测得值（　）
1	100.011	100.013		
2	100.014	100.015		
3	100.010	100.012		
4	100.012	100.014		
5	100.011	100.016		
6	100.013	100.015		
7	100.015	100.014		
8	100.017	100.015		
9	100.014	100.017		
10	100.010	100.016		
平均值 $\bar{y}$	100.012 7	100.014 7		
变化量 $\|\bar{y}_i - \bar{y}_{i-1}\|$	/	0.002Ω		
允许变化量	0.01Ω	0.01Ω		
结　论	/	符合要求		
考核人员	×××	×××		

【思考与练习】

1. 简述计量标准重复性的试验方法。

2. 何谓计量标准的稳定性？简述计量标准稳定性的考核方法。

3. 两项工作各自的意义？

▲ 模块 2　测量不确定度的评定与验证（ZY2101004002）

【模块描述】本模块介绍测量不确定度的评定与验证的方法。通过概念解释、方法介绍和举例说明，掌握测量不确定度的基本概念及其评定与验证的方法和步骤。

【模块内容】

一、概述

"测量不确定度"是指在计量检定规程或技术规范规定的条件下，用该计量标准对常规的被检定（或校准）对象，进行检定（或校准）时所得结果的不确定度。因此，在该不确定度中应包含被测对象和环境条件对测量结果的影响。

对于不同量程或不同测量点，其测量结果的不确定度不同时，如果各测量点的不确定度评定方法差别不大，允许仅给出典型测量点的不确定度评定过程。

对于可以测量多种参数的计量标准，应分别给出各主要参数的测量不确定度评定过程。

检定或校准结果的验证是指对用该计量标准得到的检定或校准结果的可信程度进行实验验证。也就是说，通过将测量结果与参考值相比较来验证所得到的测量结果是否在合理范围之内。由于验证的结论与测量不确定度有关，因此验证的结论在某种程度上同时也说明了所给的检定或校准结果的不确定度是否合理。

二、测量不确定度的评定

（一）测量不确定度的评定方法与步骤

1. 测量不确定度的评定方法

测量不确定度的评定方法应依据 JJF 1059.1—2012《测量不确定度评定与表示》的规定。

寻找不确定度来源时，可从测量仪器、测量环境、测量人员、测量方法、被测量等方面全面考虑，应做到不遗漏、不重复，特别应考虑对结果影响大的不确定度来源。遗漏会使测量结果的不确定度过小，重复会使测量结果的不确定度过大。

测量中可能导致不确定度的来源一般有：

（1）被测量的定义不完整。

（2）测量方法不理想。

（3）取样的代表性不够，即被测样本不能代表所定义的被测量。

（4）对测量过程受环境影响的认识不恰如其分或对环境的测量与控制不完善。

（5）对模拟式仪器的读数存在人为偏移。

（6）测量仪器的计量性能（如灵敏度、鉴别力阈、分辨力、死区及稳定性等）的局限性。

（7）测量标准或标准物质的不确定度。

（8）引用的数据或其他量值的不确定度。

（9）测量方法和测量程序的近似和假设。

（10）在相同条件下被测量在重复观测中的变化。

测量不确定度的评定方法可归纳为 A、B 两类。不确定度的 A 类评定即用对观测列进行统计分析的方法，来评定标准不确定度；不确定度的 B 类评定即用不同于对观测列进行统计分析的方法，来评定标准不确定度。

如果相关国际组织已经制定了该计量标准所涉及领域的测量不确定度评定指南，则测量不确定度评定也可以依据这些指南进行（在这些指南的适用范围内）。

2. 测量不确定度的评定步骤

（1）明确被测量，必要时给出被测量的定义及测量过程的简单描述。

（2）列出所有影响测量不确定度的影响量（即输入量 x_i），并给出用以评定测量不确定度的数学模型。

（3）评定各输入量的标准不确定度 $u(x_i)$，并通过灵敏系数 c_i 进而给出与各输入量对应的不确定度分量 $u_i(y) = |c_i| u(x_i)$。

（4）计算合成标准不确定度 $u_c(y)$，计算时应考虑各输入量之间是否存在值得考虑的相关性，对于非线性数学模型则应考虑是否存在值得考虑的高阶项。

（5）列出不确定度分量的汇总表，表中应给出每一个不确定度分量的详细信息。

（6）对被测量的分布进行估计，并根据分布和所要求的置信概率 p 确定包含因子 k_p。

（7）在无法确定被测量 y 的分布时，或该测量领域有规定时，也可以直接取包含因子 $k=2$。

（8）由合成标准不确定度 $u_c(y)$ 和包含因子 k 或 k_p 的乘积，分别得到扩展不确定度 U 或 Up。

（9）给出测量不确定度的最后陈述，其中应给出关于扩展不确定度的足够信息。利用这些信息，至少应该使用户能从所给的扩展不确定度重新导出检定或校准结果的合成标准不确定度。

（二）测量不确定度评定举例

直流电阻箱检定、校准结果测量不确定度评定。用直流电阻箱检定装置对直流电阻箱（××型 0.01 级、No：×××××）×10⁴Ω盘第一点和×10⁻³Ω盘第一点进行检定或校准。

（1）设备选用。采用恒流源数字电压表法对所选点进行检定或校准。

（2）数学模型

$$R_X = R_N U_X / U_N \qquad (31\text{-}2\text{-}1)$$

式中　R_X——被检直流标准电阻的实际值，Ω；

$\qquad R_N$——直流标准电阻实际值，Ω；

$\qquad U_X$——数字电压表测量被检标准电阻的电压值，V；

$\qquad U_N$——数字电压表测量标准电阻的电压值，V。

（3）A 类不确定度 u_A。

1）A 类不确定度来源如下：

a. 连接导线电阻、开关接触电阻引入的影响。

b. 温度变化引入的影响。

c. 泄漏电流引入的影响。

2）s 值。在相同条件下，短时间内对所选点进行十次重复独立的测量，经公式计算得到 s 值，见表 31-2-1。

表 31-2-1 s 值

测量点 序号	测量结果（Ω）	
	$10^4\Omega$	$10^{-3}\Omega$
1	9999.585 3	0.001 000 023 47
2	9999.596 3	0.001 000 028 47
3	9999.581 5	0.001 000 030 13
4	9999.590 0	0.001 000 036 80
5	9999.596 6	0.001 000 033 46
6	9999.586 9	0.001 000 033 46
7	9999.572 5	0.001 000 043 92
8	9999.601 7	0.001 000 038 92
9	9999.587 7	0.001 000 033 93
10	9999.599 3	0.001 000 037 26
$\bar{x}$	9999.589 8	0.001 000 033 98
s	0.009 0	5.8×10^{-9}
$s' = s/\bar{x}$	0.90×10^{-6} （s_1'）	5.8×10^{-6} （s_2'）

则 $u_{A1} = s_1'$（$\bar{x}$）$=0.90\times10^{-6}$，$u_{A2} = s_2'$（$\bar{x}$）$=5.8\times10^{-6}$。

（4）B 类不确定度见表 31-2-2。

表 31-2-2   **B 类 不 确 定 度**

序号	不确定度来源	误差限 b_j		分布系数 k_j	灵敏系数 c_j	$u_j = c_j b_j / k_j$	
		$10^4\Omega$	$10^{-3}\Omega$			$10^4\Omega$	$10^{-3}\Omega$
1	标准电阻年变化误差	10×10^{-6}	20×10^{-6}	$\sqrt{3}$	1	$10/\sqrt{3}\times10^{-6}$	$20/\sqrt{3}\times10^{-6}$
2	标准电阻传递误差	5×10^{-6}	10×10^{-6}	3	1	$5/3\times10^{-6}$	$10/3\times10^{-6}$
3	内附标准电阻引入误差	5×10^{-6}	/	$\sqrt{3}$	1	$5/\sqrt{3}\times10^{-6}$	/
4	纳伏表测量电压引入误差	4×10^{-6}	4×10^{-6}	$\sqrt{3}$	1	$4/\sqrt{3}\times10^{-6}$	$4/\sqrt{3}\times10^{-6}$
5	恒流源输出电流短期稳定度	8×10^{-6}	10×10^{-6}	$\sqrt{3}$	1	$8/\sqrt{3}\times10^{-6}$	$10/\sqrt{3}\times10^{-6}$

（5）合成不确定度 u。考虑各分量不相关，则

$$u_1=\sqrt{u_{A1}^2+\sum\left(c_ju_j\right)^2}=8.5\times10^{-6}$$

$$u_2=\sqrt{u_{A2}^2+\sum\left(c_ju_j\right)^2}=14.7\times10^{-6}$$

若分量相关，应考虑在公式中加入协方差项。

（6）扩展不确定度 U。$U=ku$（取包含因子 $k=2$）

则，$\times10^4\Omega$ 盘第一点测量结果为 9999.59Ω，$U_1=2\times8.5\times10^{-6}=1.7\times10^{-5}$；$\times10^{-3}\Omega$ 盘第一点测量结果为 0.001 000 034Ω，$U_2=2\times14.7\times10^{-6}=3.0\times10^{-5}$。

三、检定或校准结果的验证

检定或校准结果的验证是指对给出的检定或校准结果的可信程度进行实验验证。由于验证的结论与测量不确定度有关，因此验证的结论在某种程度上同时也说明了所给出的检定或校准结果的不确定度是否合理。

（一）检定或校准结果的验证方法

检定或校准结果的验证一般应通过更高一级的计量标准采用传递比较法进行验证，传递比较法是具有溯源性的，因此检定或校准结果的验证原则上应采用传递比较法，只有在无法找到更高一级的计量标准或不可能采用传递比较法的情况下才允许采用比对法进行检定或校准结果的验证，也即可以通过具有相同准确度等级的实验室之间的比对来验证检定或校准结果的合理性。

1. 传递比较法

用被考核的计量标准测量一稳定的被测对象，然后将该被测对象用另一更高级的计量标准进行测量。若用被考核计量标准和高一级计量标准进行测量时的扩展不确定度（U_{95} 或 $k=2$ 时的 U，下同）分别为 U_{lab} 和 U_{ref}，它们的测量结果分别为 y_{lab} 和 y_{ref}，在两者的包含因子近似相等的前提下应满足

$$\left|y_{lab}-y_{ref}\right|\leqslant\sqrt{U_{lab}^2+U_{ref}^2} \qquad (31\text{-}2\text{-}2)$$

当 $U_{ref}\leqslant\dfrac{U_{lab}}{3}$ 成立时，可忽略 U_{ref} 的影响，此时上式成为

$$\left|y_{lab}-y_{ref}\right|\leqslant U_{lab} \qquad (31\text{-}2\text{-}3)$$

对于某些计量标准，其检定规程规定其扩展不确定度对应于 99％的置信概率，此时所给出的扩展不确定度所对应的 k 值与 2 相差较大。在进行判断时，应将其换算到对应于 $k=2$ 时的扩展不确定度。由于经换算后的扩展不确定度变小，即其判断标准将比不换算更严格。

2. 比对法

如果不可能采用传递比较法时，可采用多个实验室之间的比对。假定各实验室的计量标准具有相同准确度等级，此时采用各实验室所得到的测量结果的平均值作为被测量的最佳估计值。

当各实验室的测量不确定度不同时，原则上应采用加权平均值作为被测量的最佳估计值，其权重与测量不确定度有关。但由于各实验室在评定测量不确定度时所掌握的尺度不可能完全相同，故仍采用算术平均值 $\bar{y}$ 作为参考值。

若被考核实验室的测量结果为 y_{lab}，其测量不确定度为 U_{lab}，在被考核实验室测量结果的方差比较接近于各实验室的平均方差，以及各实验室的包含因子均相同的条件下，应满足

$$\left|y_{lab} - \bar{y}\right| \leqslant \sqrt{\frac{n-1}{n}}U_{lab} \qquad (31\text{-}2\text{-}4)$$

（二）检定或校准结果的验证举例

为验证直流电阻箱检定装置的测量不确定度，可以选用稳定性好的并经高等级（或上级）检定、校准的二等标准电阻 10^4（No：××××）和 10^{-3}（No：××××）（证书号：×××××××）作为被测对象，将本装置测量结果 y_{lab} 与高等级（或上级）标准装置测量结果 y_{ref} 进行比较，应满足

$$\left|y_{lab} - y_{ref}\right| \leqslant \sqrt{U_{lab}^2 + U_{ref}^2} \qquad (31\text{-}2\text{-}5)$$

式中　U_{lab}——本装置测量结果的扩展不确定度，包含因子 $k=2$；

　　　U_{ref}——高等级（或上级）标准装置测量结果的扩展不确定度，包含因子 $k=2$。

由表 31-2-3 中验证数据可知，验证结果满足式（31-2-2），符合要求。

表 31-2-3　　　　　　　　　验　证　数　据

示值（Ω）	被测编号	本装置测量结果 y_{lab}（Ω）及 U_{lab}	高等级（或上级）标准装置测量结果 y_{ref}（Ω）U_{ref}	$\left\|y_{lab}-y_{ref}\right\|$（Ω）	$\left\|y_{lab}-y_{ref}\right\|$ 相对值
10^4	××××	10 000.59 17×10^{-6}	10 000.61 5×10^{-6}	0.02	2×10^{-6}
10^{-3}	××××	0.001 000 000 28×10^{-6}	0.001 000 003 10×10^{-6}	3×10^{-9}	3×10^{-6}

注　环境条件：温度 20℃，湿度 65%。

【思考与练习】

1. 掌握测量不确定度的评定方法与步骤，试对某计量标准的测量不确定度进行评定。

2. 简述检定或校准结果的验证方法，一般应选用哪种验证方法？为什么？

3. 简述测量不确定度的含义。

▲ 模块 3　建标技术报告的编写（ZY2101004003）

【模块描述】 本模块介绍建标时所需《计量标准技术报告》的式样及编（填）写要求等内容。通过要点介绍、举例说明，掌握《计量标准技术报告》编（填）写的要点和方法。

【模块内容】

一、概述

对于新建计量标准，应当撰写《计量标准技术报告》，报告内容应当完整、正确。《计量标准技术报告》全面反映了计量标准的技术状况。《计量标准技术报告》编写的好坏反映了申请考核单位在该项目上的人员水平。建立计量标准后，如果计量标准器及主要配套设备、环境条件及设施等发生重大变化而引起计量标准主要计量特性发生变化时，应当重新修订《计量标准技术报告》。

二、《计量标准技术报告》格式

计量标准建标应当使用 JJF 1033—2016《计量标准考核规范》统一规定的格式，并按规定的要求填写。《计量标准技术报告》格式是属于强制采用的建标用表。《计量标准技术报告》格式参见《计量标准技术报告》填写举例。

三、《计量标准技术报告》的编（填）写要点和要求

《计量标准技术报告》由申请建标考核单位填写，计量标准考核合格后由申请考核单位存档。

《计量标准技术报告》一般使用 A4 复印纸，采用计算机打印，如果用墨水笔填写，要求字迹工整清晰。《计量标准技术报告》的填写要点和要求如下。

（一）封面和目录

1. "计量标准名称"

按 JJF 1022—2014《计量标准命名与分类编码》规定的原则确定计量标准名称。该名称应与《计量标准考核（复查）申请书》中的名称相一致。

2. "计量标准负责人"

填写所建计量标准负责人的姓名。

3."建标单位名称（公章）"

填写建立计量标准单位的全称并加盖公章。该单位名称应与《计量标准考核（复查）申请书》中申请考核单位的名称和公章中名称完全一致。

4."填写日期"

填写编写《计量标准技术报告》的日期。如果是重新修订，应注明第一次填写日期和本次修订日期。

5."目录"

目录一共 12 项内容，应在每项括号内注明在《计量标准技术报告》中的页码。

（二）技术报告内容

1."建立计量标准的目的"

简要叙述建立计量标准的目的、意义，简要分析建立计量标准的社会经济效益与建立计量标准的传递对象及范围。

2."计量标准的工作原理及其组成"

用文字、框图或图表简要叙述该计量标准的基本组成与开展量值传递时采用的检定或校准方法。计量标准的工作原理及其组成，应符合所建计量标准的国家计量检定系统表和国家计量检定规程或技术规范的规定。

3."计量标准器及主要配套设备"

计量标准器是指计量标准在量值传递中对量值有主要贡献的计量设备。主要配套设备是指除计量标准器以外的对测量结果的不确定度有明显影响的其他设备。

其中"名称"和"型号"两栏分别填写各计量标准器及主要配套设备的名称型号。

"测量范围"栏填写各计量标准器及主要配套设备的量值或量值范围。对于可以测量多种参数的计量标准，应该分别给出每一个参数的测量范围和量值。

"不确定度或准确度等级或最大允许误差"栏填写相应计量标准器及主要配套设备的不确定度或准确度等级或最大允许误差。具体采用何种参数表示应根据具体情况确定。填写时必须用符号明确注明所给参数的含义。

最大允许误差用符号 MPE 表示，其数值一般应带"±"号，可以写为"MPE：±0.05A"，"MPE：±0.01mV"。

准确度等级一般以该计量标准所满足的等别或级别表示，可以按各专业约定填写，如可以写为"2 等""0.1 级"。

本栏中的不确定度，是指用该计量标准器及主要配套设备检定或校准被测对象时，该计量标准器及主要配套设备在测量结果中所引入的不确定度分量。其中不应包括由被测对象、测量方法与环境条件等对测量结果的影响。

当填写不确定度时，可以根据该领域的习惯和方便的原则，用标准不确定度或扩展不确定度来表示。标准不确定度用符号 u 表示；扩展不确定度有两种表示方式，分别用 U 和 U_{p} 表示。当用扩展不确定度表示时，应同时注明所取包含因子 k 的数值。不确定度数值前不带"±"号，也不得用小于符号表示。

当包含因子 k 的数值是根据被测量 y 的分布，并由规定的置信概率 P 计算得到时，扩展不确定度用符号 U_{p} 表示。具体地说，当规定的置信概率 P 分别为 0.95 或 0.99 时，分别用符号 U_{95} 或 U_{99} 表示。当包含因子 k 的数值是直接取定（在绝大多数情况下取 $k=2$），而不是根据被测量 y 的分布计算得到时，扩展不确定度用符号 U 表示。

在填写本栏目时，应根据具体情况的不同填写不同的参数。

（1）计量标准简单地由单台仪表或量具组成。

1）若检定或校准中直接采用该仪表或量具的示值或标称值，即不加修正值使用，则填写该仪表或量具的最大允许误差。

2）若在检定或校准中，该仪表或量具需要加修正值使用，即采用其实际值，则填写该修正值的不确定度。

3）若该仪表或量具有准确度等别和（或）级别的规定，则也可以填写该仪表或量具的等别和（或）级别。

（2）计量标准由多台仪表或测量设备组成的一套系统，则在原则上可以将计量标准分成计量标准器和比较器两部分。

1）若可以分辨这两部分各自对测量结果的影响，则按上面的原则分别填写这两部分的有关参数（不确定度或准确度等级或最大允许误差）。当比较器由多种设备构成时，则填写这些设备的合成不确定度。

2）若无法分辨这两部分各自对测量结果的影响，则直接填写上述两部分的合成不确定度。

无论采用何种方法来表示，均应明确用符号表明所提供数据的含义。对于可以测量多种参数的计量标准，应分别给出每种参数的测量不确定度或准确度等级或最大允许误差。

若对于不同测量点或不同测量范围，计量标准具有不同的测量不确定度时，则应分段给出其不确定度，以每一分段中的最大不确定度表示。如有可能，最好能给出测量不确定度随测量点变化的公式。

若对于不同的分度值，计量标准的不确定度不同时，应分别给出对应于每一分度值的不确定度。

"制造厂及出厂编号"栏分别填写各计量标准器及主要配套设备铭牌上标明的制

造厂及出厂编号。

"检定或校准机构"栏填写各计量标准器及主要配套设备溯源单位的名称。

"检定周期或复校间隔"栏填写各计量标准器及主要配套设备的检定周期或复校间隔，如1年、半年。

4."计量标准的主要技术指标"

明确给出整套计量标准的量值或量值范围、分辨力或最小分度值、不确定度或准确度等级或最大允许误差及其他必要的技术指标。

对于可以测量多种参数的计量标准，必须给出对应于每种参数的主要技术指标。

若对于不同测量点，计量标准的不确定度（或最大允许误差）不同时，建议用公式表示不确定度（或最大允许误差）与测量点的关系。如无法给出其公式，则分段给出其不确定度（或最大允许误差）。对于每一个分段，以该段中最大的不确定度（或最大允许误差）表示。

若对于不同的分度值具有不同的测量不确定度时，也应当分别给出。

5."环境条件"

在环境条件中应填写的项目可以分为以下三类：

（1）在计量检定规程或技术规范中提出具体要求，并且对检定或校准结果及其测量不确定度有显著影响的环境项目。

（2）在计量检定规程或技术规范中未提具体要求，但对检定或校准结果及其测量不确定度有显著影响的环境项目。

（3）在计量检定规程或技术规范中未提出具体要求，但对检定或校准结果及其测量不确定度的影响不大的环境项目。

对第一类项目，在"要求"栏内填写计量检定规程或技术规范对该环境项目规定必须达到的具体要求。对第二类项目，"要求"栏按"检定或校准结果的测量不确定度评定"栏中对该环境项目所提的要求填写。对第三类项目，"要求"栏可以不填。

"实际情况"栏填写使用计量标准的环境条件所能达到的实际情况。

"结论"栏是指是否符合计量检定规程或技术规范的要求，或是否符合"检定或校准结果的测量不确定度评定"栏中对该项目所提的要求。视情况分别填写"合格"或"不合格"。对第三类项目"结论"栏可以不填。

6."计量标准的量值溯源和传递框图"

根据与所建计量标准相应的国家计量检定系统表，画出该计量标准的量值溯源和传递框图。要求画出该计量标准溯源到上一级计量标准和传递到下一级计量器具的量值溯源和传递框图。

7."计量标准的重复性试验"

本栏应该列出重复性试验的全部数据，建议用表格的形式反映重复性试验数据处理过程，并判断其重复性是否符合要求。具体做法参见 ZY2101004001。

8."计量标准的稳定性考核"

本栏应该列出计量标准稳定性考核的全部数据，建议用表格的形式反映稳定性考核的数据处理过程，并判断其稳定性是否符合要求。具体做法参见 ZY2101004001。

9."检定或校准结果的测量不确定度评定"

本栏应详细给出测量不确定度的评定过程。

当对于不同量程或不同测量点，其测量结果的不确定度不同时，如果各测量点的不确定度评定方法差别不大，允许仅给出典型测量点的不确定度评定过程。

对于可以测量多种参数的计量标准，应分别给出各主要参数的测量不确定度评定过程。

具体做法参见 ZY2101004002。

10."检定或校准结果的验证"

检定或校准结果的验证方法可以分为传递比较法和比对法两类。传递比较法是具有溯源性的，而比对法并不具有溯源性，因此检定或校准结果的验证原则上应采用传递比较法，只有在不可能采用传递比较法的情况下才允许采用比对法进行检定或校准结果的验证，并且参加比对的实验室应尽可能多。具体做法参见 ZY2101004002。

11."结论"

经过分析和实验验证，对所建计量标准是否符合国家计量检定系统表和计量检定规程或技术规范、是否具有相应的测量能力、是否能够开展相应的检定及校准项目、是否满足 JJF 1033—2016《计量标准考核规范》要求等方面给出总的评价。

12."附加说明"

填写认为有必要指出的其他附加说明。

《计量标准技术报告》填写实例见附录 C。

【思考与练习】

1.《计量标准技术报告》包含了哪些内容？

2. 理解《计量标准技术报告》中各项内容的含义，并按要求正确填写一份《计量标准技术报告》。

3. 建标工作的目的和意义？

附录 C

《计量标准技术报告》填写实例

计量标准技术报告

计量标准名称　　<u>直流电阻箱检定装置</u>

计量标准负责人　　<u>×××</u>

建标单位名称（公章）　<u>××××××××××</u>

填写日期　　<u>2009 年 5 月</u>

目　录

一、建立计量标准的目的

二、计量标准的工作原理及其组成

本标准由二等直流标准电阻、纳伏表和恒流源等系统组件组成，根据 JJG 982—2003《直流电阻箱检定规程》，采用恒流源数字电压表法对被检电阻箱进行检定，其原理如下图所示。

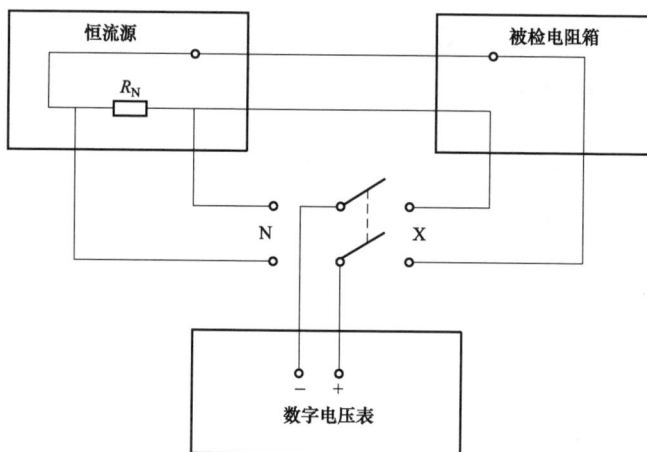

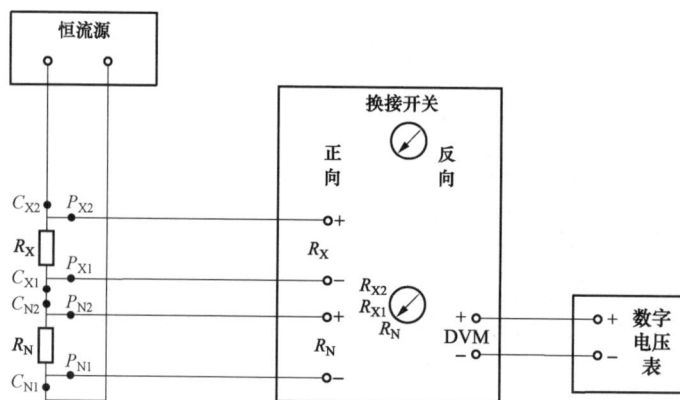

三、计量标准器及主要配套设备

	名　称	型号	测量范围	不确定度或准确度等级或最大允许误差	制造厂及出厂编号	检定或校准机构	检定周期或复校间隔
计量标准器	直流标准电阻	×××	$10^{-3} \sim 10^5 \Omega$	二等	××××厂（9只标准电阻编号）	××××××	1年
主要配套设备	纳伏表	××××	10mV～100V	$\pm 2.7 \times 10^{-5}$	××公司××××××××	××××××	1年
	智能检定系统	××××	0.01～100mA	稳定度：$(5 \sim 8) \times 10^{-6}/1min$	××公司××××××××	××××××	1年
	高精密恒流源	××××	1～10A	稳定度：$(8 \sim 10) \times 10^{-6}/1min$	××公司××××××××	××××××	1年

四、计量标准的主要技术指标

1. 装置测量范围：$(10^{-4} \sim 10^5) \Omega$

2. 直流标准电阻等级：二等

3. 恒流源输出量程：0.01mA，0.1mA，1mA，10mA，100mA，1A，10A

4. 恒流源稳定度：$(5 \sim 10) \times 10^{-6}/1min$

五、环境条件

序　号	项　目	要　求	实际情况	结　论
1	温　度	（20±0.5）℃	（20±0.5）℃	符合要求
2	湿　度	40%～70%	40%～70%	符合要求
3	防　尘	防尘	防尘良好	符合要求
4	防　振	防振	无振动	符合要求
5	外磁场	无	无	符合要求
6				

六、计量标准的量值溯源和传递框图

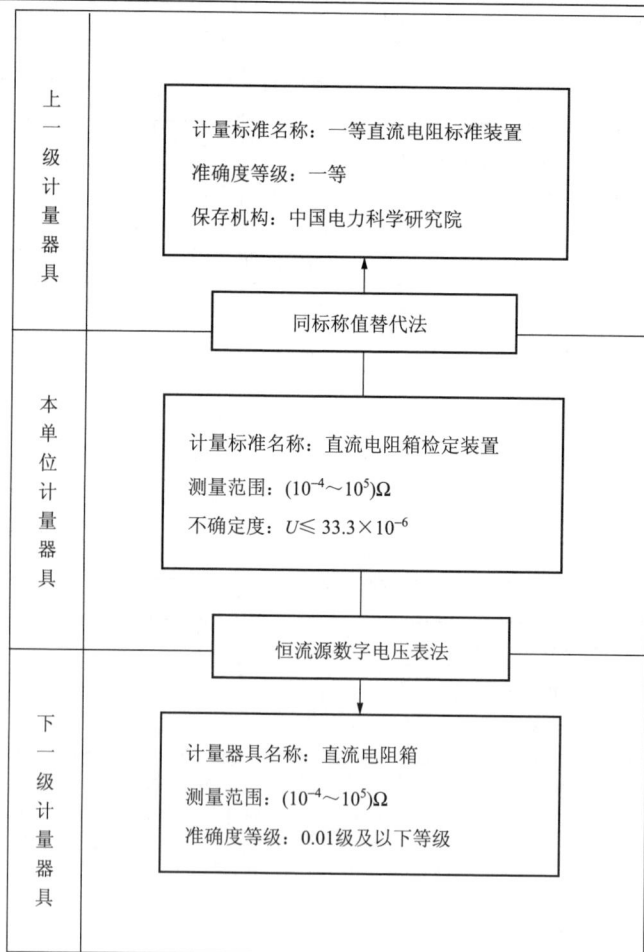

上一级计量器具	计量标准名称：一等直流电阻标准装置 准确度等级：一等 保存机构：中国电力科学研究院
	同标称值替代法
本单位计量器具	计量标准名称：直流电阻箱检定装置 测量范围：$(10^{-4}～10^{5})\Omega$ 不确定度：$U \leqslant 33.3 \times 10^{-6}$
	恒流源数字电压表法
下一级计量器具	计量器具名称：直流电阻箱 测量范围：$(10^{-4}～10^{5})\Omega$ 准确度等级：0.01级及以下等级

七、计量标准的重复性试验

在装置正常工作的条件下，选用一台直流电阻箱（No.××××）×10^4Ω和×10^{-3}Ω测量盘的第一点作为被测，采用恒流源数字电压表法对被检电阻箱在短时间内进行十次重复独立的测量（应在相同条件下连续做，每次测量应重新接线）。

测量点	测 量 结 果（Ω）	
	10^4Ω	10^{-3}Ω
1	10 000.538 2	0.000 999 996 18
2	10 000.531 1	0.000 999 994 99
3	10 000.538 3	0.000 999 991 97
4	10 000.541 1	0.000 999 993 13
5	10 000.532 7	0.000 999 997 38
6	10 000.533 0	0.000 999 993 56
7	10 000.530 5	0.000 999 996 08
8	10 000.536 2	0.000 999 998 63
9	10 000.540 9	0.000 999 998 00
10	10 000.539 3	0.000 999 994 76
$\bar{x}$	10 000.536 1	0.000 999 995 468
s	0.004 0	2.2×10^{-9}
$s' = s/\bar{x}$	0.40×10^{-6}	2.2×10^{-6}

重复性计算公式：

$$s(x_i) = \sqrt{\frac{\sum_{i=1}^{n}(x_i - \bar{x})^2}{n-1}}$$

八、计量标准的稳定性考核

选一稳定性好的 0.01 级直流电阻箱（或二等标准电阻），型号××××（No：××××）作为核查标准。在10^{-3}Ω、1Ω、10Ω和10^4Ω四个测量点对本装置进行稳定性考核。每隔一段时间（大于一个月），用该计量标准对核查标准进行一组 n 次的重复测量（n=5~10），取其平均值作为该组的测量结果，共测 m 组（$m \geq 4$），取 m 个测量结果中最大值和最小值之差，作为计量标准在该段时间内的稳定性。测量结果如下：

测试时间及误差参数	测 量 结 果（Ω）			
	10^{-3}Ω	1Ω	10Ω	10^4Ω
2008.06.19	$0.999\,993\,96\times10^{-3}$	1.000 047 59	9.999 794 0	10 000.519 4
2008.07.28	$0.999\,997\,30\times10^{-3}$	1.000 047 35	9.999 792 2	10 000.529 8
2008.09.08	$0.999\,998\,12\times10^{-3}$	1.000 047 97	9.999 795 6	10 000.533 0
2008.10.18	$0.999\,997\,79\times10^{-3}$	1.000 046 87	9.999 794 7	10 000.540 3
最大值—最小值（Ω）	0.42×10^{-8}	0.11×10^{-5}	0.034×10^{-4}	0.021
最大允许误差值（Ω）	2×10^{-8}	1×10^{-5}	1×10^{-4}	0.1

根据 JJF 1033—2016《计量标准考核规范》规定计量标准稳定性应小于该计量标准的最大允许误差的绝对值。由上述数据可知，计量标准稳定性符合要求。

九、检定或校准结果的测量不确定度评定

用本计量标准对直流电阻箱（××型 0.01 级、No.×××××）×$10^4\Omega$盘第一点和×$10^{-3}\Omega$盘第一点进行检定或校准。

1. 采用恒流源数字电压表法对所选点进行检定。
2. 数学模型：

$$R_X = R_N U_X / U_N$$

式中　R_X——被检直流标准电阻的实际值，Ω；

R_N——直流标准电阻实际值，Ω；

U_X——数字电压表测量被检标准电阻的电压值，V；

U_N——数字电压表测量标准电阻的电压值，V。

3. A 类不确定度 u_A：

（1）A 类不确定度来源：

1）连接导线电阻、开关接触电阻引入的误差。

2）温度变化引入的误差。

3）泄漏电流引入的误差。

（2）s 值。在相同条件下，短时间内对所选点进行 10 次重复独立的测量，经公式计算得到 s 值。

测量点	测 量 结 果（Ω）	
	$10^4\Omega$	$10^{-3}\Omega$
1	9999.585 3	0.001 000 023 47
2	9999.596 3	0.001 000 028 47
3	9999.581 5	0.001 000 030 13
4	9999.590 0	0.001 000 036 80
5	9999.596 6	0.001 000 033 46
6	9999.586 9	0.001 000 033 46
7	9999.572 5	0.001 000 043 92
8	9999.601 7	0.001 000 038 92
9	9999.587 7	0.001 000 033 93
10	9999.599 3	0.001 000 037 26
$\bar{x}$	9999.589 8	0.001 000 033 98
s	0.009 0	5.8×10^{-9}
$s' = s/\bar{x}$	0.90×10^{-6}（s_1'）	5.8×10^{-6}（s_2'）

则 $u_{A1} = s_1'$（$\bar{x}$）$=0.90\times10^{-6}$，$u_{A2} = s_2'$（$\bar{x}$）$=5.8\times10^{-6}$。

4. B 类不确定度。

序号	不确定度来源	误差限 b_j		分布系数 k_j	灵敏系数 c_j	$U_j=c_j b_j/k_j$	
		$10^4\Omega$	$10^{-3}\Omega$			$10^4\Omega$	$10^{-3}\Omega$
1	标准电阻年变化误差	10×10^{-6}	20×10^{-6}	$\sqrt{3}$	1	$10/\sqrt{3}\times10^{-6}$	$20/\sqrt{3}\times10^{-6}$
2	标准电阻传递误差	5×10^{-6}	10×10^{-6}	3	1	$5/3\times10^{-6}$	$10/3\times10^{-6}$
3	内附标准电阻引入误差	5×10^{-6}	/	$\sqrt{3}$	/	$5/\sqrt{3}\times10^{-6}$	/
4	纳伏表测量电压引入误差	4×10^{-6}	4×10^{-6}	$\sqrt{3}$	1	$4/\sqrt{3}\times10^{-6}$	$4/\sqrt{3}\times10^{-6}$
5	恒流源输出电流短期稳定度	8×10^{-6}	10×10^{-6}	$\sqrt{3}$	1	$8/\sqrt{3}\times10^{-6}$	$10/\sqrt{3}\times10^{-6}$

5. 合成不确定度 u。考虑各分量不相关，则：

$$u_1=\sqrt{u_{A1}^2+\sum(c_j u_j)^2}=8.5\times10^{-6}$$

$$u_2=\sqrt{u_{A2}^2+\sum(c_j u_j)^2}=14.7\times10^{-6}$$

6. 扩展不确定度 U。

$$U=ku\ （取包含因子 k=2）$$

则　$U_1=2\times8.5\times10^{-6}=1.7\times10^{-5}$（$\times10^4\Omega$盘）

$U_2=2\times14.7\times10^{-6}=3.0\times10^{-5}$（$\times10^{-3}\Omega$盘）

十、检定或校准结果的验证

为验证本装置的测量不确定度，选用稳定性好的并经高等级（或上级）检定/校准的二等标准电阻 $10^4\Omega$（No.××××）和 $10^{-3}\Omega$（No.××××）（证书号：×××××××××）作为被测对象，将本装置测量结果 y_{lab} 与高等级（或上级）标准装置测量结果 y_{ref} 进行比较，应满足下式：

$$|y_{lab}-y_{ref}|\leqslant\sqrt{U_{lab}^2+U_{ref}^2}$$

式中　U_{lab}——为本装置测量结果的扩展不确定度，包含因子 $k=2$；

U_{ref}——为高等级（或上级）标准装置测量结果的扩展不确定度，包含因子 $k=2$。

示值（Ω）	被测编号	本装置测量结果 y_{lab}（Ω）及 U_{lab}	高等级（或上级）标准装置测量结果 y_{ref}（Ω） U_{ref}	$|y_{lab}-y_{ref}|$（　）	$|y_{lab}-y_{ref}|$ 相对值
10^4	××××	10 000.59 17×10^{-6}	10 000.61 5×10^{-6}	0.02	2×10^{-6}
10^{-3}	××××	0.001 000 000 28×10^{-6}	0.001 000 003 10×10^{-6}	3×10^{-9}	3×10^{-6}

注　环境条件：温度20℃，湿度65%。

由上述验证数据可知，验证结果满足公式 $\left\|y_{\text{lab}} - y_{\text{ref}}\right\| \leqslant \sqrt{U_{\text{lab}}^2 + U_{\text{ref}}^2}$ ，符合要求。
十一、结论
经过分析和实验验证，该直流电阻箱检定装置符合国家计量检定系统表和 JJG 982—2003《直流电阻箱》检定规程和 JJG 1033—2016《计量标准考核规范》的要求。可建立该直流电阻箱检定装置，并开展××级及以下直流电阻箱的检定、校准工作。
十二、附加说明

◢ 模块 4　其他建标相关资料的编写（ZY2101004004）

　　【**模块描述**】本模块介绍建标相关资料的式样及编（填）写说明等内容。通过要点介绍、举例说明，熟悉计量标准的技术档案文件集的内容，掌握《计量标准考核（复查）申请书》、《计量标准履历书》编（填）写的要点和方法。

　　【**模块内容**】

　　一、计量标准建标技术档案简介

　　对每项计量标准应当建立一个文件集，在文件集目录中应当注明各种文件保存的地点和方式。所有文件均应现行有效，并规定合理的保存期限。申请考核单位应当保证文件的完整性、真实性、正确性。

　　对于新建计量标准的技术档案文件主要包含有以下内容：

　　（1）计量标准考核（复查）申请书。

　　（2）计量标准技术报告。

　　（3）计量标准的重复性试验记录。

　　（4）计量标准的稳定性考核记录。

（5）计量标准更换申报表（如果适用）。

（6）计量标准封存（或撤销）申报表。

（7）计量标准履历书。

（8）计量检定规程或技术规范。

（9）计量标准操作程序。

（10）计量标准器及主要配套设备的检定或校准证书。

（11）检定或校准人员的资格证明。

（12）实验室的相关管理制度。

（13）开展检定或校准工作的原始记录及相应的检定或校准证书副本。

（14）可以证明计量标准具有相应测量能力的其他技术资料。

二、《计量标准考核（复查）申请书》

计量标准建标应当使用 JJF 1033—2016《计量标准考核规范》统一规定的格式，并按规定的要求填写（见附录 D）。《计量标准考核（复查）申请书》格式是属于强制采用的建标用表。《计量标准考核（复查）申请书》格式参见《计量标准考核（复查）申请书》举例。

《计量标准考核（复查）申请书》由申请建标考核单位填写。《计量标准考核（复查）申请书》一般使用 A4 复印纸，采用计算机打印，如果用墨水笔填写，要求字迹工整清晰。

《计量标准考核（复查）申请书》的填写要点和具体要求如下：

（一）封面

1. "[　　]　　量标　　证字第　　号"

《计量标准考核证书》的编号，新建计量标准申请考核时不必填写，待考核合格后，根据主持考核部门签发的《计量标准考核证书》填写《计量标准考核证书》的编号。

2. "计量标准名称"和"计量标准代码"

按 JJF 1022—2014《计量标准命名与分类编码》的规定查取计量标准名称和代码。《计量标准命名规范》中没有的，可按该规范规定的命名原则进行命名。

3. "申请考核单位"和"组织机构代码"

分别填写申请计量标准考核或复查单位的全称和该单位组织机构代码。申请考核单位的全称应与本申请书"申请考核单位意见"栏内所盖公章中的单位名称完全一致。

4. "单位地址"和"邮政编码"

分别填写申请计量标准考核或复查单位的具体地址，以及所在地区的邮政编码。

5. "联系人"和"联系电话"

联系人可以是该单位分管计量标准的负责人,也可以同时填写所建计量标准的具体负责人。联系电话应是联系人的办公电话号码或者手机号码,并同时注明所在地区的长途区位号码。

6. " 年 月 日"

填写申请计量标准考核或复查单位提出计量标准考核或复查申请时的时间。该时间应当与"申请考核单位意见"一栏内的时间完全一致。

(二)申请书内容

1. "计量标准名称"

与本申请书封面的"计量标准名称"栏的填法一致。

2. "计量标准考核证书号"

申请新建计量标准时不必填写,申请计量标准复查时应填写原《计量标准考核证书》的编号,并与本申请书封面的"[ ] 量标 证字第 号"填法一致。

3. "存放地点"

填写该计量标准存放部门的名称,存放地点所在的地址、楼号和房间号。

4. "计量标准总价值(万元)"

填写该计量标准的计量标准器和配套设备原值的总和,单位为万元,数字一般精确到小数点后两位。该总价应当和《计量标准履历书》中"总价值(万元)"相一致。

5. "计量标准类别"

需要考核的计量标准,按其类别分为社会公用计量标准,部门最高计量标准和企事业单位最高计量标准三类。经过质量技术监督部门授权的,属于计量授权。此处应当根据该计量标准的情况在对应的"□"内打"√"。

6. "前两次复查时间和方式"

填写该计量标准前两次复查时间和方式。如果是新建计量标准则不填;如果是第一次复查,则填新建计量标准考核时的时间、方式;如果是第二次复查,则填新建计量标准考核和第一次复查的时间、方式。如果是第三次及三次以上复查,则填前两次复查时间和方式。考核方式分为书面审查和现场考评,请在对应的"□"内打"√"

7. "测量范围"

填写该计量标准的量值或量值范围。对于可以测量多种参数的计量标准应该分别给出每一个参数的测量范围和量值。

8. "不确定度或准确度等级或最大允许误差"

根据具体情况可以填写不确定度或准确度等级或最大允许误差。具体采用何种参数表示应根据具体情况确定，或遵从本行业的规定或约定俗成。填写时必须用符号明确注明所给参数的含义。

最大允许误差用符号 MPE 表示，其数值一般应带"±"号，例如，可以写为"MPE：±0.05A"，"MPE：±0.01mV"。

准确度等级一般以该计量标准所满足的等别或级别表示，可以按各专业约定填写，如可以写为"2 等""0.1 级"。

本栏中的不确定度，是指用该计量标准检定或校准被测对象时，该计量标准在测量结果中所引入的不确定度分量。其中不应包括由被测对象、测量方法及环境条件等对测量结果的影响。例如，由环境效应导致的被测对象的不稳定，或由于被测对象和计量标准之间的失配而对测量结果的影响。

当填写不确定度时，可以根据该领域的习惯和方便的原则，用标准不确定度或扩展不确定度来表示。标准不确定度用符号 u 表示；扩展不确定度有两种表示方式，分别用 U 和 U_p 表示。当用扩展不确定度表示时，应同时注明所取包含因子 k 的数值。不确定度数值前不带"±"号，也不得用小于符号表示。

当包含因子 k 的数值是根据被测量 y 的分布，并由规定的置信概率 p 计算得到时，扩展不确定度用符号 U_p 表示。具体地说，当规定的置信概率 p 分别为 0.95 或 0.99 时，分别用符号 U_{95} 或 U_{99} 表示。当包含因子 k 的数值是直接取定（在绝大多数情况下取 $k=2$），而不是根据被测量 y 的分布计算得到时，扩展不确定度用符号 U 表示。

在填写本栏目时，应根据具体情况的不同填写不同的参数。

（1）计量标准简单地由单台仪表或量具组成。

1）若检定或校准中直接采用该仪表或量具的示值或标称值，即不加修正值使用，则填写该仪表或量具的最大允许误差；

2）若在检定或校准中，该仪表或量具需要加修正值使用，即采用其实际值，则填写该修正值的不确定度；

3）若该仪表或量具有准确度等别和（或）级别的规定，则也可以填写该仪表或量具的等别和（或）级别。

（2）计量标准由多台仪表或测量设备组成的一套系统，则在原则上可以将计量标准分成计量标准器和比较器两部分。

1）若可以分辨这两部分各自对测量结果的影响，则按上面的原则分别填写这两部分的有关参数（不确定度或准确度等级或最大允许误差）。当比较器由多种设备构成时，则填写这些设备的合成不确定度。

2）若无法分辨这两部分各自对测量结果的影响，则直接填写上述两部分的合成不确定度。

无论采用何种方法来表示，均应明确用符号表明所提供数据的含义。对于可以测量多种参数的计量标准，应分别给出每种参数的测量不确定度或准确度等级或最大允许误差。

若对于不同测量点或不同测量范围，计量标准具有不同的测量不确定度时，则应分段给出其不确定度，以每一分段中的最大不确定度表示。如有可能，最好能给出测量不确定度随测量点变化的公式。

若对于不同的分度值，计量标准的不确定度不同时，应分别给出对应于每一分度值的不确定度。

9. "计量标准器"和"主要配套设备"

计量标准器是指计量标准在量值传递中对量值有主要贡献的计量设备。主要配套设备是指除计量标准器以外的对测量结果的不确定度有影响的其他设备。

其中"名称"和"型号"两栏分别填写各计量标准器及主要配套设备的名称和型号。

"测量范围"栏填写各计量标准器及主要配套设备的量值或量值范围。对于可以测量多种参数的计量标准应该分别给出每一个参数的测量范围和量值。

"不确定度或准确度等级或最大允许误差"栏填写相应计量标准器及主要配套设备的不确定度或准确度等级或最大允许误差。填写要求与本文上述"8"相同。

"制造厂及出厂编号"栏分别填写各计量标准器及主要配套设备铭牌上标明的制造厂及出厂编号。

"检定周期或复校间隔"栏填写各计量标准器及主要配套设备的检定周期或复校间隔，如 1 年、半年。

"末次检定或校准日期"栏填写各计量标准器及主要配套设备最近一次的检定或校准日期。

"检定或校准机构及证书号"栏填写各计量标准器及主要配套设备溯源单位的名称及检定或校准证书编号。

10. "环境条件及设施"

（1）本栏的填写内容应与《计量标准技术报告》中的相应栏目一致。

（2）在设施中填写在计量检定规程或技术规范中提出具体要求，并且对检定或校准结果及其测量不确定度有影响的设施和监控设备。在"项目"栏内填写计量检定规程或技术规范规定的设施和监控设备名称，在"要求"栏内填写计量检定规程或技规范对该设施和监控设备规定必须达到的具体要求。"实际情况"栏填写设施和监控设备的名称、型号和所能达到的实际情况，并应与《计量标准履历书》中相关内容一致。"结论"栏是指是否符合计量检定规程或技术规范的要求。对该项目所提的要求，视情况分别填写"合格"或"不合格"。

11．"检定或校准人员"

分别填写使用该计量标准进行检定或校准工作的持证计量检定或校准人员的情况。每项计量标准应有不少于两名的持证计量检定或校准人员。"姓名""性别""年龄""从事本项目年限""文化程度"等栏目按实际情况填写；"核准的检定或校准项目"应填写检定或校准人员所取得的相应的检定或校准项目。"资格证书名称及注册编号"可以填写《计量检定员证》的编号，也可以填写《注册计量师资格证书》的编号及《注册计量师注册证》编号。"发证机关"填写颁发这些证件的机构简称。

12．"文件集登记"

对表中所列 18 种文件是否具备，分别按情况填写"是"或"否"，写"否"应在"备注"中说明原因。

13．"拟开展的检定及校准项目"

本栏目是指计量标准拟开展的检定或校准项目。"名称"栏填写被检或被校计量器具名称（如果只能开展校准，必须在被检或被校计量器具名称（或参数）注明"校准"字样）。"测量范围"栏填写被检或被校计量器具的量值或量值范围。"不确定度或准确度等级或最大允许误差"栏填写用该计量标准对被检计量器具或被校准对象进行测量时所能达到的测量不确定度或准确度等级或最大允许误差。填写要求与本文上述"8"相同。

"所依据的计量检定规程或技术规范的代号及名称"栏填写开展计量检定所依据的计量检定规程，以及开展校准所依据的计量检定规程或技术规范的代号及名称。填写时先写计量检定规程或技术规范的代号，再写名称的全称。例如，JJG 124—2005《电流表、电压表、功率表及电阻表》，JJG 982—2003《直流电阻箱检定规程》。若涉及多个计量检定规程或技术规范时，则应全部分别予以列出。此处应当填写被检或被校计量器具（或参数）的计量检定规程或技术规范，而不是计量标准器或主要配套设备的计量检定规程或技术规范。

14．"申请考核单位意见"

申请考核单位的负责人（即主管领导）签署意见并签名和加盖公章。

15．"申请考核单位主管部门意见"

申请考核单位的主管部门在本栏目签署意见。如申请建立部门最高计量标准，则应在意见中明确写明"同意建立本部门最高计量标准"并加盖公章。如企业申请本单位最高计量标准考核，企业的主管部门应在本栏目签署"同意该企业建立最高计量标准，请予考核"并加盖公章。

《计量标准考核（复查）申请书》填写实例见附录 D。

三、《计量标准履历书》

JJF 1033—2016《计量标准考核规范》中给出的《计量标准履历书》格式属于推荐采用，申请计量标准考核单位原则上应当按照本参考格式填写。对于某些计量标准，如果本参考格式不适用，申请计量标准考核单位可以自行设计《计量标准履历书》格式，但其包含的内容不应少于本参考格式规定的内容。《计量标准履历书》参考格式见《计量标准履历书》举例。

（一）封面和目录

1."计量标准名称"

该名称应与《计量标准考核（复查）申请书》中的名称相一致。

2."计量标准代码"

按 JJF 1022—2014《计量标准命名与分类编码》的规定取得的计量标准代码。该代码应与《计量标准考核（复查）申请书》中的代码相一致。

3."计量标准考核证书号"

新建计量标准申请考核时不必填写，待考核合格后，根据主持考核部门签发的《计量标准考核证书》填写证书编号。

4."建立日期　　年　　月　　日"

填写计量标准的筹建日期。

5."目录"

目录一共 11 项内容，应在每项（　　）内注明在《计量标准履历书》中的页码。

（二）《计量标准履历书》内容

1."计量标准基本情况记载"

"计量标准名称""测量范围""不确定度或准确度等级或最大允许误差"及"存放地点"填写同《计量标准考核（复查）申请书》的相关栏目。

"总价值（万元）"填写该计量标准的计量标准器和配套设备原值的总和，单位为万元，数字一般精确到小数点后两位。

"启用日期"填写该计量标准正式投入使用的日期。

"建立计量标准情况记录"填写该计量标准筹建的基本情况，包括什么情况提出建立，建立的过程（计量标准器、配套设备及设施购置、安装、送检，人员培训，环境条件，管理制度建立等方面的情况）。

"验收情况"填写该计量标准的计量标准器、配套设备及设施整体验收情况，并要求验收人签名。验收一般由计量标准器、配套设备及设施购买部门（如申请考核单位的设备部）和使用部门共同验收，通过验收后，移交给计量标准负责人。

2. "计量标准器、配套设备及设施登记"

该处不仅要登记计量标准器及主要配套设备的信息，还要登记设施及其他监控设备的信息。"名称""型号""测量范围""不确定度或准确度等级或最大允许误差""制造厂及出厂编号"的填写同《计量标准考核（复查）申请书》的相关内容。"价值（元）"填写该计量标准器、配套设备或者设施的原值，所有计量标准器及配套设备的价值之和等于"计量标准基本情况记载"中的"总价值（万元）"。

3. "计量标准考核（复查）记录"

"计量标准名称"与《计量标准考核（复查）申请书》中的名称相一致。

"考核日期"填写该计量标准历次考核或者复查的具体日期。

"考评单位"填写历次承担该计量标准考评的单位。

"考核方式"填写"书面审查"或者"现场考评"。

"考核结论"填写"合格"或者"不合格"。

"考评员姓名"填写承担该计量标准历次考核的考评员姓名。

"计量标准考核证书有效期"填写该计量标准本次考核的证书有效期，例如，2008年9月6日～2012年9月5日。

4. "计量标准器稳定性考核图表"

根据计量标准器的实际情况可以选择"计量标准器稳定性考核记录表"和"计量标准器稳定性曲线图"中的一种或两种均可。对于可以测量多种参数的计量标准，每一种参数均要给出其"计量标准器稳定性曲线图"和（或）"计量标准器稳定性考核记录表"。

5. "计量标准器及主要配套设备量值溯源记录"

"计量标准器及主要配套设备名称"栏填写各计量标准器或主要配套设备名称。

"检定或校准日期"栏填写各计量标准器或主要配套设备该次检定或校准日期。

"检定周期或校准间隔"栏填写各计量标准器或主要配套设备检定周期或校准间隔，如1年、半年等。

"检定或校准机构名称"栏填写各计量标准器或主要配套设备溯源单位的名称。

"结论"栏填写各计量标准器或主要配套设备的检定或校准的结论。对于检定，填写"合格""不合格"或"符合×等""符合×级"；对于校准，填写是否符合要求。

"检定或校准证书号"栏填写各计量标准器或主要配套设备的检定或校准证书号。

6. "计量标准器及配套设备修理记录"

"修理对象"栏填写修理的计量标准器或配套设备的名称、规格、型号和出厂编号。

"修理日期"栏填写修理计量标准器或配套设备的日期。

"修理原因"栏填写计量标准器或配套设备的故障情况。

"修理情况"栏填写计量标准器或配套设备修理时的情况。

"修理结论"栏填写计量标准器或配套设备修理后能否满足计量标准的要求。

"经手人签字"栏由经手人签字。

7. "计量标准器及配套设备更换登记"

计量标准器或主要配套设备发生任何更换，均应进行登记。

"更换前计量器具名称、型号和出厂编号"栏填写更换前的计量标准器或配套设备的名称、型号和出厂编号。

"更换后计量器具名称、型号和出厂编号"栏填写更换后的计量标准器或配套设备铭牌上的名称、型号和出厂编号。

"更换原因"栏填写计量标准器或配套设备的更换原因。

"更换日期"栏填写计量标准器或配套设备的更换日期。

"经手人签字"栏由经手人签字。

"批准部门或批准人及日期"由建立计量标准单位内主管计量标准部门或其负责人签字批准更换，并注明签字日期。

8. "计量检定规程或技术规范（更换）登记"

在《计量标准履历书》应当登记开展检定或校准所依据的计量检定规程或技术规范，如果所依据的计量检定规程或技术规范发生更换，也应当在《计量标准履历书》中予以记载。

新建计量标准仅填写"现行的计量检定规程或技术规范代号及名称"栏。此后，每当规程或规范发生更换时"现行的计量检定规程或技术规范代号及名称"栏填写替换后的新规程或规范；"原计量检定规程或技术规范代号及名称"栏填写被替换的原规程或规范。同时填写"更换日期"和"主要的变化内容"两栏目。

9. "检定或校准人员（更换）登记"

在岗的全部检定或校准人员的有关信息应在"检定或校准人员（更换）登记"表中予以记载，填写除"离岗日期"以外的其他所有栏目。当检定或校准人员离岗时，填写"离岗日期"栏。

10. "计量标准负责人（更换）登记"

在《计量标准履历书》中应当记载计量标准负责人的信息。填写"负责人姓名""接收日期""交接记事""交接人签字及日期"四栏目。其中"负责人"是指新上任的负责人，而"交接人"是指将卸任的负责人。

11."计量标准使用记录"

使用计量标准时应当填写"计量标准使用记录"。

"计量标准使用记录"可以单独印制使用。

当计量标准使用频繁时，可以每隔一段合理的时间记录一次。

《计量标准履历书》填写实例见附录E。

四、《计量标准更换申报表》格式及填写说明

（一）《计量标准更换申报表》格式

《计量标准更换申报表》格式是 JJF 1033—2016《计量标准考核规范》统一规定的属于强制采用的建标用表，《计量标准更换申报表》格式参见附录F。

（二）《计量标准更换申报表》填写说明

计量标准发生更换时，申请考核单位应当填写《计量标准更换申报表》一式两份报主持考核的部门。

《计量标准更换申报表》用计算机打印或墨水笔填写，要求字迹工整清晰。

申报时应当附上更换后计量标准器及主要配套设备有效的检定或校准证书复印件一份，对于重复性和稳定性有要求的计量标准，还应当提供计量标准重复性试验和稳定性考核记录复印件一份。

1."计量标准名称"和"代码"

按《计量标准考核证书》中的名称和代码填写。

2."测量范围"

填写该计量标准的量值或量值范围。

本栏的填写内容应与《量标准考核证书》中的相应栏目一致。

3."不确定度或准确度等级或最大允许误差"

根据情况可以填写不确定度、准确度等级或最大允许误差。必须用符号明确注明所给参数的含义。

本栏的填写内容应与《计量标准考核证书》中的相应栏目一致。

4."计量标准考核证书号"

填写由主持考核部门签发的《计量标准考核证书》的证书编号。

5."计量标准考核证书有效期"

填写由主持考核部门签发的《计量标准考核证书》的有效期。

6."计量标准器及主要配套设备更换登记"

"更换前"填写被更换的设备，"更换后"填写新更换的设备。若同时更换一种以上的标准器或主要配套设备，"更换前"和"更换后"的填写次序应一一对应。

"名称"栏填写更换前和更换后的计量标准器或主要配套设备的名称。

"型号"栏填写更换前和更换后的计量标准器或主要配套设备的型号。

"测量范围"栏填写更换前和更换后的计量标准器或主要配套设备的量值或量值范围。

"不确定度或准确度等级或最大允许误差"栏可以根据情况填写不确定度或准确度等级或最大允许误差。必须用符号明确注明所填写参数的含义。

"制造厂及出厂编号"栏填写更换前和更换后的计量标准器或主要配套设备的铭牌上的制造厂及出厂编号。

"检定或校准机构及证书号"栏填写更换前和更换后的计量标准器或主要配套设备的检定或校准机构及证书号。

7. "计量标准的其他更换及更换原因"

填写计量标准的其他更换及更换原因,其他更换包括所依据的计量检定规程或技术规范发生实质性变化、申请考核单位名称发生变更等,更换原因是指发生更换的主要理由。例如:原计量标准器或主要配套设备送检不合格,需要更换。

8. "更换后测量范围、不确定度或准确度等级或最大允许误差,以及开展检定或校准项目的变化情况"

填写更换后上述参数的变化情况。

9. "申请单位意见"

由申请考核单位的主管领导签署意见并加盖公章。

10. "主持考核的部门意见"

由主持考核的部门签署意见并加盖公章。

五、《计量标准封存(或撤销)申报表》格式及填写说明

(一)《计量标准封存(或撤销)申报表》格式

《计量标准封存(或撤销)申报表》格式是 JJF 1033—2016《计量标准考核规范》统一规定的属于强制采用的建标用表,《计量标准封存(或撤销)申报表》格式参见附录 G。

(二)《计量标准封存(或撤销)申报表》填写说明

已建计量标准需要封存或撤销时,申请考核单位应当填写《计量标准封存(或撤销)申报表》一式两份报主持考核的部门。

《计量标准封存(或撤销)申报表》用计算机打印或墨水笔填写,要求字迹工整清晰。

1."计量标准名称"和"代码"

《计量标准考核证书》中的名称和代码填写。

2."测量范围"

填写该计量标准的量值或量值范围。

本栏的填写内容应与《计量标准考核证书》中的相应栏目一致。

3."不确定度或准确度等级或最大允许误差"

根据情况可以填写不确定度或准确度等级或最大允许误差。必须用符号明确注明所给参数的含义。

本栏的填写内容应与《计量标准考核（复查）申请书》中的相应栏目一致。

4."计量标准考核证书号"

填写由主持单位签发的《计量标准考核证书》的证书编号。

5."计量标准考核证书有效期"

填写由主持单位签发的《计量标准考核证书》的有效期。

6."申请类型"

按具体情况分别选择"封存"或"撤销"。

7."封存（或撤销）原因"

填写计量标准被封存（或撤销）的具体原因。如需具体说明，可写在"情况说明"后。

8."申请停用时间"

填写计量标准封存的起止日期。

9."申请考核单位意见"

由申请考核单位的主管领导签署意见并加盖公章。

10."主管部门意见"

由申请考核单位的主管部门签署意见并加盖公章。

11."主持考核的部门意见"

由主持考核的部门签署意见并加盖公章。

【思考与练习】

1. 新建计量标准的技术档案文件主要有哪些？

2. 试按要求正确填写一份《计量标准考核（复查）申请书》。

3. 了解《计量标准履历书》及其他相关表格的填写要求，试按要求正确填写一份《计量标准履历书》。

附录 D

《计量标准考核（复查）申请书》填写实例

计量标准考核（复查）申请书

[　　]　　量标　　证字第　　　　号

计量标准名称＿＿＿直流电阻箱检定装置＿＿＿

计量标准代码＿＿＿＿＿15513600＿＿＿＿＿

申请考核单位＿＿＿＿×××××＿＿＿＿

组织机构代码＿＿＿＿×××××＿＿＿＿

单 位 地 址＿＿＿＿×××××＿＿＿＿

邮 政 编 码＿＿＿＿××××××＿＿＿

联　系　人＿＿＿＿＿×××＿＿＿＿＿

联 系 电 话＿＿区号—×××××××＿＿

2013 年×月×日

说　明

1. 根据《中华人民共和国计量法》的有关规定，凡建立社会公用计量标准或部门、企、事业最高计量标准，需经有关质量技术监督部门主持考核合格后方可使用。

2.《计量标准考核（复查）申请书》一般使用 A4 复印纸，采用计算机打印，如果用墨水笔填写，要求字迹工整清晰。

3. 申请新建计量标准考核，申请考核单位应当提供以下资料：

（1）《计量标准考核（复查）申请书》原件和电子版各一份。

（2）《计量标准技术报告》原件一份。

（3）计量标准器及主要配套设备有效的检定或校准证书复印件一套。

（4）开展检定或校准项目的原始记录及相应的模拟检定或校准证书复印件两套。

（5）检定或校准人员资格证明复印件一套。

（6）可以证明计量标准具有相应测量能力的其他技术资料。

（7）如采用计量检定规程或国家计量校准规范以外的技术规范，应当提供技术规范和相应的证明文件复印件一套。

4. 申请计量标准复查考核，申请考核单位应提供以下资料：

（1）《计量标准考核（复查）申请书》原件和电子版各一份。

（2）《计量标准考核证书》原件一份。

（3）《计量标准技术报告》原件一份。

（4）《计量标准考核证书》有效期内计量标准器及主要配套设备的连续、有效的检定或校准证书复印件一套。

（5）随机抽取的该计量标准近期开展检定或校准工作的原始记录及相应的检定或校准证书复印件两套。

（6）《计量标准考核证书》有效期内连续的《计量标准重复性试验记录》复印件一套。

（7）《计量标准考核证书》有效期内连续的《计量标准稳定性考核记录》复印件一套。

（8）检定或校准人员资格证明复印件一套。

（9）计量标准更换申报表（如果适用）复印件一份。

（10）计量标准封存（或撤销）申报表（如果适用）复印件一份。

（11）可以证明计量标准具有相应测量能力的其他技术资料。

注：只有申请复查考核时才填写计量标准考核证书号、复查时间和方式。

计量标准 名称	直流电阻箱检定装置			计量标准 考核证书号				（首次申请不填）	
存放地点	××××实验室			计量标准 总价值（万元）				××	
计量标准 类别	☐ 社会公用 ☐ 计量授权			☑ 部门最高 ☐ 计量授权				☐ 企事业最高 ☐ 计量授权	
前两次复查 时间和方式	年 月 日 ☐ 书面审查 ☐ ☐ ☐ 现场考评			年 月 日 ☐ 书面审查 ☐ ☐ ☐☐ 现场考评					
测量范围	$0\sim10^6\Omega$								
不确定度或 准确度等级或 最大允许误差	0.02 级								

计量标 准器	名 称	型 号	测量范围	不确定度或 准确度等级 或最大允许 误差	制造厂及 出厂编号	检定周 期或复 校间隔	末次检 定或校 准日期	检定或校 准机构及 证书号
	直流单 双电桥	QJ36	$0\sim10^6\Omega$	0.02 级	××××厂 ×××	1 年	×年×月 ×日	××（检定或校 准机构） ××××××
主要 配套 设备	直流 检流计	AZ19	$\pm30\mu V\sim$ $\pm30mV$	5 级	××××厂 ×××	1 年	×年×月 ×日	××（检定或校 准机构） ××××××

环境 条件 及设施	序 号	项 目	要 求	实 际 情 况	结 论
	1	温度	(20 ± 3)℃	(20 ± 3)℃	符合要求
	2	湿度	40%～70%	40%～70%	符合要求
	3	以下空白			
	4				
	5				
	6				
	7				
	8				

检定或 校准 人员	姓 名	性别	年龄	从事本 项目年限	文化程度	核准的检定 或校准项目	资格证书名称及 注册编号	发证机关
	×××	女	××	10 年	大专	直流仪器	检定员证 ××××	×××× 单位
	×××	男	××	8 年	大专	直流仪器	检定员证 ××××	×××× 单位
	以下空白							

续表

	序 号	名 称	是否具备	备 注
文件集登记	1	计量标准考核证书（如果适用）	是	
	2	社会公用计量标准证书（如果适用）		首次无
	3	计量标准考核（复查）申请书	是	
	4	计量标准技术报告	是	
	5	计量标准的重复性试验记录		首次无
	6	计量标准的稳定性考核记录		首次无
	7	计量标准更换申报表（如果适用）		首次无
	8	计量标准封存（或撤销）申报表（如果适用）		首次无
	9	计量标准履历书	是	
	10	国家计量检定系统表（如果适用）	是	
	11	计量检定规程或技术规范	是	
	12	计量标准操作程序	是	
	13	计量标准器及主要配套设备使用说明书（如果适用）	是	
	14	计量标准器及主要配套设备的检定证书或校准证书	是	
	15	检定或校准人员的资格证明	是	
	16	实验室的相关管理制度	是	
	16.1	实验室岗位管理制度	是	
	16.2	计量标准使用维护管理制度	是	
	16.3	量值溯源管理制度	是	
	16.4	环境条件及设施管理制度	是	
	16.5	计量检定规程或技术规范管理制度	是	
	16.6	原始记录及证书管理制度	是	
	16.7	事故报告管理制度	是	
	16.8	计量标准文件集管理制度	是	
	17	开展检定或校准工作的原始记录及相应的检定或校准证书副本	是	
	18	可以证明计量标准具有相应测量能力的其他技术资料	是	

续表

开展的检定或校准项目	名 称	测量范围	不确定度或准确度等级或最大允许误差	所依据的计量检定规程或技术规范的代号及名称
	直流电阻箱	$0\sim10^6\Omega$	0.1 级及以下	JJG 982—2003《直流电阻箱检定规程》

申请考核单位意见	负责人签字： （公章） 年 月 日
申请考核单位主管部门意见	（公章） 年 月 日
主持考核（复查）质量技术监督部门意见	（公章） 年 月 日
组织考核（复查）质量技术监督部门意见	（公章） 年 月 日

附录 E

《计量标准履历书》填写实例

计 量 标 准 履 历 书

计 量 标 准 名 称___直流电阻箱检定装置___

计 量 标 准 代 码___15513600___

计量标准考核证书号___××××××××___

建立日期：2013 年×月×日

目　录

一、计量标准基本情况记载

计量标准器名称	直流电阻箱检定装置		
测量范围	$0\sim10^{6}\Omega$		
不确定度 或准确度等级 或最大允许误差	0.02 级		
存放地点	×××实验室	总价值（万元）	×.××
启用日期	2013 年×月×日		

建立计量标准情况记录：

验收情况：

验收人：×××

2013 年×月×日

二、计量标准器、配套设备及设施登记

<table>
<tr><td rowspan="2"></td><td rowspan="2">名　称</td><td rowspan="2">型　号</td><td rowspan="2">测量范围</td><td rowspan="2">不确定度
或准确度等级
或最大允许
误差</td><td rowspan="2">制造厂及
出厂编号</td><td rowspan="2">价值
（元）</td><td rowspan="2">备　注</td></tr>
<tr></tr>
<tr><td rowspan="7">计
量
标
准
器</td><td>直流单双
电桥</td><td>QJ36</td><td>0～10⁶Ω</td><td>0.02 级</td><td>××××厂
××××</td><td>×××××</td><td></td></tr>
<tr><td>以下空白</td><td></td><td></td><td></td><td></td><td></td><td></td></tr>
<tr><td></td><td></td><td></td><td></td><td></td><td></td><td></td></tr>
<tr><td></td><td></td><td></td><td></td><td></td><td></td><td></td></tr>
<tr><td></td><td></td><td></td><td></td><td></td><td></td><td></td></tr>
<tr><td></td><td></td><td></td><td></td><td></td><td></td><td></td></tr>
<tr><td></td><td></td><td></td><td></td><td></td><td></td><td></td></tr>
<tr><td rowspan="7">配
套
设
备</td><td>直流
检流计</td><td>AZ19</td><td>±30μV～±30mV</td><td>5 级</td><td>××××厂
××××</td><td>××××</td><td></td></tr>
<tr><td>以下空白</td><td></td><td></td><td></td><td></td><td></td><td></td></tr>
<tr><td></td><td></td><td></td><td></td><td></td><td></td><td></td></tr>
<tr><td></td><td></td><td></td><td></td><td></td><td></td><td></td></tr>
<tr><td></td><td></td><td></td><td></td><td></td><td></td><td></td></tr>
<tr><td></td><td></td><td></td><td></td><td></td><td></td><td></td></tr>
<tr><td></td><td></td><td></td><td></td><td></td><td></td><td></td></tr>
<tr><td rowspan="4">设
施</td><td></td><td></td><td></td><td></td><td></td><td></td><td></td></tr>
<tr><td></td><td></td><td></td><td></td><td></td><td></td><td></td></tr>
<tr><td></td><td></td><td></td><td></td><td></td><td></td><td></td></tr>
<tr><td></td><td></td><td></td><td></td><td></td><td></td><td></td></tr>
</table>

三、计量标准考核（复查）记录

计量标准 名　称	直流电阻箱检定装置					
考核日期	考评单位	考核方式	考核结论	考评员姓名	计量标准考核 证书有效期	备　注
2009.×.×	×××××	书面审查	合格	×××	2009 年×月×日～ 2012 年×月×日	

四、计量标准器稳定性考核图表

计量标准器稳定性考核记录

计量标准器名称及编号	名义值	允许变化量	上级法定计量机构检定数据或自我比对数据							
			2008 年 3 月	2009 年 3 月	变化量	结论	年月	年月	变化量	结论
直流单双电桥 ××××××	×10³Ω盘 第一点	±0.05Ω	1000.02Ω	1000.03Ω	0.01Ω	合格				
	×10²Ω盘 第一点	±0.005Ω	100.005Ω	100.003Ω	−0.002Ω	合格				

计量标准器稳定性曲线图

注：每一个参数画一张稳定性曲线图。

五、计量标准器及主要配套设备量值溯源记录

计量标准器及主要配套设备名称	检定或校准日期	检定周期或校准间隔	检定或校准机构名称	结论	检定或校准证书号	备注
直流单双电桥	2008.3.18	1 年	××××××	合格	××××××	
直流检流计	2008.3.18	1 年	××××××	合格	××××××	
直流单双电桥	2009.3.17	1 年	××××××	合格	××××××	
直流检流计	2009.3.17	1 年	××××××	合格	××××××	

六、计量标准器及配套设备修理记录

修理对象	修理日期	修理原因	修理情况	修理结论	经手人签字

七、计量标准器及配套设备更换登记

更换前计量器具名称、型号及出厂编号	更换后计量器具名称、型号及出厂编号	更换原因	更换日期	经手人签字	批准部门或批准人及日期

八、计量检定规程或技术规范（更换）登记

现行的计量检定规程或技术规范代号及名称	原计量检定规程或技术规范代号及名称	变更日期	主要的变化内容
JJG 982—2003《直流电阻箱检定规程》			

九、检定或校准人员（更换）登记

姓名	性别	文化程度	资格证书名　称	资格证书编　号	核准的检定或校准项目	上岗日期	离岗日期
×××	女	大专	检定员证	××××	直流仪器	2008.5	
×××	男	大专	检定员证	××××	直流仪器	2008.6	

十、计量标准负责人（更换）记录

负责人姓名	接收日期	交 接 记 事	交接人签字及日期
×××	2013 年×月×日		

十一、计量标准器使用记录

使用日期	使用前情况	使用后情况	使用人签名	备　注
2013.3.26	完好正常	完好正常	×××	
2013.04.08	完好正常	完好正常	×××	

注　1. 该表格可以单独印制使用。

　　2. 当计量标准使用频繁时，可以每隔一段合理的时间间隔记录一次。

附录 F

《计量标准更换申报表》格式

《计量标准更换申报表》格式

计量标准名称		代　码	
测量范围			
不确定度或准确度 等级或最大允许误差			
计量标准考核证书号		计量标准 考核证书有效期	

计量标准器及主要配套设备更换登记

	名　称	型　号	测量范围	不确定度或准确度等 级或最大允许误差	制造厂及出厂 编号	检定或校准机 构及证书号
更换前						
更换后						

更换的情况：
□计量标准器更新　　　　　　□计量标准器增加　　　　　　□计量标准器减少
□主要配套计量设备更新　　　□主要配套计量设备增加　　　□主要配套计量设备减少
□其他

更换的原因：
□计量检定规程或计量技术规范变更　　　　□原计量标准器或主要配套设备出现问题
□工作量发生变化　　　　　　　　　　　　□其他

更换后测量范围、不确定度或准确度等级或最大允许误差，以及开展检定或校准项目的变化情况：
□发生变化　　　　　　　　　　　□未发生变化

建标单位意见：

负责人签字：　　　（公章）

年　　月　　日

主持考核的人民政府计量行政部门意见：

（公章）

年　　月　　日

附录 G

《计量标准封存（或撤销）申报表》格式

《计量标准封存（或撤销）申报表》格式

计量标准名称		代 码	
测量范围			
不确定度或准确度 等级或最大允许误差			
计量标准 考核证书号		计量标准 考核证书有效期	
申请类型	□ 封存	□ 撤销	
封存或撤销原因	□ 计量标准器或主要配套设备出现问题　　□ 技术改造 □ 搬迁　　　　　　　□ 无量传工作　　　□ 其他 需要说明的其他情况：		
申请停用时间	___年___月___日—___年___月___日		
建标 单位意见	负责人签字：　　（公章） 　　　　　年　　月　　日		
建标单位主管部门意见	（公章） 　　　年　　月　　日		
主持考核的人民政府 计量行政部门意见	（公章） 　　　年　　月　　日		

第六部分

线圈类设备的绝缘试验

第三十二章

线圈类设备绝缘电阻、吸收比（极化指数）测试

模块1 变压器绝缘电阻、吸收比（极化指数）的测试（ZY1800501001）

【模块描述】本模块介绍变压器绝缘电阻、吸收比（极化指数）的测试方法和技术要求。通过测试工作流程的介绍，掌握变压器绝缘电阻、吸收比（极化指数）测试前的准备工作和相关安全、技术措施、测试方法、技术要求及测试数据分析判断。

【模块内容】

一、测试目的

测量变压器绕组绝缘电阻、吸收比（极化指数）能有效地检查出变压器绝缘整体受潮、部件表面受潮或脏污以及贯穿性的集中性缺陷，如绝缘子破裂、引线靠壳、器身内部有金属接地、绕组围裙严重老化、绝缘油严重受潮等缺陷。

二、测试仪器、设备的选择

（1）测量变压器绕组连同套管对地绝缘电阻时，若变压器额定电压在 10kV 及以下，额定容量在 4000kVA 及以下，宜采用 2500V/2500MΩ的绝缘电阻表；若额定电压在 35kV 以上，额定容量在 4000kVA 及以下，宜采用 2500V/5000MΩ的绝缘电阻表；若额定电压在 35kV 以上，额定容量在 4000kVA 以上，宜采用 5000V/10 000MΩ的绝缘电阻表；若额定电压在 220kV 以上，额定容量在 120 000kVA 以上，宜采用 5000V/100 000MΩ的绝缘电阻表。

（2）测量变压器铁芯对地绝缘电阻时，变压器进行预防性试验宜采用 1000V 的绝缘电阻表。交接或大修后试验宜采用 2500V 的绝缘电阻表。

对用于测量变压器绝缘电阻、吸收比（极化指数)的绝缘电阻表,应选用最大输出电流为3mA及以上的绝缘电阻表，以得到较准确的测量结果。通过图 32-1-1 接线可以测得绝缘电阻表的最大

图 32-1-1 测量绝缘电阻表最大输出电流的接线图

输出电流。

三、危险点分析及控制措施

（1）防止高处坠落。应使用变压器专用爬梯上下，在变压器上作业应系好安全带。对 220kV 及以上变压器，需解开高压套管引线时，宜使用高处作业车，严禁徒手攀爬变压器高压套管。

（2）防止高处落物伤人。高处作业应使用工具袋，上下传递物件应用绳索拴牢传递，严禁抛掷。

（3）防止工作人员触电。拆、接试验接线前，应将被试设备对地充分放电，以防止剩余电荷、感应电压伤人及影响测量结果。测试前与作业负责人协调，不允许有交叉作业，试验接线应正确、牢固，试验人员应精力集中。试验人员之间应分工明确，测量时应配合默契，测量过程中应做到大声呼唱。

四、测试前的准备工作

（1）了解被试设备现场情况及试验条件。查勘现场，查阅相关技术资料，包括该设备出厂试验数据、历年试验数据及相关规程等，掌握该设备整体情况。

（2）测试仪器、设备准备。选择合适的绝缘电阻表、温（湿）度计、测试线、放电棒、接地线、安全带、安全帽、电工常用工具、试验临时安全遮栏、标示牌等，并查阅测试仪器、设备及绝缘工器具的检定证书有效期、相关技术资料、相关规程等。

（3）办理工作票并做好试验现场安全和技术措施。向其余试验人员交待工作内容、带电部位、现场安全措施、现场作业危险点，明确人员分工及试验程序。

五、现场测试步骤及要求

（一）测试接线

电力变压器绝缘电阻测试项目见表 32-1-1。

表 32-1-1 　　　　　　　　电力变压器绝缘电阻测试项目

序号	双 绕 组		三 绕 组	
	被测部位	接地部位	被测部位	接地部位
1	低压	高压、铁芯、外壳	低压	高压、中压、铁芯、夹件、外壳
2	—	—	中压	高压、低压、铁芯、夹件、外壳
3	高压	低压、铁芯、外壳	高压	中压、低压、铁芯、夹件、外壳
4	铁芯	外壳	铁芯	夹件、外壳
5	—	—	夹件	铁芯、外壳

以三绕组变压器中压侧绝缘电阻测试为例，测试接线如图 32-1-2 所示。

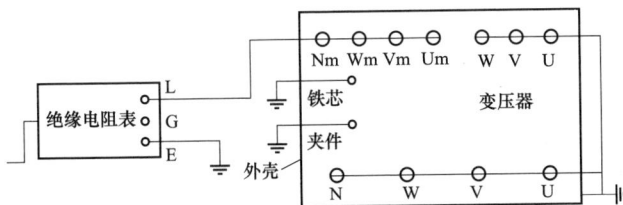

图 32-1-2　变压器绝缘电阻测试接线图

（二）测试步骤

1. 变压器绕组连同套管对地绝缘电阻的测试步骤

（1）断开变压器有载分接开关、风冷电源，退出变压器本体保护等，将变压器各绕组接地放电，对大容量变压器应充分放电（5min 以上），放电时应用绝缘工具进行，不得用手碰触放电导线。拆除或断开变压器对外的一切连线。

（2）检查绝缘电阻表是否正常。若正常，将绝缘电阻表的接地端与被试品的地线连接，绝缘电阻表的高压端接上测试线，测试线的另一端悬空（不接试品），再次驱动绝缘电阻表，绝缘电阻表的指示应无明显差异。然后将绝缘电阻表停止转动。

（3）变压器按表 32-1-1 测试项目并参考图 32-1-2 进行接线，经检查确认无误后，驱动绝缘电阻表达额定转速或接通绝缘电阻表电源后，再将测试线搭上测试部位，分别读取 15s、60s、10min 绝缘电阻值，并做好记录。

（4）读取绝缘电阻后，应先断开接至被试品高压端的连接线，然后将绝缘电阻表停止运转，以免变压器在测量时所充的电荷经绝缘电阻表放电而损坏绝缘电阻表。

（5）对变压器测试部位放电接地，并按表 32-1-1 测试项目依次进行测试。

（6）吸收比、极化指数测试。将分别在 15s、60s、10min 读取的绝缘电阻值 R_{15s}、R_{60s}、R_{10min}，并用下列公式进行计算

$$吸收比 = R_{60s}/R_{15s} \qquad (32-1-1)$$

$$极化指数 = R_{10min}/R_{60s} \qquad (32-1-2)$$

2. 变压器铁芯对地绝缘电阻的测试步骤

（1）将铁芯引出小套管的接地线拆开。

（2）将绝缘电阻表"L"端接小套管，"E"端接变压器外壳，进行测量，时间不得小于 60s。

（3）测量完成后，用放电棒对铁芯进行放电，观察有无放电声音或火花，并恢复铁芯接地线。

六、测试注意事项

（1）每次试验应选用相同电压、相同型号的绝缘电阻表。

（2）测量时宜使用高压屏蔽线。若无高压屏蔽线，测试线不要与地线缠绕，应尽量悬空。

（3）非被测部位短路接地要良好，不要接到变压器有油漆的地方，以免影响测试结果。

（4）测量应在天气良好的情况下进行，且空气相对湿度不高于80%。若遇天气潮湿、套管表面脏污，则需要进行"屏蔽"测量。测量常用屏蔽的接线，如图 32-1-3 所示。

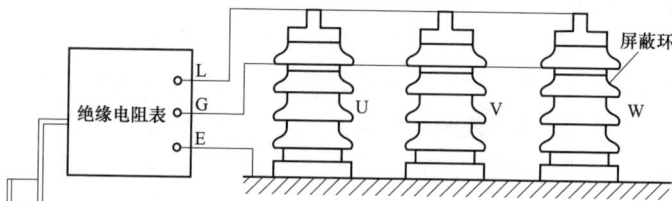

图 32-1-3　测量采用屏蔽的接线图

（5）由于残余电荷会直接影响绝缘电阻及吸收比的数值，故变压器接地放电时间至少 5min 以上。

（6）变压器测试的外部条件（指一次引线）应与前次条件相同，最好能将变压器一次引线解全部脱开进行测试。

（7）禁止在有雷电或邻近高压设备时使用绝缘电阻表，以免发生危险。

（8）在测量变压器铁芯绝缘电阻，将铁芯引出小套管的接地线解开时，应当注意保护好小套管，谨防漏油或渗油。另外，有些变压器铁芯引出后经小套管、胶木绝缘子沿变压器外壳，在变压器本体底部接地。因此在测量变压器铁芯绝缘电阻时，应在铁芯引出小套管处进行测量，以免胶木绝缘子绝缘不良而带来测量误差。对铁芯没有接地引出线的变压器进行预防性试验时不进行此项试验。

七、测试结果分析及测试报告编写

（一）测试结果分析

1. 测试标准及要求

根据 DL/T 596—1996《电力设备预防性试验规程》、GB 50150—2016《电气装置安装工程　电气设备交接试验标准》的规定：

（1）绝缘电阻换算至同一温度下，与出厂试验值或前一次测试结果相比，绝缘电阻值不低于70%，其换算公式为

$$R_2 = R_1 \times 1.5^{(t_1-t_2)/10} \qquad\qquad (32-1-3)$$

式中　R_1、R_2——分别为温度为 t_1、t_2 时的绝缘电阻值，MΩ。

（2）测量温度以变压器上层油温为准，尽量在油温低于 50℃ 时测量，使每次测量温度尽量相同。

（3）变压器电压等级为 35kV 及以上且容量在 4000kVA 及以上时，应测量吸收比。吸收比与产品出厂值相比应无明显差别，在常温下不应小于 1.3；当 R_{60s} 大于 3000MΩ 时，吸收比可不作考核要求。

（4）变压器电压等级为 220kV 及以上且容量为 120MVA 及以上时，宜用 5000V 绝缘电阻表测量极化指数。测得值与产品出厂值相比应无明显差别，在常温下不小于 1.3；当 R_{60s} 大于 10 000MΩ 时，极化指数不做考核要求。

（5）当变压器无出厂试验报告及前一次测试结果，其绝缘电阻参照表 32-1-2 执行。

表 32-1-2　　　　　　　油浸电力变压器绕组绝缘
电阻的最低允许值　　　　　　　　　　　（MΩ）

高压绕组电压等级（kV）	温度（℃）								
	5	10	20	30	40	50	60	70	80
3～10	675	450	300	200	130	90	60	40	25
20～35	900	600	400	270	180	120	80	50	35
63～330	1800	1200	800	540	360	240	160	100	70
500	4500	3000	2000	1350	900	600	400	270	180

（6）测量铁芯绝缘电阻，应与以前测试结果相比无显著差别。在交接或大修后，应采用 2500V 绝缘电阻表测量铁芯对地的绝缘电阻，持续时间 1min，无闪络及击穿现象。

（7）对电压等级为 10kV 且容量在 4000kVA 以下的配电变压器，可以不测吸收比、极化指数，其绝缘电阻以 R_{60s} 值为准。

2. 测试结果分析

（1）将测试数据换算到相同温度下，与前一次测试结果相比，或参照同一设备历史数据，并结合规程标准及其他试验结果进行综合判断。在必要时，可按表 32-1-3 中所列项目，对变压器各部位进行分解测量（将不测量部位接屏蔽端），以确定变压器绝缘劣化的具体部位。

表 32-1-3   三绕组变压器绝缘电阻分解测量

测试部位	绝缘电阻表端子连接方式		
	L	E	G
高压—低压	高压	低压	中压、外壳及地
高压—中压	高压	中压	低压、外壳及地
中压—低压	中压	低压	高压、外壳及地
高压—地	高压	中压、低压	外壳及地
中压—地	中压	高压、低压	外壳及地

（2）测量变压器铁芯绝缘电阻时，绝缘电阻表无充电现象、放电时无声音或火花，则表明铁芯引线已断裂。

（二）测试报告编写

测试报告填写应包括测试时间、测试人员、天气情况、环境温度、湿度、变压器的出厂编号、变压器型号及技术参数、变压器上层油温、测试数据、测试结论、试验性质（交接试验、预防性试验、检查）、绝缘电阻表型号、计量编号等。备注栏写明其他需要注意的内容，如是否拆除引线等。

测试结果应包括表 32-1-1 中所列测试项目。

八、案例

某变电站一台 SFZ11-40000/110 变压器，2005 年 12 月 22 日绝缘电阻进行测试，发现该变压器高、低压侧吸收比＜1.3，而低压侧绝缘电阻值与前一次试验结果相比偏小，高压侧绝缘电阻值与前一次试验结果相比基本相等。两次测试条件：2003 年 11 月 20 日，天气阴、气温 15℃、湿度 58%、变压器温度 48℃；2005 年 12 月 22 日，天气阴、气温 11℃、湿度 62%、变压器温度 45℃。测验结果比较（已进行温度换算）见表 32-1-4。

表 32-1-4   变压器 2 次测试结果比较

试验日期	2003 年 11 月 20 日		2005 年 12 月 22 日	
测试部位	绝缘电阻（MΩ）	吸收比	绝缘电阻（MΩ）	吸收比
低压—高压及地	18 000	1.35	8000	1.05
高压—低压及地	35 000	1.37	32 000	1.10

现场分析发现该变压器高、低压侧的引线未解，低压侧连接 10kV 母线桥，高压侧连接 110kV 隔离开关（已断开）。将变压器高、低压侧的引线解开后测试，低压侧

绝缘电阻值达 16 000MΩ，吸收比 1.31，高压侧吸收比 1.34。

【思考与练习】

1. 写出三绕组变压器交接试验时，测量绝缘电阻的部位。

2. 一台 SFZ11–40000/110 变压器，在变温 50℃时测得高压绝缘电阻为 13 000MΩ，换算为变温 10℃时的绝缘电阻值是多少？

3. 测量变压器铁芯绝缘电阻时应注意哪些问题，变压器在大修后铁芯绝缘电阻的判断标准是什么？

▲ 模块 2　互感器绝缘电阻的测试（ZY1800501002）

【模块描述】本模块介绍电流互感器、串级式电压互感器、电容式电压互感器的绝缘电阻测试方法及技术要求。通过测试工作流程的介绍，掌握上述互感器绝缘电阻测试前的准备工作和相关安全、技术措施、测试方法、技术要求及测试数据分析判断。

【模块内容】

一、测试目的

测试互感器的绝缘电阻能有效地发现其绝缘整体受潮、脏污、贯穿性缺陷，以及绝缘击穿和严重过热老化等缺陷。末屏对地绝缘电阻的测量能有效地监测电容型电流互感器进水受潮缺陷。

二、测试仪器、设备的选择

（1）测量电流互感器主绝缘、末屏、二次绕组之间及地、一次绕组段间绝缘电阻在大修或交接试验及预防性试验时，宜采用 2500V 及以上的绝缘电阻表。

（2）测量串级式、电容式电压互感器一次绕组绝缘电阻，在大修或交接试验及预防性试验时，宜采用 2500V 绝缘电阻表。

（3）测量串级式、电容式电压互感器二次绕组绝缘电阻，在大修或交接试验时，宜采用 2500V 绝缘电阻表。在预防性试验时，宜采用 2500V 或 1000V 绝缘电阻表。

（4）测量电容式电压互感器的中间变压器绝缘电阻，在大修或交接试验及预防性试验时，宜采用 2500V 绝缘电阻表。

三、危险点分析及控制措施

（1）防止高处坠落。试验人员在拆、接互感器一次引线时，必须系好安全带，检查一次设备接地是否可靠。测量互感器一次绕组的绝缘电阻时，应尽量使用绝缘杆。使用梯子时，必须有人扶持或绑牢。在解开 220kV 及以上互感器一次引线时，宜使用高处作业车，严禁徒手攀爬互感器。

（2）防止高处落物伤人。高处作业应使用工具袋，上下传递物件应用绳索拴牢传递，严禁抛掷。

（3）防止人员触电。拆、接试验接线前，应将被试互感器对地充分放电，以防止剩余电荷、感应电压伤人及影响测量结果。在测量电容式电压互感器主电容 C_1、分压电容 C_2 及中间变压器的绝缘电阻后，要进行多次放电，以避免剩余电荷伤人及影响其他试验结果。

四、测试前的准备工作

（1）了解被试设备现场情况及试验条件。查勘现场，查阅相关技术资料，包括该设备出厂试验数据、历年试验数据及相关规程等，掌握该设备的基本数据及情况。

（2）测试仪器、设备准备。选择合适的绝缘电阻表、温（湿）度计、测试线、放电棒、接地线、安全带、安全帽、电工常用工具、试验临时安全遮栏、标示牌等，并查阅测试仪器、设备及绝缘工器具的检定证书有效期。

（3）办理工作票并做好试验现场安全和技术措施。向其余试验人员交待工作内容、带电部位、现场安全措施、现场作业危险点，明确人员分工及试验程序。

五、现场测试步骤及要求

将被试品各绕组接地放电，放电时应用绝缘工具进行，不得用手碰触放电导线，并检查绝缘电阻表是否正常，然后根据被试品的测试项目分别进行接线和测试。

（一）测量电流互感器的绝缘电阻

1. 测量电流互感器一次绕组的绝缘电阻

（1）测试接线。以 110kV 电流互感器为例，测量电流互感器一次绕组绝缘电阻的接线如图 32-2-1 所示。

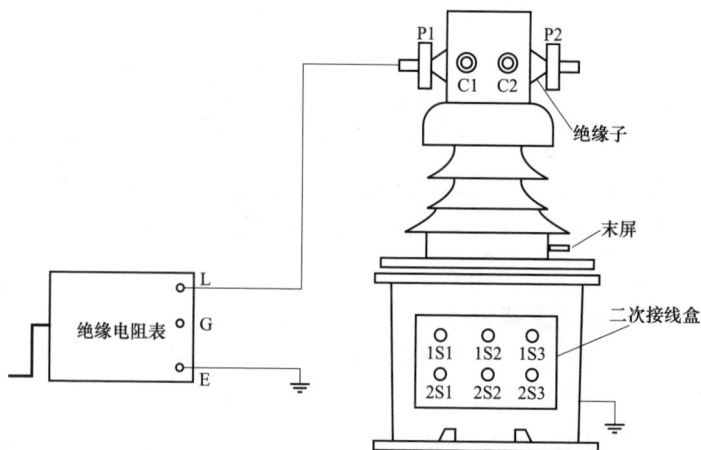

图 32-2-1　测量电流互感器一次绕组绝缘电阻的接线图

（2）测试步骤。将电流互感器一次绕组端子 P1、P2 短接后接至绝缘电阻表"L"端，绝缘电阻表"E"端接地，电流互感器的二次绕组及末屏短路接地。接线经检查无误后，驱动绝缘电阻表达额定转速，将"L"端测试线搭上电流互感器高压测试部位，读取 60s 绝缘电阻值，并做好记录。完成测量后，应先断开接至被试电流互感器高压端的连接线，再将绝缘电阻表停止运转，对电流互感器测试部位短接放电并接地。

2. 测量电流互感器末屏绝缘电阻

将电流互感器末屏接地解开，绝缘电阻表"L"端接电流互感器"末屏端"，"E"端接地，接线经检查无误后，驱动绝缘电阻表达额定转速，将"L"端测试线搭上电流互感器"末屏端"，读取 60s 绝缘电阻值，并做好记录。完成测量后，应先断开接至电流互感器"末屏端"的连接线，再将绝缘电阻表停止运转，对电流互感器"末屏端"测试部位短接放电并恢复接地。

3. 测量电流互感器二次绕组对地及之间的绝缘电阻

将电流互感器二次绕组分别短路，绝缘电阻表"L"端接测量绕组，"E"端接地，非测量绕组接地。检查无误后，驱动绝缘电阻表达额定转速，将绝缘电阻表"L"端连接线搭接测量绕组，读取 60s 绝缘电阻值，并做好记录。断开绝缘电阻表"L"端至测量绕组的连接线，再将绝缘电阻表停止运转，对所测二次绕组进行短接放电并接地。

电流互感器二次侧有若干个绕组时，每个绕组都应逐一进行测量，直至所有绕组测量完毕。

4. 测量电流互感器一次绕组段间的绝缘电阻

解开电流互感器的一次绕组间所有连接片（串、并联使用），对 110kV 及以上电流互感器还应解开一次绕组间的避雷器。将绝缘电阻表"L"端接电流互感器一次绕组的"P1"端，"E"端接电流互感器一次绕组的"P2"端。接线经检查无误后，驱动绝缘电阻表达额定转速，将"L"端测试线搭上电流互感器"P1"端，"E"端测试线搭上电流互感器一次绕组的"P2"端，读取 60s 绝缘电阻值，并做好记录。完成测量后，应先断开接至被试电流互感器"P1"端的连接线，再将绝缘电阻表停止运转。对所测一次绕组进行短接放电并接地。恢复所有连接片及避雷器的接线。

（二）测量串级式电压互感器的绝缘电阻

1. 测量串级式电压互感器一次绕组的绝缘电阻

（1）测试接线。测量串级式电压互感器一次绕组绝缘电阻的接线，如图 32-2-2 所示。

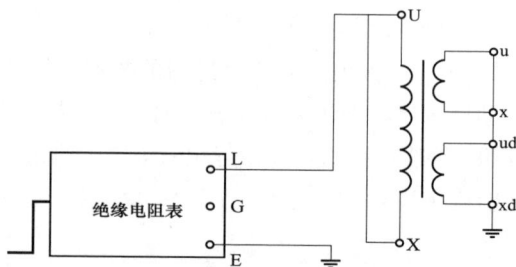

图 32-2-2　测量串级式电压互感器一次绕组绝缘电阻的接线图

（2）测试步骤。将电压互感器一次绕组末端（即"X"端）与地解开，并与"U"短接。绝缘电阻表"L"端接电压互感器一次绕组首端（即"U"端），"E"端接地，二次绕组短路接地。接线经检查无误后，驱动绝缘电阻表达额定转速，将"L"端测试线搭上电压互感器一次绕组"U"端或"X"端，读取 60s 绝缘电阻值，并做好记录。完成测量后，应先断开接至电压互感器一次绕组的连接线，再将绝缘电阻表停止运转。对电压互感器一次绕组放电接地。

2. 测量串级式电压互感器二次绕组的绝缘电阻

将电压互感器一次绕组短路接地，二次绕组分别短路，绝缘电阻表"L"端接测量绕组，"E"端接地，非测量绕组接地。检查接线无误后，驱动绝缘电阻表达额定转速，将绝缘电阻表"L"端连接线搭接测量绕组，读取 60s 绝缘电阻值，并做好记录。断开绝缘电阻表"L"端至测量绕组的连接线，再将绝缘电阻表停止运转，对所测二次绕组进行短接放电并接地。

电压互感器二次侧有若干个绕组时，每个绕组都应逐一进行测量，直至所有绕组测量完毕。

（三）测量电容式电压互感器的绝缘电阻

1. 测量电容式电压互感器主电容 C_1 绝缘电阻

（1）测试接线。测量电容式电压互感器主电容 C_1 绝缘电阻的接线，如图 32-2-3（a）所示。

（2）测试步骤。将绝缘电阻表"L"端接"U"端，"E"端接"3"，二次绕组分别短路接地。接线检查无误后，驱动绝缘电阻表达额定转速，将"L"端测试线搭上"U"端，读取 60s 绝缘电阻值，并做好记录。完成测量后，应先断开接至"U"端的连接线，再将绝缘电阻表停止运转，并对测试部位短路放电。

2. 测量电容式电压互感器分压电容 C_2 绝缘电阻

（1）测试接线。测量电容式电压互感器分压电容 C_2 绝缘电阻的接线，如图 32-2-3（b）所示。

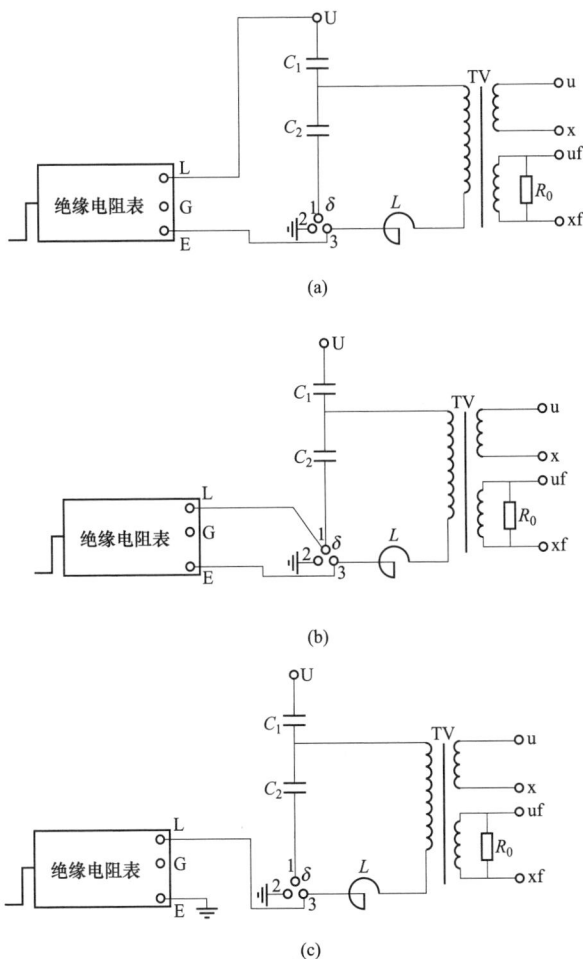

图 32-2-3　测量电容式电压互感器绝缘电阻的接线图

（a）测量主电容 C_1 的绝缘电阻；（b）测量分压电容 C_2 的绝缘电阻；（c）测量中间变压器的绝缘电阻

C_1—主电容；C_2—分压电容；L—电抗器；TV—中间变压器；R_0—阻尼电阻

（2）测试步骤。将绝缘电阻表"L"端接"1"端，"E"端接"3"，二次绕组分别短路接地。接线检查无误后，驱动绝缘电阻表达额定转速，将"L"端测试线搭上"1"端，读取 60s 绝缘电阻值，并做好记录。完成测量后，应先断开接至"1"端的连接线，再将绝缘电阻表停止运转，并对测试部位短路放电。

3. 测量中间变压器的绝缘电阻

（1）测试接线。测量中间变压器绝缘电阻的接线，如图 32-2-3（c）所示。

（2）测试步骤。将绝缘电阻表"L"端接"3"端，"E"端接地，二次绕组分别短路接地。接线检查无误后，驱动绝缘电阻表达额定转速，将"L"端测试线搭上"3"端，读取 60s 绝缘电阻值，并做好记录。完成测量后，应先断开接至"3"端的连接线，再将绝缘电阻表停止运转，并对测试部位短路放电。

4. 测量电容式电压互感器二次绕组的绝缘电阻

测量电容式电压互感器二次绕组的绝缘电阻与测量串级式电压互感器二次绕组的绝缘电阻相同。

六、测试注意事项

（1）每次试验应选用相同电压、相同型号的绝缘电阻表。

（2）测量时宜使用高压屏蔽线且屏蔽层接地。若无高压屏蔽线，测试线不可与地线缠绕，应尽量悬空。测试线不能用双股绝缘线和绞线，应用单股线分开单独连接，以免因绞线绝缘不良而引起误差。

（3）试验人员之间应分工明确，测量时应配合默契，测量过程中要大声呼唱。

（4）测量时应在天气良好的情况下进行，且空气相对湿度不高于 80%。若遇天气潮湿、互感器表面脏污，则需要进行"屏蔽"测量，屏蔽是在互感器套管中上部表面用软铜线紧密地缠绕数圈，引至绝缘电阻表的屏蔽端（"G"端），以消除表面泄漏的影响。

（5）禁止在有雷电或邻近高压设备时使用绝缘电阻表，以免发生危险。

（6）测试电流互感器末屏绝缘的绝缘电阻、串级式电压互感器一次绕组绝缘电阻、电容式电压互感器主电容 C_1、分压电容 C_2 及中间变压器的绝缘电阻后，切记做好末屏、"X"端、"G"端的接地。

（7）在将末屏接地解开时，应解开"接地端"，不要解开"末屏端"，以免造成末屏芯线断裂或渗油。

（8）在测量电流互感器末屏绝缘电阻时，将绝缘电阻表"L"端测试线搭上电流互感器"末屏端"后，观察有无充电现象，放电时注意观察有无"火花"或"放电"声。

七、测试结果分析及测试报告编写

（一）测试结果分析

1. 测试标准及要求

根据 DL/T 596—1996、GB 50150—2016 及 GB 20840.2—2014《互感器　第 2 部分：电流互感器的补充技术要求》的规定：

（1）测量互感器一次绕组对二次绕组及外壳、各二次绕组间及其对外壳的绝缘电阻；在交接或大修，用 2500V 绝缘电阻表进行测量，其绝缘电阻值不宜低于 3000MΩ。在预防性试验中，其绝缘电阻值与初始值比较，不应大于 50%。

（2）测量电流互感器一次绕组段间的绝缘电阻，绝缘电阻值不宜低于 1000MΩ，但由于结构原因无法测量时可不进行。

（3）测量电容式电流互感器的末屏对外壳的绝缘电阻，用 2500V 绝缘电阻表进行测量，绝缘电阻值不宜小于 1000MΩ。若末屏绝缘电阻小于 1000MΩ，应测量末屏对地的 $\tan\delta$ 值。

（4）当电流互感器无出厂试验报告及前一次测试（初始值）结果，其一次绕组对二次绕组及外壳的绝缘电阻参照表 32-2-1 执行。

表 32-2-1　　　　　20℃时各电压等级电流互感器
一次绝缘电阻极限值

电压等级（kV）	绝缘电阻（MΩ）	电压等级（kV）	绝缘电阻（MΩ）
0.5	120	20～35	600
3～10	450	60～220	1200

（5）测量串级式电压互感器一次绕组对二次绕组及外壳、各二次绕组间及其对外壳的绝缘电阻；在交接或大修，用 2500V 绝缘电阻表进行测量，其绝缘电阻值在同等或相近测量条件下，应无显著降低。在预防性试验中，其绝缘电阻值与初始值比较，不应大于 50%。

（6）测量串级式电压互感器二次绕组绝缘电阻；在交接或大修，用 1000V 绝缘电阻表进行测量，其绝缘电阻值应≥10MΩ。

（7）测量电容式电压互感器分压电容的极间绝缘电阻时，在交接或大修，用 2500V 绝缘电阻表进行测量，其绝缘电阻值不小于 5000MΩ。在预试中，其绝缘电阻值与初始值比较，不应大于 50%。二次绕组绝缘电阻与串级式电压互感器相同。

2. 测试结果分析

（1）在 DL/T 596—1996 中，对电流互感器的绝缘电阻没有说明温度换算，因此每次的试验条件要基本相同。试验数据应与前一次或初始值测试结果相比，或参照同一设备历史数据，并结合规程标准及其他试验结果进行综合判断。

（2）在测量末屏绝缘电阻时，若没有充电现象，而绝缘电阻值很高，放电时无"火花"或"放电"声，可能末屏引线发生断裂，需用其他试验来进行综合判断。

（3）在测量末屏绝缘电阻时，若没有充电现象，而绝缘电阻值很低，放电时无"火花"或"放电"声，可能电流互感器末屏受潮。这是因为电容型电流互感器一般由十层以上电容串联。进水受潮后，水分一般不易渗入电容层或使电容层普遍受潮，因此进行主绝缘试验往往不能有效地监测出其进水受潮。但是水分的密度大于变压器油，所以往往沉积于套管和电流互感器外层（末层）或底部（末屏与法兰间），而使末屏对地绝缘水平大大降低。因此，规程要求，当末屏对地绝缘电阻小于 1000MΩ时，已超过规程的要求，要引起注意，应在测量一次绕组对末屏主绝缘的 C_X 和 $\tan\delta$ 值的同时，测量末屏对地的 C_X 和 $\tan\delta$ 值。

（4）在测量串级式电压互感器一次绕组的绝缘电阻时，由于末端（"X"端）的小套管脏污、受潮、破裂或支持小套管及二次端子的胶木板脏污、受潮，会影响一次绕组的绝缘电阻值。

（二）测试报告编写

互感器绝缘电阻测试报告一般与互感器介损及其他试验共用一份试验报告，填写试验报告应包括测试时间、测试人员、天气情况、环境温度、湿度、使用地点、互感器型号及参数、测试数据、测试结论、试验性质（交接试验、预防性试验、检查）、绝缘电阻表的型号、计量编号，备注栏写明其他需要注意的内容，如是否拆除引线等。

八、案例

某变电站对 110kV 电容型电流互感器进行预防性试验，在测量末屏绝缘电阻时，观察绝缘电阻表，发现指针来回晃动，对末屏进行放电，无"火花"或"放电"声，初步判断电流互感器末屏内部接触不良。在测量一次绕组对末屏主绝缘电容量（C_X）和介质损耗（$\tan\delta$）时，其电容量（C_X）与铭牌电容量（C_N）的误差及介质损耗（$\tan\delta$）值均超过标准。将电流互感器解体，发现电流互感器末屏与末屏套管连接处已"碳化"。分析原因，在每次预试测量末屏绝缘电阻和介质损耗时，将末屏接地解开都是解开"末屏端"，长期这样导致末屏套管穿芯螺杆松动，内部引线扭曲变形，末屏与末屏套管接触不良。将电流互感器修理后进行试验，其末屏绝缘电阻、电容量（C_X）和介质损耗（$\tan\delta$）均合格。

【思考与练习】

1. 简述互感器绝缘电阻测试的目的及标准。

2. 将电容型电流互感器末屏接地解开时，应注意哪些问题？

3. 画出测量电容式电压互感器绝缘电阻的接线图。

第三十三章

线圈类设备泄漏电流测试

▲ 模块 变压器泄漏电流测试（ZY1800502001）

【模块描述】本模块介绍变压器泄漏电流测试的方法和技术要求。通过对测试工作流程的介绍，掌握变压器泄漏电流测试前的准备工作和相关安全、技术措施、测试方法、技术要求及测试数据分析判断。

【模块内容】

一、测试目的

测量变压器的泄漏电流能灵敏地反映变压器瓷质绝缘的裂纹、夹层绝缘的内部受潮及局部松散断裂、绝缘油劣化、绝缘的沿面炭化等缺陷。在判断局部缺陷上，测量泄漏电流比测量绝缘电阻更有特殊意义。

二、测试仪器、设备的选择

根据不同试品的要求，试验电压应能满足试验的极性和电压值，还必须具有充分的电源容量，因此需对直流高压成套设备的主要参数进行选择。

（1）电源的额定输出电流应使试品电容在相当短的时间内充电。当变压器电容很大时，电源（包括储能电容）还应能供给泄漏电流和吸收电流，其电压降不应超过10%。

（2）若试验持续时间不超过60s时，在整个试验过程中试验电压测量值应保持在规定电压值的±1%以内；若试验持续时间超过60s时，在整个试验过程中试验电压测量值应保持在规定电压值的±3%以内。

（3）为了防止变压器外绝缘的闪络和易于发现绝缘受潮等缺陷，通常采用负极性直流电压。

三、危险点分析及控制措施

（1）防止高处坠落。应使用变压器专用爬梯上下，在变压器上作业应系好安全带。对220kV及以上变压器，需解开高压套管引线时，宜使用高处作业车，严禁徒手攀爬变压器高压套管。

（2）防止高处落物伤人。高处作业应使用工具袋，上下传递物件应用绳索拴牢传递,严禁抛掷。

（3）防止人员触电。拆、接试验接线前,应将被试设备对地充分放电,以防止剩余电荷、感应电压伤人及影响测量结果。试验仪器的金属外壳应可靠接地,仪器操作试验人员必须站在绝缘垫上或穿绝缘鞋操作仪器,并与带电部位保持足够的安全距离。测试前应与作业负责人协调,不允许有交叉作业,试验人员之间应分工明确,在测量时应配合默契,测量过程中要大声读数。

四、测试前的准备工作

（1）了解被试设备现场情况及试验条件。查勘现场,查阅相关技术资料,包括该设备历年试验数据及相关规程等,掌握该设备整体情况。

（2）测试仪器、设备准备。选择合适的直流高压成套设备、温（湿）度计、高压屏蔽线、接地线、放电棒、短路用裸铜丝、万用表、电源线（带剩余电流动作保护器）、绝缘棒、安全带、安全帽、电工常用工具、试验临时安全遮栏、标示牌等,并查阅测试仪器、设备及绝缘工器具的检定证书有效期。

（3）办理工作票并做好试验现场安全和技术措施。向其余试验人员交待工作内容、带电部位、现场安全措施、现场作业危险点,明确人员分工及试验程序。

五、现场测试步骤及要求

（一）测试接线

油浸式电力变压器直流泄漏试验项目见表 33-0-1。

表 33-0-1 油浸式电力变压器直流泄漏试验项目

序号	双 绕 组		三 绕 组	
	被测绕组	接地部位	被测绕组	接地部位
1	低压	高压、外壳	低压	高压、中压、铁芯、外壳
2	—	—	中压	高压、低压、铁芯、外壳
3	高压	低压、外壳	高压	中压、低压、铁芯、外壳

以三绕组变压器中压侧泄漏电流测试为例,测试接线如图 33-0-1 所示。

（二）测试步骤

（1）断开变压器有载分接开关、风冷电源,退出变压器本体保护等,将变压器各绕组接地放电,对大容量变压器应充分放电（5min 以上）,放电时应用绝缘工具进行,不得用手碰触放电导线。拆除或断开对外的一切连线。

（2）按表 33-0-1 试验项目并参考图 33-0-1 进行接线,将高压屏蔽线的屏蔽层接地。

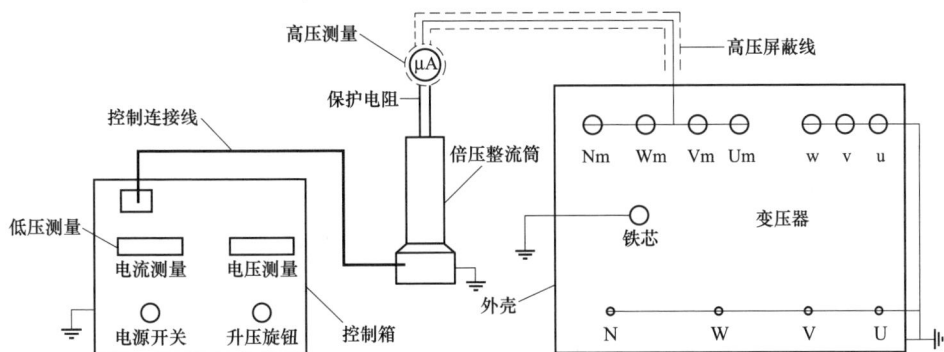

图 33-0-1　变压器泄漏电流测试接线图

（3）检查确认接线无误后，通知其他人员离开被试变压器，并提醒试验人员要开始加压试验。

（4）在不接试品的情况下进行"空负荷试验"，合上控制箱"电源开关"，将"升压旋钮"从零开始均匀地升至试验电压，记录试验电压下流过微安电流表的杂散电流值 I_1。"空负荷试验"结束后，降低电压为零，断开控制箱"电源开关"，并对滤波电容器进行充分放电。

（5）合上控制箱"电源开关"，将"升压旋钮"从零开始均匀缓慢地升高电压，同时观察"电压测量"窗口。但也不必升压太慢，以免造成在接近试验电压时试品上的耐压时间过长。从试验电压值的75%开始，以每秒2%的速度上升，直至升到表33-0-2规定的试验电压，待 1min 后读取泄漏电流值 I_2。对大容量（120 000kVA 及以上）变压器，升到规定的试验电压，待 2～3min 后读取泄漏电流值比较准确。

（6）降低电压为零，断开控制箱"电源开关"，用专用放电棒对测试部位进行充分放电（放电时间不得少于 5min）。

（7）最后进行其他绕组的泄漏电流测量。

六、测试注意事项

（1）非被测部位短路接地要良好，不要接到变压器有油漆或存在锈迹的地方，以免影响测试结果。

（2）使用成套直流高压装置测量变压器泄漏电流，它分为"高压测量"及"低压测量"。为保证测量的准确，一般应在高压侧测量泄漏电流。

1）若使用"线芯"与"屏蔽层"绝缘良好，耐压不小于 80kV，而"屏蔽层"与"地"有一定绝缘的高压屏蔽线时，高压屏蔽线可以放在地上使用，屏蔽层应接地，屏蔽线的芯线端与屏蔽层端应有一定距离，且不小于 0.4m。

2）若使用"线芯"与"屏蔽层"绝缘一般、耐压＜10kV、而"屏蔽层"与"地"

有较小绝缘电阻的高压屏蔽线时，高压屏蔽线不能放在地上使用，屏蔽层不能接地，其与地及其他物体保持一定的距离，不应小于 2m，应尽量悬空。

（3）测量应在天气良好时进行，且空气相对湿度不高于 80%。若遇天气潮湿、套管表面脏污，则需要进行"屏蔽"测量。

在高压侧测量泄漏电流时，"屏蔽"测量常用的接线如图 33-0-2 所示。高压屏蔽线应尽量悬空，"屏蔽层"接在变压器引出线瓷套上的屏蔽环（用细铜线或细熔丝紧扎 1~2 圈）。而屏蔽环应装设在瓷套靠近加压的位置，远离法兰部分。

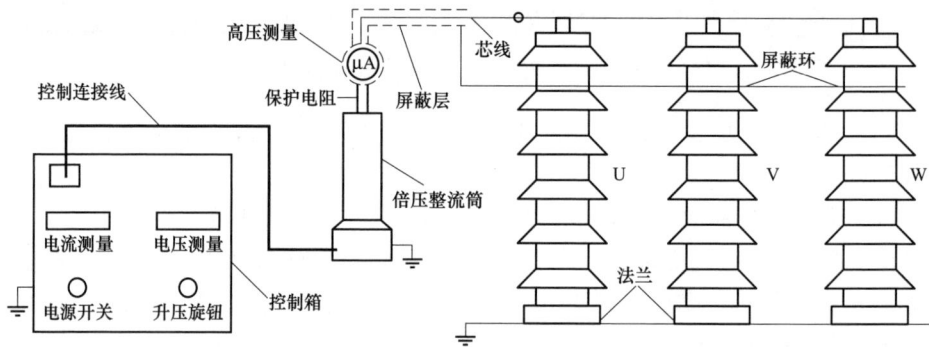

图 33-0-2 在高压侧测量泄漏电流时进行"屏蔽"测量常用的接线图

在低压侧测量泄漏电流时，"屏蔽"测量常用的接线如图 33-0-3 所示。低压屏蔽线应采用"线芯"与"屏蔽层"绝缘良好，耐压不小于 80kV，而"屏蔽层"与"地"有一定的绝缘的屏蔽线。"屏蔽层"接在变压器引出线瓷套上的屏蔽环（用细铜线或细熔丝紧扎 1~2 圈）。而屏蔽环应装设在瓷套靠近法兰的位置，远离加压部分。以免造成直流高压设备过负荷，使端电压急剧降低，影响测量结果。

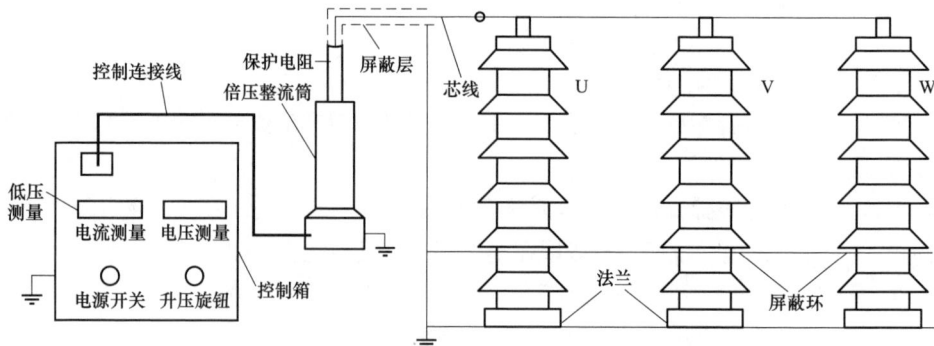

图 33-0-3 在低压侧测量泄漏电流时进行"屏蔽"测量常用的接线图

（4）由于残余电荷会直接影响泄漏电流的数值，故变压器接地放电时间至少 5min 以上。

（5）在试验时，由于泄漏电流存在吸收过程，包括一定的电容电流和吸收电流，故加压速度对泄漏电流测量结果有一定影响。因此加压应从零开始缓慢均匀地升高电压。

（6）试验结束后，必须先经适当的放电电阻对试品进行放电。如果直接对地放电，则可能产生频率极高的振荡过电压，对变压器的绝缘有危害。

七、测试结果分析及测试报告编写

（一）测试结果分析

1. 测试标准及要求

根据 DL/T 596—1996、GB 50150—2016 的规定：

（1）当变压器电压等级为 35kV 及以上，且容量在 10 000kVA 及以上时，应测量直流泄漏电流。

（2）试验电压标准应符合表 33-0-2 的规定。当施加试验电压达 1min 时，在高压端读取泄漏电流值。

表 33-0-2　　　　油浸式电力变压器直流泄漏试验电压标准　　　　　　　（kV）

绕组额定电压	3	6～10	20～35	63～330	500
直流试验电压	5	10	20	40	60

（3）绕组额定电压为 13.8kV 及 15.75kV 时，按 10kV 级标准；当为 18kV 时，按 20kV 级标准。

（4）分级绝缘变压器仍按被试绕组电压等级的标准，但不能超过中性点绝缘的耐压水平。

（5）油浸式电力变压器绕组在各试验电压及不同温度时的直流泄漏电流值，见表 33-0-3 所示。

表 33-0-3　　　　油浸式电力变压器绕组直流泄漏电流值

额定电压（kV）	试验电压（kV）	在下列温度时的绕组泄漏电流值（μA）							
		10℃	20℃	30℃	40℃	50℃	60℃	70℃	80℃
2～3	5	11	17	25	39	55	83	125	178
6～15	10	22	33	50	77	112	166	250	356
20～35	20	33	50	74	111	167	250	400	570
63～330	40	33	50	74	111	167	250	400	570
500	60	20	30	45	67	100	150	235	330

2. 测试结果分析

（1）由于出厂试验一般不进行直流泄漏测量，因此油浸式电力变压器直流泄漏值应符合表 33–0–3 有关标准规定。

（2）温度对泄漏电流影响很大，当温度升高时，泄漏电流将按指数规律上升，而且每次测量又难以在同一温度下进行，因此泄漏电流测量最好在被试品温度为 30～80 ℃范围内进行。因为在此温度范围内，被试品绝缘的不同状况，其泄漏电流变化较为显著，为了能对测量结果进行分析，一般都将测量结果换算到同一温度进行比较。将测试结果换算至同一温度下，与被试设备历次试验相应数据比较，应无明显变化。其换算公式为

$$I_{t2}=I_{t1}\times e^{\alpha^{(t_2-t_1)}}\qquad(33\text{–}0\text{–}1)$$

式中 I_{t1}、I_{t2}——温度为 t_1、t_2 时的泄漏电流；

α——温度系数，取值 $0.05\sim0.06/℃$。

（3）通过记录逐段试验电压下的泄漏电流的关系曲线来分析。当泄漏电流在规定电压下，满足表 33–0–3 的有关标准规定，做出 $i=f(u)$ 曲线，如图 33–0–4 所示。

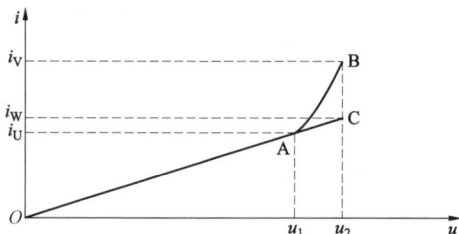

图 33–0–4 泄漏电流与所加电压的关系曲线图

在图 33–0–4 中，i_W 是规定的试验电压 u_2 下的泄漏电流，i_U 是试验电压 u_1 下的泄漏电流。在绝缘良好的状态下，电流与电压基本呈一条直线（见图 33–0–4 中 OAC）。当绝缘有缺陷时，电流与电压不呈一条直线（见图 33–0–4 中 OAB），因此，可以通过绘制 $i=f(u)$ 曲线来分析判断，以发现某些局部缺陷。

（4）试验前在不接试品的情况下升压"空负荷试验"，记录试验电压下流过微安电流表的杂散电流值。因此，被试变压器泄漏电流 I_X 按式（33–0–2）计算，即

$$I_X=I_1-I_2\qquad(33\text{–}0\text{–}2)$$

式中 I_1、I_2——"空负荷试验"时和试验时读取的泄漏电流值。

（二）测试报告编写

测试报告填写应包括测试时间、测试人员、天气情况、环境温度、湿度、使用地点、变压器的出厂编号、变压器型号及参数、变压器上层油温、测试数据、测试结果、

测试结论、试验性质（交接试验、预防性试验、检查）、直流高压成套设备的型号、计量编号，备注栏写明其他需要注意的内容，如是否拆除引线等。

八、案例

某变电站对一台额定电压为 110kV 额定容量为 40 000kVA 的双绕组变压器进行泄漏电流及主体介质损耗试验，其测试数据如表 33–0–4 所示。

表 33–0–4　　　　　　　　　双绕组变压器测试数据

试验时间 试验部位	2001 年 3 月变温 35℃预防性试验		2004 年 8 月变温 38℃预防性试验	
	泄漏电流（μA）	主体介质损耗 （tanδ%）	泄漏电流（μA）	主体介质损耗 （tanδ%）
高压—低压及地	11	0.38	52	0.41
低压—高压及地	5	0.33	7	0.34

分析：高压对低压绕组及地主体介质损耗 tanδ%值与上年比较无明显差异，并未超标，但泄漏电流值却由上年的 11μA 增长至 52μA，虽仍在合格范围内但增长明显。随后进行高压套管介质损耗测量，发现其 V 相套管 tanδ%值超标，经检查发现该相套管主屏受潮。

【思考与练习】

1. 写出三绕组变压器测量泄漏电流的部位。

2. 写出油浸式电力变压器直流泄漏试验电压标准。

3. 变压器泄漏电流试验与绝缘电阻试验有什么不同？

第三十四章

线圈类设备介质损耗角正切值 tanδ 测试

▲ 模块 1 变压器介质损耗角正切值 tanδ 的测试(ZY1800503001)

【模块描述】本模块介绍变压器介质损耗角正切值 tanδ 的测试方法和技术要求。通过对测试工作流程的介绍，掌握变压器介质损耗角正切值 tanδ 测试前的准备工作和相关安全、技术措施、测试方法、技术要求及测试数据分析判断。

【模块内容】

一、测试目的

测试变压器绕组连同套管的介质损耗角正切值 tanδ 的目的主要是检查变压器整体是否受潮、绝缘油及纸是否劣化、绕组上是否附着油泥及存在严重局部缺陷等。它是判断变压器绝缘状态的一种较有效的手段，近年来随着变压器绕组变形测试的开展，测量变压器绕组的 tanδ 及电容量可以作为绕组变形判断的辅助手段之一。

二、测试仪器、设备的选择

（1）选用 QS1 型西林电桥或数字式自动介损测试仪。

（2）选用额定电压为 50kV、高压侧额定电流为 0.1A 以上工频试验变压器。

（3）选用 220V、2kVA 及以上单相接触式调压器。

（4）选用 250V、0.5 级交流电压表。

（5）选用额定电压为 30kV 的静电电压表。

三、危险点分析及控制措施

（1）防止高处坠落。应使用变压器专用爬梯上下，在变压器上作业应系好安全带。对 220kV 及以上变压器，需解开高压套管引线时，宜使用高空作业车，严禁徒手攀爬变压器高压套管。

（2）防止高处落物伤人。高处作业应使用工具袋，上下传递物件应用绳索拴牢传递，严禁抛掷。

（3）防止工作人员触电。拆、接试验接线前，应将被试设备对地放电。加压前应与作业负责人协调，不允许有交叉作业。工作人员应与带电部位保持足够的安全距离。

试验仪器的金属外壳应可靠接地，仪器操作人员必须站在绝缘垫上。

四、测试前的准备工作

（1）了解被试设备现场情况及试验条件。查勘现场，查阅相关技术资料，包括该设备历年试验数据及相关规程等，掌握该设备整体情况。

（2）测试仪器、设备准备。选择合适的 QS1 型西林电桥（或数字式自动介损测试仪）、试验变压器、试验控制台、静电电压表、万用表、测试线、温（湿）度计、绝缘电阻表、放电棒、接地线、梯子、安全带、安全帽、绝缘垫、电工常用工具、试验临时安全遮栏、标示牌等，并查阅测试仪器、设备及绝缘工器具的检定证书有效期。

（3）办理工作票并做好试验现场安全和技术措施。向其余试验人员交待工作内容、带电部位、现场安全措施、现场作业危险点，明确人员分工及试验程序。

五、现场测试步骤及要求

（一）测试接线

电力变压器介质损耗角正切值 tanδ 的测试项目见表 34–1–1。在测试时，应按表 34–1–1 的顺序要求依次进行。

表 34–1–1　　　　　　　　　电力变压器 tanδ 测试项目

序号	双绕组变压器		三绕组变压器	
	加压绕组	接地部位	加压绕组	接地部位
1	低压	高压和外壳	低压	高压、中压和外壳
2	高压	低压和外壳	中压	高压、低压和外壳
3	—	—	高压	中压、低压和外壳
4	高压和低压	外壳	高压和中压	低压和外壳
5	—	—	高压、中压和低压	外壳

注　表中 4、5 两项只对 16 000kVA 及以上的变压器进行测试，试验时高、中、低三绕组各端部应短接。

1. QS1 型西林电桥

由于变压器外壳在运行中直接接地，所以现场测试时采用 QS1 型西林电桥反接法。为避免绕组电感和励磁损耗给测试带来误差，测试时需将测试绕组各相短路，非被试绕组各相短路接地或屏蔽。以双绕组变压器高压绕组对低压绕组和外壳 tanδ 测试为例，其接线如图 34–1–1 所示。

2. 数字式自动介损测试仪

用数字式自动介损测试仪测试变压器 tanδ 的接线，如图 34–1–2 所示。

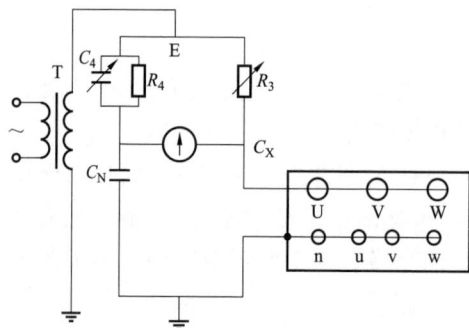

图 34-1-1 用 QS1 西林电桥测
变压器 tanδ 的接线（反接线）图

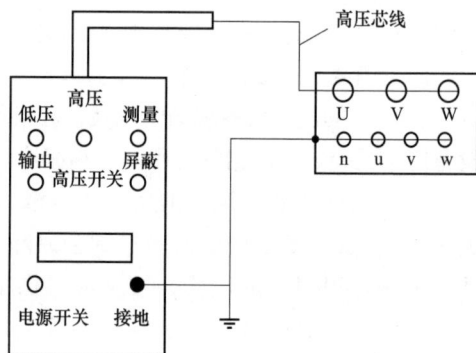

图 34-1-2 用数字式自动介损
测试仪测变压器 tanδ 的接线（反接线）图

（二）测试步骤

（1）将变压器各绕组接地放电，对大容量变压器应充分放电（5min 以上）。放电时应用绝缘工具进行，不得用手碰触放电导线。拆除或断开变压器对外的一切连线。在测量 tanδ 前，测试变压器各侧绕组及绕组对地间的绝缘电阻，应正常。

（2）用万用表测量试验电源电压，应为 220V。

（3）将接地线一端接在地网上，另一端可靠地接于仪器面板的接地螺栓上，且地网的接地点应具有良好的导电性，否则会影响测量的正确性，甚至危及人身安全。

（4）按图 34-1-1 或图 34-1-2 进行接线，被试变压器的测试端三相用裸铜线短接，非被试端三相短路与变压器外壳连接后接地。确认接线无误后，开始试验，将电压升至试验电压，严格按照测试仪器操作步骤进行。

（5）测量结束后，用放电棒对试品加压部位进行放电。

六、测试注意事项

（1）测试应在天气良好、试品及环境温度不低于 +5℃，湿度 80% 以下的条件下进行。

（2）必要时可对被试变压器外瓷套表面进行清洁或干燥处理。

（3）测量温度以变压器上层油温为准，尽量使每次测量的温度相近。且应在变压器上层油温低于 50℃ 时测量，不同温度下的 tanδ 值应换算到同一温度下进行比较。

（4）当测量回路引线较长时，有可能产生较大的误差，因此必须尽量缩短引线。

（5）试验时被试变压器的每个绕组各相应短接。当绕组中有中性点引出线时，也应与三相一起短接，否则可能使测量误差增大，甚至会使电桥不能平衡。

（6）在使用 QS1 电桥时，反接线时三根引线都处于高电位，必须将导线悬空，导线及标准电容器对周围接地体应保持足够的绝缘距离。标准电容器带高电压，应放在平坦的地面上，不应与有接地的物体的外壳相碰。为防止检流计损坏，应在检流计灵敏度最低时，接通或断开电源。在灵敏度最高时，调节 R_3 和 C_4，以避免数值的急剧变化。

（7）现场测量存在电场和磁场干扰影响时，应采取相应措施进行消除。

（8）试验电压的选择。变压器绕组额定电压为 10kV 及以上者，施加电压应为 10kV；绕组额定电压为 10kV 以下者，施加电压为绕组额定电压。

七、测试结果分析及测试报告编写

（一）测试结果分析

1. 测试标准及要求

根据 DL/T 596—1996、GB 50150—2016 及《现场绝缘试验实施导则》（DL/T 474.1～5—2018）的规定：

（1）在预防性试验时，变压器绕组连同套管介质损耗角正切值 tanδ（%）的值应不大于表 34-1-2 的规定。

表 34-1-2　　　　　　变压器绕组 20℃时 tanδ（%）最高允许值

高压绕组电压等级（kV）	tanδ（%）	高压绕组电压等级（kV）	tanδ（%）
330～500	0.6	35 及以下	1.5
66～220	0.8		

注　tanδ 值与历年的数值比较不应有显著变化，一般不大于 30%，同一变压器各绕组 tanδ 的要求值相同。

（2）在交接试验时，变压器绕组连同套管介质损耗角正切值 tanδ（%）的值不应大于表 34-1-3 的规定。

表 34-1-3　　　　　　油浸式电力变压器绕组连同套管介质
损耗角正切值 tanδ（%）最高允许值

高压绕组电压等级（kV）	温　度（℃）							
	5	10	20	30	40	50	60	70
35 及以下	1.3	1.5	2.0	2.6	3.5	4.5	6.0	8.0
35～220	1.0	1.2	1.5	2.0	2.6	3.5	4.5	6.0
330～500	0.7	0.8	1.0	1.3	1.7	2.2	2.9	3.8

2. 测试结果分析

（1）测试结果应换算到同一温度下进行比较，其值不应大于出厂试验值的 1.3 倍。一般可按下式进行换算

$$\tan\delta_2 = \tan\delta_1 \times 1.3^{(t_2-t_1)/10} \qquad (34-1-1)$$

式中　$\tan\delta_1$、$\tan\delta_2$——温度 t_1、t_2 时的 tanδ 值。

（2）测试数据应与规程规定的标准、被试品历年测试的数据、同一台变压器各相绕组测试的数据、相同类型变压器测试的数据相比较，进行综合分析判断。

（二）测试报告编写

测试报告填写应包括设备出厂编号、设备参数、测试时间、测试人员、天气情况、环境温度、湿度、使用地点、测试结果、测试结论、试验性质（交接试验、预防性试验、检查）、测试仪器名称型号及计量编号，备注栏写明其他需要注意的内容，如是否拆除引线等。

八、案例

案例1： 某变电站变压器（额定容量 31.5MVA，额定电压 66kV），预防性试验时用 QS1 西林电桥测量的 $\tan\delta$ 数值见表 34-1-4。

表 34-1-4　　　　　　　　　　　某变压器 $\tan\delta$ 测试值

绕组	$\tan\delta$（%）	变压器温度（℃）
高压	1.05	18
低压	1.12	

将 $\tan\delta$ 换算到 20℃时，即 $\tan\delta_{20℃}=\tan\delta_{18℃}\times1.3^{(20-18)/10}=1.05\times1.3^{1/5}=1.107\%$ 大于预防性试验规程规定的 0.8%时，则可判断为绝缘受潮。经过干燥处理后再测试，均小于 0.8%，符合规程规定。

案例2： 某变电站使用 QS1 型西林电桥对一台双绕组变压器（型号为 SJL-6300/60）进行预试，测试结果见表 34-1-5。高压绕组对低压绕组及地的泄漏电流值高达 42μA，较上年测试值约增长 5 倍，但 $\tan\delta$ 为 0.2%，和上年相同。分解试验后，测高压侧套管的 $\tan\delta$，发现 V 相 $\tan\delta$ 值达 5.3%，明显不合格。

表 34-1-5　　　　　　　　　　变压器绝缘电阻、泄漏电流、

$\tan\delta$ 测试值比较

项别	部位	绝缘电阻（MΩ）	泄漏电流（μA）		$\tan\delta$（%）	
			10kV	40kV	绕组	高压侧套管
2006年5月（28℃时）	高压对低压、地	—	—	8.0	0.2	N 相 0.6 U 相 0.6 V 相 0.6 W 相 0.6
	低压对高压、地	5000/3000	2.0	—	0.2	
2007年6月（28℃时）	高压对低压、地	1100/900	—	42.0	0.2	N 相 0.4 U 相 0.5 V 相 5.3 W 相 0.4
	低压对高压、地	—	2.0	—	0.2	

【思考与练习】

1. 测试变压器绕组连同套管的介质损耗角正切值 tanδ 时，施加的电压有何规定？

2. 对变压器绕组连同套管的介质损耗角正切值 tanδ 测试值如何进行温度换算？

3. 220kV 电压等级变压器进行预防性试验时，绕组连同套管的介质损耗角正切值 tanδ 在 20℃时的允许值为多少？

▲ 模块 2　电流互感器介质损耗角正切值 tanδ 的测试（ZY1800503002）

【模块描述】本模块介绍电流互感器介质损耗角正切值 tanδ 的测试方法和技术要求。通过测试工作流程的介绍，掌握电流互感器介质损耗角正切值 tanδ 测试前的准备工作和相关安全、技术措施、测试方法、技术要求及测试数据分析判断。

【模块内容】

一、测试目的

电流互感器介质损耗角正切值 tanδ 的测试能灵敏地发现油浸链式和串级绝缘结构电流互感器绝缘受潮、劣化及套管绝缘损坏等缺陷，对油纸电容型电流互感器由于制造工艺不良造成电容器极板边缘的局部放电和绝缘介质不均匀产生的局部放电、端部密封不严造成底部和末屏受潮、电容层绝缘老化及油的介电性能下降等缺陷，也能灵敏地反映。所以介质损耗角正切值 tanδ 是判定电流互感器绝缘介质是否存在局部缺陷、气泡、受潮及老化等的重要指标。

二、测试仪器、设备的选择

tanδ 的测试可选用 QS1 型高压西林电桥或数字式自动介损测试仪。所选仪器必须符合 DL/T 962—2005《高压介质损耗测试仪通用技术条件》要求，并按期进行校验，保证其测量准确性。

三、危险点分析及控制措施

（1）防止高处坠落。应使用专用绝缘梯上下，在电流互感器上作业应系好安全带。对 220kV 及以上电流互感器，需解开高压引线时，宜使用高处作业车（或高处预试作业架），严禁徒手攀爬电流互感器。

（2）防止高处落物伤人。高处作业应使用工具袋，上下传递物件应用绳索拴牢传递，严禁抛掷。

（3）防止人员触电。拆、接试验接线前，检查一次设备接地是否可靠，应将被试设备对地充分放电，以防止剩余电荷、感应电压伤人及影响测量结果。试验仪器的金属外壳应可靠接地，仪器操作试验人员必须站在绝缘垫上或穿绝缘鞋操作仪器。测试前应与作业负责人协调，不允许有交叉作业。

四、测试前的准备工作

（1）了解被试设备现场情况及试验条件。查勘现场，查阅相关技术资料，包括该设备历年试验数据及相关规程等，掌握该设备整体情况。

（2）测试仪器、设备准备。选择合适的 QS1 型高压西林电桥、标准电容、操作箱、10kV 升压器（或数字式自动介质损耗测试仪）、测试线、温（湿）度计、放电棒、接地线、梯子、安全带、安全帽、电工常用工具、试验临时安全遮栏、标示牌等，并查阅测试仪器、设备及绝缘工器具的检定证书有效期。

（3）办理工作票并做好试验现场安全和技术措施。向其余试验人员交待工作内容、带电部位、现场安全措施、现场作业危险点，明确人员分工及试验程序。

五、现场测试步骤及要求

（一）油浸链式和串级式电流互感器电容量及 $\tan\delta$ 的测试

链式结构电流互感器一次和二次绕组互相垂直，一次和二次绕组上都包着油—纸绝缘，一、二次绕组绝缘各占主绝缘的一半，绝缘包扎不能保证连续性，易产生间隙，使电场不均匀，故主要适用于 35kV 的互感器。链式结构电流互感器一、二次绕组之间和对地电容较小，所以高压对地电容对测量影响较大。链式电流互感器绝缘结构如图 34-2-1 所示。

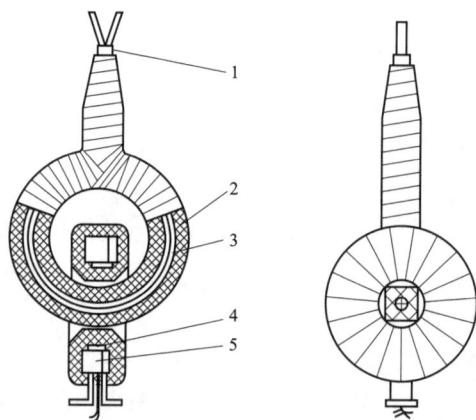

图 34-2-1 链式电流互感器绝缘结构图
1——次引线支架；2—主绝缘Ⅰ；3——次绕组；4—主绝缘Ⅱ；5—二次绕组

1. 测试接线

油浸链式和串级结构电流互感器现场测试时，可按一次对二次绕组采用高压电桥正接线测量，也可按一次对二次绕组及外壳采用高压电桥反接线测量。

采用正接线时，桥体处于低压，屏蔽接地，对地寄生电容影响小，测量准确，操作安全方便，适用于电流互感器一、二次间绝缘测量和判断。在测量时，一次短接后接高压，二次短接后接电桥 C_X 端，电流互感器外壳接地。采用正接线测试 tan δ 的原理接线如图 34-2-2 所示。

采用反接线时，桥体处于高压，高压电极及引线对地寄生电容影响大，尤其对电容较小的试品。反接线可以反映电流互感器一次对二次及地的绝缘状况，对电流互感器套管内外壁和绝缘支架的绝缘状况反映也较灵敏。测量时一次绕组短接后接电桥 C_X 端，二次各绕组短接后接地，电流互感器外壳接地。采用反接线测试 tan δ 的原理接线如图 34-2-3 所示。

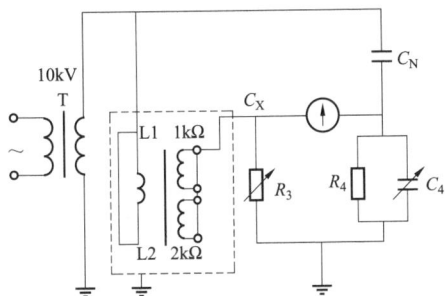

图 34-2-2 电流互感器采用
正接线测试 tan δ 的原理接线图

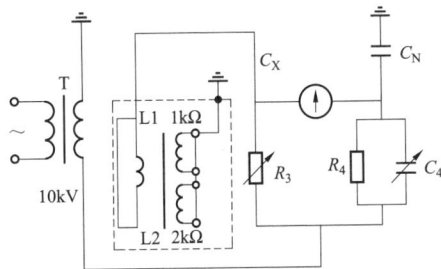

图 34-2-3 电流互感器采用
反接线测试 tan δ 的原理接线图

2. 测试步骤

将电流互感器外壳接地，使用放电棒对电流互感器绕组放电接地，拆除一次、二次连接线，一次、二次绕组分别短接。

按图 34-2-2 或图 34-2-3 进行接线。检查 C_X 芯线和屏蔽层是否相碰、检查高压引线对地距离、电桥是否可靠接地。如使用 QS1 西林电桥还应检查分流器、检流计、灵敏度和 R_3 挡位和状态。如使用自动电桥应检查接线方式、测试电压、频率等的设置是否正确。

检查接线无误后，从零升至测试电压进行测试，测试完毕后，对数字式电桥应先将高压降到零，断开高压开关，读取测试数据，切断电桥电源，对被试品放电接地。对 QS1 西林电桥，测试完毕后先将高压降到零，立即切断电源，读取测试数据，对被试品放电接地。

恢复电流互感器一、二次连接线。

（二）电容型电流互感器电容量和 $\tan\delta$ 的测试

电容型电流互感器一次绕组有 U 形和吊环形（倒立式）两种，主要适用于 110kV 及以上的电流互感器。U 形主绝缘包在一次绕组，倒立式相反。U 形地电屏（也称末屏）在最外层，倒立式相反。主屏层数随电压增高而增加，110kV 一般 6 层，220kV 10 层，对高电压电流互感器，为了均匀电场，主屏之间设置端屏，500kV 一般为 4 个主屏、30 个端屏。电容型电流互感器结构原理，如图 34-2-4 所示。

1. 主绝缘电容量和 $\tan\delta$ 的测试

（1）测试接线。电容型电流互感器主绝缘测量一般采用正接线，测试一次绕组和末屏之间的 $\tan\delta$ 和电容量。在测试时，一次绕组短接后接高压，电流互感器末屏接电桥 C_X 端，二次绕组短接后接地，电流互感器外壳接地。测试电压为 10kV。主绝缘电容量和 $\tan\delta$ 的测试接线，如图 34-2-5 所示。

（2）测试步骤。将电容型电流互感器外壳接地，

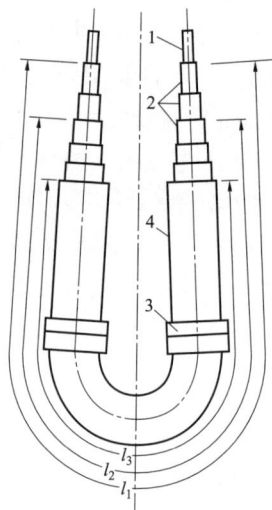

图 34-2-4 电容型电流
互感器结构原理图
1——一次绕组；2—电容屏；
3—二次绕组及铁芯；4—末屏

对互感器绕组放电接地，拆除一次连线，一次绕组短接，二次绕组短接后接地，打开末屏接地线，将电桥 C_X 端与末屏相连接，高压引线接至一次绕组，取下接地线。

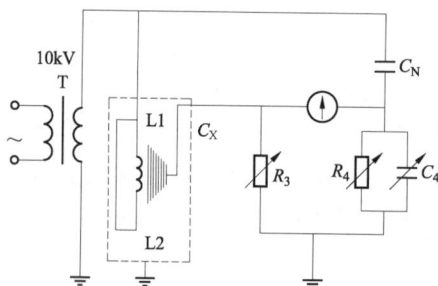

图 34-2-5 电容型电流互感器主绝缘电容量和 $\tan\delta$ 的测试接线图

检查接线无误后，从零升至测试电压进行测试，测试完毕后，对数字式电桥应先将高压降到零，断开高压开关，读取测试数据，切断电桥电源，对被试品放电接地。对 QS1 西林电桥，测试完毕后先将高压降到零，立即切断电源，读取测试数据后，将被试品放电接地。恢复电流互感器一、二次连接线，特别注意末屏接地引

线的恢复。

2. 末屏对地电容量和 tan δ 的测试

电容型电流互感器进水受潮以后，水分一般沉积在底部，最容易使底部和末屏绝缘受潮。采用反接线测量末屏对地的 tan δ 和电容量能灵敏地发现电容型电流互感器主绝缘早期受潮故障。规程规定：如绝缘电阻小于 1000MΩ 时，应进行末屏对地 tan δ 和电容量的测试。

（1）测试接线。采用反接线测量末屏对地的 tan δ 和电容时，在末屏与油箱座之间加压，测试时施加电压一般可取 2～2.5kV。打开末屏接地线，将电桥 C_X 端与末屏相连接，将一次绕组短接后接到电桥的"E"端屏蔽，二次绕组短接后接地。末屏对地电容量和 tan δ 的测试接线如图 34-2-6 所示，其中 C_Z 为主绝缘；C_d 为末屏对地绝缘；δ 为末屏引出线。

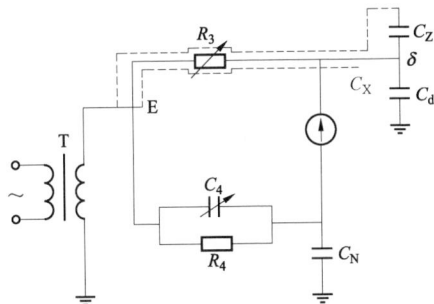

图 34-2-6　电容型电流互感器末屏对地电容量和 tan δ 的测试接线图

（2）测试步骤。将互感器外壳接地，电流互感器一次绕组对地放电接地，一次绕组短接后并接到电桥的"E"端屏蔽，二次绕组短接后接地，打开末屏接地线，将电桥 C_X 端与末屏相连接。取下接地线。检查接线无误后，从零升至测试电压进行测试，测试完毕后，对数字式电桥应先将高压降到零，断开高压开关，读取测试数据，切断电桥电源，对被试品放电接地。对 QS1 西林电桥，测试完毕后先将高压降到零，立即切断电源，读取测试数据，对被试品放电接地。恢复电流互感器一、二次连接线，特别注意末屏接地引线的恢复。

3. 主绝缘高压介质损耗和电容量测试

在《防止电力生产重大事故的二十五项重点要求》中，要求进行电流互感器的高压介质损耗测量。油纸电容型 tan δ 一般不进行温度换算，当 tan δ 值与出厂值或上一次试验值比较有明显增长时，应综合分析 tan δ 与电压的关系。良好绝缘的 tan δ 不随电压的升高而明显增加，若绝缘内部有缺陷，则其 tan δ 将随试验电压的升高而明显增加，通过高压电容量和介质损耗测试可绘制 tan δ 与电压的曲线，以便进一步分析绝缘缺陷的性质，更灵敏地发现互感器绝缘内部的缺陷。

（1）测试接线。主绝缘高电压电容量和介质损耗测试采用正接线，测试一次绕组和末屏之间的 tan δ 和电容量。测试时一次绕组短接后接高压，电流互感器末屏接电桥 C_X 端，二次绕组短接后接地，电流互感器外壳接地，标准电容 C_N 采用外附高压标准电容，一般高压标准电容电容量远大于低压标准电容电容量，因为测试电压为

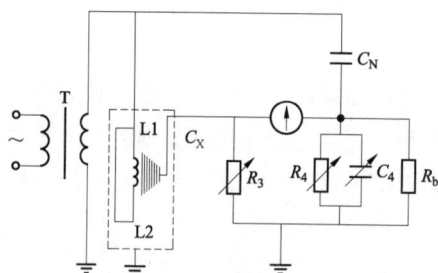

图 34-2-7 主绝缘高压电容量
和介损测试接线图

$10kV \sim U_m/\sqrt{3}$，为保证 Z4 桥臂的压降小于 1V，并能承受流过标准电容的电流，故在 Z4 桥臂并联一无感电阻 R_b 以减少 Z4 桥臂的阻抗，并联 R_b 后 Z4 桥臂标准电阻为 R_{4b}，R_{4b} 的阻值一般为 $1000/\pi$ 或 $100/\pi$，其测试接线如图 34-2-7 所示。

（2）测试步骤。将电容型电流互感器外壳接地，对互感器绕组放电接地，拆除一次连线，一次绕组短接，二次绕组短接后接地，打开末屏接地线，将电桥 C_X 端与末屏相连接，高压引线接至一次绕组和标准电容高压端，标准电容下法兰接地。采用 QS1 西林电桥测试，应在标准电容低压端和地之间接入并联电阻 R_b，取下接地线。检查接线无误后，从零升至测试电压进行测试，测试电压为 $10kV \sim U_m/\sqrt{3}$，升压过程中在多点电压下测试 $\tan\delta$ 值，读取测试数据；降压过程中在相应各点电压下测试 $\tan\delta$ 值，读取测试数据。测试完毕后，将高压降到零，立即切断电源，将被试品放电接地。恢复电流互感器一、二次连接线，特别注意末屏接地引线的恢复。

4. 变频谐振升压法主绝缘高电压电容量和介质损耗测试简介

主绝缘高电压电容量和介质耗损测试，除以上工频试验变压器升压法外，便携式变频谐振升压法在现场也得到应用，解决了电流互感器现场高压介质损耗测量电源的问题。

变频谐振升压法利用电流互感器与电抗器阻抗的不同性质，利用串联谐振原理获得高电压，使高压电源体积大大减小。现场应用时，电抗器 L 采用多抽头方式，感抗尽量接近互感器的容抗，以便回路尽量工作在 50Hz 左右。变频谐振升压法原理接线如图 34-2-8 所示。

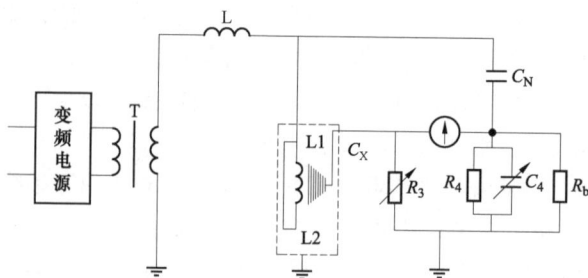

图 34-2-8 变频谐振升压法原理接线图

六、测试注意事项

（1）测试应在良好的天气，湿度小于 80%，互感器本体及环境温度不低于 +5℃的条件下进行。

（2）互感器表面脏污、潮湿时，应采取擦拭和烘干等措施以减少表面泄漏电流的影响。互感器电容量较小时，加屏蔽环会影响电场分布，不宜采用。

（3）测试前，应先测试被试品的绝缘电阻，其值应正常。

（4）互感器附近的木梯、架构、引线等所形成的杂散损耗，会对测量结果产生较大影响，应予拆除。高压引线与被试互感器的角度应尽量大，尽量远离被试品法兰，有条件时高压引线最好自上部向下引到试品，以免杂散电容影响测量结果，同时注意电场、磁场干扰。

（5）电桥本体用截面较大的裸铜导线可靠接地。被试电流互感器外壳可靠接地，电桥本体应直接与被试互感器外壳或接地点连接且尽量短。

（6）在测量电流互感器末屏介质损耗和电容量时，所加电压不得超过该末屏的承受电压。

七、测试结果分析及报告编写

（一）测试结果分析

1. 测试标准及要求

（1）交接试验时，对电压等级为 35kV 及以上的电流互感器进行介质损耗角正切值 tan δ 测试，应符合下列规定：

1）电流互感器绕组 tan δ 的测试电压应为 10kV，tan δ 值不应大于表 34-2-1 中数据。当对绝缘性能有怀疑时，可采用高压法进行试验，电压在（0.5～1）$U_{\mathrm{m}}/\sqrt{3}$ 范围内，tan δ 变化量不应大于 0.2%，电容变化量不应大于 0.5%。

2）电容式电流互感器的末屏对外壳（地）的绝缘电阻小于 1000MΩ 时，应测量末屏 tan δ。测量电压为 2kV，tan δ 值不应大于表 34-2-1 中数据。

表 34-2-1　　　　　　　　交接试验时电流互感器 tan δ（%）限值

设备种类	额定电压			
	20～35kV	66～110kV	220kV	330～500kV
油浸式电流互感器	2.5	0.8	0.6	0.5
注硅脂及其他干式电流互感器	0.5	0.5	0.5	—
油浸式电流互感器末屏	0.2			

注　此表主要适用于油浸式电流互感器。SF₆ 气体绝缘和环氧树脂绝缘结构电流互感器不适用，注硅脂等干式电流互感器可以参照执行。

（2）预防性试验时，电流互感器 tanδ（%）值不应大于表 34-2-2 中的数值，且与历年数据比较，不应有显著变化。

表 34-2-2 预防性试验时电流互感器 tanδ（%）限值

设备种类	额定电压			
	20～35kV	66～110kV	220kV	330～500kV
油纸电容型	—	1.0	0.8	0.7
充油型	3.5	2.5	—	—
胶纸电容型	3.0	2.5	—	—
油浸式电流互感器末屏	0.2			

（3）电容式电流互感器主绝缘为油纸绝缘，油纸绝缘的介质损耗与温度的关系取决于油与纸的综合特性。油属于非（弱）极性介质，其损耗随着温度升高而增大。纸属于极性介质，其损耗在-40～60℃内随着温度升高而减小。根据电流互感器油与纸的综合特性，介质损耗变化很小，所以一般不进行温度换算。但是，当受潮时电流互感器介质损耗随着温度升高而明显增大。

2. 测试结果分析

tanδ 和电容量不应超过规程规定值，测试数据与原始值相比不应有显著变化，一般应小于 30%（复合外套干式电容型 TA、SF_6TA 的介损值参考制造厂）。

（1）油浸链式和串级式电流互感器。由于电流互感器等效电容很小，易于受电场干扰，利用倒相法等方法测得的数据应进行计算分析。判断绝缘状况时应采用正接线测试值，因为

$$P = U^2 \omega C \tan\delta \qquad (34-2-1)$$

$$C = \varepsilon \frac{S}{d} \qquad (34-2-2)$$

式中　P——功率损耗，W；

　　　U——测试电压，V；

　　　ω——角频率；

　　$\tan\delta$——介质损耗角正切值；

　　　C——被试品等效电容，F；

　　　ε——介电系数，F/m；

　　　S——电容器极板面积，m^2；

　　　d——电容器极间距离，m。

根据以下两式得出

$$P = U^2 \omega \frac{S}{d} \varepsilon \tan \delta \qquad (34-2-3)$$

人们一般将 $\varepsilon \tan \delta$ 称作损耗因数。功率损耗 P 的大小直接与介质的 ε 和 $\tan \delta$ 的乘积成正比。在反接线时，因互感器的等效电容很小，高压对地电容影响较大，高压对地主要是空气，空气的介电系数 ε 近似为 1，空气的 $\tan \delta \approx 0.1$，$\varepsilon \tan \delta \approx 0.1$ 损耗因数很小，可称作小损耗因数。在小损耗因数影响下，根据式（34-2-4）可以看出，由于 C_1 的存在且 $C_1 \tan \delta_1$ 的乘积很小，所以分子增加很少，测得的 $\tan \delta$ 偏小，不能准确反映互感器一次对二次的 $\tan \delta_2$，即

$$\tan \delta = \frac{C_1 \tan \delta_1 + C_2 \tan \delta_2}{C_1 + C_2} \qquad (34-2-4)$$

式中 C_1——互感器一次对空气等效电容，pF；

$\tan \delta_1$——互感器一次对空气介质损耗角正切值；

C_2——互感器一次对二次等效电容，pF；

$\tan \delta_2$——互感器一次对二次介质损耗角正切值。

正接线测试时屏蔽接地，一次杂散电容 C_1 被屏蔽掉，消除了小损耗因数的影响，所以分析和判断时，应采用正接线测量更容易发现绝缘故障。

（2）电容型电流互感器。

1）电容型电流互感器受潮缺陷。电容型电流互感器因结构原因受潮后，水分容易沉积在底部，随着受潮程度的加深，水分逐渐沿着主绝缘表面往上部和内部发展，根据受潮程度不同表现如下：

a. 电流互感器轻度受潮时，主屏介质损耗变化小，末屏对地绝缘电阻较低、末屏对地介质损耗增大。

b. 电流互感器严重进水受潮时，末屏绝缘电阻进一步降低、末屏介质损耗进一步增大。主屏介质损耗变化不明显，如水分渗透到端屏，主屏介质损耗变化较明显。

c. 电流互感器深度受潮时，主屏介质损耗增大，末屏绝缘电阻更低、末屏介质损耗更大。

2）利用 $\tan \delta$ 与电压的关系曲线分析判断电流互感器绝缘状况。GB 50150—2016 规定：当对电流互感器绝缘性能有怀疑时，可采用高压法进行试验，试验电压在（0.5～1）$U_\mathrm{m}/\sqrt{3}$ 范围内。在进行电容型电流互感器 $\tan \delta$ 分析时，不仅要看绝对值，还要看不同试验电压下的 $\tan \delta$ 变化值。

电流互感器绝缘良好时，在一定电压范围内 $\tan \delta$ 一般随着电压升高变化很小，如图 34-2-9（a）所示。

绝缘有缺陷时 $\tan\delta$ 变化则较显著，绝缘受潮介质损耗增加使绝缘温度增高，造成 $\tan\delta$ 迅速加大，电压下降时由于介质损耗增大导致介质发热，使损耗增加而不能回到原来响应电压下的 $\tan\delta$ 数值，如图 34-2-9（b）所示。

在绝缘产生局部放电时，$\tan\delta$ 不随电压升高，当达到局部放电起始电压时 $\tan\delta$ 急剧增加，当电压下降到局放熄灭电压时，曲线重合。熄灭电压越低，绝缘局部缺陷越严重。绝缘产生气隙局部放电的 $\tan\delta=f(U)$ 曲线如图 34-2-9（c）所示。

电流互感器主绝缘含有离子型杂质会造成随着试验电压升高 $\tan\delta$ 下降的情况，在交流电场下，随着电场的加强，离子运动速度加快，离子在纸层间或油中的迁移被阻拦，表现在电流上为有功分量波形畸变，有功电流波形畸变后超前电压一个角度，使 $\tan\delta$ 减小。一般为制造和大修质量问题，多为干燥不彻底，潮气浸入绝缘内部，或油被污染等情况造成的，如图 34-2-9（d）所示。

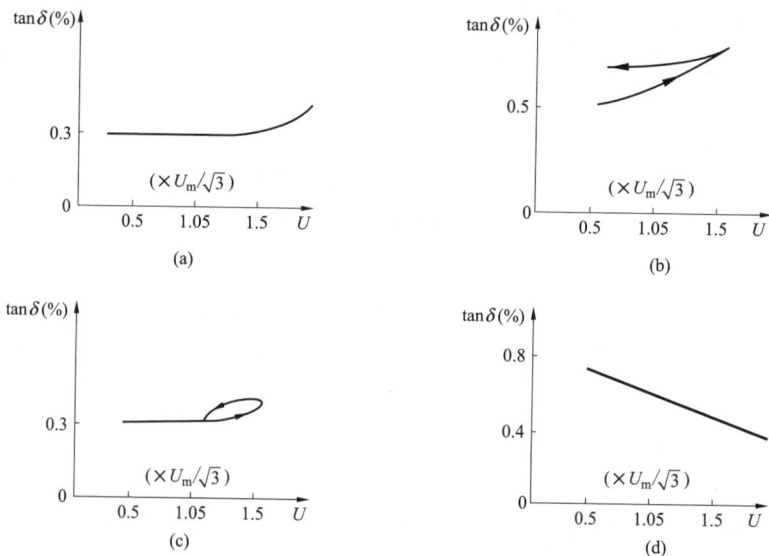

图 34-2-9　电流互感器 $\tan\delta$ 与电压的关系

（a）绝缘良好时的 $\tan\delta=f(U)$ 曲线；（b）绝缘受潮时的 $\tan\delta=f(U)$ 曲线；

（c）绝缘气隙局部放电时的 $\tan\delta=f(U)$ 曲线；（d）主绝缘含有离子型杂质时的 $\tan\delta=f(U)$ 曲线

（3）高压电容量和介质损耗测试时并联电阻 R_b 和 $\tan\delta$ 及电容量 C_X 的计算。扩大量程 10 倍（$n=10$）时，$R_{4b}=1000/\pi$，R_b、$\tan\delta$ 及电容量 C_X 的计算式为

$$\left.\begin{array}{c} R_b=R_4/(n-1)=3184/(10-1)=353.8\ (\Omega) \\ \tan\delta=\tan\delta_b/n \\ C_X=C_{Xb}/n \end{array}\right\} \qquad (34\text{-}2\text{-}5)$$

式中　R_4——Z4 桥臂标准电阻（10 000/π），Ω；

　　　R_{4b}——R_4 与 R_b 并联后的阻值，Ω；

　　$\tan\delta_b$——并联电阻后的介损值，%；

　　　C_{Xb}——并联电阻后的电容值，pF。

（4）电流互感器 $\tan\delta$ 综合判断。将测试值和规程值比较、与被试品历年数据比较、与同类设备测试数据比较，并观察测试数据变化趋势、观察测试数据变化速率、观察电容量变化，必要时测量介质损耗与电压变化曲线，若测试数据变化明显，应配合其他试验进行综合判断。

（二）测试报告编写

测试报告填写应包括测试设备计量编号、测试时间、测试人员、天气情况、环境温度、湿度、使用地点、电流互感器参数、测试结果、测试结论、试验性质（交接试验、预防性试验、检查）、测试设备的型号、计量编号，备注栏写明其他需要注意的内容，如是否拆除引线等。

八、案例

一台电流互感器型号为 LCWD–110，使用 QS1 电桥测量 $\tan\delta$ 和电容量，采用反接线测试时，一次对地杂散电容 C_1=25pF，$\tan\delta_1$=0.1；一次对二次及地 C_2=57pF，一次对二次 $\tan\delta_2$=3.3%。采用反接线测量时 $\tan\delta$=($C_1\tan\delta_1$+$C_2\tan\delta_2$)/(C_1+C_2)=2.3%；采用正接线测量时，此时一次对二次等效电容 C=50pF，测得 $\tan\delta$=3.3%。可见，采用正接线测量更容易发现互感器绝缘故障。

【思考与练习】

1. 测试油浸链式电流互感器介质损耗角正切值时，正接线和反接线各反映互感器哪部分绝缘？

2. 测试电容型电流互感器主绝缘和末屏介质损耗角正切值时，各采用什么接线方式？

3. 为什么测试末屏对地介质损耗角正切值更容易发现电容型电流互感器轻度受潮故障？

4. 如何根据主绝缘、末屏对地介质损耗角正切值和绝缘电阻值来判断电容型电流互感器的受潮程度？

▲ 模块 3　电压互感器的介质损耗角正切值 $\tan\delta$ 测试（ZY1800503003）

【模块描述】本模块介绍电压互感器介质损耗角正切值 $\tan\delta$ 测试的方法和技术要求。通过测试工作流程的介绍，掌握电压互感器介质损耗角正切值 $\tan\delta$ 测试前的准备工作和相关安全、技术措施、测试方法、技术要求及测试数据分析判断。

【模块内容】

一、测试目的

测量电压互感器的介质损耗角正切值 $\tan\delta$，对判断其绝缘是否进水受潮和支架绝缘是否存在缺陷是一个比较有效的手段。由于其绝缘方式不同，可分为全绝缘和分级绝缘两种，故测量方法和接线也不同。

串级式电压互感器由于制造缺陷，易密封不良进水受潮，且其主绝缘和纵绝缘的设计裕度较小。进水受潮时其绝缘强度将明显下降，致使运行中常发生层、匝间和主绝缘击穿事故。同时，固定铁芯用的绝缘支架由于材质不良，易分层开裂，内部形成气泡，在电压作用下，气泡发生局部放电，进而导致整个绝缘支架的闪络。因此，测量其介质损耗角正切值 $\tan\delta$ 的目的，是为了反映其绝缘状况，防止互感器绝缘事故的发生。

二、测试仪器、设备的选择

（1）选用 QS1 型西林电桥（或数字式自动介损测试仪）。

（2）选用额定电压为 50kV，高压侧额定电流不小于 0.1A 的工频试验变压器或 10kV 电压互感器。

（3）选用额定输入电压 220V，额定容量不小于 2kVA 的单相自耦式调压器。

（4）选用额定电压为 30kV 的静电电压表。

（5）选用最大量程为 10A、0.5 级的交流电流表。

（6）选用最大量程为 250V、0.5 级的多量程交流电压表。

三、危险点分析及控制措施

（1）防止高处坠落。使用梯子应有人扶持或绑牢，高处作业应系好安全带。

（2）防止高处落物伤人。高处作业应使用工具袋，上下传递物件应用绳索拴牢传递，严禁抛掷。

（3）防止工作人员触电。拆、接试验接线前，检查一次设备接地是否可靠，应将被试设备对地放电。加压前应与作业负责人协调，不允许有交叉作业。工作人员应与带电部位保持足够的安全距离。试验仪器的金属外壳应可靠接地，仪器操作人员必须站在绝缘垫上。

四、测试前的准备工作

（1）了解被试设备现场情况及试验条件。查勘现场，查阅相关技术资料，包括该设备历年试验数据及相关规程等，掌握该设备整体情况。

（2）测试仪器、设备准备。选择合适的 QS1 型西林电桥（或数字式自动介损测试仪）、试验变压器（或升压用的电压互感器）、试验控制台（或单相调压器）、静电电压表、交流电流表、交流电压表、绝缘垫（或绝缘鞋）、万用表、测试线、温（湿）度计、放电棒、接地线、梯子、安全带、安全帽、电工常用工具、试验临时安全遮栏、标示牌等，并查阅测试仪器、设备及绝缘工器具的检定证书有效期。

（3）办理工作票并做好试验现场安全和技术措施。向其余试验人员交待工作内容、带电部位、现场安全措施、现场作业危险点，明确人员分工及试验程序。

五、现场测试步骤及要求

（一）电磁式全绝缘电压互感器

1. QS1 型西林电桥法

（1）测试接线。对一般电磁式全绝缘电压互感器，采用 QS1 型西林电桥时，可以采用将一次绕组短路加压、二次及二次辅助绕组短路接西林电桥"C_X"点的正接法来测量 $\tan\delta$ 及电容值；也可以采用将一次绕组短路接西林电桥的"C_X"点、二次及二次辅助绕组短路直接接地的反接法进行测试。常用反接法测试。电磁式全绝缘电压互感器 $\tan\delta$ 及电容值测试顺序如表 34-3-1 所示。

表 34-3-1   电磁式全绝缘电压互感器 $\tan\delta$
及电容值测试顺序

测试顺序	电磁式全绝缘电压互感器	
	加压绕组	接地部位
1	低压	高压和外壳
2	高压	低压和外壳

用 QS1 型西林电桥反接法测试电磁式全绝缘电压互感器 $\tan\delta$ 的接线，如图 34-3-1 所示。

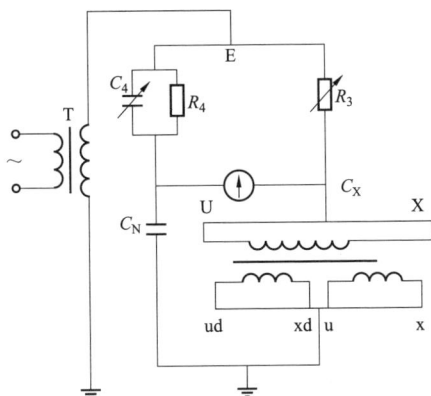

图 34-3-1 用 QS1 型西林电桥反接法测电磁式全绝缘电压互感器 $\tan\delta$ 的接线图

（2）测试步骤。

1）用万用表测量电源电压，应为 220V。按仪器使用说明书，布置好各试验仪器位置。

2）将接地线一端接在地网上，另一端可靠地接于面板的接地螺栓上，且地网的接地点应具有良好的导电性，否则会影响测量的正确性，甚至危及人身安全。

3）按图 34-3-1 进行接线，被试品"U""X"端用裸铜线短接，其二次绕组和辅助绕组均短路接地。

4）确认接线无误后，开始测试，QS1 型西林电桥操作方法见《产品使用说明书》。测试结束降下试验电压，断开试验电源。记录分流器挡位、R_3 和 C_4 的数值。

5）用绝缘工具对试品加压部位进行放电。

2. 数字式自动介损测试仪法

（1）测试接线。用数字式自动介损测试仪（反接法）测试电磁式全绝缘电压互感器 $\tan\delta$ 的接线，如图 34-3-2 所示。

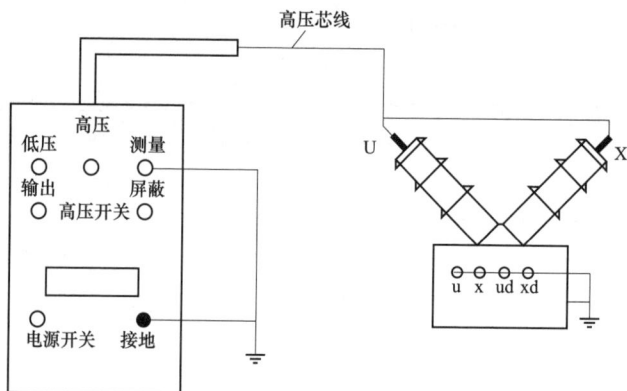

图 34-3-2 用数字式自动介损测试仪（反接法）测电磁式
全绝缘电压互感器 $\tan\delta$ 的接线图

（2）测试步骤。

1）用万用表测量电源电压，应为 220V。

2）将接地线一端接在地网上，另一端可靠地接于面板的接地螺栓上，且地网的接地点应具有良好的导电性，否则会影响测量的正确性，甚至危及人身安全。

3）按图 34-3-2 进行接线，被试品"U""X"端用裸铜线短接，其二次绕组和辅助绕组均短路接地。

4）确认接线无误后，打开仪器电源开关，选择试验电压及试验方法，进行测试，数字式自动介损测试仪操作步骤见《仪器使用说明书》。测试结束，读取试验数据，关闭电源开关。

5）用绝缘工具对试品加压部位进行放电。

（二）分级绝缘电压互感器或串级式电压互感器

220kV 串级式电压互感器原理接线，如图 34-3-3 所示。一次绕组分成 4 段，分别绕在上下两个铁芯上；两个铁芯被支撑在绝缘支架上，上下铁芯对地电位分别为 $3U/4$ 和 $U/4$，一次绕组最末一个静电屏（共有 4 个静电屏）与末端"X"相连接，"X"点运行中直接接地。末电屏外是二次绕组 ux 和二次辅助绕组 udxd。"X"点与 ux 绕组运行中的电位差仅为 $100/\sqrt{3}$ V，它们之间的电容量约占整体电容量的 80%。110kV 串级式电压互感器的绕组及结构布置与 220kV 的相类似，一次绕组共分 2 段，只有一个铁芯，铁芯对地电位为 1/2 的工作电压（即 $U/2$）。

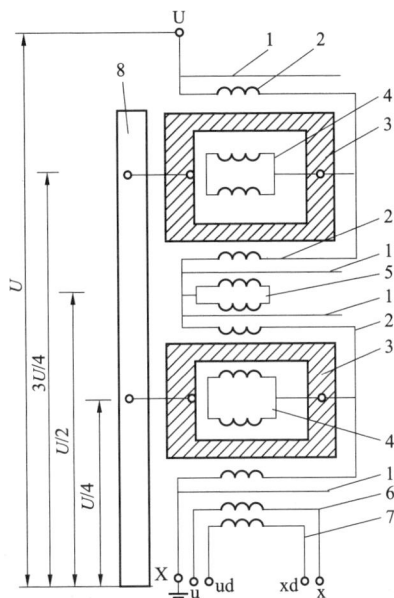

图 34-3-3　220kV 串级式电压互感器原理接线图

1—静电屏蔽层；2——次绕组（高压）；3—铁芯；
4—平衡绕组；5—连耦绕组；6—二次绕组；
7—二次辅助绕组；8—支架

测量串级式电压互感器 tanδ 和电容的主要方法有末端加压法、末端屏蔽法、常规试验法和自激法。末端加压法应用较广，它的优点是电压互感器"U"点接地，抗电场干扰能力较强，不足之处是存在二次端子板的影响，且不能测量绝缘支架的 tanδ 值。末端屏蔽法"X"点接屏蔽，能排除端子板的影响，能测出绝缘支架的 tanδ 值。

末端屏蔽法测绝缘支架的 tanδ 值有间接法和直接法两种方法，由于支架的电容量很小（一般为 10～25pF），按直接法测量的灵敏度很低，在强电场干扰下往往不易测准，规程建议使用间接法。自激法抗干扰能力差，一般较少采用。

1. 测试接线

（1）末端加压法测量一次绕组对二次绕组及二次辅助绕组 tanδ 的接线。末端加压法测量一次绕组对二次绕组及二次辅助绕组 tanδ 的接线如图 34-3-4 所示。QS1 型电桥采用常规正接线，端子"x""xd"与"C_X"端连接，"X"端加 2～3kV 电压，"U"端接地，"ud""u"端悬空，电压互感器底座接地。

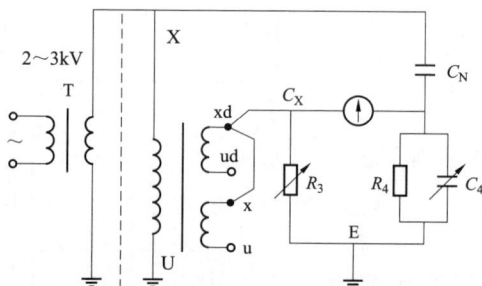

图 34-3-4 末端加压法测量一次绕组对二次绕组及二次辅助绕组 tanδ 的接线图

T—试验变压器；U、X—高压绕组端子；u、x—二次绕组端子；ud、xd—二次辅助绕组端子；

C_X—西林电桥端子；E—电桥接地端子；R_3—电桥可调电阻；R_4—电桥固定电阻；

C_4—电桥可调电容；C_N—标准电容

（2）末端加压法测量一次绕组对二次辅助绕组端部 tanδ 的接线。末端加压法测量一次绕组对二次辅助绕组端部 tanδ 的接线，如图 34-3-5 所示。QS1 型电桥采用常规正接线，端子 "xd" 与 "C_X" 端连接，"X" 端加 2~3kV 电压，"U" "x" 端接地，"ud" "u" 端悬空，电压互感器底座接地。

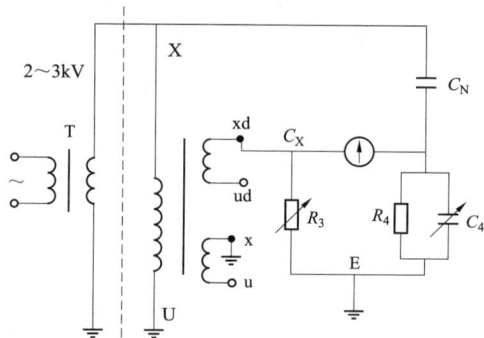

图 34-3-5 末端加压法测量一次绕组对二次辅助绕组端部 tanδ 的接线图

注：各符号含义同图 34-3-4。

（3）用数字式自动介损测试仪测试串级式电压互感器 tanδ 的接线。用数字式自动介损测试仪测串级式电压互感器 tanδ 的测试接线，如图 34-3-6～图 34-3-8 所示。

（4）末端屏蔽法测量一次绕组对支架与二次绕组并联的 tanδ 的接线。末端屏蔽法测量一次绕组对支架与二次绕组并联的 tanδ 的接线如图 34-3-9 所示，测出 C1 及 tanδ₁。QS1 型电桥采用常规正接线，端子 "x" "xd" 与底座和 "C_X" 端相连接，"X" 端接地，"U" 端加电压（根据 C_N 绝缘水平），"u" "ud" 端悬空，电压互感器底座绝缘。

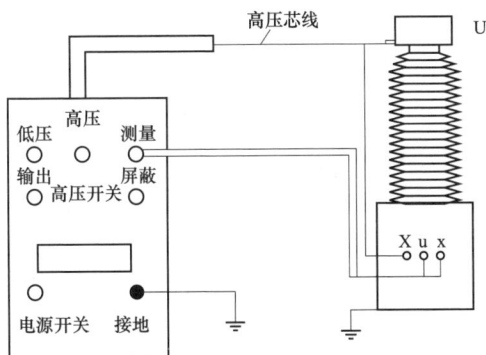

图 34-3-6　用数字式自动介损测试仪（正接法）测串级式
电压互感器一次绕组对地的 tanδ 接线图

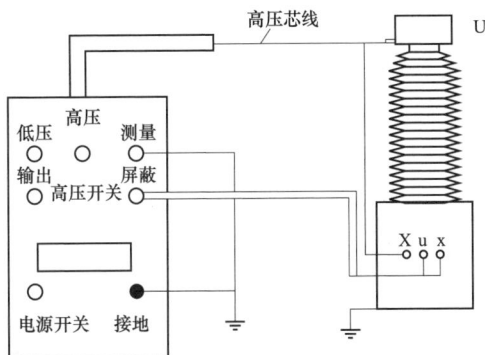

图 34-3-7　用数字式自动介损测试仪（反接法）测串级式
电压互感器一次绕组对二次绕组 tanδ 的接线图

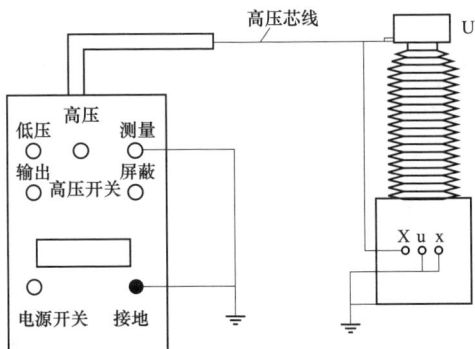

图 34-3-8　用数字式自动介损测试仪
（反接法）测串级式电压互感器一次绕组对
二次绕组及地的 tanδ 接线图

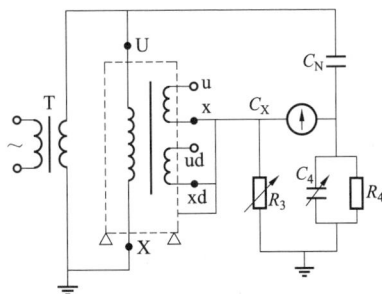

图 34-3-9　末端屏蔽法测量
一次绕组对支架与二次绕组
并联的 tanδ 的接线图

（5）末端屏蔽法测量一次绕组对二次绕组 $\tan\delta$ 的接线。末端屏蔽法测量一次绕组对二次绕组 $\tan\delta$ 的接线如图 34-3-10 所示，测出 $C2$ 及 $\tan\delta_2$。QS1 型电桥采用常规正接线，端子 "x" "xd" 与 "C_X" 端连接，"X" 端接地，"U" 端加 10kV 电压，"u" "ud" 端悬空，电压互感器底座接地。

（6）末端屏蔽法直接测量绝缘支架 $\tan\delta$ 的接线。末端屏蔽法直接测量绝缘支架 $\tan\delta$ 的接线如图 34-3-11 所示。QS1 型电桥采用常规正接线，电压互感器底座与 "C_X" 端连接，"X" "x" "xd" 端接地，"U" 端加电压（根据 CN 绝缘水平），"u" "ud" 端悬空，电压互感器底座绝缘。

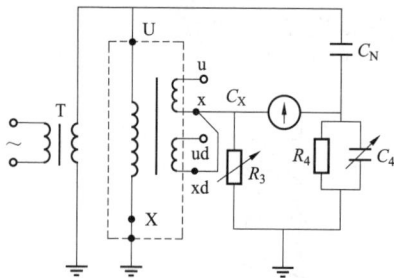

图 34-3-10 末端屏蔽法测量一次绕组对二次绕组 $\tan\delta$ 的接线图

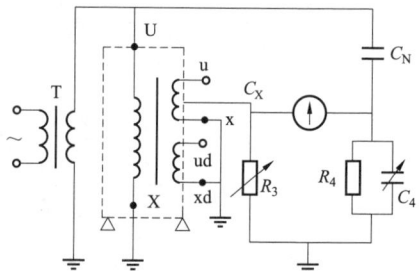

图 34-3-11 末端屏蔽法直接测量支架 $\tan\delta$ 的接线图

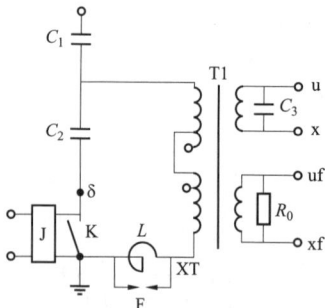

图 34-3-12 电容式电压互感器原理接线图

C_1—主电容；C_2—分压电容；δ—C_2 分压电容低压端；J—载波耦合装置；K—接地开关；L—电抗器；F—保护间隙；T1—中间变压器；XT—中间变压器低压端；ux—中间变压器二次测量绕组；uf、xf—中间变压器二次电压辅助绕组；R_0—阻尼电阻

2. 测试步骤

用 QS1 型电桥或数字式自动介损测试仪测试分级绝缘电压互感器或串级式电压互感器 $\tan\delta$ 的步骤请参考电磁式全绝缘电压互感器测试 $\tan\delta$ 的步骤。

（三）电容式电压互感器

电容式电压互感器由电容分压器、电磁单元（包括中间变压器和电抗器）和接线端子盒组成，其原理接线如图 34-3-12 所示。有一种电容式电压互感器是单元式结构，电容分压器和电磁单元分别为一个单元，可在现场组装。另有一种电容式电压互感器为整体式结构，电容分压器和电磁单元合装在一个瓷套内，无法使电磁单元同电容分压器两端断开。

1. QS1 型西林电桥法

（1）测试接线。

测量主电容的 $\tan\delta_1$ 和 C_1 的接线如图 34-3-13 所示。QS1 型电桥采用常规正接线，由中间变压器 T1 励磁加压（一般选择额定输出容量最大的二次绕组加压），"XT"点接地，分压电容 C_2 的"δ"点接高压电桥的标准电容器高压端，主电容 C_1 高压端接高压电桥的"C_X"端。由于"δ"点绝缘水平所限，"δ"点接一块 3kV 静电电压表，监视试验电压不超过 2kV。此时 C_2 与 C_N 串联组成标准支路。一般 C_N 的 $\tan\delta\approx0$，而 $C_2\gg C_N$，故不影响测量结果。

测量分压电容的 $\tan\delta_2$ 和 C_2 的接线如图 34-3-14 所示。QS1 型电桥采用常规正接线，由中间变压器 T1 励磁加压。"XT"点接地，分压电容 C2 的"δ"点接高压电桥的"C_X"端，主电容 C_1 高压端与标准电容 C_N 高压端相连接。试验电压 10kV，应在高压侧测量。此时，C_1 与 C_N 串联组成标准支路。

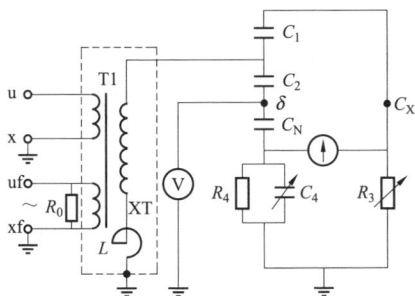

图 34-3-13　测量主电容
$\tan\delta_1$、C_1 的接线图

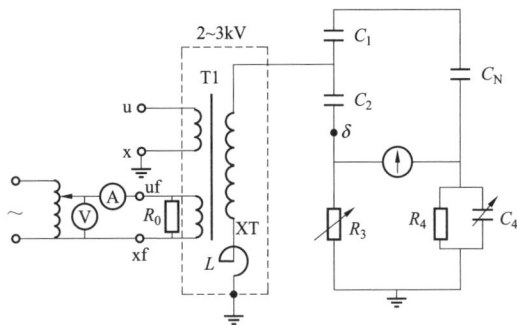

图 34-3-14　测量分压电容
$\tan\delta_2$、C_2 的接线图

在测量 C_2 和 $\tan\delta_2$ 时，C_2 和中间变压器 T1 绕组及补偿电抗器 L 的电感会形成谐振回路，从而出现危险的过电压，因此应在加压绕组间接阻尼电阻 R_0。

测量中间变压器的 C 和 $\tan\delta$ 用 QS1 电桥反接线法。将 C_2 末端 δ 与 C_1 首端相连，XT 悬空，中间变压器各二次绕组均短路接地按 QSI 电桥反接线测量。由于 δ 点绝缘水平限制，外加交流电压 2kV，试验接线与等值电路如图 34-3-15 所示。

（2）测试步骤。

1）将球隙间隙打开（见图 34-3-12），"δ"端子与地的接地开关（或连片）打开，电容式电压互感器金属外壳、二次绕组 ux 的引出端子"x"、中间变压器 T1 的"XT"点及西林电桥外壳可靠接地。

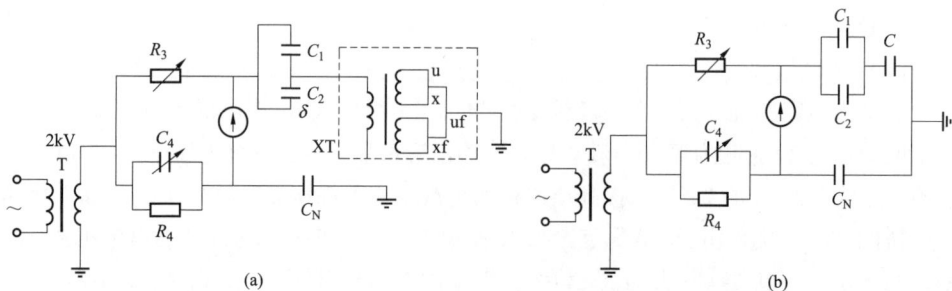

图 34-3-15　用 QS1 电桥反接线法测量中间变压器的
C 和 tanδ 的试验接线与等值电路图

(a) 试验接线；(b) 等值电路

2）测量"δ"端子对地的绝缘电阻，其值应大于 50MΩ。

3）按图 34-3-13 进行接线，测量 C_1 及 $\tan\delta_1$。静电电压表接"δ"端子。电桥分流器置 0.025A 挡，检查调压器应在零位。

4）开始均匀缓慢升压，仔细观察静电电压表指示，注意控制"δ"端子电压小于 3kV。

5）调节 QS1 型电桥至平衡，灵敏度旋钮回零位，降压为零，切断电源，读取 R31 及 $\tan\delta_1$ 的值。对加压部位进行放电。

6）按图 34-3-14 进行接线，测量 C_2 及 $\tan\delta_2$。电桥分流器置 0.15A 挡。调压器输出端接一块电流表。

7）开始缓慢升压，仔细观察励磁电流的大小，使其不超过额定电流的 2 倍。

8）调节 QS1 型电桥至平衡，灵敏度旋钮回零位，降压为零，切断电源，读取 R_{32} 及 $\tan\delta_2$ 的值。对加压部位进行放电。

9）按图 34-3-15 进行接线，测量中间变压器 TA 及 $\tan\delta_T$，将 C_2 末端 δ 与 C_1 首端相连，XT 悬空，中间变压器各二次绕组均短路接地，按 QS1 电桥反接线测量。注意控制"δ"端子电压小于 3kV。

10）测量结束后，恢复电压互感器端子箱接线，恢复球隙间隙（调整为 0.5mm）。

2. 数字式自动介损测试仪法

(1) 测试接线。数字式自动介损测试仪（自激法）测电容式电压互感器 tanδ 时，仪器工作方式选用"电容式电压互感器"，其接线如图 34-3-16 和图 34-3-17 所示。

(2) 测试步骤。用数字式自动介损测试仪测试电容式电压互感器 tanδ 的步骤请参考用数字式自动介损测试仪测试电磁式全绝缘电压互感器 tanδ 的步骤。

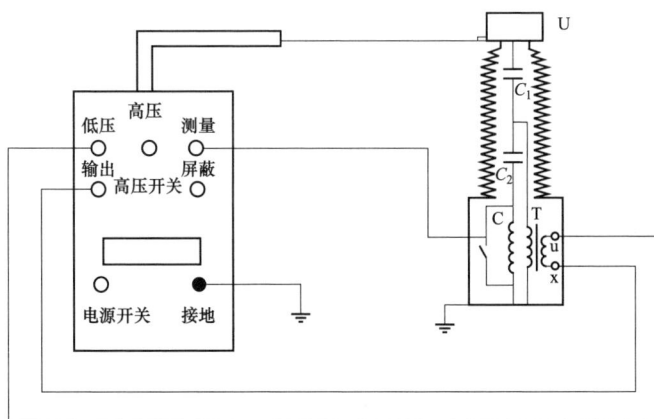

图 34-3-16　用数字式自动介损测试仪（自激法）测量 C_2 的接线图

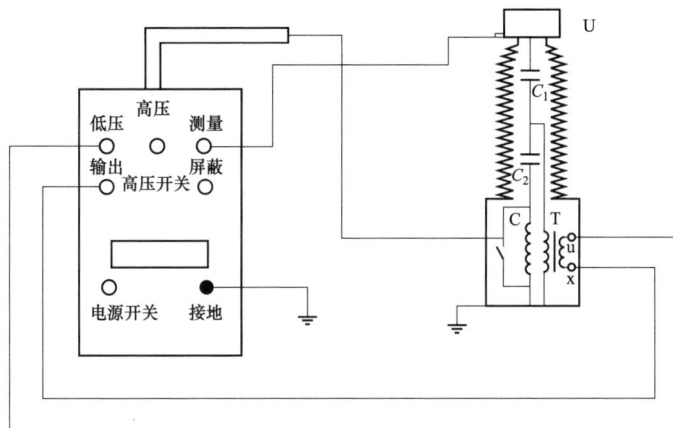

图 34-3-17　用数字式自动介损测试仪（自激法）测量 C_1 的接线图

六、测试注意事项

1. 总则

（1）测试应在天气良好且试品及环境温度不低于+5℃，相对湿度不大于 80% 的条件下进行。

（2）测试前应先测量被试品绝缘电阻。

（3）必要时可对试品表面（如外瓷套、或电容套管分压小瓷套、二次端子板等）进行清洁或干燥处理。

（4）无论采用何种接线方式，电桥本体、被试品油箱必须良好接地。

（5）在使用 QS1 电桥反接线时三根引线都处于高电位，必须将导线悬空。导线及标准电容器对周围接地体应保持足够的绝缘距离。标准电容器带高电压，应放在平坦的地面上，不应与有接地的物体的外壳相碰。为防止检流计损坏，应在检流计灵敏度最低时，接通或断开电源；在灵敏度最高时，调节 R_3 和 C_4，以避免数值的急剧变化。

（6）现场测量存在电场和磁场干扰影响时，应采取相应措施进行消除。

（7）试验电压的选择。电压互感器绕组额定电压为 10kV 及以上者，施加电压应为 10kV；绕组额定电压为 10kV 以下者，施加电压为绕组额定电压。

2. 串级式电压互感器 $\tan\delta$ 测试注意事项

（1）测试绝缘支架 $\tan\delta$ 时，注意底座绝缘垫必须良好，其绝缘电阻应大于 1000MΩ。否则会出现介质损耗角测试正误差。

（2）尽量减小高压引线对互感器的杂散电容。高压引线与瓷套的角度尽量大一些，一般高压引线与瓷套的角度应大于 90°。

（3）采用末端加压法和末端屏蔽法试验时，串级式电压互感器二次端子不能短接，"u""ud"端应悬空。

（4）由于电压互感器电容量较小，一般不宜用数字式自动介损测试仪测试。当使用数字式自动介损测试仪测量的数据与西林电桥测量数据差异较大时，以西林电桥测量数据为准。

3. 电容式电压互感器 $\tan\delta$ 测试注意事项

（1）测量 C_1 及 $\tan\delta_1$ 时，将静电电压表接到 "δ" 端，监测其电压不超过 3kV，以免损伤绝缘及保护装置。

（2）测量 C_2 及 $\tan\delta_2$ 时，由于 C_2 较大，励磁回路电流较大，注意缓慢升压，并密切观察励磁电流的大小，以免励磁电流过大而引起电容式电压互感器损坏。

（3）用数字式自动介损测试仪测电容式电压互感器 $\tan\delta$ 时，仪器工作方式应选用"电容式电压互感器"。

七、测试结果分析及测试报告编写

（一）测试结果分析

1. 测试标准及要求

根据 DL/T 596—1996、GB 50150—2016、DL/T 474.1～5—2018《现场绝缘试验实施导则》的规定：

（1）预防性试验时串级式（分级绝缘）电压互感器的 $\tan\delta$（%）值。

1）绕组绝缘 $\tan\delta$（%）不应大于表 34-3-2 中数值。

2）支架绝缘 $\tan\delta$ 一般不大于 6%。串级式电压互感器的 $\tan\delta$ 试验方法，建议采用末端屏蔽法。其他试验方法与要求自行规定。

（2）交接试验时电压互感器的 $\tan\delta$ 值不应大于表 34-3-3 的规定。

表 34-3-2　　　　　　预防性试验时串级式（分级绝缘）
电压互感器的 tanδ（%）值

温　　度·(℃)		5	10	20	30	40
35kV 及以下	大修后	1.5	2.5	3.0	5.0	7.0
35kV 及以上		1.0	1.5	2.0	3.5	5.0

表 34-3-3　　　　　交接试验时电压互感器 tanδ（%）值

种类	额定电压（kV）			
	20～35	66～110	220	330～500
油浸式电压互感器绕组	3	2.5		—
串级式电压互感器支架	—	6		—

（3）导则对串级式（分级绝缘）电压互感器 tanδ 值的试验标准，如表 34-3-4 所示。

表 34-3-4　　　　　　串级式（分级绝缘）电压互感器
20℃时测量 tanδ 值的试验标准

电压等级	试　验　方　法		交接及大修后（%）
66～220kV	常规试验法		2.0
	末端加压法	按图 34-3-4 接线	2.5
		按图 34-3-5 接线	3.5
	末端屏蔽法	本体按图 34-3-11 接线	3.5
		绝缘支架按图 34-3-9、图 34-3-10 或图 34-3-11 接线	6.0
	自激法		2.5

（4）预防性试验时，电容式电压互感器每节电容值偏差不超出额定值的-5%～+10%范围；电容值大于出厂值的 102%时应缩短试验周期；一相中任两节实测电容值相差不超过 5%，电容式电压互感器中间变压器 tanδ 试验判断标准按表 34-3-3 规定。

（5）10kV 电压下电容式电压互感器的分压电容器 tanδ 值不大于下列数值：
油纸绝缘不大于 0.005；膜纸复合绝缘不大于 0.002。

（6）电容式电压互感器的电容分压器的电容值与出厂值相差超出±2%范围时，或电容分压比与出厂试验实测分压比相差超过 2%时，准确度为 0.5 级及 0.2 级的互感器应进行准确度试验。

（7）交接试验对 35kV 电压互感器绕组的 $\tan\delta$ 规定为：当对绝缘性能有怀疑时，可采用高压法进行试验，在 $(0.5\sim1)U_{\mathrm{m}}/\sqrt{3}$ 的范围内进行。$\tan\delta$ 变化量不应大于 0.2%，电容变化量不应大于 0.5%。末屏测量电压为 2kV。

（8）交接试验时，电容式电压互感器电容分压器电容量和介质损耗角正切值 $\tan\delta$ 的测试结果：电容量与出厂值比较其变化量超过 -5% 或 +10% 时要引起注意，$\tan\delta$ 不应大于 0.5%；条件许可时测量单节电容器，在 10kV 至额定电压范围内，电容量的变化量大于 1% 时判为不合格。

2. 测试结果分析

（1）串级式电压互感器由于 C_X 值很小，为便于测量而在电桥 R_4、C_4 臂上并联电阻 3184Ω 或 1592Ω。根据图 34-3-9～图 34-3-11 末端屏蔽法测量的结果按表 34-3-5 进行计算。

表 34-3-5　　　　　　　　串级式电压互感器电容量及 $\tan\delta$ 计算

额定电压（kV）	原始公式	R_4 上并联电阻=3184（Ω）	R_4 上并联电阻=1592（Ω）
220	$C_{\mathrm{S}}=\dfrac{4R_4}{R_3}C_{\mathrm{N}}$ $\tan\delta_{\mathrm{S}}=\tan\delta_{\mathrm{C}}$	$C_{\mathrm{S}}=\dfrac{2R_4}{R_3}C_{\mathrm{N}}$ $\tan\delta_{\mathrm{S}}=\dfrac{1}{2}\tan\delta_{\mathrm{C}}$	$C_{\mathrm{S}}=\dfrac{4}{3}\times\dfrac{R_4}{R_3}C_{\mathrm{N}}$ $\tan\delta_{\mathrm{S}}=\dfrac{1}{3}\tan\delta_{\mathrm{C}}$
110	$C_{\mathrm{S}}=\dfrac{2R_4}{R_3}C_{\mathrm{N}}$ $\tan\delta_{\mathrm{S}}=\tan\delta_{\mathrm{C}}$	$C_{\mathrm{S}}=\dfrac{R_4}{R_3}C_{\mathrm{N}}$ $\tan\delta_{\mathrm{S}}=\dfrac{1}{2}\tan\delta_{\mathrm{C}}$	$C_{\mathrm{S}}=\dfrac{2}{3}\times\dfrac{R_4}{R_3}C_{\mathrm{N}}$ $\tan\delta_{\mathrm{S}}=\dfrac{1}{3}\tan\delta_{\mathrm{C}}$

（2）间接法测试串级式电压互感器绝缘支架电容量和 $\tan\delta$ 的计算。图 34-3-9 测量的是电压互感器一次绕组对支架与二次绕组并联的等值电容和 $\tan\delta$，其中一次绕组对底座包括瓷套、绝缘油和四根绝缘支架（仅下铁芯对底座部分）等部分。这几部分中以支架的电容量最大，因此近似认为下铁芯对底座的电容和介质损耗角正切值为支架的电容量和介质损耗角正切值。设图 34-3-9、图 34-3-10 测得的值分别为 C_1、$\tan\delta_1$、C_2、$\tan\delta_2$，则支架（四根并联）的电容量为

$$C_{\mathrm{Z}}=C_1-C_2$$

支架（四根并联）的介质损耗角正切值为

$$\tan\delta_{\mathrm{Z}}=\frac{C_1\tan\delta_1-C_2\tan\delta_2}{C_1-C_2}$$

（3）电压互感器的电容量及 tanδ 的测试结果，除应与有关标准、规程规定值比较外，还应与被试品历年试验值相比较，观察其发展趋势。根据设备的具体情况，有时即使数值仍低于标准，但增长迅速，也应引起充分注意。此外，还应与同类设备比较，看是否有明显差异，并结合其他试验结果进行综合分析判断。

（二）测试报告编写

测试报告填写应包括试品出厂编号、试品参数、测试时间、测试人员、天气情况、环境温度、湿度、测试结果、测试结论、试验性质（交接试验、预防性试验、检查）、使用的型号、计量编号，备注栏写明其他需要注意的内容，如是否拆除引线等。

八、案例

案例 1：对一台串级式电压互感器绝缘支架进行预防性试验（JCC2–110 型），用 QS1 西林电桥。测试结果为 tanδ = 6.2%（36℃），已大于预防性规程要求值 6%，对该互感器进行了吊芯检查，发现支架上有多处放电点，支架上有 20mm 左右的分层开裂裂缝。又进行油色谱分析，H_2、C_2H_2 和 C_1+C_2 均超过规定值，乙炔达 11.9ppm。说明有必要对支架绝缘引起足够的重视。

案例 2：某变电站的一台 TYD110/$\sqrt{3}$ –0.01 型电容式电压互感器，在 2008 年 7 月某日（晴、33℃）测得主电容的 tanδ 为 0.2%，电容量与历年相同；分压电容的 tanδ_2 却达 3.2%，C_2 的测量点 δ 端子的绝缘电阻只有 600MΩ。而 2006 年 6 月某日（晴、29℃）投产测量结果是 tanδ_2 为 0.2%，绝缘电阻为 6000MΩ，2007 年 7 月某日（晴、32℃）测得的 tanδ_2 为 0.1%，绝缘电阻为 8000MΩ。对照前两年的测量结果，tanδ_2 和绝缘电阻变化都很大，该互感器不能投入运行。又测量了二次绕组和辅助二次绕组的绝缘电阻，也为 600MΩ，分析以上情况，考虑二次出线板可能受潮。实际上，在试验前的两天里，天气一直在下雨，由于电容式电压互感器的出线端子箱是不密封的，潮气可以从出线洞口和端子箱门缝进入端子箱，加上固定的 δ 端子、二次绕组端子及辅助二次绕组端子的出线板是用玻璃钢板制作的，容易受潮，受潮后又不能短时间内自然干燥，所以一下雨，出线板就很快受潮，使 δ 端子、二次绕组及辅助二次绕组的绝缘电阻随之变小。

【思考与练习】

1. 如何测试电磁式全绝缘电压互感器的电容量及 tanδ 值？
2. 测量串级式电压互感器绝缘支架 tanδ 和电容量的方法主要有哪些？
3. 如何测试串级式电压互感器绝缘支架的 tanδ 和电容量？

第三十五章

线圈类设备外施工频耐压试验

▲ 模块 1　互感器外施工频耐压试验（ZY1800504001）

【模块描述】本模块介绍互感器的外施工频耐压试验方法及技术要求。通过对试验工作流程的介绍，掌握互感器的外施工频耐压试验前的准备工作和相关安全、技术措施、试验方法、技术要求及测试数据分析判断。

【模块内容】

一、试验目的

为考核电流互感器和全绝缘电压互感器的主绝缘强度和检查其局部缺陷，电流互感器和全绝缘电压互感器必须进行绕组连同套管一起对外壳的交流耐压试验。电流互感器和全绝缘电压互感器外施工频耐压试验一般在交接、大修后或必要时进行。串级式电压互感器及分级绝缘的电压互感器，因高压绕组首末端对地电位和绝缘等级不同，不能进行外施工频耐压试验，只能用倍频感应耐压试验来考核其绝缘。

二、试验仪器、设备的选择

（1）由于互感器要求的试验电源容量相对较小，因此只要有相应电压等级的试验变压器即可方便地进行该项试验。

（2）选用接触式单相调压器，容量与试验变压器相适应。

（3）保护电阻 R_1 一般取 0.1～0.5Ω/V，并应有足够的热容量和长度。与保护球隙串联的保护电阻 R_2，其电阻值通常取 1Ω/V，长度按表 35-1-1 选取。

表 35-1-1　　　　　　　　　　保护电阻器最小长度

试验电压（kV）	电阻器长度（mm）	试验电压（kV）	电阻器长度（mm）
50	250	150	800
100	500		

（4）选用数字式、多量程峰值电压表。试验电压的测量一般应在高压侧进行。由

于互感器电容较小，交流耐压试验可在低压侧测量，并根据变比进行换算。电压表量程要满足测量要求，准确度等级不小于 0.5 级。

（5）选用相应电压等级的电容分压器。

三、危险点分析及控制措施

详见 ZY1800503003 中的三、。

四、试验前的准备工作

（1）了解被试设备现场情况及试验条件。查勘现场，查阅相关技术资料，包括该设备历年试验数据及相关规程等，掌握该设备整体情况。

（2）试验仪器、设备准备。选择合适的试验变压器及控制台、保护电阻器、球隙、电容分压器、峰值电压表、绝缘电阻表、放电棒、绝缘操作杆、接地线、梯子、安全带、安全帽、电工常用工具、试验临时安全遮栏、标示牌等，并查阅测试仪器、设备及绝缘工器具的检定证书有效期。

（3）办理工作票并做好试验现场安全和技术措施。向其余试验人员交待工作内容、带电部位、现场安全措施、现场作业危险点，明确人员分工及试验程序。

五、现场试验步骤及要求

（一）试验接线

电流互感器及全绝缘电压互感器外施工频耐压试验接线，如图 35-1-1 所示。试验时，将一次绕组短接加压，二次绕组短路与外壳一起接地。

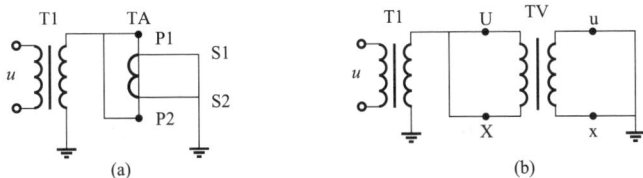

图 35-1-1　电流互感器和全绝缘电压互感器外施工频耐压试验原理接线图
（a）电流互感器外施工频耐压试验原理接线；（b）全绝缘电压互感器外施工频耐压试验原理接线
T1—试验变压器；TA—被试电流互感器；TV—被试电压互感器

（二）试验步骤

（1）将互感器各绕组接地放电，拆除或断开互感器对外的一切连线。

（2）测试绝缘电阻，其值应正常。

（3）将一次绕组短接加压，二次绕组短路与外壳一起接地，进行接线，并检查试验接线正确无误、调压器在零位，试验回路中过电流和过电压保护应整定正确、可靠。

（4）合上试验电源，开始升压进行试验。升压速度在 75%试验电压以前，可以是任意的，自 75%电压开始应均匀升压，约为每秒 2%试验电压的速率升压。升至试电压，开始计时并读取试验电压。时间到后，迅速均匀降压到零（或 1/3 试验电压以下），然后切断电源，放电、挂接地线。试验中如无破坏性放电发生，则认为通过耐压试验。

（5）测试绝缘电阻，其值应正常（一般绝缘电阻下降不大于 30%）。

六、试验注意事项

（1）交流耐压是一种破坏性试验，因此耐压试验之前被试品必须通过绝缘电阻、tanδ 等各项绝缘试验且合格。充油设备还应在注油后静置足够时间（110kV 及以下，24h；220kV，48h；500kV，72h）方能加压，以避免耐压时造成不应有的绝缘击穿。

（2）进行绝缘试验时，被试品温度不应低于+5℃，户外试验应在良好的天气进行，且空气相对湿度一般不高于 80%。

（3）试验过程中试验人员之间应口号联系清楚，加压过程中应有人监护并呼唱。

（4）升压必须从零（或接近于零）开始，切不可冲击合闸。

（5）升压过程中应密切监视高压回路、试验设备、测试仪表，监听被试品有何异响。

（6）有时耐压试验进行了数十秒钟，中途因故失去电源使试验中断，在查明原因恢复电源后，应重新进行全时间的持续耐压试验，不可仅进行"补足时间"的试验。

七、试验结果分析及试验报告编写

（一）试验结果分析

1. 试验标准及要求

根据 GB 50150—2016、DL/T 596—1996 及 DL/T 474.1～5—2018 的规定：

（1）互感器预防性试验电压标准，见表 35-1-2。

表 35-1-2 互感器预防性试验电压标准

序号	要求						
1	一次绕组按出厂值的 85%进行。出厂值不明的按下列电压进行试验：						
	电压等级（kV）	3	6	10	15	20	35	66
	试验电压（kV）	15	21	30	38	47	72	120
2	二次绕组之间及末屏对地为 2kV（也可用 2500V 绝缘电阻表测绝缘代替）						
3	全部更换绕组绝缘后，应按出厂值进行						

（2）互感器交接试验电压标准，见表 35-1-3。

表 35-1-3　　　　　　　　　　互感器交接试验电压标准

额定电压 (kV)	最高工作电压 (kV)	1min 工频耐受电压（有效值，kV）			
		电压互感器		电流互感器	
		出厂	交接	出厂	交接
3	3.6	25（18）	20（14）	25	20
6	7.2	30（23）	24（18）	30	24
10	12	42（28）	33（22）	42	33
15	17.5	55（40）	44（32）	55	44
20	24.0	65（50）	52（40）	65	52
35	40.5	95（80）	76（64）	95	76
66	69.0	140/185	112/148	140/185	112/148
110	126	200/230	160/184	200/230	160/184
220	252	395/460	316/368	395/460	316/368
330	363	510/630	408/504	510/630	408/504
500	550	680/740	544/592	680/740	544/592

注　1. 表中电气设备出厂试验电压参照现行国家标准《绝缘配合　第 1 部分：定义、原则和规则》（GB 311.1—2012）。

　　2. 括号内的数据为全绝缘结构电压互感器的匝间绝缘水平。

　　3. 斜杠上下为不同绝缘水平取值，以出厂（铭牌）值为准。

　　4. 交接试验时按出厂试验电压的 80% 进行。

　　5. 二次绕组之间及其对外壳的工频耐压试验电压标准应为 2kV。

　　6. 电压等级 110kV 及以上的电流互感器末屏及电压互感器接地端（N）对地的工频耐压试验电压标准应为 3kV。

2. 试验结果分析

互感器耐压试验后，可结合其他试验，如耐压前后的绝缘电阻测试、绝缘油的色谱分析等测试结果，进行综合判断，以确定被试品是否通过试验。

耐压试验过程中出现的现象同样是判断被试品合格与否的重要根据。现将常见绝缘缺陷可能引发的试验异常现象归纳成以下几点：

（1）主绝缘或匝绝缘击穿。发生这类放电时，表计指针摆动、电流上升、电压下降、试验回路过电流保护动作，重复试验时，则故障愈加发展。

（2）油间隙或油中气泡放电。这类放电时表计指针摆动，器身内并有响声。但油隙放电电流突变而电压下跌不大，并在再次加压时电压并不明显下降，其放电响声清脆。而气泡放电响声轻微断续，表计指示抖动，摆动不大，再次加压时放电响声消失，转为正常试验。

（3）悬浮物放电或固体绝缘爬电。这种类型放电响声混沌沉闷，电流突增，再次试验时异常现象不消失，且电压下跌，电流增大。

（二）试验报告编写

试验报告填写应包括设备的出厂编号、设备参数、试验时间、试验人员、天气情况、环境温度、湿度、使用地点、试验结果、试验结论、试验性质（交接试验、预防性试验、检查）、使用仪器名称型号及计量编号，备注栏写明其他需要注意的内容，如是否拆除引线等。

八、案例

某变电站新更换一台 LMZ–10 型电流互感器，进行外施工频耐压试验，当试验电压升至 32.5kV（按规程规定；交接试验电压应为 33kV）时，互感器一次绕组对二次及地间发生击穿，经解体检查发现环氧浇铸绝缘部分有气泡。

【思考与练习】

1. 串级式电压互感器及分级绝缘的电压互感器，为什么不能进行外施工频耐压试验？

2. 互感器耐压试验时，如何根据试验中的异常现象判断主绝缘或匝绝缘击穿？

3. 请画出全绝缘电压互感器外施工频耐压试验原理接线图。

▲ 模块 2 变压器的外施工频耐压试验（ZY1800504003）

【模块描述】 本模块介绍变压器外施工频耐压试验方法及技术要求。通过对试验工作流程的介绍，掌握变压器外施工频耐压试验前的准备工作和相关安全、技术措施、试验方法、技术要求及测试数据分析判断。

【模块内容】

一、试验目的

工频耐压对考核变压器的主绝缘强度，检查主绝缘有无局部缺陷具有决定性的作用。它是检查验证变压器设计、制造和安装质量的重要手段。变压器外施工频耐压试验，用于全绝缘变压器或分级绝缘变压器的中性点耐压及低压绕组的耐压试验。

二、试验仪器、设备的选择

进行变压器耐压试验的设备，可根据情况采用工频试验变压器或串联谐振耐压装置。

（一）工频试验变压器的选择

1. 工频试验变压器

（1）电压选择。根据被试品的试验电压，选用具有合适电压的试验变压器。试验电压较高时，也可采用多级串接式试验变压器，并检查试验变压器所需低压侧电压是否与现场电源电压、调压器相配。

（2）电流选择。电流按下式计算

$$I=\omega C_X U \qquad (35\text{-}2\text{-}1)$$

式中　I——试验变压器高压侧应输出的电流，mA；

ω——角频率，$\omega=2\pi f$；

C_X——被试品电容量，μF；

U——试验电压，kV。

其中，C_X 可从测 $\tan\delta$ 中得到或按表 35-2-1、表 35-2-2 选取。

表 35-2-1　　　　　　35～60kV 全绝缘电力变压器绕组间电容

电容类型	变压器容量（kVA）					
	630	2000	3150	6300	8000	16 000
高压−地+低压（pF）	2700	4100	4600	5900	7000	8200
低压−地+高压（pF）	4200	6600	7900	10 000	11 000	15 300

表 35-2-2　　　　　　110kV 中性点半绝缘电力变压器绕组电容

电容类型	变压器容量（kVA）					
	50 000	31 500	20 000	10 000	5600	3150
高−中+低+地（pF）	14 200	11 400	8700	6150	4200	3200
中−高+低+地（pF）	24 800	11 800	13 200	9600	—	—
低−高+中+地（pF）	19 300	19 300	12 000	9400	6800	14 800

（3）容量选择。相应求出试验所需电源容量

$$P=\omega C_X U^2 \times 10^{-3} \quad (\text{kVA}) \qquad (35\text{-}2\text{-}2)$$

试验时，按 P 值选择试验变压器容量，一般不得超负荷运行。

2. 调压器

选用接触式调压器，要求：① 波形畸变小和阻抗电压低；② 从零起升压，能实现连续、平稳调压；③ 容量计算式为

$$P_0=(0.75\sim1)P$$

式中　P_0——调压器容量，kVA；

P——试验变压器容量，kVA。

3. 保护电阻

保护电阻 R_1 一般取 0.1～0.5Ω/V，并应有足够的热容量和长度。与保护球隙串联的保护电阻 R_2，其电阻值通常取 1Ω/V，长度按表 35-2-3 选取。

表 35-2-3　　　　　　　　　　　　保护电阻器最小长度

试验电压（kV）	电阻器长度（mm）	试验电压（kV）	电阻器长度（mm）
50	250	150	800
100	500		

4. 电压表

选用数字式、多量程峰值电压表。由于"容升"的影响，被试变压器高压端往往先达到试验电压值。因此，被试变压器高压端电压是监视试验电压的主要依据。测量试验电压必须在高压侧测量，并以峰值表为准（峰值表读数除以 $\sqrt{2}$）。

5. 分压器

选用相应电压等级的电容分压器。

（二）串联谐振装置的选择

1. 调感式串联谐振耐压试验装置

调感式串联谐振耐压试验装置原理接线，如图 35-2-1 所示。

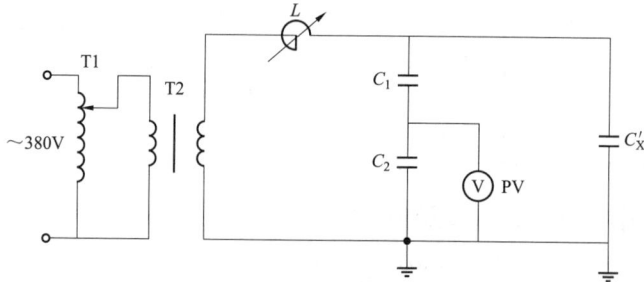

图 35-2-1　调感式串联谐振耐压试验装置原理接线图

T1—调压器；T2—励磁变压器；L—可调电抗；C_1、C_2—电容分压器高、低压臂电容；C'_X—被试品

图 35-2-1 中，被试变压器的等值电容 C'_X 和分压器的等值电容 C 之和为 C_X，L 是电抗器的电感量。当调节电抗器使 $\omega L = \dfrac{1}{\omega C_X}$ 时，电抗上的压降在数值上等于电容上的压降，即

$$U_L = UC_X = U \tag{35-2-3}$$

试验回路电流为

$$I_X = U\omega C_X = \frac{U}{\omega L} \tag{35-2-4}$$

励磁变压器 T2 供给的电压大小 U_T 由回路品质因数 $Q\left(Q = \dfrac{\omega L}{R}\right)$ 值确定，其值为

$$U_T = \frac{UC_X}{Q} = \frac{U}{Q} \tag{35-2-5}$$

串联谐振耐压试验电源容量应大于下式

$$S = \frac{U^2 \omega C_X}{Q} \tag{35-2-6}$$

以上四式中，字母含义同式（35-2-1）。

2. 变频串联谐振耐压试验装置

变频串联谐振耐压试验装置频率一般在 30～300Hz，但通过电抗器的组合和电容量的调节，试验频率可以控制在 45～55Hz 范围内，大部分可以控制在 49～51Hz 范围内，其原理接线如图 35-2-2 所示。当调节变频柜输出电压频率达到谐振条件，即 $f = \dfrac{1}{2\pi\sqrt{LC}}$ 时，其余各参数同样应满足式（35-2-3）～式（35-2-6）及试验要求。

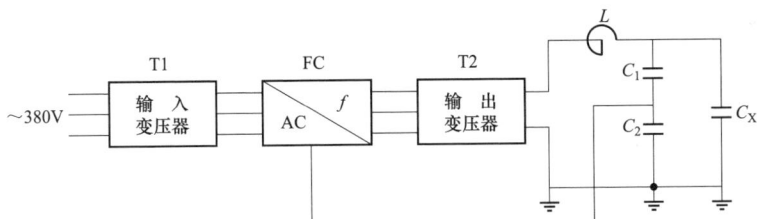

图 35-2-2　变频串联谐振耐压试验装置原理接线
T1—输入变压器（隔离变压器）；FC—变频电源柜；T2—输出变压器（励磁变压器）；
L—固定高压电抗器；C_1、C_2—电容分压器高、低压臂电容；C_X—被试品

变频串联谐振装置原理与工频串联谐振装置基本相同，其主要区别是电压调节方式不同。

根据被试变压器试验电压值及电容量选择串联谐振耐压试验装置、电抗器及试验电源。

三、危险点分析及控制措施

（1）防止高处坠落。应使用变压器专用爬梯上下，在变压器上作业应系好安全带。对 220kV 及以上变压器，需解开高压套管引线时，宜使用高处作业车，严禁徒手攀爬变压器高压套管。

（2）防止高处落物伤人。高处作业应使用工具袋，上下传递物件应用绳索拴牢传递，严禁抛掷。

（3）防止工作人员触电。拆、接试验接线前，应将被试设备对地放电。加压前应与作业负责人协调，不允许有交叉作业。工作人员应与带电部位保持足够的安全距离。试验仪器的金属外壳应可靠接地，仪器操作人员必须站在绝缘垫上。

四、试验前的准备工作

（1）了解被试设备现场情况及试验条件。查勘现场，查阅相关技术资料，包括该设备历年试验数据及相关规程等，掌握该设备整体情况。

（2）试验仪器、设备准备。选择合适的试验变压器及控制台、串联谐振耐压装置、保护电阻、球隙、电容分压器、数字式多量程峰值电压表、绝缘电阻表、高压导线、测试线、温（湿）度计、放电棒、接地线、梯子、安全带、安全帽、电工常用工具、试验临时安全遮栏、标示牌等，并查阅测试仪器、设备及绝缘工器具的检定证书有效期。

（3）办理工作票并做好试验现场安全和技术措施。向其余试验人员交待工作内容、带电部位、现场安全措施、现场作业危险点，明确人员分工及试验程序。

五、现场试验步骤及要求

（一）试验接线

（1）单相变压器耐压试验原理接线，如图 35-2-3 所示。这时高压绕组整体对地电位相等，整个低压绕组电位为零，高、低压绕组绝缘间承受试验电压。

（2）三相变压器外施高压试验时，被试绕组所有出线套管应短接后加电压，非加压绕组所有出线也应短接并可靠接地。三相变压器的交流耐压试验项目见表 35-2-4。试验时应按表 35-2-4 的顺序要求依次进行。

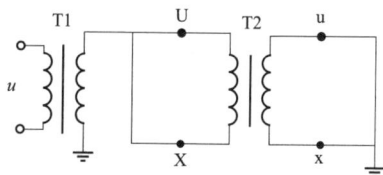

图 35-2-3 单相变压器
耐压试验原理接线图
T1—试验变压器；T2—被试变压器

表 35-2-4　　　　　　　三相变压器交流耐压试验项目

序号	双绕组变压器		三绕组变压器	
	加压绕组	接地部位	加压绕组	接地部位
1	低压	高压和外壳	低压	高压、中压和外壳
2	高压	低压和外壳	中压	高压、低压和外壳
3			高压	中压、低压和外壳

（二）试验步骤

（1）将变压器各绕组接地放电，对大容量变压器应充分放电（5min）。放电时应用绝缘棒等工具进行，不得用手碰触放电导线。拆除或断开变压器对外的一切连线。

（2）进行接线，检查试验接线正确无误、调压器在零位。被试变压器外壳和非加压绕组应可靠接地，瓦斯保护应投入，试验回路中过电流和过电压保护应整定正确、可靠。油浸变压器的套管、升高座、入孔等部位均应充分排气，避免器身内残存气泡的击穿放电。变压器本体所有电流互感器二次短路接地。

（3）合上试验电源，不接试品升压，将球隙的放电电压整定在 1.2 倍额定试验电压所对应的放电距离。

（4）断开试验电源，降低电压为零，将高压引线接上试品，接通电源，开始升压进行试验（当采用串联谐振试验装置时，试验电压的频率应为 45～55Hz，全电压下耐受时间为 60s。试验时，应在较低的励磁电压下调谐电感或频率找谐振点，当被试品上电压达到最高时，即达到试验回路的谐振点，可以开始升压进行试验）。

（5）升压必须从零（或接近于零）开始，切不可冲击合闸。升压速度在 75%试验电压以前，可以是任意的，自 75%电压开始应均匀升压，约为每秒 2%试验电压的速率升压。升压过程中应密切监视高压回路和仪表指示，监听被试品有何异响。升至试验电压，开始计时并读取试验电压。时间到后，迅速均匀降压到零（或 1/3 试验电压以下），然后切断电源，放电、挂接地线。试验中如无破坏性放电发生，则认为通过耐压试验。

（6）测试绝缘电阻，其值应正常（一般绝缘电阻下降不大于 30%）。

六、试验注意事项

（1）交流耐压是一项破坏性试验，因此耐压试验之前被试品必须通过绝缘电阻、吸收比、绝缘油色谱、$\tan\delta$ 等各项绝缘试验且合格。充油设备还应在注油后静置足够时间（110kV 及以下，24h；220kV，48h；500kV，72h）方能加压，以避免耐压时造成不应有的绝缘击穿。

（2）进行耐压试验时，被试品温度不应低于+5℃，户外试验应在良好的天气进行，且空气相对湿度一般不高于 80%。

（3）试验过程中试验人员之间应口号联系清楚，加压过程中应有人监护并呼唱。

（4）加压期间应密切注视表计指示动态，防止谐振现象发生；应注意观察、监听被试变压器、保护球隙的声音和现象，分析区别电晕或放电等有关迹象。

（5）有时耐压试验进行了数十秒钟，中途因故失去电源，使试验中断，在查明原因、恢复电源后，应重新进行全时间的持续耐压试验，不可仅进行"补足时间"的试验。

（6）谐振试验回路品质因数 Q 值的高低与试验设备、试品绝缘表面干燥清洁及高压引线直径大小、长短有关，因此试验宜在天气晴好的情况下进行。试验设备、试品绝缘表面应干燥、清洁。尽量缩短高压引线的长度，采用大直径的高压引线，以减小电晕损耗。提高试验回路品质因数 Q 值。

（7）变压器的接地端和测量控制系统的接地端要互相连接，并应自成回路，应采用一点接地方式，即仅有一点和接地网的接地端子相连。

七、试验结果分析及试验报告编写

（一）试验结果分析

1. 试验标准及要求

根据 GB 50150—2016、DL/T 596—1996 及 DL/T 474.1～5—2018 的规定，变压器预防性试验时，油浸变压器（电抗器）试验电压值按照表 35-2-5（定期试验按部分更换绕组电压值）。干式变压器全部更换绕组时，按照出厂试验电压值；部分更换绕组和定期试验时，按出厂试验电压值的 0.85 倍。

表 35-2-5　　　　　　　　　电力变压器预防性试验电压值

额定电压（kV）	最高工作电压（kV）	线端交流试验电压值（kV）		中性点交流试验电压值（kV）	
		全部更换绕组	部分更换绕组	全部更换绕组	部分更换绕组
<1	≤1	3	2.5	3	2.5
3	3.5	18	15	18	15
6	6.9	25	21	25	21
10	11.5	35	30	35	30
15	17.5	45	38	45	38
20	23.0	55	47	55	47
35	40.5	85	72	85	72
66	72.5	140	120	140	120
110	126.0	200	170（195）	95	80
220	252.0	360 395	306 336	85（200）	72（170）
330	363.0	460 510	391 434	85（230）	72（195）
500	550.0	630 680	536 578	85 140	72 120

注　括号内数值适用于不固定接地或经小电抗接地系统。

变压器交接试验时，试验电压值按表 35-2-6、表 35-2-7 的规定。

表 35-2-6　　　　　　　　　电力变压器交接试验电压标准

系统标称电压（kV）	设备最高电压（kV）	交流耐受电压（kV）	
		油浸式电力变压器	干式电力变压器
≤1	≤1.1	—	2.5
3	3.6	14	8.5
6	7.2	20	17
10	12	28	24
15	17.5	36	32
20	24	44	43
35	40.5	68	60
66	72.5	112	—
110	126	160	—
220	252	316（288）	—
330	363	408（368）	—
500	550	544（504）	—

表 35-2-7　　　　　　**110kV 及以上电力变压器中性点**

交接耐压试验电压标准

系统标称电压（kV）	设备最高电压（kV）	中性点接地方式	出厂耐受电压（kV）	交接耐受电压（kV）
110	126	不直接接地	95	76
220	252	直接接地	85	68
		不直接接地	200	160
330	363	直接接地	85	68
		不直接接地	230	184
500	550	直接接地	85	68
		经小阻抗接地	140	112

2. 试验结果分析

变压器交流耐压试验后应结合其他试验，如变压器耐压前后的绝缘电阻测试、局部放电测试、空载特性的测试、绝缘油的色谱分析等测试结果，进行综合判断，以确定被试品是否通过试验。

试验时主要是根据监视仪表指示和听声音，并辅以试验经验来判断。一般根据以下情况对故障性质进行判断。

（1）在进行外施交流耐压试验中，仪表指示不跳动，被试变压器无放电声音，这说明耐压试验合格。当电流表指示突然上升，同时被试变压器有放电声，有时还伴随着球隙放电时，很明显证明变压器耐压试验不合格。

（2）当被试变压器击穿时，试验中电流表的变化是由试验变压器的电抗和被试变压器的容抗比值决定的。当容抗与感抗之比等于2时，虽然变压器击穿，但电流表的指示没有变化；当比值大于2时击穿，电流必然上升；当比值小于2时击穿，则电流下降，此情况一般在被试变压器容量很大或试验变压器容量不够时，有可能出现。

（3）在外施耐压试验中的升压阶段或持续阶段，被试变压器若发出很清脆的"噹噹"的很像金属东西碰击油箱的放电声音，且电流表突然变化，则这种声音的放电往往是引线距离不够或者油中的间隙放电所造成的。当重复试验时，放电电压下降不明显。这种故障放电部位比较好找，故障也容易排除。

（4）放电声音很清脆，但比前一种声音小，仪表摆动不大，重复试验时放电现象消失，这种现象是变压器内部气泡放电。为了消除和减少油中的气泡，对110kV及以上变压器，应抽真空注油，静放时间应满足标准要求。

（5）放电声音如果是"哧……""吱……"或者很沉闷的响声，电流表指示立即增大，这往往是固体绝缘内部放电。当重复试验时，放电电压明显下降。这种放电部位寻找困难，有时需借助超声定位来判断故障部位，或进行解体检查。

（6）在加压过程中，变压器内部有如炒豆般的响声，电流表的指示也很稳定，这是悬浮金属放电的声音，如夹件接地不良或变压器内部有金属异物以及铁芯悬浮等，都有可能产生这种放电声音。

（二）试验报告编写

测试报告填写应包括设备出厂编号、设备参数、试验时间、试验人员、天气情况、环境温度、湿度、使用地点、试验结果、试验结论、试验性质（交接试验、预防性试验、检查）、使用仪器名称型号及计量编号，备注栏写明其他需要注意的内容，如是否拆除引线等。

八、案例

有2台变压器，容量为8000kVA，电压为35kV。已知其高压对低压及地（外壳）的电容为7000pF。要对其进行工频交流耐压试验，请选择试验变压器。

解： 根据相关规程要求：35kV变压器预防性试验按部分更换绕组电压值，即72kV考虑，计算如下

$$I = U\omega C_X = 72\times10^3\times314\times700\times10^{-12} = 158\times10^{-3}（\text{A}）$$

$$P = 100 \times 10^3 \times 158 \times 10^{-3} = 15.8 \text{ (kVA)}$$

选择 100kV 原因是考虑 35kV 系统的其他高压设备也可以使用，按上述计算可选用 YD–20/100 型试验变压器。

【思考与练习】

1. 画出单相变压器耐压试验接线图。

2. 变压器等大电容量试品的耐压试验，为什么要在高压侧监视试验电压？

3. 变压器耐压试验前，对本体要做哪些准备工作？

第三十六章

线圈类设备感应耐压试验

▲ 模块 1　电压互感器感应耐压试验（ZY1800506001）

【**模块描述**】本模块介绍电压互感器感应耐压试验方法和技术要求。通过试验工作流程的介绍，掌握电压互感器感应耐压试验前的准备工作和相关安全、技术措施、试验方法、技术要求及测试数据分析判断。

【**模块内容**】

一、试验目的

电压互感器感应耐压试验的目的主要是考核电压互感器对工频过电压、暂时过电压、操作过电压的承受能力，检测外绝缘和层间及匝间绝缘状况，检测互感器电磁线圈质量不良（如漆皮脱落、绕线时打结）等纵绝缘缺陷。电压互感器感应耐压试验主要应用于分级绝缘电压互感器，由于分级绝缘电压互感器末端绝缘水平很低，一般为 3～5kV 左右，不能与首端承受同一耐压水平，而感应耐压试验时电压互感器末端接地，从二次侧施加频率高于工频的试验电压，一次侧感应出相应的试验电压，电压分布情况与运行时相同，且高于运行电压，达到了考核电压互感器纵绝缘的目的。

二、试验仪器、设备的选择

（一）三倍频发生器

1. 试验电源频率的选择

在电压互感器感应耐压试验时，施加在互感器绕组上的试验电压高于运行电压数倍，要满足试验要求使铁芯不过励磁，只能提高试验电源频率，工程中选择三倍频变压器一般就可以满足电压互感器感应耐压试验的要求。近年来，变频发生器得到广泛应用，通过调节电压的频率满足试验要求，也很方便实用。

2. 三倍频发生器输入电压的选择

三倍频发生器输入电压高低很关键。输入电压太低，三倍频发生器输出 3 次谐波含量低，导致输出电压低；输入电压太高，三倍频发生器 3 次以上谐波高，输出波形变差，输出效率变低。当输入电压不合适时，可使用三相调压器调节合适的励磁电压。

在一般输入电压高时，选择匝数多的抽头。

3．试验电压的选择

电压互感器感应耐压试验时，试验电压频率较高，被试互感器为容性负荷，为了避免"容升"的影响，一般要求试验电压在高压侧测量。若在低压侧测量，应考虑"容升"问题，此时低压侧施加的试验电压应按下式计算

$$u_S = \frac{u_x}{k(1+k')} \tag{36-1-1}$$

式中　　u_S——低压侧试验电压，V；

u_x——高压侧试验电压，V；

k——电压互感器变比；

k'——容升修正系数。

分级绝缘电压互感器感应耐压试验容升修正系数，见表36-1-1。

表 36-1-1　　　　　　　　　分级绝缘电压互感器感应

耐压试验容升修正系数

电压互感器电压等级（kV）	35	66	110	220
容升修正系数	0.03	0.04	0.05	0.08

（二）补偿电感

由于电压互感器感应耐压试验时呈容性负荷状态，为减少试验设备容量、避免倍频谐振，故应根据电压互感器不同电压等级在其二次绕组或辅助绕组接入补偿电感。补偿电感的选择原则是在试验频率下，被试电压互感器仍呈容性。

为了有目的地选择补偿电感，试验前应对电压互感器辅助绕组加150Hz电压至额定电压100V，读取电流 i_{udxd}，确定加压线圈的输入容抗值，然后按经验公式选择补偿量，使补偿达到预期的效果。输入容抗值应按下式计算

$$x_C = \frac{u_{udxd}}{i_{udxd}} \times \frac{1}{k^2} = \frac{u_{udxd}}{3i_{udxd}} \tag{36-1-2}$$

式中　　x_C——输入容抗值，Ω；

u_{udxd}——辅助绕组额定电压，V；

i_{udxd}——辅助绕组电流，A；

k——辅助绕组与二次绕组额定电压比值，$100/57.7=\sqrt{3}$。

补偿电感的感抗值 x_L 应按下式选取

$$x_L = x_C + (0.5 \sim 2) \tag{36-1-3}$$

然后，按下式将感抗值 x_L 换算为补偿电感量 L

$$L = \frac{x_L}{2\pi f_S} \times 10^3 \qquad\qquad (36\text{-}1\text{-}4)$$

式中　L——补偿电感的电感量，mH；

　　　f_S——试验频率，Hz。

根据计算出的电感量 L 选择补偿电抗器的抽头，然后接入被测互感器的 u_X 绕组。将倍（变）频电压升至 100V，测量被测互感器加压的辅助二次绕组处的 $\cos\varphi$ 值。如果 $\cos\varphi$ 在 0.7～0.9 的范围内，则补偿量合适。如 $\cos\varphi$ 过大，应增加 0.5～1Ω 的补偿电抗。如 $\cos\varphi$ 过小，则减少补偿电抗 0.5～1Ω。

三、危险点分析及控制措施

（1）防止高处坠落。在互感器上作业应系好安全带。对 220kV 及以上互感器，需解开引线时，宜使用高处作业车，严禁徒手攀爬互感器套管。

（2）防止高处落物伤人。高处作业应使用工具袋，上下传递物件应用绳索拴牢传递，严禁抛掷。

（3）防止工作人员触电。拆、接试验接线前，应将被试设备对地充分放电，以防止剩余电荷、感应电压伤人及影响测量结果。测试前与作业负责人协调，不允许有交叉作业，试验接线应正确、牢固，试验人员应精力集中。试验设备外壳应可靠接地，且电压互感器一次线圈末端接地需良好。

四、试验前的准备工作

（1）了解被试设备现场情况及试验条件。查勘现场，查阅相关技术资料，包括该设备历年试验数据及相关规程等，掌握该设备整体情况。

（2）试验仪器、设备准备。选择合适的三倍频变压器（或变频发生器）、补偿电抗、调压器、电流互感器、分压器（或静电电压表、测量用电压互感器）、测试线、温（湿）度计、放电棒、接地线、梯子、安全带、安全帽、电工常用工具、试验临时安全遮栏、标示牌等，并查阅测试仪器、设备及绝缘工器具的检定证书有效期。

（3）办理工作票并做好试验现场安全和技术措施。向其余试验人员交待工作内容、带电部位、现场安全措施、现场作业危险点，明确人员分工及试验程序。

五、现场试验步骤及要求

（一）试验接线

试验时，电压互感器外壳、铁芯、二次绕组、辅助绕组及一次绕组尾端接地。一般 35kV 电压互感器可从二次绕组加压，110kV 及以上电压互感器可从辅助绕组施加电压，在辅助绕组加压所需的试验容量比从二次绕组加压时要小，同时电压互感器容量大时可利用二次绕组加补偿电感，也可将二次绕组和辅助绕组串起来加压效果会更好。分级绝缘电压互感器三倍频感应耐压试验原理接线，如图36-1-1所示。

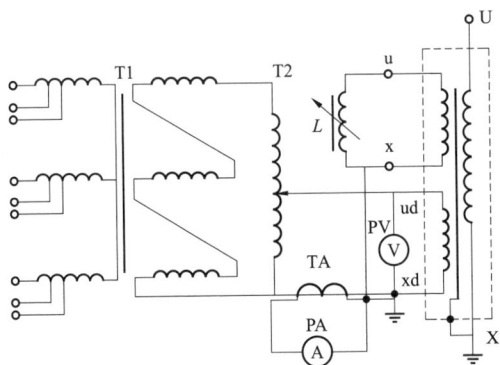

图36-1-1　分级绝缘电压互感器三倍频感应耐压试验原理接线图

T1—三倍频发生器；T2—调压器；TA—电流互感器；L—补偿电感；PV—电压表；PA—电流表

（二）试验步骤

（1）对电压互感器进行放电，将其高压端接地，拆除所有引线。合理布置试验设备，试验设备外壳应可靠接地。油浸式电压互感器外壳、干式电压互感器铁芯须接地。

（2）按图36-1-1进行接线，接线完毕后，认真检查接线，调整、检查操作箱保护装置，用万用表测量三相电压。根据三相输入电压的大小，合理选择三倍频变压器输入端抽头。必要时，在三倍频变压器输出端使用示波器监视波形。

（3）接通三相电源，合上电源开关，从零（或接近于零）开始升压。试验过程中密切观察电流表和电压表的变化情况，观察电压波形是否平滑。升压速度在75%试验电压以前可以是任意的，自75%试验电压开始应以每秒2%试验电压的速率连续升至试验电压，开始计时。感应耐压时间按有关规定。

（4）耐压结束后，迅速均匀降压到零（或接近于零），然后切断电源。使用绝缘棒对被试电压互感器放电，拆除试验接线，试验结束。

六、试验注意事项

（1）被试电压互感器各绕组末端、座架、箱壳（如果有）、铁芯均应接地。

（2）使用三倍频变压器时，因装置铁芯采用过励磁原理，使用时间最好不超过1h。

（3）使用变频发生器时，上限频率不应超过300Hz，以免电压互感器铁芯过热。

（4）采用补偿电感时，补偿后试品必须呈容性，以免发生谐振。

（5）试验现场常采用电压互感器测量一次电压，其各线圈尾端须接地。

七、试验结果分析及试验报告编写

（一）试验结果分析

1. 试验标准及要求

感应耐压试验，试验电压频率可以比额定电压频率高，以免铁芯饱和。感应耐压时间应为 1min。若试验频率超过两倍额定频率时，其试验时间可少于 1min，并按下式计算，最少为 15s，即

$$t = \frac{2f_N}{f_s} \times 60(s) \tag{36-1-5}$$

式中 t——试验时间，s；

f_N——额定频率，Hz；

f_s——试验频率，Hz。

电磁式电压互感器（包括电容式电压互感器的电磁单元）在遇到铁芯磁密较高的情况下，宜按下列规定进行感应耐压试验。

（1）感应耐压试验电压应为出厂试验电压的 80%。

（2）感应耐压试验前后，应各进行一次额定电压时的空载电流测量，两次测得值相比不应有明显差别。

（3）对 66kV 及以上的油浸式电压互感器，感应耐压试验前后，应各进行一次绝缘油的色谱分析，两次测得值相比不应有明显差别。

（4）对电容式电压互感器的中间变压器进行感应耐压试验时，应将分压电容拆开。由于产品结构原因现场无条件拆开时，可不进行感应耐压试验。

2. 试验结果分析

良好的电压互感器在感应耐压试验过程中，应无击穿、放电等异常现象，试验前后绝缘电阻、空载电流及油浸式电压互感器色谱分析不应有明显变化。

（二）试验报告编写

试验报告填写应包括被试设备出厂编号、试验时间、试验人员、天气情况、环境温度、湿度、使用地点、电压互感器参数、试验结果、试验结论、试验性质（交接试验、预防性试验、检查）、试验设备的型号、计量编号，备注栏写明其他需要注意的内容。

八、案例

一台型号为 JCC2-110 型串级式电压互感器，其额定电压为 $110/\sqrt{3}/0.1/\sqrt{0.3}/0.1kV$，出厂试验电压是 230kV。现要求采用三倍频进行感应耐压试验，试验时在辅助绕组施加电压，问实际施加在辅助绕组上的试验电压为多少伏才能满足试验要求？

解：（1）确定高压侧试验电压。根据相关规程规定试验电压应为出厂试验电压的80%，即

$$u_X = 230 \times 80\% = 184 \text{（kV）}$$

（2）计算变比 k 为

$$k = 110/\sqrt{3}/0.1 = 635$$

（3）不考虑"容升"时辅助绕组应施加的电压为

$$u_S = 184\,000/635 = 289.76 \text{（V）}$$

（4）考虑"容升"时辅助绕组实际应施加的电压。根据式（36-1-1）和表36-1-1可计算得出

$$u_S = \frac{u_X}{k(1+k')} = \frac{184\,000}{635(1+0.05)} = 276 \text{（V）}$$

故在辅助绕组实际施加276V电压时，电压互感器高压侧便感应出184kV的电压。

【思考与练习】

1. 为什么分级绝缘电压互感器要进行感应耐压试验？感应耐压试验时间是怎样确定的？

2. 电压互感器感应耐压试验时，补偿电感的选择原则是什么？试验电压最好在什么部位测量？

3. 如何判断电压互感器感应耐压试验结果？

▲ 模块2　变压器感应耐压试验（ZY1800506002）

【模块描述】本模块介绍变压器感应耐压试验方法和技术要求。通过试验工作流程的介绍，掌握变压器感应耐压试验前的准备工作和相关安全、技术措施、试验方法、技术要求及测试数据分析判断。

【模块内容】

一、试验目的

变压器的绝缘可分为主绝缘和纵绝缘，其中主绝缘主要包括变压器绕组的相间绝缘、不同电压等级绕组间绝缘和相对地绝缘；纵绝缘则是指变压器同一绕组具有不同电位的不同点和不同部位之间的绝缘，主要包括绕组匝间、层间和段间的绝缘性能。

变压器交流外施耐压试验，只考核了全绝缘变压器主绝缘的电气强度，而倍频感应耐压试验是考核全绝缘变压器纵绝缘的电气强度；对中性点是半绝缘的变压器来说，其主绝缘、纵绝缘都可由感应耐压试验进行考核。国家标准和国际电工委员会（IEC）

标准中规定的"变压器感应耐压试验"是专门用于检验变压器纵绝缘性能的测试方法之一。

二、试验仪器、设备的选择

进行感应耐压所需的主要设备包括试验电源、中间变压器、补偿电抗器、高压分压器、支撑变压器及电压、电流测量设备等。

（一）试验电源

1. 试验电源频率的选择

变压器感应耐压试验时，施加在变压器绕组上的试验电压高于运行电压数倍。因为变压器的励磁电流 i 与主磁通振幅 Φ_m 的特性曲线一般设计在额定频率和额定电压下接近弯曲饱和部分，如图36-2-1所示。

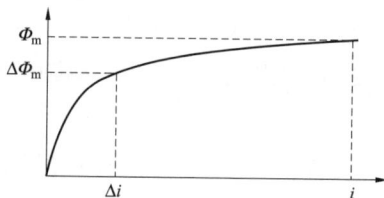

图 36-2-1　变压器激磁电流与主磁通振幅的关系

根据电磁感应定律

$$U=E=4.44Wf\Phi_m \qquad (36\text{-}2\text{-}1)$$

式中　U——电源电压，V；

E——感应电势，V；

f——频率，Hz；

W——绕组匝数；

Φ_m——铁芯主磁通，Wb。

变压器施加2倍以上的额定电压必然会导致铁芯严重饱和，主磁通 Φ_m 增大 $\Delta\Phi_m$，激磁电流 i 会急剧增加，致使变压器发热烧毁。为了使变压器在施加2倍以上额定电压时铁芯不饱和，就需要提高试验电源的频率至2倍频以上。

感应耐压试验电源频率一般为 $100\sim300$Hz，大容量变压器感应试验时，常用 $100\sim250$Hz。

2. 现场常用的试验电源

（1）中频发电机组。中频发电机组由一台电动机和一台中频同步发电机组成。中频发电机组的频率不能调节，机组选定后只能在某一频率下进行试验。在现场试验中，由于发电机试验电源容量有限，需要感性电抗补偿。

（2）变频电源。变频电源广泛应用电子和计算机技术，系统具有人工智能，由高性能数字信号处理器进行控制，采用多重快速保护，确保控制的实时性、测量的准确性及安全的可靠性。

有两种方式：一种是开关型脉冲调制方式（IGBT 变频电源），一种是线性放大方式［模拟（纯正弦）变频电源］。由于开关型脉冲调制变频电源装置的变频输出信号是经过 PWS 脉冲调制后再由大功率模块放大后实现的，因此不可避免地含有大量的、多类型的高次谐波，不适于变压器局部放电试验，而感应耐压一般是与局部放电同时进行，所以感应耐压选择线性放大方式。线性放大方式是由低频大功率晶体管组成的线性矩阵放大网络，大功率晶体管工作在线性放大区，从而获得与信号源一致的标准正弦波形。

此种电源由于设备可靠，运输方便，需用的电抗器较少，有时可不用补偿电抗器，在目前现场试验中较多采用。

（3）三倍频（150Hz）发生装置。三倍频发生装置输入电压高低很关键。输入电压太低，装置输出 3 次谐波含量低，导致输出电压低；输入电压太高，装置 3 次以上谐波高，输出波形变差，输出效率变低。输入电压不合适时，可使用三相调压器调节合适的励磁电压。一般输入电压高时，选择匝数多的抽头。三柱式铁芯不能做三倍频变压器。

3. 试验电源容量的选择

进行感应耐压试验所需容量是由被试变压器的铁损（有功）、励磁无功功率、绕组间和对地电容的充电容量三者所决定。

（1）铁损 P_0 的估算。变压器的铁损与电源频率和磁通密度的变化有一定的比率关系，根据试验结果，其铁损 P_0 与额定频率下的铁损 P_0' 的关系可用下式表示

$$P_0 = \left(\frac{f_s}{f_N}\right)^m \left(\frac{f_N}{f_s} k_s\right)^n P_0' \qquad (36\text{-}2\text{-}2)$$

式中　P_0——试验频率下的铁损，kW；

　　　f_N——额定工作频率，50Hz；

　　　f_s——试验时所采用的频率，Hz；

　　　k_s——试验电压与额定电压的比值；

　　　P_0'——额定频率下的铁损，kW；

　　　m——系数，对冷轧硅钢片取 1.6，对热轧硅钢片取 1.3；

　　　n——系数，对冷轧硅钢片取 1.9，对热轧硅钢片取 1.8。

计算时应注意，在分相进行三相变压器感应耐压试验，非被试相系半压励磁，也

应按所加电压进行铁损的计算，则总的铁损为三者之和。

（2）励磁无功功率 Q_m 的估算。

因为变压器励磁无功功率与磁通密度对应的磁场强度有关，故计算式为

$$Q_m = Q'_m \frac{H}{H'} \qquad (36\text{-}2\text{-}3)$$

其中

$$Q'_m = \sqrt{(U_N I_0)^2 - (P'_0)^2}$$

式中　Q'_m——额定频率和额定电压下变压器的励磁功率，kvar；

　　　U_N——额定励磁电压，kV；

　　　I_0——额定励磁电流，A；

　　　P'_0——额定频率下的铁损，kW。

求出额定励磁功率 Q'_m 后，由磁化曲线查出对应于 B'_m 和 B_m 的磁场强度 H' 和 H，因而可以求出试验频率下的励磁无功功率。三相变压器分相试验时，非被试两相为半压励磁，磁通密度仅为试验相的 1/2，同样也需要根据其磁通密度大小查出对应的磁场强度，确定励磁无功功率。变压器的总励磁无功功率为三者之和。

（3）电容无功功率的估算。知道了变压器的等效电容即可按一般计算电容无功功率的方法求出容性无功功率，即

$$Q_C = \omega_s C U_s^2 \qquad (36\text{-}2\text{-}4)$$

其中

$$\omega_s = 2\pi f_s$$

式中　Q_C——容性无功功率，kvar；

　　　f_s——试验频率，Hz；

　　　U_s——试验电压，kV；

　　　C——变压器等效电容，pF。

估算出上述功率后即可确定试验所需的容量，即

$$S_T = \sqrt{(P_0)^2 + (Q_m - Q_C)^2} \qquad (36\text{-}2\text{-}5)$$

采用三倍频装置为试验电源时效率很低（20%～30%），因此试验装置的总容量（kVA）不应小于被试品需要容量的 3 倍以上。对于发电机组可按 1.73 倍 S_T 选定。

（二）中间变压器

在感应耐压试验中，电源的输出电压往往不能满足试验电压的要求，因此需要中间变压器将电源的输出电压升高至所需试验电压。中间变压器的容量和电压选择要进行电压分布的计算。

1. 变比计算

感应耐压时，将被试变压器高、中压侧分接开关调至 1 挡，使全部线匝绝缘都受

到考验。此时高、中、低压绕组的电压分别为 U_H、U_M 和 U_L，高低压间变比

$$K_1 = \frac{U_{Hph}}{U_{Lph}} \qquad (36\text{-}2\text{-}6)$$

中低压间变比

$$K_2 = \frac{U_{Mph}}{U_{Lph}} \qquad (36\text{-}2\text{-}7)$$

2. 电压分布计算

根据试验电压标准和试验加压接线和方法（见图 36-2-12），计算各级电压分布（以 U 相试验为例）。

被试相高压端对地及相间电压　　$U_{UD} = U_{UV} = U_{UW}$

被试相高压端绕组两端电压　　$U_{UN} = \frac{2}{3}U_{UD}$

被试相中压端对地及相间电压　　$U_{UmNm} = U_{UmVm} = U_{UmWm}$

高压绕组中性点对地电压　　$U_{UD} = \frac{1}{3}U_{UD}$

低压绕组外施电压　　$U_{uw} = \frac{U_{UN}}{K_1}$

升压变压器测量绕组电压　　$U_{mn} = \frac{U_{uw}}{k}$

式中　k——升压变比。

中间变压器的变比和电压按照 U_{uw} 和 U_{mn} 选择，中间变压器的容量应大于或等于电源的容量，且阻抗应尽可能小，以减小试验电流在中间变压器上的电压变化（偏离空载电压比）。理想情况是使中间变压器的一次侧电压等于试验电源的额定输出电压，二次侧电压等于被试品的试验电压。为适应不同试验电压的需要，中间变压器的变比应在一定范围内可调，而且中间变压器的空载电流应小到不影响电源电压的波形。

（三）补偿电抗器

当电源采用中频发电机组，被试变压器呈容性时，必须使用补偿电抗器，使负荷呈感性，以避免发生谐振和发电机自励磁过电压。电抗器的补偿容量与被试变压器的电容量和试验电源频率有关。

当电源采用变频电源或三倍频电源时，根据谐振频率范围的要求，可不用补偿电抗器或经计算选择补偿电抗器。

补偿电抗器的选择原则如下：

（1）按照变压器入口电容选择并联电抗器，使谐振频率在 100Hz 以上。

（2）也可固定加压频率在 100～200Hz，在电源和中间变压器容量满足的条件下，可不用补偿电抗器；或者按照电源和中间变压器容量的参数，选择补偿电抗器。

（四）分压器

用于高压试验电压的测量，耐受电压应满足试验电压的要求。

（五）支撑变压器

支撑变压器是为感应耐压试验专门设计的变压器（如果现场试验条件可满足试验要求，可不采用），通常为单相，具有多种组合的变压比，相邻变压比之间差别不大但整个调压范围很宽，以满足不同支撑电压与被试品感应电压同相位，因此支撑变压器和中间变压器通常采用同一电源。

三、危险点分析及控制措施

（1）防止高处坠落。在变压器上作业系好安全带，使用变压器专用爬梯上下。

（2）防止高处落物伤人。高处作业应使用工具袋，上下传递物件应用绳索拴牢传递，严禁抛掷。试验人员在装卸、起吊试验设备时，必须认真检查确保钢丝绳、U 形环完好合格。挂稳、吊平，缓慢升降，严禁吊臂下站人。

（3）防止工作人员触电。拆、接试验接线前，应将被试设备对地充分放电，以防止剩余电荷、感应电压伤人及影响测量结果。注意保持与带电体的安全距离。试验现场周围必须有明显标志，防止误入试验现场。

（4）防止被试设备损坏。在试验回路并接保护球隙，避免施加过高电压。

四、试验前的准备工作

（1）了解被试设备现场情况及试验条件。查勘现场，查阅相关技术资料、变压器历年试验数据及相关规程等，掌握该变压器整体情况，编写作业指导书及试验方案。

（2）测试仪器、设备准备。参照试验标准和变压器类型、型号、参数，确定加压试验方法和试验电压值；对被试变压器所需的试验功率、感性无功、容性无功进行估算，确定试验电源容量是否满足要求；进行试验回路参数的估算，包括试验电源工作点估算、电抗器补偿容量估算及配置方案；中间升压变压器变比的选择，若有支撑变压器，进行变比选择。根据计算结果选择合适的试验电源、中间变压器、补偿电抗、电流互感器、分压器、带漏电保护器的电源接线板、放电棒、接地线、安全带、安全帽、电工常用工具、试验临时安全遮栏、标示牌、万用表、温（湿）度计、电源线轴、清洁布、绝缘塑料带等，并查阅测试仪器、设备及绝缘工器具的检定证书有效期。

（3）办理工作票并做好试验现场安全和技术措施。向其余试验人员交待工作内容、带电部位、现场安全措施、现场作业危险点，明确人员分工及试验程序。

五、现场试验步骤及要求

（一）试验要求和方法

1. 试验方法

（1）自身励磁。在被试变压器低压侧施加较高的励磁电压，在高压侧感应出所需要的试验电压。这种方法对电力变压器进行试验时，当绕组端部对地试验电压达到要求时，则匝间试验电压将超过规定值，所以一般变压器很少单独采用。

（2）自耦支撑连接。即以电压较低的绕组或以同电压等级的非被试相来支撑被试的高压绕组，绕组出线端对地试验电压较易达到要求，同时又可使绕组匝间电压不超过规定值，并使绕组端部与相邻绕组最近点和高压相间也能符合试验要求。

（3）采用外加支撑变压器法。可以调节支撑电压以便更好地满足试验要求。一般制造厂专门备有各种电压抽头的支撑变压器作为感应耐压之用，电力部门在现场进行试验时要临时选择电压适当的支撑变压器，存在一定困难。

2. 试验分类

感应耐压试验分为短时感应耐压试验（ACSD）和长时感应耐压试验（ACLD），长时感应耐压试验是在整个试验期间，一直进行局部放电测量。对于某些等级的变压器而言，其长时感应试验的试验接线与短时感应耐压试验的接线方式有所不同。本模块只介绍短时感应耐压试验，长时感应耐压试验在变压器局部放电测量中介绍，具体接线方式按照相关章节进行。

短时感应耐压试验（ACSD）电压数值和加压顺序，如图 36-2-2 所示。

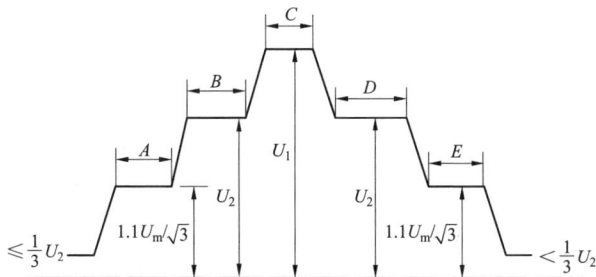

图 36-2-2　短时感应耐压试验（ACSD）对地施加试验电压和时间顺序

A=5min；B=5min；C=试验时间；$D \geqslant$5min；E=5min

U_2=1.3$U_m/\sqrt{3}$（相对地电压）；U_1=1.7$U_m/\sqrt{3}$（U_m 为系统最高运行线电压）

图 36-2-2 所示的施加电压的时间顺序说明如下（以下电压为对地电压）：

（1）在不大于 $\frac{1}{3}U_2$ 的电压接通电源；

（2）上升到 $1.1U_m/\sqrt{3}$，保持 5min；

（3）上升到 U_2，保持 5min；

（4）上升到 U_1，其试验时间按第（3）条规定；

（5）试验后立刻不间断地降低到 U_2，保持时间大于 5min；

（6）降低到 $1.1U_m/\sqrt{3}$，保持 5min；

（7）当电压降低到 $1/3U_2$ 以下时，方可切断电源。

试验持续时间与试验频率无关，但电压 U_1 下的试验时间除外。

3. 试验时间

当试验电压频率等于或小于 2 倍额定频率时，全电压下试验时间为 60s；当试验电压频率大于 2 倍额定频率时，全电压下试验时间 t 按下式计算

$$t=120\times(f_1/f_2) \tag{36-2-8}$$

式中 t——试验电压持续时间；

f_1——额定频率，Hz；

f_2——试验电压频率，Hz，如果试验电源的频率大于 400Hz，试验电压持续时间不应小于 15s。

（二）试验接线及步骤

1. 试验接线

（1）全绝缘变压器。对于 110kV 级及以下的全绝缘的变压器，一般为三相变压器，采用三相对称的交流电源，在试品的低压绕组（或其他绕组）线端施加 2 倍以上频率的 2 倍额定电压，其他绕组开路。试品绕组星形连接的中性点端子接地，无中性点引出或非星形连接的绕组，也应选择合适的线端接地，或者使中间变压器某点接地，以避免电位悬浮。其试验接线如图 36-2-3 所示。这种接线只能满足线间达到的试验电压，由于中性点对地的电压很低，因此对中性点和线圈还需进行一次外施高压主绝缘耐压试验。纵绝缘是否承受住了感应耐压，这需要根据试验后的空载损耗测试，与试验前的测量值进行比较才能判断。

（2）分级绝缘变压器。我国对 110kV 级及以上的电力变压器，通常采用分级绝缘方式，即中性点的绝缘水平低于线端绝缘水平。例如，110kV 级变压器中性点绝缘水平为 35kV 级；220、330kV 级变压器中性点绝缘水平为 35kV 或 110kV 级；500kV 级变压器中性点绝缘水平为 35kV 或 63kV 级等。

对于分级绝缘变压器，外施电压只能考核中性点的绝缘水平。由于分级绝缘变压器高压均为星形连接，若采用全绝缘变压器的感应耐压试验方法，当线端对地达到试验电压时，相间电压已达到线端对地电压的 $\sqrt{3}$ 倍，已超出绝缘耐受水平。因此，只能采用单相感应的方法。

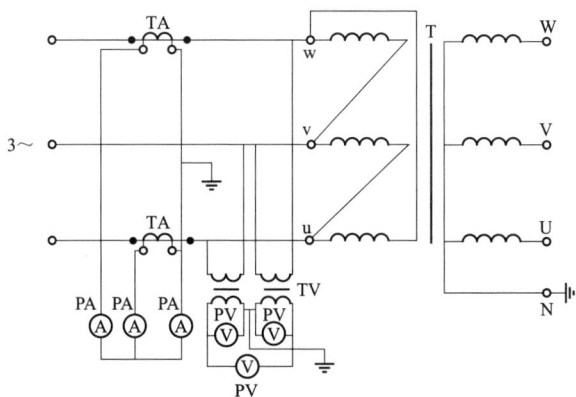

图 36-2-3　全绝缘变压器感应耐压试验接线图

T—被试变压器；TA—电流互感器；TV—电压互感器；PA—电流表；PV—电压表

1）单相分级绝缘变压器的直接励磁法。单相变压器大多是电压比较高的分级绝缘变压器。此种变压器采用直接励磁法是合适的。绕组具有并联回路，且在中部出现的单相变压器的试验接线及相量图如图 36-2-4 所示。

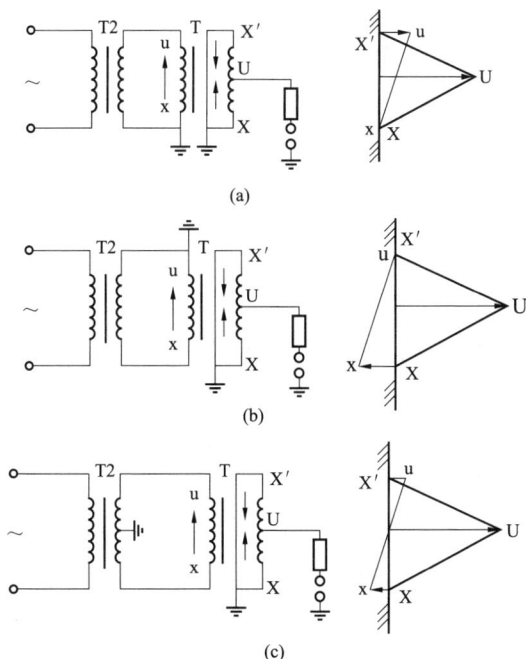

(a)

(b)

(c)

图 36-2-4　中部出现单相变压器试验接线及相量图

在图 36-2-4 中，被试绕组线端对地及对相邻绕组最近点的试验电压差不多，一般能满足试验要求，但此时感应电压的倍数大都超过 2 倍。若设计允许大于 2 倍额定电压时，采用进行感应耐压是最简便的。

在图 36-2-4（a）中，高压绕组 U 对 1/2 低压绕组处的试验电压比对地电压低 $U_{ux}/2$；而在图 36-2-4（b）中，高压绕组 U 对 1/2 低压绕组处的试验电压比对地电压高 $U_{ux}/2$。因此，为使被试绕组线端对地及对相邻绕组最近点的电压达到试验电压，最理想的试验方法是采用图 36-2-4（c）的接线，此时高压绕组 U 对 1/2 低压绕组处的试验电压与对地试验电压相等。该试验线路要求选用的中间变压器若为单相时，高压绕组的首、末端与绕组中部必须全部引出；若为三相，星形连接要有中性点引出。

对于高压绕组为端部出线结构的变压器，试验接线及电位分布图如图 36-2-5 所示。

要使高压绕组线端对地及对相邻绕组最近点的试验电压同时满足要求，接地点的选择至关重要。因此，试验前应根据变压器不同结构、不同接线组别，正确选择试验设备和接线方式。

图 36-2-5 是典型的单相三绕组自耦变压器两种感应耐压试验线路及电位分布图。

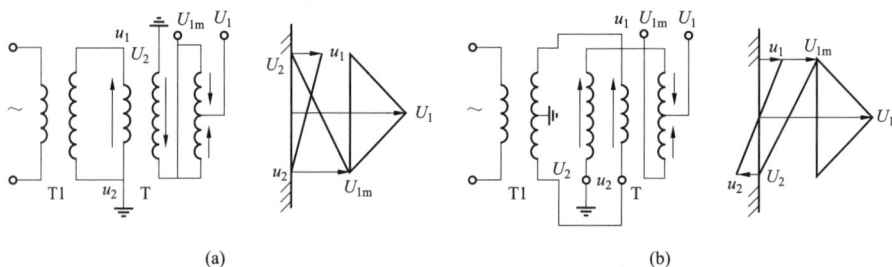

图 36-2-5 单相三绕组自耦变压器的试验接线及电位分布图
（a）接线方式一；（b）接线方式二

2）单相分级绝缘变压器的支撑法。单相变压器感应耐压试验时，采用直接励磁法并不很多，主要有两个原因：一个是由于变压器的感应试验电压值为相电压的 2 倍甚至 3 倍以上，因此，要使被试绕组线端达到试验电压，感应倍数也要相应提高至相同水平，如此高的感应倍数可能使低压绕组超过其试验电压；另一个是对三绕组和自耦变压器，通常要求中压绕组（或公共绕组）线端和高压绕组（或串联绕组）线端同时达到试验电压，直接励磁法往往难于满足。因此，在大多数情况下，要借助于被试品的其他绕组或支撑变压器来完成感应耐压试验，这就是通常所说的支撑法。其原理是利用被试绕组感应电动势相位相同或相反的其他绕组或支撑变压器提高或降低被试绕组的对地电位，图 36-2-6 是采用支撑法进行单相变压器感应耐压的四种典型情况。

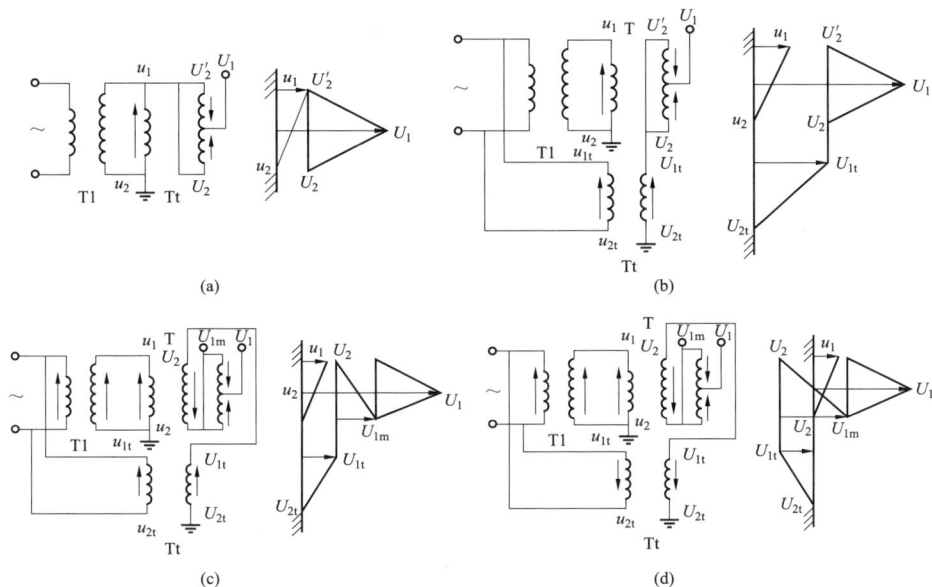

图 36-2-6 用支撑法进行单相变压器感应耐压试验图

（a）接线方式一；（b）接线方式二；（c）接线方式三；（d）接线方式四

图 36-2-6（a）是利用被试品低压绕组首端与高压绕组中性点端相连，使整个高压绕组的对地电位提高了一个低压绕组的电压，以满足高压绕组线端对地试验电压的要求。图 36-2-6（b）将支撑变压器低压绕组与中间变压器低压绕组的同名端相连，使支撑变压器与被试变压器的感应电动势相位一致，将支撑变压器的输出端接至被试变压器高压绕组的中性点上，从而提高被试变压器高压绕组线端对地试验电压。

图 36-2-6（c）和（d）为单相自耦变压器利用支撑变压器进行正、反支撑，正支撑即将支撑变压器低压绕组与中间变压器低压绕组的同名端相连；反支撑即将支撑变压器低压绕组与中间变压器低压绕组的异名端相连。后者使被试线端对地电压降低，以达到提高相邻绕组间电压的目的。

3）三相分级绝缘变压器。感应电压通常是采用施加单相电压来逐项进行。图 36-2-7 是国际电工委员会推荐的几种接线。

当中性点的试验电压高于被试线端的试验电压的 1/3 时，可采用图 36-2-7（a）～（c）的试验接线；如果变压器铁芯是三相三柱，则采用图 36-2-7（b）和（c）接线；三相五柱式变压器（或壳式变压器）采用图 36-2-7（a）线路。图 36-2-7（d）适用于高低压绕组均为丫连接的三相五柱变压器。当被试变压器为三相三柱自耦变压器，其中性点试验电压低于线端的试验电压的 1/3 时，可采用图 36-2-7（e）接线，被试相的励磁绕组与支撑变压器的低压绕组并联。

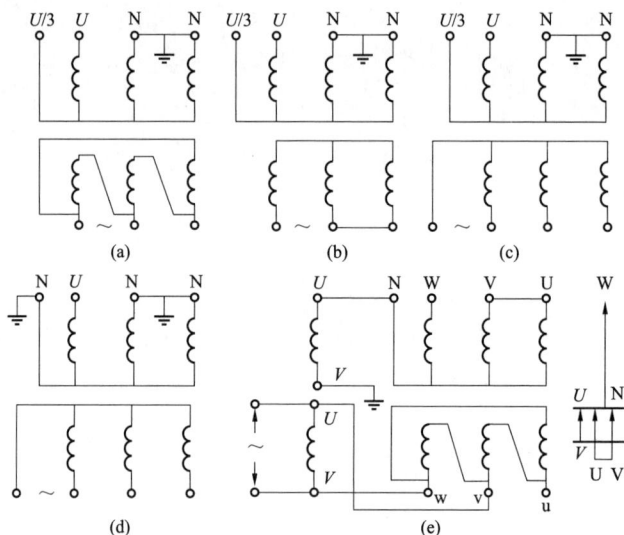

图 36-2-7　分级绝缘变压器感应耐压试验接线图
（a）接线方式一；（b）接线方式二；（c）接线方式三；
（d）接线方式四；（e）接线方式五

　　当试验设备不满足正常的试验要求或试验线路绝缘不允许时，可采用非被试相励磁的试验方法，典型试验线路如图 36-2-8 所示。图 36-2-8（a）是接线组别为 YNyn0，励磁电压仅为被试相励磁电压的一半。图 36-2-8（b）是接线组别为 YNd11，励磁电压

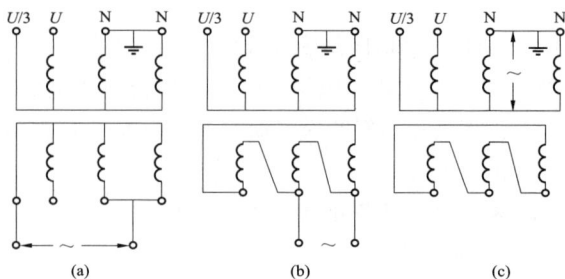

图 36-2-8　非被试相励磁的感应耐压典型试验线路图

也仅为被试相励磁电压的一半。图 36-2-8（c）是被试变压器高压侧非被试相励磁的试验线路，适用于无法在低压绕组直接进行励磁的场合。

　　对分级绝缘变压器的感应耐压试验没有统一的接线方式。图 36-2-9 和图 36-2-10 是在现场常用的两种接线方式。图 36-2-9 采用两相非被试相支撑被试相，中性点电位为 1/3 试验电压；图 36-2-10 采用一相非被试相支撑被试相，中性点电位为 2/3 试验电压。

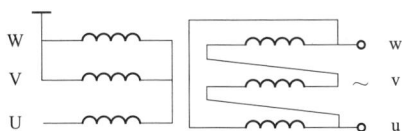

图 36-2-9　两相非被试
相支撑被试相

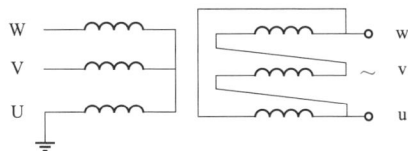

图 36-2-10　一相非被试
相支撑被试相

2. 试验条件

（1）变压器的常规绝缘试验应全部合格。

（2）变压器真空注满油后，按照电压等级参照相关标准静置相应时间，并于试验前将各套管法兰处沉积的气体排除，防止气泡放电。

（3）试验前应将套管式 TA 的二次全部端子短路接地，防止感应高压和悬浮电位放电。

（4）试验前后取变压器本体油样作色谱分析，并对比其结果应无明显变化。

3. 试验步骤

（1）检查被试品状态，放出油箱及套管升高座内的残留气体，检查油箱和绕组的接地是否正确。

（2）安装主变压器高、中压端的均压罩，短接套管式 TA 二次端子，将试验设备吊装到位。

（3）根据变压器类型，选择合适的加压方法，按相应试验接线图接好各试验设备与仪表，并保证各高电压引线的电气距离，连接中间变压器和被试变压器低压套管端头的导线应用绝缘带固定，防止摆动。

（4）在试验场地周围装设安全围栏，并派专人看守。

（5）确认电源自动开关在分断位置，接好电源三相 380V 端子，使用合适截面的导线，并注意可靠连接。空试试验设备，若无异常，则将电源设备输出两端分别接到被试变压器的低压侧。

（6）合上电源自动开关。按照电源设备使用说明书进行操作。

（7）清除闲杂人员，试验人员及现场安全负责人到位，加压前由试验负责人复核试验接线，确保接线无误方可加压，试验正式开始。

（8）升电压至 1/3～1/2 额定电压，观察钳形电流表及分压器数值，确认试验回路各部分正常后，升至试验电压，持续相关标准规定的时间。

（9）试验结束后，迅速降低试验电压至零，切断电源。将被试变压器接地充分放电后拆线。

六、试验注意事项

（1）对于大型电力变压器（电压在 110kV 及以上），当用 150Hz 及以上电源进行试验时，被试变压器的试验电流呈容性。在试验中，中频发电机组要注意自励磁现象。

（2）因为感应耐压试验为破坏性试验，所以试验前应保证变压器常规试验都必须合格。

（3）试验应在小于 1/3 试验电压下合闸，将电压尽快升至试验电压，随时监视试验电源及被试品的电压和电流有无异常变化，变压器内部有无异常声响。若有异常，应立即降压断电检查。

（4）被试变压器高、中压侧分接开关应尽量调至 1 挡，使全部线匝绝缘都受到考验。

（5）由于分级绝缘变压器绕组对地电容较大，"容升"现象严重，因此试验电压的测量需用分压器在设备高压端直接测量。

（6）试验电压的波形应为正弦波，以有效值为准施加电压，当波形偏离正弦波时，应测量试验电压的峰值。

七、试验结果分析及报告编写

（一）试验结果分析

1. 试验标准及要求

按照 GB 1094.3—2017《电力变压器 第 3 部分：绝缘水平、绝缘试验和外绝缘空气间隙》、GB 50150—2016 相关条款执行。对中性点半绝缘产品的感应高压试验要同时使绕组对地、与相邻绕组最近点间、匝间和两相间的绝缘都能受到试验，并尽可能达到规定的试验电压值。

现场短时感应耐压试验按出厂值的 80%施加。感应耐压试验耐受电压标准和分级绝缘变压器中性点端子的额定耐受电压分别见表 36-2-1 和表 36-2-2。

表 36-2-1　　　　　　　　　　　感应耐压试验电压标准

额定电压 （kV）	最高工作电压 （kV）	额定短时感应或外施耐受电压（kV）	
		出厂	交接
10	12	35	28
35	40.5	85	68
110	126	200	160
220	252	360	288
		395	316
330	363	460	368
		510	408
500	550	630	504
		680	544

注　对同一设备最高电压，220kV 以上给出了两个额定电压是考虑到电网结构及过电压水平、过电压保护装置的配置及其性能、设备类型及绝缘特性、可接受的绝缘故障率等。

表 36-2-2　　　　　　　　　　分级绝缘变压器中性点端子的
额定耐受电压

额定电压（kV）	最高工作电压（kV）	中性点接地方式	额定短时感应或外施耐受电压（kV）	
			出厂	交接
110	126	不直接接地	95	76
220	252	直接接地	85	68
		不直接接地	200	160
330	363	直接接地	85	68
		不直接接地	230	184
500	550	直接接地	85	68
		经小电抗接地	140	112

2. 试验结果分析

在感应耐压试验的持续时间内，如果试验电源或被试品的电压和电流不发生变化，被试品内部没有放电声，并且感应耐压试验前后的空负荷试验数据无明显差异，则认为被试品承受住了感应电压的考核，试验合格；如果被试品内部有轻微的放电声，但在复试中消失，也视为试验合格；如果被试品内部有较大的放电声，但在复试中消失，应吊芯检查，寻找放电部位，并根据检查结果及放电部位决定是否复试。

如果耐压试验过程中途因故失去电源，造成试验中断，则在恢复电源后应重新进行全时间的持续耐压试验，而不能仅进行"补足时间"的试验。

纵绝缘是否承受住了感应耐压，需要根据试验后的空负荷损耗与试验前的测量值进行比较来判断。

（二）试验报告编写

试验报告填写应包括试验单位、委托单位、试验时间、试验人员、天气情况、环境温度、湿度、变压器的出厂编号、变压器型号、变压器上层油温及相关技术参数、试验结果、试验结论等。

报告附页应注明试验所依据的规程，记录所使用的测试仪器、仪表的名称、型号、制造厂、出厂序号、输出电压和容量、准确等级和校验日期等。

八、案例

案例 1： 三相分级绝缘变压器感应耐压试验。

试品型号为 SFPS7–120000/220；容量为 120000/120000/120000kVA；电压为 230±2×2.5%/121/38.5kV；接线组别为 YNyn0d11。以 U 相为例，感应耐压试验接线如图 36–2–11 所示。

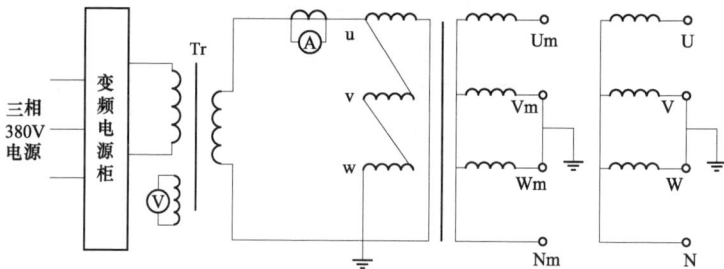

图 36–2–11　被试相低压侧励磁感应耐压试验接线图

试验电压如下：

高压线端 399.5kV（三相分接开关均在 I 分接），中压线端 200kV。

匝间电压感应倍数为

$$k=[399.5×(2/3)]/(230×1.05/\sqrt{3})=1.91$$

各部电压计算如下

$$U_{uw}=38.5×1.91=73.5（kV）$$

$$U_{vw}=U_{uv}=(1/2)U_{uw}=36.8（kV）$$

$$U_{Umg}=(121/\sqrt{3})×1.91×1.5=200（kV）$$

$$U_{Nmg}=(1/3)U_{Umg}=66.7（kV）$$

$$U_{Ug}=(230×1.05/\sqrt{3})×1.91×1.5=399.5（kV）$$

$$U_{Ng}=(1/3)U_{Ug}=133.2（kV）$$

注：公式中下角"g"表示大地。

被试相低压励磁需要中间变压器 Tr 输出 73.5kV 电压，此时可满足试验电压要求。

案例 2：三相分级绝缘变压器感应耐压试验。

（1）被试变压器铭牌参数。试品型号为 SFSZ–20000/110；额定容量为 20MVA；额定电压为 110±2×2.5%/38.5±2×2.5%/11kV；接线组别为 YNyn0d11。

（2）试验电压与耐压时间。110kV 变压器出厂试验时，高压端对地和高压绕组相间的试验电压均为 200kV，中性点对地的试验电压为 95kV。因此，这次感应耐压试验的：高压绕组相间试验电压

$$200×0.80=160（kV）$$

高压中性点对地的试验电压

$$95×0.80=76（kV）$$

耐压时间与试验电压的频率有关。这次试验采用 250Hz 电源装置提供试验电压，其耐压时间为

$$t = 2 \times 60 \times \frac{50}{250} = 24（s）$$

（3）试验接线。为了使高压端对地和高压绕组相间的试验电压相同，同时对中性点绝缘也进行适当考验，这次感应耐压试验采用将非试验相接地、中性点支撑加压的接线方式。其 U 相试验的接线如图 36–2–12（a）所示。

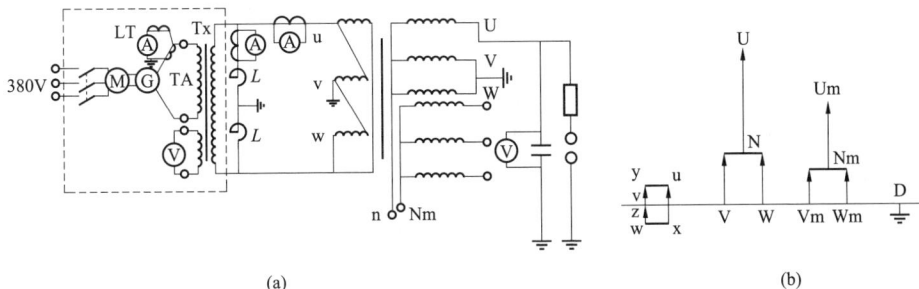

图 36–2–12　感应耐压试验接线和电压相量图
（a）接线图；（b）电压相量图

试验时，使用电容分压器监测被试相高压端对地试验电压。按照图 36–2–12 接线方式，高压中性点对地电压与被试相高压端对地电压严格地遵循 1:3 的关系，限于现场试验条件，采用监测高压中性点对地电压的方式。

（4）电压分布计算。

1）变比计算。感应耐压时，将被试变压器高、中压侧分接开关调至 1 挡，使全部线匝绝缘都受到考验。此时高、低压绕组的电压分别为 121kV 和 10.5kV。因此，计算高低压间变比

$$k = \frac{121/\sqrt{3}}{10.5} = 6.653$$

2）电压分布计算。按图 36-2-12（a）接线试验时，其电压相量图如图 36-2-12（b）所示。根据试验电压标准，计算各级电压分布（以 U 相试验为例）如下：

被试相高压端对地及相间电压

$$U_{UD} = U_{UV} = U_{UW} = 160 \, (kV)$$

被试相高压端绕组电压

$$U_{UN} = \frac{2}{3}U_{UD} = \frac{2}{3} \times 160 = 106.7 \, (kV)$$

高压绕组中性点对地电压

$$U_{UD} = \frac{1}{3}U_{UD} = \frac{1}{3} \times 160 = 53.3 \, (kV)$$

低压绕组外施电压

$$U_{uw} = \frac{U_{UN}}{K} = \frac{106.7}{6.653} = 16.0 \, (kV)$$

升压变压器变比为 175，升压变压器测量绕组电压

$$U_{mn} = \frac{U_{ac}}{175} = \frac{16.0}{175} = 0.091 \, (kV) = 91 \, (V)$$

高压绕组中性点对地电压小于标准的 80.75kV，可用中性点外施电压进行耐压。

【思考与练习】

1. 变压器为什么要进行感应耐压试验？简述其原理。

2. 感应耐压时，如何选择试验电源的容量？

3. 变压器感应耐压试验与外施工频耐压试验的考核方向存在什么差异？

第三十七章

线圈类设备局部放电试验

▲ 模块 1 互感器局部放电试验（ZY1800507002）

【**模块描述**】本模块介绍互感器局部放电试验方法和技术要求。通过试验工作流程的介绍，掌握互感器局部放电试验前的准备工作和相关安全、技术措施、试验方法、技术要求及测试数据分析判断。

【**模块内容**】

一、试验目的

局部放电量过高，会危及电气设备的使用寿命，由局部放电而产生的电子、离子及热效应会加速互感器绝缘的电老化，造成安全隐患，系统中不少互感器故障是由局部放电发展而形成的。互感器局部放电试验是判断其绝缘状况的一种有效方法。

二、试验仪器、设备的选择

（一）试验加压设备

1. 工频无局部放电试验电源

对 35kV 及以下的电流互感器进行局部放电试验时，可采用工频无局部放电试验变压器，其容量可根据试验电流和额定电压来选择，额定电压应高于试验电压，试验电流 $I_X=CU_N$，其中 C 为被试互感器的电容与耦合电容之和，U_N 为额定电压。

此套电源还包括控制柜、调压器、保护电阻等。调压器输入三相电压 380V，输出电压 0～400V，容量应为工频无局部放电试验变压器容量的 75%～100%；保护电阻在 10～100kΩ 数量级选取。

对电容式电压互感器，局部放电试验可分节进行，这样加在每节电容上的电压较低，但因其电容量值较大，若采用工频无局部放电试验变压器（目前多采用变频电源），需要采用并联补偿电抗加压方式，试验变压器仅提供试验回路的阻性电流及补偿后剩余的部分容性或感性电流，将大大降低对试验变压器的容量要求，补偿电抗的额定电压应高于试验电压，应按照下式计算

$$I_{L} = \frac{U \times 10^{3}}{\omega L} \qquad (37\text{-}1\text{-}1)$$

$$I_{C} = (U \times 10^{3}) \omega (C \times 10^{-12}) \qquad (37\text{-}1\text{-}2)$$

$$I_{Z} = I_{L} - I_{C} \qquad (37\text{-}1\text{-}3)$$

$$S = U I_{Z} \qquad (37\text{-}1\text{-}4)$$

式中　U——试验电压，kV；

　　L、I_{L}——分别为补偿电抗器电感和电流，H、A；

　　C、I_{C}——分别为互感器电容和电流，pF、A；

　　　I_{Z}——试验回路总电流，A；

　　　S——试验变压器的容量，kVA。

2. 变频试验电源

对电磁式电压互感器进行局部放电试验时，施加在互感器绕组上的试验电压高于运行电压数倍，要满足试验要求，只能提高试验电源频率，使铁芯不过励磁。一般采用二次侧感应加压方法，可采用三倍频电源或变频电源。

（1）三倍频电源。三倍频发生器输入电压高低很关键。输入电压太低，三倍频发生器输出 3 次谐波含量低，导致输出电压低；输入电压太高，三倍频发生器 3 次以上谐波高，输出波形变差，输出效率变低。输入电压不合适时，可使用三相调压器调节合适的励磁电压。一般输入电压高时，选择匝数多的抽头。

对于电磁式电压互感器，采用二次感应升压方法时，可采用三倍频电源。由于电压互感器感应耐压试验时呈容性负载状态，为减少试验设备容量、避免倍频谐振，根据不同电压等级在二次绕组或辅助绕组接入补偿电感。补偿电感的选择原则是在试验频率下，被试电压互感器仍呈容性。

为了有目的地选择补偿电感，在试验前对电压互感器辅助绕组加 150Hz 电压至额定电压 100V，读取电流 i_{udxd}，确定加压绕组的输入容抗值，然后按经验公式选择补偿量，使补偿达到预期的效果。输入容抗值应按下式计算

$$x_{C} = \frac{u_{\text{udxd}}}{i_{\text{udxd}}} \times \frac{1}{k^{2}} = \frac{u_{\text{udxd}}}{3 i_{\text{udxd}}} \qquad (37\text{-}1\text{-}5)$$

式中　x_{C}——输入容抗值，Ω；

　　u_{udxd}——辅助绕组额定电压，V；

　　i_{udxd}——辅助绕组电流，A；

　　k——辅助绕组与二次绕组额定电压比值，100/57.7=$\sqrt{3}$。

补偿电感的感抗值应按下式选取

$$x_L = x_C + (0.5 \sim 2) \qquad (37\text{-}1\text{-}6)$$

式中　x_L——补偿电感的感抗值，Ω。

按式（36-1-4）将感抗值 x_L 换算为补偿电感量 L

$$L = \frac{x_L}{2\pi f_s} \times 10^3 \qquad (37\text{-}1\text{-}7)$$

式中　L——补偿电感的电感量，mH。

　　　f_s——试验频率，Hz。

根据计算出的电感量选择补偿电抗器，然后接入被测互感器的 ux 绕组。将倍（变）频电压升至 100V，测量被测互感器加压的辅助二次绕组处的 $\cos\varphi$ 值。如果 $\cos\varphi$ 在 0.7～0.9 的范围内，则补偿量合适。如 $\cos\varphi$ 过大，应增加 0.5～1Ω 的补偿电抗。如 $\cos\varphi$ 过小，则减少补偿电抗 0.5～1Ω。

根据局部放电试验所加电压 U_X，考虑"容升"问题，此时低压侧施加的试验电压应按式（36-1-1）计算。

此时试验回路的电流 $I=U_S/(X_C-X_L)$，所需试验装置的输出容量 $S_0=IU_S$。由于三倍频变压器的效率只有 15%～20%，取 15%，因此选择输入容量 $S_I=S_0/15\%$。

（2）变频电源。变频电源采用一级连续、频率幅值可调、标准正弦信号经过三级放大方式输出单相正弦信号，实现大功率输出，是目前现场局放试验常用的试验电源。

对 110kV 及以上电流互感器、电容式电压互感器进行局部放电试验时，采用串联谐振方式一次侧加压，变频试验电源频率（20～300Hz）可满足要求。

变频电源输出功率一般大于或等于励磁变压器的输出容量，励磁变压器的输出容量可根据试验容量按式（37-1-8）估算出励磁变压器容量 S 为

$$S = \frac{S_0}{Q} = \frac{U\omega C}{Q} \qquad (37\text{-}1\text{-}8)$$

$$Q = \omega L/R$$

式中　S_0——试验容量，VA；

　　　C——被试品电容；

　　　ω——谐振频率；

　　　U——试验电压；

　　　Q——品质因数，一般在 30～150，可取 50 进行估算。

（二）局部放电测试仪

现场进行局部放电试验时，可根据环境干扰水平选择仪器上的不同频带。干扰较强时一般选用窄频带，如可取 $f_0 = 30 \sim 200\text{kHz}$，$\Delta f = 5 \sim 15\text{kHz}$；干扰较弱时一般选用宽频带。在满足信噪比的条件下，频带选择的宽一些可提高测量的灵敏度，也可

以使测得的放电波形失真小一些。为了消除励磁谐波和低频干扰，测试仪频带的下限通常选择 40kHz，而上限选择为 300kHz。

目前有标准依据的是测量视在放电量的测量仪器，通常是示波屏、数字式放电量（pC）表或数字和示波屏显示两者并用的指示方式。示波屏上显示的放电波形有助于区分内部放电和来自外部的干扰。放电脉冲通常显示在测量仪器的示波屏上的椭圆基线上。

三、危险点分析及控制措施

（1）防止高处坠落。在互感器上作业应系好安全带。对 220kV 及以上互感器，需解开引线时，宜使用高处作业车，严禁徒手攀爬互感器套管。

（2）防止高处落物伤人。高处作业应使用工具袋，上下传递物件应用绳索拴牢传递，严禁抛掷。

（3）防止工作人员触电。拆、接试验接线前，应将被试设备对地充分放电，以防止剩余电荷、感应电压伤人及影响测量结果。测试前与作业负责人协调，不允许有交叉作业，试验接线应正确、牢固，试验人员应精力集中。试验现场装设安全围栏或标识带，并挂"止步，高压危险"标示牌，试验时应有专人看守。试验设备外壳应可靠接地，且电压互感器一次线圈末端接地需良好。

四、试验前的准备工作

（1）了解被试设备现场情况及试验条件。查勘现场，查阅相关技术资料、互感器历年试验数据及相关规程等，掌握该互感器整体情况，根据试验电压和被试互感器参数，估算所需试验电源、励磁变压器及电抗器补偿容量，编写作业指导书及试验方案。

（2）测试仪器、设备准备。根据互感器试品的型式和参数，选择合适的电源类型和相应配套试验设备，准备带漏电保护器的电源接线板、放电棒、接地线、安全带、安全帽、电工常用工具、试验临时安全遮栏、标示牌、万用表、温（湿）度计、电源线轴、清洁布、绝缘塑料带等，并查阅测试仪器、设备及绝缘工器具的检定证书有效期。

（3）办理工作票并做好试验现场安全和技术措施。向其余试验人员交待工作内容、带电部位、现场安全措施、现场作业危险点，明确人员分工及试验程序。

五、试验过程及步骤

（一）试验方法

1. 试验加压方法

（1）电流互感器。电流互感器是典型的电容型高压电气设备，其局部放电试验电压从高压侧施加。对 35kV 及以上的电流互感器，电源可由工频无局部放电试验变压器提供，也可由变频电源提供。

（2）电磁式电压互感器。电磁式电压互感器有单级和串级两种结构，35kV 及以下的为单级结构，110kV 两种结构均有，220kV 一般为串级结构。进行局部放电试验时，由于试验电压远高于试品运行电压，会由于过励磁产生大电流而损坏设备，现场试验电源可采用 3 倍频电源或变频电源。

电磁式电压互感器的试验方法比较特殊，从原理上同变压器有相似之处，它也是具有分布参数的电路，但其电容量要小得多，可用试验电源在一次侧外施变频电压，但现场往往采用二次侧加压、一次侧感应出相应的试验电压的方法。采用后者时，要注意试验电压值会高于低压施加电压乘以变比，因为有电容电流引起的容升，一般 35kV 互感器"容升"约为 3%，110kV 互感器"容升"约为 5%，220kV 互感器"容升"约为 8%。

对于全绝缘电磁式电压互感器，应采用二次侧高压端加压、中性点接地和中性点加压、高压端接地两种加压测量方式。

（3）电容式电压互感器。对 220kV 及以上电压等级一般采用电容式电压互感器，因其电容量值较大，电源电流或电源容量不容易满足要求，可采用工频补偿电抗器或变频试验方法，但常采用串联谐振升压。

电容式电压互感器高压电容根据电压等级由 n 节耦合电容器组成，中压电容（分压电容器）抽头由瓷套从底座引至电磁装置的油箱内，电磁装置由中间变压器、补偿电抗器和阻尼器组成，作为分压器底座。测量不带底座的上面单元件时，与常规做法无区别，将下法兰盘接检测阻抗输入端，上法兰盘接高压，检测阻抗接地端与不测量的单元牢固接地，并将间隙 s 可靠短接。测量带底座的下节时，因现场试验环境差，要求停电时间短，一般不将下节与底座拆开，以免绝缘油受潮及脏污，同时也避免拆接引线带来的接触不良，密封不好等不安全后果。考虑下节的分压比，中压端电压只允许为额定电压的 1.5 倍以下，以免将互感器损坏。

2. 局部放电测量方法

脉冲电流法是目前唯一有标准的互感器局部放电检测方法。它是通过检测阻抗、耦合电容、外壳接地线、铁芯接地线及绕组中由于局部放电引起的脉冲电流，获得视在放电量。

脉冲电流法的测试回路，如图 37-1-1 所示。当试品 C_x 产生一次局部放电时，在其两端就会产生一个瞬时的电压变化 Δu，此时在被试品 C_x、耦合电容 C_k 和检测阻抗 Z_d 组成的回路中产生一个脉冲电流 i。该脉冲电流流经检测阻抗 Z_d，在其两端产生一脉冲电压，将此脉冲电压进行采

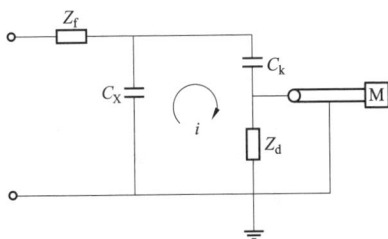

图 37-1-1　脉冲电流法测试回路图

集、放大等处理，就可以测定局部放电的一些基本参量，尤其是视在放电量。

在进行互感器的局部放电试验时，电源干扰主要来自两个方面：一是来自电源供电网络，也就是现场的试验电源，采用低压低通滤波器和屏蔽式隔离变压器滤除干扰；二是来自试验供电网络，即试验变压器及调压装置，可采用高压低通滤波器滤除干扰信号。抗电源干扰信号方法的试验回路可按照图 37-1-2 试验接线方式。

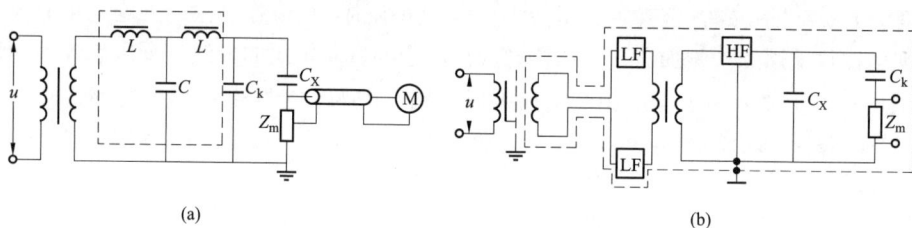

图 37-1-2　抗电源干扰信号方法的试验接线图

（a）高压低通滤波器滤除干扰信号示意图（虚线框内部分即图 37-1-1 中的 Z_f）；

（b）低压、高压低通滤波器滤除干扰信号示意图

在现场进行试验，干扰不仅来自电源，还有空间干扰，即各类电磁场辐射在试验回路感应所产生的干扰，而此时滤波器等对于空间电磁场在试品、耦合电容器等部分的回路产生的干扰是无法抑制的，当这类干扰影响测量时，可采用平衡接线法和利用局放仪的功能抑制干扰，提高检测的灵敏度。当干扰源是来自电源方面时，平衡电路应该包括高压回路在内，即两台设备都应该用同一电源加高压、接地侧接到平衡输入单元，取得最佳的平衡效果。当干扰源是来自电磁波的耦合作用时，接地平衡电路的两台试品其中一台可以不加高压，其余电路不变，不加压的一台试品相当于一个天线作用，与试品耦合的同样的高频信号相平衡，减少了干扰信号，但这种方法对电源没有抑制作用。

（二）试验接线

1. 加压回路接线

现场试验采用三倍频电源，加在电压互感器二次绕组励磁产生试验电压的接线如图 37-1-3 所示。在试验时，外壳、铁芯、二次绕组、辅助绕组及一次绕组尾端接地。

试验的加压程序如图 37-1-4 所示。

图 37-1-4 中，施加试验电压时，接通电源并增加至 U_1，持续 10s。然后，立即将电压从 U_1 降至 U_2，保持 1min，进行局部放电观测，记录放电量值，降电压，当电压降低到零时切断电源，加压完毕。

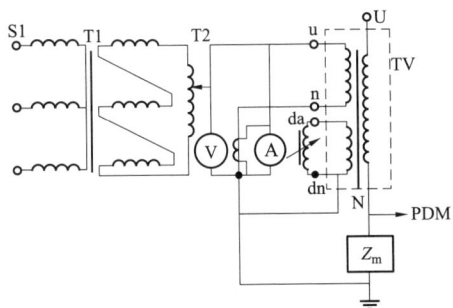

图 37-1-3　互感器局部放电试验
三倍频电源加压回路接线图

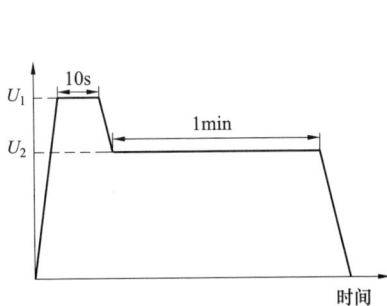

图 37-1-4　互感器局部放电
试验加压程序图

注：$U_1 = 0.8 \times$ 工频耐受电压，$U_2 = 1.2 U_m / \sqrt{3}$。

电容式电压互感器上面几节采用外施电压法进行，与电流互感器试验时一样。测量带底座的下节时，也采用外施电压法，但考虑下节的分压比，中压端电压只允许为额定电压的 1.5 倍以下，以免将互感器损坏。

2. 测量回路接线

（1）串联法。互感器局部放电试验串联法测量接线，如图 37-1-5 所示。

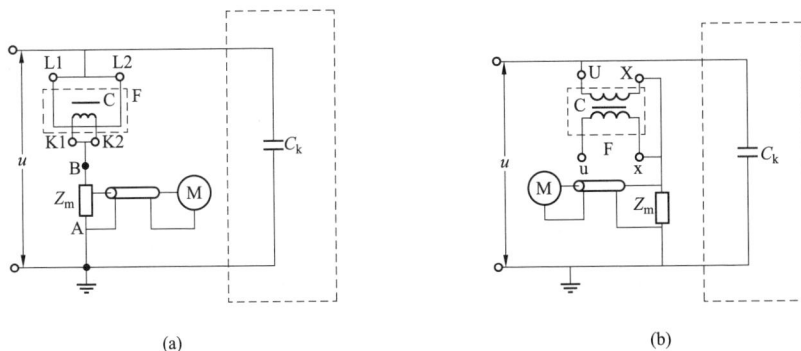

(a) (b)

图 37-1-5　互感器局部放电试验串联法测量接线图

（a）电流互感器；（b）电压互感器

C_k—互感器高压侧对地杂散电容；C—铁芯；Z_m—测量阻抗；F—外壳；
L1、L2—电流互感器一次绕组端子；K1、K2—电流互感器二次绕组端子；
U、X—电压互感器一次绕组端子；u、x—电压互感器二次绕组端子

（2）并联法。互感器局部放电试验并联法测量接线，如图 37-1-6 所示。

（3）平衡法。电压互感器和电流互感器局部放电试验平衡法测量接线，如图 37-1-7 所示。

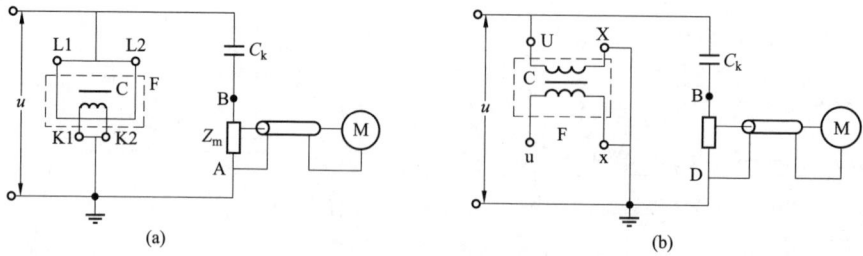

图 37-1-6 互感器局部放电试验并联法测量接线图

（a）电流互感器；（b）电压互感器

C_k—外加耦合电容器；其他字母符号意义同上

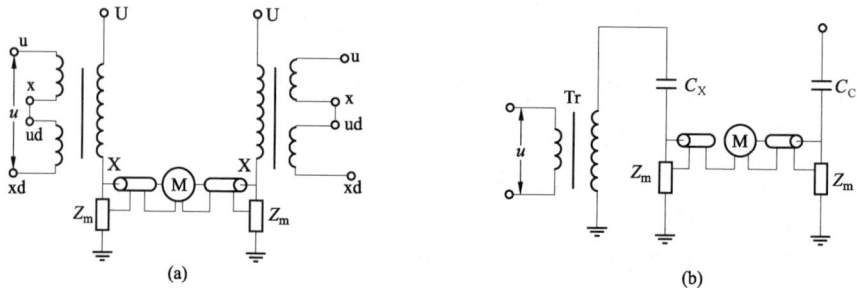

图 37-1-7 互感器局部放电试验平衡法测量接线图

（a）电压互感器；（b）电流互感器

Tr—试验变压器；C_X—被试电流互感器；C_C—邻近相电流互感器

（三）试验步骤

（1）清洁干燥互感器的瓷套表面。

（2）按相应试验接线图接好各试验设备以及仪表，并保证各高电压引线的电气距离，连接中间变压器和被试互感器端头的导线应用绝缘带固定，防止摆动。

（3）清除闲杂人等，试验人员、安全巡视人员各就各位。

（4）将局部放电测试仪的触发同步信号拨至外触发的位置。此时将局放仪接通电源应无椭圆显示。把倍频电源的输出端与互感器断开并悬空，再使倍频电源带电，调整局部放电测试仪的外触信号，使局放仪有大小适中的椭圆。在互感器的高压端注入校正脉冲，观察示波图中是否有干扰信号，然后量取校正脉冲的高度或读取放电量表的数值。检查是否已断开互感器倍频电源的连接。

（5）对互感器进行加压，根据标准规定，进行局放试验。此时外触发信号应放至零位。然后降压到试验电压，调外触发信号使局放仪有大小适中的椭圆，应注意局放仪外触发电压不允许超过的电压值。待数据稳定后，读取互感器的放电量，降电压至零，断开电源。

（6）升压变压器高压端挂接地线，对试验回路充分放电后拆线。

六、试验注意事项

（1）试验前，互感器完成全部常规试验，结果合格。如果互感器受机械作用，应静止一段时间再进行试验。

（2）被试互感器附近的围栏等可能有电位悬浮的导体均应可靠接地，防止因杂散电容耦合而产生悬浮电位放电。

（3）被试互感器附近所有金属物体均良好接地，否则由于尖端电晕或小间隙放电，对局部放电测量会产生严重干扰。试区内一般要求地面无任何金属异物、场地干净、试品瓷套无纤维尘积等，否则它们对局部放电测试存在或多或少的影响。

（4）试验应在不大于 1/3 测量电压下接通电源，然后按标准规定进行测量，最后降到 1/3 测量电压下，方可切除电源。

（5）按照电压等级选择试验回路的所有引线直径，引线宜采用金属圆管，试验导线接头、试品高压端放置均压环，从而保证了试验回路在试验电压下不产生明显电晕。

（6）采用无晕试验变压器，保证试验回路固有局部放电量小于 5pC；整个试验回路一点接地，接地回路采用铜箔，抑制试验回路接地系统的干扰。

（7）试验宜采用平衡抗干扰接线方式，能有效抑制空间干扰信号及回路电晕信号，增益放大试品局部放电信号，提高了试验的抗干扰能力。

（8）仔细检查试验回路，对可能引起电场较大畸变的部位，进行适当处理。

（9）局部放电试验过程中，被试互感器周围的电气施工应尽可能停止，特别是电焊作业，以减少试验干扰。

七、试验结果分析及试验报告编写

（一）试验结果分析

1. 试验标准及要求

按照 GB 20840.3—2013《互感器　第 3 部分：电磁式电压互感器的补充技术要求》、GB 20840.2—2014《互感器　第 2 部分：电流互感器的补充技术要求》、GB/T 20840.5—2013《互感器　第 5 部分：电容式电压互感器的补充技术要求》、GB/T 7354—2018《高电压试验技术　局部放电测量》、GB 50150—2016《电气装置安装工程　电气设备交接试验标准》及 DL 417—2006《电力设备局部放电现场测量导则》相关条款执行。

互感器现场试验局部放电测量的测量电压及视在放电量的标准，见表 37-1-1。

表 37-1-1 互感器现场试验局部放电测量的
测量电压及视在放电量的标准值

种　　类			测量电压（kV）	允许的视在放电量（pC）	
				环氧树脂及其他干式	油浸式和气体式
电流互感器			$1.2U_{\mathrm{m}}/\sqrt{3}$	50	20
			$1.2U_{\mathrm{m}}$（必要时）	100	50
电压互感器	≥66kV		$1.2U_{\mathrm{m}}/\sqrt{3}$	50	20
			$1.2U_{\mathrm{m}}$（必要时）	100	50
	35kV	全绝缘结构	$1.2U_{\mathrm{m}}/\sqrt{3}$	50	20
			$1.2U_{\mathrm{m}}$	100	50
		半绝缘结构（一次绕组一端直接接地）	$1.2U_{\mathrm{m}}/\sqrt{3}$	50	20
			$1.2U_{\mathrm{m}}$（必要时）	100	50

注　1. 局部放电宜与耐压试验同时进行；互感器局部放电试验的预加电压可以为交流耐压试验的 80%。

2. 电压等级为 35～110kV 互感器的局放测量可按 10%进行抽测，若局放量达不到规定要求应增大抽测比例。

3. 电压等级为 220kV 及以上互感器在绝缘性能有怀疑时宜进行局部放电测量。

4. 局部放电测量时，应在高压侧（包括互感器感应电压）监测施加的一次电压。

考虑到现场条件限制，220kV 及以上电压等级局部放电试验较困难，故将此试验范围限制在 110kV 及以下电压等级，以抽样的形式减少工作量。有条件的宜逐台检测互感器的局部放电量。35kV 以下电压等级互感器更多应用于柜体，应作为购买的元件由柜体制造厂逐台检验。

依据《国家电网有限公司十八项电网重大反事故措施（2018 年修订版）及编制说明》及 GB 50150—2016 和 DL/T 596—1996，对 35kV 及以上电压等级的新安装和大修后的互感器（液体浸渍和固体绝缘）要进行局部放电测量，对 35kV 及以下的互感器要定期测量局部放电量，以检查其绝缘状况，但目前基本不具备现场试验条件。因为互感器的局部放电量较小，一般在几到几十皮库，而现场环境条件复杂，普遍存在多种干扰源，严重时的背景干扰水平达到 200～300pC，往往湮没真实的局放信号，无法判断设备的真实局放量，因此降低现场试验时的背景干扰水平成为普及现场测试的关键问题。

2. 试验结果分析

（1）试验期间试品不击穿，测得视在放电量不超过允许的限值，则认为试验合格。

（2）试验过程中对试验波形进行认真分析，通过局部放电信号与干扰信号在波形相位，起始、熄灭电压等方面的不同表现来认真区分干扰信号及局部放电信号。一般来说，局部放电信号发生在一、三象限，且起始电压约高于熄灭电压。无线电干扰则四个象限都有，电晕起始电压与熄灭电压基本一样。

（3）目前的试验规程仅对电容式电压互感器单元件分压电容器的局部放电量做出了明确的规定（不大于 10pC），而现场对电容式电压互感器下节进行局部放电试验时一般都不打开油箱也不拆除中间变压器。带有中间变压器的电容式电压互感器下节的局部放电量是否应遵循不大于 10pC 的标准值得商榷。对于电容式电压互感器下节的局部放电量允许水平按液体浸渍互感器允许局部放电水平考核为宜，即不大于20pC。在规程未作出明确规定的情况下，用户在订货时需在技术协议中明确电容式电压互感器下节局部放电量允许水平。

（二）试验报告编写

试验报告填写应包括试验单位、试验性质（交接试验、预防性试验、检查）、委托单位、试验时间、试验人员、天气情况、环境温度、湿度、设备出厂编号、设备型号及相关技术参数、试验结果、试验结论、测试仪器、仪表的名称、型号、制造厂、出厂序号、输出电压和容量、准确等级和校验日期等。

八、案例

某变电站 500kV 电容式电压互感器现场局部放电测量。试品型号为 WVL500–5H；每节电容量为 15 000pF；电容式电压互感器由 2 节耦合电容器及一个下节（包括 C_{13}、C_2 及电磁单元）组成。

依照相关标准 GB/T 20840.5—2013 及 GB 50150—2016 对 500kV 电容式电压互感器局部放电试验可分节进行。局部放电加压程序如图 37–1–4 所示，其中：

预加电压 $U_1=(0.8×1.3U_m/\sqrt{3})/3=(0.8×1.3×550/\sqrt{3})/3=190.67$（kV）

测量电压 $U_2=(1.2U_m/\sqrt{3})/3=(1.1×550/\sqrt{3})/3=127$（kV）

当试验电压为 190kV 时试验变压器所需容量为

$$S=U_2\omega C=(190×103)^2×2×314×15\ 000×10^{-12}=170\ (kVA)$$

为消除外界干扰，局部放电测量采用平衡回路测量法，则变压器所需容量高达340kVA，为解决试验容量难题，只能采用并联补偿加压方式，即当电容器与电抗器并联接线时，流过电抗器的电流 I_L 的相位与流电电容量的电流 I_C 相位相反，选择适当的电容及电感使 $X_L≈X_C$，则试验变压器仅提供试验回路的阻性电流及补偿后剩余的部分容性或感性电流，这将大大降低对试验变压器的容量要求。

在试验中采用如图 37–1–8 所示的接线方式。当试验电压为 190kV 时，有

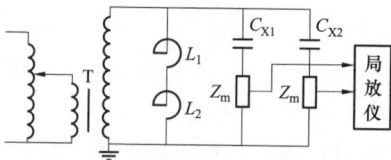

图 37-1-8 局部放电试验接线图

T—750kV 无局放试验变压器；L_1、L_2—并联补偿电抗器（$L_1=L_2=186H$）；

C_{X1}、C_{X2}—试品电容器（$C_{X1}≈C_{X2}≈15\ 000pF$）

流过电抗器的电流 $I_L=U/\omega L=(190×103)/(314×186×2)=1.626\ 6$（A）

流过电容器的电流 $I_C=U\omega C=190×103×314×(2×15\ 000×10^{-12})=1.789\ 8$（A）

试验变压器高压侧总电流 $I=I_C-I_L=163.2$（mA）

所需试验变压器容量 $S=UI=190×10^3×163.2×10^{-3}=31$（kVA）

因此大大降低了对试验变压器的容量要求，加上杂散电容等因素，高压侧电流不超过 250mA，即所需试验变压器容量不超过 50kVA，试验变压器能够满足试验要求。

试验采用平衡抗干扰接线方式，如图 37-1-8 所示。分别从 C_{X1}、C_{X2} 取两路信号进入局放仪，通过对比两路信号，能有效地抑制空间干扰信号及回路电晕信号，仅增益放大试品局部放电信号，提高了试验的抗干扰能力。

【思考与练习】

1. 互感器进行局部放电的加压试验方法及测量方法是什么？

2. 请以图示说明互感器局部放电的加压过程。

3. 在进行互感器的局部放电试验时，有哪几种电源干扰？消除的方法是什么？

◢ 模块 2 变压器局部放电试验（ZY1800507003）

【模块描述】本模块介绍变压器局部放电试验方法和技术要求。通过试验工作流程的介绍，掌握变压器局部放电试验前的准备工作和相关安全、技术措施、试验方法、技术要求及测试数据分析判断。

【模块内容】

一、试验目的

变压器故障以绝缘故障为主，一些非绝缘性原发故障可以转化为绝缘故障，而且变压器绝缘的劣化往往不是单一因素造成的，而是多种因素共同作用的结果。局部放电既是绝缘劣化的原因，又是绝缘劣化的先兆和表现形式。与其他绝缘试验相比，局部放电的检测能够提前反映变压器的绝缘状况，及时发现变压器内部的绝缘缺陷，预防潜伏性和突发性事故的发生。

二、试验仪器、设备的选择

（一）加压试验仪器、设备

1. 试验电源

局部放电试验可采用中频发电机组或者变频电源方式来获取试验电源。中频发电机组由于性能稳定、容量大，比较适用于超高压和特高压变压器试验。变频电源由于质量和体积小，便于长距离运输和现场试验的摆放，且要求现场提供的电源容量小，故目前在现场较多采用。

2. 励磁变压器

在选择励磁变压器时，应充分考虑能灵活变换输入、输出侧的变比，获得不同的输出试验电压。励磁变压器具备以下结构和特点，一般可满足现场试验的要求。

低压绕组：共 2 个绕组、4 套管输入，一般额定电压为 2×350V 左右，可串联和并联工作。

高压绕组：共 6 个绕组、12 套管输出，一般额定电压为 2×40kV，2×10kV，2×5kV，可串联和并联工作。

3. 补偿电抗器

采用中频发电机组时，需要采用过补偿，一般过补偿>10%，但对于 500kV 及以上变压器，考虑到其容性电流较大（多达 50A），若过补偿太多，则需要的电抗器数量多，发电机容量及现场电源容量都难以满足要求，所以过补偿以约 5%为宜。

采用变频电源时，一般使回路成谐振状态，谐振频率要求达到 100Hz 以上，或者100Hz 以上某个频率处于欠补偿，电源容量可以满足试验要求。

补偿电抗一般采用对称补偿，可降低电抗器工作电压。

4. 试验连接导线

根据变压器局部放电试验的不同试验电压，应选择合适的加压导线，并留有一定的裕度，保证在测量电压下不会产生电晕。

5. 高压屏蔽罩

在变压器局部放电试验过程中，应充分考虑试验均压屏蔽罩的结构及电场分布，尽量改善主变压器套管出线端电场分布，降低均压罩及金具表面电场强度。一般情况下，防电晕屏蔽装置有半球形、双环形、三环形、四环形等。应根据电压高低，选择合适的尺寸。

（二）测量试验仪器、设备

现场进行局部放电试验时，可根据环境干扰水平选择仪器上的不同频带。干扰较强时一般选用窄频带，如可取 $f_0 = 30 \sim 200\text{kHz}$，$\Delta f = 5 \sim 15\text{kHz}$；干扰较弱时一般选用宽频带。在满足信噪比的条件下，频带选择的宽一些可提高测量的灵敏度，也可以使测得的放电波形失真小一些。为了消除励磁谐波和低频干扰，测试仪频带的下限通常选择 40kHz，而上限选择为 300kHz。

目前有标准依据的是测量视在放电量的测量仪器，通常是示波屏、数字式放电量（pC）表或数字和示波屏显示两者并用的指示方式。示波屏上显示的放电波形有助于区分内部放电和来自外部的干扰。放电脉冲通常显示在测量仪器的示波屏上的椭圆基线上。

三、危险点分析及控制措施

（1）防止高处坠落。试验人员进入现场必须戴安全帽，高处作业必须挂安全带，严禁徒手攀爬变压器套管。

（2）防止高处落物伤人。高处作业应使用工具袋，上下传递物件应用绳索拴牢传递，严禁抛掷。

（3）防止工作人员触电。拆、接试验接线前，应将被试设备对地充分放电，以防止剩余电荷、感应电压伤人及影响测量结果。测试前与作业负责人协调，不允许有交叉作业，试验接线应正确、牢固，试验人员应精力集中。试验现场装设安全围栏或标识带，并挂"止步，高压危险"标示牌，试验时应有专人看守。试验设备外壳应可靠接地。

四、试验前的准备工作

（1）了解被试设备现场情况及试验条件。查勘现场，查阅相关技术资料、变压器历年试验数据及相关规程等，掌握该变压器整体情况，根据试验电压和被试变压器参数，估算所需试验电源、励磁变压器及电抗器补偿容量，编写作业指导书及试验方案。

（2）测试仪器、设备准备。选择合适试验设备、供电电源容量、带剩余电流动作保护器的电源接线板、放电棒、接地线、安全带、安全帽、电工常用工具、试验临时安全遮栏、标示牌、万用表、温（湿）度计、电源线轴、清洁布、绝缘塑料带等，并查阅测试仪器、设备及绝缘工器具的检定证书有效期。

（3）办理工作票并做好试验现场安全和技术措施。向其余试验人员交待工作内容、带电部位、现场安全措施、现场作业危险点，明确人员分工及试验程序。

五、现场试验步骤及要求

（一）试验方法

1. 试验加压方法

局部放电试验是对电压很敏感的试验，只有当内部缺陷的场强达到起始放电场强时，脉冲放电量才能观察到。在现场试验中采用工频电源是无法使绕组中感应出这么高的试验电压的。因为铁芯磁通密度饱和，励磁电流和铁磁损耗都会急剧增加，提高电源频率是目前唯一可行的方法。

试验是通过励磁变压器升压，向被试变压器低压侧施加电压，在高压侧感应出高压的方法来进行的。对于回路中容性分量的补偿，常用的方式是在低压端加装并联电抗器，用以补偿回路中的容性无功分量。

2. 加压试验容量的计算

变压器局部放电试验时，正确估计其试验容量对试验的顺利进行关系很大。由于在变频（100Hz 以上）试验时，空负荷时变压器励磁无功功率较小，可不用考虑，只考虑有功功率和容性无功功率。

（1）变压器有功功率的估算。由于变压器局部放电试验常常采用单相法，试验相和非被试相的有功损耗分别为

$$P_{0f} = \left(\frac{f}{f_N}\right)^m \left(\frac{B'_m}{B_m}\right)^n \left(\frac{P'_0}{3}\right) \tag{37-2-1}$$

$$P'_{0f} = \left(\frac{f}{f_N}\right)^m \left(\frac{B''_m}{B_m}\right)^n \left(\frac{P'_0}{3}\right) \tag{37-2-2}$$

其中　　　　　　　　　　　　$B'_m = kf_N / f$

式中　P_{0f}、P'_{0f}——试验相和非试相的有功损耗，kW；

　　　　f——试验频率，Hz；

　　　　f_N——额定频率，50Hz；

　　　　B_m——额定电压和额定频率下的磁通密度，T；

　B'_m、B''_m——试验相和非试相的磁通密度，T；

　　　　P'_0——额定电压和额定频率下的有功损耗，kW；

　　　　m——系数，对冷轧硅钢片取 1.6，对热轧硅钢片取 1.3；

　　　　n——系数，对冷轧硅钢片取 1.9，对热轧硅钢片取 1.8；

　　　　k——试验电压与额定电压的比值，非试相约为 0.75。

试验时的总有功损耗 $P_{\Sigma y}$ 和总有功电流 $I_{\Sigma y}$ 分别为

$$P_{\Sigma y} = P_{0f} + 2P'_{0f} \tag{37-2-3}$$

$$I_{\Sigma y} = R_{\Sigma y} / U_L \tag{37-2-4}$$

式中　U_L——变压器低压绕组试验电压。

（2）被试变压器容性无功功率估算。按集中电容估算。首先，用介质损耗测量中的数据算出变压器各侧绕组总的对地电容 C_X。从而得出每相的对地电容，此电容上的电压以绕组首尾电位之和的一半计算，从而得出绕组被试相和非被试相的电容电流分别为

$$I_{GE} = \omega \frac{C_X}{3} \frac{U}{2} = \frac{1}{3}\pi f C_X U \qquad (37\text{-}2\text{-}5)$$

$$I'_{GE} = \omega \frac{C_X}{3} \frac{U}{4} = \frac{1}{6}\pi f C_X U \qquad (37\text{-}2\text{-}6)$$

根据上式，算出高、中、低三侧绕组的被试相和非被试相的电容电流，然后将高、中压侧的电容电流分别乘以各自的变比换算至低压侧。从而得出低压侧总的电容电流，再乘以变压器低压侧上所施加的试验电压，即得到试验频率下的容性无功估算值。

估算的有功电流和容性无功电流的矢量和即为被试变压器试验电压下的入口电流。电抗器的电压和容量可根据实际接线和试验容量的估算进行补偿。

3. 局部放电测量方法

脉冲电流法是目前唯一有标准的变压器局部放电检测方法。它是通过检测阻抗、检测变压器套管末屏接地线、外壳接地线、铁芯接地线及绕组中由于局部放电引起的脉冲电流，获得视在放电量，其测试回路如图37-2-1所示。

当试品 C_X 产生一次局部放电时，在其两端就会产生一个瞬时的电压变化 Δu，此时在被试品 C_X、耦合电容 C_k（套管末屏）和检

图 37-2-1 脉冲电流法
基本测试回路图

测阻抗 Z_d 组成的回路中产生一个脉冲电流 i，该脉冲电流流经检测阻抗 Z_d，在其两端产生一脉冲电压，将此脉冲电压进行采集、放大等处理，就可以测定局部放电的一些基本参量，尤其是视在放电量。当校准脉冲与实际放电脉冲波形完全相同时，测试仪器测得的视在放电量才是真实的，而且与测量频率无关。两者波形不同时，其频谱分布不同，而测试仪的频带是有限的，只能拾取其中某一部分频带的分量，这样校准值与实际值就出现偏差。如果校准脉冲的高频分量比实际放电脉冲多，而低频分量少，采用较宽频带比窄频带测得的放电量偏小；反之，如果校准脉冲比实际放电脉冲的高频分量少，则宽频带比窄频带测量值偏大。

（二）试验接线

1. 测量回路接线

用脉冲电流法测量局部放电的基本回路采用直接测量法的接线方式，如图37-2-2所示。

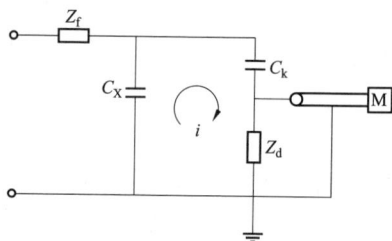

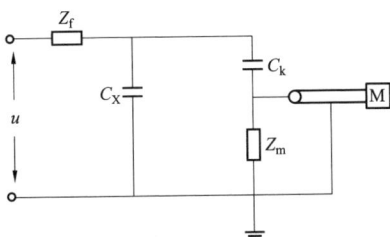

图 37-2-2 局部放电测量接线图

Z_f—高频滤波器（阻塞阻抗）；C_X—试品等效电容（变压器的等效入口电容）；
C_k—耦合电容（被试变压器套管电容）；Z_m—检测阻抗；M—局放测量仪

根据试验时干扰情况，试验回路接有一阻塞阻抗 Z_f，以降低来自电源的干扰，也能适当提高测量回路的最小可测量水平。对于同一个放电源，测试仪在不同的频带范围测量结果是不同的。

2. 加压回路接线

以高压侧 U 相的测量为例，试验采用低压励磁、对称加压接线方式，局部放电加压试验接线如图 37-2-3 所示。试验加压程序如图 37-2-4 所示。

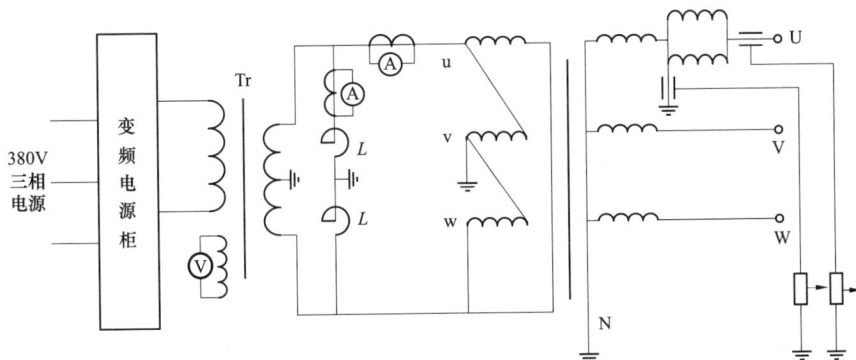

图 37-2-3 变压器局部放电试验接线（U 相）

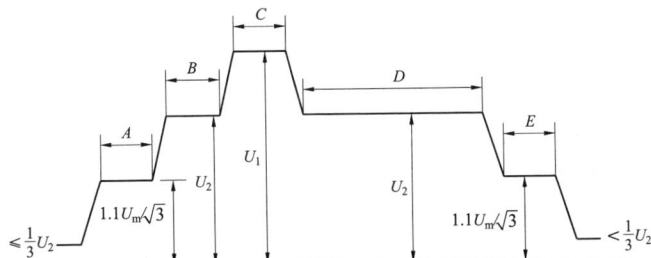

图 37-2-4 局部放电试验加压程序图

A=5min；B=5min；C=试验时间；$D\geqslant$60min；E=5min；U_2=1.3$U_m/\sqrt{3}$（相对地电压）；
U_1=1.7$U_m/\sqrt{3}$（U_m 为设备最高运行线电压）

图 37-2-4 中，当施加试验电压时，接通电源并增加至 $1.1U_m/\sqrt{3}$，持续 5min，读取放电量值；无异常则增加电压至 U_2，持续 5min，读取放电量值；无异常再增加电压至 U_1，进行耐压试验，耐压时间为（120×50/f）s；然后，立即将电压从 U_1 降低至 U_2，保持 30min（330kV 以上变压器为 60min），进行局部放电观测，在此过程中，每 5min 记录一次放电量值；30min 满，则降电压至 $1.1U_m/\sqrt{3}$，持续 5min，记录放电量值；降电压，当电压降低到零时切断电源，加压完毕。

试验回路的均压、防电晕措施是否完善，将直接导致测试回路背景偏大，影响测量结果的准确性。

（三）试验步骤

以变频电源为例。

（1）在被试变压器高、中压端安装均压罩，短接被试品 TA 二次端子，将试验设备吊装到位。

（2）在试验场地周围装设安全围栏，并派专人看守。

（3）确认变频柜中自动开关在分断位置，按图 37-2-4 接线，使用合适截面的导线，接好变频柜三相 380V 端子，将变频柜输出两端分别接到励磁变压器的低压侧，励磁变压器高压侧接到被试变压器加压相。

（4）从变压器顶端注入标准方波进行校准，按照相应标准输入校准信号。观测背景放电量水平、波形特点、相位等情况并进行记录。

（5）加压前由试验负责人复核试验接线，确保接线无误方可加压。

（6）变频柜按照《使用说明书》要求操作。

（7）清除闲杂人员，试验人员、安全巡视人员各就各位，试验正式开始。

（8）升电压，开始测试。升电压至 1/3～1/2 额定电压，观测局部放电量有无异常，有则必须查明原因。观察钳形电流表数值，分析试验回路各部分是否正常。

（9）按加压程序给被试变压器加压，测试并记录局部放电起始放电电压、局部放电熄灭电压、各阶段局部放电量等数值。在试验过程中，一直监视局部放电量、放电波形、各表计读数。

（10）全部试验结束后，迅速降低试验电压，当电压降到 30%试验电压以下时，可以切断电源。励磁变压器高压端挂接地线，对试验回路充分放电后拆线。

六、试验注意事项

（1）局部放电试验前变压器完成全部常规试验，包括绝缘油色谱试验，结果合格。变压器真空注油后按规定静置相应时间，并放掉各侧套管法兰及散热器顶端等处沉积的气体。

（2）被试变压器高、中压侧分接开关应调至 1 挡，使全部线匝绝缘都受到考验。

（3）为消除地网中杂散电流对测试的影响，应检查地线连接，坚持局部放电试验测试回路一点接地的原则。试验电源、励磁变压器和补偿电抗器外壳接地线应分别引至被试变压器油箱的接地引下线上，防止地线环流产生干扰。

（4）被试变压器附近的围栏、油箱等可能电位悬浮的导体均应可靠接地，防止因杂散电容耦合而产生悬浮电位放电。

（5）仔细检查试验回路，对可能引起电场较大畸变的部位，进行适当处理。

（6）局部放电试验过程中，被试变压器周围的电气施工应尽可能停止，特别是电焊作业，以减少试验干扰。

（7）正式试验开始之前，预升较低试验电压，校核被试变压器高压端电压。

（8）在电压升至 U_2 及由 U_2 再降低的过程中，应记录可能出现的起始放电电压和熄灭电压值；在电压 U_3、U_2 的第一阶段中应分别读取并记下一个读数；在施加 U_1 的短时间内不要求读取放电量但应观察；在电压 U_2 的第二阶段的整个期间内，应连续地观察并按每 5min 时间间隔记录一个局部放电水平；在电压 U_3 的第二阶段内，应连续地观察，读取并记下一个局部放电水平。

七、试验结果分析及报告编写

（一）试验结果分析

1. 试验标准及要求

按照 GB 1094.3—2017、GB 50150—2016、DL 417—2006 相关条款执行。

2. 试验结果分析

（1）如果在局部放电的观测过程中，试验电压不产生突然下降，并在施加电压时间内，所有测量端子上的视在放电量的连续水平，低于规定的限值，并不表现出明显地、不断地向接近这个极限方向增长的趋势时，则试验为合格；

（2）如果在一段时间内，视在放电量的读数超过规定的限值，但之后又低于这个限值，则试验不必中断仍可连续进行，直到在此后持续期间内取得可以接受的读数为止。偶然出现的较高的脉冲可忽略不计。

（3）高压套管内部放电判断。变压器高压套管末屏测量局部放电等效回路，如图 37-2-5 所示。

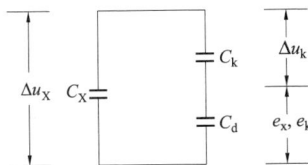

图 37-2-5　变压器高压套管局部放电等效回路图

C_X—变压器的入口电容；C_k—高压套管电容；C_d—检测阻抗和同轴电缆电容

变压器内部放电时，在 C_X 两端产生脉冲电压 Δu_X，其视在放电量

$$q_X = \left(C_X + \frac{C_k C_d}{C_k + C_d} \right) \Delta u_X$$

反映到 C_d 两端的脉冲电压为

$$e_X = \frac{C_k}{C_k + C_d} \Delta u_X$$

将 Δu_X 代入并简化得

$$e_X = \frac{C_k}{(C_k + C_d) C_X + C_k C_d} q_X$$

高压套管内部放电时，在 C_k 两端产生脉冲电压 Δu_k，其视在放电量

$$q_k = \left(C_k + \frac{C_X C_d}{C_X + C_d} \right) \Delta u_k$$

反映到 C_d 两端的脉冲电压为

$$e_k = \frac{C_X}{(C_X + C_d) C_k + C_X C_d} q_k$$

假设这两种情况的放电在 C_d 两端产生的脉冲电压相等，即 $e_X = e_k$，则由上述 e_X 和 e_k 的表达式可得

$$q_X = \frac{C_X}{C_k} q_k$$

一般变压器入口电容 C_X 总是大于高压套管电容 C_k。

由上式可以看出，若 $C_X = 3000\text{pF}$、$C_k = 300\text{pF}$，高压套管内部产生 50pC 的视在放电量，反应到局部放电检测仪上，相当于变压器本身产生了 $q_k = 500\text{pC}$ 的视在放电量。因此，高压套管内部放电的问题不容忽视，必要时应采用电气定位法或单独对高压套管进行局部放电测量，以排除套管放电的影响。

（二）试验报告编写

试验报告填写应包括试验单位、委托单位、试验时间、试验人员、天气情况、环境温度、湿度、变压器的出厂编号、变压器型号、变压器上层油温及相关技术参数、试验结果、试验结论等。

报告附页应注明试验所依据的规程，并注明测量用局部放电测量的型号、计量编号、准确等级和校验日期等。记录所使用的加压设备名称、型号、制造厂、出厂序号、输出电压和容量、参数估算等。

八、案例

某变电站330kV变压器进行现场局部放电测量,试品型号为OSSPS9–400000/ 330,额定容量为400 000kVA,额定电压为$363/\sqrt{3} \pm 2\times2.5\%/24$kV,接线组别为YN0d11。

根据GB 1094《电力变压器》,DL/T 596—1996和《电力设备预防性试验规程补充规定》的要求,结合该变压器的实际状况,此次局部放电试验电压确定为1.3倍额定电压,现场试验频率120Hz。局部放电加压程序见图37–2–4所示。

预加电压 $U_1=1.5U_m/\sqrt{3}=314$(kV)

测量电压 $U_2=1.3U_m/\sqrt{3}=272$(kV),$U_3=1.1U_m/\sqrt{3}=230$(kV)

U_m 为330kV系统最高电压363kV。

主变压器局部放电试验时,高压有载分接开关在4挡,则此时高低压绕组的运行电压分别为353.93kV和24kV。因此,高低压绕组间的变比为:$K_{12}=353.93/\sqrt{3}/24=8.5$。升压变压器高压端与测量端变比为200。

据此也可计算出试验回路中与试验电压对应的各级电压数值,见表37–2–1。

表37–2–1 试验过程中各级电压数值

试验电压	$1.5U_m/\sqrt{3}$	$1.3U_m/\sqrt{3}$	$1.1U_m/\sqrt{3}$
高压端对地电压	314kV	272kV	230kV
低压绕组输入电压	36.9kV	32kV	27kV
升压变测量线圈电压	184V	160V	135V

现场局部放电试验数据记录,见表37–2–2。

表37–2–2 某变电站主变压器现场局部放电试验数据记录 (pC)

试验电压	测量时间(min)		U	V	W
$1.1U_m/\sqrt{3}$	5		50	10	40
$1.3U_m/\sqrt{3}$	5		130	20	80
$1.5U_m/\sqrt{3}$	50s		180	30	100
$1.3U_m/\sqrt{3}$	测量电压	5	160	30	80
		10	170	20	80
		15	170	20	80

续表

试验电压	测量时间（min）		U	V	W
$1.3U_{m}/\sqrt{3}$	测量电压	20	160	20	80
		25	130	20	80
		30	130	20	80
		35	130	20	80
		40	130	20	80
		45	140	20	80
		50	150	20	80
		55	140	20	80
		60	130	20	80
$1.1U_{m}/\sqrt{3}$	5		30	20	70

按照 GB 1094.3—2017、DL 417—2006，本次试验局部放电标准要求为：

在 $1.3U_{m}/\sqrt{3}$ 试验电压下，高压绕组放电量小于 300pC。

该变电站主变压器局部放电试验结果显示，三相高压绕组 $1.3U_{m}/\sqrt{3}$ 电压下局部放电量均未超过标准要求的数值，说明该变压器经过大修后绝缘状况良好，可以投入电网运行。

【思考与练习】

1. 变压器局部放电试验时，采用变频电源的主要原因是什么？

2. 用图说明变压器局部放电的加压过程。

3. 变压器局部放电试验时，应采取哪些抗干扰措施？

第七部分

线圈类设备的特性试验

第三十八章

变比、极性和接线组别试验

▲ 模块1　变压器的变比、极性及接线组别试验（ZY1800508001）

【模块描述】本模块介绍变压器变比、极性及接线组别试验的原理、方法和技术要求。通过试验工作流程的介绍，掌握变压器的变比、极性与接线组别试验前的准备工作和相关安全、技术措施、试验方法、技术要求及测试数据分析判断。

【模块内容】

一、试验目的

变压器的绕组间存在着极性、变比关系，当需要几个绕组互相连接时，必须知道极性才能正确地进行连接。而变压器变比、接线组别是并列运行的重要条件之一，若参加并列运行的变压器变比、接线组别不一致，将出现不能允许的环流。因此，变压器在出厂试验时，检查变压器变比、极性、接线组别的目的在于检验绕组匝数、引线及分接引线的连接、分接开关位置及各出线端子标志的正确性。对于安装后的变压器，主要是检查分接开关位置及各出线端子标志与变压器铭牌相比是否正确，而当变压器发生故障后，检查变压器是否存在匝间短路等。

二、试验仪器、设备的选择

根据对变压器变比、极性、接线组别试验的要求，测试仪器、仪表应能满足测量接线方式、测试电压、测试准确度等，因此需对测试仪器的主要参数进行选择。

（1）仪表的准确度不应低于 0.5 级。

（2）电压表的引线截面不小于 1.5mm²。

（3）对自动测试仪要求有高精度和高输入阻抗。这样仪器在错误工作状态下能显示错误信息，数据的稳定性和抗干扰性能良好，一次、二次信号同步采样。

三、危险点分析及控制措施

（1）防止高处坠落。使用变压器专用爬梯上下，在变压器上作业应系好安全带。对 220kV 及以上变压器，需解开高压套管引线时，宜使用高处作业车，严禁徒手攀爬变压器高压套管。

（2）防止高处落物伤人。高处作业应使用工具袋，上下传递物件应用绳索拴牢传递，严禁抛掷。

（3）防止工作人员触电。在测试过程中，拉、合开关的瞬间，注意不要用手触及绕组的端头，以防触电。严格执行操作顺序，在测量时要先接通测量回路，然后接通电源回路。读完数后，要先断开电源回路，然后断开测量回路，以避免反向感应电动势伤及试验人员，损坏测试仪器。

四、试验前的准备工作

（1）了解被试设备现场情况及试验条件。查勘现场，查阅相关技术资料，包括该设备出厂试验数据、历年试验数据及相关规程等，掌握该设备整体情况。

（2）试验仪器、设备准备。选择合适的被试变压器测试仪、测试线（夹）、温（湿）度计、接地线、放电棒、万用表、电源线（带剩余电流动作保护器）、电压表、极性表、电池、隔离开关、二次连接线、安全带、安全帽、电工常用工具、试验临时安全遮栏、标示牌等，并查阅试验仪器、设备及绝缘工器具的检定证书有效期、相关技术资料、相关规程等。

（3）办理工作票并做好试验现场安全和技术措施。向其余试验人员交待工作内容、带电部位、现场安全措施、现场作业危险点，明确人员分工及试验程序。

五、现场试验步骤及要求

断开变压器有载分接开关、风冷电源，退出变压器本体保护等，将变压器各绕组接地放电，对大容量变压器应充分放电（5min 以上），放电时应用绝缘工具进行，不得用手碰触放电导线。拆除或断开变压器对外的一切连线。

（一）使用 QJ-35 电桥测量变压器变比及误差

1. 试验接线

用 QJ-35 电桥测量变压器变比及误差的接线，如图 38-1-1 所示。

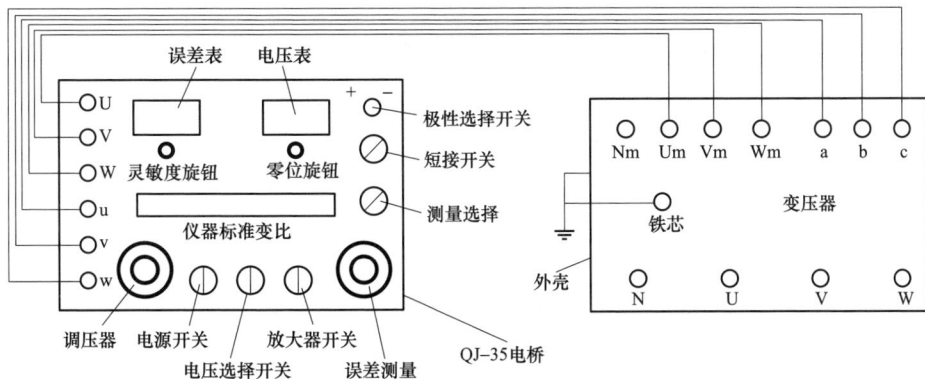

图 38-1-1　使用 QJ-35 电桥测量变压器变比及误差的接线图

2. 试验步骤

（1）将变压器铭牌变比值按 QJ–35 电桥《使用说明书》换算为电桥标准变比 K（取有效值 4 位），正确输入电桥。

（2）检查测试线与被试变压器接触良好且正确，变压器中性点与地断开。

（3）QJ–35 电桥测量操作参照其《使用说明书》进行。

（二）使用自动变比测量仪测量变压器变比及误差

1. 试验接线

将被试变压器按图 38–1–1 进行接线。所不同的是 QJ–35 电桥只有 6 个接线柱（U、V、W、u、v、w），而自动变比测量仪有 8 个接线柱（U、V、W、N、u、v、w、n），根据被试变压器是否有中性点引出进行测量。

2. 试验步骤

（1）将变压器接线组别及各绕组、各挡位铭牌电压值，按自动变比测量仪《使用说明书》正确输入。

（2）自动变比测量仪测量操作参照其《使用说明书》进行。

（三）用双电压表法测量三相变压器变比及误差

1. 三相法

（1）试验接线。三相法是指将 380V 的交流电压加在变压器的高压侧，用电压表直接测量高、低压侧所对应的线电压（或相电压），进而求出三相变压器变比的方法，其接线如图 38–1–2 所示。

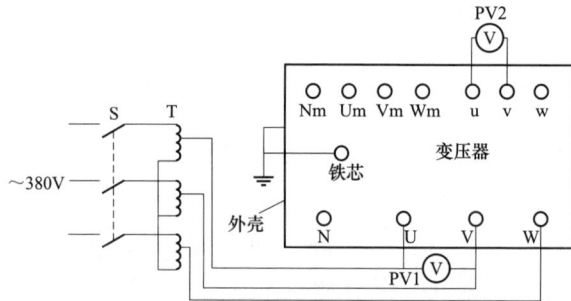

图 38–1–2　三相法测量三相变压器变比及误差的接线图

S—电源开关；T—三相调压器；PV1、PV2—电压表

（2）试验步骤。将三相调压器调至输出为零，检查接线无误后合上电源开关 S，将三相调压器 T 调到一定电压，依次分别测出 UV–uv、VW–vw、WU–wu 线间电压值，并做好记录，降压并断开电源开关 S，对变压器进行放电。

2. 单相法

（1）试验接线。单相法是指将 220V 的交流电压加在变压器的高压侧，用电压表直接测量高、低压侧所对应的线电压（或相电压），进而求出三相变压器变比的方法，其接线如图 38-1-3 所示。

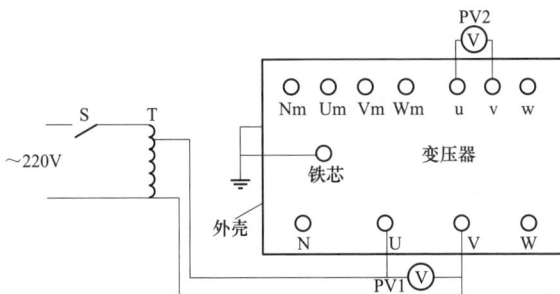

图 38-1-3　单相法测量三相变压器变比及误差的接线图
S—电源开关；T—单相调压器；PV1、PV2—电压表

（2）试验步骤。将单相调压器调至输出为零，检查接线无误后合上电源开关 D，将单相调压器 T 调到一定电压，依次分别测出 UV-uv、VW-vw、WU-wu 线间电压值，并做好记录，降压并断开电源开关 S，对变压器进行放电。

（四）用直流法判断变压器极性

（1）试验接线。用直流法判断变压器极性的试验接线如图 38-1-4 所示，将 1.5～3V 的干电池经开关接在变压器的高压端子 U、X 上，在变压器低压端子 u、x 上连接一个极性表（直流毫伏表或微安表）。

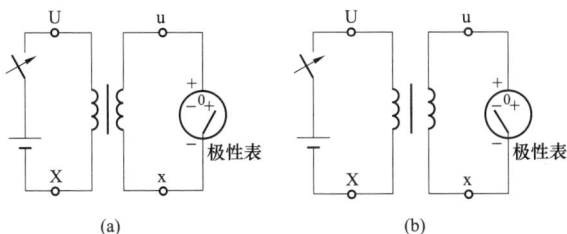

图 38-1-4　用直流法判断变压器极性的试验接线图
（a）接线一；（b）接线二

（2）试验步骤。检查接线无误后合上电源开关，合上开关瞬间若指针向"+"偏，而拉开开关瞬间指针向"-"偏时，则变压器是减极性［见图 38-1-4（a）］。若偏转方向与上述方向相反，则变压器是加极性［见图 38-1-4（b）］。

（五）变压器接线组别的判断

单相变压器常见的接线组别有 Ii12，Ii6。其中，Ii12 表示高压绕组和低压绕组是减极性；Ii6 表示高压绕组和低压绕组是加极性。

三相双绕组变压器常见的接线组别有 Yyn12、Yd11、YNd11。其中，第一个字母表示高压绕组的接线，第二个字母表示低压绕组的接线，其后的数字乘以 30，则为低压绕组的电动势落后于高压绕组电动势的相位差。

三相三绕组变压器常见的接线组别有 YNyn0d11。接线组别中，第一个字母为高压绕组接线，第三个字母为中压绕组接线，第五个为低压绕组接线，第一个数字表示高、中压绕组间的相位差（数字乘以 30，则为中压绕组电动势落后于高压绕组电动势的相位差），第二个数字表示高、低压绕组间的相位差（数字乘以 30，则为低压绕组电动势落后于高压绕组电动势的相位差）。

1. 直流法

（1）试验接线。用直流法判断变压器接线组别的试验接线如图 38-1-5 所示，将 1.5～3V 的干电池经开关接在变压器的高压侧 UV［或 VW、UW 端子上，在变压器低压端子 uv（或 vw、uw）］上接入直流毫伏电压表或微安电流表。

（2）试验步骤。按图 38-1-5 进行接线，检查接线无误后合上电源开关，电源开关合上瞬间记录接在低压端子 uv（或 vw、uw）上毫伏电压表指针的指示方向及最大数值。依次对高压侧 VW、UW 端子施加直流电压，分别记录 uv、vw、uw 上指针的指示方向及最大数值，共计进行 9 次测量。

2. 相位表法

（1）试验接线。相位表是测量电流、电压相位的仪表。用相位表判断三相变压器接线组别的试验接线如图 38-1-6 所示。相位表的电压线圈按所标示的极性接于被试品的高压，电流线圈通过一个可变电阻接入被试品低压的对应端子上。

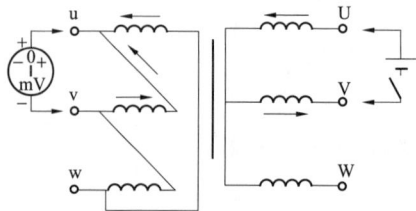

图 38-1-5　用直流法判断变压器
接线组别的试验接线图

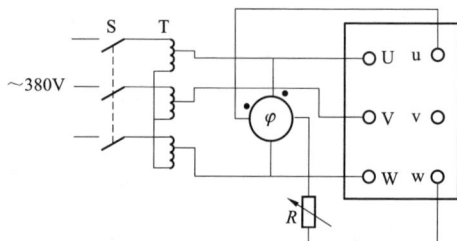

图 38-1-6　用相位表法判断
变压器接线组别的试验接线图

（2）试验步骤。试验时，将三相调压器调至输出为零，检查接线无误后合上电源开关 S，将三相调压器 T 调到一定电压，依次分别测出 UV—uv、VW—vw、UW—uw 之间相位值，并做好记录，降压并断开电源开关 S，对变压器进行放电。

六、试验注意事项

1. 使用 QJ–35 电桥、自动变比测量仪、双电压表法测量三相变压器变比及误差的注意事项

（1）接测试线前必须对变压器进行充分放电。

（2）使用 QJ–35 电桥、自动变比测量仪时，试验电源应与使用仪器的工作电源相同。

（3）使用 QJ–35 电桥、自动变比测量仪时，接测试线时必须知晓变压器的极性或接线组别。

（4）使用 QJ–35 电桥、自动变比测量仪时，测量操作顺序必须按仪器的《说明书》进行。

（5）调压器必须由零开始升压，可以减小由于励磁电流所引起的误差。

（6）双电压表法测量时，尽可能使电源电压保持稳定，读数时高、低压侧应同时进行。

（7）使用电压表的准确度不应低于 0.5 级，并应使仪表的指示量程不小于 2/3。

（8）采用三相电源测量时，要求三相电源平衡、稳定（不平衡度不应超过 2%），二次侧电压表的连接，要注意引线不能太长，接触应良好，否则将产生测量误差。

（9）调压器应采用接触式调压器，以免波形畸变产生测量误差。

（10）试验电源一般应施加在变压器高压侧，在低压侧进行测量。当变压器变比较大或容量较小时，可将试验电源加在变压器的低压侧，高压侧电压经互感器测量。互感器准确度不应低于 0.5 级。

（11）变压器需换挡测量时，必须停止测量，再进行切换。

2. 直流法判断变压器极性、接线组别的注意事项

（1）接线时应注意电池、表记、绕组的极性。例如，电池正极接绕组高压端子"U"，则表计正端要相应地接到低压端子"u"上（见图 38–1–4）。测量时，要细心观察表计指针偏转方向。

（2）使用的表计最好是零位在中间的。若选用普通直流电表，如果向负的方向（即无刻度的一方）摆动的位移很小不易观察时，可将表计正、负两端倒换一下，然后重做一次测量，此时表计指针便向正方向摆动，但应记录为负值。

（3）操作时要先接通测量回路，然后再接通电源回路。读完数后，要先断开电源回路，然后再断开测量回路表计。

（4）测量变比较大的变压器时，应加较高的电压（6～9V），并用小量程表计，以

便仪表有明显的指示。

（5）拉、合开关时都应有一个时间间隔，以便观察清楚开关拉、合时表针摆动的真实方向。

（6）在测量接线组别时，仪表读数有的为零。这是由于二次绕组感应电动势平衡所造成的。但在实际测量时，由于磁路、电路不能完全相等，因而该值不会为零，常有较小的数值。因此工作时应仔细地分析对比，避免差错。

（7）拉、合开关的瞬间，不要用手触及绕组的端头，以防触电。

（8）试验时应反复操作几次，以免误判试验结果。

3. 用相位表法判断变压器接线组别的注意事项

（1）对单相变压器要供给单相电源，对三相变压器要供给三相电源。

（2）在被试变压器的高压侧供给相位表规定的电压。一般相确定接线组别位表有几挡电压量程，电压比大的变压器用高电压量程，电压比小的用低电压量程。可变电阻的数值要调节适当，即使电流线圈中的电流值小于额定值，也不得低于额定值的20%。

（3）接线时要注意相位表两线圈的极性，正确接法如图38-1-6所示。

（4）必要时，可在试验前，用已知接线组的变压器核对相位表的正确性。

（5）对于三相变压器，最好在两对应线端子进行测量，即测 UV、uv，VW、vw，UW、uw 间的相位差。

七、试验结果分析及试验报告编写

（一）试验结果分析

1. 试验标准及要求

根据 DL/T 596—1996、GB 50150—2016 的规定：

（1）各相应分接头的变比与铭牌值相比，不应有显著差别，且应符合规律。

（2）电压 35kV 以下，变比小于 3 的变压器，其变比允许偏差为±1%；其他所有变压器额定分接头变比允许偏差为±0.5%，其他分接头的变比应在变压器阻抗电压百分值的 1/10 以内，但不得超过±1%。

（3）检查变压器的三相接线组别和单相变压器引出线的极性，必须与设计要求及铭牌上的标记和外壳上的符号相符。

2. 试验结果分析

（1）用双电压表法测量三相变压器变比及误差的分析。

1）用双电压表三相法测量三相变压器变比及误差的分析计算按下式进行

$$
\left.
\begin{array}{l}
K_{UV} = \dfrac{U_{UV}}{U_{uv}} \\[2mm]
K_{VW} = \dfrac{U_{VW}}{U_{vw}} \\[2mm]
K_{UW} = \dfrac{U_{UW}}{U_{uw}}
\end{array}
\right\} \tag{38-1-1}
$$

$$
\left.
\begin{array}{l}
\Delta K_{UV} = \dfrac{K_{UV} - K_N}{K_N} \times 100\% \\[2mm]
\Delta K_{VW} = \dfrac{K_{VW} - K_N}{K_N} \times 100\% \\[2mm]
\Delta K_{UW} = \dfrac{K_{UW} - K_N}{K_N} \times 100\%
\end{array}
\right\} \tag{38-1-2}
$$

以上式中　U_{UV}、U_{VW}、U_{UW}——实测变压器高压侧线电压；

$\qquad\quad$ U_{uv}、U_{vw}、U_{uw}——实测变压器低压侧线电压；

$\qquad\quad$ K_{UV}、K_{VW}、K_{UW}——实测变压器变比；

$\qquad\quad$ ΔK_{UV}、ΔK_{VW}、ΔK_{UW}——实测变压器变比误差；

$\qquad\qquad\qquad\qquad$ K_N——变压器额定变比。

　　将计算结果与变压器各相应分接头的变比与铭牌值相比，不应有显著差别。若现场无平衡、稳定的三相电源时，也可用单相电源测量三相变压器的变比。另外，当采用三相法测量出的变比超出规程规定时，也需采用单相法进一步检查出故障的相别。

　　2）用双电压表单相法测量三相变压器的变比及分析计算，见表38-1-1。

表 38-1-1　　　　　　　　单相法测量三相变压器的变比及分析计算

变压器接线组别	加压端	短路端	电压测量		变比计算
			高压	低压	
Yy Dd	UV	—	U_{UV}	U_{uv}	$K_{UV} = U_{UV}/U_{uv}$
	VW	—	U_{VW}	U_{vw}	$K_{VW} = U_{VW}/U_{vw}$
	UW	—	U_{UW}	U_{uw}	$K_{UW} = U_{UW}/U_{uw}$
Yd	UV	vw	U_{UV}	U_{uv}	$K_{UV} = (\sqrt{3}\,U_{UV})/(2U_{uv})$
	VW	wu	U_{VW}	U_{vw}	$K_{VW} = (\sqrt{3}\,U_{VW})/(2U_{vw})$
	UW	uv	U_{UW}	U_{uw}	$K_{UW} = (\sqrt{3}\,U_{UW})/(2U_{uw})$

续表

变压器接线组别	加压端	短路端	电压测量		变比计算
			高压	低压	
YNd	UN	—	U_{UN}	U_{uv}	$K_{UN}=(\sqrt{3}\,U_{UN})/U_{uv}$
	VN	—	U_{VN}	U_{vw}	$K_{VN}=(\sqrt{3}\,U_{VN})/U_{vw}$
	WN	—	U_{WN}	U_{uw}	$K_{WN}=(\sqrt{3}\,U_{WN})/U_{uw}$
Dyn	UV	—	U_{UV}	U_{un}	$K_{UV}=U_{UV}/(\sqrt{3}\,U_{un})$
	VW	—	U_{VW}	U_{vn}	$K_{VW}=U_{VW}/(\sqrt{3}\,U_{vn})$
	WU	—	U_{UW}	U_{wn}	$K_{UW}=U_{UW}/(\sqrt{3}\,U_{wn})$
Dy	UV	WU	U_{UV}	U_{uv}	$K_{UV}=(2U_{UV})/(\sqrt{3}\,U_{uv})$
	VW	UV	U_{VW}	U_{vw}	$K_{VW}=(2U_{VW})/(\sqrt{3}\,U_{vw})$
	UW	VW	U_{UW}	U_{uw}	$K_{UW}=(2U_{UW})/(\sqrt{3}\,U_{uw})$

　　根据三相变压器的不同连接组别，依次将单相电源通过单相调压器接到变压器的高压侧，用电压表直接测量高、低压侧所对应的相（或线）电压，其接线如图38-1-3所示。

　　其误差用式（38-1-2）计算。将计算结果与变压器各相应分接头的变比与铭牌值相比，不应有显著差别。

　　当现场三相试验电源对称性较差，可以改用单相法测定变比。另外，当采用三相法测量出的变比超出规程规定时，也须采用单相法进一步检查出故障的相别。应用双电压表法测量变比虽然原理简单，测量容易。但存在诸如需要精度较高的仪器（0.2级、0.1级的电压表，电压互感器）、误差较大、试验电压较高、测量不安全等因素，所以目前较广泛采用变比电桥法（QJ-35）或自动变比测试仪进行变比试验。

　　（2）判断三相变压器接线组别分析判断。

　　1）用直流法判断三相变压器接线组别的标准，参见表38-1-2。

表 38-1-2　　　　　　　　直流法判断三相变压器的接线组别标准

组别	通电相 +	通电相 −	低压侧表针指示 u+v−	v+w−	u+w−	组别	通电相 +	通电相 −	低压侧表针指示 u+v−	v+w−	u+w−
1	U	V	+	−	0	7	U	V	+	+	0
	V	W	0	+	+		V	W	0	−	−
	U	W	+	0	+		U	W	−	0	−
2	U	V	+	−	−	8	U	V		+	+
	V	W	+	+	+		V	W		+	−
	U	W	+		+		U	W		+	+
3	U	V	0	+	+	9	U	V	0	+	+
	V	W	+	0	+		V	W	+	0	+
	U	W	+		0		U	W	+	+	0
4	U	V			+	10	U	V	+	+	+
	V	W	+		+		V	W		+	−
	U	W	+		+		U	W		+	+
5	U	V	−	0	−	11	U	V	+	0	+
	V	W	+		0		V	W	−	+	0
	U	W	0		−		U	W	0	+	+
6	U	V	−	+	−	12	U	V	+	+	+
	V	W	+	−	+		V	W	−	+	+
	U	W	−	−	−		U	W	+	+	+

　　2）用相位表法判断变压器接线组别时分析判断。如图 38-1-6 所示，相位表所测得的相位差除以 30 即可知高、低压间的时钟序号，即接线组别标号。

　　直流法适用于单相变压器和时钟时序为 12 和 6 的三相变压器，对其他时序的变压器测量结果不够准确。而相位表法测量在现场对试验电源稳定性要求较高。因此在现场进行校对变压器接线组别时，一般采用变比电桥（QJ-35）或自动变比测试仪进行试验。

　　测量变压器变比、极性、接线组别。在现场使用 QJ-35 电桥、自动变比测量仪都能满足电力系统目前常用的变压器变比、极性、接线组别的测量要求。对接线特殊的变压器变比及误差的测量，使用"双电压表三相法"进行测量并通过计算得到误差，或通过特殊的测量仪进行测量，得到变比、极性、接线组别（相位）、误差等参数。

　　（二）试验报告编写

　　试验报告填写应包括试验时间、试验人员、天气情况、环境温度、湿度、使用地点、变压器的出厂编号、变压器型号及参数、变压器上层油温、试验结果、试验结论、试验性质（交接试验、预防性试验、检查）、试验仪器的型号、计量编号，备注栏写明其他需要注意的内容，如是否拆除引线等。

八、案例

某变电站对一台额定电压为 110/10.5kV，接线组别为 YNd11 的无载调压变压器进行大修后试验，发现在测量变比分接位置"2""3"时，误差超过标准，高压直流电阻在分接位置"2""3"时误差超过标准，其测试数据如表 38–1–3 所示。

表 38–1–3 某变压器的测试数据

分接位置	变比误差（%）			高压绕组直流电阻（Ω）			
	UV/uv	VW/vw	UW/uw	UN	VN	WN	Δ*R*%
1	−0.05	−0.04	−0.04	0.380 4	0.382 0	0.382 4	0.52
2	+0.07	+2.54	+2.69	0.371 1	0.372 5	0.363 9	2.33
3	−0.03	−2.88	−2.90	0.362 0	0.363 1	0.373 3	3.09
4	−0.04	+0.03	−0.05	0.353 5	0.354 3	0.354 9	0.39
5	−0.03	−0.06	−0.05	0.344 3	0.345 2	0.345 8	0.45

经对变比、直流电阻数据进行分析，可能将分接开关 W 相绕组的分接"2"、分接"3"接反，造成误差超标。重新吊检，发现其缺陷，消除后重新测量，其变比误差、直流电阻误差均合格。

【思考与练习】

1. 如何用双电压表三相法测量三相变压器的变比及误差？

2. 在用直流法测量三相变压器的接线组别时，为什么仪表读数有的为零？

3. 某主变压器接线组别为 YNyn0d11，现采用直流法判断，请画出该主变压器的接线组别图。

▲ 模块 2 互感器的变比、极性试验（ZY1800508002）

【模块描述】本模块介绍电流互感器、串级式电压互感器、电容式电压互感器的变比、极性试验的方法和技术要求。通过对试验工作流程的介绍，掌握电流互感器、串级式电压互感器、电容式电压互感器的变比、极性试验前的准备工作和相关安全、技术措施、试验方法、技术要求及测试数据分析判断。

【模块内容】

一、试验目的

测试互感器的极性很重要，因为极性判断错误会导致接线错误，进而使计量仪表指示错误，更为严重的是使带有方向性的继电保护误动作。测量变比可以检查互感器一次、二次关系的正确性，给继电保护正确动作、保护定值计算提供依据。

二、试验仪器、设备的选择

（1）仪表的准确度不应低于 0.5 级。

（2）标准互感器的准确度应高于被试互感器一个等级。

（3）对自动变比测试仪要求有高精度和高输入阻抗，其准确度不应低于 0.5 级。仪器在错误工作状态下能显示错误信息，数据的稳定性和抗干扰性能很好，一次、二次信号是同步采样。

三、危险点分析及控制措施

（1）防止高处坠落。工作人员在拆、接互感器一次引线时，必须系好安全带。使用梯子时，必须有人扶持或绑牢。在解开 220kV 及以上互感器一次引线时，宜使用高处作业车，严禁徒手攀爬互感器。

（2）防止高处落物伤人。高处作业应使用工具袋，上下传递物件应用绳索拴牢传递，严禁抛掷。

（3）防止工作人员触电。拆、接试验接线前，应将被试互感器对地充分放电，以防止剩余电荷、感应电压伤人及影响测量结果。在运行变电站测量电压互感器变比、极性时，必须将电压互感器二次熔丝（或自动开关）断开，以免反送电伤及试验人员。严格执行操作顺序，在测量时先接通测量回路，然后接通电源回路。读完数后，先断开电源回路，然后断开测量回路，以避免反向感应电动势伤及试验人员，损坏测试仪器。拉、合开关的瞬间，不要用手触及绕组的端头，以防触电。

四、试验前的准备工作

（1）了解被试设备现场情况及试验条件。查勘现场，查阅相关技术资料，包括该设备出厂试验数据、历年试验数据及相关规程等，掌握该设备整体情况。

（2）试验仪器、设备准备。选择合适的自动变比测试仪、测试线（夹）、温（湿）度计、接地线、放电棒、万用表、电源线（带剩余电流动作保护器）、升流器、标准电流互感器、标准电压互感器、调压器、电流表、电压表、极性表、电池、隔离开关、二次连接线、安全带、安全帽、电工常用工具、试验临时安全遮栏、标示牌等，并查阅测试仪器、设备及绝缘工器具的检定证书有效期。

（3）办理工作票并做好试验现场安全和技术措施。向其余试验人员交待工作内容、带电部位、现场安全措施、现场作业危险点，明确人员分工及试验程序。

五、现场试验步骤及要求

（一）测量电流互感器的极性、变比

1. 用直流法测量电流互感器极性

（1）试验接线。直流法测量电流互感器极性的接线如图 38-2-1 所示，将 1.5～3V

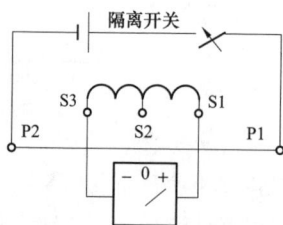

图 38-2-1 直流法测量电流
互感器极性的接线图

的干电池经隔离开关接在电流互感器的一次绕组端子 P1、P2 上，在电流互感器二次绕组端子 S1、S3 上连接一个极性表。

（2）试验步骤。将被试电流互感器对地放电，使电流互感器一次绕组端子 P1、P2 空开。按图 38-2-1 进行接线，检查接线无误后合上隔离开关，合闸瞬间若指针向"+"偏，而拉开开关瞬间指针向"–"偏时，则电流互感器是减极性。若偏转方向与上述方向相反，则电流互感器是加极性。依次，对其他二次绕组进行测量。

2. 用比较法测量电流互感器变比

（1）试验接线。比较法测量电流互感器变比的接线如图 38-2-2 所示。将被试电流互感器与标准电流互感器一次侧串联，二次侧各接一只 0.5 级的电流表，并且将被试电流互感器其他二次绕组短路。

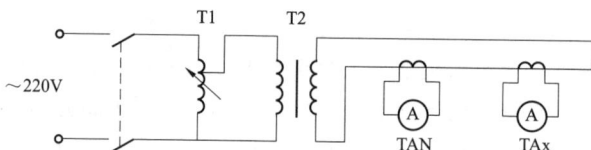

图 38-2-2 比较法测量电流互感器变比的接线图
T1—单相调压器；T2—升流器；TAN—标准电流互感器；
TAx—被试电流互感器

（2）试验步骤。将被试电流互感器对地放电，使电流互感器一次绕组端子 P1、P2 空开。按图 38-2-2 进行接线，检查接线无误、调压器在零位后合上隔离开关，将调压器 T1 调到输出一定电压，当电流升至电流互感器额定电流的 30%～70% 范围时，同时记录两电流表的读数，做好记录，降压为零并断开隔离开关，对电流互感器进行放电。若二次绕组有中间抽头（S2），同样要进行测量。依次，对其他二次绕组进行测量。

3. 用自动变比测试仪测量电流互感器变比、极性

（1）试验接线。用自动变比测试仪测量电流互感器变比、极性的接线如图 38-2-3 所示，将测试仪的高压端子（U、V）与电流互感器二次端子（S1、S3）连接，测试仪低压端子（u、v）与电流互感器一次端子（P1、P2）连接，将测试仪 V、v 端子短接（某些测试仪不需要），并且将被试电流互感器其他二次绕组短路。

（2）试验步骤。将被试电流互感器对地放
电，使电流互感器一次绕组端子 P1、P2 空开。
按图 38-2-3 进行接线，检查接线无误后，按
测试仪《使用说明书》进行操作，并做好记
录。若二次绕组有中间抽头（S2）同样要进
行测量，依次对其他二次绕组进行测量。

（二）测量电压互感器极性、变比

1. 用直流法测量串级式、电容式电压互感
器极性

（1）试验接线。直流法测量电压互感器
极性的接线如图 38-2-4 所示，将 1.5～3V 的

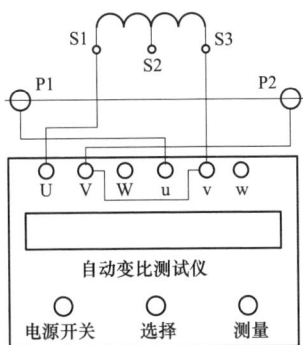

图 38-2-3　用自动变比测试仪测量电流
互感器变比、极性的接线图

干电池经隔离开关接在电压互感器二次绕组端子 u、x 上，其余二次绕组端子开路，在
电压互感器一次绕组端子 U、X（δ）上连接一个极性表。

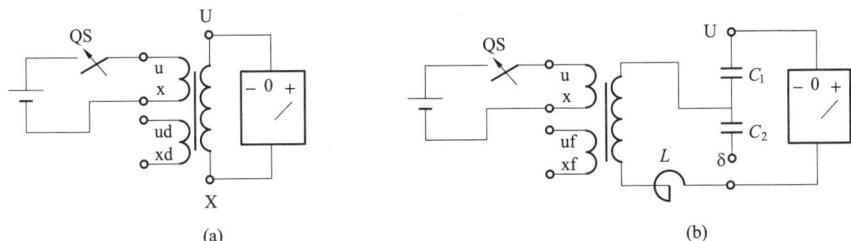

图 38-2-4　直流法测量电压互感器极性的接线图
（a）串级式电压互感器；（b）电容式电压互感器

（2）试验步骤。将被试电压互感器对地放电，使电压互感器一次绕组端子 U 空开，
将电压互感器一次绕组末端 X（δ）与地解开。按图 38-2-4 进行接线，检查接线无误
后合上隔离开关（QS）。合上隔离开关（QS）瞬间若指针向"＋"偏，而拉开开关瞬间
指针向"－"偏时，则电压互感器是减极性。若偏转方向与上述方向相反，则电压互感
器是加极性。依次对其他二次绕组进行测量。

2. 用比较法测量串级式、电容式电压互感器变比

（1）试验接线。比较法测量电压互感器变比的接线，如图 38-2-5 所示。

（2）试验步骤。将被试电压互感器对地放电，按图 38-2-5 进行接线，检查接线无
误，并调压器在零位后合上隔离开关，将调压器调到输出一定电压，当电压升至互感器
额定电压的 20%～70% 范围时，同时记录 PV1、PV2 电压表的读数，做好记录，降压为
零并断开隔离开关，对电压互感器进行放电。依次，对其他二次绕组进行测量。

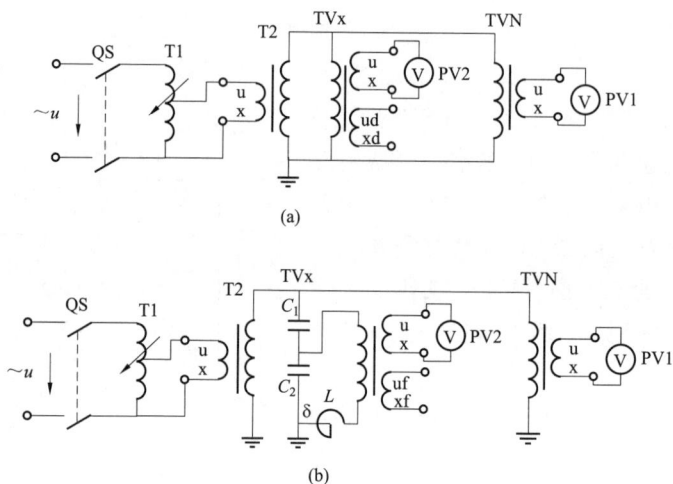

图 38-2-5　比较法测量电压互感器变比的接线图

（a）串级式电压互感器；（b）电容式电压互感器

QS—电源隔离开关；T1—单相调压器；T2—试验变压器；TVN—标准电压互感器；

TVx—被试电压互感器；PV1、PV2—电压表

3. 用自动变比测试仪测量电压互感器变比、极性

（1）试验接线。以电容式电压互感器为例，用自动变比测试仪测量电压互感器变比、极性的接线，如图 38-2-6 所示。

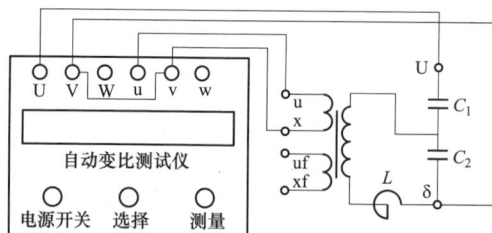

图 38-2-6　用自动变比测试仪测量电压互感器变比、极性的接线图

（2）试验步骤。将被试电压互感器对地放电，将电压互感器一次绕组末端 X（或δ）与地解开，测试仪的高压端子（U、V）与电压互感器一次绕组端子 [U、X（或δ）] 连接，测试仪低压端子（u、v）与电压互感器二次绕组端子（u、x）连接，测试仪 V、v 端子短接（某些测试仪不需要），被试电压互感器其他二次绕组开路。

检查接线无误后，按测试仪《使用说明书》进行操作，并做好记录。依次对其他二次绕组进行测量。

六、试验注意事项

（一）用直流法判断互感器极性的注意事项

（1）应将干电池和表计的同极性端接绕组的同名端。例如，干电池正极接互感器绕组端子"P1"或"u"，则表计正端要相应地接到互感器端子"S1"或"U"上。测量时要细心观察表计指针偏转方向。

（2）使用的表计最好是零位在中央的。若选用普通直流电表，如果向负的方向（即无刻度的一方）摆动的位移很小，不易观察时，可将表计正、负两端倒换一下，然后重做一次测量，此时表计指针便向正方向摆动，但应记录为负的。

（3）测量变压比较大的电压互感器时，应加较高的电压（6～9V），并用小量程表计，以便仪表有明显的指示。

（4）拉、合开关时都应有一个时间间隔，以便观察清楚开关拉、合时表针摆动的真实方向。

（5）试验时应反复操作几次，以免误判试验结果。

（二）用比较法测量互感器变比的注意事项

（1）调压器必须从零开始升压，以减小由于励磁电流所引起的误差，并且调压器应采用接触式调压器，以免波形畸变产生测量误差。

（2）测量电压互感器时施加的电压不应低于被试电压互感器额定电压的20%，测量电流互感器时施加的电流不应低于被试电流互感器额定电流的30%，并尽可能使电源电压保持稳定，读数时高、低压侧应同时进行。

（3）使用电压表、电流表时，应使仪表的指示刻度不小于量程的2/3。

（4）二次侧电压表、电流表的连接，要注意引线不能太长，接触应良好，否则将产生测量误差。

（5）为避免测量误差，应在互感器额定电压、电流范围内多选几点进行测量。

（6）在运行变电站测量电流互感器变比、极性时，必须退出该电流互感器的保护装置，以免引起保护误动。

（三）用自动变比测试仪的注意事项

（1）试验电源应与使用仪器的工作电源相同。

（2）为防止剩余电荷影响测量结果，测试前必须对互感器进行充分放电。

（3）测量操作顺序必须按仪器的《使用说明书》进行。

（4）测量时最好在"端子箱"连同二次引线一起进行测量，以检查二次引线连接是否正确。

七、试验结果分析及试验报告编写

（一）试验结果分析

1. 试验标准及要求

根据 DL/T 596—1996、GB 50150—2017、GB 20840.2—2014 及 GB 20840.3—2013

的规定：

（1）极性测量。

1）电流互感器：所有标有 P1、S1 和 C1 的接线端子，在同一瞬间具有同一极性。

2）电压互感器：标有同一字母的大写和小写的端子，在同一瞬间具有同一极性。

（2）变比测量。其标准为测量结果与铭牌标志相符。

2. 试验结果分析

（1）用比较法测量电流互感器变比。被试电流互感器的实际变比为

$$K_X = \frac{K_n I_n}{I_X} \qquad (38-2-1)$$

变比误差为

$$\Delta K = \left(\frac{K_X - K_X'}{K_X'} \right) \times 100\% \qquad (38-2-2)$$

式中　K_n、I_n——标准电流互感器的变比和二次电流值；

$\quad\quad K_X$、I_X——被试电流互感器的变比和二次电流值；

$\quad\quad K_X'$——被试电流互感器的额定变比。

（2）用比较法测量电压互感器变比。被试电压互感器的实际变比为

$$K_X = \frac{K_n U_n}{U_X} \qquad (38-2-3)$$

变比差值为

$$\Delta K = \left(\frac{K_X - K_X'}{K_X'} \right) \times 100\% \qquad (38-2-4)$$

式中　K_n、U_n——标准电压互感器的变比和二次电压值；

$\quad\quad K_X$、U_X——被试电压互感器的变比和二次电压值；

$\quad\quad K_X'$——被试电压互感器的额定变比。

（二）试验报告编写

互感器极性、变比试验报告一般与互感器介质损耗及其他试验共用一份试验报告，填写试验报告时应包括试验时间、试验人员、天气情况、环境温度、湿度、使用地点、互感器型号及参数、试验数据、试验结论、试验性质（交接试验、预防性试验、检查）、测试仪名称、型号、计量编号，备注栏写明其他需要注意的内容等。

八、案例

一台型号为 LCWB-110 的电流互感器，其铭牌数据如下：一次额定电流为 2×300/5A，额定电压为 110kV。二次标记：S1—S2，300/5；S1—S3，600/5。

在交接试验中，连同二次引线在"端子箱"处测量变比、极性，当测试到 4S1—4S2，变比 120；4S1—4S3，变比 60。其极性为"加"与铭牌值比较，不相符，而其余二次绕组都与铭牌值相符。经检查发现，电流互感器的二次端子与"端子箱"所连接的二次引线，连接错误，将二次引线重新连接在"端子箱"处，再次进行测量 4S1—4S2、4S1—4S3 变比、极性均与铭牌值相符。

【思考与练习】

1. 画出用直流法测量电流互感器极性的接线。

2. 对电压互感器进行绕组极性判定时，其一次侧有什么注意事项？

3. 用比较法测量串级式电压互感器的变比时，其误差如何计算？

第三十九章

线圈类设备的直流电阻测试

▲ 模块 1　变压器直流电阻测试（ZY1800509001）

【模块描述】本模块介绍变压器直流电阻测试的方法和技术要求。通过对测试工作流程的介绍，掌握变压器直流电阻测试前的准备工作和相关安全、技术措施、测试方法、技术要求及测试数据分析判断。

【模块内容】

一、测试目的

变压器绕组直流电阻的测试是变压器试验中既简便又重要的一个试验项目。测试变压器绕组连同套管的直流电阻，可以检查出绕组内部导线接头的焊接质量、引线与绕组接头的焊接质量、电压分接开关各个分接位置及引线与套管的接触是否良好、并联支路连接是否正确、变压器载流部分有无断路、接触不良及绕组有无短路现象。

二、测试仪器、设备的选择

根据变压器容量及测量的要求，对仪表、测试仪器主要参数进行如下选择：

（1）用电流电压表法测量时，电流表、电压表准确度应不低于 0.5 级，其量程满足测量要求。电流表内阻应选择低内阻，电压表内阻应选择高内阻。滑线电阻阻值应选择 10～100Ω，功率不小于 200W。

（2）用电桥法测量时，根据被测绕组电阻（R_X）的大小进行选择，当 $R_X \geqslant 1\Omega$，用单臂电桥；当 $R_X < 1\Omega$，用双臂电桥。双臂电桥测量时测试接线方式采用"四端接线方法"接线，即输出的电流、电压分为 C1、C2、P1、P2。

（3）用直流电阻测试仪测量时，其准确度不应低于 0.5 级。直流纹波系数在电阻负荷下小于 0.1%。在稳态时读取测量数据应在 5min 内，其值变化不大于 5‰。对 1600kVA 及以上变压器，测试电流不小于 3A，且可以选择测试电流。仪器内部应装设断开测量电流的保护电路，以限制反向感应电动势的幅值。并且在测试仪器面板设置放电完毕后的显示。

三、危险点分析及控制措施

（1）防止高处坠落。应使用变压器专用爬梯上下，在变压器上作业系好安全带。对 220kV 及以上变压器，需解开高压套管引线时，宜使用高处作业车，严禁徒手攀爬变压器高压套管。

（2）防止高处落物伤人。高处作业应使用工具袋，上下传递物件应用绳索拴牢传递，严禁抛掷。

（3）防止工作人员触电。拆、接试验接线前，应将被试设备对地充分放电；在充、放电过程中，严禁人员触及变压器套管金属部分；测量引线要连接牢固，试验仪器的金属外壳应可靠接地。

（4）防止试验仪器损坏。防止反向感应电动势损坏测试仪。对无载调压变压器测量时，若需要切换分接挡位，必须停止测试，待测试仪提示"放电"完毕后，方可切换分接开关。在测量过程中，不能随意切断电源及拉掉接在试品两端的测量连接线。

四、测试前的准备工作

（1）了解被试设备现场情况及试验条件。查勘现场，查阅相关技术资料，包括该设备出厂试验数据、历年试验数据及相关规程等，掌握该设备整体情况。

（2）测试仪器、设备的准备。选择合适的被试变压器直流电阻测试仪、电流表、电压表、测试线（夹）、温（湿）度计、接地线、放电棒、万用表、电源线（带剩余电流动作保护器）、安全带、安全帽、电工常用工具、试验临时安全遮栏、标示牌等，并查阅测试仪器、设备及绝缘工器具的检定证书有效期。

（3）办理工作票并做好试验现场安全和技术措施。向其余试验人员交待工作内容、带电部位、现场安全措施、现场作业危险点，明确人员分工及试验程序。

五、现场测试步骤及要求

断开变压器有载分接开关、风冷电源，退出变压器本体保护等，将变压器各绕组接地放电，对大容量变压器应充分放电（5min 以上）。放电时应用绝缘棒等工具进行，不得用手碰触放电导线。拆除或断开变压器对外的一切连线。

（一）电流电压表法

1. 测试接线

电流电压表法又称电压降法。电压降法的测量原理，是在被测绕组中通以直流电流，因而在绕组的电阻上产生电压降，测量出通过绕组的电流及电阻上的电压降，根据欧姆定律，即可算出绕组的直流电阻，其测试接线如图 39-1-1 所示。

2. 测试步骤

根据被测电阻 R_X 的大小选择试验接线 [$R_X \geqslant 1\Omega$，选择图 39-1-1（a）。$R_X < 1\Omega$，

选择图 39-1-1（b）]。检查接线正确无误后，应先合上隔离开关 K1 接通电流回路，待测量回路的电流稳定后，再合隔离开关 K2 接入电压表，记录数据。测量结束后，先断开 K2，后断开 K1，以免感应电动势损坏电压表。然后进行放电，变更试验接线，分别测量其他绕组直流电阻。

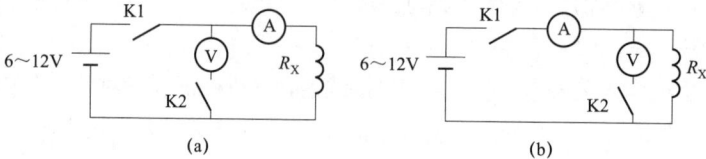

图 39-1-1　电流电压表法测量直流电阻的测试接线图
（a）测量大电阻；（b）测量小电阻
K1、K2—隔离开关；R_X—被测电阻

3. 测试数据整理及计算

在一定的测量电压下，由于电流表内阻产生的电压降及电压表分流的影响，对于不同的试验接线，其 R_X 计算：对于图 39-1-1（a），则 R_X 计算式为

$$R_X = \frac{U - IR_A}{I} \tag{39-1-1}$$

对于图 39-1-1（b），则 R_X 计算式为

$$R_X = \frac{U}{I - U/R_V} \tag{39-1-2}$$

式中　　R_X——被测绕组的电阻，Ω；

　　　　U——电压表测量的电压，V；

　　　　I——电流表测量的电流，A；

　R_A、R_V——电流表和电压表的内阻，Ω。

（二）电桥法

应用电桥平衡的原理测量绕组直流电阻的方法，称为电桥法。常用的有单臂电桥及双臂电桥两种。

1. 单臂电桥法

（1）测试接线。单臂电桥测量变压器绕组直流电阻的接线，如图 39-1-2 所示。

（2）测试步骤。用测量线将电桥 X1、X2 端子与变压器被测绕组相连，非被测绕组开路。按电桥《操作说明书》进行测量，记录数据。测量完毕进行放电。变更试验接线，分别测量其他绕组的直流电阻。

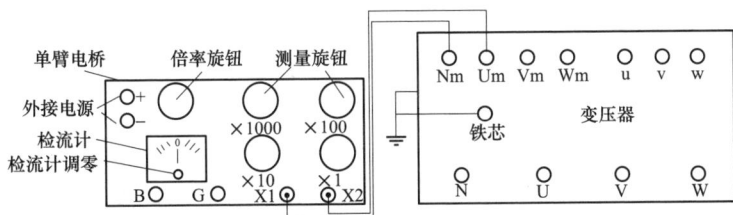

图 39-1-2 单臂电桥测量变压器绕组直流电阻的接线图

2. 双臂电桥法

（1）测试接线。双臂电桥测量变压器绕组直流电阻的接线，如图 39-1-3 所示。

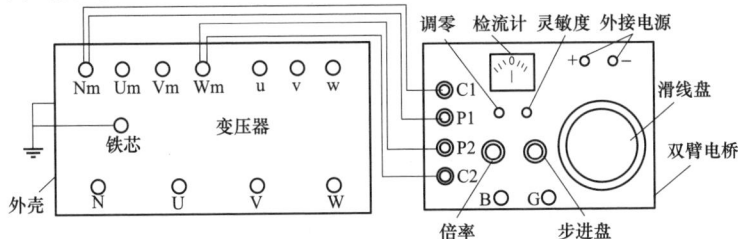

图 39-1-3 双臂电桥测量变压器绕组直流电阻的接线

（2）测试步骤。用测量线将电桥 P1、C1、P2、C2 端子与变压器被测绕组相连，非被测绕组开路。按电桥《操作说明书》进行测量，记录数据。测量完毕进行放电。变更试验接线，分别测量其他绕组的直流电阻。

（三）直流电阻测试仪法

1. 测试接线

用直流电阻测试仪测量变压器绕组直流电阻的接线如图 39-1-4 所示。

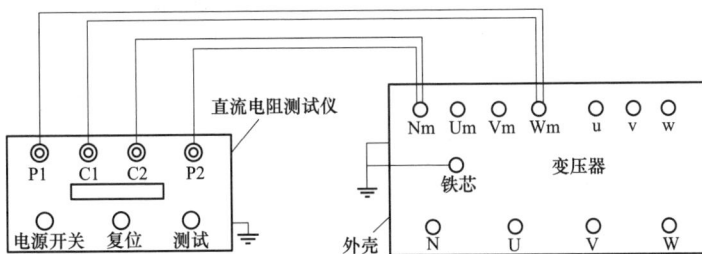

图 39-1-4 用直流电阻测试仪测量变压器绕组直流电阻的接线

2. 测试步骤

按图 39-1-4 进行接线。检查接线无误后，进行测试（测试仪操作严格按《使用说明书》进行）。待稳定后记录数据，断开测试电源进行放电。变更试验接线，分别测量其他绕组的直流电阻。

（四）电阻突变法

测量大型变压器直流电阻时，由于绕组的直流电阻很小，电感很大，有的绕组电感可达数千亨利而电阻仅有 $0.1\sim0.01\Omega$，因此在测量直流电阻时，绕组在直流电压作用下，从充电至稳定所需的时间很长，尤其是容量大、电压高的变压器，测量一次电阻数值往往需要十几分钟到几十分钟。因此，为缩短每次测量的充电时间，提高试验效率，必须采取措施加快试验速度。加快测量速度的关键就是缩短充电到稳定的时间，即减小电路的充电时间常数 τ。因为 $\tau=L/R$，所以要减小时间常数 τ 可以通过减小试验回路的电感或增大试验回路电阻来达到，而加大电阻是比较简单可行的办法。因此用"电流电压表法"及"双臂电桥法"测量大型变压器直流电阻时，在试验回路中串入附加电阻 R，采用"电阻突变法"缩短测量绕组直流电阻的时间。而附加电阻 R 是根据被测变压器绕组的电阻 R_x 和电源电压的大小来进行选择的。当电源电压 $U=(6\sim12)$ V 时，其附加电阻 R 的大小是被测变压器绕组电阻 R_x 的 $4\sim6$ 倍。其预定电流为

$$I = \frac{U}{R + R_x}$$。而附加电阻 R 可选 $10\sim100\Omega$ 的滑线电阻。

1. 用电流电压表测量变压器绕组直流电阻

（1）测试接线。电流电压表用"电阻突变法"测量变压器绕组直流电阻的接线，如图 39-1-5 所示。

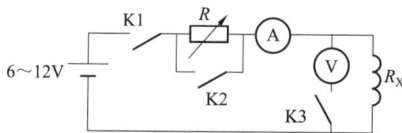

图 39-1-5 电流电压表用"电阻突变法"测量变压器绕组直流电阻的接线图

K1、K2、K3—隔离开关；R_x—被测电阻；R—附加电阻

（2）测试步骤。按图 39-1-5 进行接线，检查接线无误后进行测量。先合上 K2，将 R 短接，再合上 K1，待电流增加到预定值后，立即断开 K2，附加电阻 R 串入测量回路，电流很快就稳定下来，然后合上 K3 接入电压表，测量绕组上的电压降，记录数据。测量结束，先断开 K3，后断开 K1，以免感应电动势损坏电压表。然后进行放电，变更试验接线，分别测量其他绕组的直流电阻。采用式（39-1-2）计算被测绕组的电阻 R_x。

2. 用双臂电桥测量变压器绕组直流电阻

（1）测试接线。双臂电桥用"电阻突变法"测量变压器绕组直流电阻的接线，如图 39-1-6 所示。

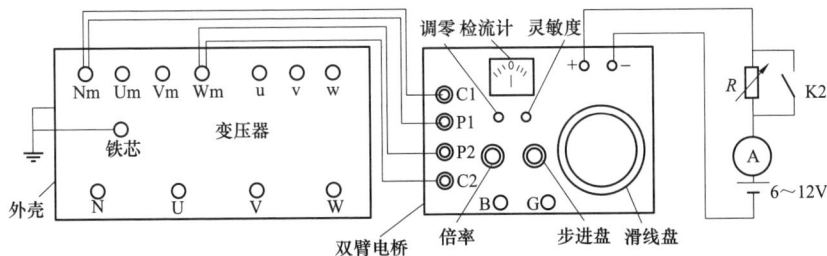

图 39-1-6　双臂电桥用"电阻突变法"测量变压器绕组直流电阻的接线图

（2）测试步骤。按图 39-1-6 进行接线，检查接线无误后进行测量。按下电桥"B"按钮及合上隔离开关"K2"，待电流增加到预定值后，立即断开"K2"，电流表中电流明显减小，待电流稳定后，按电桥《操作说明书》进行测量，测量完毕进行放电。变更试验接线，分别测量其他绕组的直流电阻。

六、测试注意事项

（1）采用电阻突变法测量绕组直流电阻时，测量前首先估计被测电阻值 R_X，并按估计值选择附加电阻 R 值，然后根据电源电压 U 计算出预定电流 I 的值。

（2）采用电流电压法测量时，由于变压器绕组电感较大，必须在电流稳定后，再接入电压表进行读数。

（3）采用双臂电桥测量绕组直流电阻时，其连接导线一般应为同长度、同型号、同截面的导线。其电流线 C1、C2 截面积不小于 2.5mm²，电压线 P1、P2 截面积不小于 1.5mm²，且被测电阻与电桥连接导线电阻不大于 0.01Ω。在测量中不能长时间将"G"按钮按住进行测量。

（4）采用电桥法测量绕组直流电阻需外接电源时，电桥内附电池必须取出。

（5）三相变压器有中点引出线时，应测量各相绕组的电阻；无中点引出线时，可以测量线间电阻。

（6）采用双臂电桥测量绕组直流电阻，测量时双臂电桥的四根线（P1、C1、P2、C2）应分别连接，测试线 P1、P2 接在被测绕组内侧，C1、C2 接在被测绕组外侧，以避免将 C1、C2 与绕组连接处的接触电阻测量在内，如图 39-1-7 所示。

（7）变压器在注油时不宜测量绕组直流电阻，待油稳定后再进行测量，一般需静置 3～5h。

（8）残余电荷的影响。若变压器在上一次试验后，放电时间不充分，变压器内积聚的电荷没有放净，仍积滞有一定的残余电荷，特别对大型变压器的充电时间会有直接影响。

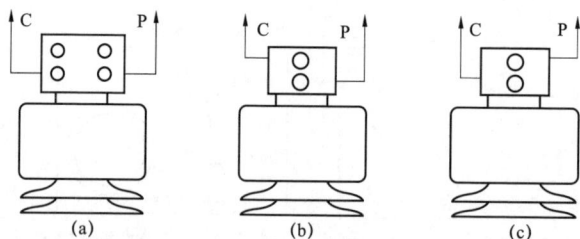

图 39-1-7 测试线 P1、P2、C1、C2 与变压器套管的接线图

(a) 正确接线一；(b) 正确接线二；(c) 错误接线

（9）温度对直流电阻影响很大，应准确记录被试绕组的温度。测量必须在绕组温度稳定的情况下进行。要求绕组与环境温度相差不超过 3℃。在温度稳定的情况下，一般可用变压器的上层油温作为绕组温度，测量时应做好记录。

（10）在对有载调压变压器进行测量时，在测量前应将有载开关从 1→n、n→1 来回转动数次，以消除分接开关触头不清洁等因素的影响。

七、测试结果分析及测试报告编写

（一）测试结果分析

1. 测试标准及要求

根据 DL/T 596—1996、GB 50150—2017 的规定：

（1）1600kVA 以上变压器各相绕组的直流电阻，相间差别不应大于三相平均值的 2%；无中性点引出时的线间差别不应大于三相平均值的 1%。1600kVA 及以下变压器各相绕组的直流电阻，相间差别一般不大于三相平均值的 4%；线间差别一般不大于三相平均值的 2%。

（2）测得值与以前（出厂或交接时）相同部位测得值比较，其变化不应大于 2%。

（3）变压器在交接或大修后应测量所有分接下的绕组直流电阻；在预防性试验时，对无载调压变压器测量运行挡位下绕组直流电阻，对有载调压变压器测量应根据有载开关类型进行测量；若无"极性开关"测量所有分接下的绕组直流电阻。若有"极性开关"测量到"极性开关"换位后，所有分接下的绕组直流电阻。

2. 测试结果分析

在现场进行直流电阻测试时，影响测试结果的因素很多，如分接开关接触不良、测试时的温度、充电时间、测量接线、感应电压、套管中引线和导电杆接触不良等，都会造成三相直流电阻不平衡。

（1）直流电阻线间差或相间差百分数的计算，可按下式进行

$$R_X = (R_{max} - R_{min})/R_p \qquad (39-1-3)$$

式中 R_X ——直流电阻线间差或相间差的百分数，%；

R_{max} ——三线或三相直流电阻实测值的最大值；

R_{min} ——三线或三相直流电阻实测值的最小值；

R_p ——三线或三相直流电阻实测值的平均值，对线电阻 $R_p=1/3(R_{UV}+R_{VW}+R_{WU})$；对相电阻 $R_p=1/3(R_{UN}+R_{VN}+R_{WN})$。

（2）每次所测电阻值都必须换算到同一温度下，与以前（出厂或交接时）相同部位测得值进行比较。绕组直流电阻温度换算可按下式进行计算

$$R_{t2}=(T+t_2)/(T+t_1)R_{t1} \tag{39-1-4}$$

式中　R_{t2} ——换算至温度为 t_2 时的绕组直流电阻，Ω；

R_{t1} ——温度为 t_1 时的绕组直流电阻，Ω；

T ——温度换算系数，铜线 235，铝线 225。

（3）对于变压器三相绕组 Y 连接无中性点引出线或变压器三相绕组△连接，当三相线电阻不平衡值超过标准时，则需将线电阻换算成相电阻，以便找出缺陷相。

对图 39-1-8 所示的 Y 连接的变压器，线电阻换算成相电阻可按下式计算

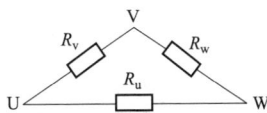

$$\left.\begin{aligned} R_u &= (R_{uv} + R_{wu} - R_{vw})/2 \\ R_v &= (R_{uv} + R_{vw} - R_{wu})/2 \\ R_w &= (R_{vw} + R_{wu} - R_{uv})/2 \end{aligned}\right\} \tag{39-1-5}$$

对图 39-1-9 所示的△连接的变压器，线电阻换算成相电阻可按下式计算

$$\left.\begin{aligned} R_u &= (R_{wu} - R_g) - R_{uv} \times R_{vw}/(R_{wu} - R_g) \\ R_v &= (R_{uv} - R_g) - R_{wu} \times R_{vw}/(R_{uv} - R_g) \\ R_w &= (R_{vw} - R_g) - R_{wu} \times R_{uv}/(R_{vw} - R_g) \\ R_g &= (R_{uv} + R_{vw} + R_{wu})/2 \end{aligned}\right\} \tag{39-1-6}$$

式中　R_{uv}、R_{vw}、R_{wu} ——三相绕组的线间电阻；

R_u、R_v、R_w ——三相绕组的相电阻；

R_g ——线间电阻值之和的一半。

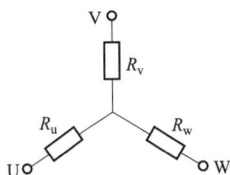

图 39-1-8　Y 连接的变压器　　　　图 39-1-9　△ 连接的变压器

（4）在现场若遇感应电压影响，造成读数不准，可以将测试仪 P1 或 P2 端一点接地，以消除感应电压影响。

（5）用单臂电桥测量绕组直流电阻时，应减去测量线电阻值。

（6）在对有载调压变压器进行测量时，若遇测量结果不正确，要分别测量 1→n、n→1 所有分接位置的直流电阻，找出规律，判断是否由有载开关内部的切换开关、选择开关、极性开关接触不良引起的，或是某一挡的引线松动造成的。

（7）变压器套管中导电杆和内部引线如果接触不良，造成接头发热现象，可以结合红外成像来分析其发热的部位。

（8）三角形连接的变压器绕组，若其中一相断线，没有断线的两相线端电阻值为正常的 1.5 倍，而断线相线端电阻值为正常值的 3 倍。

在对变压器绕组直流电阻进行分析时，要进行"纵横"比较。就是与该设备的历史数据比较，与同型号、同容量变压器的相同测量部位比较，并结合油中色谱分析等来进行综合分析比较，找出故障原因。

（二）测试报告编写

测试报告填写应包括测试时间、测试人员、天气情况、环境温度、湿度、使用地点、变压器的出厂编号、变压器型号及参数、变压器上层油温、测试结果、测试结论、试验性质（交接试验、预防性试验、检查）、测量的型号、计量编号、备注栏写明其他需要注意的内容，如是否拆除引线等。

八、案例

某变电站对一台额定电压为 110kV、额定容量为 31 500kVA 的无载调压变压器进行预防性试验（运行 II 挡），其测试数据如表 39-1-1 所示。

表 39-1-1　　　　　　　　　　预防性试验测试数据表

试验日期	高 压 绕 组（Ω）								
	2006 年 5 月预防性试验　变温（30℃）					2004 年 4 月　预防性试验　变温（28℃）			
分接位置	UN	VN	WN	△R%	绝缘油色谱（μL/L）	UN	VN	WN	△R%
1	0.398 9	0.394 3	0.392 5	1.61	CH₄: 180	0.387 8	0.392 9	0.391 7	1.31
2	0.386 0	0.381 3	0.380 5	1.44	C_2H_4: 380	0.375 4	0.380 0	0.378 5	1.22
3	0.373 3	0.368 8	0.367 3	1.60	CO: 450 CO_2: 1100	0.362 7	0.367 4	0.365 9	1.29
4	0.361 1	0.356 7	0.355 2	1.65	H_2: 200 C_2H_6: 270	0.350 5	0.354 9	0.352 8	1.24
5	0.348 7	0.344 6	0.343 1	1.62	C_2H_2: 0	0.337 8	0.342 2	0.340 1	1.29

由表 39-1-1 可见，误差未超过 2%，但其 U 相数值偏大，与历史数据比较超过 2%，且油中色谱超过规定值（判断为发热），加测（I～V 挡）其现象同上。经分析比较判断，U 相可能存在电流回路接触不良，吊罩检查，发现 U 相与套管连接的三根

并绕导线有一根虚焊。由表中数据可见在各分接位置 R% 均小于 2%，合格。但由色谱试验得知有异常。可见如果仅看 R% 不能发现问题，但从 U 相的直流电阻值看，在每一个分接开关位置（I～V 挡）上都比 V、W 相大，并且 V、W 相与历史数据比较差别很小，如果不是仔细研究是发现不了的，那么两次试验应结合起来综合分析。

【思考与练习】

1. 写出变压器直流电阻的温度换算公式。

2. 为什么大容量主变压器直流电阻测试时，测试电流不宜大于 5A？

3. 表 39-1-2 是一台额定电压为 110kV、额定容量为 40000kVA 的有载调压（CM Ⅲ-500Y）变压器高压绕组直流电阻的测试数据。请分析测试数据，并写出该变压器缺陷情况和处理意见。

表 39-1-2　　　　　　　　有载调压变压器高压绕组

直流电阻的测试数据表

高 压 绕 组			
分接位置	UN	VN	WN	相间不平衡度（%）
1	0.422 5	0.423 4	0.420 7	0.64
2	0.416 7	0.416 0	0.423 1	1.70
3	0.408 3	0.409 0	0.407 6	0.34
4	0.401 9	0.402 6	0.410 7	2.17
5	0.394 8	0.395 7	0.394 1	0.41
6	0.389 3	0.389 9	0.397 8	2.17
7	0.381 5	0.382 5	0.381 0	0.39
8	0.377 8	0.378 6	0.386 5	2.28
9a	0.366 0	0.367 8	0.365 3	0.68
9b	0.366 7	0.367 4	0.374 4	2.08
9c	0.367 4	0.377 4	0.366 2	3.04
10	0.378 1	0.388 5	0.387 6	2.70
11	0.383 7	0.393 0	0.381 7	2.93
12	0.390 8	0.402 8	0.401 2	3.01
13	0.396 0	0.405 9	0.394 7	2.81
14	0.403 0	0.413 3	0.411 4	2.52
15	0.410 3	0.419 7	0.408 2	2.18
16	0.417 7	0.430 7	0.429 7	3.05
17	0.423 9	0.435 0	0.421 6	3.14

◢ 模块 2　互感器直流电阻的测试（ZY1800510002）

【模块描述】本模块介绍互感器直流电阻的测试方法和技术要求。通过测试工作流程的介绍，掌握互感器直流电阻测试前的准备工作和相关安全、技术措施、测试方法、技术要求及测试数据分析判断。

【模块内容】

一、测试目的

测量互感器一次、二次绕组的直流电阻是为了检查电气设备回路的完整性，以便及时发现在制造、运输、安装或运行中，由于振动和机械应力等原因所造成的导线断裂、接头开焊、接触不良、匝间短路等缺陷。

二、测试仪器、设备的选择

（1）测量电流互感器一次绕组直流电阻在大修或交接及预防性试验时，采用回路电阻测试仪其测试电流不小于 100A。

（2）测量串级式电压互感器一次绕组直流电阻，在大修或交接及预防性试验时，宜采用单臂电桥。

（3）测量电流、电压互感器二次绕组直流电阻在大修或交接及预防性试验时，采用双臂电桥。

三、危险点分析及控制措施

（1）防止高处坠落。试验人员在拆、接互感器一次引线时，必须系好安全带。使用梯子时，必须有人扶持或绑牢。在解开 220kV 及以上互感器一次引线时，宜使用高处作业车，严禁徒手攀爬互感器。

（2）防止高处落物伤人。高处作业应使用工具袋，上下传递物件应用绳索拴牢传递，严禁抛掷。

（3）防止人员触电。拆、接试验接线前，应将被试互感器对地充分放电，以防止剩余电荷、感应电压伤人及影响测量结果。

四、测试前的准备工作

（1）了解被试设备现场情况及试验条件。查勘现场，查阅相关技术资料，包括该设备出厂试验数据、历年试验数据及相关规程等，掌握该设备运行及缺陷情况。

（2）测试仪器、设备准备。选择合适的单、双臂电桥及回路电阻测试仪、温（湿）度计、电流表、电压表、测试线、放电棒、接地线、安全带、安全帽、电工常用工具、试验临时安全遮栏、标示牌等，并查阅测试仪器、设备及绝缘工器具的检定证书有效期。

（3）办理工作票并做好试验现场安全和技术措施。向其余试验人员交待工作内容、带电部位、现场安全措施、现场作业危险点，明确人员分工及试验程序。

五、现场测试步骤及要求

将被试品各绕组接地放电，放电时应用绝缘工具进行，不得用手碰触放电导线，并检查测试仪器是否正常，然后根据被试品的测试项目分别进行接线和测试。

（一）测量电流互感器一次绕组直流电阻

1. 电流电压表法

电流电压表法是在被测电流互感器一次绕组上通以直流电流，测量两端电压和通过的电流，然后利用欧姆定律计算出被测直流电阻值的一种间接测量方法。

（1）测试接线。电流电压表法测量电流互感器一次绕组直流电阻的接线，如图39–2–1 所示。

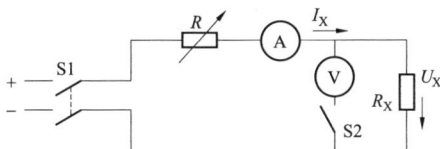

图 39–2–1 电流电压表法测量电流互感器一次绕组直流电阻的接线图

（2）测试步骤。测量时，应先合电源开关 S1、电压表开关 S2，调整电阻 R 使被测电阻 R_X 上的电压 U_X 最大，待测量电流 I_X 稳定后，同时读取电压、电流值。测量完毕后，先断开电压表开关 S2，再断开电源开关 S1，并记录被试品的温度。

（3）测试数据整理及计算。用下式计算出被测电阻 R_X 的值

$$R_X = \frac{U_X}{I_X} \qquad (39\text{–}2\text{–}1)$$

式中　R_X——被测绕组电阻，Ω；

　　　　I_X——电流表测量的电流，A；

　　　　U_X——电压表测量的电压，V。

2. 回路电阻测试仪法

（1）测试接线。以 110kV 电流互感器为例，用回路电阻测试仪测量电流互感器一次绕组直流电阻的接线如图 39–2–2 所示。

（2）测试步骤。将电流互感器一次绕组 P2、P1 分别接至"回路电阻测试仪"的 –V、–I、+I、+V，二次绕组短路。选择"测试电流"不得小于 100A，按仪器《使用说明书》进行测量，记录数据，并记录被试品的温度。

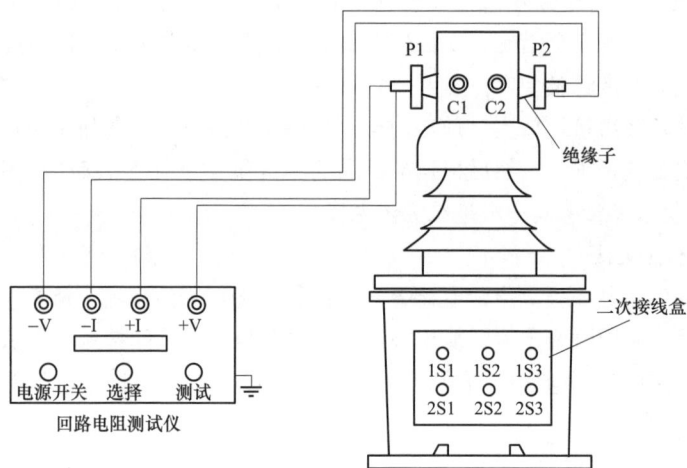

图 39-2-2 用回路电阻测试仪测量电流互感器一次绕组直流电阻的接线图

（二）测量串级式电压互感器一次绕组直流电阻

（1）测试接线。用单臂电桥测量串级式电压互感器一次绕组直流电阻的接线，如图 39-2-3 所示。

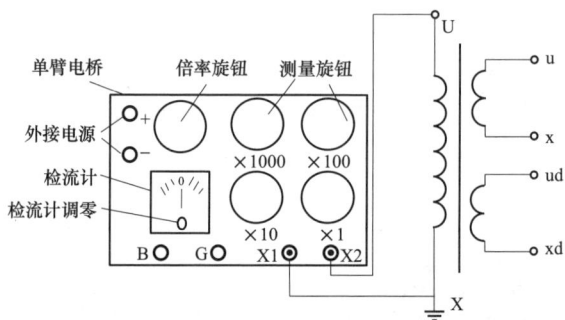

图 39-2-3 单臂电桥测量串级式电压互感器一次绕组直流电阻的接线图

（2）测试步骤。按图 39-2-3 进行接线，用测量线将电桥 X1、X2 端子分别与电压互感器一次绕组 U、X 端子相连，二次绕组开路。按电桥《操作说明书》进行测量，记录数据，并记录被试品的温度。

（三）测量电流、电压互感器二次绕组直流电阻

1. 测试接线

用双臂电桥测量电流、电压互感器二次绕组直流电阻的接线，如图 39-2-4 所示。

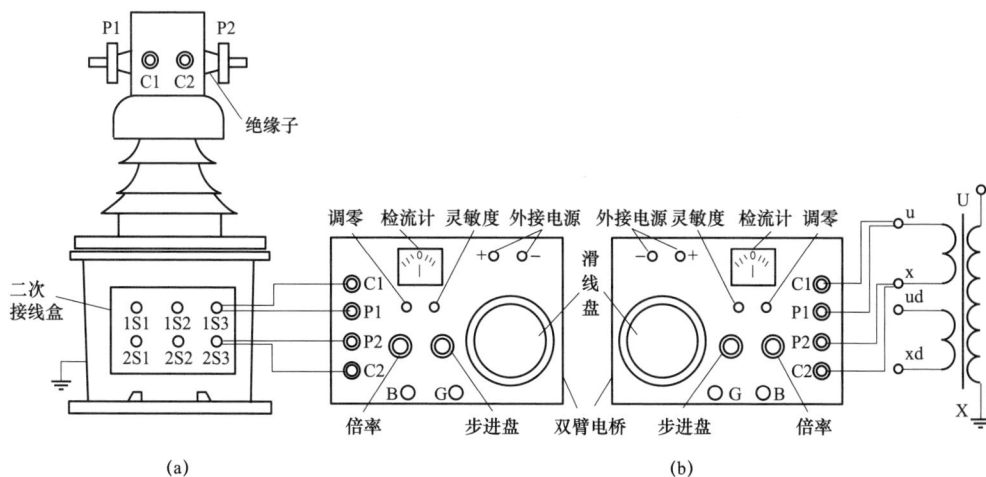

图 39-2-4 双臂电桥测量电流、电压互感器二次绕组直流电阻的接线图

（a）电流互感器；（b）电压互感器

2. 测试步骤

用测量线将双臂电桥 P1、C1、P2、C2 端子与被测互感器的二次绕组相连，非被测绕组开路。按双臂电桥《操作说明书》进行测量，记录数据。变更试验接线，分别测量其他二次绕组的直流电阻，并记录被试品的温度。

六、测试注意事项

1. 采用电流电压表法测量时的注意事项

（1）一般选用 0.5 级以上的仪表，且量程选择应尽量满足指针指示在满刻度的 2/3 以上位置。在接线时，应注意仪表的接线柱正、负极。

（2）使用的直流电源应电压稳定、容量充足，以防止由于电流波动产生自感电动势而影响测量的准确性。

（3）如被测绕组电感很大，则在改变测量电流时，须将电压表的测量回路断开，以免电压表因受自感电动势的冲击而被损坏。

（4）试验电流不得大于被测电阻额定电流的 20%，且通电时间不宜过长，以减小被测电阻因发热而产生较大误差。

2. 采用单、双臂电桥测量绕组直流电阻时的注意事项

（1）连接导线一般应为同长度、同型号、同截面的导线。电流线 C1、C2 截面积不小于 $2.5mm^2$，电压线 P1、P2 截面积不小于 $1.5mm^2$，且被测电阻与电桥连接导线电阻不大于 0.01Ω。在测量中，不能长时间将电桥的"G"按钮按住进行测量。

（2）采用单、双臂电桥测量绕组直流电阻需外接电源时，电桥内附电池必须取出。

（3）采用双臂电桥测量绕组直流电阻，测量时，双臂电桥的 4 根线（P1、C1、P2、C2）应分别连接，测试线 P1、P2 接在被测绕组内侧，C1、C2 接在被测绕组外侧，以避免将 C1、C2 与绕组连接处的接触电阻测量在内。

（4）在测量过程中，不能随意切断电源及断开接在试品两端的测量连接线。

（5）温度对直流电阻影响很大，应准确记录被试绕组的温度。测量必须在绕组温度稳定的情况下进行，测量时应做好记录。

七、测试结果分析及测试报告编写

（一）测试结果分析

1. 测试标准及要求

根据 DL/T 596—1996、GB 50150—2017 及 Q/GDW 188—2008《输变电设备状态检修试验规程》的规定：

（1）电压互感器：一次绕组直流电阻测量值，与换算到同一温度下的出厂值比较，相差不宜大于 10%。二次绕组直流电阻测量值，与换算到同一温度下的出厂值比较，相差不宜大于 15%。

（2）电流互感器：同型号、同规格、同批次电流互感器一、二次绕组的直流电阻和平均值的差异不宜大于 10%。当有怀疑，应提高施加的测量电流，测量电流（直流值）一般不宜超过额定电流的 50%。

2. 测试结果分析

（1）将所测电阻值都换算到同一温度下，与以前（出厂或交接时）相同部位测得值进行比较。绕组直流电阻温度换算按式（39–1–4）进行计算。

（2）10kV 及以上的电流互感器一次绕组的直流电阻非常小，若导电杆和内部引线接触不良，其一次直流电阻增长很快，且在运行时，造成接头发热，可以结合红外成像来分析其发热的部位。

（3）使用双臂电桥测量时，在现场若遇感应电压影响，造成读数不准，可以将测试仪 P1 或 P2 端一点接地，以消除感应电压影响。

（4）对 110kV 及以上的电流互感器一次绕组直流电阻一般不大于 500μΩ。

（5）在对互感器绕组直流电阻进行分析时，要进行"纵横"比较。就是与该设备的历史数据比较，与同型号、相同测量部位比较，并结合油中色谱分析等来进行综合分析比较，找出故障原因。

（二）测试报告编写

互感器直流电阻测试报告一般与互感器介质损耗及其他试验共用一份试验报告，填写试验报告时应包括测试时间、测试人员、天气情况、环境温度、湿度、使用地点、互感器型号及参数、出厂编号，测试数据、测试结论、试验性质（交接试验、预防性试验、检查、施行状态检修的填明例行试验或诊断试验），测试仪器名称和型号，备注栏写明其他需要注意的内容，如是否拆除引线等。

八、案例

某变电站在进行红外巡视时，发现一间隔220kV 电流互感器 W 相发热，其红外成像图如图 39-2-5 所示。其中，最高温度 72.8℃，最低温度 32.1℃，其发热点是在电流互感器内部。将电流互感器停电，进行一次直流电阻测量，电阻值为 5560μΩ，经检查发现内部导电杆接触不良而引起发热，处理后再次进行一次直流电阻测量，电

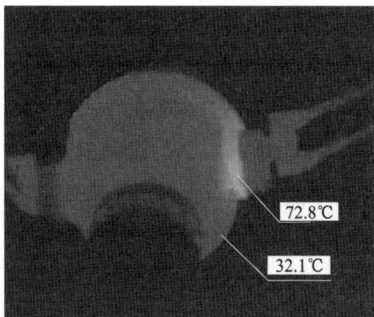

图 39-2-5　某电流互感器
W 相红外成像图

阻值为 256μΩ。投入运行后进行红外测量，其最高温度 27.3℃。

【思考与练习】

1. 简述互感器直流电阻测试的目的及判断标准。

2. 某电流互感器变比为 100/5A，其一次绕组直流电阻值是否可以采用量程为 100A 的回路电阻测试仪进行测量。

3. 用电流电压表法测量 110kV 以上的电流互感器一次绕组直流电阻时，参照图 39-2-6，请选用下列哪组试验接线？为什么？

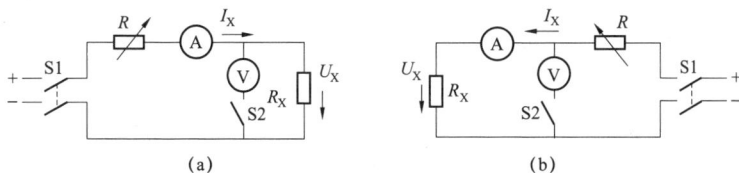

图 39-2-6　电流互感器一次绕组直流电阻测量接线图
（a）接线一；（b）接线二

第四十章

空载、线圈短路特性试验

▲ 模块 1 变压器空载试验（ZY1800509002）

【模块描述】本模块介绍变压器空负荷试验的方法和技术要求。通过对试验工作流程的介绍，掌握变压器空负荷试验前的准备工作和相关安全、技术措施、试验方法及技术要求。

【模块内容】

一、试验目的

变压器空负荷损耗主要是铁芯损耗，即由于铁芯的磁化所引起的磁滞损耗和涡流损耗，其中还包括空负荷电流通过绕组时产生的电阻损耗和变压器引线损耗、测量线路及表计损耗等。由于变压器引线损耗、测量线路及表计损耗所占比重较小，可以忽略。空负荷损耗和空负荷电流的大小取决于变压器的容量、铁芯构造、硅钢片的质量和铁芯制造工艺等。引起空负荷电流过大的主要原因有铁芯的磁阻过大、铁芯叠片不整齐、硅钢片间短路等。

因此，变压器空负荷试验的主要目的是通过测量空负荷电流和空负荷损耗，分析它们的变化规律，发现磁路中的铁芯硅钢片的局部绝缘不良和绕组匝间短路等缺陷。

二、试验仪器、设备的选择

根据变压器铭牌值及出厂数据对空负荷试验的要求，测量仪器、仪表应能满足测量接线方式、测试电压、测试准确度等的要求。因此，对试验设备的主要参数选择如下：

（1）使用的电压、电流互感器应不低于 0.2 级，电压、电流表应不低于 0.5 级。

（2）使用的功率表应选用 $\cos\varphi$ 不大于 0.2、准确度不低于 0.5 级的低功率因数功率表。

（3）调压器应选用波形畸变小和阻抗电压低的自耦接触式调压器。

三、危险点分析及控制措施

（1）防止高处坠落。使用变压器专用爬梯上下，在变压器上作业系好安全带。对 220kV 及以上变压器，需解开高压套管引线时，应使用高处作业车，严禁徒手攀爬变压器高压套管。

（2）防止高处落物伤人。高处作业应使用工具袋，上下传递物件应用绳索拴牢传递，严禁抛掷。

（3）防止工作人员触电。在拆、接试验接线前，检查一次设备接地是否可靠，应将被试设备对地充分放电；在充、放电过程中，严禁人员触及变压器套管金属部分；测量引线要连接牢固，试验仪器的金属外壳应可靠接地。试验现场应设专用围栏，不允许有交叉作业，开始进行空载试验时，变压器上无其他工作人员。

四、试验前的准备工作

（1）了解被试设备现场情况及试验条件。查勘现场，查阅相关技术资料，包括该设备出厂试验数据、历年试验数据及相关规程等，掌握该设备整体情况。

（2）试验仪器、设备准备。选择合适的被试变压器的测试线（夹）、温（湿）度计、接地线、短路线、放电棒、万用表、电源线（带剩余电流动作保护器）、直流电阻测试仪、电压表、电流表、功率表、频率表、电压互感器、电流互感器、隔离开关、二次连接线、安全带、安全帽、电工常用工具、试验临时安全遮栏、标示牌等，并查阅测试仪器、设备及绝缘工器具的检定证书有效期、相关技术资料、相关规程等。

（3）办理工作票并做好试验现场安全和技术措施。向其余试验人员交待工作内容、带电部位、现场安全措施、现场作业危险点，明确人员分工及试验程序。

五、现场试验步骤及要求

断开变压器有载分接开关、风冷电源，退出变压器本体保护等，将变压器各绕组接地放电，对大容量变压器应充分放电（5min 以上），放电时应用绝缘棒等工具进行。拆除或断开对外的一切连线。搭接试验电源，需先用万用表测量，确定其试验电源电压为 220V 或 380V，并用频率表测量试验电源是否为 50Hz。根据变压器铭牌上的空负荷电流百分比估算出试验电流，选用适当的测量表计。用专用围栏将试验场地隔离，并向外悬挂"止步、高压危险"标示牌。

（一）单相变压器空负荷试验

1. 试验接线

（1）当试验电压和电流不超出仪表的额定值时，可直接将测量仪表接入测量回路，试验接线如图 40-1-1 所示，非被试绕组均开路，不能短接。

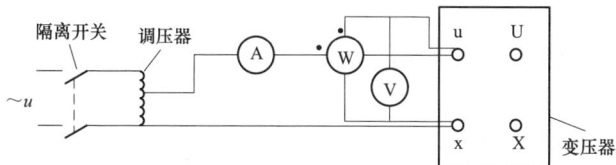

图 40-1-1　单相变压器空负荷直接测量试验接线图

（2）当电压、电流超过仪表额定值时，可通过电压互感器及电流互感器接入测量回路，试验接线如图40-1-2所示，非被试绕组均开路，不能短接。

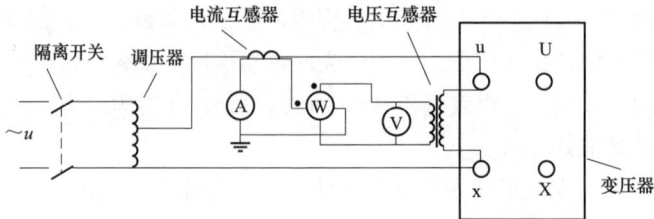

图40-1-2 单相变压器空载间接测量试验接线图

2. 试验步骤

按选用的试验接线图接好线后，将单相电源加到被试变压器的低压侧（u-x端），将隔离开关合上，调整调压器。慢慢升起电压，观察仪表指示是否正常，若无异常，将电压升至额定电压值，同时读取并记录仪表指示值。记录数据后，将调压器调回零，断开隔离开关，对被试变压器进行放电。

3. 试验数据整理及计算

（1）变压器空负荷电流常用额定电流的百分数表示

$$I_0\% = \frac{I_0}{I_N} \times 100\% \qquad (40\text{-}1\text{-}1)$$

式中 $I_0\%$ ——变压器额定空负荷电流百分数；

I_0 ——变压器额定空负荷电流，A；

I_N ——变压器加压侧的额定电流，A。

（2）变压器空负荷损耗用 P_0 表示，如果采用直接测量（按图40-1-1接线），可直接读出空负荷电流 I_0 和空负荷损耗 P_0；如果采用间接测量（按图40-1-2接线），空负荷电流 I_0、空负荷损耗 P_0 可按式（40-1-2）和式（40-1-3）计算

$$I_0 = I_0' K_A \qquad (40\text{-}1\text{-}2)$$

$$P_0 = P_0' K_A K_V \qquad (40\text{-}1\text{-}3)$$

式中 I_0' ——电流表读数，A；

P_0' ——功率表读数，W；

K_A ——电流互感器变比；

K_V ——电压互感器变比。

（二）三相变压器空负荷试验

在电力系统 10～330kV 的范围内，绝大多数使用三相共体变压器，因此在 500kV 等级中有部分的分体式变压器，三相变压器空负荷试验在人们的工作中占有很大的比例。

1. 双瓦特表法

（1）试验接线。

1）当试验电压和电流不超出仪表的额定值时，可直接将测量仪表接入测量回路，试验接线如图 40-1-3 所示，非被试绕组均开路，不能短接。

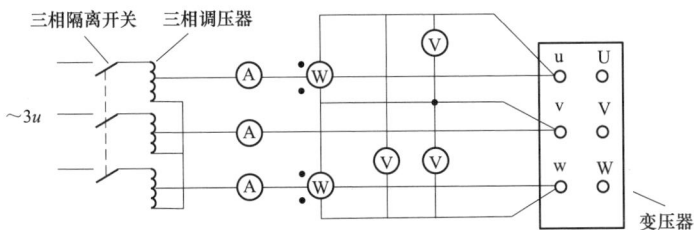

图 40-1-3　三相变压器空负荷直接测量试验接线图

2）当电压、电流超过仪表额定值时，可通过电压互感器及电流互感器接入测量回路，试验接线如图 40-1-4 所示，非被试绕组均开路，不能短接。

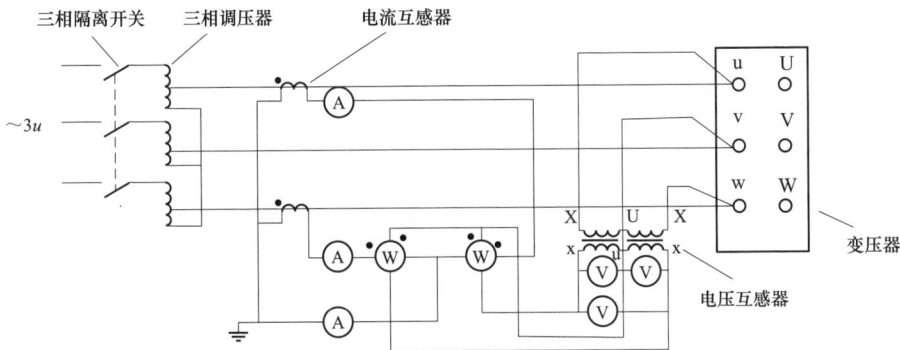

图 40-1-4　三相变压器空负荷间接测量试验接线图

（2）试验步骤。根据现场具体情况，选用上述试验接线图接好线后，这里特别要注意，电流互感器、功率表的"极性"，由于变压器的损耗等于两功率表的代数和，因此对两台单相电压互感器接成 V 形时，也要考虑"极性"。将三相电源加到被试变压器的低压侧（u、v、w 端），将隔离开关合上，调整调压器。慢慢升起电压，观察仪表指示是否正常，若无异常，将电压升至额定电压值，同时读取并记录仪表指示值。

记录数据后，将调压器调回零，断开隔离开关，对被试变压器进行放电。

（3）试验数据整理及计算。空负荷电流取三相电流的平均值，并换算为额定电流的百分数，即

$$I_0\% = \frac{I_{0u} + I_{0v} + I_{0w}}{3I_N} \times 100\% \tag{40-1-4}$$

式中　I_{0u}、I_{0v}、I_{0w}——变压器三相实测电流，A；

I_N——变压器加压侧的额定电流，A。

空负荷损耗为

$$P_0 = P_{0uv} + P_{0wv} \tag{40-1-5}$$

式中　P_{0uv}、P_{0wv}——两瓦特表实测的功率，W。

若采用间接测量时，空负荷电流的计算，先将三相实测电流用式（40-1-2）分别换算后，再用式（40-1-4）进行计算。空负荷损耗的计算，先将两瓦特表实测的功率用式（40-1-3）分别换算后，再用式（40-1-5）进行计算。

2. 三瓦特表法

三相变压器的损耗可以用三瓦特表法进行测量，其变压器的损耗等于 3 个三瓦特表之和。

（1）试验接线。

1）当试验电压和电流不超出仪表的额定值时，可直接将测量仪表接入测量回路，试验接线如图 40-1-5 所示，非被试绕组均开路，不能短接。

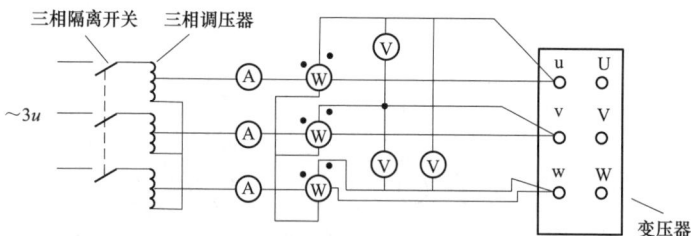

图 40-1-5　三相变压器空负荷直接测量试验接线图

2）当电压、电流超过仪表额定值时，可通过电压互感器及电流互感器接入测量回路，试验接线如图 40-1-6 所示，非被试绕组均开路，不能短接。

（2）试验步骤。根据现场具体情况，选用上述试验接线图接好线后，这里特别要注意，电流互感器、功率表的"极性"，由于变压器的损耗等于三功率表的和，而 3 台单相电压互感器独立供 3 只功率表时，也要考虑"极性"，否则会出现"负"功率。

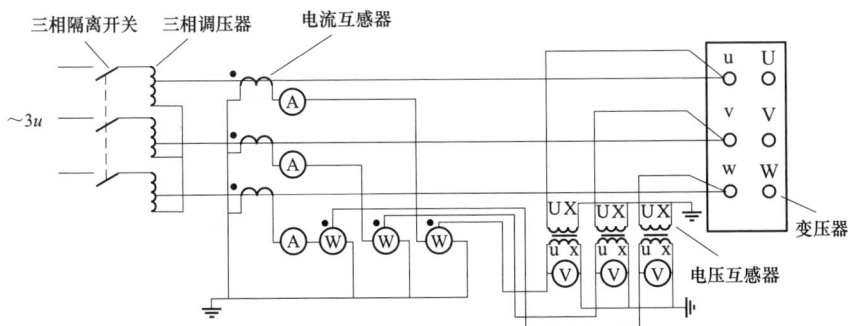

图 40-1-6　三相变压器空负荷间接测量试验

将三相电源加到被试变压器的低压侧（u、v、w 端），将隔离开关合上，调整调压器。慢慢升起电压，观察仪表指示是否正常，若无异常，将电压升至额定电压值，同时读取并记录仪表指示值。记录数据后，将调压器调回零，断开隔离开关，对被试变压器进行放电。

（3）试验数据整理及计算。空负荷电流取三相电流的平均值，并换算为额定电流的百分数，即

$$I_0\% = \frac{I_{0u} + I_{0v} + I_{0w}}{I_N} \times 100\% \qquad (40\text{-}1\text{-}6)$$

式中　I_{0u}、I_{0v}、I_{0w}——变压器三相实测电流，A；

　　　　　　I_N——变压器加压侧的额定电流，A。

空负荷损耗为

$$P_0 = P_{0u} + P_{0v} + P_{0w} \qquad (40\text{-}1\text{-}7)$$

式中　P_{u0}、P_{v0}、P_{w0}——3 只功率表实测的功率，W。

若采用间接测量时，空负荷电流的计算，先将三相实测电流用式（40-1-2）分别换算后，再用式（40-1-6）进行计算。空负荷损耗的计算，先将 3 只功率表实测的功率用式（40-1-3）分别换算后，然后用式（40-1-7）进行计算。

（三）三相变压器分相空负荷试验

就是将三相变压器当作 3 个单相变压器，轮流加压，依次将变压器加压侧的一相绕组短路，其他两相绕组施加电压，测量空负荷损耗及空负荷电流，其试验接线如图 40-1-7 所示。

1. 当加压绕组为 yn 接线时

（1）试验接线。按图 40-1-7 进行接线，对三相变压器做单相空负荷试验时，其加压、短路方式见表 40-1-1。

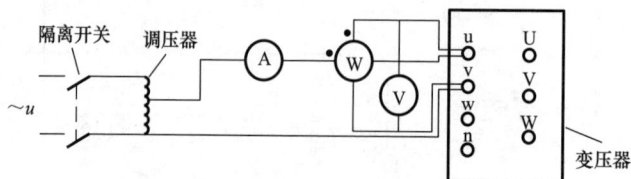

图 40-1-7　三相变压器分相空负荷试验接线图

表 40-1-1　　　　　　　　　**yn 绕组单相空负荷试验**

加 压 相	短 路 相	测 量 值	
u、v	w、n	I_{0uv}	P_{0uv}
v、w	u、n	I_{0vw}	P_{0vw}
u、w	v、n	I_{0uw}	P_{0uw}

（2）试验步骤。按选用的试验接线图 40-1-1 接好线后，将单相电源加到被试变压器，将隔离开关合上，调整调压器。慢慢升起电压，观察仪表指示是否正常，若无异常，将电压升至所需试验电压值，同时读取并记录仪表指示值。记录数据后，先将调压器调回零，断开隔离开关，对被试变压器进行放电，然后变更试验接线。依次，按表 40-1-1 方法，分 3 次完成测量。

（3）试验数据整理及计算。三相空负荷损耗 P_0 和空负荷电流百分数 $I_0\%$ 计算式为

$$P_0 = \frac{P_{0uv} + P_{0vw} + P_{0uw}}{2} K_{TV} K_{TA} \tag{40-1-8}$$

$$I_0 = \frac{I_{0uv} + I_{0vw} + I_{0uw}}{3I_N} K_{TV} \times 100\% \tag{40-1-9}$$

式中　P_{0uv}、P_{0vw}、P_{0uw}、I_{0uv}、I_{0vw}、I_{0uw}——表计的实测值；

$\quad\quad\quad K_{TV}$、K_{TA}——测量电压互感器和电流互感器的变比，当仪表直接接入时 $K_{TV}=K_{TA}=1$。

2. 当加压绕组为△接线时

（1）试验接线。按图 40-1-7 进行接线，对三相变压器做单相空负荷试验时，加压、短路方式见表 40-1-2。

表 40-1-2　　　　　　　　　　　△绕组单相空负荷试验

加压相	△绕组连接方式					
	uy、vz、wx		测　量　值		uz、vx、wy		测　量　值	
	短路相				短路相		
u、v	v、w	I_{0uv}	P_{0uv}	v、w	I_{0uw}	P_{0uw}
v、w	u、w	I_{0vw}	P_{0vw}	u、w	I_{0vw}	P_{0vw}
u、w	w、v	I_{0uw}	P_{0uw}	w、v	I_{0uv}	P_{0uv}

（2）试验步骤。按选用的试验接线图 40-1-1 接好线后，将单相电源加到被试变压器，将隔离开关合上，调整调压器。慢慢升起电压，观察仪表指示是否正常，若无异常，将电压升至所需试验电压值，同时读取并记录仪表指示值。记录数据后，先将调压器调回零，断开隔离开关，对被试变压器进行放电，然后变更试验接线。依次，按表 40-1-2 方法，分 3 次完成测量。

（3）试验数据整理及计算。三相空负荷损耗 P_0 和空负荷电流百分数 $I_0\%$ 计算式为

$$P_0 = \frac{P_{0uv} + P_{0vw} + P_{0uw}}{2} K_{TV} K_{TA} \qquad (40-1-10)$$

$$I_0 = 0.289 \frac{I_{0uv} + I_{0vw} + I_{0uw}}{I_N} K_{TV} \times 100\% \qquad (40-1-11)$$

3. 当加压绕组为丫接线，另一侧为△接线时

（1）试验接线。按图 40-1-7 进行接线，对三相变压器做单相空负荷试验时，加压、短路方式见表 40-1-3。

表 40-1-3　　　　　　　　　　　丫绕组单相空负荷试验

加　压　相	短　路　相	测　量　值	
u、v	V、W	I_{0uv}	P_{0uv}
v、w	W、U	I_{0vw}	P_{0vw}
u、w	U、V	I_{0uw}	P_{0uw}

（2）试验步骤。按选用的试验接线图 40-1-1 接好线后，将单相电源加到被试变压器，将隔离开关合上，调整调压器。慢慢升起电压，观察仪表指示是否正常，若无异常，将电压升至所需试验电压值，同时读取并记录仪表指示值。记录数据后，先将调压器调回零，断开隔离开关，对被试变压器进行放电，然后变更试验接线。依次，按表 40-1-3 方法，分 3 次完成测量。

（3）试验数据整理及计算。三相空负荷损耗 P_0 和空负荷电流百分数 $I_0\%$ 计算式分别见式（40-1-8）和式（40-1-9）。

目前随着技术的发展，变压器空负荷试验除了上述基本方法以外，也可采用专用的变压器参数测试仪进行测量。

六、试验中注意事项

（1）试验应在额定分接头下进行，要求施加的电压为正弦波形和额定频率的额定电压。

（2）在做三相变压器额定空负荷试验时，试验电源应有足够的容量，应满足下列要求，即

$$\left.\begin{array}{c} S > S_N \dfrac{I_0\%}{100} \\[2mm] I \leqslant \dfrac{S}{\sqrt{3}U} \end{array}\right\} \tag{40-1-12}$$

式中 S——所需试验电源容量，kVA，实际取值（5~6）$S_N \dfrac{I_0\%}{100}$；

$\quad\quad S_N$——被试变压器的额定容量，kVA；

$\quad\quad I_0\%$——被试变压器空载电流的百分数；

$\quad\quad U$——试验时所施加的电压，kV；

$\quad\quad I$——试验时所允许的电流，A。

（3）试验电压应保持稳定，采用三相电源法试验时，要求三相电压对称，即负序分量不超过正序分量的 5%，三相线电压相差不超过 2%，若三相电源不符合要求，可采用单相电源法试验。

（4）接线时必须注意功率表电流线圈和电压线圈的极性，功率表的指示可能是正值也可能是负值。

（5）空负荷试验时互感器的极性必须连接正确，一、二次连接相对应、二次端子与表计极性的连接相对应。还须注意，互感器的二次端子中有一个应安全接地，对三相互感器或三只单相互感器，应是同名端、同一接地点接地。

（6）为了使测量结果准确，连接导线应有足够的截面积，电流线不小于 2.5mm²、电压线不小于 1.5mm²，且接触良好。当被试变压器本身损耗较小时，应将测量的损耗值减去试验仪表本身的损耗。

（7）三相变压器分相空负荷试验时，使用的短路线不小于 2.5mm²，在短路时不要与变压器外壳连接。

（8）在试验过程中，若发现表计指示异常，被试变压器有放电声、异响、冒烟、

喷油等异常情况时，应立即断开电源停止试验，查明原因，加以处理，否则不能继续试验。

（9）在进行低电压空负荷试验时，应放在绝缘电阻、泄漏电流测量之前进行测量。由于变压器的绝缘电阻、泄漏电流测量施加的是直流电压，无论如何放电，它都会在变压器铁芯中产生剩磁，在进行低电压空负荷试验时会影响测量结果，使试验人员发生误判断，发生这种情况时应将试验电压升高，以抵消剩磁的影响。

【思考与练习】

1. 为什么变压器在进行低电压空负荷试验时，要放在绝缘电阻、泄漏电流测量之前进行？

2. 对绕组为△连接的变压器用单相电源测量空负荷电流时，加压、短路方式如何？

3. 三相变压器额定空负荷试验时，怎样选择试验电源应的容量？

▲ 模块 2　变压器短路试验（ZY1800509004）

【模块描述】本模块介绍变压器短路试验的方法和技术要求。通过对试验工作流程的介绍，掌握变压器短路试验前的准备工作和相关安全、技术措施、试验方法及技术要求。

【模块内容】

一、试验目的

测量短路损耗和阻抗电压，以便确定变压器的并列运行条件、计算变压器的效率、热稳定和动稳定、计算变压器二次侧的电压变动率及确定变压器的温升。通过变压器短路试验，可以发现的缺陷有：变压器的各结构件（屏蔽、压环和电容环、轭铁梁板等）或油箱壁中由于漏磁通所引起的附加损耗过大和局部过热、油箱箱盖或套管法兰等附件损耗过大和局部过热、带负荷调压的电抗绕组匝间短路、大型电力变压器低压绕组中并联导线间短路或换位错误。这些缺陷均可能使附加损耗显著增大。通过测量阻抗电压可以发现在运行中变压器出口侧发生短路，变压器内部几何尺寸的改变。

二、试验仪器、设备的选择

根据变压器铭牌值及出厂数据对短路试验的要求，测量仪器、仪表应能满足测量接线方式、测试电压、测试准确度等，因此对试验设备的主要参数进行选择。

（1）使用的电压、电流互感器应不低于 0.2 级，电压、电流表应不低于 0.5 级。

（2）使用的功率表应选用 $\cos\varphi$ 不大于 0.2、准确度不低于 0.5 级的低功率因数功率表。

（3）调压器应选用波形畸变小和阻抗电压低的自耦接触调压器，其容量在被试变压器额定电流下，按式（40-2-13）进行选取；在被试变压器非额定电流下，按变压器额定电流的 1%～10%进行选取。

三、危险点分析及控制措施

详见 ZY1800509002 中"三"。

四、试验前的准备工作

（1）了解被试设备现场情况及试验条件。查勘现场，查阅相关技术资料，包括该设备历年试验数据及相关规程等，掌握该设备整体情况。

（2）试验仪器、设备准备。选择合适的被试变压器的测试线（夹）、温（湿）度计、接地线、短路线、放电棒、万用表、电源线（带剩余电流动作保护器）、直流电阻测试仪、电压表、电流表、功率表、频率表、电压互感器、电流互感器、隔离开关、二次连接线、安全带、安全帽、电工常用工具、试验临时安全遮栏、标示牌等，并查阅测试仪器、设备及绝缘工器具的检定证书有效期、相关技术资料、相关规程等。

（3）办理工作票并做好试验现场安全和技术措施。向其余试验人员交待工作内容、带电部位、现场安全措施、现场作业危险点，明确人员分工及试验程序。

五、现场试验步骤及要求

断开变压器有载分接开关、风冷电源，退出变压器本体保护等，将变压器各绕组接地放电，拆除或断开变压器对外的一切连线。对大容量变压器应充分放电（5min 以上）。放电时应用绝缘工具进行，不得用手碰触放电导线。

用专用围栏将试验场地隔离，并向外悬挂"止步，高压危险"标示牌。搭接试验电源，需先用万用表测量，确定其试验电源电压为 220V 或 380V。根据变压器铭牌上的阻抗电压百分数估算出试验电流，选用适当的测量表计。

（一）单相变压器短路试验

1. 试验接线

（1）当试验电压和电流不超出仪表的额定值时，可直接将测量仪表接入测量回路，测量接线如图 40-2-1 所示，被试绕组短路，不能开路。

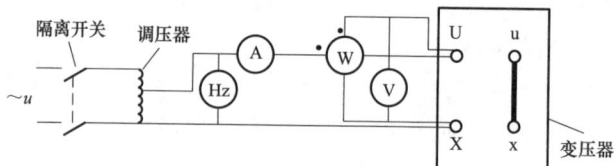

图 40-2-1 单相变压器短路试验直接测量接线图

（2）当电压、电流超过仪表额定值时，可通过电压互感器及电流互感器接入测量回路，测量接线如图 40-2-2 所示，非被试绕组短路，不能开路。

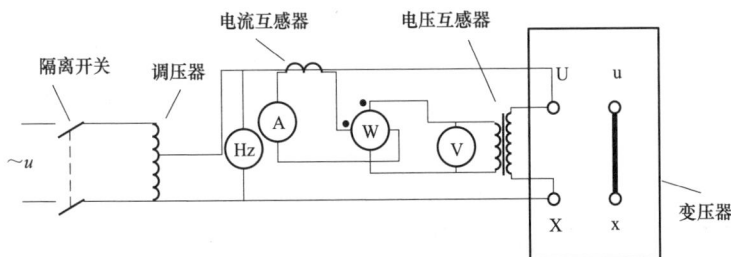

图 40-2-2　单相变压器短路试验间接测量接线图

2. 试验步骤

按选用的试验接线图接好线后，将单相电源加到被试变压器的高压侧（U–X 端），将隔离开关合上，调整调压器。慢慢升起电压，观察仪表指示是否正常，若无异常，将电流升所需的试验电流值，同时读取并记录仪表指示值。记录数据后，将调压器调回零，断开隔离开关，对被试变压器进行放电。

3. 试验数据整理及计算

短路损耗计算

$$P'_k = P_W K_V K_A \tag{40-2-1}$$

短路电压的百分数 $U_k\%$ 计算

$$U_k\% = \frac{U'_k}{U_N} \times \frac{I_N}{I'_k} \times 100\% \tag{40-2-2}$$

式中　P'_k——测得的短路损耗，W；

$\quad\quad P_W$——功率表读数，W；

$\quad\quad K_V$——电压互感器变比；

$\quad\quad K_A$——电流互感器变比；

$\quad\quad U_N$——被试变压器的额定电压，kV；

$\quad\quad U'_k$——电压表测量值，V，经电压互感器测量时，U'_k 等于电压表读数乘以 K_V；

$\quad\quad I_N$——被试变压器的额定电流，A；

$\quad\quad I'_k$——电流表测量值，A，经电流互感器测量时，I'_k 等于电流表读数乘以 K_A。

当施加的试验电流 $I'_k \neq I_N$ 时，换算到额定电流 I_N 下的短路损耗为

$$P_k = P'_k \left(\frac{I_N}{I'_k}\right)^2 \tag{40-2-3}$$

式中　P_k——换算到额定电流下的短路损耗，W。

（二）三相变压器短路试验

在电力系统 10～330kV 的范围内，绝大多数使用三相共体变压器，在 500kV 等级中有部分的分体式变压器，因此三相变压器短路试验在我们的工作中占有很大的比例。表 40-2-1 对双绕组、三绕组变压器采用双功率表法进行短路试验的加压侧、短路侧、开路侧进行了说明。

表 40-2-1　　　　　　　　　　电力变压器短路试验接线表

试验方法	双 绕 组		三 绕 组		
	加压部位	短路部位	加压部位	短路部位	开路部位
双功率表法	U、V、W	u、v、w	U、V、W	u、v、w	Um、Vm、Wm
			Um、Vm、Wm		U、V、W

1. 试验接线

（1）当试验电压和电流不超出仪表的额定值时，可直接将测量仪表接入测量回路，测量接线如图 40-2-3 所示。

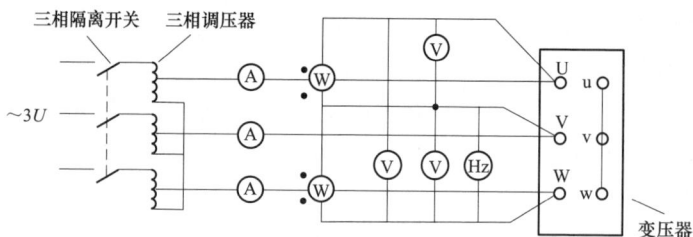

图 40-2-3　三相变压器短路试验直接测量接线图

（2）当电压、电流超过仪表额定值时，可通过电压互感器及电流互感器接入测量回路，测量接线如图 40-2-4 所示。

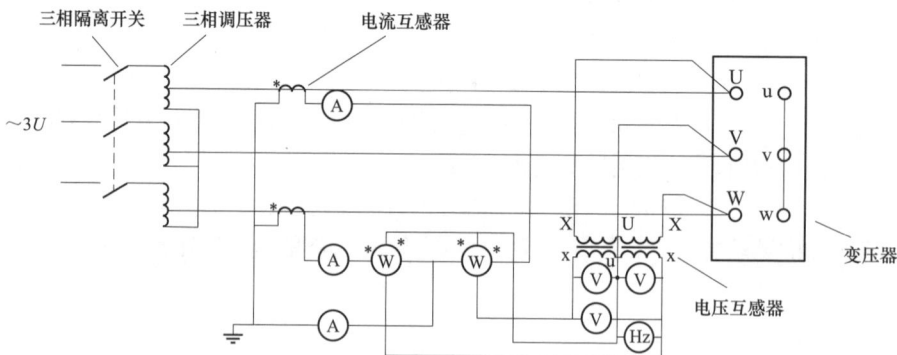

图 40-2-4　三相变压器短路试验间接测量接线图

2. 试验步骤

根据现场具体情况，选用上述试验接线图接好线后，这里特别要注意电流互感器、功率表的"极性"，由于变压器的损耗等于两功率表的代数和，因此对 2 台单相电压互感器接成 V 时，也要考虑"极性"。将三相电源加到被试变压器的高压侧（U、V、W 端），低压侧三相短路，然后调整调压器，慢慢升起电压，观察仪表指示是否正常，若无异常，将电流升至所需的试验电流值，同时读取并记录仪表指示值。记录数据后，将调压器调回零，断开隔离开关，对被试变压器进行放电。

3. 试验数据整理及计算

试验时的三相短路损耗，应为两功率表测量值的代数和，即

$$P_k = P_1 + P_2 \qquad (40\text{-}2\text{-}4)$$

短路电压是三个线电压的平均值，即

$$U_k = \frac{1}{3}(U_{UV} + U_{VW} + U_{WU}) \qquad (40\text{-}2\text{-}5)$$

短路电压的百分数 $U_k\%$ 计算式为

$$U_k\% = \frac{U_k}{U_N} \times 100\% \qquad (40\text{-}2\text{-}6)$$

以上式中 P_1、P_2——两功率表测量值，W；

U_{UV}、U_{VW}、U_{WU}——电压表测量值，V；

U_N——被试变压器的额定电压，kV。

读数时应注意仪表的倍率，若使用互感器，将上述测量值用式（40-2-1）～式（40-2-3）分别计算，再代入式（40-2-4）～式（40-2-6）进行计算。

（三）三相变压器的分相短路试验

由于受到现场电源容量的限制或现场没有三相电源，以及在运行中变压器发生突发性故障时，可以用单相电源进行短路试验，以确定其故障相。试验时，将低压侧的三相绕组的三个引出端短接，分别在高压侧 UV、VW、WU 或 UN、VN、WN 间加单相电源进行测量，最后由 3 次测量的结果计算出三相数据。根据变压器高压侧三相绕组连接方式的不同，采用不同的试验接线方式。

1. 加压绕组为 Y 连接

（1）试验接线。试验电压加在高压侧三相绕组为 Y 连接的三相变压器单相短路试验接线，如图 40-2-5 所示。

（2）试验步骤。按图 40-2-5 进行接线，轮流对每一对线间 UV、VW、WU 施加试验电压，将另一侧绕组全部短路，升压至试验电流时，记录仪表指示值，共进行 3 次，然后用 3 次测得的损耗 P_{UV}、P_{VW}、P_{WU} 和电压 U_{UV}、U_{VW}、U_{WU} 计

算出结果。

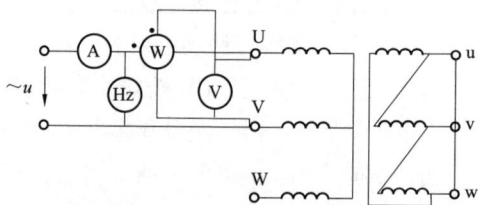

图 40-2-5　加压绕组为 Y 连接的三相变压器
单相短路试验接线图

（3）试验数据整理及计算。短路损耗为

$$P_k = \frac{P_{UV} + P_{VW} + P_{WU}}{2} \qquad (40\text{-}2\text{-}7)$$

短路电压百分数为

$$U_k\% = \sqrt{3} \times \frac{U_{UV} + U_{VW} + U_{WU}}{6U_N} \times 100\% \qquad (40\text{-}2\text{-}8)$$

式中　P_{UV}、P_{VW}、P_{WU} ——测得加压相 UV、VW、WU 的损耗，W；

　　　U_{UV}、U_{VW}、U_{WU} ——测得加压相 UV、VW、WU 的电压，V。

2. 加压绕组为 YN 连接

（1）试验接线。试验电压加在高压侧三相绕组为 YN 连接的三相变压器单相短路
试验接线，如图 40-2-6 所示。

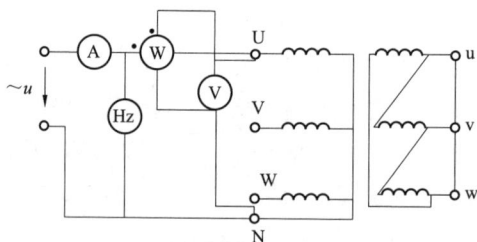

图 40-2-6　加压绕组为 YN 连接的三相变压器
单相短路试验接线图

（2）试验步骤。按图 40-2-6 进行接线，轮流对每一对相间 UN、VN、WN 施加
试验电压，升压至试验电流时，记录仪表指示值，共进行 3 次，然后用 3 次测得的损
耗 P_{UN}、P_{VN}、P_{WN} 和电压 U_{UN}、U_{VN}、U_{WN} 计算出结果。

（3）试验数据整理及计算。

短路损耗为

$$P_k = P_{UN} + P_{VN} + P_{WN} \qquad (40-2-9)$$

短路电压百分数为

$$U_k\% = \sqrt{3} \times \frac{U_{UN} + U_{VN} + U_{WN}}{3U_N} \times 100\% \qquad (40-2-10)$$

3. 加压绕组为△连接

（1）试验接线。试验电压加在高压侧三相绕组为△连接的三相变压器单相短路试验接线，如图 40-2-7 所示。

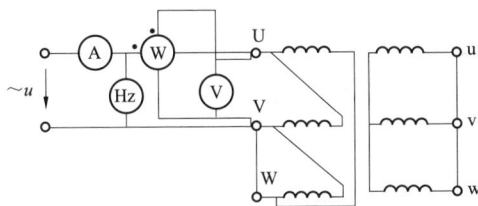

图 40-2-7　加压绕组为△连接的三相变压器单相短路试验接线图

（2）试验步骤。按图 40-2-7 进行接线，轮流将一相短接，对另外两相施加电压，见表 40-2-2。

表 40-2-2　　　　　　　　△连接变压器短路试验接线表

序号	高 压 侧		低压侧短路
	加　压	短　路	
1	UV	VW	uvw
2	VW	WU	uvw
3	WU	UV	uvw

按表 40-2-2 中项目依次对变压器进行试验，将电流升至额定电流的 $2/\sqrt{3}$ 倍，即 1.15IN 时，记录仪表指示值，共进行 3 次，然后用 3 次测得的损耗 P_{UV}、P_{VW}、P_{WU} 和电压 U_{UV}、U_{VW}、U_{WU} 计算出结果。

（3）试验数据整理及计算。三相短路损耗见式（40-2-7）

短路电压百分数为

$$U_k\% = \frac{1}{3U_n}(U_{UV} + U_{VW} + U_{WU}) \times 100\% \qquad (40-2-11)$$

式中 P_{UV}、P_{VW}、P_{WU} ——测得加压相 UV、VW、WU 的损耗，W；

U_{UV}、U_{VW}、U_{WU} ——测得加压相 UV、VW、WU 的电压，V。

目前随着技术的发展，变压器短路试验除了上述基本方法以外，也可采用专用的变压器参数测试仪进行测量。

六、试验注意事项

（1）试验时，被试绕组应在额定分接头上。

（2）试验用电源应具有足够的容量，一般应满足下列要求

$$\text{电源容量} \quad S \geqslant S_N \frac{U_k}{100}\left(\frac{I_k}{I_N}\right)^2 \tag{40-2-12}$$

$$\text{电源电压} \quad U \geqslant U_N \frac{U_k\%}{100} \times \frac{I_k}{I_N} \tag{40-2-13}$$

式中 S、U ——短路试验所需电源的容量和电压值，kVA、kV；

S_N、U_N ——被试变压器额定容量和额定电压，kVA、kV；

I_N、I_k ——被试变压器额定电流和短路试验时的电流，A；

$U_k\%$ ——被试变压器铭牌的短路电压百分数。

（3）在低压侧用的短路线，与变压器连接处必须接触良好，且短路线截面积所取电流密度（一般取 2.5A/mm²）不得小于试验时施加的电流。

（4）在试验时为避免电流线电压降的影响，功率表、电压表的电压最好从变压器端子处取。

（5）试验用的导线必须有足够的截面积，而且应尽可能短，连接处必须接触良好。

（6）在大于 25%额定电流下试验时，读表要迅速，以免绕组发热影响测量准确度。

（7）试验一般在冷状态下进行。对刚退出运行的变压器，必须待绕组温度降至油温时，才能进行试验。试验后应将结果换算到额定温度。

（8）要求短路试验在额定频率（50Hz±5%）、额定电流下进行，若不能满足要求，则试验后应将结果换算至额定值。

（9）在短路试验前，应将变压器本体的电流互感器二次短路。

【**思考与练习**】

1. 变压器短路试验的目的是什么？

2. 画出用双功率表法进行三相变压器短路试验的间接测量接线图。

3. 变压器短路试验时，短路侧短接线截面积的大小是否会引入较大误差，为什么？

▲ 模块 3 变压器空载试验的分析判断（ZY1800509003）

【模块描述】本模块介绍变压器空负荷试验结果分析及报告编写。通过案例介绍，掌握变压器空负荷试验结果分析、判断及报告编写。

【模块内容】

一、试验结果分析及试验报告编写

（一）试验结果分析

1. 试验标准及要求

根据 DL/T 596—1996、GB 50150—2017 及 GB 1094《电力变压器》规定：

（1）试验电源可用三相或单相，试验电压可用额定电压或较低电压值（如制造厂提供的较低电压值，可在相同电压下进行比较），与前次试验值相比，无明显变化。

（2）变压器在额定条件下的空负荷试验结果，与铭牌值或出厂试验记录比较，空负荷电流的允许偏差为+30%，空负荷损耗的允许偏差为+15%。

（3）在非额定条件下进行的空负荷试验，必须进行校正和换算到额定条件下。

2. 试验结果分析

（1）当施加的试验电压小于变压器额定电压时，可以用式（40-3-1）换算到额定条件下，但误差较大。试验施加的电压，一般选择在 5%～10% 额定电压以内，则有

$$P_0 = P_0' \left(\frac{U_N}{U'} \right)^n \tag{40-3-1}$$

式中　P_0——换算到额定电压下的空负荷损耗；

　　　P_0'——电压为 U' 时测得空负荷损耗；

　　　U_N——变压器额定电压；

　　　U'——施加的试验电压；

　　　n——指数，取决于变压器铁芯硅钢片种类，热轧取 1.8，冷轧取 1.9～2.0。

（2）试验电压频率的影响。变压器空负荷试验可以在与额定频率相差 ±5% 的情况下进行，此时施加于变压器上的试验电压可用下式计算

$$U' = U_N \frac{f'}{50} \tag{40-3-2}$$

式中　U'——频率为 f' 时应施加的试验电压；

　　　U_N——频率为 50Hz 时的试验电压；

　　　f'——试验电源频率。

由于在 f' 下测得的空负荷电流 I_0' 接近额定频率（50Hz）下的 I_0，即 $I_0 \approx I_0'$，因此

空负荷电流无需校正，此时空负荷损耗 P_0 可按下式计算

$$P_0 = P_0' \left(\frac{60}{f'} - 0.2 \right) \qquad (40\text{-}3\text{-}3)$$

式中 P_0'——在频率 f'、电压 U' 下测得的空负荷损耗；

   P_0、f' 意义同上。

（3）测量回路、仪表等损耗对测量结果的影响。对小容量变压器进行空负荷试验和对大容量变压器在低电压下进行空载试验时，应考虑排除测量回路、仪表等损耗的影响。测量回路、仪表等损耗的测量方法如下。

1）根据现场具体情况，选定试验方法及接线。

2）将接至被试变压器的试验引线"悬空"，即不接试品。

3）合上刀闸，调整调压器，慢慢升起电压至所需的试验电压。

4）读取并记录仪表指示值。

5）将调压器调回零，断开隔离开关，对被试变压器进行放电。

按选定的试验方法，将试验引线接至被试变压器加压侧，准备进行试验。

实际测量的损耗中包含功率表电压线圈、电压表本身和试验引线的损耗，因此必须进行校正，其校正公式为

$$P_0 = P_0' - P' \qquad (40\text{-}3\text{-}4)$$

式中 P_0'——包括仪表及测量回路的损耗在内的空负荷损耗实测值；

   P'——仪表及测量回路的损耗。

而 P' 可以在被试变压器断开的情况下，施加试验电压直接从瓦特表上读出来，也可按下式估算，即

$$P' = U^2 \left(\frac{1}{R_W} + \frac{1}{R_H} + \frac{1}{R_V} \right) \qquad (40\text{-}3\text{-}5)$$

式中 U——施加试验电压，V；

R_W、R_H、R_V——功率表电压线圈电阻、测量回路电阻和电压表线圈电阻，Ω。

（4）对变压器空负荷电流、空负荷损耗结果判断。

1）三相变压器空负荷电流：由于变压器的三个铁芯柱长度不等，中间的短，两边的长且对称，因此造成中间相的电流比两边相的电流小 20%～35%。

当绕组为 Y 接法时，由于线电流等于相电流，所以线电流的关系为 $I_u = I_w > I_v$。

当绕组为 △ 接法时，如果三相绕组端子为 uy、vz、wx 相连，在变压器正常情况下，有 $I_u = I_v < I_w$；如果三相绕组端子为 uz、vx、wy 相连，在变压器正常情况下，有 $I_w = I_v < I_u$。

如果变压器的空负荷试验结果与上述规律不符或与原始值相差超过了标准规定，则可视为变压器存在缺陷。

2）当中、小型电力变压器高压绕组有轻微的匝间短路时，三相空负荷电流一般无显著变化，空负荷损耗却可增大 15%～25%，这时应进行分相空负荷试验，以便确定缺陷相别。

3）对大型的三相变压器做空负荷试验时，由于试验条件的限制，可用单相电源进行空负荷试验。正常情况下，由于磁路不对称，铁芯柱两边相对中间相的功率、电流应相等，即 $P_{0uv}=P_{0vw}$、$I_{0uv}=I_{0vw}$ 或相差不超过 3%，而两边相的功率 P_{0uw}、电流 I_{0uw} 较大，一般后者比前者约大 20%～40%。如果空负荷试验结果与此规律不符，则该变压器存在局部缺陷。

（5）变压器空负荷数据增大的原因。

1）硅钢片间绝缘不良，存在局部短路。

2）穿心螺杆或压板的绝缘损坏，造成铁芯局部短路。

3）硅钢片有松动，出现空气隙，磁阻增大，使空负荷电流增加。

4）绕组匝间或层间短路。

5）绕组并联支路短路或并联支路匝数不相等。

6）变压器在制造时铁芯接缝不严密。

（二）试验报告编写

试验报告填写应包括试验时间、试验人员、天气情况、环境温度、湿度、使用地点、变压器的出厂编号、变压器型号、变压器上层油温、试验结果、试验结论、试验性质（交接试验、预防性试验、检查）、仪器、仪表、互感器型号、计量编号，备注栏写明其他需要注意的内容，如是否拆除引线等。

二、案例

有一台额定电压 10/0.4kV、额定容量 400kVA、接线组别 Yyn0 的变压器，在运行时低压侧发生故障，使高压侧熔丝熔断，对其进行绝缘电阻、直流电阻、交流耐压试验均合格，采用单相法进行空负荷电流测量，其试验数据如表 40-3-1 所示。

表 40-3-1　　　　　　　　　　变压器空负荷试验数据表

加压相	短路相	试验电压（V）	空负荷电流（mA）
uv	wn	200	825
vw	un	200	820
uw	vn	200	736

从表 40-3-1 可以看出，I_{0uv}、I_{0vw} 基本相等且大于 I_{0uw}，而正常的是 I_{0uw} 大于 I_{0uv}、I_{0vw} 约 1.3 倍，仔细观察试验数据发现，电压加在有 v 相时，试验数据异常，判断该变压器 v 相铁芯或绕组上有缺陷，经吊芯检查高压侧 V 相线圈有匝间短路。

【思考与练习】

1. 变压器空负荷数据增大的原因有哪些？

2. 用单相电源进行变压器空负荷试验时，空负荷电流如何判断？

3. 为什么在计算变压器空负荷损耗 P_0 时，在试验频率下测得的空负荷电流无需校正？

◢ 模块 4　变压器短路试验的分析判断（ZY1800509005）

【模块描述】本模块介绍变压器短路试验结果分析及报告编写。通过案例介绍，掌握变压器短路试验结果分析、测试数据判断、报告编写。

【模块内容】

一、试验结果分析及试验报告编写

（一）试验结果分析

1. 试验标准及要求

根据 DL/T 596—1996、GB 50150—2016 的规定：

（1）对于 35kV 及以下变压器，宜采用低电压短路阻抗法，与前次试验值相比，无明显变化。

（2）允许短路损耗偏差为+10%，短路电压偏差为±10%。

2. 试验结果分析

（1）电流和电压的影响。对于三相变压器，各相的电流和电压一般是相同的，当电流和电压的不平衡度超过 2%时，短路电流应采用 3 个（指每相的读数）测量值的算术平均值。如果电流不平衡度未超过 2%，允许用任一相的电流表测量电流；如电压的不平衡度未超过 2%，阻抗电压可采用 3 个测量值中最接近于算术平均值的电压。

（2）温度的影响。变压器的参考温度应按有关标准或技术条件规定。若无相应规定时，采用 A、B、E 级绝缘取 75℃，采用 C、F、H 级绝缘取 115℃。对容量为 6300kVA 及以下的中、小型变压器，附加损耗占短路损耗的比重较小（一般不超过电阻损耗的 10%），短路损耗可按下式换算

$$P_{k\theta} = P_{kt}k_{\theta} = P_{kt} \times \frac{T+\theta}{T+t} \qquad (40\text{-}4\text{-}1)$$

式中　$P_{k\theta}$ ——换算到 $\theta°C$ 的短路损耗；

　　　P_{kt} ——试验温度 $t°C$ 下的短路损耗；

　　　k_{θ} ——$\theta°C$ 时温度系数；

　　　T ——电阻温度换算系数，铜为 235，铝为 225。

短路电压可按下式换算

$$U_{k\theta} = \sqrt{U_{kt}^2 + \left(\frac{P_{kt}}{10S_N}\right)(k_{\theta}^2 - 1)}$$ （40-4-2）

式中　$U_{k\theta}$ ——换算到 $\theta°C$ 时的短路电压，%；

　　　U_{kt} ——试验温度为 $t°C$ 时测得的短路电压，%；

　　　S_N ——被试变压器的额定容量，kVA。

（3）变压器附加损耗的影响。

1）容量为 6300kVA 及以下的变压器，其附加损耗占整个短路损耗比重较小，通常不超过电阻损耗的 10%，一般不予考虑，其计算按式（40-4-1）、式（40-4-2）进行。

2）容量为 8000kVA 及以上的变压器，其附加损耗占整个短路损耗比重较大，当温度升高时绕组导线的电阻损耗 I_2R 与电阻温度系数 k_{θ} 成正比，附加损耗 P_a 与电阻温度系数 k_{θ} 成反比，而短路损耗为绕组导线电阻损耗与附加损耗之和，因此就必须考虑附加损耗的影响，其计算如下：测量变压器高、低压侧的直流电阻 R_1、R_2，并将其换算到 $\theta°C$ 下，对单、三相变压器绕组损耗可按式（40-4-3）、式（40-4-4）计算。

单相变压器绕组损耗为

$$\sum I^2 R_{\theta} = I_1^2 R_{1\theta} + I_2^2 R_{2\theta}$$ （40-4-3）

三相变压器绕组损耗为

$$\sum I^2 R_{\theta} = (I_1^2 R_{1\theta} + I_2^2 R_{2\theta}) \times 1.5$$ （40-4-4）

式中　I_1、I_2 ——高、低压绕组的额定电流，A；

　　　$R_{1\theta}$、$R_{2\theta}$ ——高、低压绕组的线间直流电阻，取三相平均值，并换算到 $\theta°C$ 下，Ω。

根据短路损耗（P_{kt}）等于绕组导线电阻损耗（$\sum I^2 R_{\theta}$）+附加损耗（Pa）得出

$$P_a = P_{kt} \sum I^2 R_{\theta}$$ （40-4-5）

在温度为 $\theta°C$ 时短路损耗为

$$P_{k\theta} = K_{\theta} \sum I^2 R_{\theta} + \frac{P_a}{k_{\theta}}$$ （40-4-6）

考虑附加损耗影响，在温度为 $\theta°C$ 时短路损耗为

$$P_{k\theta} = \frac{P_{kt} + \sum I^2 R_\theta (k_\theta - 1)}{k_\theta} \qquad (40\text{-}4\text{-}7)$$

短路电压按式（40-4-2）进行计算。

（二）试验报告编写

试验报告填写应包括试验时间、试验人员、天气情况、环境温度、湿度、使用地点、变压器的出厂编号、变压器型号、变压器上层油温、试验结果、试验结论、试验性质（交接试验、预防性试验、检查）、仪器、仪表、互感器型号、计量编号，备注栏写明其他需要注意的内容，如是否拆除引线等。

二、案例

有一台额定电压为 110/10.5kV、额定容量为 40000kVA、高压侧电流 210A、阻抗电压 19.76%、接线组别为 YNd11 的变压器，在运行时低压出口侧发生短路故障，短路电流达 12000A 左右，该变压器后备保护动作，对其进行绝缘电阻、直流电阻、泄漏试验均合格，采用单相法进行短路电压测量，变温 45℃，其试验数据如表 40-4-1 所示。

表 40-4-1　　　　　　　　变压器短路试验数据表

加压相	短路相	试验电压（V）	电流（A）
UN	uvw	420	6.9
VN	uvw	415	7.2
WN	uvw	423	7.3

根据表 40-4-1 中的试验数据进行计算：

（1）先将每相的试验电压换算到额定条件下的阻抗电压

$$U_{kUN} = U_{UN} \times \frac{I_N}{I_{UN}} = 420 \times \frac{210}{6.9} = 12.783 \times 103 \text{ (V)}$$

$$U_{kVN} = U_{VN} \times \frac{I_N}{I_{VN}} = 415 \times \frac{210}{7.2} = 12.104 \times 103 \text{ (V)}$$

$$U_{kWN} = U_{WN} \times \frac{I_N}{I_{WN}} = 423 \times \frac{210}{7.3} = 12.169 \times 103 \text{ (V)}$$

（2）将 U_{kUN}、U_{kVN}、U_{kWN} 分别代入式 $U_k\% = \sqrt{3} \times \dfrac{U_{UN} + U_{VN} + U_{WN}}{3U_N} \times 100\%$，得短路阻抗电压 $U_k\% = \sqrt{3} \times (12.783 + 12.104 + 12.169) \times 103/(3 \times 110 \times 103) = 19.45\%$

通过计算测得的阻抗电压 19.45%，与铭牌阻抗电压相比小于 ±3%。因此，该变压器虽然通过短路电流将达 12000A 左右，但变压器内部各结构件、几何尺寸等将未发生改变。

【思考与练习】

1. 短路损耗包含哪些损耗？它们与温度的关系如何？

2. 变压器短路阻抗测试与试验频率是否有关？为什么？

3. 一台 40000/110 变压器，接线组别 YNd11，阻抗电压 7.0%，额定电流 210/2199A，额定电压 110/10.5kV，进行短路试验，在高压侧加压，若把试验电流 I_S 限制在 10A，试计算试验电压 U_S 是多少？

第四十一章

零序阻抗测试

▲ 模块 变压器零序阻抗测试（ZY1800509006）

【模块描述】 本模块介绍变压器零序阻抗测试的基本原理、测试方法和技术要求。通过测试工作流程的介绍，掌握变压器零序阻抗测试前的准备工作和相关安全、技术措施、测试方法、技术要求及测试数据分析判断。

【模块内容】

一、测试目的及原理

电力系统不对称运行时将产生零序电压和零序电流，此时变压器产生的零序阻抗称为零序阻抗。变压器零序阻抗决定于磁路形式、绕组的连接法、绕组相对位置、漏磁的通道。正序阻抗相同的、不同的变压器可有不同的零序阻抗，有些情况甚至可有非线性的零序阻抗。变压器的零序阻抗是电力系统进行短路电流计算和继电保护整定的重要参数，如果零序阻抗是按照经验数据选取或是根据变压器的额定数据进行计算，这样有时会产生很大的误差，有可能造成继电保护的误动而酿成重大事故。零序阻抗测试的目的就是为了得到变压器实际的零序阻抗值。

（一）变压器等值电路及参数

因零序磁通仍是工频交变分量，所以它在变压器一次、二次绕组中的电磁感应关系与正序、负序磁通是基本相同的，因而正序"T"型等值电路可适用于零序。变压器的等值电路表示一次、二次绕组间的电磁关系，不随流经电流的相序而变。因此，在不计绕组电阻和铁芯损耗时，变压器的正序、负序等值电路如图 41-0-1 所示。

变压器的漏抗反映一次、二次绕组间磁耦合的紧密情况，漏磁通路径与所通电流序别无关，变压器零序漏抗与正序漏抗相同。变压器的励磁电抗与变压器的铁芯结构密切相关，励磁电抗 X_{m0} 与主磁

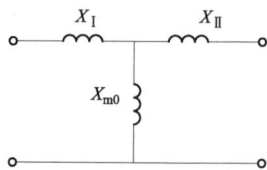

图 41-0-1 变压器正序、负序等值电路图

X_{I}—变压器一次侧漏抗；X_{II}—变压器二次侧漏抗；X_{m0}—变压器励磁电抗

通路径有关，主磁通在铁芯中形成回路的磁阻很小，励磁电抗很大，一般视 X_{m0} 约等于∞。由于零序磁通是三相同相位的，所以零序时的励磁电抗 X_{m0} 与磁路系统有着密切关系。

（二）不同铁芯结构的零序励磁阻抗

1. 三相三柱式

对于采用三相三柱式铁芯的变压器，零序磁通不能在铁芯内形成闭合磁路，只能穿过充油空间（非导磁体），经过油箱壁，再经充油空间返回铁芯以形成闭合回路。由于铁芯与油箱壁之间空间距离较大，所以这个回路磁阻很大，此时的零序励磁阻抗较正序励磁阻抗小很多。由于箱壁都是铁磁材料制作，当零序磁通穿过油箱壁时，会在箱壁内感应涡流并引起损耗，这种损耗属于变压器附加损耗，涡流在箱壁内循环等效于一个三角形绕组内有零序电流循环的情况，这一现象称为箱壁的"△"作用，这种作用的存在影响到变压器零序励磁阻抗、零序短路阻抗及整个零序阻抗的值。当变压器铁芯为三相三柱式结构时，会使得各绕组零序阻抗的值均较正序阻抗要小，且变压器容量愈大，这种差别也愈大，一般约为60%。

2. 三相五柱式、三相壳式、单相铁芯组成的三相组铁芯

零序磁通可在铁芯中形成回路，所以磁阻小，并联零序励磁阻抗很大，如零序磁通饱和，还会引起电流畸变。零序磁通感应的零序电压分量会使变压器正常运行时的中性点电压发生偏移。因此，对 Yyn 接法而言，不宜采用三相五柱式铁芯、三相壳式铁芯。单相铁芯组成的三相组铁芯也不能采用 Yyn 的接线组别。

对 YNd 接线组别而言，如在不对称运行时，高压与低压绕组内都可含有零序电流分量，两者可达到安匝平衡，所以零序磁通很小，零序阻抗为串联阻抗，其值等于90%～100%的阻抗电压。铁芯结构不影响此零序阻抗值。

（三）不同接线组别零序阻抗值

变压器绕组的接线组别对零序电流的流通情况有很大的影响，从而将影响到零序阻抗值的大小。在中性点接地运行方式下的"YN"或"yn"接线的绕组中，零序电流经中性点而构成回路。在"Y"或"y"接线的绕组中，方向相同的零序电流无法流通，在等值电路中相当于开路。在"D"或"d"接线的绕组中，零序电流在绕组中是可以流通的，因为三相绕组形成一个短接的闭合回路，则没有零序电流输出。用等值电路表示时，变压器内部三角形绕组相当于短路，而从外部看进去则是开路的（即零序阻抗为无限大）。

二、测试仪器、设备的选择

（1）三相调压器应选择额定容量不小于 20kVA，输入电压为 380V，输出电压为 0～450V。

（2）电压表、电流表应选择 0.5 级、多量程。

（3）功率表应选择 0.5 级、低功率因数。

（4）测量用电流互感器应选择 0.2 级、多量程。

三、危险点分析及控制措施

（1）防止高处坠落。应使用变压器专用爬梯上下，在变压器上作业应系好安全带。对 220kV 及以上变压器，需解开高压套管引线时，宜使用高处作业车，严禁徒手攀爬变压器高压套管。

（2）防止高处落物伤人。高处作业应使用工具袋，上下传递物件应用绳索拴牢传递，严禁抛掷。

（3）防止工作人员触电。在拆、接试验接线前，应将被试设备对地充分放电，以防止剩余电荷、感应电压伤人及影响测量结果。测试前与作业负责人协调，不允许有交叉作业，试验接线应正确、牢固，试验人员应精力集中。

四、测试前的准备工作

（1）了解被试设备现场情况及试验条件。查勘现场，查阅相关技术资料，包括该设备历年试验数据及相关规程等，掌握该设备整体情况。

（2）测试仪器、设备准备。选择合适的三相调压器、电压表、电流表、功率表、频率表、测量用电流互感器、带剩余电流动作保护器的电源接线板、测试线、放电棒、接地线、万用表、温（湿）度计、三相电源线轴、安全带、安全帽、电工常用工具、试验临时安全遮栏、标示牌等，并查阅测试仪器、设备及绝缘工器具的检定证书有效期。

（3）办理工作票并做好试验现场安全和技术措施。向其余试验人员交待工作内容、带电部位、现场安全措施、现场作业危险点，明确人员分工及试验程序。

五、现场测试步骤及要求

（一）测试接线

零序阻抗的测试应在额定频率、额定分接下，在短接的 3 个线路端子（星形或曲折形接线绕组的线路端子）与中性点端子间进行测量。以每相欧姆数表示，零序阻抗计算式为

$$
\left.
\begin{aligned}
Z_0 &= \frac{3U_0}{I_0} \\
R_0 &= \frac{P_0}{3\left(\dfrac{I_0}{3}\right)^2} = \frac{3P_0}{I_0^2} \\
X_0 &= \sqrt{Z_0^2 - R_0^2}
\end{aligned}
\right\}
\tag{41-0-1}
$$

式中　Z_0、R_0、X_0——变压器每相零序阻抗、零序电阻和零序电抗，Ω；

　　　　U_0——测试电压，V；

　　　　I_0——测试电流，A；

　　　　P_0——零序损耗，W。

　　变压器中带中性点端子的星形连接绕组不止一个时，零序阻抗与连接方法有关，应按制造厂与用户协商的要求进行测试。

　　1. YNd 和 Dyn 接法的三相变压器

　　YNd 接法变压器零序阻抗测试接线如图 41-0-2 所示，测试时变压器三相短接后，与中性点施加单相电源，使三相铁芯获得零序磁通，从而得到零序阻抗。

　　YNd 和 Dyn 接法的变压器，在 YN 或 yn 侧有零序电流流过，因一、二次侧有磁耦合，在 "d" 或 "D" 侧各相中感应出零序电动势，而在 "d" 或 "D" 绕组中形成闭合的零序电流，二次绕组中的零序电动势被零序电流在其漏阻抗上的压降所平衡。这种接法变压器测出的零序阻抗属于短路零序阻抗，是线性值，与试验电流大小无关。

　　2. Yyn 和 YNy 接法的三相变压器

　　YNy 接法变压器零序阻抗测试接线如图 41-0-3 所示，测试时变压器一侧开路，另一侧三相短接后，与中性点施加单相电源，从而得到零序阻抗。

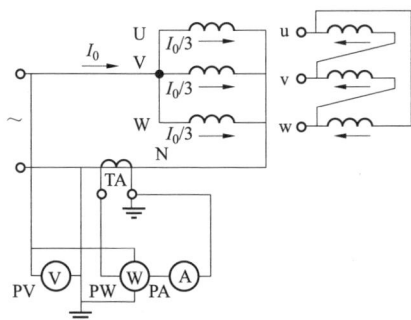

图 41-0-2　YNd 接法变压器
零序阻抗测试接线图

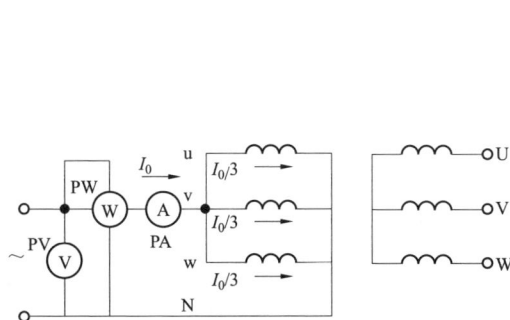

图 41-0-3　YNy 接法变压器零序
阻抗测试接线图

　　对 Yyn 接法变压器，只有低压绕组中有零序电流，其零序等值电路中，一次侧开路，二次侧通过中性点构成回路。它的零序阻抗是空载零序阻抗，零序阻抗呈非线性，随施加电流的增大而减小。因此，需要测量一组的阻抗值，一般不少于 5 点，如 20%、40%、60%、80%、100%额定电流的零序阻抗值。

　　对 YNyn 接法变压器，从高压侧加压。加压侧流过零序电流，另一侧绕组中将感应出零序电动势，此时所接负载也有接地中性点，则将有零序电流的通路，否则将没有零序电流的通路，相当于 YNy 连接。此类变压器有两种零序阻抗，即短路零序阻抗和空负荷零序阻抗。其中短路零序阻抗是线性的，与试验电流大小无关；空负荷零序阻抗是非线性的，与试验电流大小有关，至少需测量 5 点。试验应进行 2 次，一次低压开路，一次低压短路。空负荷零序阻抗测试接线如图 41-0-4（a）所示，短路零序阻抗测试接线如图 41-0-4（b）所示。

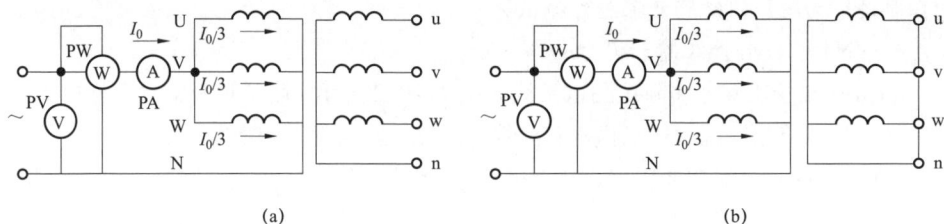

(a)　　　　　　　　　　　　　　　　　(b)

图 41-0-4　YNyn 接法变压器零序阻抗测试接线图

（a）空负荷零序阻抗测试接线；（b）短路零序阻抗测试接线

3. YNynd 接法的三绕组三相变压器和自耦型接法的变压器

对 YNynd 型或 YNa0d11 自耦型接法的变压器，则需按表 41-0-1 的顺序做 4 次零序阻抗测量，先从高压侧加压测试 2 次，再从中压侧加压测试 2 次。

表 41-0-1　　　　　　　　　　**YNynd 型和自耦型接法变压器**

零序阻抗测试顺序

顺序	接线方式	测试端	开路端	短路端
1	YNa0d11（自耦型）	UVW–N	UmVmWmNm	—
2		UVW–N	—	UmVmWm–Nm
3		UmVmWm–Nm	UVWN	—
4		UmVmWm–Nm	—	UVW—N
1	YNynd 接法	UVW–N	UmVmWmNm	—
2		UVW–N	—	UmVmWmNm
3		UmVmWmNm	UVWN	—
4		UmVmWmNm	—	UVW–N

（二）测试步骤

（1）对变压器进行放电并接地，拆除变压器各侧套管引线，拉开中性点隔离开关，变压器各侧分接开关应放在额定分接位置，抄录变压器铭牌技术参数。

（2）根据变压器相应接线组别进行正确接线。

（3）检查接线、调压器零位和外壳接地情况，同时检查表计挡位和测量用电流互感器倍率，拆除接地线。

（4）合上电源开关，调节调压器，读取电压、电流和功率损耗值，测试电流一般不超过额定电流。零序阻抗太大时，控制测试电流，使测试电压不超过相电压。对 Yyn 接线的变压器应测试 20%、40%、60%、80%、100%额定电流下的电压和功率损耗。读取测试数据后，降压，切断电源，对被试品使用放电棒放电并接地。

六、测试注意事项

（1）被试变压器外壳、铁芯均应接地。测试线及短接线截面要足够大并连接牢靠。

（2）当变压器带有辅助的三角形连接绕组时，试验电流不应使三角形连接绕组内的电流过大，并注意施加电流的时间。

（3）在零序阻抗测试中，在无三角形连接绕组的星形—星形连接的变压器中，施加的电压不应超过正常运行时的相电压，施加电流的时间及流经中性点的电流应予以限制，以避免金属结构件的温度过高。

（4）带有一个直接接地的中性点端子的自耦变压器，应看成是具有两个星形连接绕组的常规变压器。因而串联绕组与公共绕组一起构成一个测量电路，并且公共绕组又单独地构成另一个测量电路，试验电流不应超过低压侧与高压侧额定电流之差。

（5）测试时，变压器本体电流互感器二次侧不应开路，且应有接地点。

（6）零序阻抗应在变压器额定分接位置测试。

七、测试结果分析及测试报告编写

（一）测试结果分析

1. 测试标准及要求

（1）零序阻抗应在额定频率下，在短接的三个线路端子（星形或曲折形连接绕组的线路端子）与中性点端子间进行测量。

（2）在零序阻抗测量中，变压器失去安匝平衡时，电压和电流之间的关系不是线性的。此时，应用几个不同的电流值进行测量，以得到有用的数据。

（3）零序阻抗也可用与（正序）短路阻抗同样的方法表示为相对值。

2. 测试结果分析

（1）零序阻抗值取决于各绕组和导磁结构件的相对位置，不同绕组上的测量值可能有差异。零序阻抗还取决于变压器的接线组别和负荷，因而零序阻抗可有几个值，即使接线组别相同，铁芯结构不同，零序阻抗相差也比较大。

（2）在测试中应注意零序阻抗可随电流和温度变化，特别是在没有任何三角形连接绕组的变压器中。

（3）变压器的磁路，无论其结构如何，只要一侧为三角形连接，其他具有零序电路的端口所等效的零序阻抗，在允许的试验电流下，其值均为常数，与试验电流的大小无关。进一步分析，零序阻抗 Z_0 的大小与变压器磁路的关系是：3 个单相变压器组成的三相变压器组和三相五柱式铁芯变压器，由于漏磁很小，零序阻抗约等于变压器短路阻抗 $Z_0 \approx Z_k$；对普通芯式铁芯变压器，$Z_0 < Z_k$。此时测得的零序阻抗称之为"短路零序阻抗"。

（4）无三角形接线的变压器的零序阻抗由于非加压侧为开路，此时测得的零序阻抗称之为"开路零序阻抗"。测得的零序阻抗为加压侧一相的漏抗与零序励磁电抗之和，零序阻抗一般呈非线性。对不同磁路结构的变压器，试验所施加的电压有所不同，对组式和带旁轭的变压器，因零序电抗数值较大，测试电流较小，需逐渐加压。开始电压低，铁芯不饱和，所测零序阻抗较大。当铁芯开始饱和，并随测试电压的增加，饱和度加大时，零序阻抗逐渐减小。对芯式变压器，由于零序电抗较小，故在一定电压下测试电流较大，测试时可视电流值逐渐增加电压，直到额定电流为止，如此时电压距额定值较远，磁路也不饱和，则零序阻抗为一常数。

（二）测试报告编写

测试报告填写应包括测试时间、测试人员、天气情况、环境温度、湿度、使用地点、被试变压器参数、测试结果、测试结论、试验性质（交接试验、预防性试验、检查）、绝缘电阻表的型号、计量编号，备注栏写明其他需要注意的内容，如是否拆除引线等。

八、案例

一台型号为 SFSZ9–31500/110/10.5kV、接线组别为 YNd11 的变压器测试零序阻抗。测试数据：$U_0 = 240\text{V}$；$I_0 = 17.45\text{A}$；$P_0 = 195\text{W}$。画出测试接线，并求零序阻抗、零序电阻、零序电抗的值？

解：（1）测试接线。测试接线如图 41–0–5 所示。

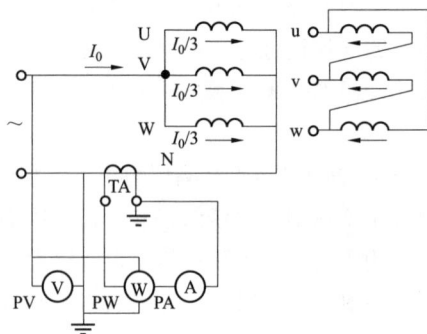

图 41–0–5　测试接线图

（2）计算结果。

零序阻抗：$Z_0 = 3U_0/I_0 = 3 \times 240/17.45 = 41.26$（Ω）

零序电阻：$R_0 = 3P_0/I_{02} = 3 \times 195/17.452 = 1.92$（Ω）

零序电抗：$X_0 = \sqrt{Z_0{}^2 - R_0{}^2} = \sqrt{41.26^2 - 1.92^2} = 41.22$（Ω）

【思考与练习】

1. 为什么变压器要进行零序阻抗测试？影响零序阻抗的因素有哪些？

2. 零序电抗是如何计算的？零序阻抗约等于短路阻抗的变压器是什么结构？

3. 测试变压器零序阻抗时，测试电压应如何施加？应测量哪些量？

第四十二章

线圈分接开关试验

▲ 模块 变压器分接开关试验（ZY1800509007）

【模块描述】本模块介绍变压器分接开关试验的方法和技术要求。通过试验工作流程的介绍，掌握变压器分接开关试验前的准备工作和相关安全、技术措施、试验方法、技术要求及测试数据分析判断。

【模块内容】

一、试验目的

检查变压器有载分接开关的切换开关，切换程序、过渡时间、过渡波形、过渡电阻等是否正常，并和原始数据进行比较，可以发现变压器经过运输、安装后，开关内部有无变形、卡、螺栓松动现象，同时也可确定开关各部件所处位置是否正确等。而变压器在运行中检查有载分接开关，可以发现触点的烧损情况、触点动作是否灵活、切换时间有无变化、主弹簧是否疲劳变形、过渡电阻值是否发生变化等缺陷。

二、试验仪器、设备的选择

（1）测量有载分接开关接触电阻、过渡电阻应选用单、双臂电桥。

（2）测量有载分接开关过渡时间、过渡波形一般应选用"有载分接开关测试仪"。

三、危险点分析及控制措施

（1）防止高处坠落。应使用变压器专用爬梯上下，在变压器上作业应系好安全带。对 220kV 及以上变压器，需解开高压套管引线时，宜使用高处作业车，严禁徒手攀爬变压器高压套管。

（2）防止高处落物伤人。高处作业应使用工具袋，上下传递物件应用绳索拴牢传递，严禁抛掷。

（3）防止工作人员触电。拆、接试验接线前，应将变压器各绕组对地充分放电，以防止剩余电荷、感应电压伤人及影响测量结果。

（4）防止工作人员受到机械损伤。有载分接开关在连同变压器线圈一起测量，在传动有载分接开关前，通知相关人员离开有载分接开关传动部位。在对 M 型有载分接开关切换部分进行测量接触电阻及单独对切换机构进行过渡时间、过渡波形测量时，用手动切换单、双数挡，要采取防滑措施，以避免枪机机构损伤试验人员。

四、试验前的准备工作

（1）了解被试设备现场情况及试验条件。查勘现场，查阅相关技术资料，包括该设备出厂试验数据、历年试验数据及相关规程等，掌握该设备整体情况。

（2）试验仪器、设备的准备。选择合适的测量变压器有载分接开关的测试仪，单、双臂电桥，温（湿）度计，接地线，放电棒，万用表，电源线（带剩余电流动作保护器），电池，二次连接线，电工常用工具，试验临时安全遮栏，标示牌等，并查阅测试仪器、设备及绝缘工器具的检定证书有效期、相关技术资料、相关规程等。

（3）办理工作票并做好试验现场安全和技术措施。向其余试验人员交待工作内容、带电部位、现场安全措施、现场作业危险点，明确人员分工及试验程序。

五、现场试验步骤及要求

（一）过渡电阻测量

变压器有载分接开关过渡电阻是安装在有载分接开关切换部分的辅助触头与工作触头之间，而接触电阻是在开关中性点与工作触头之间，有载分接开关切换部分如图 42-0-1 所示。

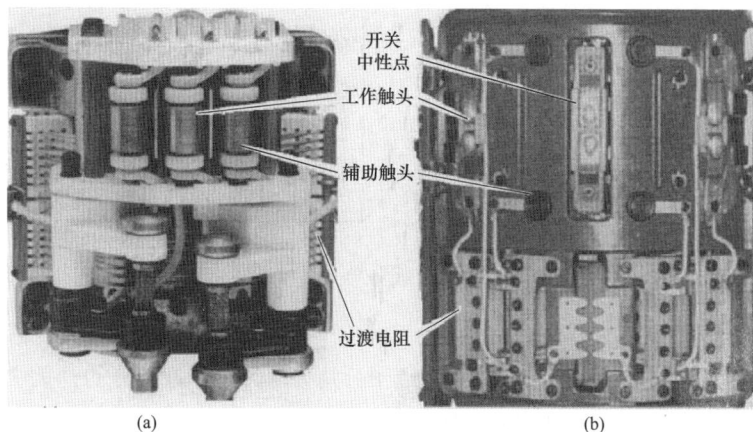

图 42-0-1 变压器有载分接开关切换部分示意图

（a）V 型开关切换部分；（b）M 型开关切换部分

1. 试验接线

用单臂电桥测量过渡电阻的试验接线，如图 42-0-2 所示。

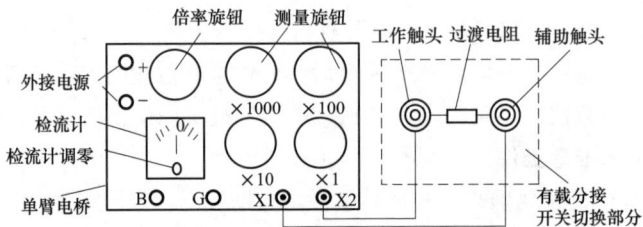

图 42-0-2 单臂电桥测量过渡电阻的试验接线图

2. 试验步骤

用测试线将电桥 X1、X2 端子与有载分接开关的辅助触头、工作触头相连。测量时按电桥《操作说明书》进行测量。而分接开关切换部分有 U、V、W 三相，且每相有单、双之分，因此测量过渡电阻应测量 6 次（U 单、U 双、V 单、V 双、W 单、W 双）才算完成。

（二）接触电阻测量

1. 试验接线

有载分接开关接触电阻只对 M 型开关切换部分进行测量（V 型不测）。测量部位是在开关中性点与工作触头之间，用双臂电桥测量接触电阻的试验接线如图 42-0-3 所示。

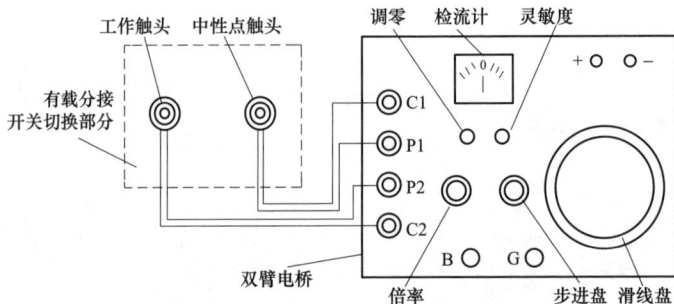

图 42-0-3 双臂电桥测量有载分接开关接触电阻的试验接线图

2. 试验步骤

用测试线将电桥 P1、C1、P2、C2 端子分别接于开关切换部分的开关中性点、工作触头上。按电桥《操作说明书》进行测量（U 单、V 单、W 单或 U 双、V 双、W 双），测量完毕后，用专用工具（厂家配置）将分接开关切换到双数挡或单数挡，再次测量（U 双、V 双、W 双或 U 单、V 单、W 单），共进行 6 次测量。

（三）过渡时间、过渡波形测量

对于 M 型分接开关测量过渡时间、过渡波形，可以在开关切换部分进行，也可以连同变压器绕组一起测量。而 V 型分接开关只能连同变压器绕组一起测量。

1. 在分接开关切换部分进行测量

（1）试验接线。使用有载开关测试仪，将测试仪配置的测试线（夹）按颜色不同，分别接在 U、V、W 三相的单、双数挡触头，共用线接在中性点触头，按图 42-0-4 进行接线，且接触良好、牢固。在分接开关切换动作时，线夹不应松动、脱落。

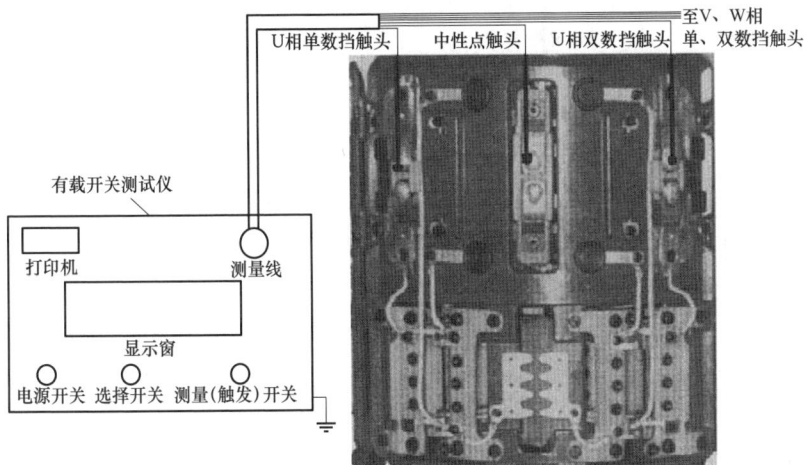

图 42-0-4　测量切换部分过渡时间、过渡波形的接线图

（2）试验步骤。先打开测试仪电源开关，严格按测试仪《使用说明书》进行操作，待测试仪进入测量（待触发）状态下，用厂家配置的专用工具将分接开关切换到双数挡或单数挡，并记录下过渡波形。然后将测试仪进入测量（待触发）状态下，用专用工具将分接开关切换到单挡或双数挡，并记录下过渡波形。通过 2 次切换动作分别测量出分接开关单→双、双→单的过渡波形及过渡时间。

2. 连同变压器绕组一起进行测量

（1）试验接线。使用有载开关测试仪，将测试仪配置的测试线（夹）按不同颜色两两一起，分别接于变压器高压侧 U、V、W 三相的套管上，共用线接在变压器中性点套管上，变压器中压侧、低压侧短路接地，按图 42-0-5 进行接线，且接触良好、牢固。在有载开关动作时，线夹不应松动、脱落。

（2）试验步骤。先打开测试仪电源开关，严格按测试仪《使用说明书》进行操作，待测试仪进入测量（待触发）状态下，电动或手动操作有载分接开关机构箱进行挡位变换，并记录下过渡波形。然后将测试仪进入测量（待触发）状态下，操作有载分接开关机构箱进行挡位变换，并记录下过渡波形。通过 2 次操作分别测量出有载分接开关的单→双、双→单的过渡波形及过渡时间。

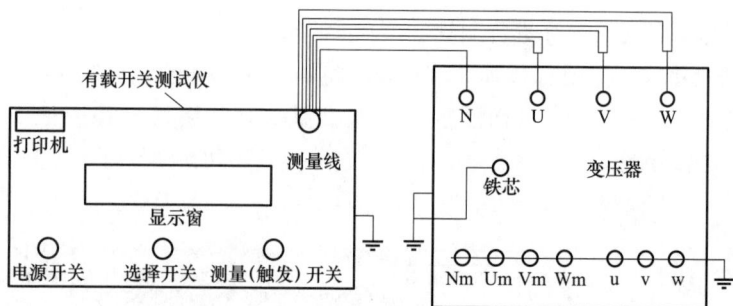

图 42-0-5 连同变压器绕组一起测量过渡时间、过渡波形的接线图

（四）有载分接开关动作顺序测量

将有载分接开关机构箱的操作电源退出，将"摇手柄"插入机构箱中的手动插孔。慢慢地转动"摇手柄"，进行挡位变换，在此过程中试验人员应集中精力，静听有载分接开关选择器动作时发出的声音（选择器分开），同时记录此时"摇手柄"转动的圈数。继续转动"摇手柄"，静听有载分接开关选择器动作时发出的声音（选择器合上），同时记录此时"摇手柄"转动的圈数。继续转动"摇手柄"，会听到一声清脆的声音（切换开关动作），同时记录此时"摇手柄"转动的圈数。继续转动"摇手柄"，观察机构箱中计数盘上窗口显示，直到"绿色"（最好是"红线"）出现，则完成挡位变换（到位），并记录"摇手柄"转动的圈数。

为了准确地测量有载分接开关动作顺序，应从 1→N 测量 4 个挡位变换，以及 N→1 测量 4 个挡位变换，并在每挡变换中记录圈数，便于分析。

六、试验注意事项

（1）感应电压的影响。运行中的变电站由于母线及其他设备带电，如果不将变压器高压侧引线解开，感应电压会使测量的过渡波形失真，影响测量结果。

（2）静电及剩余电荷的影响。变压器在注油时由于绝缘油在变压器内部流动，会在绕组上产生静电感应，它会使测量的过渡波形失真，影响测量结果，因此变压器在注油过程中，不宜进行过渡时间、过渡波形的测量。而变压器在停电后或其他试验结束后，都会在绕组中有电荷存在，无论怎样放电，其电荷不能完全放干净，而此时测量过渡波形，由于剩余电荷的影响，它会使测量的过渡波形失真，影响测量结果。因此，变压器非测量侧应短路接地，且接地良好。

（3）触头表面油膜及杂质对接触电阻的影响。未经使用的变压器分接开关，在触头表面有一层油膜，或变压器长期处于某一挡位下运行，在触头表面有一层油膜及杂质，在运行时由于电压、电流的作用会击穿，因而在正常时不影响分接开关的使用。但是，在试验时所施加的电压、电流很低，不足以将其击穿，因此在测量前，应将分接开关进行切换，不低于一个循环，以保证每对触头的接触电阻不大于 500μΩ 及在变压器直流电阻测量中，不发生单数挡侧或双数挡侧直流电阻增大。

（4）过渡电阻测量应包含整个回路，这样可以检查电阻与连线及触头之间有无螺栓松动、脱落等现象。

（5）采用双臂电桥测量有载分接开关接触电阻时，其连接导线一般应为同长度、同型号、同截面的导线。其电流线 C1、C2 截面积不小于 2.5mm²，电压线 P1、P2 截面积不小于 1.5mm²，且被测电阻与电桥连接导线电阻不大于 0.01Ω。在测量中，不能长时间将"G"按钮按住进行测量。

（6）在测量有载分接开关动作顺序时，必须将电动操动机构的控制电源退出。在记录圈数时不考虑电机"空转"的圈数。

七、试验结果分析及试验报告编写

（一）试验结果分析

1. 试验标准及要求

根据 DL/T 596—1996、GB 50150—2016 及 DL/T 574—2010《变压器分接开关运行维修导则》的规定：

（1）过渡电阻值应符合制造厂的规定，与铭牌值比较偏差不大于 ±10%。

（2）每对触头的接触电阻不大于 500μΩ。

（3）分接开关过渡时间均应符合制造厂的要求，其主弧触头分开与另一侧过渡弧触头闭合的时间不得小于 10ms，三相同步的偏差、切换时间的值及正反向切换时间的偏差均与制造厂的技术要求相符。在过渡波形上，其曲线应平滑、无开路现象。

（4）测量有载开关动作顺序、转换选择器（极性开关）、切换开关或选择器（开关）触头的全部动作顺序，应符合产品技术要求。

2. 试验结果分析

（1）对过渡波形、过渡时间可用图 42-0-6 进行分析。

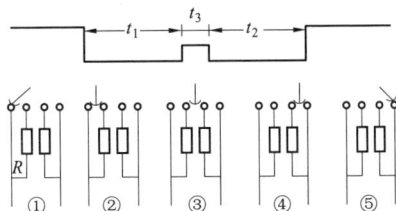

图 42-0-6　切换过程中过渡波形、过渡时间示意图

R—过渡电阻；t_1—切换开关从主触头移动到过渡触头所需的时间，此时过渡电阻投入 R；

t_3—切换开关从过渡触头移动到下一个过渡触头所需的时间，此时过渡电阻投入 $\frac{1}{2}R$；

t_2—切换开关从下一个过渡触头移动到下一个主触头所需的时间。此时过渡电阻投入 R

从图 42-0-6 中不难看出，切换开关在切换的一瞬间，共有① ~⑤ 个步骤、三段时间，分别为 t_1、t_2、t_3，其判断标准 t_1 不小于 10ms，t_2、t_3 与制造厂的技术标准要求相符，而切换时间（t）是 t_1、t_2、t_3 之和，其三相同步的偏差，与制造厂的技术标准要求相符。过渡波形要求曲线平滑，无开路现象。如有开路，表明切换开关在切换的过程中，触头之间接触不良，有"弹跳"现象，过渡电阻断裂，过渡电阻与触头之间连接有断裂或开关内部有变形，卡涩、螺栓松动等现象。

（2）以 M 型开关为例，按测量动作顺序记录的圈数，对分接开关动作顺序进行分析，如表 42-0-1 所示。

表 42-0-1　　　　　　　　　　动作顺序记录的圈数

圈数方向	挡位	选择器分开	选择器合上	切换开关动作	完成挡位变换
1→N	2→3	11.5	23	28	33
	3→4	11	23.5	27.5	33
	4→5	11.5	23	28	33
	5→6	11	23.5	27.5	33
N→1	6→5	11.5	23	28	33
	5→4	11	23.5	27.5	33
	4→3	11.5	23	28	33
	3→2	11	23.5	27.5	33

从表 42-0-1 中可以看出，当 1→N 时，双数挡→单数挡、单数挡→双数挡分接开关动作的圈数基本相同。N→1 同样，且符合产品技术要求。而在同一挡位正、反方向下进行动作，圈数应基本相等（见表 42-0-1 中的 3→4、4→3）。若不相等，则要进行调整。

举例说明：3→4 挡变换时，切换开关动作圈数为 31 圈，4→3 挡变换时，切换开关动作圈数为 25.5 圈，其校正圈数=（31-25.5）/2=2.75≈3 圈。校正操作如下：

1）松开机构箱与有载开关之间的传动轴。

2）将"摇手柄"向 1→N 方向转动 3 圈。

3）连接机构箱与有载开关之间的传动轴。

4）转动"摇手柄"测量 3→4 挡变换时，切换开关动作圈数应为 28 圈，4→3 挡变换时，切换开关动作圈数为 27.5 圈。

（二）试验报告编写

试验报告填写应包括试验时间、天气情况、环境温度、变压器的出厂编号、有载开关型号参数及试验状态（带线圈、不带线圈）、试验人员、试验数据、试验结论，并注明试验用仪器的型号等。

在试验报告中要写明接触电阻（注明单、双数）、过渡电阻（注明单、双数）、过渡时间（注明 t_1、t_2、t_3 及 t）、计算出三相同步的偏差，并将过渡波形附在报告中。

八、案例

有一台额定电压为 110kV、额定容量为 40 000kVA 的有载调压变压器（CMⅢ–500Y），在预防性试验中测得高压直流电阻值见表 42–0–2。

表 42–0–2　　　　　　　　预防性试验中测得高压直流电阻值

高压绕组（Ω）				
分接位置	UN	VN	WN	相间不平衡度（%）
1	0.422 5	0.423 4	0.420 7	0.64
2	0.416 7	0.416 0	0.423 1	1.70
3	0.408 3	0.409 0	0.407 6	0.34
4	0.401 9	0.402 6	0.410 7	2.17
5	0.394 8	0.395 7	0.394 1	0.41
6	0.389 3	0.389 9	0.397 8	2.17
7	0.381 5	0.382 5	0.381 0	0.39
8	0.377 8	0.378 6	0.386 5	2.28
9a	0.366 0	0.367 8	0.365 3	
9b	0.366 7	0.367 4	0.374 4	2.08
9c	0.367 4	0.368 1	0.366 2	
10	0.378 1	0.379 1	0.387 6	2.49
11	0.383 7	0.383 8	0.381 7	0.55
12	0.390 8	0.393 6	0.401 2	2.63
13	0.396 0	0.396 4	0.394 7	0.43
14	0.403 0	0.404 0	0.411 4	2.07
15	0.410 3	0.410 3	0.408 2	0.51
16	0.417 7	0.421 0	0.429 7	1.36
17	0.423 9	0.424 4	0.421 6	0.66

从表 42–0–2 可以看出，高压侧 W 相直流电阻有异常，其直流电阻 2 挡大于 1 挡，4 挡大于 3 挡，6 挡大于 5 挡，而 W 相不正常挡位的直流电阻与 U、V 相比较，都相差 0.01Ω 左右，其值为一个固定值，并且 W 相不正常挡位都出现在双数挡，有载调压

开关是 M 型，因此根据分析得出，缺陷在有载分接开关的切换部分，且在双数挡主触头接触电阻增大。

把切换部分进行吊检，测量其 W 相双数挡，主触头接触电阻为 9880μΩ，远远大于 500μΩ的标准，将主触头打磨、清洗、重新测量，其主触头接触电阻为 217μΩ，合格。再连同变压器绕组一起测量直流电阻合格。

【思考与练习】

1. 如何分析测出的有载分接开关过渡波形图？

2. M 型有载分接开关的测试项目有哪些？其标准是什么？

3. V 型有载分接开关测试时有什么特殊要求？

第四十三章

绕 组 变 形 测 试

▲ 模块 1　变压器绕组变形测试（ZY1800509008）

【模块描述】本模块介绍变压器绕组变形测试方法及技术要求。通过测试工作流程的介绍，熟悉变压器绕组变形测试原理，掌握变压器绕组变形测试前的准备工作和相关安全、技术措施、测试方法、技术要求。

【模块内容】

一、测试目的

电力变压器绕组变形是指在电动力和机械力的作用下，绕组的尺寸或形状发生不可逆的变化。它包括轴向和径向尺寸的变化、器身位移、绕组扭曲、鼓包和匝间短路等。绕组变形是电力系统安全运行的一大隐患。近几年来，随着电力系统容量的增长，短路容量也在增大，出口短路后造成绕组损坏事故的数量也有上升趋势。

频响法由绕组一端对地注入扫描信号源，测量绕组两端口特性参数的频域函数。通过分析端口参数的频域图谱特性，判断绕组的结构特征，从而实现诊断绕组变形情况的目的。

二、测试仪器、设备的选择

绕组变形测试仪：其设计参数（匹配阻抗，频率范围）必须完全符合 DL/T 911—2016《电力变压器绕组变形的频率响应分析法》规定要求，采样点数应在 600 点以上，有一定抗感应电压能力，配套软件应有曲线相关系数计算分析功能。

三、危险点分析及控制措施

（1）防止高处坠落。使用变压器专用爬梯上下，在变压器上作业应系好安全带。对 220kV 及以上变压器，解开高压套管引线时，应使用高处作业车，严禁徒手攀爬变压器高压套管。

（2）防止高处落物伤人。高处作业应使用工具袋，上下传递物件应用绳索拴牢传递，严禁抛掷。

（3）防止工作人员触电。在拆、接试验接线前，应将被试设备对地充分放电；在充、放电过程中，严禁人员触及变压器套管金属部分；测量引线要连接牢固，试验仪器的金属外壳应可靠接地。

四、测试前的准备工作

（1）了解被试设备现场情况及试验条件。查勘现场，查阅相关技术资料，包括该设备出厂试验数据、历年试验数据及相关规程等，掌握该设备整体情况。

（2）测试仪器、设备准备。选择绕组变形测试仪及配套试验接线、笔记本电脑（安装有绕组变形测试仪配套软件、曲线相关系数计算软件并拷贝有被试变压器绕组变形历史数据存档）、温湿度计、接地线、电源线（带剩余电流动作保护器）、安全带、安全帽、电工常用工具、试验临时安全遮拦、标示牌等，并查阅测试仪器、设备及绝缘工器具的检定证书有效期、相关技术资料、相关规程等。

（3）办理工作票并做好试验现场安全和技术措施。向其余试验人员交待工作内容、带电部位、现场安全措施、现场作业危险点，明确人员分工及试验程序。

五、现场测试步骤及要求

（一）测试接线

测量变压器绕组变形试验接线如图 43-1-1 所示。在不同的频率下，输入一定的电压时，可以取得其响应电流值。在图 43-1-1 中频响分析仪输出电压为 30mV～3V，其频率可在选定范围内变化（10Hz～1MHz），此电压加到绕组中性点或线端上，在其他线端连接测量线，把信号（即响应）送回频响分析仪，并在记录仪上以频率为横坐标，以响应为纵坐标绘出频响曲线。当变压器制造完成后，其绕组内部结构便已确定，其分布参数 L、C 也已确定，频响曲线也已确定。当变压器绕组发生变形或位移时，则 L、C 将发生变化，其频响特性也变化。比较正常的和变形后的曲线的重合程度，就可知道其变形情况。

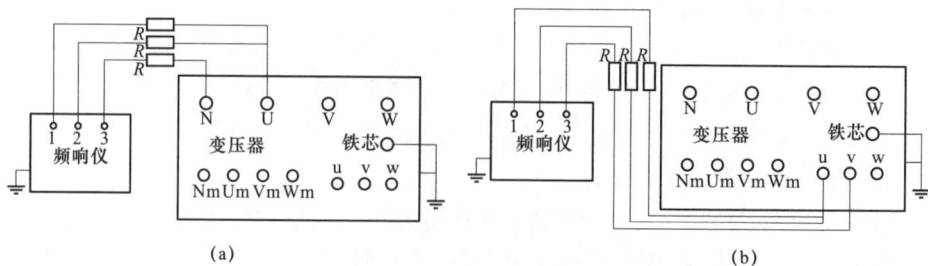

图 43-1-1 测量变压器绕组变形试验接线图

（a）绕组为 Yn 试验接线；（b）绕组为 Y 或 D 试验接线

1—扫频输出；2、3—响应输入；R—匹配电阻

（二）测试步骤

（1）断开变压器有载分接开关、风冷电源，退出变压器本体保护等，将变压器各绕组接地充分放电，拆除或断开对外的一切连线。

（2）在笔记本电脑中建立本次测试数据存档路径并录入各种测量信息。

建立测量数据的存放路径应能够清晰反映被试变压器的安装位置、出厂编号、测试日期等信息，以便于查找，防止数据丢失。建立测试数据库，录入试验性质，变压器挡位，铭牌信息，环境温、湿度，试验日期，试验人员等基本信息。

（3）对变压器的不同绕组，按表 43-1-1 进行测量，按测试仪器要求搭接试验接线，对变压器每一相绕组进行测量。

表 43-1-1　　　　　　　　变压器绕组变形测试接线方式

变压器线圈接线方式	频响分析仪		变压器其他绕组
	输入端	输出端	
Y 或 D	U	V	开路
	V	W	
	W	U	
Yn	U	N	开路
	V	N	
	W	N	
单相变压器	U	X	开路
	V	Y	
	W	Z	

（4）测试完毕后将所测得的数据全部进行保存，以便对该变压器进行分析。

六、测试注意事项

（1）应保证测量阻抗的接线钳与套管线夹紧密接触。如果套管线夹上有导电膏或锈迹，必须使用砂布或干燥的棉布擦拭干净。各相的搭接位置应相同。在测试时，必须具有一套相对固定的测试方法。

（2）测试时应确认周边无大型用电设备干扰试验电源，测试地点周边若有电视、手机、广播发射基站也可能会严重影响测量结果。

（3）变压器铁芯必须与外壳可靠接地。测试仪外壳、测量阻抗外壳必须与变压器外壳可靠接地。

（4）测试时要注意信号源位置的影响，"U"端输入，"N"端输出和"N"端输入，"U"端输出的曲线是不同的。

（5）对于有"平衡绕组"的变压器在测量时，应将"平衡绕组"接地断开。

（6）测试时必须正确记录分接开关的位置。应尽可能将被试变压器的分接开关放置在第 1 分接，特别对有载调压变压器，以获取较全面的绕组信息。对于无载调压变压器，应保证每次测量在同一分接位置，便于比较。

（7）绕组变形测试应在解开变压器所有引线（包括架空线、封闭母线和电缆）的前提下进行，并使这些引线尽可能地远离变压器套管（周围接地体和金属悬浮物需离开变压器套管 20cm 以上），尤其是与封闭母线连接的变压器。

（8）测试仪的"接地"没有连接正确前，请不要开始绕组变形测试。

（9）绕组变形测试应放在"直流类"试验之前或"交流类"试验之后进行。

（10）试验中如变压器三相频响特性不一致，应检查设备后重测，直至同一相 2 次试验结果一致。

【思考与练习】

1. 对无中性点三相变压器采用频响法测量时，如何接线？

2. 采用频响法测量时的注意事项有哪些？

3. 中性点引出的三相变压器进行绕组变形测试时，为什么激励信号要从中性点注入？

▲ 模块 2　变压器绕组变形测试的分析判断（ZY1800509009）

【模块描述】本模块介绍变压器绕组变形测试结果分析、判断及报告编写。通过案例介绍，掌握变压器绕组变形测试结果分析、判断及报告编写。

【模块内容】

一、测试结果分析及测试报告编写

（一）测试结果分析

根据 DL/T 911—2016 的规定，可以用以下方式进行分析判断变压器绕组变形。

典型正常的变压器绕组幅频响应特性曲线如图 43-2-1 所示,通常包含多个明显的波峰和波谷，幅频响应特性曲线中的波峰或波谷分布位置及分布数量的变化，是分析变压器绕组变形的重要依据。

根据图 43-2-1 中的幅频响应特性曲线可分为低频段（1～100kHz）、中频段（100～600kHz）、高频段（600～1000kHz）三段幅频响应特性曲线。其中：

（1）幅频响应特性曲线低频段（1～100kHz）的波峰或波谷位置发生明显变化，通常预示着绕组的电感改变，可能存在匝间或饼间短路的情况。频率较低时，绕组的对地电容及饼间电容所形成的容抗较大，而感抗较小，如果绕组的电感发生变化，会导致其频响特性曲线低频部分的波峰或波谷位置发生明显移动。对于绝大多数变压器，其三相绕组低频段的响应特性曲线应非常相似，如果存在差异则应及时查明原因。

虚线1:HVOA01.twd　实线2:HVOB01 twd　点划线3:HVOC01 twd

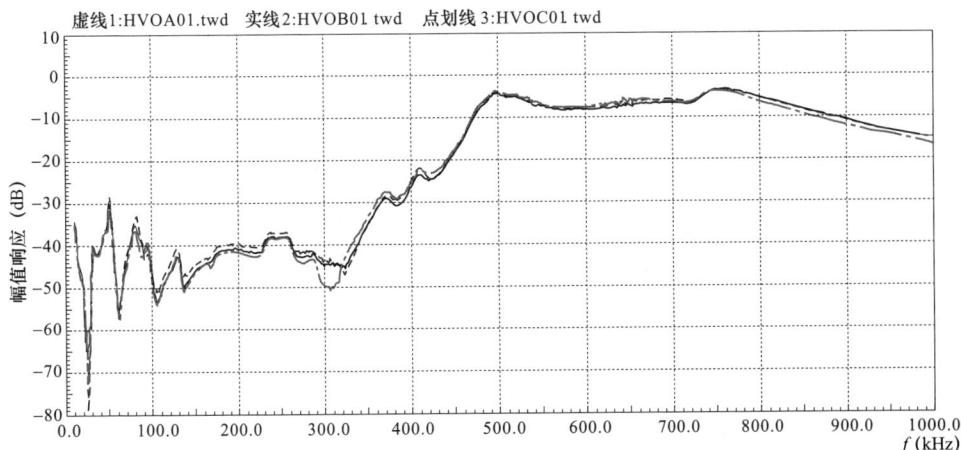

图 43-2-1　正常的变压器绕组幅频响应特性曲线图

（2）幅频响应特性曲线中频段（100～600kHz）的波峰或波谷位置发生明显变化，通常预示着绕组发生扭曲和鼓包等局部变形现象。在该频率范围内的幅频响应特性曲线具有较多的波峰和波谷，能够灵敏地反映出绕组分布电感、电容的变化。

（3）幅频响应特性曲线高频段（600～1000kHz）的波峰或波谷位置发生明显变化，通常预示着绕组的对地电容改变，可能存在线圈整体移位或引线位移等情况。频率较高时，绕组的感抗较大，容抗较小，由于绕组的饼间电容远大于对地电容，波峰和波谷分布位置主要以对地电容的影响为主。

根据测得的幅频响应特性曲线，可以采用以下方式进行分析判断。

（1）用频率响应分析法：主要是对绕组的幅频响应特性进行纵向或横向比较，并综合考虑变压器遭受短路冲击的情况、变压器结构、电气试验及油中溶解气体分析等因素。根据相关系数的大小，较直观地反映出变压器绕组幅频响应特性的变化，通常可作为判断变压器绕组变形的辅助手段。用相关系数辅助判断变压器绕组变形的方法见表 43-2-1。

表 43-2-1　　　　　　　　相关系数与变压器绕组变形程度的关系

绕组变形程度	相关系数 R	绕组变形程度	相关系数 R
严重变形	$R_{LF}<0.6$	轻度变形	$2.0>R_{LF}\geq1.0$ 或 $0.6\leq R_{MF}<1.0$
明显变形	$1.0>R_{LF}\geq0.6$ 或 $R_{MF}<0.6$	正常绕组	$R_{LF}\geq2.0$ 和 $R_{MF}\geq1.0$ 和 $R_{HF}\geq0.6$

注　R_{LF} 为曲线在低频段（1～100kHz）内的相关系数；R_{MF} 为曲线在中频段（100～600kHz）内的相关系数；R_{HF} 为曲线在高频段（600～1000kHz）内的相关系数。

（2）纵向比较法：是指对同一台变压器、同一绕组、同一分接开关位置、不同时期的幅频响应特性进行比较，根据幅频响应特性的变化判断变压器的绕组变形。该方法具有较高的检测灵敏度和判断准确性，但需要预先获得变压器原始的幅频响应特性，并应排除因检测条件及检测方式变化所造成的影响。

（3）横向比较法：是指对变压器同一电压等级的三相绕组幅频响应特性进行比较，必要时借鉴同一制造厂在同一时期制造的同型号变压器的幅频响应特性，来判断变压器绕组是否变形。该方法不需要变压器原始的幅频响应特性，现场应用较为方便，但应排除变压器的三相绕组发生相似程度的变形或者正常变压器三相绕组的幅频响应特性本身存在差异的可能性。

绕组变形测试最终数据为同相绕组两次测试曲线的相关系数值，按 DL/T 911—2016 规定可得出是否变形和变形严重程度的判断。但在实际工作中，还应结合短路阻抗、直流电阻、变比等试验项目的结果进行综合分析，也可以通过介质损耗试验，测量变压器各侧绕组对地的电容量来判断分析，其测量部位见表 43-2-2。

表 43-2-2　　　　　　　　　　电力变压器介损试验测量部位

序号	双 绕 组		三 绕 组	
	被测绕组	接地部位	被测绕组	接地部位
1	低压	高压、铁芯、外壳	低压	高压、中压、铁芯、外壳
2	—	—	中压	高压、低压、铁芯、外壳
3	高压	低压、铁芯、外壳	高压	中压、低压、铁芯、外壳
4	—	—	高压、中压	低压、铁芯、外壳
5	高压、低压	铁芯、外壳	高压、低压	中压、铁芯、外壳
6	—	—	中压、低压	高压、铁芯、外壳
7	—	—	高压、中压、低压	铁芯、外壳

通过以上测量变压器各部位的电容量，建立方程求出变压器各侧绕组对地的电容量，与初始值比较有无明显变化，并根据绕组变形测试结果，结合其他试验来判断变压器内部有无变形。

绕组变形测试结果不能作为判断变压器是否受损唯一依据。变压器绕组变形测试结果判断的关键是拥有绕组结构正常时的频响曲线或相同结构变压器的频响曲线，三相频响曲线间相互比较是一种权宜之计，它具有一定的局限性。因此，在变压器新投前必须测量绕组变形，为以后该变压器故障分析时提高可靠的依据。

（二）测试报告编写

绕组变形测试报告应分为以下两类：

（1）初次测量，测试曲线用于存档：试验报告应有变压器各相测试曲线图，变压器铭牌，测试时变压器挡位、温度、湿度、试验人员、试验日期等，还应注明"本次测试数据用于存档"字样，若测试过程中有某些无法改变的特殊情况也应在备注栏中写明。

（2）非初次测量：试验报告应有变压器各相本次及上一次的测试曲线图，两次测量曲线的相关系数值，试验结论，变压器铭牌，测试时变压器挡位、温度、湿度、试验人员、试验日期和特殊情况的说明。

二、案例

某 110kV 变电站一台变压器型号为 SFSZ9–4000/110，额定电压为 110±8×1.25%/35±2×2.5%/10.5kV，阻抗电压为 U_{k12}=10.03%、U_{k23}=6.51%、U_{k13}=17.72%。变压器在运行时（高压在 5 挡，中压在 4 挡），由于该地区普降雷暴雨，使变压器 35kV 侧保护动作，变压器轻、重瓦斯保护动作。对该变压器 35kV 侧 3 挡、4 挡进行绕组变形测试。测试结果：35kV 侧 3 挡幅频响应特性曲线如图 43–2–2 所示。35kV 侧 4 挡幅频响应特性曲线如图 43–2–3 所示。

相关系数Rxy(DL/T911—2004)	R21	R31	R32	R41	R42	R43	R51	R52	R53	R54	R61	R62	R63	R64	R65
低频段RLF:1~100kHz	2.043	2.642	2.075												
中频段RMF:100~600kHz	1.650	1.454	1.411												
高频段RHF:600~1000kHz	1.684	1.581	1.624												
全频段RFF:1~1000kHz	1.677	1.408	1.499												

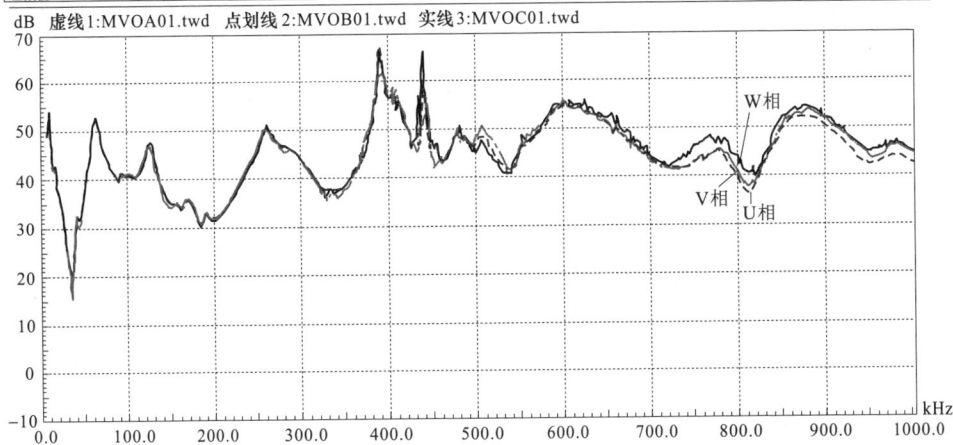

图 43–2–2　35kV 侧 3 挡幅频响应特性曲线图

由于新安装测得幅频响应特性曲线使用的仪器与本次测量使用仪器的匹配阻抗不同，因此两次的图谱不能比较判断，以本次的图谱用频率响应分析法，通过对图 43–2–2 和图 43–2–3 进行分析。

相关系数Rxy(DL/T 911-2004)	R21	R31	R32	R41	R42	R43	R51	R52	R53	R54	R61	R62	R63	R64	R65
低频段RLF:1~100kHz	0.093	-0.063	0.902												
中频段RMF:100~600kHz	1.190	1.031	1.203												
高频段RHF:600~1000kHz	0.807	0.313	0.518												
全频段RFF:1~1000kHz	0.810	0.595	0.996												

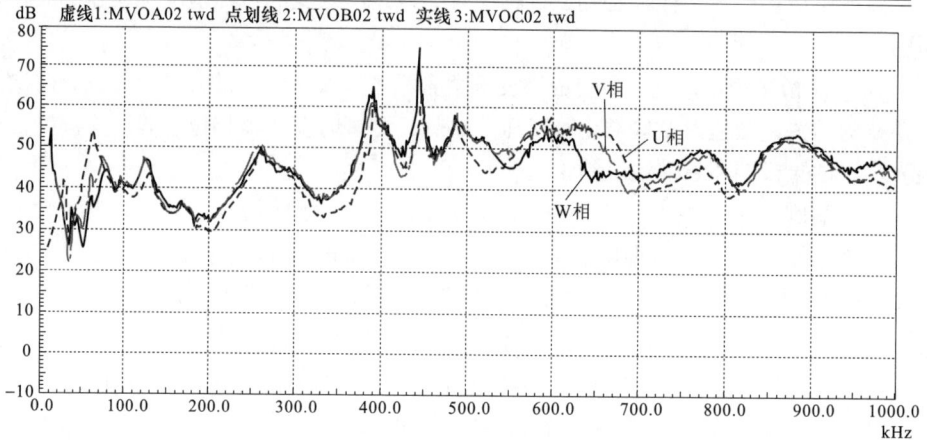

图 43-2-3　35kV 侧 4 挡幅频响应特性曲线图

在图 43-2-2 中，其相关系数均符合表 43-2-1 中所列规定。

在图 43-2-3 中，其低频段（1~100kHz）的 U 相与 V、W 相波峰或波谷位置发生明显变化，相关系数 $R_{LF}<0.6$。中频段（100~600kHz）的波峰或波谷位置发生较为明显变化，相关系数 $2.0>R_{LF}\approx1.0$。

因此该变压器在 35kV 侧 U 相发生严重变形，为了进一步诊断确定故障，对其进行下列试验。

（1）单相空负荷试验见表 43-2-3。

表 43-2-3　　　　　　　　　单相空负荷试验数据表

加压	短路	电压（kV）	电流（mA）	损耗（W）
UmVm	UmNm	10	160	1380
VmWm	WmNm	10	165	1390
WmUm	VmNm	10	235	2000

空负荷损耗 P_{UmVm} 与 P_{VmWm} 比较相差<3%；空负荷电流 $I_{UmVm}\approx I_{VmWm}>1.3I_{WmUm}$。

（2）单相短路试验见表 43-2-4。经计算在 35kV 侧 3 挡（额定挡）短路时，阻抗电压 $U_{k12}=9.92\%$，与铭牌值（10.03%）相比<±10%。而在 35kV 侧 4 挡短路时，阻抗电压 $U_{k12}=16.5\%$，与铭牌值（10.03%）相比>±10%。

表 43-2-4 单相短路试验数据表

加压	短路 UmVmWmNm			
	分接开关位置			
	3 挡		4 挡	
	电压（V）	电流（A）	电压（V）	电流（A）
UN	240	8.0	240	2.8
VN	240	8.0	240	7.5
WN	240	8.0	240	7.5

（3）测量 35kV 侧直流电阻。在三挡（额定挡）测量 UmNm、VmNm、WmNm 直流电阻，其误差＜2%。在 4 挡测量 UmNm、VmNm、WmNm 直流电阻，其误差＞2%，其中 UmNm 直流电阻高达数百欧姆。

（4）测量 35kV 侧绕组绝缘电阻。使用 2500V/5000MΩ绝缘电阻表分别测量 35kV 分接开关，在 3 挡（额定挡）、4 挡的绝缘电阻，$R_{60}/R_{15}=5300/4000$。

通过以上试验空负荷损耗 P_{UmVm} 与 P_{VmWm} 比较相差＜3%，空负荷电流 $I_{UmVm} \approx I_{VmWm} > 1.3 I_{WmUm}$。在 35kV 侧 4 挡短路时，阻抗电压 $U_{k12}=16.5\%$，与铭牌值（10.03%）相比＞±10%。在 4 挡测量 UmNm、VmNm、WmNm 直流电阻，其误差＞2%。结合所测得的幅频响应特性曲线，判断该变压器在 35kV 侧 U 相的调压绕组及分接开关发生故障。绕组未发生匝间短路。经吊罩检查 35kV 侧 U 相的分接开关（4 挡）与调压绕组之间连线基本脱落。

【思考与练习】

1. 写出绕组变形曲线相关系数的判别标准。

2. 幅频响应特性曲线在 1～100kHz 发生变化时，一般变压器绕组有哪些缺陷？为什么？

3. 通常 220kV 等级变电站内，带平衡绕组的自耦变压器绕组变形测试图谱会有何特征？

第四十四章

励 磁 特 性 试 验

▲ 模块　互感器的励磁特性试验（ZY1800510001）

【模块描述】本模块介绍电压互感器和电流互感器励磁曲线试验方法和技术要求。通过试验工作流程的介绍，掌握电压互感器和电流互感器励磁曲线试验前的准备工作和相关安全、技术措施、试验方法、技术要求及测试数据分析判断。

【模块内容】

一、试验目的

互感器励磁特性试验的目的主要是检查互感器铁芯质量，通过磁化曲线的饱和程度判断互感器有无匝间短路，通过电压互感器励磁特性曲线试验，根据铁芯励磁特性合理选择配置互感器，避免电压互感器产生铁磁谐振过电压。电流互感器励磁特性试验同时还是误差试验的补充和辅助试验，通过试验，可以检验电流互感器的仪表保安系数、准确限值系数及复合误差。

二、试验仪器、设备的选择

（1）单相调压器应选择容量不小于 2kVA。

（2）试验变压器应选择容量不小于 2kVA、输出电压不大于 2kV。

（3）电压表应选择 0.5 级、多量程的 0～300V 的方均根值表。

（4）电流表应选择 0.5 级、多量程的 0～10A 的方均根值表。

三、危险点分析及控制措施

（1）防止高处坠落。在互感器上作业应系好安全带，对 220kV 及以上互感器，需解开引线时，宜使用高处作业车，严禁徒手攀爬互感器套管。

（2）防止高处落物伤人。高处作业应使用工具袋，上下传递物件应用绳索拴牢传递，严禁抛掷。

（3）防止工作人员触电。拆、接试验接线前，应将被试设备对地充分放电，以防止剩余电荷、感应电压伤人及影响测量结果。测试前与作业负责人协调，不允许有交叉作业，试验接线应正确、牢固，试验人员应精力集中。试验设备外壳应可靠接地。

（4）防止试验过程中互感器损伤。电压互感器非试验绕组末端应接地，电流互感器二次非试验绕组应短路接地。

（5）防止电流互感器二次开路、电压互感器二次短路。拆除二次引线时做好标记，试验后应恢复二次接线并认真检查。

四、试验前的准备工作

（1）了解被试设备现场情况及试验条件。查勘现场，查阅相关技术资料，包括该设备历年试验数据及相关规程等，掌握该设备整体情况。

（2）试验仪器、设备准备。选择合适的单相调压器、电压表、电流表、试验变压器、带剩余电流动作保护器的电源接线板、温（湿）度计、测试线、放电棒、接地线、安全带、安全帽、电工常用工具、试验临时安全遮栏、标示牌等，并查阅试验仪器、设备及绝缘工器具的检定证书有效期。

（3）办理工作票并做好试验现场安全和技术措施。向其余试验人员交待工作内容、带电部位、现场安全措施、现场作业危险点，明确人员分工及试验程序。

五、现场试验步骤及要求

（一）电流互感器励磁曲线试验

1. 试验接线

电流互感器励磁特性试验原理接线如图44-0-1所示。在试验时，一次绕组应开路，铁芯及外壳接地，从保护绕组施加试验电压，非试验绕组应在开路状态。

2. 试验步骤

对电流互感器进行放电，拆除电流互感器二次引线，一次绕组处于开路状态，铁芯及外壳接地，按图44-0-1进行接线。选择合适的电压表、电流表挡位，检查接线无误后提醒监护人注意监护。合

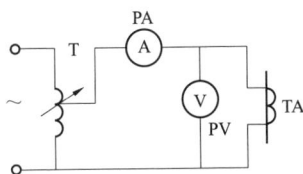

图 44-0-1 电流互感器
励磁特性试验原理接线图
T—调压器；PV—电压表；PA—电流表；
TA—电流互感器

上电源开关，调节调压器缓慢升压，当电流升至互感器二次额定电流的50%时，将调压器均匀地降为零。

参考出厂试验数据或选取几个电流点，将调压器缓慢升压，以电流的倍数为准，读取相应的各点电压值，观察电压与电流的变化趋势，当电流按规律增长而电压变化不大时，可认为铁芯饱和，在拐点附近读取并记录至少5～6组数据。读取数据后，缓慢降下电压，切不可突然拉闸造成铁芯剩磁过大，影响互感器保护性能。电压降至零位后，再切断电源。

当有多个保护绕组时，每个绕组均应进行励磁曲线试验，试验步骤同上。

（二）电压互感器励磁特性和励磁曲线试验

1. 试验接线

电压互感器进行励磁特性和励磁曲线试验时，一次绕组、二次绕组及辅助绕组均开路，非加压绕组尾端接地，特别是分级绝缘电压互感器一次绕组尾端更应注意接地，铁芯及外壳接地，二次绕组加压。其试验原理接线如图44-0-2所示。

2. 试验步骤

对电压互感器进行放电，并将高压侧尾端接地，拆除电压互感器一次、二次所有接线。加压的二次绕组开路，非加压绕组尾端、铁芯及外壳接地，按图44-0-2接线。试验前应根据电压互感器最大容量计算出最大允许电流。

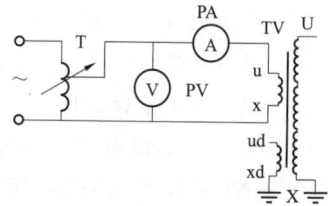

图 44-0-2　电压互感器
励磁特性试验原理接线图
T—调压器；PV—电压表；PA—电流表；
TV—电压互感器

电压互感器进行励磁特性试验时，检查加压的二次绕组尾端不应接地，检查接线无误后提醒监护人注意监护。

合上电源开关，调节调压器缓慢升压，可按相关标准的要求施加试验电压，并读取各点试验电压的电流。读取电流后立即降压，电压降至零位后切断电源，将被试品放电接地。注意在任何试验电压下电流均不能超过最大允许电流。

六、试验注意事项

（1）如表计的选择挡位不合适需要换挡位时，应缓慢降下电压，切断电源再换挡，以免剩磁影响试验结果。

（2）电流互感器励磁曲线试验电压不能超过 2kV，电流一般不大于 10A，或以制造厂技术条件为准。

（3）互感器励磁特性试验测试仪表应采用方均根值表。

（4）电压互感器感应耐压试验前后的励磁特性如有较大变化，应查明原因。

（5）铁芯带间隙的零序电流互感器应在安装完毕后进行励磁曲线试验。

七、试验结果分析及试验报告编写

（一）试验结果分析

1. 试验标准及要求

（1）电气设备交接试验标准规定：当继电保护对电流互感器的励磁特性有要求时应进行励磁特性曲线试验，一般对测量绕组的励磁特性不做要求。因此在新设备交接试验中一般不对测量绕组的励磁特性进行试验，当检查测量绕组保安系数时，有时也进行励磁特性曲线试验。当电流互感器为多抽头时，可在使用抽头或最大抽头测量。

测量后核对是否符合产品要求。

（2）现场检测具有暂态特性要求的 T 级电流互感器，因对检测人员和设备要求较高的缘故暂不宜推广。PR 级和 PX 级的用量相对较少，有要求时应按规定进行试验。

（3）电磁式电压互感器的励磁曲线测量，应符合下列要求：

1）用于励磁曲线测量的仪表为方均根值表，若发生测量结果与出厂试验报告和型式试验报告有较大出入（＞30%）时，应核对使用的仪表种类是否正确。

2）一般情况下，励磁曲线测量点为额定电压的 20%、50%、80%、100% 和 120%。对于中性点直接接地的电压互感器（X 端接地），电压等级 35kV 及以下电压等级的电压互感器最高测量点为 190%，电压等级 66kV 及以上的电压互感器最高测量点为 150%。

3）对于额定电压测量点（100%），励磁电流不宜大于其出厂试验报告和型式试验报告的测量值的 30%，同批次、同型号、同规格电压互感器此点的励磁电流不宜相差 30%。

2. 试验结果分析

（1）电流互感器励磁曲线试验结果分析。电流互感器励磁曲线试验结果不应与出厂试验值有明显变化。互感器励磁特性曲线试验的目的主要是检查互感器铁芯质量，通过磁化曲线的饱和程度判断互感器有无匝间短路，励磁特性曲线能灵敏地反映互感器铁芯、绕组等状况，如图 44-0-3 所示。

如试验数据与原始数据相比变化较明显，首先检查测试仪表是否为方均根值表、准确等级是否满足要求，另外应考虑铁芯剩磁的影响。在大电流下切断电源、运行中二次开路、通过短路故障电流及使用直流电源的各种试验，均可导致铁芯产生剩

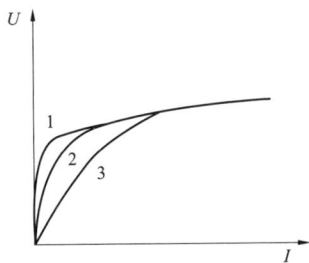

图 44-0-3　电流互感器励磁曲线图

1—正常曲线；2—短路 1 匝；3—短路 2 匝

磁，因此在有必要的情况下应对互感器铁芯进行退磁，以减少试验和运行中的误差。

电流互感器励磁曲线试验的另外一个重要作用可以检验 10% 误差曲线，通过励磁曲线及二次电阻可以初步判断电流互感器本身的特征参数是否符合铭牌标志给出值。相关规程规定电流互感器励磁曲线测量后应核对是否符合产品要求，励磁曲线法如下：

P 级绕组的 U–I（励磁）曲线应根据电流互感器铭牌参数确定施加电压，二次电阻可用二次直流电阻 R_2 替代，漏抗 X_2 可估算，电压与电流的测量用方均根值仪表。

X_2 估算值见表 44-0-1。

表 44-0-1 X_2 估 算 值

电流互感器额定电压	独立结构			GIS 及套管结构
	≤35kV	66~110kV	220~500kV	
X_2 估算值	0.1	0.15	0.2	

首先计算二次负荷阻抗，即

$$Z_L = \frac{S_{2N}}{I_{2N}} \div I_{2N} \times \cos\varphi \tag{44-0-1}$$

式中　　Z_L——二次负荷阻抗，Ω；

　　　　S_{2N}——二次额定负荷，VA；

　　　　I_{2N}——二次额定电流，A；

　　　　$\cos\varphi$——功率因数。

根据二次直流电阻测试值 R_2 和估算的二次漏抗值 X_2 计算二次阻抗 Z_2，即

$$Z_2 = R_2 + jX_2 \tag{44-0-2}$$

根据互感器铭牌标称准确限值系数 ALF、二次额定电流、二次负荷阻抗及二次阻抗，计算二次绕组感应电动势，即

$$E\big|_{\text{ALFI}} = ALFI_{2N}\big|Z_2 + Z_L\big| \tag{44-0-3}$$

式中　　$E\big|_{\text{ALFI}}$——电流互感器二次绕组感应电动势，V。

对准确级为 10P 级的电流互感器，以计算的二次感应电动势为励磁电压测量的励磁电流 I_0 应满足下式的要求

$$I_0 \leq 0.1ALF\, I_{2N} \tag{44-0-4}$$

如励磁电流 I_0 满足式（44-0-4）的要求，则可以判断该绕组准确限值系数合格，说明在额定一次准确限值电流下的复合误差满足该互感器标称准确级。

（2）电压互感器励磁特性和励磁曲线试验结果分析。电压互感器与电流互感器不同，同一电压等级、同型号、同规格的电压互感器没有那么多的变比、级次组合及负荷的配置，其励磁曲线（包括绕组直流电阻）与出厂检测结果不应有较大分散性，否则就说明所使用的材料、工艺甚至设计和制造发生了较大变动以及互感器在运输、安装、运行中发生故障。如果励磁电流偏差太大，特别是成倍偏大，就要考虑有无匝间绝缘损坏、铁芯片间短路或者是铁芯松动的可能。

在最高测量点时的电流不应超过最大允许电流。实际生产中发现一些产品，特别是早期的一些产品，在最高测量点时的电流超过最大允许电流，在故障时互感器铁芯

过饱和，易产生铁磁谐振过电压，发生互感器过热烧毁的事故。因此，应保证互感器在最高测量点时的电流不超过最大允许电流，最大允许电流计算式为

$$I_{max} = \frac{S_{max}}{U_{2N}}$$
（44-0-5）

式中　I_{max}——最大允许电流，A；

　　　S_{max}——互感器最大容量，VA；

　　　U_{2N}——互感器二次额定电压，V。

如互感器铭牌或技术资料无最大容量，一般可按额定容量的 5 倍计算。

（二）试验报告编写

试验报告填写应包括被试设备出厂编号、试验时间、试验人员、天气情况、环境温度、湿度、使用地点、被试设备的参数、出厂编号、试验结果、试验结论、试验性质（交接试验、预防性试验、检查）、试验设备的型号、计量编号，备注栏写明其他需要注意的内容，如是否拆除引线等。

八、案例

一台电流互感器额定电压 220kV，被检绕组变比 1000/5A，二次额定负荷 50VA，$\cos\varphi = 0.8$，保护绕组准确级为 10P，准确限值系数 ALF 为 20，即 10P20，保护绕组直流电阻 0.1Ω，估算漏抗 0.2Ω，如何用励磁曲线法检查该电流互感器是否满足准确限值系数要求？

答： 额定二次负荷阻抗为

$$Z_L = \frac{S_{2N}}{I_{2N}} \div I_{2N} \times \cos\varphi = \frac{50}{5} \div 5 \times (0.8 + \text{j}0.6) = 1.6 + \text{j}1.2 \ （\Omega）$$

二次阻抗为

$$Z_2 = R_2 + \text{j}X_2 = 0.1 + \text{j}0.2 \ （\Omega）$$

20 倍额定电流情况下绕组感应电动势为

$$E|_{ALFI} = ALFI_{2N}|Z_2 + Z_L|$$
$$= 20 \times 5|Z_2 + Z_L| = 100|1.7 + \text{j}1.4| = 100\sqrt{1.7^2 + 1.4^2} = 220 （V）$$

此互感器的标称准确级 10P，在额定准确限值一次电流下的复合误差为 10%，标称准确限值系数为 20，二次额定电流 5A，励磁电流 I_0 应小于

$$I_0 < 0.1 \times ALF \times I_{2N} = 0.1 \times 20 \times 5 = 10 （A）$$

该互感器 20 倍额定电流情况下绕组感应电动势为 220V，在此感应电动势下，励磁电流 I_0 小于 10A 时能满足准确限值系数要求。

【思考与练习】

1. 为什么互感器要进行励磁特性试验？电流互感器励磁特性试验时应在互感器哪个绕组进行测试？

2. 电流互感器励磁曲线测量后核对是否符合产品要求的目的是什么？

3. 电压互感器最大允许电流是如何计算的？

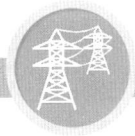

第八部分

开关类设备试验

第四十五章

开关类绝缘电阻测试

▲ 模块 高压断路器绝缘电阻测试（ZY1800501003）

【模块描述】本模块介绍高压断路器绝缘电阻测试的方法和技术要求。通过测试工作流程的介绍，掌握高压断路器绝缘电阻测试前的准备工作和相关安全、技术措施、测试方法、技术要求及测试数据分析判断。

【模块内容】

一、测试目的

高压断路器的主要绝缘部件有瓷套、拉杆和绝缘油（气）。测量高压断路器的绝缘电阻应分别在合闸状态和分闸状态下进行。在合闸状态下主要是检查拉杆对地绝缘；在分闸状态下，主要是检查各断口之间的绝缘，通过测量可以检查出内部消弧室是否受潮或烧伤。

二、测试仪器、设备的选择

测试仪器主要是绝缘电阻表，绝缘电阻表的电压等级应按以下规定选择：

（1）测试断路器辅助回路及控制回路绝缘电阻，一般采用 500V、1000MΩ或1000V、2000MΩ的绝缘电阻表。

（2）测试 10 000V 以下至 3000V 的电气设备或回路绝缘电阻，采用 2500V、10 000MΩ及以上的绝缘电阻表。

（3）测试 10 000V 及以上的断路器整体、断口及绝缘提升杆的绝缘电阻，采用2500V 或 5000V、10 000MΩ及以上的绝缘电阻表。

三、危险点分析及控制措施

（1）防止高处坠落。使用梯子应有人扶持或绑牢，在断路器上作业应系好安全带。

（2）防止高处落物伤人。高处作业应使用工具袋，上下传递物件应用绳索拴牢传递，严禁抛掷。

（3）防止工作人员触电。拆、接试验接线前，应将被试设备对地放电。加压前应与作业负责人协调，不允许有交叉作业。工作人员应与带电部位保持足够的安全距离。试验仪器的金属外壳应可靠接地，仪器操作人员必须站在绝缘垫上，测试时使用绝缘杆进行操作。

四、测试前的准备工作

（1）了解被试设备现场情况及试验条件。查勘现场，查阅相关技术资料，包括该设备历年试验数据及相关规程等，掌握该设备整体情况。

（2）测试仪器、设备准备。选择合适的绝缘电阻表、测试线、温（湿）度计、放电棒、接地线、梯子、安全带、安全帽、电工常用工具、试验临时安全遮栏、标示牌等，并查阅测试仪器、设备及绝缘工器具的检定证书有效期。

（3）办理工作票并做好试验现场安全和技术措施。向其余试验人员交待工作内容、带电部位、现场安全措施、现场作业危险点，明确人员分工及试验程序。

五、现场测试步骤及要求

（一）测试接线

（1）三相对地及相间绝缘电阻测试时，应分别测量每相对地的绝缘电阻，其余两相均接地。

（2）断路器每个断口间绝缘电阻测试时，测试导线分别接至每个断口间。

（3）绝缘拉杆（提升杆）两端绝缘电阻测试时，测试导线分别接至绝缘拉杆（提升杆）两端。

（4）分、合闸线圈及控制回路间对地绝缘电阻测试时，测试导线分别接至分、合闸线圈与外壳（地）、控制回路与外壳（地）之间。

（二）测试步骤

（1）断开被试品的电源，将被试品接地放电，对电容量较大者（如 GIS 等），应充分放电（至少持续 5min）。放电时应用绝缘棒等工具进行，不得用手碰触放电导线。拆除或断开被试品对外的一切连线。

（2）用干燥清洁柔软的布擦去被试品外绝缘表面的脏污，必要时用适当的清洁剂洗净。

（3）检查绝缘电阻表是否正常。若绝缘电阻表正常，将绝缘电阻表的接地端与被试品的地线连接，绝缘电阻表的高压端接上测试线，测试线的另一端悬空（不接试品），再次驱动绝缘电阻表，绝缘电阻表的指示应无明显差异，然后将绝缘电阻表停止转动。

（4）驱动绝缘电阻表达额定转速或接通绝缘电阻表电源，将测试线搭上测试部位，待指针稳定（或 60s）后，读取绝缘电阻值，并做好记录。

（5）断开接至被试品高压端的连接线，然后将绝缘电阻表停止运转。在测试大容量设备时更要注意，以免被试品的电容在测量时所充的电荷经绝缘电阻表放电，而使绝缘电阻表损坏。

（6）断开绝缘电阻表后，对被试品短接放电并接地。

六、测试注意事项

（1）试验应选用相同电压、相同型号的绝缘电阻表。

（2）测量时宜使用高压屏蔽线且屏蔽层接地。若无高压屏蔽线，测试线不要与地线缠绕，应尽量悬空。

（3）测量一般应在试品温度为 10～40℃ 之间、天气良好的情况下进行，且空气相对湿度不高于 80%。若相对湿度大于 80% 时，应在引出线瓷套上装设屏蔽环（用细铜线或细熔丝紧扎 1～2 圈）接到绝缘电阻表屏蔽端子。常用的接线如图 45-0-1 所示。屏蔽环应接在靠近绝缘电阻表高压端所接的瓷套端子，远离接地部分，以免造成绝缘电阻表过负荷，使端电压急剧降低，影响测量结果。

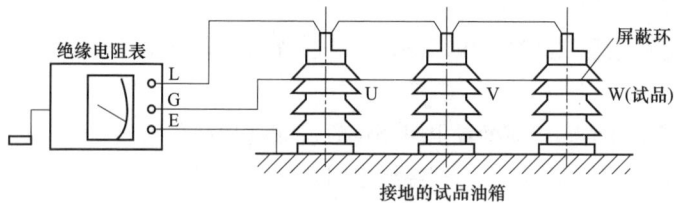

图 45-0-1 测量绝缘电阻时屏蔽环的位置

七、测试结果分析及测试报告编写

（一）测试结果分析

1. 测试标准及要求

根据 GB 50150—2016、DL/T 596—1996 及 DL/T 474.1～5 的规定：

（1）电气设备交接及预防性试验规程均未对断路器整体绝缘电阻允许值作出规定，因此，绝缘电阻测试数值一般参照制造厂规定。预防性试验时，断口和用有机物制成的拉杆绝缘电阻一般不应低于表 45-0-1 中所列数值，交接试验时绝缘拉杆绝缘电阻一般不应低于表 45-0-2 中所列数值。

表 45-0-1　　　　　　　　　预防性试验时断口和有机物制成的

拉杆绝缘电阻最小允许值　　　　　　　　　　　（MΩ）

试验类别	额 定 电 压 （kV）			
	<24	24～40.5	72.5～252	363
大修后	1000	2500	5000	10 000

表 45-0-2 交接试验时绝缘拉杆绝缘电阻最小允许值

额定电压（kV）	3~15	20~35	63~220	330~500
绝缘电阻值（MΩ）	1200	3000	6000	10 000

（2）对于空气断路器，只测量支持瓷套的绝缘电阻，测量时使用 2500V 的绝缘电阻表，其量程不小于 10 000MΩ，测得的绝缘电阻值应大于 5000MΩ。

（3）采用 500V 或 1000V 绝缘电阻表测量断路器辅助回路和控制回路绝缘电阻，其值应大于 2MΩ（交接试验为不低于 10MΩ）。

（4）作为参考，正常情况下断路器的绝缘电阻一般可达：

1）220kV 对地绝缘电阻为 10 000MΩ 以上；

2）110kV 对地绝缘电阻为 5000MΩ 以上；

3）一个断口（油断路器铝帽—三角箱）绝缘电阻为 2500MΩ 以上。

2. 测试结果分析

测得的绝缘电阻值很低，试验人员认为该设备的绝缘不良外，在一般情况下，试验人员应将同样条件下的不同相绝缘电阻值，或以同一设备历次试验结果，结合其他试验结果进行综合判断。需要时，对被试品各部位分别进行分解测量（将不测量部位接屏蔽端，便于分析缺陷部位）。

（二）测试报告编写

测试报告填写应包括设备出厂编号、参数、测试时间、测试人员、天气情况、环境温度、湿度、测试结果、测试结论、试验性质（交接试验、预防性试验、检查）、试验仪器的型号、计量编号，备注栏写明其他需要注意的内容，如是否拆除引线等。

八、案例

某变电站一台 SW6-60 型少油断路器，预防性试验中测试绝缘电阻和泄漏电流，测试结果如表 45-0-3 所示。

表 45-0-3 SW6-60 型少油断路器绝缘测试结果

相别	绝缘电阻（MΩ）	40kV 直流下泄漏电流（μA）
U	800	7
V	5000	1
W	5000	1

由表 45-0-3 可见，U 相泄漏电流为 7μA，未超过要求值 10μA。但比 V、W 相明显增大，绝缘电阻较低，故采取缩短试验周期的措施，运行 6 个月后检测泄漏电

流已高达 40μA。检查发现油中有水，绝缘拉杆受潮，经干燥处理和换油后，绝缘正常。

【思考与练习】

1. 在断路器分、合闸状态下测试绝缘电阻，分别是检查断路器哪些部分的绝缘状况？

2. 对 10 000V 以上高压断路器主回路和二次控制回路测试绝缘电阻时，如何选用绝缘电阻表？

3. 对于应用于 35kV 电压等级电容器间隔的真空断路器，其现场试验项目有何特殊要求，为什么？

第四十六章

开关类泄漏电流测试

▲ 模块　40.5kV 及以上少油断路器的泄漏电流测试（ZY1800502002）

【模块描述】本模块介绍 40.5kV 及以上少油断路器的泄漏电流测试的方法和技术要求。通过测试工作流程的介绍，掌握少油断路器泄漏电流测试前的准备工作和相关安全、技术措施、测试方法、技术要求及测试数据分析判断。

【模块内容】

一、测试目的

测量泄漏电流是 40.5kV 及以上少油断路器的重要试验项目之一。它能比较灵敏地发现断路器外表带有的危及绝缘强度的严重污秽、拉杆及绝缘油受潮、少油断路器灭弧室受潮劣化和碳化物过多等缺陷。

二、测试仪器、设备的选择

40.5kV 及以上少油断路器泄漏电流的测试仪器主要有成套直流高压发生器和由试验变压器、电容器、硅堆等元件构成的组合式直流高压发生器。目前现场普遍使用的是成套直流高压发生器，选用相应电压等级的成套直流高压发生器即可。

三、危险点分析及控制措施

（1）防止高处坠落。使用梯子应有人扶持或绑牢，在断路器上作业应系好安全带。

（2）防止高处落物伤人。高处作业应使用工具袋，上下传递物件应用绳索拴牢传递，严禁抛掷。

（3）防止工作人员触电。拆、接试验接线前，应将被试设备对地放电。加压前应与作业负责人协调，不允许有交叉作业。工作人员应与带电部位保持足够的安全距离。试验仪器的金属外壳应可靠接地，仪器操作人员必须站在绝缘垫上。

四、测试前的准备工作

（1）了解被试设备现场情况及试验条件。查勘现场，查阅相关技术资料，包括该设备历年试验数据及相关规程等，掌握该设备整体情况。

（2）测试仪器、设备准备。选择合适的成套直流高压发生器、绝缘电阻表、测试线、温（湿）度计、放电棒、接地线、梯子、安全带、安全帽、电工常用工具、试验临时安全遮栏、标示牌等，并查阅测试仪器、设备及绝缘工器具的检定证书有效期。

（3）办理工作票并做好试验现场安全和技术措施。向其余试验人员交待工作内容、带电部位、现场安全措施、现场作业危险点，明确人员分工及试验程序。

五、现场测试步骤及要求

（一）测试接线

对于少油断路器可以在三角箱加压，断口外侧接地来测量整个单元的泄漏电流。断路器应在分闸位置按图 46-0-1 所示的接线进行测量，即图 46-0-1 中断路器灭弧室两端 A、A′接地，试验电压施加在 P 点。当泄漏电流数值超过标准值时，可进行分解试验，检查各部件绝缘是否符合标准。

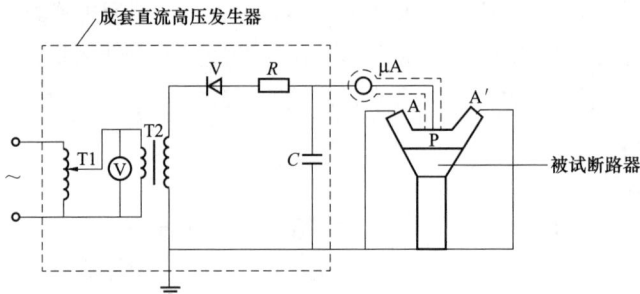

图 46-0-1 少油断路器测量泄漏电流的原理接线图

（二）测试步骤

（1）将被试断路器接地放电，拆除或断开断路器两端的一次连接线。

（2）测试绝缘电阻，其值应正常。

（3）按图 46-0-1 进行接线，检查接线正确后，合上试验电源，开始升压。对试品施加电压时，应从足够低的数值开始，然后缓慢地升高电压，一般从试验电压值的75%开始，以每秒 2%的速度升压至试验电压值，读取 1min 的泄漏电流值。

（4）试验完毕，降压、切断高压电源。一般需待试品上的电压降至 1/2 试验电压以下，将被试品经电阻放电棒接地放电，最后直接接地放电。

六、测试注意事项

（1）试验宜在干燥、良好的天气条件下进行。

（2）试品表面应擦拭干净，试验场地应保持清洁，试品和周围的物体必须有足够的安全距离。

（3）高压引线应采用较大直径导线，且高压引线应尽可能短，以减小杂散电流对泄漏电流的影响。

（4）在对 110kV 及以上少油断路器进行测试时，有时会出现负值现象，即空载泄漏电流比同样电压下测量的少油断路器泄漏电流大。产生这种现象的主要原因是高压试验引线的影响，当测试中出现负值时，可采取下列措施予以消除。

1）对引线端头采取均压措施，如用小铜球或光滑的无棱角的小金属体来改善线端头附近的电场强度，可减小电晕损失。

2）在高压侧可采用屏蔽、清洁设备、使接线头不外露、增加引线线径、尽量缩短高压引线等措施。

七、测试结果分析及测试报告编写

（一）测试结果分析

1. 测试标准及要求

根据 GB 50150—2016、DL/T 596—1996 及 DL/T 474.1～5 的规定：

（1）预防性试验时，每一元件的试验电压按表 46-0-1 的规定。

表 46-0-1　　　　　　　　　预防性试验时每一元件的试验电压

额定电压（kV）	40.5	72.5～252	≥363
直流试验电压（kV）	20	40	60

泄漏电流一般不大于 10μA，252kV 以上少油断路器提升杆（包括支持瓷套）的泄漏电流大于 5μA 时，应引起注意。

（2）交接试验时，35kV 以上少油断路器支持瓷套（包括绝缘提升杆）及灭弧室每个断口的直流泄漏电流试验电压应为 40kV，并在高压侧读取 1min 时的泄漏电流值不应大于 10μA，220kV 以上的不宜大于 5μA。

2. 测试结果分析

（1）温度对泄漏电流的影响是极为显著的，因此最好在以往试验相近的温度条件下进行测量，以便于进行分析比较。

（2）泄漏电流的数值不仅和绝缘的性质、状态有关，而且和绝缘的结构、设备的容量等也有关，因此不能仅从泄漏电流的绝对值泛泛地判断绝缘是否良好，重要的是观察其温度特性、时间特性、电压特性及长期以来的变化趋势来进行综合判断。

（3）除与有关标准规定值比较外，还应与历年值相比较、与同类设备比较、同一设备各相间比较，观察其变化。根据设备的具体情况，有时即使数值仍低于标准，但增长迅速，也应引起充分注意，并结合其他试验结果进行综合判断。

（二）测试报告编写

测试报告填写应包括设备出厂编号、设备参数、测试时间、测试人员、天气情况、环境温度、湿度、使用地点、测试结果、测试结论、试验性质（交接试验、预防性试验、检查）、使用仪器名称型号及计量编号，备注栏写明其他需要注意的内容，如是否拆除引线等。

八、案例

某变电站一台 SW6–220 型少油断路器，在预防性试验中测得绝缘电阻和泄漏电流的数据，见表 46–0–2。

表 46–0–2　　　　　　　　　SW6–220 型少油断路器绝缘测量结果

相　　别	绝缘电阻（MΩ）	40kV 直流下泄漏电流（μA）
U	10 000	2
V	5000	7
W	10 000	1

由表 46–0–2 可见，V 相的泄漏电流为 7μA，比 U、W 两相大，且绝缘电阻低，投入运行 9 个月后，V 相发生爆炸，原因是密封不良，瓷套内油中有水，绝缘拉杆受潮。油的击穿电压已降低到 16kV。

【思考与练习】

1. 为什么测量 110kV 及以上少油断路器的泄漏电流时，有时出现负值？如何消除？

2. 断路器内绝缘拉杆受潮的原因是什么？

3. 少油断路器泄漏电流测试注意事项有哪些？

第四十七章

开关类介质损耗角正切值 tanδ 测试

▲ 模块　40.5kV 及以上非纯瓷套管 tanδ 和多油断路器的介质损耗
角正切值 tanδ 测试（ZY1800503004）

【模块描述】本模块介绍 40.5kV 及以上非纯瓷套管 tanδ 和多油断路器的介质损耗角正切值 tanδ 测试的方法和技术要求。通过测试工作流程的介绍，掌握 40.5kV 及以上非纯瓷套管 tanδ 和多油断路器的介质损耗角正切值 tanδ 测试前的准备工作与相关安全、技术措施、测试方法、技术要求及测试数据分析判断。

【模块内容】

一、测试目的

测量 40.5kV 及以上非纯瓷套管 tanδ 和多油断路器的介质损耗角正切值 tanδ 的目的，主要是检查套管的绝缘状况，同时也检查其他绝缘部件，如灭弧室、绝缘拉杆、油箱绝缘围屏、绝缘油等的绝缘状况。

二、测试仪器、设备的选择

（1）选用西林电桥（QS1 电桥）或数字式自动介损测试仪。

（2）选用一次电压不小于 10kV，电流不小于 0.1A 的工频试验变压器。

（3）选用单相自耦调压器，其容量不小于 2kVA。

（4）选用量程为 75～600V、0.5 级交流电压表。

（5）选用 2500V 及以上的绝缘电阻表。

三、危险点分析及控制措施

详见 ZY1800502002 中的三、。

四、测试前的准备工作

（1）了解被试设备现场情况及试验条件。查勘现场，查阅相关技术资料，包括该设备历年试验数据及相关规程等，掌握该设备整体情况。

（2）测试仪器、设备准备。选择合适的试验变压器、调压器、电压表、QS1 型西林电桥（或数字式自动介损测试仪）、测试线、绝缘垫、绝缘电阻表、温（湿）度计、放电棒、接地线、梯子、安全带、安全帽、电工常用工具、试验临时安全遮栏、标示牌等，并查阅测试仪器、设备及绝缘工器具的检定证书有效期。

（3）办理工作票并做好试验现场安全和技术措施。向其余试验人员交待工作内容、带电部位、现场安全措施、现场作业危险点，明确人员分工及试验程序。

五、现场测试步骤及要求

（一）测试接线

1. QS1 西林电桥法

用 QS1 西林电桥测试 40.5kV 及以上非纯瓷套管 $\tan\delta$ 和多油断路器的介质损耗角正切值 $\tan\delta$ 的接线，如图 47–0–1 所示。

2. 数字式自动介损测试仪法

用数字式自动介损测试仪测试 40.5kV 及以上非纯瓷套管 $\tan\delta$ 和多油断路器的介质损耗角正切值 $\tan\delta$ 的接线，如图 47–0–2 所示。

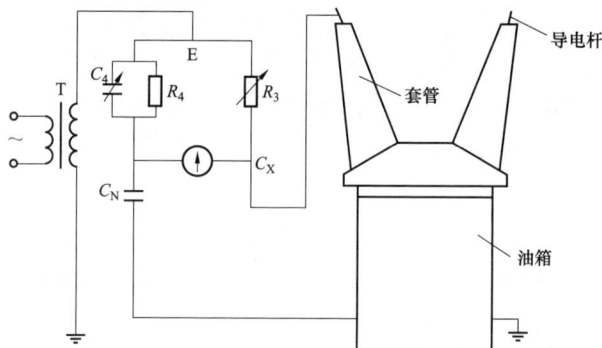

图 47-0-1 用西林电桥测试 40.5kV 及以上非纯瓷套管 $\tan\delta$ 和
多油断路器的介质损耗角正切值 $\tan\delta$ 的接线图

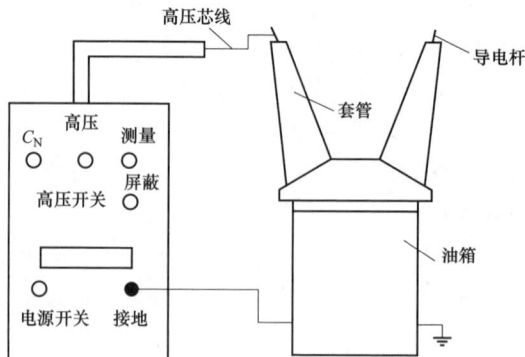

图 47-0-2 数字式自动介损测试仪测试 40.5kV 及以上非纯瓷套管 $\tan\delta$ 和
多油断路器的介质损耗角正切值 $\tan\delta$ 的接线图

（二）测试步骤

（1）拆除断路器套管上的引线，测量 40.5kV 及以上非纯瓷套管及多油断路器的介质损耗角正切值 tan δ 前，测试绝缘电阻应正常。

（2）在合闸状态分别测量每相整体（包括灭弧室、绝缘提升杆和套管）的 tan δ 和电容值（该项测量一般在需要时进行）。

（3）多油断路器在分闸状态下，连同套管一起进行测量，测量时采用"反接线"，分别测量多油断路器的 U1、U2、V1、V2、W1、W2 相，共计 6 次。测试时，1 只套管加压测试，其余 5 只套管均接地，按图 47-0-1 或图 47-0-2 进行接线（如果套管是电容式套管，则按 QS1 西林电桥正接线测试套管本身 tan δ 及电容量），确认接线无误后，进行升压，严格按照仪器操作步骤进行（由于油箱内部绝缘对整体 tan δ 值的影响是建立在套管标准的基础上，因此，"标准"规定在 20℃时非纯瓷套管断路器 tan δ 允许比同型号的单独套管增大一些，见 DL/T 596—1996 规定）。

当测得的 tan δ 值超出试验标准或与以前比较显著增大时，应进行分解试验，查找原因，分解试验步骤如下：

1）落下油箱（油箱无法落下者，可放去油箱内绝缘油）使灭弧室露出油面，进行测试。如 tan δ 明显下降者，则可能是绝缘油和油箱绝缘围屏绝缘不良。

2）测试结果，如 tan δ 无明显下降变化，则应擦净油箱内瓷套表面再试，如 tan δ 明显下降则可能是套管脏污。

3）如测试结果，tan δ 仍无明显变化，则可卸去灭弧室的屏罩再试，如 tan δ 明显下降，则可能是屏罩受潮，否则应拆卸灭弧室再进行测试（即测试单独套管的 tan δ）。

4）如拆卸灭弧室后测试，tan δ 明显降低，则说明灭弧室受潮，否则说明套管绝缘不良。

六、测试注意事项

（1）试验应在良好的天气，试品及环境温度不低于+5℃、湿度在 80%以下的条件下进行。

（2）如测量单套管时宜采用正接法，这样受干扰小，测量结果较为准确，操作安全方便。使用反接法时，应尽量排除干扰。

（3）无论采用何种接线方式，电桥本体必须良好接地。

七、测试结果分析及测试报告编写

（一）测试结果分析

1. 测试标准及要求

根据 GB 50150—2016、DL/T 596—1996 及 DL/T 474.1～5 的规定：

（1）大修后，20℃多油断路器的非纯瓷套管的 tan δ（%）允许值见表 47-0-1

所示。

表 47-0-1　　　　　20℃多油断路器的非纯瓷套管 tanδ（%）允许值

		20℃时多油断路器的非纯瓷套管的 tanδ（%）值		
电压等级（kV）		20~35	66~110	220~500
大修后	充油型	3.0	1.5	—
	油纸电容型	1.0	1.0	0.8
	充胶型	3.0	2.0	—
	胶纸电容型	2.0	1.5	1.0
	胶纸型	2.5	2.0	—

（2）预防性试验时，20℃非纯瓷套管断路器的 tanδ（%）值，可比表 47-0-1 中相应的 tanδ（%）值增加下列数值，如表 47-0-2 所示。

表 47-0-2　　　　　　　相应的 tanδ（%）增加值

额定电压（kV）	≥126	<126	40.5（DW1-35、DW1-35D）
tanδ（%）值的增加数	1	2	3

1）油纸电容型套管的 tanδ（%）一般不进行温度换算，当 tanδ（%）与出厂值或上次测试值比较有明显增长或接近表 47-0-1 数值时，应综合分析 tanδ（%）与温度、电压的关系。当 tanδ（%）随温度增加明显增大或试验电压由 10kV 升到 $U_\mathrm{m}/\sqrt{3}$ 时，tanδ（%）增量超过 ±0.3% 时，不应继续运行。

2）20kV 以下纯瓷套管及与变压器油联通的油压式套管不测 tanδ（%）。

3）电容型套管的电容值与出厂值或上次试验值的差别超出 ±5% 时，应查明原因。

4）带并联电阻断路器整体 tanδ（%）可相应增加 1。

（3）交接试验时，测量 20kV 及以上非纯瓷套管的主绝缘介质损耗角正切值 tanδ（%）和电容值应符合以下规定：

1）在室温不低于 10℃ 的条件下，套管的介质损耗角正切值 tanδ（%）不应大于表 47-0-3 的规定。

2）电容型套管的实测电容量值与产品铭牌数值相比，其差值应在 ±5% 范围内。

表 47-0-3　　　　　　交接试验时套管的主绝缘介质
损耗角正切值 tanδ（%）的标准

套管主绝缘类型		tanδ（%）最大值
电容式	油浸纸	0.7
	胶浸纸	0.7（对 20kV 及以上老产品可为 2 或 2.5）
	胶粘纸	1.0（66kV 及以下电压等级套管为 1.5，对 20kV 及以上老产品可为 2 或 2.5）
	浇铸树脂	1.5
	气体	1.5
	有机复合绝缘	0.7（介质损耗角试验宜在干燥环境下进行）
非电容式	浇铸树脂	2.0
	复合绝缘	由供需双方商定
其他套管		由供需双方商定

2. 测试结果分析

对 tanδ 值进行判断的基本方法除应与有关"标准"规定值比较外，还应与历年值相比较，观察其发展趋势。根据设备的具体情况，有时即使数值仍低于标准，但增长迅速，也应引起充分注意。此外，还可与同类设备比较，看是否有明显差异。在比较时，除 tanδ 值外，还应注意 C_X 值的变化情况。如发生明显变化，可配合其他试验方法，如绝缘油的分析、直流泄漏电流试验或提高测量 tanδ 值的试验电压等进行综合判断。

（二）测试报告编写

测试报告填写应包括设备出厂编号、设备参数、测试时间、测试人员、天气情况、环境温度、湿度、使用地点、测试结果、测试结论、试验性质（交接试验、预防性试验、检查）、使用仪器名称及型号、计量编号，备注栏写明其他需要注意的内容，如是否拆除引线等。

八、案例

案例 1：某变电站对 DW1-35、DW8-35 型多油断路器分解测试 tanδ，结果见表 47-0-4。

表 47-0-4　　　　　　　　　　多油断路器分解测试 tanδ 结果

断路器		试验情况	折算到28℃时的tanδ（%）	试验温度（℃）	判　断　结　果
DW1-35	1	（1）分闸状态、一支套管； （2）落下油箱； （3）去掉灭弧室	7.9 6.2 5.7	27 24.5 24.5	（1）需解体试验； （2）油箱绝缘筒良好，需再解体； （3）灭弧室良好，套管不合格
	2	（1）分闸状态、一支套管； （2）落下油箱； （3）去掉灭弧室	8.4 3.5 0.7	23 25 26	（1）需解体试验； （2）油箱绝缘筒不良，还有不良部位，需解体； （3）灭弧室受潮，套管良好
DW8-35	1	（1）分闸状态、一支套管； （2）落下油箱； （3）去掉灭弧室	8.2 6.3 5.4	30 29 28	（1）不合格，需解体试验； （2）油箱绝缘筒良好，需再解体； （3）灭弧室良好，套管不合格
	2	（1）分闸状态、一支套管； （2）落下油箱； （3）去掉灭弧室	9.3 4.1 0.9	20 22 23	（1）不合格，需解体试验； （2）油箱绝缘筒不良，需再解体； （3）灭弧室受潮、套管良好

案例 2：某变电站多油断路器 DW2-35 型预防性试验时发现 tanδ 异常，U1 相整体试验 tanδ=6.1%，卸去油箱及灭弧室测得 tanδ 分别为 3.3% 及 1.5%；V2 相整体试验 tanδ=6.1%，卸去油箱及灭弧室测得 tanδ 分别为 3.8% 及 1.6%；W2 相整体试验 tanδ=6.9%，卸去油箱及灭弧室测得 tanδ 分别为 4.6% 及 3.8%（26℃，湿度 60%）；W2 相整体 tanδ＞6%，说明该断路器已受潮，卸去油箱及灭弧室时 tanδ＞3.0%，说明套管有问题。后经更换不合格套管，对所有灭弧室、隔板进行 24h 的烘烤及真空滤油，重新组装。测试 tanδ，U1 为 4.9%，V1 为 5.0%，U2 为 5.0%，V2 为 5.1%，W1 为 5.1%，W2 为 5.2%（阴天，24℃，湿度 66%）试验合格，但总体水平不高，绝缘水平下降。

【思考与练习】

1. 测量 40.5kV 及以上非纯瓷套管 tanδ 和多油断路器的介质损耗角正切值 tanδ 的目的是什么？

2. 如何查找多油断路器的绝缘缺陷？

3. 交接试验过程中，油纸电容型套管介质损耗角正切值 tanδ 测试的影响因数有哪些？

第四十八章

断路器、GIS 回路电阻测试

▲ 模块 1 断路器导电回路电阻的测试（ZY1800511001）

【模块描述】本模块介绍断路器导电回路电阻测试的方法和技术要求。通过测试工作流程的介绍，掌握断路器导电回路电阻测试前的准备工作和相关安全、技术措施、测试方法、技术要求及测试数据分析判断。

【模块内容】

一、测试目的

断路器导电回路接触良好是保证断路器安全运行的一个重要条件，导电回路电阻增大，将使触头发热严重、造成弹簧退火、触头周围绝缘零件烧损，因此在预防性试验中需要测量导电回路直流电阻。

二、测试仪器、设备的选择

（1）若采用直流电压降法测回路电阻，则直流电源可选用电流大于 100A 的蓄电池组；分流器应选用 100A 的；直流毫伏电压表应选用 0.5 级、多量程的 2 只；测试导线应选用截面为 16mm² 的铜线。

（2）若采用回路电阻测试仪法，则回路电阻测试仪（微欧电阻仪）应选择测试电流大于 100A 的。

三、危险点分析及控制措施

（1）防止高处坠落。使用梯子应有人扶持或绑牢，在断路器上作业应系好安全带。

（2）防止高处落物伤人。高处作业应使用工具袋，上下传递物件应用绳索拴牢传递，严禁抛掷。

（3）防止工作人员触电。拆、接试验接线前，应将被试设备对地放电。测试前应与作业负责人协调，不允许有交叉作业。工作人员应与带电部位保持足够的安全距离。试验仪器的金属外壳应可靠接地。

四、测试前的准备工作

（1）了解被试设备现场情况及试验条件。查勘现场，查阅相关技术资料，包括该设备历年试验数据及相关规程等，掌握该设备整体情况。

（2）测试仪器、设备准备。选择合适的回路电阻测试仪（或直流电源）、分流器、直流毫伏表、测试导线、测试线、温（湿）度计、放电棒、接地线、梯子、安全带、安全帽、电工常用工具、试验临时安全遮栏、标示牌等，并查阅测试仪器、设备及绝缘工器具的检定证书有效期。

（3）办理工作票并做好试验现场安全和技术措施。向其余试验人员交待工作内容、带电部位、现场安全措施、现场作业危险点，明确人员分工及试验程序。

五、现场测试步骤及要求

（一）测试接线

（1）直流电压降法。直流电压降法的原理是：当在被测回路中通以直流电流时，则在回路接触电阻上将产生电压降，测量出通过回路的电流及被测回路上的电压降，即可根据欧姆定律计算出导电回路的直流电阻值。

用直流电压降法测试断路器导电回路电阻的接线如图 48-1-1 所示。在测量时，回路通以 100A 或以上的直流电流，电流用分流器及毫伏电压表 PV1 进行测量，导电回路电阻的电压降用毫伏电压表 PV2 进行测量，毫伏电压表 PV2 应接在电流接线端内侧，以防止电流端头的电压降引起测量误差。

（2）回路电阻测试仪（微欧电阻仪）法。采用回路电阻测试仪测量断路器回路电阻比较方便、准确，其测试接线如图 48-1-2 所示。测量仪器采用开关电路，由交流电源整流后作为直流电源通过开关转换为高频电流，再经变压器降压和隔离最后整流为低压直流作为测试电源。在测量回路中串接一个标准分流器，使其自动调整高频电源的脉冲宽度，达到自动恒定测试电流的目的。试验接线时，电压线同样应接在电流接线端内侧。

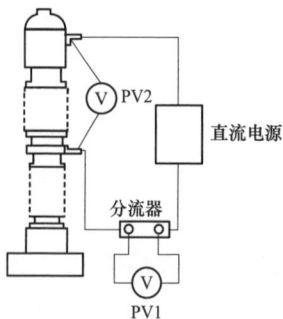

图 48-1-1 用直流电压降
法测试断路器导电回路电阻接线图
PV1、PV2—直流毫伏电压表

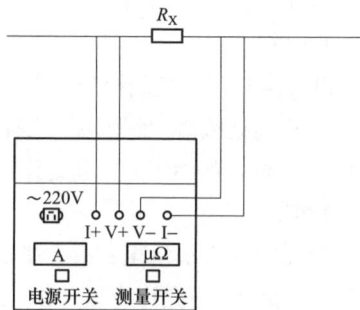

图 48-1-2 回路电阻测试仪
测试断路器回路电阻

（二）测试步骤

（1）断开断路器任意一端的接地开关或接地线。

（2）将断路器进行电动合闸。

（3）清除被试断路器接线端子接触表面的油漆及金属氧化层，按图 48-1-1 或图 48-1-2 进行接线，检查测试接线是否正确。测试接线应接触紧密良好。

（4）接通仪器电源，调整测试电流不应小于 100A，待电流稳定后读出被测回路电阻值（或根据欧姆定律计算出导电回路的直流电阻值），并做好记录。

（5）拆除试验测试线，将断路器分闸（断路器恢复测试前状态）。

六、测试注意事项

（1）测量时应注意避免引线和接触方式的影响。应注意电压线要接在断口的触头端，电流线应接在电压线的外侧。测试电流不应小于 100A。

（2）如发现断路器回路电阻增大或超过标准值，可将断路器进行数次电动合闸后再进行测试。如电阻值变化不大，可分段查找以确定接触不良的部位（如断路器有几个断口或多个接触面时），并进行处理。如有主副触头或多个并联支路，应对并联的每一对触头分别进行测量。测量时，非被测量触头间应垫以薄绝缘物。

（3）在测量回路中若有 TA 串入，应将 TA 二次进行短路，防止保护误动。

（4）测试时，为防止被测断路器突然分闸，应断开被测断路器操作回路的熔丝。

七、测试结果分析及测试报告编写

（一）测试结果分析

1. 测试标准及要求

根据 DL/T 596—1996、GB 50150—2016 的规定：用电流不小于 100A 的直流压降法测量，电阻值应符合产品技术条件的规定。

规程中对断路器导电回路电阻数值未作规定，因此大修或交接试验时，导电回路电阻测试数值参照制造厂规定。运行中一般为不大于制造厂规定值 120%。

2. 测试结果分析

测试结果除应与制造厂规定值比较外，还应与历次值相比较，观察其发展趋势。根据设备的具体情况，测试前应将断路器进行几次电动分、合闸，以清除触头表面金属氧化膜的影响。发现回路电阻增大时，可采取分段测试，以确定回路电阻增大的部位，进行处理。

（二）测试报告编写

测试报告填写应包括测试时间、测试人员、天气情况、环境温度、湿度、试品出厂编号、试品参数、测试结果、测试结论、试验性质（交接试验、预防性试验、检查）、测试仪器名称型号及计量编号，备注栏写明其他需要注意的内容，如是否拆除引线等。

八、案例

案例1： 某变电所预防性试验时，对一台 DW2-35 多油断路器测试导电回路电阻，测试结果见表 48-1-1。

表 48-1-1　　　　　　　DW2-35 多油断路器导电回路电阻测试结果

相　别	U	V	W
测试结果（μΩ）	280	255	200
标准要求（μΩ）	≤250		

由表 48-1-1 可见，U、V 两相导电回路电阻超过标准要求值。对该断路器进行几次电动合闸后又测试回路电阻，测试结果见表 48-1-2。由表 48-1-2 可见，断路器经过几次电动合闸后回路电阻明显变小，其原因是由于设备长期运行后，在断路器触头接触表面形成一层金属氧化膜影响接触电阻，使接触电阻增大，经过几次电动合闸后，破坏了金属氧化膜，使接触电阻明显减小，符合标准要求。

表 48-1-2　　　　　　　DW2-35 多油断路器导电回路电阻第二次测试结果

相　别	U	V	W
测试结果（μΩ）	220	215	190
标准要求（μΩ）	≤250		

案例2： 对一台 ZN28 型真空断路器测试导电回路电阻，发现 U 相回路电阻大，超过标准要求，分段检查后，发现断路器的软连接与导电夹之间的螺栓松动，经紧固螺栓后。重新检测回路电阻合格。

【思考与练习】

1. 测试断路器导电回路电阻的目的是什么？

2. 为什么通常在测试断路器导电回路电阻时，要将断路器进行几次电动分、合闸？

3. 回路电阻测试不合格时，怎样查找不合格部位？

▲ 模块 2　GIS 主回路电阻测试（ZY1800511002）

【模块描述】本模块介绍 GIS 主回路电阻测试的方法和技术要求。通过测试工作流程的介绍，掌握 GIS 主回路电阻测试前的准备工作和相关安全、技术措施、测试方法、技术要求及测试数据分析判断。

【模块内容】

一、测试目的

GIS 主回路电阻测试的目的是为了检查 GIS 主回路中的导电回路连接和触头接触情况，以保证设备安全运行。

二、测试仪器、设备的选择

（1）若采用直流电压降法测回路电阻，则直流电源可选用电流大于 100A 的蓄电池组；分流器应选用 100A；直流毫伏表应选用 0.5 级、多量程的 2 只；测试导线应选用截面积为 16mm² 的铜线。

（2）若采用回路电阻测试仪法，则回路电阻测试仪（微欧仪）应选择测试电流大于 100A 的。

三、危险点分析及控制措施

详见 ZY1800511001 中的三、。

四、测试前的准备工作

（1）了解被试设备现场情况及试验条件。查勘现场，查阅相关技术资料，包括该设备出厂试验数据及相关规程等，掌握该设备参数情况。

（2）测试仪器、设备准备。选择合适的回路电阻测试仪（或直流电源、分流器、直流毫伏电压表及测试导线）、温（湿）度计、放电棒、接地线、梯子、安全带、安全帽、电工常用工具、试验临时安全遮栏、标示牌等，并查阅测试仪器、设备及绝缘工器具的检定证书有效期。

（3）办理工作票并做好试验现场安全和技术措施。向其余试验人员交待工作内容、带电部位、现场安全措施、现场作业危险点，明确人员分工及试验程序。

五、现场测试步骤及要求

（一）测试接线

1. 直流电压降法

直流电压降法的原理是：当在被测回路中通以直流电流时，则在回路接触电阻上将产生电压降，测量出通过回路的电流及被测回路上的电压降，即可根据欧姆定律计算出导电回路的直流电阻值。

用直流电压降法测试 GIS 导电回路电阻的接线如图 48-2-1 所示。在测量时，回路通以不小于 100A 的直流电流，电流用分流器及毫伏电压表 PV1 进行测量，导电回路电阻的电压降用毫伏电压表 PV2 进行测量，毫伏电压表 PV2 应接在电流接线端内侧，以防止电流端头的电压降引起测量误差。

2. 回路电阻测试仪（微欧电阻仪）法

采用回路电阻测试仪测量 GIS 主回路电阻比较方便、准确，其测试接线如图 48-2-2 所示。测量仪器采用开关电路，由交流电源整流后作为直流电源通过开关转换为高频电流，再经变压器降压和隔离最后整流为低压直流作为测试电源。电流不小于 100A，在测量回路中串接一个标准分流器，使其自动调整高频电源的脉冲宽度，达到自动恒定测试电流的目的。在试验接线时，电压线同样应接在电流接线端内侧。

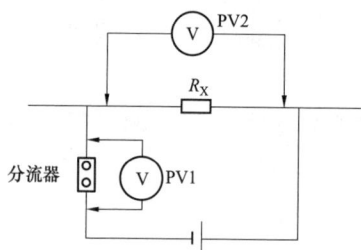

图 48-2-1　用直流电压降法测试 GIS 导电回路电阻的接线图

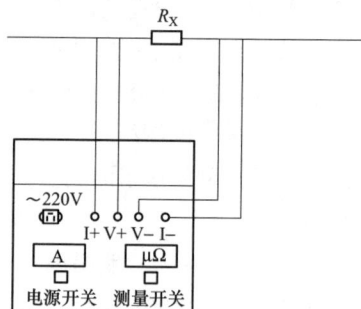

图 48-2-2　回路电阻测试仪（微欧电阻仪）测试 GIS 主回路电阻的接线图

（二）测试步骤

（1）用 GIS 内部隔离开关将被测部位进行隔离，用接地开关将 GIS 被测部位接地放电。

（2）将所要进行测试的 GIS 断路器及隔离开关电动合闸。可利用进出线套管注入电流进行测量，根据被测 GIS 的结构，在母线较长且有多路出线的情况下，应尽可能分段测量，这样能有效地找到缺陷的部位。

目前生产的 GIS 在结构上可以按用户的需要实现上述测试要求，如接地开关的接地侧与外壳一般是绝缘的，通过活动接地片或软连接将 GIS 金属外壳接地。测试时可将活动接地片或软连接打开，利用回路上的两组接地开关合到待测量回路上进行测量，若少数 GIS 接地开关的接地侧与外壳不能绝缘分隔时，可先测量导体与外壳的并联电阻 R_0 和外壳的直流电阻 R_1，并做好记录。

（3）按图 48-2-1 或图 48-2-2 进行接线，并检查测试接线是否正确。测试接线接触应紧密良好。

（4）接通仪器电源，调整测试电流不应小于 100A（回路电阻测试仪有的可自动稳定在 100A 不需要调节），电流稳定后读出回路电阻值（或根据欧姆定律计算出导电回路的直流电阻值）。如发现 GIS 主回路电阻增大或超过标准值，可进行分段查找，进行处理。

（5）测试结束后，将 GIS 断路器、隔离开关、接地开关、接地连接片或软连接恢复。

六、测试注意事项

（1）测量时应注意避免引线和接触方式的影响，应注意电压线要接在被测回路电阻两端，电流线应接在电压线的外侧，接触应紧密良好。测试电流不应小于 100A。

（2）如测试结果 GIS 主回路电阻增大或超过标准值，可将 GIS 中的断路器及隔离开关进行数次电动分、合闸后再进行测试。若测试值仍很大，则应分段测试（根据情况可利用 GIS 的活动接地片、隔离开关、断路器等的分合状态进行分段测试），以确定接触不良的部位，并通知安装或大修人员进行处理。

（3）在测量回路中若有 TA 串入，应将 TA 二次进行短路，防止保护误动。

（4）测试时，电流测量回路绝对不能开路，开关不能分闸。

七、测试结果分析及测试报告编写

（一）测试结果分析

1. 测试标准及要求

根据 DL/T 596—1996、GB 50150—2016 的规定：用电流不小于 100A 的直流压降法测量，电阻值应符合产品技术条件的规定。

规程对 GIS 主回路电阻未作规定，大修或交接试验时导电回路电阻测试数值参照制造厂规定。GIS 中断路器回路电阻测试值一般为不大于制造厂规定值 120%。

2. 测试结果分析

（1）对少数 GIS 接地开关的接地侧与外壳不能绝缘分隔时，测量导体与外壳的并联电阻 R_0 和外壳的直流电阻 R_1，按下式换算回路电阻

$$R = \frac{R_0 R_1}{R_1 - R_0} \tag{48-2-1}$$

（2）测试结果除应与制造厂规定值比较外，还应与出厂值及历年值相比较，观察其发展趋势。根据设备的具体情况，若三相母线长度相同则测试结果应该相同或接近，测试前应将断路器及隔离开关进行几次电动合闸，以清除触头表面金属氧化膜

的影响。发现回路电阻增大时，可采取分段测试，以确定回路电阻增大的部位，进行处理。

（二）测试报告编写

测试报告填写应包括测试时间、测试人员、天气情况、环境温度、湿度、设备的出厂编号、设备参数、测试结果、测试结论、试验性质（交接试验、预防性试验、检查）、测试仪器名称型号及计量编号，备注栏写明其他需要注意的内容，如是否拆除引线等。

八、案例

案例 1：某变电站 GIS 主接线如图 48-2-3 所示。在预防性试验时，测试 GIS 主回路电阻情况为：如测试 A、F 之间的电阻，其数值包括了 2 个断路器、4 个隔离开关的接触电阻及整个母线的电阻值，很难判断断路器接触上的问题。故测试时打开接地开关 C、B 两点的连接片，从 C、B 两点通电可以很方便地判断 1 号断路器的接触情况。同样，由 E、D 两点通电也可以很方便地判断 2 号断路器的接触情况。

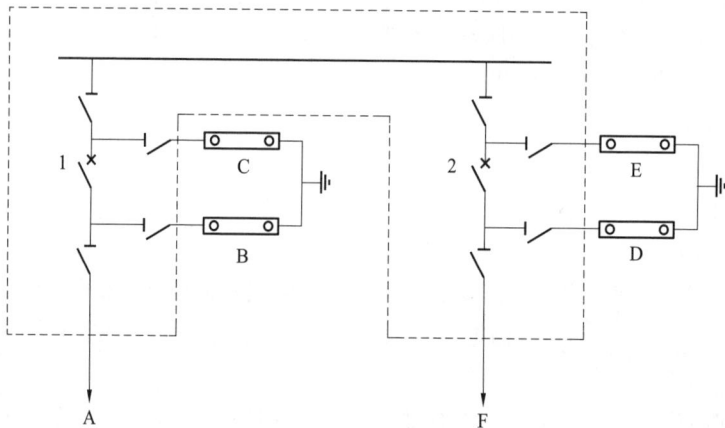

图 48-2-3　某变电站 GIS 主接线图

案例 2：对 GIS 某一段回路，作导电回路电阻测试（使用电压降法），测试接线如图 48-2-1 所示。

对某一极通 100A 直流后，测得直流电压降为 9mV，则回路电阻为

$$R = U / I = 9 \times 10^{-3} \text{V} / 100 \text{A} = 0.000\,09\Omega = 90\,(\mu\Omega)$$

【思考与练习】

1. 测试 GIS 主回路电阻的目的是什么？

2. 测试 GIS 主回路电阻时，测试接线应注意什么？

3. 为什么在测试 GIS 主回路电阻前要对该回路断路器及闸刀进行多次分合闸操作？

第四十九章

断路器、GIS 耐压试验

▲ 模块 1 断路器耐压试验（ZY1800512001）

【模块描述】本模块介绍断路器耐压试验的方法和技术要求。通过试验工作流程的介绍，掌握断路器耐压试验前的准备工作和相关安全、技术措施、试验方法、技术要求及测试数据分析判断。

【模块内容】

一、试验目的

交流耐压试验是鉴定设备绝缘强度最有效和最直接的试验项目。对断路器进行耐压试验的目的是为了检查断路器的安装质量，考核断路器的绝缘强度。

二、试验仪器、设备的选择

断路器耐压试验的设备，可根据情况采用工频试验变压器或串联谐振耐压装置。

（一）工频试验变压器的选择

1. 工频试验变压器

（1）电压选择。根据被试品的试验电压，选用具有合适电压的工频试验变压器。试验电压较高时，也可采用多级串接式试验变压器，并检查试验变压器所需低压侧电压是否与现场电源电压、调压器相配。

（2）电流选择。电流可按下式计算

$$I = \omega C_{\mathrm{x}} U \tag{49-1-1}$$

式中　I——试验变压器高压侧应输出的电流，mA；

　　　ω——角频率，$2\pi f$；

　　　C_{x}——被试品电容量，μF，可从测 $\tan\delta$ 中得到或根据制造厂资料；

　　　U——试验电压，kV。

（3）容量选择。相应求出试验所需电源容量 P（kVA），计算式为

$$P = \omega\, C_{\mathrm{X}} U^2 \times 10^{-3} \qquad\qquad (49\text{-}1\text{-}2)$$

在试验时，按 P 值选择试验变压器容量，一般不得超负荷运行。

2. 调压器

选用接触式单相调压器，要求：① 波形畸变小和阻抗电压低；② 从零起升压，能实现连续、平稳调压；③ 容量按下式计算

$$P_0 = (0.75 \sim 1)P$$

式中　P_0——调压器容量，kVA；

　　　P——试验变压器容量，kVA。

3. 保护电阻

保护电阻 R_1 一般取 $0.1 \sim 0.5\Omega/\mathrm{V}$，并应有足够的热容量和长度。与保护球隙串联的保护电阻 R_2，其电阻值通常取 $1\Omega/\mathrm{V}$。

4. 电压表

试验电压必须在高压侧测量，并以峰值表为准（峰值表读数除以 $\sqrt{2}$）。因此，选用数字式、多量程峰值电压表。

5. 分压器

选用相应电压等级的电容分压器。

（二）串联谐振耐压装置

1. 调感式串联谐振耐压试验装置

调感式串联谐振耐压试验装置原理接线，如图 49-1-1 所示。在图 49-1-1 中，被试品 GIS 的等值电容 C'_{X} 与分压器的等值电容 C 之和为 C_{X}，L 是电抗器的电感量。当调节电抗器使 $\omega L = \dfrac{1}{\omega C_{\mathrm{X}}}$ 时，电抗上的压降在数值上等于电容上的压降，即

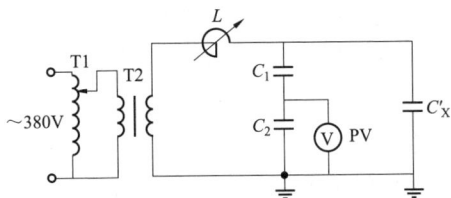

图 49-1-1　调感式串联谐振耐压试验装置原理接线图

T1—调压器；T2—励磁变压器；L—可调电抗；C_1、C_2—电容分压器高、低压臂电容；C'_{X}—被试品

$$U_{\mathrm{L}} = U_{\mathrm{CX}} = U \qquad\qquad (49\text{-}1\text{-}3)$$

试验回路电流为

$$I_x = U\omega C_x = \frac{U}{\omega L} \tag{49-1-4}$$

输出变压器 T2 供给的电压大小 U_T 由回路品质因数 $Q\left(Q = \frac{\omega L}{R}\right)$ 值确定,其值为

$$U_T = \frac{U_{cx}}{Q} = \frac{U}{Q} \tag{49-1-5}$$

串联谐振耐压试验电源容量应大于下式,即

$$S = \frac{U^2 \omega C_x}{Q} \tag{49-1-6}$$

2. 调频式串联谐振耐压试验装置

调频式串联谐振耐压试验装置原理接线如图 49-1-2 所示,当调节变频柜输出电压频率达到谐振条件,即 $f = \frac{1}{2\pi\sqrt{LC}}$ 时,其余各参数同样应满足式(49-1-3)~式(49-1-6)及试验要求。

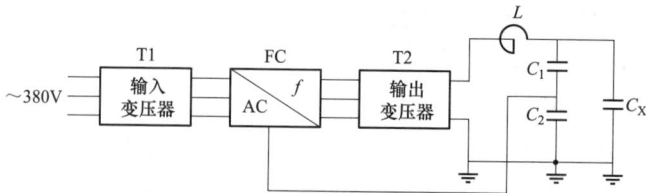

图 49-1-2 调频式串联谐振耐压试验装置原理接线图

T1—输入变压器(隔离变压器);FC—变频电源柜;T2—输出变压器(励磁变压器);
L—固定高压电抗器;C_1、C_2—电容分压器高、低压臂电容;C_x—被试品

根据被试断路器试验电压值及电容量选择串联谐振耐压试验装置、电抗器及试验电源(如有些制造厂家要求使用工频电压进行断路器试验,如西门子 SF_6 定开距断路器)。

三、危险点分析及控制措施

(1)防止高处坠落。使用梯子应有人扶持或绑牢,在断路器上作业应系好安全带。

(2)防止高处落物伤人。高处作业应使用工具袋,上下传递物件应用绳索拴牢传递,严禁抛掷。

(3)防止工作人员触电。拆、接试验接线前,应将被试设备对地放电。加压前应与作业负责人协调,不允许有交叉作业。工作人员应与带电部位保持足够的安全距离。试验人员之间应口号联系清楚,加压过程中应有人监护并呼唱。试验仪器的金属外壳

应可靠接地，仪器操作人员必须站在绝缘垫上。

四、测试前的准备工作

（1）了解被试设备现场情况及试验条件。查勘现场，查阅相关技术资料，包括该设备历年试验数据及相关规程等，掌握该设备整体情况。

（2）测试仪器、设备准备。选择合适的试验变压器及控制台、串联谐振耐压装置、保护电阻、球隙、电容分压器、数字多量程峰值电压表、绝缘电阻表、放电棒、绝缘操作杆、接地线、高压导线、万用表、温（湿）度计、电工常用工具、白布、安全带、安全帽、试验临时安全遮栏、标示牌等，并查阅测试仪器、设备及绝缘工器具检定证书的有效期。

（3）办理工作票并做好试验现场安全和技术措施。向其余试验人员交待工作内容、带电部位、现场安全措施、现场作业危险点，明确人员分工及试验程序。

五、现场测试步骤及要求

（一）试验接线

（1）断路器工频耐压试验原理接线，如图 49-1-3 所示。

（2）断路器耐压试验接线如图 49-1-4 所示。油断路器耐压试验应在合闸状态导电部分对地之间和在分闸状态的断口间分别进行。对于三相共箱式的油断路器应作相间耐压，试验时一相加压其余两相接地；对瓷柱式 SF_6 定开距型断路器只做断口间耐压。SF_6 罐式断路器耐压试验方式应为合闸对地，分闸状态两端轮流加压，另一端接地。

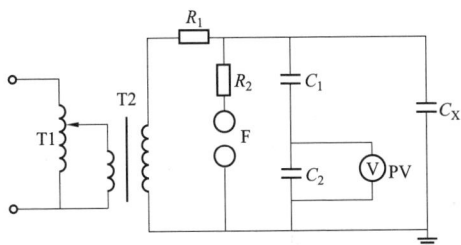

图 49-1-3　断路器工频耐压
试验原理接线图

图 49-1-4　断路器耐压
试验接线图

T1—调压器；T2—试验变压器；R_1—保护电阻；
R_2—球隙保护电阻；F—球间隙；C_1、C_2—电容分压器高、
低压臂电容；PV—电压表；C_X—被试品

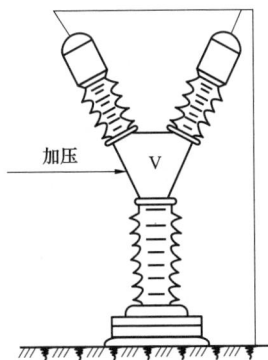

（二）试验步骤

（1）将被试断路器接地放电，拆除或断开断路器对外的一切连线。

（2）测试绝缘电阻应正常。

（3）按图 49-1-3 和图 49-1-4 进行接线，检查试验接线正确、调压器在零位后，不接试品升压，将球隙的放电电压整定在 1.2 倍额定试验电压所对应的放电距离。

（4）断开试验电源，降低电压为零，将高压引线接上试品，接通电源，开始升压进行试验（当采用串联谐振试验装置时，在较低的激磁电压下调谐电感或频率找谐振点；当被试品上电压达到最高时，即达到试验回路的谐振点，可以开始升压进行试验）。

（5）升压必须从零（或接近于零）开始，切不可冲击合闸。升压速度在 75%试验电压以前，可以是任意的，自 75%电压开始应均匀升压，约为每秒 2%试验电压的速率升压。升压过程中应密切监视高压回路和仪表指示，监听被试品有何异响。升至试验电压，开始计时并读取试验电压。时间到后，迅速均匀降压到零（或 1/3 试验电压以下），然后切断电源，放电、挂接地线。试验中如无破坏性放电发生，则认为通过耐压试验。

（6）测试绝缘电阻，其值应无明显变化（一般绝缘电阻下降不大于 30%）。

六、试验注意事项

（1）进行绝缘试验时，被试品温度不应低于+5℃。户外试验应在良好的天气进行，且空气相对湿度一般不高于 80%。

（2）有时工频耐压试验进行了数十秒钟，中途因故失去电源，使试验中断，在查明原因，恢复电源后，应重新进行全时间的持续耐压试验，不可仅进行"补足时间"的试验。

（3）对于过滤和新加油的断路器必须等油中气泡全部逸出后才能进行耐压试验，以免油中气泡引起放电。一般需要静止 3～5h 后才能进行油断路器的交流耐压试验。对于 SF_6 断路器必须在充气至额定气压 24h 后才能进行交流耐压试验。

（4）油断路器耐压试验时如出现击穿声或冒烟，则为不合格，务必重新处理查明原因。原因未查明不得轻易重试以免造成损失。

（5）谐振试验回路品质因数 Q 值的高低与试验设备、试品绝缘表面干燥清洁及高压引线直径大小、长短有关，因此试验宜在天气晴好的情况下进行。试验设备、试品绝缘表面应干燥、清洁，尽量缩短高压引线的长度，采用大直径的高压引线，以减小电晕损耗，提高试验回路品质因数 Q 值。

七、试验结果分析及试验报告编写

（一）试验结果分析

1. 试验标准及要求

根据 DL/T 596—1996、GB 50150—2016、DL/T 474.1～5 及 DL/T 593—2016《高压开关设备和控制设备标准的共同技术要求》的规定：

（1）断路器应在分、合闸状态下分别进行试验（合闸状态下进行断路器带电部分对地的耐压试验，分闸状态下进行断路器断口间的耐压试验），耐压试验电压值按 DL/T 593—2016 的规定，如表 49-1-1 和表 49-1-2 所示。交接试验电压值按表 49-1-3 的规定。

（2）72.5kV 及以上断路器按 DL/T 593—2016 规定值的（或出厂试验电压值的）80%。

（3）三相共箱式的油断路器应作相间耐压试验，其试验电压值与对地耐压值相同。

（4）126kV 及以上油断路器提升杆的交流耐压试验电压按 DL/T 593—2016 规定值的 80%。

（5）对瓷柱式 SF_6 定开距型断路器只作断口间耐压。

（6）辅助回路和控制回路交流耐压试验电压为 2kV。

表 49-1-1　　　　　断路器额定电压范围 I 的绝缘水平

额定电压 （有效值，kV）	额定工频短时耐受电压（有效值，kV）	
	通用值	隔离断口
3.6	25/18	27/20
7.2	30/23	34/27
12	42/30	48/36
24	65/50	79/64
40.5	95/80	118/103
72.5	140	180
	160	200
126	185	$185\left(+\dfrac{50}{70}\right)$
	230	$230\left(+\dfrac{50}{70}\right)$

续表

额定电压 （有效值，kV）	额定工频短时耐受电压（有效值，kV）	
	通用值	隔离断口
252	395	$395\left(+\dfrac{100}{145}\right)$
	460	$460\left(+\dfrac{100}{145}\right)$

表 49-1-2　　　　　　断路器额定电压范围 Ⅱ 的绝缘水平

额定电压 （有效值，kV）	额定短时工频耐受电压（有效值，kV）	
	相对地及相间	开关断口及隔离断口
363	460	$460\left(+\dfrac{150}{210}\right)$
	510	$510\left(+\dfrac{150}{210}\right)$
550	680	$680\left(+\dfrac{220}{315}\right)$
	740	$740\left(+\dfrac{220}{315}\right)$
800	900	$900\left(+\dfrac{320}{460}\right)$
	960	$960\left(+\dfrac{320}{460}\right)$
1100	1100	$1100\left(+\dfrac{445}{635}\right)$

注　表中括号内的数值分别为 $0.7/\sqrt{3}$ 和 $1.0/\sqrt{3}$，是加在对侧端子上的工频电压有效值。

表 49-1-3　　　　　　断路器（交接试验）交流耐压试验标准

额定电压 （kV）	最高工作电压 （kV）	1min 工频耐受电压（峰值，kV）			
		相对地	相间	断路器断口	隔离断口
3	3.6	25	25	25	27
6	7.2	32	32	32	36
10	12	42	42	42	49

额定电压 （kV）	最高工作电压 （kV）	1min 工频耐受电压（峰值，kV）			
		相对地	相间	断路器断口	隔离断口
35	40.5	95	95	95	118
66	72.5	155	155	155	197
110	126	200	200	200	225
		230	230	230	265
220	252	360	360	360	415
		395	395	395	460
330	363	460	460	520	520
		510	510	580	580
500	550	630	630	790	790
		680	680	790	790
		740	740	790	790

注　设备无特殊规定时，采用最高一级试验电压。

2. 试验结果分析

（1）在升压和耐压过程中，如发现电压表指针摆动很大，电流表指示急剧增加，调压器往上升方向调节，电流上升、电压基本不变甚至有下降趋势，被试品冒烟、出气、焦臭、闪络、燃烧或发出击穿响声（或断续放电声），应立即停止升压，降压停电后查明原因。这些现象如查明是绝缘部分出现的，则认为被试品交流耐压试验不合格。如确定被试品的表面闪络是由于空气湿度或绝缘表面脏污等所致，应将被试品绝缘表面清洁干燥处理后，再进行试验。

（2）试验结果应根据试验中有无发生破坏性放电、有无出现绝缘普遍或局部发热及耐压试验前后绝缘电阻有无明显变化，进行全面分析后做出判断。

（二）试验报告编写

试验报告填写应包括试品出厂编号、试品参数、试验时间、试验性质（交接试验、预防性试验、检查）、天气情况、环境温度及湿度、试验人员、试验数据、试验结论、使用仪器、设备名称型号及计量编号、备注栏写明其他需要注意的内容，如是否拆除引线等。

八、案例

案例 1：1 台 10kV 真空断路器（ZN-10 型），在大修时检查真空灭弧室真空度，按规定对断口进行 42kV 工频交流耐压试验，耐压试验中断口产生闪络，后又降低电压到 28kV，还是有闪络现象，直至降到 15kV 才耐压通过。观察灭弧室内有雾气颜色，触头有氧化现象。决定更换新灭弧室，分析原因是使用时间较长，开断次数过多所致。因此对真空断路器在投运后 2 年内应每半年进行 1 次工频耐压，2 年后根据运行情况决定是 1 年 1 次还是 2 年 1 次，同时加强巡视检查。

案例 2：某电厂新更换一台 10kV 手车式真空断路器，按相关规程规定对新更换的断路器进行相间、对地 42kV/1min 工频交流耐压试验，在升压至 40kV 时，断路器 U 相绝缘隔板与金属架间发生闪络放电，切断试验电源后检查，发现绝缘隔板有脏污，擦拭干净后，耐压试验通过。

【**思考与练习**】

1. 断路器耐压试验的目的是什么？

2. 对于过滤和新加油的断路器为什么要静止 3～5h 才能进行耐压试验？

3. 串联谐振耐压试验的原理是什么？

4. 断路器耐压试验中应注意哪些事项？

▲ 模块 2 GIS 现场交流耐压试验（ZY1800512002）

【**模块描述**】本模块介绍 GIS 交流耐压试验方法和技术要求。通过试验工作流程的介绍，掌握 GIS 现场交流耐压试验前的准备工作和相关安全、技术措施、试验方法、技术要求及测试数据分析判断。

【**模块内容**】

一、试验目的

气体绝缘金属封闭开关设备（GIS）因体积较大，需现场组装，受现场条件的限制，比如环境温度、湿度和空气的洁净度、安装工器具的精度、安装工艺水平等都很难有效控制，为 GIS 安装造成了一定影响。另外，GIS 的内部空间极为有限，工作场强很高且绝缘裕度相对较小。GIS 投运初期，绝缘击穿大多是由金属颗粒、悬浮导体、表面毛刺或颗粒等缺陷造成的，如图 49-2-1 所示。

交流耐压试验对检查是否存在杂质（如自由导电微粒）比较敏感。GIS 现场交流耐压试验的主要目的是通过耐压试验检验被试设备的运输和安装是否正确，检查被试设备内部是否有异物，检验被试设备内部洁净度和绝缘是否达到规定要求。通过现场交流耐压试验和完善的交接验收可起到预防故障的作用。

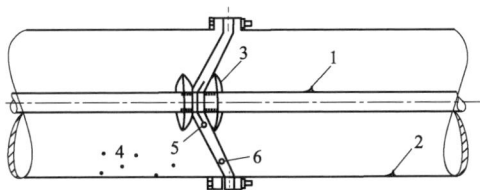

图 49-2-1　GIS 内部缺陷示意图

1—导体上的毛刺或颗粒；2—壳体上的毛刺或颗粒；3—悬浮屏蔽（接触不良）；

4—自由移动的金属颗粒；5—盆式绝缘子上的颗粒；6—盆式绝缘子内部缺陷

二、试验仪器、设备的选择

（一）工频耐压试验设备的选择

由于 GIS 中带电导体对筒壳的间距小，对地电容较大，若用常规工频试验变压器做耐压试验，试验设备笨重，不便搬运，给现场试验带来困难，一般现场较少采用。如采用常规工频试验变压器，试验变压器的容量应大于下式的要求，即

$$P = \omega C_{\mathrm{x}} U_{\mathrm{S}}^2 \times 10^{-3} \qquad （49-2-1）$$

式中　P——试验变压器容量，kVA；

　　　ω——角频率，$\omega = 2\pi f$；

　　　C_{X}——被试品电容量，μF；

　　　U_{S}——试验电压，kV。

GIS 每间隔电容量参考值见表 49-2-1。

表 49-2-1　　　　　　　　　　GIS 每间隔电容量参考值

额定电压	110kV	220kV
电容量（每相对地及其他两相）	600～700pF/间隔	500～600pF/间隔

（二）串联谐振试验设备的选择

串联谐振装置利用额定电压较低的试验变压器可以得到较高的输出电压，用小容量的试验变压器可以对大容量的试品进行交流耐压试验。串联谐振耐压试验升压平稳，输出电压波形为正弦波，试验过程安全可靠，被试品击穿时，谐振条件被破坏，高压自动下降，特别适合 GIS 交流耐压。

1. 调感式串联谐振设备的选择

调感式谐振装置采用铁芯气隙可调节的高压电抗器调节串联电抗值。其缺点是噪

声大、机械结构复杂、设备笨重，但试验电压频率为工频，一般在 GIS 间隔较少的情况下使用。串联电抗器电感应满足下式要求，即

$$L = \frac{1}{(100\pi)^2 C_X} \qquad (49\text{-}2\text{-}2)$$

式中　L——串联电抗器电感，H；

　　　C_X——被试品电容量，F。

励磁变压器高压侧和串联电抗器的电流应大于下式要求，即

$$I_C = \omega C_X U_S \times 10^{-3} \qquad (49\text{-}2\text{-}3)$$

式中　I_C——被试品电流，A。

励磁变压器额定容量按下式计算

$$P = I_C U_N \qquad (49\text{-}2\text{-}4)$$

式中　P　——励磁变压器容量，VA；

　　　I_C——励磁变压器高压侧电流（即被试品电流），A；

　　　U_N——励磁变压器高压侧额定电压，V。

2. 变频式串联谐振设备的选择

变频式串联谐振试验装置适应大容量试品，具有试验电源电压低、功率小（仅需提供试验回路中的有功功率）、试验电压波形良好的特点。

（1）谐振频率。试验频率范围在 10～300Hz 之间，应根据 GIS 的电容量和电抗器的电感量计算谐振频率，可按下式计算

$$f_0 = \frac{1}{2\pi\sqrt{LC}} \times 10^3 \qquad (49\text{-}2\text{-}5)$$

式中　f_0——谐振频率，Hz；

　　　L——电抗器电感量，H；

　　　C——被试品和分压器电容量，μF。

（2）电抗器电流。流过电抗器的电流等于流过被试品的电流，电抗器的电流可按下式计算

$$I_L = I_C = \omega C_X U_S \times 10^{-3} \qquad (49\text{-}2\text{-}6)$$

式中　I_L、I_C——流过电抗器或被试品的电流，A。

（3）励磁变压器容量。励磁变压器容量 P 应大于下式要求，即

$$P = I_C U_N \qquad (49\text{-}2\text{-}7)$$

式中　P——励磁变压器容量，VA。

（4）变频电源的容量。变频电源的容量等于励磁变压器的容量。变频器的输入电

流应按下式计算

$$左\begin{cases} 单相 \quad I_{\mathrm{I}} = \dfrac{P}{U_{\mathrm{I}}} \\[3mm] 三相 \quad I_{\mathrm{I}} = \dfrac{P}{\sqrt{3}U_{\mathrm{I}}} \end{cases} \qquad (49\text{-}2\text{-}8)$$

式中　I_{I}——变频器输入电流，A；

　　　P——变频器输入容量，VA；

　　　U_{I}——变频器输入电压，V。

三、危险点分析及控制措施

（1）防止高处坠落。在 GIS 上作业应系好安全带。

（2）防止高处落物伤人。高处作业应使用工具袋，上下传递物件应用绳索拴牢传递，严禁抛掷。

（3）防止工作人员触电。拆、接试验接线前，应将被试设备对地充分放电，以防止剩余电荷、感应电压伤人及影响测量结果。测试前与作业负责人协调，不允许有交叉作业，试验接线应正确、牢固，试验人员应精力集中，注意被试品应与其他设备有足够的安全距离，必要时应加绝缘板等安全措施。试验设备外壳应可靠接地。

（4）防止 GIS 非带电间隔与带电间隔的电压感应。不参与试验的间隔应可靠隔离并合上接地开关，并有足够的安全距离。

四、试验前的准备工作

（1）了解被试设备现场情况及试验条件。查勘现场，查阅相关技术资料，包括该设备历年试验数据及相关规程等，掌握该设备整体情况。

（2）试验仪器、设备准备。选择合适的变频电源、高压串联电抗器、控制箱、励磁变压器、交流分压器、大截面高压引线、带剩余电流动作保护器的单相和三相电源接线板、放电棒、接地线、安全带、绝缘梯、安全帽、电工常用工具、试验临时安全遮拦、标示牌等，并查阅测试仪器、设备及绝缘工器具的检定证书有效期。

（3）办理工作票并做好试验现场安全和技术措施。向其余试验人员交待工作内容、带电部位、现场安全措施、现场作业危险点，明确人员分试验过程及步骤。

五、现场试验步骤及要求

（一）试验接线

变频式串联谐振 GIS 交流耐压试验原理接线如图 49-2-2 所示。试验电压可接到被试相的合适点上，可以利用隔离开关或三通接上检测套管。

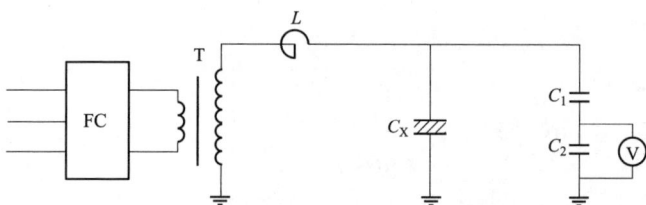

图 49-2-2 变频式串联谐振 GIS 交流耐压试验原理接线图

FC—变频电源；T—励磁变压器；L—串联电抗器；C_x—被试 GIS 对地、相间及分压器等效电容；

C_1、C_2—电容分压器高、低压臂

GB 50150—2016 规定也可以直接利用 SF_6 封闭式组合电器自身的电磁式电压互感器或电力变压器，由低压侧施加试验电源，在高压侧感应出所需的试验电压。该办法不需高压试验设备，也不用高压引线的连接和拆除。采用这种方法要考虑试验过程中磁路饱和、被试品击穿等引起的过电流问题。

（二）试验步骤

1. 检查试品

被试设备应调试合格，其他绝缘、特性试验合格后，检验 SF_6 气体在额定压力，试验回路中的 TA 二次应短路接地，试验回路中的避雷器和保护火花间隙应与被试 GIS 间隔断开。试验前检查高压电缆和架空线、电压互感器、电力变压器高压引出线是否与 GIS 断开，方可进行耐压试验。对于部分电磁式电压互感器，如采用变频电源，电磁式电压互感器经频率计算不会引起磁饱和，也可以和主回路一起耐压。

2. 接线并检查

试验时，如利用隔离开关或三通接上检测套管，此时要回收隔离开关或三通气室的 SF_6 气体，卸掉开关或三通的端盖，然后安装试验用套管及连接金具、均压部件等，最后该气室抽真空后充入 SF_6 气体。如 GIS 为共筒式，应认真检查检测套管连通相别。

若 GIS 整体电容量较大，耐压试验也可以分段进行。根据试验方案，检查 GIS 隔离开关、断路器和接地开关的位置是否符合试验方案中的方式，非试验隔室断路器、隔离开关应在断开位置，接地开关应在合闸位置，GIS 的扩建部分进行耐压时，相邻设备原有部分应断电并接地，否则应对突然击穿给原有部分设备带来的不良影响应采取特殊措施。

每一相都应进行试验，非试验相和外壳一起接地，三相共筒式组合电器，可三相同时对地进行试验，也可分相进行检测，但非试验相应接地。

如怀疑断路器和隔离开关的断口在运输、安装过程中受到损坏或经过解体，应做断口间耐压试验。

试验时，根据现场实际情况，合理布置试验设备，尽量使试验设备接线紧凑并安

放稳固，接地线应使用专用接地线。按图 49-2-2 进行试验接线，并检查试验接线，试验变压器的一端接地并与 GIS 的外壳相连。检查试验设备的接地、分压器的分压比和挡位是否正确。

3. GIS 交流耐压试验前的老练试验

GIS 交流耐压试验前应进行老练试验，老练试验通过逐次增加电压达到以下两个目的：

（1）将设备中可能存在的活动微粒迁移到低电场区域。

（2）通过放电烧掉细小的微粒或电极上的毛刺、附着的尘埃等。

老练试验的基本原则是既要达到设备净化的目的，又要尽量减少净化过程中微粒触发的击穿，还要减少对被试设备的损害，即减少设备承受较高电压作用的时间。所以逐级升压时，在低压下可保持较长时间，在高电压下不允许长时间耐压。老练试验过程中发生击穿放电也按耐压试验的判据来判别。

老练试验施加的电压和时间可与制造厂、用户协商，根据具体情况绘出"试验电压—试验时间"关系图，以下举例说明：

1）1.1 倍设备额定相对地电压 10min，然后下降至零，最后上升到现场交流耐压额定值 1min。

2）1.0 倍设备额定相对地电压 5min，然后升到 1.73 倍设备额定相对地电压 3min，最后上升到现场交流耐压额定值 1min。

加压前通知试验现场及 GIS 室监护人试验开始，确认正常后，取下高压接地线，合上电源刀闸，然后合上变频电源控制开关和工作电源开关，电路稳定后合上变频器主回路开关，设定保护电压为试验电压大小的 1.10～1.15 倍。

升压时，必须按规定的升压速度从零开始均匀地升压，先旋转电压调节旋钮，把输出功率比调节到 2%或一个较小的电压，通过旋转频率调节旋钮改变试验回路频率的大小，观察励磁电压和试验电压的数值。当励磁电压为最小、同时试验电压为最大时，这个时候的频率就是试验回路的谐振频率。当试验回路达到谐振频率时开始升压，电压达到老练试验电压后，开始计时并读取试验电压，试验时间到后，继续升压至下一个老练点。老练过程结束后，确认设备状态正常即可进行耐压试验。

按规定的升压速度将电压从零开始均匀地升压至耐压试验电压值。GIS 预防性试验交流耐压值为出厂试验施加电压值的 80%。交接试验时，针对不同电压等级的 GIS 交流耐压试验电压值 U_S 遵照国家电网有限公司《关于加强气体绝缘金属封闭开关设备全过程管理重点措施》执行（U_S 取值按照设备最高工作电压来选择，具体为 72.5～363kV GIS 的交流耐压值应为出厂值的 100%，550kV GIS 的交流耐压值应不低于出厂值的 90%）。电压升到后，读取试验电压，并开始计时 1min。试验结束后，将电压降压到零位，切断变频电源主回路开关，断开变频器电源和试验电源。试验中如无破坏性放电发生，则认为通过耐压试验。

试验中 GIS 室监护人应密切注意 GIS 装置的带电状态和仪表指示变化过程，当试验过程中试品发生击穿、闪络或加压过程中出现异常现象时，及时通知操作人员立即降下电压，并切断试验电源，用接地棒对试品充分放电后，进行检查、处理后再进行试验。

试验完毕，必须对高压部位充分放电并接地，然后拆改接线，进行其他相或其他间隔试验，其试验步骤同上。

试验结束后，用绝缘电阻表测量绝缘电阻。测试完毕，将被试相短路接地，充分放电，恢复接线。

六、试验注意事项

（1）试验电源的容量必须满足试验要求。

（2）为减小电晕损失，提高串联谐振系统 Q 值，高压引线应采用扩径金属软管。

（3）GIS 如有观察窗，绝缘试验时需用接地金属箔将观察窗易接近的一侧盖起来。

（4）进行耐压试验时，应在较低电压下调谐谐振频率，然后才可以升压进行耐压试验。

（5）如电压互感器与 GIS 一起进行耐压试验，检查电压互感器一次绕组、二次绕组尾端应接地，其二次绕组不应短接。

（6）试验天气的状况对品质因数 Q 值影响很大，因此试验应在较干燥的天气情况下进行。

（7）试验回路中的 TA 二次侧应短路接地。

七、试验结果分析及试验报告编写

（一）试验结果分析

1. 试验标准及要求

主回路绝缘试验应在其他试验项目完成后进行，GIS 的每一新安装部分都应进行耐压试验。由于受到设备电流的限制和允许试验电压的限制，有些部件应该解开或单独进行检测，如高压电缆、变压器、避雷器和部分电压互感器等。

试验电压的波形和频率：电压波形应接近正弦波，两个半波应完全一样，且峰值与有效值之比应等于 $\sqrt{2} \pm 0.07$。试验电压的频率一般在 10～300Hz 的范围内。

试验电压值：预防性试验交流耐压值为出厂试验施加电压值的 80%。交接试验时，72.5～363kV GIS 的交流耐压值应为出厂值的 100%，550kV GIS 的交流耐压值不应低于出厂值的 90%。

试验电压的施加：规定的试验电压应施加到每相导体和外壳之间，每次一相，其他相的导体应与接地的外壳相连。试验电源可接到被试相导体任一部位。

选定的试验程序应使每个部件都至少施加一次试验电压。在制订试验方案时，必须同时注意要尽可能减少固体绝缘的重复试验次数，如尽量在 GIS 不同部位引入试验电压。

如怀疑断路器和隔离开关的断口在运输、安装过程中受到损坏，或经过解体，应做该断口间耐压试验。

若金属氧化物避雷器、电磁式电压互感器与母线之间连接有隔离开关，在工频耐压试验前做老练试验时，可将隔离开关合上，加额定电压检查电磁式电压互感器的变比及金属氧化物避雷器阻性电流和全电流。工频耐压试验时，要打开隔离开关。

若金属氧化物避雷器、电磁式电压互感器与母线之间的连接无隔离开关，工频耐压试验前其不能安装上去，待工频耐压试验后再安装，金属氧化物避雷器、电磁式电压互感器安装后加额定电压检查电压互感器变比、金属氧化物避雷器阻性电流和全电流。

若交流耐压试验采用变频电源时，电磁式电压互感器经计算其频率不会引起磁饱和，可与主回路一起进行耐压试验。

扩建工程的所有间隔和经过解体大修的气室试验电压水平和实施方法应和制造厂协商解决。

2. 试验结果分析

试验判据：如 GIS 的每一部件均已按选定的试验程序耐受规定的试验电压而无击穿放电，则认为整个 GIS 通过试验。

现场耐压试验发生击穿，则应确定放电类型。如进行耐压试验的 GIS 进出线和间隔较多，仅靠人耳的监听来判断确切部位比较困难，最好采用放电定位仪器，将探头安装在被试部分的外壳上，根据监听放电的情况，降压断电后移动放电定位仪器探头，重新升压，直到确定放电部位，判断放电类型。

（1）非自恢复放电。固体绝缘沿面击穿放电，则应打开封闭间隔，仔细检查绝缘表面的损伤情况，做必要的处理后，再进行规定电压的耐压试验。

（2）自恢复放电。由于脏污和表面缺陷，引起气体击穿放电，放电后脏污和缺陷可能烧掉，耐压试验可以通过。

现场耐压试验发生击穿，确定放电类型后，在分析的基础上进行重新试验，试验加压方法和厂方研究商定。

（二）试验报告编写

试验报告填写应包括被试设备出厂编号、试验时间、试验人员、天气情况、环境温度、湿度、使用地点、GIS 参数、试验结果、试验结论、试验性质（交接试验、预防性试验、检查)、绝缘电阻表的型号、计量编号,备注栏写明其他需要注意的内容,如是否拆除引线等。

八、案例

一台 220kV 型号为 8DN9 的 GIS 进行交流耐压试验,设备额定电压 245kV,出厂额定工频耐受电压 460kV,每相对地电容量 0.003μF,现有三节 125kV/4A 电抗器,电感量 80H,分别计算试验电压、试验频率和高压回路电流。

解:(1)试验电压值:规程规定现场交流耐压试验电压值为出厂试验施加电压值的 80%,所以应施加的试验电压 U_s=460×0.8=368(kV)。

(2)试验频率:试验频率根据被试品对地电容量(忽略电容分压器电容量)和电抗器电感量计算

$$f_0 = \frac{1}{2\pi\sqrt{LC}}\times10^3 = \frac{1}{6.28\sqrt{80\times3\times0.003}}\times10^3 = 188(\text{Hz})$$

(3)高压回路电流为

$$I_L = I_C = \omega C_x U_s \times10^{-3} = 6.28\times188\times0.003\times368\times10^{-3} = 1.3(\text{A})$$

【思考与练习】

1. 在进行 GIS 耐压试验时,对 GIS 内部 SF$_6$ 气体密度或压力有什么要求?

2. 对 GIS 进行现场耐压试验时,对其中的电磁式电压互感器、避雷器、保护间隙应如何处理?

3. 耐压试验时 GIS 的电流互感器二次绕组如何处理?

4. GIS 老练试验的目的是什么?

第五十章

GIS 局部放电试验

▲ 模块　GIS 局部放电试验（ZY1800507004）

【模块描述】本模块介绍 GIS 局部放电试验方法和技术要求。通过试验工作流程的介绍，掌握 GIS 局部放电试验前的准备工作和相关安全、技术措施、试验方法、技术要求及测试数据分析判断。

【模块内容】

一、试验目的

GIS 内的绝缘主要是气体绝缘和固体绝缘两种形态，几乎在 GIS 的各类缺陷发生过程中都会产生局部放电现象，长期局部放电的存在会使 SF_6 微弱分解、环氧材料的腐蚀、绝缘材料的电蚀老化。利用测试仪器对 GIS 中的局部放电进行检测是一种非常有效的手段，能及早发现和定位绝缘缺陷，保证 GIS 的安全运行。

二、试验仪器、设备的选择

根据不同的测量原理和方法，可采用不同的检测仪器。

（1）若采用脉冲电流法可选用脉冲法局部放电测试仪。现场进行局部放电试验时，可根据环境干扰水平选择相应的仪器。当干扰较强时，一般选用窄频带测量仪器，如 $f_0=(30\sim200)kHz$，带宽 $\Delta f=(5\sim15)kHz$；当干扰较弱时，一般选用宽频带测量仪器，如 $f_1=(10\sim50)kHz$，$f_2=(80\sim400)kHz$。对于 $f_2=(1\sim10)kHz$ 的很宽频带的仪器，具有较高的灵敏度，适用于屏蔽效果好的试验室。目前此种方法基本是在实验室中进行。

（2）若采用超声波法可选用超声波局部放电测试仪。超声波法常用的传感器为加速度传感器和 AE 传感器。为了消除其他的声源干扰，监测频率一般选择 $1\sim20kHz$。由于测量频率比较低，采用加速度传感器可能比测超声的声发射传感器有更高的灵敏度，如常用的自振频率为 30kHz 左右的压电式加速度传感器，可以探测到 $5\sim10g$ 的加速度值。

（3）若采用超高频法可选用超高频局部放电测试仪。由于 SF_6 气体的高绝缘能力，因此在 GIS 中发生的局部放电的电磁波特性与在空气中发生的不同，具有更高的频率，其波头的时间非常短，而且分布的比较散，从几千赫兹到几千兆赫兹都有分布。可以利用内、外置天线测量从 300MHz~1.5GHz 的局部放电信号，在 1GHz 内能保证信号线性，灵敏度都能达到十几皮库的水平，在某些优化的情况下甚至可以达到 1pC 或更低。

三、危险点分析和控制措施

（1）防止高处坠落。高处作业时应系好安全带，使用专用爬梯上下。

（2）防止人员损伤。高处作业应使用工具袋，上下传递物件应用绳索拴牢传递，严禁抛掷，防止人员滑跌。

（3）防止 GIS 外壳损害。防止踩踏损坏 GIS 外壳上的附属设备。

（4）防止工作人员触电。试验后要进行充分接地放电，试验人员应与带电体保持足够的安全距离，试验设备外壳应可靠接地。

四、试验前的准备工作

（1）了解被试设备现场情况及试验条件。查勘现场，查阅相关技术资料、GIS 历年试验数据及相关规程等，掌握该 GIS 整体情况，编写作业指导书及试验方案。

（2）测试仪器、设备准备。选择合适的 GIS 局部放电测试仪、带漏电保护器的电源接线板、放电棒、接地线、安全带、安全帽、电工常用工具、试验临时安全遮栏、标示牌、万用表、温（湿）度计、电源线轴等，并查阅测试仪器、设备及绝缘工器具的检定证书有效期。

（3）办理工作票并做好试验现场安全和技术措施。向其余试验人员交待工作内容、带电部位、现场安全措施、现场作业危险点，明确人员分工及试验程序。

五、试验过程及步骤

（一）试验方法

1. 脉冲电流法

脉冲电流法是利用试品中局部放电发生的时刻，在试品施加电压的两端会有脉冲电荷产生，利用这一原理，在试验室可采用耦合电容和检测阻抗与试品组成一个回路，回路中的耦合电容承受了工频高压，而高频的局部放电信号则主要由检测阻抗获得，而且耦合电容在试验电压下不应出现局部放电。脉冲电流方法得到局部放电信号信息丰富，可利用电流脉冲的统计特征和实测波形来判定放电的严重程度。利用校准脉冲，还可以对局部放电的大小进行标定，即用 pC 值来衡量局部放电的大小。其主要工作在几千赫兹到几兆赫兹，因此在现场应用容易受到干扰，主要在屏蔽良好，背景信号很小（＜2pC）的试验室中应用。脉冲电流法也是 IEC 60270 中标准的局部放电检测方法。

2. 超声波法

GIS 发生局部放电时分子间剧烈碰撞并在瞬间形成一种压力，产生超声波脉冲，类型包括纵波，横波和表面波。不同的电气设备，环境条件和绝缘状况产生的声波频谱都不相同。GIS 中沿 SF_6 气体传播的只有纵波，这种超声纵波以某种速度以球面波的形式向四面传播。由于超声波的波长较短，因此它的方向性较强，从而它的能量较为集中，可以通过设置在外壁的压敏传感器收集超声信号。

声波在 GIS 中的传播速度很慢，约为油中传播速度的 1/10，仅 140m/s。它的衰减也大，当温度为 20～28℃，测量频率为 40kHz 时，衰减为 26dB/m（类似条件下空气中的衰减仅为 0.98dB/m；钢在频率为 10MHz 时，衰减为 21.5dB/m；变压器油则为钢板的 1/13），且与频率的 1～2 次方成正比。信号通过不同物质时传播速率不同，不同的边界材料处还会产生反射，因此信号模式复杂，且高频部分衰减很快。

纵波在钢中的传播速度较快，为 6000m/s；横波的传播速度较慢，约为纵波的一半，而且衰减也小。纵波和横波的衰减随着频率增高而增大，但比在 SF_6 中的衰减要小，与变压器油相比，由于声阻抗不匹配而造成的界面衰减，从 SF_6 传到钢板要比油中传到钢板造成的衰减大得多。因此，从 GIS 外壳上测得的声波往往是沿着金属材料最近的方向传到金属体后，以横波形式传播到传感器，如图 50-0-1 所示。

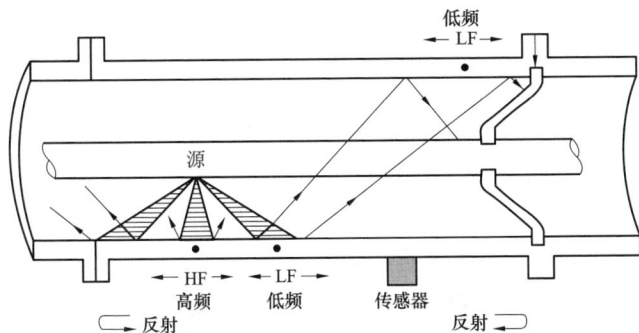

图 50-0-1　声波和振动在 GIS 中的传播

局部放电产生的声波频谱分布很广，约为 10～107Hz。随着电气设备、放电情况、传播介质及环境的不同，能检测到的声波频谱有不同，在 GIS 中，由于高频分量在传播过程中都衰减掉了，能监测到的声波包含的低频分量比较丰富，在 GIS 中除了局部放电产生的声波外，还有导电颗粒碰撞金属外壳、电磁振动及机械振动等发出的声波，这些声波的频率一般较低，在 10kHz 以下。国际大电网会议（CIGRE）认为超声波局部放电检测方法的声波范围是 20～100kHz。

综上所述，因局部放电产生的声波传到金属外壳和金属颗粒撞击外壳引起的振动频率大约在数千到数十千赫兹之间。

声学方法是非入侵式的,可在不停电的情况下进行检测。另外由于声波的衰减,使得超声波检测的有效距离很短,这样超声波仪器可以直接对局部放电源进行定位(＜10cm)且不容易受 GIS 外部噪声源影响。

超声波法的优点是灵敏度高,抗电磁能力强,可以直接定位,适应于现场测试,缺点是结构复杂,需要有经验的人员进行操作。对于在线监测系统,如果需要对故障精确定位时,所需要的传感器过多。

3. 超高频法(UHF)

在局部放电发生的过程中,由于放电的存在,都会向外界发散出电磁波,利用专用的天线和仪器检测,就可以了解到 GIS 内局部放电的情况,这种方法被称为电磁波法。由于 SF_6 气体的高绝缘能力,因此在 GIS 中发生的局部放电的电磁波特性与在空气中发生的不同,具有更高的频率,其波头的时间非常短,而且分布的比较散,从几千赫兹到几千兆赫兹都有分布。

GIS 从截面上来看是一种具有同轴结构的波导,由于 GIS 气室的分段,应看作一种低损耗的具有不同传输阻抗的同轴传输线的串联结构。因此电磁波在其中的传导过程也比较复杂。一般来讲,GIS 中电磁波的传递存在下限截止频率,相对高频的信号在 GIS 中衰减的要比低频的快,经过 GIS 气室间隔或转角、T 形接头的时候信号衰减的更明显,在 GIS 中的电磁波传递过程中还会发生了波的谐振和延迟等。高频电磁波在 GIS 内部的传递过程是比较复杂的。目前一般可近似地用传输线模型来研究 GIS 中的局部放电信号传输特性。电磁波在 GIS 中的传播形式不是单一的,既有横向电磁场波(Transverse ElectroMagnetic,TEM),又有横向电场波(Transverse Electric,TE)及横向磁场波(Transverse Magnetic,TM)。有的研究还指出在低频 500MHz 以下,绝缘子孔上的连接栓有电磁屏蔽的效果;对于 500MHZ~1.2GHz 的高频,由于连接栓的电感和绝缘子孔的电容发生并联谐振,故电磁波很容易辐射出来;增加绝缘子的厚度会减弱屏蔽效果,增加电磁波的辐射;对于 1.2GHz 以上的高频,由于连接栓的阻抗较大,故有无连接栓时的频谱很相似;1.5GHz 以上的电磁波主要通过外壳辐射,而不是由绝缘子上的孔辐射到外面。

超高频局部放电测量方法是利用检测 GIS 中局部放电发射的大量高频放电信号来确定局部放电是否发生的。它可以利用内、外置天线进行测量。

超高频测试方法利用不同的天线测量 GIS 局部放电发射出的高频电磁波信号,并将采集的信号利用屏蔽电缆向后传送。有些仪器会配置前置放大或滤波元件,将微弱信号放大或过滤掉一些干扰,经过模数转换后,利用光电转换单元进行隔离后再后送,这样可以提高抗干扰的能力,如图 50-0-2 所示。

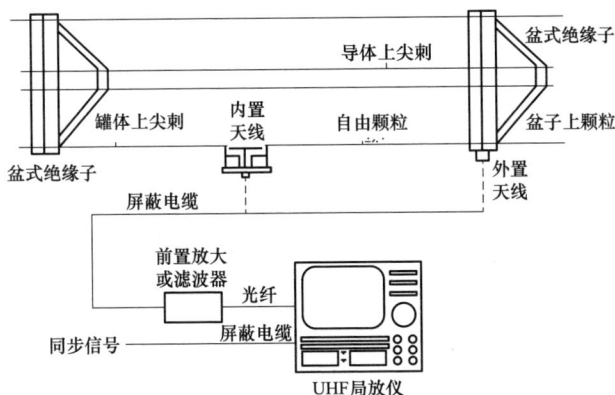

图 50-0-2 超高频法测量局部放电系统示意图

超高频法采集信号和信号分析一般有宽带法和窄带法，前者采集宽频带的数据，观察局部放电发生的频带和幅值判断局部放电及产生的原因；后者在局部放电频带范围内选定某个频率后用频谱分析仪观察该频率下的时域信号，从而判断局部放电产生原因。

超高频法进行局部放电定位大致分为方向定位法和距离定位法。距离定位法对示波器的要求很高（为达到 10cm 以内的定位准确度，需要高达 0.1ns 的时间分辨率）。方向定位法简单，但是无法得到具体的位置，只能判断电源在传感器的左边还是右边。

由于除了少数的 GIS 外，绝大多数在出厂时候没有配置内置的传感器，甚至没有预留安装传感器的位置，只能使用各种外置的传感器进行测量，因此使用外置传感器的仪器的抗干扰能力、灵敏度、滤波方法、信号处理策略和算法和有无指纹库或诊断系统就成为衡量不同仪器需要考虑的问题。

（二）试验接线

1. 脉冲电流法

脉冲电流法可以采用检测阻抗与试品串联或并联的接法，这与试品的接地方式有关。这两种接线方法都可以称为直接法测量回路，其试验接线如图 50-0-3 所示。

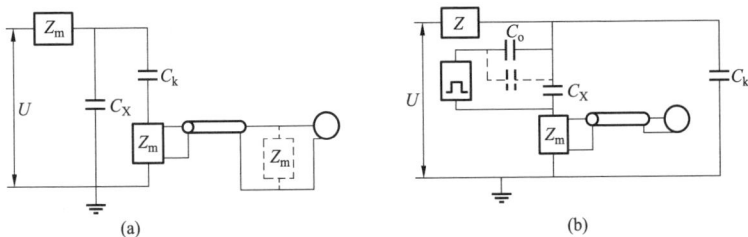

图 50-0-3 直接法试验接线图

（a）并联法；（b）串联法

为了抑制外部干扰，还可以利用平衡法测量回路，即利用两个相同试品来消除共模干扰，对于从高压侧进入的干扰有一定作用。但是，平衡法的检测灵敏度要比直接法低，其试验接线如图 50-0-4 所示。

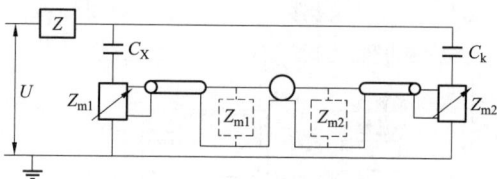

图 50-0-4 平衡法试验接线图

2. 超声波法

超声波法是一种可在低压侧测量的方法，可在运行的 GIS 中或 GIS 现场交接耐压试验时进行。因此，需要人员手持传感器或在 GIS 上装设传感器进行测量。

用超声波法测试局部放电的接线，如图 50-0-5 所示。

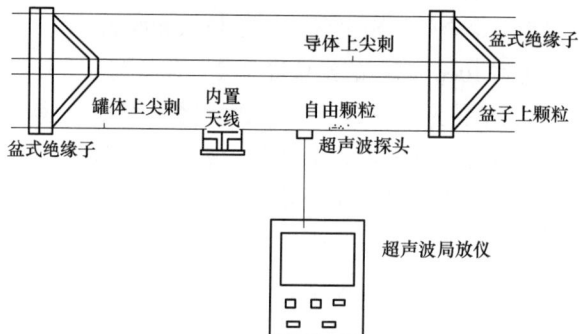

图 50-0-5 用超声波法测试局部放电的接线图

3. 超高频法

用超高频法测试局部放电的接线如图 50-0-6 所示。

超高频传感器尺寸比较大，可利用绑带直接固定在盆式绝缘子的位置进行测量，直接利用内置传感器效果更好。

（三）试验步骤

1. 脉冲电流法

（1）清除试验场地周围的杂物，对于难以移动的、有尖角的金属物体应予以接地，防止悬浮放电干扰。

（2）参考试品的接地条件，选择不同试验接线方式搭接试验回路。

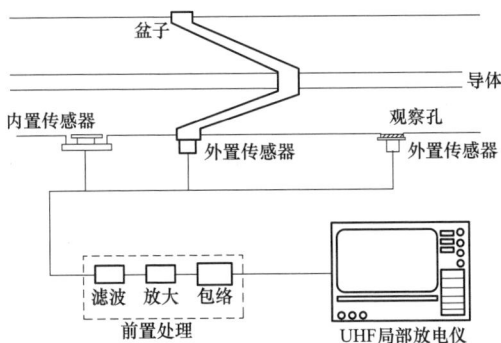

图 50-0-6　现场交接试验时超高频法测试局部放电的接线图

（3）按照试品的容量，选择不同的检测阻抗，以保证测量灵敏度。

（4）按试验回路接线。

（5）试验前进行校准标定，校准结束后应将其从试验回路中拆除，防止损坏。

（6）按照加压程序给被试 GIS 加压，到达局放试验电压后进行局部放电测量，电压太高时可切断信号。另外，应注意局部放电的起始电压和熄灭电压。

（7）全部试验结束后，迅速降低试验电压，当电压降到 30%试验电压以下时，可以切断电源。

2. 超声波法

以运行中 GIS 测量为例，若在 GIS 交接时测量，可结合现场交接耐压试验进行。

（1）参考现场环境决定是否使用前置放大器。

（2）做好传感器连接，做好仪器的接地，防止干扰。

（3）测量时应在传感器与被试设备间使用耦合剂，如凡士林等，以达到排除空气，紧密接触的目的。GIS 的每个气室都应检查，每个检查点间距不要太大，一般取 2m 左右。

（4）按照使用说明书操作仪器，进行测量并记录。

（5）若发现信号异常，则应用多种模式观察，并在附近其他点位测试，尽量找到信号最强的位置。

（6）试验结束后，收置好设备，清除残留在被试设备表面的耦合剂。

3. 超高频法

以运行中 GIS 测量为例，若在 GIS 交接时测量，可结合现场交接耐压试验进行。

（1）将仪器放置在平稳的位置。

（2）依照被试品条件，使用内置或外置的传感器，并按图 50-0-6 做好连接。

（3）按照使用说明书操作仪器，进行测量并记录。

（4）利用盆式绝缘子或观察窗等位置进行测量，传感器与被试设备尽量靠近，或利用绑带固定到被试设备上，最好对被试的盆子及相邻的盆子进行屏蔽，以防止干扰。

（5）若在某位置上检测到信号，则应加长观测时间，在左右相邻盆子处检查，还可利用双传感器进行定位。若检测到的信号比较微弱，可以利用放大器进行放大后再测量。

（6）试验结束后，恢复现场状况，收置好仪器。

六、试验注意事项

1. 脉冲电流法

由于脉冲电流法容易受到外界干扰的影响，因此对试验环境、连线、试验回路等有比较严格的要求。

（1）试验前先清除除试验场地周围杂物，可能产生放电的金属物体应可靠接地，防止因杂散电容耦合而产生悬浮电位放电。

（2）试验设备都需要留一定裕度，即高压试验设备本身在进行局部放电试验的电压下不会产生放电。

（3）高压连接线都应该使用扩径导线，防止电晕产生，回路应尽量紧凑，减少尺寸。

（4）所有的电气连接都应该保证接触良好，最好使用屏蔽措施改善电场，还要注意接地的连接，最好使用铜皮铺设并单点接地。

（5）对于测量回路和单元应注意电磁屏蔽和阻抗匹配。试验回路和测量回路都应采用电源隔离措施，防止干扰从电源进入，回路中还应考虑使用滤波器来消除高频干扰。

（6）试验回路每次使用都必须进行校准，局部放电试验后可再进行一次校准。

（7）检测中若存在明显干扰可通过开时间窗进行消除，若干扰过于明显则应通过其他方法解决，比如更改滤波器配置、改进试验回路或者另择时间，选择环境干扰较小的时刻进行试验。

2. 超声波法

（1）在传感器上施加一定的垂直于 GIS 表面的压力，这样可以减少因为传感器接触不紧或来回滑动造成的测量偏差。

（2）检测过程中，若发现比背景信号偏高或与其他测点的信号有明显的不同，则应该在该点周围间隔约 0.2m 距离多次测量，争取找到在该位置处信号幅值最大的点位。

3. 超高频法

（1）应使传感器的金属屏蔽外壳与 GIS 的金属外壳或盆式绝缘子的金属法兰边沿接触，以减少空间的干扰电磁波进入天线干扰测量。

（2）需要同步信号的仪器可从现场 220/380V 的工作电源中获得，对于有相位要求的同步信号则可以在 TV 二次侧获得，注意防止 TV 二次短路。

七、试验结果分析及试验报告编写

（一）试验结果分析

1. 试验标准及要求

脉冲电流法是 GIS 产品出厂试验时进行的局部放电检查项目，依据 IEC 517《72.5kV 及以上气体绝缘金属封闭开关设备》、GB 7674—2008《额定电压 72.5kV 及以上气体绝缘金属封闭开关设备》、DL/T 555—2004《气体绝缘金属封闭电器现场耐压及绝缘试验导则》等规范，一般要求单件元件的局部放电值在额定试验电压（$1.2/\sqrt{3}\ U_0$，其中 U_0 是最高运行电压）下不超过 3pC，组合部件不超过 10pC，一些特殊的产品可以单独商定对局部放电的试验要求，比如 800kV 产品出厂时对组合产品的局部放电要求是不超过 5pC，盆式绝缘子、绝缘支柱等单件的局部放电不超过 3pC。

超声波局部放电试验没有可以参照的标准，因此主要依靠测试的数据与测量现场的背景数据、相同位置的以往测试数据、其他位置的测量数据之间相互对照比较来确定。

超高频方法也没有相应的标准可以直接参照，只能通过检测过程中的信号波形情况及对应背景信号的对照来确定。

2. 试验结果分析

试验过程中，若发现存在持续性的超过局部放电要求的局部放电存在，则认为局部放电试验没有通过，试品应退出试验室进行处理或拆解检查，完成后方可再次进行局部放电试验，直到试验通过为止。脉冲电流法局部放电的典型波形图谱，如图 50-0-7 所示。

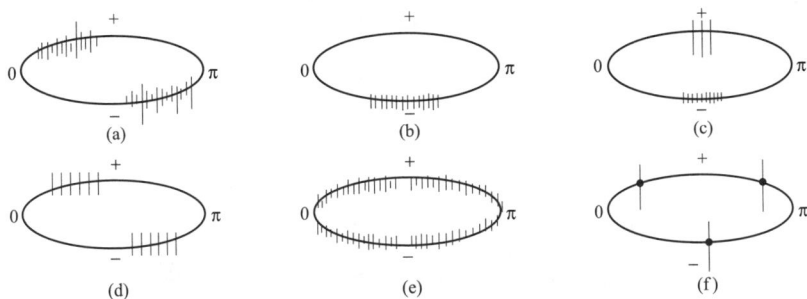

图 50-0-7　脉冲电流法局部放电典型波形图谱

（a）绝缘介质内部气泡放电；（b）尖对板电晕放电；（c）尖对板间有绝缘屏障的放电；
（d）悬浮电位引起的放电；（e）接触不良引起的干扰；（f）晶闸管引起的干扰

在超声波法中，若存在测量数据超过背景、以往数据和其他测点数据的情况存在，则应仔细查找，确定该位置信号最大点。若该数据只是其他数据的 5 倍左右，则需要加强监测，在短期内再安排一次或多次检测，监视测量数据的变化。若发生明显增大的情况，则考虑停电大修。若一段时间保持不变或减小，则可再间隔一段时间后（2～3 个月）再次检查。若检测数据超过其他数据达到 10 倍以上的情况，可考虑直接要求 GIS 停电检查，可利用大修后耐压试验的机会再进行检测，一般数据超出的情况会消失。对于在 TV 上测量到的信号可能会比较大，有的可能达到背景信号的 20 倍左右，则可能是由于 TV 的铁芯在交变电场中磁性变化导致其尺寸轻微改变，从而产生噪声，被声学传感器发觉到，这种现象是正常的。这一现象称为磁致伸缩。常见的超声波测量波形，如图 50-0-8 所示。

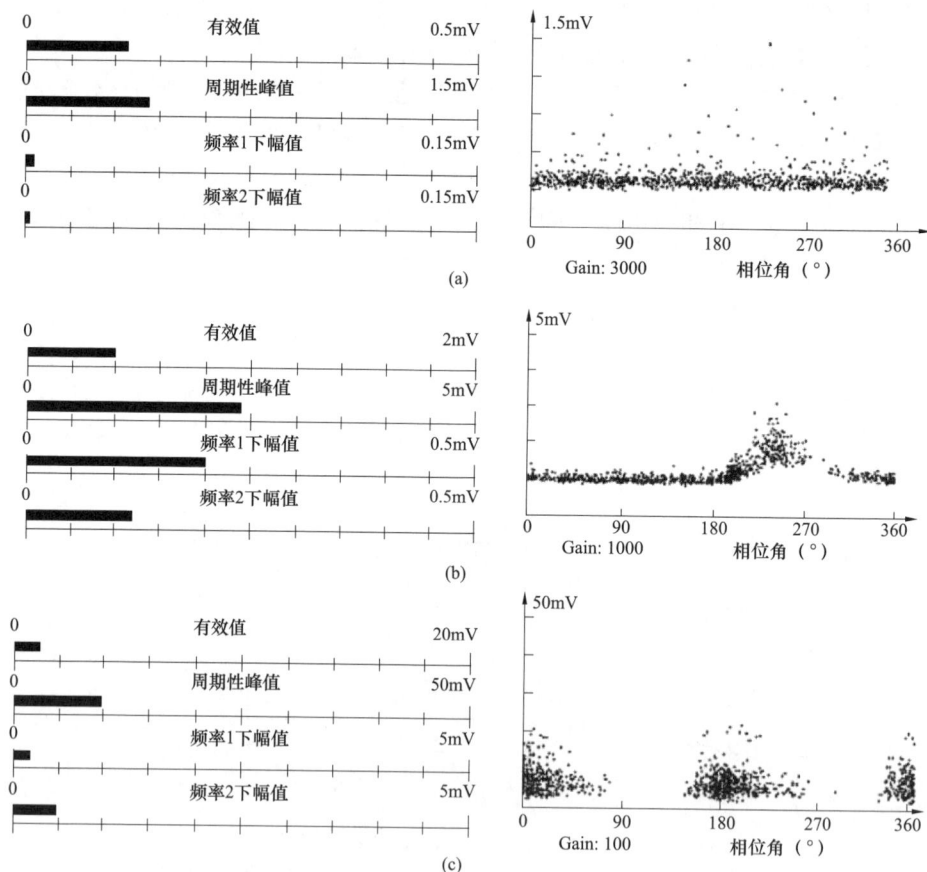

图 50-0-8　常见的超声波测量波形图（一）

（a）无局放的超声波波形；（b）突起的超声波波形；（c）屏蔽松动的超声波波形

（d）

（e）

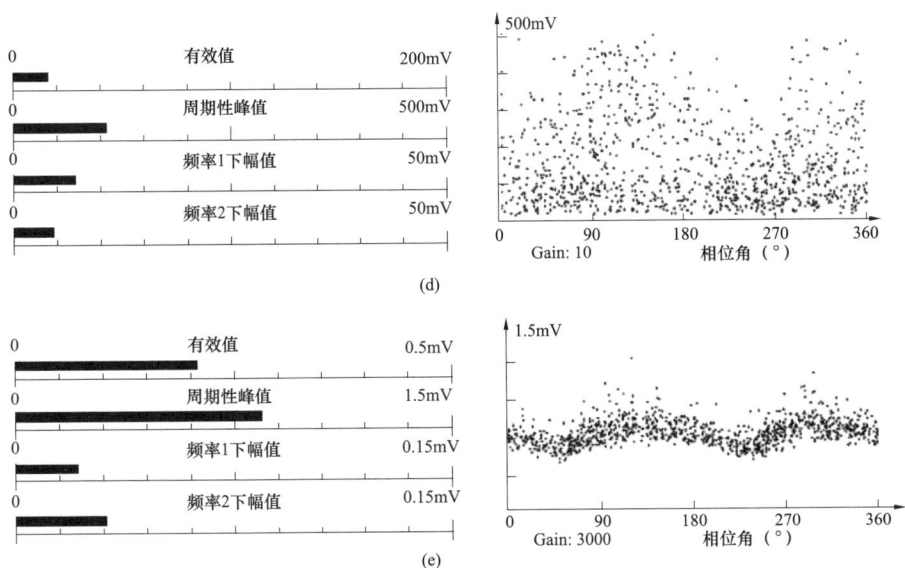

图 50-0-8　常见的超声波测量波形图（二）

（d）自由颗粒的超声波波形；（e）磁致伸缩的超声波波形

超高频法中，若来自 GIS 方向则可能是局部放电信号，若偏离 GIS 则有可能是干扰或其他设备的局部放电。几种常见的超高频信号波形，如图 50-0-9 所示。

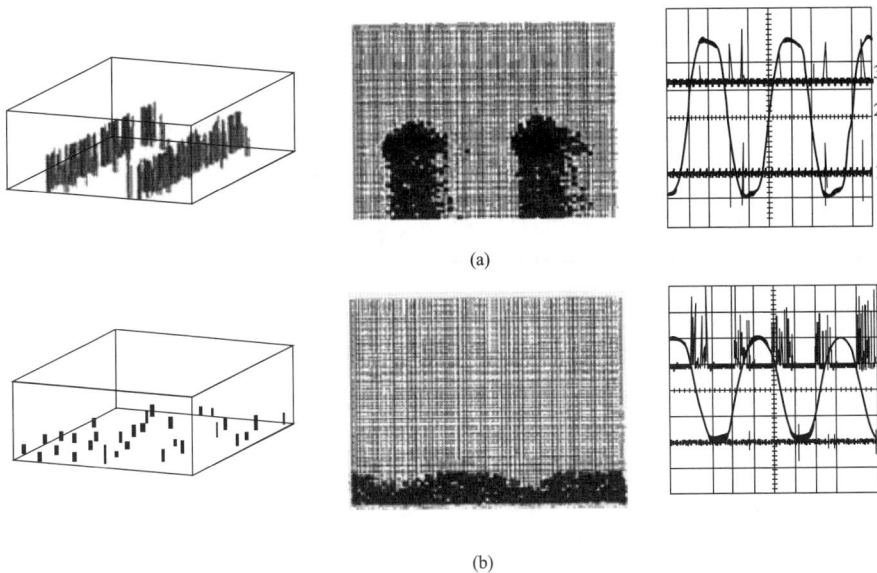

（a）

（b）

图 50-0-9　几种常见的超高频信号波形图（一）

（a）悬浮电位放电；（b）自由颗粒放电

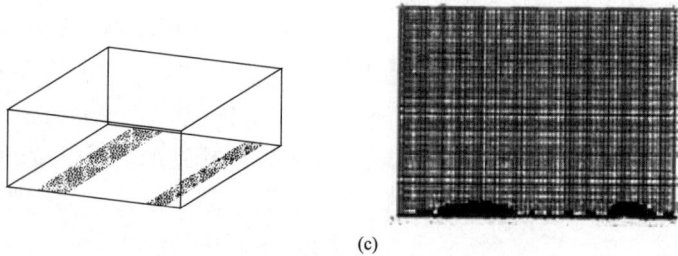

(c)

图 50-0-9 几种常见的超高频信号波形图（二）

（c）突起放电

在超高频局部放电测量方法中，不同的缺陷也可以通过各自的特征进行辅助分析，其特点见表 50-0-1。

表 50-0-1 不同缺陷的超高频信号特点

放电类型	波形特征	相位特征	频谱特征
悬浮电位部件	脉冲清晰；脉冲幅值、间隔、放电次数稳定规律。脉冲幅值较大	电压上升沿	较强的高频分量
绝缘表面金属颗粒对	脉冲清晰；脉冲幅值、间隔、放电次数稳定规律。脉冲幅值较小	电压上升沿	较强的高频分量
绝缘表面单个金属颗粒	脉冲不清晰；脉冲幅值、间隔、放电次数不规律	电压上升沿；正负半波不对称	中等的高频分量
绝缘内部裂缝	脉冲清晰；幅值较小；幅值分散	电压峰值左右，相位分布较大	较弱的高频分量
SF_6 中电晕放电	脉冲不清晰，脉冲多且相互叠加	电压峰值，正负半波不对称	中等的高频分量

（二）试验报告编写

试验报告填写应包括试验单位、试验性质（交接试验、预防性试验、检查）、委托单位、试验时间、试验人员、天气情况、环境温度、湿度、设备出厂编号、设备型号及相关技术参数、试验结果、试验结论、测试仪器、仪表的名称、型号、制造厂、出厂序号、输出电压和容量、准确等级和校验日期等。

八、案例

用超声波方法检测某 110kV 变电站 1102 的 2 号主变压器线路避雷器隔离开关气室，其测量信号波形如图 50-0-10 所示。

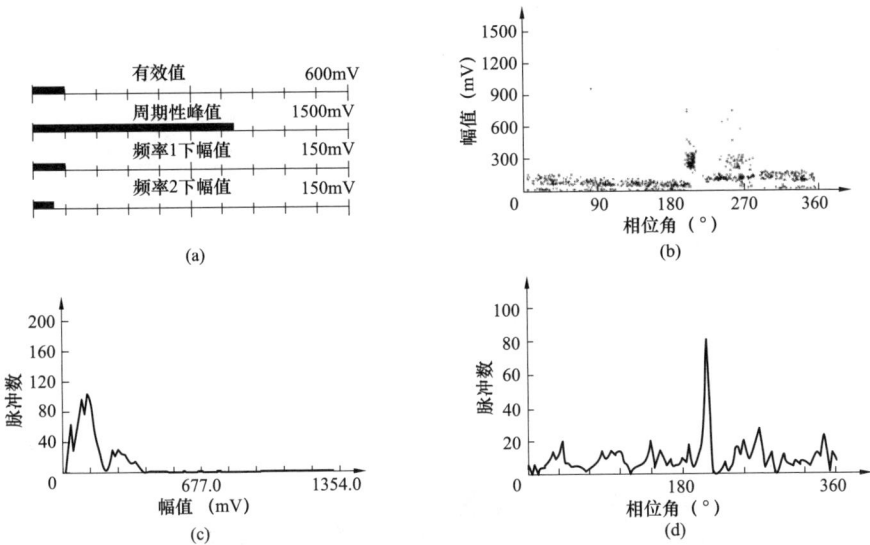

图 50-0-10 现场超声波测量信号波形图

（a）连续模式；（b）相位图；（c）幅值分布；（d）相位分布

　　经分析判断为该气室有严重局部放电，很快安排了停电处理，解体后打开气室发现刀闸桩头严重烧损。经过更换处理后，通过耐压试验，再次用超声波检测后数据已经正常，如图 50-0-11 所示。

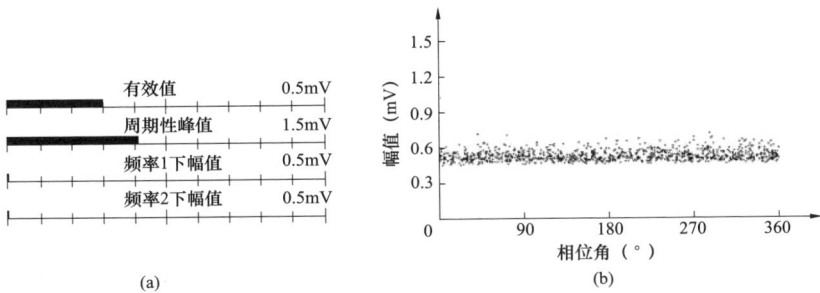

图 50-0-11 处理后超声波信号波形图

（a）连续模式；（b）相位图

【思考与练习】

1. GIS 局部放电试验常用的方法有哪几种？简述各自的优缺点。

2. 使用超声波法和超高频法测量 GIS 局部放电的部位有什么不同？

3. 绝缘内部裂缝和绝缘表面金属颗粒表现出的超高频波形特征是什么？

第九部分

套管、绝缘子试验

第五十一章

套管、绝缘子绝缘电阻测试

▲ 模块 1 套管绝缘电阻测试（ZY1800501004）

【**模块描述**】本模块介绍套管绝缘电阻的测试方法和技术要求。通过测试工作流程的介绍，掌握套管绝缘电阻测试前的准备工作和相关安全、技术措施、测试方法、技术要求与测试数据及分析判断。

【**模块内容**】

一、测试目的

测试套管的绝缘电阻能有效地发现其绝缘整体受潮、脏污、贯穿性缺陷，以及绝缘击穿和严重过热老化等缺陷。

二、测试仪器、设备的选择

（1）测套管主绝缘的绝缘电阻时，采用 2500V 及以上的绝缘电阻表。

（2）测套管末屏绝缘电阻时，采用 2500V 绝缘电阻表。

三、危险点分析及控制措施

（1）防止高处坠落。试验人员在拆、接套管一次引线时，必须系好安全带。测量套管主绝缘的绝缘电阻时，应尽量使用绝缘杆。使用梯子时，必须有人扶持或绑牢。在解开 220kV 及以上高压套管引线时，宜使用高处作业车，严禁徒手攀爬高压套管。

（2）防止高处落物伤人。高处作业应使用工具袋，上下传递物件应用绳索拴牢传递，严禁抛掷。

（3）防止人员触电。拆、接试验接线前，应将被试套管对地充分放电，以防止剩余电荷、感应电压伤人及影响测量结果。

四、测试前的准备工作

（1）了解被试设备现场情况及试验条件。查勘现场，查阅相关技术资料，包括该套管历年试验数据及相关规程等，掌握该套管整体情况。

（2）测试仪器、设备准备。选择合适的绝缘电阻表、测试线、温（湿）度计、放电棒、接地线、梯子、安全带、安全帽、电工常用工具、试验临时安全遮栏、标示牌等，并查阅测试仪器、设备及绝缘工器具的检定证书有效期。

（3）办理工作票并做好试验现场安全和技术措施。向其余试验人员交待工作内容、带电部位、现场安全措施、现场作业危险点，明确人员分工及试验程序。

五、现场测试步骤及要求

（一）测试接线

（1）纯瓷套管：将套管的一次侧（导电杆）接入绝缘电阻表的"L"端，法兰（接地端）接入绝缘电阻表的"E"端。

（2）电容套管主绝缘：将套管的一次侧（导电杆）接入绝缘电阻表的"L"端，末屏接入绝缘电阻表的"E"端。

（3）电容套管末屏绝缘：将套管的末屏接入绝缘电阻表的"L"端，外壳及地接入绝缘电阻表的"E"端。

（二）测试步骤

（1）将套管接地放电，放电时应用绝缘棒等工具进行，不得用手碰触放电导线。拆除或断开套管对外的一切连接线。

（2）检查绝缘电阻表是否正常。若绝缘电阻表正常，将绝缘电阻表的接地端与被试品的地线连接，绝缘电阻表的高压端接上测试线，测试线的另一端悬空（不接试品），再次驱动绝缘电阻表，绝缘电阻表的指示应无明显差异，然后将绝缘电阻表停止转动。

（3）进行接线，经检查无误后，驱动绝缘电阻表达额定转速，将"L"端测试线搭上套管高压测试部位，读取 60s 绝缘电阻值，并做好记录。

（4）读取绝缘电阻后，应先断开接至被试套管高压端的连接线，再将绝缘电阻表停止运转，以免绝缘电阻表反充电而损坏绝缘电阻表。

（5）对套管测试部位短接放电并接地。

六、测试注意事项

（1）历次试验应选用相同电压、相同型号的绝缘电阻表。

（2）测量时宜使用高压屏蔽线且屏蔽层接地。若无高压屏蔽线，测试线不要与地线缠绕，应尽量悬空。测试线不能用双股绝缘线和绞线，应用单股线分开单独连接，以免因绞线绝缘不良而引起误差。

（3）试验人员之间应分工明确，测量时应配合默契，测量过程中要大声读数。

（4）测量时应在天气良好的情况下进行，且空气相对湿度不高于80%。若遇天气潮湿、套管表面脏污，则需要进行"屏蔽"测量。测量常用屏蔽的接线如图32-1-3所示。

（5）禁止在有雷电时或邻近高压设备时使用绝缘电阻表，以免发生危险。

（6）测试电容套管末屏绝缘的绝缘电阻后，切记做好末屏接地，以防末屏在运行中放电。

七、测试结果分析及测试报告编写

（一）测试结果分析

1. 测试标准及要求

根据 DL/T 596—1996、GB 50150—2016 的规定：20℃套管主绝缘的绝缘电阻值不应低于 10 000MΩ，末屏对地的绝缘电阻不应低于 1000MΩ。

2. 测试结果分析

将所测得的试验数据换算到相同温度下，与前一次测试结果相比，或参照同一设备历史数据，并结合规程标准及其他试验结果进行综合判断。

（二）测试报告编写

套管绝缘电阻试验报告一般与套管介质损耗或主设备（变压器）共用一份试验报告，填写试验报告时应包括测试时间、测试人员、天气情况、环境温度、湿度、使用地点、套管参数、测试结果、测试结论、试验性质（交接试验、预防性试验、检查）、绝缘电阻表的型号、计量编号，备注栏写明其他需要注意的内容，如是否拆除引线等。

八、案例

某变电站 110kV 电容型套管末屏绝缘电阻测量为 600MΩ（温度为 30℃，小于标准规定值 1000MΩ），在仔细观察后发现此套管末屏小瓷套上散布有小水珠，用干布进行擦拭，并用吹风机进行干燥处理，随后测量绝缘电阻值为 1300MΩ（大于标准值），现场人员并未急于下结论，而使将其与上次试验结果 2000MΩ（温度为 25℃）进行比较，在考虑温度、湿度等因素影响后，发现两次结果接近，故判断此套管合格。

【思考与练习】

1. 简述套管绝缘电阻测试的目的、接线及标准。

2. 如何对套管绝缘电阻的测试结果进行分析判断？

3. 简述电容套管末屏绝缘电阻测试值偏低的影响因数。

▲ 模块 2　绝缘子绝缘电阻测试（ZY1800501005）

【模块描述】本模块介绍绝缘子绝缘电阻的测试方法和技术要求。通过测试工作流程的介绍，掌握绝缘子绝缘电阻测试前的准备工作和相关安全、技术措施、测试方法、技术要求及测试数据分析判断。

【模块内容】

一、测试目的

测量绝缘子绝缘电阻是检查绝缘子绝缘状态最简便和最基本的方法，它能有效地发现绝缘子贯穿性裂纹或有裂纹（龟裂）及湿气、灰尘及脏污入侵后造成的绝缘不良。

二、测试仪器、设备的选择

对绝缘子而言，一般选取 2500V 及以上的绝缘电阻表进行测量。

三、危险点分析及控制措施

（1）防止高处坠落。人员在拆、接绝缘子一次引线时，必须系好安全带。测量绝缘电阻时，应尽量使用绝缘杆。使用梯子时，必须有人扶持或绑牢。

（2）防止高处落物伤人。高处作业应使用工具袋，上下传递物件应用绳索拴牢传递，严禁抛掷。

（3）防止人员触电。拆、接试验接线前，应将被试绝缘子对地充分放电，以防止剩余电荷、感应电压伤人及影响测量结果。禁止在有雷电时或邻近高压设备时使用绝缘电阻表，以免发生危险。

四、测试前的准备工作

（1）了解被试设备现场情况及试验条件。查勘现场，查阅相关技术资料，包括该设备历年试验数据及相关规程等，掌握该设备整体情况。

（2）测试仪器、设备准备。选择合适的绝缘电阻表、测试线、温（湿）度计、放电棒、接地线、梯子、安全带、安全帽、电工常用工具、试验临时安全遮栏、标示牌等，并查阅测试仪器、设备及绝缘工器具的检定证书有效期。

（3）办理工作票并做好试验现场安全和技术措施。向其余试验人员交待工作内容、带电部位、现场安全措施、现场作业危险点，明确人员分工及试验程序。

五、现场测试步骤及要求

（一）测试接线

（1）单元件绝缘子：将绝缘电阻表的"L"端、"E"端分别接入绝缘子的两端金具或法兰。

（2）多元件绝缘子：在分层胶合处缠绕铜线，并接入绝缘电阻表的"L"端、"E"端。

（二）测试步骤

（1）将绝缘子接地放电，放电时应用绝缘棒等工具进行，不得用手碰触放电导线。拆除或断开被试绝缘子对外的一切连线。

（2）检查绝缘电阻表是否正常，若绝缘电阻表正常，将绝缘电阻表的接地端与被试品的地线连接，绝缘电阻表的高压端接上测试线，测试线的另一端悬空（不接试品），再次驱动绝缘电阻表，绝缘电阻表的指示应无明显差异，然后将绝缘电阻表停止转动。

（3）进行接线，经检查无误后，驱动绝缘电阻表达额定转速，将测试线搭上测试部位，读取 60s 绝缘电阻值，并做好记录。

（4）读取绝缘电阻后，应先断开接至被试品高压端的连接线，再将绝缘电阻表停止运转，以免绝缘电阻表反充电而损坏绝缘电阻表。

（5）对绝缘子测试部位短接放电并接地。

六、测试注意事项

（1）宜选用相同电压、相同型号的绝缘电阻表。

（2）测量时宜使用高压屏蔽线且屏蔽层接地。若无高压屏蔽线，测试线不要与地线缠绕，应尽量悬空。测试线不能用双股绝缘线和绞线，应用单股线分开单独连接，以免因绞线绝缘不良而引起误差。

（3）试验人员之间应分工明确，测量时应配合默契，测量过程中要大声读数。

（4）测量时应在天气良好的情况下进行，且空气相对湿度不高于80%。若遇天气潮湿、绝缘子表面脏污，则需要进行"屏蔽"测量。测量采用屏蔽的接线如图32-1-3所示。

七、测试结果分析及测试报告编写

（一）测试结果分析

1. 测试标准及要求

根据 DL/T 596—1996、GB 50150—2016 的规定：多元件支柱绝缘子的每一元件和每片悬式绝缘子的绝缘电阻不应低于300MΩ，330kV 及以上每片悬式绝缘子不应低于500MΩ。

2. 测试结果分析

将所测得的试验数据换算到相同温度下，与前一次测试结果相比，或参照同一设备历史数据，并结合规程标准及其他试验结果进行综合判断。在必要时，可以对绝缘子各部位分别测量。

（二）测试报告编写

测试报告填写应包括测试时间、测试人员、天气情况、环境温度、湿度、使用地点、绝缘子参数、测试结果、测试结论、试验性质（交接试验、预防性试验、检查）、绝缘电阻表的型号、计量编号，备注栏写明其他需要注意的内容，如是否拆除引线等。

八、案例

某供电局对支柱绝缘子测量绝缘电阻，预防性试验中多次发现低绝缘电阻绝缘子，及时加以更换。

（1）10kV 开关柜测得 U 相和 W 相的绝缘电阻分别为 20MΩ、50MΩ（应大于300MΩ），经检查为断路器支持绝缘子裂纹，不合格，予以更换。

（2）35kV 中置式开关柜中爬电严重，紧急停电后测得 U、V、W 三相绝缘电阻均为 100MΩ，交流耐压只能加到 35kV，经检查为小车开关柜支持用有机绝缘子沿面受潮，环境湿度90%，经除湿机干燥处理后合格。

【思考与练习】

1. 简述绝缘子绝缘电阻测试的目的、接线及标准。

2. 测量绝缘子绝缘电阻时应注意哪些问题？

3. 35kV 多元件支柱绝缘子的交流耐压试验时，两个胶合元件者与三个胶合者存在什么差异？

第五十二章

套管介质损耗角正切值 tanδ 及电容量测试

▲ 模块　套管介质损耗角正切值 tanδ 和电容量测试
（ZY1800503005）

【模块描述】本模块介绍电容型套管介质损耗角正切值 tanδ 和电容量的测试方法和技术要求。通过测试工作流程的介绍，掌握电容型套管介质损耗角正切值 tanδ 和电容量测试前的准备工作和相关安全、技术措施、测试方法、技术要求及测试数据分析判断。

【模块内容】

一、测试目的

套管介质损耗角正切值 tanδ 和电容量测试是判断套管是否受潮的一个重要试验项目。根据套管介质损耗角正切值 tanδ 和电容量的变化可以较灵敏地反映出套管绝缘劣化、受潮、电容层短路、漏油和其他局部缺陷。

二、测试仪器、设备的选择

（1）选用西林电桥（QS1 电桥）或数字式自动介损测试仪，所选仪器必须符合 DL/T 962—2005《高压介质损耗测试仪通用技术条件》要求。

（2）选用一次电压不小于 10kV，电流不小于 0.1A 的工频试验变压器。

（3）选用单相自耦调压器，其容量不小于 2kVA。

（4）选用量程为 75～600V、0.5 级交流电压表。

三、危险点分析及控制措施

（1）防止高处坠落。工作人员在进行套管拆、接线时，必须系好安全带。使用梯子必须有人扶持或绑牢。对 220kV 及以上套管，需解开高压引线时，宜使用高处作业车（或高处预防性试验作业架），严禁徒手攀爬套管。

（2）防止高处落物伤人。高处作业应使用工具袋，上下传递物件应用绳索拴牢传递，严禁抛掷。

（3）防止人员触电。拆、接试验接线前，应将被试设备对地充分放电，以防止剩余电荷、感应电压伤人及影响测量结果。试验仪器的金属外壳应可靠接地，仪器操作试验人员必须站在绝缘垫上或穿绝缘鞋操作仪器。测试前应与作业负责人协调，不允许有交叉作业。

四、测试前的准备工作

（1）了解被试设备现场情况及试验条件。查勘现场，查阅相关技术资料，包括该套管历年试验数据及相关规程等，掌握该套管整体情况。

（2）测试仪器、设备准备。选择合适的 QS1 型高压西林电桥、标准电容、操作箱（调压器及保护装置）、10kV 升压器（或数字式自动介损测试仪）、带剩余电流动作保护器的电源接线板、放电棒、接地线、安全带、安全帽、电工常用工具、试验临时安全遮栏、标示牌、万用表、温（湿）度计、电源线轴等，并查阅测试仪器、设备及绝缘工器具的检定证书有效期。

（3）办理工作票并做好试验现场安全和技术措施。向其余试验人员交待工作内容、带电部位、现场安全措施、现场作业危险点，明确人员分工及试验程序。

五、现场测试步骤及要求

（一）测试接线

1. 测量不带末屏的套管

对单独套管，采用正接线方式。将套管垂直放置在支架上，中部法兰用高电阻的绝缘垫对地绝缘。将电桥高压线接至套管导电杆，测量线 "C_X" 接至法兰，如图 52-0-1 所示。

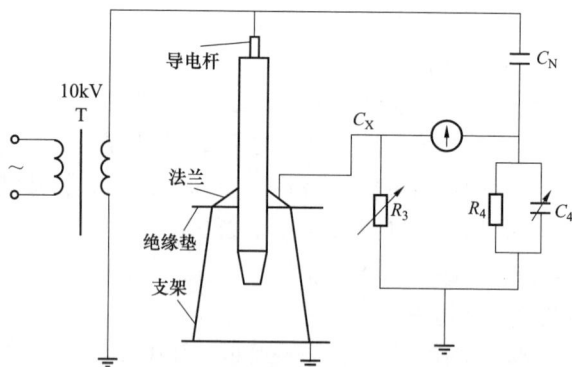

图 52-0-1 测量不带末屏套管 $\tan\delta$ 的正接线图

已安装于电力设备上的高压套管，采用反接线方式。将套管的一次引线拆除，测量线 "C_X" 接至套管导电杆，套管法兰与设备金属外壳直接连接并接地，如图 52-0-2 所示。断路器套管进行测试时，应将断路器断开。

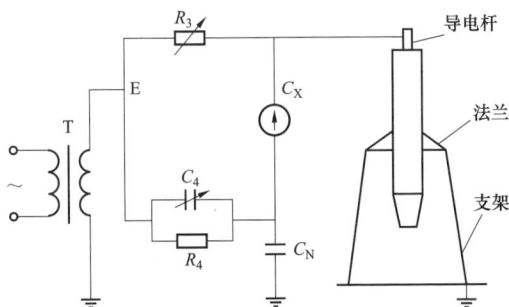

图 52-0-2 测量不带末屏套管 tanδ 的反接线图

2. 测量带末屏的套管 tanδ 值

测量带末屏套管的主绝缘 tanδ 值采用正接线方式，接线如图 52-0-3 所示。将套管中部法兰直接接地，将高压线接至套管导电杆，测量线 "C_X" 接至末屏小套管。

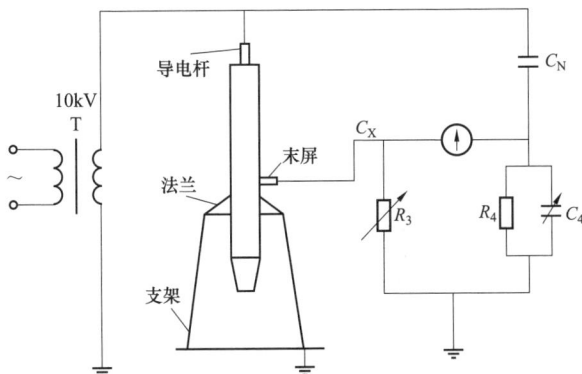

图 52-0-3 测试带末屏套管主绝缘 tanδ 的正接线图

测量套管末屏的 tanδ 值采用反接线方式，接线如图 52-0-4 所示。将套管中部法兰直接接地，测量线 "C_X" 接至末屏小套管，导电杆接电桥屏蔽。

（二）测试步骤

（1）对套管接地放电并拆除引线。用干燥清洁柔软的布擦去被试套管外绝缘表面的脏污，必要时用适当的清洁剂洗净。

（2）进行接线，检查接线无误后，从零升至测试电压进行测试，测试完毕后，对数字式电桥应先将高压降到零，断开高压开关，读取测试数据，切断电桥电源，对被试品放电接地。对 QS1 西林电桥，测试完毕后将高压降到零，立即切断电源，读取测试数据，对被试品放电接地。

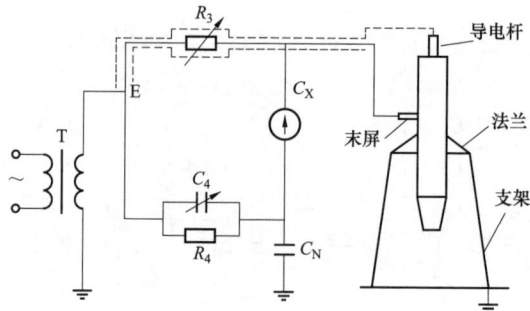

图 52-0-4　测试末屏套管 $\tan\delta$ 的反接线图

（3）恢复套管连接线，特别注意末屏接地引线的恢复。

六、测试注意事项

（1）测试应在良好的天气，湿度小于 80%，套管本身及环境温度不低于 5℃ 的条件下进行。

（2）测试前，应先测试被试品的绝缘电阻，其值应正常。

（3）在拆除套管一次引线时要采用正确方法，选用合适的工具进行，严防工具打滑损坏套管瓷套。拆除套管末屏接地时，注意防止末屏小套管漏油或小套管内接线转动、松脱。试验完毕应可靠恢复末屏接地，防止运行中末屏放电。

（4）油套管试验前要观察其油位是否正常，不得在套管无油的状态下进行试验。

（5）测量独立的电容型套管介质损耗时，由于其电容小，当套管位置放置不同时，因高压电极和测量电极对周围的物体存在杂散阻抗，会对套管的实测结果有很大影响，不同的放置位置测试结果不同。因此，在测量高压电容型套管的介损时，要求垂直放置在接地的套管架上，不应把套管水平放置或吊起任意角度进行测量。

（6）测量时，应使高压引线与试品夹角接近或大于 90°。因为套管的电容量一般不大，在测量介损时高压引线与试品的杂散电容对测量的影响较大，尤其是瓷套表面存在脏污并受潮时，所以应尽量减小高压引线与试品间的杂散电容。

（7）在测量变压器套管时，为了安全及减少线圈电感的影响，所有变压器线圈都应短路，并且非被试套管上的线圈应当接地。各相套管单独试验，非试验相套管的末屏必须可靠接地。

（8）当相对湿度较大时，正接线测量 $\tan\delta$ 结果偏小，甚至可能出现负值；反接线测量 $\tan\delta$ 结果往往偏大。不宜采用加屏蔽环，来防止表面泄漏电流的影响。有条件时可采用电吹风吹干瓷套表面或待阳光暴晒后进行测量。

（9）在进行多油断路器套管试验时，如发现或怀疑套管介损异常，可将油箱落下、拆除灭弧室进一步分解试验，以确定是否为套管故障。

（10）在设备部分停电的环境下进行测试时，应采取抗干扰的措施，以便获得准确数值。

七、测试结果分析及测试报告编写

（一）测试结果分析

1. 测试标准及要求

（1）根据 DL/T 596—1996、GB 50150—2016 的规定：预防性试验 20℃ 时的 tan δ% 值不应大于表 52-0-1 中数值。

表 52-0-1　　　　　　　　**20℃时 tan δ（%）不应大于的数值**

电压等级（kV）		35	110	220～500
大修后	充油型	3.0	1.5	—
	油纸电容型	1.0	1.0	0.8
	胶纸电容型	2.0	1.5	1.0

注　表中未规定的套管按厂家技术说明书执行。

（2）当电容型套管末屏对地绝缘电阻小于 1000MΩ时，应测量末屏对地 tan δ，其值不大于 2%。

（3）在测量套管的介质损耗时，可同时测得其电容值。电容型套管的电容值与出厂值或上一次测量值的差别超出 ±5% 时，应查明原因。

（4）交接试验，在室温不低于 10℃ 的条件下，测量 20kV 及以上非纯瓷套管的主绝缘介质损耗角正切值 tan δ 和电容值，套管的介质损耗角正切值 tan δ，应符合表 52-0-2 中数值。

表 52-0-2　　　　**套管主绝缘介质损耗角正切值 tan δ（%）的标准**

套管主绝缘类型		tan δ（%）最大值
电容式	油浸纸	0.7（500kV 套管 0.5）
	胶浸纸	0.7
	胶粘纸	1.0（66kV 及以下电压等级套管 1.5）
	浇铸树脂	1.5

续表

套管主绝缘类型		tanδ（%）最大值
电容式	气体	1.5
	有机复合绝缘	0.7
非电容式	浇铸树脂	2.0
	复合绝缘	由供需双方商定
其他套管		由供需双方商定

注 1. 所列的电压为系统标称电压。

2. 对 20kV 及以上电容式充胶或胶纸套管的老产品，其 tanδ（%）值可为 2 或 2.5。

3. 有机复合绝缘套管的介质损耗试验，宜在干燥环境下进行。

2. 测试结果分析

（1）由于油纸电容型套管的介损取决于油与纸的综合性能。良好绝缘套管在现场测量温度范围内，其介损基本不变或略有变化，且略呈下降趋势。因此油纸电容型套管的 tanδ 一般不进行温度换算。

（2）当 tanδ 与出厂值或上一次测量值比较有明显变化或接近上述限值时，应综合分析 tanδ 与温度、电压的关系，必要时进行额定电压下的测量。当 tanδ 随温度升高明显变化，或试验电压由 10kV 升到 $U_m/\sqrt{3}$，tanδ 增量超过 ±0.3% 时不应继续运行。

（3）与历史数据相比 tanδ 变化量超过 ±0.3% 时，建议取油进行分析。

（4）套管电容量分析，有以下两种情况：

1）若套管的电容量比历史数据增大，一般存在两种缺陷：① 设备密封不良，进水受潮；② 电容型少油套管内部游离放电，烧坏部分绝缘层，导致电极间的短路。

2）若套管的电容量比历史数据减小，此时主要是漏油造成设备内部进入部分空气。

（二）测试报告编写

套管介质损耗、电容量试验报告一般与套管其他试验或主设备（变压器）共用一份试验报告，填写试验报告时应包括使用地点、套管参数、试验时间及人员、试验环境温度、相对湿度、试验仪器型号、测试结果、试验性质、试验结论等。备注栏写明其他需要注意的内容如是否拆除引线等。

八、案例

案例 1：某供电局 110kV 主变压器 U 相套管（型号 BRL2 W–110/600 油纸电容式套管，1975–08 出厂，电容量为 280pF），在试验中介质损耗为 0.9%，电容量 293pF，末屏对地绝缘电阻为 1600MΩ，虽然介质损耗、电容量和套管末屏绝缘电阻均未超出规程规定（tanδ＜1.0%，末屏绝缘电阻＞1000MΩ），但与上次试验结果（tanδ：

0.15%，电容量：286pF，末屏对地绝缘电阻：2500MΩ）相比，变化已非常明显。综合分析主要原因是由于套管密封不良受潮引起的。现场决定对套管进行烘干处理，经过解体对套管电容芯进行烘干处理后测量 tanδ 为 0.14%，电容量为 281pF，末屏对地绝缘电阻为 10 000MΩ。套管绝缘性能恢复正常。

案例 2： 某支 220kV 套管，投运前发现储油柜漏油，添加 50kg 合格绝缘油后才见到油位，其测试结果如表 52-0-3 所示。

表 52-0-3　　　　　　　　　　220kV 套管测试结果

测试部位	tanδ（%）	绝缘电阻（MΩ）
主绝缘	0.33	50 000
末屏对地	6.3	60

从表 52-0-3 可见，若只测量主绝缘 tanδ，则可判断绝缘无异常；但若测量末屏对地的 tanδ，说明外层绝缘已严重受潮。由于外层绝缘受潮也将导致主绝缘逐渐受潮，只是在测量时尚未达到严重程度而已。

【**思考与练习**】

1. 电容型套管的电容量与出厂值测量值有明显差别时，可能的原因有哪些？

2. 测量 110kV 电容型套管主绝缘 tanδ 和末屏对地的 tanδ，接线有何区别？标准是什么？

3. 220kV 及以下等级的主变油浸纸绝缘套管 tanδ 测试前为何需要在立在支架上静置 24h？

第五十三章

套管、绝缘子交流耐压试验

▲ 模块　绝缘子、套管交流耐压试验（ZY1800504002）

【模块描述】本模块介绍绝缘子、套管交流耐压试验的方法和技术要求。通过试验工作流程的介绍，掌握绝缘子、套管交流耐压试验前的准备工作和相关安全、技术措施、试验方法、技术要求及测试数据分析判断。

【模块内容】

一、试验目的

绝缘子、套管的交流耐压试验是鉴定其绝缘强度最直接的方法，它对于判断绝缘子、套管能否投入运行具有决定性的意义，也是保证绝缘子、套管绝缘水平，避免发生绝缘事故的重要手段。交流耐压试验符合设备实际运行情况，因此能有效地发现绝缘缺陷。

二、试验仪器、设备的选择

（一）试验变压器

（1）电压的选择。根据被试品的试验电压，选用电压合适的试验变压器，还应考虑试验变压器低压侧电压是否和试验现场的电源电压及调压器相符。当试验电压较高时，可采用串级式试验变压器。

（2）电流的选择。试验变压器的额定电流，应能满足流过被试品的电容电流和泄漏电流的要求，计算式如下

$$I = \omega C_X U \tag{53-0-1}$$

式中　I ——试验变压器高压侧应输出的电流，mA；

ω ——角频率，$\omega = 2\pi f$；

C_X ——被试品电容量，μF；

U ——试验电压，kV。

其中，C_X 对于绝缘子一般为 100pF 以下，对于高压套管为 50～600pF。

（3）容量的选择。一般按式（53-0-2）计算，在试验时，按计算值选择变压器容

量，一般不得超负荷运行。对采用电压互感器做试验电源时，容许在 3min 内超负荷 3.5～5 倍，即

$$P=\omega C_{X}U^{2}\times10^{-3} \qquad (53-0-2)$$

式中　P——试验变压器容量，kVA。

（二）对于绝缘子和套管耐压尽量采用自耦调压器

要求：① 波形畸变小和阻抗电压低；② 从零起升压，能实现连续、平稳调压；③ 容量计算式为

$$P_{0}=(0.75\sim1)P$$

式中　P_{0}——调压器容量，kVA。

（三）保护电阻 R_1 和 R_2

保护电阻 R_1 一般取 0.1～0.5Ω/V，并应有足够的热容量和长度。与保护球隙串联的保护电阻 R_2，其电阻值通常取 1Ω/V。

（四）电压表和电流表

电压表、电流表的量程应满足测量要求，准确度等级不小于 0.5 级。分压器应满足测量要求，分压比应稳定在 ±1% 之内。

三、危险点分析及控制措施

（1）防止高处坠落。登高作业要正确使用安全带，使用梯子时要绑扎牢固或有人扶持；使用高处作业车进行作业时，要检查作业兜的门锁是否牢固及作业车定位闭锁是否完好；在夏季要避开高温时段进行高处作业，防止工作人员高温中暑引起高处坠落。

（2）防止高处落物伤人。高处作业应使用工具袋，上下传递物件应用绳索拴牢传递，严禁抛掷。工作人员进入现场必须正确佩戴安全帽，高处作业下方不得站人。

（3）防止人员触电。试验仪器金属外壳必须可靠接地，试验人员应站在绝缘垫上操作；电容型套管试验前后必须对其进行充分放电后，方可进行换线操作；试验前设好临时围栏，停止被试设备上所有工作，并设专人进行监护；试验结束或换线前，必须将试验设备高压部分可靠接地后方可进行。

四、试验前的准备工作

（1）了解被试设备现场情况及试验条件。查勘现场，查阅相关技术资料，包括该设备历年试验数据及相关规程等，掌握该设备整体情况。

（2）测试仪器、设备准备。选择合适的试验变压器、调压器、电源箱、升压控制箱、电压表、电流表、分压器、保护电阻、温（湿）度计、放电棒、接地线、电源线、梯子、安全带、常用工具、试验临时安全遮栏等，并查阅测试仪器、设备及绝缘工器

具的检定证书有效期。

（3）办理工作票并做好试验现场安全和技术措施。向其余试验人员交待工作内容、带电部位、现场安全措施、现场作业危险点，明确人员分工及试验程序。

五、现场试验步骤及要求

（一）试验接线

绝缘子和套管交流耐压试验原理接线，如图 53-0-1 所示。

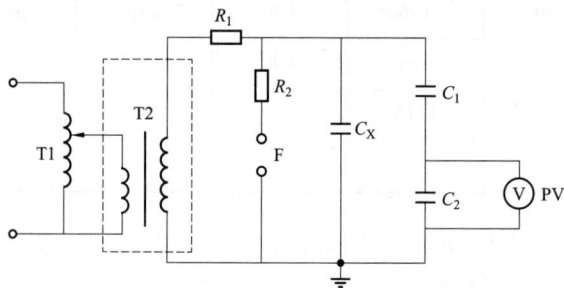

图 53-0-1　绝缘子和套管交流耐压试验原理接线图

T1—调压器；T2—试验变压器；R_1—限流电阻；R_2—球隙保护电阻；F—球间隙；

C_X—被试品电容；C_1、C_2—电容分压器高、低压臂电容；PV—电压表

1. 套管交流耐压接线

套管主绝缘耐压时，将套管的一次侧接入交流耐压装置的高压部分，法兰及末屏接地。

末屏对地耐压时，将套管末屏接入耐压装置的高压部分，法兰接地，末屏对地耐压严格按产品说明书要求进行。

运行中设备的套管耐压一般随设备整体进行耐压，按组合设备最低试验电压进行。

2. 绝缘子交流耐压接线

单元件绝缘子耐压时，将交流耐压装置的高压端接入绝缘子的金具或法兰一端，另一端接地。

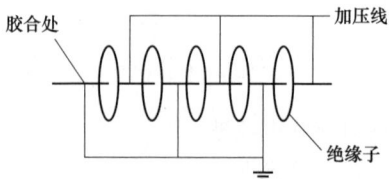

图 53-0-2　多元件绝缘子
交流耐压接线图

多元件绝缘子耐压时，在绝缘子分层胶合处缠绕铜线并接入高压，并将其两端分别接地，其接线如图 53-0-2 所示。

（二）试验步骤

（1）对被试品接地放电并拆除引线。

（2）用干燥清洁柔软的布擦去被试品外绝缘表面的脏污，必要时用适当的清洁剂洗净。

（3）测试绝缘电阻，绝缘电阻应为正常值。

（4）合理布置试验设备，并将试验设备外壳和被试品外壳可靠接地。进行接线，并检查试验接线正确无误、调压器在零位，试验回路中过电流和过电压保护应整定正确、可靠。

（5）将球间隙的放电电压整定在 1.2 倍额定试验电压所对应的放电距离。

（6）将高压引线接上试品，接通电源，开始升压进行试验。升压速度在 75%试验电压以前，可以是任意的，自 75%电压开始应均匀升压，约为每秒 2%试验电压的速率升压。升至试验电压，开始计时并读取试验电压。时间到后，迅速均匀降压到零（或1/3 试验电压以下），然后切断电源，放电、挂接地线。试验中如无破坏性放电发生，则认为通过耐压试验。

（7）测试绝缘电阻，其值应正常（一般绝缘电阻下降不大于 30%）。

六、试验注意事项

（1）在进行交流耐压试验前，应先进行其他绝缘试验，合格后才能进行耐压试验。

（2）充油套管经运输或注油后，交流耐压试验前还应将试品按规定静置足够的时间，以排除内部可能残存的空气。

（3）被试品按试验电压要求与带电或其他设备保持足够安全距离。

（4）升压过程中应密切监视高压回路、试验设备、测试仪表，监听被试品有何异响。

（5）有时耐压试验进行了数十秒钟，中途因故失去电源使试验中断，在查明原因恢复电源后，应重新进行全时间的持续耐压试验，不可仅进行"补足时间"的试验。

七、试验结果分析及试验报告编写

（一）试验结果分析

1. 试验标准及要求

根据 GB 50150—2016、DL/T 596—1996 及 DL/T 474.1～5 的规定：

（1）套管预防性交流耐压值一般为出厂值的 85%，可参照表 53-0-1。

表 53-0-1　　　　　　　　　　套 管 交 流 耐 压 值　　　　　　　　　（kV）

	额定电压	3	6	10	15	20	35	110	220	500
	最高工作电压	3.6	7.2	12	18	24	40.5	126	252	550
	变压器/电抗器套管（油纸电容型）	23	27（18）	38（25）	50	59	85	180	356	612
穿墙套管	纯瓷或纯瓷充油	25	30（20）	42（28）	55	65	85	180	360	630
	固体有机绝缘	23	27（18）	38（25）	50	59	85	180	356	612

注　1. 括号内为低电阻接地系统。

　　2. 110kV 及以上电压等级的套管如果现场不具备条件，可不进行耐压试验。

（2）支柱绝缘子交流耐压值一般为出厂值的 85%，可参照表 53-0-2。

表 53-0-2 　　　　　　支柱绝缘子的交流耐压值 　　　　　　（kV）

额定电压	最高工作电压	交流耐压试验电压			
		纯瓷绝缘		固体有机绝缘	
		出厂	交接及大修	出厂	交接及大修
3	3.5	25	25	25	22
6	6.9	32	32	32	26
10	11.5	42	42	42	38
15	17.5	57	57	57	50
20	23.0	68	68	68	59
35	40.5	100	100	100	90
44	50.6		125		110
60	69.0	165	165	165	148
110	126.0	265	265 (305)	265	240 (280)
154	177.0		330		360
220	252.0	495	495	495	440
330	363.0	630	630		

注　括号中数值适用于小接地短路电流系统。

（3）35kV 针式支柱绝缘子交流耐压试验电压值：两个胶合元件者，每元件 50kV；三个胶合元件者，每元件 34kV。

（4）机械破坏负荷为 60～300kN 的盘形悬式绝缘子，交流耐压试验电压值均取 60kV。

（5）35kV 及以下纯瓷穿墙套管可随母线绝缘子一起交流耐压。

2. 试验结果分析

（1）试验中如无破坏性放电发生，则认为通过耐压试验。

（2）被试品为有机绝缘材料时，试验后应立即触摸表面，如出现普遍或局部发热，则认为绝缘不良，应处理后，再进行耐压试验。

（3）对 35kV 穿墙套管及母线支持绝缘子进行交流耐压试验时，有时在瓷套表面发生较强烈的表面局部放电现象，只要不发生线端对地的闪络或击穿，可认为耐压合格。

（4）试验中如发现电压表指针摆动很大，电流表指示急剧增加，调压器往上升方向调节，电流上升、电压基本不变甚至有下降趋势，被试品冒烟、出气、焦臭、闪络、燃烧或发出击穿响声等，应立即停止升压，在高压侧挂上地线后，查明原因。这些现象如查明是绝缘部分出现的，则认为被试品交流耐压试验不合格。如确定被试品的表面闪络是由于空气湿度或表面脏污等所致，应将被试品清洁干燥处理后，再做耐压试验。

（二）试验报告编写

绝缘子、套管交流耐压试验报告一般与其他设备共用一份试验报告，试验报告中应写明被试品的型号、安装位置、出厂编号、出厂日期、试验时间、天气情况、环境温度、湿度、试验人员、试验结论、使用仪器名称及型号、计量编号等。

【思考与练习】

1. 套管和绝缘子交流耐压时的注意事项有哪些？

2. 35kV 套管及绝缘子交流耐压的标准是什么？

3. 支柱绝缘子的交流耐压值时，为什么纯瓷绝缘与固体有机绝缘试验电压要求不同？

第五十四章

套管局部放电试验

▲ 模块 套管局部放电试验（ZY1800507001）

【模块描述】本模块介绍套管局部放电试验方法和技术要求。通过试验工作流程的介绍，掌握套管局部放电试验前的准备工作和相关安全、技术措施、试验方法、技术要求及测试数据分析判断。

【模块内容】

一、试验目的

套管是变电站电气设备的一个重要部分，主要与变压器、电抗器和断路器等设备配套使用。套管在制造和运输过程中，可能会出现某些缺陷，局部放电测量就是检测套管质量的一项重要的非破坏性试验，利用局部放电测量可判断套管是否存在绝缘缺陷。此项试验一般在实验室进行。

二、试验仪器、设备的选择

（一）升压试验电源

套管结构比较简单，可以当作集中参数的纯电容处理，其中电容一般约几百皮法。可采用工频无晕试验变压器或变频谐振进行加压。

1. 工频无晕试验变压器

根据被试套管与设备的电容量加上耦合电容 C_k 的容量，通过式（54-0-1）可算出通过试品的电流，按照电流和电压可选择工频无晕试验变压器的容量，即

$$I_s = \omega C_X U_S \qquad (54-0-1)$$

式中 I_s ——试验电压下通过试品的电流，A；

ω ——角频率，$\omega = 2\pi f$（$f=50\text{Hz}$）；

C_X ——试验回路等值电容，pF；

U_S ——试验电压，kV。

此套升压电源还包括控制柜、调压器、保护电阻等。调压器输入电压 220V，输出电压 0～250V，容量不小于工频无晕试验变压器容量；保护电阻在 10～100kΩ 数量级

选取。

2. 变频谐振电源

（1）变频电源。可选用串联谐振或并联谐振的方法进行，变频电源输出功率应满足试验要求。一般变频电源输出功率不小于励磁变压器的输出容量。

（2）励磁变压器。励磁变压器输出容量应满足试验容量的要求，其计算式为

$$P_{\mathrm{I}} = I_{\mathrm{I}} U_{\mathrm{N}} \tag{54-0-2}$$

其中

$$I_{\mathrm{I}} = I_{\mathrm{L}} = I_{\mathrm{C}} = \omega_0 C_{\mathrm{X}} U_{\mathrm{S}} \times 10^{-3} \tag{54-0-3}$$

以上式中　P_{I}——励磁变压器输出容量，VA；

　　　　I_{I}——试验回路谐振时电流，A；

　　　　U_{N}——励磁变压器高压侧额定电压，V；

　　I_{L}、I_{C}——谐振时流过电感或电容的电流，A；

　　　　ω_0——谐振时角频率。

（3）谐振电抗器。根据套管的试验电压和试验回路等值电容选取谐振电抗器。

1）谐振频率应符合试验频率要求范围，套管局部放电耐压频率范围为 20～300Hz。谐振频率 f_0 可根据电抗器的电感值 L 和试验回路等值电容 C_{X} 计算，即

$$f_0 = \frac{1}{2\pi\sqrt{LC_{\mathrm{X}}}} \times 10^3 \tag{54-0-4}$$

电抗器的电感值 L 也可根据试验回路等值电容 C_{X} 和试验频率 f_0 选取，即

$$L = \frac{1}{(2\pi f_0)^2 C_{\mathrm{X}}} \times 10^6 \tag{54-0-5}$$

2）电抗器用于与试验回路等值电容进行谐振，以获得高电压，电抗器的额定电压应满足套管试验电压的要求。

3）谐振电抗器的额定容量应满足试验容量的要求，试验容量 P_0 可按下式计算

$$P_0 = U_{\mathrm{L}} I_{\mathrm{L}} = U_{\mathrm{C}} I_{\mathrm{C}} \tag{54-0-6}$$

式中　U_{L}、U_{C}——分别为试验时电感和电容两端的电压，V。

（二）局部放电测试仪

现场进行局部放电试验时，可根据环境干扰水平选择相应的仪器。当干扰较强时，一般选用窄频带测量仪器，如 $f_0 = （30\sim200）\mathrm{kHz}$，带宽 $\Delta f = （5\sim15）\mathrm{kHz}$；当干扰较弱时，一般选用宽频带测量仪器，如 $f_1 = （10\sim50）\mathrm{kHz}$，$f_2 = （80\sim400）\mathrm{kHz}$。对于 $f_2 = （1\sim10）\mathrm{kHz}$ 的很宽频带的仪器，由于具有较高的灵敏度，一般适用于屏蔽效果好的实验室。

三、危险点分析及控制措施

（1）防止工作人员触电。拆、接试验接线前，应将被试设备对地充分放电，以防止剩余电荷、感应电压伤人及影响测量结果。试验前与作业负责人协调，不允许有交叉作业，试验接线应正确、牢固，试验人员应精力集中，试验设备外壳应可靠接地。

（2）防止设备损坏和人身事故。对试验变压器或电抗器等大件设备应选择平稳的场地安装稳固，做好仪器设备的防护措施。

（3）防止高处落物伤人。高处作业应使用工具袋，上下传递物件应用绳索拴牢传递，严禁抛掷。

四、试验前的准备工作

（1）了解被试设备现场情况及试验条件。查勘现场，查阅相关技术资料、套管历年试验数据及相关规程等，掌握该套管整体情况，根据试验电压和被试变压器参数，估算所需试验电源、励磁变压器及电抗器补偿容量，编写作业指导书及试验方案。

（2）试验仪器、设备准备。选择合适的试验设备、供电电源容量、带剩余电流动作保护器的电源接线板、放电棒、接地线、安全带、安全帽、电工常用工具、试验临时安全遮栏、标示牌、万用表、温（湿）度计、电源线轴、清洁布、绝缘塑料带等，准备油套管试验油箱或气套管的气室等试验附属设备，并查阅试验仪器、设备及绝缘工器具的检定证书有效期。

（3）办理工作票并做好试验现场安全和技术措施。向其余试验人员交待工作内容、带电部位、现场安全措施、现场作业危险点，明确人员分工及试验程序。

五、现场试验步骤及要求

（一）试验方法

按照 DL/T 417—2006《电力设备局部放电现场测量导则》进行，试验方法采用串联法、并联法或平衡法进行。套管分为气套管和油套管，在试验时要根据套管类型选择油箱或气罐作为配套使用设备。两种套管的试验原理和方法均相同，以油套管为例进行说明。

变压器或电抗器套管局部放电试验时，其下部必须浸入一合适的油筒内，注入筒内的油应符合油质试验的有关标准，并静止 48h 后才能进行试验。试验时以杂散电容 C_s 取代耦合电容器 C_k，试验接线如图 54-0-1 所示。

套管局部放电的试验电压，由试验变压器外施产生，穿墙或其他形式的套管的试验不需放入油筒。

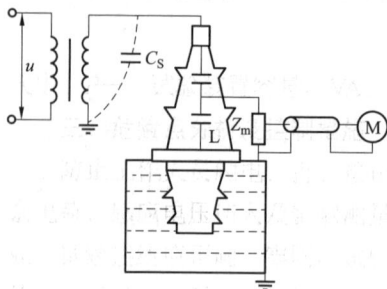

图 54-0-1　变压器套管试验接线图
L—电容末屏

测量电路的背景噪声和测量灵敏度应能测出 5pC 的局部放电量及规定允许放电量的 20%，当测量套管规定局部放电量不大于 10pC 时，则背景噪声允许达到 100%，对已知由外部干扰引起的脉冲，可利用平衡试验线路，带阻滤波器调谐等办法来消除，或用时间窗的方法从干扰中分离出真正的局部放电信号。当使用 pC 直接表示的仪表进行读数时，应以其重复出现的最高值为准。

（二）试验接线

套管进行局部放电时，采用外施电压法。在试验时，电压应先升高至 $2U_N/\sqrt{3}$，维持 5s，然后降至表 54-0-1 中规定的电压值维持 5min，并测量视在放电量。

套管局部放电测量时，常用的试验接线如图 54-0-2 所示。如果套管末屏具有抽头，则可按图 54-0-3 的接线来进行测量。

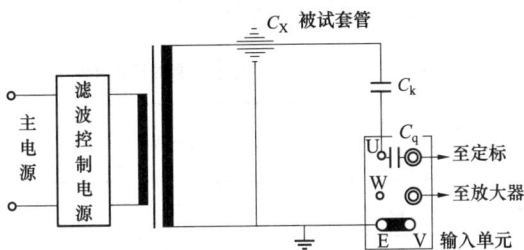

图 54-0-2　采用外接耦合电容的套管局部放电测量接线

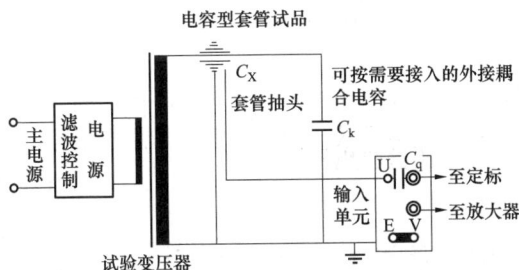

图 54-0-3　电容型套管的局部放电测量接线

因套管电容较小，试验变压器杂散电容的影响较大，测量时最好接阻塞阻抗。

（三）试验步骤

（1）试品处理。套管的瓷套表面应清洁干燥，绝缘油的油量或气体压力要符合有关规程要求。

（2）按相应试验接线图接好各试验设备及仪表，并保证各高压引线的电气距离，连接试验变压器和被试套管端头的导线应用绝缘带固定，防止摆动。

（3）仔细检查试验回路，对可能引起电场较大畸变的部位，进行适当处理。

（4）从套管顶端注入标准方波进行校准，按照相应标准输入校准信号。观测背景放电量水平、波形特点、相位等情况并进行记录。

（5）清除闲杂人员，试验人员、安全巡视人员各就各位。

（6）对套管进行加压，试验应在不大于 1/3 测量电压下接通电源，然后按标准规定进行测量，待数据稳定后，读取套管的放电量。最后降到 1/3 测量电压下，方可切除电源。

（7）在试验变压器高压端挂接地线，对试验回路充分放电后拆线。

六、试验注意事项

（1）局部放电试验前，套管应完成全部常规试验，并且结果合格。套管若受机械作用，应静止一段时间再进行试验。

（2）被试套管附近的围栏等可能有电位悬浮的导体均应可靠接地，防止因杂散电容耦合而产生悬浮电位放电。

（3）被试套管附近所有金属物体均应良好接地，否则由于尖端电晕或小间隙放电，对局部放电测量会产生严重干扰。试区内一般要求地面无任何金属异物、场地干净、试品瓷套无纤维尘积等，否则它们对局部放电测试有影响。

（4）按照电压等级选择试验回路的所有引线直径。引线宜采用金属圆管，试验导线接头、试品高压端放置均压环，从而保证试验回路在试验电压下不产生电晕。

（5）整个试验回路一点接地，接地回路采用铜箔，以抑制试验回路接地系统的干扰。

（6）局部放电试验过程中，被试套管周围的电气施工应尽可能停止，特别是电焊作业，以减少试验干扰。

七、试验结果分析及试验报告编写

（一）试验结果分析

1. 试验结果判定标准及要求

执行 GB/T 4109—2008《交流电压高于 1000V 的绝缘套管》和 GB/T 7354—2018《高电压试验技术 局部放电测量》。但 GB 50150—2016 中没有套管局部放电项目；在 DL/T 596—1996 中有"66kV 及以上电容型套管的局部放电"试验项目，是在大修后和必要时进行，但是目前由于其试验的不可操作性，都未在现场进行过套管的局部放电测量，而是连同设备一起进行此项试验。

标准中套管局部放电量的允许水平，如表 54-0-1 所示。

表 54-0-1　　　　　　　现场试验套管局部放电量的允许水平

设备名称	高压施加方式	预加电压		试验电压		允许放电量	标准来源	备注
		电压（kV）	时间（s）	电压（kV）	时间（min）	交接		
油浸纸绝缘	外施	—	—	$1.05U_N/\sqrt{3}$ $1.5U_N/\sqrt{3}$（仅适应于变压器和电抗器套管）	—	10	GB/T 4109—2008 GB 50150—2016	背景噪声允许水平为 10pC（现场测量）
气体绝缘	外施	—	—	$1.05U_N/\sqrt{3}$	—	10		

2. 试验结果分析

试验期间试品不击穿，测得视在放电量不超过允许的限值，则认为试验合格。

（二）试验报告编写

试验报告填写应包括试验单位、委托单位、试验时间、试验人员、天气情况、环境温度、湿度、设备出厂编号、设备型号及相关技术参数、试验结果、试验结论等。

报告附页应注明试验所依据的规程，记录所使用的测试仪器、仪表的名称、型号、制造厂、出厂序号、输出电压和容量、准确等级和校验日期等。

八、案例

套管局部放电试验实例，如表 54-0-2 所示。

表 54-0-2　　　　　　　　套管局部放电试验实例

委试号	局部放电量测量试验		年　月　日
试区大气条件	P=98.4kPa，$t_{(干)}$=12.5℃，$t_{(湿)}$=8.0℃		
试品型号名称	550kV GIS 用气体套管	试品编号	试样
委托单位			
试验依据标准	GB/T 4109		

（1）试验电压：如图 54-0-4 所示，预加电压为 $2U_N/\sqrt{3}$ =635kV，在 $1.5U_N/\sqrt{3}$、$1.05U_N/\sqrt{3}$ 测量电压下分别进行局部放电量测量，要求的局部放电量最大值分别为 10pC、5pC。

（2）所采用的试验回路如图 54-0-5 所示。

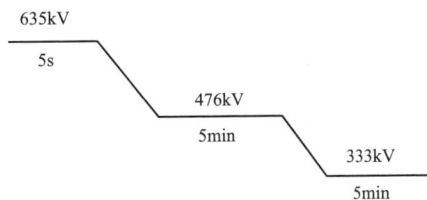

图 54-0-4　试验电压图

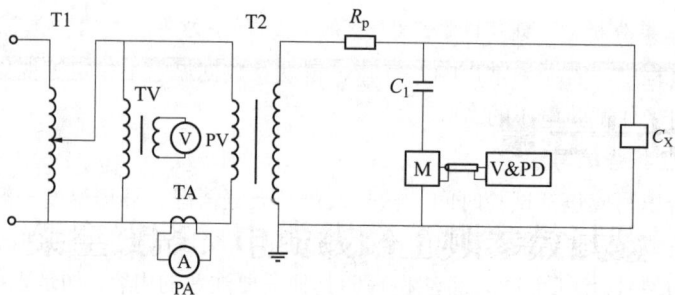

图 54-0-5 试验回路图

T1—2250kVA 调压器；TA—电流互感器；T2—2250kV 工频试验变压器；M—检测阻抗；C_X—试品；
R_p—30kΩ保护电阻；PV—电压表；PA—电流表；C_1—分压器高压臂电容；V&PD—LDS-6 局部放电仪

（3）测量数据如表 54-0-3 所示。

表 54-0-3 测量数据表（峰值/$\sqrt{2}$）

	施加电压/加压时间		局部放电测量值（pC）
预加电压	预加电压/加压时间	635kV/5s	—
测量电压	测量电压/加压时间	476kV/5min	9.3～9.9
	测量电压/加压时间	333kV/5min	3.8～4.2
厂家负责人	现场监造		试验负责人
试验参加人			记录人
校核人		审核人	

【思考与练习】

1. 为什么要进行套管的局部放电测量？

2. 画图说明变压器或电抗器套管局部放电试验方法。

3. 对油套管或气套管进行局部放电试验时，各需要什么辅助设备？

第十部分

架空线、电缆试验

第五十五章

架空线、电缆绝缘电阻测试核对相位

▲ 模块 1 架空线路绝缘电阻测试和核对相位（ZY1800501006）

【**模块描述**】本模块介绍架空线路绝缘电阻测试和核对相位的测试方法与技术要求。通过测试工作流程的介绍，掌握架空线路绝缘电阻测试和核对相位测试前的准备工作与相关安全、技术措施、测试方法、技术要求及测试数据分析判断。

【**模块内容**】

一、架空线路绝缘电阻测试和核对相位目的

架空线路敷设完成后，为确保线路两侧变电站同相相连，检查架空线路对地绝缘状况，须对架空线路进行绝缘电阻测试和核对相位。绝缘电阻测量合格是开展线路参数测试的一个先决条件。

二、测试仪器、设备的选择

架空线路一般选用 2500V 绝缘电阻表进行绝缘电阻测试和核对相序工作。

三、危险点分析及控制措施

（1）防止试验时伤及工作人员。在开工前必须确认线路无人作业，方能进行试验工作。

（2）防止线路感应电压伤人。在测量感应电压后，将测得数据报线路对侧（短路侧）配合人员，以做好相应防护措施。在变更试验接线前应将架空线路接地充分放电，以防止剩余电荷、感应电压伤人及影响测量结果。

（3）防止测量时伤及试验人员。在测量过程中，应由工作负责人统一指挥，试验点和线路对侧（短路侧）配合人员应保持通信畅通，对侧（短路侧）配合人员的工作，应得到工作负责人许可后方可进行。

严禁在雷雨天气进行线路参数测量，若在测量过程中沿线路有雷阵雨发生，则应立即停止测量。

（4）防止高处坠落。试验人员登高处接线时，应系好安全带。

（5）防止高处落物伤人。高处作业应使用工具袋，上下传递物件应用绳索拴牢传递，严禁抛掷。

四、测试前的准备工作

（1）了解被试设备现场情况及试验条件。在测量前进行现场查勘，知晓被测线路与相邻其他运行线路情况，并查阅相关技术资料及相关规程。

（2）测试仪器、设备准备。选择合适的绝缘电阻表、温（湿）度计、高压屏蔽线、接地线、放电棒、梯子、安全带、安全帽、电工常用工具、试验临时安全遮栏、标示牌、绝缘杆等，并查阅测试仪器、设备及绝缘工器具的检定证书有效期。

（3）办理工作票并做好试验现场安全和技术措施。进入试验现场后，办理工作票并做好试验现场安全措施，并向其余试验人员交待工作内容、带电部位、现场安全措施、现场作业危险点，以及明确人员分工及试验程序。

（4）测量前与施工方确认。测量前在现场会同施工方，再次对线路进行确认。

五、现场测试步骤及要求

（1）测试接线。测量架空线路绝缘电阻及核对相序的接线如图 55-1-1 所示，在核对架空线路相序的同时进行绝缘电阻测量。在核对架空线路相序时，是利用大地作为回路，对线路两端进行测量。

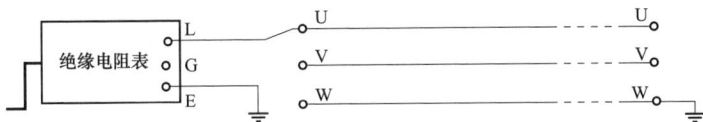

图 55-1-1　架空线路绝缘电阻测量及核对相序接线图

（2）测试步骤。

1）将架空线路两端的线路接地开关拉开，三相线路全部悬空，线路对侧一相接地，按图 55-1-1 进行接线。

2）将高压屏蔽线一端接绝缘电阻表"L"端，另一端接绝缘杆，绝缘电阻表"E"端接地。

3）通知对侧人员将被试线路其中一相接地，另两相空负荷断开，试验人员驱动绝缘电阻表达额定转速后，将绝缘杆搭接线路，分别测量线路三相绝缘电阻。其中对侧接地相的绝缘电阻为零，另两相待绝缘电阻表指针稳定后读取绝缘电阻值。

4）完成上述操作后，试验人员通知对侧试验人员将接地线，接在线路另一相，重复上述步骤3），直至对侧三相均有一次接地。

5）记录对侧接地相测量端绝缘电阻为零的相的对应情况及线路绝缘电阻值。

六、测试注意事项

（1）在测量线路绝缘电阻、核对相序之前，必须进行感应电压测量。

（2）当线路感应电压超过绝缘电阻表输出电压时，应选用电压等级输出更高的绝缘电阻表。

（3）在测量过程必须保证通信的畅通，对侧配合的试验人员必须听从试验负责人指挥。

（4）绝缘电阻测试过程应有明显充电现象。

七、测试结果分析及测试报告编写

（1）测试标准及要求。根据 GB 50150—2016 的规定：架空线路绝缘电阻：330kV 及以下，不低于 300MΩ；500kV，不低于 500MΩ。相序核对应与线路两端所接系统相序准确无误。

（2）测试结果分析。

1）架空线路绝缘电阻受大气条件影响非常大，若线路经过的地区有浓雾、暴雨其绝缘电阻可能从正常的数千降至几百甚至几十个兆欧姆。因此，对架空线路绝缘电阻值的判断应在了解其经过区域气候条件的基础上进行。

2）由于有的架空线较长电容量较大，而测量时间过短，易引起对试验结果的误判断。

（3）编写测试报告。测试报告填写应包含被试品型号、线路编号、测试日期、环境温、湿度、测试人员、测试数据、测试结论等，若测试过程中存在特殊天气应写明情况。

八、案例

某架空线路进行绝缘电阻和核相工作，测量试验结果见表 55-1-1。

表 55-1-1　　　　　　　　　　架空线路绝缘电阻和核相试验结果

对侧接地相 \ 相别	架空线路绝缘电阻（MΩ）		
	U	V	W
U	0	140	160
V	190	0	170
W	210	160	0

分析上述数据，线路相序正确，但整体绝缘水平很低。后通过线路架设施工单位了解，该线路穿越山区，山区内绝大多数时候都为浓雾缭绕，为该线路绝缘电阻低的主要原因。

【思考与练习】

1. 如何利用绝缘电阻表进行架空线路相序核对？
2. 为什么说架空线路绝缘电阻值受大气条件影响很大？
3. 当架空线路感应电压大于 2000V 时，是否可以对线路进行相序核对？

▲ 模块 2　电缆线路绝缘电阻测试和核对相位 （ZY1800501007）

【模块描述】本模块介绍电缆线路绝缘电阻测试和核对相位的试验方法与注意事项。通过对测试工作流程的介绍，掌握电缆线路绝缘电阻测试和核对相位的试验的准备工作与相关安全、技术措施及测试数据分析判断。

【模块内容】

一、电缆线路绝缘电阻测试和核对相位的目的

电缆线路敷设完成后，为确保电缆线路两侧变电站同相相连，检查电缆主体绝缘是否良好、敷设过程中是否存在电缆绝缘层被破坏的情况，就必须对电缆线路进行绝缘电阻测试和核对相序。电缆线路绝缘电阻测试合格是开展电力电缆现场交接交流耐压试验以及电缆线路参数测试的一个先决条件。

二、测试仪器、设备的选择

（1）0.6/1kV 电缆用 1000V 绝缘电阻表。

（2）0.6/1kV 以上电缆用 2500V 绝缘电阻表。

（3）6/6kV 及以上电缆也可用 5000V 绝缘电阻表。

（4）橡塑电缆外护套、内衬层的测量用 500V 绝缘电阻表。

三、危险点分析及控制措施

（1）防止高处坠落。高处作业应系好安全带。

（2）防止高处落物伤人。高处作业应使用工具袋，上下传递物件应用绳索拴牢传递，严禁抛掷。

（3）防止人员触电。开工前必须确认电缆线路工作已完成，线路及两侧均无工作人员后方能进行该相试验工作。电缆线路对侧应有专人配合，两侧人员在试验过程中保持通信畅通。试验完毕或换相前，必须对被试电缆多次放电并挂接地线后，方能进行拆接引线、搭接地线的工作。

（4）若试验需要将线路电压互感器一次绕组末端接地解开，恢复时必须检查。

四、测试前的准备工作

（1）了解被试设备现场情况及试验条件。查勘现场，查阅相关技术资料，包括该设备历年试验数据及相关规程等，掌握该设备整体情况。

（2）测试仪器、设备准备。选择合适的绝缘电阻表、温（湿）度计、接地线、放电棒、万用表、电源线（带剩余电流动作保护器）、绝缘杆、二次连接线、安全带、安全帽、电工常用工具、试验临时安全遮栏、标示牌等，查阅测试仪器、设备及绝缘工器具的检定证书有效期，并要求线路施工方提供线路施工完毕、人员已撤离的确认函。

（3）办理工作票并做好试验现场安全和技术措施。向其余试验人员交待工作内容、带电部位、现场安全措施、现场作业危险点，明确人员分工及试验程序。

五、现场测试步骤及要求

（一）测量三相电缆芯线对地及相间绝缘电阻

1. 测试接线

一般在电压等级 10kV 及以下的电缆基本上是三相电缆，测量芯线绝缘电阻的接线如图 55-2-1 所示，应分别在每一相上进行。对一相进行试验或测量时，其他两相导体、金属屏蔽或金属护套（铠装层）应一起接地。

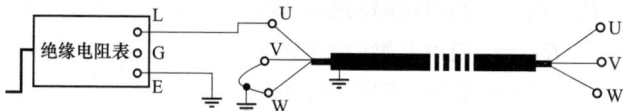

图 55-2-1　三相电缆芯线绝缘电阻测试接线图

2. 测试步骤

（1）将电缆两端的线路接地开关拉开，对电缆进行充分放电。

（2）按图 55-2-1 进行接线，对侧三相全部悬空，将测量线一端接绝缘电阻表"L"端，另一端接绝缘杆，绝缘电阻表"E"端接地。

（3）通知对侧试验人员准备开始试验（以 U 相为例）。试验人员驱动绝缘电阻表达到额定转速后，将绝缘杆搭接电缆 U 相，待绝缘电阻表指针稳定后读取 1min 绝缘电阻值并记录。完毕后，将绝缘杆脱离电缆 U 相，再停止绝缘电阻表转动，并对 U 相进行放电。

（4）按表 55-2-1 中所列测量部位，分别测量 V、W 相绝缘电阻。

表 55-2-1　　　　　　　　　　测量电缆芯线绝缘电阻

测量部位	短路接地	测量部位	短路接地
U	VW	W	UV
V	UW		

（二）测量三相电缆外护套、内衬层的对地绝缘电阻

1. 测试接线

测量三相电缆外护套（绝缘护套）、内衬层的对地绝缘电阻测试接线如图 55-2-2 所示，应将"金属护层""金属屏蔽层"接地解开。

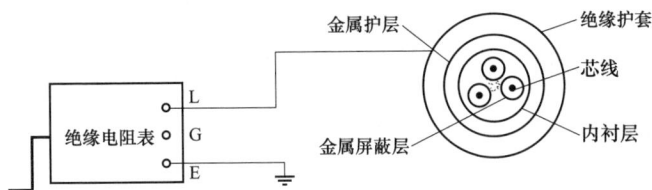

图 55-2-2　三相电缆外护套、内衬层的对地绝缘电阻测试接线图

2. 测试步骤

（1）测量外护套的对地绝缘电阻。将"金属护层""金属屏蔽层"接地解开。将测量线一端接绝缘电阻表"L"端，另一端接绝缘杆，绝缘电阻表"E"端接地。驱动绝缘电阻表达到额定转速后，将绝缘杆搭接"金属护层"，待绝缘电阻表指针稳定后读取 1min 绝缘电阻值并记录。完毕后，将绝缘杆脱离"金属护层"，再停止绝缘电阻表转动，并对"金属护层"进行放电。

（2）测量内衬层（内护层）的对地绝缘电阻。将"金属护层"接地，将测量线一端接绝缘电阻表"L"端，另一端接绝缘杆，绝缘电阻表"E"端接地。驱动绝缘电阻表达到额定转速后，将绝缘杆搭接"金属屏蔽层"，待绝缘电阻表指针稳定后读取 1min 绝缘电阻值并记录。完毕后，将绝缘杆脱离"金属屏蔽层"，再停止绝缘电阻表转动，并对"金属屏蔽层"进行放电。

（三）核对三相电缆相位

1. 测试接线

核对三相电缆相位的接线如图 55-2-3 所示，应分别在每一相上进行。对一相进行测量时，其末端应短路接地。

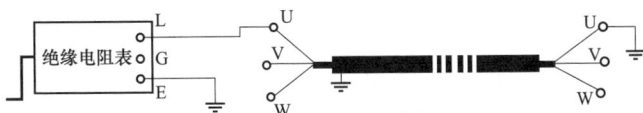

图 55-2-3　三相电缆核对相位的接线图

2. 测试步骤

（1）将电缆两端的线路接地开关拉开，对电缆进行充分放电。对侧三相全部悬

空，将测量线一端接绝缘电阻表"L"端，另一端接绝缘杆，绝缘电阻表"E"端接地。

（2）通知对侧人员将电缆其中一相接地（以 U 相为例），另两相断开，试验人员驱动绝缘电阻表达到额定转速后，将绝缘杆搭接线路，分别测量电缆三相绝缘电阻，其中对侧接地相（U 相）绝缘电阻为零，另两相（V、W）绝缘电阻表指针指示有绝缘电阻值。完毕后，将绝缘杆脱离电缆 U 相，再停止绝缘电阻表转动，进行放电并记录。

（3）完成上述操作后，通知对侧试验人员将接地线，接在线路另一相，重复上述步骤（2）操作，直至对侧三相均有一次接地。

（四）测量单相电缆芯线对地绝缘电阻

一般在电压等级 110kV 及以上的电缆基本上是单相电缆，有部分 35kV 电缆是单相的。而 110kV 及以上的电缆两端基本上都是与 GIS 相连，因此在测量电缆芯线对地绝缘电阻时，要从 GIS 套管上进行测量。若是电缆套管与电气设备相连，则从电缆套管上进行测量。

1. 测试接线

单相电缆芯线对地绝缘电阻测试接线如图 55-2-4 所示，应分别在每一相上进行。对一相进行试验或测量时，其金属屏蔽或金属护套（铠装层）一起接地。

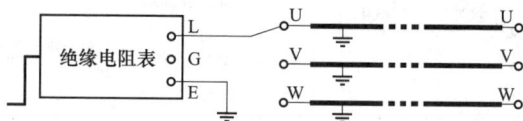

图 55-2-4　测量单相电缆芯线对地绝缘电阻的接线图

2. 测试步骤

（1）将电缆两端的线路接地开关拉开，对电缆进行充分放电。对侧三相全部悬空，将测量线一端接绝缘电阻表"L"端，另一端接绝缘杆，绝缘电阻表"E"端接地。

（2）通知对侧试验人员准备开始试验（以 U 相为例），试验人员驱动绝缘电阻表达到额定转速后，将绝缘杆搭接电缆 U 相，待绝缘电阻表指针稳定后读取 1min 绝缘电阻值并做好记录。完毕后，将绝缘杆脱离电缆 U 相，再停止绝缘电阻表转动，并对 U 相进行放电。

（3）分别测量 V、W 相绝缘电阻。

（五）测量单相电缆外护套（金属护套或铠装层）对地绝缘电阻

1. 测试接线

对于电压等级在 110kV 及以上的单相电缆一般只有外护套，其测试接线如图 55-2-5 所示。

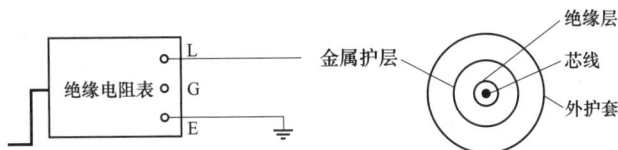

图 55-2-5　测量单相电缆外护套的对地绝缘电阻接线图

2. 测试步骤

（1）将电缆"金属护层"接地解开，并解开电缆所有的护层保护器，在互联箱中将各段电缆金属护层连接，使绝缘接头及"连板"绝缘也能结合在一起进行试验。

（2）将测量线一端接绝缘电阻表"L"端，另一端接绝缘杆，绝缘电阻表"E"端接地。驱动绝缘电阻表达额定转速后，将绝缘杆搭接"金属护层"，待绝缘电阻表指针稳定后读取 1min 绝缘电阻值并记录。完毕后，将绝缘杆脱离"金属护层"，再停止绝缘电阻表转动，并对"金属护层"进行放电。

（六）核对单相电缆相位

1. 单根电缆核对相位

（1）测试接线。核对单相电缆相位的接线如图 55-2-6 所示，应分别在每一相上进行。对一相进行测量时，其末端应短路接地。

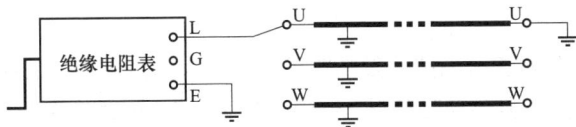

图 55-2-6　单相电缆核对相位的接线图

（2）测试步骤。

将电缆两端的线路接地开关拉开，对电缆进行充分放电。对侧三相全部悬空，将测量线一端接绝缘电阻表"L"端，另一端接绝缘杆，绝缘电阻表"E"端接地。

通知对侧人员将电缆其中一相接地（以 U 相为例），另两相断开，试验人员驱动绝缘电阻表达到额定转速后，将绝缘杆搭接线路，分别测量电缆三相绝缘电阻，其中对侧接地相（U 相）绝缘电阻为零，另两相（V、W）绝缘电阻表指针指示有绝缘电阻值。完毕后，将绝缘杆脱离电缆 U 相，再停止绝缘电阻表转动，进行放电并记录。

2. 并联电缆核对相位

（1）测试接线。对三相电缆并联运行的情况，核对电缆相位试验接线如图 55-2-7 所示。

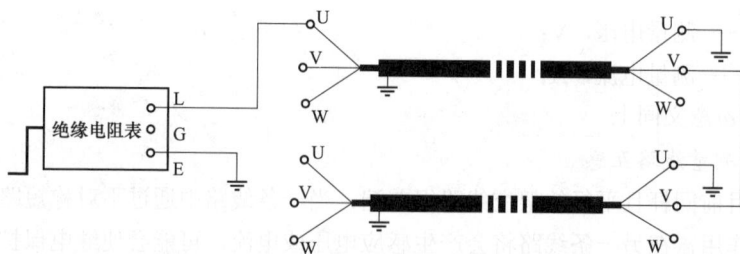

图 55-2-7　并联电缆核对相位试验接线图

（2）测试步骤。通知对侧人员将两根电缆 U 相接地，V 相连接，W 相"悬空"，如图 55-2-7 所示。试验人员将测量线一端接绝缘电阻表"L"端，另一端接绝缘杆，绝缘电阻表"E"端接地，驱动绝缘电阻表达到额定转速后，将绝缘杆分别搭接线路。出现的情况有：① 绝缘电阻为"零"，判定是 U 相；② 绝缘电阻不为"零"，且两相相通，判定是 V 相；③ 绝缘电阻不为"零"，且两相不通，判定是 W 相。

六、测试注意事项

（1）在测量电缆线路绝缘电阻、核对相序之前，必须进行感应电压测量。

（2）当电缆线路感应电压超过绝缘电阻表输出电压时，应选用电压等级输出更高的绝缘电阻表。

（3）在测量过程必须保证通信的畅通，对侧配合的试验人员必须听从试验负责人指挥。

（4）绝缘电阻测试过程应有明显充电现象。

（5）电缆电容量大，充电时间较长，测量时必须给予足够的充电时间，待绝缘电阻表指针完全稳定后方可读数。

（6）电缆两端都与 GIS 相连，在测量"电缆芯线对地绝缘电阻""核对电缆相位"时，若连接有串级式电压互感器，则将电压互感器的一次绕组末端接地解开，恢复时必须检查。

七、测试结果分析及测试报告编写

（一）测试结果分析

1. 测试标准及要求

根据 DL/T 596—1996、GB/T 3048.5—2007《电线电缆电性能试验方法　第 5 部分：绝缘电阻试验》及 GB 50150—2016 的规定：

（1）电缆线路绝缘电阻应在进行交流或直流耐压前后进行，分别测量耐压试验前后，绝缘电阻测量应无明显变化。

（2）橡塑电缆外护套、内衬套的绝缘电阻不低于 0.5MΩ/km。

（3）相序核对应与电缆两端所接系统相序准确无误。

2. 测试结果分析

（1）橡塑电缆内衬层和外护套破坏进水的确定方法。直埋橡塑电缆的外护套，特别是聚氯乙烯外护套，受地下水的长期浸泡吸水后，或者受到外力破坏而又未完全破损时，其绝缘电阻均有可能下降至规定值以下，因此当外护套或内衬层破损进水后，用绝缘电阻表测量时，每千米绝缘电阻值低于 0.5MΩ 时，用万用表的"正""负"表笔轮换测量铠装层对地或铠装层对铜屏蔽层的绝缘电阻，此时在测量回路内由于形成的原电池与万用表内干电池相串联，当极性组合使电压相加时，测得的电阻值较小；反之，测得的电阻值较大。因此，在上述 2 次测得的电阻值相差较大时，表明已形成原电池，就可判断外护套和内衬层已破损进水。

35kV 及以下电压等级的三相电缆（双护层）外护套破损不一定要立即修理，但内衬层破损进水后，水分直接与电缆芯接触并可能会腐蚀铜屏蔽层，一般应尽快进行大修，35kV 及以上电压等级的单相或三相电缆（单护层）电缆外护套破损一定要立即修复，以免造成金属护层多点接地形成环流。

（2）由于电缆电容量大，在绝缘电阻测试过程测量时间过短，"充电"还未完成下读数，易引起对试验结果的误判断。

（3）测得的芯线及护层绝缘电阻都应达到上述规定值，在测量过程中还应注意有无明显的充电过程及试验完毕后的放电是否明显。而无明显充电及放电现象，其绝缘电阻值正常，应怀疑被试品未接入试验回路。

（二）测试报告编写

测试报告填写应包括测试时间、测试人员、天气情况、环境温度、湿度、使用地点、电缆型号、线路编号、测试结果、测试结论、试验性质（交接试验、预防性试验、检查）、绝缘电阻表的型号、计量编号，备注栏写明其他需要注意的内容，如是否拆除引线等。

八、案例

某电缆线路在进行绝缘电阻和核相工作，测量试验结果见表 55-2-2。

表 55-2-2　　　　　　　　电缆绝缘电阻和核相试验结果

对侧接地相 ＼ 相别	电缆芯线绝缘电阻（MΩ）		
	U	V	W
U	0	0	80 000
V	90 000	0	80 000
W	90 000	0	0

分析上述数据，线路核对相位基本正确，但 V 相芯线有接地现象。通过巡线发现，在电缆敷设过程中 V 相某位置受挤压破损，芯线与护层通过进入破损点的杂质与地联通。

【思考与练习】

1. 如何测量电缆外护套、内衬层的对地绝缘电阻？

2. 画出 10kV 三相电缆绝缘电阻测试接线图，在测量过程中应注意哪些事项？

3. 在进行电缆线路绝缘电阻测试和核对相位时，对其放电有什么具体要求？

第五十六章

电缆交流（直流）耐压和直流泄漏电流试验

▲ 模块 1　电力电缆直流耐压和泄漏电流测试
（ZY1800502003）

【模块描述】本模块介绍油纸绝缘电力电缆直流泄漏和直流耐压试验的测试方法与技术要求。通过测试工作流程的介绍，掌握油纸绝缘电力电缆直流泄漏和直流耐压试验前的准备工作与相关安全、技术措施、测试方法、技术要求及测试数据分析判断。

【模块内容】

一、测试目的

电力电缆直流耐压和泄漏电流测试主要用来反映油纸绝缘电缆的耐压特性和泄漏特性。直流耐压主要考验电缆的绝缘强度，是检查油纸电缆绝缘干枯、气泡、纸绝缘中的机械损伤和工艺包缠缺陷的有效办法；直流泄漏电流测试可灵敏地反映电缆绝缘受潮与劣化的状况。

电缆在直流电压的作用下，绝缘中的电压按电阻分布，当电缆绝缘存在着有发展性局部缺陷时，直流电压将大部分施加在与缺陷绝缘串联的未损坏的绝缘部分上，所以直流耐压试验比交流耐压试验更容易发现电缆的局部缺陷。

二、测试仪器与设备的选择

可选择成套中频串级直流高压发生器或工频组装式直流高压发生器。

（一）成套中频串级直流高压发生器

1. 对试验电压的要求

直流高压发生器的输出电压应为单极性持续电压，用极性、平均值和脉动因数表示。要求使用负极性直流电压，脉动因数小于 3%。测试时应保证电压相对稳定，当测试时间维持在 60s 以内时，输出电压波动保持在 ±1% 以内；当测试时间超过 60s 时，输出电压波动保持在 ±3% 以内。

2. 直流高压发生器电压和容量的选择

（1）直流电压选择。根据电缆的电压等级选择测试设备，如 10kV 电压等级电

缆，可选择 60kV 直流高压发生器；35kV 电压等级电缆，可选择 200kV 直流高压
发生器。

（2）直流高压发生器应有足够的容量。根据电缆长度，高压侧电流可选 1～5mA
或更高，电缆长度较长时，应选用容量大的设备以减少充电时间。

（二）工频组装式直流高压发生器

1. 保护电阻

保护电阻的阻值可按下式选取

$$R = (0.001 \sim 0.01)\frac{U_{\mathrm{d}}}{I_{\mathrm{d}}} \tag{56-1-1}$$

式中　　R——保护电阻，Ω；

　　　　U_{d}——直流试验电压值，V；

　　　　I_{d}——试品电流，A。

I_{d} 较大时，为减少 R 的发热，可取式中较小的系数。R 的绝缘管长度应能耐受幅
值为 U_{d} 的冲击电压，并留有适当裕度。

保护电阻也可参照表 56-1-1 所列的数值选用。高压保护电阻通常采用水电阻
器，水电阻管内径一般不小于 12mm。采用其他电阻材料时应注意防止匝间放电短路。

表 56-1-1　　　　　　　　　　保 护 电 阻 参 数

直流试验电压（kV）	电阻值（MΩ）	电阻器表面绝缘长度（不小于，mm）
60 及以下	0.3～0.5	200
140～160	0.9～1.5	500～600
500	0.9～1.5	2000

保护电阻的值应选取合适。若其值太大，则当电缆端部发生沿其表面闪络放电或
内部击穿时，不能保证在 0.02s 内断电。

2. 高压硅堆

硅堆的反峰电压应大于最高直流试验电压的 2 倍，并有 20% 的裕度。在多个硅堆
串联时，应并联均压电阻，阻值可选 1000MΩ。

3. 放电棒和放电电阻的选择

放电电阻 R =200～500Ω/kV，电阻长度＞200mm，放电棒绝缘部分长度应≥
1000mm，同时注意放电电阻的容量。

三、危险点分析及控制措施

防止工作人员触电：试验前后应将被试电缆对地充分放电，以防止剩余电荷、感应电压伤人及影响测量结果。测试前与作业负责人协调，不允许有交叉作业，试验接线应正确、牢固，试验人员应精力集中，电缆测试时对端应有专人监护，测试设备外壳应可靠接地。

四、测试前的准备工作

（1）了解被试设备现场情况及试验条件。查勘现场，查阅相关技术资料，包括该设备历年试验数据及相关规程，掌握该设备整体情况等。

（2）测试仪器、设备准备。选择合适的中频高压直流发生器1套，如采用工频现场组装的直流发生器，应准备带保护装置的调压控制箱，相应电压等级升压变压器，电压表、高压测量装置，限流电阻，高压硅堆，带屏蔽罩微安电流表，测试用屏蔽线、温湿度计、放电棒、接地线、梯子、安全带、安全帽、电工常用工具、试验临时安全遮栏、标示牌等，并查阅测试仪器、设备及绝缘工器具的检定证书有效期。

（3）办理工作票并做好试验现场安全和技术措施。向其余试验人员交待工作内容、带电部位、现场安全措施、现场作业危险点，明确人员分工及试验程序。

五、现场测试步骤及要求

（一）测试接线

1. 微安电流表接在高压侧的接线

微安电流表接在高压侧的原理接线如图56-1-1所示。微安表外壳屏蔽，高压引线采用屏蔽线，将屏蔽掉高压对地杂散电流，同时电缆终端头采取屏蔽措施，屏蔽掉电缆表面泄漏电流的影响，此时的测试电流等于电缆的泄漏电流，测量结果较准确。

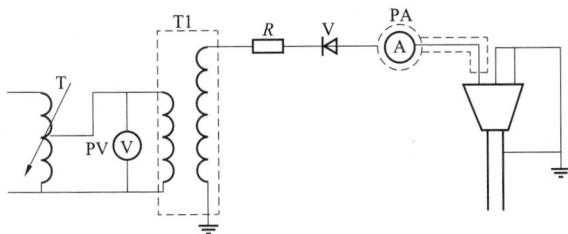

图56-1-1　微安电流表接在高压侧的原理接线图

T—调压器；T1—试验变压器；R—保护电阻；V—高压硅堆；

PV—电压表；PA—微安电流表

2. 微安电流表接在低压侧的接线

微安电流表接在低压侧的原理接线如图56-1-2所示。由于高压对地杂散电流及高压电源本身对地杂散电流的影响，使测量结果偏大，电缆较长时可使用此接线，同时这种接线便于短接微安电流表。实际应用中可分别测量未接入电缆及接入电缆时的电流，然后两者相减求出电缆的泄漏电流。

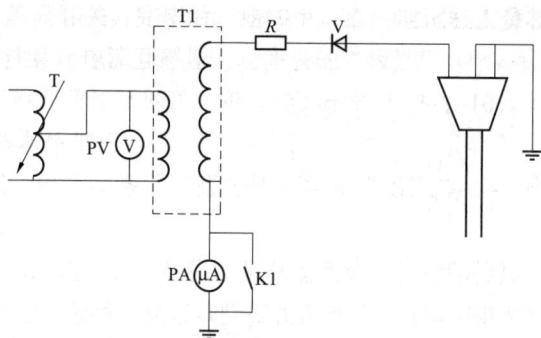

图56-1-2　微安电流表接在低压侧的原理接线图
K1—短路开关

3. 克服电缆终端头对地杂散电流和表面泄漏电流影响的方法和接线

（1）消除电缆终端头对地杂散电流的影响。室内终端头之间距离较近，测量时电场较强，加压相易产生电晕，电晕现象严重时会影响泄漏电流的测量，此时可在加压相电缆终端头与地之间加绝缘隔离板或在加压相终端头套绝缘物，在加压相与地及非加压相终端头之间形成电场屏障以消除电缆终端头杂散电流的影响。

（2）克服电缆终端头表面泄漏电流的影响。

1）电缆终端头两端同时测量泄漏电流。其测试接线如图56-1-3所示，I_1为加压侧屏蔽掉表面泄漏电流和杂散电流后的测量电流，同时包括电缆另一侧的表面泄漏电流和杂散电流I_2，电缆的泄漏电流值I_C可按下式计算，即

$$I_C = I_1 - I_2 \tag{56-1-2}$$

式中　I_C——电缆泄漏电流，μA；

I_1——电缆泄漏电流及电缆非加压侧的表面泄漏电流和杂散电流，μA；

I_2——电缆非加压侧的表面泄漏电流和杂散电流，μA。

实际测量时可采用多股裸铜线在电缆两侧终端头上部紧密缠绕2圈作为屏蔽环，屏蔽环与金属屏蔽帽连接后与高压测量线屏蔽层连接，测量线屏蔽层注意与微安电流表输入端相连接。

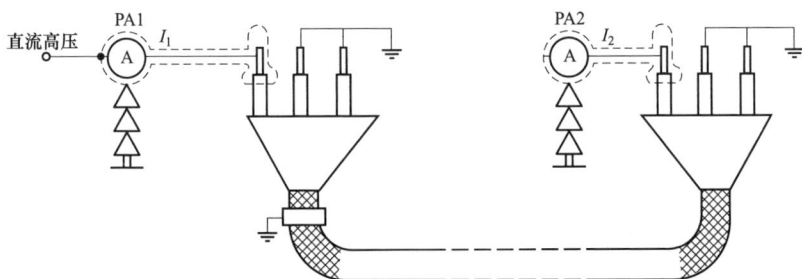

图 56-1-3　电缆终端头两侧同时测量泄漏电流的测试接线图

PA1、PA2—微安电流表

2）利用非试验相为屏蔽连线屏蔽表面泄漏电流。其测试接线如图 56-1-4 所示，此测试方法能够屏蔽加压相两侧表面泄漏电流和杂散电流，但对三相统包电缆测量时缺少作为屏蔽相的缆芯泄漏电流，同时每相对地承受两次直流耐受电压，对测试数据的判断和被试电缆不利。

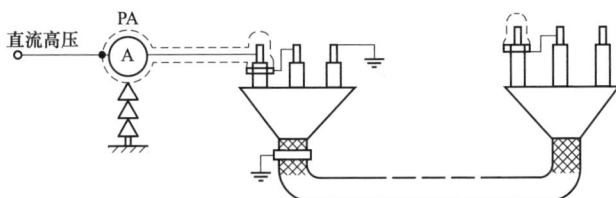

图 56-1-4　利用非试验相为屏蔽连线
屏蔽表面泄漏电流的测试接线图

（二）测试步骤

（1）对电缆进行充分放电，拆除电缆两侧终端头与其他设备的连接线。

（2）选择合适的接线方式，将直流高压发生器高压端引出线与电缆被试相连接（三相依次施加电压），加压相对地应有足够距离。电缆金属铠甲及铅护套（三相分包）和非试验相可靠接地。检查各试验设备的位置、量程是否合适，调压器指示应在零位，所有接线应正确无误。

（3）合上电源开关开始升压，应从足够低的数值开始缓慢地升高电压。

直流耐压试验和泄漏电流测试一般结合起来进行，即在直流耐压的过程中随着电压的升高，分段读取泄漏电流值，最后进行直流耐压试验。试验时，试验电压可分 4～6 个阶段均匀升压，每阶段停留 1min，打开微安表短路开关读取各点泄漏电流值，如电缆较长电容大，可取 3～10min。从试验电压值的 75% 开始，应以每秒 2% 的速度升到试验电压值，持续相应耐压时间。

（4）试验结束后，应迅速均匀地降低电压，不可突然切断电源。调压器退到零时切断电源，当电缆上的电压降到 1/2 试验电压后进行放电。试验完毕必须使用放电棒经放电电阻放电，多次放电至无火花时，再直接通过地线放电接地。

六、测试注意事项

（1）试验宜在干燥的天气条件下进行，脏污时应将电缆终端头擦拭干净，以减少泄漏电流。温度对泄漏电流测试结果的影响较为显著，环境温度不应低于 5℃，空气相对湿度一般不高于 80%。

（2）试验场地应保持清洁，电缆终端头和周围的物体必须有足够的放电距离，防止被试品的杂散电流对试验结果产生影响。

（3）电缆直流耐压和泄漏电流测试，应在绝缘电阻和其他测试项目测试合格后进行。

（4）高压微安电流表应固定牢靠，注意倍率选择和固定支撑物的影响。

（5）试验设备布置应紧凑，直流高压端及引线与周围接地体之间应保持足够的安全距离，与直流高压端邻近的易感应电荷的设备均应可靠接地。

七、测试结果分析及测试报告编写

（一）测试结果分析

1. 测试标准及要求

新敷设的电缆线路投入运行 3~12 个月，一般应做 1 次直流耐压试验，然后按正常周期试验。

试验结果异常，但根据综合判断允许在监视条件下继续运行的电缆线路，其试验周期应缩短，如在不少于 6 个月时间内，经连续 3 次以上试验，试验结果无明显变化，则可以按正常周期试验。

（1）试验电压值。

1）油纸绝缘电缆直流耐压试验电压。统包绝缘电缆试验电压 U_S 可采用下式计算

$$U_S = 5 \times \frac{U_0 + U}{2} \tag{56-1-3}$$

式中　U_S——直流耐压试验电压，kV；

U_0——电缆导体对地额定电压，kV；

U——电缆额定线电压，kV。

分相屏蔽绝缘电缆试验电压 U_S 可采用下式计算

$$U_S = 5 \times U_0 \tag{56-1-4}$$

现场试验时，试验电压值按表 56-1-2 的规定。

表 56-1-2　　　　　　　　　　　油纸绝缘电缆试验电压值

电缆额定电压 U_0/U	1.8/3	2.6/3	2.6/6	6/6	6/10	8.7/10	21/35	26/35
直流试验电压（kV）	12	17	24	30	40	47	105	130

2）充油绝缘电缆直流试验电压按表 56-1-3 的规定。

表 56-1-3　　　　　　　　　　　充油绝缘电缆直流试验电压

电缆额定电压 U_0/U	直流试验电压（kV）	电缆额定电压 U_0/U	直流试验电压（kV）
48/66	165	190/330	585
	175		650
64/110	225		
	275		
127/220	425	290/500	710
	475		775
	510		835

直流耐压试验标准与 U_0 有关，测试中不但要考虑相间绝缘，还要考虑相对地绝缘是否合乎要求，以免损伤电缆绝缘。特别应注意 U_0/U 的值，如 10kV 和 35kV 电缆分普通绝缘和加强绝缘两种，10kV 电缆额定电压分为 6/10kV 和 8.7/10kV；35kV 电缆额定电压分为 21/35kV 和 26/35kV 等。

（2）交接试验耐压时间为 15min；预防性试验耐压时间为 5min。耐压 15min 或 5min 时的泄漏电流值不应大于耐压 1min 时的泄漏电流值。油纸绝缘电缆泄漏电流的三相不平衡系数（最大值与最小值之比）不应大于 2。当 6/10kV 及以上电缆的泄漏电流小于 20μA 和 6kV 及以下电压等级电缆泄漏电流小于 10μA 时，其不平衡系数不作规定；电缆泄漏电流值见表 56-1-4。

表 56-1-4　　　　　　　　　　　油纸绝缘电缆泄漏电流值

系统额定电压（kV）	泄漏电流值（μA/km）	系统额定电压（kV）	泄漏电流值（μA/km）
6 及以下	20	10 及以上	10～60

2. 测试结果分析

（1）如果在试验期间出现电流急剧增加，甚至直流高压发生器的保护装置跳闸，或被试电缆不能再次耐受所规定的试验电压，则可认为被试电缆已击穿。

（2）泄漏电流值和不平衡系数只作为判断绝缘状况的参考，不作为是否能投入运行的判据，应结合其他测试参数综合判断。

（3）电缆的泄漏电流具有下列情况之一，电缆绝缘可能有缺陷，应找出缺陷部位，并予以处理。

1）泄漏电流很不稳定。

2）泄漏电流随试验电压升高急剧上升。

3）泄漏电流随试验时间延长有上升现象。

（4）测试结果不仅看试验数据合格与否，还要注意数值变化速率和变化趋势。应与相同类型电缆的试验数据和被试电缆原始试验数据进行比较，掌握试验数据的变化规律。

（5）在一定测试电压下，泄漏电流做周期性摆动，说明电缆可能存在局部孔隙性缺陷或电缆终端头脏污滑闪。应处理后复试，以确定电缆绝缘的状况。

（6）如果电缆泄漏电流的三相不平衡系数较大，应检查电缆相间及对地距离是否满足要求。

（7）如果电流在升压的每一阶段不随时间下降反而上升，说明电缆整体受潮。泄漏电流随时间的延长有上升现象，是绝缘缺陷发展的迹象。绝缘良好的电缆在试验电压下的稳态泄漏电流值随时间的延长保持不变，电压稳定后应略有下降。如果所测泄漏电流值随试验电压值的升高或加压时间的增加而上升较快，或与相同类型电缆比较数值增大较多，或者和被试电缆历史数据比较呈明显的上升趋势，应检查接线和试验方法，综合分析后，判断被试电缆是否能够继续运行。

（二）测试报告编写

测试报告填写应包括被试设备正式命名、测试时间、测试人员、天气情况、环境温度、湿度、使用地点、电缆参数、测试结果、测试结论、试验性质（交接试验、预防性试验、检查）、试验仪器表的型号、计量编号，备注栏写明其他需要注意的内容，如是否拆除引线等。

八、案例

（1）某站 6kV 油浸纸电缆在不同电压极性作用下泄漏电流的测量结果，见表 56-1-5。

| 表 56-1-5 | 6kV 运行中油浸纸电缆在不同
电压极性作用下的泄漏电流测量结果 | | | | | |

试验电压 (kV)	I_U		I_V		I_W	
	+DC	−DC	+DC	−DC	+DC	−DC
10	0.15	1.05	0.40	0.75	0.10	0.80
15	0.20	4.20	1.20	4.80	0.65	3.50
20	0.40	9.00	4.90	11.0	2.90	9.00
25	1.30	14.00	7.00	15.00	4.45	13.00
30	3.40	19.80	11.60	20.20	7.40	18.30

（2）案例分析。从表 56-1-5 可以看出，试验电压极性对运行电缆泄漏电流的测量结果有明显的影响。油纸绝缘受潮越严重，负极性电压与正极性电压测量结果的差别越显著，所以用负极性试验电压进行泄漏电流测量较为严格，易于发现油纸绝缘的绝缘缺陷。

【思考与练习】

1. 电缆直流耐压和直流泄漏电流测试的目的是什么？

2. 微安电流表接在高压侧和微安表接在低压侧对泄漏电流测量有什么影响？

3. 简述在加压相电缆终端头与地之间加电场屏障的目的。

▲ 模块 2　橡塑绝缘电力电缆变频谐振耐压试验（ZY1800505001）

【模块描述】本模块介绍橡塑绝缘电力电缆变频谐振试验方法和技术要求。通过试验工作流程的介绍，掌握橡塑绝缘电力电缆串联谐振试验前的准备工作和相关安全、技术措施、试验方法、技术要求及测试数据分析判断。

【模块内容】

一、试验目的

为了检验和保证橡塑电缆的安装质量，在投运前对交联电缆进行耐压试验是十分必要的。传统的直流耐压试验具有试验设备轻便、容量小等优点，对于油纸绝缘电缆应用效果很好。但对于橡塑绝缘电缆，无论从理论上还是实践上都证明了不宜采用直流耐压的方法。

橡塑绝缘电力电缆进行直流耐压试验的缺点：

（1）直流耐压试验不能模拟橡塑电缆的实际运行工况。

（2）在很多情况下，直流耐压试验无法像交流耐压试验那样可以迅速地检测出交联电缆存在机械损伤等明显缺陷。

（3）交联电缆在直流电压作用下会产生"记忆"效应，积累单极性残余电荷，需要很长时间才能将直流电压释放。电缆如果在直流残余电荷未完全释放之前投运，直流偏压便会叠加在交流电压的峰值上，使得电缆上的电压超过其额定电压，从而有可能导致电缆绝缘击穿。

（4）直流耐压试验时，会有电子注入聚合物介质内部，形成空间电荷，使该处的电场强度降低，从而难于发生击穿。

（5）橡塑绝缘电缆绝缘易产生水树枝，一旦产生水树枝，在直流电压下会迅速转变为电树枝，并形成放电，加速了绝缘劣化，以至于运行后在工频电压作用下形成击穿。

二、试验仪器、设备的选择

串联谐振成套装置选择如下。

（1）谐振频率的计算。

根据所选电抗器的电感值与被试电缆对地电容计算谐振时的频率。谐振频率应符合试验频率要求范围，橡塑电缆交流耐压频率范围为 20～300Hz。谐振频率按下式计算

$$f_0 = \frac{1}{2\pi\sqrt{LC_X}} \times 10^3 \qquad (56\text{--}2\text{--}1)$$

式中　f_0——谐振频率，Hz；

　　　L——电抗器电感量，H；

　　　C_X——被试品和分压器电容，μF。

（2）高压试验回路电流计算

$$I = I_L = I_C = \omega C_X U_S \times 10^{-3} \qquad (56\text{--}2\text{--}2)$$

式中　I——高压试验回路电流，A；

　　　ω——谐振时角频率，$\omega = 2\pi f_0$；

　　　C_X——被试电缆和分压器电容量，μF；

　　　U_S——试验电压，kV。

（3）励磁变容量的选择。

1）按试验容量估算。根据串联谐振原理，谐振时系统的输入容量比试验容量小 Q

倍，所以可以根据试验容量估算励磁变压器容量。

试验容量 P_0 等于电感或电容两端的试验电压乘以流过它们的电流，即

$$P_0 = U_L I_L = U_C I_C \tag{56-2-3}$$

式中　U_L、U_C——电感或电容两端的试验电压，V；

　　　I_L、I_C——流过电感或电容的电流，A。

根据试验容量 P_0 估算励磁变压器容量 P，即

$$P = \frac{P_0}{Q} \tag{56-2-4}$$

式中　Q——品质因数。

Q 值的选择：试验装置容量小于 100kvar 时品质因数不应小于 15，试验装置容量在 100～400kvar 时品质因数不应小于 30，试验装置容量大于 400kvar 时品质因数应大于 40。

2）按高压试验回路电流 I 计算

$$P = I U_N \tag{56-2-5}$$

其中

$$U_N \geqslant \frac{U_0}{Q}$$

式中　P——励磁变压器容量，VA；

　　　I——试验回路电流，A；

　　　U_N——励磁变高压侧额定电压，V；

　　　U_0——试验回路谐振时电抗器或电缆两端电压，$U_0 = U_L = U_C$。

（4）变频电源输出功率的选择。变频电源输出功率应满足试验要求。变频电源输出功率一般等于励磁变压器的输出容量。

（5）谐振电抗器的选择。谐振电抗器用于与试验回路电容进行谐振，以获得高电压。谐振电抗器的额定电压应满足电缆试验电压的要求。根据试验电压和电缆的对地电容选取谐振电抗器。

谐振电抗器的电感值可根据电缆对地电容和试验频率选取，电感值按下式计算

$$L = \frac{1}{(2\pi f)^2 C_X} \times 10^6 \tag{56-2-6}$$

式中　L——谐振电抗器的电感值，H；

　　　f——试验时频率下限，Hz。

谐振电抗器的额定容量应满足试验容量的要求。

（6）电容分压器。电容分压器的额定电压应满足试验电压要求，精度 1.5 级及

以上。

（7）电容补偿器。当电缆较短，试验回路谐振频率低于试验频率下限时，可采用电容补偿器进行补偿，其额定电压应满足试验要求。

（8）电源容量的选择。交流供电电源为串联谐振系统提供激励能量，为满足电缆交流耐压试验的要求，试验前必须对电源的容量进行计算。供电电源可以是单相或三相，试验容量较大时应采用三相交流电源。交流电源的输出电流应大于变频电源的输入电流，变频电源的输入电流按下式计算

$$
\left.
\begin{aligned}
\text{单相} \quad & I_{\mathrm{I}} = \frac{P}{U_{\mathrm{I}}} \\
\text{三相} \quad & I_{\mathrm{I}} = \frac{P}{U_{\mathrm{I}}\sqrt{3}}
\end{aligned}
\right\}
\qquad (56\text{--}2\text{--}7)
$$

式中 I_{I}——变频器输入电流，A；

P——变频电源输入功率，VA；

U_{I}——变频电源输入电压，V。

三、危险点分析及控制措施

（1）防止工作人员触电。拆、接试验接线前，应将被试设备对地充分放电，以防止剩余电荷、感应电压伤人及影响测量结果。测试前与作业负责人协调，不允许有交叉作业。试验接线应正确、牢固，试验人员应精力集中。试验设备外壳应可靠接地，被试电缆两侧应有专人监护。

（2）防止设备损坏和人身事故。电抗器应安放稳固。

四、试验前的准备工作

（1）了解被试设备现场情况及试验条件。查勘现场，查阅相关技术资料，包括该设备历年试验数据及相关规程等，掌握该设备整体情况。

（2）试验仪器、设备准备。选择合适的变频电源、励磁变压器、电抗器、电容分压器、专用连接线、带剩余电流动作保护器的电源接线板、放电棒、接地线、安全带、安全帽、电工常用工具、试验临时安全遮栏、万用表、温（湿）度计、三相电源线轴、标示牌等，并查阅测试仪器、设备及绝缘工器具的检定证书有效期。

（3）办理工作票并做好试验现场安全和技术措施。向其余试验人员交待工作内容、带电部位、现场安全措施、现场作业危险点，明确人员分工及试验程序。

五、现场试验步骤及要求

（一）试验接线

现场试验常采用变频串联谐振试验接线。

（1）电缆变频串联谐振试验原理接线如图 56-2-1 所示。在试验时，应将试验设

备外壳接地。变频电源输出与励磁变压器输入端相连，励磁变压器高压侧尾端接地，高压输出与电抗器尾端连接，如电抗器两节串联使用，注意上下节首尾连接，然后电抗器高压端采用大截面软引线与分压器和电缆被试芯线相连，非试验相、电缆屏蔽层及铠装层或外护套接地。

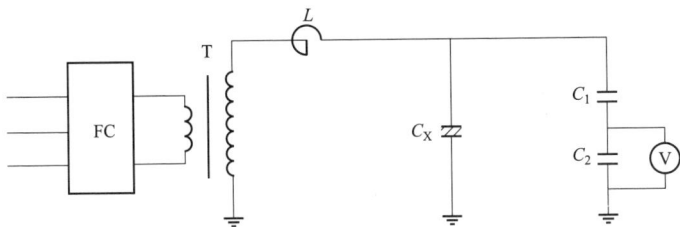

图 56-2-1　电缆变频串联谐振试验原理接线图

FC—变频电源；T—励磁变压器；L—谐振电抗器；C_X—被试电缆等效电容；

C_1、C_2—电容分压器高、低压臂电容

（2）当被试电缆电容较大时，可以采用串并联谐振法。电缆串并联谐振试验原理接线如图 56-2-2 所示。被试交联电缆两端并联电抗器，以补偿被试电缆的部分容性电流，从而降低对电抗器及励磁变压器容量的要求。但由于并联了电抗器，试验回路的品质因数 Q 会受到一定的影响。因为随着并联电抗器数目的增加，会导致整个回路所需的有功损耗增加，品质因数 Q 随之降低。

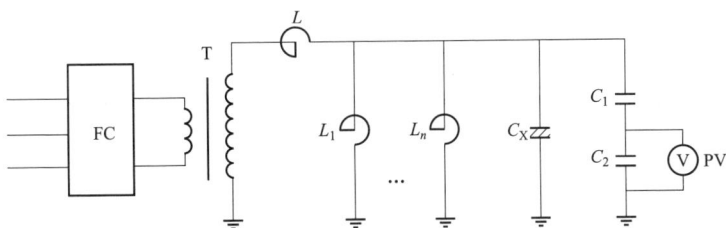

图 56-2-2　电缆串—并联谐振试验原理接线图

L_1、L_n—并联电抗器

（二）试验步骤

试验前充分对被试电缆放电，拆除被试电缆两侧引线，测试电缆绝缘电阻。检查并核实电缆两侧是否满足试验条件。根据电缆电容量和试验装置容量大小按图 56-2-1 或图 56-2-2 接线。检查接线无误后开始试验。

按说明书进行操作。按升压速度要求升压至耐压值，记录电压和时间。

升压过程中注意观察电压表和电流表及其他异常现象，到达试验时间后，降压，

切断变频电源开关，对电缆进行充分放电并接地后，拆改接线，重复上述操作步骤进行其他相试验。

电缆耐压试验结束后，应测试电缆绝缘电阻。

六、试验注意事项

（1）试验应在干燥良好的天气情况下进行。

（2）为减小电晕损失，提高试验回路 Q 值，高压引线宜采用大直径金属软管。

（3）合理布置试验设备，尽量缩小试验装置与试品之间的接线距离。

（4）试验时必须在较低电压下调整谐振频率，然后才可以升压进行试验。

七、试验结果分析及试验报告编写

（一）试验结果分析

1. 试验标准及要求

根据 GB 50150—2016、DL/T 596—1996 及 DL/T 474.1～5 的规定：

（1）对电缆的主绝缘进行耐压试验时，应分别在每一相上进行。对一相电缆进行试验时，其他两相导体、屏蔽层及铠装层或金属护层应一起接地。

（2）电缆主绝缘进行耐压试验时，如金属护层接有过电压保护器，必须将护层过电压保护器短接。

（3）耐压试验前后，绝缘电阻测量应无明显变化。

（4）橡塑电缆优先采用 20～300Hz 交流耐压试验。20～300Hz 交流耐压试验电压和时间见表 56-2-1。

表 56-2-1　　　　　　　　20～300Hz 交流耐压试验电压和时间

额定电压 U_0/U（kV）	试验电压（kV）	试验时间（min）
18/30 及以下	$2.5U_0$（或 $2U_0$）	5（或 60）
21/35～64/110	$2U_0$	60
127/220	$1.7U_0$（或 $1.4U_0$）	60
190/330	$1.7U_0$（或 $1.3U_0$）	60
290/500	$1.7U_0$（或 $1.1U_0$）	60

2. 试验结果分析

试验中如无破坏性放电发生，则认为通过耐压试验。

（二）试验报告编写

试验报告填写应包括被试电缆正式命名、试验时间、试验人员、天气情况、环境温度、湿度、被试电缆参数、正式命名、试验结果、试验结论、试验性质（交接试验、预防性试验、检查）、试验装置名称、型号、计量编号，备注栏写明其他需要注意的内容，如是否拆除引线等。

八、案例

某型号为 YJY22—26/35 的交联聚乙烯绝缘电缆，采用串联谐振法进行交流耐压试验。电缆长度为 2km，电容量 0.175μF/km。电抗器额定电压 70kV、电感量 70H、额定容量 350kVA。求谐振时的频率和试验电压下电缆的电流及试验容量是多少？

解：试验电压 U_s 等于 $2U_0$：$U_s=2\times26=52$（kV）

电缆的电容量：$C=0.175\times2=0.35$（μF）

谐振时的频率 f_0 为

$$f_0=\frac{1}{2\pi\sqrt{LC}}\times10^3=\frac{1}{6.28\sqrt{70\times0.35}}\times10^3=32（\text{Hz}）$$

试验电压下电缆的电流 I_C 为

$$I_C=\omega C_X U_S\times10^{-3}=6.28\times32\times0.35\times52\times10^{-3}=3.66（\text{A}）$$

试验容量 P_0 等于试验电压 U_s 和电流 I_C 的乘积，即

$$P_0=U_S I_C=52\times3.66=190.3（\text{kVA}）$$

【思考与练习】

1. 橡塑绝缘电力电缆为什么宜采用交流耐压？

2. 橡塑绝缘电力电缆采用交流耐压时，如何计算试验回路电流和谐振频率？

3. 画出橡塑绝缘电力电缆串联谐振耐压试验的原理接线。

◢ 模块 3　0.1Hz 超低频耐压试验（ZY1800505002）

【模块描述】本模块介绍橡塑绝缘电力电缆 0.1Hz 超低频耐压试验方法和技术要求。通过试验工作流程的介绍，掌握橡塑绝缘电力电缆 0.1Hz 超低频耐压试验前的准备工作和相关安全、技术措施、试验方法、技术要求及测试数据分析判断。

【模块内容】

一、试验目的及应用

（一）试验目的

0.1Hz 超低频试验能有效地检验橡塑电缆、发电机、变压器等设备的生产质量和安装质量，考核发电机、变压器的主绝缘、电缆终端头和中间接头的绝缘强度，较灵敏地发现机械损伤等明显缺陷。

（二）为什么使用 0.1Hz 超低频测试系统

0.1Hz 超低频耐压试验仍属于交流耐压试验，可以有效地发现容性设备存在的缺陷，实践证明使用超低频时电缆的击穿电压与使用工频交流所得到的电压值是相当的。串联谐振试验方法的等效性好，在现场电缆的交流耐压试验中得到广泛采用，但调感式或变频谐振试验装置费用高、体积大、运输困难，而 0.1Hz 超低频测试系统输入功率小、体积小，比较适合中压容性设备的交流耐压试验，还可作为局部放电、介质损耗测量的电源。

（三）0.1Hz 超低频耐压试验的特点和局限性

0.1Hz 超低频电压波形主要有正弦波和余弦波两种。0.1Hz 超低频耐压试验的特点和局限性主要有：

（1）在超低频系统中，所需功率非常低。与 50Hz 系统相比，理论上讲，0.1Hz 系统要小 500 倍，所以设备体积小、质量轻，成本接近直流测试系统。

（2）用于局部放电测量时，可抑制 50Hz 交流的干扰。

（3）由于原理和结构的原因，目前 0.1Hz 超低频耐压装置的输出电压较低，一般只应用于 35kV 及以下橡塑电缆和其他电容性电气设备的试验。

二、试验仪器、设备的选择

0.1Hz 超低频试验装置的容量由被测试设备的电容电流和试验电压来确定。

（1）电容电流的计算。当试验频率为 0.1Hz 时，被试设备的电容电流计算式为

$$I_{C0.1} = 2\pi f_{0.1} C_X U_S \times 10^{-3} \qquad (56\text{-}3\text{-}1)$$

式中　$I_{C0.1}$——试验频率为 0.1Hz 时流过被试设备的电容电流，A；

　　　$f_{0.1}$——试验频率，Hz；

　　　C_X——被试品电容量，μF；

　　　U_s——试验电压，kV。

（2）试验容量的计算。试验容量应大于下式计算值

$$P = U_s^2 2\pi f_{0.1} C_X \qquad (56\text{-}3\text{-}2)$$

式中　P——试验装置容量，VA。

三、危险点分析及控制措施

防止工作人员触电：拆、接试验接线前，应将被试设备对地充分放电，以防止剩余电荷、感应电压伤人及影响测量结果。测试前与作业负责人协调，不允许有交叉作业，试验接线应正确、牢固，试验人员应精力集中，注意被试品应与其他设备有足够的安全距离，必要时应加绝缘板等安全措施。试验设备外壳应可靠接地。

四、试验前的准备工作

（1）了解被试设备现场情况及试验条件。查勘现场，查阅相关技术资料，包括该设备历年试验数据及相关规程等，掌握该设备整体情况。

（2）试验仪器、设备准备。选择合适的 0.1Hz 超低频耐压装置、测试线、温（湿）度计、放电棒、接地线、梯子、安全带、安全帽、电工常用工具、试验临时安全遮栏、标示牌等，并查阅测试仪器、设备及绝缘工器具的检定证书有效期。

（3）办理工作票并做好试验现场安全和技术措施。向其余试验人员交待工作内容、带电部位、现场安全措施、现场作业危险点，明确人员分工及试验程序。

五、现场试验步骤及要求

（一）试验接线

0.1Hz 超低频电缆试验接线，如图 56-3-1 所示。

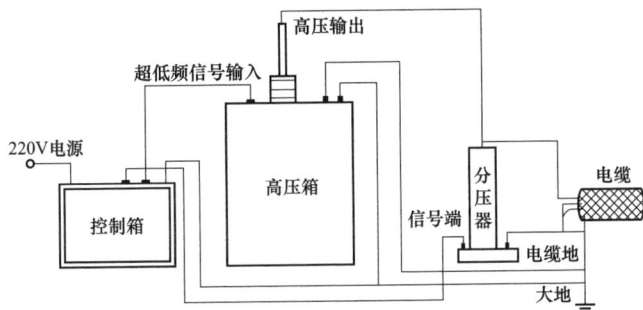

图 56-3-1 0.1Hz 超低频电缆试验接线图

在试验时，控制箱、高压箱、分压器和被试品非加压部分接地。高压输出端接被试品试验部位，控制箱输出电缆与高压箱连接，分压器高压端与高压箱高压输出端连接，信号端与控制箱连接。

（二）试验步骤

（1）对被试品进行充分放电，拆除被试品对外所有连接线。

（2）用 2500～10 000V 绝缘电阻表对被试品进行绝缘电阻试验。

（3）按图 56-3-1 进行接线，检查接线无误后，合上电源，设定好试验频率、时间和电压以及高压侧的过流保护值、过压保护值。

（4）按升压要求开始升压试验，升压过程中应密切监视高压回路，监听电缆有无异常响声。当升至试验电压时，开始记录试验时间并读取试验电压值。

（5）试验时间到，即将电压降到最低后切断电源，对被试品进行充分放电。

（6）重复上述步骤进行其他部位试验。

六、试验注意事项

（1）绝缘电阻试验合格后，方可进行低频耐压试验。

（2）试验设备外壳和被试品非加压部分必须接地。

（3）在升压和耐压过程中，如发现输出波形异常畸变，而且电流异常增大，电压不稳，被试品发生异味、烟雾、异常响声或闪烙等现象，应立即停止升压，降压、断电后，查明原因。

七、试验结果分析及试验报告编写

（一）试验结果分析

1. 试验标准及要求

现行国家标准和 IEC 标准均无 0.1Hz 超低频试验标准，国内使用经验也不多，依据尚不充分，试验经验与判据均不成熟，其主要参考标准如下。

（1）橡塑电缆 0.1Hz 交流耐压试验标准参考见表 56-3-1。

表 56-3-1　　　　　　橡塑电缆 0.1Hz 交流耐压试验标准参考

额定电压	试验电压和时间	试验电压峰值（kV）	试验时间（min）
35kV 及以下		$3U_0$	60

注　U_0 为电缆对地电压。

（2）发电机 0.1Hz 交流耐压试验标准为

$$U_{0.1}=1.2\sqrt{2}\,U_{50} \tag{56-3-3}$$

式中　$U_{0.1}$——0.1Hz 交流耐压试验电压，kV；

　　　U_{50}——50Hz 交流耐压试验电压，kV。

注意"容升"效应和电压谐振现象如下：

在 0.1Hz 超低频耐压试验时，由于被试品为容性负荷，容性电流在超低频高压发生器绕组上产生压降，造成实际作用在被试品上的电压值较高，超过按变比计算的高压侧所输出的电压值而产生"容升"效应。由于被试品电容与超低频高压发生器阻抗形成串联回路，当被试品电容与超低频高压发生器的漏抗相等或接近时，极易发生串联谐振，造成被试品端电压显著升高，危及试验设备和被试品绝缘，因此需在电压输出端接适当阻值的阻尼电阻，以削弱谐振程度。

现场较多使用有效值电压表测量试验电压，应改用峰值电压表在被试品高压端直接测量试验电压值。

2. 试验结果分析

在耐压过程中，若无异常声响、气味、冒烟及数据显示不稳定等现象，可以认为被试品绝缘耐受住试验电压的考验。

（二）试验报告编写

试验报告填写应包括试验时间、试验人员、天气情况、环境温度、湿度、使用地点、被试品参数、试验结果、试验结论、试验性质（交接试验、预防性试验、检查）、绝缘电阻表的型号、计量编号，备注栏写明其他需要注意的内容，如是否拆除引线等。

八、案例

一条型号为 YJY22-8.7/10 的 10kV 交联聚乙烯电力电缆，用 0.1Hz 超低频法进行交流耐压试验。电缆额定电压为 10kV，对地电压 U_0=8.7kV，电缆截面积 240mm²，对地等效电容 0.339μF/km，电缆长度 3.5km，问试验电压有效值和峰值各是多少？试验时电缆对地电流是多少？试验设备容量应大于多少？

解：试验电压有效值：U_s=$3U_0$=3×8.7=26.1（kV）

试验电压峰值：U_{sp}=$U_s\sqrt{2}$=26.1$\sqrt{2}$=36.9（kV）

电缆对地电流：$I_{C0.1}$=$2\pi f_{0.1}C_X U_S \times 10^{-3}$=6.28×0.1×3.5×0.339×26.1×10^{-3}=0.019（A）

试验设备容量：P=$U_S^2 2\pi f_{0.1}C_X$=26.1²×6.28×0.1×3.5×0.339=507（VA）

【思考与练习】

1. 0.1Hz 超低频测试系统有什么优点？

2. 如何计算 0.1Hz 超低频试验被试品对地电流的大小？

3. 0.1Hz 超低频试验的注意事项是什么？

第五十七章

架空线路、电缆线路工频参数试验

▲ 模块1 架空线路工频参数测试（ZY1800513001）

【模块描述】本模块介绍架空线路工频参数测试方法及技术要求。通过测试工作流程的介绍，掌握架空线路工频参数测试前的准备工作和相关安全、技术措施、测试方法、技术要求及测试数据分析判断。

【模块内容】

一、测试目的

架空线路工频参数主要测试正序阻抗、零序阻抗、正序电容、零序电容及平行线路间的互感。测试的目的是为计算系统短路电流、继电保护整定、推算潮流分布和选择合理运行方式等工作提供实际依据。

二、测试仪器、设备的选择

根据架空线路设计的要求，在参数的测试中测量仪器、仪表应能满足测量的接线方式、测试电压、测试准确度等。

（一）用电流、电压、功率表进行测量

（1）使用的静电电压表准确度不低于 0.5 级，测量范围为 0～30kV。

（2）使用的电压、电流互感器应不低于 0.2 级，电压、电流表不应低于 0.5 级。测量范围满足测量要求。

（3）使用的功率表应选用 $\cos\varphi$ 不大于 0.2、准确度不低于 1 级的低功率因数功率表。

（4）三相调压器应选用波形畸变小和阻抗电压低的自耦调压器，容量不小于 20kVA，输出电压 0～450V。

（5）双（单）臂电桥，根据架空线长度进行选择。

（6）试验变压器的额定电压 10/0.4kV，高压额定电流不小于 2A。

（7）隔离变压器（单/三相）额定电压 380V，容量不小于 20kVA。

（8）试验用的电流线截面不小于 12mm²，电压线截面不小于 2.5mm²。

（9）隔离开关、温（湿）度计、接地线、短路线、放电棒、裸铜丝、万用表、三相电源引线、单相电源线（带剩余电流动作保护器）、二次连接线、绝缘杆等及试验方案、测试仪器设备及绝缘工器具检定证书的有效期、相关技术资料、相关规程等。

（二）用综合参数测试仪进行测量

准确度不低于 0.5 级。

三、危险点分析及控制措施

（1）防止测量时伤及工作人员。在开工前必须确认线路无人作业，方能进行试验工作。

（2）防止线路感应电压伤人。在测量感应电压后，将测得数据报线路对侧（短路侧）配合人员，以做好相应防护措施。在变更试验接线前应将架空线路接地充分放电，以防止剩余电荷、感应电压伤人及影响测量结果。

（3）防止测量时伤及试验人员。在测量过程中，应由工作负责人统一指挥，试验点和线路对侧（短路侧）配合人员应保持通信畅通，对侧（短路侧）配合人员的工作，应得到工作负责人许可后方可进行。严禁在雷雨天气进行线路参数测量，若在测量过程中沿线路有雷阵雨发生，则应立即停止测量。

（4）防止高处坠落。试验人员登高接线时系好安全带。

（5）防止高处落物伤人。高处作业应使用工具袋，上下传递物件应用绳索拴牢传递，严禁抛掷。

四、测试前的准备工作

（1）了解被试设备现场情况及试验条件。在测量前进行现场查勘，根据查勘内容编写试验方案，按表 57-1-1 和表 57-1-2 架空线路参数，估算被测线路的参数，即被测线路的直流电阻及阻抗值，并查阅相关技术资料及相关规程。

表 57-1-1　　　　　　　　钢芯铝线架空线路直流电阻技术数据

型号	标称截面（mm²）	20℃时直流电阻（Ω/km）	型号	标称截面（mm²）	20℃时直流电阻（Ω/km）
LGJ-35	35	0.85	LGJ-150	150	0.21
LGJ-50	50	0.65	LGJ-185	185	0.17
LGJ-70	70	0.46	LGJ-240	240	0.132
LGJ-95	95	0.33	LGJ-300	300	0.107
LGJ-120	120	0.27	LGJ-400	400	0.080

表 57-1-2 钢芯铝线架空线路感抗技术数据 （Ω/km）

几何均距（mm）	型　号									
	LGJ-35	LGJ-50	LGJ-70	LGJ-95	LGJ-120	LGJ-150	LGJ-185	LGJ-240	LGJ-300	LGJ-400
2000	0.403	0.392	0.382	0.371	0.365	0.358				
2500	0.417	0.406	0.396	0.385	0.379	0.372				
3000	0.429	0.418	0.408	0.397	0.391	0.384	0.377	0.369		
3500	0.438	0.472	0.417	0.406	0.400	0.398	0.386	0.378		
4000	0.446	0.435	0.425	0.414	0.408	0.401	0.394	0.386		
4500			0.433	0.422	0.416	0.409	0.402	0.394		
5000			0.440	0.429	0.423	0.416	0.409	0.401		
5500					0.429	0.422	0.415	0.407		
6000					0.435	0.425	0.420	0.413	0.404	0.396
6500						0.432	0.425	0.420	0.409	0.400
7000						0.438	0.430	0.424	0.414	0.406
7500							0.435	0.428	0.418	0.409
8000								0.432	0.422	0.414
8500									0.425	0.418

（2）测试仪器、设备准备。选择合适的仪器、仪表、隔离开关、温（湿）度计、接地线、短路线、放电棒、裸铜丝、万用表、三相电源引线、单相电源线（带剩余电流动作保护器）、二次连接线、梯子、安全带、安全帽、电工常用工具、试验临时安全遮栏、标示牌、绝缘杆等，并查阅测试仪器、设备及绝缘工器具的检定证书有效期、试验方案、相关技术资料、相关规程等。

（3）办理工作票并做好试验现场安全和技术措施。进入试验现场后，办理工作票并做好试验现场安全措施。同时，向其余试验人员交待工作内容、带电部位、现场安全措施、现场作业危险点，以及明确人员分工及试验程序。

（4）会同施工再次确认。测量前在现场会同施工方，再次对线路进行确认。

五、现场测试步骤及要求

（一）测量线路感应电压

1. 测试接线

线路感应电压测试接线，如图 57-1-1 所示。

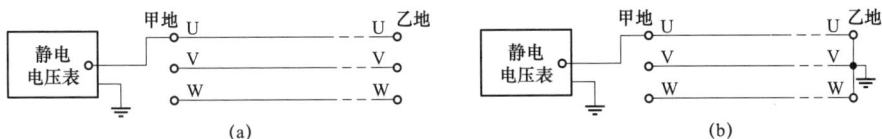

图 57-1-1 线路感应电压测试接线图

（a）线路末端开路；（b）线路末端接地

2. 测试步骤

工作负责人通知甲、乙两地试验人员按图 57-1-1（a）接线。对线路 U 相测量感应电压，并记录。依次对 V、W 相进行测量。

工作负责人通知甲、乙两地试验人员按图 57-1-1（b）接线。通知乙地试验人员将被测线路接地，再依次对 U、V、W 相进行感应电压测量，并记录。

完毕后，通知甲、乙两地试验人员将被测线路接地。

（二）测量线路直流电阻

1. 测试接线

线路直流电阻测试接线，如图 57-1-2 所示。

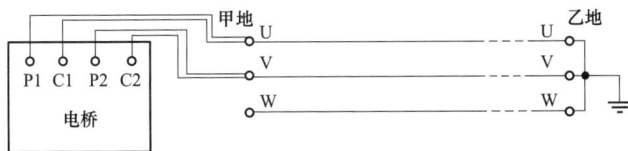

图 57-1-2 线路直流电阻测试接线图

2. 测试步骤

工作负责人通知乙地试验人员将被测线路三相短路接地。甲地试验人员按图 57-1-2 进行接线。对线路 UV 相测量直流电阻，并记录。依次对 VW、UW 相进行测量，完毕后，将甲地被测线路接地开关合上。

3. 测试数据整理及计算

将测得的 UV、VW、UW 相直流电阻值，用下式换算为每相直流电阻为

$$R_U = \frac{R_{UV} + R_{UW} - R_{VW}}{2}$$
$$R_V = \frac{R_{UV} + R_{VW} - R_{UW}}{2}$$
$$R_W = \frac{R_{UW} + R_{VW} - R_{UV}}{2}$$

（57-1-1）

式中　R_{UV}、R_{VW}、R_{UW}——测得的线电阻，Ω；

　　　R_U、R_V、R_W——换算为每相直流电阻，Ω。

将每相直流电阻 R_U、R_V、R_W 用式（57-1-2）换算为每相 20℃时的直流电阻，再与试验方案中被测线路的直流电阻估算值进行比较，即

$$R_{20} = \frac{T+20}{T+t} \times R_t \qquad (57-1-2)$$

式中　R_{20}——换算至温度 20℃时的电阻，Ω；

　　　R_t——在温度 t 时测量的电阻，Ω；

　　　T——温度换算系数，铜线 235，铝线 225。

（三）测量线路正序阻抗

1. 测试接线

线路正序阻抗测试接线，如图 57-1-3 所示。

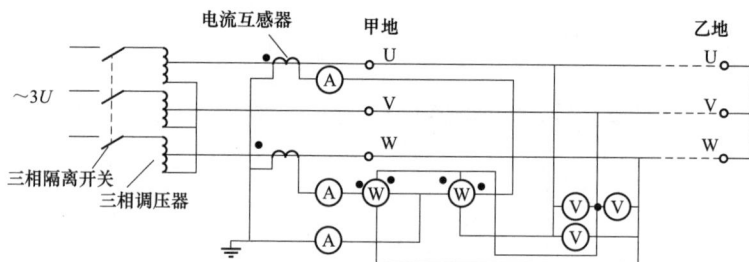

图 57-1-3　线路正序阻抗测试接线图

2. 测试步骤

工作负责人通知乙地试验人员将被测线路三相短路，甲地试验人员按图 57-1-3 进行接线。检查试验接线正确后，将三相电源加到被试线路甲地侧（U、V、W 端），然后调整调压器，慢慢升起电压，观察仪表指示是否正常。若无异常，将电流升至所需的试验电流值，同时读取并记录仪表指示值（电压：U_{UV}、U_{VW}、U_{UW}；电流：I_U、I_V、I_W；功率：P_1、P_2）。记录数据后，将调压器调回零，断开隔离开关。完毕后，通知甲、乙两地试验人员将被测线路接地开关合上。这里特别要注意电流互感器和功率表的"极性"。

3. 测试数据整理及计算

电压平均值（V）

$$U_{av} = \frac{U_{UV} + U_{VW} + U_{UW}}{3} \qquad (57-1-3)$$

电流平均值（A）

$$I_{av} = \frac{I_U + I_V + I_W}{3} \times K_{TA} \tag{57-1-4}$$

功率平均值（W）

$$P_{av} = P_1 + P_2 \tag{57-1-5}$$

正序电阻 [Ω/（km·相）]

$$R_1 = \frac{P_{av}}{I_{av}^2 l} \tag{57-1-6}$$

正序阻抗 [Ω/（km·相）]

$$Z_1 = \frac{U_{av}}{\sqrt{3} I_{av} l} \tag{57-1-7}$$

正序电抗 [Ω/（km·相）]

$$X_1 = \sqrt{(Z_1^2 - R_1^2)} \tag{57-1-8}$$

正序电感 [H/（km·相）]

$$L_1 = \frac{X_1}{\omega} \tag{57-1-9}$$

正序阻抗的阻抗角

$$\varphi = \arctan \frac{X_1}{R_1} \tag{57-1-10}$$

式中　U_{UV}、U_{VW}、U_{UW} ——测得线路试验电压，V；

$\qquad I_U$、I_V、I_W ——测得线路试验电流，A；

$\qquad P_1$、P_2 ——测得线路功率，W；

$\qquad K_{TA}$ ——电流互感器变比；

$\qquad l$ ——被测线路长度，km；

$\qquad \omega$ ——角频率，在工频下为 314。

（四）测量线路零序阻抗

1. 测试接线

线路零序阻抗测试接线如图 57-1-4 所示。

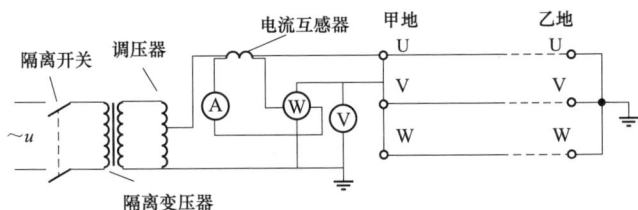

图 57-1-4　线路零序阻抗测试接线图

2. 测试步骤

工作负责人通知乙地试验人员将被测线路三相短路接地，甲地三相短路，试验人员按图 57-1-4 进行接线。检查试验接线正确后，将单相电源加到被试线路甲地侧三相短路，乙地侧三相短路接地，然后调整调压器，慢慢升起电压，观察仪表指示是否正常。若无异常，将电流升至所需的试验电流值，同时读取并记录仪表指示值（电压：

U；电流：I；功率：P）。记录数据后，将调压器调回零，断开隔离开关。完毕后，通知甲、乙两地试验人员将被测线路接地开关合上。

3. 测试数据整理及计算

零序电阻〔Ω/（km·相）〕

$$R_0 = \frac{3P}{(IK_{\text{TA}})^2 l} \tag{57-1-11}$$

零序阻抗〔Ω/（km·相）〕

$$Z_0 = \frac{3U}{IK_{\text{TA}}l} \tag{57-1-12}$$

零序电抗〔Ω/（km·相）〕

$$X_0 = \sqrt{Z_0^2 - R_0^2} \tag{57-1-13}$$

零序电感〔H/（km·相）〕

$$L_0 = \frac{X_0}{\omega} \tag{57-1-14}$$

零序阻抗的阻抗角

$$\varphi = \arctan \frac{X_0}{R_0} \tag{57-1-15}$$

式中　U ——测得线路试验电压，V；

　　　I ——测得线路试验电流，A；

　　　P ——测得线路功率，W。

（五）测量线路正序电容

1. 测试接线

线路正序电容测试接线如图 57-1-5 所示。

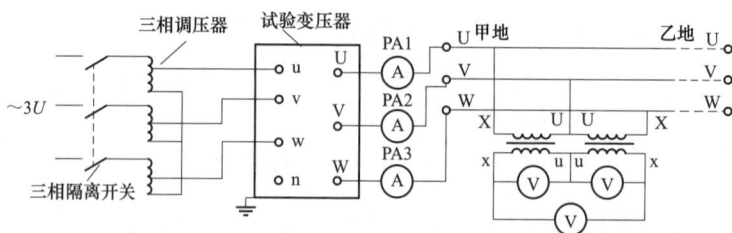

图 57-1-5　线路正序电容测试接线图

PA1、PA2、PA3—毫安电流表

2. 测试步骤

工作负责人通知甲、乙两地试验人员将被测线路三相开路，试验人员按图 57-1-5

进行接线。检查试验接线正确后，将三相电源加到被试线路甲地侧，调整调压器缓慢升压，观察仪表指示是否正常，若无异常，将电压升至所需的试验电压值（一般为 10kV 左右），同时读取并记录仪表指示值（电压：U_{UV}、U_{VW}、U_{UW}；电流：I_U、I_V、I_W）。记录数据后，将调压器调回零，断开隔离开关。完毕后，通知甲、乙两地试验人员将被测线路接地开关合上。

3. 测试数据整理及计算

电压平均值（V）

$$U_{av} = \frac{U_{UV} + U_{VW} + U_{UW}}{3} \times K_{TV} \qquad (57-1-16)$$

电流平均值（A）

$$I_{av} = \frac{I_U + I_V + I_W}{3} \qquad (57-1-17)$$

不计线路电导的影响，则线路的正序电容［μF/（km·相）］为

$$C_1 = \sqrt{3} \times \frac{I_{av}}{\omega U_{av} l} \times 10^{-3} \qquad (57-1-18)$$

式中　K_{TV}——电压互感器变比；

（六）测量线路零序电容

1. 测试接线

线路零序电容测试接线，如图 57-1-6 所示。

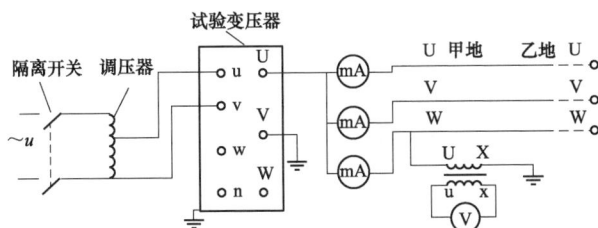

图 57-1-6　线路零序电容测试接线图

2. 测试步骤

工作负责人通知甲、乙两地试验人员将被测线路三相开路，试验人员按图 57-1-6 进行接线。检查试验接线正确后，将单相电源加到被试线路甲地侧，调整调压器缓慢升压，观察仪表指示是否正常。若无异常，将电压升至所需的试验电压值（一般为数千伏左右），同时读取并记录仪表指示值（电压：U；电流：I_U、I_V、I_W）。记录数据后，将调压器调回零，断开隔离开关。完毕后，通知甲、乙两地试验人员将被测线路接地开关合上。

3. 测试数据整理及计算

试验电压（V）

$$U_{av} = UK_{TV} \tag{57-1-19}$$

试验电流（A）

$$I_{av} = I_U + I_V + I_W \tag{57-1-20}$$

不计线路电导的影响，则线路的零序电容 [μF/（km·相）] 为

$$C_0 = \frac{1}{3} \times \frac{I_{av}}{\omega U_{av} l} \times 10^{-3} \tag{57-1-21}$$

（七）测量线路耦合电容

由于目前同杆且平行的架空线路很普遍，当一条线路发生故障时，通过电容传递的过电压可能危及另一条线路的安全，在分析电容传递的过电压时，需测量 2 条架空线路之间的耦合电容。

1. 测试接线

线路耦合电容测试接线，如图 57-1-7 所示。

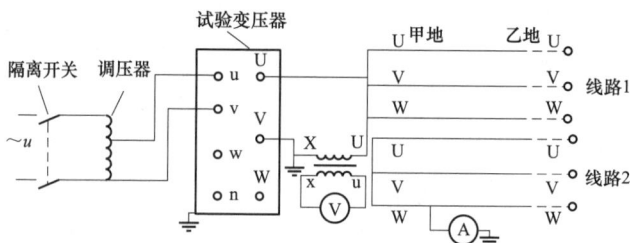

图 57-1-7 线路耦合电容测试接线图

2. 测试步骤

工作负责人通知甲地试验人员将两条被测线路短路，乙地试验人员将两条被测线路开路，试验人员按图 57-1-7 进行接线。检查试验接线正确后，在甲地侧将单相电源加到被试线路 1，在被测线路 2 首端经电流表接地，调整调压器缓慢升压，观察仪表指示是否正常。若无异常，将电压升至所需的试验电压值（试验电压一般为数千伏左右），同时读取并记录仪表指示值（电压：U；电流：I）。记录数据后，将调压器调回零，断开隔离开关。完毕后，通知甲、乙两地试验人员将被测线路接地。

3. 测试数据整理及计算

耦合电容（μF）

$$C_m = \frac{I}{\omega U K_{TV}} \times 10^6 \tag{57-1-22}$$

式中　　U——测量电压，V；

　　　　I ——测量电流，A；

K_{TV}、ω 意义同上。

（八）测量线路互感

由于目前同杆且平行的架空线路很普遍，当一条线路中通过不对称短路电流，通过互感的作用，在另一条线路将会产生感应电压或电流，可能会使继电保护误动。在分析互感时，需测量 2 条架空线路之间的互感。

1. 测试接线

线路互感测试接线，如图 57-1-8 所示。

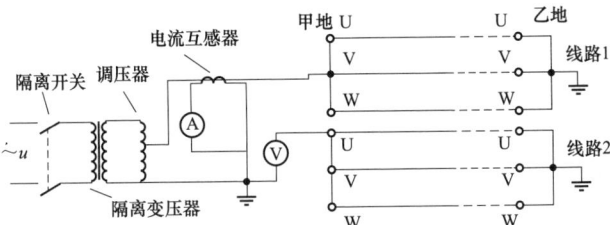

图 57-1-8　线路互感测试接线图

2. 测试步骤

工作负责人通知，甲地试验人员将两条被测线路短路，乙地试验人员将两条被测线路短路接地，试验人员按图 57-1-8 进行接线。检查试验接线正确后，在甲地侧将单相电源加到被试线路 1，在被测线路 2 首端经电压表（高内阻）接地，乙地侧两条线路三相短路接地。然后调整调压器，慢慢升起电压，观察仪表指示是否正常。若无异常，将电压升至所需的试验电流值，同时读取并记录仪表指示值（电压：U；电流：I）。记录数据后，将调压器调回零，断开隔离开关。完毕后，通知甲、乙两地试验人员将被测线路接地开关合上。

3. 测试数据整理及计算

互感（H）

$$M = \frac{\sqrt{U^2 - U_0^2}}{\omega I} \qquad (57-1-23)$$

式中　U_0——线路 2 在末端短路接地时，首端短路的感应电压。

六、测试注意事项

（1）在测量工频参数前必须进行线路绝缘电阻测量及核相。

（2）在测量阻抗时，短路线截面积尽可能大。

（3）在试验时为避免电流线压降的影响，功率表、电压表的电压最好从线路端子处取。

（4）零序阻抗测试中，接地线截面积应足够大，与接地端连接应可靠，接地电阻尽可能小，以防止接地不良影响测量结果。

（5）电容测量时，试验电压高低直接影响测量结果，当线路有感应电压时，试验电压应大于感应电压值。

（6）在测量零序电容时，若线路过长，应在线路首、末端同时测量电压，计算电容时试验电压为首、末两端电压的平均值。

（7）感应电压过高（＞3000V）时应向上级部门汇报，取消线路参数测量工作或将相邻、相交线路配合停电以降低感应电压。

七、测试结果分析及测试报告编写

（一）测试结果分析

1. 测试标准及要求

根据架空线路型号、长度并依据厂家提供的参数，可得到被试架空线路20℃时的工频参数理论值，测量值应与理论值无明显差异。

2. 测试结果分析

（1）测量直流电阻值与试验方案计算值比较，若有明显差异，表明设计长度与施工长度不一致或架空线路连接处接触电阻过大。

（2）测量的正序电阻与直流电阻在相同温度下比较，一般正序电阻与直流电阻值的比值一般在1.05～1.20。

（3）在线路的感应电压过高时，采用电桥测量直流电阻，电桥的"检流计"指针晃动较大，难以平衡，可以在电桥上的 P1 或 P2 端接地，进行测量。也可以将线路末端三相短路接地进行测量。或采用直流电源加电压表、电流表进行测量，其接线如图57-1-9所示。

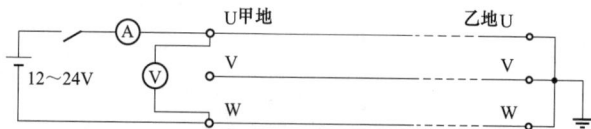

图 57-1-9 用直流电源测试线路直流电阻的接线图

直流电阻可按下式计算

$$R_{UW} = \frac{U}{I} \qquad (57-1-24)$$

式中 U、I——测量时的电压、电流，V、A。

（4）当线路的感应电压过高（＞1000V）时，采用"双功率表"测量正序阻抗（接线见图 57-1-3），可能使功率表读数偏低或偏高，导致正序电阻值不准确，影响线路的阻抗角。可以采用"三功率表将线路末端短路接地""双功率表换相""单功率表分相"等方法进行测量，以降低感应电压的影响。

（5）测量零序阻抗时，在电源侧可以采用线电压输入隔离变压器，以避免电源零序分量影响。若现场无三相电源，可用单相电源进行测量，试验人员按图 57-1-4 进行接线。先测量一次（U_{01}、I_{01}、P_{01}），再将隔离变压器输出"倒相"测量一次（U_{02}、I_{02}、P_{02}），其电压平均值为 $\sqrt{\dfrac{U_{01}^2 + U_{02}^2}{2}}$、电流平均值、功率平均值计算用公式，其零序电阻、零序阻抗、零序电抗、零序电感计算用式（57-1-11）～式（57-1-14）。

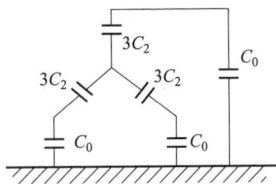

图 57-1-10　线路在三相对称电压作用下的等值电路图

（6）相间电容（C_2）的计算。线路在三相对称电压作用下，正序电容（C_1）为各相对地等值电容，零序电容（C_0）为导线的对地电容，其等值电路如图 57-1-10 所示。

因正序电容 $C_1 = 3C_2 + C_0$，故相间电容

$$C_2 = \frac{1}{3}(C_1 - C_0) \tag{57-1-25}$$

（7）由于感应电压的影响，在测量两条线路互感时，必须排除干扰因素，才能获得准确的实验数据。在现场按图 57-1-8 进行接线测量。在线路 1 不加压时测量线路 2 上的干扰电压（U_0），然后对线路 1 加压，读取电流（I_1）、电压（U_1）。切断电源，再将隔离变压器输出"倒相"测量，读取电流（I_1）、电压（U_2），则互感为

$$M = \frac{1}{\omega I_1} \times \sqrt{\frac{U_1^2 + U_2^2}{2} - U_0^2} \tag{57-1-26}$$

（8）若遇同塔双回线路，在测量线路零序阻抗、零序电容时，非被测线路首、末两端开路，以免互感、耦合电容影响测量值。

（二）测试报告编写

测试报告填写应包括测试时间、测试人员、天气情况、环境温度、湿度、使用地点、导线、地线的规格型号及基本参数、线路名称、测试结果、测试结论、试验性质（交接试验、预防性试验、检查）、仪器、仪表、互感器型号、计量编号，备注栏写明其他需要注意的内容，如是否拆除引线等。

八、案例

某 110kV 架空线路，导线型号为 LGJ-240/30，长度 53.7km，其线路参数测试数

据如表 57-1-3、表 57-1-4 所示。

表 57-1-3 线 路 参 数 测 试 数 据

项目	相别		
	U	V	W
感应电压（V）	3200	3700	2000

表 57-1-4 测量正序阻抗数据（双功率表）

电压（V）			电流（A）			功率（W）	
U_{UV}	U_{VW}	U_{UW}	I_U	I_V	I_W	P_{UV}	P_{WV}
198	192	188	11.8	5	10	1104	−576

经计算正序电阻 R_1=0.123 3Ω/（km·相），正序阻抗 Z_1=0.232 0Ω/（km·相），正序感抗值 X_1=0.196 5Ω/（km·相），正序阻抗角 φ=57.89°。分析以上测量数据发现，正序电阻值基本正常，但正序阻抗、正序感抗值、正序阻抗角偏小。

在现场将电源进行换相，对线路加压，分别测得数据，如表 57-1-5 所示。

表 57-1-5 电源进行换相测量正序阻抗数据（双功率表）

电压（V）			电流（A）			功率（W）	
U_{UV}	U_{VW}	U_{UW}	I_U	I_V	I_W	P_{UV}	P_{WV}
280	280	278	6.5	7.6	11.8	−464	1016
294	283	290	7.2	8.4	2	200	−72

将表 57-1-4 和表 57-1-5 中的试验数据进行综合计算：U_{av}=253.67（V），I_{av}=7.81（A），P_{av}=402.67（W）。经计算：正序电阻 R_1=0.123 0Ω/（km·相），正序阻抗 Z_1=0.349 2Ω/（km·相），正序感抗 X_1=0.326 8Ω/（km·相），正序阻抗角 φ=69.37°。分析以上测量数据发现，正序电阻值、正序阻抗值、正序感抗值、正序阻抗角基本正常。

对比两组试验数据，其原因是受感应电压的影响，感应电压过高对测量及计算结果会造成很大的干扰。

【思考与练习】

1. 画出用"双功率表"测量正序阻抗接线图。

2. 说明测量耦合电容、互感的意义。

3. 画出测量零序电容接线图，写出计算公式并说明注意事项。

4. 对一条 110kV 的架空线路进行参数测试，在试验前进行查勘得到的数据为：线路型号 LGJ–240，线路长度 17.890km，线路几何均距 4.5m。试在试验方案中估算出被测线路总的直流电阻、正序阻抗、零序阻抗。

▲ 模块 2　电力电缆工频参数测试（ZY1800513002）

【模块描述】本模块介绍电力电缆工频参数测试方法及技术要求。通过测试工作流程的介绍，掌握电力电缆工频参数测试前的准备工作和相关安全、技术措施、测试方法、技术要求及测试数据分析判断。

【模块内容】

一、测试目的

随着城市规模的扩大，架空输电线路逐渐减少，因此测试电缆工频参数为计算系统短路电流、继电保护整定值、推算潮流分布和选择合理运行方式等提供实际依据，并可以检查电缆在安装、敷设时的质量是否满足设计的要求。

二、测试仪器、设备的选择

根据电缆线路设计的要求，在参数的测试中对测量仪器、仪表应能满足测量的接线方式、测试电压、测试准确度等，因此，对测试设备的主要参数进行选择。

（一）用电流、电压、功率表进行测量

（1）使用的高内阻电压表准确度不低于 0.5 级，测量范围 0～2kV，钳形电流表准确度不低于 1 级。

（2）使用的电流互感器不应低于 0.2 级，电压、电流表应不低于 0.5 级，测量范围满足测量要求。

（3）使用的功率表应选用 $\cos\varphi$ 不大于 0.2、准确度不低于 0.5 级的低功率因数功率表。

（4）三相调压器应选用波形畸变小和阻抗电压低的自耦调压器，容量不小于 20kVA，输出电压 0～450V。

（5）双（单）臂电桥，根据电缆长度进行选择。

（6）隔离变压器（单/三相）额定电压 380V，容量不小于 20kVA。

（7）试验用的电流线其截面不小于 12mm²，电压线其截面不小于 2.5mm²。

（8）隔离开关、温（湿）度计、接地线、短路线、放电棒、裸铜丝、万用表、三相电源引线、单相电源线（带剩余电流动作保护器）、二次连接线、绝缘杆等及试验方案、测试仪器设备及绝缘工器具检定证书的有效期、相关技术资料、相关规程等。

（二）用综合参数测试仪进行测量

其准确度不低于 0.5 级。

三、危险点分析及控制措施

（1）防止试验时伤及工作人员。在开工前必须取得电缆线路施工方确认线路工作已完成，电缆线路及两侧均无工作人员后方能进行试验工作。

（2）防止电缆线路感应电压、电流伤人。多条电缆线路同沟敷设时，其运行的电缆会在被测电缆产生感应电压、电流，在测量感应电压、电流后，并将测得数据报配合短路侧人员，以做好相应防护措施。且在变更试验接线前应将电缆对地充分放电，以防止剩余电荷、感应电压、电流伤人及影响测量结果。

（3）防止测量时误加压伤及试验人员。在测量过程中，对线路接地刀闸的拉合应有工作负责人统一指挥，以保证拉合操作与测量步骤同步一致。而且，试验点和配合短路点应保证通信畅通，加压、拉合接地开关均应告知对侧并得到许可后方可进行。

（4）防止高处坠落。试验人员登高接线时应系好安全带。

（5）防止高处落物伤人。高处作业应使用工具袋，上下传递物件应用绳索拴牢传递，严禁抛掷。

（6）防止试验引起保护误动。若电缆两端与 GIS 相连，而试验电流要通过 GIS 内部的电流互感器，必须将继电保护退出，否则要引起保护动作，造成停电事故。

四、测试前的准备工作

（1）了解被试设备现场情况及试验条件。在测量前进行现场查勘，根据查勘内容编写试验方案，并根据电缆生产厂家提供的 20℃ 芯线直流电阻、护层直流电阻及正序阻抗，估算出被测电缆线路的直流电阻及正序阻抗，再根据电缆的"金属护层"接地方式，估算出被测电缆线路的零序阻抗。

（2）测试仪器、设备准备。选择合适的仪器、仪表、隔离开关、温（湿）度计、接地线、短路线、放电棒、裸铜丝、万用表、三相电源引线、单相电源线（带剩余电流动作保护器）、二次连接线、梯子、安全带、安全帽、电工常用工具、试验临时安全遮栏、标示牌、绝缘杆等，并查阅测试仪器、设备及绝缘工器具的检定证书有效期、试验方案、相关技术资料、相关规程等。

（3）办理工作票并做好试验现场安全和技术措施。进入试验现场后，办理工作票并做好试验现场安全措施，并向其余试验人员交待工作内容、带电部位、现场安全措施、现场作业危险点，以及明确人员分工及试验程序。

（4）会同施工确认。测量前在现场会同施工方，再次对线路进行确认。

五、现场测试步骤及要求

（一）测量电缆线路感应电压

应分别在每一相上进行。对一相进行试验或测量时，其金属屏蔽或金属套和铠装层一起接地。

（1）测试接线。电缆线路感应电压测试接线，如图57-2-1所示。

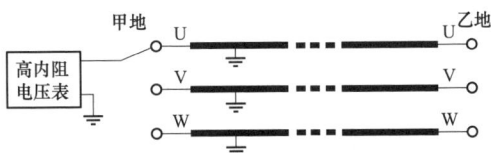

图57-2-1　电缆线路感应电压测试接线图

（2）测试步骤。工作负责人通知甲、乙两地试验人员将被测线路接地开关拉开，电缆线路两侧悬空。先对电缆线路 U 相测量感应电压，并记录；再依次对 V、W 相进行测量。最后通知甲、乙两地试验人员将被测线路接地。

（二）测量电缆感应电流

应分别在每一相上进行，对一相进行试验或测量时，其金属屏蔽或金属套和铠装层一起接地。

（1）测试接线。电缆线路感应电流测试接线，如图57-2-2所示。

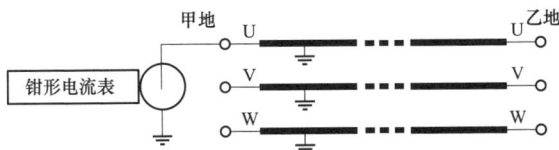

图57-2-2　电缆线路感应电流测试接线图

（2）测试步骤。工作负责人通知甲、乙两地试验人员将被测线路接地开关拉开，电缆线路两侧悬空。对电缆线路 U 相测量感应电流，并记录。再依次对 V、W 相进行测量，完毕后，通知甲、乙两地试验人员将被测线路接地。

（三）测量电缆线路直流电阻

（1）测试接线。电缆线路直流电阻测试接线，如图57-1-2所示。

（2）测试步骤。工作负责人通知乙地试验人员将被测电缆线路三相短路接地，甲地试验人员按图57-1-2进行接线，对电缆线路 UV 相测量直流电阻，并记录。再依次对 VW、UW 相进行测量，完毕后，将甲地被测线路接地。

（3）测试数据整理及计算。将测得的 UV、VW、UW 相直流电阻值，用式（57-1-1）换算为每相直流电阻，即

将每相直流电阻 R_U、R_V、R_W 用式（57-1-2）换算为每相20℃直流电阻值，再与试验方案中被测电缆线路的直流电阻估算值进行比较。

（四）测量线路正序阻抗

（1）测试接线。电缆线路正序阻抗测试接线见图57-1-3。

（2）测试步骤。工作负责人通知乙地试验人员将被测电缆线路三相短路，甲地试验人员按图57-1-3进行接线。检查试验接线正确后，将三相电源加到被试电缆线路甲地侧（U、V、W 端），乙地侧三相短路，然后调整调压器，慢慢升起电压，观察仪表指示是否正常，若无异常，将电流升至所需的试验电流值，同时读取并记录仪表指示值（电压：U_{UV}、U_{VW}、U_{UW}；电流：I_U、I_V、I_W；功率：P_1、P_2）。记录数据后，将调压器调回零，断开隔离开关。完毕后，通知甲、乙两地试验人员将被测线路接地开关合上。这里特别要注意，电流互感器、功率表的"极性"。

（3）测试数据整理及计算见式（57-1-3）～式（57-1-10）。

（五）测量线路零序阻抗

（1）测试接线。电缆线路零序阻抗测试接线，如图57-1-4所示。

（2）测试步骤。

工作负责人通知乙地试验人员将被测电缆线路三相短路接地，甲地三相短路，试验人员按图57-1-4进行接线。检查试验接线正确后，将单相电源加到被试电缆线路甲地侧三相短路，乙地侧三相短路接地，然后调整调压器，慢慢升起电压，观察仪表指示是否正常，若无异常，将电流升至所需的试验电流值，同时读取并记录仪表指示值（电压：U；电流：I；功率：P）。记录数据后，将调压器调回零，断开隔离开关。完毕后，通知甲、乙两地试验人员将被测电缆线路接地。

（3）测试数据整理及计算见式（57-1-11）～式（57-1-14）。

六、测试注意事项

（1）在测量阻抗时，短路线截面积应尽可能大。

（2）在试验时为避免电流线压降的影响，功率表、电压表的电压最好从线路端子处取。

（3）零序阻抗测试中，接地线截面积应足够大，与接地端连接应可靠，以防止接地不良干扰零序电阻测量。

（4）测量感应电流时，电缆线路末端应不接地，以避免分流造成测量不准确。

（5）零序阻抗测试中，电缆"金属护层"的接地方式与运行时的实际方式保持一致。

（6）施工方提供的电缆线路长度要准确，若提供的理论线路长度和实际长度相差过大会严重干扰对测量值的判断。

（7）严禁在雷雨天气进行线路参数测量，若在测量过程中沿线路有雷阵雨发生，则应立即停止测量。

（8）当被测电缆线路感应电压过高（＞1000V）、感应电流过大（＞30A）时，应向上级部门汇报，取消线路参数测量工作或将同沟敷设运的电缆线路配合停电以降低感应电压、电流。

（9）在测量正序阻抗时，采用双瓦特表法，要注意"极性"。

（10）在测量零序阻抗时，应采用隔离变，以避免系统零序分量的干扰。

七、测试结果分析及测试报告编写

（一）测试结果分析

1. 测试标准及要求

根据电缆线路型号、长度并依据厂家提供的参数，可得到被试电缆线路 20℃ 的直流电阻及正序阻抗理论值，测量值应与理论值无明显差异。

2. 测试结果分析

（1）测量直流电阻值与试验方案计算值比较，有明显差异，表明设计长度与施工长度不一致。若考虑电缆两端与 GIS 相连，直流电阻值包含 GIS 内隔离开关、断路器的接触电阻，以及到 GIS 内接地开关接触电阻的影响。一般都超过厂家的计算值，直流电阻值作为参考值。

（2）测量的正序电阻与直流电阻在相同温度下比较，正序电阻与直流电阻的比值一般在 1.05～1.15。

（3）在正常情况下，电缆线路的正序阻抗的阻抗角一般在 75° 左右，其计算为

$$\varphi = \arctan \frac{X_1}{R_1} \qquad (57\text{--}2\text{--}1)$$

（4）在电缆线路的感应电压过高、感应电流过大时，采用电桥测直流电阻，电桥的"检流计"指针晃动较大，难以平衡，可以在电桥的 P1 或 P2 端接地，进行测量。也可以将线路末端三相短路接地进行测量。或采用直流电源加电压表、电流表进行测量，其接线如图 57–1–9 所示。

直流电阻计算为

$$R_{\text{UW}} = \frac{U}{I} \qquad (57\text{--}2\text{--}2)$$

式中　U、I——测量时的电压、电流。

（5）在电缆线路的感应电压过高、感应电流过大时，采用"双功率表"测量正序阻抗，如图 57–1–3 所示，可能使功率表读数偏低或偏高，导致正序电阻值不准确，影响线路的阻抗角。可以采用"三功率表将线路末端短路接地""双功率表换相""单功率表分相"等方法进行测量，以降低感应电压、感应电流的影响。

（6）电缆线路"金属护层"接地方式对阻抗的影响。

1）对正序阻抗的影响。一是，"金属护层"一端直接接地时，其正序阻抗一般用下式来计算

$$Z_1 = R_C + \mathrm{j}2\omega \times 10^{-4} \ln \frac{2^{1/3} s}{D_A} \qquad (57\text{-}2\text{-}3)$$

式中 R_C——电缆芯线的交流电阻，Ω；

$\quad\quad s$——电缆敷设时每相之间的距离，mm；

$\quad\quad D_A$——电缆芯线的几何平均半径，mm。

二是，"金属护层"两端直接接地时，其正序阻抗一般用下式来计算

$$Z_1 = R_C + \frac{X_m^2 R_S}{X_S^2 + R_S^2} \mathrm{j}2\omega \times 10^{-4} \ln \frac{2^{1/3} s}{D_A} - \mathrm{j}\frac{X_m^3}{X_m^2 + R_S^2} \qquad (57\text{-}2\text{-}4)$$

式中 X_m——金属护套与芯线之间的互阻抗，H；

$\quad\quad X_S$——金属护套的自感抗，H；

$\quad\quad R_S$——金属护套的直流电阻，Ω；

$\quad\quad R_C$、s、D_A 意义同上。

而
$$X_m \approx X_S \approx j_2\omega \times 10^{-4} \ln \frac{2^{1/3} s}{GMR_S}$$

式中 GMR_S——金属护层的几何平均半径，mm。

从式（57-2-13）和式（57-2-14）可以看出，电缆金属护层的接地方式不同，其正序阻抗的计算就不同。电缆的正序感抗与电缆的敷设排列方式、金属护套与芯线之间的阻抗及金属护套的自感抗等有关，而正序电阻基本相同。

2）对零序阻抗的影响。一是，"金属护层"一端直接接地时，其零序阻抗一般用下式来计算

$$Z_0 = R_C + 3R_g + \mathrm{j}\omega \times 10^{-4} \ln \frac{D_e^3}{2^{2/3} GMR_A s^2} \qquad (57\text{-}2\text{-}5)$$

式中 R_g——大地漏电电阻，Ω；

$\quad\quad D_e$——大地故障电流回流时的等值深度，mm；

$\quad\quad GMR_A$——电缆芯线几何平均半径，mm。

二是，"金属护层"两端直接接地时，其零序阻抗一般用下式来计算

$$Z_0 = R_C + R_S + \mathrm{j}2\omega \times 10^{-4} \ln \frac{GMR_S}{KD} \qquad (57\text{-}2\text{-}6)$$

式中 D——电缆芯线直径，mm；

$\quad\quad K$——填充系数。

从式（57-2-5）和式（57-2-6）可以看出，电缆的金属护层接地方式不同，其零序阻抗计算方式就不同。金属护层一端接地，其零序电流是经大地流回，零序阻抗值

与土壤漏电电阻有关；金属护层两端接地，其零序电流是经金属护层流回，其值与金属护层的材料和几何尺寸有关。比较式（57-2-5）和式（57-2-6）可见，金属护层一端直接接地时，由于 $3Rg$ 较大，故电缆的零序电阻远大于正序电阻。

（二）测试报告编写

测试报告填写应包括测试时间、测试人员、天气情况、环境温度、湿度、使用地点、线路型号、长度、线路名称编号及护层的接地方式、试验结果［正、零序阻抗测量数据应换算值75℃（或90℃）］、试验结论、试验性质（交接试验、预防性试验、检查）、仪器、仪表、互感器型号、计量编号，备注栏写明其他需要注意的内容，如是否拆除引线等。

八、案例

某 220kV 线路电缆线型号为 YJQ02—127/220×800mm²，长度 1.01km，电缆厂家提供的电缆理论参数是按护层两点接地，平行敷设，计算值 $Z_1=0.041\ 2+j0.182$（Ω/km）；$Z_0=0.136+j0.135$（Ω/km），直流电阻 $R=0.036\ 6$（Ω/km，20℃时）；现场测试结果如表 57-2-1 和表 57-2-2 所示。

表 57-2-1　　　　　　　　　　线路参数测试结果 1

项　　目	相　　别		
	U	V	W
感应电压（V）	1	4	2
感应电流（A）	3	7	4
20℃直流电阻（Ω）	0.040 1	0.040 4	0.039 7

表 57-2-2　　　　　　　　　　线路参数测试结果 2

项　　目	R	X	Z
正序（Ω）	0.042 2	0.185 7	0.190 4
零序（Ω）	0.331 5	0.581 2	0.669 1

在确认测量接线、测量仪器、接地状况都正常，两侧变电站主地网接地电阻均合格后，由于电缆两端与 GIS 相连，而线路接地开关的接地端在 GIS 内部，试验回路是通过 GIS 内部的隔离开关、断路器，因此所测直流电阻值大于厂家提供的理论值（0.036 6Ω/km）是正常的。而电缆实际敷设是"金属护层"一端接地，测得的正序阻抗值与厂家提供的理论值基本相等。测得的零序阻抗值按 R_0/R_1、X_0/X_1 比值基本符合电缆"金属护层"一端接地的规律，故所测量的参数是正确的。

【思考与练习】

1. 温度为32℃时测得的电缆线路正序阻抗 Z_1 为 0.044 6+j0.192 7Ω，换算到温度为90℃时的正序阻抗值是多少？

2. 画出电缆线路零序阻抗测量接线图，并写出零序电阻、零序电感、阻抗角的计算式。

3. 请画出电缆线路正序阻抗测试接线图。

第五十八章

架空线、电缆电容电流测试

▲ 模块 系统电容电流的测试（ZY1800513003）

【模块描述】本模块介绍系统电容电流测试方法和技术要求。通过测试工作流程的介绍，掌握系统电容电流测试前的准备工作和相关安全、技术措施、测试方法、技术要求及测试数据分析判断。

【模块内容】

一、测试目的

系统电容电流是指正在运行中的中性点不接地系统在没有补偿的情况下，发生单相接地时，流过接地点的无功电流。由于电容电流的存在，在单相接地瞬间可能形成接地电弧，而接地电弧不易熄灭，在风力、电动力、热气流等的作用下会拉长，导致相间短路引起线路跳闸事故发生；接地电弧还可能产生间歇性弧光过电压，使电磁式电压互感器铁芯饱和引起谐振过电压等，造成熔丝熔断、避雷器、电压互感器损坏。由于系统电容电流对电网安全运行有着重要影响，因此有必要测量系统电容电流的大小，以便采取相应措施，如加装消弧线圈补偿电容电流。消弧线圈另一作用是减缓电弧熄灭瞬间故障点恢复电压的上升速度，阻止电弧重燃。

系统电容电流是选择消弧线圈参数的主要依据，故测量系统电容电流对于消弧线圈的合理配置、合理调谐、提高动作成功率、防止过电压事故等有着重要意义。通过系统电容电流的测量，可以了解配电网运行的重要参数，如电容电流、不对称电压、阻尼率及谐振接地系统的位移电压、脱谐度、残流等。

二、测试方法

系统电容电流的测量方法，可分为直接法与间接法两大类，其中直接法指单相金属性接地法；间接法指中性点外加电容法、外加电压法、调谐法、变频注入法、相对地外加电容法、电容增量法等。因为人工接地有可能引起绝缘弱点击穿，故多用间接法。以下着重介绍几种常用的系统电容电流测试的方法。

（一）单相金属性接地法

1. 测试原理

单相金属性接地法是最有效、最直接测量系统对地电容电流的一种方法，所测得数值最接近真实值，同时还可以计算出系统阻尼率，但是这种方法也是试验过程最具故障隐患的一种方法。单相金属接地法有投入消弧线圈和不投入消弧线圈两种情况。

（1）不投入消弧线圈时。在系统中性点不接地情况下运行时，进行人工单相金属性接地，可直接测得系统电容电流 I_C、有功泄漏电流 I_r 和全电流 I_{C0}。不投入消弧线圈时，单相金属性接地法测试系统电容电流的原理接线如图 58-0-1 所示。

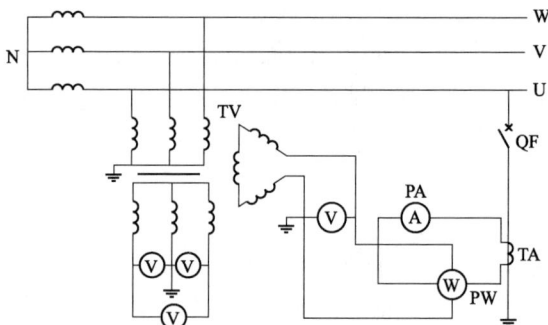

图 58-0-1 不投入消弧线圈时单相金属性接地法
测试系统电容电流的原理接线图

QF—接地断路器；TV—电压互感器；TA—测量用电流互感器；PW—功率因数表；PA—电流表

系统阻尼率的计算公式为

$$I_{CP} = P/U_0 \tag{58-0-1}$$

$$I_{CQ} = \sqrt{I_C^2 - I_{CP}^2} \tag{58-0-2}$$

$$d\% = I_{CP}/I_{CQ} \times 100\% \tag{58-0-3}$$

式中　I_{CP}——接地电容电流有功分量，A；

I_{CQ}——接地电容电流无功分量，A；

I_C——接地电容电流有效值，A；

P——接地回路的有功损耗，W；

U_0——中性点不对称电压，V；

$d\%$——阻尼率。

（2）投入消弧线圈时。当系统中性点投入消弧线圈接地补偿时，利用单相金属性接地以测量系统的电容电流，这种测量方法与不投消弧线圈时相比，较为安全、准确，但仍存在非接地两相电压升高危及设备绝缘，产生较大谐波分量的缺点。
图 58-0-2 为投入消弧线圈时单相金属性接地法测试系统电容电流的原理接线。

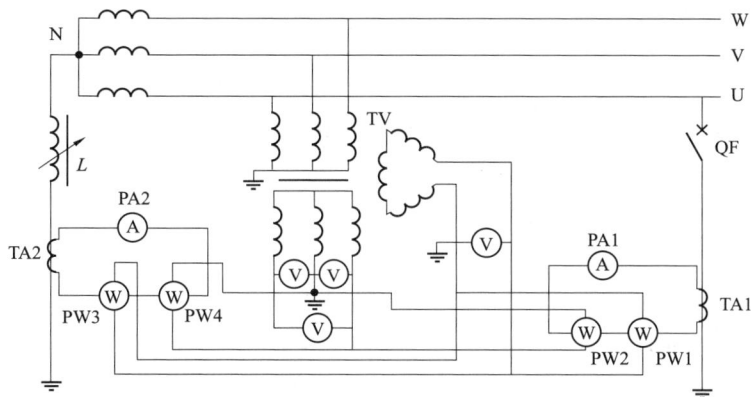

图 58-0-2　投入消弧线圈时单相金属性接地法测试系统电容电流的原理接线
L—消弧线圈；TV—电压互感器；QF—接地断路器；TA1、TA2—测量用电流互感器；
PW1、PW3—低功率因数表；PW2、PW4—普通功率表

补偿电流、残余电流的有功分量和无功分量的计算公式为

$$I_{GP}=P_1/U_0 \tag{58-0-4}$$

$$I_{GQ}=Q_2/U_{WV} \tag{58-0-5}$$

$$I_{LP}=P_3/U_0 \tag{58-0-6}$$

$$I_{LQ}=Q_4/U_{WV} \tag{58-0-7}$$

系统电容电流和阻尼率的计算公式为

$$I_{CP}=I_{GP}-I_{LP} \tag{58-0-8}$$

$$I_{CQ}=I_{LQ}-I_{GQ} \tag{58-0-9}$$

$$I_C=\sqrt{I_{CP}^2 + I_{CQ}^2} \tag{58-0-10}$$

$$d\%=I_{GP}/I_{CQ}\times100\% \tag{58-0-11}$$

式中　　I_{GP}——残余电流有功分量，A；

　　　　I_{GQ}——残余电流无功分量，A；

　　　　I_{LP}——电感电流有功分量，A；

　　　　I_{LQ}——电感电流无功分量，A；

　　P_1、P_3——功率表 PW1、PW3 所测残余电流和电感电流回路的有功功率，W；

　　Q_2、Q_4——功率表 PW2、PW4 所测残余电流和电感电流回路的无功功率，var；

　　　　U_0——中性点位移电压，V；

U_{WV} ——V、W 相间电压，V。

2. 测试仪器、设备的选择

（1）断路器选用带速断保护装置的断路器，可直接选用接于母线上的旁路或停电的馈线断路器。

（2）电流互感器的一次侧额定电压不低于系统额定电压，一次侧额定电流不低于系统电容电流的估算值并有裕度，准确度等级为 0.5 级。

（3）功率表、电流表的准确度等级为 0.5 级。

3. 危险点分析及控制措施

做好防止工作人员触电措施：试验时应严守安全规程，设专人监护，与带电设备保持足够的安全距离，指派专人随时监测系统电压变化情况，发现异常应立即停止试验。试验相关人员必须熟悉试验方案，并提前做好准备。操作人员应穿绝缘靴、戴绝缘手套，试验人员及测试仪表、设备均应在绝缘垫上。测试时试验人员不得触碰测试仪表、设备及试验引线。

4. 测试前的准备工作

（1）了解被试设备现场情况及试验条件。查勘现场，查阅相关技术资料，包括系统电容电流测试历年试验数据及相关规程等，估算被测系统的电容电流值。

（2）测试仪器、设备准备。选择合适的断路器、电流互感器、电流表、测试线、绝缘杆、验电器、绝缘垫、绝缘鞋、绝缘手套、接地线、安全帽、电工常用工具、试验临时安全遮栏、标示牌等，并查阅测试仪器、设备及绝缘工器具检定证书的有效期。

（3）办理工作票并做好试验现场安全和技术措施。向其余试验人员交待工作内容、带电部位、现场安全措施、现场作业危险点，明确人员分工及试验程序。

5. 现场测试步骤及要求

（1）测试接线。单相金属性接地法测试系统电容电流的接线，如图 58-0-1 或图 58-0-2 所示。

（2）测试步骤。

1）将接地试验的断路器停电，拉开其两侧隔离开关。

2）验明确无电压后，在接地试验断路器负荷侧挂接地线。

3）进行接线，接地试验断路器重合闸停用，修改过电流速断保护定值，将电流互感器一次侧接入接地试验断路器 U 相负荷侧，复查无误。

4）拆除接地试验断路器负荷侧接地线，检查接地试验断路器在"分"位，合上其两侧隔离开关，再合接地试验用断路器，待表计指示稳定后迅速读数并记录。

5）拉开接地试验断路器及其两侧隔离开关。

6）进行 V 相、W 相接地试验，步骤同 2）～5）。

7）试验结束后，验电、挂接地线，整理现场，办理工作票结束，通知调度恢复系统。

6. 测试注意事项

（1）试验应在天气良好、系统无接地的情况下进行，试验时被测系统应无操作。

（2）被测系统应无绝缘缺陷。

（3）确定被试系统范围。

（4）在系统单相接地时应读数迅速、口号联系清楚，尽量缩短接地测量时间。

（5）短路连接导线应有足够的截面，并且应连接牢固、接触良好。

（6）接地试验断路器保护定值按系统电容电流估算值的 5 倍 0s 整定，要求重合闸停用，保证系统发生故障短路时，能迅速断开接地试验断路器，要避免带接地线合隔离开关。若接地试验断路器跳闸，在未查明原因之前不准合闸。

（7）如果测量时系统的电压不是额定值，则电容电流值应折算到额定电压。

（8）试验中如需改变电流互感器变比，应断开接地试验断路器及其两侧隔离开关，验电挂接地线后再改变变比。

（二）中性点外加电容法

1. 测试原理

中性点外加电容法测量系统的电容电流，是在系统无补偿的情况下，在系统中性点对地接入一个适当容量的电容器，测量电容器接入前后中性点的不对称电压和位移电压，通过计算公式间接得到系统单相接地的电容电流值。系统一般应为星形接法，中性点取自变压器中性点，对于无中性点的系统，可在电容器组的中性点进行试验。

图 58-0-3 所示为中性点外加电容法测试系统电容电流的原理电路图。根据系统电容电流的形成原因，采用在系统中性点处外加电容 C_0，视中性点电压 U_0 为一个恒压源，则所加电容 C_0 和系统总电容 C 串联，测量 C_0 两端电压 U_{01} 及中性点不加电容时的电压 U_0，不难得出以下计算公式

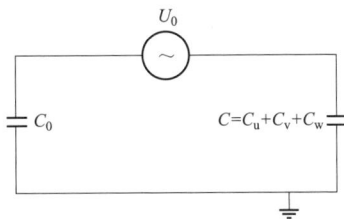

图 58-0-3 中性点外加电容法测试系统电容电流的原理电路图

$$U_{01}/(U_0-U_{01})=C/C_0 \tag{58-0-12}$$

$$C=C_0U_{01}/(U_0-U_{01}) \tag{58-0-13}$$

$$I_C=U_{ph}\omega C \tag{58-0-14}$$

式中　U_{01}——中性点外加电容时的电压，V；

U_0 ——中性点不加电容时的电压，V；

C ——系统总电容量，μF；

C_0 ——中性点外加电容，μF；

U_{ph} ——系统运行相电压，V；

I_C ——系统电容电流，V。

有时还会遇到系统三相很对称，这时中性点不对称电压和位移电压很低，无法准确测量和计算，需考虑在某一相上添加偏置电容，人为地加大中性点电压，便于测试。在计算时，电容值再减去偏置电容量 C_f，即

$$C = \frac{C_0 U_{01}}{U_0 - U_{01}} - C_f \qquad (58\text{-}0\text{-}15)$$

由上述可知，系统总电容量 C 与系统频率无关，中性点高次谐波电压不会影响测量过程及结果，故中性点外加电容法是现场常用的、较简捷的一种方法。

中性点外加电容法的主要缺点是不够安全。现场测量中一般采用低压电容器，一旦此时电网发生一点接地使外加电容器击穿，便会造成停电事故，而且还可能危及人员的安全。为此必须采取防范措施，如用高压电容器、选择晴好天气、尽量缩短测量时间、读表人员注意保持安全距离等。

2. 测试仪器、设备的选择

（1）外接电容器容量取系统估算电容的 0.5 倍、1 倍、2 倍，10kV 系统可用 1kV 电压等级的电容器；35kV 系统可用 10kV 电压等级的电容器。偏置电容器容量取估算值的 1/4 倍，绝缘水平同外接电容器。保护电容器容量在 1μF 以下，绝缘水平同外接电容器。

（2）电压表应为 0.5 级；并联放电间隙或真空放电管，定值为 1kV，用于保护电压表不受损坏。

3. 危险点分析及控制措施

参考上述（一）中的 3.。

4. 测试前的准备工作

（1）参考上述（一）中 4. 的（1）。

（2）测试仪器、设备准备。选择合适的电容器、放电管、电压表、测试线、绝缘杆、验电器、绝缘垫、绝缘鞋、绝缘手套、接地线、安全帽、电工常用工具、试验临时安全遮栏、标示牌等，并查阅测试仪器、设备及绝缘工器具检定证书的有效期。

（3）参考上述（一）中 4. 的（3）。

5. 现场测试步骤及要求

（1）测试接线。中性点外加电容法测试系统电容电流的原理接线，如图 58-0-4 所示。

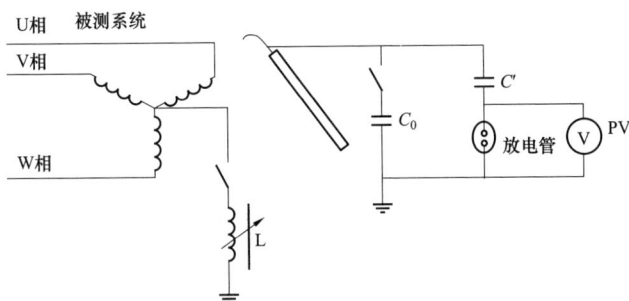

图 58-0-4　中性点外加电容法测试系统电容电流的原理接线

L—系统中消弧线圈；C_0—外加电容器；C'—保护电容器；PV—电压表

（2）测试步骤。

1）按图 58-0-4 进行接线，并检查接线正确无误，如被测系统变压器中性点有消弧线圈，应将其退出运行。

2）C_0 暂不接入，将已绑扎测量导线的绝缘杆触及变压器中性点，读取中性点不对称电压值 U_0。

3）重复测量 3 次 U_0，取平均值。

4）分析判断 U_0 的大小，若 U_0 与系统相电压的比值在正常值范围（0.5%～1.5%），则不需加偏置电容器，否则需加偏置电容器。

5）移开绝缘杆，接入外加电容 C_0。

6）将已绑扎测量导线的绝缘杆触及变压器中性点，读取中性点位移电压值 U_{01}，根据式（58-0-13）计算出系统的相对地电容值。

7）移开绝缘杆，更换预先准备好的另外两只外加电容器 C_0，重复上述步骤 5）～6）。

8）测试完成后，移开绝缘杆，根据三次计算出的系统对地电容，求出平均值。用电容平均值计算系统的电容电流 I_C。

6. 测试注意事项

（1）试验应在天气良好、系统无接地的情况下进行，试验时被测系统应无操作。

（2）中性点电压不应太低，一般电网中性点不对称度约为 0.5%～1.5%，即相电压的 0.5%～1.5%。

（3）高压导线、连接线应有足够截面。测量导线长度要适宜，应牢固绑扎在绝缘杆上，与设备及操作人员保持足够的安全距离。

（4）对试验用电容器应做绝缘耐压试验，保护气隙做放电试验。电容器额定电压比被测系统低时，应做好防爆隔离。

（5）现场放置2块绝缘垫，1块站人，1块放仪器。

（6）当试验中突发单相接地故障时，中性点电位会升至相电压，故应视为高压带电操作，应遵守高压带电操作规则。

（三）调谐法（中性点位移电压法）

1. 测试原理

当消弧线圈投入电网后，中性点会出现位移，此时它与大地之间的电位差称为中性点位移电压。中性点位移电压一般不应超过系统额定相电压的15%。为了选定消弧线圈的合理运行分接位置，应当进行不同补偿状态下的位移电压测量，即消弧线圈调谐试验。

通过改变消弧线圈的分接头来改变中性点位移电压，并测得各挡位的位移电压 U_{0L1}、U_{0L2} 等，根据已知各挡位对应的消弧线圈电流 I_{L1}、I_{L2}，由下式可计算出系统电容电流值

$$I_C = \frac{I_{L2} - \dfrac{U_{0L1}}{U_{0L2}} I_{L1}}{1 - \dfrac{U_{0L1}}{U_{0L2}}} \tag{58-0-16}$$

式中　U_{0L1}、U_{0L2}——消弧线圈在分接位置1和2时的中性点位移电压，V；

$\quad\quad I_{L1}$、I_{L2}——消弧线圈在分接位置1和2时的铭牌电流，A；

$\quad\quad I_C$——系统电容电流，A。

为了减少测量误差，应在过补偿、欠补偿两种方式下测量，在两种状态下分别估算系统的电容电流。测量时脱谐度 ξ 应选择适当，太高不便测量电压，ξ 太低使中性点位移电压升高较多，危及系统绝缘。一般系统阻尼率 d 约为5%，当 ξ 大于20%时，可以认为 $\sqrt{\xi^2 + d^2}$ 近似等于 ξ。

2. 测试仪器、设备的选择

（1）电压互感器选用 10/0.1kV、准确度等级为 0.5 级。

（2）电压表应选用高内阻的电压表。

3. 危险点分析及控制措施

参考上述（一）3.。

4. 测试前的准备工作

（1）参考上述（一）中4.的（1）。

（2）测试仪器、设备准备。选择合适的电压互感器、电压表、测试线、绝缘杆、绝缘垫、绝缘靴、绝缘手套、接地线、安全帽、电工常用工具、试验临时安全遮栏、标示牌等，并查阅测试仪器、设备及绝缘工器具检定证书的有效期。

（3）参考上述（一）中4.的（3）。

5. 现场测试步骤及要求

（1）测试接线。调谐法测试系统电容电流的原理接线，如图58-0-5所示。

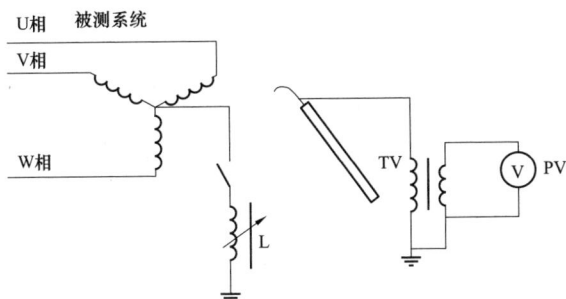

图58-0-5　调谐法测试系统电容电流的原理接线图

（2）测试步骤。

1）按图58-0-5进行接线，电压互感器的一次侧末端及二次侧应进行良好的接地，一次侧的高压测试线牢固地绑在绝缘杆上。

2）退出消弧线圈，用绝缘杆将测试线触及主变压器中性点，测量中性点不对称电压，记录不对称电压及系统电压值，移开绝缘杆，使测试线脱离变压器中性点。

3）投入消弧线圈，用绝缘杆将测试线触及主变压器中性点，测量中性点位移电压，记录中性点位移电压及系统电压值，移开绝缘杆，使测试线脱离变压器中性点。

4）改变消弧线圈分接位置，重复测试，尽量应在欠补偿及过补偿状态各测试两点（每次改变消弧线圈分接位置需通报调度，在调度允许下进行各项操作及试验）。

5）根据测试值进行计算，分析系统中性点不对称电压、位移电压是否在正常范围内，根据式（58-0-16）计算系统电容电流 I_C 值。取系统电容电流平均值作为系统电容电流值。

6）测试完成后，整理现场，通知调度恢复系统。

6. 测试注意事项

（1）试验应在天气良好、系统无接地的情况下进行，试验时被测系统应无操作。

（2）试验系统有且只留有一台消弧线圈。

（3）高压测量引线应长度适当，测试时间应尽可能短。

（4）为减少测量误差，应在过补偿、欠补偿两种方式下测量，并在这两种方式下分别计算系统的电容电流。在测量过程中，应注意避免发生谐振。

（5）无励磁分接开关的消弧线圈改变分接头时，必须先把消弧线圈从系统中切除。

（四）变频注入法

1. 测量原理

变频注入法是利用专用仪器通过消弧线圈的电压测量绕组或其他方法注入被测的补偿系统中，可以测得系统的三相对地电容，由此可计算出电容电流，确定消弧线圈不同的调谐状态、脱谐度等，并打印出有关参数。从电压互感器的开口三角绕组注入信号比较简单，但测量误差比较大，一般约为 10%，这是因为电压互感器的漏抗较大所致。

2. 测试仪器、设备的选择

根据所测系统的电压等级、有无消弧线圈、电压互感器接线方式等情况，选用合适的电容电流测试仪。

3. 危险点分析及控制措施

做好防止人员触电措施：试验人员必须熟悉试验方案，由熟悉电压互感器二次接线端子排情况的继电保护人员接线，接线应牢固，防止误接线、误触碰。操作人员需带好安全防护用具，并与带电体的距离不小于 500mm，应有专人监护。

4. 测试前的准备工作

（1）参考上述（一）中 4. 的（1）。

（2）测试仪器、设备准备。选择合适的电容电流测试仪、测试线、专用接头、接地线、电工常用工具、试验临时安全遮拦、标示牌等，并查阅测试仪器、设备及绝缘工器具检定证书的有效期。

（3）参考上述（一）中 4. 的（3）。

5. 现场测试步骤及要求

（1）测试接线。以从电压互感器开口三角绕组注入信号为例，变频注入法测试系统电容电流的原理接线如图 58-0-6 所示。将仪器面板上输出端连接到电压互感器开口三角绕组 2 个接线端子上。

（2）测试步骤。

1）打开电容电流测试仪电源，检查测试仪工作是否正常，确认仪器正常后，关闭测试仪电源。

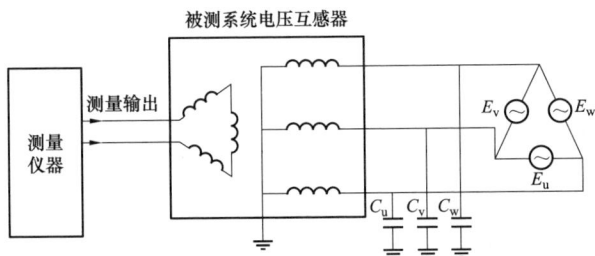

图 58-0-6　变频注入法测试系统电容电流的原理接线图

2）根据电容电流测试仪《使用说明书》接线要求进行接线，检查接线无误后，打开测试仪电源，按电容电流测试仪《使用说明书》进行参数设定并完成测试，记录测试值。共测 3 次，取平均值。

3）与估算值进行比较，认为测试无误后，关闭测试仪电源，拆除接线。

6. 测试注意事项

（1）试验应在天气良好、系统无接地的情况下进行，试验时被测系统应无操作。

（2）如果被测系统在电压互感器开口三角绕组接有线性电阻式消谐器（晶闸管式、压敏电阻式消谐器除外），测量过程中应将其断开。

（3）被测系统在电压互感器一次中性点接有消谐电阻器，则测量结果与实际值偏差很大，测试时应将消谐电阻器短路，即电压互感器一次中性点直接接地。

（4）现场放置 2 块绝缘垫，1 块站人，1 块放仪器。

（五）相对地外加电容法

1. 测量原理

相对地外加电容法是在系统无补偿的情况下，在系统的某一相线上对地接入一个适当容量的电容器，使三相对地导纳不对称，每相对地电压将不相等，根据相电压的变化值，通过公式计算间接得到系统电容电流值，其原理电路图如图 58-0-7 所示。

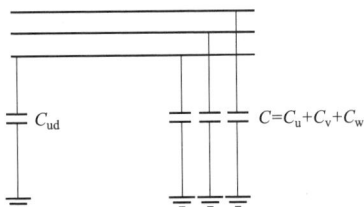

图 58-0-7　相对地外加电容法测试系统电容电流的原理电路图

系统电容电流 I_C 的计算为

$$C = C_{ud} U_u / (U - U_u) \tag{58-0-17}$$

$$I_C = \omega C U_{ph} \qquad (58-0-18)$$

式中　C——系统总电容，μF；

　　　C_{ud}——某相外加电容，μF；

　　　U_u——某相接入电容后的该相相电压，V；

　　　U——某相接入电容前的该相相电压，V；

　　　U_{ph}——系统运行相电压，V。

2. 测试仪器、设备的选择

（1）某相外接电容器可选电力电容器，其容量 C_{ud} 按照系统估算电容值 C 选取。对 10kV 系统，当母线电压互感器开口三角电压≤1V 时，C_{ud} 取（2.6%～5%）C 值；当母线电压互感器开口三角电压＞1V 时，C_{ud} 取（5%～8%）C 值。

（2）电压表可选用 0.5 级、量程为 500V；电流表可选用 0.5 级、量程为 10A。

（3）选用的高压测试线应能耐压 20kV。

（4）断路器选用接于母线上的旁路或停电的馈线断路器。

3. 危险点分析及控制措施

参考上述（一）中 3.。

4. 测试前的准备工作

（1）参考上述（一）中 4. 的（1）。

（2）测试仪器、设备准备。选择合适的试验用的电容器、放电管、电压表、测试线、绝缘杆、验电器、绝缘垫、绝缘鞋、绝缘手套、接地线、安全帽、电工常用工具、试验临时安全遮栏、标示牌等，并查阅测试仪器、设备及绝缘工器具检定证书的有效期。

（3）参考上述（一）中 4. 的（3）。

5. 现场测试步骤及要求

（1）测试接线。相对地外加电容法测试系统电容电流的原理接线，如图 58-0-8 所示。

（2）测试步骤。

1）将试验用断路器断开。

2）进行接线，复查接线正确无误。

3）在某相外加电容未接入前，测量母线电压互感器处三相相电压、线电压及开口三角电压。

4）合上试验用断路器，将某相外加电容 C_{ud} 接入。

5）测量某相接入外加电容 C_{ud} 后母线电压互感器处三相相电压及开口三角电压，测量完毕及时断开试验用断路

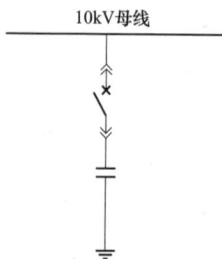

图 58-0-8　相对地外加电容法测试系统电容电流的原理接线图

器，将某相外加电容 C_{ud} 退出电网。

6）改变某相外加电容 C_{ud} 容量，重复步骤上述 4）～5），测 3 次。

7）根据式（58-0-17）和式（58-0-18）计算系统电容电流。

8）试验完成后整理现场，通知调度恢复系统。

6. 测试注意事项

（1）试验应在天气良好、系统无接地的情况下进行，试验时被测系统应无操作。

（2）对电容器应做耐压绝缘试验。

（3）电容器外壳应可靠接地，接线时应先接入电容器接地点，并保证接地良好。

（4）高压测试线长度应适宜，与地安全距离不应小于 0.5m。

（5）本次试验为带电试验，应遵守带电试验操作规程。

三、测试结果分析及测试报告编写

（一）测试结果分析

系统电容电流的测试数据需要进行准确性分析及计算，将测试数据与理论估算数据进行比较，对于某些比较怀疑的数据，应进行具体分析，排除测试方法、接线错误带来的误差。

（二）测试报告编写

测试报告填写应包括测试时间、测试人员、天气情况、环境温度、湿度、测试方法、测试数据、测试结果，并注明测试仪器型号及计量编号等。

四、案例

某 35kV 系统采用中性点外加电容法进行测试，试验时原中性点所接消弧线圈退出运行，保持中性点不接地。现场试验记录如表 58-0-1 所示。

表 58-0-1　　　　　　　　现 场 试 验 记 录 表

次数	C_0（μF）	U_0（V）	U_{01}（V）	$C=C_0U_{01}/(U_0-U_{01})$（μF）	$I_C=U_{ph}\omega C$（A）
1	0.173	295	270	1.868	11.85
2	0.293	295	250	1.628	10.33
3	0.821	295	200	1.728	10.96
平均				1.741	11.05

根据系统电容电流估计值范围（10～13A）分析，本次试验结果是较准确的。

【思考与练习】

1. 系统电容电流的测试目的是什么？

2. 调谐法（中性点位移电压法）测量系统电容电流的原理是什么？

3. 请画出变频注入法测试系统电容电流的原理接线图。

第十一部分

电容器试验

第五十九章

电容器绝缘电阻测试

▲ 模块 电容器绝缘电阻测试（ZY1800501008）

【模块描述】本模块介绍电容器绝缘电阻的测试方法和技术要求。通过测试工作流程的介绍，掌握电容器绝缘电阻测试前的准备工作和相关安全、技术措施、测试方法、技术要求及测试数据的分析判断。

【模块内容】

一、测试目的

电容器是全密封设备，如密封不严或不牢固造成渗漏油现象，使空气和水分及杂质都可能进入油箱内部，使绝缘电阻降低，甚至造成绝缘损坏，危害极大，因此电容器是不允许渗漏油的。电容器绝缘电阻测试可以发现电容器由于油箱焊缝和套管处焊接工艺不良，密封不严造成绝缘性能降低的故障，同时可发现电容器高压套管受潮及缺陷。

二、测试仪器、设备的选择

（1）测量电容器主绝缘电阻，如测量高压并联电容器双极对地绝缘电阻、断口电容器极间绝缘电阻、耦合电容器极间绝缘电阻和集合式高压并联电容器相间及对地绝缘电阻，应采用 2500V 绝缘电阻表。

（2）测量耦合电容器小套管对地绝缘电阻，应使用 1000V 绝缘电阻表。

三、危险点分析及控制措施

（1）防止高处坠落。在电容器上作业应系好安全带。对 220kV 及以上的电容器，需解开引线时，宜使用高处作业车，严禁徒手攀爬电容器套管。

（2）防止高处落物伤人。高处作业应使用工具袋，上下传递物件应用绳索拴牢传递，严禁抛掷。

（3）防止工作人员触电。拆、接试验接线前，应将被试设备对地充分放电，以防止剩余电荷、感应电压伤人及影响测量结果。测试前与作业负责人协调，不允许有交叉作业，试验接线应正确、牢固，试验人员应精力集中。

四、测试前的准备工作

（1）了解被试设备现场情况及试验条件。查勘现场，查阅相关技术资料，包括该设备历年试验数据及相关规程等，掌握该设备整体情况。

（2）测试仪器、设备准备。选择合适的绝缘电阻表、测试线、温（湿）度计、放电棒、接地线、梯子、安全带、安全帽、电工常用工具、试验临时安全遮栏、标示牌等，并查阅测试仪器、设备及绝缘工器具的检定证书有效期。

（3）办理工作票并做好试验现场安全和技术措施。向其余试验人员交待工作内容、带电部位、现场安全措施、现场作业危险点，明确人员分工及试验程序。

五、现场测试步骤及要求

（一）耦合电容器极间及小套管对地绝缘电阻测试

1. 测试接线

测试耦合电容器极间绝缘电阻时，耦合电容器高压端接绝缘电阻表的"L"端，耦合电容器的下法兰和小套管接地，绝缘电阻表的"E"端接地。表面潮湿或脏污时应在靠近耦合电容器高压端 1～2 瓷裙处加装屏蔽环，屏蔽环接于绝缘电阻表的"G"端。其测试接线如图 59-0-1 所示。

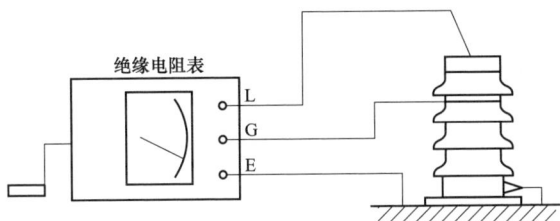

图 59-0-1　耦合电容器极间绝缘电阻测试接线图

测试耦合电容器小套管对地绝缘电阻时，耦合电容器的小套管接绝缘电阻表的"L"端，耦合电容器的法兰接地。

2. 测试步骤

测试前首先对电容器充分放电，拆除与电容器的所有接线，表面脏污时应进行擦拭。

测量极间绝缘电阻时，法兰和小套管接地，测试前首先检查绝缘电阻表是否正常。耦合电容器高压端接绝缘电阻表的"L"端，绝缘电阻表的"E"端接地，读取 1min 或稳定后的绝缘电阻值。读取数据后断开"L"端与电容器的连接线，停止或关断绝缘电阻表，使用放电棒对电容器进行充分放电。

测试小套管对地绝缘电阻时，先拆除小套管的连接线，检查法兰是否接地，耦合电容器高压端不接地，耦合电容器小套管接绝缘电阻表的"L"端，绝缘电阻表的"E"端接地，读取1min的绝缘电阻值。读取数据后断开"L"端与电容器的连接线，停止或关断绝缘电阻表，试验后将小套管对地放电。

（二）断路器电容器极间绝缘电阻测试

1. 测试接线

测试时，断路器电容器一端接绝缘电阻表的"L"端，另一端接绝缘电阻表的"E"端。

2. 测试步骤

交接试验时，断路器电容器绝缘电阻应在安装前测试，可以减少断路器灭弧室的影响。预防性试验时应检查断路器是否在开断状态，如测试的绝缘电阻过低，可拆下断路器电容器进行测试，以判断故障部位。测试前使用放电棒对电容器放电，放电时电容器一端接地，另一端通过放电棒短接放电。测试前首先检查绝缘电阻表是否正常，断路器电容器一端接绝缘电阻表的"L"端，另一端接地和兆欧表的"E"端，读取1min或稳定后的绝缘电阻值。读取数据后断开"L"端与电容器的连接线，停止或关断绝缘电阻表，使用放电棒对断路器电容器进行充分放电。

（三）高压并联电容器双极对地绝缘电阻测试

1. 测试接线

测试高压并联电容器双极对地绝缘电阻时，电容器两电极之间用裸铜线短接后接绝缘电阻表的"L"端，外壳可靠接地，绝缘电阻表的"E"端接地。其测试接线如图59-0-2所示。

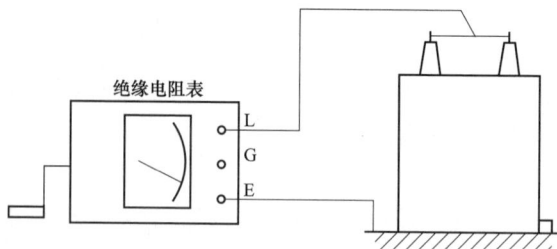

图59-0-2 高压并联电容器双极对地绝缘电阻测试接线图

2. 测试步骤

测试前首先对电容器进行充分放电，拆除与电容器的所有接线，清洁电容器套管，电容器外壳应可靠接地，测试前首先检查绝缘电阻表是否正常，然后被试电容器极间短接后接绝缘电阻表的"L"端，绝缘电阻表的"E"端接地，读取1min或稳定后的绝缘电阻值。读取数据后断开"L"端与电容器的连接线，停止或关断绝缘电阻表，使用放电棒对电容器进行充分放电。

（四）集合式高压并联电容器相间及对地绝缘电阻测试

1. 测试接线

测试集合式高压并联电容器相间及对地绝缘电阻时，各相极间应短接，测试相接绝缘电阻表的"L"端，非测试相接地，电容器外壳应可靠接地，绝缘电阻表的"E"端接地。其测试接线如图 59–0–3 所示。

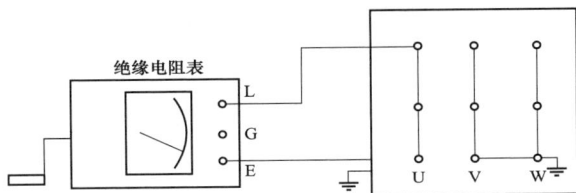

图 59–0–3　集合式高压并联电容器相间及对地绝缘电阻测试接线图

2. 测试步骤

测试前对电容器进行充分放电，拆除与电容器的所有接线，清洁电容器套管，电容器外壳应可靠接地，被试电容器各相极间短接，绝缘电阻表的"E"端接地，测试前首先检查绝缘电阻表是否正常。被试电容器 U、V、W 三相分别与绝缘电阻表的"L"端连接，非被试相接地，测试各相对地及相间绝缘电阻，读取 1min 或稳定后的绝缘电阻值，读取数据后断开"L"端与电容器的连接线，停止或关断绝缘电阻表，测试后使用放电棒对电容器进行充分放电。

六、测试注意事项

（1）为了克服测试线本身对地电阻的影响，绝缘电阻表的"L"端测试线应尽量使用屏蔽线，芯线与屏蔽层不应短接。在测量时，绝缘电阻表"L"端的测试线应使用绝缘棒与被试电容器连接。

（2）运行中的电容器，为克服残余电荷影响测试数据，测试前应充分放电。电容器不仅极间放电，极对地也要放电。并联电容器应从电极引出端直接放电，避免通过熔丝放电。

（3）放电时应使用放电棒，放电后再直接通过接地线放电接地。

（4）正确使用绝缘电阻表，注意操作程序，防止反充电。

（5）避免测试并联电容器极间绝缘电阻。因并联电容器极间电容较大，操作不当将造成人身和设备事故。

七、测试结果分析及测试报告编写

（一）测试结果分析

1. 测试标准及要求

电容器绝缘电阻不作规定。一般高压并联电容器双极对地绝缘电阻应大于2000MΩ，耦合电容器极间和断路器电容器极间绝缘电阻大于5000MΩ。

2. 测试结果分析

电容器绝缘电阻值与出厂值和原始值比较不应有较大变化，同时测试数据应和同类型、同规格电容器比较，不应有较大差异。

对电容量较大的电容器测试数据变化较大时，为克服残余电荷的影响应检查测试前放电是否充分，必要时可放电 5min 以上，然后重新测量。

电容器电容量比较大时，充电时间比较长，测量时应读取 1min 或稳定后的数据，便于以后的分析比较。

高压并联电容器绝缘结构比较简单，双极对地电容较小，绝缘电阻能有效地反映瓷套管和极对壳的绝缘缺陷。实践证明，双极对地绝缘电阻低，大部分是电容器密封不严或不牢固使空气和水分及杂质进入油箱内部，造成套管内部和油纸绝缘受潮使绝缘电阻降低。

对于耦合电容器和断路器电容器极间绝缘缺陷，极间绝缘电阻的测试数据反映效果不够显著。因为耦合电容器和断路器电容器极间电容由较多电容元件串联组成，电容器绝缘缺陷初期，绝缘劣化和受潮的电容器元件是个别的，由于元件串联原因，极间绝缘电阻变化不是很显著。

如果测得的绝缘电阻很低，可以判断绝缘不良，但大多数情况下应结合其他测量参数综合判断。

（二）测试报告编写

测试报告填写应包括测试时间、测试人员、天气情况、环境温度、湿度、使用地点、电容器参数、测试结果、测试结论、试验性质（交接试验、预防性试验、检查）、绝缘电阻表的型号、计量编号，备注栏写明其他需要注意的内容，如是否拆除引线等。

八、案例

一台新安装 110kV 耦合电容器，型号：OWF–110$\sqrt{3}$–0.01，铭牌电容量 0.009 980μF，交接试验数据为：绝缘电阻 50 000MΩ，$\tan\delta$ =0.30%，电容量=0.011 2μF。从数据中可见，极间绝缘电阻较大，但 $\tan\delta$ 和电容量均超标。所以说，耦合电容器极间绝缘电阻的测试数据反映绝缘缺陷效果不够显著。

【思考与练习】

1. 绝缘电阻表的"L"端测试线为什么使用屏蔽线？

2. 测试电容器绝缘电阻前，为什么要对电容器进行充分放电？

3. 为什么对于耦合电容器和断路器电容器，在电容器绝缘缺陷初期，极间绝缘电阻反映绝缘缺陷不是很显著？

第六十章

电容器电容量测试

▲ 模块 电容器极间电容量测试（ZY1800514001）

【模块描述】 本模块介绍电容器极间电容量的测试方法和技术要求及电容量的计算方法。通过测试工作流程的介绍，掌握电容器极间电容量测试前的准备工作和相关安全、技术措施、测试方法、技术要求及测试数据分析判断。

【模块内容】

一、测试目的

耦合电容器电容量的改变直接影响耦合电容器的通信质量，断路器电容器电容量的改变影响断口电容器的均压效果，而高压并联电容器电容量的改变影响补偿效果。电容量的变化不仅影响电容器的功能，更重要的是改变了电容器内部电容芯子的电压分布和工作场强，加速了电容器的老化，造成绝缘事故。因此，电容器的电容量是电容器的一个重要指标。

通过电容器极间电容量的测试可灵敏地反映电容器内部浸渍剂的绝缘状况及内部元件的连接状况。若电容值升高，说明内部元件击穿或受潮；若电容值减小，说明内部元件开路或缺油等。通过计算、分析电容值，可指导电容器的更换或大修工作。

二、测试仪器、设备的选择

现场测量大多采用电压电流表法和电桥法。

（一）电压表、电流表的选取

测量表计为 0.5 级以上。

（1）根据测试电压选择电压表。应根据电容器电压等级的不同选取测试电压，测试电压可按下式选取

$$U_S = (0.15 \sim 1.1) U_N \qquad (60\text{-}0\text{-}1)$$

式中 U_S——测试电压（试验电压），V；

U_N——电容器额定电压，V。

测试电流为

$$I=\omega C U_s \times 10^{-6} \qquad (60-0-2)$$

式中 I ——测试电流，A；

ω ——角频率；

C ——被试品的电容量，μF；

U_s ——测试电压（试验电压），V。

取 $U_s=1\times10^k$ 为一常数，则式（60-0-2）可按式（60-0-3）表示

$$I=C\times1\times10^k\times10^{-6} \qquad (60-0-3)$$

从式（60-0-3）可看出，测试电流可直接反映被试品的电容量，这在工程应用中十分方便。因为 $\omega U_s=1\times10^k$，所以 $U_s=(1/\omega)\times10^k$。令 $k=5$，则 $U_s=(1/\omega)\times10^5=318.4$（V）。此时测试电流与被试品的电容量的关系为

$$I=314\times318.4\times C\times10^{-6}=10^5\times10^{-6}C=0.1C \qquad (60-0-4)$$

实际测试中常施加 318.4V 或其一半电压 159.2V，所测电流乘以一个系数即为所测被试品的电容量。在工程中，可选择 300V 或 600V 电压表。

（2）电流表的选择。根据式（60-0-4）选择电流表，如施加 318.4V 测试电压，则测试电流是铭牌电容量的 0.1 倍。

例如，电容器铭牌电容值为 0.73μF，施加 318.4V 电压，则 $I=0.1\times0.73=0.073$（A），电流表可以选择 100mA 电流表。若施加 159.2V 电压，则 $I=0.05C$（A）。

（3）调压器的选择。调压器的输出电压和输出电流应满足试验要求。

（二）电桥的选择

耦合电容器、断口电容器等若采用交流电桥测量电容量，一般可采用 QS1 电桥或数字式自动介损测试仪。

三、危险点分析及控制措施

（1）防止高处坠落。在电容器上作业应系好安全带。对 220kV 及以上的电容器，需解开引线时，宜使用高处作业车，严禁徒手攀爬电容器套管。

（2）防止高处落物伤人。高处作业应使用工具袋，上下传递物件应用绳索拴牢传递，严禁抛掷。

（3）防止工作人员触电。在拆、接试验接线前，应将被试设备对地充分放电，以防止剩余电荷、感应电压伤人及影响测量结果。试验设备外壳应可靠接地，测试前与作业负责人协调，不允许有交叉作业，试验接线应正确、牢固，试验人员应精力集中，注意被试品应与其他设备有足够的安全距离，必要时应加绝缘板等安全措施。

四、测试前的准备工作

（1）了解被试设备现场情况及试验条件。查勘现场，查阅相关技术资料，包括该设备历年试验数据及相关规程等，掌握该设备整体情况。

（2）测试仪器、设备准备。选择合适的 QS1 型高压西林电桥、标准电容、操作箱、10kV 升压器或数字式自动介损测试仪、调压器、电压表、电流表、测试线、温（湿）度计、放电棒、接地线、梯子、安全带、安全帽、电工常用工具、试验临时安全遮栏、标示牌等，并查阅测试仪器、设备及绝缘工器具的检定证书有效期。

（3）办理工作票并做好试验现场安全和技术措施。向其余试验人员交待工作内容、带电部位、现场安全措施、现场作业危险点，明确人员分工及试验程序。

五、现场测试步骤及要求

（一）耦合电容器及断路器电容器极间电容量测试

1. 测试接线

耦合电容器及断路器电容器极间电容量测试采用正接线，正接线桥体处于低压，屏蔽接地，对地寄生电容影响小，测量准确，操作安全方便。测量时耦合电容器或断路器电容器高压电极接高压，低压电极或小套管接电桥 C_X 端，带小套管的耦合电容器法兰接地，其测试接线如图 60-0-1 所示。

2. 测试步骤

测试前应对被试电容器充分放电并接地，拆除所有接线，做好安全措施。使用 QS1 型高压西林电桥测量时，应根据电容器的电容量，按式（60-0-2）计算测试电流，选择电桥合适的分流器挡位。

合理布置试验设备，按图 60-0-1 进行接线，并检查测试接线和调压器零位，检查 C_X

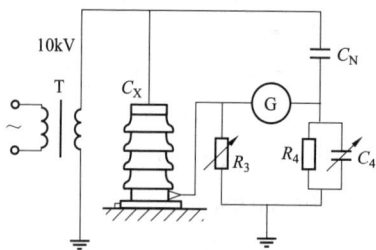

图 60-0-1　耦合电容器及
断路器电容器极间电容量测试接线图
T—试验变压器；G—检流计；C_X—被试品；
R_3、R_4—标准电阻；C_N、C_4—标准电容

芯线和屏蔽是否相碰，注意高压引线对地距离，桥体是否可靠接地。取下接地线，通知其他人员远离被试电容器，从零均匀升压至测试电压进行测试，测试电压为 10kV。测试结束后应先将高压降到零后再读取测试数据，然后切断电源，对被试电容器放电接地。恢复电容器接线，特别注意耦合电容器小套管接地引线的恢复。

注意严格按照所使用测试仪器的操作说明书进行设置和操作。

3. 使用 QS1 型高压西林电桥测量时电容量的计算

根据电桥标准电阻 R_3 和微调电阻 R_ρ 计算被试电容器的电容量 C_X，计算式为

$$C_X = C_N \frac{R_4(100 + R_3)}{N(R_3 + \rho)} \qquad (60-0-5)$$

式中　C_X——被试电容器的电容量，pF；

C_N——标准电容，pF；

R_4——电桥 Z4 臂标准电阻，Ω；

R_3——电桥 Z3 臂标准电阻，Ω；

N——分流器电阻，Ω；

R_ρ——标准电阻 R_3 的微调电阻，Ω。

（二）并联电容器极间电容量测试

并联电容器电容量较大，现场测量常采用电压电流表法，其原理接线如图 60-0-2 所示。

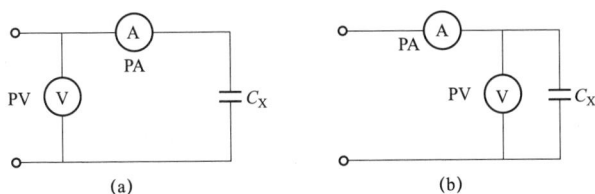

图 60-0-2　并联电容器采用电压电流表法测试极间电容量的原理接线图

（a）$C<10\mu F$ 时；（b）$C>10\mu F$ 时

PV—电压表；PA—电流表；C_X—被试电容

在测试时，应该考虑电压表和电流表内阻的影响，因为电压表的内阻抗不可能很大，电流表的内阻抗又不可能很小。图 60-0-2（a）接线主要是克服电压表的影响；图 60-0-2（b）接线主要是克服电流表的影响。

在测试时，从电容器两电极之间施加测试电压，读取测试电流，根据式（60-0-2）计算出电容量为

因为
$$I=\omega C U_S\times10^{-6}$$

所以
$$C=\frac{I}{\omega U_S}\times10^6 \qquad (60\text{-}0\text{-}6)$$

若使 $\omega U_S=1\times10^k$，则 $C=\frac{10^6}{10^k}I=10^{6-k}I$

若 $k=5$ 时，$C=10^{6-5}\times I=10I$，则试品的电容量等于 10 倍的测试电流，此时 $U_S=10\,000/=318.4V$，测试电压为 318.4V。如施加 159.2V 电压时，试品电容量等于 20 倍的测试电流。

1. 高压并联电容器电容量测试

（1）测试接线。高压并联电容器一般为单相，由于电容量较小，可采用图 60-0-2（a）接线方式测试，测试时外壳接地。

（2）测试步骤。测试前，应对被试电容器充分放电并接地，拆除其所有接线和外部保险丝，根据被试电容器的电容量和测试电压计算测试电流，选择电流表和电压表的挡位。按图 60-0-2（a）进行接线，并检查接线和调压器零位，拆除接地线。合上电源隔离开关，升压至试验电压，读取电流后立即将调压器降到零位，切断电源，对被试电容器放电并接地，试验结束后恢复电容器接线。

（3）电容量计算。被试电容器的电容量，可按式（60-0-6）计算。

2. 星形接线并联电容器极间电容量测试

（1）测试接线。星形接线并联电容器极间电容量较大，应采用图 60-0-2（b）接线方法进行测量，其测试原理接线如图 60-0-3 所示，电容器外壳接地。

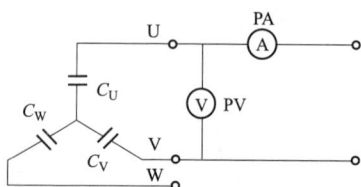

图 60-0-3 星形接线并联
电容器极间电容量测试原理接线图
PV—电压表；PA—电流表；
C_U、C_V、C_W—被试相电容

（2）测试步骤。测试步骤同高压并联电容器测试步骤，按图 60-0-3 接线，分别测量 UV、WU、VW 之间电流，然后根据相关公式计算出每相电容量和总电容量。

（3）电容量计算。根据测试电压和电流，由式（60-0-6）计算出各相间电容量，再计算出每相电容量。星形接线并联电容器极间电容量计算见表 60-0-1。

表 60-0-1 星形接线并联电容器极间电容量计算

测量次序	测量位置	测量电容量	计算电容量
1	C_{UV}	$C_{UV} = \dfrac{C_U C_V}{C_U + C_V}$	$C_U = \dfrac{2 C_{UV} C_{WU} C_{VW}}{C_{WU} C_{VW} + C_{UV} C_{VW} - C_{UV} C_{WU}}$
2	C_{WU}	$C_{WU} = \dfrac{C_W C_U}{C_W + C_U}$	$C_V = \dfrac{2 C_{UV} C_{WU} C_{VW}}{C_{WU} C_{VW} + C_{UV} C_{WU} - C_{UV} C_{VW}}$
3	C_{VW}	$C_{VW} = \dfrac{C_V C_W}{C_V + C_W}$	$C_W = \dfrac{2 C_{UV} C_{WU} C_{VW}}{C_{UV} C_{VW} + C_{UV} C_{WU} - C_{WU} C_{VW}}$

3. 三角形接线并联电容器极间电容量测试

（1）测试接线。三角形接线并联电容器极间电容量测试接线如图 60-0-4 所示，电容器外壳接地。测试 UV 端子时 VW 短接；测试 WU 端子时 UV 短接；测试 VW 端子时 WU 短接。

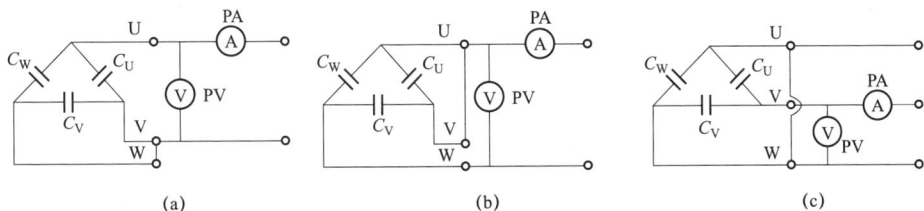

图 60-0-4 三角形接线并联电容器极间电容量测试接线图

（a）测试 UV 端子间电流；（b）测试 WU 端子间电流；（c）测试 UW 端子间电流

IEC 标准推荐，三角形接线电容器在测电容值时可用不短接方式。具体方法为：分别测量 UV、VW 及 WU 两端电容，3 次测量之和乘以 2/3 即为总电容量。若计算每相电容量时，每次测量值除以 1.5 即为相电容值。

（2）测试步骤。测试步骤同高压并联电容器测试步骤，按图 60-0-4 接线，分别测试 UV、VW 及 WU 两端电流，如测试电流较大，可选用大截面的导线连接。

如使用三相调压器，测试电压可升至 318.4V；如使用单相调压器，测试电压可升至 159.2V。

（3）电容量计算。根据测试电压和电流，由式（60-0-6）先计算出各相间电容量，再计算出每相电容量。三角形接线并联电容器电容量计算见表 60-0-2。

表 60-0-2   三角形接线并联电容器电容量计算

测量次序	测量位置	短接位置	测量电容量	计算电容量
1	U 与 VW	VW	$C_{U+W}=C_U+C_W$	$C_U=\dfrac{1}{2}(C_{U+W}+C_{U+V}-C_{V+W})$
2	W 与 UV	UV	$C_{V+W}=C_V+C_W$	$C_V=\dfrac{1}{2}(C_{V+W}+C_{U+V}-C_{U+W})$
3	V 与 WU	WU	$C_{U+V}=C_U+C_V$	$C_W=\dfrac{1}{2}(C_{U+W}+C_{V+W}-C_{U+V})$

4. 集合式高压并联电容器极间电容量测试

（1）测试接线。在测试时，电容器外壳接地。由于集合式高压并联电容器电容量较大，应采用图 60-0-2（b）接线方式测量，其测试原理接线如图 60-0-5 所示。

（2）测试步骤。测试时，按图 60-0-5 接线，测试步骤同高压并联电容器测试步骤。集合式高压并联电容器每相有 3 只引出套管时，每相应分

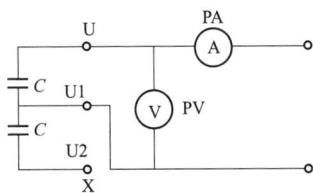

图 60-0-5 集合式高压并联电容器极间电容量测试原理接线图

别测试两套管之间的电容量，如测试 U 相极间电容时，先测试 C_{U1}，再测试 C_{U2}。测试前后对电容器充分放电并接地。集合式高压并联电容器极间电容量很大，注意电流的计算，测试设备的容量应满足要求。

（3）电容量计算。电容量计算同高压并联电容器电容量计算。

六、测试注意事项

（1）运行中的设备停电后应先放电，再将高压引线拆除后测量，否则将引起测量误差。

（2）应根据被试电容器电容量的大小选择接线方式，注意克服电压表或电流表的影响。

（3）进行电容器电容量测试时，尽量避免通过熔丝测量。如有内置熔丝，应注意测试电流的大小。

（4）采用正接线测试耦合电容器及断路器电容器极间电容量时，注意低压电极对地应有绝缘。

七、测试结果分析及测试报告编写

（一）测试结果分析

1. 测试标准及要求

耐压试验前后应测试电容量，电容量变化应小于±2%。

（1）耦合电容器及断路器电容器极间电容偏差应符合下列规定：

1）耦合电容器电容值的偏差应在额定电容值的–5%～+10%范围内，电容器叠柱中任何两单元的实测电容之比值与这两单元的额定电压之比值的倒数之差不应大于 5%。

2）断路器电容器电容值的偏差应在额定电容值的±5%范围内。

（2）高压并联电容器极间电容偏差：

1）电容值偏差不超出额定值的–5%～+10%范围，电容值不应小于出厂值的 95%。

2）对电容器组，还应测量各相、各臂及总的电容值。

3）电容器组容许的电容偏差为装置额定电容的 0～+5%。

4）三相电容器组的任何两线路端子之间，其电容的最大值与最小值之比不应超过 1.02。

5）电容器组各串联段的最大与最小电容之比不应超过 1.02。

（3）集合式高压并联电容器极间电容偏差：

1）每相电容值偏差应在额定值的–5%～+10%的范围内，且电容值不小于出厂值的 96%。

2）三相中每两线路端子间测得的电容值的最大值与最小值之比不大于 1.06。

3）每相用 3 个套管引出的电容器组，应测量每 2 个套管之间的电容量，其值与出厂值相差在 ±5% 范围内。

2. 测试结果分析

绝缘良好的电容器，电容值的变化是很小的。电容值的突然增高，一般认为是部分电容元件击穿短路，因为电容器是由多段元件串联组成的，串联段数减少，电容才会增高。如果部分元件发生断线，电容值将会减少。电容量的测试也可灵敏地反映电容器浸渍剂的绝缘状况，如箱体密封不良浸渍剂泄漏会使电容值减少，进水后又会使电容量增大。

电容值偏差计算式为

$$\Delta C = \frac{C_Z - C_N}{C_N} \times 100\% \tag{60-0-7}$$

式中　ΔC ——电容偏差率，%；

C_Z ——实测电容量，μF；

C_N ——标称电容量，μF。

（二）测试报告编写

测试报告填写应包括测试设备编号、测试时间、测试人员、天气情况、环境温度、湿度、使用地点、电容器参数、测试结果、测试结论、试验性质（交接试验、预防性试验、检查）、测试仪器及设备的名称、型号、计量编号，备注栏写明其他需要注意的内容，如是否拆除引线等。

八、案例

一台型号为 BW10.5-10-1 的高压并联电容器，内部接线方式为 2 并 14 串，设每个电容元件 $C=1$，根据公式

$$C_N = \frac{C_0}{m}$$

则有

$$C_N = \frac{C_0}{m} = \frac{2}{14} = 0.143$$

式中　C_N ——电容器的总容量；

C_0 ——每组并联后的电容值；

m ——串联组数。

如电容器内部发生一个元件短路，则有

$$C_D = \frac{C_0}{m} = \frac{2}{13} = 0.154$$

式中　C_D ——一个元件短路后电容器总容量。

一个元件短路时电容变化率为

$$\Delta C = \frac{C_D - C_N}{C_N} \times 100\% = \frac{0.154 - 0.143}{0.143} \times 100\% = 7.7\%$$

如电容器内部发生一个元件开路，设开路组的电容为 C_1，此时 $C_1=1$；完好组总电容为 C_2，$C_2=C_D=0.154$，则开路电容为

$$C_K = \frac{C_1 \times C_2}{C_1 + C_2} = 0.133$$

一个元件开路时电容变化率为

$$\Delta C = \frac{C_K - C_N}{C_N} \times 100\% = \frac{0.133 - 0.143}{0.143} \times 100\% = -6.7\%$$

从以上案例可以看到，当电容器内部一个元件短路或开路时，电容值变化是比较显著的。

【思考与练习】

1. 耦合电容器和断路器电容器一般用什么方法测量电容量？

2. 并联电容器三相端子之间电容值有什么要求？

3. 为什么测量电容器电容量时，应根据电容量的大小选择不同的接线？

4. 集合式高压并联电容器每相中任意两段实测电容值有什么要求？

第六十一章

电容器介质损耗角正切值 $\tan\delta$ 测试

▲ 模块 电容器介质损耗角正切值 $\tan\delta$ 的测试（ZY1800503006）

【模块描述】本模块介绍耦合电容器和断口电容器极间介质损耗角正切值 $\tan\delta$ 的测试方法和技术要求。通过测试工作流程的介绍，掌握电容器介质损耗角正切值 $\tan\delta$ 测试前的准备工作和相关安全、技术措施、测试方法、技术要求及测试数据分析判断。

【模块内容】

一、测试目的

电容器介质损耗角正切值 $\tan\delta$ 和电容器绝缘介质的种类、厚度、浸渍剂的特性及制造工艺有关。电容器 $\tan\delta$ 的测量能灵敏地反映电容器绝缘介质受潮、击穿等绝缘缺陷，对制造过程中真空处理和剩余压力、引线端子焊接不良、有毛刺、铝箔或膜纸不平整等工艺的问题也有较灵敏的反应，所以说电容器介质损耗角正切值 $\tan\delta$ 是电容器绝缘优劣的重要指标。

二、测试仪器的选择

$\tan\delta$ 的测试可选用 QS1 型高压西林电桥和数字式自动介损测试仪。

三、危险点分析及控制措施

（1）防止高处坠落。在电容器上作业应系好安全带。对 220kV 及以上电容器，需解开引线时，宜使用高处作业车，严禁徒手攀爬互感器套管。

（2）防止高处落物伤人。高处作业应使用工具袋，上下传递物件应用绳索拴牢传递，严禁抛掷。

（3）防止工作人员触电。拆、接试验接线前，应将被试设备对地充分放电，以防止剩余电荷、感应电压伤人及影响测量结果。测试前与作业负责人协调，不允许有交叉作业，试验接线应正确、牢固，试验人员应精力集中，试验设备外壳应可靠接地。

四、测试前的准备工作

（1）了解被试设备现场情况及试验条件。查勘现场，查阅相关技术资料，包括该设备出厂试验数据及相关规程等，掌握该设备整体情况。

（2）测试仪器、设备准备。选择合适的 QS1 型高压西林电桥、标准电容、操作箱、10kV 升压器或数字式自动介损测试仪、测试线、温（湿）度计、放电棒、接地线、梯子、安全带、安全帽、电工常用工具、试验临时安全遮栏、标示牌等，并查阅测试仪器、设备及绝缘工器具的检定证书有效期。

（3）办理工作票并做好试验现场安全和技术措施。向其余试验人员交待工作内容、带电部位、现场安全措施、现场作业危险点，明确人员分工及试验程序。

五、现场测试步骤及要求

（一）耦合电容器测试

1. 测试接线

耦合电容器 $\tan\delta$ 的测量一般采用正接线，分析比较时采用反接线测量。正接线测试接线如图 61-0-1（a）所示，反接线测试接线如图 61-0-1（b）所示。采用正接线测量时，耦合电容器高压电极接测试电压，法兰接地，耦合电容器低压电极小套管接电桥 C_X 端，若被试品没有小套管，C_X 端与法兰连接并垫绝缘物测量。采用反接线时，耦合电容器高压电极接电桥 C_X 端，法兰和小套管接地。

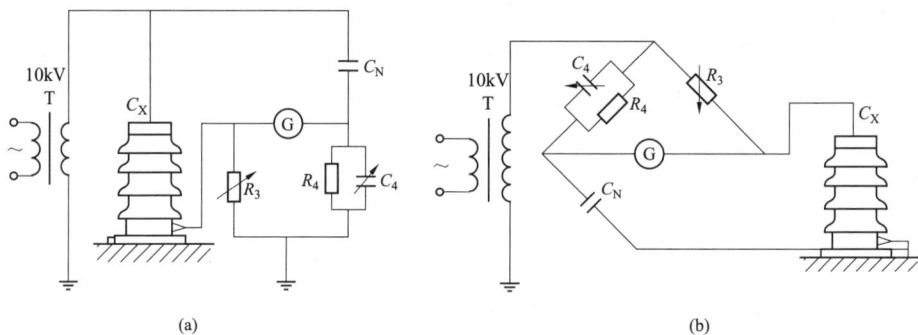

（a）   （b）

图 61-0-1　耦合电容器 $\tan\delta$ 的测试接线图

（a）正接线；（b）反接线

T—试验变压器；G—检流计；C_X—被试品；R_3、R_4—标准电阻；C_N、C_4—标准电容

2. 测试步骤

耦合电容器 $\tan\delta$ 测量采用正接线测量时，先将被试电容器对地放电并接地，拆除被试电容器对外所有一次连接线，电容器法兰接地，打开小套管接地线并与电桥 C_X 端相连接，高压引线接至电容器高压电极，取下接地线，检查接线无误后，通知其他人员远离被试品并监护。合上试验电源，从零开始升压至测试电压进行测试，测试电压为 10kV。测试完毕后先将电压降到零，然后读取测量数据，切断电源，对被试品进行放电并接地，拆除测试引线。特别注意小套管接地引线的恢复。

采用反接线测量时，电桥 C_X 端接电容器高压电极，低压电极接地。测量下节耦合电容器时下法兰和小套管接地，采用反接线测量时，桥体接地应直接与被试品接地点直接连接，测试电压为 10kV。

（二）断路器电容器测试

1. 测试接线

断路器电容器 tan δ 测量通常采用正接线，如图 61-0-2 所示，测量时被试电容器一端接测试电压，另一端接电桥 C_X 端。如断口电容器在安装前测试，应注意测量端要垫绝缘物。

2. 测试步骤

交接时断口电容器的 tan δ 应在安装前测试，主要是避免断路器灭弧室的影响。测试前先将被试电容器对地放电并接地，高压引线接至断路器电容器一端电极，电容器另一端接电桥 C_X 端。取下接地线，检查接线无误后，通知其他人员远离被试电容器。合上试验电源，从零开始升压至测试电压进行测试，测试电压为 10kV。测试完毕后将电压降到零后读取测量数据，然后切断电源，对被试品进行放电并接地。

预防性试验时，如果测试数据偏大，可将电容器拆下进行测试。

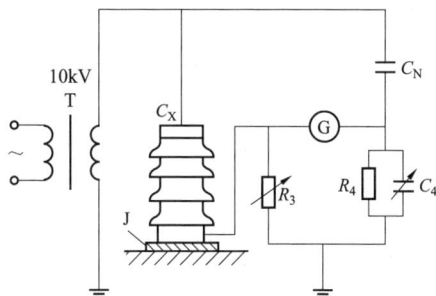

图 61-0-2　断口电容器
tan δ 测量接线图

T—试验变压器；J—绝缘物；G—检流计；
C_X—被试品；R_3、R_4—标准电阻；
C_N、C_4—标准电容

六、测试注意事项

（1）测试应在良好的天气下进行，电容器本身及环境温度不低于+5℃，电容器表面脏污、潮湿时，应采取擦拭和烘干等措施减少表面泄漏电流的影响，必要时加屏蔽环屏蔽表面泄漏电流。

（2）采用反接线测量时，电桥本体用截面较大的裸铜导线可靠接地，接地点应直接与被试品接地点直接连接。注意电桥 C_X 端对地距离应足够大，引线不能过长，以减少对地电容的影响。

（3）接线紧凑、布置合理，注意电场、磁场干扰。测试现场如有电场或磁场干扰应采用移相法、倒相法或变频法等抗干扰法进行测量。

（4）高压引线连接应紧密牢靠，否则接触电阻会对膜纸复合绝缘电容器 tan δ 带来误差。

（5）测试前必须检查电容器是否漏油。如漏油，则电容器应退出运行，不必进行测试。

七、测试结果分析及测试报告编写

（一）测试结果分析

1. 测试标准及要求

根据 DL/T 596—1996、GB 50150—2016 的规定，测量耦合电容器的介质损耗角正切值 $\tan\delta$，应符合下列要求：

（1）交接试验测得的介质损耗角正切值 $\tan\delta$ 应符合产品技术条件的规定。

（2）预防性试验数值：油纸绝缘耦合电容器 $\tan\delta$（%）不大于 0.5，复合绝缘耦合电容器 $\tan\delta$（%）不大于 0.2；油纸绝缘断路器电容器 $\tan\delta$（%）不大于 0.5，复合绝缘断路器电容器 $\tan\delta$（%）不大于 0.25。

2. 测试结果分析

电容器 $\tan\delta$ 值不应超过规程规定值和产品技术条件的规定，测试数据与原始值相比不应有显著变化，一般应小于 30%。

电容器 $\tan\delta$ 测量通常采用正接线。如果检查瓷套绝缘状况，可使用反接线测试，反接线能反映瓷套裂纹及内壁受潮的绝缘缺陷。

电容器内部元件为串、并联结构，特别是耦合电容器等电容器串联元件较多，个别元件短路、开路或劣化，$\tan\delta$ 反应并不是很灵敏，因为 $\tan\delta$ 与缺陷部分体积大小有关，其关系为

$$\tan\delta = \tan\delta_1 + \frac{V_2}{V}\tan\delta_2 \qquad (61\text{-}0\text{-}1)$$

式中　$\tan\delta_1$——绝缘良好部分介质损耗角正切值；

　　　$\tan\delta_2$——绝缘缺陷部分介质损耗角正切值；

　　　V_2——绝缘缺陷部分体积；

　　　V——绝缘总体积。

由式（61-0-1）可见，对电容量较大的试品，$\tan\delta$ 反应绝缘缺陷并不是很灵敏，还要结合电容量的变化综合判断。

OWF 型电容器绝缘为膜纸复合绝缘，用聚丙烯薄膜与电容器纸复合，有功损耗较低，约为油纸绝缘电容器的 1/4，介质损耗因数应小于 0.1%，因为其中聚丙烯粗化膜电容器的介质损耗因数只有 0.01%，损耗为电容器纸的 1/10，有机合成浸渍剂的介质损耗因数也只有 0.03%。

现场测量中膜纸复合绝缘的电容器介质损耗 $\tan\delta$ 一般小于 0.2%，但有少部分介质损耗超过 0.2，应具体分析判断，不能轻易判断不合格。现场测量中应使用分辨率高、误差小的交流电桥或数字式自动介损测试仪测试。如果使用 QS1 电桥测试，电桥 Z4 臂可并联一电阻 R_b 以提高分辨率，如将 QS1 电桥分辨率提高至 0.01%，并联电阻计

算式为

$$R_{b} = \frac{R_4}{N-1} = \frac{3184}{10-1} = 353.8(\Omega) \tag{61-0-2}$$

式中　R_{b}——外加并联电阻，Ω；

R_4——电桥 Z4 桥臂标注电阻，Ω；

N——分辨率提高倍数。

电桥 Z4 臂并联电阻后提高了分辨率 N 倍，并联电阻后的 tanδ_{b} 的计算式为

$$\tan\delta_{b} = \frac{\tan\delta}{N} \tag{61-0-3}$$

式中　tanδ——测量值，%。

电桥 Z4 臂并联电阻后电容量扩大了 N 倍，并联电阻后的 C_{Xb} 的计算式为

$$C_{Xb} = \frac{C_X}{N} \tag{61-0-4}$$

式中　C_X——电容量测量值，pF。

电容器 tanδ 的综合判断如下：

（1）与规程值比较；

（2）与产品技术条件比较；

（3）与历年数据比较；

（4）与同类设备测试数据比较；

（5）观察测试数据变化趋势；

（6）观察测试数据变化速率；

（7）观察电容量变化；

（8）必要时测量温度与 tanδ 的关系曲线。

（二）测试报告编写

测试报告填写应包括被试设备出厂编号、测试时间、测试人员、天气情况、环境温度、湿度、使用地点、电容器参数、测试结果、测试结论、试验性质（交接试验、预防性试验、检查）、测试设备、仪器的型号、计量编号，备注栏写明其他需要注意的内容，如是否拆除引线等。

八、案例

1 台型号 OY-110/$\sqrt{3}$ -0.01 的耦合电容器，原始 tanδ 测试数据是 0.2%，电容量 0.009 980μF，测试环境温度 29℃，本次测试数据 0.3%，电容量 0.011 00μF，测试环境温度 30℃，tanδ 增大，电容量增长明显，仔细检查发现耦合电容器上法兰与瓷套结合处渗油。分析认为耦合电容器密封不严进水受潮，导致绝缘劣化。因为良好的油纸绝

缘的 $\tan\delta$ 在 10～30℃ 范围内是稳定的或变化很小的，只有绝缘劣化 $\tan\delta$ 变化才会明显，电容量增大显著，说明电容器进水受潮，因为水的介电系数比电容器油要高。

【思考与练习】

1. 耦合电容器 $\tan\delta$ 测试接线通常采用哪种接线？

2. 目前常用的耦合电容器绝缘介质主要有哪几种？

3. 进行断路器电容器 $\tan\delta$ 交接试验，有什么要求？

4. QS1 电桥提高分辨率时并联电阻 R_b 和 $\tan\delta_b$ 如何计算？

第六十二章

电容器交流耐压试验

▲ 模块　电容器交流耐压试验（ZY1800504004）

【模块描述】本模块介绍耦合电容器、断口电容器、高压并联电容器及集合式电容器交流耐压试验方法和技术要求。通过试验工作流程的介绍，掌握电容器交流耐压试验前的准备工作和相关安全、技术措施、试验方法、技术要求及测试数据分析判断。

【模块内容】

一、试验目的

GB 50150—2016 只对并联电容器交流耐压试验进行了规定，并联电容器极对地交流耐压试验的目的是考核其绝缘的电气强度，主要检查电容器内部极对外壳的绝缘、电容元件外包绝缘、浸渍剂泄漏引起的滑闪和套管及引线故障。有些规程对耦合电容器交接和必要时进行极间交流耐压也做了规定，试验的目的是考核极间绝缘的电气强度，检查绝缘沿面和贯穿性击穿故障。电极对油箱的绝缘强度一般是比较高的，但由于生产工艺的缺陷，如在焊接过程中烧伤了元件与油箱间的绝缘纸板、引线没包绝缘、油量不足、采用短尾套管绝缘距离不够、瓷套质量不良等，在试验过程中都可能及时发现。

二、试验仪器、设备的选择

电容器交流耐压主要应用试验变压器、操作箱、交流分压器及保护球隙等，系统准确等级 1.5 级以上。

试验变压器的选择：试验变压器高压侧电流应按下式计算

$$I = \omega C_X U_s \qquad (62\text{-}0\text{-}1)$$

式中　I ——试验变压器高压侧电流，mA；

　　ω ——角频率；

　　C_X ——被试电容器电容量，μF；

　　U_s ——试验电压，kV。

试验变压器的容量按下式选取

$$P = U_N^2 \omega C_X \times 10^{-3} \qquad (62\text{-}0\text{-}2)$$

式中 P ——试验变压器容量，kVA；

U_N ——试验变压器高压侧额定电压，kV。

注明：试验变压器容量选择时应使用额定电压计算，否则有可能出现高压输出电流不能满足试验要求的情况。

三、危险点分析及控制措施

（1）防止高处坠落。在电容器上作业应系好安全带。对 220kV 及以上的电容器，需解开引线时，宜使用高处作业车，严禁徒手攀爬电容器套管。

（2）防止高处落物伤人。高处作业应使用工具袋，上下传递物件应用绳索拴牢传递，严禁抛掷。

（3）防止工作人员触电。拆、接试验接线前，应将被试设备对地充分放电，以防止剩余电荷、感应电压伤人及影响测量结果。测试前与作业负责人协调，不允许有交叉作业，试验接线应正确、牢固，试验人员应精力集中，注意被试品应与其他设备有足够的安全距离，必要时应加绝缘板等安全措施。试验设备外壳应可靠接地。

四、试验前的准备工作

（1）了解被试设备现场情况及试验条件。查勘现场，查阅相关技术资料，包括该设备历年试验数据及相关规程等，掌握该设备整体情况。

（2）试验仪器、设备准备。选择合适的试验变压器、操作箱、分压器、保护球隙、测试线、温（湿）度计、放电棒、接地线、梯子、安全带、安全帽、电工常用工具、试验临时安全遮栏、标示牌等，并查阅测试仪器、设备及绝缘工器具的检定证书有效期。

（3）办理工作票并做好试验现场安全和技术措施。向其余试验人员交待工作内容、带电部位、现场安全措施、现场作业危险点，明确人员分工及试验程序。

五、现场试验步骤及要求

（一）耦合电容器极间和小套管交流耐压

1. 试验接线

试验时耦合电容器高压端与试验变压器高压引线相连，耦合电容器的下法兰和小套管接地，原理接线如图 62-0-1 所示。

在小套管耐压试验时，法兰接地，小套管处施加 10kV 电压。

2. 试验步骤

耦合电容器极间交流耐压试验应在其他试验合格后进行。

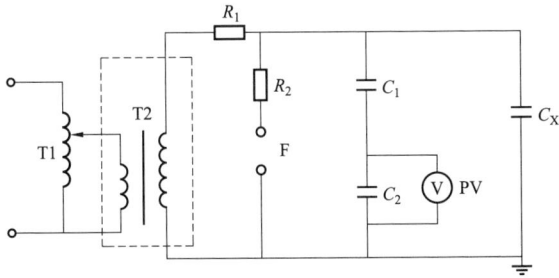

图 62-0-1　耦合电容器极间交流耐压试验原理接线图

T1—调压器；T2—试验变压器；R_1—限流电阻；R_2—球隙保护电阻；F—球隙；
C_1、C_2—分压电容器高、低压臂电容；PV—电压表；C_X—被试电容器

对电容器进行充分放电并接地，做好相关安全措施，拆除所有引线并注意距离，耦合电容器的下法兰和小套管接地。

合理布置试验设备，试验设备外壳应可靠接地。按图 62-0-1 进行接线，检查接线是否正确，调整、检查操作箱保护装置，调整保护球隙的放电电压为试验电压的 1.2 倍。

检查调压器零位，合上电源开关，从零（或接近于零）开始升压。试验过程中观察电流表和电压表的变化情况，一般在 50%试验电压下打开电流表短路开关读取电流，然后合上电流表短路开关。升至试验电压后（试验电压为出厂值的 75%），开始计时，60s 时打开电流表短路开关读取电流值后，迅速均匀降压到零（或接近于零），然后切断电源，使用放电棒对电容器进行充分放电并接地，拆除高压引线，试验结束。

小套管耐压试验步骤同第 1 条。

（二）高压并联电容器极对地交流耐压试验

1. 试验接线

试验时两电极短接后接高压，电容器外壳接地，试验接线如图 62-0-2 所示。

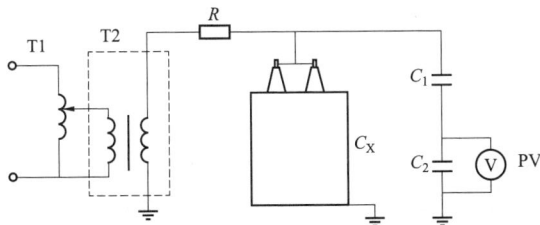

图 62-0-2　高压并联电容器极对地交流耐压试验接线图

2. 试验步骤

对电容器进行充分放电并接地，做好相关安全措施，拆除所有引线和外熔丝。试验时取下接地线，电容器双极短接后接高压引线，高压引线应连接牢固，引线尽量短，必要时使用绝缘物支撑或扎牢，注意高压引线对周围非试验设备的安全距离，电容器外壳接地，周围非试验设备接地。高压并联电容器极对地交流耐压试验电压为出厂值的75%，试验步骤同耦合电容器。

（三）集合式高压并联电容器相间及对地交流耐压试验

1. 试验接线

试验时各相极间短接，试验相短接后接高压，非试验相短接后接地，外壳接地，三相分别施加试验电压，试验接线如图 62-0-3 所示。

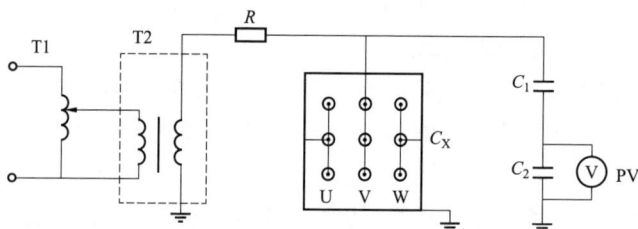

图 62-0-3　集合式高压并联电容器相间及对地交流耐压试验接线图

2. 试验步骤

对电容器进行充分放电并接地，做好相关安全措施，拆除所有引线和外熔丝。试验时取下接地线，电容器各相电极间短接，外壳接地，试验相接高压引线，非试验相接地，U、V、W 三相分别施加试验电压，集合式高压并联电容器相间及对地交流耐压试验电压为出厂值的75%，试验步骤同耦合电容器。

六、试验注意事项

（1）耐压试验前首先检查其他试验项目是否合格，合格后才可进行交流耐压试验。

（2）试验前后应对电容器进行充分放电，应从电极引出端直接放电，避免通过熔丝放电，以免放电电流熔断熔丝。

（3）注意容升和电压谐振。试验电压应在耦合电容器两端或并联电容器极对地之间测量，耦合电容器因试验电压较高，为防止电压谐振，还应与被试品并接球隙进行保护。

（4）试验回路必须装设过电流保护装置且动作灵敏可靠，动作电流可按试验变压器额定电流的1.5～2倍整定。

（5）试验时注意电压波形。为防止电压畸变，应避免移圈式调压器在高端或低端使用。电源电压应采用线电压。为克服电源干扰，可在试验变压器低压侧加滤波装置。

（6）防止冲击合闸及合闸过电压。应从零（或接近于零）开始升压，切不可冲击合闸。必要时在调压器与试验变压器之间加装隔离开关，先合调压器电源开关，再合上隔离开关。试验过程中，如发现试验设备或被试品异常，应停止升压，立即降压、断电，查明原因后再进行下面的工作。

七、试验结果分析及试验报告编写

（一）试验结果分析

1. 试验标准及要求

根据 GB 50150—2016、DL/T 596—1996 及 DL/T 474.1～5 的规定：耦合电容器交流耐压试验标准为出厂试验电压的 75%。

并联电容器施加电压部位是双极对外壳之间，集合式并联电容器施加电压部位是极对外壳及相间。并联电容器交流耐压标准见表 62-0-1。当电容器出厂试验电压不符合表 62-0-1 的规定时，交接试验电压应为电容器出厂试验电压的 75%。

表 62-0-1　　　　　　　　　并联电容器交流耐压标准

额定电压（kV）	<1	1	3	6	10	15	20	35
出厂试验电压（kV）	3	6	18/25	23/30	30/42	40/55	50/65	80/95
交接试验电压（kV）	2.25	4.5	18.76	22.5	31.5	41.25	48.75	71.25

注　斜线下的数据为外绝缘的干耐受电压。

2. 试验结果分析

电容器在交流耐压试验前后应测量绝缘电阻，绝缘电阻不应有明显变化。耐压试验前后电容量变化应小于±2%。试验中如无破坏性放电发生，则认为通过耐压试验。

在试验过程中，如发现电压表指针摆动很大，电流表指示急剧增加，升压时电流上升、电压基本不变甚至有下降趋势，被试品冒烟、闪络或发出击穿放电声等，这些现象说明是绝缘部分出现故障，则认为被试电容器交流耐压试验不合格。如确定被试品的表面闪络是由于空气湿度或表面脏污等所致，应将被试品清洁干燥处理后，再进行试验。

在试验过程中，不能只依据过电流保护装置动作情况来分析判断试验结果。如过电流保护装置动作，不应简单认为是电容器击穿或绝缘故障，应认真检查分析，是否过电流保护整定过小，或被试电容器电容电流超出试验设备保护动作范围。相反，如整定值过大，即使电容器发生放电或局部小电流击穿，过电流保护装置不一定动作。

所以，应结合被试品和试验设备具体分析判断。

（二）试验报告编写

试验报告填写应包括被试设备出厂编号、试验时间、试验人员、天气情况、环境温度、湿度、使用地点、电容器参数、试验结果、试验结论、试验性质（交接试验、预防性试验、检查）、测试设备、仪器的型号和名称、计量编号，备注栏写明其他需要注意的内容，如是否拆除引线等。

八、案例

对 1 台型号为 OY–110/$\sqrt{3}$ –0.006 6 的耦合电容器进行交流耐压试验，铭牌电容量为 0.006 550μF，试验电压 138.8kV，求流过被试品的电容电流和试验变压器的容量？

解：根据式（62–0–1）可得

$$I=\omega C_X U_s=314\times0.006\ 550\times138.8=285.5（mA）\approx286mA$$

故通过试品的电容电流为 286mA。

根据式（62–0–2）可得

$$P=U^2\omega C\times10^{-3}=1502\times314\times0.006\ 550\times10^{-3}=46.3（kVA）$$

故可选用额定容量为 50kVA、额定电压为 150kV 的高压试验变压器。

试验变压器高压侧输出额定电流为

$$I_N=\frac{P_N}{U_N}=\frac{50}{150}=0.333（A）$$

可见试验变压器容量为 50kVA 时，其高压输出电流满足试验要求。

【思考与练习】

1. 耦合电容器和并联电容器交流耐压时，试验电压各施加在什么部位？

2. 并联电容器放电时，为什么要直接在电极引出端放电？

3. 为什么不能只依据过流保护装置动作情况来分析判断试验结果？

4. 高电压、大容量的试品交流耐压试验时，为什么使用球隙保护？

第十二部分

避 雷 器 试 验

第六十三章

避雷器绝缘电阻试验

▲ 模块　避雷器绝缘电阻测试（ZY1800501009）

【模块描述】本模块介绍氧化锌避雷器及阀型避雷器绝缘电阻的测试方法和技术要求。通过测试工作流程的介绍，掌握避雷器绝缘电阻测试前的准备工作和相关安全、技术措施、测试方法、技术要求及测试数据分析判断。

【模块内容】

一、测试目的

当避雷器密封良好时，其绝缘电阻很高，受潮以后，则绝缘电阻下降很多，因此测量避雷器绝缘电阻对判断避雷器是否受潮是很有效的一种方法。对带并联电阻的阀型避雷器，还可检查并联电阻是否老化或通断及接触是否良好。对金属氧化物避雷器，测量其绝缘电阻可检查出是否存在内部受潮或瓷套裂纹等缺陷。对带放电计数器的避雷器应进行底座绝缘电阻测试，其目的是检查底座绝缘是否受潮或瓷套出现裂纹等，保证放电计数器在避雷器动作时能够正确计数。

二、测试仪器、设备的选择

测量避雷器绝缘电阻的仪器一般可选择电动绝缘电阻表、手摇式绝缘电阻表、数字式绝缘电阻表等，对 35kV 及以下的用 2500V 绝缘电阻表；对 35kV 以上的用 5000V 绝缘电阻表。

三、危险点分析及控制措施

（1）防止高处坠落。人员在拆、接避雷器一次引线时，必须系好安全带。在测量绝缘电阻时，应尽量使用绝缘杆。在使用梯子时，必须有人扶持或绑牢。

（2）防止高处落物伤人。高处作业应使用工具袋，上下传递物件应用绳索拴牢传递，严禁抛掷。

（3）防止人员触电。拆、接试验接线前，应将被试绝缘子对地充分放电，以防止剩余电荷、感应电压伤人及影响测量结果。禁止在有雷电时或邻近高压设备时使用绝缘电阻表，以免发生危险。

四、测试前的准备工作

（1）了解被试设备现场情况及试验条件。查勘现场，查阅相关技术资料，包括该设备历年试验数据及相关规程等，掌握该设备整体情况。

（2）测试仪器、设备准备。选择合适的绝缘电阻表、测试线、温（湿）度计、放电棒、接地线、梯子、安全带、安全帽、电工常用工具、试验临时安全遮栏、标示牌等，并查阅测试仪器、设备及绝缘工器具的检定证书有效期。

（3）办理工作票并做好试验现场安全和技术措施。向其余试验人员交待工作内容、带电部位、现场安全措施、现场作业危险点，明确人员分工及试验程序。

五、现场测试步骤及要求

（一）测试接线

绝缘电阻表上的接线端子"L"是接高压端的，"E"是接被试品的接地端的，"G"是接屏蔽端的。如被试品带有放电计数器，应将放电计数器前端作为接地端，采用屏蔽线连接。例如，被试品表面泄漏电流较大，还需接上屏蔽环。

（二）测试步骤

（1）将避雷器接地放电，放电时应用绝缘棒等工具进行，不得用手碰触放电导线。拆除或断开被试避雷器对外的一切连线。

（2）检查绝缘电阻表是否正常，若绝缘电阻表正常，将绝缘电阻表的接地端与被试品的地线连接，绝缘电阻表的高压端接上测试线，测试线的另一端悬空（不接试品），再次驱动绝缘电阻表，绝缘电阻表的指示应无明显差异，然后将绝缘电阻表停止转动。

（3）进行接线，经检查无误后，驱动绝缘电阻表达到额定转速，将测试线搭上测试部位，读取 60s 绝缘电阻值，并做好记录。

（4）读取绝缘电阻后，应先断开接至被试品高压端的连接线，再将绝缘电阻表停止运转，以免绝缘电阻表反充电而损坏绝缘电阻表。

（5）对避雷器测试部位短接放电并接地。

（6）接有放电计数器的避雷器应测试避雷器的底座绝缘电阻。拆除放电计数器的上端引线，按上述步骤（3）～（5）所述的测试方法对避雷器的底座进行绝缘电阻测试。

六、测试注意事项

（1）宜选用相同电压、相同型号的绝缘电阻表。

（2）测量时宜使用高压屏蔽线且屏蔽层接地。若无高压屏蔽线，测试线不要与地线缠绕，应尽量悬空。测试线不能用双股绝缘线和绞线，应用单股线分开单独连接，以免因绞线绝缘不良而引起误差。

（3）试验人员之间应分工明确，测量时应配合默契，测量过程中要大声读数。

（4）测量时应在天气良好的情况下进行，且空气相对湿度不高于80%。若遇天气潮湿、绝缘子表面脏污，则需要进行"屏蔽"测量。测量采用屏蔽的接线如图32-1-3所示。

七、测试结果分析及测试报告编写

（一）测试结果分析

1. 测试标准及要求

根据 DL/T 596—1996、GB 50150—2016 的规定：

（1）FS 型避雷器绝缘电阻应不低于 2500MΩ。

（2）FZ（PBC.LD）、FCZ 和 FCD 型避雷器的绝缘电阻自行规定，但与前一次或同类型的测量数据进行比较，不应有显著变化。

（3）金属氧化物避雷器：35kV 以上，不低于 2500MΩ；35kV 及以下，不低于 1000MΩ。

（4）避雷器的底座绝缘电阻不低于 5MΩ。

2. 测试结果分析

将所测得的试验数据结合温（湿）度情况，与同一设备历史数据或同类型的测量数据相比，并结合规程标准及其他试验结果进行综合判断。

（二）测试报告编写

测试报告填写应包括测试时间、测试人员、天气情况、环境温度、相对湿度、使用地点、避雷器参数、测试数据、测试结论、试验性质（交接试验、预防性试验、检查）、绝缘电阻表的型号、计量编号，备注栏写明其他需要注意的内容，如是否拆除引线等。

八、案例

某变电站一只 10kV 型号为 HY5WZ-17/45 型氧化锌避雷器，在预防性试验中绝缘电阻为 100MΩ，历年数据在 10000MΩ以上，对其进行泄漏电流测试，75%U_{1mA} 下的泄漏电流为 200μA，判断该避雷器不合格，予以更换。

【思考与练习】

1. 避雷器绝缘电阻的测试目的是什么？

2. 当避雷器绝缘电阻测试值与历年相比降低较多时，应采取哪些措施来进一步分析判断？如果需要屏蔽，应如何进行？

3. 避雷器绝缘电阻值的测试标准是什么？

第六十四章

电 导 电 流 测 试

▲ 模块　阀型避雷器电导电流测试（ZY1800515001）

【模块描述】本模块介绍阀型避雷器电导电流的测试方法和技术要求。通过测试工作流程的介绍，掌握阀型避雷器电导电流测试前的准备工作和相关安全、技术措施、测试方法、技术要求及测试数据分析判断。

【模块内容】

一、测试目的

（一）电导电流的测试目的

将直流电压加于带并联电阻避雷器（一般指普通阀型避雷器和磁吹阀型避雷器）两端所测得的电流称为电导电流。测量电导电流是带并联电阻避雷器的一个十分重要的项目，测量的目的是检查避雷器的并联电阻是否受潮、老化、断裂、接触不良及非线性系数 α 是否相配。测得的电导电流若显著降低，则表示并联电阻断裂或接触不良，反之表示并联电阻受潮或瓷腔内进潮；若逐年降低，则表示并联电阻劣化。

（二）非线性系数的测试目的

当避雷器由多个带有分路电阻的元件组装而成时，必须校核它们的非线性系数 α 是否相近。因为当电导电流较大，若各间隙组并联的非线性电阻值相近时，均压效果就比较好，反之就比较差。如果均压效果较差，各元件的工频电压分布不均匀就较严重，从而影响避雷器的灭弧性能。

FZ 型避雷器非线性系数 α 的值可按下式计算

$$\alpha = \frac{\lg(U_2 / U_1)}{\lg(I_2 / I_1)} \qquad (64\text{--}0\text{--}1)$$

式中　U_1、U_2——表 64-0-1 中规定的试验电压；

I_1、I_2——对应于 U_1、U_2 电压下的电导电流。

非线性系数差值是指串联元件中两个元件的非线性系数之差，即

$$\Delta\alpha = \alpha_1 - \alpha_2 \qquad\qquad (64\text{-}0\text{-}2)$$

电导电流相差值（%）系指最大电导电流和最小电导电流之差与最大电导电流比值的百分数。

表 64-0-1 　　　　　测量电导电流时施加的直流电压　　　　　（kV）

元件额定电压		3	6	10	15	20	30
试验电压	U_1	—	—	—	8	10	12
	U_2	4	6	10	16	20	24

二、测试仪器、设备的选择

测量避雷器电导电流的仪器一般可选择成套的直流高压发生器。

（1）根据不同试品的要求，选择不同电压等级的直流高压发生器。试验电压应能满足试验的极性和电压值，还必须具有足够的电源容量。直流高压发生器的直流输出脉动系数小于±1.5%。

（2）试验电压应在高压侧测量，一般用电阻分压器进行测量。

（3）测量电导电流的微安电流表，其准确度宜不大于 1.0 级。

三、危险点分析及控制措施

（1）防止高处坠落。工作人员在拆、接避雷器一次引线时，必须系好安全带。在使用梯子时，必须有人扶持或绑牢。

（2）防止高处落物伤人。高处作业应使用工具袋，上下传递物件应用绳索拴牢传递，严禁抛掷。

（3）防止人员触电。测试人员不得触碰导体，并保持与带电部位足够的安全距离。试验前后或变更接线前均应将被试设备充分放电。变更接线或试验结束时，应首先将调压器回零，然后断开电源。试验引线应先接地，再进行接线操作。试验仪器的金属外壳应可靠接地，仪器操作人员必须站在绝缘垫上。

四、测试前的准备工作

（1）了解被试设备现场情况及试验条件。查勘现场，查阅相关技术资料，包括该设备出厂试验数据及相关规程等，掌握该设备整体情况。

（2）测试仪器、设备准备。选择合适的直流高压发生器、万用表、温（湿）度计、测试线、屏蔽线、放电棒、接地线、安全带、安全帽、电工常用工具、试验临时安全遮栏、标示牌等，并查阅测试仪器、设备及绝缘工器具的检定证书有效期。

（3）办理工作票并做好试验现场安全和技术措施。向其余试验人员交待工作内容、带电部位、现场安全措施、现场作业危险点，明确人员分工及试验程序。

五、现场测试步骤及要求

（一）测试接线

测试避雷器电导电流的原理接线如图 64-0-1 所示，被试避雷器元件末端接地，试验电压施加在高压端。

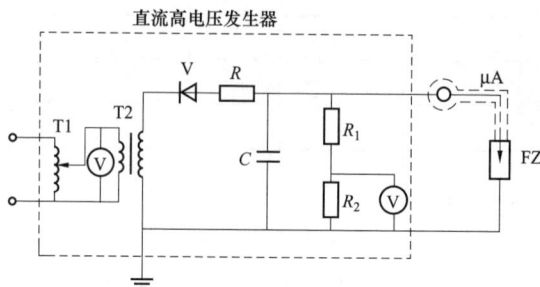

图 64-0-1　测量避雷器电导电流的原理接线图

T1—调压器；T2—试验变压器；V—高压硅堆；R—限流电阻；C—滤波电容；

R_1、R_2—电阻分压器高低压臂；FZ—被试避雷器

（二）测试步骤

（1）将避雷器接地放电，拆除或断开避雷器对外的一切连线。

（2）将避雷器表面擦拭干净，进行接线。检查测试接线正确后，合上电源开关，合上高压开关，开始升压。对试品施加电压时，应从足够低的数值开始，然后缓慢地升高电压到规定的试验电压值 U_1，待电流稳定后，读出微安电流表读数 I_1。继续升压至 U_2，待电流稳定后，读出 U_2 电压下微安电流表读数 I_2。

（3）将电压输出降低到零，关闭高压开关，关闭电源开关，断开电源。

（4）将被试品经放电棒充分放电。

（5）对于串联组合元件的避雷器，需计算非线性系数。对上一节避雷器测试完电导电流，做好试验记录后，再进行下一节避雷器电导电流的测试。

六、测试注意事项

（1）直流泄漏电流测试前，应先测试绝缘电阻，其值应正常。

（2）为了防止外绝缘的闪络和易于发现绝缘受潮等缺陷，避雷器电导电流测试通常采用负极性直流电压。

（3）测量电导电流时，应尽量避免电晕电流、杂散电容和潮湿污秽的影响。从微安电流表到避雷器的引线需加屏蔽。

（4）对于可疑数据应复试，并排除仪器故障、避雷器表面脏污或潮湿时泄漏电流增大引起的影响。

（5）试验电压应在高压侧测量，测量系统应经过校验。测量误差不应大于 2%。

（6）由 2 个及以上元件组成的避雷器应对每个元件进行试验。在某一节的顶部施加直流电压时，该节避雷器元件的末端必须接地。

七、测试结果分析及测试报告编写

（一）测试结果分析

1. 测试标准及要求

根据 DL/T 596—1996 及 GB 50150—2016 的规定：

FZ、FS、FCZ、FCD 型避雷器的电导电流参考值见表 64-0-2 或制造厂规定值，还应与历年数据比较，不应有显著变化。FS、FCZ、FCD 的试验标准参照 DL/T 596—1996。

表 64-0-2   **FZ 型避雷器的电导电流参考值**

型号	FZ-10 （FZ2-10）	FZ-35	FZ-40	FZ-60	FZ-110J	FZ-110	FZ-220J
额定电压 （kV）	10	35	40	60	110	110	220
试验电压 （kV）	10	16 （15kV 元件）	20 （20kV 元件）	20 （20kV 元件）	24 （30kV 元件）	24 （30kV 元件）	24 （30kV 元件）
电导电流 （μA）	400～600 （<10）	400～600	400～600	400～600	400～600	400～600	400～600

注 括号内的电导电流值对应于括号内的型号。

同一相内串联组合元件的非线性系数差值，在交接时不应大于 0.04，在运行中不应大于 0.05；电导电流相差值不应大于 30%。

2. 测试结果分析

（1）将测试数据与标准要求值相比，与被试品前一次或同类型设备的测量数据相比，结合温、湿度情况，进行综合分析判断。如 FZ 型避雷器的非线性系数差值大于0.05，但电导电流合格，则允许做换节处理，换节后的非线性系数差值不应大于 0.05。

（2）对不同温度下测量的普通阀型或磁吹阀型避雷器电导电流进行比较时，需要将它们换算到同一温度。经验指出，温度每升高 10°C，电导电流增大 3%～5%，可参照换算。

（二）测试报告编写

测试报告填写应包括测试时间、测试人员、天气情况、环境温度、湿度、被试避雷器型号及参数、使用地点、测试结果、测试结论、试验性质（交接试验、预防性试验、检查）、测试仪器设备的型号、计量编号、备注栏写明其他需要注意的内容，如是否拆除引线等。

八、案例

某只 FZ-60 型避雷器，上节 FZ-20 避雷器元件试验中发现其绝缘电阻为 1500MΩ，泄漏电流为 300μA，而上年泄漏电流为 430μA，根据泄漏电流低于标准要求且有逐年降低的趋势，分析认为该节避雷器的非线性电阻在运行电压下的电导电流作用下发生劣化，当即更换。

【思考与练习】

1. FZ 型避雷器进行预防性试验时，为什么要测量并联电阻的非线性系数？组合元件的非线性系数差值的允许值是多少？

2. FZ 型避雷器的电导电流在一定的直流电压下规定为 400~600μA，为什么说低于 400μA 或高于 600μA 都有问题？

3. 有 4 节 FZ-30J 阀型避雷器，如果要串联组合使用，则必须满足的条件是什么？

第六十五章

工频放电电压测试

▲ 模块1 不带并联电阻的阀型避雷器放电电压测试
（ZY1800515002）

【**模块描述**】本模块介绍不带并联电阻的阀型避雷器放电电压的测试方法和技术要求。通过测试工作流程的介绍，掌握不带并联电阻的阀型避雷器放电电压测试前的准备工作和相关安全、技术措施、测试方法、技术要求及测试数据分析判断。

【**模块内容**】

一、测试目的

FS 型避雷器须进行工频放电电压测试，以检查 FS 型避雷器的放电性能，检查火花间隙的结构及特性是否正常，检验它在内部过电压下有无动作的可能性。带有非线性并联电阻的阀型避雷器只在解体大修后及必要时进行。

二、测试仪器、设备的选择

测量 FS 型避雷器工频放电电压的仪器一般可选择由试验变压器、调压器、保护电阻、电压表、电流表等组成的试验回路进行试验。

（1）根据被试避雷器工频放电电压的正常范围内的上限值，选用具有合适电压的试验变压器，并检查试验变压器所需低压侧电压是否与现场电源电压、调压器相配。

（2）试验前可用分压器进行变压器高低压侧电压的校正，可以近似地根据变压器的变比和低压侧电压表的指示值求出避雷器的放电电压，使用的电压表的准确度不得低于 0.5 级。对有并联电阻的阀型避雷器，应使用交流峰值电压表测量工频放电电压，其准确度不得低于 1.0 级。

（3）对不带并联电阻的 FS 型避雷器，保护电阻 R 一般取 $0.1\sim0.5\Omega/V$。对有并联电阻的普通阀式避雷器，可以选用阻值较低的电阻器或不用保护电阻，应使通过被试品的工频电流限制在 $0.2\sim0.7A$ 范围内。

三、危险点分析及控制措施

（1）防止高处坠落。人员在拆、接避雷器一次引线时，必须系好安全带。使用梯子时，必须有人扶持或绑牢。

（2）防止高处落物伤人。高处作业应使用工具袋，上下传递物件应用绳索拴牢传递，严禁抛掷。

（3）防止人员触电。测试人员不得触碰导体，并保持与带电部位足够的安全距离。试验前后或变更接线时均应将被试设备充分放电。变更接线或试验结束时，应首先将调压器回零，然后断开电源。试验引线应先接地，再进行接线操作。试验仪器的金属外壳应可靠接地，仪器操作人员必须站在绝缘垫上。

四、测试前的准备工作

（1）了解被试设备现场情况及试验条件。查勘现场，查阅相关技术资料，包括该设备历年试验数据及相关规程等，掌握该设备整体情况。

（2）测试仪器、设备准备。选择合适的试验变压器、调压器、保护电阻、电压表、电流表、分压器、温（湿）度计、测试线、绝缘杆、剩余电流动作保护器、接地线、放电棒、安全带、安全帽、电工常用工具、试验临时安全遮栏、标示牌等，并查阅测试仪器、设备及绝缘工器具的检定证书有效期。

（3）办理工作票并做好试验现场安全和技术措施。向其余试验人员交待工作内容、带电部位、现场安全措施、现场作业危险点，明确人员分工及试验程序。

五、现场测试步骤及要求

（一）测试接线

FS 型避雷器工频放电电压测试的原理接线如图 65-1-1 所示，将试验变压器的高压输出端临时接地，将高压测试线连接到被试避雷器的高压端，被试避雷器末端可靠接地，保持测试线对地有足够的安全距离。

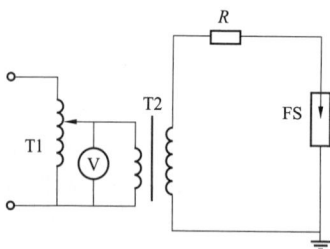

图 65-1-1 FS 型避雷器
工频放电电压测试的原理接线图

T1—调压器；T2—试验变压器；R—限流电阻；
FS—被试避雷器

（二）测试步骤

（1）将避雷器接地放电，拆除或断开避雷器对外的一切连线。

（2）将避雷器表面擦拭干净，进行接线。检查接线正确无误后，拆除试验变压器的高压端临时接地线，并保持与测试线有足够的安全距离后，开始试验。

（3）检查调压器在零位，接通电源，缓慢升压，记录避雷器间隙击穿时的电压读数。测试 3 次，取平均值作为测试数据。

（4）将调压器降到零，断开电源，并对避雷器进行充分放电。

（5）拆除试验所接的引线，整理现场。

六、测试注意事项

（1）升压必须从零开始，不可冲击合闸。对无并联电阻的 FS 型避雷器，升压速度不宜太快，以免由于表计机械惯性引起读数误差，以每秒 3～5kV 为宜。对有并联电阻的避雷器做工频放电电压试验时，必须严格控制升压速度，因为并联电阻的热容量小，在接近放电时，如果升压时间较长，会使并联电阻发热烧坏。因此规定：超过灭弧电压以后到避雷器放电的升压时间，不得超过 0.2s。

（2）选择好试验回路保护电阻 R 的值，要求把放电电流限制在 0.7A 以下，在间隙放电后 0.5s 内切断电源。

（3）2 次放电要保持一定的时间间隔，以免由于 2 次放电的时间间隔太短，间隙内部没有充分去游离，而造成放电电压偏低或分散性较大。一般时间间隔不少于 1min。

七、测试结果分析及测试报告编写

（一）测试结果分析

1. 测试标准及要求

根据 DL/T 596—1996 及 GB 50150—2016 的规定，FS 型避雷器的工频放电电压应在表 65–1–1 所列范围内。

表 65–1–1　　　　　　　　　　FS 型避雷器的工频放电电压

额定电压（kV）		3	6	10
放电电压（kV）	交接、大修后	9～11	16～19	26～31

2. 测试结果分析

将测试数据与标准要求值相比，与被试品前一次或同类型设备的测量数据相比，结合温（湿）度情况，进行综合分析后做出测试结论合格与否的判断。对于可疑数据应予以复测。

（二）测试报告编写

测试报告填写应包括测试时间、测试人员、天气情况、环境温度、湿度、避雷器型号及参数、使用地点、测试结果、测试结论、试验性质（交接试验、预防性试验、检查），主要仪器设备的型号及参数、计量编号、备注栏写明其他需要注意的内容，如是否拆除引线等。

八、案例

一只 FS-10 型阀型避雷器，停电试验时进行工频放电电压测试，3 次工频放电电压平均值为 21kV，低于标准值 23～33kV 的下限，判断为不合格，进行了更换。

【思考与练习】

1. 避雷器工频放电电压的测试目的是什么？
2. 请画出 FS 型避雷器工频放电电压测试的原理接线图。
3. FS 型避雷器工频放电电压试验中应注意哪些问题？

▲ 模块 2 带间隙的氧化锌避雷器工频放电电压测试 （ZY1800515003）

【模块描述】本模块介绍带间隙氧化锌避雷器工频放电电压的测试方法和技术要求。通过测试工作流程的介绍，掌握带间隙氧化锌避雷器工频放电电压测试前的准备工作和相关安全、技术措施、测试方法、技术要求及测试数据分析判断。

【模块内容】

一、测试目的

带间隙的氧化锌避雷器工频放电电压测试主要是检查避雷器的放电性能，检验它在内部过电压下有无动作的可能性。该项目只对有间隙避雷器要求，其工频放电电压不应低于普通阀式或磁吹避雷器的工频放电电压。

二、测试仪器、设备的选择

测量氧化锌避雷器工频放电电压的仪器一般可选择由试验变压器、调压器、保护电阻、电压表、电流表等组成的回路进行试验。

（1）根据被试避雷器工频放电电压的正常范围内的上限值，选用具有合适电压的试验变压器，并检查试验变压器所需低压侧电压是否与现场电源电压、调压器相配。

（2）35kV 及以下避雷器的工频放电电压，可近似地根据变压器的变比和低压侧电压表的指示值求出避雷器的放电电压。66kV 及以上避雷器应考虑容升的影响，工频放电电压测量通常采用电容式分压器进行。电压表、电流表的准确度不应低于0.5 级。

（3）有串联间隙的金属氧化物避雷器，由于阀片的电阻值较大，放电电流较小，过电流跳闸继电器应调整得灵敏些。调整保护电阻器，放电电流控制在 0.05～0.2A 之间，放电后在 0.2s 内切断电源。

三、危险点分析及控制措施

（1）防止高处坠落。工作人员在拆、接避雷器一次引线时，必须系好安全带。使用梯子时，必须有人扶持或绑牢。

（2）防止高处落物伤人。高处作业应使用工具袋，上下传递物件应用绳索拴牢传递，严禁抛掷。

（3）防止人员触电。测试人员不得触碰导体，并保持与带电部位足够的安全距离。在变更接线或试验结束时，应首先将调压器回零，然后断开电源。试验引线应先接地，再进行接线操作。试验仪器的金属外壳应可靠接地。

四、测试前的准备工作

（1）了解被试设备现场情况及试验条件。查勘现场，查阅相关技术资料，包括该设备历年试验数据及相关规程等，掌握该设备整体情况。

（2）测试仪器、设备准备。选择合适的试验变压器、调压器、保护电阻、电压表、电流表、温（湿）度计、测试线、绝缘杆、剩余电流动作保护器、接地线、放电棒、安全带、安全帽、电工常用工具、试验临时安全遮栏、标示牌，并查阅测试仪器、设备及绝缘工器具的检定证书有效期。

（3）办理工作票并做好试验现场安全和技术措施。向其余试验人员交待工作内容、带电部位、现场安全措施、现场作业危险点，明确人员分工及试验程序。

五、现场测试步骤及要求

（一）测试接线

氧化锌避雷器工频放电电压测试的原理接线如图65-2-1所示。将试验变压器的高压输出端临时接地，将高压测试线连接到被试避雷器的高压端，被试避雷器末端可靠接地，保持测试线对地有足够的安全距离。

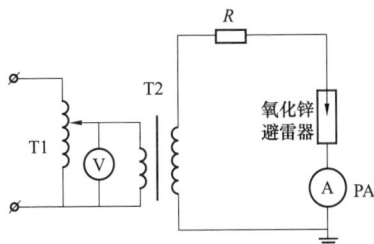

图65-2-1 氧化锌避雷器
工频放电电压测试的原理接线图
T1—调压器；T2—试验变压器；R—限流电阻；
PA—毫安电流表

（二）测试步骤

（1）将避雷器接地放电，拆除或断开避雷器对外的一切连线。

（2）将避雷器表面擦拭干净，进行接线。检查接线正确无误后，拆除试验变压器的高压端临时接地线，开始试验。

（3）检查调压器在零位，接通电源，缓慢升压，记录避雷器间隙击穿时的电压读数。测试3次，取平均值作为测试数据。

（4）将调压器降到零，断开电源。

（5）对避雷器进行充分放电。

（6）拆除试验所接的引线，整理现场。

六、测试注意事项

（1）试验应在完整避雷器上进行，升压必须从零开始，不可冲击合闸。试验前应用电容分压器进行变压器输出电压的校正。

（2）试验电压的波形应为正弦波，为消除高次谐波的影响，必要时调压器的电源取线电压或在试验变压器低压侧加滤波回路。

（3）应在被试避雷器下端串接电流表，用来判别间隙是否放电动作。

（4）两次放电要保持一定的时间间隔，以免由于两次放电的时间间隔太短，间隙内部没有充分去游离，而造成放电电压偏低或分散性较大。一般时间间隔不少于1min。

七、测试结果分析及测试报告编写

（一）测试结果分析

1. 测试标准及要求

根据 GB 50150—2016、DL/T 804—2014《交流电力系统金属氧化物避雷器使用导则》的规定，带间隙的氧化锌避雷器工频放电电压应工频放电电压应符合制造厂的规定，且不低于普通阀式或磁吹避雷器的工频放电电压，其典型推荐值见表 65-2-1。

表 65-2-1　　　　　　　　　有串联间隙避雷器典型推荐值

系统标称电压 （有效值，kV）	避雷器额定电压 （有效值，kV）	电站用	配电用
		工频放电电压 （有效值，kV）	工频放电电压 （有效值，kV）
3	3.8	9	9
6	7.6	16	16
10	12.7	26	26
35	42	80	—

2. 测试结果分析

将测试数据与标准要求值相比，与前一次或同类型的测量数据相比，结合温湿度情况，进行综合分析后做出测试结论合格与否的判断。对于可疑数据应予以复测。

（二）测试报告编写

测试报告填写应包括测试时间、测试人员、天气情况、环境温度、湿度、避雷器型号及参数、使用地点、测试结果、测试结论、试验性质（交接试验、预防性试验、检查）、主要仪器设备的型号、参数，备注栏写明其他需要注意的内容，如是否拆除引线等。

【思考与练习】

1. 测量带间隙氧化锌避雷器工频放电电压的目的是什么？

2. 测量带间隙氧化锌避雷器工频放电电压的注意事项是什么？

3. 安装于电站的额定电压为 42kV 的串联间隙避雷器工频放电电压有效值为多少千伏？

第六十六章

放电计数器试验

▲ 模块 避雷器放电计数器试验（ZY1800515004）

【模块描述】本模块介绍避雷器放电计数器结构原理、计数器动作的试验方法及技术要求。通过试验工作流程的介绍，掌握避雷器放电计数器试验前的准备工作和相关安全、技术措施、试验方法、技术要求及测试数据分析判断。

【模块内容】

一、避雷器放电计数器的结构原理及试验目的

（一）结构原理

国内目前主要使用 JS 型电磁式放电计数器，其原理接线如图 66-0-1 所示。电气回路包括非线性电阻片 R1、R2，电容器 C 和计数器 L。当避雷器动作时，放电电流流过阀片电阻 R1，在 R1 上的压降经阀片 R2 给电容器 C 充电，微秒级的冲击电流过去后，电容器 C 上的电荷将对计数器的电磁线圈 L 放电，使得刻度盘上的指针转动一个刻数，记下了避雷器的一次动作。

图 66-0-2 所示为目前应用较多的 JS-8 型动作计数器的原理接线，系整流式结构。

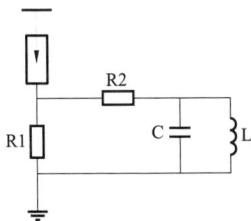

图 66-0-1 JS 型动作计数器的
原理接线图
R1、R2—非线性电阻器；C—电容器；
L—计数器线圈

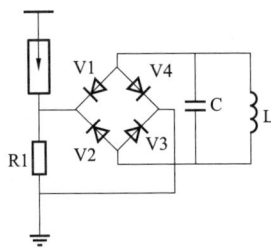

图 66-0-2 JS-8 型动作计数器的
原理接线图
R1—非线性电阻器；V1～V4—二极管；
C—电容器；L—计数器线圈

避雷器动作时，阀片 R1 上的压降经全波整流给电容器 C 充电，然后 C 再对电磁式计数器 L 放电，使其记数。

（二）试验目的

由于密封不良，放电计数器在运行中可能进入潮气或水分，使内部元件锈蚀，导致计数器不能正确动作，因此需定期试验以判断计数器是否状态良好、能否正常动作，以便总结运行经验并有助于事故分析。带有泄漏电流表的计数器，其电流表用来测量避雷器在运行状况下的泄漏电流，是判断运行状况的重要依据，但现场运行经常会出现电流指示不正常的情况，所以泄漏电流表宜进行检验或比对试验，保证电流指示的准确性。

二、试验仪器、设备的选择

放电计数器试验的仪器目前多采用专用的能产生模拟标准雷电流、电压的避雷器放电计数器检验仪。有些专用的避雷器放电计数器动作测试仪，能够产生 8/20μs、100A 的标准冲击电流，可对计数器进行试验，也可用 2500V 绝缘电阻表对 4～6μF 的电容器充电后对放电计数器进行放电检查。

检验放电计数器的泄漏电流表的仪器可选专用的成套装置，装置的电流测量误差应小于 1%；也可采用调压器（0～250V）、毫安电流表（0.5 级）等组成测试回路进行试验。

三、危险点分析及控制措施

（1）防止高处坠落。人员在拆、接放电计数器一次引线时，如需登高，必须系好安全带。使用梯子时，必须有人扶持或绑牢。

（2）防止高处落物伤人。高处作业应使用工具袋，上下传递物件应用绳索拴牢传递，严禁抛掷。

（3）防止人员触电。防止剩余电荷、感应电压伤人及影响测量结果，与带电体保持足够的安全距离。试验仪器的金属外壳应可靠接地。

四、试验前的准备工作

（1）了解被试设备现场情况及试验条件。查勘现场，查阅相关技术资料，包括该设备历年试验数据及相关规程等，掌握该设备整体情况。

（2）试验仪器、设备准备。选择合适的试验仪器、试验线、温（湿）度计、绝缘杆、放电棒、接地线、安全带、安全帽、电工常用工具、试验临时安全遮栏、标示牌等，并查阅测试仪器、设备及绝缘工器具的检定证有效期。

（3）办理工作票并做好试验现场安全和技术措施。向其余试验人员交待工作内容、带电部位、现场安全措施、现场作业危险点，明确人员分工及试验程序。

五、现场试验步骤及要求

（一）放电计数器的试验

1. 直流法

（1）试验接线。用直流法进行放电计数器试验的接线，如图 66-0-3 所示。

（2）试验步骤。按图 66-0-3 进行接线。用 2500V 绝缘电阻表对一只 4～6μF 的电容器充电，即由一人绝缘电阻表，另一人通过绝缘杆将 L 端引线接到电容器上对其充电，待充电结束后，将绝缘电阻表与电容器的引线拆开，通过绝缘杆将电容器的放电引线对计数器触及放电，观察计数器是否动作，重复 3～5 次。在运行条件下也可用此方法进行试验。

2. 标准冲击电流法

（1）试验接线。标准冲击电流法进行放电计数器试验的接线，如图 66-0-4 所示。

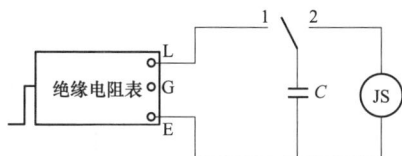

图 66-0-3　用直流法进行放电
计数器试验的接线图

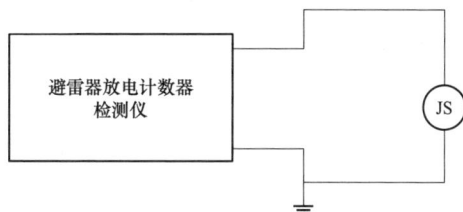

图 66-0-4　标准冲击电流法进行
放电计数器试验的接线图

（2）试验步骤。

1）按照放电计数器测试仪《使用说明书》的接线要求进行接线。

2）接线完成后打开仪器电源开关，达到检测仪要求的状态后，按检测仪面板上的动作计数按钮，使冲击电流发生器发出的冲击电流作用于放电计数器，记录动作情况。

3）测试 3～5 次，每次时间间隔不少于 30s。

4）原则上放电计数器指示位数应通过多次动作试验将计数器指示调到零。

（二）带泄漏电流表的放电计数器电流测量回路的检验

1. 检验方法一

（1）按选用的放电计数器测试仪的电流测量回路的试验要求进行接线。

（2）接线完成后，调节仪器的电流输出旋钮到最小位置，打开电源开关，增大电流输出到相应值，将仪器上的电流表显示与计数器的电流值进行比对。记录数据，并闭电源开关。

2. 检验方法二

（1）试验接线。带泄漏电流表的放电计数器电流测量回路检测试验接线，如图 66-0-5 所示。

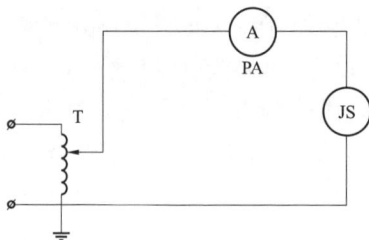

图 66-0-5　带泄漏电流表的
放电计数器电流回路检测试验接线图
T—调压器；PA—毫安电流表

（2）试验步骤。按图 66-0-5 进行接线。接线完成后合上电源开关，调节调压器缓慢升压，对泄漏电流表施加一适当的工频电压，使回路电流达到适当的值。将串接入试验回路的 0.5 级交流毫安表与计数器的电流表指示进行比对并记录。如果计数器的电流表指示为峰值，则应折算为有效值后，再进行比对。将调压器输出调节到零位，拉开电源开关。

六、试验注意事项

（1）应记录放电计数器试验前后的放电指示数值。

（2）检查放电计数器不存在破损或内部积水现象。

（3）放电计数器放电时，应防止电容器对绝缘电阻表反充电损坏绝缘电阻表。

（4）带有泄漏电流表的计数器，在试验时应检验泄漏电流表的准确性。

七、试验结果分析及试验报告编写

（一）试验结果分析

1. 试验标准及要求

根据 DL/T 596—1996、GB 50150—2016 的规定：

（1）测试 3～5 次，均应正常动作。

（2）计数器的泄漏电流表应符合所标识的准确等级的要求，三相间不应有明显差别。

2. 试验结果分析

如果计数器动作异常，应查明试验方法是否存在问题，与同类型装置的试验情况相比，并结合规程标准及其他试验结果进行综合判断。

如果泄漏电流表试验数据异常，应仔细检查装置外观是否良好，并检查底座绝缘是否良好。

（二）试验报告编写

试验报告填写应包括试验时间、试验地点、试验人员、天气情况、环境温度、湿度、被试设备名称、型号及装设位置、测试结果、测试结论、试验性质（交接试验、预防性试验、检查），主要仪器设备的型号及参数、计量编号、试验结论等。

【思考与练习】

1. 如何测试放电计数器的动作情况？

2. 放电计数器交接试验时经检查，玻璃镜面存在少量水珠，是否可以交予电气安装？

3. 请画出带泄漏电流表的放电计数器电流回路检测试验接线图。

第六十七章

避雷器直流 1mA 电压（U_{1mA}）及
$0.75U_{1mA}$ 下的泄漏电流测试

▲ 模块 避雷器直流 1mA 电压（U_{1mA}）及 $0.75U_{1mA}$ 下的泄漏电流测试（ZY1800515005）

【模块描述】本模块介绍氧化锌避雷器直流 1mA 电压（U_{1mA}）及 $0.75U_{1mA}$ 下的泄漏电流的测试方法和技术要求。通过测试工作流程的介绍，掌握氧化锌避雷器直流 1mA 电压（U_{1mA}）及 $0.75U_{1mA}$ 下的泄漏电流测试前的准备工作和相关安全、技术措施、测试方法、技术要求及测试数据分析判断。

【模块内容】

一、测试目的

（一）直流 1mA 电压（U_{1mA}）的测试目的

U_{1mA} 为无间隙金属氧化物避雷器通过 1mA 直流电流时，被试品两端的电压值。测量氧化锌避雷器的 U_{1mA}，主要是检查其阀片是否受潮、老化，确定其动作性能是否符合要求。直流 1mA 参考电压值一般等于或大于避雷器额定电压的峰值。

（二）$0.75U_{1mA}$ 下的泄漏电流测试目的

$0.75U_{1mA}$ 下的泄漏电流为试品两端施加电压 $0.75U_{1mA}$ 时，测量流过避雷器的泄漏电流。$0.75U_{1mA}$ 直流电压一般比最大工作相电压（峰值）要高一些，在此电压下主要检测长期允许工作电流是否符合规定。因为这一电流与氧化锌避雷器的寿命有直接关系，一般在同一温度下泄漏电流与寿命成反比。

二、测试仪器、设备的选择

测试仪器一般可选择成套的直流高压发生器。

（1）根据不同试品电压的要求，选择不同电压等级的直流高压发生器。试验电压应能满足试验的极性和电压值，还必须具有足够的电源容量。直流高压发生器的直流输出脉动系数小于±1.5%。

（2）试验电压应在高压侧测量，一般用电阻分压器进行测量。

（3）测量用的微安电流表，其准确度不低于 1.0 级。

三、危险点分析及控制措施

（1）防止高处坠落。工作人员在拆、接避雷器一次引线时，必须系好安全带。使用梯子时，必须有人扶持或绑牢。

（2）防止高处落物伤人。高处作业应使用工具袋，上下传递物件应用绳索拴牢传递，严禁抛掷。

（3）防止人员触电。测试人员不得触碰导体，并保持与带电部位足够的安全距离。试验前后或变更接线前均应将被试设备充分放电。变更接线或试验结束时，应首先将调压器回零，然后断开电源。试验引线应先接地，再进行接线操作。试验仪器的金属外壳应可靠接地，仪器操作人员必须站在绝缘垫上。

四、测试前的准备工作

（1）了解被试设备现场情况及试验条件。查勘现场，查阅相关技术资料，包括该设备历年试验数据及相关规程等，掌握该设备整体情况。

（2）测试仪器、设备准备。选择合适的直流高压发生器、万用表、温（湿）度计、测试线、屏蔽线、放电棒、接地线、安全带、安全帽、电工常用工具、试验临时安全遮栏、标示牌等，并查阅测试仪器、设备及绝缘工器具的检定证书有效期。

（3）办理工作票并做好试验现场安全和技术措施。向其余试验人员交待工作内容、带电部位、现场安全措施、现场作业危险点，明确人员分工及试验程序。

五、现场测试步骤及要求

（一）测试接线

氧化锌避雷器直流 1mA 电压（U_{1mA}）测试的原理接线如图 67-0-1 所示。被试避雷器元件末端接地，试验电压施加在高压端。保持测试线对地足够的安全距离。

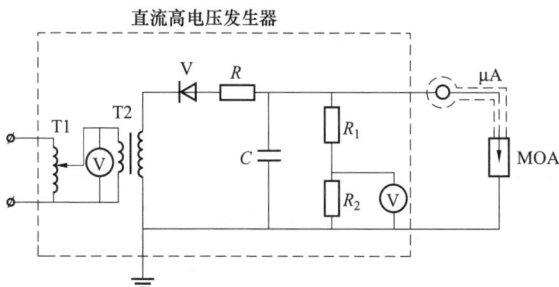

图 67-0-1　氧化锌避雷器直流 1mA 电压（U_{1mA}）测试的原理接线图

T1—调压器；T2—试验变压器；V—高压硅堆；R—限流电阻；C—滤波电容；

R_1、R_2—电阻分压器高、低压臂电阻；MOA—被试避雷器

（二）测试步骤

（1）拆除或断开避雷器对外的一切连线，将避雷器接地放电。

（2）将避雷器表面擦拭干净，进行接线。检查测试接线正确后，拆除接地线，开始试验。

（3）确认电压输出在零位，接通电源，然后缓慢地升高电压到规定的试验电压值。当电流达到 1mA 时，读取并记录电压值 U_{1mA} 后，降压至零。

（4）计算 $0.75U_{1mA}$ 的值。

（5）测量 $0.75U_{1mA}$ 下的泄漏电流值。重新接通电源，将直流电压升至 $0.75U_{1mA}$，读取并记录泄漏电流值后，降压至零。

（6）待电压表指示基本为零时，断开试验电源，用带限流电阻的放电棒对避雷器充分放电，挂接地线。

（7）拆除试验所接的引线，整理现场。

六、测试注意事项

（1）直流 U_{1mA} 测试前，应先测试绝缘电阻，其值应正常。

（2）为了防止外绝缘的闪络和易于发现绝缘受潮等缺陷，避雷器直流 U_{1mA} 测试通常采用负极性直流电压。

（3）因泄漏电流大于 200μA 以后，随电压的升高，电流将急剧增大，故应放慢升压速度，当电流达到 1mA 时，准确地读取相应的电压 U_{1mA}。

（4）由于无间隙金属氧化物避雷器表面的泄漏原因，在试验时应尽可能地将避雷器瓷套表面擦拭干净。如果由于受潮或脏污等原因使 U_{1mA} 电压数据异常，应在靠近避雷器加压端的瓷套表面装一个屏蔽环。测量泄漏电流的导线应使用屏蔽线，测试线与避雷器的夹角应尽量大。

（5）直流高压的测量应在高压侧进行，测量系统应经过校验，测量误差不应大于 2%。

（6）试验回路的接地应在被试品处接地。

七、测试结果分析及测试报告编写

（一）测试结果分析

1. 测试标准及要求

根据 DL/T 596—1996、GB 50150—2016 的规定，氧化锌避雷器直流电压的数值不应低于 GB 11032—2010/XG1—2014《〈交流无间隙金属氧化物避雷器〉国家标准第 1 号修改单》中规定数值，且 U_{1mA} 实测值与初始值或制造厂规定值比较，变化不应超过 ±5%；$0.75U_{1mA}$ 下的泄漏电流一般不应大于 50μA，且与初始值相比较不应有明显变化。

2. 测试结果分析

将所测得的试验数据结合温湿度情况，与被试品历史数据或同类型设备的测量数据相比，并结合规程标准及其他试验结果进行综合判断。

测量时应记录环境温度，阀片的温度系数一般为 0.05%～0.17%，即温度每升高 10℃，直流 1mA 电压 $U_{1\text{mA}}$ 约降低 1%，所以必要的时候应进行温度换算，以免出现误判断。

（二）测试报告编写

测试报告填写应包括测试时间、测试人员、天气情况、环境温度、湿度、被试避雷器型号及参数、使用地点、测试结果、测试结论、试验性质（交接试验、预防性试验、检查）、测试仪器设备的型号、计量编号、备注栏写明其他需要注意的内容，如是否拆除引线等。

八、案例

一台 220kV 型号为 HY10Z–200/520 的氧化锌避雷器，停电试验中数据出现异常，$U_{1\text{mA}}$ 的值为 210kV，$0.75U_{1\text{mA}}$ 下的泄漏电流为 60μA。由于该避雷器临近正在运行的带电设备，电场干扰较大，试验人员首先核查试验方法是否正确并设法排除电场干扰的影响。检查发现，高压试验线采用的不是屏蔽线。将测试线改为屏蔽线，将屏蔽线的屏蔽层接入高压微安电压表的输入端。再次试验，$U_{1\text{mA}}$ 电压为 292kV，$0.75U_{1\text{mA}}$ 下的电流为 32μA，与交接试验数据基本相同。可见，本次试验出现异常是由于电场干扰引起试验回路出现干扰电流造成的。

【思考与练习】

1. 为什么要测量金属氧化物避雷器的直流 1mA 电压（$U_{1\text{mA}}$）及 $0.75U_{1\text{mA}}$ 下的泄漏电流？

2. 避雷器直流 1mA 电压（$U_{1\text{mA}}$）及 $0.75U_{1\text{mA}}$ 下的泄漏电流测试值的判断标准是什么？

3. 金属氧化物避雷器直流泄漏电流测试时，怎样做好屏蔽措施？

第六十八章

运行电压下的交流泄漏电流测试

▲ 模块 避雷器运行电压下的交流泄漏电流测试（ZY1800515006）

【模块描述】本模块介绍无间隙金属氧化物避雷器（MOA）运行电压下的交流泄漏电流的测试方法和技术要求。通过测试工作流程的介绍，掌握避雷器运行电压下的交流泄漏电流测试前的准备工作和相关安全、技术措施、测试方法、技术要求及测试数据分析判断。

【模块内容】

一、测试目的

无间隙金属氧化物避雷器（MOA）的等值电路可以近似地用由非线性电阻 R 和电容 C 构成的并联电路来表示，如图 68-0-1（a）所示，避雷器的交流泄漏电流 I_X 由阻性电流分量 I_R 和容性电流分量 I_C 组成。其电压、电流相量图如图 68-0-1（b）所示。

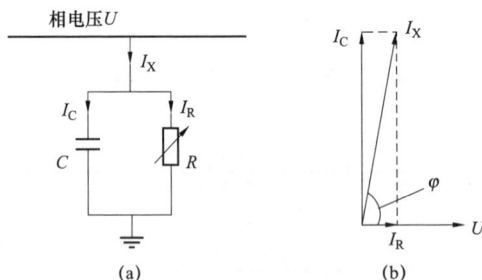

图 68-0-1 氧化锌避雷器的等值电路及相量图

在运行电压下测量 MOA 交流泄漏电流可以在一定程度上反映 MOA 运行的状态。在正常运行情况下，流过避雷器的电流主要为容性电流，阻性电流只占很小一部分，约为 10%~20%。当阀片老化、避雷器受潮、内部绝缘部件受损及表面严重污秽时，容性电流变化不多，而阻性电流大大增加，所以测量避雷器运行电压下的交流泄漏电流及其阻性电流和容性电流是现场监测避雷器运行状态的主要方法，特别是阻性电流对发现氧化锌避雷器受潮有重要意义。测试分为停电测试及带电测试。

二、测试仪器、设备的选择

（一）停电测试的仪器、设备

测试金属氧化物避雷器（MOA）运行电压下的交流泄漏电流的仪器一般可选择试验变压器、调压器、阻性电流测试仪、电容分压器或试验变压器、调压器、双踪示波器、可调电阻箱、标准电阻箱、电容器等仪器设备。

使用双踪电子示波器的测量原理为通过适当的分压器和分流器，将避雷器的电压和电流信号接入示波器，可以测得电压 U、全电流 I_X、容性电流分量 I_C 和阻性电流分量 I_R 各波形。

（1）试验变压器应选择额定电压与被试避雷器工频参考电压相适宜的，并检查试验变压器所需低压侧电压是否与现场电源电压、调压器相配。

（2）电容分压器的额定电压应与试验电压相匹配，其电容量宜选择 1000pF。

（二）带电测试避雷器泄漏电流的原理及仪器、设备

目前国内外带电测量 MOA 交流泄漏电流及阻性电流的方法较多，由于阻性电流占总泄漏电流比例很小，带电测量时易受现场的干扰及系统电压的谐波影响，准确地测量阻性电流是比较困难的。本模块主要介绍目前应用较广泛的一种测试方法——投影法。

正常运行时，作用于避雷器上的相电压 U 和流过其中的电流 I_X 之间将产生相位差 φ，如图 68-0-1（b）所示，只要测出 φ 和 I_X 就可以简便地计算出有功分量 I_R 和无功分量 I_C。图 68-0-2 是用投影法测量避雷器泄漏电流及阻性电流原理接线。I_X 可以用串接在避雷器下端的电流表测得。而 φ 可以用相位差的原理进行测量，U 和 R_a 上的压降 U_R 之间的相位差即为 φ。典型的仪器为 RCD 型。

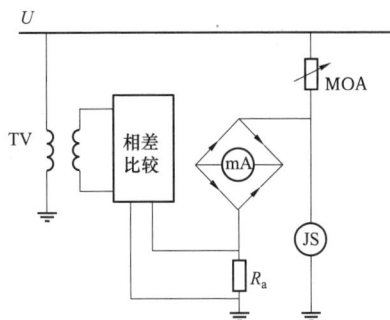

图 68-0-2 投影法带电测量
避雷器泄漏电流及阻性电流原理接线图

现场也有使用不需运行相电压，采用三次谐波电流原理制成的仪器。其工作原理是在避雷器总电流中检出三次谐波分量 i_3 的峰值，根据 i_3 与阻性电流 i_r 的经验关系得到阻性电流峰值，它的基础是电压不含谐波分量或很小。由于使用三次谐波法测试仪受系统电压中谐波分量的影响很大，故当谐波分量较大时，测量误差较大。

三、危险点分析及控制措施

（1）防止高处坠落。试验人员在拆、接避雷器一次引线时，必须系好安全带。使用梯子时，必须有人扶持或绑牢。

（2）防止高处落物伤人。高处作业应使用工具袋，上下传递物件应用绳索拴牢传递，严禁抛掷。

（3）防止人员触电。试验前后或变更接线前均应将被试设备充分放电。试验引线应先接地，再进行接线操作。试验仪器的金属外壳应可靠接地，仪器操作人员必须站在绝缘垫上。工作人员应与带电体保持足够的安全距离。

四、测试前的准备工作

（1）了解被试设备现场情况及试验条件。查勘现场，查阅相关技术资料，包括该设备历年试验数据及相关规程等，掌握该设备整体情况。

（2）测试仪器、设备准备。根据不同的试验情况选择合适的试验仪器、试验线、绝缘杆、剩余电流动作保护器、温（湿）度计、接地线、放电棒、安全带、安全帽、电工常用工具、试验临时安全遮栏、标示牌等，并查阅测试仪器、设备及绝缘工器具的检定证书有效期。

（3）办理工作票并做好试验现场安全和技术措施。向其余试验人员交待工作内容、现场安全措施、现场作业危险点，明确人员分工及试验程序。

五、现场测试步骤及要求

（一）停电测试

1. 电容补偿法

（1）测试接线。电容补偿法避雷器运行电压下的交流泄漏电流测试原理接线如图 68-0-3 所示，被试避雷器元件末端接地，试验电压施加在高压端。

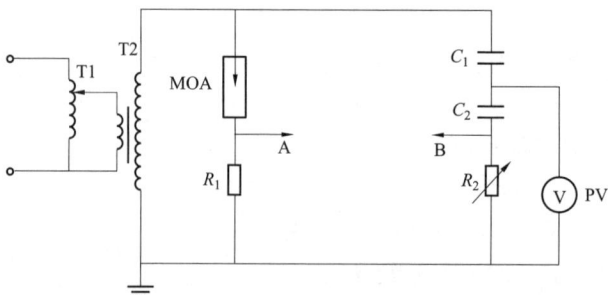

图 68-0-3　电容补偿法避雷器运行电压下的交流泄漏电流测试原理接线图

T1—调压器；T2—试验变压器；MOA—氧化锌避雷器；C_1、C_2—电容分压器高、低压臂；
R_1—采样电阻（1000Ω）；R_2—标准电阻箱；A、B—至双踪示波器输入端

（2）测试步骤。

1）拆除或断开避雷器对外的一切连线，将避雷器接地放电。

2）按图 68-0-3 进行接线，并检查测试接线正确无误。

3）调节示波器输入端 A、B 通道的灵敏度，使 A、B 通道的电压挡位相同。

4）将双踪示波器的 A 通道（接避雷器测量信号）进行校准，使电压选择微调旋钮处于校准位置，以使荧光屏上读到的数据准确。

5）合上试验电源对避雷器施加工频电压，分别调节 A、B 通道电压选择旋钮，使之处于适当的挡位。

6）缓慢升高外加电压，分别加至该避雷器的持续运行电压及系统运行电压。

7）由两个通道分别测出电阻 R_1 上的电压 U_{R1}、电阻 R_2 上的电压 U_{R2} 的波形，A 通道显示的波形即为避雷器总泄漏电流。

8）读取并记录总泄漏电流后，通过调节 R_2 的电阻值（通常 R_2 为粗调，细调可用示波器 B 通道电压选择旋钮上的微调），尽量使 U_{R1} 和 U_{R2} 的幅值大小相等、相位相同。

9）运用示波器的加减功能，调节 B 通道的旋钮，使示波器上的波形完全对称，此时就认为避雷器中的容性电流已完全得到补偿。

10）示波器上显示的对称的尖顶波即为阻性电流在电阻 R_1 上的压降，将读出的电压数值除以电阻 R_1 的数值即为该电压下的阻性电流峰值。分别记录持续运行电压及系统运行电压下的阻性电流峰值。

11）降压为零，断开电源，对避雷器进行充分放电，挂接地线，拆除或变更试验接线。

2. 阻性电流测试仪法

（1）测试接线。

用阻性电流测试仪测试避雷器运行电压下的交流泄漏电流原理接线如图 68-0-4 所示。电流信号取自避雷器的放电计数器，电压信号取自分压器，经电压隔离器送入阻性电流测试仪主机。

（2）测试步骤。

1）将避雷器接地放电，拆除或断开避雷器对外的一切连线。

2）按图 68-0-4 进行接线，检查准确无误后，按《阻性电流测试仪使用说明书》进行操作。

3）合上电源，将电压分别升至该避雷器的持续运行电压及系统运行电压，分别读取总泄漏电流峰值、有效值及阻性电流峰值，有功损耗值，记录并降压为零。

4）断开电源，对避雷器进行充分放电，挂接地线，拆除或变更试验接线。

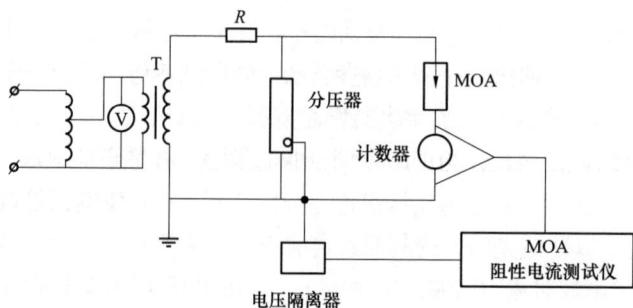

图 68-0-4 用阻性电流测试仪测试避雷器运行电压下的交流泄漏电流原理接线图

（二）带电测试

（1）测试接线。避雷器运行电压下的交流泄漏电流带电测试原理接线，如图 68-0-5 所示。

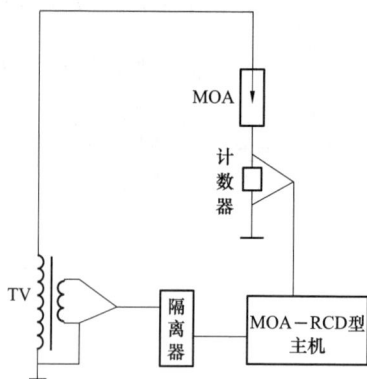

图 68-0-5 避雷器运行电压下的
交流泄漏电流带电测试原理接线图

（2）测试步骤。

1）按仪器接线要求将测试线接到相应部位，仪器可靠接地。

2）检查接线无误后，打开测试仪电源，按测试仪《使用说明书》要求的步骤进行测试。出现测试结果后，将数据打印出来。

3）测试完成后，关闭测试仪电源，进行现场数据分析，拆除测试接线，恢复现场。

六、测试注意事项

（1）带电测试应在良好天气下进行。

（2）接取电压互感器二次电压应由专人接线，应防止造成电压互感器二次短路或接地短路。

（3）带电测试时严禁将电流测试线举过避雷器底座法兰，不得将手、工具材料举过避雷器底座法兰。应尽量使用绝缘杆进行搭接。

（4）测试完毕后应先将电流测试线及电压互感器二次电压接线脱开。

七、测试结果分析及测试报告编写

（一）测试结果分析

1. 测试标准及要求

根据 DL/T 596—1996 及 GB 50150—2016 的规定：

（1）测量避雷器在持续运行电压下的持续电流，其阻性电流或总电流值应符合产品技术条件的规定。

（2）测量运行电压下的全电流、阻性电流或功率损耗，测量值与初始值比较，有明显变化时应加强监测。当阻性电流增加 1 倍时，应停电检查。

2. 测试结果分析

影响现场测试结果的因素较多，如计数器内阻、测试仪器性能等。对系统标称电压 110kV 及以上避雷器还应考虑邻相电场的影响。对一字形排列的三相 110～500kV 金属氧化物避雷器，由于相间杂散电容耦合的影响，会对这种测量方法产生误差，为此应将避雷器各自的前后测试数据单独进行比较。当避雷器的泄漏电流 I_X 有明显变化时，还应注意底座绝缘或外套表面状况的影响。

当测试时的环境温度高于或低于测试初始值的环境温度时，应将所测的阻性电流值进行温度换算后，才能与初始值比较。温度换算系数，按温度每升高 10℃，电流增大 3%～5%进行换算。

带电测试时与初始值比较主要指：与投运时的测量数据（220kV 以上设备应考虑均压环的影响）比较；与前一次测量数据比较；同组相邻避雷器试验数据进行比较；与同时期、同制造厂、同型号设备的测量数据进行比较。必要时可停电进行直流参考电压等有关项目的测量。

（二）测试报告编写

测试报告填写应包括避雷器型号及参数、装设位置、周围带电体的工作状态（带电测试时）、测试时间、测试人员、天气情况、环境温度、湿度、测试地点、测试项目、试验性质（交接试验、预防性试验、检查）、主要仪器设备的型号、参数、测试数据、测试结论等。

八、案例

某组 Y10W-102/250（2 节）型避雷器交接试验时发现异常，其数据如表 68-0-1 所示。

表 68-0-1　　避雷器交接试验数据表

编　号	工频参考电压	最高持续运行电压			
	U（kV）	U（kV）	I_X（mA）	I_{R1p}（mA）	φ
U 相上节	53.7	41.2	0.931	0.130	84.3
U 相下节	54.7	40.5	0.524	0.064	84.9
V 相上节	53.2	40.0	0.917	0.120	84.7
V 相下节	51.4	41.2	0.957	0.159	83.2

注　U 为施加避雷器两端的工频电压；I_X 为流过避雷器的总电流；I_{R1p} 为流过避雷器总电流中的阻性电流基波峰值；φ 为避雷器两端的电压与流过避雷器的总电流之间的夹角。

表 68-0-1 中，U 相下节最高持续运行电压下的总电流 I_X 较小（与其他避雷器单元比较）为 0.524mA，阻性电流基波值 I_{R1p} 很小（为 0.064mA）。由此分析 U 相下节氧化锌避雷器内的电阻片与 U 相上节和 V 相上、下节的电阻片的电容不同、电阻片的直径不同，即 U 相下节电阻片的电容小、电阻片的直径小。如果 U 相下节与上节组成一相投入运行的话，就会出现电压分布不均匀，上节承受电压低，下节承受电压很高；从所测量的数据看，下节电阻片的电容比上节的要小约 2 倍，这样上节只承受相电压的 1/3，而下节要承受相电压的 2/3，若长期运行，下节的电阻片会迅速老化，易发生爆炸事故，因此建议 U 相下节要用与上节同样的电阻片组成的氧化锌避雷器，确保以后安全运行。

【思考与练习】

1. 为什么要测量金属氧化锌避雷器的阻性电流？
2. 金属氧化物避雷器运行电压下的交流泄漏电流的判断标准是什么？
3. 请画出氧化锌避雷器的等值电路及相量图。

第六十九章

避雷器工频参考电流下的工频参考电压测试

▲ 模块　避雷器工频参考电流下的工频参考电压测试
（ZY1800515007）

【模块描述】本模块介绍避雷器工频参考电流下的工频参考电压测试方法和技术要求。通过测试工作流程的介绍，掌握避雷器工频参考电流下的工频参考电压测试前的准备工作和相关安全、技术措施、测试方法、技术要求及测试数据分析判断。

【模块内容】

一、测试目的

工频参考电压是无间隙金属氧化物避雷器的一个重要参数，它表明阀片的伏安特性曲线饱和点的位置。对避雷器（或避雷器元件）施加工频电压，当通过试品的阻性电流等于工频参考电流（由制造厂确定，以阻性电流分量的峰值表示，通常约为 1～20mA）时，测出试品上的工频电压峰值，工频参考电压等于该工频电压最大峰值除以 $\sqrt{2}$，这一数值不应低于避雷器的额定电压值。

金属氧化物避雷器对应于工频参考电流下的工频参考电压的测试目的是检验它的动作特性和保护特性。避雷器运行一定时期后，工频参考电压的变化能直接反映避雷器的老化、变质程度。该项目只对无间隙避雷器要求。

由于在带电运行条件下受相邻相间电容耦合的影响，金属氧化物避雷器的阻性电流分量不易测准，当发现阻性电流有可疑迹象时，需应测量工频参考电压，它能进一步判断该避雷器是否适于继续使用。

二、测试仪器、设备的选择

测试避雷器工频参考电压的仪器一般可选择试验变压器、调压器、阻性电流测试仪、电容分压器或试验变压器、调压器、双踪示波器、可调电阻箱、电容分压器等仪器设备。

（1）试验变压器应选择额定电压与被试避雷器工频参考电压相适宜的，并检查试验变压器所需低压侧电压是否与现场电源电压、调压器相配。

（2）电容分压器的额定电压应与试验电压相匹配，电容量宜选择 1000pF。

三、危险点分析及控制措施

详见 ZY1800515002 中的三、。

四、测试前的准备工作

详见 ZY1800515002 中的四、。

五、现场测试步骤及要求

（一）示波器法

（1）测试接线。示波器法进行氧化锌避雷器工频参考电压测试的原理接线如图 69-0-1 所示。被试避雷器元件末端接地，试验电压施加在高压端。

（2）测试步骤。

1）将避雷器接地放电，并拆除或断开避雷器对外的一切连线。

2）按图 69-0-1 进行接线，并检查测试接线正确无误。

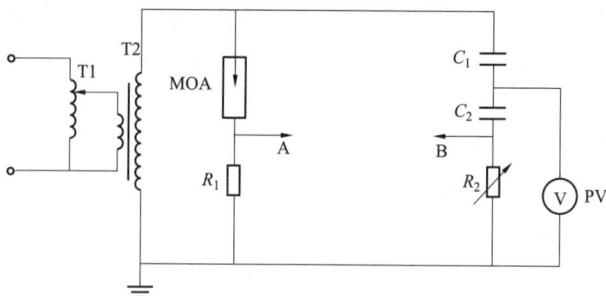

图 69-0-1　示波器法避雷器工频参考电压测试原理接线图

T1—调压器；T2—试验变压器；MOA—氧化锌避雷器；C_1、C_2—电容分压器高、低压臂；
R_1—采样电阻（1000Ω）；R_2—标准电阻箱；A、B—至双踪示波器输入端

3）调节示波器输入端 A、B 通道的灵敏度，使 A、B 通道的电压挡位相同。

4）将双踪示波器的 A 通道（接避雷器测量信号）进行校准，使电压选择微调旋钮处于校准位置，以使荧光屏上读到的数据准确。

5）合上试验电源对避雷器施加工频电压，分别调节 A、B 通道电压选择旋钮，使之处于适当的挡位。

6）由 2 个通道分别测出电阻 R_1 上的电压 U_{R1}、电阻 R_2 上的电压 U_{R2} 的波形，A 通道显示的波形即为避雷器总泄漏电流（将示波器 A 通道上读出的电压数值除以 R_1 的阻值即为避雷器总泄漏电流峰值）。

7）总泄漏电流读出后，通过调节 R_2 的电阻值（通常 R_2 为粗调，细调可用示波器 B 通道电压选择旋钮上的微调），尽量使 U_{R1} 和 U_{R2} 的幅值大小相等，相位相同。

8）运用示波器的加减功能，调节 B 通道的旋钮，使示波器上的波形完全对称，此时就认为避雷器中的容性电流已完全得到补偿，如图 69-0-2 所示。

9）示波器上显示的对称的尖顶波即为阻性电流在电阻 R_1 上的压降，将读出的电压数值除以电阻 R_1 的数值即为阻性电流峰值。

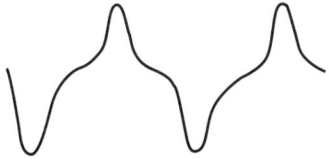

图 69-0-2　阻性电流波形图

10）缓慢升高外加电压，使阻性电流的峰值等于工频参考电流，测得的电压值再根据分压比的大小进行换算，即可测得避雷器的工频参考电压峰值。

11）降压为零，断开电源，对避雷器进行充分放电，挂接地线，拆除或变更试验接线。

（二）阻性电流测试仪法

（1）测试接线。用阻性电流测试仪进行氧化锌避雷器工频参考电压测试的原理接线如图 69-0-3 所示。电流信号取自避雷器的放电计数器，电压信号取自分压器，经电压隔离器送入阻性电流测试仪主机。

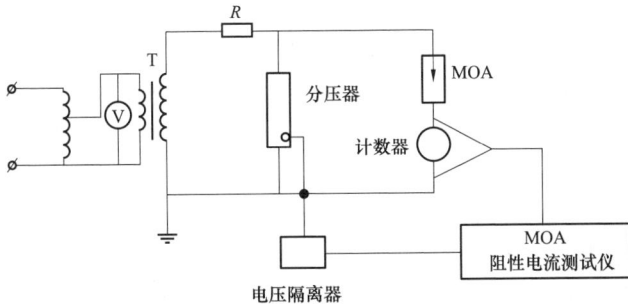

图 69-0-3　阻性电流测试仪法避雷器工频参考电压测试原理接线图

（2）测试步骤。按图 69-0-3 进行接线，检查准确无误后，升压至工频参考电流，迅速读取电压值，记录并降压为零，断开电源，对避雷器进行充分放电，挂接地线，拆除或变更试验接线。

六、测试注意事项

（1）由于试验电压对避雷器而言相对较高（超过额定电压），故在达到工频参考电流时应缩短加压时间，施加工频电压的时间应严格控制在 10s 以内。

（2）测量工频参考电压时，应以工频参考电流为基础，即当避雷器电流达到生产厂家规定的参考电流时，读取试验电压值作为避雷器的参考电压，而不应将试验电压升到参考电压后看避雷器是否超过规定的参考电流值。

七、测试结果分析及测试报告编写

（一）测试结果分析

（1）测试标准及要求。金属氧化物避雷器工频参考电流下的工频参考电压，整支或分节进行的测试值，应符合 GB 11032—2010/XG1—2014 或产品技术条件的规定。工频参考电流下的工频参考电压必须大于避雷器的额定电压。

（2）测试结果分析。将测试数据与初始值、标准要求值相比，和历次测量值或同类型设备的测量数据比较，结合温（湿）度情况，进行综合分析后做出测试结论合格与否的判断，当有明显降低时就应对避雷器加强监视。一般情况下，工频参考电压峰值与避雷器 1mA 下的直流参考电压相等。110kV 及以上的避雷器，参考电压降低超过 10%时，应查明原因，若确系老化造成的，宜退出运行。

（二）测试报告编写

测试报告填写应包括测试时间、测试人员、天气情况、环境温度、湿度、避雷器型号及参数、使用地点、测试结果、测试结论、试验性质（交接试验、预防性试验、检查），主要仪器设备的型号及参数、计量编号、备注栏写明其他需要注意的内容，如是否拆除引线等。

八、案例

一只 YH5WR-17/45 型的 10kV 电容器组用的氧化锌避雷器，铭牌值 $U_{1mA} \geqslant 24kV$。试验时发现其 U_{1mA} 电压为 22.8kV，75%U_{1mA} 下的泄漏电流为 10μA。对其进行工频参考电压测试，阻性电流峰值为 1mA 时工频参考电压的为 10.5kV，其峰值为 14.847kV，远低于避雷器的额定电压 17kV，判断为不合格。解体后发现该避雷器阀片的侧了少了一层绝缘涂层，这种情况易导致避雷器动作时发生闪络。

【**思考与练习**】

1. 什么是氧化锌避雷器的工频参考电压？其测试目的是什么？

2. 如何判断测得的工频参考电压是否合格？

3. 请画出阻性电流测试仪法避雷器工频参考电压测试原理接线图。

第十三部分

接地装置试验

第七十章

接 地 电 阻 测 试

▲ 模块 1 架空线路杆塔的接地电阻测试（ZY1800516001）

【模块描述】本模块介绍架空线路杆塔接地电阻测试的方法和技术要求。通过测试工作流程的介绍，掌握架空线路杆塔接地电阻测试前的准备工作和相关安全、技术措施、测试方法、技术要求及测试数据分析判断。

【模块内容】

一、测试目的

架空线路杆塔接地是保护线路绝缘，降低雷击杆塔的电压幅值，确保雷电流泄入大地的有效措施。测量架空线路杆塔的接地电阻可以评价杆塔接地的状态，决定是否采取措施，以保证线路的安全运行。

二、测试仪器、设备的选择

根据测试方法的不同，架空线路杆塔接地电阻的测试仪器可选择接地电阻测试仪或钳形接地电阻测试仪。

三、危险点分析及控制措施

（1）防止人员和设备遭受雷击。测试应遵守现场安全规定，雷云在杆塔沿线上方活动时应停止测试，并撤离测试现场。

（2）防止人员触电。拆除接地引下线时，应戴绝缘手套，防止感应电。测试仪器工作时，禁止直接接触杆塔接地装置或杆塔的金属裸露部分。

四、试验前的准备工作

（1）了解被试设备现场情况及试验条件。查勘现场，查阅相关技术资料、待测杆塔接地极型式、放射形接地极长度、土壤状况、历年试验数据及相关规程等，掌握杆塔接地运行情况，编写作业指导书及试验方案。

（2）测试仪器、设备准备。选择合适的测量方法，并根据测试方法选择仪器和设备，查阅测试仪器、设备及绝缘工器具的检定证书有效期。

（3）办理工作票并做好试验现场安全和技术措施。向其余试验人员交待工作内容、带电部位、现场安全措施、现场作业危险点，明确人员分工及试验程序。

五、测试过程及步骤

（一）测试方法

1. 三极法

三极法指由接地装置、电流极和电压极组成的 3 个电极测量接地装置接地电阻的方法。测试宜采用三极法，对新建的杆塔接地装置的交接验收应采用三极法测试。

三极法测量杆塔接地电阻时，电压线、电流线的布置方式主要有直线法和 30° 夹角法两种。

（1）直线法。电流线、电压线同方向（同路径）布置称为三极法的直线法。直线法测量杆塔接地装置工频接地电阻的电极布置如图 70-1-1 所示，其中 d_{GC} 取 4L，d_{GP} 取 2.5L。d_{GC} 取 4L 有困难时，若接地装置周围土壤较为均匀，d_{GC} 可以取 3L，d_{GP} 取 1.8L（或 1.85L）。如被测试杆塔接地装置无放射形接地极，则 L 可以按照不小于独立避雷针接地装置最大几何等效半径选取。

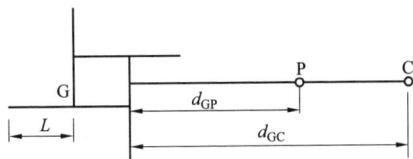

图 70-1-1 直线法测量杆塔接地装置工频接地电阻的电极布置图

G—接地装置；P—电压极；C—电流极；L—杆塔接地装置放射形接地极的最大长度；d_{GP}—电压极 P 距杆塔接地装置基础边缘的直线距离；d_{GC}—电流极 C 距杆塔接地装置基础边缘的直线距离

（2）30° 夹角法。电流线、电压线夹角布置称为三极法的夹角法。如果接地装置周围的土壤电阻率较均匀，电流线、电压线可采用等腰三角形布线方式，两者夹角约为 30°，此时 d_{GC}、d_{GP} 均取 2L。

2. 钳表法

使用钳表法测量杆塔接地电阻有一定的条件，具体如下：

（1）测试极必须有多基杆塔并联回路，即杆塔所在的输电线路具有与杆塔连接良好的避雷线，且多基杆塔的避雷线直接接地。测试杆塔所在线路区段中直接接地的避雷线上并联的杆塔数量见表 70-1-1，其中 R_j 为被测杆塔的接地阻抗。

表 70-1-1　　　　测试杆塔所在线路区段中直接接地的避雷线上并联的杆塔数量

杆塔接地电阻（Ω）	$0<R_j$ ≤1	$1<R_j$ ≤2	$2<R_j$ ≤4	$4<R_j$ ≤5	$5<R_j$ ≤7	$7<R_j$ ≤10	$10<R_j$ ≤15	$15<R_j$ ≤17	$17<R_j$ ≤24	$24<R_j$ ≤30	$30<R_j$ ≤40	$40<R_j$ ≤50
并联杆塔数量（基）	≥4	≥5	≥6	≥7	≥8	≥9	≥10	≥11	≥12	≥13	≥15	≥16

（2）测试时被测杆塔的接地装置应只保留一根接地引下线与杆塔塔身相连，其余接地引下线均应与杆塔塔身断开，并用导线将断开的其他接地线与被保留的接地线并联，将杆塔接地装置作为整体进行测试。

（3）测试回路中不应再有自然接地极等其他支路。

以上条件必须严格遵循，否则测试数据将是无效的。

（二）测试接线

1. 三极法

三极法测量杆塔接地电阻采用接地电阻测试仪，电极布置方式采用直线法或 30°夹角法，其接线如图 70-1-2 所示。

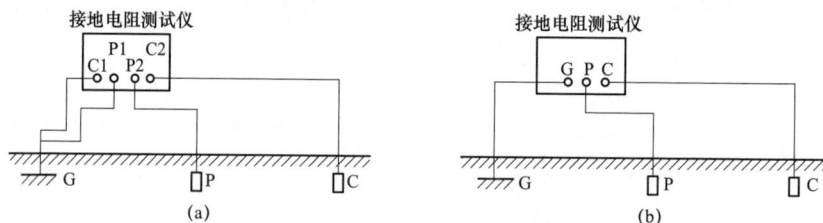

图 70-1-2　三极法测量杆塔接地电阻的接线图

（a）四端子接地电阻测试仪接线图；（b）三端子接地电阻测试仪接线图

C1、C2—接地电阻测试仪的电流极接线端子；P1、P2—接地电阻测试仪的电压极接线端子；
G、P、C—接地电阻测试仪的接地极接线端子、电压极接线端子、电流极接线端子

2. 钳表法

采用钳形接地电阻测试仪钳表法测量杆塔接地电阻，其接线如图 70-1-3 所示。钳表法实际上是测试杆塔接地电阻、杆塔架空地线、临近杆塔的接地阻抗形成的回路的电抗，在一定条件下可近似为所测杆塔接地装置的接地电阻。

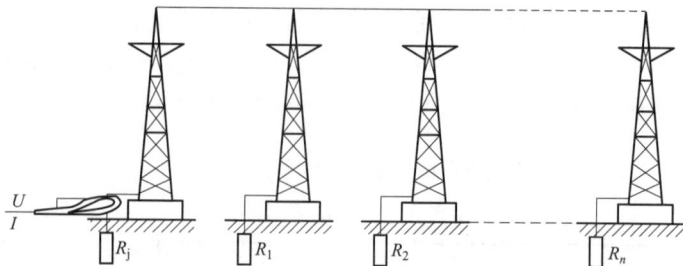

图 70-1-3　钳表法测量杆塔接地电阻的示意图

R_j—被测杆塔的接地电阻；R_1、R_2、$\cdots$、R_n—通过避雷线连接的各基杆塔有的接地电阻；
U—钳形接地电阻测试仪输出的激励电压；I—钳形接地电阻测试仪感应的回路电流

相对于三极法测试结果，对于有避雷线且多杆塔避雷线直接接地的架空输电线路杆塔的接地装置，钳表法增量来自杆塔塔身和本挡避雷线电阻、后续（或两侧）各挡链形回路等效阻抗中的电阻分量等。

（三）测试步骤

1. 三极法

（1）记录杆塔编号、接地极编号、接地极型式、土壤状况和当地气温。

（2）选择测试方法（直线法或 30°夹角法），根据接地极型式、电压线、电流线布置方式计算出电压线、电流线长度。

（3）按照图 70-1-3 所示接线布置电流线、电压线。

（4）将接地电阻测试仪放于水平位置，按照仪器说明书进行操作，测试接地电阻值。

（5）测试完成后拆除所有的测试引线，恢复原有状态。

2. 钳表法

（1）首先检查被测线路杆塔是否符合使用钳表法的规定，记录杆塔编号、接地极型式、土壤状况和当地气温。

（2）按照图 70-1-3 所示打开接地引下线与杆塔塔身的连接，保留一根接地引下线与杆塔塔身相连。

（3）测量时打开测试仪钳口，使用钳形接地电阻测试仪钳住被保留的那根接地线，使接地线居中，尽可能垂直于测试仪钳口所在平面，并保持钳口接触良好。

（4）打开仪器电源，开始测试，读取并记录稳定的读数。

（5）测试完成后恢复杆塔原有接地连接线，恢复到杆塔初始状态。

六、测试注意事项

（一）三极法测试注意事项

（1）测量应选择在晴天、干燥天气下进行。

（2）拆除被测杆塔所有接地引下线，把杆塔塔身与接地装置的电气连接全部断开。

（3）应避免把电压极和电流极布置在接地装置的射线上面，且不宜与接地装置的放射延长线平行或同方向布线。电位极应紧密而不松动地插入土壤 20cm 以上。

（4）电流极和电压极的辅助接地电阻不应超过测量仪表规定范围，否则会使测量误差增大。可以通过将测量电极更深地插入土壤并与土壤接触良好、增加电流极导体的根数、给电流极泼水等方式降低电流极的辅助接地电阻。

（5）在工业区或居民区，地下可能具有部分或完整埋地的金属物体，如铁轨、水管或其他工业金属管道，如果测量电极布置不当，地下金属物体可能会影响测量结果。电极应布置在与金属物体垂直的方向上，并且要求最近的测量电极与地线管道之间的距离不小于电极之间的距离。

（6）当发现接地电阻的实测值与以往的测试结果相比有明显的增大或减小时，应改变电极的布置方向，或增大电极的距离，重新进行测试。

（7）测量时应注意保持接地电阻测试仪各接线端子、电极和接地装置等电气连接接触良好。尽量缩短接地极端子 C1、P1（四端子接地电阻测试仪）、G（三端子接地电阻测试仪）与接地装置之间的引线。

（二）钳表法测试注意事项

（1）测试应选择在晴天、干燥天气下进行。

（2）如果与历次钳表法测量结果比较变化不明显，则认为此次钳表法测量结果有效。如果钳表法测量结果远大于历次钳表法测量结果，或者超过了相应的标准或规程中对接地电阻值的规定，则应采用三极法进行对比测量，以判断其原因。

（3）当线路状况改变（如更换避雷线型号及接地方式、线路走向改变等）并影响到被测杆塔邻近的避雷线与杆塔接地回路时，应重新使用钳表法和三极法对受影响杆塔的接地电阻进行对比测量。

（4）测量前，测量人员应使用精密环路电阻对钳形接地电阻测试仪进行自检。测量时应注意保持钳口清洁，防止夹入野草、泥土等影响测量精度，测试仪工作时不允许人直接接触接地装置或杆塔的金属裸露部分。

七、测试结果分析及测试报告编写

（一）测试结果分析

1. 测试标准及要求

根据 DL/T 475—2017《接地装置特性参数测量导则》及 DL/T 887—2004《杆塔工频接地电阻测量》的规定：

（1）对有架空地线的线路杆塔的接地电阻，当杆塔高度在 40m 以下时，按表 70-1-2 所示的要求；如杆塔高度达到或超过40m时，取表 70-1-2 中数值的 50%，但当土壤电阻率大于2000Ω·m、接地电阻难以达到15Ω时，可增加至20Ω。

表 70-1-2　　　　　　　　　　杆 塔 接 地 电 阻 限 值

土壤电阻率（Ω·m）	100 及以下	100～500	500～1000	1000～2000	2000 以上
接地电阻（Ω）	10	15	20	25	30

（2）无架空地线的线路杆塔接地电阻。非有效接地系统的钢筋混凝土杆、金属杆，接地电阻不宜超过 30Ω；中性点不接地的低压电力网的线路钢筋混凝土杆、金属杆，接地电阻不宜超过 50Ω；低压进户线绝缘子铁脚，接地电阻不宜超过 30Ω。

（3）发电厂或变电站进出线 1～2km 内的杆塔接地电阻试验周期 1～2 年，其他线路杆塔不超过 5 年。

2. 测试结果分析

（1）测试结果应与历史测试数据进行对比，如果变化较大，应重新多次测量，确保测量准确。

（2）若测试结果超出标准要求，则应判定杆塔接地电阻不合格，采取措施进行改善。

（3）钳表法可用于对杆塔的日常维护和接地电阻的预防性检查，对杆塔第一次采用钳表法测量时，应同时使用三极法进行对比测量，确定两者之间的测量增量，用于以后比较。

（二）测试报告编写

测试报告填写应包括试验单位、试验性质（交接试验、预防性试验、检查）、委托单位、试验时间、试验人员、天气情况、环境温度、湿度、线路名称、杆塔编号、接地极编号、接地极型式、土壤状况，测试仪器、仪表的名称、型号、制造厂、出厂序号、输出电压和容量、准确等级和校验日期等。

八、案例

对某 110kV 变电站出线的第一基杆塔进行接地电阻的测试，分别使用钳表法和三极法对杆塔的接地电阻进行测量，测试结果见表 70-1-3。

表 70-1-3　　　　　使用钳表法和三极法测试杆塔接地电阻的结果

测试地点	钳形表（Ω）	ZC-8 型接地电阻测试仪（Ω）	误差（%）
地下变电站进线第一基杆塔	3.6	3.5	2.8

根据测试结果，并与以前测试数据相比相差不大于 30%，均小于 DL/T 475—2017 和 DL/T 887—2004 规定值，测试结果合格。

【思考与练习】

1. 测量架空线路杆塔接地电阻有哪几种方法？各使用什么类型的仪器？

2. 用钳表法测试杆塔接地电阻时，应满足什么条件？

3. 用三极法测量架空线路杆塔接地电阻的注意事项有哪些？

▲ 模块 2　独立避雷针接地电阻测试（ZY1800516002）

【模块描述】本模块介绍独立避雷针接地电阻测试的测试方法和技术要求。通过测试工作流程的介绍，掌握独立避雷针接地电阻测试前的准备工作和相关安全、技术措施、测试方法、技术要求及测试数据分析判断。

【模块内容】

一、测试目的

独立避雷针必须可靠接地，以确保雷电流泄入大地，防止直击雷作用于变电站设备，对变电站的防雷保护具有重要意义。测量独立避雷针的接地电阻可以评价其接地状态，决定是否采取措施，以保证变电站的安全运行。

二、测试仪器、设备的选择

测量独立避雷针接地电阻时采用的仪器是接地电阻测试仪。

（1）采用比率计法的接地电阻测试仪可选用苏联产的 MC–07、MC–08 型，日本产 L–8 型接地电阻测试仪。

（2）采用电桥原理的接地电阻测试仪可选用国产 ZC–8 型、ZC29 型接地绝缘电阻表、数字式接地电阻测试仪。

三、危险点分析及控制措施

（1）防止人员和设备遭受雷击。测试应遵守现场安全规定，雷云在独立避雷针上方活动时应停止测试，并撤离测试现场。

（2）防止人员触电。测试仪器工作时，禁止直接接触独立避雷针接地装置或其金属裸露部分。

四、测试前的准备工作

（1）了解被试设备现场情况及试验条件。查勘现场，查阅相关技术资料、独立避雷针接地极型式、放射形接地极长度、土壤状况、历年试验数据及相关规程等，掌握独立避雷针接地运行情况，编写作业指导书及试验方案。

（2）测试仪器、设备准备。选择合适的测量方法，并根据测试方法选择仪器和设备。同时，查阅测试仪器、设备及绝缘工器具的检定证书有效期。

（3）办理工作票并做好试验现场安全和技术措施。向其余试验人员交待工作内容、带电部位、现场安全措施、现场作业危险点，明确人员分工及试验程序。

五、测试过程及步骤

（一）测试方法

详见 ZY1800516001–1 五、中（一）的 1.。

（二）测试接线

三极法测试独立避雷针接地电阻的接线，如图 70–1–2 所示。

（三）测试步骤

采用三极法进行接地电阻测试时的步骤如下：

（1）记录独立避雷针编号、接地极型式、土壤状况和当地气温。

（2）选择测试方法（直线法或 30°夹角法），根据接地极型式、电压线、电流线布置方式计算出电压线、电流线长度。

（3）按照图 70-2-1 所示接线布置电流线、电压线。

（4）将接地电阻测试仪放于水平位置，按照仪器说明书进行操作，测试接地电阻值。

（5）测试完成后拆除所有的测量引线，恢复原有状态。

六、测试注意事项

（1）测试独立避雷针的接地电阻前，应拆除被测独立避雷针所有接地引下线，把独立避雷针塔身与接地装置的电气连接全部断开。

（2）测量应选择在晴天、干燥天气下进行。

（3）避免把电压极和电流极布置在接地装置的射线上面，且不宜与接地装置的放射延长线平行或同方向布线。电位极应紧密而不松动地插入土壤 20cm 以上。

（4）电流极和电压极的辅助接地电阻不应超过测量仪表规定范围，否则会使测量误差增大。可以通过将测量电极更深地插入土壤并与土壤接触良好、增加电流极导体的根数、给电流极泼水等方式降低电流极的辅助接地电阻。

（5）在工业区或居民区，地下可能具有部分或完整埋地的金属物体，如铁轨、水管或其他工业金属管道，如果测量电极布置不当，地下金属物体可能会影响测量结果。电极应布置在与金属物体垂直的方向上，并且要求最近的测量电极与地线管道之间的距离不小于电极之间的距离。

（6）当发现接地电阻的实测值与以往的测试结果相比有明显的增大或减小时，应改变电极的布置方向，或增大电极的距离，重新进行测试。

（7）测量时应注意保持接地电阻测试仪各接线端子、电极和接地装置等电气连接位置地接触良好。应尽量缩短接地测试仪极端子 C1 和 P1（四端子接地电阻测试仪）、G（三端子接地电阻测试仪）与接地装置之间的引线长度。

七、测试结果分析及测试报告编写

（一）测试结果分析

（1）测试标准及要求。根据 DL/T 475—2017、DL/T 596—1996 的规定：独立避雷针接地电阻试验周期不超过 6 年，接地电阻不宜大于 10Ω。在高土壤电阻率地区难以将接地电阻降到 10Ω时，允许有较大的数值，但应符合防止避雷针（线）对罐体及管、阀等反击的要求。

（2）测试结果分析。

1）测试结果应与历史测试数据进行对比，如果变化较大，应重新多次测量，确保测量准确。

2）若测试结果超出标准要求，则应判定独立避雷针接地电阻不合格，采取措施进行改善。

（二）测试报告编写

测试报告填写应包括测试单位、试验性质（交接试验、预防性试验、检查）、委托单位、测试时间、测试人员、天气情况、环境温度、湿度、独立避雷针编号、接地极型式、土壤状况，测试仪器、仪表的名称、型号、制造厂、出厂序号、输出电压和容量、准确等级和校验日期等。

八、案例

测量某电厂的独立避雷针接地电阻采用三极法，用接地电阻测试仪进行测量，其测量接线如图 70-2-1 所示。

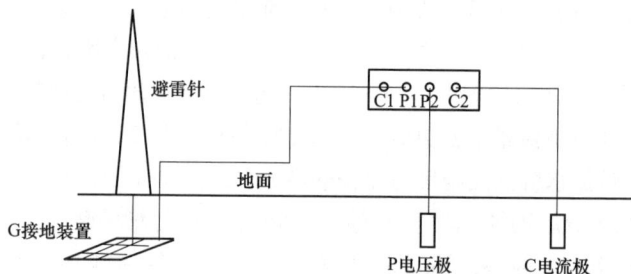

图 70-2-1 三极法独立避雷针测量接线图

根据 DL/T 475—2017 的规定，独立避雷针接地电阻不得大于 10Ω。全厂独立避雷针的测试结果见表 70-2-1。

表 70-2-1 独立避雷针测试结果

独立避雷针地点	接地电阻值（Ω）	独立避雷针地点	接地电阻值（Ω）
油库 I 号油罐	1.6	23 号避雷针（升压变电站东北角）	1.9
油库 II 号油罐	2.1	制氢站	2.3
卸油平台	0.6	水源变电站	0.5
24 号避雷针（升压站西南角）	2.2		

根据测试结果，并与以前测试数据相比相差不大于 30%，均小于 DL/T 475—2017 和 DL/T 596—1996 规定值，测试结果合格。

【思考与练习】

1. 测量独立避雷针接地电阻时，电流线、电压线应该如何布置？

2. 采用四端子接地电阻测试仪进行测试时，如何接线？

3. 请画出直线法测量独立避雷针工频接地电阻的电极布置图。

◢ 模块 3　接地网接地电阻测试（ZY1800516003）

【**模块描述**】本模块介绍接地网接地电阻测试的测试方法和技术要求。通过测试工作流程的介绍，掌握接地网接地电阻测试前的准备工作和相关安全、技术措施、测试方法、技术要求及测试数据分析判断。

【**模块内容**】

一、测试目的

发电厂、变电站的主接地网在保证电力设备的安全工作和人身安全方面起着决定性的作用。接地电阻值是接地网的重要技术指标。由于接地电阻的设计值与实际值有时相差甚远，为了对接地网的接地电阻有一个真实、准确地把握，必须对接地网的接地电阻进行测量。这对于正确估计变电站的安全性，确保电力系统的安全运行具有十分重要的意义。

二、测试仪器、设备的选择

目前测试接地电阻的仪器根据测试方法和现场测试情况的不同大致分为接地电阻表法、工频大电流法和异频法三种。根据测试对象和方法的不同，应采用不同的仪器、设备。

（1）小型变电站接地网接地电阻的测试可选用 ZC–8 型接地绝缘电阻表。

（2）对于大中型变电站和电厂采用工频大电流法或异频法。采用工频大电流法需要的仪器、设备包括三相 380V、10A 隔离变压器、电源侧和出线侧 400V、200A 真空断路器 2 个、穿心电流互感器、0.2 级、5A 电流表和输入阻抗≥10MΩ 的电压表。采用异频法需要的仪器、设备包括由直流电源、放大器、耦合变压器组成的变频升压系统和变频表，频率在 40~60Hz 之间，当测量回路电阻在 5Ω 以下时，能产生 20A 以上的电流；当测量回路电阻在 10Ω 以下时，能产生 10A 以上的电流。

三、危险点分析和控制措施

（1）防止工作人员触电。在测量过程中，防止工作人员接触变电站内电流入地点和站外敷设的电流极入地点及各处带电部位。

（2）防止设备损坏。在供电之前，电源侧开关要处于分闸状态，仪器设备要处于零位，防止冲击带电损坏设备。在利用工频大电流法测试时，尽量测量时间短些，不要使大电流设备长时间工作。

（3）防止外界人员触电。测试前，要确保所放电压线和电流线的连接完好，不应有裸露部分，试验过程中确保线路对地其他处无短接，搭接牢固合适，末端与电压极及电流极要可靠连接，并派专人守护。

四、试验前的准备工作

（1）了解被试设备现场情况及试验条件。查勘现场，查阅相关技术资料、历年地网试验数据及相关规程、被试接地网设计图、改造图及其他资料，记录变电站或电厂的系统参数用于计算最大短路入地电流。掌握地网接地运行情况，编写作业指导书及试验方案。

（2）测试仪器、设备准备。选择合适的测量方法，并根据测试方法选择仪器和设备，并查阅测试仪器、设备及绝缘工器具的检定证书有效期。

（3）办理工作票并做好试验现场安全和技术措施。向其余试验人员交待工作内容、带电部位、现场安全措施、现场作业危险点，明确人员分工及试验程序。

五、测试过程及步骤

（一）测试方法

1. 测试方法获取的原理

由于地电位的零点是在无穷远处，工程

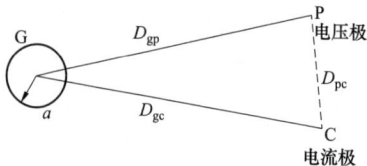

图 70-3-1 夹角补偿法
测试原理接线图

G—电流注入点；P—电压极；C—电流极

上常将接地网等效为一个半球形。取半球接地网半径为 a，电流 I 自 G 流入，C 流出，如图 70-3-1 所示。

此时接地极 G 的电流使 GP 两点间出现的电位差为

$$v' = \frac{I\rho}{2\pi a} - \frac{I\rho}{2\pi D_{gp}} \tag{70-3-1}$$

式中　v'——G 点注入地中的电流引起的 GP 两点间电位差，V；

I——注入地中的电流，A；

a——接地网等效半径，m；

D_{gp}——电流注入点与电压极距离，m；

ρ——土壤电阻率，$\Omega \cdot m$。

而电流极 C 的电流与 G 点电流方向相反，使 GP 两点间出现的电位差为

$$v'' = \frac{-I\rho}{2\pi D_{gc}} - \frac{-I\rho}{2\pi D_{pc}} \tag{70-3-2}$$

式中　v''——C 点回流电流引起的 GP 两点间电位差，V；

D_{pc}——电流极与电压极距离，m；

D_{gc}——电流极与接地网距离，m。

因此，用电压表量出的 GP 间的电压为

$$V = V' + V'' = \frac{I\rho}{2\pi}\left(\frac{1}{a} - \frac{1}{D_{gp}} - \frac{1}{D_{gc}} + \frac{1}{D_{pc}}\right) \tag{70-3-3}$$

测量电阻为

$$R = \frac{\rho}{2\pi}\left(\frac{1}{a} - \frac{1}{D_{gp}} - \frac{1}{D_{gc}} + \frac{1}{D_{pc}}\right) \tag{70-3-4}$$

其中

$$D_{pc} = \sqrt{D_{gp}^2 + D_{gc}^2 - 2D_{gp}D_{gc}\cos\theta}$$

而实际接地电阻为

$$R_0 = \frac{\rho}{2\pi a} \tag{70-3-5}$$

欲使 $R=R_0$，则需

$$\frac{1}{D_{gp}} + \frac{1}{D_{gc}} - \frac{1}{D_{pc}} = 0 \tag{70-3-6}$$

为了保证测量结果的准确性，必须使式（70-3-6）为零。因此，产生了实际的测试方法。

2. 测试方法

在实际测量中有远离法和补偿法两种常用的方法可以满足测量要求。

（1）远离法。

通过增大接地网与电流极、电压极的距离来达到满足上式的目的。当 $D_{gc}=10a$、$D_{gp}=5a$ 时，测量结果比实际值小 10%；当 $D_{gc}=20a$、$D_{gp}=10a$ 时，测量结果比实际值小 5%。这在工程上是可以接受的，即将电流极布置在离开接地装置 $20a$ 的位置，电压极布置在地网和电流极之间的零位面上。

对于大型接地网，满足远离法的要求的电流极到变电站之间的距离将很大，所要求的间距很难在实际测量中达到。通过人工敷设电流和电压线的方法不可能实现，只有借助于已有的架空线路才可以满足要求，但是目前可借用的线路牵扯到停电，因而实施较为困难。

（2）补偿法。如果将电流极和电压极放置在合适的位置，满足式（70-3-6），这时测量得到的接地电阻即为接地网的真实接地电阻。通过分析知道，确定电流极后，存在一个可得出待测接地极真实接地阻抗的电压极位置，这里将对应真实接地电阻的电压极位置称为补偿点。为了能将地网等效为半球形，通过大量试验验证，电流线的长度选取为被测试地网最长对角线的 3 倍以上，可以满足工程测量的要求。

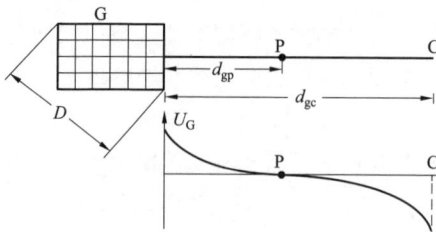

图 70-3-2   0.618 法测试原理接线图

现场通常采用的测量方法为 0.618 法和夹角 30°法，现将这两种方法简要介绍如下：

1）夹角补偿法。夹角补偿法测试原理接线如图 70-3-1 所示。

如果取 $D_{gp}=D_{gc}$，即电压线和电流线距离相等，两线夹角 $\theta=30°$ 时，可满足式（70-3-6）的要求，电压极达到零位面。

此种方法要避开地中管道、输电线路和河流，采用 GPS 定位距离和角度。

2）0.618 法（直线法）。0.618 法测试原理接线如图 70-3-2 所示。

令 $D_{gp}=\alpha D_{gc}$，$D_{pc}=(1-\alpha)D_{gc}$，代入式（70-3-6）得

$$1+\frac{1}{\alpha}-\frac{1}{1-\alpha}=0 \qquad (70\text{-}3\text{-}7)$$

解得 $\alpha=0.618$

由式（70-3-7）表明，若电流极不置于无穷远处，则电压极必须放在电流极与接地体两者中间，距接地网 $0.618D_{gc}$ 处，即可测得接地网的真实接地电阻值，此方法即为 0.618 法。但是电压线和电流线是沿一个方向放线，电流线与电压线之间存在互感，会影响电压的测量值，因此在条件许可的情况下尽量采用夹角补偿法，如果要使用 0.618 法，应使电流线与电压线之间的最小距离在 3m 以上。

（二）测试接线

接地网接地电阻的测试可在不停电的情况下进行，如果对于不带电的变电站或电厂，来自外界的干扰就较小。而对于带电的变电站或电厂，干扰就很大，在测量时通过增大工频电流和变频的方法可以减小干扰的影响。

1. 接地电阻表法

接地电阻表具有携带方便，使用简单等特点。但由于其电源容量小，不能提供较大的测量电流，当干扰电压较高而被测接地电阻又较小时，如小于 1Ω，则测量结果可能存在较大的误差，因此主要用于测量面积较小的地网或接地极。测量一般采用直线的敷设放线方式，根据地网大小确定电流线的长度，一般在 20m 以上，通过三极法进行测量，其测量接线如图 70-3-3 所示。

图 70-3-3 是 ZC-8 型接地电阻表的测量接线，该表的使用方法和原理类似于双臂电桥，使用时接地电阻表 C 端子接电流极 C 引线，P 端子接电压极 P 引线，E 端子接被测接地体 G。当接地电阻表离被测接地体较远时，为排除引线电阻的影响，同双臂

电桥测量一样，将 E 端子短接片打开，用两根线 C2、P2 分别接被测接地体。

2. 工频大电流法

工频大电流法就是通过提高试验时注入地中的电流来减小现场的电磁干扰，增大信噪比，注入地中的电流一般在 50A 以上。根据现场实际测量经验，采用 380V 的隔离变输出电流一般可在 50A 左右，如图 70-3-4 所示。如果要提高注入地中的电流，可从两方面解决：一是降低电流线回

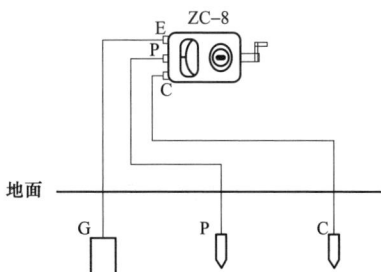

图 70-3-3　接地电阻表的测量接线图

路的电阻，即降低所敷设的电流极接地电阻和截面较大的电流回路导线，利用架空线路和已有的可利用接地极是较好的办法；二是提高电流回路两端的电压，可通过特制的输出不同电压等级的隔离变来实现，如隔离变输入 220V 或 380V，输出电压抽头为 380、700V 和 1000V，也可按照需求增加其他电压抽头；也可通过使用两台同型号的 6kV 或 10kV 配电变压器来实现，即将高压侧并联供电，低压侧串联来提高输出电压，如图 70-3-5 所示，输出电压可达到 600V。

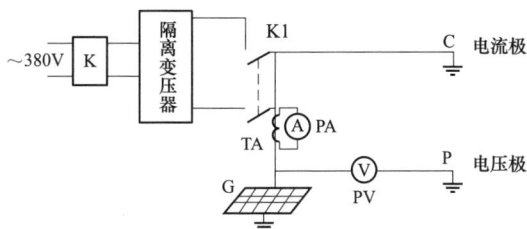

图 70-3-4　工频大电流法测接地电阻的原理接线

K—自动开关；K1—隔离开关；TA—电流互感器；PA—电流表；PV—电压表

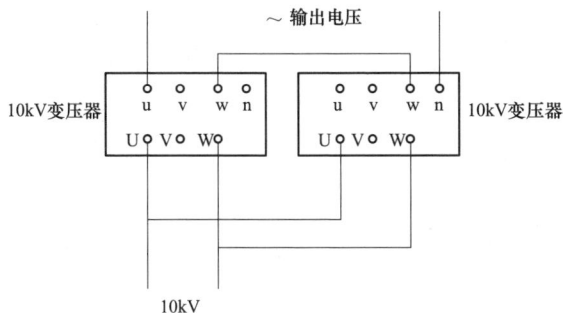

图 70-3-5　两台同型号 10kV 配电变压器实现高压输出

工频大电流法测接地网接地电阻时，电压极和电流极的布置即可以采用夹角补偿法，也可以采用 0.618 法。为了消除工频干扰，先使用 UV 相进行测量，然后使用 VU 相进行测量，这种方法称为倒相法。

先在不接通电源的情况下读出电压表的读数 V_0，在 UV 相序时，合上开关，读出电压表的读数 V_1，再在 VU 相序时，合上开关，读出电压表的读数 V_2，实际地网电压为 V，可写出

$$V_1 = V + V_0 - 2VV_0\cos(180° - \theta) \tag{70-3-8}$$

$$V_2 = V + V0 - 2VV0\cos\theta \tag{70-3-9}$$

通过上两式可得

$$V = \sqrt{\frac{V_1^2 + V_2^2 - 2V_0^2}{2}} \tag{70-3-10}$$

3. 异频法

异频法和"工频大电流法"测量原理和测试接线基本相同，均基于电流—电压法，不同之处在于提供异于工频的电流（40～60Hz），这样可以很好地避免工频干扰。

测试接线是将图 70-3-4 中的隔离变压器变为变频电源。但是异频电源的容量较小，提供的异频电流一般只能达到 10～20A，这样地表载流深度较浅，如果在垂直方向土壤较为均匀时，测得的接地电阻与大电流法接近；如果在垂直方向土壤不均匀时，测得的接地电阻与大电流法存在较大差异，因为大电流法电流在地中流过地表载流深度较深，更接近于实际的系统短路电流流入大地的情况，应该以大电流法测试数据为准。

（三）测试步骤

1. 接地电阻表法

（1）根据接地网的形式和大小确定电流线的敷设长度，并在接地网四周确定一个放线方向。

（2）用皮尺测量定位电流极和电压极的位置，插入接地钎子，深度不小于 30cm。

（3）按图 70-3-3 进行接线，用专用导线（电压线、电流线、接地极引线）的两端与接地电阻表的相应端子和作为电流极、电压极的接地钎子分别良好连接，将接地电阻表放于水平位置。

（4）测量开始应先将倍率开关置于最大倍数位置，慢慢转动发电机手柄，同时调节倍率及"指示刻度盘"，当检流计的指针位于中心线附近时，然后逐渐加快手柄的转速，使其达到 120r/min 以上，调节"指示刻度盘"使检流计指针指于中心线。用"指示刻度盘"的读数乘以倍率开关的倍数，即为所测的接地电阻值。

2. 工频大电流法

（1）根据接地网的形式、大小，输电线路的走向，地下埋设管道、河流的位置等综合因素确定电流线、电压线的敷设长度和敷设方向。

（2）用手持式 GPS 定位仪确定电流极和电压极的位置，根据实际情况在电流极处敷设一个小型地网，地网的接地电阻越小越好。

（3）选择接地网内的注入电流点，一般选在地网的中心位置附近，通常选择变压器处入地。

（4）根据输出电流的大小选择电流线的截面和穿心式电流互感器的匝数，截面积一般要在 12mm² 左右，穿心式电流互感器的匝数要满足二次电流不超过 5A 的量程。

（5）按图 70-3-4 进行接线，将电流线的两端分别与接地网内的注入电流点接地端子（G）、所敷设的电流极接地端子（C）良好连接，将电压表两端分别和接地网内的注入电流点接地端子（G）、所敷设的电压极接地端子（P）良好连接。

（6）未合电源时，用电压表测量干扰电压；合上电源，使用 UV 相序，给线路加上大电流，读电压表、电流表读数；断开电源，使 U、V 相颠倒位置；合上电源，使用 VU 相序，给线路加上大电流，读电压表读数；断开电源。

（7）将电压极前、后移动电压线长度的 5%，重复上述步骤（6），当电压表读数变化不大时，即为电压的零位点，按照此时的数据计算接地电阻值。

3. 异频法

（1）前 5 个步骤与工频大电流法测试步骤相同。

（2）调节变频设备的测试频率，使其与电流表、电压表频率一致。

（3）操作变频设备（按照变频设备操作说明书进行），进行测量。

（4）测量完成后，切断电源，将电压极前、后移动电压线长度的 5%，重复上述步骤（3）。当电压表读数变化不大时，即为电压的零位点。

（5）将变频设备的测试频率分别调为 40、45、55、60Hz，在以上频率的情况下，测量电压为零电位的接地电阻。

（6）取其平均值作为接地电阻的测量结果。

六、测试注意事项

（1）测量应选择在晴天、干燥天气下进行。

（2）采用电极直线布置测量时，电流线与电压线应尽可能分开，不应缠绕交错。

（3）在变电站进行现场测试时，由于引线较长，应多人进行，转移地点时，不得摔扔引线。

（4）测量时如发现检流计灵敏度过高，可将测量电极（电压极、电流极）插入地中的深度浅一些；当检流计灵敏度过低时，可用水湿润测量电极周围的土壤或选择湿润土壤处安装测量电极。

（5）测量时接地电阻表若无指示，可能是电流线断；若指示很大，可能是电压线断或接地体与接地线未连接；若接地电阻表指示摆动严重，可能是电流线、电压线与电极或接地电阻表端子接触不良，也可能是电极与土壤接触不良造成的。

七、测试结果分析及测试报告编写

（一）测试结果分析

1. 测试标准及要求

根据 DL/T 475—2017《接地装置特性参数测量导则》、DL/T 596—1996 的规定：接地电阻与土壤的潮湿程度密切相关，因此应尽量在干燥季节测量，不应在雷、雨、雪中进行。测试周期在正常情况下每 5～6 年测试一次为宜，如果有地网改造或其他必要时应进行针对性测试。

根据 DL/T 475—2017 的规定，地网接地电阻应符合 $R \leqslant (2000/I)$，其中 I 为流经接地网并在接地网的接地电阻上产生压降的最大入地短路电流。根据 DL/T 596—1996 中接地装置的内容，当接地电阻无法满足 $R \leqslant (2000/I)$ 的要求时，$R \leqslant 0.5\Omega$（$I \geqslant 4000A$）可以判定测得的接地电阻的数值合格。

2. 影响测试结果的因素

在进行接地网接地电阻的测量过程中，有可能对测试设备或测试结果造成影响的因素如下：

（1）工频干扰的影响。工频干扰主要是由于电力系统的不平衡电流 I_0（零序电流分量）在被测接地网上的工频压降造成的，有时干扰电压可高达 5～10V，可见干扰电压 U_0 的影响是不容忽视的。可采用上面介绍过的倒相法和变频法来消除工频干扰电压引起的测量误差。

（2）互感的影响。采用直线法布置电流线和电压线会导致互感的影响，电压线和电流线如果在很长范围内平行，其互感电势造成的误差较大，因此要尽可能增大两平行线间的距离。

（3）电压极、电流极定位不准。由于电压极、电流极定位不准，会造成零电位面定位困难，给接地网的准确测量和计算带来较大误差。现在普遍采用 GPS 全球定位系统及现场地下施工管线和输电线路走向来确定电压极、电流极的位置，提高了测量的准确度。

3. 测试结果分析

通过不同的测试方法（变频法、工频大电流法）和不同的布极方式（0.618 法、夹角 30°法）对同一个接地网进行测试，如果所得的测试结果较接近时，说明所测的接地电阻较为准确。

接地电阻是接地网的一个重要参数，它概要性地反映了接地网的状况，而且与接地网的面积和所在地质情况有密切关系。因此，判断接地电阻是否合格首先要参照DL/T 475—2017 中的有关规定，同时也要根据实际情况，包括地形、地质等进行综合判断。

（二）测试报告编写

测试报告填写应包括试验单位、试验性质（交接试验、预防性试验、检查）、委托单位、试验时间、试验人员、天气情况、环境温度、湿度、接地网形状、土壤状况，测试仪器、仪表的名称、型号、制造厂、出厂序号、输出电压和容量、准确等级和校验日期等。

八、案例

某电厂对全厂的接地网做接地电阻测试，该电厂地网的对角线距离约为 550m，结合该厂周围的环境，采用夹角补偿法进行放线，放线距离取地网对角线的 3 倍即1650m。其电压线和电流线布置如图 70-3-6 所示。

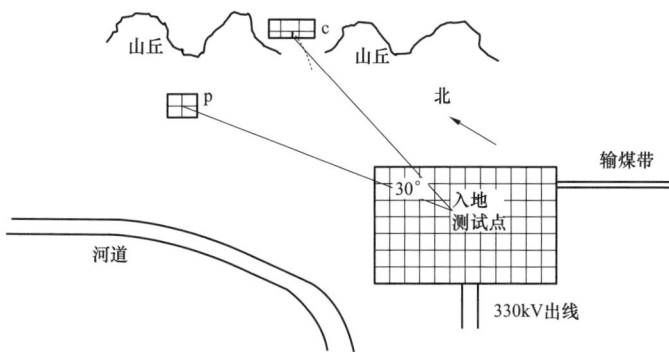

图 70-3-6　某电厂接地电阻测量的电压线、电流线布置图

采用工频大电流法和变频法两套设备进行测量，测试结果分别见表 70-3-1 和表70-3-2。

表 70-3-1　　　　　　　　　　采用工频电流法的测试结果

次序	第 1 次加压（V）	第 2 次加压（V）	V_0（干扰电压，V）	平均值（V）	注入地网电流（A）	接地电阻（Ω）
UV 相序	4.30	4.32	0.01	4.31	28.8	0.148 9
VU 相序	4.31	4.28	0.01	4.30	29.0	

表 70-3-2 采用变频法的测试结果

入地电流的频率（Hz）	入地电流（A）	电压值（V）	接地电阻（Ω）
45	8.6	1.154	0.134 2
49	8.54	1.225	0.143 4
51	8.50	1.249	0.146 9
55	8.06	1.242	0.154 1
接地电阻平均值（Ω）		0.144 6	

这两个结果很接近，说明该发电厂接地网接地电阻测试方法和结果比较准确。

【思考与练习】

1. 测量接地网接地电阻的方法按仪器分为哪几种？各使用在什么情况下？

2. 说明接地电阻的测量原理。远离法和补偿法的区别是什么？

3. 现场通常采用的测量方法是什么？简要介绍其原理。

4. 在工频大电流法中，如何提高注入地中的电流值？

5. 工频大电流法和异频法的区别是什么？各有什么优缺点？

第七十一章

接地引下线与接地网的导通试验

▲ 模块　接地导通试验（ZY1800517001）

【模块描述】本模块介绍接地引下线与接地网的导通试验方法和技术要求。通过试验工作流程的介绍，掌握接地导通试验前的准备工作和相关安全、技术措施、测试方法、技术要求及测试数据分析判断。

【模块内容】

一、试验目的

接地装置的电气完整性是接地装置特性参数的一个重要方面。接地导通试验的目的是检查接地装置的电气完整性，即检查接地装置中应该接地的各种电气设备之间、接地装置的各部分及各设备之间的电气连接性，一般用直流电阻值表示。保持接地装置的电气完整性可以防止设备失地运行，提供事故电流泄流通道，保证设备安全运行。

二、试验仪器、设备的选择

（1）选用专门仪器接地导通电阻测试仪，仪器的分辨率为 1mΩ，准确度不低于1.0级，仪器输出电流范围为 10～50A。

（2）选用伏安法，在被试电气设备的接地部分及参考点之间加恒定直流电流，再用高内阻电压表测试由该电流在参考点通过接地装置到被试设备的接地部分这段金属导体上产生的电压降，并换算到电阻值。高阻抗电压表和低阻抗电流表准确度等级不应低于1.0级，电压表分辨率不低于 1mV，电流表量程根据电流大小选择。

三、危险点分析及控制措施

（1）防止工作人员触电。保持与带电体足够的安全距离，防止测试人员及其他人员触摸测试接地引下线，工作人员移动测试仪器时，确保仪器处于断电状态。

（2）防止设备损坏。仪器必须处于断电状态时方可移动，仪器必须无电流输出时方可移动测试点线夹。试验设备应可靠接地。

四、试验前的准备

（1）了解被试设备现场情况及试验条件。查勘现场，查阅相关技术资料、历年试验数据及相关规程等，查看变电站现场设备，根据变电站大小、设备布置情况对测试设备分区以减少测试时工作量。宜按照变电站设备的电压等级将变电站划分为不同的区域。

（2）测试仪器、设备准备。准备试验所需的接地导通电阻测试仪、电源接线板、带线夹的电流引线、万用表、锉刀等工具，记录参考点位置和数据记录纸，熟悉接地导通电阻测试仪的使用说明及操作要求，并查阅测试仪器、设备及绝缘工器具的检定证书有效期。

（3）办理工作票并做好试验现场安全和技术措施。向组员交待工作内容、带电部位、现场安全措施、现场作业危险点，明确人员分工及试验程序。

五、试验过程及步骤

（一）试验接线

接地导通试验接线，如图 71-0-1 所示。

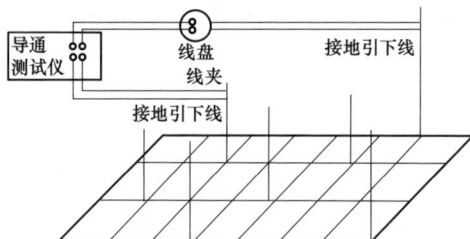

图 71-0-1 接地导通试验接线图

（二）试验步骤

（1）选取参考点和测试点，并做标示。先找出与接地网连接良好的接地引下线作为参考点，考虑到变电站场地可能比较大，测试线不能太长，宜选择多点接地设备引下线作为基准，在各电气设备的接地引下线上选择一点作为该设备导通测试点，如图 71-0-2 所示。

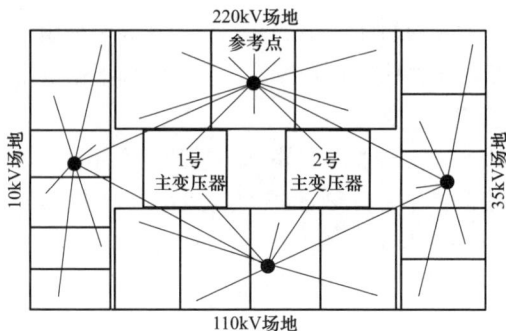

图 71-0-2 参考点的选择方法

（2）准备好仪器设备，将接地导通电阻测试仪输出连接分别连接到参考点、测试点。

（3）打开仪器电源，调节仪器使输出某一电流值，记录相应的直流电阻值。

（4）调节仪器使输出为零，断开电源，将测试点移到下一位置，依次测试并记录。

六、试验注意事项

（1）试验应在天气良好情况下进行，遇有雷雨情况时应停止测量，撤离测量现场。

（2）试验中应对测试点擦拭、除锈、除漆，保持仪器线夹与参考点、测试点的接触良好，减小接触电阻的影响。

（3）为确保历年测试点的一致，便于对比，可对测试中各参考点、设备的测试引下线等做好记录，可能时并做标记以便识别。

（4）试验中应测量不同场区之间地网的导通性。

（5）当发现测试值在 50mΩ 以上时，应反复测试验证。

（6）试验时一人操作仪器、记录数据，两人负责移动线夹以对不同点进行测试。

（7）电压线夹应放置在电流线夹下方，以除去接触电阻的影响。

七、试验结果分析及试验报告编写

（一）试验结果分析

根据 DL/T 475—2017 的规定。

1. 试验范围

（1）变电站的接地装置：各个电压等级的场区之间；各高压和低压设备，包括构架、分线箱、汇控箱、电源箱；主控及内部各接地干线，场区内和附近的通信及内部各接地干线；独立避雷针及微波塔与主地网之间；其他必要的部分与主地网之间。

（2）电厂的接地装置：除变电站部分按上述（1）进行外，还应测试其他局部地网与主地网之间；厂房与主地网之间；各发电机单元与主地网之间；每个单元内部各重要设备及部分；避雷针，油库，水电厂大坝；其他必要的部分与主地网之间。

2. 试验标准及要求

（1）状况良好的设备测试值应在 50mΩ 以下；

（2）50~200mΩ 的设备（连接）状况尚可，宜在以后理性测试中重点关注其变化，重要的设备宜在适当时候检查处理；

（3）200mΩ~1Ω 的设备（连接）状况不佳，对重要的设备应尽快检查处理，其他设备宜在适当时候检查处理；

（4）1Ω 以上的设备与主网未连接，应尽快检查处理；

（5）独立避雷针的测试值应在 500mΩ 以上；

（6）测试中相对值明显高于其他设备，而绝对值又不大的，按状况尚可对待。

3. 试验结果分析

试验测得的两根接地引下线之间的电阻值应按照试验标准及要求中的相应阻值范围得出接地引下线状况。

（二）试验报告编写

试验报告填写应包括变电站名称、测试仪器型号、被测试的设备名称、参考点位置、测试点位置、仪器输出电流、直流电阻值、测试时间、地点、天气、测试人员等。

八、案例

某地区对不同运行年限的接地网进行测试的结果统计，如表 71-0-1 所示。

表 71-0-1　　　　　　　　接地引下线导通测试结果

变电站	接地网年限	测试点总数	导通值（mΩ）				
			0~10	10~20	20~30	30~40	>40
A	30	170	15	93	46	14	2
B	30	398	66	215	68	31	18
C	10	314	156	155	3	0	0
D	6	404	276	123	5	0	0
E	2	149	141	8	0	0	0
F	2	205	201	4	0	0	0

对表 71-0-1 中不同接地网数据进行对比可以看出，随着接地网运行年限的增加，接地导通电阻变大。

测试结果 A 变电站和 B 变电站相对其他变电站接地导通电阻较大，但基本都在 50mΩ 以下，仅需对 A 变电站的两处和 B 变电站的 18 处进行开挖检查和改造。

【思考与练习】

1. 接地导通试验的范围包括哪些内容？

2. 接地导通试验时，应如何选取参考点？

3. 接地导通试验的结果如何判定？

第七十二章

土壤电阻率测试

模块　土壤电阻率测试（ZY1800516004）

【模块描述】本模块介绍土壤电阻率测试方法和技术要求。通过测试工作流程的介绍，掌握土壤电阻率测试前的准备工作和相关安全、技术措施、测试方法、技术要求及测试数据分析判断。

【模块内容】

一、测试目的

土壤电阻率是决定接地装置接地电阻的重要因素。不同性质的土壤，有不同的土壤电阻率。由于温度、湿度、含盐量和土壤的紧密程度等不同，同一种土壤的电阻率也会随之发生显著的变化。因此，为使设计的接地装置更符合实际要求，必须进行土壤电阻率的测量。

接地极或邻近接地极的地面电位梯度主要是上层土壤电阻率的函数，接地极的接地电阻却主要是深层土壤电阻率的函数，在接地极非常大时更是如此。因此，要进行土壤电阻率分层的测量。

二、测试仪器、设备的选择

（1）测量浅层土壤电阻率使用 ZC-8 型接地电阻表。

（2）测量多层、深层土壤电阻率使用功率较大的电源，采用电压表、电流表组成的测试回路，表计准确度等级不应低于 1.0 级。

三、危险点分析和控制措施

在测量过程中，防止接触敷设的电流极、电压极入地点及各处带电部位。测试前，要确保所放电压线和电流线连接完好，不应有裸露部分。在试验过程中，要确保线路对地其他处无短接，搭接牢固合适，电压极及电流极应可靠连接，并派专人守护。

四、试验前的准备工作

（1）了解被试设备现场情况及试验条件。查勘现场，查阅待测土壤状况的相关资料、历史测试数据及相关规程等，掌握土壤土质情况，编写作业指导书及试验方案。

（2）测试仪器、设备准备。选择合适的测试方法，根据测试方法选择测试仪器和设备，并查阅测试仪器、设备及绝缘工器具的检定证书有效期。

（3）办理工作票并做好试验现场安全和技术措施。向其余试验人员交待工作内容、带电部位、现场安全措施、现场作业危险点，明确人员分工及试验程序。

五、测试过程及步骤

（一）测试方法

1. 三极法测量土壤电阻率

三极法测量土壤电阻率的原理接线如图 72-0-1 所示。三极法的原理是测量埋入地中的标准接地极 a 的接地电阻，然后利用接地电阻的计算公式反推出土壤电阻率。三极法得到的土壤电阻率与接地极形状、尺寸、埋设情况有关。通常标准接地极为直径 50mm 的钢管或直径 25mm 的圆钢，埋入深度为 0.7～1.0m。测量得到的接地电阻 R 为电压测量值 U 与电流测量值 I 的比值，因此根据垂直接地极接地电阻的计算公式可以得到被测区域的土壤电阻率为

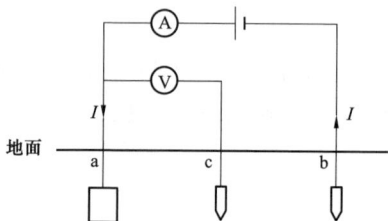

图 72-0-1 三极法测量土壤电阻率的原理接线图

$$\rho = \frac{2\pi l R}{\ln\dfrac{8l}{d} - 1} \qquad (72\text{-}0\text{-}1)$$

式中　l ——垂直接地极打入地中的深度，m；

　　　d ——垂直接地极的直径，m；

　　　R ——接地体的实测电阻（$R=U/I$），Ω；

　　　ρ ——土壤电阻率，Ω·m。

三极法能测量到相当于测试用的垂直接地极埋入地中长度的 5～10 倍的临近地区的土壤特性。若要测量大体积的土壤，则应用四极法测量，因为将更长的被试电极打入土壤中是不现实的。

2. 四极法测量土壤电阻率

四极法测量土壤电阻率的原理接线如图 72-0-2 所示。测量时在地面上插入四个电极 a、b、d、c，埋入深度均为 h。向外侧电极 a

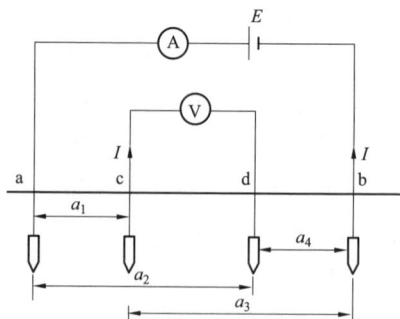

图 72-0-2 四电极法测量土壤电阻率的原理接线图

和 b 施加电流 I，电流由电极 a 流入，由电极 b 返回。这时外电极产生的电流场将在内电极上产生电势，可以用电位差计或高阻电压表测量内电极 c 和 d 间的电位差，U/I 即为电阻 R。根据数学推导四极法测土壤电阻率的公式为

$$\rho = \frac{2\pi R}{\dfrac{1}{a_1} - \dfrac{1}{a_2} - \dfrac{1}{a_3} + \dfrac{1}{a_4}} \qquad (72\text{-}0\text{-}2)$$

式中　a_1、a_2、a_3、a_4——分别为各电极之间的距离，m。

采用四极法测量土壤电阻率时有多种形式的电极布置方案，无论哪种布置方案都必须遵守保持四个电极在一条直线上排列这条原则。电极间距有很多种选择方式，通常实际应用最多的电极布置方式是沿直线保持四个电极间的距离相同，则公式简化后为

$$\rho = 2\pi a R \qquad (72\text{-}0\text{-}3)$$

式中　a——电极的间距，m；

　　　R——实测到的电阻值，Ω。

3. 电极间距的选择

两电极之间的距离 a 应等于或大于电极埋设深度 h 的 20 倍，即 $a \geqslant 20h$。测量电极建议用直径不小于 1.5cm 的圆钢或 $\angle 25mm \times 25mm \times 4mm$ 的角钢，其长度均不小于 40cm。

被测场地土壤中的电流场的深度，即被测土壤的深度，与极间距离 a 有密切关系。当被测场地的面积较大时，极间距离 a 应相应地增大。

为了得到较合理的土壤电阻率的数据，最好改变极间距离 a，求得视在土壤电阻率 ρ 与极间距离 a 之间的关系曲线 $\rho = f(a)$，极间距离的取值可为 5、10、15、20、30、40m 等，最大的极间距离 a_{max} 可取拟建接地装置最大对角线的 2/3。

4. 土壤分层的土壤电阻率测量

实际中不会有均匀的土壤，通常土壤有若干层，层与层之间的土壤电阻率是不同的。为了更加准确地了解不同土层、土质的土壤电阻率的变化情况，人们需要对土壤分层测量土壤电阻率。土壤电阻率的横向变化也存在，但通常是渐变的，在测量地段附近可不考虑土壤电阻率的横向变化。

可利用四电极等间距法测量土壤电阻率的原理对土壤进行分层测量。选定电极间距后，先进行测量，然后逐渐增大或缩小电极间距再进行测量，根据不同的间距对应的不同土壤电阻率绘出它们的变化关系图。这样就可以知道土壤分层对土壤电阻率变化大小的影响。

（二）测试接线

用 ZC 型接地电阻表测量土壤电阻率的原理接线，如图 72-0-3 所示。

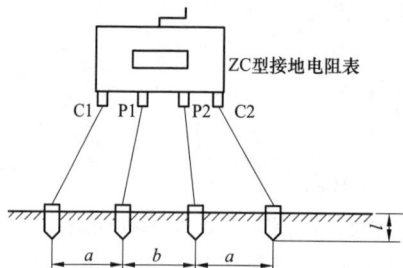

图 72-0-3 ZC 型接地电阻表
测量土壤电阻率的原理接线图

（三）测试步骤

（1）按图 72-0-3 布置电流线、电压线，将 4 个电极沿一条直线等间距的排列，将 4 个电极分别与 ZC 型接地电阻表 C1、P1、P2、C2 的 4 个端子相连。

（2）测量开始应先将倍率开关置于最大倍数位置，慢慢转动发电机手柄，同时调节倍率及"指示刻度盘"，当检流计的指针位于中心线附近时，然后逐渐加快手柄的转速，使其达到 120r/min 以上，调节"指示刻度盘"使检流计指针指于中心线。用"指示刻度盘"的读数乘以倍率开关的倍数，即为所测的接地电阻值。

（3）测试完毕后依据公式算出土壤电阻率的值。

（4）若测量土壤电阻率的分层，要改变极间距离，重复上述步骤（1）～（3），测量 7 种不同间距。

（5）用专用软件计算得到各层土壤电阻率及深度的值。

六、测试注意事项

（1）测量应选择在晴天、干燥天气下进行。遇有雷雨情况时应停止测量，撤离测量现场。

（2）在冻土区，测试电极须打入冰冻线以下。

（3）在地下有管道的地方，应把电极布置在与管道垂直的方向上，并且要求最近的测量电极与地下管道之间的距离不小于极间距离。

（4）由于不同地域不同土质的土壤电阻率不同，对变电站或电厂周围测量土壤电阻率时，要根据不同特点多选几个测试点，最好选一个有代表性的点进行土壤分层测量。

七、测试结果分析及测试报告编写

（一）测试结果分析

1. 测试标准及要求

根据 DL/T 475—2017 及 GB/T 17949.1—2000《接地系统的土壤电阻率、接地阻抗和地面电位测试导则　第 1 部分：常规测量》的规定。

2. 测试结果分析

对应于各种电极间距时得出的一组数据即为各种视在土壤电阻率，以土壤电阻率与电极间距的关系绘成曲线，即可判断该地区是否存在多种土壤层或是否有岩石层，还可判断其各自的电阻率和深度。为了得到较合理的土壤电阻率的数据，宜改变极间距离 a，求得视在土壤电阻率 ρ 与极间距离的函数关系 $\rho=f(a)$。

（二）测试报告编写

测试报告填写应包括试验单位、试验性质（交接试验、预防性试验、检查）、委托单位、试验时间、试验人员、天气情况、环境温度、湿度，测试仪器、仪表的名称、型号、制造厂、出厂序号、输出电压和容量、准确等级和校验日期等。

八、案例

对某输变电工程变电站址周围的土壤电阻率进行测量。测量包括在变电站站址上测量土壤电阻率水平和垂直方向上的均匀性，采用四极法测量变电站周围的土壤电阻率，测量原理和计算公式见前面所述。为获得土壤垂直分层电阻率，在变电站站址上测量了不同电极间距离 a 时的电阻率参数，采用专用程序对测试数据进行处理，得出变电站土壤电阻率的分层情况。变电站站址土壤电阻率测量结果见表 72-0-1 和表 72-0-2。

表 72-0-1　　　　　　　　实测所得的土壤垂直方向视在电阻率

极间距离 a（m）	5	10	15	20	25	30	35	40	50
土壤电阻率（Ω·m）	449.0	370.5	286.4	290.1	392.5	378.5	365.3	354.1	329.7

通过软件计算得到土壤电阻率的垂直分层情况，如图 72-0-4 所示。

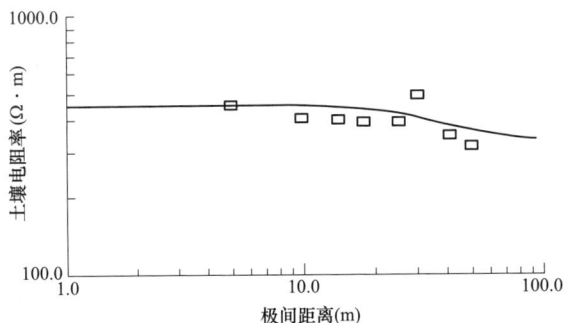

图 72-0-4　土壤电阻率垂直分层情况

计算得到的土壤分层如下：

第一层　460.61Ω·m，深度为 22.641m；

第二层　314.15Ω·m。

表 72-0-2　　　　　　　　　实测所得的土壤水平方向视在电阻率

位置（$a=15\mathrm{m}$）	东北	东南	西中
土壤电阻率（$\Omega \cdot \mathrm{m}$）	329.7	348.7	286.4

由表 72-0-2 可见，水平土壤电阻率较为均匀，无分层。

因此，变电站站址土壤电阻率在水平方向基本一致，在垂直方向第一层为 $460.61\Omega \cdot \mathrm{m}$，深度为 22.641m；第二层为 $314.15\Omega \cdot \mathrm{m}$。

【思考与练习】

1. 画出三极法测量土壤电阻率的测试接线，并简述其测试原理。

2. 画出四极法测量土壤电阻率的测试接线，并简述其测试原理。

3. 测量土壤电阻率时要注意哪些事项？

第七十三章

接触电压、跨步电压及电位分布测试

▲ 模块　接触电压、跨步电压及电位分布的测试
（ZY1800517002）

【模块描述】本模块介绍接触电压、跨步电压及电位分布的测试方法和技术要求。通过测试工作流程的介绍，掌握接触电压、跨步电压及电位分布测试前的准备工作和相关安全、技术措施、测试方法、技术要求及测试数据分析判断。

【模块内容】

一、测试目的

发电厂和变电站的接触电压、跨步电压及电位分布的数值是评价地网安全性能的重要指标。当发生接地短路故障时，若出现过高的接触电压、跨步电压和较大的电位差，可能会发生危及人身和设备安全的事故。因此，必须经过实测得到这几项指标的数值，对地网的安全性进行综合评价。

二、测试仪器、设备的选择

接触电压、跨步电压和电位分布的测量与接地电阻测试同时进行，测量仪器主要是高阻抗电压表和低阻抗电流表，准确度等级不应低于 1.0 级，电压表分辨率不低于1mV。

如果采用异频法进行接地电阻测试时，测量仪器应选用异频电压表和电流表，频率与注入大地的电流频率保持一致。应采用多量程电压表与电流表，最大电流表幅值要根据注入大地的最大电流相对应。

三、危险点分析和控制措施

在测量过程中，防止工作人员接触变电站内电流入地点和站外敷设的电流极入地点及各处带电部位。所放电压线和电流线的连接完好，不应有裸露部分，试验过程中线路对地及其他处无短接，搭接牢固，并派专人守护。

四、测试前的准备

（1）了解被试设备现场情况及试验条件。查勘现场，查阅相关技术资料、被试接地网设计图、改造图、历年试验数据及相关规程等，记录变电站或电厂的系统参数用于计算最大短路入地电流。编写作业指导书及试验方案。

（2）测试仪器、设备准备。选择合适的测试方法，并根据测试方法选择仪器和设备。查阅测试仪器、设备及绝缘工器具的检定证书有效期。

（3）办理工作票并做好试验现场安全和技术措施。向其余试验人员交待工作内容、带电部位、现场安全措施、现场作业危险点，明确人员分工及试验程序。

五、测试过程及步骤

（一）测试方法

接触电压是指故障时人体接触与接地装置相连的设备外壳或金属构件时人体所承受的手和脚之间的电位差。具体定义为接地短路电流或故障电流流过接地装置时，大地表面形成电位分布，在地面上离设备水平距离为 1.0m 处与设备外壳、构架或墙壁离地面的垂直距离为 1.8m 处两点间的电压。

跨步电压是指故障时人体两脚之间所承受的电位差，具体定义为接地短路电流或故障电流流过接地装置时，地面上水平距离为 1.0m 的两点间的电压。

电位分布是指地表各点的电位，通过测量点地表电位可以做出电位分布图，测量点的密度可根据具体要求确定。大型接地装置的状况评估应测试所在场区的电位分布曲线，中小型接地装置应视具体情况尽量测试。

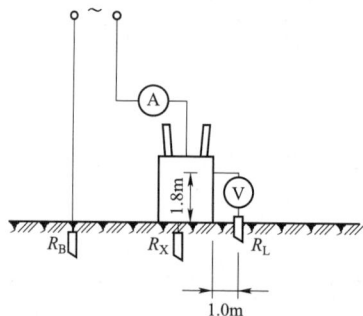

图 73-0-1 接触电压测试原理接线图

测量用的接地极，可用直径 8～10mm、长约 300mm 的圆钢，埋入地深 50～80mm。若在混凝土或砖块地面测量，也可用 26cm×26cm 的金属板作接地极。

1. 接触电压的测量

按图 73-0-1 所示连接测试线路，加上电压后读取电流和电压表的指示值，电压表表示当接地体流过电流 I 时的接触电压，然后按式（73-0-1）推算出当流过最大短路电流 I_{max} 时的实际接触电压为

$$U_C = UI_{max}/I = KU \qquad (73-0-1)$$

式中 U_C ——接地体流过最大短路电流 I_{max} 时的接触电压，V；

  U ——测量入地电流时的接触电压，V；

  I ——接地体流过的电流（即测量时的入地电流），A；

  K ——系数，其值为 I_{max}/I。

2. 电位分布和跨步电压测量

电位分布测试接线如图 73-0-2（a）所示，R_z 为测量接地电阻时的电压极（零电位处），测出电压极与站内电位测量接地体 R_X 间的电位 U 后，沿着需要测量的地带，将接地棒移到点 1、2、3、…、n 依次测出各点与接地体间的电压，如 U_1'、U_2'、U_3'、…、U_N'。由此，不难求出各点的电位 $U_N=（U-U_N'）K$，其中 K 的意义同式（73-0-1）。若纵坐标表示电位，横坐标表示各点距接地体的距离，则可绘出地面的电位分布曲线，如图 73-0-2（b）所示。从电位分布曲线，可求出任何相距 1.0m 的两点间的跨步电压 $U_b=（U_N'-U_{N-1}'）K$，其中$(U_N'-U_{N-1}')$为当测量电流为 I 时，任何相距 1.0m 两点间的电位差。

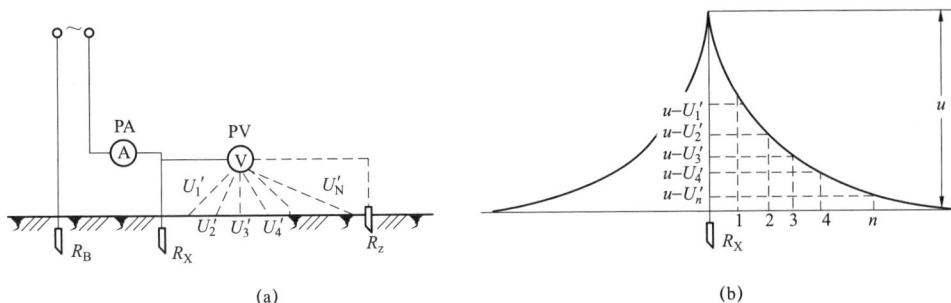

图 73-0-2　电位分布测试接线和电位分布曲线

（a）测试接线图；（b）电位分布曲线

3. 接触电压和跨步电压测量地点选择的原则

（1）接触电压测点的选择原则。

1）接地网边角网孔内用手操作或接触的电气设备、构架攀梯。

2）接地网中大网孔内的电气设备、构架攀梯。

3）试验时电流的注入点处。

（2）跨步电压和电位分布测点的选择原则。

1）尽量覆盖全站，在接地网扁铁连接边角处。

2）距接地体最近处，测量间距为 1.0m，测量点可选 5～7 点，以后的间距可增大到 5～10m。

（二）测试接线

1. 接触电压和跨步电压测试接线

接触电压和跨步电压测试接线，如图 73-0-3 所示。

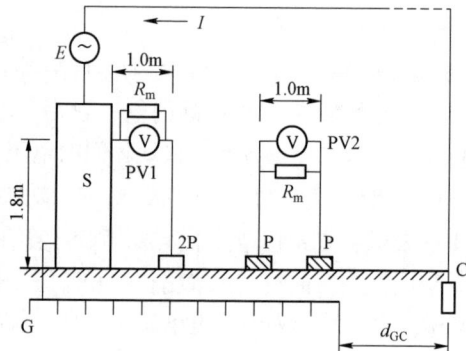

图 73-0-3 接触电压和跨步电压测试接线图

S—电力设备构架；PV1 和 PV2—高输入阻抗电压表；P—模拟人脚的金属板；

R_m—模拟人体电阻；C—接地装置；G—测量用电流极

取下并接在电压表两端子的电阻 R_m，高输入阻抗的电压表 PV1 和 PV2 将分别测出与通过接地装置对应的接触电压和跨步电压。

2. 电位分布测试接线

电位分布测试接线，如图 73-0-4 所示。

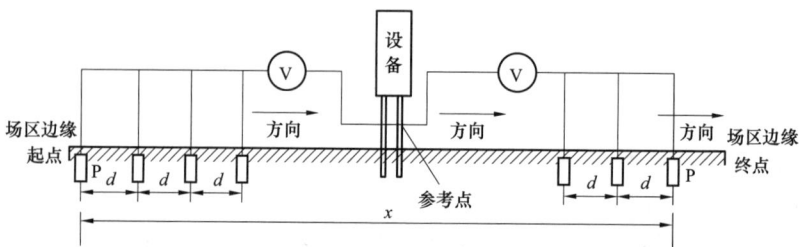

图 73-0-4 电位分布测试接线图

P—电位极；d—测试间距

场区电位分布用若干条曲线表示，一般情况下曲线的间距不大于 30m，在曲线路径上的中部选择一条与主网连接良好的设备接地引下线为参考点，从曲线的起点等间距测试地表和参考点之间的电位梯度，直至终点，绘制各条 U—X 曲线。

（三）测试步骤

接触电压、跨步电压和电位分布的测试是在测量接地电阻时同时测量，在具备接地电阻测量条件的基础上进行。

1. 接触电压的测试

（1）根据接触电压测量地点的选择原则选取站内电流注入位置。

（2）将电压表接在地面上离设备水平距离为 1.0m 处与设备外壳、构架的垂直距离为 1.8m 处两点之间。电压极 P 可采用铁钎，如果是水泥路面，可采用金属板为接地体，为了使金属板和地面有良好的接触，金属板上可以压重物，金属板下的地面可浇上盐水。

（3）施加试验电流，记录电流表和电压表数据。

（4）断开电源，将电流注入点、测试仪器、用具移到下一个点进行测量，重复上述步骤（2）～（3）。

（5）测试完成后拆除所有外接测量线，恢复设备原有状态。

2. 电位分布和跨步电压的测试

（1）将被试场区合理划分，并按划分好的线分别测量。

（2）施加试验电流，记录电流表和电压表数据。

（3）按图 73-0-2（a）所示，测量电压极（零电位处）与接地体间的电位 U 后，沿着需要测量的地带，将接地体移到点 1、2、3、…、n，直到接地网边缘，依次测出各点与电压极（零电位处）的电压，如 U_1'、U_2'、U_3'、…、U_N'。

（4）求出各点的电位，绘出地面的电位分布曲线。

（5）从电位分布曲线求出任何相距 1.0m 的两点间的跨步电压。

（6）沿制定好的另外一条线进行测量，重复上述步骤（2）～（3），直到测完所有制定的曲线。

（7）测试完成后拆除所有外接测试线，恢复设备原有状态。

六、测试注意事项

（1）接触电压、跨步电压与土壤的潮湿程度密切相关，因此应尽量在干燥季节测量，不应在雷、雨、雪中进行测量。

（2）在测量接触电压时，测试电流应从构架或电气设备外壳注入接地装置；在测量跨步电压时，测试电流应在接地网中心处注入。

（3）在测量时，注入接地网中的电流越大，测量值就越大，准确性越高，一般采用工频电流、电压法电流宜在 50A 以上。

（4）在试验前，电源侧开关要处于分闸状态，仪器、设备要处于零位，防止冲击带电损坏设备。尽量缩短测量时间，防止意外情况发生。

七、测试结果分析及测试报告编写

（一）测试结果分析

1. 测试标准及要求

根据 DL/T 475—2017 的规定，允许的接触电压为

$$E_{jy} = (174+0.17\rho_0) / \sqrt{t} \tag{73-0-2}$$

允许的跨步电压为

$$E_{ky} = (174+0.7\rho_0) / \sqrt{t} \tag{73-0-3}$$

式中 ρ_0——人脚站立地表面的土壤电阻率；

t——短路电流持续时间，s。

2. 测试结果分析

对电压表上所指示的读数 U 和流经电流 I，利用式（73-0-1），可以算出当接地装置发生接地短路时的接触电压，并结合规程允许的接触电压 E_{jy} 来判断当发生接地短路时，接触电压是否合乎规程要求。同样电压表测得的跨步电压 U 和流经电流 I，利用式（73-0-1）可以算出当接地装置发生接地短路时的跨步电压，并结合规程允许的跨步电压 E_{ky} 来判断当发生接地短路时，跨步电压是否合乎规程要求。

状况良好的接地装置的电位梯度分布曲线表现比较平坦，通常曲线两端有些抬高；有剧烈起伏或突变通常说明接地装置状况不良。当接地装置所在的变电站有效接地系统最大单相接地短路电流不超过 35kA 时，折算后得到的单位场区地表电位梯度通常在 20V 以下，一般不宜超过 60V，如果接近或超过 80V 则应尽快查明原因。当接地装置所在的变电站有效接地系统最大单相接地短路电流超过 35kA 时，参照以上原则判断测试结果。

（二）测试报告编写

测试报告填写应包括试验单位、试验性质（交接试验、预防性试验、检查）、委托单位、试验时间、试验人员、天气情况、环境温度、湿度、线路名称、杆塔编号、接地极编号、接地极型式、土壤状况，测试仪器、仪表的名称、型号、制造厂、出厂序号、输出电压和容量、准确等级和校验日期等。

八、案例

案例1：接触电压、跨步电压的测量。

在某电厂的接地网上进行测量，测量采用异频电流法，异频电流为9A，根据接地网敷设情况选择了跨步电压及接触电压较大的点进行测量（数据见表73-0-1）。理论上，接地网接地各导体的散流电流在地网的边角处急剧增加，而中部较平缓。测量跨步电压应在接地网边角处，否则意义不大。

表 73-0-1　　　　　　　　　接触电压、跨步电压测试结果

入地电流值为 9A	接触电压（V）			跨步电压（V）		
	U_{j1}（1 号主变压器侧）	U_{j2}（110kV 侧避雷器支架）	U_{j3}（110kV 变电区开关操作处）	U_{k1}（220kV 升压变电站西南角）	U_{k2}（化学水处理东门）	U_{k3}（220kV 升压变电站东南角）
	0.12	0.038	0.08	0.042	0.019	0.032
折合到最大短路电流 10750A	143.3	45.4	95.5	50.2	22.7	38.2

根据有关参数计算所得的最大入地短路电流为 10750A，测得数据折算，最大接触电压 143.3V，最大跨步电压 50.2V。

选择混凝土地面的 ρ_0（混）为 500Ω·m（参考值），用四极法测量电厂周围土壤电阻率 ρ_0（土）=180Ω·m，t 取 1s，按照规程允许的接触电压和跨步电压计算公式（73-0-2）和式（73-0-3）可得

$$E_{j1}=259（V）；E_{j2}=204.6（V）$$
$$E_{k1}=524（V）；E_{k2}=300（V）$$

注：E_{j1} 为混凝土地面的触电压允许值；E_{j2} 为土壤的触电压允许值；E_{k1} 为混凝土地面的跨步电压允许值；E_{k2} 为土壤的跨步电压允许值。

结论：测得的最大接触电压和最大跨步电压均小于规程要求值，测试结果合格。

案例 2： 地表电位分布测量。

在某 220kV 变电站上进行测量，接地网和电位分布测试划分如图 73-0-5 所示，其电位分布曲线如图 73-0-6 所示。

图 73-0-5　地表电位梯度分布测试划分示意图

* 曲线参考点。

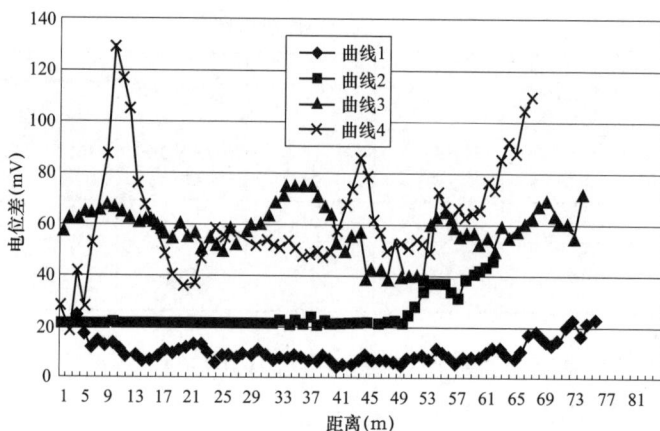

图 73-0-6　地表电位梯度分布曲线图

　　曲线 1 电位分布较均匀，表明地下接地装置状况较好；曲线 2 的尾部明显快速抬高，曲线 3 起伏很大，均表明接地装置状况可能不良；曲线 4 有两处异常剧烈凸起，尾部急速抬高，地下接地装置很有可能有较严重缺陷。

　　【**思考与练习**】

　　1. 简述接触电压的测量原理，并画出其测量接线图。

　　2. 简述电位分布和跨步电压的测量原理，并画出其接线图。

　　3. 请简述接触电压的测试步骤。

　　4. 请简述跨步电压和电位分布的测试步骤。

　　5. 怎样识别大型接地装置场区地表电位梯度的分布曲线？

第十四部分

专业规程规范

第七十四章

主要专业规程规范

◢ 模块1 DL/T 995—2016《继电保护和电网安全自动装置检验规程》(ZY1900101001)

【模块描述】本模块介绍了《继电保护及电网安全自动装置检验规程》,通过对规程的学习,掌握继电保护及电网安全自动装置的检验要求。

【模块内容】

《继电保护和电网安全自动装置检验规程》标准文号为 DL/T 995—2016,本标准是继电保护和电网安全自动装置在检验过程中应遵守的基本原则。

为了便于学习、了解和运用本标准,对标准进行了整理归纳,但不做一一解释,具体内容参见原标准。

一、范围

本章节主要阐述了该标准的主题内容、该标准适用范围,主要内容如下:

(1)该标准规定了电力系统继电保护和电网安全自动装置及其二次回路各类检验的周期、内容及要求。

(2)该标准适用于电网企业、并网运行发电企业及用户对继电保护和安全自动装置进行安装调试、运行维护等工作。

二、引用标准

本章节主要介绍了该标准所引用的标准。凡是注日期的引用文件,其随后所有的修改单(不包括勘误的内容)或修订版均不适用于该标准,然而,鼓励根据该标准达成协议的各方研究是否可使用这些文件的最新版本。凡是不注日期的引用文件,其最新版本适用于该标准。

三、术语和定义

本章节对关键术语进行了定义。

四、总则

总则对本标准的适用范围作了进一步的说明,并对装置检验计划、实施方案、检验用仪器、仪表及检测项目提出了要求。

五、常规变电站的检验

本章节对常规变电站继电保护和安全自动装置检验种类、周期、检验工作应具备的条件、现场检验、与信息系统的配合检验、装置投运检验做了规定。

六、智能变电站的检验

本章节对智能变电站继电保护和安全自动装置检验种类、周期、检验工作应具备的条件、检验内容、检验方法、装置投运检验做了规定。

七、附录

本章节为标准的附录部分，该标准的附录 A 为资料性附录，介绍了继电保护和安全自动装置的状态检修。附录 B、C、D 为规范性附录，具有与标准同等效力，分别规定了常用继电器的检验项目、常规变电站各类装置检验项目、智能变电站合并单元和智能终端检验方法。

【思考与练习】

1. 什么是继电保护系统？
2. 常规站继电保护及安全自动装置的检验分为哪几种？
3. 定期检验有哪几种形式？
4. 补充检验有哪几种形式？
5. 整组试验包括哪些内容？

▲ 模块2　DL/T 5161.8—2018《电气装置安装工程质量检验及评定规程》（ZY1900101002）

【模块描述】 本模块介绍了《电气装置安装工程质量检验及评定规程第八部分：盘、柜及二次回路接线施工质量检验》，通过对规程的学习，掌握盘、柜及二次回路接线施工质量的检验要求。

【模块内容】

《电气装置安装工程质量检验及评定规程　第八部分：盘、柜及二次回路接线施工质量检验》标准文号为 DL/T 5161.8—2018。《电气装置安装工程质里检验及评定规程》是一系列标准，用于电气装置安装施工质量检查、验收及评定，其中第八部分是盘、柜及二次回路接线施工质量检验的电力行业标准。

为了便于学习、了解和运用本标准，对标准进行了整理归纳，但不做一一解释，具体内容参见原标准。

一、基础型钢安装

本章适用于直流屏及装有蓄电池的屏柜、通信屏、低压配电盘、控制及保护屏台基础型钢的安装质量验收，以表格的形式对质量标准做了规定。

二、低压配电盘安装

本章适用于额定电压为 380/220V 的动力中心（PC）、电动机控制中心（MCC）等低压配电盘的安装质量验收，以表格的形式对质量标准做了规定。

三、就地动力、控制设备安装

本章适用于手动力箱、操作箱、电焊箱及端子箱的安装质量验收，以表格的形式对质量标准做了规定。

四、控制及保护盘柜安装

本章适用于主控制室、集中控制室，输煤及各泵房控制、保护盘柜的安装质量验收，以表格的形式对质量标准做了规定。

五、二次回路检查及接线

本章适用于所有电气二次回路检查、控制电缆接线及屏内光纤接续和终端连接的安装质量验收（每个盘按 15%抽查接线检查），以表格的形式对质量标准做了规定。规定了检验项目、质量标准及检验方法及器具，主要检验项目为导线外观、导线连接（螺接、插接、焊接或压接）、导线配置、用于可动部位的导线、导线芯线外观、多股软导线端部处理、二次回路连接件、导线端部标志、屏蔽电缆、裸露部分对地距离等。

【思考与练习】

1. 控制及保护盘柜安装质量验收主要有哪些项目？

2. 二次回路检查及接线安装质量验收主要有哪些项目（至少五项）？

3. 二次回路检查中对导线外观检查质量标准是什么？

4. 二次回路检查中对屏内光纤连接有什么要求？

▲ 模块 3 GB 50150—2016《电气装置安装工程 电气设备交接试验标准》（ZY1800102001）

【模块描述】本模块介绍《电气装置安装工程电气设备交接试验标准》。通过对重点内容及提纲的概述，掌握电气设备交接试验的项目、标准和要求。

【模块内容】

GB 50150—2016《电气装置安装工程 电气设备交接试验标准》共分 26 章和 7 个附录，主要内容包括：总则；术语；基本规定；同步发电机及调相机；直流电动机；中频发电机；交流电动机；电力变压器；电抗器及消弧线圈；互感器；真空断路器；

SF$_6$ 断路器；SF$_6$ 封闭式组合电器；隔离开关、负荷开关及高压熔断器；套管；悬式绝缘子和支柱绝缘子；电力电缆线路；电容器；绝缘油和 SF$_6$ 气体；避雷器；电除尘器；二次回路；1kV 及以下电压等级配电装置和馈电线路；1kV 以上架空电力线路；接地装置；低压电器。

为了帮助大家学习、运用本标准，现对本标准作一简单概括和总结，不做标准解释，标准的具体内容可直接参见 GB 50150—2016。

一、总则

本章介绍了 GB 50150—2016 的使用范围、常规试验要求、进口设备的交接试验要求等。

GB 50150—2016 适用于 750kV 及以下电压等级新安装的、按照国家相关出厂试验标准试验合格的电气设备交接试验，但不适用于安装在煤矿井下或其他有爆炸危险场所的电气设备。对于继电保护、自动、远动、通信、测量、整流装置以及电气设备的机械部分等的交接试验，应分别按有关标准或规范的规定进行。

二、术语

本章介绍了 GB 50150—2016 中的相关术语。

三、基本规定

本章介绍了电气设备试验基本规定。

四、同步发电机及调相机

本章介绍了同步发电机及调相机交接试验项目、试验标准。

五、直流电动机

本章介绍了直流电动机交接试验项目、试验标准。

六、中频发电机

本章介绍了中频发电机交接试验项目、试验标准。

七、交流电动机

本章介绍了交流电动机交接试验项目、试验标准。

八、电力变压器

本章介绍了电力变压器交接试验项目、试验标准。

九、电抗器及消弧线圈

本章介绍了电抗器及消弧线圈交接试验项目、试验标准。

十、互感器

本章介绍了互感器交接试验项目、试验标准。

十一、真空断路器

本章介绍了真空断路器交接试验项目、试验标准。

十二、SF₆断路器

本章介绍了 SF₆断路器交接试验项目、试验标准。

十三、SF₆封闭式组合电器

本章介绍了 SF₆断路器封闭式组合电器交接试验项目、试验标准。

十四、隔离开关、负荷开关及高压熔断器

本章介绍了隔离开关、负荷开关及高压熔断器交接试验项目、试验标准。

十五、套管

本章介绍了套管交接试验项目、试验标准。

十六、悬式绝缘子和支柱绝缘子

本章介绍了悬式绝缘子和支柱绝缘子交接试验项目、试验标准。

十七、电力电缆线路

本章介绍了电力电缆线路交接试验项目、试验标准。

十八、电容器

本章介绍了电容器交接试验项目、试验标准。

十九、绝缘油和 SF₆气体

本章介绍了绝缘油和 SF₆气体交接试验项目、试验标准。

二十、避雷器

本章介绍了避雷器交接试验项目、试验标准。

二十一、电除尘器

本章介绍了电除尘器交接试验项目、试验标准。

二十二、二次回路

本章介绍了二次回路交接试验项目、试验标准。

二十三、1kV 及以下电压等级配电装置和馈电线路

本章介绍了 1kV 及以下电压等级配电装置和馈电线路交接试验项目、试验标准。

二十四、1kV 以上架空电力线路

本章介绍了 1kV 以上架空电力线路交接试验项目、试验标准。

二十五、接地装置

本章介绍了接地装置交接试验项目、试验标准。

二十六、低压电器

本章介绍了低压电器交接试验项目、试验标准。

【思考与练习】

1. 当电气设备进行交接试验时，若电气设备的额定电压与实际使用的额定工作电压不同，应如何确定试验电压的标准？

2. 多绕组设备进行绝缘试验时，非被试绕组应如何处理？

3. 在测量绝缘电阻时，采用绝缘电阻表的电压等级，在 GB 50150—2016《电气装置安装工程　电气设备交接试验标准》未作出特殊规定时，应如何选择？

4. 对进口设备进行交接试验时，应按什么标准执行？

▲ 模块 4　DL/T 596—1996《电力设备预防性试验规程》 （ZY1800102002）

【模块描述】 本模块介绍《电力设备预防性试验规程》。通过对重点内容及提纲的概述，掌握电力设备预防性试验的项目、标准和要求。

【模块内容】

预防性试验是电力设备运行和维护工作中的一个重要环节，是保证电力系统安全运行的有效手段之一。DL/T 596—1996《电力设备预防性试验规程》是电力系统绝缘监督工作的主要依据。

DL/T 596—1996 共分 20 章和 7 个附录，主要内容包括：范围；引用标准；定义、符号；总则；旋转电机；电力变压器和电抗器；互感器；开关设备；套管；支柱绝缘子和悬式绝缘子；电力电缆线路；电容器；绝缘油和 SF_6 气体；避雷器；母线；二次回路；1kV 及以下的配电装置和电力布线；1kV 以上的架空电力线路；接地装置；电除尘器。

为了帮助大家学习、运用本规程，现对本规程作一简单概括和总结，不做规程解释，规程的具体内容可直接参见 DL/T 596—1996。

一、范围

本章介绍了 DL/T 596—1996 的使用范围。

该规程适用于 500kV 及以下的交流电力设备，不适用于高压直流输电设备、矿用及其他特殊条件下使用的电力设备，也不适用于电力系统的继电保护装置、自动装置、测量装置等电气设备和安全用具。从国外进口的设备应以该设备的产品标准为基础，参照本规程执行。

二、引用标准

本章介绍了 DL/T 596—1996 的引用标准。

三、定义、符号

本章介绍了电气试验的有关定义和符号含义。

四、总则

本章介绍了 DL/T 596—1996 中的常规试验要求。

五、旋转电机

本章介绍了旋转电机预防性试验的项目、周期和要求。

六、电力变压器和电抗器

本章介绍了电力变压器和电抗器预防性试验的项目、周期和要求。

七、互感器

本章介绍了互感器预防性试验的项目、周期和要求。

八、开关设备

本章介绍了开关设备预防性试验的项目、周期和要求。

九、套管

本章介绍了套管预防性试验的项目、周期和要求。

十、支柱绝缘子和悬式绝缘子

本章介绍了支柱绝缘子和悬式绝缘子预防性试验的项目、周期和要求。

十一、电力电缆线路

本章介绍了电力电缆线路预防性试验的项目、周期和要求。

十二、电容器

本章介绍了电容器预防性试验的项目、周期和要求。

十三、绝缘油和 SF$_6$ 气体

本章介绍了绝缘油和 SF$_6$ 气体预防性试验的项目、周期和要求。

十四、避雷器

本章介绍了避雷器预防性试验的项目、周期和要求。

十五、母线

本章介绍了母线预防性试验的项目、周期和要求。

十六、二次回路

本章介绍了二次回路预防性试验的项目、周期和要求。

十七、1kV 及以下的配电装置和电力布线

本章介绍了 1kV 及以下的配电装置和电力布线预防性试验的项目、周期和要求。

十八、1kV 以上的架空电力线路

本章介绍了 1kV 以上的架空电力线路预防性试验的项目、周期和要求。

十九、接地装置

本章介绍了接地装置预防性试验的项目、周期和要求。

二十、电除尘器

本章介绍了电除尘器预防性试验的项目、周期和要求。

【思考与练习】

1. 预防性试验规程中若无说明，绝缘电阻值均指加压多长时间的测得值？

2. 预防性试验时充油设备的静置时间如无制造厂规定，则应依据设备的额定电压满足哪些要求？

3. 预防性试验时，试验结果应如何进行全面分析后作出判断？

▲ 模块 5 DL/T 474—2018《现场绝缘试验实施导则》（ZY1800102003）

【模块描述】 本模块介绍《现场绝缘试验实施导则》。通过对重点内容及提纲的概述，掌握现场绝缘试验的方法、试验过程、试验分析及注意事项。

【模块内容】

为了满足电力系统的发展，一些新绝缘材料、新结构的一次设备大量运用到系统中，对电气试验提出更高的要求。目前使用的 DL/T 474—2018《现场绝缘试验实施导则》由五个部分组成，详见表 74-5-1。

表 74-5-1 现场绝缘试验实施导则组成部分

序号	名　　称
1	DL/T 474.1—2018《现场绝缘试验实施导则 绝缘电阻、吸收比和极化指数试验》
2	DL/T 474.2—2018《现场绝缘试验实施导则 直流高电压实验》
3	DL/T 474.3—2018《现场绝缘试验实施导则 介质损耗因数 $\tan\delta$ 试验》
4	DL/T 474.4—2018《现场绝缘试验实施导则 交流耐压实验》
5	DL/T 474.5—2018《现场绝缘试验实施导则 避雷器试验》

为了更好地学习、理解和使用《现场绝缘试验实施导则》，对 DL/T 474 进行一定的整理和归纳，但不做解释。

1. DL/T 474.1—2018

本导则介绍了绝缘电阻、吸收比和极化指数试验所涉及的绝缘电阻表电压、容量选择、绝缘电阻表的负荷特性、试验方法、注意事项、影响因素及测量结果的判断等一系列技术细则。实际工作中按相关国家标准及国家能源局制定的相应规定、标准执行。

2. DL/T 474.2—2018

本导则介绍了现场直流高电压绝缘试验所涉及的试验电压的产生、试验接线、主要元件的选择、试验方法、测量方式、注意事项、影响因素等一些技术细则。在实际工作中，按相关国家标准及国家能源局制定的相应规定、标准执行。

3. DL/T 474.3—2018

本导则介绍了高压电力设备绝缘介质损耗因数 $\tan\delta$ 和电容量的测量方法、试验接线、判断标准、注意事项，着重阐述了现场测量中的电场干扰、磁场干扰及其他影响因素，分析可能产生误差的原因和减少误差的技术措施。在实际工作中，按相关国家标准及国家能源局制定的相应规定、标准执行。

4. DL/T 474.4—2018

本导则介绍了高压电气设备交流耐压试验所涉及的试验设备的选择、现场试验接线、试验方法、注意事项，详细阐述了"容升效应和电压谐振"的产生等。在实际工作中，按相关国家标准及国家能源局制定的相应规定、标准执行。

5. DL/T 474.5—2018

本导则介绍了金属氧化物避雷器绝缘电阻的测量、直流参考电压及泄漏电流的测量、工频放电电压试验、外施电压下交流持续电流及工频参考电压测量的具体试验方法、技术要求、测量方式，介绍了带电检测金属氧化物避雷器的方法和设备以及试验中的注意事项，并介绍了避雷器的局部放电试验。实际工作中按相关国家标准及国家能源局制定的相应规定、标准执行。

【思考与练习】

1. 为什么每次测量变压器的绝缘电阻、吸收比和极化指数要选用相同的绝缘电阻表？

2. 直流高电压试验中滤波电容器如何选取？

3. 为什么测量电容型电流互感器介质损耗因数 $\tan\delta$ 要采用"正接线"？

4. 交流耐压试验中试验设备有哪些？其保护电阻如何选取？

5. 什么是避雷器工频参考电压？如何测量？

◢ 模块 6 电流表、电压表、功率表和电阻表的技术要求、检定条件、检定项目（TYBZ03902001）

【模块描述】 本模块包含电流表、电压表、功率表和电阻表检定的技术要求、检定条件、检定项目。通过相关规程要点归纳、介绍，熟悉检定的相关要求。

【模块内容】

JJG 124—2005《电流表、电压表、功率表及电阻表》适用于直接作用模拟指示直流和交流（频率 40Hz～10kHz）电流表、电压表、功率表及电阻表（电阻 1Ω～1MΩ）

及测量电流、电压及电阻的万用表的检定。

本规程不适用于自动记录式仪表、数字式仪表、电子式仪表、平均值电压表、峰值电压表、泄漏电流表、三相功率表及电压高于 600V 的静电电压表的检定。

一、技术要求

技术要求包括外观、绝缘电阻、介电强度、阻尼、基本误差、偏离零位、位置影响、功率因数影响。

（一）外观

仪表的铭牌或外壳上应有以下主要标志：产品名称、型号、出厂编号、制造厂名、CMC 标志及其他保证其正确使用的信息。

（二）绝缘电阻

仪表的所有线路与参考试验地之间，施加 500V 直流电压测得的绝缘电阻应不低于 5MΩ。

（三）介电强度

仪表的所有线路与参考试验地之间，应能承受 1min 工频正弦交流电压试验，无击穿或飞弧。试验电压应根据仪表线路的标称电压，按表 74-6-1 选定。

功率表的电流线路和电压线路之间应进行介电强度试验，试验电压为标称电压的 2 倍，但不低于 500V。

表 74-6-1　　　　　试　验　电　压

测量线路的标称电压（线路绝缘电压）（V）	绝缘标志（星号内的数字）（kV）	试验电压（有效值）（kV）	测量线路的标称电压（线路绝缘电压）（V）	绝缘标志（星号内的数字）（kV）	试验电压（有效值）（kV）
50	无数字	0.5	1000	3	3
250	1.5	1.5	2000	5	5
650	2	2	3000	7	7

（四）阻尼

除具有延长响应时间的仪表和国家标准中另有规定外，仪表的阻尼应满足下列要求。

（1）过冲。对全偏转角小于 180° 的仪表，其过冲不得超过标度尺长度的 20%，其他仪表不得超过 25%。

（2）响应时间。除制造厂和用户之间另有协议外，对仪表突然施加能使其指示器最终指示在标度尺长 2/3 处的被测量，在 4s 之后的任何时间其指示器偏离最终静止位置不得超过标度尺长度的 1.5%。

（五）准确度等级

准确度等级及最大允许误差（引用误差）见表 74-6-2。

表 74-6-2　　　　　　　　准确度等级及最大允许误差要求

准确度等级	0.1	0.2	0.5	1.0	1.5	2.0	2.5	5.0	10	20
最大允许误差（%）	±0.1	±0.2	±0.5	±1.0	±1.5	±2.0	±2.5	±5.0	±10	±20

（六）基本误差

（1）仪表的基本误差在标度尺测量范围内（有效范围）所有分度线上，不应超过表 74-6-2 规定的最大允许误差。仪表的基本误差 γ 以引用误差表示，按式（74-6-1）计算，即

$$\gamma = \frac{X - X_0}{X_N} \times 100\% \qquad (74\text{-}6\text{-}1)$$

式中　X——被检定、校准、检测电流表的指示值；

　　　X_0——被测量的实际值；

　　　X_N——引用值。

（2）仪表的升降变差 γ 不应超过最大允许误差的绝对值，按式（74-6-2）计算，即

$$\gamma = \frac{|X_{01} - X_{02}|}{X_N} \times 100\% \qquad (74\text{-}6\text{-}2)$$

式中　X_{01}——被测量上升的实际值；

　　　X_{02}——被测量下降的实际值；

　　　X_N——引用值。

（七）偏离零位

对在标度尺上有零分度线的仪表，应进行断电回零试验。

（1）在仪表测量范围上限通电 30s，迅速减小被测量至零，断电 15s 内，用标度尺长度的百分数表示，指示器偏离零分度线不应超过最大允许误差的 50%。

（2）对功率表还应进行只有电压线路通电，指示器偏离零分度线的试验，其改变量不应超过最大允许误差的 100%。

（3）对电阻表偏离零位没有要求。

（八）位置影响

对没有装水准器且有位置标志的仪表，将其自标准位置向任意方向倾斜 5° 或规定值，对无位置标志的仪表应倾斜 90°（即水平或垂直位置），其误差改变量前者不应超过最大允许误差的 50%，后者不应超过 100%。

模拟式电流表、电压表、功率表及电阻表的工作位置向任一方向倾斜 5°，其指示值的改变不应超过基本误差极限值的 50%。

（九）功率因数影响

应在超前和滞后两种状态下试验，由此引起的仪表误差的改变量不应超过最大允许误差的 100%。

二、检定条件

（一）检定环境条件

（1）对准确度等级优于或等于 0.2 级时，环境温度应为（20±2）℃，环境相对湿度应为 40%～60%；对准确度等级等于或劣于 0.5 级时，环境温度应为（20±5）℃，环境相对湿度应为 40%～80%。

（2）检定场所除地磁场外应无其他强外磁场。

（二）检定装置

检定仪表时，由标准器、辅助设备及环境条件等所引起的测量扩展不确定度（k 取 2）应小于被检表最大允许误差的 1/3。

电源在 30s 内的稳定度应不低于被检表最大允许误差的 1/10。

调节器应保证由零调至被检表上限，且平稳而连续调至仪表的任何一个分度线，调节细度应不低于被检表最大允许误差的 1/10。

标准装置应有良好的屏蔽和接地，以避免外界干扰。

三、检定项目

周期性的检定项目包括外观检查、基本误差、升降变差、偏离零位；首次检定或修理后的检定还包括位置影响、功率因数影响、阻尼、绝缘电阻测量、介电强度试验。

【思考与练习】

1. 电流表、电压表、功率表及电阻表的检定条件主要包括哪几个方面？
2. 电流表、电压表、功率表及电阻表的检定项目有哪些？
3. 对电流表、电压表、功率表及电阻表的阻尼的一般要求？

◢ 模块 7　电流表、电压表、功率表和电阻表检定方法、检定结果的处理（TYBZ03902002）

【模块描述】本模块包含电流表、电压表、功率表和电阻表检定的方法、检定结果的处理。通过相关规程要点归纳、介绍，熟悉相关仪表检定的方法和步骤。

【模块内容】

JJG 124—2005 适用于直接作用模拟指示直流和交流（频率 40Hz～10kHz）电流表、电压表、功率表及电阻表（电阻 1Ω～1MΩ）以及测量电流、电压及电阻的万用表的检定。

本规程不适用于自动记录式仪表、数字式仪表、电子式仪表、平均值电压表、峰值电压表、泄漏电流表、三相功率表及电压高于 600V 的静电电压表的检定。

一、检定方法

（1）外观检查。外观应符合模块 TYBZ03902001 一、中（一）的规定。

（2）绝缘电阻测量。在被检电流表、电压表、功率表及电阻表的所有测量端与外壳的参考"地"之间加 500V 直流电压，绝缘电阻值不应小于 5MΩ。

（3）介电强度测试。在被检电流表、电压表、功率表及电阻表的所有测量端与外壳的参考"地"之间加频率为 50Hz 实用正弦波的交流电压，试验电压应平稳地从零上升到 500V，在此阶段应不出现明显的瞬变现象。保持 1min，然后平稳地下降到零。试验中不应出现击穿或飞弧现象（仅针对首次、修理后的被检定、校准、检测电流表、电压表、功率表及电阻表）。

（4）基本误差检定。

1）根据被检表的功能、准确度等级、量程及频率应分别检定其基本误差。对准确度等级劣于或等于 0.5 的仪表，每个检定点应读数两次，其余仪表可读数一次。

2）凡共用一个标度尺的多量程仪表，只对其中某个量程（称全检量程）的测量范围内带数字的分度线进行检定，而对其余量程（称非全检量程）只检量程上限和可以判定最大误差的分度线。

3）用数字表作为标准表检定电流表、电压表、功率表基本误差时对标准表的要求见表 74-7-1。

表 74-7-1   标准表基本误差要求

被检表准确度等级	0.1	0.2	0.5
被检表测量上限时数字表实际误差	±0.02%	±0.05%	±0.1%
标准电阻的准确度等级	0.01	0.01	0.02

4）用标准源作为标准检定电流表、电压表、功率表基本误差时对标准源的要求见表 74-7-2。

表 74-7-2　　　　　　　　　　　对标准源的要求

被检表准确度等级	0.1	0.2	0.5
标准源允许误差	±0.02%	±0.05%	±0.1%
标准源稳定度	0.01%	0.02%	0.05%
标准源输出频率允许误差	±0.02%	±0.05%	±0.05%
标准源输出相位允许误差	±0.02°	±0.03°	±0.05°
被检表上限时标准源的读数位数	不少于 6 位	不少于 5 位	不少于 5 位

5）用标准电阻箱检定电阻表。当电阻表最小量程为 $R×1$（Ω）时，一般取 $R×10$（Ω）为全检量程，其余为非全检量程。

6）对全检量程内带有数字分度线的点进行检定，采用比较法。对每一检定点，记录标准表的读数为 X_0，被检表的读数为 X，按式（74-6-1）计算基本误差。

（5）升降变差。检定升降变差时，首先使被检表指示器在一个方向平稳地上升到标度尺某一个带有数字的分度线上，读取该点的实际值 X_{01}，然后再使被检表指示器平稳地下降到标度尺的同一个分度线上，读取该点的实际值 X_{02}，两次读取的实际值之差除以引用值即为升降变差。升降变差按式（74-6-2）计算。升降变差的检定可与基本误差的检定同时进行。

（6）偏离零位。

1）对于电流表、电压表及功率表应在全检量程检定基本误差之后进行。测量标度尺长度 B_{SL}，调节被测量至测量上限，停 30s 后，缓慢地减小被测量至零并切断电源，15s 内读取指示器对零分度线的偏离值 B_0。偏离零位 δ 按式（74-7-1）计算，即

$$\delta = \left(\frac{B_0}{B_{SL}}\right)×100\% \qquad (74-7-1)$$

2）对功率表还要在检定全检量程基本误差之前，对电压线路加额定电压，将电流回路断开，读取指示器对零分度线的偏离值。

二、检定结果处理

（1）找出仪表示值和与各次测量实际值之间的最大差值除以引用值，作为仪表的最大基本误差。

（2）找出被检表某一量程各分度线上升与下降两次测量结果的差值中最大的一个除以引用值，作为仪表的最大升降变差。

（3）计算被检表每一数字分度线的修正值时，所依据的实际值，是该分度线上两

次测量所得实际值的平均值。

（4）被检表的最大基本误差和实际值或修正值的数据都要先计算后修约。

（5）仪表最大基本误差，最大升降变差的数据修约要采用四舍六入偶数法则。对准确度等级优于或等于 0.2 的仪表，保留小数位数两位（去掉百分号后的小数部分），第三位修约；准确度等级劣于或等于 0.5 的仪表，保留小数位数一位，第二位修约；修约间隔按表 74-7-3 确定。

表 74-7-3   修 约 间 隔

仪表标度尺（格）	10	30	50	60	75	100	120	150	300	450
仪表准确度等级	修约间隔									
0.1	0.002	0.005	0.01	0.01	0.01	0.02	0.02	0.02	0.05	0.1
0.2	0.005	0.01	0.02	0.02	0.02	0.05	0.05	0.05	0.1	0.2
0.5	0.01	0.02	0.05	0.05	0.05	0.1	0.1	0.1	0.2	0.5

（6）判断仪表是否超过允许误差时，应以确定的最大基本误差和最大升降变差修约后的数据为依据。

（7）对全部检定项目都符合要求的仪表，判断为合格。

（8）准确度等级优于或等于 0.5 的仪表检定周期一般为 1 年。其余仪表检定周期一般不超过 2 年。

【思考与练习】

1. 用标准源作为标准检定电流表、电压表、功率表基本误差时对标准源有何要求？

2. 对功率表如何进行偏离零位检查？

3. 电流表、电压表、功率表和电阻表检定周期一般规定？

◢ 模块 8 绝缘电阻表的技术要求、检定条件、检定项目（TYBZ03905001）

【模块描述】本模块包含绝缘电阻表检定的技术要求、检定条件、检定项目。通过相关规程要点归纳、介绍，熟悉绝缘电阻表检定的相关要求。

【模块内容】

本模块介绍测量绝缘电阻的直接作用模拟指示的绝缘电阻表和电子式绝缘电阻表的检定技术要求、检定条件、检定项目。涉及标准有 JJG 622—1997《绝缘电阻表（兆欧表）检定规程》、JJG 1005—2005《电子式绝缘电阻表》。

一、模拟指示式绝缘电阻表的技术要求、检定条件、检定项目

（一）技术要求

1. 规格

（1）绝缘电阻表按额定电压分为 50，100，250，500，1000，2000，2500，5000，10 000V 共 9 种。

（2）绝缘电阻表按准确度等级分为 1.0，2.0，5.0，10.0，20.0 共 5 级。

（3）绝缘电阻表检定环境的参考温度为 23℃。

2. 基本误差

（1）绝缘电阻表的基本误差按式（74-8-1）进行计算。在标度尺测量范围（有效范围）内，每条选定分度线的基本误差极限值不应超过表 74-8-1 的规定，即

$$E = \left(\frac{B_P - B_R}{A_F} \right) \times 100\% \qquad (74\text{-}8\text{-}1)$$

式中　B_P——绝缘电阻表指示器标称值；

　　　B_R——标准高压高阻箱示值；

　　　A_F——基准值。

（2）对非线性标尺的绝缘电阻表的基准值规定为测量指示值。

（3）对非线性标尺的绝缘电阻表的量程划分为三个区段（Ⅰ，Ⅱ，Ⅲ），如图 74-8-1 所示。

（4）Ⅱ区段长度由厂家提出，但不得小于标尺全长的 50%。Ⅰ区段为起始刻度点到Ⅱ区段起始点，Ⅲ区段为Ⅱ区段终点到最大有效量程点。

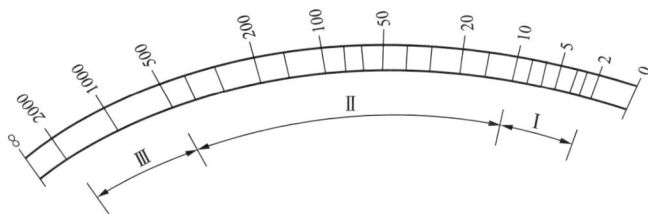

图 74-8-1　绝缘电阻表量程区段

（5）Ⅱ区段为高准确度区，Ⅰ和Ⅲ区段为低准确度区。表 74-8-1 为绝缘电阻表准确度等级与各区段允许误差限值的关系。

表 74-8-1　　　绝缘电阻表准确度等级与各区段允许误差限值的关系

绝缘电阻表准确度等级		1.0	2.0	5.0	10.0	20.0
允许误差限值（%）	Ⅱ区段	±1.0	±2.0	±5.0	±10.0	±20.0
	Ⅰ，Ⅲ区段	±2.0	±5.0	10.0	±20.0	±50.0

3. 绝缘电阻

绝缘电阻表的测量线路与外壳之间的绝缘电阻在标准条件下，当额定电压小于或等于 1kV 时，应高于 20MΩ；当额定电压大于 1kV 时，应高于 30MΩ。

4. 倾斜影响

绝缘电阻表的工作位置向任一方向倾斜 5°，其指示值的改变不应超过基本误差极限值的 50%。

5. 端钮电压及其稳定性

（1）绝缘电阻表在开路时端钮电压称开路电压，其应在额定电压的 90%～110% 范围内。

（2）绝缘电阻表开路电压的峰值与有效值之比不应大于 1.5。

（3）绝缘电阻表测量端钮接入电阻等于中值电阻时，端钮电压称中值电压。中值电压不应低于绝缘电阻表额定电压的 90%。

（4）在 1min 内绝缘电阻表开路电压最大指示值与最小指示值之差不应大于绝缘电阻表额定电压值的 5%。

6. 绝缘强度

（1）由交流电网作供电电源的绝缘电阻表，其供电电源电路与外壳之间的绝缘应能耐受频率为 50Hz，2kV 交流电压，历时 1min。

（2）绝缘电阻表的输出最大电流为 10mA（直流或脉动电流峰值）以下时，测量电路与外壳之间应能耐受频率为 50Hz 正弦波、畸变系数不超过 5% 交流电压历时 1min。其试验电压见表 74-8-2。试验装置容量见表 74-8-3。

表 74-8-2　　　　　　　　　　绝缘电阻表试验电压

额定电压（V）	试验电压（有效值，kV）
	环境温度：5～40℃ 相对湿度：30%～80%
500	1
>500～2500	CU
>2500～10 000	$0.9CU$

注　U 为绝缘电阻表的额定电压值，kV；C 为绝缘电阻表端钮峰值电压与有效电压值之比。

表 74-8-3	绝缘电阻表试验装置容量	
试验电压（kV）	0.5～3	≥3
试验装置容量（kVA）	>0.25	>0.5

7. 屏蔽装置

上量限 500MΩ 以上的绝缘电阻表，应有防止测量电路泄漏电流影响的屏蔽装置和独立的引出端钮，当接地端钮和屏蔽端钮及线路端钮和屏蔽端钮，各接入电阻值等于 100 倍绝缘电阻表测量回路串联电阻值 R_i 的电阻时，仪表应能满足其准确度等级。

（二）检定条件

（1）检定环境条件：

1）绝缘电阻表检定时温度为（23±5）℃，相对湿度小于80%。

2）仪表和附件的温度应与周围空气温度相同。

3）检定场所除地磁场外应无其他强外磁场。

4）电网供电电压允许偏差±5%，频率允许偏差±1%。

（2）检定用设备包括：标准高压高阻箱、恒定转速驱动装置、整流器、电容器、电压表及交流耐压试验装置（参见 JJG 622—1997 的"五、检定方法"有关技术要求）。

（3）所有检定用的计量器具应具备有效的检定合格证书。

（4）被检绝缘电阻表应能正常工作，附件齐全。

（三）检定项目

绝缘电阻表的检定项目包括：外观检查、初步试验、基本误差检定、端钮电压及其稳定性测量、倾斜影响试验、绝缘电阻测量、绝缘强度检验、屏蔽装置作用检查。

二、电子式绝缘电阻表的技术要求、检定条件、检定项目

（一）技术要求

技术要求包括外观标志、基本误差、中值电压和跌落电压、工频耐压和绝缘电阻等。

1. 规格

（1）电子式绝缘电阻表按额定电压分为9种，即50，100，250，500，1000，2000，2500，5000，10 000V。

（2）电子式绝缘电阻表按准确度等级分为6级，即0.5，1.0，2.0，5.0，10.0，20.0。

2. 基本误差

电子式绝缘电阻表准确度等级和允许误差的关系如表74-8-4所示。

表 74-8-4　　　　　　电子式绝缘电阻表准确度等级和
允许误差关系

准确度等级	0.5	1.0	2.0	5.0	10	20
允许误差（%）	±0.5	±1.0	±2.0	±5.0	±10	±20

电子式绝缘电阻表线路端子 L 和接地端子 E 的额定电压和允许误差的关系如表 74-8-5 所示。

表 74-8-5　　　　　　电子式绝缘电阻表额定电压和
允许误差关系

额定电压（V）	50	100	250	500	1000	2500	5000	10 000
允许误差（%）	±10	±10	±10	+20，−10	+20，−10	+20，−10	+20，−10	+20，−10

3. 中值电压和跌落电压

指针式表的中心分度电阻值一般为量程上限值的 2%～2.5%。中值电压不应低于额定电压的 90%。

数字式表的跌落电阻值应在基本量程上限值的 1%以内。跌落电压不应低于额定电压的 90%。

4. 绝缘电阻

电子式绝缘电阻表的测量线路与外壳之间的绝缘电阻不应小于 50MΩ。

5. 绝缘强度

额定电压 1kV 及以下的电子式绝缘电阻表，电源电路与外壳之间的绝缘应能耐受频率为 50Hz，2kV 交流电压，历时 1min。无击穿或闪络。额定电压 2.5kV 及以上的电子式绝缘电阻表，电源电路与外壳之间的绝缘应能耐受频率为 50Hz，3kV 交流电压，历时 1min。无击穿或闪络。

（二）检定条件

（1）检定环境条件。

1）电子式绝缘电阻表检定时温度为（23±5）℃，相对湿度 45%～75%。

2）检定场所除地磁场外应无其他强外磁场。

（2）检定用标准器包括：标准高压高阻箱、标准电压表。

1）高压高阻标准器的允许误差绝对值应小于被检允许误差绝对值的 1/4。量程应能覆盖被检量程的上限值，步进值应小于被检表的分辨力。线路端子 L 的连接导线应为高绝缘性能的带金属屏蔽层的专用导线。

2）用于检定被检表测量端子电压的标准电压表的准确度等级不应低于 1.5 级。

（3）工作电源条件。工作电源采用交流供电时，电网供电电压允许偏差±10%，频率允许偏差±1%。

（三）检定项目

周期性的检定项目包括：外观和显示能力检查、示值误差检定、开路测量电压、中值电压和跌落电压测试、绝缘电阻测量等。首次检定时还需进行绝缘强度测试。

【思考与练习】

1. 简述绝缘电阻表的技术要求。

2. 简述绝缘电阻表的检定项目。

3. 绝缘电阻表检定环境的参考温度为多少？允许偏差多少？

▲ 模块 9　绝缘电阻表检定方法、检定结果的处理（TYBZ03905002）

【模块描述】本模块包含绝缘电阻表检定的方法、检定结果的处理。通过相关规程要点归纳、介绍，熟悉绝缘电阻表检定的方法和步骤。

【模块内容】

本模块介绍测量绝缘电阻的直接作用模拟指示的绝缘电阻表和电子式绝缘电阻表的检定方法、检定结果的处理和检定周期。涉及标准有 JJG 622—1997、JJG 1005—2005。

一、模拟指示式绝缘电阻表的检定方法、检定结果的处理和检定周期

（一）检定方法

1. 外观检查

（1）绝缘电阻表应有保证该表正确使用的必要标志。

（2）从外表看，零部件完整，无松动、无裂缝、无明显残缺或污损。当倾斜或轻摇仪表时，内部无撞击声。

（3）对有机械调零器的绝缘电阻表向左右两方向转动机械调零器时，指示器应转动灵活，左右对称，指针不应弯曲，与标度盘表面的距离要适当。

2. 初步试验

（1）首先在被检绝缘电阻表测量端钮（L，E）开路情况下，接通电源或摇动发电机摇柄，指针应指在∞的位置，不得偏离标度线的中心位置±1mm。若有无穷大调节旋钮，则应能调节到∞分度线，且有余量。

（2）将绝缘电阻表线路端钮和接地端钮短接，指针应指在零分度线上，不得偏离标度线的中心位置±1mm。

（3）对于没有零分度线的绝缘电阻表，应接以起点电阻进行检验。

3. 基本误差检定

（1）检定时基本条件如下：

1）手柄转速应在额定转速120^{+5}_{-2} r/min（或150^{+5}_{-2} r/min）范围内。

2）连接导线应有良好绝缘，可采用硬导线悬空连接或高压聚四氟乙烯导线连接。

3）使用设备包括标准高压高阻箱及恒定转速驱动装置。

4）标准高压高阻箱允许误差限值，应不超过绝缘电阻表允许误差限值的 1/4。绝缘电阻表准确度及使用的标准高压高阻箱准确度见表 74-9-1。

表 74-9-1 绝缘电阻表准确度及使用的
标准高压高阻箱准确度

绝缘电阻表准确度（10^{-2}）	1.0	2.0	5.0	10.0	20.0
标准高阻箱准确度（10^{-2}）	0.2	0.5	1.0	2.0	5.0

5）标准高压高阻箱的调节细度，应小于被检绝缘电阻表分度线指示值与 $a/2000$ 的乘积，其中 a 为被检绝缘电阻表准确度等级指数。

6）标准高压高阻箱应有单独的泄漏屏蔽端钮和接地端钮。当用欧姆表对标准高压高阻箱进行测量时，应无明显不稳定及短路或开路现象。

7）绝缘电阻表进行基本误差检定时，其标准除采用标准高压高阻箱外，也可采用满足检定基准条件要求的数值可变的其他电阻器。

8）标准高压高阻箱应在绝缘电阻表额定电压下检定，检定电压变化 10%时，高压高阻箱的附加误差不大于误差限值的 1/10。

（2）绝缘电阻表进行基本误差检定时，由标准高压高阻箱，检定辅助设备及环境条件所引起的检定总不确定度（$k=2$），不应超过绝缘电阻表允许误差限值的 1/3。测定基本误差应在接入标准高压高阻箱条件下对每个带有数字的分度线一一进行检定（按图 74-9-1 接线）。

（3）要求。标尺工作部分的所有分度线应满足表 74-9-1 要求。

（4）误差计算。按式（74-8-1）进行误差计算。

4. 端钮电压及其稳定性测量

（1）测量回路及元件参数如图 74-9-2 所示。

图 74-9-2 中：U 为整流器，其反向耐压不小于被检表额定电压的 1.5 倍；C 为电容器，其能耐受的电压不应小于被检表额定电压的 1.5 倍，且电容器的电容量不应小

于 0.01μF，但不得大于 0.5μF。电容器的绝缘电阻必须大于被检绝缘电阻表的上量限；PV 为电压表，指示电压有效值；PV2 为电压表，指示电压峰值。

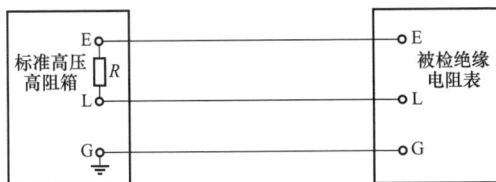

图 74-9-1　绝缘电阻表基本
误差检定接线图

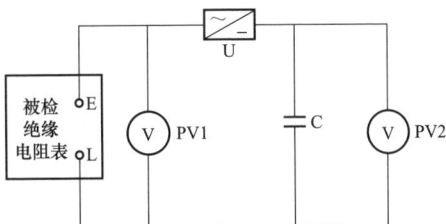

图 74-9-2　绝缘电阻表
端钮电压有效值与峰值测量回路

（2）测量绝缘电阻表端钮电压在 L、E 两端钮间进行，手摇发电机转速在 120^{+5}_{-2} r/min（或 150^{+5}_{-2} r/min）内，PV1、PV2 电压表可采用静电电压表，或输入电阻不小于被检绝缘电阻表中值电阻 20 倍的电压表，其准确度不低于 1.5 级。

（3）绝缘电阻表在开路状态进行测量时，即指针指向∞时，其端钮电压的峰值、有效值的测量按图 74-9-2 进行。

（4）测量绝缘电阻表在接入中值电阻时的端钮电压，按图 74-9-2 进行，在图 74-9-2 中被检绝缘电阻表 L、E 两端并联上相应的中值电阻值的电阻器。

5. 倾斜影响的检验

（1）将仪表置于所标志的位置。

（2）在参考条件下，按检定方法第 3 条在 Ⅱ 区段测量范围上限、下限及中值三分度线上进行检测，记录每分度线的实际电阻（B_S）。

（3）仪表向前倾斜 5°，对有机械调零器的应调节零位，按第（2）款进行检测，记录每分度线的实际电阻（B_W）。

（4）仪表向后倾斜 5°，对有机械调零器的应调节零位，按第（2）款进行检测，记录每分度线的实际电阻（B_X）。

（5）仪表向左倾斜 5°，对有机械调零器的应调节零位，按第（2）款进行检测，记录每分度线的实际电阻（B_Y）。

（6）仪表向右倾斜 5°，对有机械调零器的应调节零位，按第（2）款进行检测，记录每分度线的实际电阻（B_Z）。

（7）对于每一选定的分度线，由于位置引起的以百分数表示的改变量的绝对值，应取第（2）款和对（3）～（6）款测定值的最大偏差，计算见式（74-9-1），即

$$E_W = \left| \frac{B_S - B_W}{A_F} \right| \times 100\%$$

$$E_X = \left| \frac{B_S - B_X}{A_F} \right| \times 100\%$$

$$E_Y = \left| \frac{B_S - B_Y}{A_F} \right| \times 100\%$$

$$E_Z = \left| \frac{B_S - B_Z}{A_F} \right| \times 100\%$$

$$\left.\right\} \quad (74\text{-}9\text{-}1)$$

式中　A_F——基准值。

6. 绝缘电阻测量

（1）测量被检绝缘电阻表的绝缘电阻时，所选用的绝缘电阻表的额定电压一般应与被试绝缘电阻表电压等级一致，但不得低于 500V。

（2）将被检绝缘电阻表 L、E、G 三端短路，用一已检定的绝缘电阻表测被检绝缘电阻表 L、E、G 短路处与外壳金属部位之间的绝缘电阻值。

7. 绝缘强度试验

（1）进行绝缘电阻表电源电路与外壳之间绝缘强度试验时，应把测量电路的所有端钮与外壳相接。绝缘电阻表进行测量电路与外壳之间绝缘强度试验时，应使电源电路与外壳相接。

（2）试验电压应平稳地上升到表 74-8-2 规定值，在此阶段不应出现明显的瞬变现象。保持 1min，然后平稳地下降到零。

（3）在施加电压试验时间内，没有异常响声，电流不突然增加，没有出现击穿或飞弧，说明绝缘电阻表通过绝缘强度试验。

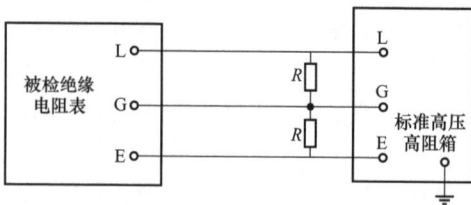

图 74-9-3　检查屏蔽装置作用的接线图

8. 屏蔽装置作用的检查

（1）检查屏蔽装置作用时，按图 74-9-3 接线，分别在接地端钮 E 和屏蔽端钮 G 之间（见 JJG 622—1997 附录 1）及线路端钮 L 和屏蔽端钮 G 之间，各接入一个电阻值等于 100 倍绝缘电阻表电流回路串联电阻 R_i 的电阻值，在 Ⅱ 区段测量范围上限、下限及中值三分度线上进行检测，记录每分度线的实际电阻（B_B）。

（2）按式（74-9-2）进行计算，即

$$E_{\text{B}} = \frac{B_{\text{P}} - B_{\text{B}}}{A_{\text{F}}} \times 100\% \tag{74-9-2}$$

式中　B_{P}——指示值。

其中，E_{B} 应满足表 74-8-1 要求。

（二）检定结果处理

（1）检定证书中一般不出具检定数据，检定数据应记入检定原始记录，并至少保留 1 年时间。

（2）找出绝缘电阻表所检各点的示值与测量的实际值之间的最大差值，按式（74-9-1）进行计算，其结果为绝缘电阻表所检区段的最大基本误差。

（3）被检绝缘电阻表的最大基本误差的计算数据，应按规则进行修约，修约间隔为允许误差限值的 1/10。判断绝缘电阻表是否超过允许误差限值时，应以修约后的数据为依据。

（4）被检绝缘电阻表各项要求均符合 JJG 622—1997 中相应项目的要求时，该表检定合格，否则为检定不合格。

（5）检定合格的绝缘电阻表发给检定证书；检定不合格的绝缘电阻表发给检定结果通知书，并说明不合格的原因。如基本误差超差，但能符合低一级的技术要求时，允许降一级使用。

（6）绝缘电阻表检定后加检定标记。

（7）绝缘电阻表的检定周期不得超过 2 年。

二、电子式绝缘电阻表的检定方法、检定结果的处理和检定周期

（一）检定方法

1. 外观和显示能力检查

（1）从外表看，零部件完整，无松动，无裂缝，无明显残缺或污损。

（2）表的面板或表盘上应有如下标志：制造单位或商标；产品名称；型号；计量单位和数字；计量器具制造许可证标志和编号；准确度等级；出厂编号；测量端子标志和警示标志；开关、按键功能标志；工作电池监视标志。装电池的部分应有电池极性标志。

（3）对数字式表按图 74-9-4 接线进行显示部分和分辨力检查。调节高压高阻标准器给出一串连续调节的电阻值，观察被检表相应的变化，数字显示部分不应有重叠和缺划现象；分辨力应满足产品说明书的要求。

2. 示值误差检定

（1）采用标准电阻器法，按

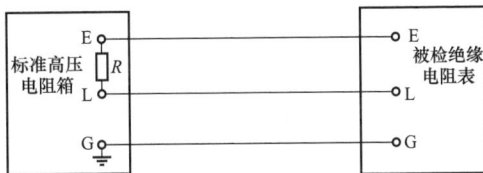

图 74-9-4　示值误差检定接线图

图 74-9-4 接线。

（2）数字式表通常在被检量程内均匀的选取 10 个检定点，并应包括下限和上限的接近值。对于分区段给出准确度等级的数字式表则应在高准确度区段均匀选取 10 个检定点，在其他区段各选取 3 个检定点。调节高压高阻标准器的电阻值为 R_N，被检表的电阻值为 R_X，被检表的示值按式（74-9-3）或式（74-9-4）计算，即

$$\delta = R_X - R_N \tag{74-9-3}$$

$$\gamma = \frac{R_X - R_N}{R_N} \times 100\% \tag{74-9-4}$$

（3）指针式表先调节调零器，使指针指在"∞"分度线上，再将线路端子 L 和接地端子短路连接，指针应指在"0"分度线上。然后按图 74-9-4 接线，调节高压高阻标准器，对带数字的分度线一一进行检定。被检示值的误差按式（74-9-3）或式（74-9-4）计算。

（4）对于多量程表的非全检量程的检定，至少选取 5 个检定点，包括对应全检量程的最大误差点，高准确度区段的起点和最大点即可。

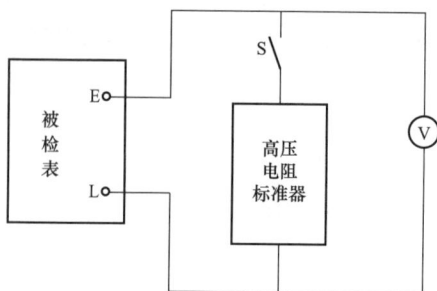

图 74-9-5 电子式绝缘电阻表
开路电压测量回路

3. 开路电压测量

测量回路参见图 74-9-5。在开关 S 断开的状态下，高压电压表测得的电压值为被检表开路电压。

4. 中值电压和跌落电压测试

（1）指针式表中值电压的测量按图 74-9-5 接线，将开关 S 接通，调节高压高阻标准器，指针式表的指示值处于几何中心位置最近的带刻度值的刻度线时，测量端子 L 和 E 间的电压为中值电压。中值电压应不低于额定电压的 90%。

（2）数字式表跌落电压的测量按图 74-9-5 接线，将开关 S 接通，调节高压高阻标准器至被检表的跌落电阻值，跌落电阻值由制造厂提供，测量端子 L 和 E 间的电压为跌落电压。跌落电压应不低于额定电压的 90%。

5. 绝缘电阻测量

将被检电子式绝缘电阻表"L、E"端短接后接至绝缘电阻表地 L 端，被检表的外壳接绝缘电阻表的 E 端，测得的绝缘电阻值不应小于 50MΩ。

6. 绝缘强度试验

（1） 将被检电子式绝缘电阻表"L、E"端短接，在该端与外壳间施加测试电压。

（2） 试验电压应平稳的上升到规定值，在此阶段应不出现明显的瞬变现象。保持1min，然后平稳地下降到零。

（3） 在施加电压试验时间内，没有异常响声，电流不突然增加，没有出现击穿或飞弧，说明电子式绝缘电阻表通过绝缘强度试验。

（二）检定结果处理

（1） 检定证书中一般不出具检定数据，检定数据应记入检定原始记录，并至少保留 1 年时间。

（2） 被检电子式绝缘电阻表的最大基本误差的计算数据，应按规则进行修约，修约间隔为允许误差限值的 1/10。判断电子式绝缘电阻表是否超过允许误差限值时，应以修约后的数据为依据。

（3） 被检电子式绝缘电阻表各项要求均符合 JJG 1005—2005 中相应项目的要求时，该表检定合格，否则为检定不合格。

（4） 检定合格的电子式绝缘电阻表发给检定证书；检定不合格的电子式绝缘电阻表发给检定结果通知书，并说明不合格的原因。如基本误差超差，但能符合低一级的技术要求时，允许降一级使用。

（5） 电子式绝缘电阻表的检定周期不得超过 1 年。

【思考与练习】

1. 简述泄漏电流对误差的影响。

2. 如何进行屏蔽装置作用的检查？

3. "中值电压"的定义及测试？

模块 10 接地电阻表的技术要求、检定条件、检定项目（TYBZ03906001）

【模块描述】本模块包含接地电阻表检定的技术要求、检定条件、检定项目。通过相关规程要点归纳、介绍，熟悉接地电阻表检定的相关要求。

【模块内容】

JJG 366—2004《接地电阻表检定规程》适用于数字式和模拟式接地电阻表（包括新制造的、使用中的及修理后的接地电阻表）的检定。

一、技术要求

技术要求包括外观、绝缘电阻、介电强度、示值误差、准确度等级、位置影响、辅助接地电阻的影响、地电压的影响。

（1）外观。接地电阻表的铭牌或外壳上应有的主要标志：产品名称、型号、出厂编号、制造厂名、CMC 标志、准确度等级、正常工作位置、电阻测量范围、介电强度试验电压、接线端钮上应有 E（被测接地电阻电极）、P（电位电极）、C（辅助电极）符号。

（2）绝缘电阻。测量端钮与金属外壳之间在 500V 电压下的绝缘电阻不应小于 20MΩ。

（3）介电强度。测量端钮与金属外壳之间，应能承受工频正弦交流电压 500V，1min 试验，无击穿或飞弧。

（4）示值误差。

1）模拟式接地电阻表的示值误差 E 按下式进行计算

$$E = \frac{R_X - R_N}{R_M} \times 100\% \qquad (74\text{--}10\text{--}1)$$

式中　R_X——接地电阻表指示值；

　　　R_N——标准值；

　　　R_M——接地电阻表满刻度值。

2）数字式接地电阻表的示值误差 E 按下式进行计算

$$E = \pm \left(a\% + b\% \frac{R_M}{R_X} \right) \qquad (74\text{--}10\text{--}2)$$

式中　a——与读数有关的误差系数；

　　　b——与满刻度有关的误差系数。

（5）准确度。准确度等级分为 1、2、5 级。各准确度等级的最大允许误差见表 74-10-1。

表 74-10-1　　　　　　　　　准确度等级及最大允许误差要求

准确度等级	1	2	5
最大允许误差（%）	±1	±2	±5

（6）位置影响。模拟式接地电阻表的工作位置向任一方向倾斜 5°，其指示值的改变量不应超过基本误差极限值的 50%。

（7）辅助接地电阻的影响。辅助接地电阻由 500Ω 改变至表 74-10-2 的规定值时，示值误差的改变量不应超过表 74-10-2 的规定值。

表 74-10-2　　　　　　　辅助接地电阻影响的要求

辅助接地电阻（Ω）	0	1000	2000	5000
允许改变量（%）	c	c	c	$2c$

注　c 为被检接地电阻表准确度等级。

（8）地电压的影响。当接地电阻表的测量端分别施加 2、5V 工频等效地电压时，引起被检表示值的改变量不应超过表 74-10-3 的规定值。

表 74-10-3　　　　　　　地 电 压 影 响 的 要 求

等效地电压（V）	2	5
允许改变量（%）	c	$2c$

注　地电压的影响，只适用于对地电压影响有要求的接地电阻表。

二、检定条件

（1）检定环境条件。

1）环境温度应为 20±5℃，环境相对湿度应为 40%～75%。

2）被检定、校准、检测接地电阻表置于参比环境条件中，应有足够的时间（通常为 2h），以消除温度梯度的影响。

（2）检定装置。

1）标准装置应具有有效期内的检定证书或校准证书。

2）标准装置的量程应能覆盖被检接地电阻表的量程，其允许电流应大于被检接地电阻表的工作电流，其调节细度不低于被检接地电阻表最大允许误差的 1/10。

3）标准装置允许误差限值应不超过被检接地电阻表最大允许误差的 1/4。

4）标准装置由标准器、辅助设备及环境条件等所引起的测量扩展不确定度（k 取 2）应小于被检电流表最大允许误差的 1/3。

5）辅助电阻值最大允许误差不超过±5%。

6）标准装置应有良好的屏蔽和接地，以避免外界干扰。

三、检定项目

接地电阻表的检定项目包括：外观检查、绝缘电阻测量、介电强度测试、示值误差检定、位置影响试验、辅助接地电阻影响、地电压影响。

【思考与练习】

1. 简述接地电阻表的技术要求。

2. 简述接地电阻表的检定项目。

3. 温度梯度的影响的可能后果有哪些?

◢ 模块 11　接地电阻表检定方法、检定结果的处理
（TYBZ03906002）

【模块描述】本模块包含接地电阻表检定的方法、检定结果的处理。通过相关规程要点归纳、介绍，熟悉接地电阻表检定的方法和步骤。

【模块内容】

JJG 366—2004《接地电阻表检定规程》适用于数字式和模拟式接地电阻表（包括新制造的、使用中的及修理后的接地电阻表）的检定。

一、检定方法

（1）外观检查。接地电阻表应无明显影响测量的缺陷。

（2）绝缘电阻测量。在被检接地电阻表的所有测量端与外壳的参考"地"之间加 500V 直流电压，绝缘电阻值不应小于 20MΩ。

（3）介电强度测试。在被检接地电阻表的所有测量端与外壳的参考"地"之间加频率为 50Hz 实用正弦波的交流电压，试验电压应平稳地从零上升到 500V，在此阶段应不出现明显的瞬变现象。保持 1min，然后平稳地下降到零。试验中不应出现击穿或飞弧现象（仅针对首次、修理后的被检定、校准、检测接地电阻表）。

（4）示值误差检定。当测量接地电阻表的示值大于 10Ω 时，检定时的接线如图 74-11-1 所示；当测量接地电阻表的示值小于等于 10Ω 时，检定时的接线如图 74-11-2 所示。

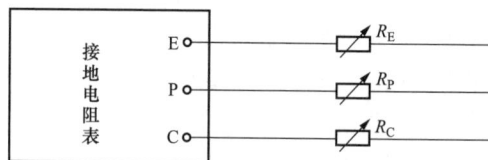

图 74-11-1　$R_X > 10\Omega$ 时的原理接线图

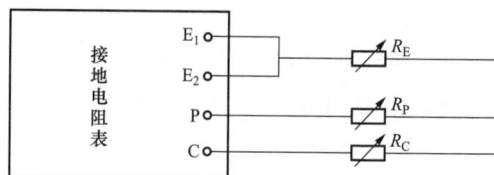

图 74-11-2　$R_X \leqslant 10\Omega$ 时的原理接线图

1）模拟式接地电阻表检定时，调节标准电阻器 R_E，使接地电阻表上的指针指示在带有数字标记的分度线上，此时标准电阻箱示值即为被检接地电阻表的实际值。

2）数字式接地电阻表检定时，按选取的检定点调节标准电阻器 R_E 至 R_N，记下仪表的显示读数值为 R_X。此时标准电阻箱示值即为被检接地电阻表的实际值。按式（74-10-1）和式（74-10-2）进行误差计算。

（5）位置影响的检验。将被检模拟接地电阻表前、后、左、右各倾斜 5°，在每个量程的测量上限各检定一次，此时的检定结果与正常位置检定结果之差应不超过最大允许误差的 50%。

（6）辅助接地电阻影响试验。在检定接地电阻表最低电阻量程上限时，将辅助接地电阻 R_P、R_C 分别置于 0Ω、1000Ω、2000Ω、5000Ω各检定一次，检定结果与辅助接地电阻为 500Ω时的检定值之差不应超过表 74-10-2 的规定。

（7）地电压影响试验。只适用于对地电压影响有要求的接地电阻表。

二、检定结果处理

（1）检定数据应进行修约化整处理并出具检定、校准证书或检测报告。原始记录填写应用签字笔或钢笔书写，不得任意修改。

（2）对 2 级以下的接地电阻表，检定证书或检定结果通知书上可以不给出检定数据。

（3）接地电阻表的检定周期一般不得超过 1 年。

【思考与练习】

1. 如何进行位置影响试验？
2. 如何进行辅助接地电阻影响试验？
3. 简述地电压影响试验具体内容？

▲ 模块12　高压电气设备绝缘配合规定（电气试验部分）（ZY1800102004）

【模块描述】 本模块介绍高压电气设备绝缘配合规定的电气试验部分。通过对重点内容及提纲的概述，掌握高压电气设备绝缘配合的有关规定。

【模块内容】

《绝缘配合　第 1 部分：定义、原则和规则》标准编号为 GB 311.1—2012，由国家监督检验检疫总局 2012 年 6 月 29 日发布，2013 年 5 月 1 日实施。本标准代替 GB 311.1—1997。

为了便于学习、了解和运用本标准，对标准进行了整理归纳，但不作一一解释，具体内容参见原标准。

一、标准的主题内容与适用范围

本章节主要阐述了该标准的主题内容、标准适用和不适用的范围，主要内容如下：

1. 主题内容

该标准规定了三相交流系统中的高压输变电设备的相对地绝缘、相间绝缘和纵绝缘的额定耐受电压的选择原则，规定了这些设备的标准额定耐受电压，并给出了标准额定耐受电压的系列，额定耐受电压原则上宜从该系列中选取。

2. 本标准适用范围

标准适用于设备最高电压大于 1kV 的三相交流电力系统中使用的下列户内和户外输变电设备。

（1）变压器类：电力变压器、并联电抗器、限流电抗器、消弧线圈和电磁式电压互感器、电流互感器；

（2）高压电器：断路器、隔离开关、负荷开关、接地开关、熔断器、预装式变电站、封闭式开关设备、封闭式组合电器、组合电器等；

（3）电力电容器、耦合电容器（包括电容式电压互感器）、并联电容器、交流滤波电容器；

（4）高压电力电缆；

（5）支柱绝缘子、穿墙套管。

3. 本标准不适用范围

（1）安装在严重污秽或带有对绝缘有害的气体、蒸汽、化学沉积物的场合下的设备；

（2）相对湿度较高且易出现凝露场合的户内设备。

二、引用标准

本章节主要介绍了该标准修订所引用的标准，具体引用的标准如下：

GB/T 311.2《绝缘配合　第 2 部分：高压输变电设备的绝缘配合使用导则》（IEC 60071-2：1996 EQV）

GB/T 2900.19—1994《电工术语　高电压试验技术和绝缘配合》（IEC 60071-1：1993，NEQ）

GB/T 11022《高压开关设备和控制设备标准的共同技术要求》（GB/T 11022—2011，IEC62271-1：2007，MOD）

GB 11032 交流无间隙金属氧化物避雷器（GB11032—2010，IEC 60099-4：2006，MOD）

GB/T 16927.1《高电压试验技术　第 1 部分：一般试验要求》（GB/T 16927.1—2011，IEC 60060−1：2010，MOD）

GB/T 26218.1《污秽条件下使用的高压绝缘子的选择和尺寸确定　第 1 部分：定义、信息和一般原则》（GB/T 26218.1—2010，IEC/TS60815−1：2008，MOD）

IEC 60060−1：2010《高电压试验技术　第 1 部分：一般定义和试验要求》

IEC 60071−2 Am 1 Ed. 3.0　《绝缘配合　第 2 部分：应用导则》

IEC 60721−2−3　《环境条件分类　第 2 部分：自然环境条件　第 3 节：气压》

三、标准主要内容

本章节是标准的核心部分，具体规定了电力设备的使用条件、绝缘配合的基本原则、绝缘水平和试验规定。通过本章节的学习可以掌握如下规定和内容：

（一）使用条件

规定了设备的标准参考大气条件、正常使用条件和超出正常使用条件换算和校正，以及设备适用的电力系统中性点的接地方式。

（二）绝缘配合基本原则

本章节主要介绍了绝缘配合、设备上的作用电压、设备最高电压 Um 的范围、绝缘试验、绝缘配合方法的选择、持续工频电压和暂时过电压下和雷电过电压下的绝缘配合，内容如下。

1. 绝缘配合

绝缘配合是考虑采用的过电压保护措施后，决定设备上可能的作用电压，并根据设备的绝缘特性及可能影响绝缘特性的因素，从安全运行和技术经济合理性两方面确定设备的绝缘强度。

2. 设备上的作用电压

本章节介绍了设备上的作用电压的种类和波形，如持续工频电压、暂时过电压、瞬态过电压、缓波前过电压（操作）、快波前过电压（雷电）、特快波前过电压和联合过电压。

3. 绝缘试验

本章节介绍了绝缘试验类型和绝缘试验类型的选择。

4. 绝缘配合方法的选择

本章节主要介绍绝缘配合方法［确定性法（惯用法）、统计法、简化统计法］和各种方法的应用选择，同时强调应考虑可能降低运行中绝缘强度的所有因素，保证安装设备的寿命期间满足绝缘耐受电压，为此应考虑大气校正系数、安全校正系数和绝缘配合因数等。

5. 设备最高电压 U_m 的范围

本章节规定了设备最高电压 U_m 分为范围 I （1kV≤U_m≤252kV）和范围 II （U_m>252kV）。

6. 持续工频电压和暂时过电压下和雷电过电压下的绝缘配合

通过持续工频电压和暂时过电压下的绝缘配合的学习，可以明确对范围 I 的设备所规定的短时工频耐受电压，一般均能满足在正常运行电压和暂时过电压下的要求。为检验设备老化对内绝缘性能、污秽对外绝缘性能的影响所进行的长时间工频试验，应在有关设备标准中规定。标准仅给出了应遵循的一般规则。

对雷电过电压下的绝缘配合，规定在所有情况下，进行绝缘配合时应考虑：设备安装点的预期过电压值、系统与设备的电气特性、类似的系统的运行经验以及所有保护装置的限压效果，特别指出设备的相对地绝缘的额定耐受电压是确定设备的相间绝缘和纵绝缘额定耐受电压的基础。

（三）绝缘水平

本章节规定了绝缘水平包括额定短时工频耐受电压的标准值（有效值）、额定冲击耐受电压的标准值（峰值），以及高压输变电设备的额定绝缘水平。

规定了范围 I 的设备的绝缘水平：在此电压范围内选取设备的绝缘水平时，首先应考虑雷电冲击作用电压，和每一设备最高电压相对应，给出了设备绝缘水平的两个耐受电压，即额定雷电冲击耐受电压和额定短时工频耐受电压。

规定了范围 II 的设备的绝缘水平：应考虑额定雷电冲击耐受电压和额定操作冲击耐受电压，和每一设备最高电压相对应，也给出了设备绝缘水平的两个耐受电压，即额定雷电冲击耐受电压和额定操作冲击耐受电压。

对各类输变电设备的绝缘水平也作出了规定，可取与变压器相同的或高一些的绝缘水平。

（四）耐受电压试验的要求

本章节提出进行标准耐受电压试验的目的是为了证明在合适的置信度下绝缘的实际耐受电压不低于规定的相应耐受电压。本章节还提出相间绝缘和纵绝缘的联合电压耐受试验规定。

【思考与练习】

1. 电气设备在运行中可能受到的作用电压有哪几种？

2. 什么是短时工频耐受电压试验？

3. 简述大气过电压作用于中性点直接接地的变压器绕组时，变压器的首端匝间绝缘危害最严重的原因。

模块 13　高电压试验技术（电气试验部分）（ZY1800102005）

【模块描述】本模块介绍高电压试验技术的电气试验部分。通过对重点内容及提纲的概述，掌握高电压试验技术的一般试验要求及测量系统要求。

【模块内容】

高电压技术的研究对象是各种形态的高电压和各种性能的介质，需要有各种高电压的测试设备来研究各种介质在各种高电压下的物理现象。由于试验技术对高电压技术如此重要，以及它所使用的一些手段的特殊、内容的丰富和技术的复杂，已成为高电压技术领域中的一个重要方面。

目前采用的《高电压试验技术》为国家标准，包括四个部分，详见表 74-13-1。

表 74-13-1　　　　　　　　　高 电 压 试 验 技 术

序号	名　　称
1	GB/T 16927.1—2011《高电压试验技术　第 1 部分：一般定义及试验》
2	GB/T 16927.2—2013《高电压试验技术　第 2 部分：测量系统》
3	GB/T 16927.3—2010《高电压试验技术　第 3 部分：现场试验的定义及要求》
4	GB/T 16927.4—2014《高电压和大电流试验技术　第 4 部分：试验电流和测量系统的定义和要求》

为了帮助大家学习、运用本标准，现对本标准作一简单概括和总结，不做标准解释，标准的具体内容可直接参见 GB/T 16927。

一、GB/T 16927.1—2011

介绍了高电压试验技术一般定义及试验要求，内容涵盖了运用范围、规范性引用文件、术语和定义、一般要求、直流电压试验、交流电压试验、雷电冲击电压试验、联合和合成电压试验。与取代的版本比较，增加了一般定义和术语；删除了人工污秽试验的详细描述和原有附录 B "人工污秽试验程序"；删除了所有用认可的测量装置校准未认可的测量装置条款；删除了冲击电流试验的相关内容；删除了原有附录 C "用棒-棒间隙校核未认可的测量装置"；增加了规范性附录 B "叠加过冲或振荡的标准雷电冲击参数计算程序"；增加了资料性附录 C "求取试验电压函数的数字滤波器举例"；增加了资料性附录 D "冲击电压函数评估冲击过冲背景介绍"；增加了资料性附录 E "确定大气修正因数时逆程序中重复计算方法"；对大气修正进行了修订；重新定义雷电冲击波形过冲限值的规定和计算方法；联合电压试验给出了具体规定。

本部分与 IEC 60060–1：2010 的主要差异如下：按 GB/T 1.1—2009《标准化工作导则 第 1 部分：标准的结构和编写》的规定，对标准的语言表述和格式做了修改；删除了国际标准的前言，增加了本标准的前言；计算特性参数 g 时，对"最小放电路径"增加说明"L 可参考 GB 311.1 的附录 A"；湿试验时明确给出 800kV 及 1100kV 设备外绝缘湿试验程序提出仪器设备的推荐值；IEC 60060–1 频率范围为 45～65Hz，考虑到 60Hz 对我国电网不适用，故将频率范围定为 45～50Hz，以便与 GB 311.1 相一致；雷击冲击波前振荡保留对波前振荡最大允许值的要求，IEC 标准对此不做要求；增加了计算示例：1100kV 断路器的实际试验时获得的示波图作为示例进行计算。

1. 范围

GB/T 16927 的本部分规定了所用的术语，对试验程序和试品的一般要求，试验电压和电流的产生、试验程序、试验结果的处理方法和试验是否合格的判据。本部分适用于最高电压 U_m 为 1kV 以上设备的直流电压绝缘试验、交流电压绝缘试验、冲击电压绝缘试验、联合和合成电压试验。

2. 规范性引用文件

GB 311.1《绝缘配合 第 1 部分：定义、原则和规定》

GB/T4585《交流系统用高压绝缘子的人工污秽试验》

GB/T7354《局部放电测量》

GB/T 11022《高压开关设备和控制设备标准的共同技术要求》

GB/T 16896.1《高压冲击测量仪器和软件 第 1 部分：对仪器的要求》

GB/T 16927.2《高电压试验技术 第 2 部分：测量系统》

GB/T 16927.3《高电压试验技术 第 3 部分：现场试验的定义及要求》

GB/T22707《直流系统用高压绝缘子的人工污秽试验》

3. 术语及定义

本节介绍了高电压试验技术第 1 部分：一般定义及试验的相关术语及定义

4. 一般要求

本节介绍了试验程序的一般要求、干试验时试品的布置、干试验时的大气条件修正、湿试验、人工污秽试验。

5. 直流电压试验

本章介绍了直流电压试验的有关术语和定义、试验电压、试验程序。

6. 交流电压试验

本章介绍了交流电压试验的有关术语和定义、试验电压、试验程序。

7. 雷电冲击电压试验

本章介绍了雷电冲击电压试验的有关术语和定义、试验电压、试验程序。

8. 操作冲击电压试验

本章介绍了操作冲击电压试验的有关术语和定义、试验电压、试验程序。

9. 联合和合成电压试验

本章介绍了联合和合成电压试验的有关术语和定义、试验电压、试验程序。

二、GB/T 16927.2—2013

介绍了《高电压试验技术　第 2 部分：测量系统》，共分 10 节和 4 个附录。主要内容包括：适用范围、规范性引用文件、语及定义、测量系统的使用和性能校验程序、对认可测量系统及其组件的试验和试验要求、直流电压测量、交流电压的测量、雷电冲击电压的测量、操作冲击电压的测量、标准测量系统。

本部分与已代替的 GB/T 16927.2—1997 相比主要技术变化如下：增加并修改了与高电压测量相关的术语，特别是冲击电压测量系统的术语；对测量系统的使用和性能试验程序（包括周期）提出了更加明确的要求；对认可测量系统及其组件的校核提出了更细的要求，增加了软件处理的内容；对测量系统及其组件的不确定度分量及其确定方法给出了具体方法；删除了冲击电流测量系统的内容；删除了 1997 版标准中的附录 A；增加了新的附录 A，给出了不确定度及其分量的确定方法；删除了 1997 版标准中附录 B，增加了新的附录 B，给出了认可测量系统不确定度计算示例；对附录 C，阶跃响应测量进行了修订；删除了 1997 版标准中附录 D，增加了新的附录 D，用阶跃响应测量确定动态性能的卷积法；删除了 1997 版标准中附录 F，将这些内容放在相关标准条款中叙述。

本部分修改采用 IEC 60060—2：2010《高电压试验技术　第 2 部分：测量系统》。本部分与 IEC 60060–2：2010 的技术差异及其原因如下：按照我国实验室认可测量系统不确定度的计算惯例，收集实验室高电压测量数据，给出高压（交流、冲击、雷电冲击）测量系统不确定度计算示例；对于测量系统的性能校验程序的工作条件，考虑到我国高压测量仪器设备及实验室的具体情况，增加"设备委员会可规定更长标定工作时间"的说明。

1. 范围

GB/T 16927.2—2013 适用于在实验室和工厂试验中用于 GB16927.1 规定的直流电压、交流电压、雷电和操作冲击电压的测量系统及其组件。现场试验测量见 GB/T 16927.3。

本部分规定的测量不确定度的限值适用于 GB 311.1 规定的试验电压，但其原则也适用于更高试验电压，此时不确定度可能较大。

2. 规范性引用文件

GB 311.1《绝缘配合　第 1 部分：定义、原则和规定》

GB/T311.6《电压测量标准空气间隙》

GB/T7354《局部放电测量》

GB/T 16896.1《高电压冲击测量仪器和软件 第1部分：对仪器的要求》

GB/T 16896.2《高电压冲击测量仪器和软件 第2部分：软件的要求》

GB/T 16927.1《高电压试验技术 第1部分：一般定义和试验要求》

GB/T 16927.3《高电压试验技术 第3部分：现场试验的定义及要求》

JJF1059《测量不确定度评定与表示》

3. 术语及定义

本节介绍了高电压试验技术测量系统的相关术语及定义

4. 测量系统的使用和性能校验程序

本节介绍了测量系统的使用和性能校验程序的概述、性能试验周期、性能校验周期、对性能记录的要求、工作条件、不确定度。

5. 对认可测量系统及其组件的试验和试验要求

本节介绍了一般要求、校准—确定刻度因数、线性度试验、动态特性、短时稳定性、长期稳定性、环境温度影响、临近效应、软件处理、刻度因数的不确定度计算、时间参数测量的不确定度计算（仅对冲击电压）、干扰试验（对冲击电压测量的传输系统和仪器）、转换装置的耐受试验。

6. 直流电压测量

本节介绍了直流电压测量关于对认可测量系统的要求、认可测量系统的试验、性能校核、纹波幅值的测量。

7. 交流电压的测量

本节介绍了交流电压的测量关于对认可测量系统的要求、认可测量系统的试验、动态特性试验、性能校核。

8. 雷电冲击电压的测量

本节介绍了雷电冲击电压关于对认可测量系统的要求、认可测量系统的试验、测量系统的性能试验、动态特性试验、性能校核。

9. 操作冲击电压的测量

本节介绍了操作冲击电压的测量关于认可测量系统的要求、认可测量系统的试验、测量系统的性能试验、动态特性的比对试验、性能校核。

10. 标准测量系统

本节介绍了标准测量系统关于对标准系统的要求、标准测量系统的校准、标准测量系统的校准周期、标准测量系统的使用。

三、GB/T 16927.3—2010

介绍了《高电压试验技术　第 3 部分：现场试验的定义及要求》，共分 11 节。主要内容包括：适用范围、规范性引用文件、术语和定义、正常和特殊使用条件、测量系统的一般试验和校核、直流电压试验、交流电压试验、雷电冲击电压试验、操作冲击电压试验、超低频（VLF）电压试验、衰减型交流电压试验。

本部分是根据 IEC 60060-3：2006《高电压试验技术　第 3 部分：现场试验的定义和要求》进行制定的。本部分与 IEC 60060-3：2006 的一致性程度为修改采用。

本部分与 IEC 60060-3：2006 的主要差异：按 GB/T 1.1—2009 的规定，对标准的语言表述和格式做了修改；适用的电压范围，由最高电压 U_m 大于 1kV 的设备改为标称电压 3kV 及以上的系统中的设备；在 5.3.2 中，根据中国标准，不推荐使用内部校准器，故删除了"内部或；在 6.4.3 注 2 中，将"可能要求在额定电压下的测量电流高达 0.5mA"改为"要求在额定电压下的测量电流尽可能地大，应不小于 0.1mA"；在 7.3.1 和 10.3.1 中的注中出现"$\sqrt{2}\pm5\%$"，与上下文不符，改为"$\sqrt{2}\pm15\%$"；删除了 8.6.2 和 9.6.2 中的注"对于性能递降的绝缘或者非自恢复绝缘的试验推荐使用此程序"；分别将图 1、图 2 中 a）图中的"$T_1/T_2=0.8/50\mu s$"改为"$T_1/T_2=0.8/40\mu s$"。

1. 范围

GB/T 16927.3—2010 适用于直流电压、交流电压、非振荡或振荡型雷电冲击电压、非振荡或振荡型操作冲击电压、特殊试验的超低频电压及衰减型交流电压的现场试验和运行状态下的试验，且与 GB/T 16927.1 有关。

本部分适用于标称电压 3kV 及以上的系统中的设备。由相关的技术委员会负责选取电器、设备和设施的现场试验电压、试验程序和试验电压水平。对与本部分所描述的现场试验电压不同的特殊情况，可以由相关的技术委员会进行规定。

2. 规范性引用文件

GB 311.1—1997《高压输配电设备的绝缘配合》

GB/T2900.19—1994《电工术语　高电压试验技术和绝缘配合》

GB/T 16927.1—1997《高电压试验技术　第一部分：一般试验要求》

GB/T 16927.2—1997《高电压试验技术　第二部分：测量系统》

3. 术语及定义

本节介绍了高电压试验技术现场试验的定义及要求的相关术语及定义。所有与试验程序有关的其他定义见 GB/T 16927.1 和 GB/T 16927.2。

4. 正常和特殊使用条件

正常环境条件、标准参考大气条件、特殊环境条件、设备适用的电力系统中性点的接地方式参照 GB 311.1 执行。

5. 测量系统的一般试验和校核

本节介绍了验收试验、性能试验、性能校核、性能记录。

6. 直流电压试验

本节介绍了直流电压试验的定义、试验电压波形及容许偏差的要求、试验电压的测量、测量系统的试验和校核。

7. 交流电压试验

本节介绍了交流电压试验的定义、试验电压波形及容许偏差的要求、试验电压的测量、测量系统的试验和校核。

8. 雷电冲击电压试验

本节介绍了雷电冲击电压试验的定义、雷电冲击全波电压及容许偏差的要求、试验电压的测量和冲击电压波形的确定、测量系统的试验和校核。

9. 操作冲击电压试验

本节介绍了操作冲击电压试验的定义、试验电压峰值及容许偏差、试验电压的测量和冲击电压波形的确定、测量系统的试验和校核、耐受电压试验程序。

10. 超低频（VLF）电压试验

本节介绍了超低频电压试验的定义、试验电压波形及容许偏差、试验电压的测量、测量系统的试验和校核。

11. 衰减型交流电压试验

本节介绍了衰减型交流电压试验的定义、试验电压波形及容许偏差、试验电压的测量、测量系统的试验和校核。

四、GB/T 16927.4—2014

介绍了《高电压和大电流试验技术 第 4 部分：试验电流和测量系统的定义和要求》，共分 12 节和 8 个附录。主要内容包括：适用范围、规范性引用文件、术语和定义、测量系统的使用和性能校验程序、对认可测量系统及其组件的试验和试验要求、稳态直流电流、稳态交流电流、短时直流电流、短时交流电流、冲击电流、高压绝缘性能试验中的电流测量、标准测量系统。

本部分使用重新起草法修改采用 IEC 62475：2010《大电流试验技术：试验电流和测量系统的定义和要求》。本部分与 IEC 62475：2010 的技术性差异及其原因如下：

对大电流测量系统不确定度计算示例进行了修订；按照我国实验室认可测量系统不确定度的计算惯例，收集实验室大电流测量数据，给出短时交流电流测量系统不确定度计算示例和冲击电流测量系统不确定度示例；对于邻近回路电流影响的不确定评定方法，本部分更正了 IEC 62475：2010 原文中邻近回路电流 B 类标准不确定度分量计算公式的错误；对于邻近回路电流影响试验的方法，为了使描述更加清晰，试验方法更加合理,本部分将分流器邻近回路电流影响试验描述为图9(见该标准5.8、图9),将罗哥夫斯基线圈和带铁心电流互感器邻近回路电流影响试验合并描述为图10(见该标准5.8、图10),删除了 IEC 62475:2010 原文中罗哥夫斯基线圈邻近回路电流影响试验方法;对于短时交流电流试验,本部分依据行业实际情况,增加了相关术语(见该标准9.2.1、9.2.2、9.2.4、9.2.5、9.2.6),同时对新增参数提出了容差要求(见该标准9.3),并在附录 G 中增加了断路器短裤开断电流的确定示例(见该标准 G.9)和限流熔断器开断电流确定示例(见该标准 G.10)。

本部分还做了编辑性修改:对图3标准不确定度分量中图示公式有误处作相应修改;对图18指数型冲击电流波形中图示公式有错误处作出相应修改;对标 B.4 线性度试验结果中公式有误作相应修改。

1. 范围

GB/T 16927 的本部分规定了定义所使用的术语、定义参数和容差、给出大电流测量不确定度的估算方法、规定完整测量系统应满足的要求、给出测量系统的认可方法及组件的校核方法、给出测量系统满足本部分要求的程序,包括测量不确定度的限值。

本部分适用于高压和低压设备的大电流试验与测量。适用的电流类型包括:稳态直流电流、短时直流电流(如大容量直流试验)、稳态交流电流、短时交流电流(如大容量交流试验)和冲击电流。大于 100A 的电流试验均可使用本部分,在这些试验中出现下于 100A 的电流时可参照本部分。

2. 规范性引用文件

GB 1984—2003《高压交流断路器》

GB/T 7676.2—1998《直流作用模拟指示电测量仪表及其附件　第 2 部分:电流表和电压表的特殊要求》

GB/T 16927.1—2011《高电压试验技术　第 1 部分:一般定义及试验要求》

JJF 1059.1—2012《测量不确定度评定与表示》

3. 术语及定义

本节介绍了高电压和大电流试验技术第 4 部分:试验电流和测量系统的定义和要求的术语和定义。

4. 测量系统的使用和性能校验程序

本节介绍了测量系统的使用和性能校验程序的概述、性能试验周期、性能校核周期、对性能记录的要求、工作条件、不确定度。

5. 对认可测量系统及其组件的试验和试验要求

本节介绍了一般要求、校准——刻度因数的确定、线性度试验、动态特性、短时稳定性、长期稳定性、环境温度影响、邻近回路电流影响、不确定度计算、时间参数测量的不确定度计算（仅对冲击电流）、干扰试验、耐受试验。

6. 稳态直流电流

本节介绍了稳态直流电流适用范围、术语和定义、试验电流、试验电流的测量、纹波幅值的测量、试验程序。

7. 稳态交流电流

本节介绍了稳态交流电流适用范围、术语和定义、试验电流、试验电流的测量、试验程序。

8. 短时直流电流

本节介绍了短时直流电流适用范围、术语和定义、试验电流、试验电流的测量、试验程序。

9. 短时交流电流

本节介绍了短时交流电流适用范围、术语和定义、试验电流、试验电流的测量、试验程序。

10. 冲击电流

本节介绍了冲击电流适用范围、术语和定义、电流试验、试验电流的测量、试验程序。

11. 高压绝缘性能试验中的电流测量

本节介绍了高压绝缘性能试验中的电流测量适用范围、试验电流的测量、试验程序。

12. 标准测量系统

本节介绍了标准测量系统概述和标准测量系统的校准周期。

【思考与练习】

1. 测量系统中容差与误差存在什么差异？

2. 请简答型式试验、例行试验、性能试验、性能校核的定义。

3. 联合电压试验和合成电压试验的区别是什么？为什么要进行开关联合电压试验？

▲ 模块 14 直流电桥的技术要求、检定条件、检定项目（TYBZ03903001）

【模块描述】本模块包含直流电桥检定的技术要求、检定条件、检定项目。通过相关规程要点归纳、介绍，熟悉直流电桥检定的相关要求。

【模块内容】

JJG 125—2004《直流电桥检定规程》适用于电阻测量上限小于 108Ω，准确度等级等于或低于 0.005 级的电阻型直流电桥的检定。

一、技术要求

（1）通用技术要求。通用技术要求包括外观、铭牌及线路检查、绝缘电阻、介电强度试验三项。对电桥面板及铭牌应包含的内容提出了具体的要求，且电桥线路不应有断路或短路现象，对绝缘电阻、介电强度试验作出相应的规定。

（2）计量性能要求。规程包含 0.005、0.01、0.02、0.05、0.1、0.2、0.5、1.0、2.0 九个准确度等级的电桥，对各等级电桥的基本误差和绝缘电阻对整体误差的影响做出了规定。对于携带型电桥，对其内附指零仪的结构、灵敏度、阻尼时间等提出了要求。

二、检定条件

（1）环境条件。电桥应在 JJG 125—2004 表 2 规定的环境条件下进行检定。

（2）检定装置。

1）检定电桥时，由标准器、辅助设备及环境条件等所引起的测量扩展不确定度不应超过被检电桥允许基本误差的 1/3。

2）整体法检定电桥时，作为标准用的标准电阻箱准确度等级应高于被检电桥两个等级，满足 JJG 125—2004 表 3 的要求，并且标准电阻箱的读数位数应满足 JJG 125—2004 表 6 规定的数据修约的要求。

3）按元件检定电桥时，各桥臂电阻元件的允许误差、测量误差、选用标准电阻准确度等级应满足 JJG 125—2004 表 4 的要求。该方法适用于优于或等于 0.05 级的实验室型电桥的检定。

4）按元件检定的电桥，采用替代法或置换法检定时，测量仪器引起的误差不应超过被检电阻元件允许误差的 1/10。

5）检定电桥时，指零仪灵敏度阀引起的误差不应超过允许误差的 1/10。

6）检定装置的残余电势、开关接触电阻变差、连接导线电阻、绝缘电阻引起的泄漏及静电等因素所引起的误差，都不应超过允许误差的 1/20。

（3）绝缘电阻测试仪器。采用直流电压值为 500V 的 10 级绝缘电阻表。

（4）介电强度试验所用耐压试验仪。要求耐压试验仪准确度等级为 5 级，试验仪输出电压的调节应连续、平稳。

三、检定项目

（1）外观及线路检查。

（2）绝缘电阻检定（首次检定或修理后必做）。

（3）绝缘电阻对整体误差影响。

（4）介电强度试验（首次检定或修理后必做）。

（5）内附指零仪灵敏度、阻尼时间、零位漂移及指针抖动。

（6）基本误差。

【思考与练习】

1. 直流电桥的检定条件包括哪几个方面？

2. 直流电桥的检定项目有哪些？

3. 本规程包含哪几个准确度等级的电桥？

▲ 模块 15 直流电桥检定方法、检定结果的处理（TYBZ03903002）

【模块描述】本模块包含直流电桥检定的方法、检定结果的处理。通过相关规程要点归纳、介绍，熟悉直流电桥检定的方法和步骤。

【模块内容】

JJG 125—2004 适用于电阻测量上限小于 108Ω，准确度等级等于或劣于 0.005 级的电阻型直流电桥的检定。检定前，被检电桥应在使用环境条件下放置不少于 24h，在检定环境条件下放置不小于 2h。

一、检定方法介绍

（一）外观及线路检查

检定电桥的第一步就是进行外观及线路检查，若此项不符合要求，可直接判为不合格。

用目测的方法检查，电桥上的端钮是否有明显的使用标志，电桥面板及铭牌上的信息应齐全；同时还应检查电桥外露部件及插销接触状况。

用电阻表（或万用表电阻挡）检查电桥内部电阻元件，不应有开路或短路现象，电桥实际线路和铭牌线路（或使用说明书上的线路）相符合。对于有内附指零仪的电桥，应检查其调零机构是否正常。

（二）绝缘电阻测量

选取直流电压值为 500V 的 10 级绝缘电阻表，测量电桥线路对与线路无电气连接的任意点之间的绝缘电阻，绝缘电阻表上数据的读取应在电压施加后 1～2min 之间进行，阻值不应小于 20MΩ。

（三）绝缘电阻对整体误差影响的检定

将被检电桥外壳接地，在被检电桥测量端，接上阻值等于电桥准确度等级的有效量程中测量上限值的电阻，调节测量盘使电桥平衡，指零仪的灵敏度不低于 10 格/

（$c\%R_X$）。随后另取一根接地线分别接到被检电桥各接线端钮（不允许接地的端钮除外），观察指零仪偏转所引起的变差，若不大于被检电桥允许基本误差的 1/10 即为合格。

（四）介电强度试验

按检定条件要求选取耐压试验仪，将被检电桥所有接线端钮用裸铜线连接在一起，与参考接地端之间进行介电强度试验，试验电压应符合 JJG 125—2004 表 1 的要求，应无击穿或飞弧现象。

（五）内附指零仪试验

1. 灵敏度试验

在电桥测量端接上阻值为各有效量程的基准值的电阻器，调节测量盘使电桥平衡，当改变电桥测量盘的 $c\%$ 时（c 为被检电桥的准确度等级），内附指零仪的偏转不小于 2 分格（1 分格不小于 1mm）。

2. 阻尼时间

在电桥规定的使用电压及有效量程内，电桥测量端接入与该量程上限值等值的电阻，当电桥平衡时，改变电桥测量盘（或被测电阻）使内附指零仪的指针偏转至满度，切断电桥供电电源，测量指针从满度回到离零位线不大于 1mm 的时间，对单臂电桥或双臂电桥时间不应超过 4s；对单双两用电桥时间不应超过 6s。

3. 电子放大式内附指零仪的零位漂移及指针抖动

对于电子放大式内附指零仪，在接通其供电电源后，应进行预热（对于准确度等级劣于或等于 0.2 级的电桥，内附指零仪预热时间不应超过 5min；其余等级电桥的内附指零仪预热时间不应超过 15min），调节指零仪指零，过 10min 指针漂移不应大于 1格，过 4h 指针漂移不应大于 5 格；同时观察指针，用肉眼不应易看出（一般不大于 0.3mm）抖动。

（六）基本误差的检定

基本误差的检定方法一般分为整体检定、半整体检定、按元件检定三种。本模块主要介绍常用的整体检定、按元件检定两种方法。

1. 整体检定

整体检定法一般适用于对携带型电桥的检定。按检定条件要求选取标准电阻箱，确定被检电桥的全检量程及其他量程的检定。

（1）全检量程的确定及检定。全检量程为对所有测量盘示值均需一一检定的量程。

1）确定全检量程的原则。保证被检电桥第一个测量盘加入工作，其示值由 1~10 时的各个电阻测量值均应在该电桥的有效量程内，并使标准电阻箱具有足够的读数位数。

2）全检量程的检定。检定前，先将标准电阻箱及被检电桥所有步进盘从头到尾来回转动数次，使其接触良好，再将标准电阻箱作为 R_X 接入被检电桥的测量端（参看 JJG 125—2004 图 1 或图 2），调节标准电阻箱的步进盘使电桥平衡，将标准电阻箱的示值与被检电桥的所有测量盘的全部示值相比较，另外，对具有滑线盘的电桥仅检定有数字标记的刻度点。

（2）其他量程的检定。其他量程的检定仅限于通过检定求出该量程与全检量程的量程系数比。方法是在被检电桥的第一个测量盘内选取三个示值（其中一个示值必须是该量程的基准值，其余两个应在基准值附近），同样用标准电阻箱的示值去比较，求出该示值的实际值，用下式计算量程系数比 M，即

$$M = \frac{1}{3}\left(\frac{n_1'}{n_1} + \frac{n_2'}{n_2} + \frac{n_3'}{n_3}\right) \tag{74-15-1}$$

式中　M ——被检电桥某一量程对全检量程的量程系数比；

n_1，n_2，n_3 ——被检电桥第一个测量盘在全检量程时所检得的实际值；

n_1'，n_2'，n_3' ——被检电桥第一个测量盘在欲求量程系数比的量程下，所检得的实际值。

上述三个比值互相之差以相对误差表示时，不应超过 $\frac{1}{3}c\%$。若超过，则必须找出原因后重检，或对该量程进行全检。若标准电阻箱的准确度等级优于被检电桥 10 倍，可允许只检定基准值一个点，并据此求出其量程系数比。对于 0.1 级及以下的电桥，如不需给出数据，则在对其他量程检定时，只要检定第一个测量盘在全检量程结果中具有最大正、负相对误差两个点，看其是否超差，而不必求出其量程系数比。

2. 按元件检定

根据标准装置的设备条件，参照 JJG 125—2004 附录 A～附录 D 中介绍的测量电桥电阻元件的方法，或其他符合该规程 7.1.2.1 要求的测量方法，求出被检电桥单个元件的电阻值。

（1）测量盘电阻元件及测量盘 R_0 电阻的测量。测量盘电阻元件可以单个测量，也可以累计测量，选择的原则是：

1）根据 JJG 125—2004 表 4 的规定，选用相应准确度等级的标准电阻及测量用仪器，测量各测量盘的累计电阻值。如电阻元件允许误差不小于 0.1%，可用 0.02 级电桥直接测量其累计电阻值。

2）若被检电桥测量盘结构上允许按单个电阻元件测量，则可利用同标称值的标准电阻，通过标准电阻测量仪器采用替代法进行测量。

3）如果由于缺少相应准确度等级的电阻测量仪器以致无法直接累计测量，且被检电桥结构上又不允许按单个电阻元件进行测量时，则可采用同标称值标准电阻，通过直流电阻电桥置换法进行测量（也可用比较电桥或直读电桥进行测量）。

4）测量盘 R_0 电阻可用 0.1 级四端式电桥（即双臂电桥）直接测量；也可用 0.1 级的数字式电阻测试仪（含 20mΩ 量程）进行测量。重复测量三次，每次测量前将各测量盘来回转动数次，取三次测量结果的平均值作为测量盘的 R_0 电阻值（R_0 电阻为电桥测量盘示值均为零时，所测得的电阻值）。

5）检定数据必须计算每个测量盘电阻的累计值（或累计修正值）。除最后一个测量盘外，上述累计值都不应包括 R_0 电阻，R_0 电阻加在最后一个测量盘的每一个示值上。

（2）量程变换器电阻的测量。根据 JJG 125—2004 表 4 的规定，当有相应等级的电阻测量仪器时，可以直接进行测量；或用同标称值标准电阻通过标准电阻测量仪器，采用替代法进行测量。

二、检定结果的处理

（一）检定结果处理

（1）计算测量结果的数据，求出被检电桥示值的修正值或实际值，必要时应引入标准量具或测量仪器的修正值。

（2）检定数据修约时应采用四舍六入及偶数法则，修约到允许误差的 1/10。按元件检定数据修约见 JJG 125—2004 表 4；整体检定数据修约见 JJG 125—2004 表 6。判断电桥是否合格，一律以修约后的数据为准。

（3）所有检定项目合格时，判定该电桥合格，出具检定证书；若有一项不合格则判为不合格，出具检定结果通知书，并注明不合格情况。检定证书或结果通知书上是否给出数据规定如下：0.005 级、0.01 级、0.02 级、0.05 级给出数据；0.1 级及以下不考核稳定性，一般不给出数据。

（4）初次送检电桥检定合格的，出具检定证书，但不予定级，并在检定证书上注明："基本误差合格，年稳定度未经考察暂不定级"。

（5）经连续两年检定且合格的电桥，按下列三种情况处理：

1）其年稳定度优于或等于允许基本误差的 1/2，出具检定证书并定级。

2）其年稳定度劣于允许基本误差的 1/2，但优于允许基本误差时，出具检定证书并定级，检定周期缩短为半年。

3）其年稳定度劣于允许基本误差时，出具检定证书，但不予定级，并在检定证书上注明："年稳定度大于允许基本误差，不予定级"。

（6）考核电桥年稳定度时，采用整体检定的电桥，测量盘与量程系数比分别考核；采用按元件检定的电桥以元件电阻来考核。

（7）被检电桥进行后续检定后，检定结果不合格，根据用户申请，允许降一级使用，但在降到下一级时，必须全部符合该级别的各项技术要求，同时仍可出具检定证书，并在检定证书上注明该电桥已降到的等级。

（二）检定周期

直流电桥的检定周期一般不超过 1 年。

【思考与练习】

1. 电桥基本误差的检定方法主要有几种？并简述这几种检定方法。

2. 对于内附指零仪主要做哪些测试？并简述方法。

3. 被检电桥进行后续检定后，检定结果不合格，怎么处理？

◢ 模块 16　直流电阻箱的技术要求、检定条件、检定项目（TYBZ03904001）

【模块描述】本模块包含直流电阻箱检定的技术要求、检定条件、检定项目。通过相关规程要点归纳、介绍，熟悉直流电阻箱检定的相关要求。

【模块内容】

JJG 982—2003《直流电阻箱检定规程》适用于准确度等级在 0.002～10 级、电阻值范围在 $10^{-3}\Omega\sim10^{7}\Omega$、线路绝缘电压不大于 650V 的直流电阻箱的检定。

一、技术要求

（1）通用技术要求。通用技术要求包括外观及铭牌、绝缘电阻、工频耐压试验、直流电阻箱影响量的要求四项。对电阻箱面板及铭牌应包含的内容提出了具体的要求，对绝缘电阻、工频耐压试验、影响量的要求作出相应的规定。

（2）计量性能要求。直流电阻箱中各十进电阻盘的准确度等级从 0.002～10 级共分为 12 个等级，规程对各等级十进电阻盘的示值最大允许误差及年稳定性做了规定，且仅对 0.01 级及以上的十进电阻盘考核其年稳定性。另外，对于直流电阻箱残余电阻的误差、开关变差等提出了要求。

二、检定条件

（1）检定的环境条件。确定电阻箱十进盘电阻示值误差时应在 JJG 982—2003 表 3 规定的环境条件下进行。

（2）检定装置。

1）检定电阻箱时，由标准器、检定装置及环境条件等因素所引起的扩展不确定度（k=3）应不大于被检电阻箱等级指数的 1/3。

2）检定电阻箱时作为标准用的标准器，其等级指数至少应符合 JJG 982—2003 表

4 的规定。

3）检定装置重复测量的标准偏差不应大于被检电阻箱等级指数的 1/10，测量次数大于等于 10 次。

4）检定时由连接电阻、寄生电势、绝缘泄漏、静电感应、电磁干扰等诸因素引入的不确定度一般不大于被检电阻箱等级指数的 1/20。

5）检定装置中灵敏度引入的不确定度不得大于被检电阻箱等级指数的 1/10。

（3）绝缘电阻测试仪器。使用不低于 10 级的 500V 绝缘电阻表或高阻计测量直流电阻箱绝缘电阻。

（4）工频耐压测试仪。使用基本误差不大于 5%的工频耐压测试仪进行电阻箱的工频耐压试验。

三、检定项目

（1）外观及线路检查。

（2）绝缘电阻检测。

（3）工频耐压试验（首次检定时做）。

（4）残余电阻的检定。

（5）开关变差的检定。

（6）示值误差的检定。

【思考与练习】

1. 直流电阻箱的检定条件包括哪几个方面？

2. 直流电阻箱的检定项目有哪些？

3. JJG 982—2003 对哪些级别的十进电阻盘年稳定性进行考核？

▲ 模块 17　直流电阻箱检定方法、检定结果的处理（TYBZ03904002）

【模块描述】本模块包含直流电阻箱检定的方法、检定结果的处理。通过相关规程要点归纳、介绍，熟悉直流电阻箱检定的方法和步骤。

【模块内容】

JJG 982—2003《直流电阻箱检定规程》适用于准确度等级在 0.002 级～10 级、电阻值范围在 $10^{-3}\Omega\sim10^{7}\Omega$、线路绝缘电压不大于 650V 的直流电阻箱的检定。检定前，直流电阻箱必须在检定环境条件下稳定 24h。

一、检定方法介绍

（一）外观及线路检查

检定电阻箱的第一步就是进行外观及线路检查，若此项不符合要求，可直接判为不合格。

用目测的方法检查电阻箱的外观应完好，面板及铭牌上的信息应符合要求；同时还应检查电阻箱端钮及十进盘开关接触状况。

用电阻表或万用表电阻挡对电阻箱各十进盘电阻进行初步测量，检查其电阻是否有断路或短路现象。

（二）绝缘电阻检测

选取不低于 10 级的 500V 绝缘电阻表或高阻计，测量电阻箱的电路和与电路无电气连接的任何其他外部金属部件间的绝缘电阻。对所含十进电阻盘等级均为 0.05～10 级的电阻箱，其阻值不应小于 100MΩ；对含有 0.01、0.02 级及以上十进电阻盘且电阻值小于等于 105Ω 的电阻箱，其阻值不应小于 500MΩ；对其他的电阻箱，其阻值为电阻箱最大电阻标称值的一百万倍，但不得小于 500MΩ。

（三）工频耐压试验

按检定条件要求选取耐压试验仪，在被检电阻箱的线路与其所有与线路无电气连接的外露导电部件或将被检电阻箱包起来的金属箔（金属箔与线路之间应有 20mm 的间隔）之间，应能承受频率为 45～65Hz、电压为 2kV 的实际正弦交流电压历时 1min 的试验，应无击穿或飞弧现象。

（四）残余电阻的检定

直流电阻箱残余电阻的检定采用比末盘准确度等级高两个等级，分辨力不大于 0.1m 的毫欧计或双电桥或其他能满足要求的计量器具测量。

测量前应将每个十进电阻盘在最大范围间来回转动不少于三次，并使示值置于零位或各盘最末位。

测量应重复进行三次，取三次测量结果的平均值作为测量结果，并应符合规程要求。

（五）开关变差的检定

用分辨力不大于 0.1mΩ 的低电阻表、双电桥或其他能满足要求的计量器具按以下步骤测量：

（1）测量前将每个十进电阻盘在最大范围间来回转动不少于三次后，使末盘开关示值置 1 或对无零位挡的电阻箱将无零位十进电阻盘示值置末位，其他十进盘示值置零，测量并记录此时电阻值 M_0。

（2）来回转动第一个十进盘后，使示值重置零位，其他各十进盘不动，测量并记

录此时电阻值 M_1。则第一个十进盘开关电阻变差为

$$\Delta_1 = M_0 - M_1$$

（3）依次对每个十进盘按上述方法进行测量得 M_i，则第 i 个十进电阻盘开关电阻变差为

$$\Delta_i = M_{i-1} - M_i$$

取以上多个十进盘最大的开关电阻变差值作为该电阻箱的开关电阻变差值，应符合规程要求。

（六）示值误差的检定

示值误差的检定是在检定环境条件下进行，根据被检等级指数、标称值，可采用直接测量法、同标称值替代法以及数字表法等多种检定方法。

（1）直接测量法。当用比被检高两个准确度等级的电阻测量仪器或装置来测量被检电阻值时，可采用直接测量法，被检 R_X 的电阻值的检定结果为

$$R_X = A_X$$

式中　　A_X——电阻测量仪器示值。

常用的电阻测量仪器或装置有电桥、电流比较仪、电压比较仪等。

（2）同标称值替代法。当电阻测量仪器或装置达不到比被检 R_X 准确度等级高两个等级，而又有与被检 R_X 同标称值的、比被检高两个准确度等级的标准电阻箱 R_S 时，被检电阻箱电阻值的检定可采用同标称值传递法，最常用的同标称值传递法是替代法。替代法是用电阻测量（或比较）仪器依次测量标准电阻箱 R_S 和被检电阻箱 R_X 的电阻值，检定结果为

$$R_X = R_S + (A_X - A_S)$$

式中　　A_S——测量 R_S 时测量仪器的示值；

　　　　A_X——测量 R_X 时测量仪器的示值。

（3）数字表法。

1）数字表的直接测量法。在检定条件下，当数字欧姆表或数字多用表的欧姆挡测量电阻时带来的扩展不确定度（$k=3$）小于被检等级指数的 1/3 时，可直接用欧姆表或数字多用表的欧姆挡测量被检电阻箱 R_X 的电阻值，检定结果为

$$R_X = B_X$$

式中　　B_X——欧姆表或数字多用表的欧姆挡显示读数。

2）数字电压表法。在检定条件下，利用标准电阻、恒流源及数字电压表通过测量标准电阻和被检电阻箱上的电压，从而确定被检电阻箱的电阻值。测量原理和方法参见 JJG 982—2003 附录 A。

二、检定结果的处理

（一）检定结果处理

（1）检定数据按数字修约规范要求的四舍五入及偶数法则修约到各十进盘等级指数的 1/10 位。

（2）残余电阻的数据修约到 $0.1m\Omega$。

（3）绝缘电阻、工频耐压试验及开关电阻变差可不给出检定数据，只判断合格与否。

（4）定级。根据规程的项目进行检定，按以下原则处理：

1）含有 0.01 级或以上级别电阻盘的电阻箱，全部检定项目合格，有上年检定证书且相应级别的年稳定性合格者可予以定级并出具检定证书。无上年检定证书或首次检定者，出具检定证书但不定级并注明"年稳定性未考核暂不定级"。

2）其余电阻箱，全部检定项目合格者可予定级并出具检定证书。

3）电阻箱各十进盘分别定相应的等级。

4）原等级不合格者，允许降一级使用，但必须满足所定等级的全部技术要求。

（5）检定证书或检定结果通知书。

1）对 JJG 982—2003 表 5 所列检定项目中的必检项目全部合格者出具检定证书；凡有一项不合格者，出具检定结果通知书，并在检定结果通知书上注明不合格原因。

2）证书应给出检定数据、测量不确定度、检定时的温度、相对湿度及结论。所含十进电阻盘级别均在 0.1 级或以下级别的电阻箱一般可只给结论，不给出数据。

（6）修理后的电阻箱的检定按首次检定处理。

（二）检定周期

电阻箱的检定周期一般不超过 1 年。

【思考与练习】

1. 电阻箱示值误差的检定方法主要有几种？并简述这几种检定方法。

2. 简述绝缘电阻的检测方法及要求。

3. 简述残余电阻的检定方法及要求。

◢ 模块 18　电测量变送器的技术要求、检定条件、检定项目（TYBZ03907001）

【模块描述】本模块包含电测量变送器检定的技术要求、检定条件、检定项目。通过相关规程要点归纳、介绍，熟悉电测量变送器检定的相关要求。

【模块内容】

JJG（电力）01—1994《电测量变送器》适用于在电力系统中应用的将交流电量转换为直流模拟量或数字信号的变送器和功率总加器的检定。

一、技术要求

技术要求包括外观标志、基本误差、改变量、工频耐压和绝缘电阻、输出纹波含量和响应时间等。

（1）基本误差。变送器在参比条件下工作时，其输出信号的基本误差不应超过表 74-18-1 给出的基本误差极限值。

表 74-18-1　　　　　　　　电测量变送器基本误差极限值

等级指数	0.1	0.2	0.5	1.0	1.5
误差极限（%）	±0.1	±0.2	±0.5	±1.0	±1.5

（2）改变量。改变量包括环境温度、电压、电流、频率、波形、输出负载、外磁场等。

（3）输出纹波含量。输出纹波含量（峰—峰值）不应超过正向输出范围的 $2c\%$，c 是变送器的等级指数。

（4）响应时间。响应时间不应大于 400ms。

二、检定条件

检定条件中主要对影响量、检定装置提出了要求。

（1）影响量的要求。影响量包括环境温度、湿度、电压、电流、频率、波形、输出负载、外磁场等，检定三相电测量变送器时，三相电压、电流对称度应满足要求。

（2）检定装置要求。包括测量误差、输出稳定度、测量重复性、波形失真度、监视仪表等要求。对检定装置的要求见表 74-18-2。

表 74-18-2　　　　　　　　检 定 装 置 的 要 求

被检电测量变送器等级指数	0.1	0.2	0.5	1.0
检定装置的等级指数	0.03	0.05	0.1	0.2
检定装置的基本误差限（%）	±0.03	±0.05	±0.1	±0.2
检定装置允许的标准偏差估计值 S（%）	0.005	0.01	0.02	0.05
检定装置电流、电压输出稳定度（%/min）	0.01	0.01	0.02	0.05
检定装置功率输出稳定度（%/min）	0.03	0.05	0.1	0.2
检定装置输出电流、电压波形失真度（%）	±0.5	±1	±2	±2

三、检定项目

周期性的检定项目包括外观检查、绝缘电阻测定、基本误差的测定、输出纹波含量的测量。对新安装和修理后的电测量变送器，根据需要选作下列项目：工频耐压试验、响应时间的测定、改变量的测定。

【思考与练习】

1. 简述电测量变送器的技术要求。
2. 对电测量变送器的检定装置有何要求？
3. 电测量变送器的周期性的检定项目包括哪些？

▲ 模块 19　电测量变送器检定方法、检定结果的处理（TYBZ03907002）

【模块描述】 本模块包含电测量变送器检定方法、检定结果的处理。通过相关规程要点归纳、介绍，熟悉电测量变送器检定的方法和步骤。

【模块内容】

JJG（电力）01—1994 适用于在电力系统中应用的将交流电量转换为直流模拟量或数字信号的变送器和功率总加器的检定。

一、检定方法

（1）外观检查。电测量变送器的外壳上应有的标志：制造厂名或商标、产品型号和名称、序号或日期、等级、被测量的种类和线路数、被测量的较低和较高标称值、输出电流电压和负载范围、试验电压、辅助电源、接线端钮标记。外观应无裂缝和明显的损伤。

（2）绝缘电阻测定。在输入线路和辅助线路与参考接地点之间测量绝缘电阻，测量在施加 500V 直流电压后 1min 进行。

（3）基本误差测定。

1）检定电测量变送器基本误差时，检定点按等分原则选取。电压、电流变送器选取 6 个点，频率、相位角和功率因数变送器选取 9 个点，有功、无功功率变送器选取 13 个点。

2）在每一个试验点，施加激励使标准表读数等于其标称值，记录输出回路直流电压表读数 U_X 或直流毫安表读数 I_X。

3）按式（74-19-1）或式（74-19-2）计算基本误差，即

$$E = \frac{U_{\mathrm{X}} - U_{\mathrm{S}}}{U_{\mathrm{F}}} \times 100\% \qquad （74{-}19{-}1）$$

$$E = \frac{I_{\mathrm{X}} - I_{\mathrm{S}}}{I_{\mathrm{F}}} \times 100\% \qquad （74{-}19{-}2）$$

式中　U_{S}、U_{F}——输出电压标准值和输出电压基准值，V；

$\quad\quad I_{\mathrm{S}}$、$I_{\mathrm{F}}$——输出电流标准值和输出电流基准值，mA；

对于单向输出的变送器，基准值按下式确定

$$U_{\mathrm{F}} = U_{\mathrm{H}} - U_{\mathrm{L}} \text{ 和 } I_{\mathrm{F}} = I_{\mathrm{H}} - I_{\mathrm{L}} \qquad （74{-}19{-}3）$$

式中　U_{F}、U_{H}、U_{L}——输出电压基准值、输出电压的较高和较低标称值，V；

$\quad\quad I_{\mathrm{F}}$、$I_{\mathrm{H}}$、$I_{\mathrm{L}}$——输出电压基准值、输出电压的较高和较低标称值，mA；

对于双向输出的电测量变送器，基准值按下式确定

$$U_{\mathrm{F}} = （U_{\mathrm{H}} - U_{\mathrm{L}}）/2 \text{ 和 } I_{\mathrm{F}} = （I_{\mathrm{H}} - I_{\mathrm{L}}）/2 \qquad （74{-}19{-}4）$$

（4）输出纹波含量的测定。用示波器交流挡测量输出电压和输出电流，直接读出纹波含量（峰—峰值）。

二、检定结果处理

检定的结果应做修约化整处理并出具检定证书。原始记录填写应用签字笔或钢笔书写，不得任意修改。

（1）修约间隔的确定。

1）对电测量变送器的输出值和绝对误差进行修约时，有效数字位数由修约间隔确定。修约间隔 ΔA 应等于或接近于按下式计算出的数值

$$\Delta A = c A_{\mathrm{F}} \times 10^{-3}$$

式中　c——变送器的等级指数；

$\quad\quad A_{\mathrm{F}}$——变送器的基准值。

2）对变送器的基本误差进行修约时，修约间隔 ΔA 应按变送器基本误差的 1/10 选取。按下式计算，即

$$\Delta A = 0.1 c\%$$

式中　c——变送器的等级指数。

（2）检定周期。电力系统主要测量点所使用的电测量变送器及其他有重要用途的变送器每年至少检定一次；其他用途的电测量变送器每三年至少检定一次。

【思考与练习】

1. 如何进行电测量变送器基本误差测量？

2. 修约间隔如何确定？

3. 怎么确定电测量变送器的检定周期？

▲ 模块 20 GB/T 14285—2006 继电保护和安全自动装置技术规程（ZY1900102001）

【模块描述】 本模块介绍 GB/T 14285—2006《继电保护和安全自动装置技术规程》，通过对规程的学习，掌握继电保护和安全自动装置的技术要求。

【模块内容】

《继电保护和安全自动装置技术规程》标准文号为 GB/T 14285—2006，该标准为国家标准。

为了便于学习、了解和运用本标准，对标准进行了整理归纳，但不作一一解释，具体内容参见原标准。

一、范围

本章节主要阐述了该标准的主题内容和标准适用范围，主要内容如下：本标准规定了电力系统继电保护和安全自动装置的科研、设计、制造、试验、施工和运行等有关部门共同遵守的基本准则，适用于 3kV 及以上电压电力系统中电力设备和线路的继电保护和安全自动装置。

二、规范性引用文件

本章节主要介绍了该标准所引用的标准。凡是注日期的引用文件，其随后所有的修改单或修订版均不适用于该标准，然而，鼓励根据该标准达成协议的各方研究是否可使用这些文件的最新版本。凡是不注日期的引用文件，其最新版本适用于该标准。

三、总则

本章节对电力系统继电保护和安全自动装置的功能、配置和构成方案、继电保护和安全自动装置的系统设计、原有继电保护和安全自动装置改造、继电保护和安全自动装置的新产品的推广使用提出了要求。

四、继电保护

本章节是标准的核心部分之一，具体包括一般规定、发电机保护、电力变压器保护、3～10kV 线路保护、35～66kV 线路保护、110～220kV 线路保护、330～500kV 线路保护、母线保护、断路器失灵保护、远方跳闸保护、电力电容器组保护、并联电抗器保护、异步电动机和同步电动机保护、直流输电系统保护等规定。

五、安全自动装置

本章节是标准的核心部分之一，具体包括一般规定、自动重合闸、备用电源自动投入、暂态稳定控制及失步解列、频率和电压异常紧急控制、自动调节励磁、自动灭磁、故障记录及故障信息管理等规定。

六、对相关回路及设备的要求

本章节是标准的核心部分之一，具体包括二次回路、电流互感器及电压互感器、直流电源、保护与厂站自动化系统的配合及接口、电磁兼容、断路器及隔离开关、继电保护和安全自动装置通道等规定。

七、附录

本章节为标准的附录部分，该标准的附录 A、附录 B 为规范性附录，具有与标准同等效力。具体内容如下：

（一）附录 A　短路保护的最小灵敏系数

附录 A 规定了各种类型保护的最小灵敏系数。

（二）附录 B　保护装置抗扰度试验要求

附录 B 规定了包括外壳端口、电源端口、通信端口、输入和输出端口、功能接地端口等的抗扰度试验要求。

【思考与练习】

1. 继电保护分哪几类，并说出各类的定义？
2. 对继电保护装置性能有哪些要求？
3. 对保护装置故障记录有哪些要求？
4. 自动重合闸装置应符合哪些基本要求？

◢ 模块 21　交、直流仪表检验装置的技术要求、检定条件、检定项目（TYBZ03908001）

【模块描述】本模块包括 DL/T 1112—2009《交、直流仪表检验装置检定规程》的技术要求、检定条件、检定项目。通过对该规程要点归纳、介绍，熟悉交、直流仪表检验装置检定的相关要求。

【模块内容】

DL/T 1112—2009《交、直流仪表检验装置检定规程》适用于能够输出直流电压、电流、电阻和工频（45～65Hz）电压、电流、有功功率及频率、相位、功率因数等电量的交流、直流检验装置的首次检定、后续检定和使用中检验。

一、技术要求

（1）外观。检验装置应明确标注以下信息：

1）产品名称及型号。

2）出厂编号（或设备编号）。

3）辅助电源的额定电压和额定频率。

4）准确度等级及对应的测量范围（或量限）。

5）制造厂商及生产日期。

（2）结构。

1）检验装置应设有接地端钮，并标明接地符号，接地端钮应与可接触的金属外壳有可靠的电气连接。

2）检验装置的开关、旋钮、按键和接口等控制和调节机构应有明确的功能标志。

3）表源分离式检验装置，标准表及其他配套仪表应有固定的工作位置。

（3）显示。

1）表源分离式检验装置配置的监视仪表应与装置的测量范围相适应。

2）监视仪表的误差应符合表 74-21-1 规定。

表 74-21-1　　　　　　　　　　监视仪表示值的误差限

检验装置准确度等级	0.01 级	0.02 级	0.05 级	0.1 级	0.2 级
电压（引用误差）	±0.2%	±0.2%	±0.2%	±0.5%	±0.5%
电流（引用误差）	±0.2%	±0.2%	±0.2%	±0.5%	±0.5%
功率（引用误差）	±0.2%	±0.2%	±0.2%	±0.5%	±0.5%
频率（绝对误差）	±0.1Hz	±0.1Hz	±0.2Hz	±0.2Hz	±0.2Hz
相位（绝对误差）	±0.3°	±0.3°	±0.5°	±0.5°	±0.5°

3）监视仪表的显示位数不应低于表 74-21-2 要求，且小数点浮动。

表 74-21-2　　　　　　　　　监视仪表显示位数

检验装置准确度等级	0.01 级	0.02 级	0.05 级	0.1 级	0.2 级
电压、电流、功率	5 位	5 位	5 位	4 位	4 位
频率、相位	4 位	4 位	4 位	4 位	4 位

4）表源一体式装置内置的标准表可同时作为监视仪表，不需另配监视仪表。

（4）检验装置的磁场。放置被检表的位置磁感应强度应符合如下要求：$I \leqslant 10A$ 时，$B \leqslant 0.002\ 5mT$；$I = 100A$ 时；$B \leqslant 0.025mT$。其中，I 为装置输出的电流，B 为空气中的磁感应强度。10～100A 之间的磁感应强度值可按内插法求得。

（5）绝缘电阻。检验装置的各输出电路、辅助电源与不通电的外露金属部件之间，以及输出电压电路与电流电路之间的绝缘电阻不应低于 10MΩ。

（6）绝缘强度。检验装置的试验线路应能承受 50Hz 正弦波、有效值 2kV 的电压，历时 1min。标称线路电压低于 50V 的辅助电路，试验电压为 500V。试验电压施加于：

1）装置的电源输入电路与不通电的外露金属部件之间。

2）装置的输出电压、输出电流电路与不通电的外露金属部件之间。

3）装置的电源输入电路与装置的输出电路之间。

4）装置的输出电压电路与输出电流电路之间。

二、计量性能要求

（1）基本误差。在表 74-21-14 规定的参比条件下，各等级装置的误差应符合表 74-21-3～表 74-21-6 规定。

表 74-21-3　　　　　　　　各等级检验装置允许误差限

装　置　功　能	各等级检验装置允许误差限（引用误差）				
	0.01 级	0.02 级	0.05 级	0.1 级	0.2 级
直流电压、电流	±0.01%	±0.02%	±0.05%	±0.1%	±0.2%
交流电压、电流	±0.01%	±0.02%	±0.05%	±0.1%	±0.2%
交流有功功率	±0.01%	±0.02%	±0.05%	±0.1%	±0.2%
直流电阻	±0.01%	±0.02%	±0.05%	±0.1%	±0.2%

表 74-21-4　　　　　　　　　频　率　允　许　误　差　限

装置准确度	0.01Hz	0.02Hz	0.05Hz	0.1Hz
允许误差限	±0.01Hz	±0.02Hz	±0.05Hz	±0.1Hz

表 74-21-5　　　　　　　　　相　位　角　允　许　误　差　限

装置准确度	0.05°	0.1°	0.2°	0.5°
允许误差限	±0.05°	±0.1°	±0.2°	±0.5°
相当于相对误差限	±0.055%	±0.11%	±0.22%	±0.55%

表 74-21-6　　　　　　　　　功　率　因　数　允　许　误　差　限

装置准确度	±0.05%	±0.1%	±0.2%	±0.5%
允许误差限	±0.05%	±0.1%	±0.2%	±0.5%

（2）输出调节范围。检验装置输出范围应与装置的工作量限相适应，在任何量限下装置电压、电流输出均应能平稳连续（或按规定步长）地从 0 调节到 110% 的量限值，

相位、频率应能平稳地调节到所需值。

（3）输出调节细度。电压、电流的调节细度（以与各量限的上量限相比的不连续量的百分数来表示）不应超过相应允许误差限的 1/5。频率、相位的调节细度不应超过相应允许误差限的 1/5。

（4）输出设定准确度。表源一体式检验装置输出电压、电流、频率和相位幅值的设定准确度应符合制造厂的规定值。

（5）相间影响。调节三相装置的电压、电流和相位（功率因数）任一电量时，其他电量的改变不应超过规定的误差范围。

（6）相序。三相检验装置输出的三相电压、电流相序应正确。

（7）输出稳定度。在常用负载范围内，检验装置输出的 1min 稳定度应不超过表 74-21-7～表 74-21-9 规定。

表 74-21-7　　　　　　检验装置输出交直流电压、交直流电流和

交流功率的稳定度

检验装置准确度等级	0.01 级	0.02 级	0.05 级	0.1 级	0.2 级
稳定度	0.005%	0.01%	0.02%	0.02%	0.05%

表 74-21-8　　　　　　　检验装置输出频率的稳定度

检验装置准确度	0.01Hz	0.02Hz	0.05Hz	0.1Hz
稳定度	0.005Hz	0.01Hz	0.01Hz	0.02Hz

表 74-21-9　　　　　　　检验装置输出相位的稳定度

检验装置准确度	0.05°	0.1°	0.2°	0.5°
稳定度	0.02°	0.05°	0.1°	0.2°

（8）三相不对称度。三相检验装置应能输出对称的电量，在装置显示（或默认）对称时，实际输出的不对称度应符合表 74-21-10 规定。

表 74-21-10　　　　　　　三相检验装置输出的

不对称度允许误差限

检验装置准确度等级	0.01 级	0.02 级	0.05 级	0.1 级	0.2 级
电压不对称度	±0.3%	±0.3%	±0.5%	±0.5%	±1.0%
电流不对称度	±0.5%	±0.5%	±1.0%	±1.0%	±2.0%
相位不对称度	1°	1°	2°	2°	2°

（9）波形失真度。检验装置在常用输出负载范围内，输出电压、电流的波形失真度不应超过表 74–21–13 规定。

（10）负载调整率。检验装置输出电压、电流的负载调整率不应超过表 74–21–11 的规定。

表 74–21–11　　　　　　　　检验装置输出的负载调整率

检验装置准确度等级	0.01 级	0.02 级	0.05 级	0.1 级	0.2 级
电压负载调整率	±0.5%	±0.5%	±1%	±1%	±2%
电流负载调整率	±0.5%	±0.5%	±1%	±1%	±2%

（11）检验装置的测量重复性。检验装置的测量重复性用实验标准差来表征，由试验确定的实验标准差不应超过装置允许误差限的 1/5。

（12）直流电压、电流纹波含量。检验装置输出直流电压、电流的纹波含量不应超过表 74–21–12 规定。

表 74–21–12　　　　　　　　直流电压、电流纹波含量

检验装置准确度等级	0.01 级	0.02 级	0.05 级	0.1 级	0.2 级
电压纹波含量	1%	1%	2%	2%	2%
电流纹波含量	1%	1%	2%	2%	2%

（13）标准表。

1）检验装置配套使用的标准表（简称工作标准表）应固定使用，其允许误差限应符合表 74–21–3～表 74–21–6 规定；

2）三相检验装置各相使用的工作标准表应具有相同的型式及量限；

3）工作标准表应具有有效期内的检定证书或校准证书。

（14）互感器。当工作标准表的测量范围不能满足检验装置输出要求时，装置须配置标准互感器（简称工作标准互感器）。

1）工作标准互感器应固定使用，三相检验装置各相使用的工作电压（电流）互感器应具有相同的型式及量限，其准确度等级不应低于表 74–21–13 规定；

表 74–21–13　　　　　　　　工作标准互感器的准确度等级

检验装置准确度等级	0.01 级	0.02 级	0.05 级	0.1 级	0.2 级
标准互感器准确度等级	0.001 级	0.002 级	0.005 级	0.01 级	0.02 级

2）工作标准互感器量限应与装置的测量范围相适应，工作标准表的工作量限应与工作标准互感器的量限相适应；

3）工作标准互感器应具有有效期内的检定证书或校准证书。

三、检定条件

（1）检定检验装置时参比条件及其允许偏差。检定各级检验装置时的参比条件及其允许偏差不应超过表 74-21-14 规定。

表 74-21-14　　　　　**检定检验装置时参比条件及其允许偏差**

影　响　量	参　比　条　件	各等级检验装置参比条件的允许偏差				
		0.01 级	0.02 级	0.05 级	0.1 级	0.2 级
环境温度	20℃	±1℃	±1℃	±2℃	±2℃	±2℃
环境湿度	50%R.H.	±15%	±15%	±20%	±20%	±20%
工作位置	制造商规定位置	按制造商规定				
测量电路电压	参比电压	±0.2%	±0.2%	±0.2%	±0.5%	±1%
测量电路电流	规定电流	±0.5%	±0.5%	±1%	±1%	±1%
测量电路波形	正弦波无失真	±0.5%	±0.5%	±1%	±2%	±2%
测量电路频率	参比频率	±0.2%	±0.2%	±0.5%	±0.5%	±0.5%
测量电路相位角	规定的相位角	0.3°	0.3°	0.5°	0.5°	1°
外磁场	0mT	0.000 5mT				
相序	正相序	正相序				
辅助电源电压	额定值	±10%				
辅助电源频率	额定值	±1%				

（2）检定用标准设备。

1）检定检验装置时使用的标准设备（简称参考标准）各功能的允许误差限应符合表 74-21-15～表 74-21-17 规定；

表 74-21-15　　　　　**交直流电压、交直流电流和交流功率**

参考标准允许误差

装置准确度等级	0.01 级	0.02 级	0.05 级	0.1 级	0.2 级
误差限（引用误差）	0.005%	0.01%	0.01%	0.02%	0.05%

表 74-21-16　　　　　**参考频率标准允许误差**

装置准确度等级	0.01Hz	0.02Hz	0.05Hz	0.1Hz
误差限（绝对误差）	0.002Hz	0.005Hz	0.01Hz	0.02Hz

表 74-21-17　　　　　　　　参考相位标准允许误差

装置准确度等级	±0.05%	±0.1%	±0.2%	±0.5%
误差限（绝对误差）	±0.02%	±0.03%	±0.05%	±0.1%
相当于相位角允许误差限	0.018°	0.027°	0.045°	0.090°

2）参考标准设备应具有有效期内的检定证书或校准证书。

四、检定项目

检验装置检定项目见表 74-21-18。

表 74-21-18　　　　　　　　检 定 项 目 一 览 表

序号	检 定 项 目	首次检定	后 续 检 定		使用中检验
			周期检定	修理后检定	
1	外观	+	+	+	−
2	结构	+	−	−	−
3	显示	+	+	−	−
4	装置的磁场	+	−	−	−
5	绝缘电阻	+	+	+	−
6	绝缘强度	+	−	+	−
7	基本误差	+	+	+	+
8	调节范围	+	−	+	−
9	输出调节细度	+	−	+	−
10	设定准确度	+	−	+	−
11	相间影响	+	−	+	−
12	相序	+	−	+	−
13	输出稳定度	+	+	+	+
14	三相不对称度	+	+	+	−
15	波形失真度	+	−	+	−
16	负载调整率	+	−	+	−
17	装置的测量重复性	+	+	+	+
18	直流纹波系数	+	−	+	−

注　"+"表示检定；"−"表示不检定。

【思考与练习】

1. 交、直流检验装置的检定条件有哪些？

2. 交、直流检验装置的检定项目主要包括有哪些？

3. 交、直流检验装置的技术要求主要有哪十四条？

▲ 模块 22 交、直流仪表检验装置检定方法、检定结果的处理 （TYBZ03908002）

【模块描述】本模块包括交、直流仪表检验装置的检定方法、检定结果的处理。通过相关规程要点归纳、介绍，熟悉交、直流仪表检验装置的检定方法和步骤。

【模块内容】

DL/T 1112—2009《交、直流仪表检验装置检定规程》适用于能够输出直流电压、电流、电阻和工频（45～65Hz）电压、电流、有功功率及频率、相位、功率因数等电量的交流、直流检验装置的首次检定、后续检定和使用中检定。

一、检定方法

（一）外观

用目测法检查检验装置外观。

（二）结构

用目测和手感的方法检查检验装置的标志和结构。

（三）显示

1. 显示状态

正确连接被检装置和参考标准，需接地的设备正确接地，按说明书要求通电预热。用目测法检查装置监视仪表的显示值与分辨力。

2. 确定监视仪表示值误差

（1）将电压、电流、功率、频率、相位等参考标准的电流测量回路串联在检验装置的电流输出回路，电压测量回路并联在检验装置的电压输出回路，采用比较法确定监视仪表的示值误差。

（2）测量在控制量限和常用负载下进行。

（3）电压、电流在额定输出的 50%～100%范围内选取 3～5 个测试点，频率在额定频率进行，相位在输出范围内任意选取 3～5 个测试点。

（4）表源一体式装置不需进行此项试验。

（四）检验装置磁场

（1）不接入被检表，电压输出端开路，电路输出端短路，辅助设备和周围电器处于正常状态，在检验装置输出 10A 和最大电流时分别测量被检表位置的磁场。

（2）用测量误差不超过 10%的磁强计直接测量。

（3）分别测量被检表位置三维方向的磁感应强度分量，取三个分量的方和根值作为测量结果。

（五）绝缘电阻

选用额定电压为 1kV 的绝缘电阻表，按要求测量检验装置的绝缘电阻值，工作电压低于 50V 的电气部件选用额定电压为 500V 的绝缘电阻表，测量结果不应低于 10MΩ。

（六）绝缘强度

按照规定进行绝缘强度试验（表源分离式装置应将配置的标准器等与线路断开），应无击穿现象。

（七）基本误差

1. 检定点的确定

（1）检定电压、电流时，选择检验装置的控制量限作为全检量限，均匀选取不少于 10 个检定点（包括满量限点和 1/10 满量限点），其他量限选择最大误差点和满量限点。

（2）检定交流有功功率时，电压、电流各选择 2～3 个量限，对其所有组合量限在功率因数 1.0 和 0.5（感性、容性）分别进行，单相、三相四线、三相三线不同的接线方式应分别确定量限组合。

（3）检定频率时，在电压控制量限输出额定值，频率在其输出范围内，以 50Hz 为基准点，均匀选取 5～10 个检定点。

（4）检定相位角时，在控制量限输出电压、电流额定值，相位角检定点在其输出范围内按照 30° 步进的原则选取。

（5）检定功率因数时，在控制量限输出电压、电流额定值，选取 1.0、0.5（感性、容性）、0.866（感性、容性）和 0 作为检定点。

（6）三相检验装置每相均应进行检定。

2. 直流电压基本误差的检定（用直接比较法检定直流电压的基本误差）

（1）按图 74-22-1 连接设备。

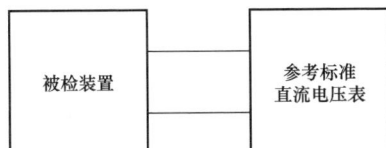

图 74-22-1 直接比较法检定
直流电压基本误差示意图

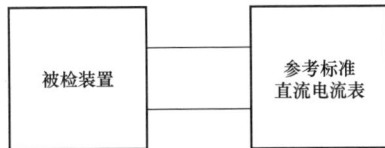

图 74-22-2 直接比较法检定
直流电流基本误差示意图

（2）调节检验装置输出至设定值，读取工作标准表（表源一体式装置为监视仪表）与参考标准电压表的读数值，装置的误差按下式计算

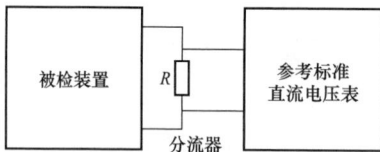

$$\gamma_{Udc} = \frac{U_{dcX} - U_{dcN}}{U_{dcF}} \times 100\% \qquad (74\text{-}22\text{-}1)$$

式中 γ_{Udc}——装置输出直流电压的误差，%；

     U_{dcX}——装置工作标准表读数值，V；

     U_{dcN}——参考标准直流电压表读数值，V；

     U_{dcF}——检定点所在量限的上限值，V。

3. 直流电流基本误差的检定

（1）直接比较法。

1）按图 74-22-2 连接设备。

2）调节检验装置输出至设定值，读取工作标准表（表源一体式装置为监视仪表）与参考标准电流表的读数值，检验装置的误差按下式计算

$$\gamma_{Idc} = \frac{I_{dcX} - I_{dcN}}{I_{dcF}} \times 100\% \qquad (74\text{-}22\text{-}2)$$

式中 γ_{Idc}——装置输出直流电流的误差，%；

     I_{dcX}——装置工作标准表的读数值，A；

     I_{dcN}——参考标准直流电流表的的数值，A；

     I_{dcF}——检定点所在量限的上限值，A。

（2）电流电压转换法。

1）如图 74-22-3 将直流标准电阻（纯阻性）的电流端连接至被检装置的直流电流输出端，电压端连接至参考标准直流电压表。

2）调节装置输出至设定值，读取工作标准表（表源一体式装置为监视仪表）与参考标准电压表的读数值，装置的误差按下式

图 74-22-3 电压电流转换法
检定直流电流基本误差示意图

计算

$$\gamma_{Idc} = \frac{I_{dcX} - \dfrac{U_{dcN}}{R}}{I_{dcF}} \times 100\% \qquad (74\text{-}22\text{-}3)$$

式中 R——标准分流器的电阻值，Ω。

3）由分流电阻引起的误差不应超过被检装置允许误差的 1/3。

4）由参考标准直流电压表产生的附加误差不应超过装置允许误差限的 1/5。

4. 交流电压基本误差的检定

（1）直接比较法。

1）按图 74-22-4（a）或图 74-22-4（b）连接设备。

2）调节检验装置输出至设定值，观察工作标准表（表源一体式装置为监视仪表）的读数，同时由交流电压参考标准得到标准电压值。

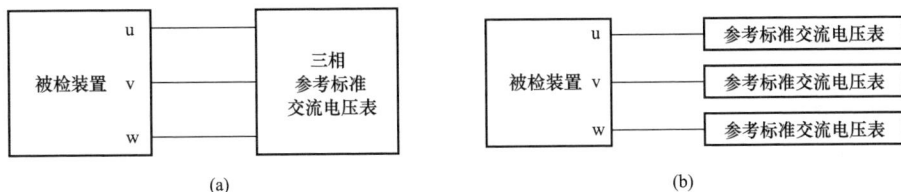

图 74-22-4　直接比较法检定交流电压示意图
（a）方法一；（b）方法二

3）检验装置输出交流电压的误差按下式计算

$$\gamma_{Uac} = \frac{U_{acX} - U_{acN}}{U_{acF}} \times 100\%$$ （74-22-4）

式中　γ_{Uac}——装置输出交流电压的误差，%；

U_{acX}——装置工作标准表的读数值，V；

U_{acN}——参考标准交流电压表的的数值，V；

U_{acF}——检定点所在量限的上限值，V。

（2）交、直流转换法。

1）按图 74-22-5 连接仪器。

2）调节被检装置和标准直流电压源至设定值，观察并读取交直流转换标准器的交直流转换差值（非直接显示的交直流转换标准器可通过输出信号计算出交、直流转换差值）。

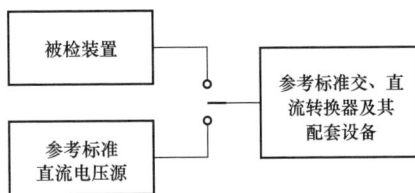

图 74-22-5　交、直流转换法检定
单相交流电压误差示意图

3）读取工作标准表（表源一体式装置为监视仪表）的读数值；装置输出交流电压的误差按下式计算

$$\gamma_{Uac} = \frac{U_{acX} - U_0(1-\delta)}{U_{acF}} \times 100\%$$ （74-22-5）

式中　γ_{Uac}——装置输出交流电压的误差，%；

U_{acX}——装置输出交流电压读数值，V；

U_0 ——直流标准电压源输出值，V；

δ ——交直流转换器的交直流转换差，无量纲；

U_{acF} ——检定点所在量限的上限值，V。

4）用交直流转换器检定装置电压时，所使用的参考直流标准电压源和交直流转换标准器及其配套设备引起的误差应不超过被检装置允许误差的 1/3。

5）三相检验装置每相均应进行检定。

（3）过渡比较法。

1）如图 74-22-6 所示，首先连接被检装置和过渡电压表，调节检验装置输出至设定值，由工作标准表（表源一体式装置为监视仪表）得到 U_{acX}，同时读取过渡电压表的读数值 U_1。

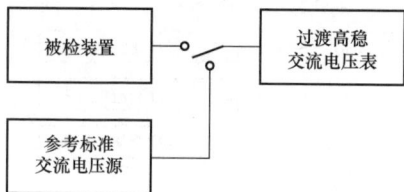

图 74-22-6 过渡比较法检定
单相交流电压示意图

2）再将参考标准交流电压源连接至过渡电压表，调节参考标准交流电压源输出至接近 1）中 U_{acX} 的电压 U_{acN}，同时读取过渡电压表的读数值 U_2，装置每相输出交流电压的误差按下式计算

$$\gamma_{Uac} = \frac{U_{acX} - \dfrac{U_{acN}U_1}{U_2}}{U_{acF}} \times 100\% \qquad (74\text{-}22\text{-}6)$$

式中 U_{acX} ——装置工作标准表的读数值，V；

U_{acN} ——参考标准交流电压源输出值，V；

U_1 ——过渡交流电压表连接被检装置时读数值，V；

U_2 ——过渡交流电压表连接参考标准交流电压源时读数值，V；

U_{acF} ——检定点所在量限的上限值，V。

3）三相装置每相均按此方法检定。

5. 交流电流基本误差的检定

（1）直接比较法。

1）按图 74-22-7 连接设备。

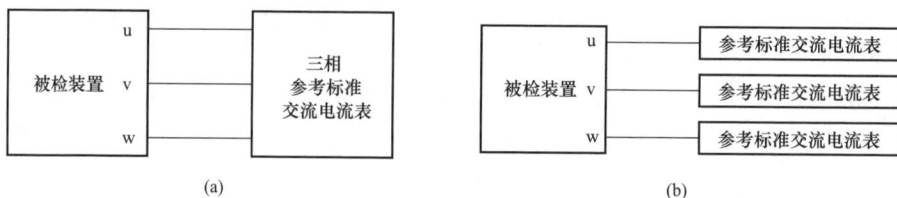

图 74-22-7 直接比较法检定交流电流基本误差示意图
（a）方法一；（b）方法二

2）调节装置输出至设定值，读取工作标准表（表源一体式装置为监视仪表）和参考标准交流电流表的读数值。

3）装置每相输出交流电流的误差按下式计算

$$\gamma_{Iac} = \frac{I_{acX} - I_{acN}}{I_{acF}} \times 100\% \qquad (74\text{-}22\text{-}7)$$

式中　I_{acX}——装置输出交流电流读数值，A；

　　　I_{acN}——交流电流标准值，A；

　　　I_{acF}——检定点所在量限的上限值，A。

（2）互感器法。

1）按图 74-22-8 连接设备。

2）被检装置的交流电流输出端接入参考标准互感器一次侧，互感器的二次侧如图 74-22-8（a）所示连接参考标准交流电流表或如图 74-22-8（b）所示经交流电阻连接参考标准交流电压表。

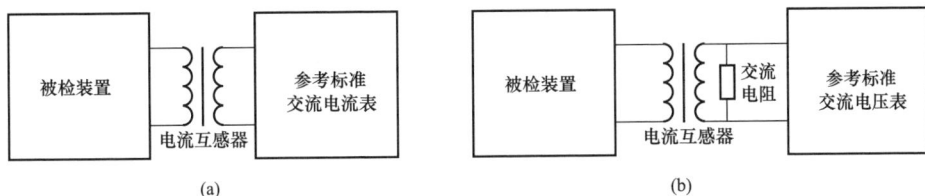

图 74-22-8　互感器法检定单相交流电流基本误差示意图
（a）方法一；（b）方法二

3）按图 74-22-8（a）连接的被检装置输出交流电流的误差按下式计算

$$\gamma_{Iac} = \frac{I_{acX} - k_I I_{acN}}{I_{acF}} \times 100\% \qquad (74\text{-}22\text{-}8)$$

式中　I_{acX}——装置工作标准表的读数值，A；

　　　k_I——参考标准电流互感器的变比，无量纲；

　　　I_{acN}——参考标准电流表的读数值，A。

4）按图 74-22-8（b）连接的被检装置输出交流电流的误差按下式计算

$$\gamma_{Iac} = \frac{I_{acX} - k_I \dfrac{U_{acN}}{R_S}}{I_{acF}} \times 100\% \qquad (74\text{-}22\text{-}9)$$

式中　U_{acN}——参考标准交流电压表的读数值，V；

　　　R_S——交流电阻的阻值，Ω。

6. 交流有功功率基本误差的检定

（1）按图 74-22-9 连接仪器。

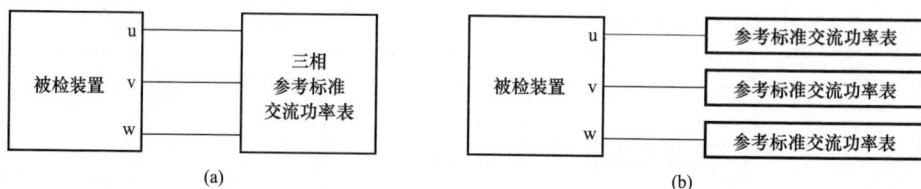

图 74-22-9 比较法检定交流有功功率示意图

（a）方法一；（b）方法二

（2）调节装置输出有功功率至设定值，读取工作标准表（表源一体式装置为监视仪表）和三相参考标准功率表的读数值。

（3）装置各相输出交流有功功率的误差按下式计算

$$\gamma_P = \frac{P_X - P_N}{F_P} \times 100\% \qquad (74\text{-}22\text{-}10)$$

式中　γ_P——装置输出交流功率的误差，%；

　　　P_X——装置工作标准表读数值，W；

　　　P_N——参考标准功率表标读数值，W；

　　　F_P——检定点所在量限额定功率值，W。

（4）按图 74-22-9（a）连接仪器法测量三相四线、三相三线有功功率时，误差按下式计算。

（5）按图 74-22-9（b）连接仪器法测量三相四线、三相三线有功功率时，误差按下式计算

$$\gamma_P = \frac{P_X - \sum P_N}{F_P} \times 100\% \qquad (74\text{-}22\text{-}11)$$

式中　$\sum P_N$——各相参考标准功率表读数值之和，W。

7. 频率基本误差的检定

（1）按图 74-22-10 连接仪器。

（2）调节检验装置输出交流电压、频率至设定值，读取工作标准频率表和参考标准频率表的读数值。

（3）检验装置输出频率的误差按下式计算

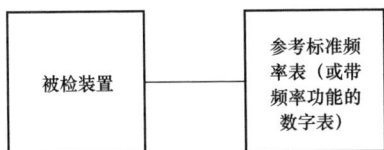

图 74-22-10　检定频率
基本误差示意图

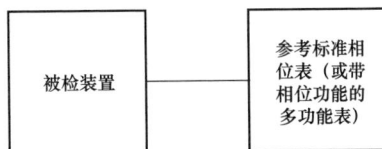

图 74-22-11　检定相位角
基本误差示意图

$$\Delta f = f_{\mathrm{X}} - f_{\mathrm{N}} \qquad (74-22-12)$$

式中　Δf ——装置输出频率的绝对误差，Hz；

　　　f_{X} ——装置工作标准频率表的读数值，Hz；

　　　f_{N} ——参考标准频率表的读数值，Hz。

8. 相位角基本误差的检定

（1）按图 74-22-11 连接仪器。

（2）调节检验装置输出功率、相位角至设定值，读取工作标准相位表和参考标准相位表的读数值。

（3）检验装置输出相位角的误差按式（74-22-13）、式（74-22-14）计算，即

$$\Delta\varphi = \varphi_{\mathrm{X}} - \varphi_{\mathrm{N}} \qquad (74-22-13)$$

$$\gamma_{\varphi} = \frac{\varphi_{\mathrm{X}} - \varphi_{\mathrm{N}}}{\varphi_{\mathrm{F}}} \times 100\% \qquad (74-22-14)$$

式中　$\Delta\varphi$ ——装置输出相位角的误差，（°）；

　　　φ_{X} ——装置工作标准相位表的读数值，（°）；

　　　φ_{N} ——参考标准相位表的读数值，（°）；

　　　γ_{φ} ——装置输出相位角的误差，用百分数表示；

　　　φ_{F} ——相位角误差计算的基准值，90°。

图 74-22-12　检定功率因数
基本误差示意图

9. 功率因数基本误差的检定

（1）按图 74-22-12 连接仪器。

（2）调节装置输出功率、功率因数至设定值，读取工作标准功率因数表和参考标准功率因数表的读数值。

（3）选用参考标准功率因数表检定装置输出功率因数时，误差按下式计算

$$\Delta\cos\varphi = \frac{\cos\varphi_{\mathrm{X}} - \cos\varphi_{\mathrm{N}}}{\cos\varphi_{0}} \qquad (74-22-15)$$

式中　$\Delta\cos\varphi$ ——装置输出功率因数的误差，无量纲；

$\cos\varphi_X$ ——装置工作标准功率因数表的读数值，无量纲；

$\cos\varphi_N$ ——参考标准功率因数表的读数值，无量纲；

$\cos\varphi_0$ ——功率因数误差计算的基准值，取值为1。

（4）选用参考标准相位表检定装置输出功率因数时，误差按下式计算

$$\Delta\cos\varphi = \frac{\cos\varphi_X - \cos\varphi_N}{\cos\varphi_F} \qquad (74\text{-}22\text{-}16)$$

式中　$\cos\varphi_X$ ——装置工作标准相位表的读数值，无量纲；

$\cos\varphi_N$ ——参考标准相位表的读数值，无量纲。

$\cos\varphi_F$ ——功率因数误差计算的基准值，$\cos\varphi_F = 1$。

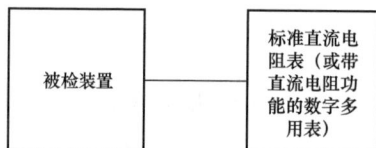

图 74-22-13　检定直流
电阻基本误差示意图

10. 直流电阻基本误差的检定

（1）按图 74-22-13 连接仪器。

（2）调节检验装置输出直流电阻设置值，读取参考标准直流电阻表的读数值。

（3）检验装置输出直流电阻的误差按下式计算

$$\gamma_R = \frac{R_X - R_N}{R_N} \times 100\% \qquad (74\text{-}22\text{-}17)$$

式中　γ_R ——检验装置输出直流电阻的误差，%；

R_X ——检验装置直流电阻的标称值，Ω；

R_N ——参考标准直流电阻表读数值，Ω。

（4）检定 100Ω 及以下阻值电阻和 0.05 级及以上装置的直流电阻应采用四端接线法。

（八）输出调节范围

依次调节检验装置的每一电量输出（此时其他量保持在额定输出），观察该电量是否输出平稳，调节范围应符合本标准对输出调节范围的有关规定。

（九）输出调节细度

接入电压、电流、频率和相位等参考标准，在允许的调节范围内平缓地调节最小调节量，观察并读取被调节量的不连续量。

（十）输出设定准确度

选择检验装置控制量限，分别测量电压、电流和相位在各设定点的设定值与实际输出值的差值。

（十一）相间影响

将检验装置所有交流量调至额定值的 100%后,在调节范围内缓慢地反复调节某一量,同时观察其他输出量的变化。

（十二）相序

选择三相装置的控制量限,在装置指示（或默认）对称状态,采用相序表、向量图或测量相位等方法检查装置实际输出的相序,应与指示一致。

（十三）输出稳定度

（1）在常用输出负载范围内和控制量限下,选择相应的测量方法,连续测量时间为 1min,采样值不少于 20 个。

（2）测量分别在以下测试点进行:

1）交直流电压和交直流电流为额定输出的 100%和 50%。

2）测量交流有功功率时,电压电流为额定输出的 100%,功率因数为 1.0 和 0.5（感性、容性）,分相功率与和相（三相四线和三相三线）功率均需测量。

3）频率为 50Hz。

4）相位角为 0°、60° 和 300°。

（3）按下式计算装置的 1min 输出稳定度

$$1min输出稳定度 = \frac{输出电压（电流、功率）最大 - 输出电压（电流、功率）最小值}{输出电压（电流、功率）上限值} \times 100\%$$

$$（74-22-18）$$

（十四）三相不对称度

（1）选择检验装置的常用电压、电流量限。

（2）在额定负载下,调节装置输出额定三相电压和电流,同时观察监视仪表,直至三相电压和电流调节到最佳状态。

（3）用三台 0.1 级电压表、电流表或一台 0.1 级三相多功能表测量装置输出的三相相电压（线电压）和相电流。装置的不对称度按式（74-22-19）、式（74-22-20）计算,即

$$电压不对称度 = \frac{相电压（或电压） - 三相相电压（或线电压）平均值}{三相相电压（或线电压）平均值} \times 100\%$$

$$（74-22-19）$$

$$电流不对称度 = \frac{相电流 - 三相相电流平均值}{三相相电流平均值} \times 100\%$$

$$（74-22-20）$$

（4）在检验装置输出端同时测量三相相电压和相应电流间的相位角,取相位角之

间最大差值作为相间相位不对称度；测量任一相电压（电流）与另一相电压（电流）间的相位角，取其与120°的最大差值作为线间相位不对称度。测量分别在功率因数角0°、60°（感性、容性）和90°（感性、容性）进行。改变相位角后，不允许分别调节相位。

（十五）波形失真度

（1）选择检验装置控制量限，在常用输出负载范围内，用失真度测试仪或谐波分析仪进行测量。

（2）当需要将电流转换成电压或高电压转换成低电压测量时，选用的转换器应为纯阻性负载。

（十六）负载调整率

（1）选择检验装置控制量限，在装置电压和电流输出端分别接入可调负载。

（2）使检验装置输出额定交直流电压和交直流电流，分别调节电压回路和电流回路的负载从最小至最大，负载调整率按下式计算

$$负载调整率 = \frac{空载测量值 - 满载测量值}{额定值} \times 100\% \qquad (74\text{–}22\text{–}21)$$

（3）三相装置每相均应进行测量。

（十七）装置的重复性

（1）重复性试验在装置控制量限的额定值进行。

（2）在常用负载下，分别测量装置输出的交、直流电压、电流，交流有功功率及频率和相位的重复性。

（3）0.05级及以下装置进行不少于5次测量，0.02级及以上装置进行不少于10次测量。

（4）每次测量必须从开机初始状态调整至测量状态。

（5）按下式计算实验标准差

$$s = \frac{1}{\bar{\gamma}} \sqrt{\frac{\sum_{i=1}^{n} (\gamma_i - \bar{\gamma})^2}{n-1}} \times 100\% \qquad (74\text{–}22\text{–}22)$$

式中　s ——测量装置的重复性，用百分数表示；

　　　γ_i ——第i次测量结果，量值单位对应各参量；

　　　$\bar{\gamma}$ ——各次测量结果γ_i的平均值，与γ_i相同的量值单位；

　　　n ——重复测量的次数。

（十八）直流电压、电流纹波含量

（1）选择检验装置控制量限，使检验装置输出额定值的100%，用真有效值交流

数字电压表直接测量装置输出的电压。

（2）检定装置输出交流电流纹波含量时，在电流端接入负载电阻，用真有效值交流数字电压表测量负载电阻的端电压。

（3）纹波含量按下式计算

$$纹波含量=\frac{交流电压（电流）分量}{直流电压（电流）}\times100\% \qquad （74-22-23）$$

二、检定结果的处理

（1）检定结果应给出误差值或直接给出输出标准值；

（2）判断检验装置是否合格以修约后的数据为准；

（3）基本误差的修约间距按表74-22-1和表74-22-2进行，其他项目检定结果以相应误差限的1/10作为修约间距；

表74-22-1　　　　交直流电压、交直流电流、交流功率和
直流电阻的修约间隔

检验装置准确度等级（级）	0.01	0.02	0.05	0.1	0.2
修约间距（%）	0.001	0.002	0.005	0.01	0.02

表74-22-2　　　　　　　　　频 率 的 修 约 间 隔

检验装置准确度（Hz）	0.01	0.02	0.05	0.1
修约间距（Hz）	0.001	0.002	0.005	0.01

（4）全部项目符合要求判定为合格，否则判定为不合格。合格的装置发给检定证书，不合格的装置发给检定结果通知书，并注明不合格项目。

（5）三相检验装置检定不合格的，也可根据用户使用情况降级使用，并发给降级后的检定证书；或能符合单相装置要求的发给单相装置的检定证书，并予以注明。

（6）检验装置首次检定后1年进行第一次后续检定，此后后续检定的周期为2年。

（7）检验装置检定不合格或检定有效期内出现影响计量性能的故障修理后重新检定的，按首次检定对待，修理后检定合格方可投入使用。

（8）表源分离式检验装置所配置的标准器的检定周期应依据相应的检定规程或标准。

（9）检定证书宜使用标准A4型纸。

（10）检定证书内页数据格式宜参照 DL/T 1112—2009 附录A。

【思考与练习】

1. 交、直流检验装置的输出稳定度如何测量？

2. 如何进行交、直流检验装置的重复性测量？

3. 十六项基本误差的名称？